plurall

Parabéns!
Agora você faz parte do **Plurall**, a plataforma digital do seu livro didático!
No **Plurall**, você tem acesso gratuito aos recursos digitais deste livro por meio do seu computador, celular ou *tablet*.
Além disso, você pode contar com a nossa tutoria *on-line* sempre que surgir alguma dúvida sobre as atividades e os conteúdos deste livro.

Incrível, não é mesmo?
Venha para o **Plurall** e descubra uma nova forma de estudar!
Baixe o aplicativo do **Plurall** para Android e IOS ou acesse **www.plurall.net** e cadastre-se utilizando o seu código de acesso exclusivo:

AAAKKHHER

Este é o seu código de acesso Plurall. Cadastre-se e ative-o para ter acesso aos conteúdos relacionados a esta obra.

CB131224

@plurallnet

@plurallnetoficial

SOMOS EDUCAÇÃO

PROJETO
MÚLTIPLO

Biologia

Ensino Médio

Sérgio Linhares

Bacharel e licenciado em História Natural pela Universidade do Brasil (atual UFRJ).

Foi professor de Biologia Geral na Universidade do Brasil (atual UFRJ) e de Biologia no Colégio Pedro II e em outros colégios e cursinhos pré-vestibulares do Rio de Janeiro.

Fernando Gewandsznajder

Licenciado em Biologia pelo Instituto de Biologia da Universidade Federal do Rio de Janeiro.

Mestre em Educação pelo Instituto de Estudos Avançados em Educação da Fundação Getúlio Vargas (RJ).

Mestre em Filosofia pela Pontifícia Universidade Católica do Rio de Janeiro.

Doutor em Educação pela Faculdade de Educação da Universidade Federal do Rio de Janeiro.

Foi professor de Biologia e Ciências no Colégio Pedro II e em outros colégios e cursinhos pré-vestibulares do Rio de Janeiro.

editora ática

editora ática

Diretoria editorial: Lidiane Vivaldini Olo
Editoria de Ciências e Biologia: José Roberto Miney
Editores: Helena Pacca e Felipe Murro Capeli
Colaborador editorial: Gustavo Eiji Kaneto
Supervisor de arte e produção: Sérgio Yutaka
Supervisor de arte e criação: Didier Moraes
Coordenadora de arte e criação: Andréa Dellamagna
Editor de arte: André Gomes Vitale
Diagramação: Click Bits, Claudemir Camargo, Ester Inakake e Fábio Cavalcante
Design gráfico: UC Produção Editorial, Andréa Dellamagna (miolo e capa)
Gerente de revisão: Hélia de Jesus Gonsaga
Equipe de revisão: Rosângela Muricy (coord.), Ana Paula Chabaribery Malfa, Gloria Cunha, Luís Maurício Boa Nova e Sheila Folgueral; Flávia Venézio dos Santos e Gabriela Macedo de Andrade (estags.)
Supervisor de iconografia: Sílvio Kligin
Pesquisadora iconográfica: Cláudia Bertolazzi e Roberta Freire Lacerda Santos
Tratamento de imagem: Cesar Wolf e Fernanda Crevin
Foto da capa: Jessmine/Shutterstock/Glow Images
Grafismos: Shutterstock/Glow Images (utilizados na capa e aberturas de capítulos e seções)
Ilustrações: Daniel das Neves, Eber Evangelista, Hiroe Sasaki, Ingeborg Asbach, Júlio Dian, KLN Artes Gráficas, Luis Moura, Maspi, Mauro Nakata, Osvaldo Sequetin e Rodval Matias

---

Av. das Nações Unidas, 7221, 3º andar, setor C – Pinheiros – São Paulo – SP
CEP 05425-902
Tel.: 4003-3061
www.atica.com.br/editora@atica.com.br

Dados Internacionais de Catalogação na Publicação (CIP)
(Câmara Brasileira do Livro, SP, Brasil)

Linhares, Sérgio
Projeto Múltiplo: Biologia / Sérgio Linhares, Fernando Gewandsznajder. -- São Paulo : Ática, 2014.

Obra em 3 v.
Bibliografia.

1. Projeto Múltiplo: Biologia (Ensino médio)
I. Gewandsznajder, Fernando. II. Título.

14-01325 CDD-574.07

Índice para catálogo sistemático:
1. Projeto Múltiplo: Biologia : Ensino médio 574.07

2020
ISBN 978 85 08 16678-7 (AL)
ISBN 978 85 08 16679-4 (PR)
Código da obra CL 738360
CAE 501260 (AL)
CAE 501261 (PR)
1ª edição
8ª impressão

Impressão e acabamento: Bercrom Gráfica e Editora

Uma publicação Abril EDUCAÇÃO

Apresentação

"Por que eu tenho de aprender Biologia?" – essa é uma pergunta feita com muita frequência.

Basta ligar a televisão, ler notícias na internet ou em jornais e revistas. A todo momento aparece alguma informação que, para ser bem compreendida, necessita de um conhecimento básico de Biologia e de outras ciências: aquecimento global, transgênicos, genes, DNA, células-tronco, clonagem, poluição, dietas, atividade física, drogas, destino do lixo e muitas outras.

Conhecer Biologia é fundamental para entender o que acontece hoje, para participar de forma esclarecida de decisões que afetam a sua saúde, a saúde da coletividade, o ambiente.

Por isso, os livros desta coleção foram escritos com ênfase na conexão dos conceitos científicos com seu cotidiano, com temas atuais nas áreas da saúde e tecnologia, com questões ambientais, sociais e éticas, a fim de estimular a reflexão, o espírito crítico e oferecer ferramentas essenciais para o seu crescimento como estudante e cidadão em um mundo globalizado.

Sérgio Linhares
Fernando Gewandsznajder

Aleks Melnik/Shutterstock/Glow Images

Neste livro você vai encontrar

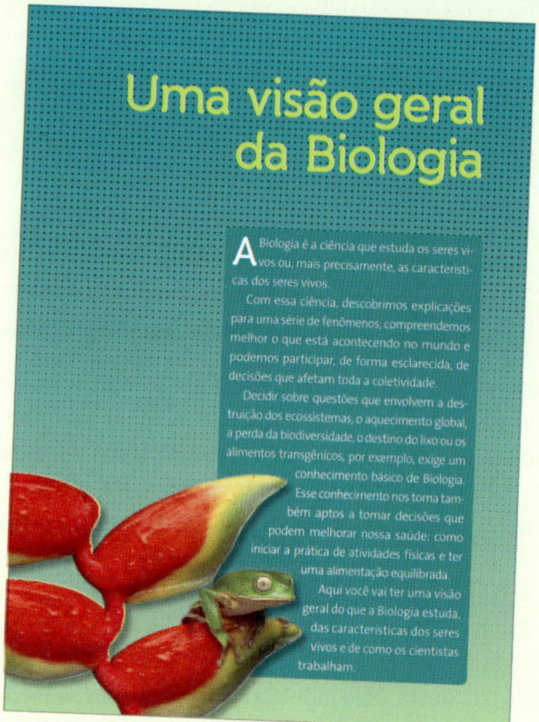

Uma visão geral da Biologia

A Biologia é a ciência que estuda os seres vivos ou, mais precisamente, as características dos seres vivos.

Com essa ciência, descobrimos explicações para uma série de fenômenos, compreendemos melhor o que está acontecendo no mundo e podemos participar, de forma esclarecida, de decisões que afetam toda a coletividade.

Decidir sobre questões que envolvem a destruição dos ecossistemas, o aquecimento global, a perda da biodiversidade, o destino do lixo ou os alimentos transgênicos, por exemplo, exige um conhecimento básico de Biologia. Esse conhecimento nos torna também aptos a tomar decisões que podem melhorar nossa saúde: como iniciar a prática de atividades físicas e ter uma alimentação equilibrada.

Aqui você vai ter uma visão geral do que a Biologia estuda, das características dos seres vivos e de como os cientistas trabalham.

Abertura de temas

Texto e imagem apresentam o tema dos próximos capítulos.

Abertura do capítulo

Texto e imagens apresentam o conteúdo do capítulo e as questões iniciais avaliam seu conhecimento prévio do tema.

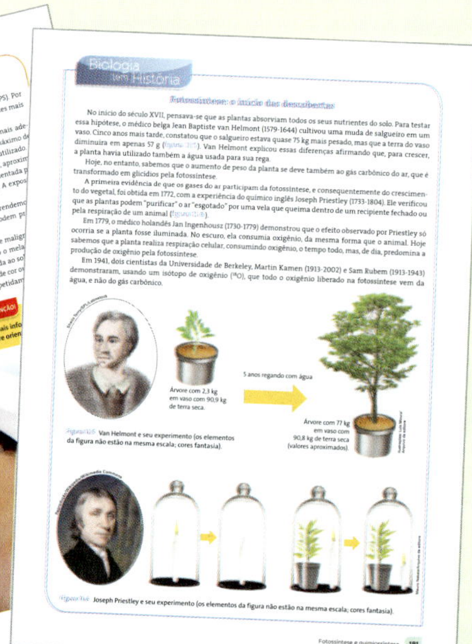

Biologia e...

Boxes que relacionam conceitos científicos com o cotidiano, a sociedade, a tecnologia, a saúde e o ambiente.

Biologia tem História

Situa a descoberta científica em seu contexto histórico.

Este ícone indica os Objetos Educacionais Digitais relacionados aos conteúdos do livro. Disponíveis em: <www.projetomultiplo.com.br>.

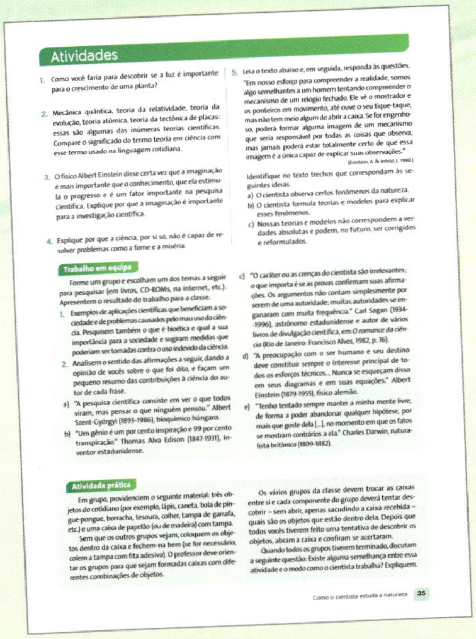

Aprofunde seus conhecimentos

Informações adicionais para ampliar sua visão de cada assunto.

Atividades

Questões propostas pelo autor permitem avaliar sua aprendizagem.

Trabalho em equipe

Atividades que estimulam a cooperação e a participação ativa dentro e fora da escola.

Atividades práticas

Sugestões de práticas que simulam experimentos científicos.

Vestibulares de Norte a Sul

Exercícios de vestibulares de todas as regiões do Brasil com diferentes abordagens dos assuntos.

Enem

Preparamos duas seções especiais que vão aprimorar suas habilidades e competências: ***Pensando no Enem*** *e* ***Caiu no Enem****. Com elas você vai ficar mais do que pronto para encarar esse e outros desafios!*

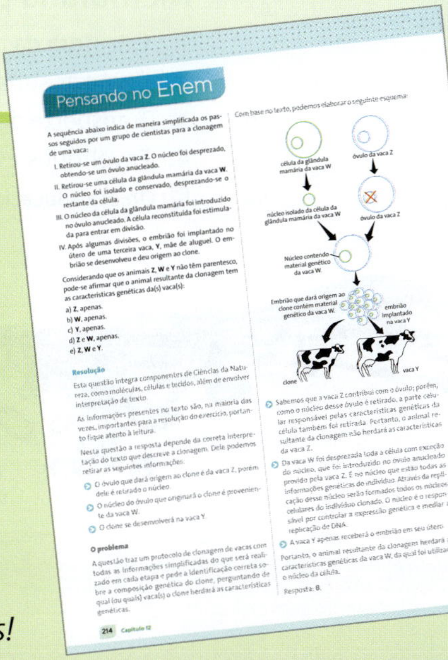

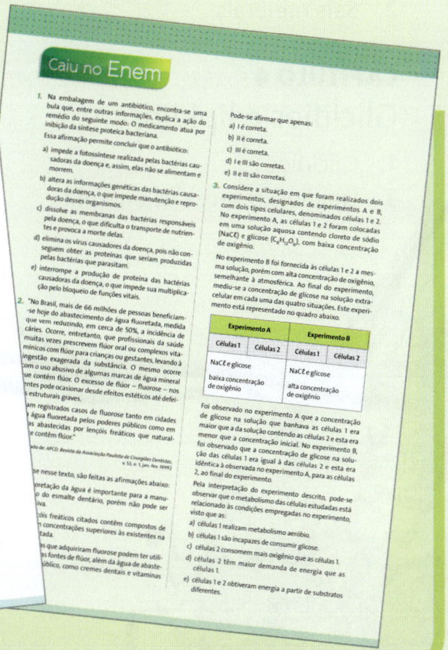

Sumário geral

Parte 1

Uma visão geral da Biologia

A química da vida

Célula: membrana e citoplasma

kubais/Shutterstock/Glow Images

Mikel Roberts/Sygma/Corbis/Latinstock

Parte 2

Reprodução e desenvolvimento embrionário dos animais

Histologia animal

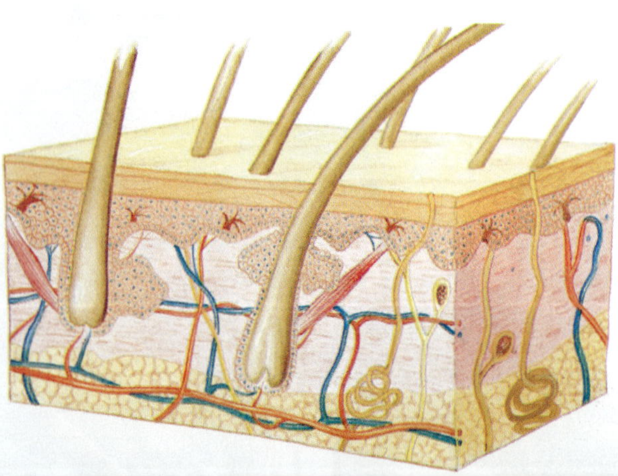

Ingeborg Asbach/Arquivo da editora

A origem da vida

Parte 1

Uma visão geral da Biologia

A Biologia é a ciência que estuda os seres vivos ou, mais precisamente, as características dos seres vivos.

Com essa ciência, descobrimos explicações para uma série de fenômenos, compreendemos melhor o que está acontecendo no mundo e podemos participar, de forma esclarecida, de decisões que afetam toda a coletividade.

Decidir sobre questões que envolvem a destruição dos ecossistemas, o aquecimento global, a perda da biodiversidade, o destino do lixo ou os alimentos transgênicos, por exemplo, exige um conhecimento básico de Biologia. Esse conhecimento nos torna também aptos a tomar decisões que podem melhorar nossa saúde: como iniciar a prática de atividades físicas e ter uma alimentação equilibrada.

Aqui você vai ter uma visão geral do que a Biologia estuda, das características dos seres vivos e de como os cientistas trabalham.

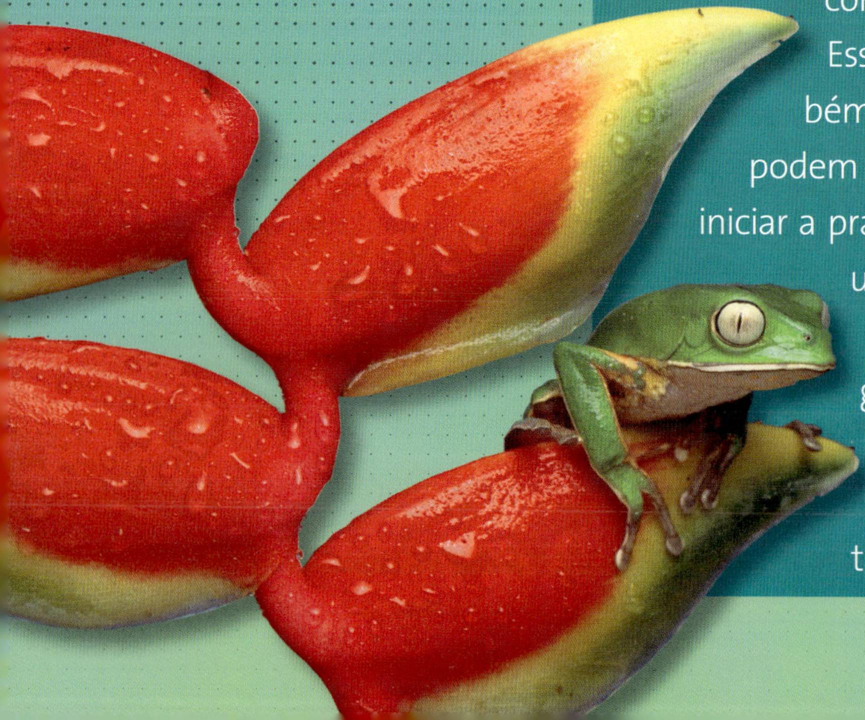

CAPÍTULO

1 O fenômeno da vida

Worlds Wild Life Wonders/Shutterstock/Glow Images

Coala (*Phascolarctos cinereus*; 60 cm de comprimento, em média) e filhote.

- *Você sabe quais são as principais características de um organismo vivo?*
- *Como os seres vivos crescem e se multiplicam?*
- *Como explicar a existência de tantos organismos diferentes?*

1 De que são feitos os seres vivos?

Para responder a essa pergunta, é importante saber um pouquinho de Química.

Toda matéria é feita de átomos. Se representarmos o átomo como uma pequena esfera – ou seja, um modelo de átomo com forma esférica –, seu diâmetro será, em média, 10 milhões de vezes menor que 1 milímetro (figura 1.1).

No centro (núcleo) de um átomo há partículas com carga elétrica positiva – os **prótons** – e partículas sem carga elétrica – os **nêutrons**. Ao redor dessa região central, estão os **elétrons**, com carga elétrica negativa. Como o número de prótons é igual ao de elétrons, o átomo é eletricamente neutro.

A principal diferença entre dois átomos está no **número atômico** (número de prótons), que identifica cada tipo de átomo. Assim, todos os átomos de hidrogênio têm um próton em seu núcleo (número atômico 1); todos os átomos de carbono têm seis prótons (número atômico 6); e assim por diante.

Os átomos podem se ligar uns aos outros, formando moléculas. Em 1 grama de água, por exemplo, há 30 sextilhões ($3 \cdot 10^{22}$) de moléculas de água. Cada molécula é formada por dois átomos de hidrogênio ligados a um átomo de oxigênio. A fórmula molecular da água – H_2O – representa os átomos que compõem a molécula. A força que mantém os átomos unidos é chamada **ligação química** (figura 1.2). Ao longo do estudo da Química, você vai aprender mais sobre átomos, moléculas e ligações químicas.

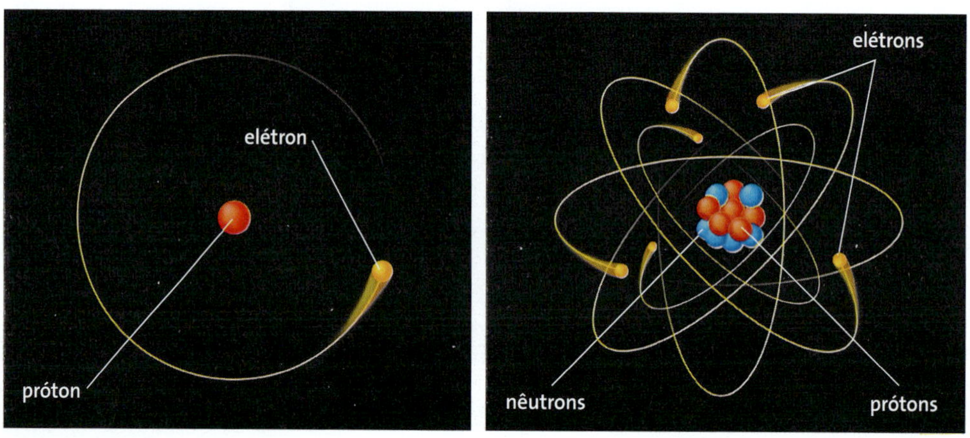

Figura 1.1 Representação esquemática de modelos de átomos de hidrogênio (à esquerda) e de carbono (à direita). As cores que você vê na figura não correspondem às reais: trata-se de um recurso didático que facilita a visualização. Isso é indicado pela expressão "cores fantasia".

	Modelos espaciais		Fórmula estrutural	Fórmula molecular
Água			H–O–H (O ligado a dois H)	H_2O
Gás carbônico		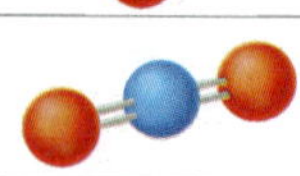	O═C═O	CO_2
Gás oxigênio			O═O	O_2

Luis Moura/Arquivo da editora

Figura 1.2 Fórmulas e modelos de moléculas de substâncias inorgânicas (água, gás carbônico e gás oxigênio). O átomo de carbono está representado por uma esfera azul; o de oxigênio, por esferas vermelhas; o de hidrogênio, por esferas verdes. Os modelos espaciais mostram a posição relativa dos átomos no espaço, e os traços, nos chamados modelos com pinos, indicam as ligações entre os átomos. Na fórmula estrutural, os traços indicam as ligações químicas entre os átomos. A fórmula molecular indica apenas o número de cada átomo por molécula. (Os modelos não estão na mesma escala; cores fantasia.)

As substâncias orgânicas

Medindo apenas alguns milésimos de milímetro, uma bactéria é um ser vivo muito pequeno, não sendo possível vê-la a olho nu (figura 1.3). Para ter uma ideia, um grão de areia mede entre 0,25 mm e 0,5 mm. Mas, apesar de seu tamanho reduzido, uma bactéria é muito mais complexa que um grão de areia. Vamos descobrir por quê.

Na matéria bruta, os átomos estão agrupados em compostos relativamente simples, formando as **substâncias inorgânicas** (também chamadas **substâncias minerais**), como a água, vários sais e gases e os cristais de rocha. Nos seres vivos, além de substâncias inorgânicas, há **substâncias orgânicas** (veja a figura 1.4), formadas por átomos de carbono, que se unem entre si, podendo constituir longas cadeias. Átomos de hidrogênio, de oxigênio e de nitrogênio, entre outros, podem estar ligados a essas cadeias. A expressão "substância orgânica" foi criada em uma época em que se pensava que elas só poderiam ser produzidas por organismos vivos; hoje, inúmeras substâncias orgânicas são fabricadas em laboratório.

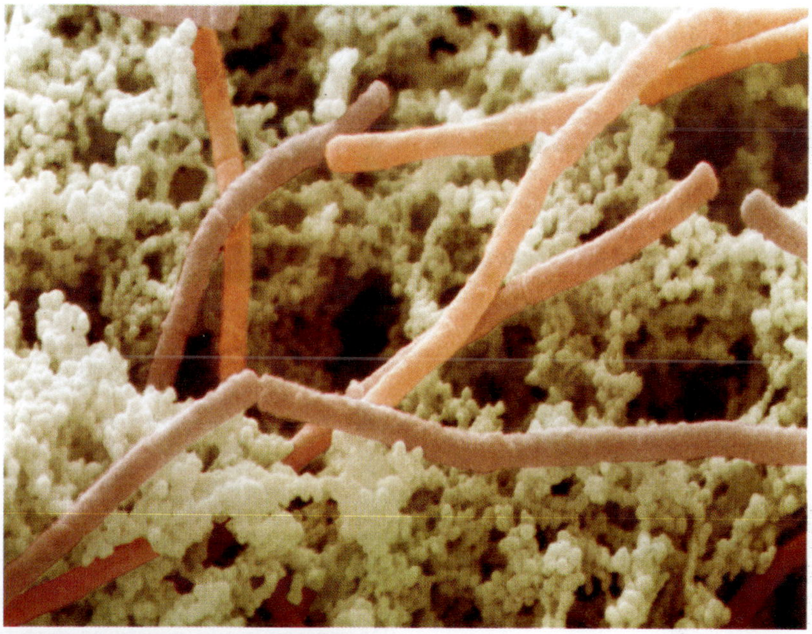

Andrew Syred/Latinstock

Figura 1.3 *Lactobacillus bulgaricus*, espécie de bactéria que transforma o leite em iogurte (imagem ao microscópio eletrônico; colorizada por computador). Cada bactéria tem a forma de um bastão que mede cerca de 1 centésimo de milímetro.

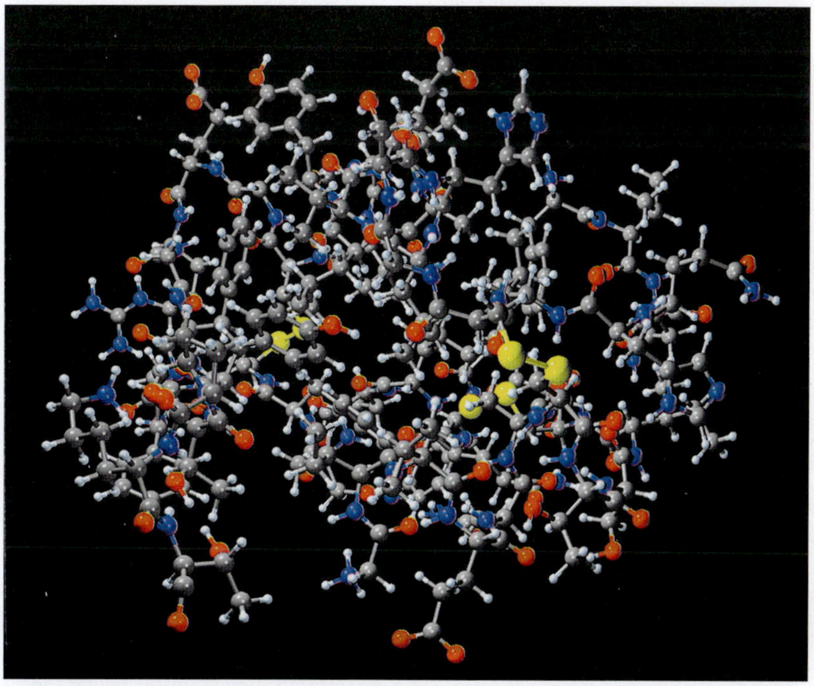

Dr. Mark J. Winter/SPL/Latinstock

Figura 1.4 Modelo espacial da insulina, hormônio que controla a taxa de açúcar no sangue, com um total de 460 átomos (carbono, representado na cor cinza; hidrogênio, em branco; oxigênio, em vermelho; nitrogênio, em azul; enxofre, em amarelo; estão representadas também as ligações entre os átomos). A fórmula molecular da insulina é $C_{254}H_{377}N_{65}O_{75}S_6$. Os índices indicam quantos átomos de cada elemento existem na molécula.

Biophoto Associates/Arquivo da editora

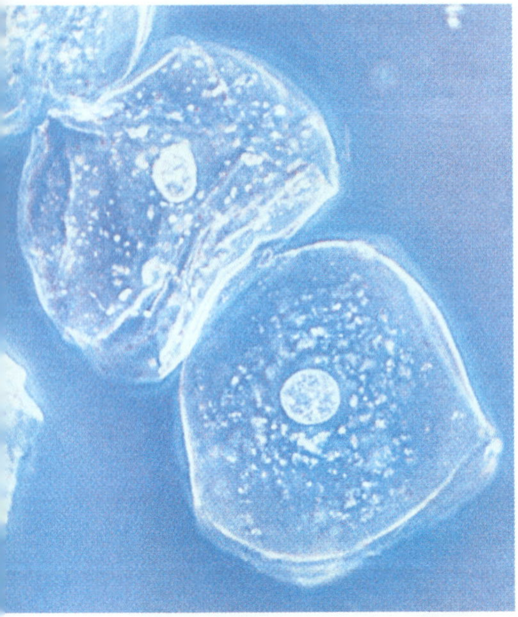

Figura 1.5 Células humanas da parte interna da boca vistas ao microscópio de luz ou óptico (aumento de cerca de 400 vezes; com uso de corantes).

2 A organização da vida

Além de toda a sua complexidade química, os seres vivos têm um nível de organização muito maior do que aquele encontrado na matéria bruta. Essa é constituída por átomos que se reúnem formando moléculas e, às vezes, cristais. Nos seres vivos, a organização vai muito além do nível molecular: uma enorme quantidade de moléculas inorgânicas e orgânicas interage, formando a **célula**. Conhecida como unidade fundamental dos seres vivos, essa estrutura é capaz, por exemplo, de se nutrir, crescer e se reproduzir. A célula só pode ser vista ao microscópio (do grego *mikros*, 'pequeno'; *skopeo*, 'examinar'), aparelho capaz de formar uma imagem ampliada dos objetos (figura 1.5).

As bactérias, os protozoários e alguns outros tipos de seres vivos são formados por uma única célula (organismos unicelulares), mas a maioria é composta de muitas células (organismos pluricelulares). O corpo humano, por exemplo, contém cerca de 60 trilhões de células.

A união faz a força

Na maioria dos organismos pluricelulares, as células se reúnem em grupos e formam um **tecido**. Uma única célula não seria capaz de proteger ou revestir toda a superfície do seu corpo. Para isso são necessárias muitas células, formando uma camada protetora. As células que recobrem nosso corpo constituem a epiderme, um tipo de tecido epitelial.

Os tecidos podem se reunir formando **órgãos**, que se organizam em **sistemas** (figura 1.6). Assim, o encéfalo, a medula espinhal e os nervos formam o sistema nervoso, responsável pela coordenação entre diferentes partes do corpo e pela integração do organismo com o ambiente. Do mesmo modo, o sistema digestório é formado por um conjunto de órgãos ligados à nutrição.

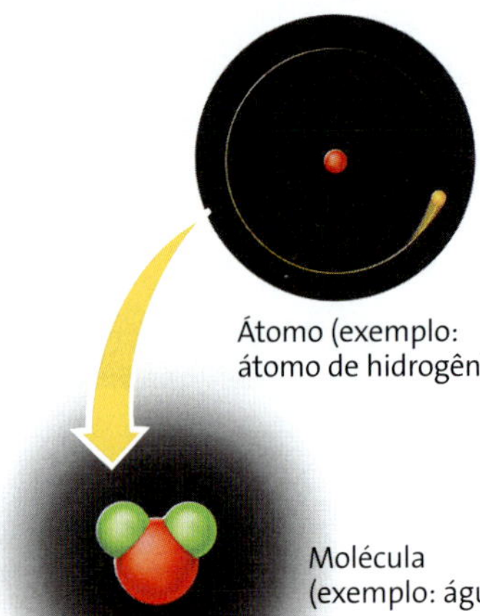

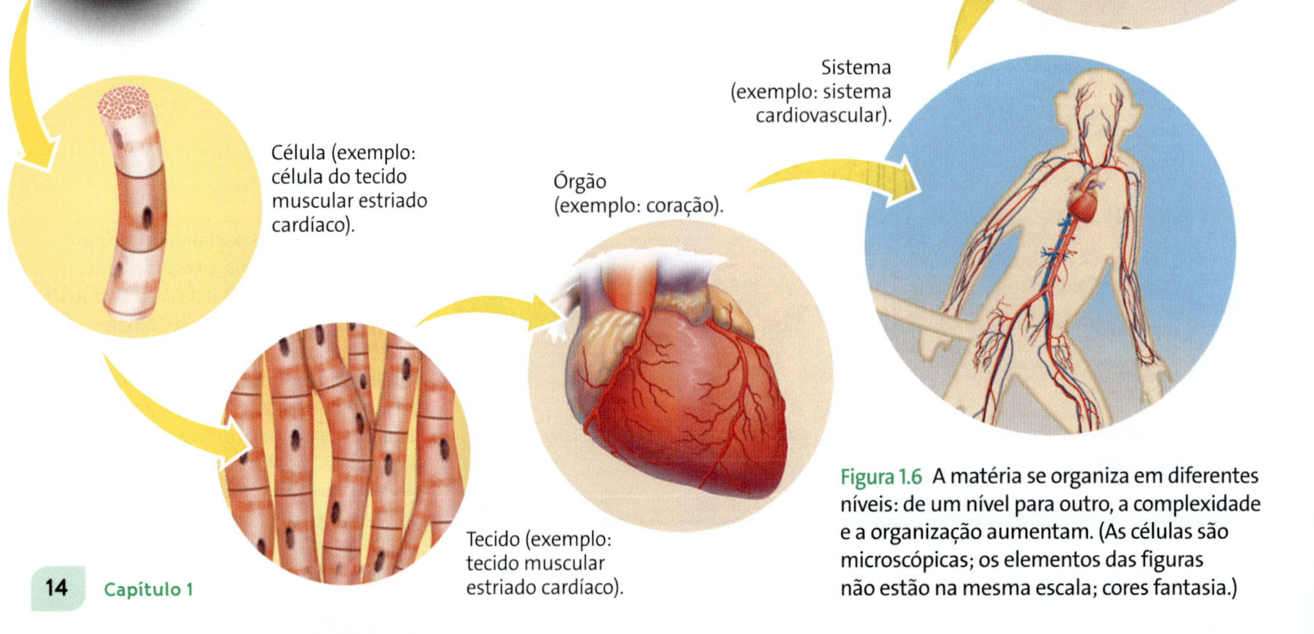

Ilustrações: Osvaldo Sequetin e Luis Moura/Arquivo da editora

Figura 1.6 A matéria se organiza em diferentes níveis: de um nível para outro, a complexidade e a organização aumentam. (As células são microscópicas; os elementos das figuras não estão na mesma escala; cores fantasia.)

O conjunto de sistemas forma um **organismo**. O corpo humano, por exemplo, é formado, entre outros, pelos sistemas nervoso, digestório (digestivo), respiratório, cardiovascular (ou circulatório), urinário, genital, muscular e esquelético.

A organização dos seres vivos não termina com a formação de um organismo. Se considerarmos todo o sistema de vida no planeta, poderemos perceber graus ainda mais complexos de organização. Sabemos que os seres vivos interagem com outros seres e com o ambiente. Assim, organismos da mesma espécie agrupam-se em determinada região, formando uma **população**. O conjunto de micos-de-cheiro da Amazônia forma uma população de micos, por exemplo.

Uma população mantém relações com populações de outras espécies que habitam o mesmo local, formando uma **comunidade**. Uma comunidade pode ser representada pelo conjunto de todas as espécies que habitam determinado ambiente, como uma floresta ou uma lagoa.

A comunidade influi nos fatores físicos e químicos do ambiente – como a chuva e a temperatura –, e esses fatores também influem na comunidade. Desse modo, forma-se um conjunto – constituído por seres vivos e fatores físicos e químicos – chamado **ecossistema** (*oikos* = casa, ambiente). Reveja a figura 1.6. Esse nível de organização pode ser exemplificado por uma floresta inteira, incluindo os seres vivos, o tipo de solo, de clima, a quantidade de água, etc.

A reunião de todos os ecossistemas do planeta forma a **biosfera** (*bios* = vida; *sphaîra* = esfera, globo), ou seja, o conjunto de todas as regiões da Terra habitadas por seres vivos.

! ATENÇÃO!

De acordo com a terminologia proposta para a unificação do vocabulário em Ciências da Saúde, sistema digestivo, por exemplo, passou a ser chamado sistema digestório. Neste livro, ao lado da nova denominação, vamos apresentar a terminologia tradicional entre parênteses.

População (exemplo: mico-de-cheiro na Amazônia).

Lightspring/Shutterstock/Glow Images

Biosfera (parte habitada da Terra; ilustração elaborada com base em imagens de satélite).

Comunidade (todos os seres vivos da floresta) e ecossistema (os seres vivos e o ambiente físico, como umidade, temperatura, etc.).

3 Transformações da matéria e energia

Quando uma substância se transforma em outra, dizemos que ocorre uma reação química. Quando a parafina de uma vela queima, por exemplo, ela se transforma em novas substâncias, como gás carbônico e vapor de água.

Durante algumas transformações químicas, pode ocorrer a liberação de energia. No exemplo da vela, a energia química da parafina é transformada em energia luminosa e calor.

No estudo da Física, aprendemos que o calor é a quantidade de energia térmica que passa de um corpo para outro devido a uma diferença de temperatura entre eles. O calor passa sempre, espontaneamente, do corpo mais quente (com maior temperatura) para o corpo mais frio (com menor temperatura), até que os corpos fiquem com a mesma temperatura.

Por meio de reações químicas, os seres vivos transformam as substâncias retiradas do ambiente em outras substâncias presentes no seu corpo.

Estamos falando da **nutrição**, que garante ao ser vivo a multiplicação de células no interior do corpo durante o período de crescimento, e também a reconstrução das partes desgastadas. Além de matéria, os alimentos fornecem energia para nossas atividades diárias.

Várias moléculas orgânicas de alimento podem ser utilizadas como fonte de energia; a principal substância para esse fim é a glicose, um açúcar.

A maioria dos seres vivos consegue energia por meio de uma reação química entre a glicose ($C_6H_{12}O_6$) e o gás oxigênio do ar (O_2), formando gás carbônico (CO_2) e água (H_2O). Nesse processo, chamado **respiração celular aeróbia** (*aér* = ar; *bios* = vida), a molécula de glicose é decomposta, liberando energia (figura 1.7).

Figura 1.7 O ser vivo libera a energia da glicose e outras substâncias químicas do alimento na respiração celular. Essa energia é utilizada nas atividades do corpo. (Esquema simplificado, com modelos das moléculas envolvidas no processo; os componentes da ilustração não estão na mesma escala; cores fantasia.)

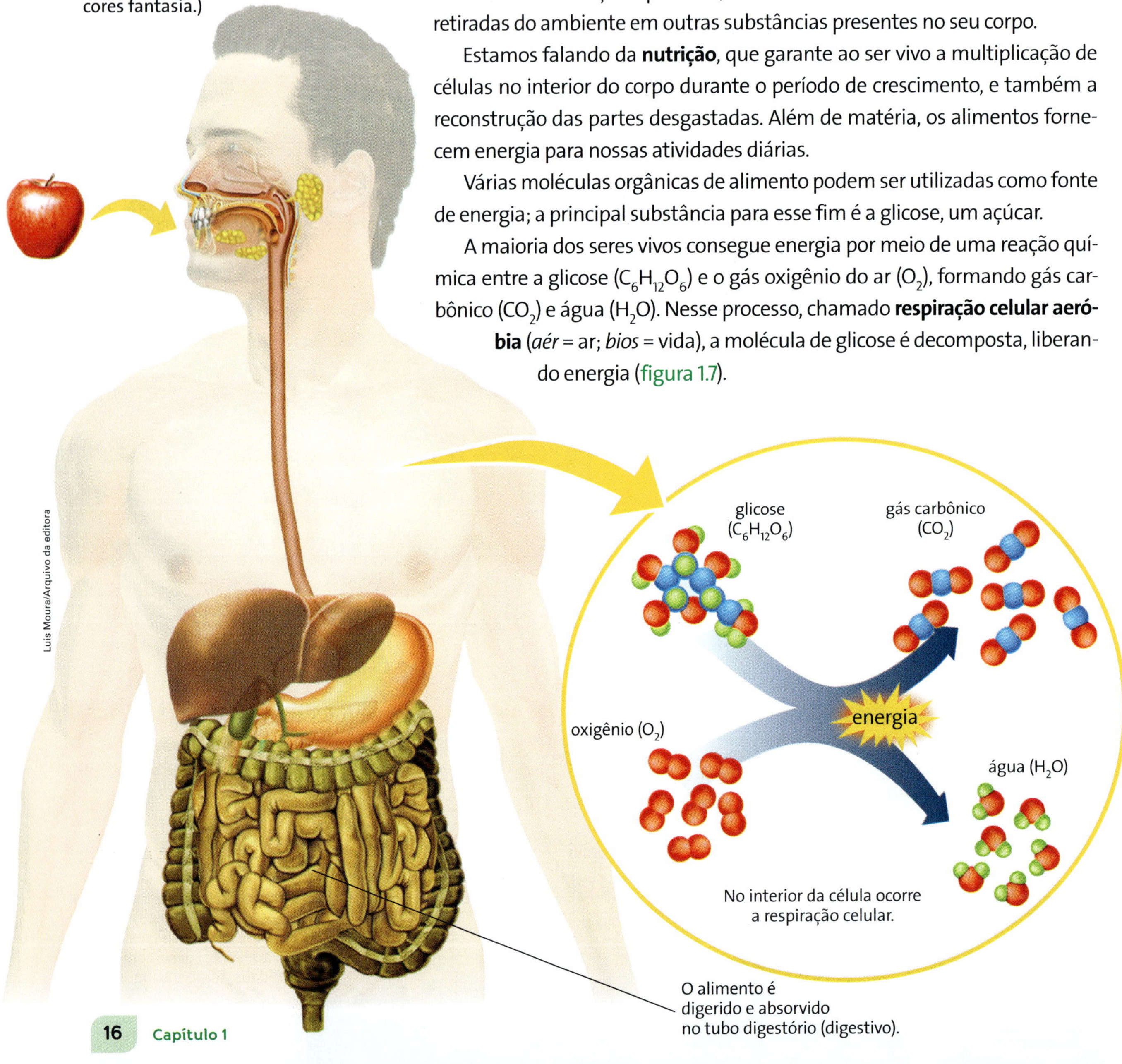

A energia é utilizada em todas as atividades do organismo: construção de grandes moléculas orgânicas durante o processo de crescimento ou de reconstrução do corpo; movimento; transmissão de impulso nervoso; etc.

Podemos dizer que, a todo momento, dois processos ocorrem no organismo:

- construção de moléculas formadoras de partes das células a partir de substâncias mais simples – esse processo é chamado **anabolismo** (*aná* = para cima; *bollein* = projetar) e engloba as transformações de síntese ou construção;
- degradação (quebra) de substâncias mais complexas em outras mais simples, com liberação de energia – processo denominado **catabolismo** (*kata* = para baixo; *bollein* = projetar), que engloba as transformações de análise ou decomposição.

O conjunto de todas as transformações químicas do organismo é chamado **metabolismo** (*metabolé* = transformar).

Nutrição autotrófica e heterotrófica

Na natureza, podemos encontrar duas formas básicas de nutrição: a **autotrófica**, realizada, por exemplo, pelas plantas, e a **heterotrófica**, realizada, por exemplo, pelos animais.

Na nutrição autotrófica (*auto* = próprio; *trofo* = alimento), realizada apenas pelas plantas, algas e por certas bactérias, o organismo é capaz de produzir a glicose a partir de substâncias inorgânicas que retira do ambiente, como gás carbônico, água e sais minerais. No processo chamado **fotossíntese** (*photos* = luz), o organismo usa a energia luminosa do Sol, que é absorvida pela clorofila, produzindo glicose e liberando oxigênio na atmosfera (figura 1.8). A partir dos açúcares e outros compostos, os seres autotróficos produzem novas substâncias orgânicas.

Os animais, os protozoários, os fungos e a maioria das bactérias não fazem fotossíntese. Esses seres precisam ingerir moléculas orgânicas prontas: é a nutrição heterotrófica (*hetero* = diferente).

Você pode perceber, portanto, que para entender processos como a fotossíntese e a respiração é necessário um conhecimento básico de Química. Mais adiante você vai estudar esses processos com mais detalhes.

Figura 1.8 Na fotossíntese, a planta fabrica açúcar usando gás carbônico, água e energia da luz. À esquerda, um esquema simplificado, com modelos das moléculas envolvidas no processo. (Os elementos da ilustração não estão na mesma escala; cores fantasia.)

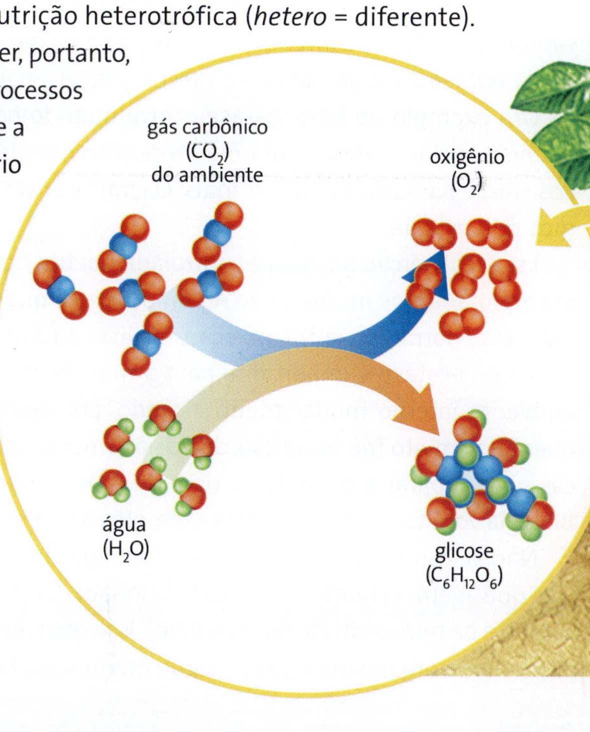

4 Reação e equilíbrio

Todos os seres vivos possuem irritabilidade, ou seja, eles são capazes de reagir a estímulos, isto é, a modificações do ambiente.

No caso dos vegetais, essas reações costumam ser mais lentas que nos animais, manifestando-se, por exemplo, pelo crescimento do caule em direção à luz ou pelo crescimento das raízes em direção ao solo. Esse fenômeno de irritabilidade vegetal é denominado **tropismo** (*tropein* = voltar-se para).

Em algumas plantas, como a sensitiva ou dormideira, a reação pode ser mais rápida: o simples contato com um animal ou um vento mais forte provoca o fechamento de seus folíolos em poucos segundos. Esse fechamento se deve à diminuição da pressão da água existente em uma dilatação na base das folhas (figura 1.9).

Fotos: Fabio Colombini/Acervo do fotógrafo

Figura 1.9 Sensitiva (*Mimosa pudica*) antes e depois de ser tocada (a altura da planta varia de 15 cm a 45 cm).

Apesar das transformações do metabolismo, o ser vivo se mantém em equilíbrio, isto é, ele não modifica muito sua composição química e suas características físicas. Essa propriedade do ser vivo de manter relativamente constante o interior de seu organismo (seu meio interno) é chamada **homeostase** (*homoios* = o mesmo; *stasis* = parada).

Um exemplo de homeostase ocorre quando bebemos muito líquido: nossos rins reabsorvem uma proporção menor de água em relação aos sais, e passamos a urinar mais. O contrário acontece quando bebemos pouca água.

Essa reabsorção de água é controlada por um hormônio. Quando, por exemplo, suamos muito e não repomos logo a quantidade de água perdida, esse hormônio entra em ação, facilitando a reabsorção de água.

A homeostase é importante para a manutenção da vida. Se o nosso ambiente interno mudar muito, ficando, por exemplo, excessivamente quente ou muito frio ou, então, demasiadamente ácido, as reações químicas podem parar e corremos o risco de morrer. Ao longo do estudo em Biologia você vai conhecer outros exemplos de homeostase.

Não se esqueça, porém, de que esses mecanismos, assim como outros que agem na homeostase, só funcionam dentro de certos limites (de tempo e de temperatura, por exemplo). Isso quer dizer que, em condições extremas, o organismo não consegue manter sua homeostase e morre.

5 Reprodução e hereditariedade

Estamos muito acostumados a perceber que filhos costumam ter algumas características físicas do pai e outras da mãe. Observe a figura ao lado (figura 1.10).

Mas você já se perguntou como isso ocorre? Perguntar e procurar explicações para algo aparentemente óbvio é uma etapa importante do trabalho do cientista.

As características de um indivíduo, como cor dos olhos ou dos cabelos, forma do nariz e até mesmo o desenvolvimento de algumas doenças, são determinadas por informações contidas nos genes em interação com outras partes da célula e com o ambiente. De forma simplificada, podemos dizer que os **genes** são formados por segmentos de uma molécula orgânica, o **ácido desoxirribonucleico** ou **DNA** (sigla do nome em inglês, *deoxyribonucleic acid*). Essas moléculas formam filamentos que ficam localizados no núcleo das células. Quando a célula se divide, esses filamentos se condensam e são vistos ao microscópio como bastões: são os **cromossomos** (figura 1.11).

Ariel Skelley/Corbis/Latinstock

Figura 1.10 Por que os filhos são parecidos com os pais?

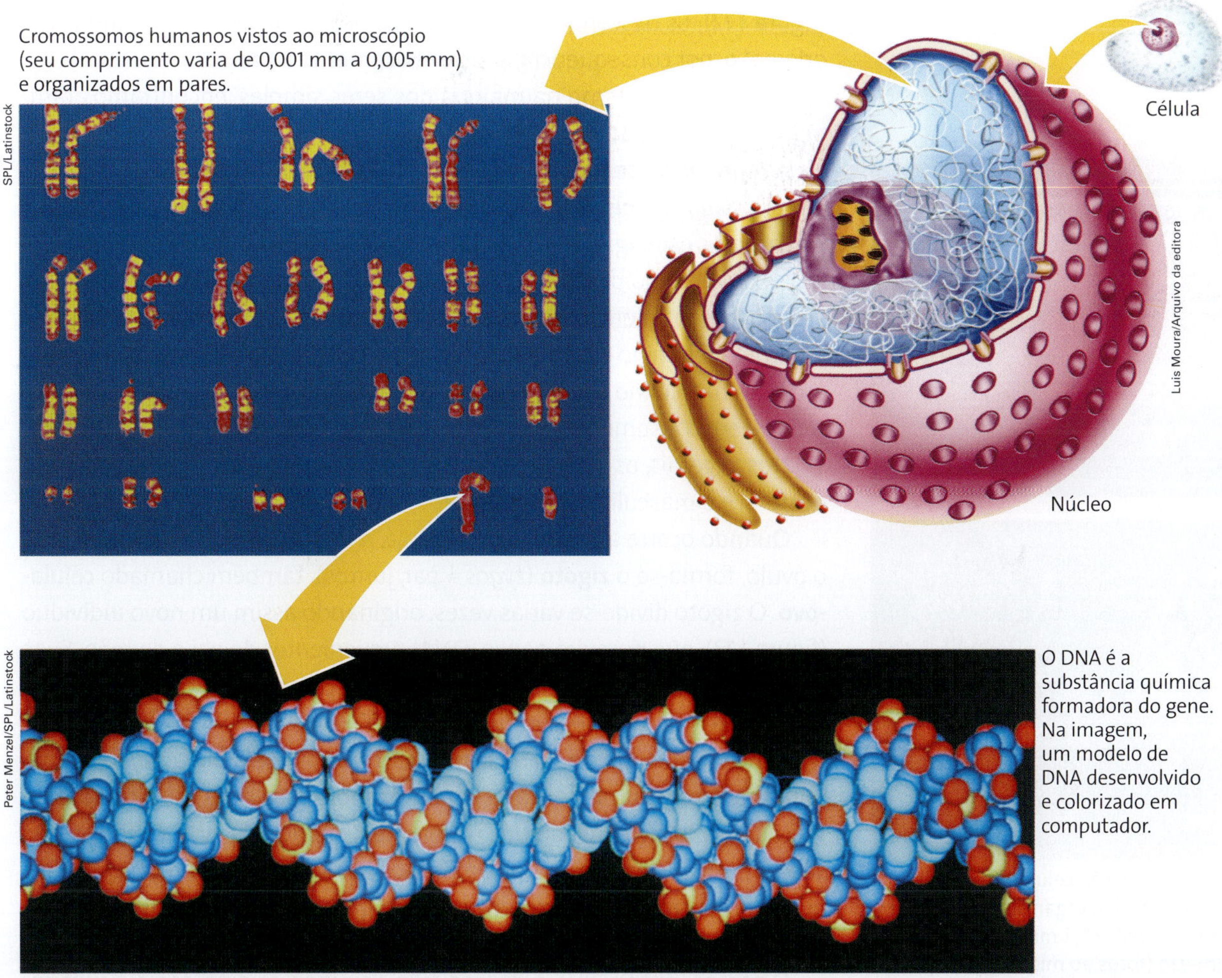

Figura 1.11 Uma célula, o núcleo celular, os cromossomos humanos e o DNA, a substância química formadora do gene (a célula é microscópica; os elementos da ilustração não estão na mesma escala; cores fantasia).

Como veremos (no capítulo 13), genes atuam em conjunto com certas moléculas, orientando a produção de proteínas, as quais promovem determinadas transformações químicas no organismo.

Todo esse processo é influenciado não apenas pelo ambiente externo ao organismo, mas também por seu "ambiente interno", formado por células, proteínas e outras moléculas que podem atuar "ligando" e "desligando" certos genes em determinados momentos.

As características de um organismo não dependem apenas do DNA. Elas são o resultado de uma ação conjunta do gene e do ambiente. Portanto, em vez de dizer que os genes determinam nossas características, o mais adequado é falar que os genes, em interação com o ambiente, influenciam nossas características.

Com o auxílio de diversas moléculas e estruturas, as células podem promover a replicação dos genes. Assim, pelo processo de reprodução, que pode ser **assexuada** ou **sexuada** (no capítulo 16, você vai saber mais sobre esses dois tipos de reprodução), as informações que eles contêm são transmitidas para as gerações seguintes.

Reprodução assexuada e sexuada

Nos organismos unicelulares, como a ameba, a **reprodução assexuada** é a principal forma de reprodução e equivale a uma simples divisão celular (figura 1.12): os descendentes recebem cópias iguais do DNA do indivíduo original e, por consequência, são geneticamente idênticos.

No entanto, mesmo na maioria dos seres simples, encontramos também outra forma de reprodução, a sexuada.

A **reprodução sexuada** é realizada pela união de células especializadas, denominadas **gametas** (*gamein* = casar). Na maioria dos casos, a produção de gametas está ligada a uma diferença de sexo nos indivíduos adultos:

- o sexo feminino produz o **gameta feminino**, chamado **óvulo** (*ovulu* = pequeno ovo). Porém, como veremos no capítulo 16, em muitos animais o gameta feminino é uma célula chamada ovócito secundário, ou ovócito II;
- o sexo masculino produz o **gameta masculino**, chamado **espermatozoide** (*sperma* = semente; *zoon* = animal).

Nos vegetais, os nomes são diferentes: o gameta feminino é chamado **oosfera**, e o masculino, **anterozoide**.

Quando ocorre a fecundação, ou seja, a união do espermatozoide com o óvulo, forma-se o **zigoto** (*zygos* = par, juntos), também chamado **célula-ovo**. O zigoto divide-se várias vezes, originando assim um novo indivíduo (figura 1.13), que possuirá genes (DNA) provenientes do pai e da mãe. Suas características, portanto, resultarão de uma combinação de genes paternos e maternos, além das influências ambientais.

Cada vez que um óvulo ou um espermatozoide é produzido, há embaralhamento de cromossomos e genes, de modo que cada espermatozoide ou cada óvulo tem um conjunto diferente de genes. Por isso, os filhos não são geneticamente iguais aos pais, aos irmãos ou a qualquer outro indivíduo da família (exceto em caso de gêmeos univitelinos ou verdadeiros, que vêm da mesma célula-ovo, como veremos adiante).

Dizemos, então, que a reprodução sexuada origina seres geneticamente diferentes e, portanto, maior variedade de indivíduos.

Fotos: Carolina Biological/Visuals Unlimited/Corbis/Latinstock

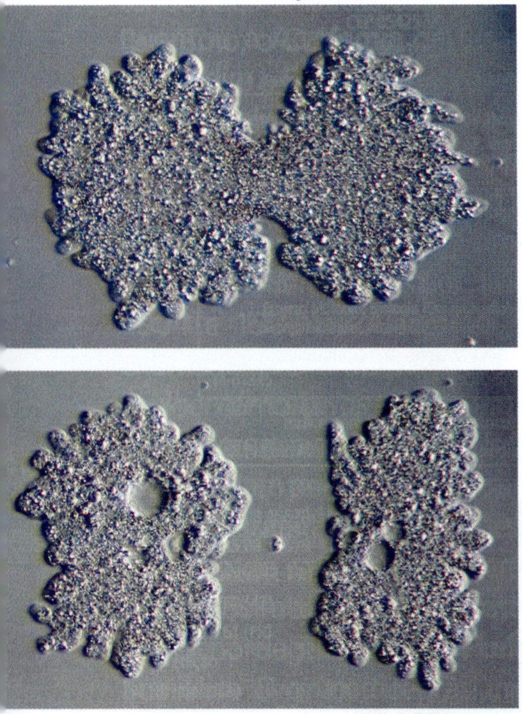

Figura 1.12 Divisão celular simples em uma ameba, organismo unicelular que mede entre 0,2 mm e 0,5 mm de diâmetro (fotos ao microscópio óptico, com uso de corante; aumento de cerca de 100 vezes).

Figura 1.13 A união do espermatozoide com o ovócito II (no interior do sistema genital feminino) forma uma nova célula, a célula-ovo, que origina um novo organismo. (Os espermatozoides, o ovócito e as outras células são microscópicos; os elementos da ilustração não estão na mesma escala; cores fantasia.)

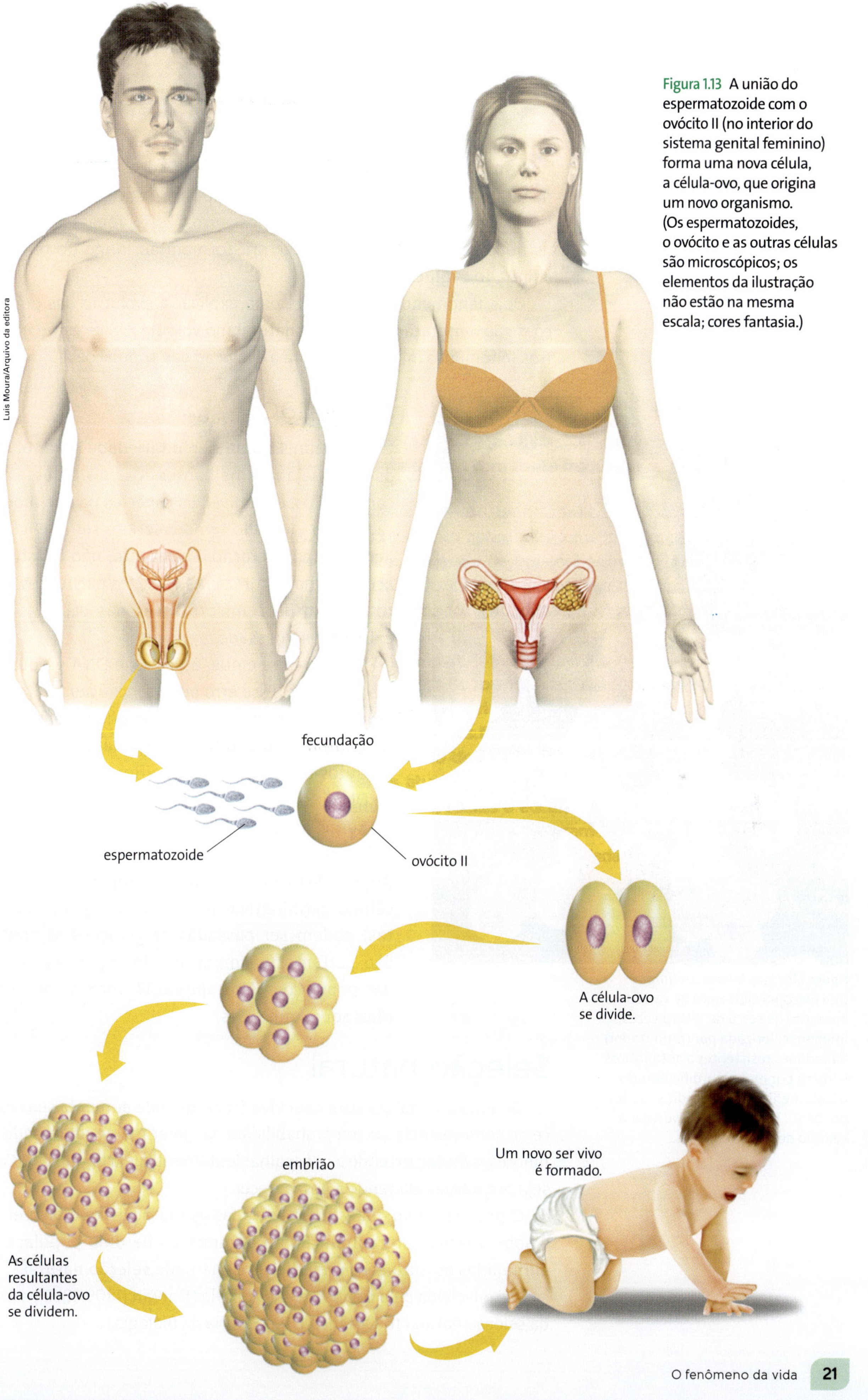

6 Evolução

Você já deve ter ouvido falar que há cerca de 65 milhões de anos os dinossauros foram extintos. Para muitos cientistas, um grupo de dinossauros modificou-se com o tempo e, a partir desse grupo, ao longo de muitos milhões de anos, surgiram as espécies de aves atuais. As aves seriam, então, descendentes de dinossauros. Esse processo pelo qual as populações de seres vivos se transformam ao longo do tempo é chamado **evolução**.

Dois fenômenos importantes para explicar a evolução das populações são a **mutação** e a **seleção natural** (no volume 3 você estudará outros fenômenos importantes para a evolução das populações).

Dr. Stanley Fleger/Visuals Unlimited/Getty Images

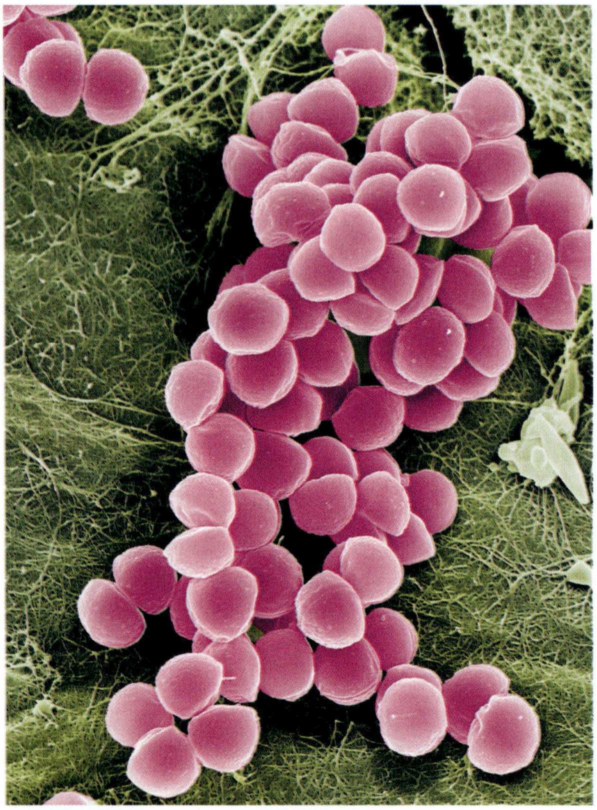

Figura 1.14 *Staphilococcus aureus* (microscopia eletrônica de varredura; aumento de cerca de 15 000 vezes; imagem colorizada por computador). Variedades resistentes a antibióticos surgem por mutação, dificultando o tratamento. Tomar medicamentos por conta própria pode favorecer a seleção dessas variedades.

Mutação

O mecanismo da hereditariedade garante que os filhos sejam semelhantes aos pais. Se esse mecanismo fosse infalível, as espécies não se modificariam ao longo do tempo; seriam sempre iguais, geração após geração. Entretanto, não é isso que acontece na natureza. As espécies existentes hoje resultaram de transformações nas espécies que existiram no passado.

O que ocorre é que, às vezes, o DNA produz cópias com erro. Esse erro pode ser causado tanto por uma falha durante a duplicação quanto pela exposição do organismo à radioatividade ou a certos produtos químicos. Essa modificação na estrutura do DNA chama-se **mutação**.

Surge, assim, uma molécula diferente da original, e isso pode significar uma nova característica (figura 1.14). Mutações que ocorrem nas chamadas células germinativas (células que originam gametas) podem ser passadas às gerações seguintes. São, portanto, um importante fator para a evolução das populações. No capítulo 13, você vai aprender mais sobre mutações.

Seleção natural

Quando é vantajosa para o ser vivo, isto é, quando aumenta sua chance de sobrevivência ou sua probabilidade de gerar maior quantidade de filhotes, a mutação tende a se espalhar lentamente pela população. Caso seja prejudicial, ela tende a desaparecer.

O processo pelo qual são preservadas as mutações que favorecem a sobrevivência ou reprodução de organismos de uma população e eliminadas as mutações prejudiciais é chamado **seleção natural**.

Desenvolvida pelo cientista inglês Charles Darwin (1809-1882), a ideia da seleção natural foi um marco na história da Biologia.

Um exemplo de seleção natural é a resistência de insetos a inseticidas. Em uma população de insetos, a alta taxa de reprodução por via sexuada fornece populações extremamente variadas, nas quais a quantidade de genes mutantes diferentes é alta. Quando essa população é submetida a determinado inseticida por um período prolongado, os indivíduos sensíveis morrem e os mutantes resistentes sobrevivem. Gradativamente, geração após geração, diminui a quantidade de insetos sensíveis e aumenta a de resistentes (figura 1.15).

A teoria da evolução explica por que os seres vivos possuem adaptações – características que facilitam sua sobrevivência e reprodução no ambiente em que vivem. Por exemplo, peixes possuem brânquias (que retiram o oxigênio dissolvido na água) e nadadeiras (que os auxiliam na natação). Mas essas estruturas não funcionam para a vida terrestre, na qual os pulmões são mais adequados à respiração, e as pernas à locomoção (figura 1.16). No entanto, nem todas as características de um ser vivo se devem à seleção natural e nem todas são adaptativas.

Ao estudar Biologia, mais importante do que memorizar nomes e definições é compreender a relação entre a forma e a função de órgãos e outras partes do ser vivo. É importante também compreender como órgãos e constante (homeostase) e como se dão as relações entre um organismo e o ambiente em que ele vive.

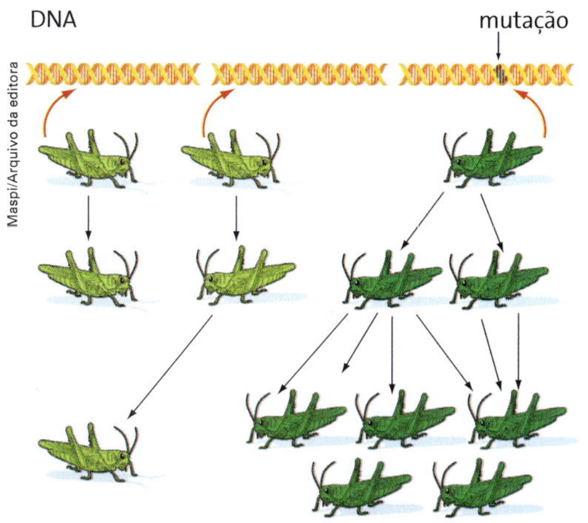

Figura 1.15 Após o uso de inseticidas, o número de insetos resistentes (representados em cor mais escura) aumenta, visto que os insetos sensíveis são eliminados. (O tamanho dos gafanhotos depende da espécie, variando em torno de 1 cm a 8 cm de comprimento. O DNA é microscópico. Os elementos da figura não estão na mesma escala; cores fantasia.)

A forma do bicho-pau (entre 3 cm e 25 cm de comprimento) é um tipo de camuflagem contra predadores.

Fabio Colombini/Acervo do fotógrafo

As nadadeiras do golfinho (o animal tem entre 1,30 m e 4 m de comprimento) facilitam seu deslocamento no meio aquático.

O. Alamany E. Vicens/Corbis/Latinstock

Os animais carnívoros possuem dentes caninos bem desenvolvidos, com os quais perfuram a carne de suas presas.

Eric Isselee/Shutterstock/Glow Images

Figura 1.16 Alguns exemplos de adaptações.

Biologia e sociedade

Os genes e o ambiente

As características de um organismo não dependem apenas das informações do material genético. Elas são o resultado da interação dos genes com várias outras partes da célula e com o ambiente.

Em relação ao comportamento, por exemplo, a ação do ambiente é fundamental e inclui fatores culturais e sociais. Podemos aprender e mudar nosso comportamento com as experiências passadas. A sociedade em que vivemos, a influência da família, dos amigos, da escola, do ambiente de trabalho e nossas experiências pessoais podem mudar alguns efeitos dos nossos genes, ou seja, a influência dos genes sobre nosso comportamento e nossa personalidade não é tão forte quanto sobre certas características físicas, como cor dos olhos ou grupos sanguíneos. Os genes são capazes de influenciar certos comportamentos, mas não de determiná-los.

Devemos considerar que podemos prever as consequências de nossas ações. Por exemplo: embora alguns estudos indiquem que talvez haja uma tendência genética para certas formas de alcoolismo, a conscientização da pessoa e seu próprio esforço em não ingerir álcool podem impedir os efeitos dessa suposta influência genética.

Figura 1.17 Muitas das características desses jovens foram transmitidas por seus genes, mas o comportamento e a personalidade estão mais relacionados às experiências vividas, às influências recebidas e, sobretudo, às escolhas conscientes de cada um.

Kristian Sekulic/Getty Images

Aprofunde seus conhecimentos

As divisões da Biologia

A Biologia estuda os níveis de organização dos seres vivos e pode ser dividida em:

- Citologia (*kytos* = célula; *logos* = estudo) – estuda as células, sua composição química, seu estado físico e a forma e função de suas estruturas internas.
- Histologia (*histos* = tecido) – estuda os tecidos.
- Anatomia (*anatomié* = corte = dissecção) e Fisiologia (*physis* = natureza, função) – estudam a estrutura e o funcionamento dos órgãos e sistemas.
- Embriologia (*embryon* = embrião) – estuda a formação e o desenvolvimento do embrião.
- Genética (*geneticos* = que gera) – estuda as leis da hereditariedade.
- Evolução (*evolutione* = ação de desenrolar) – estuda as transformações das populações e das espécies ao longo do tempo.
- Ecologia (*oikos* = casa, ambiente) – estuda as relações entre o ser vivo e o ambiente.
- Taxonomia (*taxis* = arranjo, ordem; *nomos* = lei) e Sistemática – estudam a classificação dos organismos e as relações de parentesco evolutivo entre eles.
- Paleontologia (*palaios* = antigo; *ontos* = ser) – estuda os fósseis.

A Biologia pode também ser dividida de acordo com o tipo de organismo estudado. Nesse caso, temos:

- Zoologia (*zoon* = animal) – estuda os animais.
- Botânica (*botanikós* = relativo às ervas) – estuda as plantas.
- Microbiologia (*mikros* = pequeno; *bios* = vida) – estuda os microrganismos.

(Nos parênteses, aparecem as palavras gregas ou latinas que deram origem ao termo científico e seu significado.)

Atividades

1. Coloque em ordem de complexidade, da célula até a biosfera, os diferentes níveis de organização do mundo vivo.
2. Em relação à fotossíntese e à respiração celular aeróbia, responda quais as matérias-primas e quais os produtos de cada um desses processos.
3. Quando uma pessoa cresce ou engorda, predominou em seu organismo o anabolismo ou o catabolismo? Justifique.
4. O fenômeno da respiração celular é um exemplo de anabolismo ou catabolismo? E o da fotossíntese?
5. Os animais continuariam a existir se todos os seres autotróficos morressem? Por quê?
6. Por que se pode dizer que a energia que um atleta usa durante uma corrida vem, em última análise, do Sol?
7. Um estudante afirmou que a principal diferença entre plantas e animais está no tipo de nutrição. Explique com suas palavras o que ele quis dizer com isso.
8. Outro estudante afirmou que plantas não reagem a estímulos, que apenas os animais fazem isso. Esse estudante está certo? Justifique sua resposta.
9. A figura abaixo mostra um organismo unicelular (um protozoário) dividindo-se em dois.

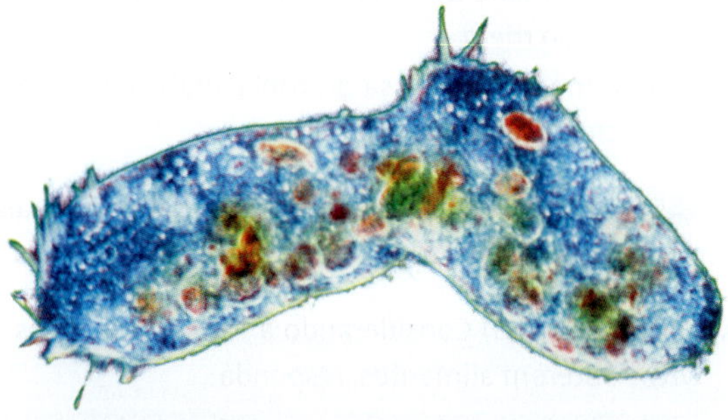

Foto ao microscópio de luz ou óptico, com uso de corante; aumento de cerca de 100 vezes.

   a) Que tipo de reprodução a figura representa?
   b) Os indivíduos produzidos nesse tipo de reprodução são geneticamente iguais? Por quê?
   c) Que diferenças existem entre esse tipo de reprodução e a reprodução da maioria dos animais?

10. Explique o que essa frase significa: "Todas as células de nosso corpo se originam de uma única célula".
11. Muitas lagartas que vivem sobre as folhas são verdes. Que vantagem essa cor traz para a lagarta?
12. Se lhe perguntassem por que os filhos são parecidos com os pais, o que você diria? Responda usando as palavras: DNA, cromossomos, gametas, fecundação e célula-ovo (não necessariamente nessa ordem).
13. Utilizando os conceitos de "mutação" e "seleção natural", explique como uma população de insetos pode se tornar resistente a um inseticida.
14. João e José são gêmeos idênticos (possuem o mesmo conjunto de genes), mas foram criados em cidades diferentes e nunca se conheceram. Ambos começaram a fumar na mesma época (um hábito que prejudica a saúde). Pode-se afirmar que o ato de fumar depende apenas dos genes de João e José? Justifique sua resposta.
15. A construção e a renovação do corpo estão sempre ocorrendo. Por exemplo, muitas células morrem e são substituídas por células novas, em um processo que, em certos casos, continua por toda a vida. Apesar disso, o organismo mantém suas características básicas; como um rio, cuja água é sempre renovada, embora ele pareça o mesmo. De que processo estamos falando e por que ele é importante para a sobrevivência dos organismos?
16. Você sabe muito bem que não consegue ficar muito tempo sem comer. Então responda: por que não podemos viver sem ingerir alimentos?
17. Uma hemácia (como a da foto abaixo), também chamada glóbulo vermelho, circula apenas cerca de quatro meses no sangue, sendo depois destruída. Como o número de hemácias se mantém constante no corpo?

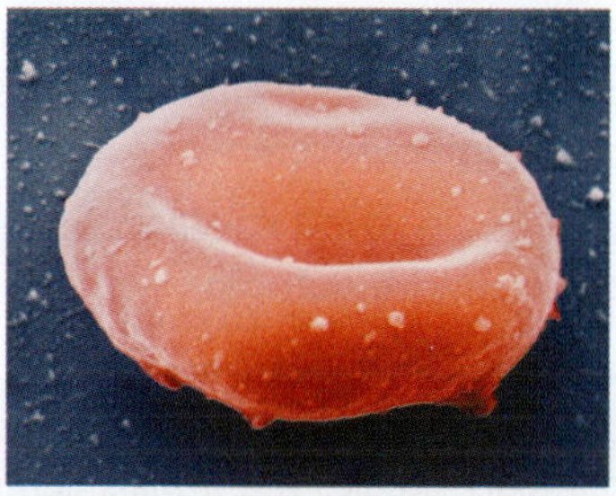

Hemácia vista ao microscópio eletrônico (imagem colorizada por computador; a hemácia tem entre 0,006 mm e 0,008 mm de diâmetro).

Trabalho em equipe

Em grupo, selecionem notícias de jornais, revistas ou de *sites* na internet, que requeiram um conhecimento básico de Biologia para serem compreendidas. Depois, apresentem um resumo de algumas dessas notícias para a classe e justifiquem, em cada caso, por que esse tipo de conhecimento é importante.

Após a apresentação, criem uma exposição com cartazes, folhetos, frases curtas de alerta (*slogans*), letras de música, fotos, vídeos, etc., para a comunidade escolar (alunos, professores e funcionários da escola e pais ou responsáveis) em que se fale da importância dos conhecimentos básicos em Biologia.

Vestibulares de Norte a Sul

1. **S** (Acafe-SC) São afirmações sobre os seres vivos, quanto à obtenção do alimento:

   I. Os seres heterotróficos têm capacidade de sintetizar seu próprio alimento, pois realizam a fotossíntese.

   II. Os seres autotróficos obtêm matéria orgânica a partir da energia luminosa e moléculas simples.

   III. Os seres heterotróficos dependem dos autotróficos.

   Todas as afirmações acima que estão corretas se encontram na alternativa:

   a) II – III.
   b) II.
   c) I – II.
   d) I – II – III.
   e) III.

2. **SE** (FMABC-SP) Considere a seguinte frase, a ser completada: "Sem I não há variabilidade, sem variabilidade não há II e, consequentemente, não há III". Os termos que, substituindo as lacunas, tornam essa frase logicamente correta são:

   a) I – evolução, II – seleção e III – mutação.
   b) I – evolução, II – mutação e III – seleção.
   c) I – mutação, II – evolução e III – seleção.
   d) I – mutação, II – seleção e III – evolução.
   e) I – seleção, II – mutação e III – evolução.

3. **NE** (UFC-CE) Existem inúmeras características que nos permitem diferenciar a matéria viva da inanimada. A característica "o ser vivo é capaz de manter a constância do meio interno" é identificada como:

   a) homeostase.
   b) metabolismo.
   c) irritabilidade.
   d) nutrição.

4. **CO** (UEG-GO) A reprodução, processo necessário a todos os seres vivos por levar à preservação da espécie, acontece desde a forma mais simples até a mais complexa. Quanto a esse processo, marque a alternativa **incorreta**:

   a) A reprodução assexuada aumenta a variabilidade genética numa população de determinada espécie, porque os descendentes assim originados diferem geneticamente de seus pais.
   b) Nos organismos sexuados ocorrem dois tipos de divisão celular: mitose e meiose.
   c) A mitose é o mecanismo mais comum de reprodução dos organismos unicelulares eucariontes.
   d) Uma vantagem evolutiva da reprodução sexuada está no fato de ela poder conferir proteção contra parasitas; alguns descendentes, por exemplo, podem apresentar combinações genéticas que os tornam mais adaptados aos parasitas do que seus pais.
   e) Durante a meiose e a fecundação podem ocorrer eventos que criam variabilidade genética nos seres que se reproduzem sexuadamente.

5. **SE** (Fuvest-SP) Considere as seguintes atividades humanas:

   I. Uso de equipamento ligado à rede de energia gerada em usinas hidrelétricas.

   II. Preparação de alimentos em fogões a gás combustível.

   III. Uso de equipamento rural movido por tração animal.

   IV. Transporte urbano movido a álcool combustível.

   As transformações de energia solar, por ação direta ou indireta de organismos fotossintetizantes, ocorrem exclusivamente em

   a) I
   b) II
   c) II, III e IV
   d) III e IV
   e) IV

6. **S** (UFPR) Por metabolismo entende-se:

   a) o conjunto de processos responsáveis pela eliminação das substâncias tóxicas ao organismo.
   b) o conjunto de processos através dos quais diferentes materiais são incorporados ao organismo ou usados como fonte de energia.
   c) o processo pelo qual o alimento ingerido é preparado para a absorção.
   d) a capacidade de os organismos reagirem a um estímulo do meio.
   e) o aumento da massa protoplasmática e consequente crescimento do organismo.

7. **SE** (UFRJ) Por que, sem a energia do Sol, os animais não teriam energia para manter o seu metabolismo?

8. **SE** (Ufop-MG) Considerando a capacidade de os seres vivos obterem alimentos, responda:

   a) As plantas continuariam a existir se todos os animais morressem? Por quê?
   b) Os animais continuariam a existir se todas as plantas morressem? Por quê?

9. **SE** (UFV-MG) Utilizando os seus conhecimentos sobre a vida do planeta Terra, responda:

   a) De onde provêm todos os açúcares naturais (carboidratos) utilizados pelos animais e vegetais?
   b) Por que se diz que, se a produção dos açúcares naturais acabasse, a vida na Terra seria extinta?

10. **NE** (Ufal) O que significa dizer que "as plantas são seres autótrofos fotossintetizantes"?

11. **CO** (UFMT) Cite e explique quatro aspectos que demonstram ser o conhecimento da Biologia importante para o homem contemporâneo.

CAPÍTULO

2 Como o cientista estuda a natureza

akg-images/Latinstock

Pintura retratando o químico francês Antoine Lavoisier (1743-1794).

↘ *Como são feitas as investigações na ciência?*

↘ *Você sabe o que são leis e teorias científicas?*

↘ *Será que a ciência pode resolver todos os problemas da sociedade?*

1 A investigação científica

O termo "ciência" serve tanto para designar o processo de aquisição de conhecimento sobre o mundo como também o próprio conhecimento adquirido por meio desse processo.

Como outras Ciências Naturais (Física, Química, etc.), a Biologia tenta resolver problemas e encontrar explicações para os fenômenos da natureza: como a vida começou? Como nossos tecidos e órgãos podem surgir a partir de uma única célula? Por que envelhecemos?

Perguntas originais

Além de resolver problemas, um cientista pode também formular perguntas originais, descobrindo novos problemas quando outros veem apenas fatos banais, como ocorreu com a descoberta da penicilina.

Antes das pesquisas do cientista escocês Alexander Fleming (1881-1955), os pesquisadores simplesmente jogavam fora meios de cultura de bactérias, quando essas tinham sido invadidas por mofo, fato que acontece com certa frequência em laboratório. Em 1929, entretanto, Fleming observou que em volta do mofo havia uma região onde não cresciam bactérias. Ele supôs que alguma substância estivesse sendo produzida pelo mofo e que ela pudesse inibir o desenvolvimento de bactérias. Posteriormente foi iniciada uma série de pesquisas que culminaram com o aparecimento do primeiro antibiótico, a penicilina, extraída do fungo do gênero *Penicillium* (figura 2.1).

Figura 2.1 O fungo *Penicillium chrysogenum*, usado no passado na produção do antibiótico penicilina, crescendo em um meio de cultura (ágar).

Dr. Jeremy Burgess/SPL/Latinstock

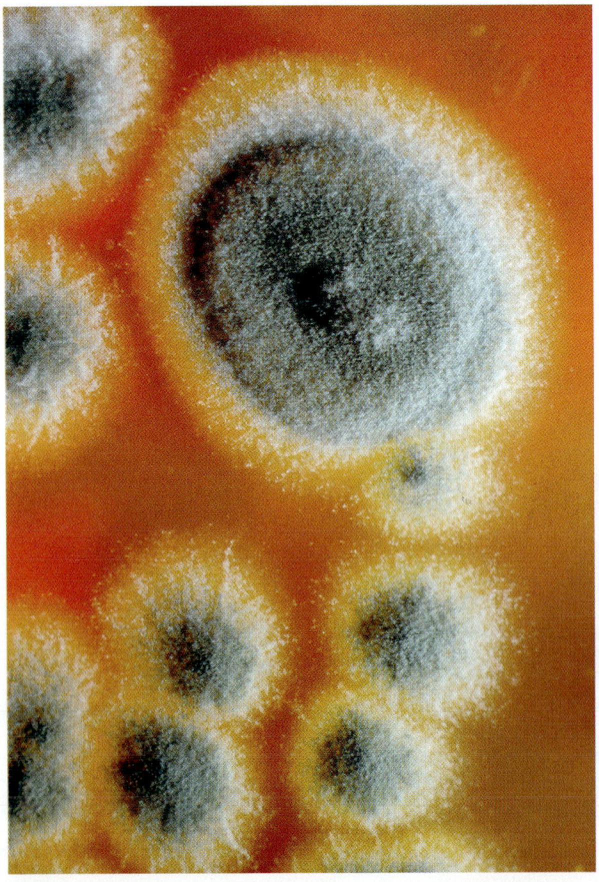

A descoberta de Fleming não foi totalmente casual, nem sua observação, passiva. Ele vinha pesquisando substâncias antibacterianas havia algum tempo, tendo até descoberto a lisozima – uma enzima presente nas lágrimas capaz de atacar algumas bactérias. Porém, a lisozima mostrava-se inútil contra a maioria das bactérias causadoras de doenças. Fleming, portanto, já procurava algo para matar bactérias.

Formulando hipóteses

Para explicar um fenômeno da natureza, o cientista, tendo como base um conhecimento prévio, faz observações, percebe um problema e arrisca um palpite, isto é, ele pensa em uma possível solução para resolver o problema. Em outras palavras, ele formula **hipóteses**. Não há um método para conceber ideias novas, descobrir problemas ou formular hipóteses. Entretanto, é importante ter em mente que a investigação científica é uma atividade coletiva, que ocorre por meio da interação entre grupos de pesquisas, formados por equipes de pesquisadores que discutem e divulgam os conhecimentos produzidos.

Testando hipóteses

As atividades desenvolvidas por uma equipe de pesquisadores dependem da criatividade dos cientistas que a integram. No entanto, há certos procedimentos que aparecem frequentemente na investigação científica. Eles fazem parte do que costuma ser chamado método científico. Esses procedimentos, porém, variam de acordo com o tipo de pesquisa realizada e não podem ser tratados como uma "receita de bolo", que seria aplicada mecanicamente a qualquer tipo de pesquisa.

A partir da hipótese, o cientista pode fazer previsões e testá-las por meio de observações ou experimentos. Por fim, ele analisa os resultados do teste e conclui se sua hipótese é verdadeira ou falsa.

Vejamos um exemplo de como um cientista pode testar uma hipótese.

Imagine que ele queira testar a hipótese de que o magnésio é um mineral importante para o crescimento de uma planta. Com base nessa hipótese, ele faz uma previsão: se a planta for cultivada em uma solução nutritiva sem magnésio, ela não cresce. Para testar a hipótese, ele realiza um experimento colocando dois grupos de plantas, em fase de crescimento e da mesma espécie, em um local iluminado. O primeiro grupo é cultivado em solução com todos os nutrientes necessários ao crescimento da planta; o segundo é cultivado em uma solução com os mesmos nutrientes – exceto o magnésio (figura 2.2).

O cientista acompanha o crescimento da planta e analisa o resultado do experimento. Se o grupo de plantas que não recebeu o magnésio não tiver crescido ou tiver seu crescimento prejudicado em relação ao outro grupo, ele poderá concluir que o magnésio é necessário para o crescimento, confirmando, portanto, sua hipótese.

Por que o primeiro grupo – o das plantas cultivadas com todos os nutrientes – é importante? Sem ele, a falta de crescimento do segundo grupo pode ser atribuída a outro fator do ambiente – talvez pouca luz ou alguma doença provocada por um fungo, por exemplo. No caso do magnésio, já sabemos que esse mineral faz parte da molécula de clorofila e sua carência reduz o crescimento da planta, podendo até mesmo causar sua morte.

Esse tipo de experimento, realizado em condições em que se procura controlar a interferência de algum fator nos resultados (no caso, a presença do magnésio), é chamado **experimento controlado** ou **teste controlado**. O grupo de plantas que recebeu todos os nutrientes é chamado **grupo de controle**, pois não sofre a influência do fator que se quer testar e serve de comparação. O outro grupo, em que se faz uma alteração em um fator a ser testado (a presença de magnésio), é chamado **grupo experimental**.

Apesar de todos os cuidados e controles, as conclusões dos experimentos científicos nem sempre são muito claras e pode ter havido algum erro no experimento. Por isso, um mesmo experimento precisa ser repetido por outros cientistas, para que eles também testem a hipótese. Isso só é possível se o cientista comunicar suas descobertas, publicando-as em revistas científicas e apresentando-as e discutindo-as em congressos. Desse modo, outros cientistas poderão checar se os resultados estão corretos.

Figura 2.2 Esquema de um experimento controlado.

Em termos simplificados, podemos dizer que, nas Ciências Naturais, o cientista muitas vezes se vale dos seguintes procedimentos:

- Observação de um fato e formulação de um problema.
- Elaboração de hipóteses que resolvam o problema e de previsões que possam ser testadas.
- Realização de observações ou experimentos para testar a hipótese.
- Análise dos resultados das observações ou dos experimentos, seguida de conclusão: se a previsão for confirmada, a hipótese é aceita como verdadeira (pelo menos até prova em contrário); se a previsão não for confirmada, é preciso checar as hipóteses envolvidas no experimento ou formular uma nova hipótese.

Biologia e sociedade

O preço da pesquisa

Pesquisas científicas dependem imensamente de recursos econômicos. E a quantidade de recursos disponíveis para determinada pesquisa muitas vezes depende dos interesses das empresas em investir em um produto e do lucro que ele pode dar. Isso vale até mesmo para a pesquisa de medicamentos: o desenvolvimento de uma nova droga pode consumir milhões de dólares, mas pode também dar muito lucro para a empresa, pois quem quiser produzir o medicamento tem de pagar determinada quantia à companhia detentora da patente por até vinte anos.

Por isso há muitas vezes um interesse maior em pesquisar medicamentos que atendam pessoas capazes de comprá-los. Isso pode deixar de lado a pesquisa com doenças que atingem as pessoas mais pobres dos países em desenvolvimento, como malária, leishmaniose e tuberculose (figura 2.3). São as chamadas doenças negligenciadas. Para diminuir esse problema, o governo pode destinar verbas para pesquisa e produção de medicamentos em órgãos públicos de pesquisa e em universidades dos próprios países em desenvolvimento.

Vanderlei Almeida/Agência France-Presse

Figura 2.3 Técnica do Instituto Oswaldo Cruz, no Rio de Janeiro, prepara cápsulas de um novo medicamento contra a malária, moléstia que afeta milhões de pessoas em todo o mundo.

2 Leis e teorias

Para explicar fenômenos, os cientistas se valem de conceitos, como o de fotossíntese, energia, carga elétrica, etc., e de leis e teorias.

Enunciados gerais que descrevem regularidades que ocorrem em certas condições são chamados **leis científicas** ou **princípios científicos**. Em Biologia, por exemplo, há as leis da hereditariedade, formuladas pelo cientista austríaco Gregor Mendel (1822-1884), e o princípio da seleção natural, formulado por Darwin. As leis também podem ser apresentadas na forma de equações matemáticas.

Embora na linguagem coloquial a palavra **teoria** seja usada como sinônimo de hipótese ("eu tenho uma teoria para explicar isso"), em ciência esse termo é usado como um conjunto de leis, conceitos e modelos com o qual é possível explicar diversos fenômenos. É o caso da moderna teoria da evolução, que explica como as populações se transformam ao longo do tempo, como surgem as diversas adaptações, por que algumas espécies são mais semelhantes entre si do que em relação a outras espécies, etc. Também é o caso, na Física, da Mecânica Newtoniana, que explica a queda dos corpos, o movimento dos planetas, as marés, etc.

Modelos

Certa vez, o físico alemão Albert Einstein (1879-1955) comparou o trabalho do cientista ao de uma pessoa que tenta compreender o mecanismo de um relógio fechado. Sem abrir o relógio, ela procura imaginar um mecanismo que explique o que observa. Do mesmo modo, embora não possa ver o que está acontecendo no átomo, por exemplo, o cientista pode fazer experiências e, com base nelas, construir um **modelo** do átomo. Ele pode fazer um desenho mostrando com o que se parecem as partes do átomo, por exemplo.

Os modelos, assim como as teorias, podem sofrer modificações ao longo do tempo, em função de novas observações ou experimentos. Um dos primeiros modelos de átomo, por exemplo, elaborado pelo físico inglês Joseph John Thomson (1856-1940), representava o átomo com elétrons mergulhados em uma esfera de carga positiva. Experimentos posteriores, porém, indicaram que as cargas positivas deveriam estar no centro do átomo, com elétrons ao seu redor (figura 2.4).

O uso que o ser humano faz de modelos para entender o mundo ao seu redor é estudado em Filosofia da Ciência. Todas as áreas do conhecimento se valem de modelos. Assim como a Química utiliza o modelo de átomo, a Biologia usa o modelo da molécula de DNA e o modelo de membrana plasmática (estudados mais adiante), por exemplo, para explicar diversas propriedades da célula.

Esses modelos são aceitos pelos outros cientistas se com eles for possível explicar tudo o que se sabe. É provável que, à medida que novas observações e testes forem feitos, esses modelos sejam modificados e corrigidos para adaptar-se às novas descobertas. Isso ocorreu com os primeiros modelos atômicos e os da membrana celular. Dessa maneira, os cientistas procuram corrigir erros e aumentar nosso conhecimento sobre o mundo.

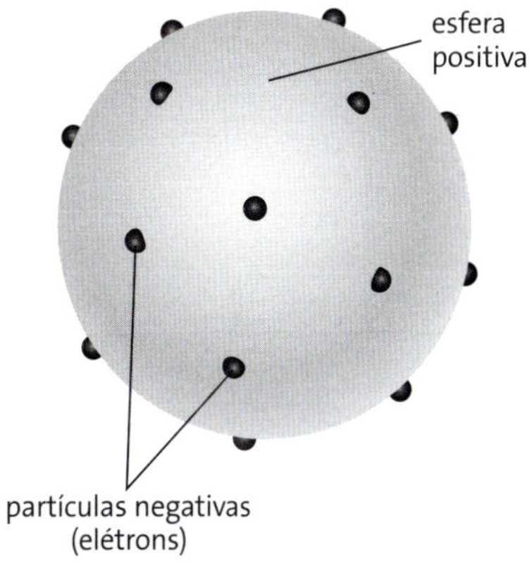

KLN Artes Gráficas/Arquivo da editora

Luis Moura/Arquivo da editora

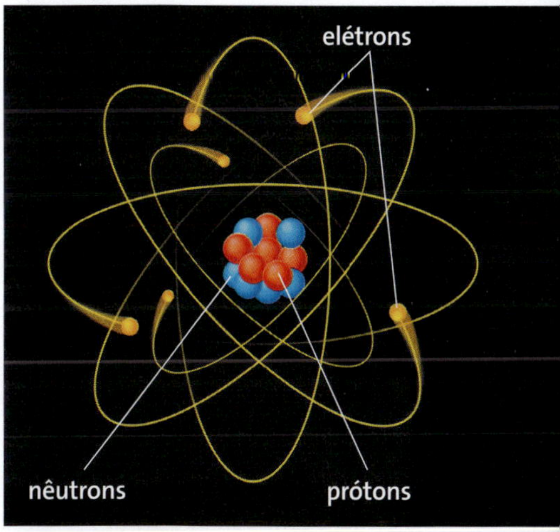

Figura 2.4 No alto, modelo atômico de Thomson, sugerido em 1904. Acima, modelo de um átomo de carbono no qual as cargas positivas estão no centro e os elétrons ficam ao seu redor. (Os elementos das ilustrações não estão na mesma escala; cores fantasia.)

3 Os limites da ciência

A ciência e a tecnologia, isto é, as aplicações práticas do conhecimento científico, são "ferramentas" poderosas e eficazes – para o bem e para o mal. A tecnologia salva vidas, mas também pode causar poluição e desequilíbrios ecológicos.

Não se deve esquecer de que o progresso científico não resolve todos os males. Infelizmente, boa parte da população mundial ainda vive sem acesso a água potável, a assistência médica, a rede de esgotos e a condições mínimas de habitação, alimentação e educação (figura 2.5).

Você vai perceber, ao longo do estudo da Biologia, que o combate a muitas doenças depende de medidas de saneamento e de um trabalho de conscientização da população. Essas medidas envolvem, portanto, ações entre governo e sociedade. Por isso é preciso lembrar que o progresso científico deve ser acompanhado de progresso moral, político e social. Assim, princípios éticos devem nortear qualquer experiência. Nenhuma pesquisa científica pode ser considerada desvinculada de suas aplicações práticas e de consequências sociais. As aplicações da ciência devem respeitar sempre os valores e os direitos humanos.

Outras áreas do conhecimento discutem questões que não podem ser testadas. É o caso da Ética – que debate valores: o que é certo, o que é errado, o bem, o mal –, da Filosofia – que discute o que é verdade, por exemplo – e o da Religião – que discute a alma e outras questões que transcendem a ciência.

A ciência, enfim, é também uma parte da cultura humana, juntamente com a arte, a filosofia, a religião e o conhecimento cotidiano.

Figura 2.5 Embora a ciência esteja por trás dos confortos e benefícios da vida cotidiana, ela por si só não pode estendê-los a toda população. É o caso de Kibera, uma comunidade localizada em Nairóbi, Quênia, e considerada uma das maiores favelas do mundo.

Christopher Pillitz/Getty Images

Biologia e tecnologia

A pesquisa de novos medicamentos

O teste de um novo medicamento pode demorar vários anos e deve seguir as leis que regulamentam esse tipo de experimentação. Primeiro, o medicamento precisa ser administrado a animais de laboratório para verificar se não provoca efeitos prejudiciais, desde que não haja um método alternativo e respeitando sempre as normas que regulamentam esse tipo de pesquisa. Depois, é dado em pequenas doses a voluntários sadios a fim de observar possíveis efeitos colaterais. Só depois de muitos testes preliminares, os cientistas passam ao teste controlado de eficácia no tratamento da doença em questão. Nesse momento, são utilizados dois grupos formados por um grande número de voluntários. Um recebe o medicamento e o outro não.

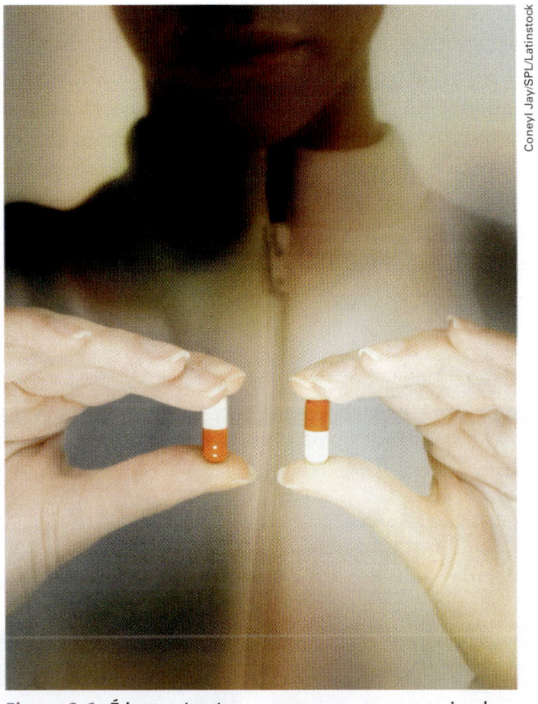

Coneyl Jay/SPL/Latinstock

Figura 2.6 É importante que apenas um pesquisador que não participa diretamente do teste saiba diferenciar o medicamento do placebo.

Quando já existe um tratamento eficaz para a doença, o novo tratamento deve ser comparado com o tratamento convencional. A comparação permite avaliar se o novo tratamento é mais eficiente que o já utilizado.

O grupo que não está recebendo o novo medicamento toma um comprimido inócuo, chamado placebo, com substâncias como a lactose ou a farinha de trigo, que não tem efeito medicamentoso. Esse grupo é usado para comparação, pois o simples fato de uma pessoa achar que está tomando um remédio pode ter efeito psicológico e fazê-la sentir-se melhor, mesmo que ela não esteja de fato usando um medicamento.

É importante que nem os voluntários nem o médico que os acompanham saibam quem está recebendo o medicamento ou o placebo. Apenas um pesquisador, que não participa diretamente do teste, sabe quais são os dois grupos (figura 2.6). Isso evita diferenças no procedimento com os pacientes e uma possível influência na avaliação da doença (se o médico conhecer os grupos, ele pode ser induzido a achar que os pacientes que tomaram o remédio estão um pouco melhores que os que tomaram placebo). Esse tipo de teste chama-se teste duplo-cego, visto que nem o paciente nem as outras pessoas envolvidas sabem qual é o medicamento e qual é o placebo.

Nos dois grupos podem existir algumas pessoas que apresentam melhora, seja por efeito psicológico, seja pelas próprias defesas do organismo (em muitas doenças há sempre um número de pessoas que se curam sem medicação). Se, no grupo que toma o remédio, o número de pessoas que melhoraram for significativamente maior (são usados testes estatísticos), podemos concluir que o medicamento teve algum efeito. Quanto maiores forem os grupos e o número de pacientes que melhoraram ao ingerir o remédio, em relação aos que ingeriram o placebo, maior será a segurança na conclusão.

Apesar de todos esses cuidados, com qualquer medicamento, há sempre o risco de algumas pessoas apresentarem efeitos colaterais. Por isso, é preciso continuar monitorando o medicamento enquanto ele estiver no mercado, e os médicos que o receitam devem ficar atentos e comunicar qualquer efeito novo que apareça durante seu uso.

É preciso também garantir uma avaliação idônea do medicamento por parte de órgãos governamentais, isto é, uma avaliação não comprometida por interesses de fabricantes.

No Brasil, para registrar um novo medicamento, é preciso que o laboratório entre com pedido na Agência Nacional de Vigilância Sanitária (Anvisa), apresentando os estudos da eficácia e os registros no país onde o medicamento é produzido.

Todos os voluntários precisam assinar um termo de consentimento, que será submetido ao Comitê de Ética em Pesquisa (vinculado ao Ministério da Saúde). Eles precisam ser informados de todos os benefícios e riscos da pesquisa, e esta deve ser suspensa se for constatado algum efeito adverso que constitua ameaça à saúde de algum participante.

Fontes de pesquisa: VIEIRA, S.; HOSSNE, W. S. *Metodologia científica para a área de saúde*. Rio de Janeiro: Campus, 2001; ZIVIN, J. A. Understanding clinical trials. *Scientific American*. Nova York, p. 49-55, abr. 2000.

Aprofunde seus conhecimentos

Nos ombros de gigantes

No século XVI, o astrônomo Nicolau Copérnico (1473-1543) defendeu a ideia de que a Terra e os outros planetas giravam em torno do Sol, contrariando o modelo construído pelo astrônomo Cláudio Ptolomeu (data provável de nascimento: ano 70) no século II, segundo o qual a Terra era o centro do Universo. Mais tarde, o físico, matemático e astrônomo italiano Galileu Galilei (1564-1642) demonstrou que os corpos caem com aceleração constante, e o astrônomo alemão Johannes Kepler (1571-1630) afirmou que os planetas se movem em trajetórias elípticas ao redor do Sol, e não circulares, como se pensava.

O físico e matemático inglês Isaac Newton (1642-1727) demonstrou que todos esses fenômenos – e muitos outros – podem ser explicados por suas três leis e pela lei da gravitação universal, estudadas em Física.

Newton disse que só foi capaz de enxergar mais longe porque se apoiou nos ombros de gigantes. Entre esses gigantes certamente estavam Galileu e Kepler. Por sua vez, Galileu e Kepler apoiaram-se nos ombros de outro gigante, Nicolau Copérnico (figura 2.7).

Figura 2.7 O conhecimento científico resulta da contribuição do trabalho de vários cientistas, de diferentes épocas.

Atividades

1. Como você faria para descobrir se a luz é importante para o crescimento de uma planta?

2. Mecânica quântica, teoria da relatividade, teoria da evolução, teoria atômica, teoria da tectônica de placas: essas são algumas das inúmeras teorias científicas. Compare o significado do termo teoria em ciência com esse termo usado na linguagem cotidiana.

3. O físico Albert Einstein disse certa vez que a imaginação é mais importante que o conhecimento, que ela estimula o progresso e é um fator importante na pesquisa científica. Explique por que a imaginação é importante para a investigação científica.

4. Explique por que a ciência, por si só, não é capaz de resolver problemas como a fome e a miséria.

5. Leia o texto abaixo e, em seguida, responda às questões.

   "Em nosso esforço para compreender a realidade, somos algo semelhantes a um homem tentando compreender o mecanismo de um relógio fechado. Ele vê o mostrador e os ponteiros em movimento, até ouve o seu tique-taque, mas não tem meio algum de abrir a caixa. Se for engenhoso, poderá formar alguma imagem de um mecanismo que seria responsável por todas as coisas que observa, mas jamais poderá estar totalmente certo de que essa imagem é a única capaz de explicar suas observações."

   (Einstein, A. & Infeld, L. 1980.)

   Identifique no texto trechos que correspondam às seguintes ideias:

   a) O cientista observa certos fenômenos da natureza.
   b) O cientista formula teorias e modelos para explicar esses fenômenos.
   c) Nossas teorias e modelos não correspondem a verdades absolutas e podem, no futuro, ser corrigidos e reformulados.

Trabalho em equipe

Forme um grupo e escolham um dos temas a seguir para pesquisar (em livros, CD-ROMs, na internet, etc.). Apresentem o resultado do trabalho para a classe.

1. Exemplos de aplicações científicas que beneficiam a sociedade e de problemas causados pelo mau uso da ciência. Pesquisem também o que é bioética e qual a sua importância para a sociedade e sugiram medidas que poderiam ser tomadas contra o uso indevido da ciência.
2. Analisem o sentido das afirmações a seguir, dando a opinião de vocês sobre o que foi dito, e façam um pequeno resumo das contribuições à ciência do autor de cada frase.

a) "A pesquisa científica consiste em ver o que todos viram, mas pensar o que ninguém pensou." Albert Szent-Györgyi (1893-1986), bioquímico húngaro.

b) "Um gênio é um por cento inspiração e 99 por cento transpiração." Thomas Alva Edison (1847-1931), inventor estadunidense.

c) "O caráter ou as crenças do cientista são irrelevantes; o que importa é se as provas confirmam suas afirmações. Os argumentos não contam simplesmente por serem de uma autoridade; muitas autoridades se enganaram com muita frequência." Carl Sagan (1934-1996), astrônomo estadunidense e autor de vários livros de divulgação científica, em *O romance da ciência* (Rio de Janeiro: Francisco Alves, 1982, p. 76).

d) "A preocupação com o ser humano e seu destino deve constituir sempre o interesse principal de todos os esforços técnicos... Nunca se esqueçam disso em seus diagramas e em suas equações." Albert Einstein (1879-1955), físico alemão.

e) "Tenho tentado sempre manter a minha mente livre, de forma a poder abandonar qualquer hipótese, por mais que goste dela [...], no momento em que os fatos se mostram contrários a ela." Charles Darwin, naturalista britânico (1809-1882).

Atividade prática

Em grupo, providenciem o seguinte material: três objetos do cotidiano (por exemplo, lápis, caneta, bola de pingue-pongue, borracha, tesoura, colher, tampa de garrafa, etc.) e uma caixa de papelão (ou de madeira) com tampa.

Sem que os outros grupos vejam, coloquem os objetos dentro da caixa e fechem-na bem (se for necessário, colem a tampa com fita adesiva). O professor deve orientar os grupos para que sejam formadas caixas com diferentes combinações de objetos.

Os vários grupos da classe devem trocar as caixas entre si e cada componente do grupo deverá tentar descobrir – sem abrir, apenas sacudindo a caixa recebida – quais são os objetos que estão dentro dela. Depois que todos vocês tiverem feito uma tentativa de descobrir os objetos, abram a caixa e confiram se acertaram.

Quando todos os grupos tiverem terminado, discutam a seguinte questão: Existe alguma semelhança entre essa atividade e o modo como o cientista trabalha? Expliquem.

Vestibulares de Norte a Sul

1. **SE** (UFMG) Observa-se que as bananeiras inibem o crescimento de outras espécies de vegetais plantadas próximo a elas. Para verificar se essa inibição é provocada por uma substância produzida pelas bananeiras, o melhor procedimento será:

   a) comparar o crescimento das outras espécies cultivadas com extrato de bananeiras em ambiente com a mesma intensidade luminosa.

   b) comparar o crescimento das outras espécies em cultivos com e sem aplicação de extrato de bananeiras.

   c) comparar o crescimento das outras espécies cultivadas com extrato de bananeiras em diferentes temperaturas.

   d) analisar quimicamente extratos das bananeiras e de outras espécies.

2. **CO** (UnB-DF) A aventura humana na Terra tem-se caracterizado, com o passar dos tempos, por um esforço contínuo rumo a novas descobertas. Considerando algumas características desse esforço, julgue os itens adiante.

   ( ) A Biologia, tal qual as outras ciências, segue o procedimento geral do método científico: não possui técnicas particulares nem evolução própria.

   ( ) Leis e teorias podem ser corrigidas, aperfeiçoadas e até substituídas, à medida que se descobrem novos fatos ou se realizam novas experiências.

   ( ) Embora não empregue testes controlados, o conhecimento comum descreve a aparência dos fenômenos, examinando seus efeitos.

3. **NE** (Ufal) Conhecer o mundo é fundamental para o homem poder situar-se nas suas relações, tentar entender como elas funcionam e conseguir encontrar soluções para seus problemas. Nesse sentido, o saber científico é:

   a) o único que consegue formular verdades e decifrar impasses importantes para o crescimento humano.

   b) o responsável pela elaboração da verdade na modernidade, sendo a base estável e irretocável das invenções técnicas.

   c) articulado com a produção material da sociedade, influenciando também na existência de indústrias poderosas.

   d) o mais revolucionário do ponto de vista da sociedade moderna, por isso, condenado pelas religiões tradicionais.

   e) associado ao conhecimento das verdades filosóficas e desvinculado dos princípios que regem a técnica moderna.

4. **SE** (Fuvest-SP) No texto a seguir, reproduzido do livro *Descobertas acidentais em ciências*, de Royston M. Roberts (Campinas, Papirus, 1993), algumas frases referentes a etapas importantes na construção do conhecimento científico foram *grifadas* e identificadas por um numeral romano:

   "Em 1889, em Estrasburgo, então Alemanha, enquanto estudavam a função do pâncreas na digestão, Joseph von Mering e Oscar Minkowski removeram o pâncreas de um cão. No dia seguinte, um assistente de laboratório chamou-lhes a atenção sobre o grande número de moscas voando ao redor da urina daquele cão. *(I) Curiosos sobre por que as moscas foram atraídas à urina, analisaram-na e observaram que esta apresentava excesso de açúcar. (II) Açúcar na urina é um sinal comum de diabetes.* Von Mering e Minkowski perceberam que estavam vendo pela primeira vez a evidência da produção experimental de diabetes em um animal. *(III) O fato de tal animal não ter pâncreas sugeriu a relação entre esse órgão e o diabetes.* [...] Muitas tentativas de isolar a secreção foram feitas, mas sem sucesso até 1921. Dois pesquisadores, Frederick G. Banting, um jovem médico canadense, e Charles H. Best, um estudante de Medicina, trabalhavam no assunto no laboratório do professor John J. R. MacLeod, na Universidade de Toronto. Eles extraíram a secreção do pâncreas de cães. *(IV) Quando injetaram os extratos [secreção do pâncreas] nos cães tornados diabéticos pela remoção de seus pâncreas, o nível de açúcar no sangue desses cães voltava ao normal, e a urina não apresentava mais açúcar.*"

   A alternativa que identifica corretamente cada uma das frases grifadas com cada uma das etapas de construção do conhecimento científico é:

	I	II	III	IV
a)	hipótese	teste da hipótese	fato	observação
b)	fato	teoria	observação	teste da hipótese
c)	observação	hipótese	fato	teste da hipótese
d)	observação	fato	teoria	hipótese
e)	observação	fato	hipótese	teste da hipótese

5. **S** (Acafe-SC) "O projeto de pesquisa, que existe desde 2001, ainda está longe do fim, explica a pesquisadora. É um processo demorado mesmo. Porém, com mais um ano, já teremos novos resultados, quem sabe, ainda mais positivos."

"A expectativa do grupo é saber se a ação contra o causador da malária vai ser realmente confirmada. Vamos ver a viabilidade disso nos modelos experimentais [animais]."

"O estudo feito pela UnB, em parte, também contou com a participação da Embrapa (Empresa Brasileira de Pesquisa Agropecuária). O processo de isolamento e síntese dos peptídeos já está patenteado."

Sobre a atividade científica, podemos inferir:

a) O conhecimento científico é o único tipo de conhecimento válido, já que é produzido por meio de métodos experimentais precisos e seguros.
b) A veracidade dos conhecimentos produzidos pela ciência é efêmera. Isto significa que aquilo que a ciência, hoje, intitula como válido, pode não ser verdade amanhã.
c) A ciência é um empreendimento autônomo que não depende de esforços políticos nem econômicos. Ela se automantém.
d) A visão de mundo de cada época não interfere na produção do conhecimento científico.
e) A atividade científica deve ser desenvolvida sem levar em consideração suas implicações sociais, já que o objetivo dos cientistas é descobrir a verdade dos fenômenos naturais.

6. **N** (UFPA) Considerando que na investigação científica acontecimentos e processos são apresentados como especificações de leis e de teorias gerais que anunciam padrões invariáveis de relações entre fenômenos, é correto afirmar que o objetivo principal da ciência é o(a):

a) estabelecimento de relações pela aproximação dos fenômenos e dos processos que diferem entre si de modo essencial.
b) imposição de padrões de conhecimento a respeito do comportamento dos fenômenos observáveis.
c) busca da inteligibilidade dos fenômenos para satisfazer o anseio de compreendê-los por meio de estudos metódicos.
d) sua aplicabilidade por intermédio da tecnologia visando exclusivamente ao bem-estar da humanidade.
e) observação empírica dos fenômenos para ajustá-los teoricamente de modo contingente.

7. **CO** (UEG-GO) A ciência desconfia da veracidade de nossas certezas, de nossa adesão imediata às coisas, da ausência de crítica e da falta de curiosidade. Por isso, onde vemos coisas, fatos e acontecimentos, a atitude científica vê problemas e obstáculos, aparências que precisam ser explicadas.

CHAUI, Marilena. *Convite à filosofia*. São Paulo: Ática, 2003. p. 218.

Com base na afirmação precedente pode-se afirmar que:

a) a ciência, ao contrário do senso comum, é um conhecimento objetivo, quantitativo e generalizador, que se opõe ao caráter dogmático e subjetivo do senso comum.
b) a ciência domina o imaginário contemporâneo. Isso significa que, cada vez mais, confiamos no testemunho de nossos sentidos que promovem uma adesão acrítica à realidade dada.
c) a ciência existe para confirmar nossas certezas cotidianas, utilizando um pensamento assistemático que despreza o trabalho da razão.
d) a rigor, a ciência complementa o senso comum, mas banindo os obstáculos e problemas observados por nossa percepção imediata das coisas.

8 **SE** (Fuvest-SP) Um cientista, procurando identificar que sentidos são usados por piranhas para reconhecer e atacar presas, montou um experimento em que preparou três aquários com esses peixes, nas seguintes condições: o aquário I foi mantido iluminado e nele se introduziram presas vivas; o aquário II ficou em total escuridão e também recebeu presas vivas; o aquário III, iluminado, recebeu presas vivas e envoltas num recipiente impermeável, transparente e incolor.

a) Se a visão for o único sentido que faz a piranha reconhecer a presa, o que será observado nos três aquários?
b) O que será observado caso a piranha utilize apenas o olfato para reconhecer a presa?
c) Se as piranhas não atacarem o aquário III, o que você conclui?

9. **SE** (UFRJ) O crescimento da soja (*Glycinia max*) é influenciado por bactérias fixadoras de nitrogênio (do gênero *Rhizobium*), que vivem em associação com suas raízes. As plantas obtêm nitratos das bactérias e, em troca, as bactérias recebem nutrientes úteis para seu crescimento.

Pesquisadores formularam a hipótese de que as plantas só transfeririam nutrientes para as bactérias em resposta à obtenção dos nitratos. Para testar essa hipótese, os pesquisadores mantiveram as bactérias em associação com as raízes de uma mesma planta de soja, mas em duas condições experimentais diferentes:

Condição A: atmosfera com nitrogênio suficiente para a multiplicação das bactérias, mas insuficiente para que nitratos fossem liberados;

Condição B: atmosfera normal, com nitrogênio suficiente para a multiplicação de bactérias e para a liberação de nitratos.

Os resultados obtidos mostraram que as bactérias na condição A se multiplicaram com metade da eficiência daquelas na condição B. Esses resultados experimentais corroboram ou invalidam a hipótese testada? Justifique sua resposta.

A química da vida

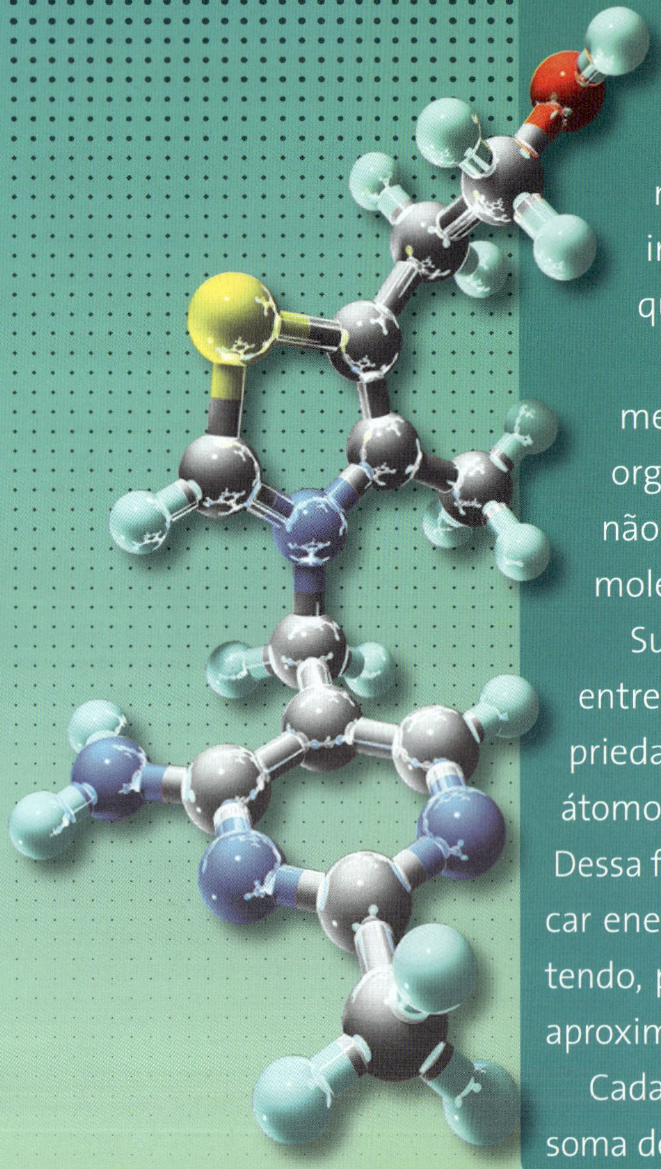

No início deste livro, para responder à pergunta "De que são feitos os seres vivos?" entramos no território da Química. Agora, vamos iniciar um novo assunto intitulado "A química da vida".

Mas será que os seres vivos se resumem a água, sais minerais e substâncias orgânicas? Certamente, não. Os seres vivos não são apenas uma reunião de átomos ou moléculas.

Sua complexa organização e a interação entre suas partes permitem que novas propriedades, que não estavam presentes nos átomos e moléculas isoladamente, apareçam. Dessa forma, os seres vivos são capazes de trocar energia e matéria com o ambiente, mantendo, por exemplo, sua composição química aproximadamente constante.

Cada ser vivo, em seu todo, é mais do que a soma de suas partes.

CAPÍTULO

3 A água e os sais minerais

Sofia Colombini/Acervo da fotógrafa

Cataratas do Iguaçu, Parque Nacional do Iguaçu, PR, 2011.

- *Você sabe por que a água é tão importante para a vida?*
- *De que forma os sais minerais estão presentes em nosso corpo?*
- *Em quais alimentos podemos encontrar os sais minerais que ajudam a compor nosso organismo?*

1 Água

Aproximadamente 70% da superfície da Terra está coberta por água e sabe-se que foi no ambiente aquático que surgiram os primeiros seres vivos.

A água também é a substância em maior quantidade nos seres vivos. No corpo humano, ela representa cerca de 70% do peso, o que significa que uma pessoa de 70 kg contém quase 50 kg de água.

Conseguimos sobreviver algumas semanas sem comida, mas poucos dias (de 4 a 7) sem água. A perda de 20% de água corpórea (desidratação) pode levar à morte, e uma perda de apenas 10% já causa problemas graves.

Mas, afinal, por que a água é tão importante para os seres vivos?

A molécula de água apresenta uma região negativa – a do oxigênio – e outra positiva – a dos hidrogênios –, formando uma **molécula polar** (figura 3.1). Por causa dessa estrutura, a água possui uma série de propriedades importantes para os organismos vivos, que veremos a seguir.

Figura 3.1 O átomo de oxigênio de uma molécula de água tem carga parcial negativa. Por isso, atrai um átomo de hidrogênio (com carga parcial positiva) de outra molécula. Essa atração elétrica fraca é chamada ligação de hidrogênio. (Modelos da molécula; cores fantasia.)

A água como solvente

O aparecimento da vida em nosso planeta dependeu, entre outros fatores, da capacidade que a água tem de dissolver diversas substâncias, como sais, glicídios, proteínas, etc., permitindo, desse modo, as reações químicas que sustentam os sistemas vivos. Vamos compreender melhor isso.

A capacidade da água de dissolver substâncias está relacionada a sua polaridade, ou seja, a atração entre as cargas parciais da molécula de água e a carga elétrica da substância a ser dissolvida.

O cloreto de sódio (sal de cozinha), por exemplo, é um composto iônico formado por íons cloro (negativos) e íons sódio (positivos). Quando colocado em água, a carga parcial negativa da água atrai os íons sódio, e a positiva atrai os íons cloro. Com isso, esses íons ficam separados uns dos outros e são distribuídos de modo homogêneo pela água, ou seja, são dissolvidos (figura 3.2). O sal dessa mistura é chamado **soluto** e a água, **solvente**. Você acaba de ver mais uma vez como um conhecimento básico de Química (no caso sobre a estrutura da molécula de água) nos ajuda a compreender melhor vários fenômenos biológicos.

A dissolução de substâncias é importante para a ocorrência de certas reações químicas, pois facilita o choque efetivo entre as partículas. Além disso, propicia o transporte de substâncias entre as diversas partes da célula ou do corpo.

É por isso que um dos principais objetivos das missões espaciais enviadas a Marte e a outros planetas é descobrir água em estado líquido (ou alguma outra substância no estado líquido), o que permitiria a ocorrência de reações químicas e indicaria a possibilidade de existir ou já ter existido vida no planeta.

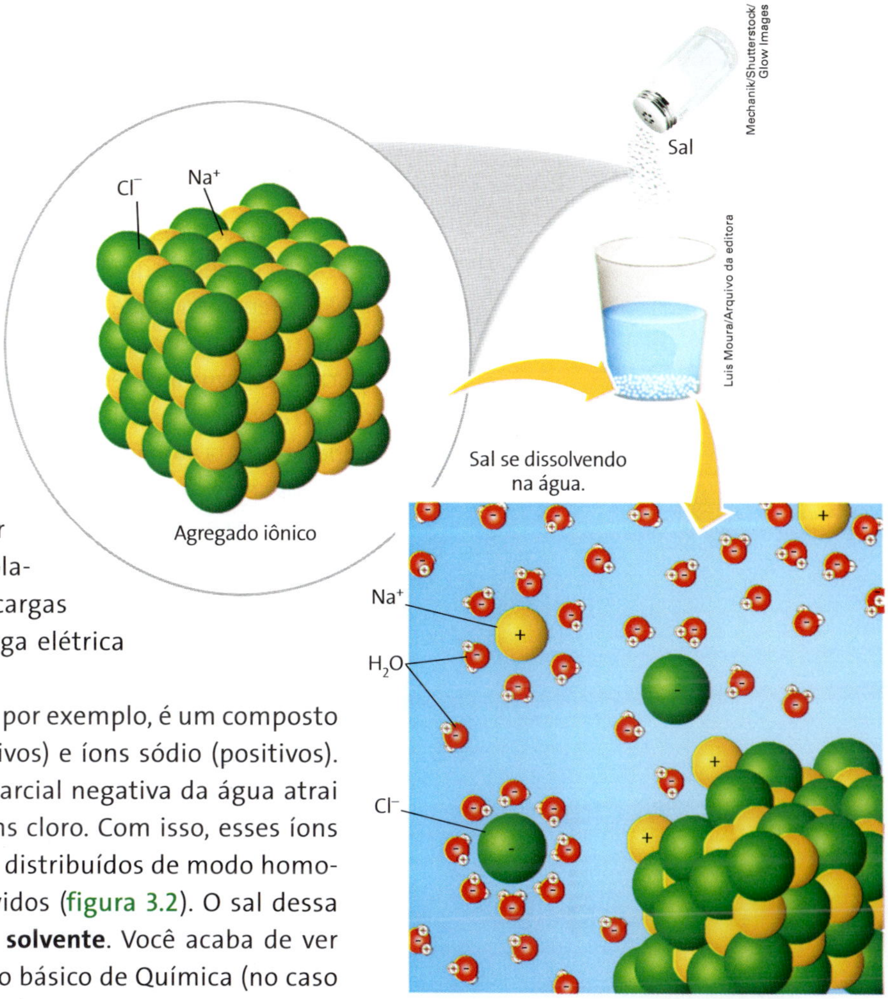

Mechanik/Shutterstock/Glow Images

Luís Moura/Arquivo da editora

Figura 3.2 Esquema da dissolução de sal em água (modelos de moléculas e íons; os elementos da ilustração não estão na mesma escala; cores fantasia).

kubais/Shutterstock/Glow Images

A água como reguladora da temperatura

Ao aquecermos água em uma panela, podemos observar que o metal da panela esquenta muito mais rapidamente que a água.

Esse fenômeno está relacionado à propriedade da água de absorver grande quantidade de calor sem que sua temperatura varie muito. Isso significa que a água apresenta alto calor específico (um conceito da Física) em relação a outras substâncias: é preciso fornecer quase dez vezes mais calor a 1 g de água para aumentar sua temperatura em 1 °C em relação a 1 g de ferro. Como os seres vivos contêm muita água, essa propriedade faz com que a temperatura corporal não varie muito durante a entrada ou a saída de calor.

A quantidade de calor necessária para provocar a evaporação da água também é muito alta. Cada vez que certa quantidade de água evapora, leva consigo muito calor. Essa quantidade de calor é chamada de calor de vaporização e é estudada em Física. Esse fenômeno explica também por que sentimos frio quando saímos molhados do banho.

Muitos mamíferos, incluída a espécie humana, possuem glândulas sudoríferas (ou sudoríparas). Quando faz muito calor, essas glândulas eliminam água na forma de suor (sudorese), que, ao evaporar, absorve o calor do sangue abaixo da pele e refrigera o corpo (figura 3.3). Animais como o cachorro, com poucas glândulas sudoríferas, perdem calor por meio de uma respiração rápida (ofego), que aumenta a evaporação da água pelas vias respiratórias.

Streeter Lecka/Getty Images

Figura 3.3 Em determinadas situações, como temperatura ambiente elevada e atividades físicas, a temperatura corporal aumenta. O organismo produz suor (no detalhe), que ajuda a refrescar o corpo.

Mark Kolbe/Getty Images

Biologia e ambiente

O gelo e a vida em regiões geladas

Você deve saber, até por experiência própria, que o gelo flutua na água. Ao contrário das outras substâncias, a fase sólida da água (gelo) é menos densa que a líquida. Vamos compreender por que isso acontece.

O gelo é formado por uma rede tridimensional de moléculas de água unidas entre si por ligações de hidrogênio. Estas são a atração entre a parte positiva (o átomo de hidrogênio) de uma molécula e a negativa (o átomo de oxigênio) de outra molécula. No gelo, essas ligações são mais estáveis, e as moléculas agrupam-se formando uma rede cristalina tridimensional, visto que, em temperaturas baixas, há menor movimentação das moléculas de água. Nessa rede, o espaço ocupado pelas moléculas de água é maior do que na água líquida. Por isso, o gelo é menos denso que a água líquida e flutua nela. Quando aquecemos gelo que está a 0 °C, essas ligações se quebram, e as moléculas de água "deslizam" umas sobre as outras à medida que o gelo derrete, ficando umas mais próximas das outras.

Quando a temperatura chega a 4 °C, a organização das moléculas é a mais compacta possível (figura 3.4). Nesse ponto, a densidade da água é máxima (1 g/cm^3). Acima de 4 °C, a água comporta-se como outros líquidos: a energia recebida na forma de calor aumenta a distância média entre as moléculas e faz a água aumentar de volume.

Essa propriedade da água é importante para a sobrevivência dos seres aquáticos em regiões muito frias. No inverno, a água da superfície de rios e lagos, em contato com o ar frio, começa a congelar. Esse gelo que se forma na superfície da água atua, então, como isolante, e fica mais difícil a água abaixo dele se congelar. Se o gelo fosse mais denso, afundaria à medida que se formasse, e a água superficial ficaria em contato com o ar muito frio, congelando também. Com isso, os rios e lagos dessas regiões congelariam totalmente, impossibilitando a vida (figura 3.4). Em vez disso, é raro uma massa de água de grandes dimensões congelar completamente.

Ingeborg Asbach/Arquivo da editora

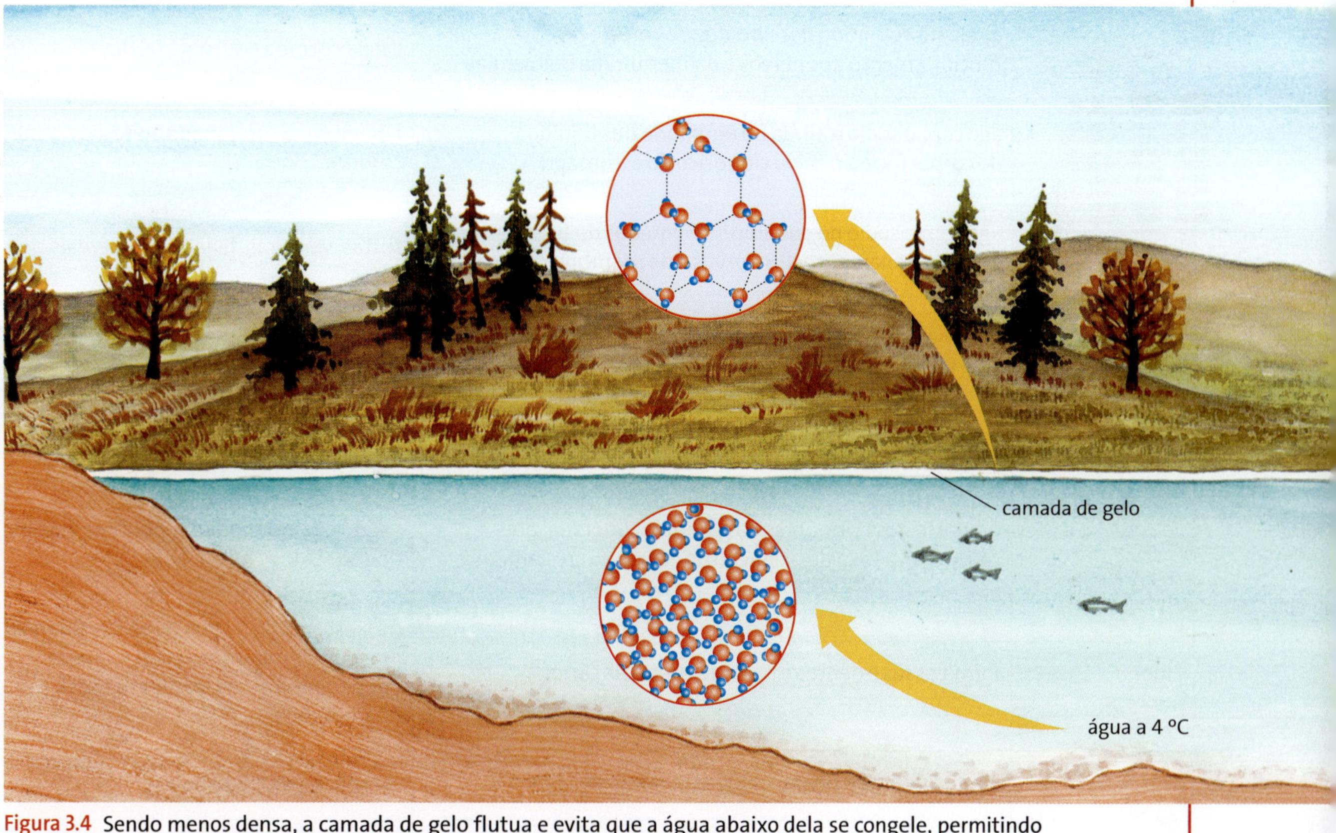

Figura 3.4 Sendo menos densa, a camada de gelo flutua e evita que a água abaixo dela se congele, permitindo a vida aquática nas regiões frias. Entender esse comportamento da água é mais um exemplo de como a Física e a Química interagem com a Biologia, possibilitando explicar diversos fenômenos. (Modelos de moléculas; os elementos da ilustração não estão na mesma escala; cores fantasia.)

2 Sais minerais

Os sais minerais aparecem de três maneiras diferentes nos organismos: dissolvidos na forma de íons na água do corpo; formando cristais, como o carbonato e o fosfato de cálcio encontrados nos ossos que formam o esqueleto; combinados com moléculas orgânicas, como o ferro na molécula de hemoglobina (que ajuda a levar o oxigênio para as células), o magnésio na clorofila das plantas e o cobalto na vitamina B_{12}.

A tabela abaixo dá uma ideia geral das funções dos elementos dos sais minerais (você vai aprender a função desses sais ao longo do estudo da Biologia).

Elementos dos sais minerais	Funções	Principais alimentos
Cálcio	forma o esqueleto e os dentes e atua na contração dos músculos, no funcionamento dos nervos e na coagulação do sangue	leite e laticínios, hortaliças de folhas verdes (brócolis, espinafre, etc.)
Fósforo	forma o esqueleto e os dentes e participa da transferência de energia no interior da célula e da molécula dos ácidos nucleicos	carnes, aves, peixes, ovos, leite e laticínios, feijão, ervilha, cereais
Sódio	ajuda no equilíbrio dos líquidos do corpo e no funcionamento dos nervos e da membrana das células	sal de cozinha e sal natural dos alimentos
Cloro	age com o sódio e ajuda no equilíbrio dos líquidos do corpo; forma o ácido clorídrico do estômago	encontra-se combinado ao sódio no sal comum
Potássio	age com o sódio no equilíbrio de líquidos do organismo e no funcionamento dos nervos e da membrana da célula	frutas, verduras, feijão, leite, cereais
Magnésio	forma a clorofila; atua em várias reações químicas com enzimas	hortaliças de folhas verdes, cereais, peixes, carnes, ovos, feijão, soja, banana
Ferro	participa da hemoglobina e atua na respiração celular; sua falta causa um tipo de anemia	fígado, carnes, gema de ovo, pinhão, legumes e hortaliças de folhas verdes
Iodo	faz parte dos hormônios da glândula tireóidea, que controlam a taxa de oxidação da célula e o crescimento	sal de cozinha iodado, peixes e frutos do mar
Flúor	forma ossos e dentes e protege contra as cáries	é acrescentado à água de várias cidades; presente também em peixes, chás e, em pequena quantidade, em todos os alimentos
Manganês	ajuda a regular diversas reações químicas	cereais, hortaliças e frutas
Cobre	ajuda na produção de hemoglobina, na formação do pigmento que dá cor à pele (melanina) e participa das enzimas da respiração celular	bem distribuído nos alimentos, principalmente fígado, carnes e frutos do mar

Atividades

1. O rato-canguru, um pequeno mamífero dos desertos norte-americanos, não bebe água. De onde vem a água necessária para seu organismo?

2. Por que os cientistas se preocupam em encontrar alguma prova da existência de água no estado líquido em outro planeta ou satélite?

Nasa/SPL/Latinstock

Imagem do solo de Marte tirada pela sonda Viking 1.

3. Com base nos gráficos abaixo, responda às questões:

Maspi/Arquivo da editora

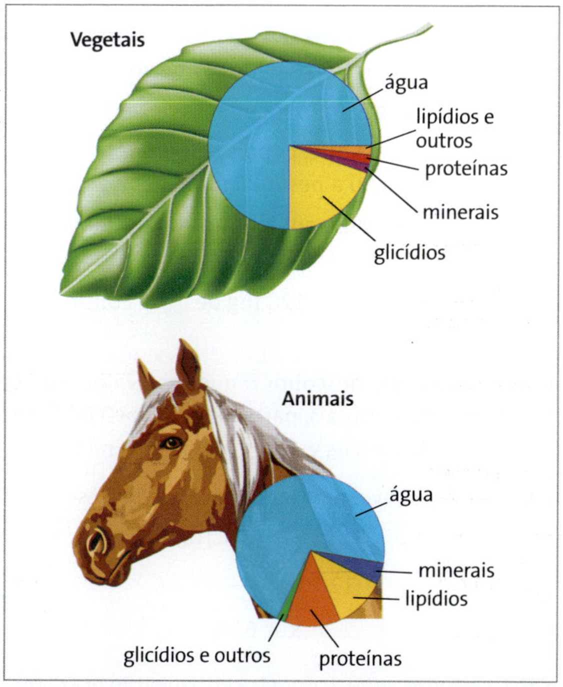

a) Qual a substância mais encontrada nos seres vivos?
b) Qual o tipo de substância orgânica mais encontrada nos animais? E nas plantas?

4. Por que a variação de temperatura nas cidades à beira-mar costuma ser menor que em regiões longe do mar (na mesma latitude e altitude)?

5. Era um dia muito quente e de muito sol numa praia rochosa. Tão quente que não era possível pisar descalço sobre a areia ou as rochas, pois os pés queimavam. Mas não havia nenhum problema em andar com os pés mergulhados na água. Como se explica essa diferença de temperatura?

6. Algumas pessoas fazem exercícios com roupas pesadas em dias quentes porque isso aumenta a transpiração, o que pode causar uma perda temporária de massa. Explique:
a) O que a pessoa perdeu pelo suor que a fez diminuir de massa?
b) Por que essa perda "extra" de massa é temporária?
c) Por que a prática de exercícios com roupas pesadas em dias quentes é perigosa para a saúde?

Trabalho em equipe

Em grupo, escolham um dos temas abaixo para pesquisar (em livros, CD-ROMs, na internet, etc.). Depois, exponham o resultado do trabalho para a classe e para a comunidade escolar (alunos, professores, funcionários da escola e pais ou responsáveis).

a) Causas e consequências da diarreia, principalmente em crianças e idosos; medidas preventivas contra a desidratação (soro de reidratação oral, por exemplo) em casos de diarreia; medidas de higiene pessoal para prevenir a diarreia infecciosa (essas informações podem ser obtidas em visitas a postos de saúde ou entrevistando médicos). Procurem dados estatísticos sobre a morte de crianças causada por diarreia no Brasil e no mundo e pesquisem o que pode ser feito para evitar esse problema; com o auxílio dos professores de Geografia e Sociologia, analisem a possível influência de fatores sociais nesse caso. Ao final, elaborem uma campanha para esclarecer a população sobre a importância dos cuidados para evitar casos de diarreia e também o tratamento dela. A campanha poderá ser feita com cartazes, folhetos e outros recursos (frases de alerta, letras de música, fotos, vídeos, etc.). Se possível, convidem profissionais da área de saúde para ministrar palestras à comunidade escolar sobre esse tema.

b) Façam uma lista dos diversos usos que, diariamente, fazemos da água, em casa ou na escola. Depois, pesquisem maneiras de economizar água em cada uma dessas situações e elaborem uma campanha contra o desperdício de água. A campanha poderá ser feita com cartazes, folhetos e outros recursos (frases de alerta, letras de música, fotos, vídeos, etc.).

c) Como a água está distribuída em nosso planeta (porcentagem de água doce, salgada e em forma de gelo)? Quais as fontes de água disponíveis para consumo humano? Que porcentagem da população tem acesso à água limpa?

Pensando no Enem

A água é um dos componentes mais importantes das células. A tabela abaixo mostra como a quantidade de água varia em seres humanos, dependendo do tipo de célula. Em média, a água corresponde a 70% da composição química de um indivíduo normal.

Tipo de célula	Quantidade de água
Tecido nervoso – substância cinzenta	85%
Tecido nervoso – substância branca	70%
Medula óssea	75%
Tecido conjuntivo	60%
Tecido adiposo	15%
Hemácias	65%
Ossos (sem medula)	20%

(**Fonte:** JUNQUEIRA, L. C.; CARNEIRO, J. *Histologia básica*. 8. ed. Rio de Janeiro: Guanabara Koogan, 1985.)

Durante uma biópsia, foi isolada uma amostra de tecido para análise em um laboratório. Enquanto intacta, essa amostra pesava 200 mg. Após secagem em estufa, quando se retirou toda a água do tecido, a amostra passou a pesar 80 mg. Baseado na tabela, pode-se afirmar que essa é uma amostra de:

a) tecido nervoso – substância cinzenta.
b) tecido nervoso – substância branca.
c) hemácias.
d) tecido conjuntivo.
e) tecido adiposo.

Resolução

Essa questão contém alguns componentes que frequentemente aparecem no Enem. Não só nas questões relacionadas às Ciências da Natureza, mas também em questões de outras áreas, porque envolve interpretação de texto, análise de dados em uma tabela e um cálculo simples envolvendo porcentagem.

Assim, é importante que você entenda quais são os aspectos mais relevantes que devem ser levados em conta na hora da resolução.

Fique atento aos dados que são fornecidos pela primeira parte do enunciado, que vem antes da apresentação da tabela. Esses dados podem ou não ser necessários para a resolução do exercício.

Neste caso específico, os dados não são relevantes para a resolução.

- A água é um dos componentes mais importantes das células;
- A água corresponde a 70% da composição química de um indivíduo normal.

A parte mais relevante do texto inicial é a explicação sobre as informações contidas na tabela. Você vai usar esses dados para resolver a questão.

Interpretação da tabela

A tabela lista uma série de tecidos do organismo humano e relaciona cada tipo de tecido a uma quantidade relativa de água.

De acordo com a tabela, por exemplo, a medula óssea é constituída por 75% de água. Os outros 25% são outros componentes, como proteínas e outras moléculas.

O problema

A questão propõe um problema que pede a identificação de uma amostra de tecido com base em sua massa antes e depois do procedimento de secagem em estufa.

Essa identificação deve ser feita relacionando os dados da amostra de tecido com os dados fornecidos pela tabela.

- Sabemos que a amostra intacta pesava 200 mg.
- Sabemos ainda que, depois de perder toda a água, a amostra passou a pesar 80 mg.
- Podemos concluir, então, que a quantidade de água da amostra era de:

  200 mg − 80 mg = 120 mg de água contidos na amostra

Mas é necessário descobrir o que esse valor representa em termos percentuais, para que seja possível comparar o valor obtido com os valores disponíveis na tabela.

Para isso é possível realizar uma regra de três:

$$200 \text{ mg} \text{ — } 100\%$$
$$120 \text{ mg} \text{ — } x\%$$
$$x = 60\%$$

Sabemos agora que a amostra em questão era composta de 60% de água.

Assim, usando os dados da tabela, podemos afirmar que a amostra pertencia ao tecido conjuntivo.

Resposta: **D.**

Vestibulares de Norte a Sul

1. **N** (Uepa) O surgimento e a manutenção da vida, no nosso planeta, estão associados à **água**, que é a substância mais abundante dentro e fora do corpo dos seres vivos. Entretanto, segundo dados fornecidos pela Associação Brasileira de Entidades do Meio Ambiente (Abema), 80% dos esgotos do país não recebem nenhum tipo de tratamento e são despejados diretamente em rios, mares, lagos e mananciais, contaminando a água aí existente.

(Adaptado de Poluição da Água: <http://www.colegioweb.com.br/biologia/constituicaoda-agua.html>. Acesso: 5 set. 2011.)

Considerando as funções exercidas nos seres vivos pela substância em destaque no texto, analise as afirmativas abaixo.

I. Facilita o transporte das demais substâncias no organismo.
II. Participa do processo da fotossíntese.
III. Dissolve as gorduras facilitando sua absorção.
IV. Auxilia na manutenção da temperatura do corpo.

De acordo com as afirmativas acima, a alternativa correta é:

a) I e II.
b) I, II e III.
c) I, II e IV.
d) II, III e IV.
e) I, II, III e IV.

2. **NE** (Uespi) Os sais minerais são essenciais em uma alimentação saudável, pois exercem várias funções reguladoras no corpo humano. Sobre esse assunto, faça a correspondência entre as colunas apresentadas a seguir.

1) Ferro
2) Sódio
3) Cálcio
4) Fósforo
5) Potássio

( ) Equilíbrio osmótico celular.
( ) Essencial à coagulação sanguínea.
( ) Transferência energética durante reações metabólicas celulares.
( ) Componente da mioglobina e enzimas respiratórias.
( ) Contração muscular e condução de impulsos nervosos.

A sequência correta é:

a) 2, 3, 4, 1, 5.
b) 3, 2, 4, 5, 1.
c) 5, 1, 3, 2, 4.
d) 1, 4, 3, 5, 2.
e) 2, 4, 3, 5, 1.

3. **CO** (UFG-GO) A massa corporal dos seres vivos é constituída de aproximadamente 75% de água. A solução que preenche todas as células vivas consiste em uma mistura aquosa. Qual a propriedade da água e a função biológica a ela associada, respectivamente, que se relaciona a esse contexto?

a) Calor específico de vaporização; regular a temperatura corporal.
b) Polaridade; dissolver substâncias iônicas e não iônicas.
c) Tensão superficial; sustentar pequenos animais na superfície da água.
d) Pontos de solidificação e de vaporização; manter a vida em ampla faixa de temperatura.
e) Densidade no estado sólido; manter a vida aquática em lagos congelados.

4. **N** (Ufac) Os seres vivos necessitam de diversos tipos de sais minerais para o funcionamento eficaz das células. Na espécie humana, por exemplo, os íons de cálcio, dentre outras funções, participam da:

a) Contração muscular e da formação do ácido clorídrico no estômago.
b) Coagulação do sangue e da molécula dos ácidos nucleicos.
c) Coagulação do sangue e da contração muscular.
d) Composição do osso e da forma da hemoglobina.
e) Forma da hemoglobina e da constituição dos hormônios da tireoide.

5. **S** (UFSC) A maior parte dos seres vivos é composta de água. No corpo humano, a porcentagem de água pode variar de 20%, nos ossos, a 85%, nas células nervosas; nas medusas (animais marinhos), a porcentagem de água chega a mais de 95%. Assinale as afirmativas que indicam corretamente a importância da água nos seres vivos.

01. A maioria dos elementos químicos presentes nos seres vivos necessita de um meio aquoso para se dissolver e reagir uns com os outros.
02. A água atua no transporte e na remoção dos produtos do metabolismo.
04. A grande capacidade da água de absorver calor protege o material vivo contra súbitas mudanças térmicas.
08. A água atua como lubrificante, estando presente nos líquidos corporais, entre um órgão e outro.

Dê como resposta a soma dos números associados às alternativas corretas.

6. **SE** (UFRRJ)

CALVIN - Bill Watterson

No quadrinho apresentado, Calvin nos chama a atenção para a grande quantidade de água presente em nosso organismo. Cite três justificativas para as altas taxas de água encontradas nas células.

7. **SE** (Unifesp) Considere as afirmações e o gráfico.

I. Nas carnes e vísceras, o ferro é encontrado na forma Fe^{2+}.

II. Nos vegetais, o ferro é encontrado na forma mais oxidada, Fe^{3+}.

III. A vitamina C é capaz de reduzir o ferro da forma Fe^{3+} para a forma Fe^{2+}.

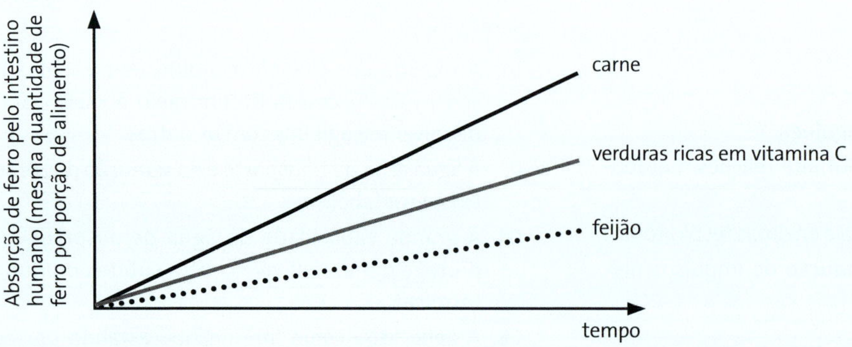

(http://pt.scribd.com. Adaptado.)

a) Qual das formas iônicas do ferro é melhor absorvida pelo intestino humano? Justifique.

b) As afirmações e o gráfico justificam o hábito do brasileiro de consumir laranja junto com a feijoada? Justifique.

CAPÍTULO

4 Glicídios e lipídios

Leedsn/Shutterstock/Glow Images

Alguns alimentos ricos em glicídios, como o pão, e lipídios, como as nozes.

- *Você já ouviu falar em colesterol? E gordura trans?*
- *Que funções os glicídios e os lipídios desempenham em nosso organismo?*
- *Em que alimentos podemos encontrar esses nutrientes?*
- *Quais os problemas que a ingestão excessiva dessas substâncias pode provocar?*

1 Glicídios

Os alimentos ricos em **glicídios** (*glykys* = doce, embora nem todos os glicídios sejam doces) são chamados **energéticos** e, em sua maioria, são de origem vegetal: cereais (arroz, trigo, aveia, etc.), raízes e tubérculos (batata, aipim, cenoura, beterraba), leguminosas (feijão, ervilha, soja, etc.), frutas (banana, manga, maçã, etc.); e uma diversidade de alimentos preparados com esses vegetais ou com o açúcar comum (sacarose), retirado principalmente da cana-de-açúcar.

As funções dos glicídios

A energia que o ser vivo utiliza em suas atividades (para formar suas células, movimentar-se, produzir calor, etc.) provém da oxidação do alimento por meio do processo de respiração celular. O principal combustível da respiração celular são os glicídios, que são oxidados mais facilmente; mas as proteínas e os lipídios também podem ser usados nesse processo.

A energia obtida pela oxidação dos alimentos pode ser medida em calorias (cal).

Uma caloria é a quantidade de calor que aumenta a temperatura de 1 g de água em 1 °C (em Física, aprendemos que uma caloria equivale a cerca de 4,18 joules, que é a unidade de energia no Sistema Internacional de Unidades). No entanto, para medir a quantidade de energia gerada pelo alimento, costumamos utilizar a unidade **quilocaloria (kcal)**, que equivale a 1 000 cal. Uma maçã, por exemplo, tem, em média, 70 kcal.

A quantidade de calorias de um alimento pode ser medida num aparelho chamado calorímetro (figura 4.1). O alimento é queimado nesse aparelho e um termômetro mede o aumento de temperatura de uma massa conhecida de água.

Quanto maior o nível de atividade física, mais calorias são consumidas pelo organismo. E, portanto, mais a pessoa precisa comer para repor as calorias perdidas.

Além de sua função energética, os glicídios participam da formação de algumas estruturas dos seres vivos, compondo o revestimento (ou a membrana) das células, e estão presentes nas substâncias existentes entre as células de um tecido. Também são encontrados na estrutura dos ácidos nucleicos, participando, assim, da estrutura dos genes do organismo.

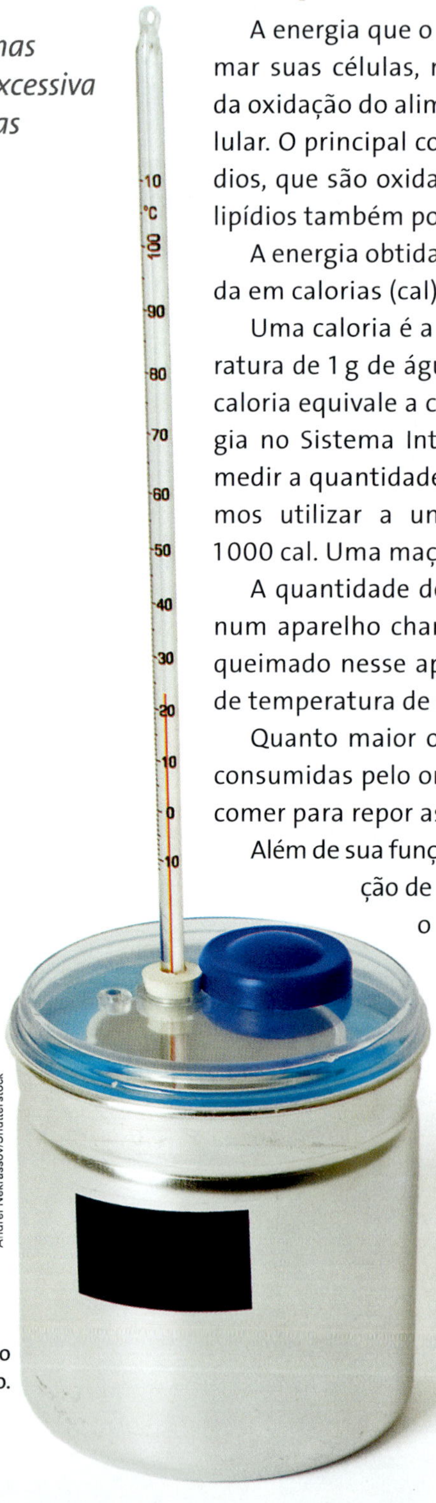

Andrei Nekrassov/Shutterstock

Figura 4.1 Calorímetro usado em laboratório.

Tipos de glicídios

Os glicídios, também chamados **carboidratos**, podem ser classificados em **monossacarídeos** (*monos*, único; *sáccharon*, açúcar), **dissacarídeos** e **polissacarídeos**.

Monossacarídeos ou açúcares simples são os glicídios de moléculas menores, que não podem ser quebrados pela digestão em glicídios menores.

A glicose, glicídio mais utilizado pelos seres vivos como fonte de energia, é fabricada pelos vegetais por meio da fotossíntese e armazenada na forma de glicídios mais complexos. Outro glicídio simples, a frutose, encontrada no mel, também tem função energética. A galactose encontra-se ligada à glicose, formando a lactose presente no leite, e também é energética.

Os dissacarídeos são glicídios formados pela união de duas (*di* = dois) moléculas de monossacarídeos. Os principais são a sacarose (figura 4.2), a lactose e a maltose.

O dissacarídeo mais conhecido e o mais doce é a sacarose. Trata-se do açúcar comum, adicionado a bebidas, café, doces, bolos, etc. Sua molécula é formada pela união de uma molécula de glicose com uma de frutose. É encontrada em muitos vegetais, principalmente na cana-de-açúcar e na beterraba, sendo também a forma pela qual a glicose produzida nas folhas é distribuída pelo corpo do vegetal.

Figura 4.2 A sacarose, presente no açúcar comum, é um dissacarídeo.

Edson Grandisoli/Pulsar Imagens

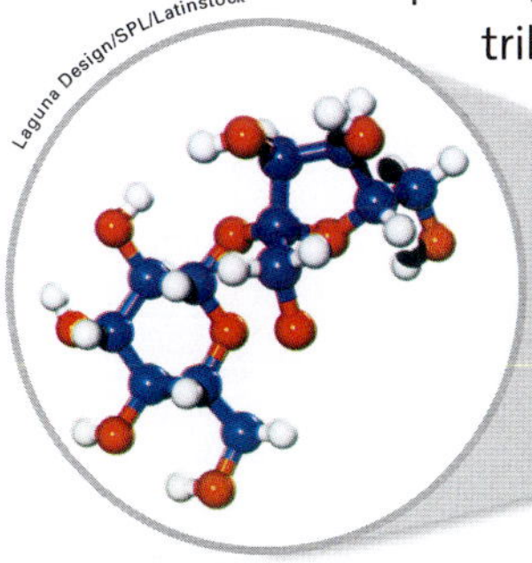

Laguna Design/SPL/Latinstock

Modelo da molécula de sacarose (carbono em azul; oxigênio em vermelho; hidrogênio em cinza; cores fantasia).

Fabio Colombini/Acervo do fotógrafo

Cana-de-açúcar (de 3 m a 6 m de altura).

Biologia e saúde

Cuidado com o excesso de calorias!

Se você está consumindo mais calorias do que gasta, o resultado pode ser a obesidade. Podem contribuir para isso o consumo excessivo de alimentos, sobretudo aqueles ricos em açúcares e gorduras, e a falta de atividade física.

Veja este exemplo: 100 g de maçã têm 63 kcal, e 100 g de banana têm 98 kcal. Já 100 g de bolo de chocolate ou biscoito doce têm cerca de 440 kcal, e 100 g de chocolate têm 540 kcal. Por isso, evite consumir em demasia balas, doces, chocolates, refrigerantes, chicletes e sorvetes, principalmente antes das refeições.

Apesar de serem muito ricos em calorias, esses alimentos não possuem os demais nutrientes (vitaminas, proteínas, etc.) em quantidade adequada. Seu consumo diminui o apetite temporariamente sem satisfazer as necessidades alimentares da pessoa, além de favorecer o aparecimento da obesidade.

O tratamento para a obesidade dever ser orientado pelo médico, que em geral vai indicar uma modificação na alimentação, isto é, uma reeducação alimentar, além do aumento do gasto energético, com a inclusão de atividades físicas orientada por especialistas.

A lactose, formada pela união de glicose e galactose, é encontrada no leite e representa a principal fonte de energia para o bebê durante a amamentação.

A maltose, formada pela união de duas glicoses, é produzida durante a germinação das sementes, por digestão das reservas de amido, um polissacarídeo.

Para entender o que é um polissacarídeo (*polys* = muito), precisamos conhecer um termo usado em Química: **polímero**. Polímeros (*meros* = parte) são substâncias formadas pela união de numerosas moléculas mais simples, os monômeros (*monos* = um). Assim, polissacarídeos são glicídios de longas cadeias (polímeros), constituídos pela reunião de muitos monossacarídeos (monômeros). A celulose, por exemplo, é um polissacarídeo formado por cerca de 10 mil moléculas de glicose.

Vejamos alguns exemplos de polissacarídeos.

Amido ou **amilo**. Polissacarídeo mais usado pelas plantas como reserva energética. O amido é encontrado no interior do caule, mas se concentra principalmente em raízes, tubérculos e sementes. Sua produção é consequência do excesso de glicose resultante da fotossíntese. As moléculas de glicose se reúnem formando longas cadeias, que se associam em grãos microscópicos, os grãos de amido, com aspecto característico para cada vegetal (figura 4.3).

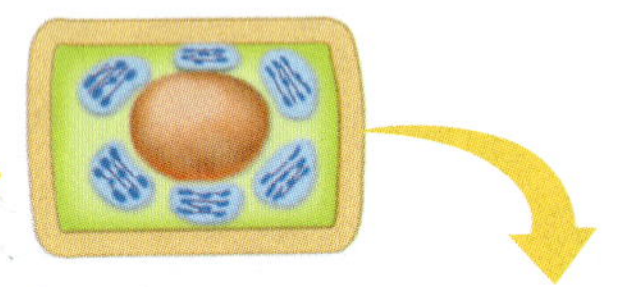

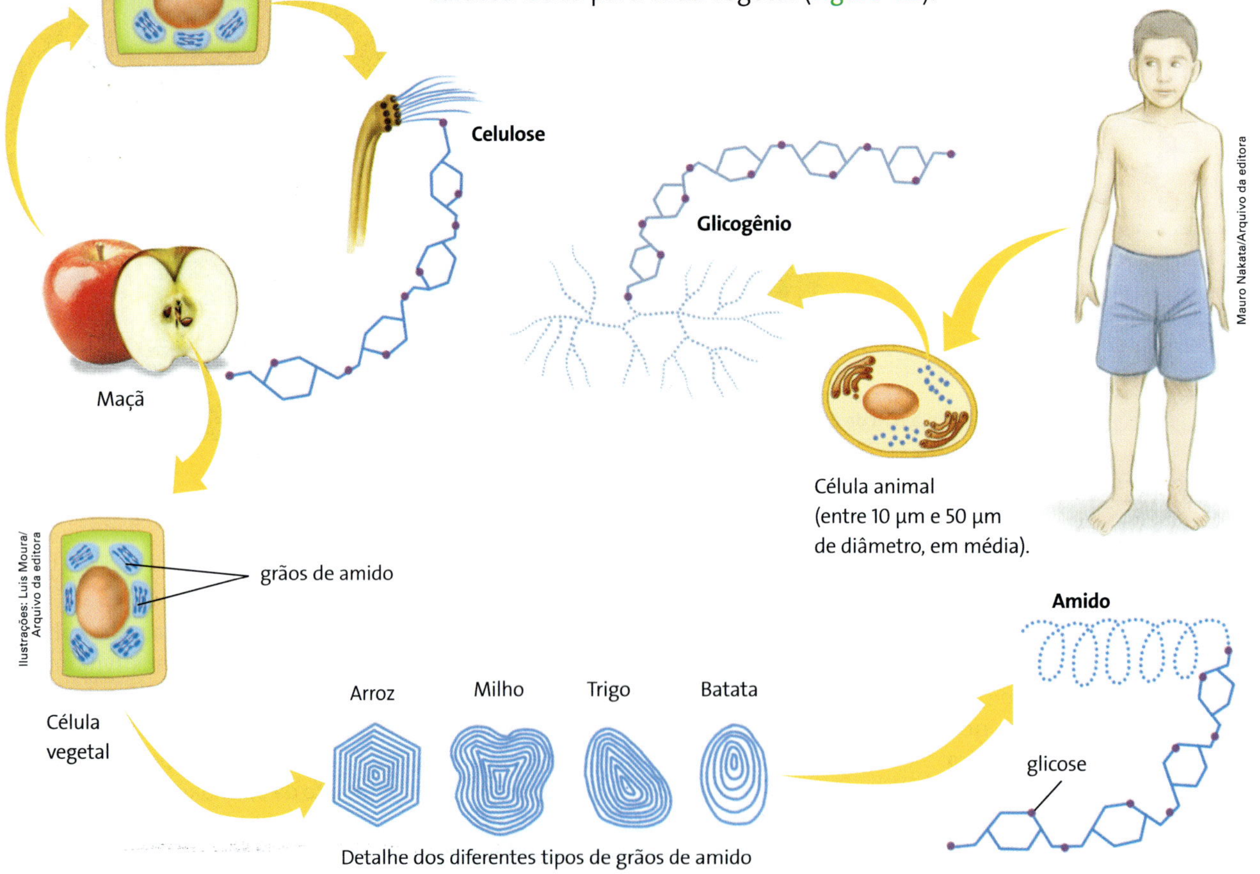

Figura 4.3 Três tipos de polissacarídeos: amido, glicogênio e celulose. Todos são formados por glicose, mas a ligação entre as moléculas de glicose é diferente em cada tipo. (Fórmulas simplificadas; os elementos da figura não estão na mesma escala; cores fantasia. Um micrômetro – 1 µm – equivale à milésima parte do milímetro.)

Glicogênio (*glykys* = doce; *genos* = gerar). Assim como o amido representa uma reserva de glicose para o vegetal, o glicogênio (figura 4.3), encontrado nos músculos e no fígado, desempenha esse papel nos animais para curtos períodos de falta de glicose. Quando esse período se prolonga, o organismo utiliza os lipídios, uma reserva maior e mais duradoura.

Celulose. Glicídio mais abundante na natureza, a celulose, associada a outras substâncias, compõe a estrutura de sustentação dos vegetais (figura 4.3). Também é formada pela união de moléculas de glicose, mas essa ligação é diferente da ligação nos casos anteriores e, por isso, ela não é digerida pela amilase dos animais e sim por outra enzima, a celulase, produzida por bactérias e protozoários. É pela ação desses microrganismos existentes no tubo digestório que os mamíferos herbívoros (boi, cabra, cavalo, etc.) podem usar a celulose como alimento. É também por esse motivo que os cupins têm a capacidade de digerir madeira.

Polissacarídeos nitrogenados. Têm esse nome porque possuem nitrogênio na molécula. Dois exemplos são a quitina (que forma a carapaça dos artrópodes – gafanhoto, siri, aranha, lacraia, etc. –, aparecendo também na parede celular dos fungos) e o ácido hialurônico (que funciona como uma espécie de cola entre as células dos tecidos animais).

Biologia e saúde

A importância das fibras

Associada a outros polissacarídeos, a celulose forma as fibras vegetais. Embora o ser humano não seja capaz de digerir e aproveitar esse glicídio, as fibras são úteis na alimentação. Por absorverem água, amolecem as fezes e aumentam o seu volume, estimulando as contrações musculares do intestino. Assim, elas evitam a prisão de ventre e outros problemas intestinais. Por isso, é importante comer com regularidade alimentos ricos em fibras, como verduras, frutas e legumes (alface, brócolis, maçã, manga, pera, laranja com bagaço, abóbora, cenoura, etc.). Veja a figura 4.4.

Martin Dohrn/SPL/Latinstock

Figura 4.4 Alguns alimentos ricos em fibras.

2 Lipídios: reserva de energia

Os **lipídios** (*lipos* = gordura) mais conhecidos são as **gorduras** e os **óleos**. Podem ser encontrados no leite e seus derivados, na gema de ovo, nas carnes, nos óleos vegetais e em frutos, como abacate e coco.

As funções dos lipídios

Os lipídios funcionam como uma eficiente reserva de energia: 1 g de lipídio libera 9 kcal contra 4 kcal liberadas por 1 g de glicídio. Além disso, por serem insolúveis na água, podem ser armazenados de forma mais concentrada que os glicídios (estes retêm grande quantidade de água, o que aumenta o volume e o peso do corpo). Essa reserva energética é produzida quando o animal se alimenta, geralmente a partir da gordura ingerida e do excesso de glicídio, que pode ser transformado em gordura.

A gordura deposita-se nas células adiposas (ou adipócitos), que se dispõem em volta dos órgãos ou na parte mais profunda da pele, onde formam uma camada protetora. Essa camada tem também outra função: como o calor tem dificuldade em atravessar a gordura, ela atua como isolante térmico, uma importante adaptação, principalmente para animais de clima frio (figura 4.5).

Como as proteínas, os lipídios colaboram na formação da membrana da célula. No caso do tecido nervoso, camadas de membranas superpostas funcionam como isolante elétrico do impulso nervoso, por causa do seu conteúdo lipídico. Alguns lipídios formam também hormônios e vitaminas.

Figura 4.5 Grupo de morsas (*Odobenus rosmarus*), encontradas no Ártico. A camada de gordura desempenha uma importante proteção térmica. (Fêmea adulta: até 2,60 m de comprimento e entre 400 kg e 1250 kg de peso; macho adulto: entre 3 m e 4 m de comprimento e até mais de 1500 kg de peso.)

Yves Adams/Getty Images

Tipos de lipídios

Presentes na manteiga, no leite, no queijo, nos ovos, na banha (gorduras de origem animal) e nos óleos vegetais, os **glicerídios** são os lipídios encontrados em maior quantidade nos alimentos e estão representados pelos óleos e gorduras (figura 4.6). São também os principais lipídios presentes nas células adiposas.

Os **acilgliceróis** (outra denominação para os glicerídios) são formados pela união de glicerol (um álcool) com **ácidos graxos** (ácidos com longa cadeia, com mais de doze átomos de carbono). Pode haver uma, duas ou, o que é mais comum, três moléculas de ácido graxo ligadas ao glicerol. Neste último caso, o composto é chamado **triglicerídio** ou **triacilglicerol**. Veja a figura 4.7.

Alguns ácidos graxos, como os ácidos oleico e linoleico, possuem ligações químicas duplas unindo certos átomos de carbono. Por causa das ligações duplas esses ácidos graxos são chamados **insaturados**. Já os ácidos graxos que possuem apenas ligações simples são chamados **saturados**. Os óleos são ricos em ácidos graxos insaturados, por isso, são líquidos na temperatura ambiente. As gorduras, por causa da presença de ácidos graxos saturados, são sólidas. Alguns autores, no entanto, usam o termo gordura para se referir tanto a óleos quanto a gorduras, distinguindo, nesse caso, entre gordura insaturada (óleos ricos em ácidos graxos insaturados) e gordura saturada (gorduras ricas em ácidos graxos saturados).

Figura 4.6 Alguns alimentos ricos em glicerídios: manteiga, ovos (gema), leite, queijo e óleos vegetais.

Um óleo pode ser convertido em gordura, passando do estado líquido para o sólido, se adicionarmos átomos de hidrogênio à sua molécula, quebrando as ligações duplas. Esse processo é chamado hidrogenação e é usado na produção de margarina a partir de óleos vegetais. Nesse caso, a hidrogenação é parcial, o que deixa a margarina pastosa. Em alguns tipos de margarina, as ligações duplas são preservadas e o estado sólido é obtido pela adição de produtos químicos.

No grupo de lipídios conhecidos como cerídios estão as **ceras**, como a da orelha humana (ouvido, pela antiga nomenclatura), da carnaúba e do favo da abelha. Elas são formadas pela união de álcoois de longa cadeia com ácidos graxos.

Figura 4.7 Esquema de formação de um triglicerídeo (na fórmula simplificada, cada átomo de carbono corresponde a um vértice e os hidrogênios foram suprimidos).

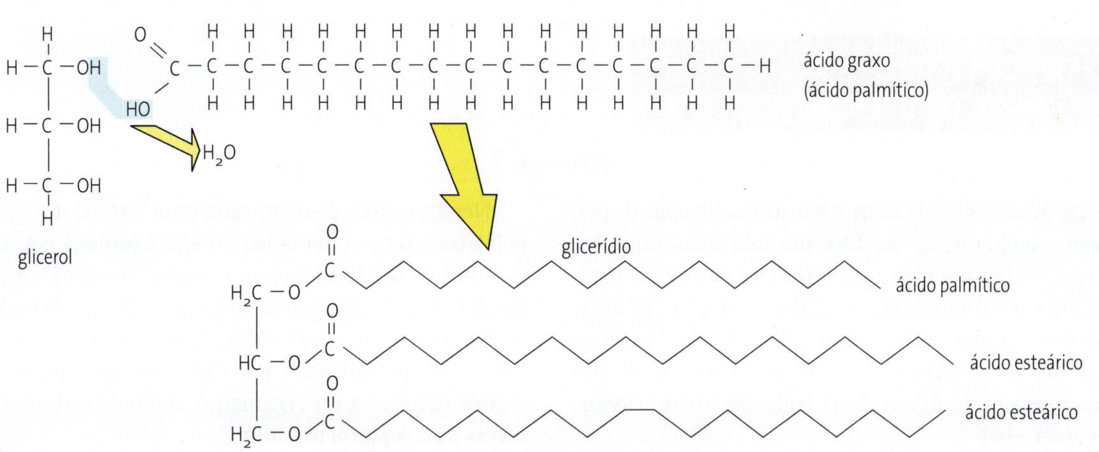

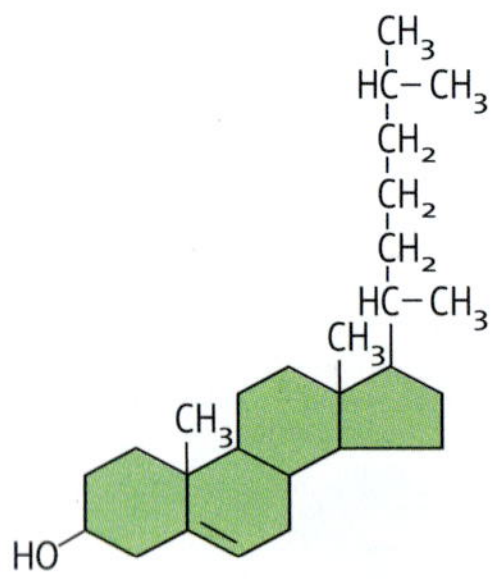

Colesterol

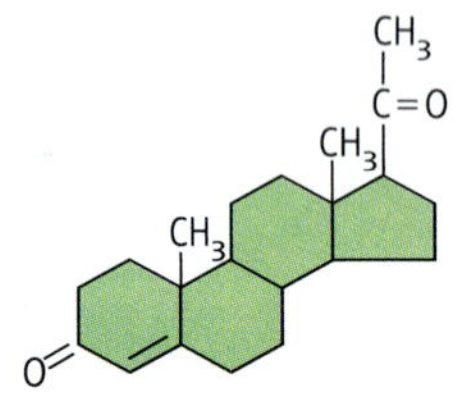

Progesterona
(hormônio que mantém a gravidez).

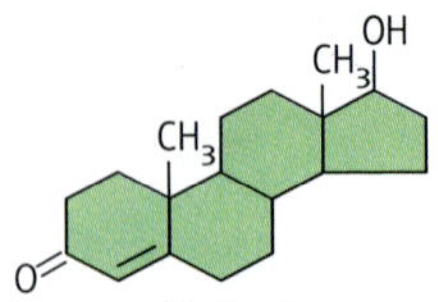

Testosterona
(hormônio sexual masculino).

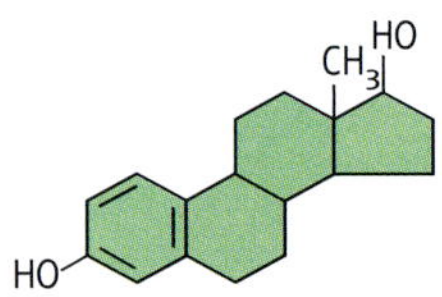

Estradiol
(hormônio sexual feminino).

Comstock/Jupiter Images

Pedro Rubens/Arquivo da editora

Figura 4.8 Fórmulas de alguns esteroides (cada vértice possui um átomo de carbono, que pode estar ligado a um ou mais átomos de hidrogênio). A testosterona e o estradiol são hormônios responsáveis, respectivamente, pelas características sexuais secundárias de machos e fêmeas (leão, acima à esquerda, e leoa, acima à direita, com 1,70 m a 2,5 m de comprimento, fora a cauda).

A cera da orelha protege-a contra germes. As ceras dos vegetais formam camadas impermeáveis, que cobrem folhas e frutos em algumas plantas, evitando a perda de água. Essas coberturas impermeáveis também podem ser constituídas por polissacarídeos, como a cutina e a suberina. Todas são importantes adaptações à vida terrestre.

Os fosfolipídios, também chamados **fosfoacilgliceróis**, possuem ácido fosfórico e uma molécula nitrogenada, além de álcool e ácido graxo. O ácido fosfórico se ioniza (perde prótons) e adquire carga elétrica negativa; a molécula nitrogenada ganha prótons e adquire carga elétrica positiva. O fosfolipídio fica, então, com uma região polar, que se mistura com a água (região hidrófila), e outra apolar, que não se mistura com a água (região hidrófoba), onde estão os ácidos graxos. Isso faz com que eles assumam uma arrumação típica na composição da membrana da célula, como veremos no capítulo 8.

Apesar de não serem ácidos graxos, os **esteroides** apresentam cadeias associadas aos lipídios (figura 4.8), com os quais possuem algumas propriedades comuns. O grupo dos esteroides compreende os hormônios sexuais, os corticosteroides (hormônios da glândula suprarrenal), o colesterol (presente na membrana da célula animal e usado na síntese dos hormônios sexuais e outros esteroides), os sais biliares do fígado e a vitamina D.

Aprofunde seus conhecimentos

Ômega 3

Os ácidos graxos com uma única ligação dupla, como o ácido oleico, são ditos monoinsaturados e estão presentes, por exemplo, no azeite de oliva. Os ácidos graxos com mais de uma ligação dupla são ditos poli-insaturados e são comuns na maioria dos óleos vegetais (com exceção dos de coco, cacau e dendê) e nos peixes de águas frias (salmão, atum, cavala, anchova, etc.).

Nesses peixes, é encontrada uma família de ácidos poli-insaturados chamados ômega 3 (ômega é a última letra do alfabeto grego e o nome "ômega 3" indica que há uma dupla ligação no terceiro átomo de carbono a partir do final da cadeia). Esses ácidos graxos estão sendo pesquisados por causa de seus possíveis efeitos benéficos no organismo, como o controle dos níveis de colesterol no sangue.

Biologia e saúde

Colesterol e gordura trans

O fígado é capaz de sintetizar colesterol a partir de gorduras saturadas do alimento. Esse colesterol, combinado a proteínas e ácidos graxos (**lipoproteínas**), é transportado pelo sangue do fígado para outros tecidos. As lipoproteínas podem ser de **baixa densidade** (LDL, do inglês *Low Density Lipoprotein*) ou de **alta densidade** (HDL, do inglês *High Density Lipoprotein*).

As de baixa densidade (LDL) são chamadas "colesterol ruim". Essas lipoproteínas são consideradas ruins porque podem provocar acúmulo de placas de gordura nas artérias, que vão ficando endurecidas e estreitas. Com isso, o fornecimento de sangue para os órgãos do corpo diminui; é o problema conhecido como **aterosclerose**. Além disso, aumenta a probabilidade de formação de coágulos, que podem obstruir artérias importantes, como as que irrigam o coração. Nesse caso, porções maiores ou menores do músculo cardíaco podem parar: é o infarto do miocárdio (figura 4.9), que pode provocar a morte.

O HDL (chamado "colesterol bom") não se deposita nas artérias e leva o colesterol não utilizado até o fígado para que seja eliminado.

O consumo excessivo de gorduras saturadas, encontradas sobretudo em alimentos de origem animal, pode provocar um aumento do "colesterol ruim" no sangue.

A gordura trans é fabricada industrialmente pela hidrogenação (acréscimo de átomos de hidrogênio) dos ácidos insaturados presentes nos óleos vegetais. Nesse processo, algumas duplas-ligações são transformadas em simples e outras moléculas sofrem uma mudança espacial (passam da forma conhecida em química como "cis" para a forma "trans", pouco frequente nos alimentos naturais).

A hidrogenação dá uma consistência mais sólida (o óleo passa de líquido a pastoso) a alguns alimentos industrializados, como sorvetes, batatas fritas, bolos, biscoitos, chocolate, comidas de "consumo rápido" (*fast-food*), como hambúrgueres, e margarinas (algumas marcas de margarina não usam esse processo). No rótulo desses alimentos as expressões "gordura ou óleo vegetal hidrogenado", "parcialmente hidrogenado" ou "óleo vegetal hidrogenado" indicam a presença de gordura trans.

A gordura trans pode provocar aumento do "colesterol ruim" e diminuição do "colesterol bom", aumentando com isso a chance de problemas cardiovasculares. Por isso, os médicos recomendam um consumo bem restrito desse tipo de gordura. Também por esse motivo, a Agência Nacional de Vigilância Sanitária (Anvisa) passou a exigir em 2006 que as gorduras trans sejam discriminadas nos rótulos.

Com o objetivo de prevenir problemas cardiovasculares, o médico pode pedir um exame de sangue para medir a taxa de colesterol e indicar medicamentos para baixar essa taxa. Nesse caso, é importante também diminuir o consumo de gorduras saturadas, praticar exercícios físicos (sob orientação de profissionais especializados, para evitar uma sobrecarga para o coração ou lesões nos sistemas esquelético e muscular), manter um peso adequado e não fumar.

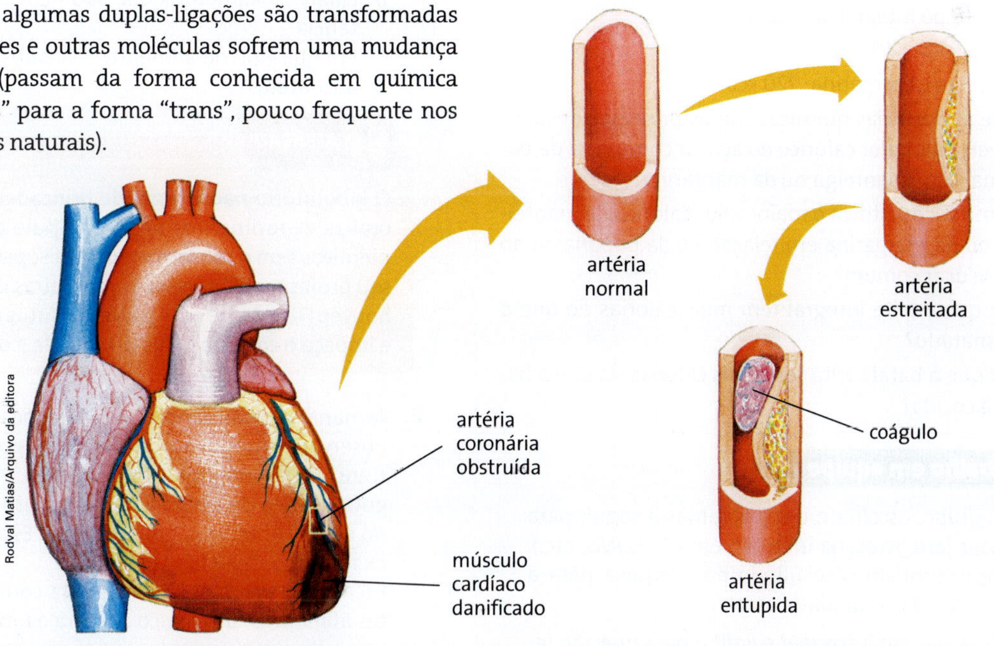

Figura 4.9 Um coágulo bloqueia parte da artéria coronária e as células dessa região morrem (os elementos da ilustração não estão na mesma escala; cores fantasia).

Atividades

1. Um estudante afirmou que "açúcar é energia". Explique o que ele quis dizer com isso.

2. Uma pessoa que precisa emagrecer resolveu diminuir a ingestão de alimentos ricos em glicídios. Cite alguns desses alimentos e explique por que, quando o objetivo é perder peso, não basta restringir a ingestão de alimentos desse grupo.

3. O amido desempenha, nas plantas, uma função semelhante à do glicogênio nos animais. Qual é essa função?

4. Um estudante afirmou que não devemos ingerir lipídios porque as gorduras são prejudiciais ao organismo. Ele está certo? Por quê?

5. Um estudante pesou a comida que comeu durante um dia e descobriu que o valor total era 1 kg. Então, ele concluiu que engordou 1 kg. O estudante está certo? Por quê?

6. Os valores abaixo (aproximados) indicam quantas quilocalorias existem em 100 g de alimento e referem-se à forma mais comum de consumo do alimento (cru ou cozido).
   - alface, pepino, agrião, berinjela, chuchu, couve-flor, tomate, brócolis, pimentão, cenoura: 10 a 30 kcal
   - suco de laranja, mamão, abacaxi: 35 a 50 kcal
   - batata cozida: 52 kcal
   - feijão: 77 kcal
   - banana-prata: 98 kcal
   - arroz: 128 kcal
   - leite em pó desnatado: 362 kcal
   - açúcar: 387 kcal
   - biscoito doce, recheado com chocolate: 472 kcal
   - leite em pó integral: 497 kcal
   - batata frita: 540 kcal
   - manteiga e margarina: 720 kcal

   a) Que substâncias químicas são as principais responsáveis pelo valor calórico do açúcar comum? E da banana? E da manteiga ou da margarina?
   b) Como você justifica o maior valor calórico da manteiga ou da margarina em relação ao da banana ou ao do açúcar comum?
   c) Por que o leite integral tem mais calorias do que o desnatado?
   d) Por que a batata frita tem mais calorias do que a batata cozida?

Trabalho em equipe

Em grupo, escolham um dos temas a seguir para pesquisar (em livros, na internet, em CD-ROMs, etc.). Depois, exponham o resultado da pesquisa para a classe e para a comunidade escolar.

1. O que são produtos *diet* e *light* e para que são indicados esses alimentos?
2. Intolerância à lactose: causa, sintomas, tratamento.

Atividades práticas

1. Providencie o material a seguir:
   - várias tampas de vidro ou vários pires e um conta-gotas.
   - vários tipos de alimento: amido de milho, rodelas de banana, fatias de pão, arroz cozido, clara de ovo, rodelas de aipim, biscoitos de cor clara, pedaços de carne crua e de queijo, um pouco de farinha de trigo, pedaços de batata sem casca (crua ou cozida), leite, macarrão cozido, óleo de soja, chocolate, alface, etc.
   - solução de iodo preparada, pelo professor, a partir de tintura de iodo (comprada em farmácia), diluída em água até ficar com cor alaranjada ou castanho-clara.

   Coloque um pouco do amido de milho (uma colherzinha de café, por exemplo) sobre uma tampa ou um pires. Peça ao professor que pingue de duas a três gotas de solução de iodo. Em outra tampa, coloque um pouco de água e, novamente, peça ao professor que pingue duas ou três gotas de iodo (tome cuidado para a solução não cair na pele ou na roupa). Compare a cor das duas misturas e anote os resultados.

   Depois, distribua um pouco de cada alimento nos diversos pires ou tampas e peça ao professor que pingue duas ou três gotas de solução de iodo sobre cada um. Anote as cores que aparecem em cada amostra, compare com a cor obtida na mistura de água e na do amido de milho e responda:

   a) Qual a substância presente nos alimentos que provocou mudança de cor no iodo?
   b) Quais os alimentos que são ricos nessa substância?
   c) Em que tipo de alimento essa substância está ausente?

! ATENÇÃO!

O laboratório não é lugar de brincadeiras! Não realize experimentos nem manipule produtos químicos sem o consentimento e a supervisão do seu professor. Não mexa em torneiras de gás, se houver. Não cheire nem prove produtos químicos e impeça o contato deles com a pele e os olhos.

2. A maneira mais simples de identificar lipídios é observar a formação de manchas gordurosas e translúcidas em papel de embrulho. Pingue uma gota de óleo de cozinha em um canto do papel e no outro canto uma gota de água. Espere secar e examine contra a luz.

   Faça o teste com o leite e o repita com os seguintes alimentos: um pouco de clara e um pedaço da gema de um ovo cozido; maionese; manteiga; legumes cozidos (os alimentos sólidos podem ser esfregados com o dedo no papel).

Vestibulares de Norte a Sul

1. **SE** (Faap-SP) A celulose é um carboidrato, um polissacarídeo de origem vegetal e com função estrutural. É um componente presente em todos os alimentos de origem vegetal. Os seres humanos não são capazes de digerir as fibras de celulose, porém elas são importantíssimas, pois:

   a) fornecem energia para o corpo.
   b) formam estruturas esqueléticas importantes.
   c) são fontes de vitaminas.
   d) facilitam a formação e a eliminação das fezes.
   e) são importantes para o crescimento.

2. **NE** (UFPE) Amido, sacarose e glicogênio são polissacarídeos que, apesar de serem constituídos pelas mesmas unidades (moléculas de glicose), apresentam diferença quanto ao tipo de ligação entre as glicoses e à conformação espacial das moléculas. Na figura abaixo, 1, 2 e 3 indicam, respectivamente, locais onde são encontrados os polissacarídeos:

Luis Moura/Arquivo da editora

   a) amido, celulose e glicogênio.
   b) celulose, amido e glicogênio.
   c) celulose, glicogênio e amido.
   d) glicogênio, amido e celulose.
   e) glicogênio, celulose e amido.

3. **NE** (Uece) Nas Olimpíadas de Pequim, atletas brasileiros competiram e trouxeram medalhas para o nosso país. Para realizar atividades físicas dessa natureza, os atletas gastam muita energia. Assim, antes das competições, os atletas devem consumir preferencialmente alimentos ricos em:

   a) sais minerais.
   b) proteínas.
   c) carboidratos.
   d) vitaminas.

4. **NE** (UPE) Leia o texto abaixo:

   História e variações do cuscuz

   O kuz-kuz ou *alcuzcuz nasceu na África setentrional. Inicialmente, feito pelos mouros com arroz ou sorgo, o prato se espalhou pelo mundo no século XVI, sendo feito com milho americano. No Brasil, a iguaria foi trazida pelos portugueses na fase colonial. Estava presente apenas nas mesas das famílias mais pobres e era a base da alimentação dos negros. Em São Paulo e Minas Gerais, o prato se transformou em uma refeição mais substancial, recheado com camarão, peixe ou frango e molho de tomate. No Nordeste, a massa de milho feita com fubá é temperada com sal, cozida no vapor e umedecida com leite de coco com ou sem açúcar.*

   Fonte: <www.mundolusiada.com.br/.../gas015_jun08>.

   Assinale a alternativa que preenche corretamente a lacuna.

   Delícia da culinária da nossa terra, o cuscuz feito de milho é rico em ____________.

   a) amido.
   b) carotenoide.
   c) cera.
   d) glicogênio.
   e) lipídio.

5. **S** (UCS-RS) Acredita-se que 75% das mortes no mundo são causadas por doenças crônicas, como diabetes, câncer e complicações cardíacas (*Diet, nutrition and the prevention of cronic diseases*). A comida, sobretudo a industrializada, tem sido apontada como a principal causa dessas enfermidades. A molécula de colesterol, considerada prejudicial em grandes quantidades, e as moléculas constituintes dos lipídios considerados "bons" para a saúde, são, respectivamente,

   a) colesterol HDL; ácidos graxos insaturados.
   b) colesterol HDL; ácidos graxos saturados.
   c) colesterol HDL; ácidos graxos poli-insaturados.
   d) colesterol LDL; ácidos graxos saturados.
   e) colesterol LDL; ácidos graxos linoleico e oleico.

6. **NE** (UFPI) As moléculas orgânicas desempenham papéis vitais nos organismos. Em relação à função de algumas moléculas orgânicas e sua relação com os grupos de organismos, marque com V (verdadeiro) ou F (falso).

   ( ) O amido é um polissacarídeo energético encontrado nas células vegetais.
   ( ) Nos animais, o glicogênio desempenha a função de polissacarídeo estrutural.
   ( ) A quitina tem a mesma função em células de artrópodes e de alguns fungos, por ser um polissacarídeo estrutural.
   ( ) A celulose é um polissacarídeo energético encontrado na maioria das células vegetais.

7. N (Ufam) "A ideia de que se deve evitar a gordura nasceu em grande parte de observações de que os países ricos do Ocidente têm alto consumo de gorduras e elevados índices de doenças cardiovasculares. Mas essa correlação limita-se à gordura saturada. As sociedades em que as pessoas consomem uma quantidade relativamente grande de gorduras mono e poli-insaturadas, em geral, tendem a ter índices mais baixos de doenças cardíacas. As únicas gorduras que são significativamente mais perniciosas que os carboidratos são os ácidos graxos trans-insaturados – as gorduras hidrogenadas – que são produzidos pela hidrogenação parcial de óleos vegetais líquidos, o que faz com que eles se solidifiquem. Encontradas em muitas margarinas, bolos, biscoitos e frituras, as gorduras hidrogenadas são particularmente ruins para a saúde porque aumentam os níveis de colesterol ruim e triglicérides, ao mesmo tempo em que diminuem a quantidade de colesterol bom".

Fonte: WILLET, W.C.; STAMPFER, M.J. Bases da pirâmide alimentar. *Scientific American Brasil*, ed. 9, fev. 2003. (adaptado)

Analise as seguintes afirmativas relacionadas à questão do consumo de gorduras:

I. O elevado consumo de gorduras não mostra relação com os índices de doenças cardiovasculares.

II. O colesterol ruim e o colesterol bom são lipoproteínas que carregam moléculas de colesterol.

III. O consumo de qualquer forma de colesterol deve ser evitado.

IV. As gorduras só têm um papel energético nos organismos.

V. O colesterol é a molécula base para a construção de compostos essenciais para o funcionamento dos organismos.

Assinale a alternativa correta:

a) Somente as afirmativas I e II estão corretas.
b) Somente as afirmativas I e III estão corretas.
c) Somente as afirmativas I e V estão corretas.
d) Somente as afirmativas II e V estão corretas.
e) Somente as afirmativas III e IV estão corretas.

8. S (UEL-PR) Pesquisadores franceses identificaram um gene chamado de RN, que, quando mutado, altera o metabolismo energético do músculo de suínos, provocando um acúmulo de glicogênio muscular, o que prejudica a qualidade da carne e a produção de presunto (Pesquisa Fapesp, n. 54, p. 37, 2000).

Com base nos conhecimentos sobre o glicogênio e o seu acúmulo como reserva nos vertebrados, é correto afirmar:

a) É um tipo de glicolipídeo de reserva muscular acumulado pela ação da adrenalina.
b) É um tipo de glicoproteína de reserva muscular acumulado pela ação do glucagon.
c) É um polímero de glicose estocado no fígado e nos músculos pela ação da insulina.
d) É um polímero de frutose, presente apenas em músculos de suínos.
e) É um polímero proteico estocado no fígado e nos músculos pela ação do glucagon.

9. S (Ufpel-RS) Durante muito tempo acreditou-se que os carboidratos tinham funções apenas energéticas para os organismos. O avanço do estudo desses compostos, porém, permitiu descobrir outros eventos biológicos relacionados aos carboidratos.

"Ciência Hoje". v. 39, 2006. [adapt.].

Baseado no texto e em seus conhecimentos, é **incorreto** afirmar que:

a) os carboidratos são fundamentais no processo de transcrição e replicação, pois participam da estrutura dos ácidos nucleicos.
b) os carboidratos são importantes no reconhecimento celular, pois estão presentes externamente na membrana plasmática, onde eles formam o glicocálix.
c) os triglicérides ou triacilglicerídeos, carboidratos importantes como reserva energética, são formados por carbono, hidrogênio e oxigênio.
d) tanto quitina, que forma a carapaça dos artrópodes, quanto a celulose, que participa da formação da parede celular, são tipos de carboidratos.
e) o amido, encontrado nas plantas, e o glicogênio, encontrado nos fungos e animais, são exemplos de carboidratos e têm como função a reserva de energia.

10. CO (UEG-GO) Os hábitos alimentares, ou seja, os tipos de alimentos escolhidos pelas pessoas para fazer parte da sua dieta usual, bem como o modo de preparar os alimentos, variam principalmente em relação aos diferentes organismos e segundo a ingestão adequada de nutrientes. Desta forma, a ingestão de lipídeos, carboidratos, proteínas e vitaminas de forma equilibrada garantem de maneira geral o sucesso nutricional dos seres vivos. Cite duas consequências que acometem um indivíduo quando ele deixa de ingerir carboidratos para garantir a redução de peso corporal.

11. SE (Unicamp-SP-modificada) Os lipídios têm papel importante na estocagem de energia, na estrutura de membranas celulares, na visão, no controle hormonal, entre outros. São exemplos de lipídios: fosfolipídios, esteroides e carotenoides.

a) A quais das funções citadas no texto acima os esteroides estão relacionados? Cite um esteroide importante para uma dessas funções.
b) Cite um local de estocagem de lipídios em animais e um em vegetais.

12. SE (Vunesp-SP) Os açúcares complexos, resultantes da união de muitos monossacarídeos, são denominados polissacarídeos.

a) Cite dois polissacarídeos de reserva energética, sendo um de origem animal e outro de origem vegetal.
b) Indique um órgão animal e um órgão vegetal, onde cada um destes açúcares pode ser encontrado.

CAPÍTULO

5 Proteínas

OlgaLis/Shutterstock/Glow Images

Leão com um pedaço de carne, alimento rico em proteína.

- Quais as principais funções das proteínas no nosso corpo?
- De que são formadas as moléculas de proteínas?
- Quais são os principais alimentos que nos fornecem proteínas?

1 As funções das proteínas

As **proteínas** (*proteios* = primeiro) formam várias estruturas da célula, além de controlarem a entrada e a saída de substâncias pela membrana plasmática. Conferem também sustentação a muitos tecidos do corpo e são responsáveis pela contração dos músculos e pelo transporte de oxigênio no sangue de muitos animais.

Elas são ainda fundamentais para o funcionamento geral dos organismos, pois as reações do metabolismo dependem das enzimas (a maior parte destas é proteína). São também proteínas alguns hormônios (substâncias químicas que controlam diferentes funções), os anticorpos (que combatem microrganismos e outros invasores do corpo) e as moléculas que regulam as atividades dos genes.

Em resumo, as proteínas exercem função estrutural, enzimática, contrátil, hormonal, de defesa, de transporte e de proteção contra agentes externos, entre outras.

2 Características das proteínas

As proteínas são formadas pela união de moléculas menores, os **aminoácidos**. Dizemos que elas são polímeros de aminoácidos. O número pode variar de algumas dezenas de aminoácidos, nas proteínas menores, a centenas de milhares, nas maiores.

Os aminoácidos são cadeias de carbono com hidrogênio, oxigênio, nitrogênio e, às vezes, enxofre. Em sua molécula, há um grupamento **carboxila** (**COOH**) – que caracteriza os ácidos orgânicos – e um grupamento **amina** (**NH_2**), vindo daí o nome aminoácido (uma função química ou grupamento é um conjunto de substâncias com propriedades químicas semelhantes).

Na figura 5.1 podem ser vistas as fórmulas estruturais da glicina e a da alanina (os traços indicam as ligações químicas entre os átomos).

Observe que na fórmula estrutural da glicina aparece um átomo de hidrogênio marcado em amarelo, assim como na fórmula da alanina aparece um carbono, ao qual estão ligados três átomos de hidrogênio. Essa parte em amarelo varia de acordo com o tipo de aminoácido: pode ser um simples átomo de hidrogênio ou uma cadeia de carbonos, por exemplo.

Os vegetais fabricam todos os aminoácidos de que necessitam a partir de cadeias de carbono (obtidas dos açúcares produzidos na fotossíntese) e de nitrato (NO_3^-) retirado do ambiente. Os animais podem fabricar um tipo de aminoácido a partir de outro que tenham obtido na alimentação. No ser humano adulto, os chamados aminoácidos **essenciais** (arginina, histidina, isoleucina, leucina, lisina, metionina, fenilalanina, treonina, triptofano e valina) não podem ser formados a partir de outros em quantidade suficiente para suprir suas necessidades; por isso, devem estar presentes obrigatoriamente na alimentação.

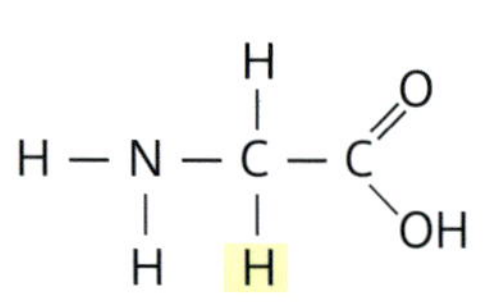

Glicina

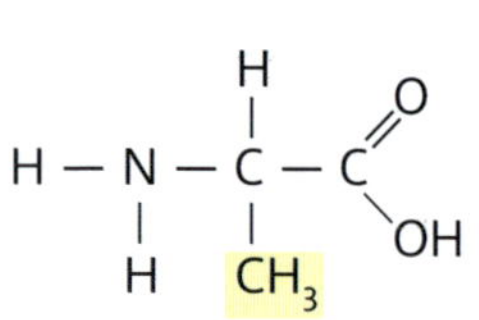

Alanina

Figura 5.1 Fórmulas estruturais dos aminoácidos glicina e alanina.

A união entre os aminoácidos – chamada **ligação peptídica** (*pepto* = digerir) – é sempre feita entre a carboxila (COOH) de uma unidade e o grupo amina (NH_2) da unidade vizinha. O composto formado é um **peptídio** (figura 5.2). Se forem apenas duas unidades, é um **dipeptídio**; três, **tripeptídio**; e assim por diante. Desse modo, formam-se filamentos mais ou menos longos, os **polipeptídios**. A molécula de proteína pode ser formada por um simples filamento ou por vários filamentos ligados entre si, chegando a apresentar até muitos milhares de aminoácidos. Essas moléculas diferem entre si pelo tipo e número de aminoácidos e, principalmente, pela sequência em que eles se apresentam na cadeia. A sequência característica, chamada **estrutura primária**, é responsável pelas propriedades da molécula (figura 5.3).

Portanto, com vinte tipos de aminoácidos podemos ter um número praticamente infinito de proteínas diferentes – assim como, com vinte letras de um alfabeto, é possível criar um número praticamente infinito de palavras. Cada espécie de ser vivo tem a sua coleção proteica característica.

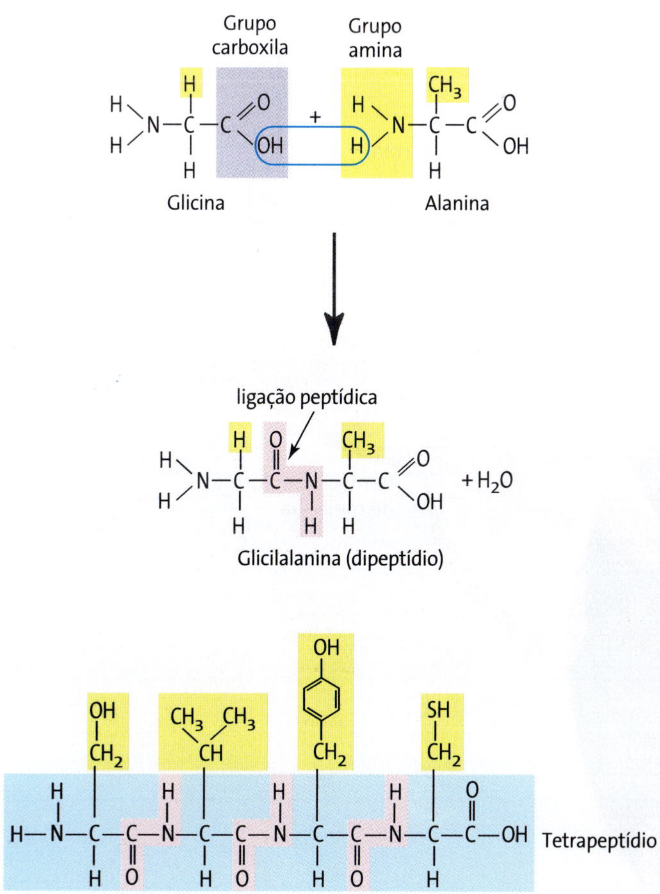

Figura 5.2 Formação de peptídios. Os peptídios possuem uma cadeia principal, na qual se ligam os grupamentos que distinguem um aminoácido de outro. Dois polipeptídios diferem entre si pelos grupos que se prendem à cadeia principal (marcados em amarelo).

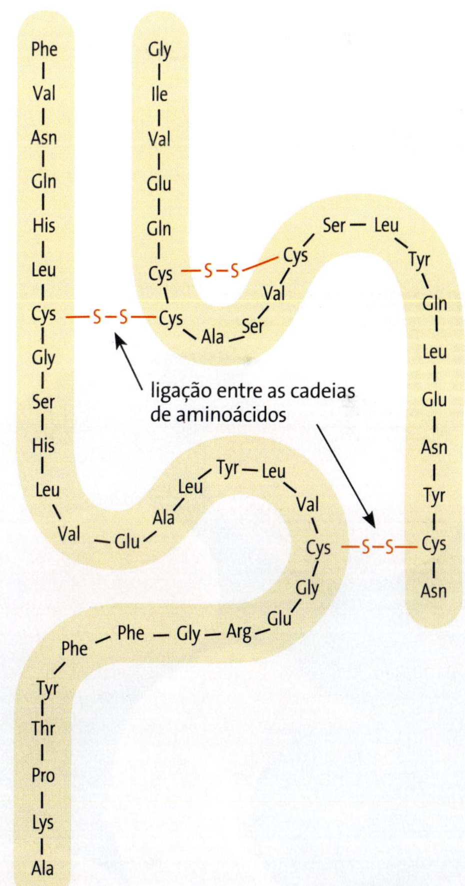

Figura 5.3 Fórmula simplificada da estrutura primária da insulina, formada por duas cadeias polipeptídicas unidas entre si por ligações entre os enxofres das cisteínas. Essas ligações também ocorrem entre cisteínas da mesma cadeia polipeptídica. Os aminoácidos são indicados por abreviaturas de três letras tiradas do nome em inglês.

O controle da sequência de aminoácidos depende dos genes (DNA) do organismo, e uma alteração em sua estrutura (mutação) pode mudar a sequência de aminoácidos e, consequentemente, as propriedades da proteína. No ser humano, por exemplo, a anemia falciforme resulta da troca do aminoácido ácido glutâmico por valina, em um setor da molécula de hemoglobina (figura 5.4). O glóbulo vermelho do sangue portador dessa hemoglobina é frágil, com vida mais curta; sua destruição em grande escala causa anemia, às vezes fatal. Além disso, em concentrações baixas de oxigênio, os glóbulos se deformam e adquirem o aspecto de foice ou meia-lua, agrupando-se e entupindo capilares sanguíneos. Muitas mutações, porém, são neutras, isto é, as substituições de alguns aminoácidos não afetam a função da proteína.

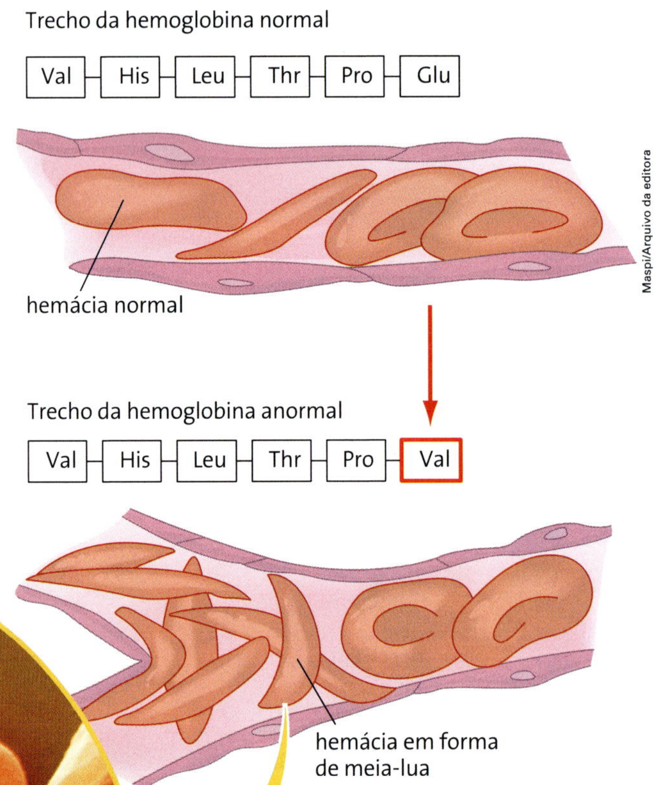

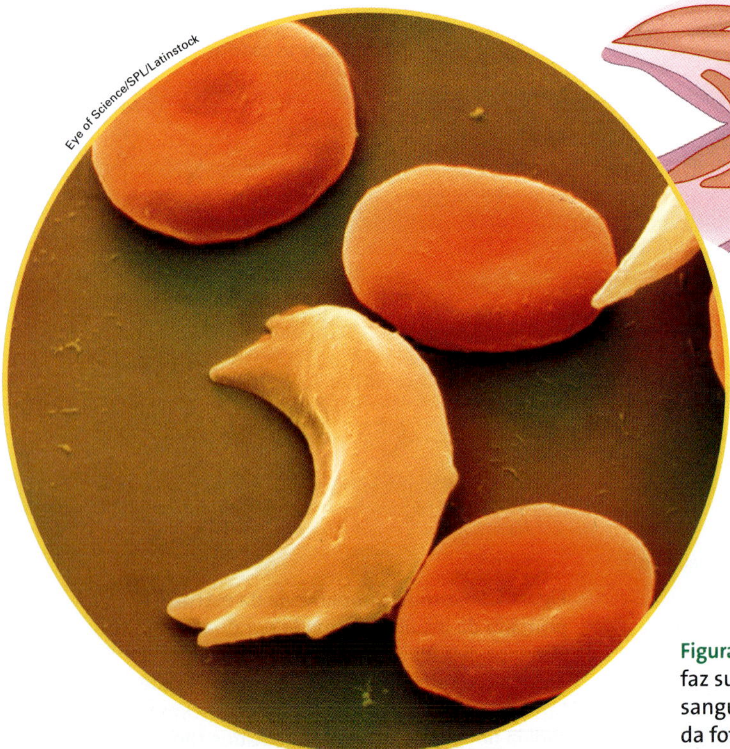

Figura 5.4 Anemia falciforme: a troca de um aminoácido faz surgir hemácias que podem obstruir capilares sanguíneos (ilustração acima; cores fantasia). No centro da foto à esquerda, uma hemácia em forma de foice (imagem ao microscópio eletrônico; aumento de cerca de 7 mil vezes; colorizada por computador).

Como a proteína se dobra no espaço

A proteína não é apenas um fio de aminoácidos esticado no espaço. Esse fio se torce e adquire, em geral, a forma de uma hélice – semelhante ao enrolamento de um fio de telefone. Essa hélice é mantida por causa das ligações de hidrogênio (antes denominadas pontes de hidrogênio). O enrolamento da cadeia polipeptídica é chamado **estrutura secundária** (figura 5.5).

Na maior parte dos casos, a cadeia de aminoácidos se enrola mais de uma vez. A hélice descreve, então, curvas nas três direções do espaço, dobrando-se várias vezes sobre si mesma. A proteína adquire assim uma estrutura tridimensional, chamada **estrutura terciária**, que lhe confere uma forma característica (figura 5.6).

As curvas descritas pela proteína resultam das várias atrações químicas entre aminoácidos de diferentes pontos da cadeia. Além das ligações de hidrogênio, há atrações elétricas entre aminoácidos que ficam com carga positiva e outros com carga negativa, entre outras ligações.

Concluímos, então, que a estrutura terciária da proteína depende da sequência de aminoácidos. Se trocarmos um aminoácido com carga positiva por outro sem carga ou com carga negativa, por exemplo, a proteína pode deixar de se dobrar nessa região, mudando sua forma.

Por que a forma de uma proteína é importante? Por causa de sua função. Enzimas e anticorpos, por exemplo, exercem suas funções encaixando-se em outras moléculas (como uma chave em uma fechadura). Portanto, desvendar a estrutura de proteínas, por meio de análises feitas em Química, permite compreender melhor o que acontece nos seres vivos – e também curar doenças.

Existem ainda proteínas formadas pela associação de várias cadeias polipeptídicas enoveladas. É o caso da hemoglobina. Sua molécula é formada por quatro cadeias, iguais duas a duas. Cada uma, com mais de cem aminoácidos, apresenta um grupamento químico complementar, não proteico e portador de ferro, chamado **núcleo heme**, ao qual se liga o oxigênio. Os quatro novelos se associam, ocupando posições determinadas no espaço para formar a molécula. Essa estrutura, que consiste na associação espacial de vários novelos ou fibras, é classificada como **estrutura quaternária**.

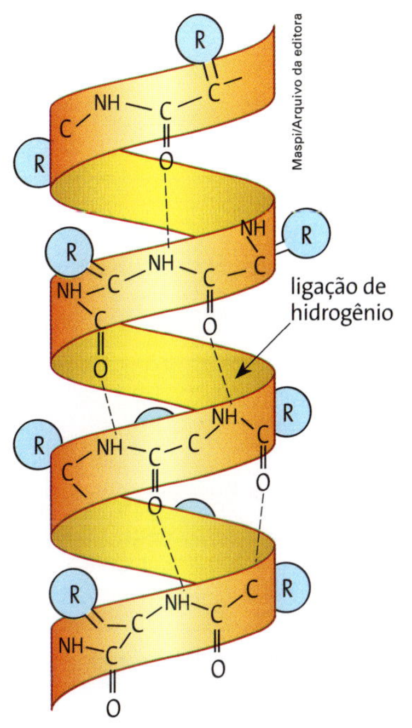

Figura 5.5 Fórmula simplificada da estrutura secundária da proteína: as ligações de hidrogênio (entre o oxigênio de uma molécula e o hidrogênio de outra) fazem a cadeia de aminoácidos se dobrar em forma de hélice. (As letras **R** representam radicais; cores fantasia.)

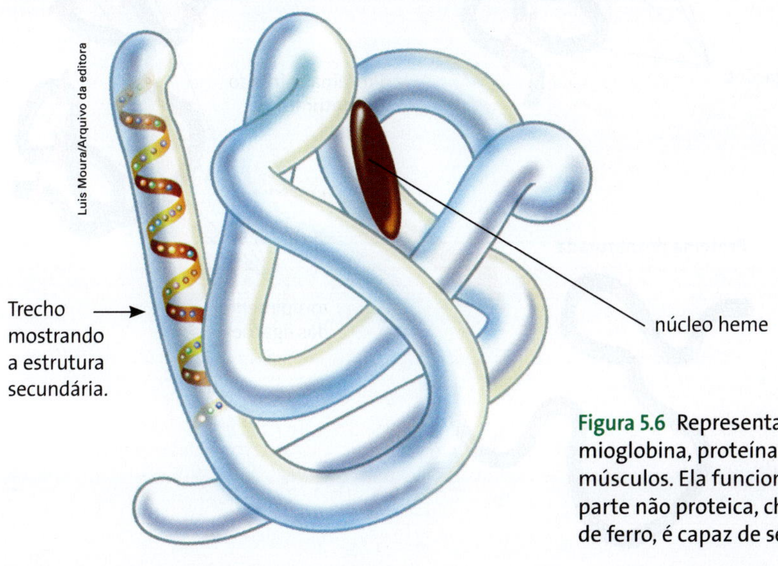

Figura 5.6 Representação simplificada da estrutura terciária da mioglobina, proteína com 153 aminoácidos encontrada nos músculos. Ela funciona como uma reserva de oxigênio, pois sua parte não proteica, chamada núcleo heme, que contém um átomo de ferro, é capaz de se combinar com esse gás (cores fantasia).

A desnaturação das proteínas

Diversos fatores – calor, variação da acidez, presença de algumas substâncias químicas, etc. – podem romper as ligações que mantêm a forma da proteína, isto é, podem deformá-la, alterando sua estrutura secundária e terciária. O rompimento dessas ligações, que desmancha a estrutura espacial da molécula, destrói suas propriedades. Nesse caso, dizemos que ocorreu **desnaturação** (*des* = perda; *natura* = natureza).

Veja a figura 5.7. É o que acontece quando aquecemos as proteínas ou quando há alteração de pH (no boxe da página 71 apresentamos algumas informações sobre pH).

A desnaturação das proteínas pode ser usada para esterelizar utensílios e alimentos. Isso é possível porque os microrganismos morrem quando submetidos ao calor, porque suas enzimas perdem a forma e não funcionam mais.

Além disso, a desnaturação das proteínas pelo calor também é útil no preparo de alimentos. Quando cozinhamos um ovo, por exemplo, as proteínas desnaturadas tornam-se insolúveis e se solidificam, separando-se da água.

A desnaturação também pode ser perigosa. Quando temos febres muito altas, a desnaturação pode inativar proteínas do sistema nervoso e causar a morte.

Como vemos, um conhecimento da Química e da Biologia ajuda a explicar vários fenômenos do cotidiano.

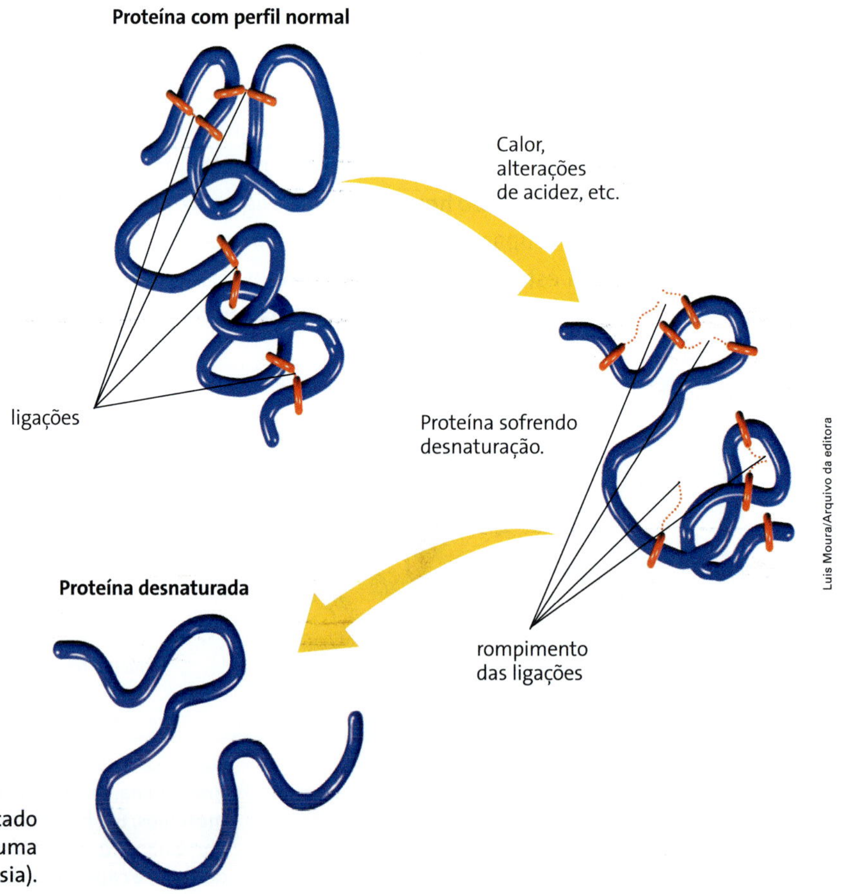

Figura 5.7 Esquema simplificado da desnaturação de uma proteína (cores fantasia).

Biologia e cotidiano

Arroz com feijão

Alimentos de origem animal, como carne, leite, queijo, peixe e ovos, possuem proteínas completas ou de alto valor biológico, isto é, possuem todos os aminoácidos essenciais em boa quantidade (figura 5.8).

Em geral, as proteínas dos vegetais não possuem todos os aminoácidos na proporção adequada ao funcionamento do nosso organismo. Essas proteínas são incompletas, ou seja, um único tipo de vegetal nunca possui todos os aminoácidos essenciais. Entretanto, uma dieta variada, com mistura adequada de certos vegetais, pode ser uma boa fonte de proteínas. É o caso da clássica combinação no Brasil do arroz com feijão: na quantidade certa – uma parte de feijão para duas de arroz – fornece energia (na forma de carboidratos) e também uma fonte barata de proteína de boa qualidade. Isso acontece porque os cereais, como o arroz, são ricos nos aminoácidos que faltam nas leguminosas, e vice-versa.

Essa complementação vale, geralmente, para outras combinações entre cereais (ou mandioca) e leguminosas; por exemplo, macarrão, fubá ou farinha de mandioca com feijão, lentilha, ervilha ou soja.

O fato de que essas combinações já vêm sendo feitas antes que as análises químicas apontem a razão dessa complementação mostra que, às vezes, o conhecimento cotidiano se antecipa ao conhecimento científico – um tema discutido em Filosofia.

R-P/kino.com.br

Juanmonino/Getty Images

Figura 5.8 Alimentos de origem animal são geralmente ricos em proteínas completas, mas a mistura de arroz com feijão também é uma boa fonte de proteínas. O ideal é acrescentar a essa mistura um pouco de proteína animal para ter todos os aminoácidos essenciais em boa quantidade sem gastar muito.

3 Promovendo reações químicas: enzimas

Moléculas pequenas entram na célula e são transformadas em moléculas maiores, enquanto outras são decompostas, liberando energia. A cada momento, milhares de reações químicas ocorrem nos seres vivos devido à ação das **enzimas**. Como você verá a seguir, quase todas as enzimas são proteínas e, sem elas, a vida não seria possível.

Energia de ativação

Muitas vezes as substâncias químicas precisam ser aquecidas para reagir, ou seja, precisam de energia para começar a reação. Sem aquecimento, uma reação pode não ocorrer, ou ocorre de forma muito lenta. É de acordo com esse princípio que funciona a centelha das velas de um motor a combustão, por exemplo. Esse dispositivo produz uma faísca que provoca a explosão da mistura de ar com a gasolina no motor.

O exemplo abaixo ilustra como muitas reações químicas precisam de uma "ajuda" inicial para acontecer. Essa ajuda é fornecida por uma forma qualquer de energia, que deixa as moléculas da substância em condições de iniciar a reação. Podemos comparar essas moléculas a uma pedra que, para rolar do alto de um morro, precisa ser levada até lá (figura 5.9). Essa energia inicial, necessária para desencadear uma reação, é chamada **energia de ativação**.

Figura 5.9 Uma comparação: para rolar uma pedra morro abaixo, é necessário fornecer uma energia inicial para levá-la até o alto do morro. E para que muitas reações químicas ocorram é preciso gastar certa quantidade de energia, chamada energia de ativação. (Os elementos das figuras não estão em escala; cores fantasia.)

Ilustrações: Mauro Nakata/Arquivo da editora

As reações químicas do metabolismo precisam, em geral, de uma energia de ativação relativamente grande para ocorrerem com boa velocidade. Mas, se fosse fornecida na forma de calor, essa energia aumentaria a temperatura da célula, provocando sua morte.

É aí que entram as enzimas: elas são proteínas que funcionam como catalisadores, diminuindo a quantidade de energia de ativação necessária para que as reações ocorram (veja a figura 5.10). Com isso, as reações passam a ocorrer mais rapidamente e em temperatura compatível com a vida.

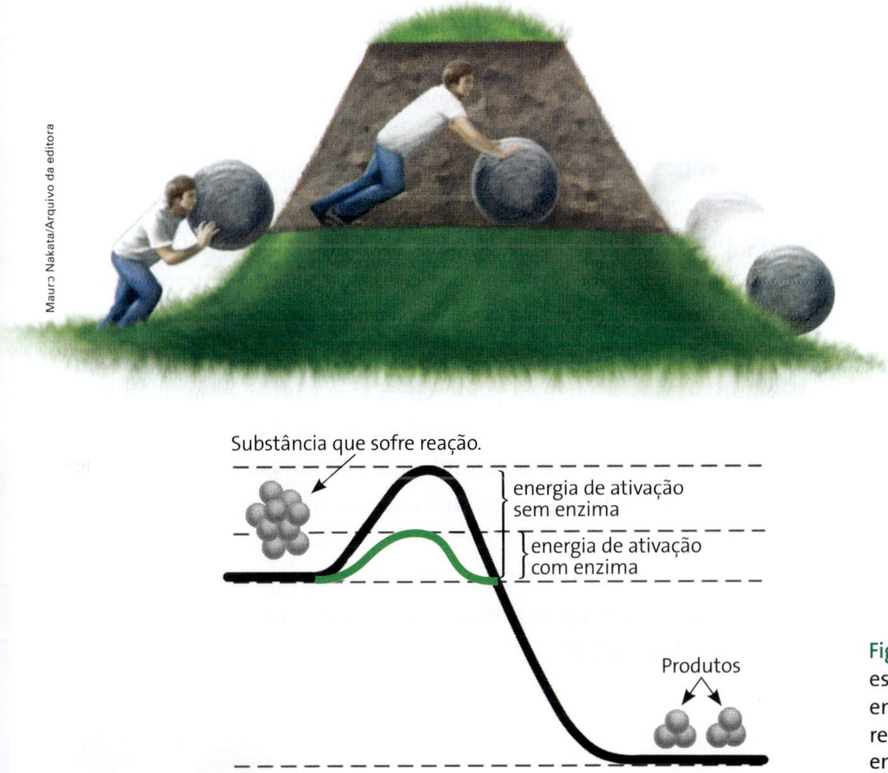

Mauro Nakata/Arquivo da editora

Figura 5.10 Uma comparação: como o túnel escavado no morro, a enzima diminui a energia de ativação necessária a uma reação. (Os elementos das figuras não estão em escala; cores fantasia.)

Biologia e sociedade

Insegurança alimentar

Em regiões mais pobres, é comum crianças apresentarem deficiência de proteínas após o desmame, embora recebam a cota normal de glicídios. Como consequência, instala-se uma doença conhecida como *kwashiorkor* (pronuncia-se "cuashiorcór"). Essa doença se caracteriza por estatura abaixo do normal, lesões na pele e no fígado, atraso no desenvolvimento mental e infecções no tubo digestório (digestivo), com diarreias frequentes.

O termo *kwashiorkor* significa, em um dialeto da África ocidental, 'mal do primeiro filho, quando nasce o segundo', porque a doença atinge principalmente crianças que foram desmamadas após o nascimento do irmão seguinte.

Já a carência de proteínas e de calorias provoca o marasmo, em que a criança fica muito magra e com músculos atrofiados, entre outros sintomas.

Em ambos os casos, a criança pode morrer se não receber alimentação equilibrada a tempo.

Uma das causas da desnutrição é a falta de recursos para uma alimentação equilibrada, isto é, uma insegurança alimentar, um conceito utilizado em Sociologia. Há segurança alimentar em uma população se todos têm acesso físico e econômico a alimentos suficientes para uma vida ativa e saudável. Para isso, as pessoas devem dispor de renda para comprar os alimentos. Há aqui, portanto, espaço para ações governamentais para atacar esse problema.

Como a enzima funciona

Todas as enzimas são proteínas, com exceção de algumas moléculas de ácido ribonucleico, que também atuam como enzimas (como veremos no capítulo 13). As enzimas podem ser proteínas simples (que possuem apenas aminoácidos) ou conjugadas (proteínas associadas a uma parte não proteica). No caso das proteínas conjugadas, o composto não proteico – chamado **cofator** – pode ser um metal (cálcio, zinco, etc.), ou uma molécula orgânica. Nos casos em que o cofator é uma molécula orgânica, a enzima conjugada é chamada **coenzima**. Muitas vitaminas, por exemplo, funcionam como coenzimas. Nesse caso, a parte proteica é chamada **apoenzima**, e o conjunto completo, **holoenzima** (do grego *holos* = todo).

As enzimas possuem uma forma especial, ou seja, um "perfil" característico. Uma determinada região da enzima – o **centro** ou **sítio ativo** – possui um formato que lhe possibilita encaixar-se nos reagentes da reação – os **substratos**. Quando a enzima se encaixa nos reagentes, ela é capaz de alterar a estrutura dessas moléculas, permitindo que a reação ocorra com menor energia de ativação.

Em alguns casos a enzima pode colocar na posição correta duas moléculas, aproximando as regiões que vão reagir. Esse processo também torna a reação mais fácil, diminuindo a energia de ativação. No final da reação, a molécula do produto se separa da enzima, que permanece inalterada. Como não é gasta, a enzima pode repetir o processo com novos reagentes. Assim, podemos compreender por que é suficiente uma pequena concentração de moléculas de enzima para a reação ocorrer (**figura 5.11**).

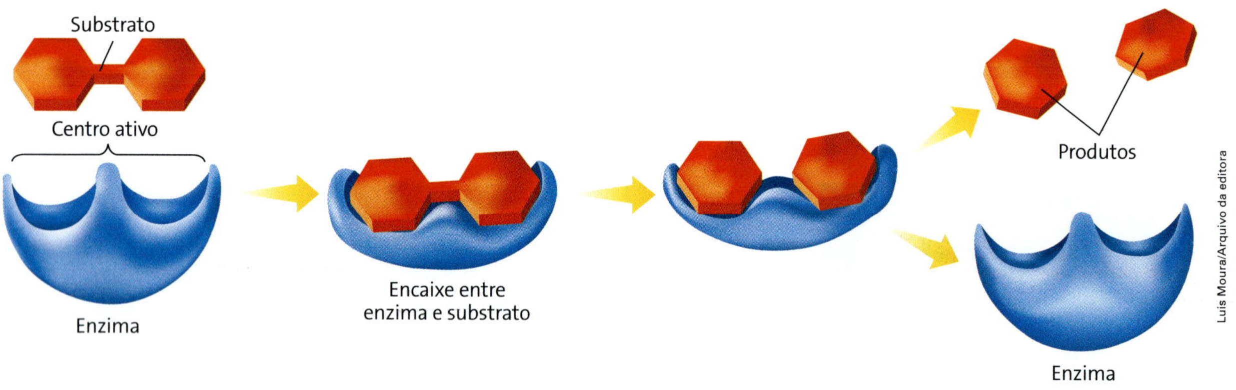

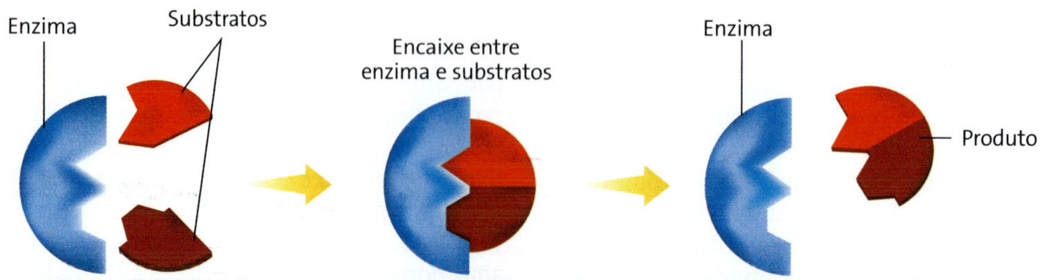

Figura 5.11 Esquema simplificado de como a enzima ajuda a reação. O formato da enzima é complementar ao das moléculas que vão reagir. Com isso, ela pode encaixar-se nelas, facilitando a reação. (Cores fantasia.)

Uma enzima para cada tipo de reação

Pelo que acabamos de ver, podemos concluir que uma enzima só catalisa reações cujos reagentes tenham forma complementar à sua, pois só assim pode ocorrer o encaixe entre eles. É por isso que as enzimas são específicas, isto é, cada tipo de enzima funciona apenas para determinado tipo de reação.

Costuma-se dizer que a enzima está para o substrato assim como uma chave está para uma fechadura. Uma enzima, no entanto, é capaz de ajudar a reação de substratos semelhantes, contanto que eles participem do mesmo tipo de reação. A explicação para essa flexibilidade é dada pela capacidade da enzima de modificar um pouco a forma do centro ativo, possibilitando o encaixe. Isso acontece porque a molécula da enzima tem certa flexibilidade e a ligação com o substrato provoca uma mudança na forma do sítio ativo da enzima, o que faz com que haja uma pequena mudança em sua forma espacial (a forma do substrato também pode alterar-se ligeiramente). Essa explicação é conhecida como **modelo do encaixe induzido**.

Aprofunde seus conhecimentos

Ácidos, bases e pH das soluções

Para compreender o conceito de pH, vamos ver rapidamente alguns conceitos de Química.

Quando dissolvidas em água, algumas substâncias, como o ácido clorídrico (HCl), liberam íons H^+ (prótons); essas substâncias são chamadas ácidos. Outras, como o hidróxido de sódio (NaOH), liberam íons OH^- (hidroxila) ou aceitam prótons de ácidos; são chamadas bases ou álcalis. Observe:

$$HCl \xrightarrow{\text{dissolvido em água}} H^+ + Cl^-$$

$$NaOH \xrightarrow{\text{dissolvido em água}} Na^+ + OH^-$$

Dependendo das substâncias presentes na solução, esta apresenta acidez ou alcalinidade variável, isto é, concentração variável de prótons ou de íons hidroxila dissolvidos. A presença de um ácido, por exemplo, aumenta a concentração de H^+; a presença de uma base aumenta a concentração de OH^- ou diminui a concentração de prótons. Assim, podemos dizer que, quanto maior a concentração do ácido ou da base, ou quanto mais fortes eles forem, maior a acidez ou a alcalinidade, respectivamente.

Existe uma escala que mede essa variação, chamada escala de pH (potencial de hidrogênios iônicos), que vai de 0 a 14. O pH 7 indica que a solução é neutra, isto é, a concentração de H^+ é igual à de OH^-.

O pH de 0 até 7 indica soluções ácidas, nas quais a concentração de H^+ é maior que a de OH^-. As soluções de pH entre 7 e 14 são básicas, com concentração de OH^- maior que a de H^+. Observe a figura 5.12.

O pH do citoplasma está em torno de 7,4; o do sangue e o dos líquidos que banham a célula também ficam próximos desse valor. A maioria dos seres vivos não resiste a grandes variações de pH e possui em seu meio interno uma combinação de ácidos ou bases com sais que, dentro de certos limites, neutraliza a entrada de ácidos ou bases. Trata-se, portanto, de mais um mecanismo de homeostase.

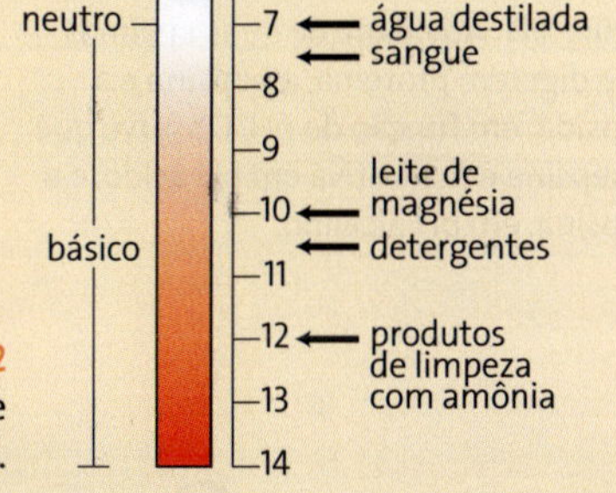

Figura 5.12
pH aproximado de algumas soluções.

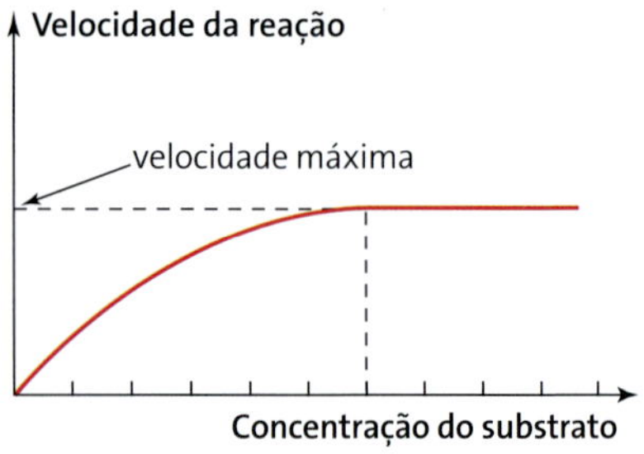

Figura 5.13 Influência da concentração do substrato na velocidade da reação enzimática.

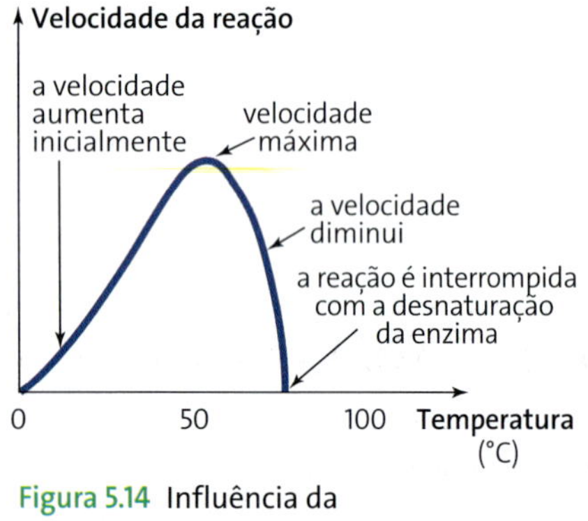

Figura 5.14 Influência da temperatura na velocidade da reação enzimática.

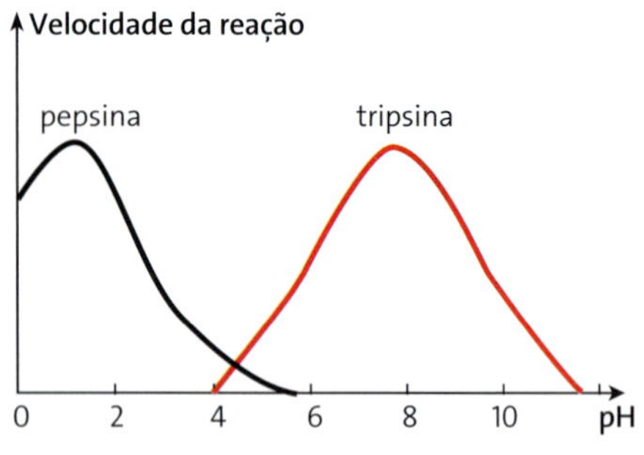

Figura 5.15 Atividade de duas enzimas que digerem proteína, a pepsina e a tripsina, em função do pH. Observe que a pepsina é mais ativa em pH ácido, e a tripsina, em pH alcalino.

Fatores que alteram a velocidade das reações enzimáticas

Vários fatores influenciam a velocidade das reações controladas por enzimas, entre eles os estudados a seguir.

Concentração da enzima. Aumentando a concentração de moléculas da enzima, a velocidade da reação aumenta, desde que haja quantidade de substrato suficiente para receber as enzimas.

Concentração do substrato. Aumentando a concentração do substrato, aumenta-se a velocidade da reação até o momento em que todas as moléculas de enzima fiquem "ocupadas". Nesse ponto, a velocidade da reação é máxima e, a partir daí, é inútil qualquer aumento de substrato, pois a velocidade permanecerá constante (figura 5.13).

Temperatura. Uma elevação da temperatura também aumenta a velocidade das reações químicas. Mas, quando a reação é enzimática, observamos que a velocidade aumenta até certo nível e, então, começa a diminuir. Esse prejuízo na velocidade, a partir de determinada temperatura, é consequência da desnaturação da enzima pelo excesso de calor. Sua forma se modifica, dificultando o encaixe do substrato. Se o problema se acentuar, a reação poderá até parar (figura 5.14).

Grau de acidez da solução (pH). Alterações de pH também podem mudar a forma da enzima, afetando seu funcionamento. Uma solução muito ácida, por exemplo, apresenta concentração alta de íons H^+, que neutralizam regiões negativas das moléculas da enzima, alterando ligações elétricas que mantinham sua forma.

Cada enzima tem um pH ótimo para seu funcionamento. Acima ou abaixo desse pH, sua atividade diminui (figura 5.15). Para a pepsina, que atua no estômago, o pH da solução deve estar em torno de 2 (muito ácido), enquanto para a tripsina, que atua no intestino delgado, e para a maior parte das enzimas intracelulares, o pH deve estar entre 6 e 8.

Nomenclatura das enzimas

O nome de muitas enzimas é formado com o acréscimo do sufixo **-ase** ao nome do substrato; por exemplo, amilase, que age sobre o amido; lactase, que atua sobre a lactose; etc. Outras enzimas têm seu nome consagrado pelo uso, não obedecendo a essa regra. É o caso da tripsina e da pepsina, enzimas que atacam proteínas.

Pela nomenclatura oficial, as enzimas são divididas em seis classes principais, cada uma com subdivisões. Como exemplo podem ser mencionadas: as transferases, que catalisam a transferência de grupamentos químicos, como o grupamento amino, de uma molécula para outra; as ligases, que promovem reações de síntese, unindo duas moléculas; as oxidorredutases, que promovem reações de oxidorredução; as hidrolases, que catalisam reações de hidrólise (quebra de ligações pela adição de uma molécula de água).

No capítulo 13, vamos estudar a estrutura dos ácidos nucleicos e ver também como essas moléculas, em interação com outros sistemas de controle, orientam a síntese de proteínas na célula.

ED Proteínas

Inibição enzimática

Certas bactérias que podem provocar infecções em seres humanos usam uma enzima (figura 5.16) para catalisar a reação que transforma o ácido paraminobenzoico (PABA) em uma vitamina, chamada ácido fólico. A produção dessa vitamina é essencial para que a bactéria consiga se reproduzir. Para combater infecções causadas por essas bactérias, foi criado um medicamento chamado **sulfanilamida** ou **sulfa**. Esse medicamento é semelhante ao PABA e, se sua quantidade for adequada, muitas enzimas serão "enganadas", isto é, se encaixarão temporariamente na sulfa, e não na substância normal, dificultando a produção de ácido fólico. A deficiência dessa vitamina impede a reprodução do microrganismo, o que permite controlar a infecção.

Esse tipo de inibição é chamado **inibição competitiva**, pois o substrato normal (PABA) compete com a sulfa pelo centro ativo da enzima. Nosso organismo não é prejudicado por essa competição porque obtém o ácido fólico diretamente da alimentação. Mas, como qualquer outro medicamento, a sulfa só pode ser usada com orientação médica, visto que sempre há a possibilidade de alergias e outros efeitos colaterais.

As enzimas também podem ser inativadas por metais pesados, como chumbo e mercúrio, ou por outros produtos, como DDT, um inseticida, ou o elemento químico arsênico (ou seus derivados). Nesse caso, a inibição é **não competitiva**, pois o inibidor não se liga ao centro ativo, mas a outros pontos da molécula, alterando sua forma e fazendo com que a enzima não se encaixe no substrato. Ao contrário da inibição competitiva, esse tipo de inibição é irreversível, isto é, mesmo depois de retirado o inibidor, a enzima não volta mais a funcionar.

Figura 5.16 Esquema simplificado da inibição do ácido paraminobenzoico (PABA) pela sulfa. Observe a semelhança entre as moléculas dessas duas substâncias. (Os elementos da ilustração não estão na mesma escala; cores fantasia.)

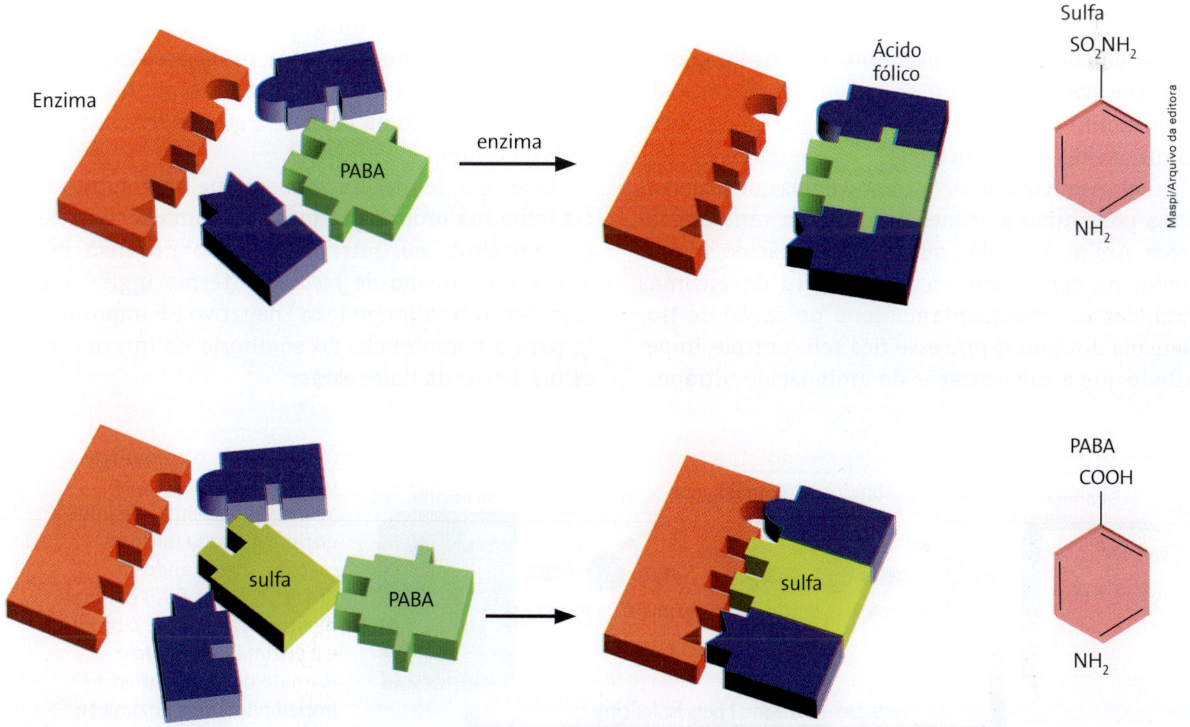

Biologia e saúde

As enzimas e as doenças hereditárias

Muitas doenças hereditárias se desenvolvem por mau funcionamento de genes, que não comandam a produção de certas enzimas como seria esperado.

Certas pessoas (uma em cada 25 mil, aproximadamente) não produzem a enzima que transforma a fenilalanina, encontrada nas proteínas que ingerimos, em tirosina. Sem a enzima, a fenilalanina atinge uma concentração alta no sangue, provocando lesões no cérebro. Essa condição caracteriza uma doença chamada **fenilcetonúria**.

Por ser uma doença que pode levar a consequências graves, os recém-nascidos são submetidos a um exame de sangue (teste do pezinho) para diagnosticá-la (figura 5.17). Se o teste for positivo, deverá ser prescrita uma dieta com apenas a quantidade mínima de fenilalanina. Além disso, fenilcetonúricos não devem consumir produtos com adoçantes derivados da fenilalanina, em cujo rótulo deve constar o aviso: "Contém fenilalanina".

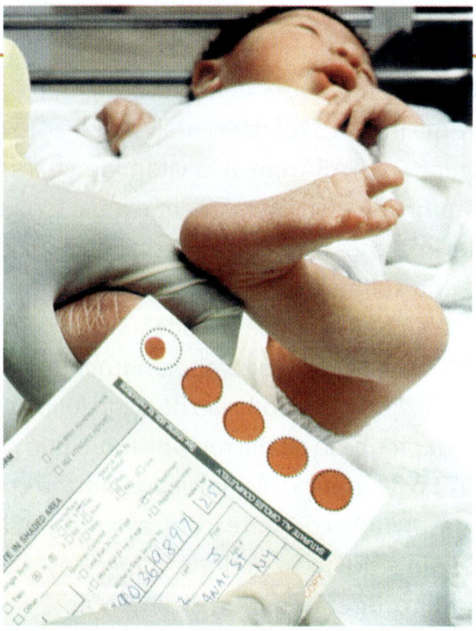

Figura 5.17 O teste do pezinho ficou conhecido por esse nome porque é realizado por meio da análise de amostras de sangue coletadas do calcanhar do bebê.

Aprofunde seus conhecimentos

O controle da produção enzimática

A célula possui mecanismos de controle que impedem a produção excessiva de certas substâncias. Um deles é desencadeado quando a substância produzida é capaz de inibir uma das enzimas responsáveis por sua própria produção. É o caso da isoleucina, produzida na célula a partir de outro aminoácido, a treonina.

Pelo esquema da figura 5.18, vemos que a isoleucina pode inibir a primeira enzima da série de reações. Assim, à medida que esse aminoácido se acumula na célula, aumenta o número de enzimas inibidas e, consequentemente, a produção de isoleucina diminui. O processo fica sob controle, impedindo que a concentração do aminoácido ultrapasse certos níveis máximos. Com esse mecanismo, evita-se que a célula produza uma substância além de sua necessidade ou que certas substâncias se acumulem a ponto de causar problemas ou desequilíbrios à célula (lembre-se de que muitas substâncias são ácidas ou básicas, o que poderia alterar o pH da célula).

Esse tipo de mecanismo, em que uma substância inibe sua própria produção, é chamado controle por retroinibição, retroalimentação negativa ou, ainda, mecanismo de *feedback* (termo inglês que significa 'retroalimentação') negativo e é importante para a manutenção do equilíbrio no interior da célula, isto é, da homeostase.

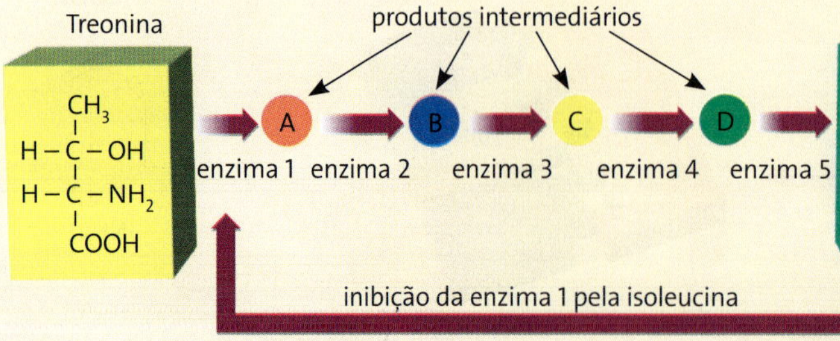

Figura 5.18 Se o produto de uma série de reações se acumular na célula, ele inibe a enzima que deu início às reações, "desligando" o processo. Isso é feito por meio de um encaixe entre o produto e a enzima, mudando o formato do centro ativo e impedindo que a enzima se encaixe nos substratos.

Atividades

1. Um estudante afirmou que precisamos ingerir todos os 20 aminoácidos para que nosso corpo possa sintetizar as proteínas necessárias ao organismo. Ele está certo? Por quê?

2. Explique por que, embora haja apenas 20 aminoácidos, há milhares de proteínas diferentes em nosso organismo.

3. Teríamos de esperar dias para que algumas moléculas de sacarose (açúcar comum) dissolvidas em um vidro com água se transformassem em glicose e frutose, ao passo que as mesmas moléculas são rapidamente digeridas e absorvidas no intestino delgado. Como você explica isso?

4. Um estudante afirmou que, no organismo vivo, qualquer enzima serve para aumentar a velocidade de qualquer reação química. Ele está certo? Por quê?

5. Outro estudante afirmou que um dos motivos pelos quais o calor pode matar um ser vivo é que a maioria das enzimas deixa de funcionar em temperaturas muito altas. Explique por que a enzima deixa de funcionar nesse caso.

6. Duas proteínas possuem exatamente 456 aminoácidos. Com essa informação, podemos concluir que essas proteínas são iguais? Justifique sua resposta.

7. Você aprendeu que uma proteína é formada por uma cadeia de aminoácidos (estrutura primária) que pode sofrer vários enrolamentos no espaço (estruturas secundária, terciária e quaternária). Então, pense: um fio de telefone enrolado como na figura abaixo serve para ilustrar que tipos de estruturas assumidas pela proteína?

Luis Moura/Arquivo da editora

8. Com os raios X e outras técnicas, como a ressonância magnética nuclear, podem ser obtidas imagens que, processadas em computadores, produzem modelos tridimensionais de proteínas. Por que essas imagens tridimensionais são importantes?

9. O gráfico a seguir mostra a variação da energia (medida por meio da variação de energia livre) ao longo de uma reação química, com e sem a presença de uma enzima.

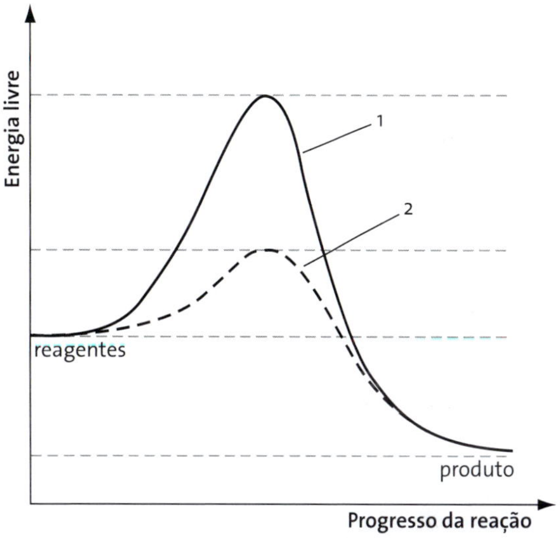

Qual das duas curvas (1 ou 2) representa a reação química catalisada por enzimas? Justifique sua resposta.

10. Um órgão doado para transplante – portanto, isolado da circulação sanguínea – deve ser mantido em baixas temperaturas desde sua retirada do corpo do doador até o momento em que será colocado no corpo do receptor. Por que é importante mantê-lo em baixas temperaturas?

11. Alguns cientistas propõem que se misture farinha de soja à farinha de trigo usada para fabricar o pão. Com base no que você aprendeu neste capítulo, explique a importância dessa medida.

12. No início de uma aula sobre digestão, o professor explicou que na saliva existe a enzima amilase salivar, que realiza a digestão do amido, transformando-o em moléculas menores. A seguir, ele realizou um experimento para demonstrar esse fato.

Primeiro, pingou algumas gotas de uma solução de iodo (tintura de iodo dissolvida em água até ficar de cor laranja) em um pouco de amido de milho. Uma cor azul forte apareceu logo. Depois, ele dissolveu um pouco de farinha de trigo em água, misturou bem e dividiu a solução em três tubos de ensaio. No primeiro, ele acrescentou um pouco de água. No segundo, colocou um pouco de saliva que tinha previamente recolhido e misturou bem. No terceiro, pôs um pouco de saliva previamente fervida, misturando bem. Os tubos foram colocados em uma estufa, à temperatura de 36 °C.

Duas horas depois, após o final da aula, o professor pingou algumas gotas da solução de iodo em cada tubo. Os alunos puderam observar que uma forte cor azul apareceu apenas em dois dos tubos.

Em quais tubos a cor azul apareceu? Explique o que aconteceu em cada tubo.

Trabalho em equipe

Em grupo, e com o auxílio de professores de várias disciplinas, escolham um dos temas abaixo para pesquisar (em livros, CD-ROMs, na internet, etc.). Depois, apresentem o trabalho para a classe e a comunidade escolar (alunos, professores e funcionários da escola e pais ou responsáveis).

a) Desnutrição: tipos de desnutrição, seus efeitos sobre a saúde, situação no mundo e no Brasil, dados estatísticos, causas e soluções. Podem ser consultados professores de Biologia, História e Geografia, entre outros. Elaborem também uma campanha para mostrar à comunidade local a importância de combater a desnutrição. A campanha poderá ser feita com cartazes, folhetos e outros recursos (frases de alerta, letras de música, fotos, vídeos, etc.). Finalmente, proponham a realização de palestras sobre esse tema por profissionais de saúde para a comunidade.

b) Obesidade: diagnóstico (índice de massa corpórea), suas causas e consequências para a saúde e tratamentos, dados estatísticos sobre obesidade no Brasil e no mundo, sua evolução ao longo da história, crítica à automedicação e a tratamentos sem comprovação científica, efeitos de propagandas que estimulam o consumo de alimentos hipercalóricos. Podem ser consultados professores de Biologia, História e Geografia, entre outros. Elaborem também uma campanha para mostrar à comunidade local a importância de combater a obesidade. A campanha será feita com cartazes, folhetos e outros recursos (frases de alerta, letras de música, fotos, vídeos, etc.). Finalmente, proponham a realização de palestras sobre esse tema por profissionais de saúde e convidem a comunidade escolar para participar das palestras.

c) Conhecimentos básicos de bioquímica e de biologia em geral são importantes para profissionais de várias áreas da saúde. Pesquisem em que consiste o trabalho, qual a escolaridade requerida e qual o mercado de trabalho para profissionais da área de farmácia (farmacêutico, técnico em farmácia) e enfermagem (enfermeiro, técnico em enfermagem), análises clínicas (biomédico, técnico em análises clínicas) e nutrição (nutricionista, técnico em nutrição e dietética). Se possível, entrevistem profissionais de uma dessas áreas.

d) Neste capítulo vocês aprenderam como as enzimas modificam a velocidade das reações químicas, funcionando como catalisadores. Com auxílio dos professores de Química, pesquisem e apresentem para a classe como a superfície de contato e a temperatura influenciam a velocidade das reações químicas. Apresentem também exemplos de catalisadores usados na indústria, como os catalisadores automotivos, usados nos conversores catalíticos.

Atividade prática

Providencie o seguinte material:

- um pedaço de fígado de boi ou de galinha fresco e outro bem cozido;
- água oxigenada a 10 volumes;
- dois copos pequenos de vidro;
- conta-gotas;
- pinça;
- tesoura sem ponta.

Eduardo Santaliestra/Arquivo da editora

Sob a orientação de seu professor, pingue algumas gotas de água oxigenada nos dois copos. Com auxílio da tesoura e da pinça, corte um pedaço bem pequeno (do tamanho de grãos de arroz ou feijão) do fígado cru e um pedaço igual ao do fígado cozido. Utilizando a pinça e tendo cuidado para não tocar nos pedaços de fígado com os dedos, coloque o pedaço de fígado cru em um dos copos e o pedaço de fígado cozido no outro. Observe o que acontece.

Agora, sabendo que os tecidos animais e vegetais possuem a enzima catalase (também conhecida como peroxidase), que decompõe a água oxigenada (também chamada de peróxido de hidrogênio) em água e gás oxigênio, explique as diferenças entre os resultados obtidos em cada copo.

Pensando no Enem

O suco extraído do repolho roxo pode ser utilizado como indicador do caráter ácido (pH entre 0 e 7) ou básico (pH entre 7 e 14) de diferentes soluções. Misturando um pouco de suco de repolho e da solução, a mistura passa a apresentar diferentes cores segundo sua natureza ácida ou básica, de acordo com a escala abaixo.

Cor: vermelho | rosa | roxo | azul | verde | amarelo

pH: 1 2 3 4 5 6 7 8 9 10 11 12 13 14

Algumas soluções foram testadas com esse indicador, produzindo os seguintes resultados:

Material	Cor
I. amoníaco	verde
II. leite de magnésia	azul
III. vinagre	vermelho
IV. leite de vaca	rosa

De acordo com esses resultados, as soluções I, II, III e IV têm, respectivamente, caráter:

a) ácido/básico/básico/ácido.
b) ácido/básico/ácido/básico.
c) básico/ácido/básico/ácido.
d) ácido/ácido/básico/básico.
e) básico/básico/ácido/ácido.

Resolução

Nesta questão são integrados diversos conteúdos relacionados às Ciências da Natureza. Alguns desses conceitos são: transformações químicas e equilíbrio. Além desses conceitos, a resolução desta questão envolve habilidades relacionadas com outras áreas do conhecimento, como a interpretação de texto e a análise de dados em uma figura e em uma tabela.

É importante ler com atenção o enunciado e tentar obter a maior quantidade possível de informações da tabela. O texto que precede a tabela nos indica como devemos interpretar os dados fornecidos.

Neste caso específico, extraímos do texto inicial alguns fatos:

- Substâncias ácidas apresentam pH entre 0 e 7; enquanto substâncias básicas têm o valor de pH entre 7 e 14.
- Quando adicionamos suco de repolho a uma solução da qual estamos interessados em descobrir o pH, a cor dessa mistura nos indica se a solução em questão é ácida ou básica.

Com essas informações é possível analisar a figura e a tabela para resolver a questão.

Interpretação da figura e da tabela

A figura apresentada representa uma escala. Nela estão presentes as diferentes cores que a substância pode assumir depois de ser misturada com suco de repolho roxo. Além disso, há a correspondência entre as cores assumidas e o pH que elas indicam.

Já na tabela é mostrado o resultado obtido no teste. Ou seja, sabemos que quando o amoníaco é misturado ao suco de repolho, obtemos a cor verde; quando o leite de magnésia é testado, obtemos a cor azul e assim por diante.

O problema

A questão indica um experimento para se conhecer o pH de soluções e o resultado obtido no teste. Você deve identificar a alternativa que corresponde aos resultados obtidos no teste.

Para realizar este exercício, precisamos associar os dados da tabela aos da figura, observando a cor resultante da tabela ao pH que ela corresponde na figura.

Fazemos isso da seguinte forma:

- Sabemos que a solução I (amoníaco), após ser misturada com repolho roxo, apresentou coloração verde.
- Analisando a figura, observamos que a cor verde indica pH de 11 a 13.
- Esse intervalo de pH, de acordo com o que é dito no enunciado, significa que a solução tem caráter básico.

Realizando esses mesmos passos em todas as soluções apresentadas pela tabela, obtemos o seguinte resultado:

- Solução I – verde – pH de 11 a 13 → básico
- Solução II – azul – pH de 9 a 11 → básico
- Solução III – vermelho – pH de 1 a 3,5 → ácido
- Solução IV – rosa – pH de 3,5 a 6,5 → ácido

Resposta: **E.**

Vestibulares de Norte a Sul

1. **SE** (PUC-RJ) Em relação às enzimas, podemos afirmar que:
   a) não podem ser reutilizadas, pois reagem com o substrato, tornando-se parte do produto.
   b) são catalisadores eficientes por se associarem de forma inespecífica a qualquer substrato.
   c) seu poder catalítico resulta da capacidade de aumentar a energia de ativação das reações.
   d) atuam em qualquer temperatura, pois sua ação catalítica independe de sua estrutura espacial.
   e) sendo proteínas, por mudança de pH, podem perder seu poder catalítico ao se desnaturarem.

2. **CO** (UEG-GO) Algumas pessoas possuem genes que não comandam a produção de certas enzimas e, por isso, podem não realizar determinadas funções. Um exemplo disso no organismo humano é a ausência da enzima que transforma a fenilanina, encontrada nas proteínas ingeridas com alimento, em tirosina. Sobre as enzimas, é correto afirmar:
   a) dependem da variação da temperatura e da concentração de substrato, ativando o sistema enzimático.
   b) são proteínas que funcionam como catalisadores de determinadas reações químicas nos organismos.
   c) ocorrem associadas a uma substância química não proteica, conhecida como cofator do sistema A.
   d) favorecem a ocorrência de reações químicas em temperaturas altas, mantendo o pH constante.

3. **SE** (PUC-RJ) Observe a seguir a composição de três macromoléculas hipotéticas:

   Molécula 1 - 500 aminoácidos, sendo 50 argininas, 75 leucinas, 42 treoninas, 21 fenilalaninas, 27 triptofanos, 35 serinas, 53 metioninas, 77 valinas, 19 histidinas, 33 asparaginas e 68 glicinas.

   Molécula 2 - 500 nucleotídeos, sendo 100 de timina, 150 de citosina, 150 de guanina e 100 de adenina.

   Molécula 3 - 500 aminoácidos, sendo 50 argininas, 75 leucinas, 42 treoninas, 21 fenilalaninas, 27 riptofanos, 35 serinas, 53 metioninas, 77 valinas, 19 histidinas, 33 asparaginas e 68 glicinas.

   Em relação a essas moléculas, podemos afirmar que:
   a) a de número 2 é de natureza lipídica e tem capacidade de autoduplicação.
   b) as de número 1 e 2 são de natureza polissacarídica e têm capacidade de autoduplicação.
   c) as de número 1 e 3 têm natureza proteica e podem ter atividade catalítica.
   d) todas as três moléculas têm natureza polissacarídica e atividade enzimática.
   e) as de número 1 e 3 têm a mesma composição e, obrigatoriamente, a mesma estrutura primária.

4. **NE** (Uece) Quando uma proteína é desnaturada, podendo ser renaturada quando voltar às suas condições ótimas de funcionamento, ela perde:
   a) as ligações peptídicas entre os aminoácidos.
   b) sua estrutura primária.
   c) o grupo amina da extremidade que o contém.
   d) sua estrutura terciária.

5. **SE** (Mack-SP) O gráfico abaixo representa o processo de digestão de amido.

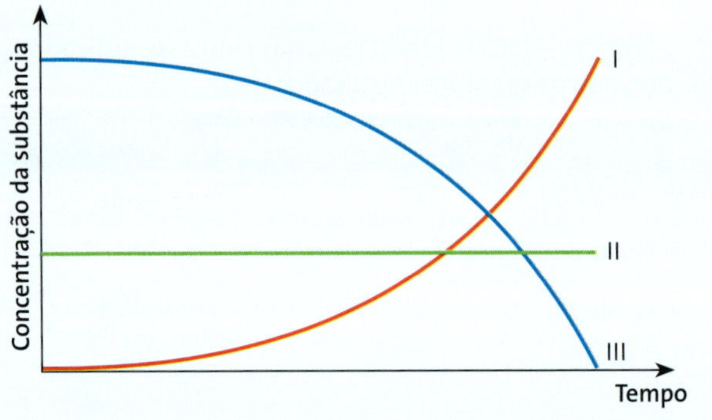

   Analisando o gráfico e considerando o processo nele representado, é correto afirmar que:
   a) II representa a concentração de amilase, que, por ser uma enzima, não é consumida durante a reação.
   b) III representa a concentração de glicose, que é produzida nesse processo.
   c) o pH ótimo para a ocorrência dessa reação é em torno de 2,0.
   d) I representa a variação na concentração do substrato sobre o qual age a amilase.
   e) esse processo ocorre exclusivamente no intestino delgado.

6. **NE** (UFPB) O aumento da atividade industrial, embora tenha trazido melhorias na qualidade de vida, agravou os níveis de poluição do planeta, resultantes, principalmente, da liberação de agentes químicos no ambiente. Na tentativa de minimizar tais efeitos, diversas abordagens vêm sendo desenvolvidas, entre elas a substituição de agentes químicos por agentes biológicos. Um exemplo é o uso, na indústria têxtil, da enzima celulase no processo de amaciamento dos tecidos, em substituição aos agentes químicos. Considerando os conhecimentos sobre estrutura e função de proteínas, é correto afirmar que essas moléculas biológicas são úteis no processo industrial citado devido à sua:
   a) insensibilidade a mudanças ambientais.
   b) capacidade de uma única enzima reagir, simultaneamente, com diversos substratos.
   c) capacidade de diminuir a velocidade das reações.
   d) alta especificidade com o substrato.
   e) capacidade de não se reciclar no ambiente.

7. **SE** (Uerj) A invertase é a enzima que hidrolisa a sacarose em glicose e frutose. Incubou-se, em condições adequadas, essa enzima com sacarose, de tal forma que a concentração inicial, em milimoles por litro, do dissacarídeo fosse de 10 mM. Observe os gráficos abaixo:

Gráfico 1

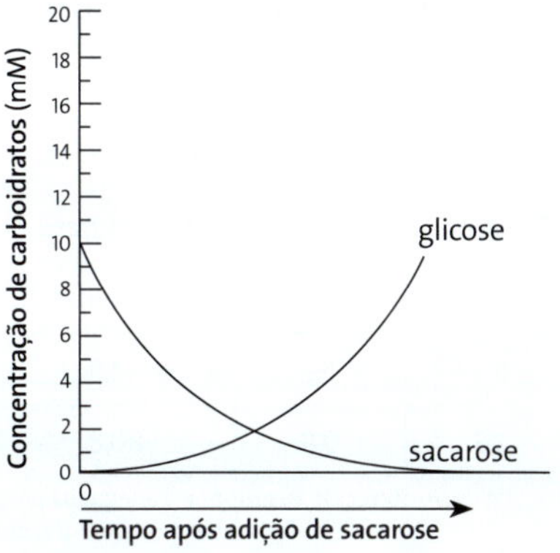

Gráfico 2

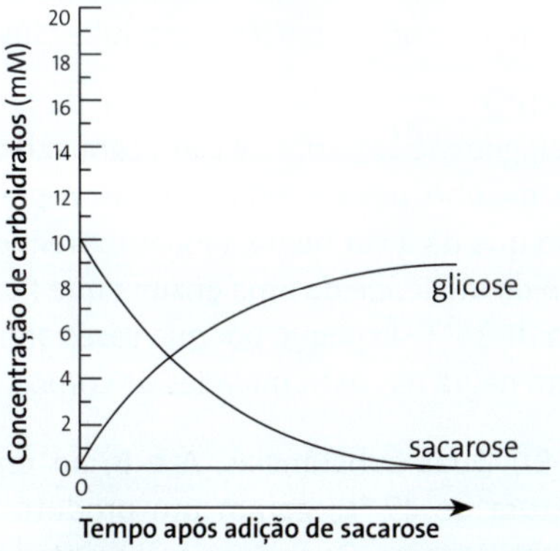

Gráfico 3

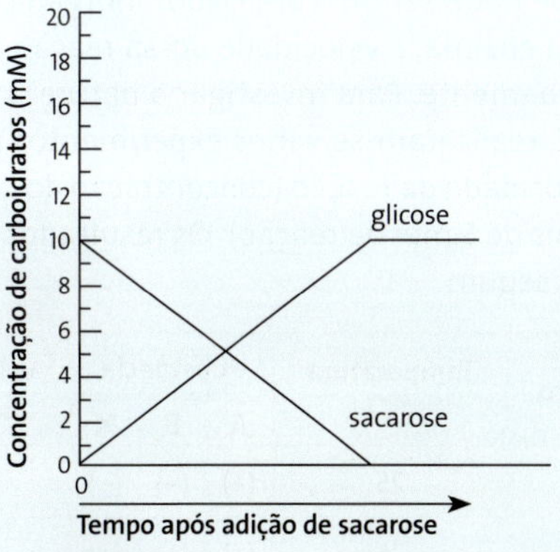

Gráfico 4

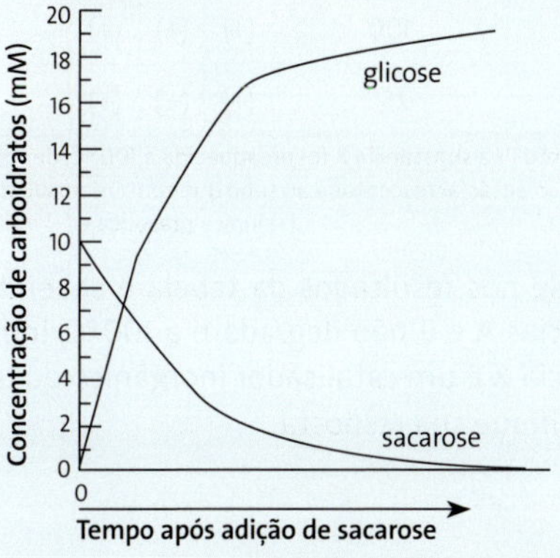

Aquele que melhor representa a variação das concentrações, em função do tempo de incubação, da sacarose e da glicose, é o gráfico de número:

a) 4. b) 3. c) 2. d) 1.

8. **SE** (Fuvest-SP) Para verificar a hipótese "a lipase age sobre as gorduras, provocando a formação de ácidos graxos", foi feita uma experiência, colocando em três tubos de ensaio os seguintes materiais:

Tubo	Substrato	Indicador	Lipase
I	leite	rosa	presente
II	leite	rosa	ausente
III	água	rosa	presente

Sabendo que o indicador usado passa de rosa a azul em meio ácido, a hipótese ficará comprovada se a cor do indicador mudar apenas:

a) no tubo I.
b) no tubo II.
c) nos tubos I e II.
d) nos tubos I e III.
e) nos tubos II e III.

9. **S** (UEM-PR) A figura a seguir mostra as velocidades de reação de duas enzimas: enzima humana (**A**) e de bactérias de fontes termais (**B**).

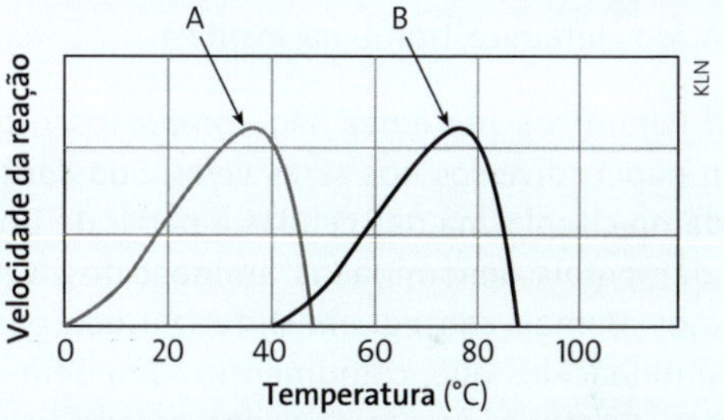

Considerando os dados da figura e a ação da temperatura na atividade enzimática, assinale o que for correto.

01. A temperatura é um fator importante para a atividade enzimática.
02. Dentro de certos limites, a velocidade de uma reação enzimática aumenta com o aumento da temperatura.
04. A partir de determinado ponto, o aumento de temperatura faz com que a velocidade de reação diminua bruscamente e cesse.
08. A temperatura ótima para a atividade de enzima humana está em torno de 37 °C.
16. A temperatura ótima para a atividade de enzimas de bactérias de fontes termais está em torno de 78 °C.
32. Somente na enzima humana o aquecimento acima da temperatura ótima provoca desnaturação.
64. Para ambas as enzimas, se for ultrapassada a temperatura ótima, a agitação das moléculas se torna tão intensa que as ligações que estabilizam a estrutura espacial da enzima se rompem.

Dê como resposta a soma dos números associados às alternativas corretas.

10. CO (UEG-GO) As enzimas são moléculas de proteínas que funcionam como efetivos catalisadores biológicos. A sua presença nos seres vivos é essencial para viabilizar as reações químicas, as quais, em sua ausência, seriam extremamente lentas ou até mesmo não ocorreriam. Considerando-se as propriedades desses biocatalisadores, constata-se o seguinte:

a) a mioglobina presente nos músculos é um exemplo de enzima.
b) as enzimas aumentam a energia de ativação de uma reação química.
c) com o aumento da temperatura, a atividade catalítica atinge um ponto máximo e depois diminui.
d) essas moléculas alteram a posição de equilíbrio das reações químicas.

11. N (Ufac) As proteínas são macromoléculas formadas por aminoácidos. Embora existam centenas de aminoácidos diferentes, apenas 20 são utilizados na síntese das proteínas comuns. Indique a única alternativa que apresenta 3 (três) tipos de aminoácidos.

a) Cisteína, ácido glutâmico, histidina.
b) Cisteína, ácido glutâmico, ácido clorídrico.
c) Cisteína, histidina, trombina.
d) Ácido glutâmico, histidina, insulina.
e) Ácido glutâmico, trombina, insulina.

12. N (Ufam) As proteínas são compostos orgânicos com papéis diversos nos seres vivos. Sua construção se dá no citoplasma das células a partir de unidades fundamentais denominadas aminoácidos. Os organismos animais conseguem sintetizar boa parte dos 20 aminoácidos que, comumente, compõem as proteínas. Contudo, os aminoácidos essenciais devem ser obtidos através da dieta. Assinale a alternativa que contém alguns desses aminoácidos essenciais para o ser humano:

a) glicina, alanina, valina, arginina, ácido aspártico.
b) cisteína, lisina, histidina, treonina, tirosina.
c) isoleucina, leucina, valina, alanina, glutamina.
d) metionina, lisina, histidina, treonina, triptofano.
e) metionina, lisina, aspartato, treonina, prolina.

13. CO (UFMT) Os carboidratos, lipídeos e proteínas constituem três importantes grupos de substâncias contidas nos alimentos. Em relação a tais grupos, pode-se afirmar:

a) As proteínas são formadas por aminoácidos unidos por ligações peptídicas.
b) Todos são polímeros.
c) Apenas os carboidratos são solúveis em água.
d) Todos os lipídeos são originados de ácidos graxos.
e) O leite humano não contém lipídeos.

14. NE (UFRN) O efeito de diferentes dietas sobre o crescimento foi observado em três grupos de ratos de mesmo sexo, peso e comprimento, desde o desmame até a idade adulta. Cada grupo recebeu a mesma quantidade diária de ração. Com relação aos sais minerais e às vitaminas, as proporções eram adequadas para todos os grupos, mas a composição percentual dos outros nutrientes variou, conforme a tabela abaixo.

Grupo	Percentual de nutrientes na ração			
	Proteína	Gordura	Carboidrato	Fibra
I*	21,4	5,7	68,8	4,1
II	5,3	5,7	43,5	32,5
III	5,3	9,8	80,8	4,1

* A ração oferecida ao grupo I é a adequada para ratos nessa faixa etária em quantidade e qualidade.

Como estarão o peso e o comprimento dos ratos dos grupos II e III quando atingirem a idade adulta? Justifique.

15. SE (UFRJ) O gato siamês é um animal de rara beleza, pois a pelagem de seu corpo é clara com extremidades – orelha, focinho, pés e cauda – pretas. A presença do pigmento que dá a cor negra a essas extremidades é o resultado da atividade de uma enzima que fica inativada acima de 34 °C. Explique por que esses animais têm a pelagem negra nas extremidades do corpo.

16. SE (UFRJ) Duas substâncias, **A** e **B**, ao reagirem à temperatura de 25 °C, geram um produto **AB**. Essa reação é muito lenta. Quando se acrescenta a substância **X**, que pode ser um catalisador inorgânico ou, então, uma enzima, a velocidade dessa reação aumenta acentuadamente. Para investigar a natureza da substância **X**, realizaram-se vários experimentos para medir a velocidade da reação (concentração do composto **AB** depois de 5 min de reação). Os resultados estão na tabela a seguir:

Experimento	Temperatura (°C)	Substância			Velocidade da reação
		A	B	X	
I	25	(+)	(+)	(–)	0,5
II	25	(+)	(+)	(+)	85,0
III	100	(+)	(+)	(+)	0,6
IV	25*	(+)	(+)	(+)	0,6

* No experimento IV a substância X foi preaquecida a 100 °C, depois resfriada a 25 °C e só então acrescentada ao tubo que contém as substâncias A e B. (+) indica presença e (–) indica ausência.

Com base nos resultados da tabela e sabendo que as substâncias **A** e **B** não degradam a 100 °C, indique se a substância **X** é um catalisador inorgânico ou uma enzima. Justifique sua resposta.

CAPÍTULO

6 Vitaminas

Lsantilli/Shutterstock/Glow Images

Muitas frutas e verduras são alimentos ricos em vitaminas.

- *Que funções as vitaminas exercem no organismo?*
- *Quais são as consequências de uma dieta pobre em vitaminas?*

1 Características gerais das vitaminas

As vitaminas são **alimentos reguladores**, ou seja, controlam várias atividades das células e funções do corpo. Embora importantes para o bom funcionamento do organismo, elas são necessárias em quantidade de muito pequena em relação à dos demais nutrientes. Alguns miligramas ou até menos são suficientes, e essa quantidade pode ser obtida com uma alimentação equilibrada. As vitaminas trabalham em conjunto com as enzimas e não são consumidas nas reações químicas do metabolismo; por isso são necessárias em pequena quantidade.

Uma pequena fração de cada vitamina é eliminada pela urina ou destruída na própria célula. Como não são fabricadas pelo organismo, temos de ingeri-las por meio dos alimentos. Não existe um alimento com todas as vitaminas nas quantidades adequadas; por isso, é preciso ter uma alimentação variada, com leite ou derivados, legumes, cereais, verduras, frutas e carnes ou alimentos alternativos (mistura de cereal com leguminosa, ovo, etc.).

Além de não existir nenhum alimento completo, muitas vitaminas se perdem no momento da industrialização ou quando o alimento é preparado com muita água. Assim, é preciso comer vegetais frescos crus ou cozidos pelo menor tempo possível em pouca água, para diminuir a perda de vitaminas (e também de sais minerais).

A falta ou deficiência de certa vitamina é chamada avitaminose (prefixo *a* = sem) e pode ser causada pela ingestão insuficiente de certos alimentos ou por problemas de saúde.

Inicialmente, as vitaminas foram identificadas com letras do alfabeto. À medida que suas fórmulas químicas foram sendo descobertas, as vitaminas receberam nomes que indicam sua natureza química. Elas são divididas atualmente em dois grandes grupos: lipossolúveis e hidrossolúveis.

Vitaminas lipossolúveis. Representadas pelas vitaminas A, D, E e K, dissolvem-se bem em gordura e são encontradas associadas a gorduras no leite, no queijo, na gema de ovo, na carne e no fígado de animais. Por serem armazenadas no fígado, nosso corpo pode ter reservas de vitaminas lipossolúveis por um tempo prolongado, mas a ingestão excessiva dessas vitaminas pode causar problemas nesse e em outros órgãos.

Vitaminas hidrossolúveis. Representadas pela vitamina C e pelas do complexo B (vitaminas B_1, B_2, B_6, B_{12}, niacina, ácido fólico, biotina e ácido pantotênico), dissolvem-se bem em água e são encontradas geralmente nos vegetais – exceto a B_{12}, praticamente exclusiva de alimentos de origem animal. Nosso corpo armazena pouco dessas vitaminas, eliminando o excesso pela urina. Por isso, elas precisam ser consumidas com mais regularidade (não necessariamente todos os dias). A exemplo das lipossolúveis, o consumo exagerado de vitaminas hidrossolúveis também pode causar problemas, mas, como o excesso é eliminado pela urina, o risco é menor.

Quantidade média diária de vitaminas necessária a adultos (em miligramas)	
A	0,8
B_1 (tiamina)	1,4
B_2 (riboflavina)	1,6
niacina	18
B_6 (piridoxina)	2
B_{12}	0,001
ácido fólico	0,2*
C	60
D	0,005
E	10
K	0,08

Fonte: Agência Nacional de Vigilância Sanitária (Anvisa).

*O médico poderá recomendar maior quantidade de ácido fólico a gestantes.

Biologia e saúde

! ATENÇÃO!

Para mais informações, procure orientação médica.

Vitaminas em comprimidos ou nos alimentos?

Alguns estudos indicam que certas vitaminas, como a C e a E, e o betacaroteno protegem o organismo contra os radicais livres – átomos ou moléculas com elétrons livres, muito reativos, produzidos naturalmente em nosso organismo ou adquiridos do ambiente, que podem oxidar e danificar as células.

Por isso, surgiu a ideia de que seria vantajoso complementar a alimentação com comprimidos concentrados dessas vitaminas. No entanto, os cientistas afirmam que são necessários mais estudos para comprovar essa ação antioxidante e para afastar o risco de efeitos colaterais prejudiciais, resultantes da ingestão de altas doses de vitamina.

Usar grandes quantidades de vitamina C, ou ácido ascórbico, pelo menos 10 g por dia, é um dos exemplos mais difundidos do uso de suplementos vitamínicos. Como a recomendação partiu de Linus Pauling, um cientista que recebeu dois prêmios Nobel (Nobel de Bioquímica e Nobel da Paz), ela ganhou grande popularidade. Muitas campanhas publicitárias têm como sugestão implícita ou explícita que tomar suplementos de vitamina C melhora a resistência e ajuda a curar gripes e resfriados.

Estudos demonstram que nossa necessidade diária de ácido ascórbico é de cerca de 60 mg, sendo o excesso consumido eliminado pela urina. Mesmo no caso de gripes e resfriados, não há evidências científicas de que doses adicionais possam trazer algum efeito benéfico. Em vista disso, as sociedades de geriatria, por exemplo, vão na direção oposta da famosa frase: "Vitamina C e cama". Não se prescreve vitamina C a pacientes idosos com a imunidade comprometida, pelos resultados controversos desse uso, nem tampouco cama, pelo risco aumentado de desenvolver pneumonia.

Em princípio, todas as vitaminas de que precisamos podem ser obtidas em quantidade suficiente com uma alimentação equilibrada. Para certas pessoas, porém, um médico pode indicar doses adicionais. Por exemplo, o consumo de suplementos de ácido fólico durante a gravidez é capaz de prevenir malformações no cérebro e na medula do feto.

Exceto em casos específicos, a maioria dos cientistas considera que não devem ser tomadas altas doses de vitamina na forma de suplementos (figura 6.1). Estes devem ser considerados medicamentos e, portanto, só devem ser consumidos com orientação médica.

Claudia Rehm/Corbis/Latinstock

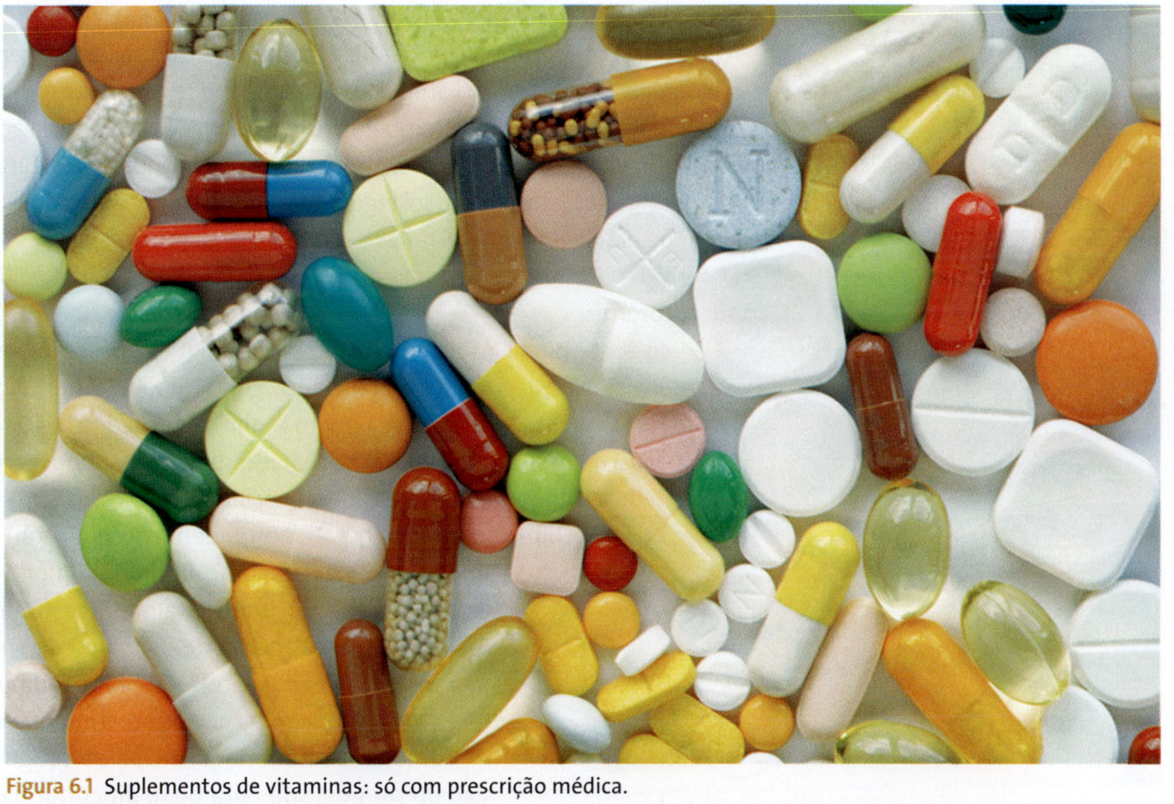

Figura 6.1 Suplementos de vitaminas: só com prescrição médica.

Figura 6.2 Algumas fontes de vitaminas lipossolúveis.

Elena Elisseeva/Shutterstock/Glow Images

Verduras com folhas verde-escuras são ricas em vitamina **E** e **K**, além de β-caroteno, ou pró-vitamina A.

Nattika/Shutterstock/Glow Images

A gema do ovo é fonte das vitaminas **A**, **D**, **E** e **K**, mas deve ser consumida com parcimônia, sobretudo por pessoas com índices de colesterol elevado.

Horizontes/Shutterstock/Glow Images

Laticínios em geral são ricos em vitamina **A** e **E**. O leite, em particular, é fonte de vitamina **K** e **D**.

2 Vitaminas lipossolúveis

A **vitamina A** é também chamada **retinol** porque participa da formação de uma substância presente na retina, a rodopsina, com ação na visão. Por isso, um dos sinais da falta dessa vitamina é a dificuldade de enxergar em ambientes pouco iluminados, distúrbio conhecido como **cegueira noturna**.

Essa vitamina é importante também para manter saudáveis os tecidos epiteliais, que cobrem o corpo e revestem cavidades. Com a sua falta, a pele fica áspera e seca. Como esse tecido é nossa primeira barreira contra a penetração de microrganismos, a pessoa fica mais suscetível a contrair infecções.

Outro problema grave que a falta de vitamina A provoca é a **xeroftalmia** (*xeros* = seco; *oftalmo* = olho): a córnea (tecido transparente que cobre a parte anterior do olho) fica ressecada e com lesões que podem levar à cegueira permanente. Ainda hoje, milhões de crianças pobres no mundo todo ficam cegas pela falta de vitamina A em sua alimentação.

A vitamina A é encontrada na gema de ovo, em laticínios, na margarina e nas vísceras, como fígado e rins. Além disso, ela é fabricada no fígado a partir do β-caroteno (betacaroteno), substância conhecida como pró-vitamina A e encontrada em verduras com folhas verde-escuras e vegetais amarelos ou alaranjados (cenoura, abóbora, batata-doce, brócolis, espinafre, couve, agrião, caqui, pêssego, mamão, manga, melão).

A **vitamina D** facilita a absorção no intestino e o depósito de sais de cálcio e fósforo nos ossos. Por isso, sua falta pode provocar alterações ou deformidades no esqueleto das crianças, visto que os ossos na fase de crescimento se tornam moles e flexíveis (raquitismo), e fraqueza óssea em adultos (osteomalacia).

A vitamina D é encontrada em alguns alimentos gordurosos, como gema de ovo, fígado, peixes como o atum e a sardinha, e leite, sob duas formas: ergocalciferol e colecalciferol. É também produzida em nossa pele pela ação dos raios ultravioleta do Sol. Por isso, é importante que crianças, por estarem em fase de crescimento, tomem sol regularmente, mas sem exageros. Deve-se evitar o horário entre 10 e 16 horas e sempre usar protetor solar.

O termo "**vitamina E**" compreende vários compostos conhecidos como **tocoferóis**.

Como a vitamina E é encontrada em muitos alimentos, como óleos vegetais, cereais, leguminosas, laticínios, gema de ovo e hortaliças com folhas verdes, é difícil que alguém tenha carência dessa vitamina. Mas, quando isso acontece, pode haver danos nos glóbulos vermelhos e anemia, além de lesões musculares e nervosas.

O termo "**vitamina K**" compreende um grupo de substâncias conhecidas como **quinonas**. Além de ser encontrada em muitos alimentos (folhas verdes, batata, gema de ovo, óleo de soja, tomate, fígado, leite), ela é fabricada por bactérias que vivem no intestino grosso. Como essa vitamina participa da coagulação do sangue, sua falta pode dificultar o estancamento de hemorragias.

3 Vitaminas hidrossolúveis

A expressão “vitaminas do complexo B” compreende várias vitaminas: B_1, B_2, B_6, B_{12}, niacina, ácido fólico, entre outras. Essas vitaminas agem em muitas reações químicas do corpo, principalmente no processo da respiração celular, responsável pela produção de energia.

As células nervosas, que precisam de bastante energia, são as primeiras a sofrer com a falta de **vitamina B_1 (tiamina)**. A deficiência nessa vitamina provoca inflamação nos nervos, paralisia e atrofia dos músculos, caracterizando uma doença chamada beribéri, palavra oriunda do cingalês (idioma do Sri Lanka) e que significa ‘fraqueza’. O feijão, a soja, a ervilha, os miúdos, a carne, a gema de ovo, o pinhão e os cereais integrais ou enriquecidos são boas fontes dessa vitamina.

A falta de **vitamina B_2 (riboflavina)** e **B_6 (piridoxina)** também provoca lesões no sistema nervoso, rachaduras no canto da boca, vermelhidão na língua, inflamação da conjuntiva dos olhos e prejudica a pele. Essas vitaminas são encontradas na carne, no fígado, nos miúdos, nas hortaliças com folhas (couve, agrião, espinafre), em ovos, leite e em cereais integrais ou enriquecidos.

A falta de **niacina** (ou **nicotinamida**) provoca diarreia, fraqueza, lesões na pele e no sistema nervoso e desordens mentais, um distúrbio conhecido como pelagra (do italiano *pella gra* = pele enferma). Essa vitamina é encontrada no fígado, em carnes, peixe, feijão, amendoim, pinhão, couve, café e cereais integrais ou enriquecidos.

A **vitamina B_{12}** e o **ácido fólico**, também conhecido como **folato** ou **vitamina B_9**, são importantes para a renovação das células do corpo, e sua falta pode causar **anemia perniciosa**. O ácido fólico está presente em quase todos os alimentos, principalmente em vegetais com folhas, no fígado, em ovos, feijão e frutas. Os médicos costumam indicar suplementos de ácido fólico para mulheres que queiram engravidar e durante certo período da gravidez, com o objetivo de prevenir malformações no cérebro e na medula do feto, um procedimento que é recomendado pela Organização Mundial da Saúde (figura 6.3). A vitamina B_{12} é praticamente exclusiva de alimentos de origem animal (fígado, miúdos, ovos, carne, queijo, frutos do mar).

A **vitamina C**, também chamada **ácido ascórbico**, é importante para a manutenção dos tecidos conjuntivos (derme, ossos, cartilagem, etc.). Essa vitamina atua na síntese do colágeno, proteína que faz parte da substância intercelular desses tecidos e que também envolve os capilares. Por isso, na sua falta, esses tecidos ficam fracos, e podem ocorrer sangramentos na pele, na gengiva, nas articulações, perda de dentes, etc. É a doença conhecida como **escorbuto**.

São ricos em vitamina C: acerola, *kiwi*, goiaba, caju, pimentão, brócolis, couve, tomate, manga, laranja, morango, mamão e muitas outras frutas.

Tatyana VYC/Shutterstock/Glow Images

Figura 6.3 Suplementos de ácido fólico antes da gestação e durante esse período podem evitar problemas neurológicos sérios e, às vezes, fatais para o feto.

Biologia tem História

Descoberta das vitaminas

Várias vezes ao longo da História suspeitou-se de que a deficiência de alguns alimentos poderia causar doenças. Há mais de 2 mil anos, por exemplo, Hipócrates (460-377 a.C.) já recomendava comer fígado (de boi, de aves, etc.) para tratar uma doença conhecida como cegueira noturna (dificuldade de enxergar em ambientes pouco iluminados).

No século XIX os sintomas do beribéri, doença que hoje sabemos ser provocada pela falta de uma vitamina, eram conhecidos, mas não se sabia a sua causa.

Em 1885, o médico japonês Takaki Kanehiro (1849-1920; figura 6.4) observou que a doença era comum entre os tripulantes de navios que se alimentavam quase exclusivamente de arroz branco, mas não ocorria entre os que comiam carne e verduras. Em 1897, o médico holandês Christiaan Eijkman (1858-1930; figura 6.5) observou que as galinhas do hospital onde trabalhava, em Jacarta (Indonésia), moviam-se com dificuldade, apresentando sintomas semelhantes aos dos doentes de beribéri. Ele observou também que essas galinhas eram alimentadas com restos de arroz polido ou descascado. O médico selecionou então um grupo de galinhas e passou a alimentá-las com a película retirada dos grãos de arroz. Após algum tempo, constatou que elas estavam curadas.

Anos mais tarde, o químico polonês Casimir Funk (1884-1967; figura 6.6) descobriu que a película do arroz devia conter um nutriente capaz de prevenir o beribéri. O nutriente foi depois denominado por ele de **vitamina**, uma vez que essa substância era vital e sua molécula possuía um grupamento de átomos com nitrogênio conhecido em Química Orgânica como "amina". A vitamina em questão ficaria conhecida como tiamina ou vitamina B_1 (figura 6.7).

Essa história ilustra o fato de que o progresso do conhecimento científico depende do trabalho em cooperação de muitos cientistas (nesse caso até de áreas diferentes, como Química e Medicina).

Reprodução/Arquivo da editora

Figura 6.4 Takaki Kanehiro

Sammlung Rauch/Interfoto/Latinstock

Figura 6.5 Christiaan Eijkman

Herb Scharfman/Time Life Pictures/Getty Images

Figura 6.6 Casimir Funk

Laguna Design/SPL/Latinstock

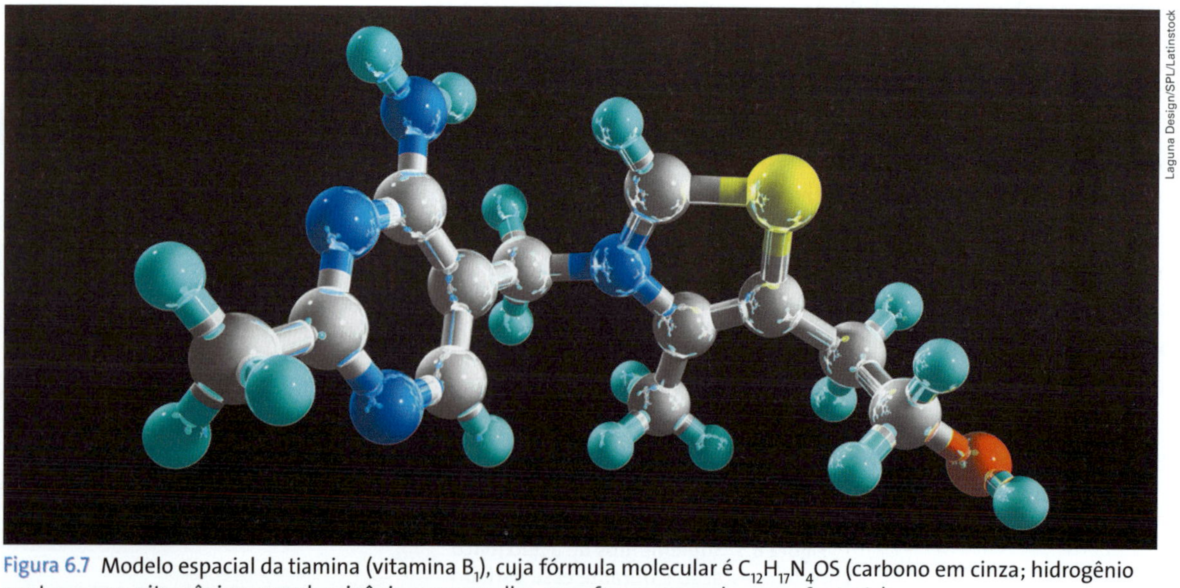

Figura 6.7 Modelo espacial da tiamina (vitamina B_1), cuja fórmula molecular é $C_{12}H_{17}N_4OS$ (carbono em cinza; hidrogênio em turquesa, nitrogênio em azul; oxigênio em vermelho; enxofre em amarelo; cores fantasia).

Atividades

1. Um estudante afirmou que não precisa ingerir vitaminas porque elas não fornecem energia nem fazem parte de nenhuma estrutura do corpo. Critique a afirmação do estudante.

2. Outro estudante, por sua vez, afirmou corretamente que boa parte da vitamina C que uma pessoa ingere logo é eliminada com a urina, pois essa vitamina é hidrossolúvel, mas que o mesmo não acontece com a vitamina E, que é lipossolúvel. Enumere e explique as diferenças entre os tipos de vitamina citados e dê exemplos de fontes de cada tipo.

3. Aponte alguma deficiência ou desequilíbrio nas seguintes dietas:
   a) hambúrguer, cachorro-quente, *pizza*, *milk-shake*, chocolate, tortas, refrigerantes, batata frita;
   b) bife, arroz e feijão.

4. Analisando o rótulo de uma barra de chocolate, um estudante viu que em 100 g do produto havia cerca de 8 g de proteína, 60 g de carboidratos, 30 g de gordura, 15% da necessidade diária de riboflavina, 9% da necessidade diária de cálcio, 7% da necessidade diária de ferro. Ele, então, perguntou a si mesmo que mal haveria em se alimentar ingerindo apenas chocolate. O que você responderia a ele?

5. Leia o texto abaixo e depois responda às questões.

   Nos séculos XV e XVI, na época das Grandes Navegações, feridas por todo o corpo, dores nas articulações, hemorragias, inflamações das gengivas e perda dos dentes eram comuns nos marinheiros que faziam viagens longas. Era a doença conhecida como "mal das gengivas".

   O alimento de bordo era basicamente carne de charque bovina ou de porco, bacalhau, azeite, açúcar, mel, vinho e biscoitos. Faltavam frutas e verduras.

   Em 1747, o médico inglês James Lind (1716-1794) observou que as frutas cítricas, como a laranja e o limão, conseguiam prevenir o mal. No entanto, os médicos da época tinham dificuldade em aceitar que doenças crônicas poderiam ser causadas por má alimentação, preferindo atribuí-las a microrganismos ainda desconhecidos.

   a) Qual o nome atual da doença conhecida na época como "mal das gengivas"?
   b) Que vitamina é capaz de curar esse mal e em que alimentos ela é encontrada em boa quantidade?

6. Justifique a afirmativa: mesmo que um suplemento de vitaminas possa ser benéfico, ele deve ser considerado remédio e, portanto, tomado só com orientação médica.

Trabalho em equipe

Em grupo, realizem as atividades propostas a seguir:

1. Para uma pessoa obter todos os nutrientes, é necessária uma alimentação equilibrada, na qual a deficiência de um nutriente em certo alimento seja compensada por sua presença em outro.

   Para isso, é importante ingerir alimentos de cada um dos seguintes grupos básicos:
   a) cereais, tubérculos e raízes;
   b) verduras e legumes;
   c) frutas;
   d) leite e derivados;
   e) carne e fontes alternativas de proteínas.

   Escolham um dos itens desta atividade e pesquisem quais os tipos de alimentos em cada grupo, que nutrientes são encontrados nesse grupo, por que eles são importantes.

2. Entrevistem pelo menos dois de seus colegas para saber se eles estão tendo uma alimentação equilibrada. Façam também uma campanha (com cartazes, *slogans*, etc.) demonstrando a importância de uma alimentação equilibrada para a manutenção da saúde.

3. Elaborem um cardápio para que ao longo de um dia estejam presentes os grupos básicos de alimentos citados na atividade 1.

4. Elaborem e completem uma tabela de acordo com o modelo a seguir. Vocês devem citar quais são os principais alimentos ricos em cada vitamina e os problemas decorrentes de uma dieta pobre em cada uma delas.

Vitamina	Alimentos	Deficiência
A		
C		
D		
K		
B_1		
B_{12}		
Niacina		

Pensando no Enem

A obesidade, que nos países desenvolvidos já é tratada como epidemia, começa a preocupar especialistas no Brasil. Os últimos dados da Pesquisa de Orçamentos Familiares, realizada entre 2002 e 2003 pelo IBGE, mostram que 40,6% da população brasileira estão acima do peso, ou seja, 38,8 milhões de adultos. Desse total, 10,5 milhões são considerados obesos. Várias são as dietas e os remédios que prometem emagrecimento rápido e sem riscos. Há alguns anos foi lançado no mercado brasileiro um remédio de ação diferente dos demais, pois inibe a ação das lipases, enzimas que aceleram a reação de quebra de gorduras. Sem serem quebradas elas não são absorvidas pelo intestino, e parte das gorduras ingeridas é eliminada com as fezes. Como os lipídios são altamente energéticos, a pessoa tende a emagrecer. No entanto, esse remédio apresenta algumas contraindicações, pois a gordura não absorvida lubrifica o intestino, causando desagradáveis diarreias. Além do mais, podem ocorrer casos de baixa absorção de vitaminas lipossolúveis, como as A, D, E e K, pois:

a) essas vitaminas, por serem mais energéticas que as demais, precisam de lipídios para sua absorção.
b) a ausência de lipídios torna a absorção dessas vitaminas desnecessária.
c) essas vitaminas reagem com o remédio, transformando-se em outras vitaminas.
d) as lipases também desdobram as vitaminas para que essas sejam absorvidas.
e) essas vitaminas se dissolvem nos lipídios e só são absorvidas junto com eles.

Resolução

Para essa questão é necessário integrar conhecimentos de Ciências da Natureza, como solubilidade, moléculas, células e tecidos e qualidade de vida das populações humanas, além de interpretação de texto.

É importante que você leia e entenda o enunciado da questão, coletando a maior quantidade de informação possível que venha a ser utilizada para a resolução do exercício.

Do enunciado conseguimos obter as seguintes informações:

- 40,6% da população brasileira, ou 38,8 milhões de brasileiros adultos, estão acima do peso.
- Desses brasileiros, 10,5 milhões são considerados obesos.

Essas informações não serão utilizadas para a resolução da questão, são apenas uma contextualização.

A parte mais relevante do enunciado é a que faz menção a um remédio utilizado para emagrecimento.

O enunciado diz que foi lançado um remédio que inibe a ação de lipases, enzimas responsáveis por quebrar a gordura ingerida, diminuindo assim a absorção de lipídios pelo intestino.

Após essa informação ser fornecida, é indicada a situação problemática a ser solucionada.

O problema

O problema indica que a utilização do novo remédio que inibe a lipase pode diminuir a taxa de absorção de algumas vitaminas LIPOSSOLÚVEIS, como as A, D, E e K. Em seguida, o problema propõe a identificação da alternativa que melhor explicaria essa diminuição da absorção de vitaminas lipossolúveis.

As vitaminas **hidrossolúveis**:

- São solúveis em água.
- São absorvidas no intestino.

As vitaminas **lipossolúveis**:

- São solúveis nos lipídios e só são absorvidas junto com eles.
- São absorvidas no intestino.

Portanto, a principal diferença entre os dois tipos de vitaminas é o meio no qual são solúveis.

A questão trata especificamente das vitaminas lipossolúveis, ou seja, que são solúveis em gordura. Ficando atento para a ação do remédio citado, você perceberá que ele inibe a quebra e a ingestão de gordura pelo intestino.

Integrando essas informações, é possível concluir que a diminuição da absorção das vitaminas A, D, E e K citadas no enunciado, se deve ao fato de elas se solubilizarem apenas no meio lipídico.

Por causa do remédio, os lipídios serão absorvidos em menor quantidade, e, por consequência, as vitaminas lipossolúveis também.

Resposta: **E**.

Vestibulares de Norte a Sul

1. SE (Unirio-RJ) Tomando uma grande dose de vitamina A, uma pessoa pode suprir suas necessidades por vários dias; porém, se fizer o mesmo em relação à vitamina C, não terá o mesmo efeito, necessitando de reposições diárias dessa vitamina. Essa diferença na forma de administração se deve ao fato de a vitamina:

a) A ser necessária em menor quantidade.
b) A ser sintetizada no próprio organismo.
c) A ser lipossolúvel e ficar armazenada no fígado.
d) C ser mais importante para o organismo.
e) C fornecer energia para as reações metabólicas.

2. CO (UnB-DF) Embora o art. XXV da Declaração Universal dos Direitos Humanos garanta que toda pessoa tem direito a adequada alimentação, em diferentes regiões do mundo há grande desigualdade social, que se manifesta de várias formas. Em muitos países, inclusive no Brasil, a escassez de alimentos leva parte da população a viver sob diversas condições de carência nutricional. Com relação a esse assunto, julgue os itens que se seguem.

( ) As proteínas são constituídas por aminoácidos essenciais, não sintetizados pelo organismo, e aminoácidos não essenciais, sintetizados pelo organismo.
( ) Uma população que se alimente apenas de cereais e grãos apresentará carência proteica, pois as únicas fontes de proteínas para o homem são produtos de origem animal.
( ) Enzimas e vitaminas possuem papel antagônico no metabolismo.
( ) Os alimentos são utilizados como fonte de energia no crescimento, na reparação dos tecidos e na manutenção da composição química tissular.

3. SE (UFMG) Esta tabela se refere ao teor de minerais e vitaminas, expresso em mg por 100 g de parte comestível, de alguns alimentos.

Alimento	Minerais			Vitaminas		
	Ca	P	Fe	A	B_1	C
Abacate	13	47	0,7	20	0,07	12
Couve	203	63	1,0	650	0,20	92
Goiaba	22	26	0,7	26	0,04	218
Grão-de-bico	68	353	7,0	0	0,46	5

Com base nos dados dessa tabela, assinale a alternativa que contém uma recomendação alimentar inadequada.

a) Abacate para pessoas que sofrem de beribéri.
b) Couve para alguém com osteoporose e xeroftalmia.
c) Goiaba para quem sofre de escorbuto.
d) Grão-de-bico para pessoas anêmicas.

4. NE (UFC-CE) As vitaminas foram descobertas há cerca de 100 anos e, a partir dos anos de 1980, invadiram as prateleiras das farmácias, na forma de suplementos vitamínicos, com dosagens acima das recomendadas pelas organizações de saúde, o que ainda hoje gera muita discussão sobre benefícios ou malefícios que esse "banho" de vitaminas pode acarretar ao organismo. Contudo, é relevante saber a importância das mesmas para a saúde e de quais fontes alimentícias podemos obtê-las.

Considere o quadro abaixo:

Vitamina	Sintomas de carência no organismo	Fontes alimentares
A	1	fígado, leite, cenoura
B_1	2	cereais integrais, carnes magras
C	3	frutas cítricas
D	4	peixe, leite, gema de ovo
K	5	vegetais com folhas verdes, tomate

Assinale a alternativa que preenche corretamente esse quadro, substituindo, respectivamente, os números 1, 2, 3, 4 e 5 pelos sintomas causados devido à carência de cada vitamina no organismo.

a) Cegueira noturna, hemorragias, escorbuto, raquitismo e disfunção do sistema nervoso.
b) Escorbuto, cegueira noturna, raquitismo, disfunção do sistema nervoso e hemorragias.
c) Cegueira noturna, raquitismo, hemorragias, escorbuto e disfunção do sistema nervoso.
d) Disfunção do sistema nervoso, raquitismo, escorbuto, cegueira noturna e hemorragias.
e) Cegueira noturna, disfunção do sistema nervoso, escorbuto, raquitismo e hemorragias.

5. CO (UnB-DF) Quanto às vitaminas, todas as afirmativas abaixo são corretas, exceto:

a) A vitamina A, encontrada principalmente em ovos e leite, é protetora do epitélio e sua carência pode determinar a cegueira noturna.
b) A vitamina D, encontrada principalmente nas frutas cítricas, age no metabolismo das gorduras e sua carência pode determinar o beribéri.
c) A vitamina B_{12} pode ser sintetizada por bactérias intestinais e sua carência pode determinar a anemia perniciosa.
d) A vitamina C, encontrada em vegetais, mantém normal o tecido conjuntivo e sua carência pode determinar o escorbuto.
e) A vitamina K atua como um dos fatores indispensáveis à coagulação sanguínea.

6. NE (UFPE) A desnutrição é responsável por um atraso no desenvolvimento físico e mental da criança e também predispõe o organismo a doenças, sendo assim a maior causa da mortalidade infantil em nosso país. Em relação a esse problema, podemos afirmar [indique verdadeiro ou falso]:

( ) a anemia diminui a oxigenação dos tecidos em consequência da redução das hemácias. Aparece na infância e é causada pela carência de ferro.

( ) a carência em vitamina A, causada pelo baixo consumo em verduras, manteiga, ovos e fígado, causa lesões no globo ocular, podendo levar à cegueira.

( ) em crianças com desnutrição grave ocorre um aumento da síntese dos aminoácidos necessários para produção de proteínas celulares.

( ) as vitaminas do complexo B estão presentes nos cereais integrais; a carência em vitamina B_1 é responsável pelo aparecimento do escorbuto.

( ) a falta da vitamina D leva ao aparecimento do raquitismo, pois atua na regulação dos níveis de cálcio no sangue.

7. S (UEL-PR) Nos supermercados, encontramos diversos alimentos, enriquecidos com vitaminas e sais minerais. Esses alimentos têm como objetivo a suplementação de nutrientes necessários ao metabolismo e ao desenvolvimento do indivíduo.

Com base nessas informações e nos conhecimentos sobre nutrição e saúde, considere as afirmativas a seguir.

I. A vitamina A está envolvida na produção de hormônios e associada à exposição solar.

II. A falta de vitamina C pode levar aos sintomas de fraqueza e sangramento das gengivas, avitaminose denominada escorbuto.

III. O cálcio tem importância para a contração muscular e a coagulação do sangue.

IV. O ferro faz parte da molécula de hemoglobina, prevenindo a ocorrência de anemia.

Assinale a alternativa correta.

a) Somente as afirmativas I e II são corretas.
b) Somente as afirmativas I e IV são corretas.
c) Somente as afirmativas III e IV são corretas.
d) Somente as afirmativas I, II e III são corretas.
e) Somente as afirmativas II, III e IV são corretas.

8. SE (UFMG) O arroz dourado – geneticamente modificado – produz caroteno (vitamina A). Assim, é correto afirmar que o uso desse grão na alimentação humana resulta em benefício para a saúde porque ele:

a) previne alguns tipos de cegueira.
b) aumenta o peristaltismo.
c) evita o aparecimento do bócio.
d) diminui a formação de coágulos.

9. NE (UPE) *Bebê anencéfalo completa nove meses e está bem de saúde.*

(...) Superando todas as expectativas médicas, a menina M. de J. F. chegou ao seu nono mês de vida. Ela nasceu portadora de anencefalia. Ao nascer, segundo os médicos, a garotinha teria apenas algumas horas de vida, mas ela continua crescendo e se desenvolvendo (...).

Fonte: CN Notícias - Patrocínio Paulista, SP.

(...) Anencefalia é uma desordem cerebral, que resulta de defeito no tubo neural... Acredita-se que a dieta da mãe e sua ingestão de vitaminas possam ter alguma influência. Estudos recentes têm mostrado que a suplementação de vitamina _________ ou _________ na dieta da mulher em idade reprodutiva possa reduzir significativamente a incidência de defeitos no tubo neural (...).

Fonte: <www.revistaneurociencias.com.br/edicoes/2010>.

Assinale a alternativa que preenche corretamente as lacunas que contêm a vitamina envolvida na formação do tubo neural.

a) Vitamina A ou retinol.
b) Vitamina B_3 ou niacina.
c) Vitamina B_5 ou ácido pantotênico.
d) Vitamina B_9 ou ácido fólico.
e) Vitamina C ou ácido ascórbico.

10. SE (Faap-SP) Leia com atenção os versos abaixo:

E foi que de doença crua e feia,
A mais que eu nunca vi, desampararam
Muitos a vida, e em terra estranha e alheia
Os ossos para sempre sepultaram.
Quem haverá, que sem o ver, o creia
Que tão disformemente ali lhe incharam
As gengivas na boca, que crescia
A carne e juntamente apodrecia?

Apodrecia c'um fétido e bruto
Cheiro, que o ar vizinho inficionava:
Não tínhamos ali médico astuto,
Cirurgião sutil menos se achava;
Mas qualquer, neste ofício pouco instruto
Pela carne já podre assi cortava,
Como se fora morta; e bem convinha,
Pois que morto ficava quem a tinha.

(Camões, *Os lusíadas*, canto V, 81/82.)

De acordo com os versos de Camões, a doença descrita é:

a) raquitismo, devido à falta de vitamina D.
b) xeroftalmia, devido à falta de vitamina A.
c) escorbuto, devido à falta de vitamina C.
d) anemia, devido à falta de vitamina B_{12}.
e) beribéri, devido à falta de vitamina B_1.

11. N (UFRR) Corresponde ao grupo de substâncias conhecidas como quinona e tem função importante na coagulação do sangue, sua falta pode dificultar o estancamento de hemorragias:

a) Vitamina E
b) Vitamina K
c) Vitamina B_{12}
d) Vitamina A
e) Vitamina C

12. **SE** (Fuvest-SP) No interior do Maranhão, uma doença que vitimou muitas pessoas começava com dormência e inchaço nas pernas, evoluindo para paralisia, insuficiência respiratória e cardíaca. Esses sintomas são iguais aos do beribéri, moléstia conhecida há mais de 2000 anos. Nas primeiras décadas do século XX, o beribéri foi relacionado à carência da vitamina B_1, usualmente encontrada em cereais integrais, legumes, ovos e leite. O quadro carencial, comum em lugares pobres, onde a alimentação é inadequada, pode ser agravado pela ingestão de bebidas alcoólicas e pelo contato com agrotóxicos. Como no passado, também hoje, as vítimas do beribéri, no interior do Maranhão, são subnutridas, sendo sua alimentação baseada quase que exclusivamente em arroz branco. Em uma das comunidades afetadas, foram feitas algumas propostas, visando combater a doença:

I. Incentivar o cultivo de hortas domésticas e a criação de pequenos animais para consumo.
II. Isolar as pessoas afetadas e prevenir a doença com uma campanha de vacinação.
III. Orientar os trabalhadores da região sobre o uso de equipamentos de proteção individual, quando da manipulação de agrotóxicos.

Entre as três propostas, podem contribuir para o combate à doença, apenas

a) I.
b) II.
c) I e II.
d) I e III.
e) II e III.

13. **N** (UFT-TO) O termo vitamina é empregado para substâncias orgânicas necessárias em pequenas quantidades, desempenhando importante função biológica. Abaixo temos exemplos de vitaminas, principais funções e sintomas de deficiência.

Vitamina	Principais funções	Sintoma de deficiência
I	Mantém a integridade da pele e de epitélios	Cegueira noturna, pele escamosa e seca
C - Ácido ascórbico	II	Escorbuto
D - Calciferol	Absorção de cálcio e fósforo	III
E - Tocoferol	IV	Anemia e esterilidade

Assinale a alternativa que apresenta a sequência correta para I, II, III e IV.

a) A - retinol; síntese de queratina; raquitismo; pró-oxidante.
b) B_8 - biotina; síntese de colágeno e antioxidante; raquitismo; pró-oxidante.
c) A - retinol; síntese de colágeno e antioxidante; raquitismo; antioxidante.
d) A - retinol; síntese de queratina e antioxidante; raquitismo; antioxidante.
e) B_8 – biotina; síntese de colágeno e antioxidante; cegueira noturna; antioxidante.

14. **S** (Unificado-RS) Se alguém com o conhecimento atual pudesse voltar ao passado, até o ano 1500, poderia ser um tripulante da caravela de Pedro Álvares Cabral e teria de lutar contra o escorbuto. O que faria para evitá-lo?

a) Comeria mais carne.
b) Comeria mais ovos.
c) Comeria mais farináceos.
d) Caminharia incessantemente ao sol.
e) Comeria mais frutas cítricas.

15. **CO** (UFG-GO) Em uma pesquisa, com 2270 mulheres com idade entre 49 e 69 anos, realizada pela Federação Brasileira das Sociedades de Ginecologia e Obstetrícia, foi observado que 19% delas sofriam de osteoporose. Essa doença pode ser prevenida e tratada. Uma das medidas de profilaxia e tratamento é o uso de vitamina D.

Disponível em: <http://revistaescola.abril.com.br/ensino-medio/licao-chacoalhar-esqueleto-estudantes-431291.shtml>. Acesso em: 8 out. 2012. (Adaptado).

Explique como se dá a ação da vitamina citada no texto na profilaxia da osteoporose.

16. **SE** (Unicamp-SP) Cada marinheiro da esquadra de Cabral recebia mensalmente para suas refeições 15 kg de carne salgada, cebola, vinagre, azeite e 12 kg de biscoito. O vinagre era usado nas refeições e para desinfetar o porão, no qual, acreditava-se, escondia-se a mais temível enfermidade da vida no mar. A partir do século XVIII essa doença foi evitada com a introdução de frutas ácidas na dieta dos marinheiros. Hoje se sabe que essa doença era causada pela deficiência de um nutriente essencial na dieta. (Adaptado de: E. Bueno, *A viagem do descobrimento*, Rio de Janeiro, Objetiva, 1998.)

a) Que nutriente é esse?
b) Que doença é causada pela falta desse nutriente?
c) Cite duas manifestações aparentes ou sintomas dessa doença.

17. **SE** (UFU-MG) Uma criança foi levada ao médico devido ao desenvolvimento físico deficiente em relação aos seus colegas da mesma idade. Depois de examiná-la e analisar alguns exames, o médico indicou banho de sol e a utilização de óleo de peixe em sua alimentação. Com base nessas informações responda:

a) Para qual patologia, que tenha por característica o desenvolvimento físico deficiente, tomar sol auxilia no tratamento?
b) Qual vitamina está carente no organismo desta criança?
c) Esta vitamina é lipossolúvel ou hidrossolúvel?
d) Por que lhe foi indicado tomar sol?

Célula: membrana e citoplasma

A ciência é movida, em grande parte, pela curiosidade do ser humano em aprender mais sobre si mesmo e sobre o mundo que o cerca.

Atualmente, muitas pesquisas são feitas movidas pela pura busca de conhecimento. Contudo, não raro, delas advêm diversas aplicações práticas. Por outro lado, há também pesquisas que são realizadas com um objetivo mais específico e direto.

Estudando as células, por exemplo, os cientistas descobriram que, quando há problemas nos mecanismos celulares, podemos ficar doentes. Portanto, não é só a curiosidade e a necessidade de compreender a natureza que fazem os cientistas estudarem a célula.

Este estudo – a Citologia – ajuda o cientista a compreender melhor a origem das doenças e facilita também a pesquisa de novos medicamentos e tecnologias.

CAPÍTULO

7 Uma visão geral da célula

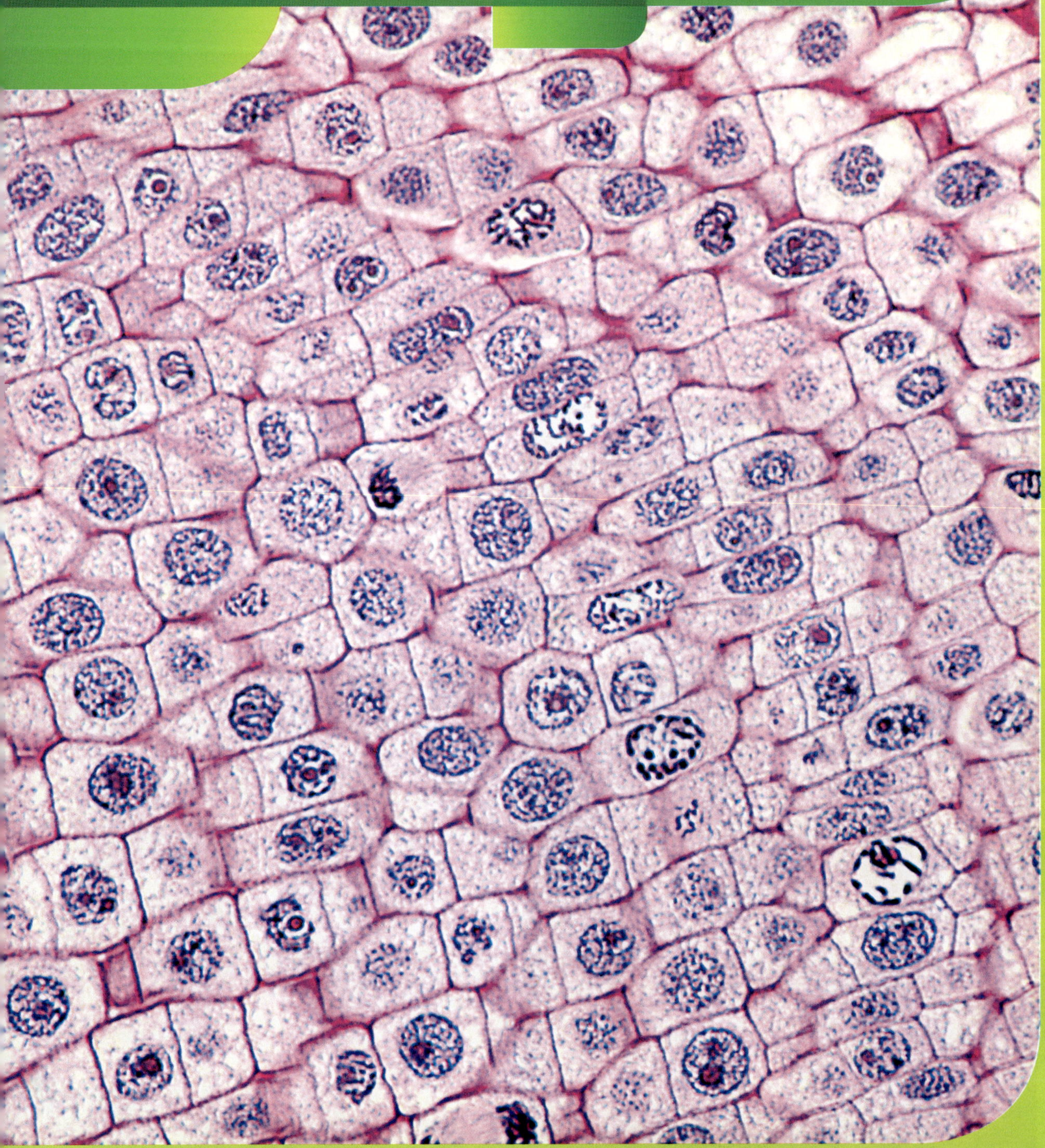

Jim Zuckerman/Corbis/Latinstock

Células do tecido epitelial humano (cada célula mede cerca de 10 μm; foto ao microscópio óptico com uso de corantes).

- *Como é possível estudar estruturas tão pequenas como as células?*
- *Quais os dois tipos básicos de células que existem na natureza?*
- *Por que os vírus são considerados um caso à parte quando estudamos seres vivos?*

A história do microscópio

1 A invenção do microscópio e a descoberta da célula

É difícil dizer quem inventou o aparelho hoje conhecido como microscópio (*mikros* = pequeno; *skopeo* = examinar). Um dos candidatos a essa invenção foi o cientista Galileu Galilei (1564-1642), em 1609. Mas quem chamou a atenção dos cientistas para o uso desse aparelho no estudo de microrganismos foi um holandês comerciante de tecidos, como veremos a seguir.

A descoberta da célula

O holandês Anton van Leeuwenhoek (1632-1723; pronuncia-se "lêvenhuk") foi um comerciante de tecidos que dedicava boa parte do seu tempo ao estudo da natureza e tinha notável habilidade para polir lentes e torná-las muito finas. Ele usava as lentes para examinar as fibras do tecido e atestar sua qualidade.

Com suas lentes e técnicas de iluminação, Leeuwenhoek (figura 7.1) foi capaz de aumentar a imagem dos objetos até 270 vezes. Com isso, pôde observar microrganismos com apenas 0,003 mm de comprimento. Embora as imagens fossem ainda muito distorcidas na forma e na cor, isso já constituía um grande avanço, pois o ser humano não enxerga, a olho nu, objetos com menos de 0,1 mm de comprimento.

Na mesma época em que Leeuwenhoek desenvolvia suas lentes e realizava suas observações de um mundo pequeno demais para ser observado a olho nu, o cientista inglês Robert Hooke (1635-1703; pronuncia-se "huk", com a letra "h" aspirada) observou pedaços de cortiça com o auxílio de um microscópio formado por duas ou mais lentes associadas dentro de um tubo de metal. Era o chamado **microscópio composto**, semelhante aos microscópios de hoje (o microscópio de Leeuwenhoek possuía apenas uma lente).

Figura 7.1 Pintura retratando Leeuwenhoek. À direita, vista anterior e posterior do microscópio criado por ele.

NYPL/Science Source/Photoresearchers, Inc./Latinstock

JBU/SPL/Latinstock

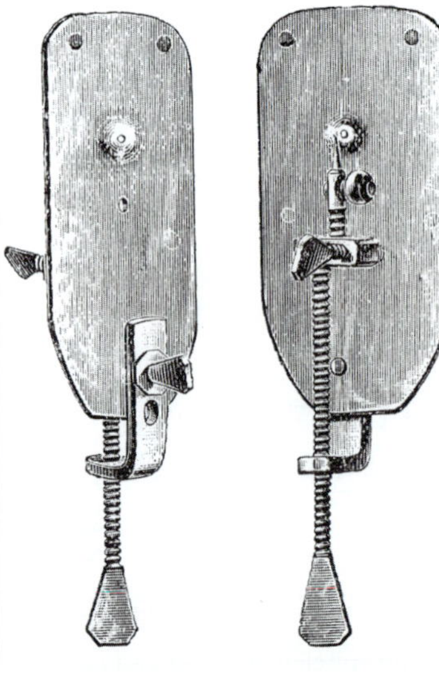

Hooke descreveu pequenas cavidades no interior daqueles pedaços e deu-lhes o nome de **células** (diminutivo latino de *cella*, 'lugar fechado', 'pequeno cômodo'). De fato, como a cortiça é um tecido de células mortas que protege o tronco das árvores, o que Hooke viu foi apenas o envoltório da célula (a parede celular) e o espaço vazio antes ocupado pela célula viva (figura 7.2).

Na década de 1820, o botânico escocês Robert Brown (1773-1858; pronuncia-se "bráun") descobriu um pequeno corpo no interior de vários tipos de células e o chamou de **núcleo**. Em 1838, o botânico alemão Matthias Schleiden (1804-1881; pronuncia-se "xláiden") concluiu que a célula era a unidade básica de todas as plantas. Um ano mais tarde, o zoólogo alemão Theodor Schwann (1810-1882; pronuncia-se "xvan") generalizou esse conceito para os animais. Surgia, assim, a **teoria celular** de Schwann e Schleiden: "Todos os seres vivos são formados por células".

Mas ainda havia uma questão: de onde vinham as células? Alguns achavam que elas podiam surgir de algum líquido do corpo. Em 1858, o médico alemão Rudolf Virchow (1821-1902; pronuncia-se "fírchov") afirmou que toda célula provém de outra, querendo dizer que uma célula é capaz de se reproduzir. Virchow fez mais uma afirmação ousada para a época: as doenças seriam consequência de problemas nas células.

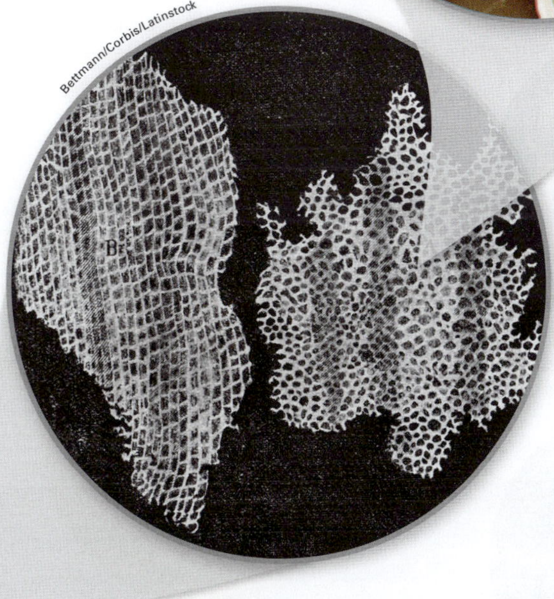

Figura 7.2 Microscópio utilizado por Hooke e ilustração, feita por ele, de um pedaço de cortiça observado com o instrumento (o corpo do microscópio tinha cerca de 15 cm de comprimento). No alto, cortiça vista ao microscópio eletrônico (aumento de cerca de 4 400 vezes).

Figura 7.3 A contribuição do trabalho de diversos cientistas permitiu a elaboração da teoria celular.

Robert Hooke: descobre a célula.

Robert Brown: descobre o núcleo.

Matthias Schleiden: conclui que a célula é a unidade básica de todas as plantas.

Theodor Schwann: estende o conceito de Schleiden e afirma que a célula é a unidade básica de todos os animais.

Rudolf Virchow: afirma que toda célula provém de outra.

A teoria celular

Com base nessas descobertas e em outras, elaborou-se a teoria celular (figura 7.3). Como vimos, a elaboração da teoria foi resultado de várias pesquisas realizadas por diversos cientistas ao longo do tempo. Os princípios fundamentais da teoria celular são:

- Todos os seres vivos são formados por células. Alguns têm o corpo formado por uma única célula. Portanto, a célula é a unidade morfológica dos seres vivos.
- A célula é a menor unidade viva. As propriedades vitais de um organismo dependem das propriedades de suas células, nas quais ocorrem as reações do metabolismo. Portanto, a célula é a unidade fisiológica dos seres vivos.
- As células surgem sempre de outras células. Cada uma contém as informações hereditárias de todo o organismo.

O tamanho das células

No corpo de um ser humano adulto existem aproximadamente 65 trilhões de células (figura 7.4). Em geral, elas são tão pequenas que não podem ser vistas a olho nu. A maioria das células tem um tamanho que varia entre 10 μm e 100 μm, ou seja, entre 0,01 mm e 0,1 mm. Isso significa que, no ponto-final desta frase, caberiam, alinhadas, cerca de dez células grandes (veja no quadro a seguir o valor de algumas unidades de medida utilizadas em Citologia).

1 micrômetro (μm) = 10^{-3} mm
1 nanômetro (nm) = 10^{-3} μm
1 angström (Å) = 10^{-4} μm

Uma célula animal típica mede entre 10 μm e 20 μm de diâmetro: ela é cinco vezes menor que a menor partícula visível a olho nu.

Zigoto (1 célula).

Homem adulto (65 000 000 000 000 de células).

Figura 7.4 Uma única célula, o zigoto (cerca de 130 μm), origina as 65 trilhões de células (entre 10 μm e 100 μm) de um ser humano adulto.

2 Estudando a célula

Para estudar a estrutura e o funcionamento da célula, os cientistas utilizam vários instrumentos e técnicas. Um exemplo é o microscópio, usado com corantes e fixadores, entre outras técnicas e instrumentos.

Microscópio, corantes e fixadores

Se dois pontos estiverem separados por uma distância igual ou superior a 0,1 mm, seremos capazes de distingui-los a olho nu. Se a distância for menor que 0,1 mm, veremos apenas um ponto; a imagem perde nitidez. Isso significa que o olho humano tem **poder de resolução** de 0,1 mm. Esse é o diâmetro aproximado do óvulo humano. Para ver algo menor, precisamos usar um microscópio.

O **microscópio de luz** ou **óptico** é formado por um sistema de lentes com poder de resolução de 0,2 μm, bem maior que o do olho humano. Com esse instrumento podemos aumentar a imagem de um objeto cerca de 1500 vezes, sem que ela perca nitidez. O aumento do tamanho da imagem no microscópio de luz resulta de um sistema de lentes chamadas lentes convergentes, estudadas em Física.

Com esse aumento obtido pelo microscópio é possível ver as células e algumas de suas estruturas internas (as fotos tiradas com microscópios são chamadas **micrografias**). Observe a figura 7.5 e entenda melhor o microscópio.

Para observar um objeto qualquer com esse aparelho, o objeto precisa ser atravessado por um feixe de luz, o que exige que ele seja suficientemente fino. Em observações mais grosseiras, um corte fino do objeto pode ser obtido com uma lâmina de barbear. Em observações mais cuidadosas, precisamos de um aparelho especial, o **micrótomo**. Nesse caso, o objeto, comumente um tecido animal ou vegetal, deve ser colocado em blocos de parafina para facilitar o corte, processo conhecido como inclusão.

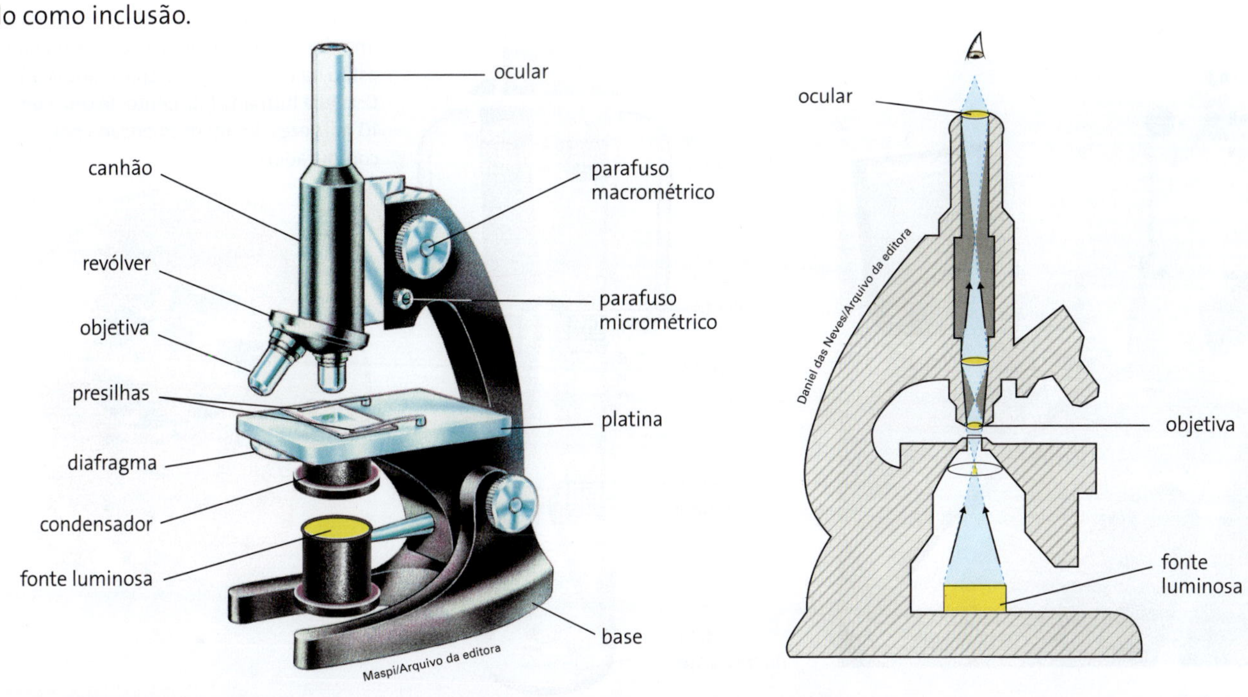

Figura 7.5 O microscópio de luz é um conjunto formado por duas lentes (objetiva e ocular); parafusos macro e micrométrico (este com maior precisão) para ajustar o foco da imagem; fonte de luz e condensador para projetar um feixe de luz sobre o objeto; platina, que sustenta a lâmina de vidro na qual está o objeto; parte mecânica de suporte. O aumento da imagem é obtido pela multiplicação do aumento da objetiva pelo aumento da ocular.

A maioria das estruturas celulares, no entanto, só pode ser vista ao microscópio comum se a célula for previamente tratada com **corantes**. Cada corante reage apenas com determinadas estruturas da célula, fornecendo um contraste que facilita sua observação (figura 7.6).

Para observar uma célula viva, usamos certos corantes que não destroem sua estrutura, os chamados **corantes vitais**. É o caso, por exemplo, do verde-janus B, que serve para evidenciar a mitocôndria, uma das estruturas celulares.

No caso de observações demoradas e repetidas, usam-se fixadores (álcool e formol, por exemplo), substâncias que conservam a célula, alterando o mínimo possível sua estrutura.

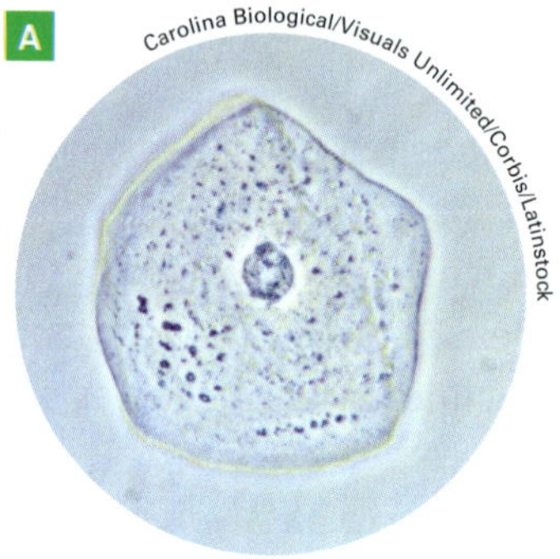

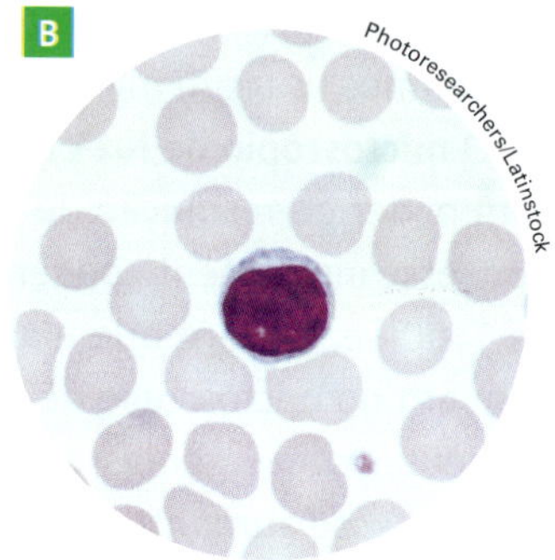

Figura 7.6 Fotos de células observadas ao microscópio óptico com auxílio de corantes: **A**: célula humana da mucosa bucal (aumento de cerca de 80 vezes; com uso de corante); **B**: sangue (aumento de cerca de 400 vezes; com uso de corantes). Os elementos mais numerosos são hemácias. Ao centro, um glóbulo branco (linfócito).

A Citologia ganhou um impulso muito grande com a invenção do **microscópio eletrônico de transmissão** (figura 7.7) em 1939. Nesse microscópio, em vez de lentes de cristal há bobinas, que funcionam como eletroímãs, desviando o feixe de elétrons (esse fenômeno é estudado em Eletromagnetismo, um ramo da Física).

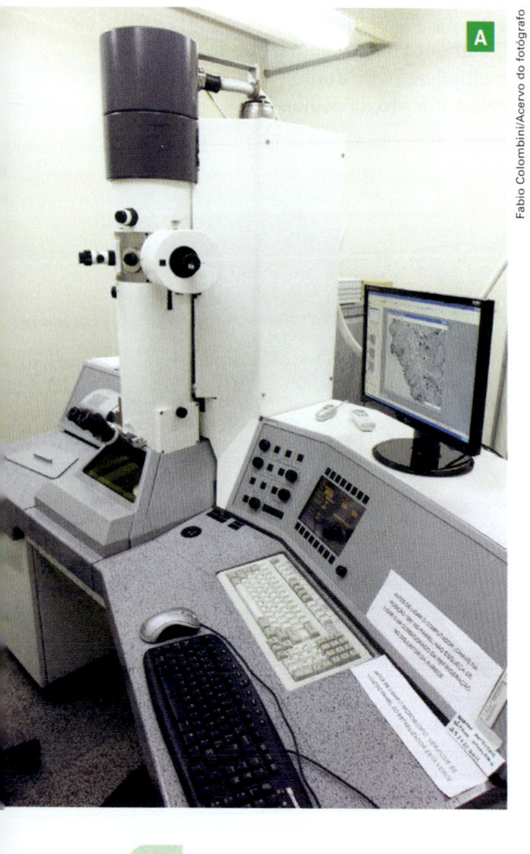

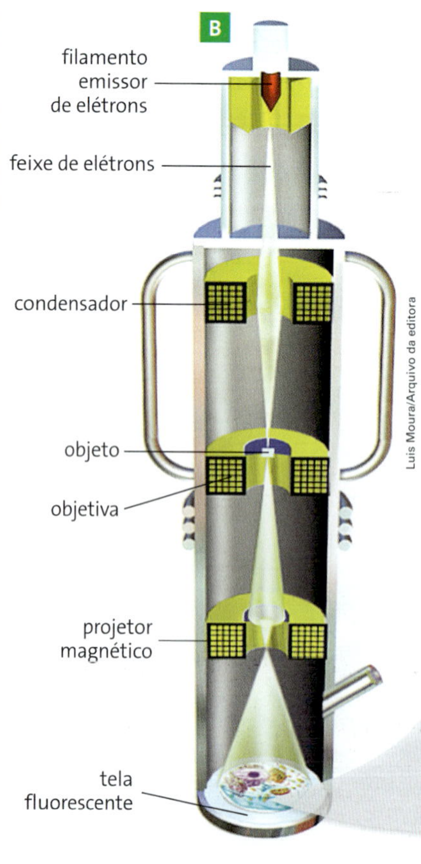

Figura 7.7 **A**: microscópio eletrônico de transmissão (Instituto Butantan, São Paulo, SP, 2012). **B**: esquema do microscópio; as lentes e os condensadores são eletroímãs para desviar o feixe de elétrons que atravessa o objeto e forma a imagem. (Os elementos do esquema não estão na mesma escala; cores fantasia.) **C**: célula humana (aumento de cerca de 10 mil vezes; imagem colorizada por computador).

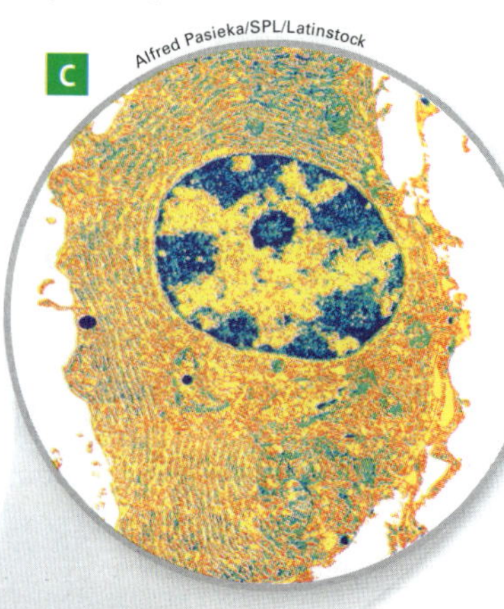

A imagem pode ser observada em uma tela fluorescente (como uma tela de tevê) ou em uma micrografia. Com essa técnica, pode-se alcançar um poder de resolução de 0,0002 μm – 1 milhão de vezes maior do que o do olho humano. A utilização desse tipo de microscópio e de outras técnicas sofisticadas permite obter informações mais detalhadas sobre a estrutura e a composição química da célula, além de seus processos metabólicos.

Mais tarde foi desenvolvido o **microscópio eletrônico de varredura** (figura 7.8), no qual um feixe de elétrons, em vez de atravessar o objeto, varre-o como se fosse uma pessoa sentindo com os dedos o relevo de uma superfície. Desse modo, consegue-se uma imagem tridimensional do objeto. Essa imagem é formada por elétrons refletidos, e não por elétrons que atravessam o material.

Fotos: A: Monty Rakusen/Cultura/Corbis/Latinstock; B: Eye of Science/SPL/Latinstock

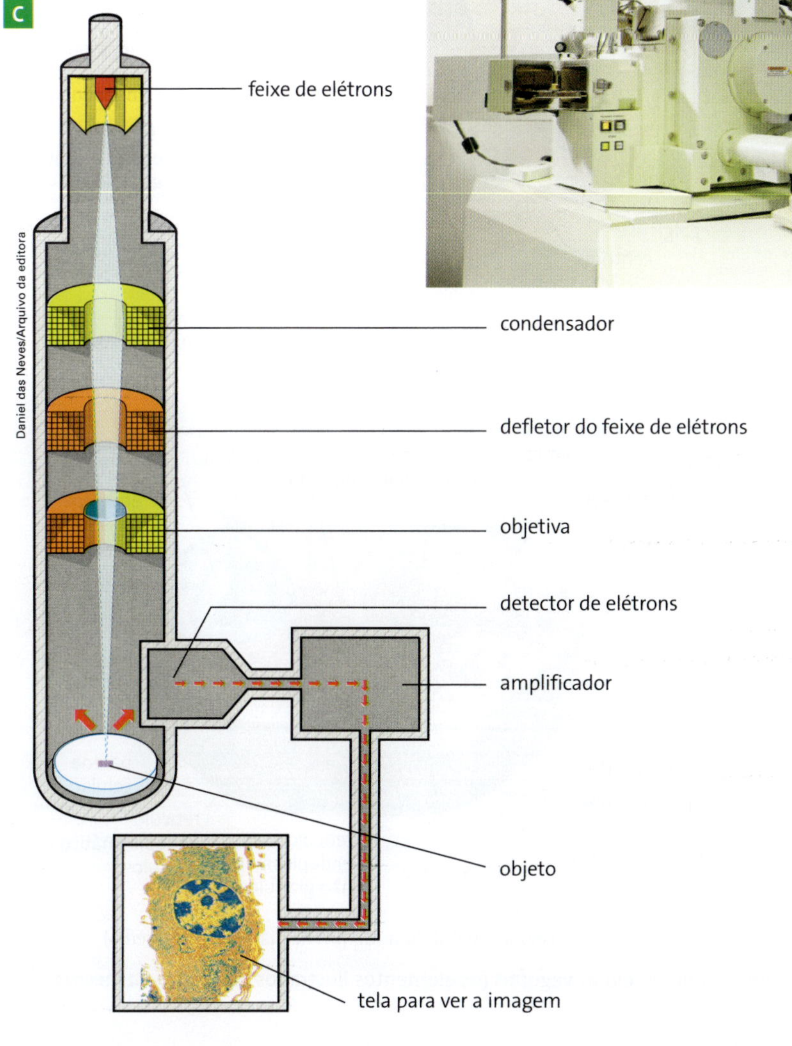

Daniel das Neves/Arquivo da editora

Figura 7.8 **A**: microscópio eletrônico de varredura (Instituto Butantan, São Paulo, SP, 2012). **B**: hemácias (em vermelho) e um glóbulo branco (linfócito, em amarelo); aumento de cerca de 10 000 vezes (imagem colorizada por computador). **C**: esquema de funcionamento do microscópio (os elementos ilustrados não estão na mesma escala; cores fantasia).

3 Células procariotas e eucariotas

Compare o esquema de uma bactéria com o de uma célula animal ou vegetal na figura 7.9.

É possível perceber que a bactéria é formada por uma célula bem mais simples que a animal e a vegetal. Aliás, as células bacterianas são mais simples que as células dos outros seres vivos.

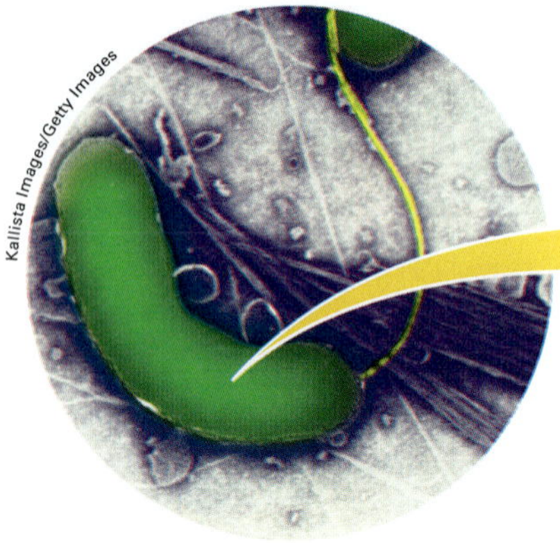

Kallista Images/Getty Images

Bactérias vistas ao microscópio eletrônico com aumento de 15 000 vezes (imagem colorizada por computador).

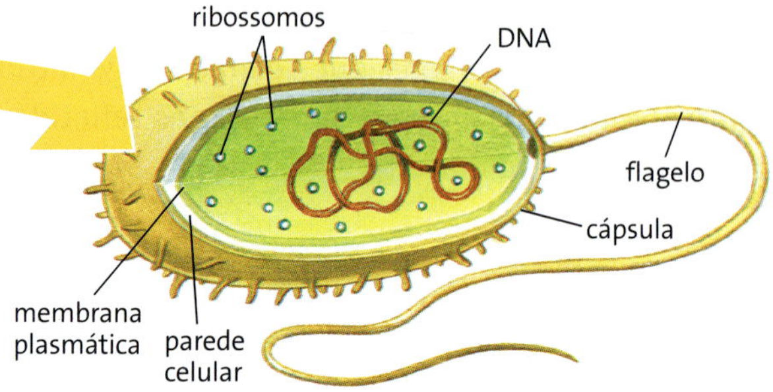

bactéria (0,5 a 2 μm de diâmetro, em média)

Ilustrações: Ingeborg Asbach/Arquivo da editora

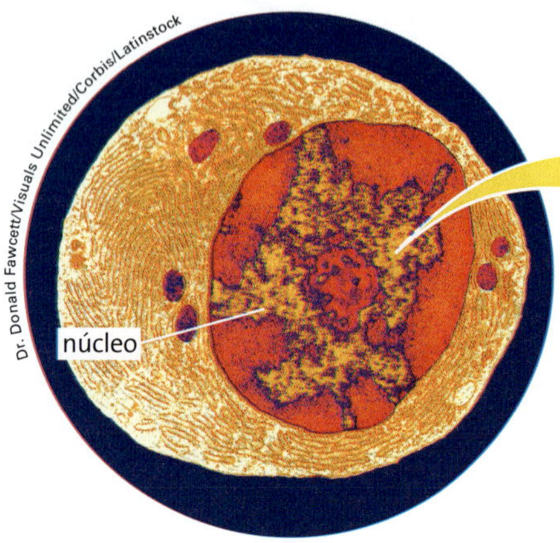

Dr. Donald Fawcett/Visuals Unlimited/Corbis/Latinstock

Célula humana ao microscópio eletrônico com aumento de cerca de 15 000 vezes (imagem colorizada por computador).

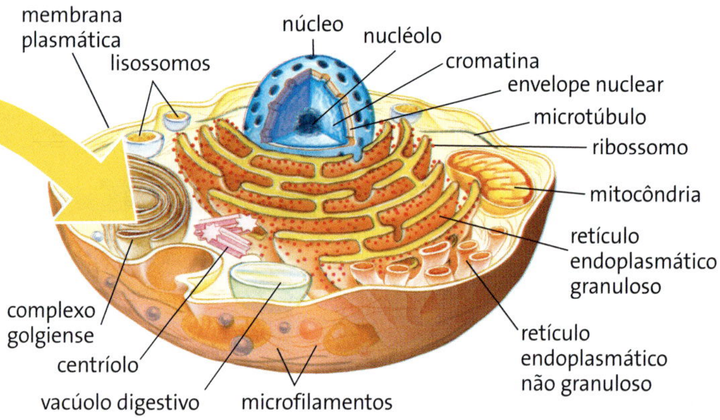

célula animal (10 a 50 μm de diâmetro, em média)

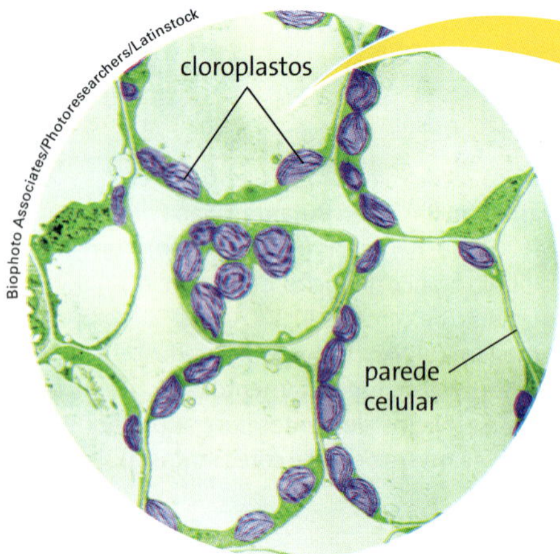

Biophoto Associates/Photoresearchers/Latinstock

Células vegetais ao microscópio eletrônico com aumento de cerca de 4 500 vezes (imagem colorizada por computador).

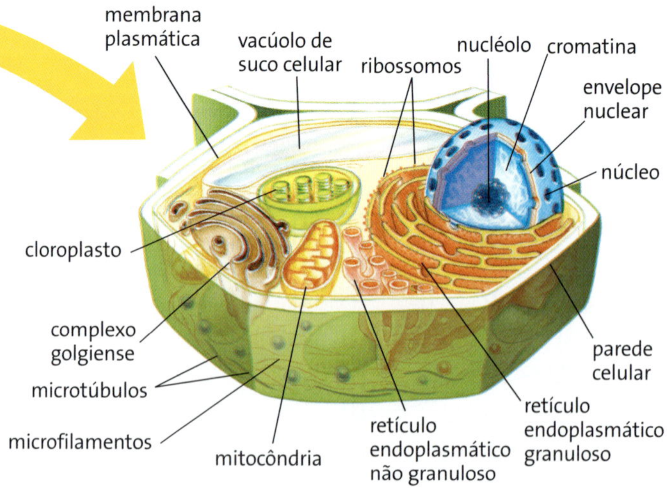

célula vegetal (10 a 100 μm de diâmetro, em média)

Figura 7.9 Esquema geral e fotos de bactérias, célula animal e células vegetais (os elementos ilustrados não estão na mesma escala; cores fantasia).

A célula da bactéria é uma célula procariota ou **procariótica** (*pró* = anterior; *karyon* = núcleo; *onthos* = ser): o material genético (DNA) não está envolvido por uma membrana, não há um núcleo individualizado e separado do citoplasma; o DNA está mergulhado em uma espécie de gelatina, formada por água e várias substâncias dissolvidas. No citoplasma encontramos também os **ribossomos**, organelas responsáveis pela síntese de proteínas.

Todo esse conjunto é envolvido pela membrana plasmática, formada por lipídios e proteínas. Envolvendo essa membrana, existe ainda um reforço externo, a parede celular, composta de cadeias de glicídios e aminoácidos.

Os seres vivos formados por células procarióticas são chamados procariontes. Eles são organismos unicelulares, medindo, em geral, entre 1 μm e 10 μm de tamanho, e são representados pelas bactérias. Na classificação moderna, consideramos bactérias também as algas cianofíceas ou azuis, atualmente chamadas cianobactérias.

A célula **eucariota** ou **eucariótica** (*eu* = bem, verdadeiro), medindo entre 10 μm e 100 μm de tamanho, é bem maior e mais complexa que a procariótica. Seu material genético é constituído por DNA associado a proteínas – formando os cromossomos – e está envolvido por uma membrana, o envelope nuclear (também chamado carioteca). Forma-se, assim, um núcleo individualizado.

Os organismos uni ou pluricelulares formados por células eucarióticas são chamados **eucariontes**.

No citoplasma dos eucariontes existe, além dos ribossomos, uma série de organelas, envolvidas por uma membrana, que estão ausentes nos procariontes: mitocôndrias, retículo endoplasmático, complexo de Golgi (atualmente chamado complexo golgiense), cloroplastos, lisossomos, etc., que serão estudados nos próximos capítulos.

A evolução da estrutura da célula

A célula eucariótica deve ter surgido da procariótica por dois processos:

- invaginações da membrana formaram canais e vesículas e originaram várias estruturas, como o envelope nuclear, o retículo endoplasmático, o complexo golgiense e outras, que serão estudadas adiante;
- bactérias invadiram as células primitivas e passaram a viver em seu interior, formando outras organelas, como a mitocôndria e o cloroplasto (figura 7.10).

Surgiu, assim, uma célula dividida em compartimentos. Cada um deles passou a desempenhar uma função definida. Essa divisão de trabalho permitiu que cada função fosse realizada com eficiência, propiciando o aparecimento de células maiores e também de seres vivos maiores, pluricelulares, que consomem mais alimento e energia e dependem de sistemas mais eficientes para essas funções.

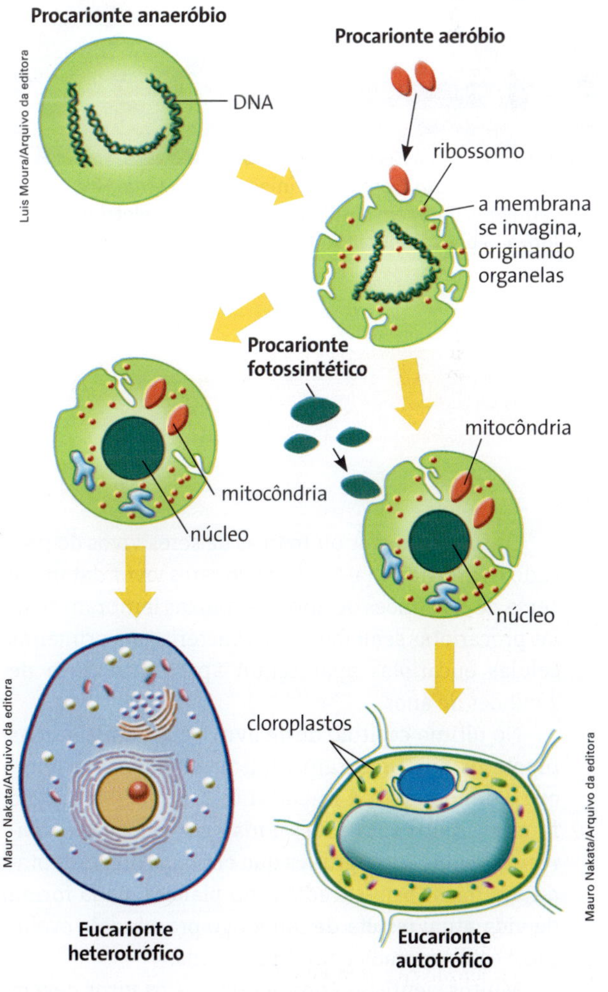

Figura 7.10 Esquema simplificado da origem da célula eucariótica. Esse processo deve ter ocorrido entre 1,6 bilhão e 2,1 bilhões de anos atrás. (As células são microscópicas; cores fantasia.)

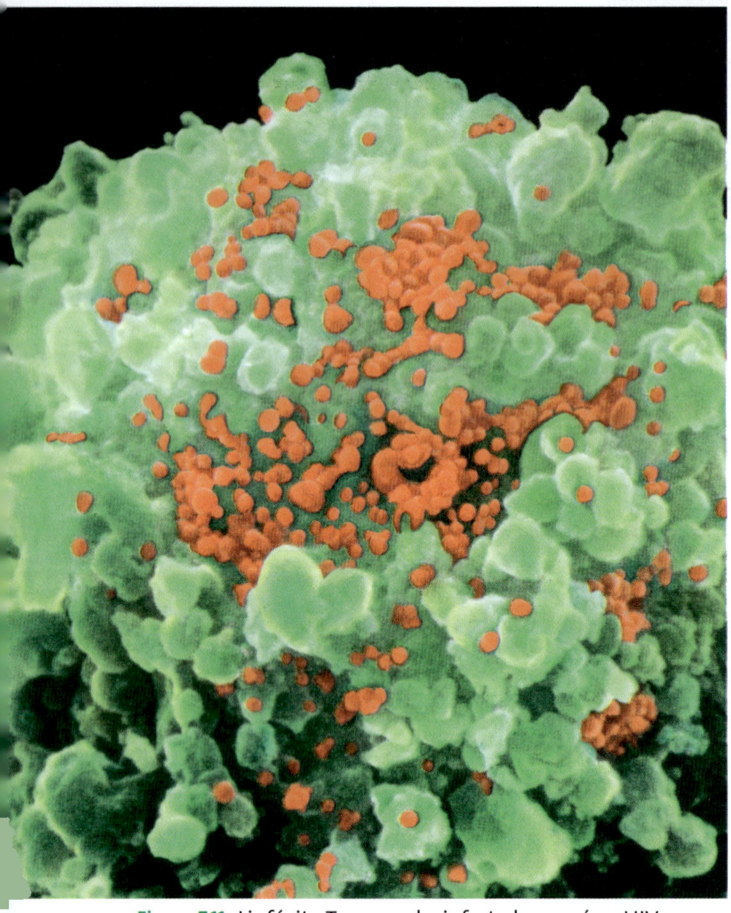

NIBSC/SPL/Latinstock

Figura 7.11 Linfócito T, em verde, infectado por vírus HIV, em vermelho. (Imagem obtida por microscopia eletrônica e colorizada por computador; aumento de 6 000 vezes.)

4 Vírus: um caso à parte

Gripe, sarampo, herpes, hepatite, resfriado, dengue, catapora, caxumba, rubéola, poliomielite, Aids, raiva e febre amarela são algumas doenças provocadas por vírus (*virus* = veneno). Assim, podemos perceber como o estudo dos vírus é importante. Mas esse estudo é interessante também porque eles são diferentes de todos os outros organismos, sejam procariontes, sejam eucariontes. Sua organização é muito simples: são cápsulas de proteína (às vezes há outras substâncias, como lipídios e glicídios) com material genético (DNA ou RNA) em seu interior.

Os vírus são capazes de se reproduzir somente quando estão no interior de uma célula (figura 7.11). Os novos vírus formados são semelhantes ao original, possuindo, portanto, propriedades de reprodução e hereditariedade. Como também são capazes de sofrer mutações no ácido nucleico, eles podem evoluir.

Dessa forma, quando estão no interior de células vivas, os vírus apresentam certas propriedades de seres vivos. No entanto, fora delas, não possuem essas propriedades e permanecem inertes. Por isso, dizemos que eles são **parasitas intracelulares obrigatórios**.

Os vírus serão estudados no segundo volume desta coleção.

Aprofunde seus conhecimentos

Células, vírus e vida

Os fósseis (restos ou marcas de seres vivos do passado nas rochas) mais antigos de seres vivos datam de cerca de 3,5 bilhões de anos. As marcas lembram células procariotas semelhantes às bactérias. As primeiras células eucariotas apareceram apenas há cerca de 2 bilhões de anos.

No último capítulo deste livro, você verá algumas hipóteses que procuram explicar como isso aconteceu. Por enquanto, é importante compreender que o fato de a célula eucariota ser mais complexa e ter aparecido depois não significa que ela seja "mais adaptada" ou mais "bem-sucedida" no planeta. Cada forma de vida atual resulta de um longo processo de evolução e está adaptada a um tipo de vida.

Muitos cientistas consideram que os vírus devem ter surgido de "pedaços" de material genético que se soltaram da célula. Esses pedaços conseguiram sobreviver porque tinham, em seu código genético, instruções para se replicarem com auxílio do equipamento das células.

Para alguns cientistas, os vírus não são seres vivos porque não possuem metabolismo próprio e necessitam de outros seres vivos para se reproduzirem. Outros, porém, consideram que a capacidade de replicação e evolução já bastam para considerá-los seres vivos.

Fontes de consulta: MADIGAN, M. T.; MARTINKO, J. M.; PARKER, J. *Microbiologia de Brock*. 10. ed. São Paulo: Pearson, 2004, cap. 12; TORTORA, G. J.; FUNKE, B. R.; CASE, C. L. *Microbiologia*. 8. ed. Porto Alegre: Artmed, 2005, cap. 11; VILLARREAL, L. Afinal, os vírus são seres vivos? *Scientific American Brasil*, São Paulo, n. 28, p. 20-25, Edição Especial, 2008.

Atividades

1. Por que a célula só foi descoberta no século XVII?

2. Por que um objeto a ser observado ao microscópio de luz ou óptico deve ser bastante fino?

3. Podemos dizer que na natureza há dois tipos de células: as eucariotas, que apresentam "compartimentos" no citoplasma, isto é, estruturas delimitadas por membranas, que têm funções específicas; e as procariotas, cuja estrutura é mais simples, sem tais "compartimentos". Nestas, falta também uma estrutura que separa o material genético do resto do citoplasma. Qual é essa estrutura?

4. Ao desenhar a estrutura de uma célula, um estudante representou, ao lado do desenho, uma escala indicando a ampliação da célula: ele traçou um segmento de reta com 2 cm de comprimento e, abaixo dele, escreveu "2 μm". Quantas vezes a célula foi ampliada no desenho do estudante? (Dica: converta centímetros em micrômetros.)

5. Nas figuras a seguir, podemos observar imagens de células animais e vegetais em aumentos variados.

Biology Pics/Photoresearchers/Latinstock

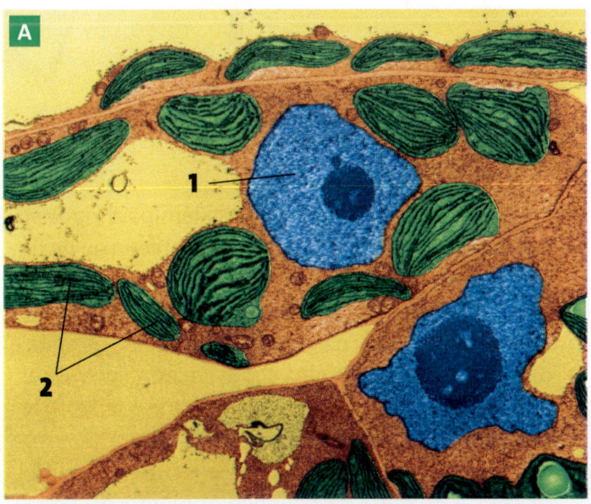

(aumento de cerca de 5 000 vezes; imagem colorizada por computador)

Visuals Unlimited/Corbis/Latinstock

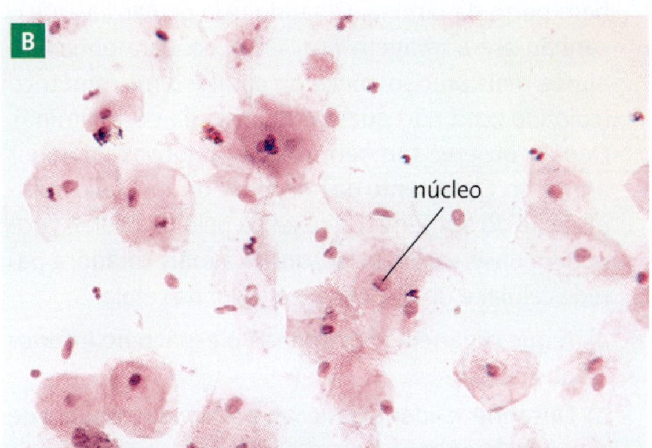

(aumento de cerca de 50 vezes; com uso de corantes)

Visuals Unlimited/Corbis/Latinstock

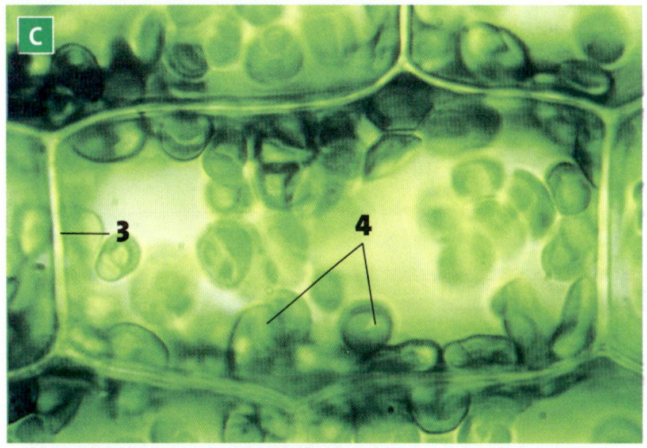

(aumento de cerca de 1 000 vezes)

Moredun Animal Health/SPL/Latinstock

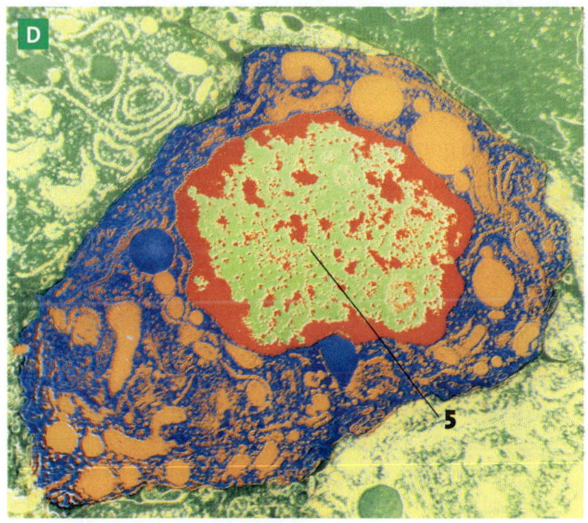

(aumento de cerca de 5 000 vezes; imagem colorizada por computador)

a) Quais imagens mostram células animais? E vegetais?
b) Quais imagens são vistas ao microscópio óptico? E ao microscópio eletrônico?
c) Na imagem **A**, identifique as estruturas indicadas pelos números 1 e 2.
d) Na imagem **C**, identifique as estruturas indicadas pelos números 3 e 4.
e) Na imagem **D**, identifique a estrutura indicada pelo número 5.

6. Imagine que você está examinando três tipos de células ao microscópio eletrônico: uma bactéria, uma célula da folha de uma planta e uma célula do fígado de um animal. Que características permitiriam que você identificasse cada um desses três tipos de célula?

7. Costuma-se dizer que Leeuwenhoek "descobriu um novo mundo". O que essa afirmação significa?

8. Por que o estudo das células é importante para nossa saúde?

Trabalho em equipe

Em grupo, escolham um dos temas abaixo para pesquisa.

1. Com auxílio do professor de Matemática, pesquisem o que ocorre com a relação entre a área e o volume quando as dimensões lineares de um corpo aumentam. Depois, pesquisem quais as consequências desse fato para as funções da célula.

2. Com auxílio do professor de Física, pesquisem e apresentem para a classe os dois tipos básicos de lentes (convergentes e divergentes), mostrando que tipos de imagens elas formam e indicando também que lentes estão presentes nos microscópios ópticos.

Atividades práticas

Se na escola em que você estuda há microscópio óptico, lâminas de vidro especiais para serem utilizadas com o microscópio e lamínulas (lâminas de pequena espessura), você pode, com a orientação do professor, realizar as atividades seguintes e responder às questões.

1. Recorte um quadradinho de papel-jornal (cerca de 5 mm de lado) com letras impressas e coloque-o no centro de uma lâmina de vidro, própria para microscópio, com as letras voltadas para cima. Em seguida, pingue uma gota de água sobre o papel, apoie a lamínula sobre a lâmina, de modo a formar um ângulo de cerca de 45º entre elas, e solte lentamente a lamínula sobre o material, evitando assim a formação de bolhas de ar. Retire o excesso de água com papel absorvente.

   Ao transportar o microscópio, você deve segurá-lo (sempre na vertical) com as duas mãos: uma segura o braço do microscópio e a outra sustenta a base. Quando o instrumento estiver sobre a mesa (ou outra base segura), a lâmpada deve ser ligada e a objetiva de menor aumento colocada em posição e bem afastada da platina. Em seguida, apoie a lâmina sobre a platina e prenda-a com as presilhas. Alguns microscópios possuem um dispositivo preso à platina, o *charriot*, que permite prender a lâmina e movimentá-la quando necessário. Se o seu microscópio possui *charriot*, utilize-o.

   Antes de olhar pela ocular, gire o parafuso macrométrico devagar, aproximando a objetiva do material (até bem perto, mas tomando cuidado para não encostar demais a objetiva na lamínula, que pode quebrar; por isso, ao fazer essa manobra, olhe diretamente o que está fazendo, e não pela ocular). E nunca toque nas lentes com os dedos.

   Agora, olhando pela ocular, use o parafuso macrométrico para afastar lentamente a objetiva (cuidado para não se confundir e fazer o contrário, isto é, aproximar a objetiva), até que consiga ver alguma coisa. Em seguida, ainda tomando cuidado ao utilizar o micrométrico, procure focalizar uma letra do jornal (não serve a letra "o"). Procurando deixar sempre aquilo que quer observar no centro do campo, desenhe exatamente o que está observando. Compare a posição da letra quando vista pelo lado de fora e quando vista ao microscópio. Movimentando a lâmina para a direita (use o *charriot*, se houver), observe qual o sentido de deslocamento dessa imagem (letra).

   Para observar em aumento maior, utilize o revólver para mudar a objetiva. Ajuste o foco da nova objetiva com o micrométrico e compare, em relação à objetiva anterior, o que acontece com a imagem e com o campo de observação.

2. O professor deverá cortar uma cebola ao meio com uma faca (sem ponta), separar uma escama, fazer um pequeno corte na parte interna da escama e retirar com uma pinça uma película bem fina, como mostra a figura abaixo.

Hiroe Sasaki/Arquivo da editora

(Os elementos da ilustração não estão na mesma escala; cores fantasia.)

   Então, coloque a escama em uma lâmina. Pingue sobre a escama uma gota de azul de metileno ou de tintura de iodo diluída, preparada pelo professor. Cubra com a lamínula e encoste um pedaço de papel-filtro ao lado da lamínula para absorver o excesso de água e corante. Coloque a lâmina sobre a platina do microscópio e, orientado pelo professor, regule o feixe de luz (se o microscópio usar um espelho para iluminar o objeto, não o aponte para o Sol). Observe primeiro com a objetiva de pequeno aumento (10 vezes). Olhando por fora do aparelho, gire o parafuso macrométrico e abaixe o canhão até que a objetiva fique bem perto da lâmina. Olhando pela ocular, levante o canhão até a imagem ficar em foco. Para obter um ajuste mais preciso, mexa no parafuso micrométrico (cuidado para não quebrar a lamínula ou a lâmina). Depois, observe também com as objetivas de maior aumento. O aumento da imagem é obtido pela multiplicação do aumento da objetiva pelo da ocular. Você poderá observar o núcleo, que fica mais corado, a parede celular e um espaço no interior da célula.

   a) A que organela corresponde o espaço no interior da célula?

   b) Desenhe e identifique as partes da célula que você observou.

Vestibulares de Norte a Sul

1. **S** (UEM-PR) Considerando as características gerais dos seres vivos, assinale o que for correto.
   01) Nos seres vivos, além das substâncias orgânicas, existem as inorgânicas, representadas principalmente por água e sais minerais.
   02) A célula, unidade morfológica e funcional dos seres vivos, possui quatro componentes básicos: membrana plasmática, citoplasma, ribossomos e material genético (DNA), podendo ser classificada como procariótica ou eucariótica.
   04) Outra característica dos seres vivos é o metabolismo, conjunto de reações químicas que ocorrem nos seres vivos e que são responsáveis pela transformação e utilização da matéria e da energia.
   08) O processo de crescimento dos seres vivos pode ocorrer por aumento em peso de sua única célula, nos organismos unicelulares, e por aumento de volume e peso das células, nos multicelulares.
   16) Todos os seres vivos têm capacidade de percepção de estímulos do meio, mas não têm capacidade de reagir a eles.

2. **NE** (UFPB) Os componentes celulares que estão presentes tanto em células de eucariontes como de procariontes são:
   a) membrana plasmática e mitocôndrias.
   b) mitocôndrias e ribossomos.
   c) ribossomos e lisossomos.
   d) lisossomos e membrana plasmática.
   e) membrana plasmática e ribossomos.

3. **NE** (Unifor-CE) A teoria celular proposta por Schleiden e Schwann afirmava que:
   a) toda célula provém de uma célula preexistente.
   b) todas as células vivas têm núcleo individualizado.
   c) há estreita relação entre forma e função nas células.
   d) células embrionárias multiplicam-se por mitose.
   e) vegetais e animais são constituídos por células.

4. **SE** (Vunesp-SP) Os procariontes diferenciam-se dos eucariontes porque os primeiros, entre outras características:
   a) não possuem material genético.
   b) possuem material genético como os eucariontes, mas são anucleados.
   c) possuem núcleo, mas o material genético encontra-se disperso no citoplasma.
   d) possuem material genético disperso no núcleo, mas não em estruturas organizadas denominadas cromossomos.
   e) possuem núcleo e material genético organizado nos cromossomos.

5. **SE** (Unisa-SP) Qual dos organismos abaixo não possui parede celular?
   a) Bactérias.
   b) Algas.
   c) Células vegetais.
   d) Células animais.
   e) Fungos.

6. **SE** (PUC-RJ) A chamada "estrutura procariótica" apresentada pelas bactérias indica que esses seres vivos são:
   a) destituídos de membrana plasmática.
   b) formadores de minúsculos esporos.
   c) dotados de organelas membranosas.
   d) constituídos por parasitas obrigatórios.
   e) desprovidos de membrana nuclear.

7. **NE** (UFPE) A respeito das células procarióticas, qual das afirmativas está errada?
   a) Não apresentam um núcleo verdadeiro.
   b) Não possuem um sistema de membranas internas.
   c) Não apresentam ribossomos.
   d) São representadas pelas bactérias e cianobactérias.
   e) Não apresentam cloroplastos.

8. **S** (PUC-RS) À medida que a célula cresce, seu volume aumenta muito mais rapidamente que sua superfície. Como todas as trocas vitais das células com o meio ambiente se realizam através da membrana, suas funções vitais se tornam cada vez menos eficientes, levando a célula a:
   a) dividir-se.
   b) morrer.
   c) regenerar-se.
   d) atrofiar-se.
   e) encistar-se.

9. **N** (UFRR) "Onde existe uma célula, deve ter existido uma célula preexistente, da mesma forma que o animal surge de um animal e a planta de uma planta... Ao longo de todas as formas de vida, seja entre organismos animais ou vegetais ou seus componentes, domina uma lei eterna de desenvolvimento contínuo."

   Rudolf Virchow, 1858.

   Observe os dois princípios dessa teoria a que o texto se refere, em seguida, assinale a alternativa correta:
   I. As células são unidades estruturais básicas e fisiológicas de todos os organismos vivos, exceto vírus;
   II. As células são entidades distintas e os blocos construtores dos organismos mais complexos.
   a) Teoria da Endossimbiose;
   b) Teoria Organismal;
   c) Teoria da Compartimentação: vasto sistema de membranas que forma numerosos compartimentos;
   d) Teoria Celular;
   e) Teoria da Abiogênese.

10. **CO** (UEG-GO) Leia a seguir a letra de uma canção de Chico Buarque que aborda vários conceitos relacionados à Biologia.

CIRANDA DA BAILARINA
Procurando bem
Todo mundo tem pereba
Marca de bexiga ou vacina
E tem piriri, tem lombriga, tem ameba
Só a bailarina que não tem
E não tem coceira
Berruga nem frieira
Nem falta de maneira
Ela não tem

Futucando bem
Todo mundo tem piolho
Ou tem cheiro de creolina
Todo mundo tem um irmão meio zarolho
Só a bailarina que não tem
Nem unha encardida
Nem dente com comida
Nem casca de ferida
Ela não tem

Não livra ninguém
Todo mundo tem remela
Quando acorda às seis da matina
Teve escarlatina
Ou tem febre amarela
Só a bailarina que não tem
Medo de subir, gente
Medo de cair, gente
Medo de vertigem
Quem não tem

Confessando bem
Todo mundo faz pecado
Logo assim que a missa termina
Todo mundo tem um primeiro namorado
Só a bailarina que não tem
Sujo atrás da orelha
Bigode de groselha
Calcinha um pouco velha
Ela não tem

O padre também
Pode até ficar vermelho
Se o vento levanta a batina
Reparando bem, todo mundo tem pentelho
Só a bailarina que não tem
Sala sem mobília
Goteira na vasilha
Problema na família
Quem não tem

Procurando bem
Todo mundo tem...

A forma trofozoíta de uma ameba mede aproximadamente 20 micrômetros de diâmetro. Sobre o tamanho da ameba, é CORRETO afirmar:

a) 20 micrômetros correspondem a 2×10^{-2} metro.
b) 20 micrômetros correspondem a 2×10^{-5} metro.
c) 20 micrômetros correspondem a 2×10^{-4} metro.
d) 20 micrômetros correspondem a 2×10^{-6} metro.

11. **S** (PUC-PR) Observe atentamente as afirmações:

I. Os ácidos nucleicos estão presentes em todos os seres vivos.
II. A reprodução é um dos processos que caracterizam a vida.
III. Os vírus são organismos unicelulares.

Está correta ou estão corretas:

a) todas.
b) apenas II e III.
c) apenas I e II.
d) apenas I e III.
e) apenas a III.

12. **SE** (IFMG) “Os vírus são responsáveis por causar diversas doenças em homens e animais, umas mais leves, outras mais graves. Algumas doenças virais muito presentes podem levar à morte quando não tratadas, como os vírus da Aids, hepatite C, dengue e também a influenza.”

Fonte: Revista *Nova Escola*, ago. 2009. São Paulo: Abril.

Sobre esses agentes infecciosos, é **incorreto** afirmar que são

a) sensíveis ao tratamento com antibióticos e possuem metabolismo próprio.
b) acelulares e penetram nas células animais com a cúpula e o ácido nucleico.
c) envolvidos por uma capa proteica e seu material genético pode ser DNA ou RNA.
d) parasitas intracelulares obrigatórios e sua reprodução se faz por células hospedeiras.

13. **N** (UFPA) “Todos os organismos são compostos de células. Todas as células são originadas a partir de células preexistentes.” Essas duas afirmativas constituem a Teoria Celular. Com base nessa teoria, constatou-se, com auxílio de microscópios, a existência de dois tipos de células que constituem os seres vivos: as células eucariotas e as procariotas.

Das estruturas ou organelas apresentadas abaixo, identifique aquelas que são encontradas somente em células eucariotas.

a) Cromatina, mitocôndrias e peptídioglicano;
b) Carioteca, mitocôndrias e lisossomos;
c) Parede celular, mesossomas e cloroplastos;
d) Cromossomos, fímbrias e lisossomos;
e) Carioteca, plasmídeos e aparelho de Golgi.

14. **SE** (Fuvest-SP) Quais as diferenças existentes entre células procariontes e eucariontes quanto a núcleo e citoplasma?

15. **SE** (Unicamp-SP) Imagine-se observando ao microscópio óptico comum dois cortes histológicos: um de fígado de rato e outro de folha de tomateiro. Cite duas estruturas celulares que permitiriam identificar o corte da folha do tomateiro.

16. **CO** (UFG-GO) A maioria dos pesquisadores da área biológica considera complexa a tarefa de definir se os vírus são seres vivos ou seres não vivos. Apresente dois argumentos a favor e dois contra a inclusão dos vírus na categoria dos seres vivos.

CAPÍTULO

8 Membrana plasmática

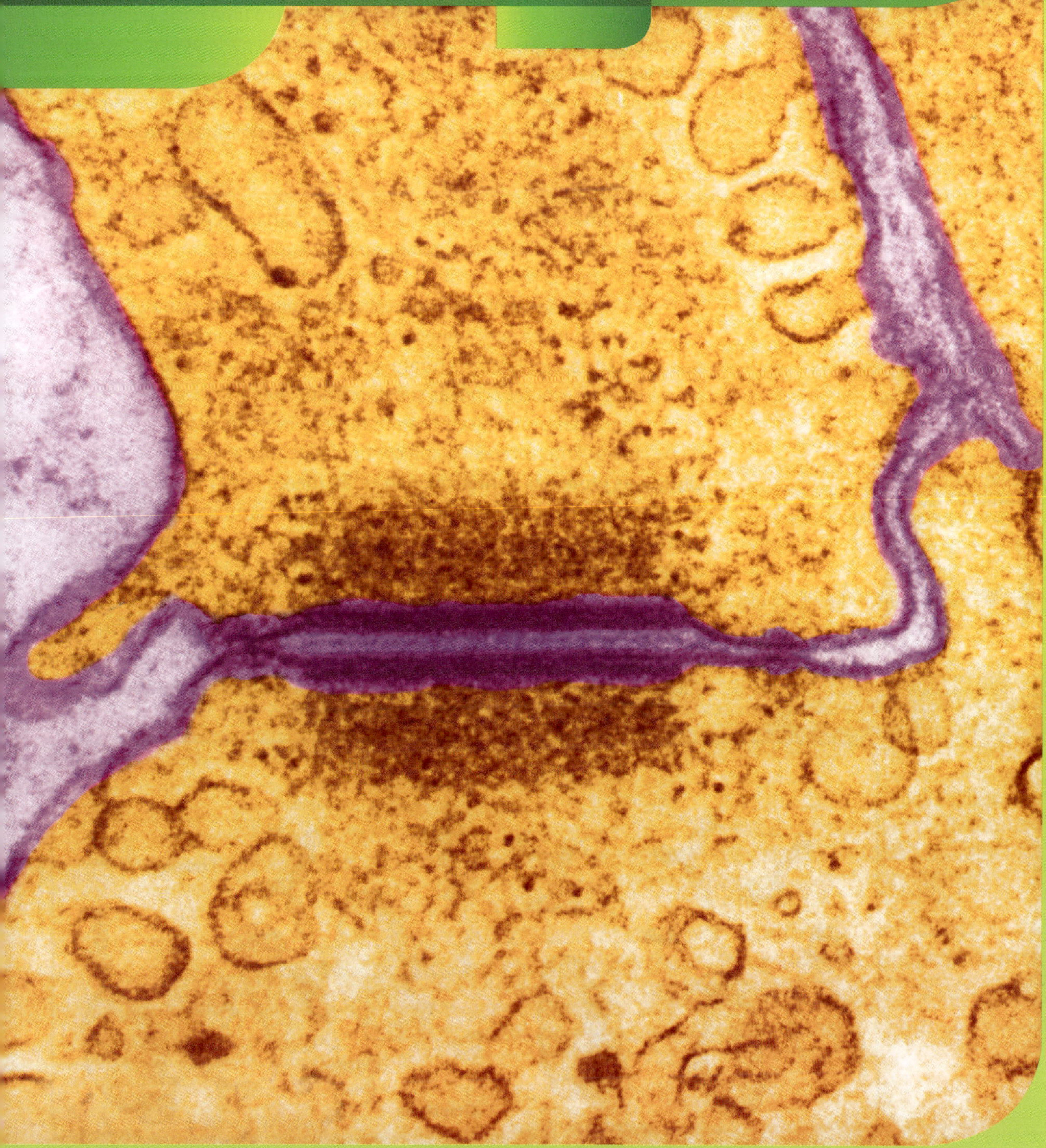

Don W. Fawcett/Photoresearchers/Latinstock

Detalhe de junção entre duas células. Imagem obtida por microscópio eletrônico.

- *Do que é formada a membrana plasmática?*
- *Qual o papel dessa membrana na interação da célula com seu meio?*
- *O que é osmose? E transporte ativo?*

1 Estrutura da membrana

Membrana plasmática

Medindo cerca de 8 nm de espessura (1 nm = 0,000001 mm), a **membrana plasmática** só pode ser observada ao microscópio eletrônico. Ela é formada principalmente por fosfolipídios, proteínas e uma pequena quantidade de glicídios.

O lipídio mais comum da membrana é o fosfolipídio, disposto em uma camada dupla (figura 8.1). Os fosfolipídios apresentam uma região polar, com afinidade pela água (região hidrófila), e uma apolar, que não tem afinidade pela água, mas pelas grandes cadeias de carbono dos lipídios (região hidrófoba). Isso significa que esses lipídios possuem uma parte polar que se dissolve bem na água (que também é polar) e uma parte apolar que se dissolve bem nas cadeias de carbono dos lipídios, que são apolares.

Na parte polar estão o glicerol e o ácido fosfórico, além de uma substância com nitrogênio. A parte apolar é formada por duas cadeias de carbono de ácidos graxos.

As diferentes afinidades das duas regiões dos lipídios fazem com que eles se arrumem espontaneamente na membrana: a região polar dos lipídios da camada externa fica voltada para a água que está fora da célula, enquanto a região polar da camada interna volta-se para a água no interior da célula. As regiões apolares ficam voltadas umas para as outras. Costuma-se dizer em Química que "semelhante dissolve semelhante", o que significa que substâncias apolares misturam-se bem com outras substâncias apolares e o mesmo acontece com as substâncias polares.

A maioria das proteínas da membrana está mergulhada na dupla camada de lipídios, interrompendo sua continuidade; são as **proteínas integrais**. Outras, as **proteínas periféricas**, não estão mergulhadas na dupla camada de lipídios, mas aderidas à extremidade de proteínas integrais (figura 8.1). As proteínas integrais podem se movimentar lateralmente. A membrana fica, então, parecendo um mosaico de proteínas em um fluido, os lipídios, vindo daí o nome **mosaico fluido** para essa estrutura.

Algumas dessas proteínas atuam no transporte de substâncias para dentro ou para fora da célula. Outras são moléculas receptoras que se ligam a substâncias extracelulares, desencadeando alguma atividade dentro da célula.

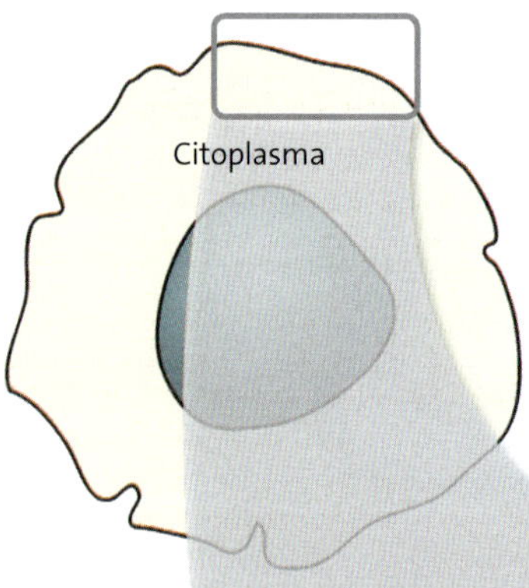

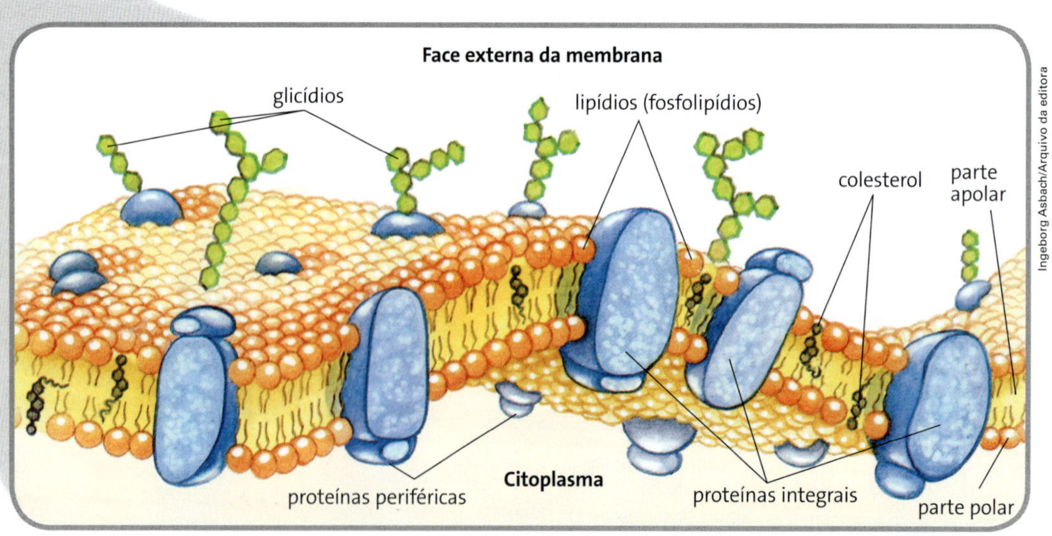

Figura 8.1 Modelo do mosaico fluido para a membrana (cerca de 8 nm de espessura; cores fantasia).

Os glicídios são formados por pequenas cadeias de monossacarídeos e estão localizados na face externa da membrana. Alguns se ligam aos lipídios, formando glicolipídios, mas a maioria está ligada às proteínas, constituindo glicoproteínas.

Com certas proteínas da membrana, os glicídios permitem que uma célula identifique outra do mesmo tecido, promovendo a adesão entre elas. Além disso, eles participam da identificação de uma célula estranha. Os glóbulos brancos, por exemplo, encontrados no sangue, atacam bactérias invasoras, mas reconhecem quimicamente células do próprio corpo e, geralmente, não as atacam.

Portanto, além de atuar no controle das substâncias que entram e saem da célula, a membrana plasmática atua na comunicação com outras células e com o ambiente interno, reagindo a hormônios, antígenos, neurotransmissores e a receptores de outras células.

Biologia tem História

Descoberta da estrutura da membrana: o mosaico fluido

A estrutura da membrana plasmática foi descoberta gradualmente. Muito antes da invenção do microscópio eletrônico, os cientistas já imaginavam experimentos para descobrir como ela era. Já se sabia, por exemplo, que as substâncias gordurosas penetravam com facilidade na célula, o que fazia supor que havia uma camada de lipídios na membrana.

Com a análise química de pedaços de membrana, foi constatada a presença de lipídios e proteínas. Com outro experimento, verificou-se que os lipídios extraídos da membrana de glóbulos vermelhos formavam na superfície da água uma película cuja área correspondia ao dobro da área dos glóbulos vermelhos. Como na água essa película é monomolecular (formada por uma única camada de moléculas), concluiu-se que, na célula, ela era formada por uma dupla camada de moléculas.

Em 1935, com base nesses e em outros dados, o inglês Hugh Davson (1909-1996) e o norte-americano James Danielli (1911-1984) propuseram um modelo molecular para a membrana, que seria uma espécie de sanduíche de lipídios entre duas camadas de proteínas (figura 8.2). Em 1959, a membrana plasmática foi analisada ao microscópio eletrônico. Pôde-se observar uma película com uma faixa clara no centro e de cada lado uma faixa escura. Interpretou-se a faixa clara como a região apolar da dupla capa lipídica, e as faixas escuras como as zonas polares dos lipídios, juntamente com as proteínas.

No entanto, a quantidade de proteínas da membrana não parecia suficiente para envolver totalmente a camada de lipídios. Além disso, substâncias que não deveriam passar pela parte lipídica eram capazes de passar pela membrana.

No fim dos anos 1960, foi desenvolvida uma técnica que consistia em congelar a membrana e depois quebrá-la ao meio. Com o auxílio dessa técnica, verificou-se a presença de regiões de proteínas intercaladas na parte lipídica.

Em 1972, S. Singer e G. Nicholson, da Universidade da Califórnia (Estados Unidos), propuseram o modelo do mosaico fluido, utilizado até hoje. Eles descobriram que as proteínas ficam mergulhadas nos lipídios como "*icebergs* no mar", podendo se movimentar lateralmente.

Em Ciência, cada nova descoberta abre caminho para novas pesquisas. O prêmio Nobel de Química de 2003, por exemplo, foi concedido aos médicos americanos Peter Agre (1949-) e Roderick MacKinnon (1956-), que descobriram o funcionamento de certos poros ou canais na membrana celular. Peter Agre demonstrou que na membrana das células há proteínas – as aquaporinas – responsáveis pelo transporte de água. MacKinnon estudou a estrutura de um canal para o íon potássio.

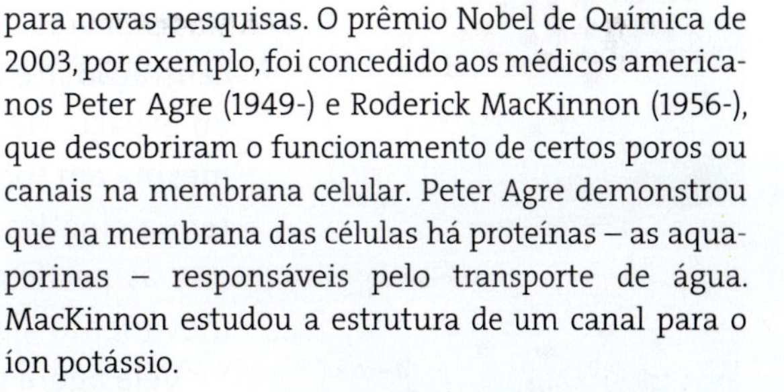

Figura 8.2 Modelo de Davson Danielli para a membrana usado até 1972. (Cores fantasia.)

2 Como as substâncias atravessam a membrana

Há constante troca de substâncias entre a célula e o meio externo, mas apenas as substâncias necessárias devem entrar ou permanecer na célula, enquanto as indesejáveis devem sair ou ficar fora dela. A membrana plasmática faz esse controle ou seleção. Dizemos, por isso, que ela possui **permeabilidade seletiva**. Assim, dentro de certos limites, ela colabora para manter constante a composição química da célula.

De modo geral, podemos dizer que as substâncias atravessam a membrana de duas maneiras: por **transporte passivo** e por **transporte ativo**. No transporte passivo, uma substância move-se de uma região onde está mais concentrada para outra onde está menos concentrada. Nesse caso, não há gasto de energia no deslocamento. No transporte ativo, ocorre o inverso: a substância move-se contra o gradiente de concentração (gradiente indica variação), havendo consumo de energia pela célula.

Transporte passivo por difusão

A **difusão** é a capacidade que partículas (átomos, moléculas ou íons) de gases e líquidos têm de se espalhar uniformemente por todo o espaço disponível.

Esse fenômeno ocorre porque o movimento das partículas do gás e do líquido é constante e aleatório (ao acaso). Estatisticamente, há um fluxo maior de partículas da região mais concentrada (onde há maior concentração de partículas) para a menos concentrada. Em outras palavras, as partículas movem-se a favor de um gradiente de concentração até atingirem a mesma concentração em todos os pontos do espaço. Nesse momento a intensidade do fluxo de partículas é a mesma em todas as direções (figura 8.3). Essa explicação faz parte da teoria cinética, uma teoria da Física que afirma, entre outras coisas, que as partículas dos fluidos (gases e líquidos) estão em constante movimento aleatório.

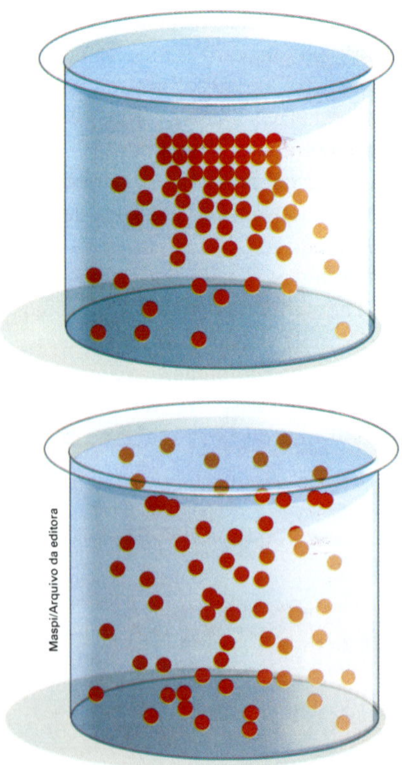

Figura 8.3 Difusão: o movimento das partículas de água e de tinta (em vermelho) faz com que a tinta se espalhe por todo o recipiente. (As partículas não são visíveis; cores fantasia.)

Veja agora como podemos explicar a entrada de oxigênio e a saída de gás carbônico na célula pela difusão.

A maioria das células utiliza constantemente oxigênio para obter energia do alimento: é a respiração celular. Assim que entra na célula, o oxigênio é consumido na respiração. Como as células estão mergulhadas em um ambiente com mais oxigênio que o citoplasma, esse gás entra na célula à medida que é consumido. Com o gás carbônico ocorre o inverso. Ele é produzido constantemente pela respiração celular, o que faz com que a sua concentração seja maior no interior da célula do que fora dela. Por isso, ele sai continuamente da célula. No nosso caso e no de muitos animais, a circulação encarrega-se de trazer mais oxigênio para os tecidos e de levar o gás carbônico para longe das células.

Osmose

Osmose é a passagem de água de uma solução para outra através de uma membrana semipermeável ou de permeabilidade seletiva. Membrana semipermeável é aquela que deixa passar apenas o solvente.

Colocamos água com bastante açúcar em um funil com a boca fechada com papel celofane e mergulhamos o funil em água pura (figura 8.4). Embora o açúcar possa passar pelo celofane, ele o atravessa com velocidade muito menor que a da água. Assim, na prática, podemos considerar que só a água passa.

Depois de algum tempo, verificamos que o nível da solução no funil subiu até certo ponto e estacionou. Por que isso aconteceu?

A concentração de moléculas de água na parte de baixo do papel é maior, pois, na de cima, além de água, há açúcar. Assim, há um fluxo maior de água de baixo para cima, para dentro do funil, e o nível da solução se eleva (figura 8.4).

Em termos mais precisos, o que ocorre é que parte das moléculas de água é atraída pelas moléculas de açúcar e fica ligada a elas, perdendo mobilidade. Na água pura ou em uma solução menos concentrada (com menos soluto) há mais moléculas de água com mais mobilidade, o que explica o fluxo maior de água da solução menos concentrada para a mais concentrada.

Portanto, sempre que houver diferença de concentração entre duas soluções, o solvente (em geral a água) se moverá espontaneamente (sem gasto de energia) da solução menos concentrada para a mais concentrada.

Não esqueça que a expressão "menos concentrado" refere-se à concentração do soluto. A osmose, por conseguinte, é uma espécie de difusão de moléculas de um solvente (água) através de uma membrana semipermeável.

A osmose influencia vários fenômenos biológicos, sendo também estudada em Química, entre as chamadas propriedades coligativas, que são as propriedades das soluções que dependem do número de partículas dispersas e não da natureza das partículas do soluto.

Observe que as moléculas de água no interior do funil ficam submetidas a uma pressão maior, resultante da diferença de altura da coluna, o que compensa a tendência do fluxo de água para dentro do funil, e o sistema entra em equilíbrio: o nível de água no funil para de subir.

A pressão que equilibra a entrada de água é chamada **pressão osmótica** e é proporcional à concentração da solução.

Quando comparamos duas soluções com concentrações diferentes, chamamos a que tem pressão osmótica maior de **hipertônica** (*hiper* = acima; *tónos* = tensão). Já a solução com menor concentração de soluto é chamada de **hipotônica** (*hipo* = abaixo) em relação à primeira. Quando as duas soluções apresentam a mesma pressão osmótica, dizemos que são isotônicas (*iso* = igual).

Situação inicial

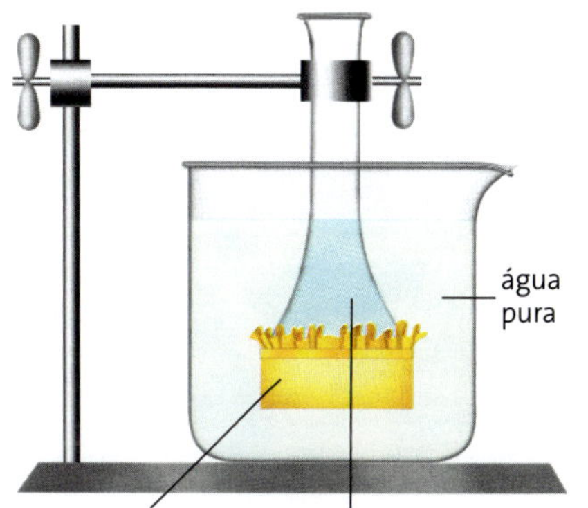

Situação final

A osmose no nível molecular: um número maior de moléculas de água entra no funil, fazendo o nível da solução subir.

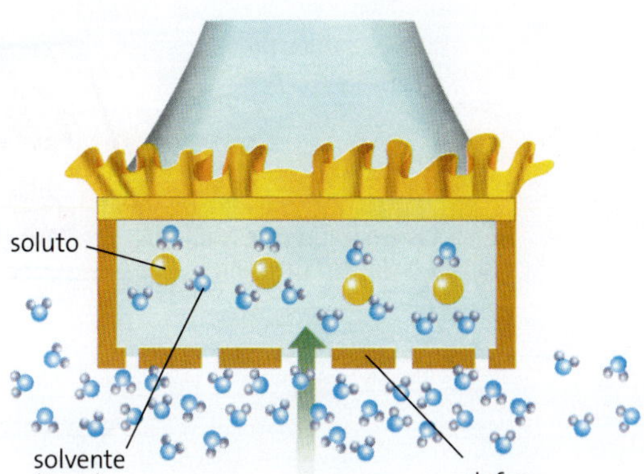

Fluxo maior de água (as moléculas de soluto e de água e os poros do celofane não estão em escala).

Figura 8.4 Experimento para observar a osmose. (Os elementos da figura não estão na mesma escala; cores fantasia.)

A osmose nas células animais

Se uma célula animal, por exemplo uma hemácia, for mergulhada em uma solução hipertônica em relação ao seu citoplasma, ela perderá água por osmose e murchará. Observe na figura 8.5 que a hemácia fica com a superfície enrugada ou crenada; o fenômeno é chamado **crenação**.

Se a hemácia for colocada em uma solução hipotônica, seu volume aumentará por causa da entrada de água por osmose. Como a membrana é elástica, ela resistirá a esse aumento até certo ponto. Mas, se a solução for muito hipotônica, o volume aumentará tanto que a célula arrebentará, espalhando seu conteúdo pela solução (figura 8.5). Essa ruptura é chamada **plasmoptise** (*ptise* = expulsão); no caso da hemácia, **hemólise** (*hematos* = sangue; *lysis* = dissolução, destruição).

Em Química, utilizamos diversas maneiras de indicar as concentrações dos solutos nas soluções: grama por litro (g/L), percentagem (gramas de soluto por 100 g ou 100 mililitros de solução), entre outras. Em certos produtos comerciais, a concentração está indicada na embalagem.

Para estudar ao microscópio uma célula humana viva, é muito utilizado o soro fisiológico, solução isotônica em relação às células em geral, obtida pela dissolução de 0,9 g de cloreto de sódio em 100 mL de água destilada (solução a 0,9%). Ela preserva a forma e o volume da célula, impedindo que arrebente ou murche.

Figura 8.5 Alterações na forma da hemácia por causa da osmose. (Os elementos ilustrados não estão na mesma escala; cores fantasia.)

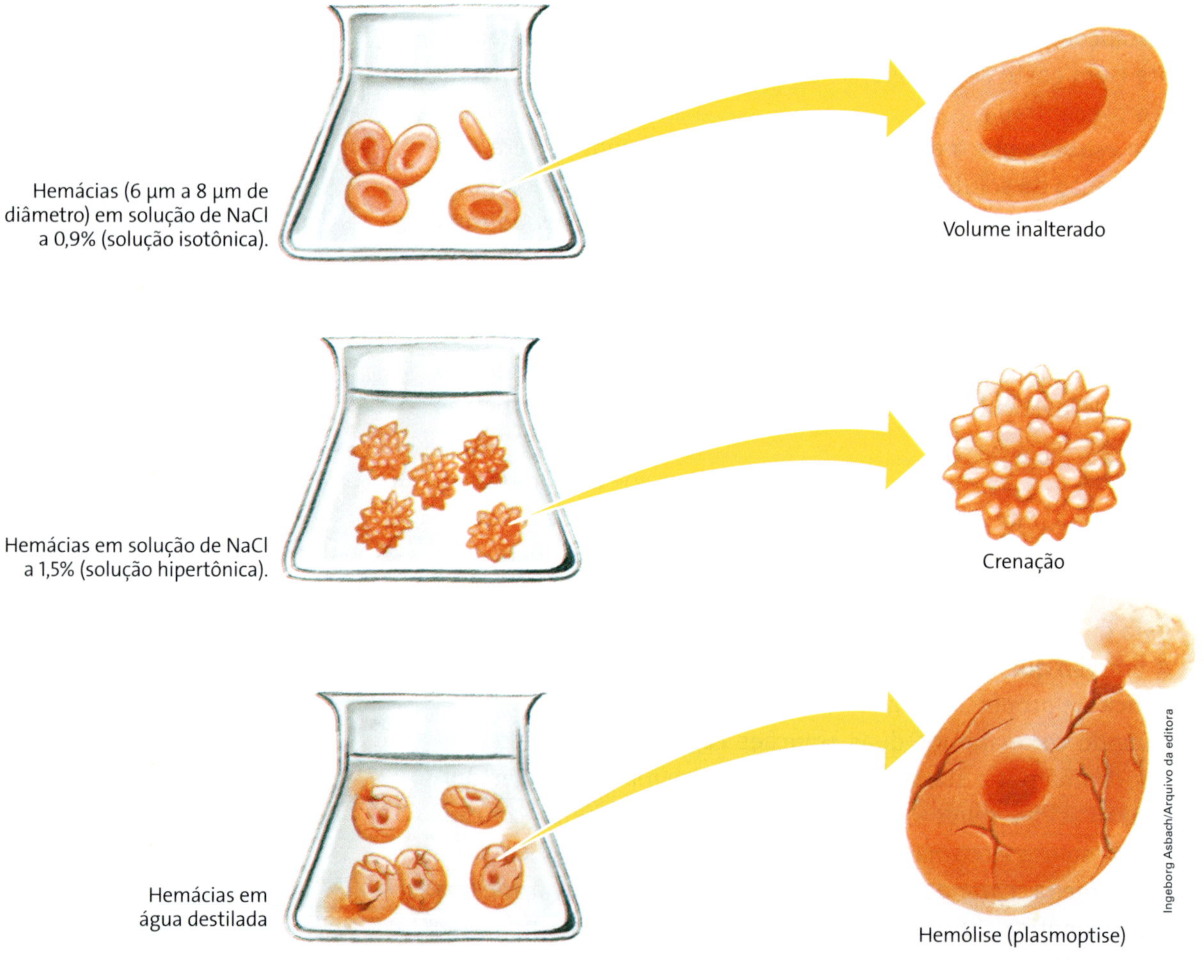

A osmose nas células vegetais

No caso das células vegetais, os efeitos da osmose são diferentes. A parede celular, que reveste a membrana plasmática, é mais elástica e muito forte, resistindo a qualquer pressão osmótica – mesmo quando mergulhada em água destilada. Assim, a célula vegetal nunca sofre plasmoptise. Também não sofrem plasmoptise as células de alguns protozoários, de bactérias e de fungos, que possuem parede celular rígida (que não é feita de celulose, como nas células vegetais) ao redor da membrana.

Nas células vegetais, os fenômenos osmóticos ocorrem entre o meio e o vacúolo, que ocupa quase todo o volume interno da célula. Quando o ambiente é hipotônico em relação ao vacúolo, este ganha água e incha; o volume da célula aumenta. Dizemos que ocorreu **turgência** (figura 8.6). Essa turgência força a parede celulósica para fora e, à medida que ela se distende, exerce uma força cada vez maior, contrária à entrada de água. Ocorre algo parecido com uma câmara de ar que, à medida que se enche, força o pneu e este espreme a câmara, empurrando o ar para fora.

Geralmente, as células vegetais encontram-se túrgidas, uma vez que o vacúolo acumula soluto e fica hipertônico em relação ao meio extracelular. A turgência aumenta um pouco a rigidez de certos tecidos, ajudando a sustentação das folhas e das partes menos rígidas da planta. Em dia seco e quente, porém, a evaporação da água provoca aumento da pressão osmótica do meio extracelular. Nesse caso, o vacúolo celular perde água e a parede celular perde pressão. Com isso, as células tornam-se flácidas e as folhas da planta murcham. Se a planta receber água, as células voltam à sua turgência, fazendo com que as folhas se ergam novamente.

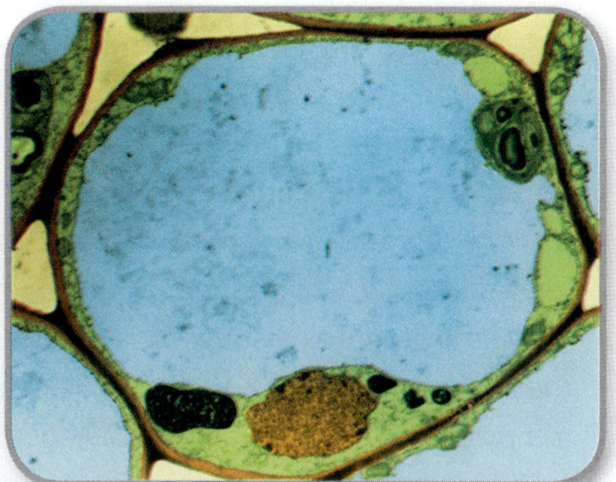

J.C. Revy, ISM/SPL/Latinstock

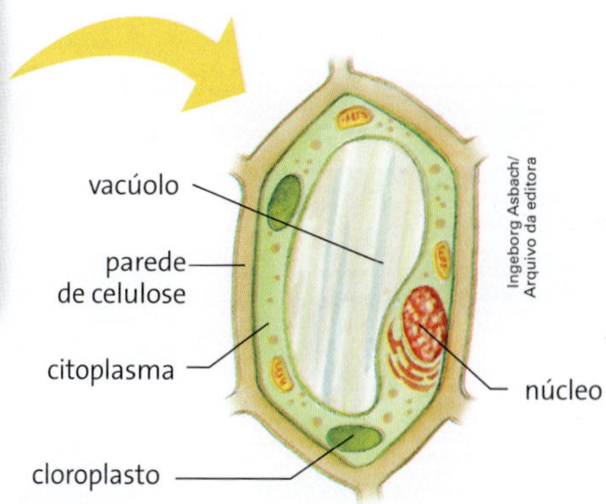

Ingeborg Asbach/ Arquivo da editora

Fabio Colombini/Acervo do fotógrafo

Figura 8.6 A turgência ajuda a manter a planta ereta. Células vegetais em meio hipotônico ficam túrgidas (imagem ao microscópio eletrônico; aumento de cerca de 4 mil vezes; colorizada por computador). A parede celular impede que a célula arrebente. Na ilustração, célula vegetal túrgida. (Cores fantasia.)

Caso a planta continue perdendo água, o meio extracelular torna-se hipertônico em relação ao vacúolo, que, nesse caso, perde muita água. O citoplasma e a membrana plasmática se retraem, mas a parede celulósica, por causa da sua resistência, não acompanha essa retração. Ocorre, então, a **plasmólise**, que, se prolongada, é fatal para a célula (figura 8.7).

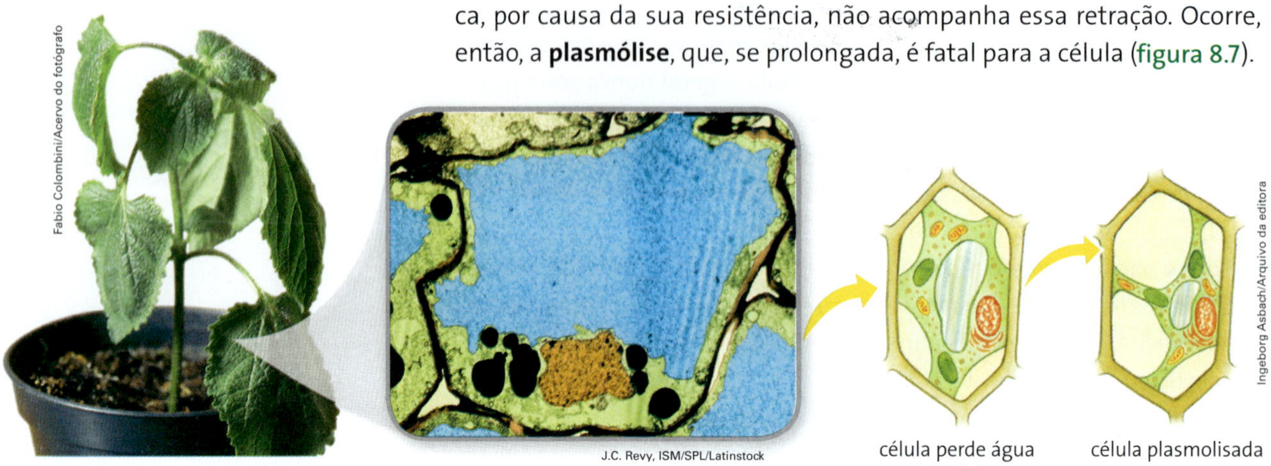

Figura 8.7 Quando a planta perde muita água por transpiração, sem repor com a água do solo, a perda da turgência faz a planta murchar. Em soluções hipertônicas, as células vegetais (imagem ao microscópio eletrônico; aumento de cerca de 4 mil vezes; colorizada por computador) sofrem plasmólise. Na ilustração, células vegetais perdendo água e sofrendo plasmólise. (Os elementos da figura não estão em escala; cores fantasia.)

O aumento de volume da célula vegetal, quando esta passa de uma solução hipertônica para outra hipotônica, é chamado **desplasmólise** ou deplasmólise.

Dessa forma, você pode compreender por que o feijão cozido em água com sal murcha: o grão perde água por osmose. Pelo mesmo motivo, é melhor temperar uma salada de alface com sal e outros condimentos somente na hora de servi-la do que guardá-la já temperada na geladeira para comer depois. Esses exemplos indicam que o conhecimento cotidiano pode funcionar bem na prática. (As relações entre o conhecimento científico e o cotidiano são estudadas em Filosofia.)

Transporte ativo

Algumas substâncias se movem de regiões onde sua concentração é baixa para outras de maior concentração, ao contrário da tendência da difusão (contra um gradiente de concentração). Se tratarmos células com inibidores da respiração, verificaremos que esses processos de difusão contra o gradiente de concentração param de ocorrer. Isso sugere que eles dependem da energia produzida na respiração.

O movimento de substâncias através da membrana em sentido contrário à difusão e com gasto de energia é chamado **transporte ativo**. Ele depende de proteínas carreadoras especiais que, com grande consumo de energia, combinam-se com a substância de um lado da membrana e a soltam do outro lado. A proteína muda de forma (com gasto de energia), abrindo-se e deixando a substância entrar. Em seguida, ela se abre na face oposta e solta a substância do outro lado da membrana (figura 8.8, na página ao lado).

Como veremos no capítulo 10, essa energia vem de moléculas adenosina-trifosfato (ATP), produzidas na respiração celular. As proteínas que usam o ATP para realizar transporte ativo são chamadas ATP-ases. Elas funcionam como enzimas que quebram o ATP, transformando-o em adenosina-difosfato (ADP) e fosfato. Nessa quebra, a energia é liberada:

$$ATP \rightarrow ADP + P + energia$$

Há vários tipos de transporte ativo. O mais conhecido é a **bomba de sódio e potássio**, que explica a diferença de concentração desses íons dentro e fora da célula (figura 8.8).

A concentração de sódio (Na^+) fora da célula é maior que em seu interior, ocorrendo o oposto com o potássio (K^+). Poderíamos esperar, então, que, por difusão, esses íons se movessem até que as suas concentrações se igualassem dentro e fora da célula. Mas isso não acontece, pois as células estão constantemente gastando energia para bombeá-los em sentido contrário à difusão.

Observe na figura 8.8 que, para cada três íons sódio que saem, entram dois íons potássio. Desse modo, surge uma diferença de cargas elétricas entre os dois lados da membrana, que fica positiva na face externa e negativa na interna. Essa diferença é importante para os fenômenos elétricos que ocorrem nas células nervosas e musculares, como veremos depois.

Outra função da bomba é compensar um acúmulo de solutos no citoplasma (há mais moléculas orgânicas dissolvidas no citoplasma que no líquido que banha as células), o que poderia provocar uma entrada excessiva de água por osmose, com a consequente ruptura da célula (plasmoptise). Essa maior concentração interna de solutos é compensada pelo acúmulo de sódio do lado de fora, provocado pela bomba de sódio e potássio.

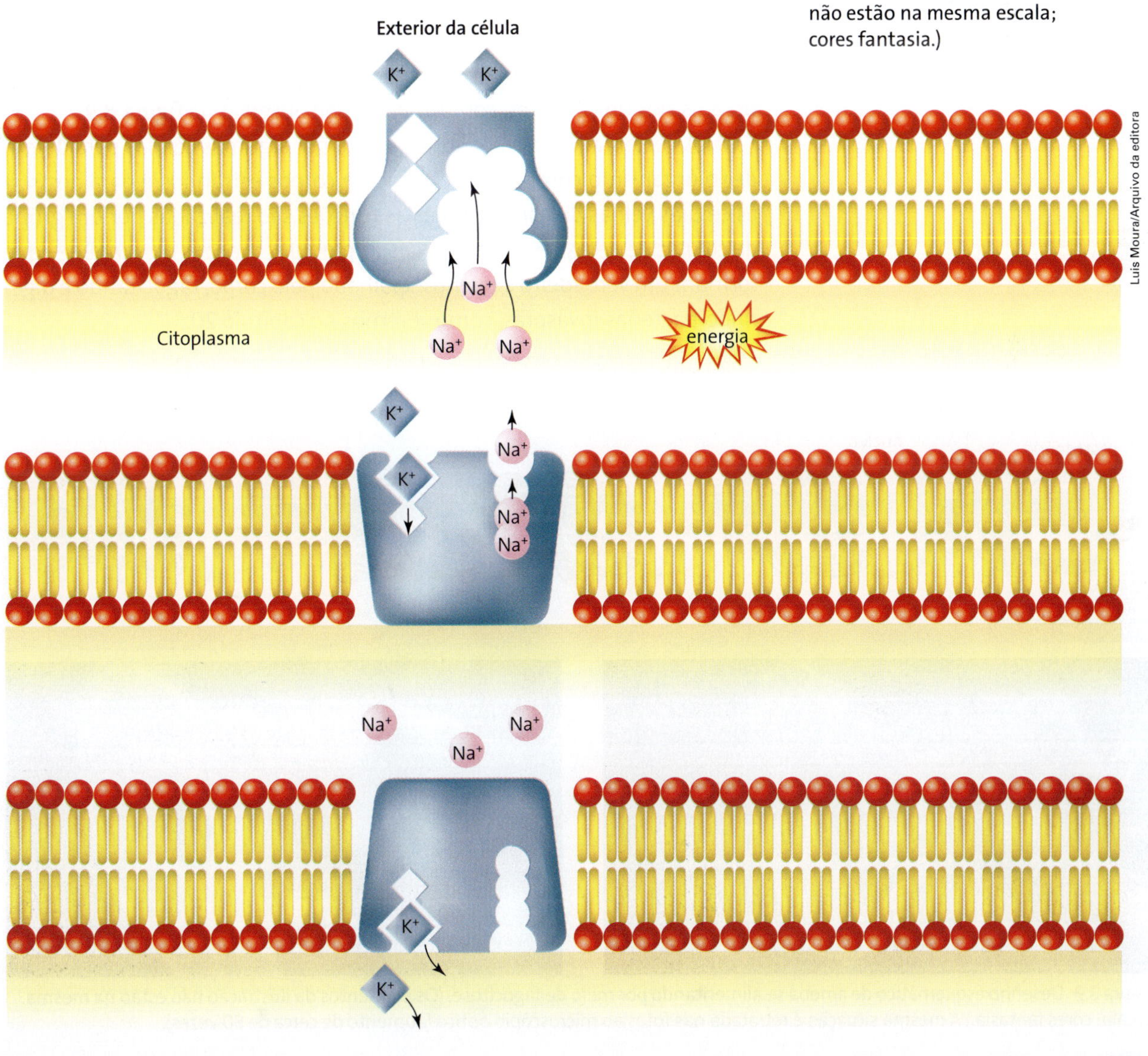

Figura 8.8 Esquema do transporte ativo de sódio e potássio. (A membrana tem cerca de 8 nm de espessura; os elementos representados não estão na mesma escala; cores fantasia.)

3 Transporte de grandes moléculas e partículas

As grandes moléculas orgânicas, como as proteínas, os polissacarídeos e mesmo outras partículas maiores, não conseguem atravessar a membrana celular. Por isso, elas não podem ser absorvidas nem eliminadas pelos processos que acabamos de ver. A entrada na célula dessas substâncias ou partículas é feita por **endocitose** (*endon* = dentro), enquanto a saída ocorre por **exocitose** (*exo* = para fora).

Endocitose

Há dois tipos de endocitose: a fagocitose (*phagein* = comer) e a pinocitose (*pino* = beber).

Fagocitose. Nesse processo, a célula ingere partículas insolúveis relativamente grandes e visíveis ao microscópio óptico (maiores que 0,25 μm), como microrganismos ou fragmentos celulares. O citoplasma forma expansões, os **pseudópodes** (*pseudos* = falso; *podos* = pé), que envolvem o alimento e o colocam em uma cavidade no interior da célula. Nessa cavidade ocorre a digestão e a absorção dos produtos obtidos (figura 8.9).

Em alguns invertebrados e protozoários, a endocitose serve de mecanismo de captura de alimento, ocorrendo fagocitose até mesmo de outros organismos unicelulares, conforme se pode observar na figura 8.9.

Nos vertebrados, a fagocitose é usada por algumas células para defender o organismo contra a penetração de corpos estranhos e para destruir as células velhas do corpo. Ambas as funções são realizadas por um grupo de células de defesa – entre as quais os glóbulos brancos do sangue –, que formam um verdadeiro exército espalhado pelo corpo, fagocitando e digerindo bactérias invasoras, como veremos no capítulo 20.

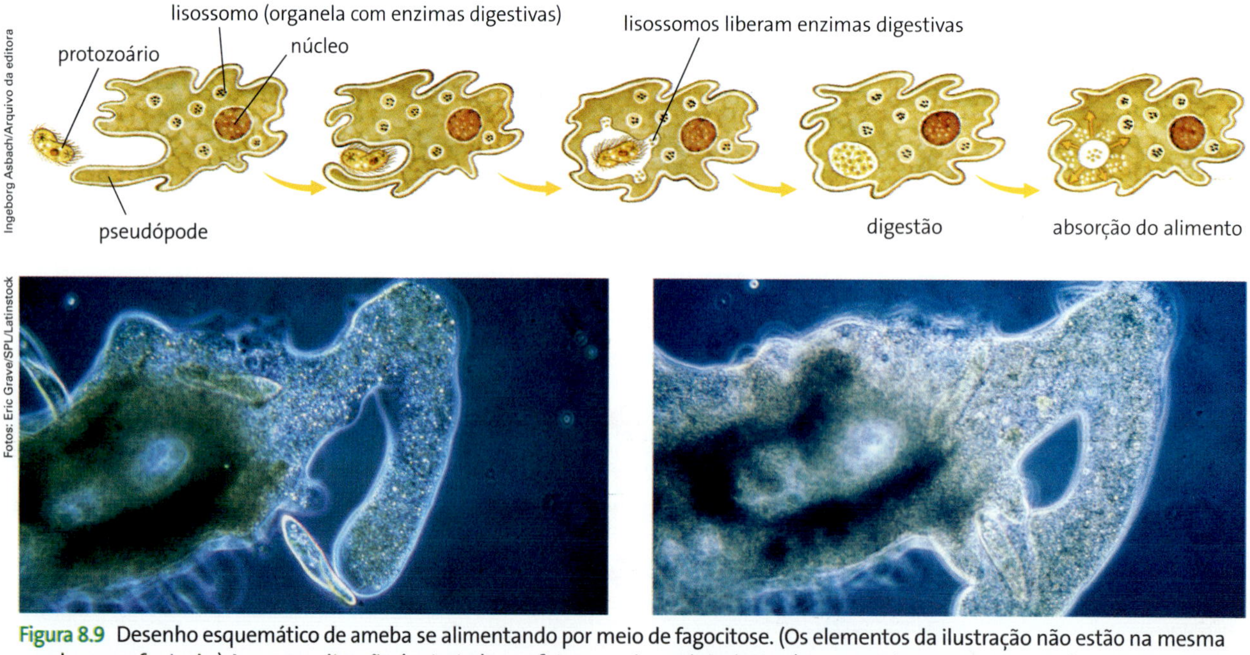

Figura 8.9 Desenho esquemático de ameba se alimentando por meio de fagocitose. (Os elementos da ilustração não estão na mesma escala; cores fantasia.) A mesma situação é retratada nas fotos ao microscópio óptico (aumento de cerca de 80 vezes).

Pinocitose. Nem todas as células realizam fagocitose, mas a maioria das células eucariotas realiza pinocitose. Nesse processo, a célula captura líquidos ou macromoléculas dissolvidas em água através de invaginações da membrana, que formam pequenas vesículas, menores que 0,15 μm, os pinossomos. É assim que as células intestinais capturam gotículas de gordura do tubo digestivo (figura 8.10).

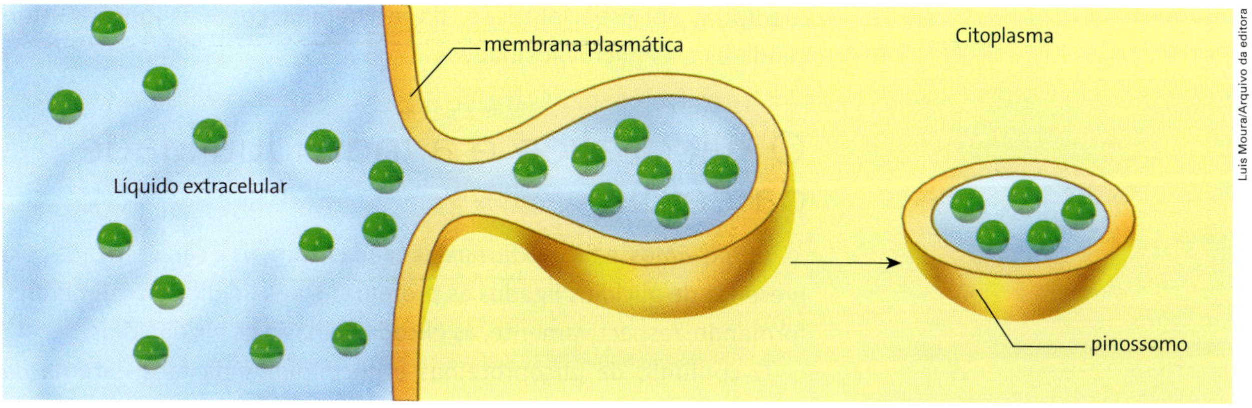

Figura 8.10 Célula realizando pinocitose. (A membrana tem cerca de 8 nm de espessura; os elementos representados não estão na mesma escala; cores fantasia.)

Exocitose

A **exocitose** é um processo de eliminação de produtos para o exterior da célula (figura 8.11). Esses produtos estão no interior de vesículas que se desfazem na superfície da membrana, por um mecanismo que corresponde ao inverso da endocitose. Um exemplo é a saída para a circulação das gotículas de gordura capturadas pelas células intestinais. É também por exocitose que as células do pâncreas e de outras glândulas eliminam seus produtos (secreções) para o sangue ou para as cavidades do corpo, como veremos no capítulo 9.

Os resíduos originados de materiais que entram por fagocitose ou pinocitose são eliminados por meio de um tipo de exocitose chamado **clasmocitose** ou **clasmatose** (*klasma* = rotura).

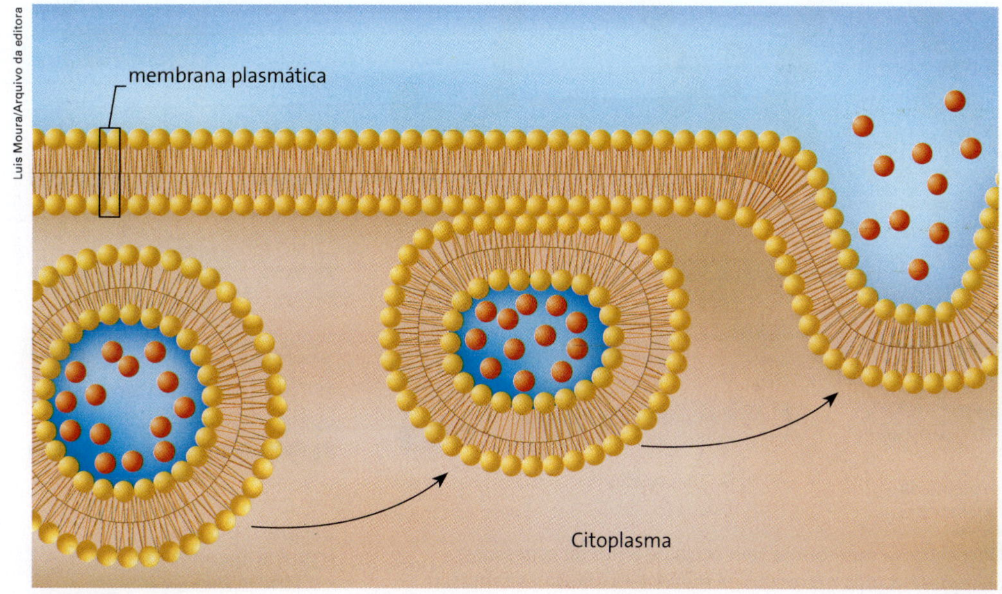

Figura 8.11 Célula realizando exocitose. (A membrana tem cerca de 8 nm de espessura; os elementos representados não estão na mesma escala; cores fantasia.)

4 Envoltórios e especializações da membrana

A superfície das células apresenta um conjunto de substâncias que formam uma espécie de envoltório. Essas substâncias são responsáveis por diversas funções, que, em algumas células, são complementadas por especializações da membrana, como as junções intercelulares e as microvilosidades.

O glicocálice e a individualidade da célula

Como vimos, a face externa das células animais é caracterizada pela presença de glicídios ligados às proteínas e aos lipídios da membrana, formando, respectivamente, as glicoproteínas e os glicolipídios.

O conjunto de glicoproteínas e glicolipídios da face externa da membrana plasmática recebe o nome de **glicocálice** ou **glicocálix** (*glico* = glicídios; *calyx* = invólucro). Ele participa do reconhecimento de uma célula por outra, promovendo a adesão entre elas (figura 8.12).

Cada tipo de célula possui um glicocálice diferente. Os grupos sanguíneos das pessoas (**A**, **B**, **AB** e **O**), por exemplo, são determinados pelos diferentes tipos de glicídios, com diferentes ramificações, ligados à membrana dos glóbulos vermelhos.

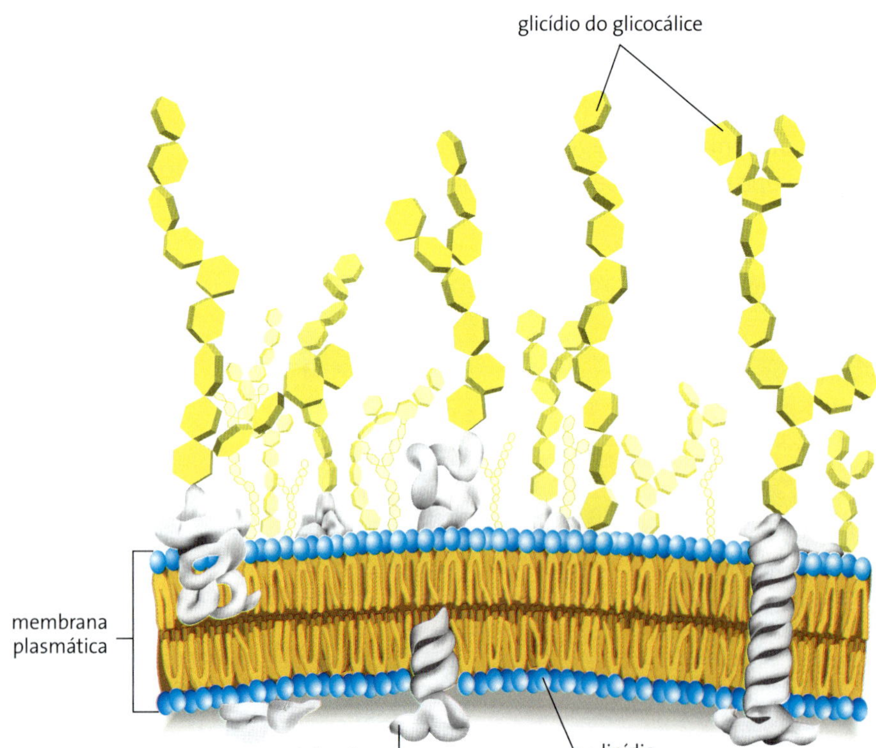

Figura 8.12 Glicocálice (a membrana tem cerca de 8 nm de espessura; os elementos representados não estão na mesma escala; cores fantasia).

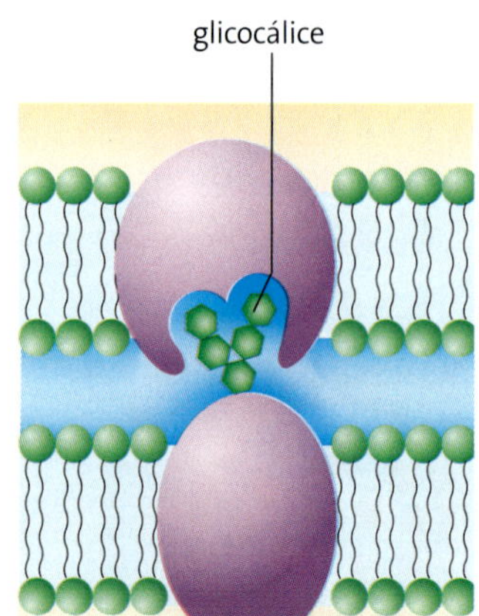

Detalhe mostrando o reconhecimento entre vas células pelo glicocálice

Luis Moura/Arquivo da editora

O glicocálice e as proteínas da face externa da membrana plasmática são importantes na troca de informações entre as células de um organismo. Por exemplo, a ligação de hormônios a proteínas específicas da membrana (receptores) desencadeia uma série de processos na célula (secreção, produção de anticorpos, divisão celular, etc.).

Além disso, algumas proteínas e glicídios da membrana funcionam como antígenos, permitindo que o organismo reconheça e ataque células invasoras.

O glicocálice permite também que as células se reconheçam mutuamente. Quando células em divisão entram em contato com outros tipos de células, a divisão celular fica inibida. Contudo, no caso de células cancerosas, estas podem apresentar modificações no glicocálice e não sofrer mais essa inibição por contato, passando a multiplicar-se desordenadamente.

A parede celular vegetal

Também chamada membrana celulósica ou parede esquelética, a parede celular protege e sustenta a célula vegetal. Além de celulose, há água em suas malhas e outros polissacarídeos adesivos, como o ácido péctico e as hemiceluloses (figura 8.13).

Em certos casos, a parede celular recebe também substâncias "endurecedoras", como a lignina e a suberina, que aumentam muito sua resistência. A dureza da casca de noz e a resistência da madeira resultam da presença dessas substâncias.

Entre as paredes de células adjacentes há a **lamela média**, camada de pectina e outras substâncias adesivas que mantêm as células unidas. Além disso, entre as células aparecem poros pelos quais passam fios de citoplasma – os **plasmodesmos** ou **plasmodesmatas** (*desmos* = ligação) –, que facilitam a passagem de substâncias de uma célula para outra (figura 8.13).

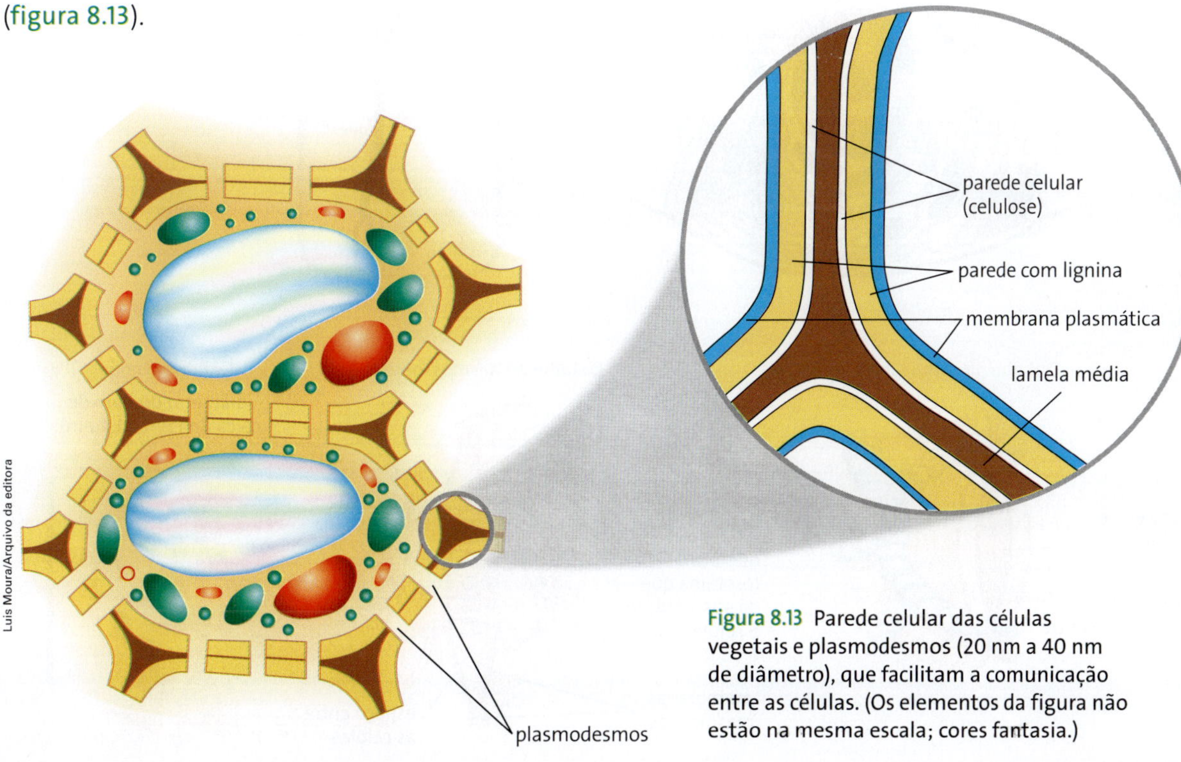

Figura 8.13 Parede celular das células vegetais e plasmodesmos (20 nm a 40 nm de diâmetro), que facilitam a comunicação entre as células. (Os elementos da figura não estão na mesma escala; cores fantasia.)

Adesão e comunicação entre as células

As células de um organismo estão arrumadas em grupos: os tecidos. Em alguns, é necessária grande adesão entre as células para evitar, por exemplo, a passagem de microrganismos entre elas. Em outros tecidos existem estruturas que facilitam a circulação de substâncias entre as células.

Essas e outras funções são realizadas por regiões especializadas da membrana e dos envoltórios celulares, as chamadas **junções celulares**. Entre elas, destacamos os desmossomos, as zônulas de aderência, as zônulas oclusivas e os nexos.

Desmossomo (*desmos* = ligação; *soma* = corpo). Encontrado entre as células dos tecidos epiteliais (que cobrem o corpo e forram cavidades) e no músculo cardíaco, o desmossomo é uma região rica em substâncias adesivas e fios de queratina (a proteína que cobre a pele e forma pelos e unhas). Os desmossomos ajudam na sustentação das células e na adesão entre elas, sendo importantes em tecidos submetidos a tração, como o epitelial. Visto que esse tecido reveste a superfície externa e as cavidades internas do corpo, é muito importante que as células permaneçam unidas, protegendo o organismo contra a penetração de corpos estranhos (figura 8.14).

Figura 8.14 Diversos tipos de união entre as células. (Os elementos da figura não estão na mesma escala; cores fantasia.)

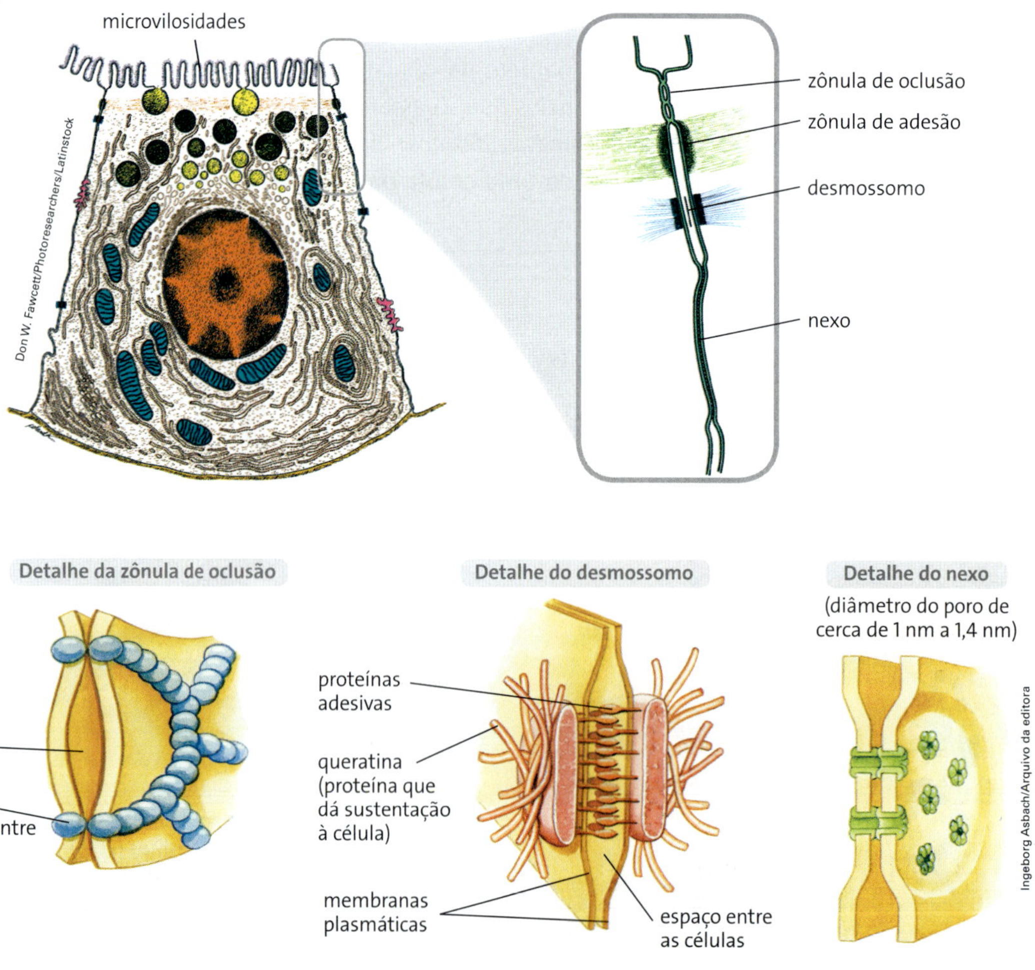

Zônula de adesão. Forma um cinturão contínuo ao redor das células de certos tecidos, como o epitelial. Possui substâncias intercelulares e microfilamentos de proteína que aumentam a coesão entre as células.

Zônulas de oclusão. Criam um corpo ao redor das células epiteliais que revestem o intestino e outros órgãos, impedindo a passagem de produtos no espaço entre duas células (figura 8.14). Com essa união entre as células, o alimento da cavidade intestinal, por exemplo, tem que passar por dentro das células, o que garante o controle dos alimentos, que devem ser absorvidos pela membrana celular.

Nexos ou **junções comunicantes** tipo ***gap*** (do inglês, *gap* = lacuna). São encontrados em células embrionárias, cardíacas e hepáticas. Nessas junções, as proteínas das duas membranas se unem, formando canais por onde passam íons e pequenas moléculas. Desse modo, os nexos facilitam a troca de alimento e de outras substâncias entre as células (figura 8.14). No caso do coração, eles permitem a passagem rápida de íons entre as células, fazendo o órgão se contrair como um todo.

Microvilosidades

Em algumas células, como as que revestem o intestino, aparecem dobras da membrana que se projetam (como dedos finíssimos) para fora da célula. São as **microvilosidades** ou **microvilos** (*mikros* = pequeno; *villos* = pelo) (figura 8.15), que, em contato com a cavidade intestinal, aumentam a superfície de absorção dos alimentos. As células glandulares também podem apresentar estruturas semelhantes, que aumentam a velocidade de eliminação do produto secretado.

Figura 8.15 Microvilosidades no intestino delgado e, sobre elas, o glicocálice. (Microscópio eletrônico; aumento de cerca de 20 mil vezes; imagem colorizada por computador.)

Ralph Hutchings/Visuals Unlimited/Corbis/Latinstock

Atividades

1. Sabendo que as substâncias podem entrar ou sair da célula em função de seu gradiente de concentração e do gasto ou não de energia, responda: quais as diferenças entre o transporte ativo e o passivo? Cite um exemplo de transporte ativo na célula.

2. Quando os cientistas querem obter pedaços de membrana plasmática de células animais para estudo, eles devem colocar as células em meio hipertônico, hipotônico ou isotônico? Justifique sua resposta.

3. Um estudante pensou que poderia destruir bactérias colocando-as em um meio hipotônico e provocando sua plasmoptise. Explique por que isso não funcionaria.

4. A foto abaixo mostra uma cenoura mergulhada em água e sal e outra mergulhada em água pura. Que fenômeno explicado neste capítulo ocorreu com a primeira cenoura?

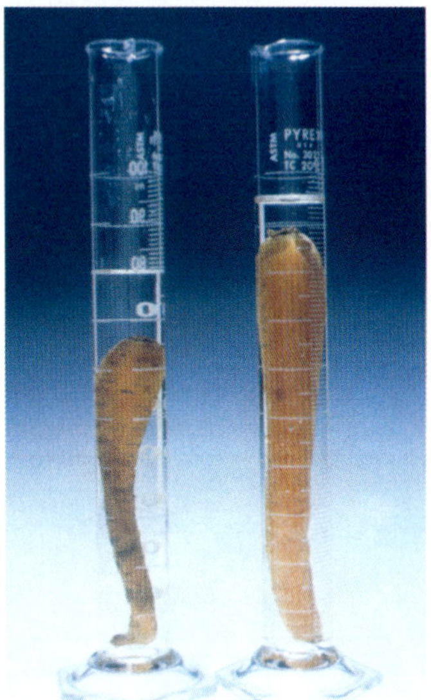

Charles D. Winters/Photoresearchers/Latinstock

5. Uma solução aquosa de açúcar, cuja concentração inicial era de 100 mg/mL, foi colocada em um saco de material semipermeável, que, por sua vez, foi mergulhado em um recipiente contendo uma solução aquosa de açúcar de concentração diferente. De 10 min em 10 min, a concentração da solução do saco foi medida e sua variação ao longo de 40 min é mostrada no gráfico a seguir. Como você explica essa variação?

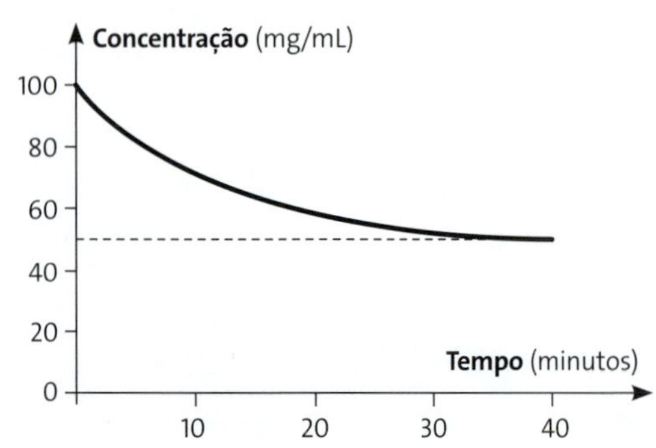

6. Como a membrana plasmática colabora para manter constante a composição da célula?

7. O gráfico a seguir mostra a variação do comprimento de lâminas de batata que foram mergulhadas em água pura inicialmente e, em seguida, em uma solução aquosa de sacarose cuja concentração aumentou gradativamente até cerca de 0,25 mol/dm³.

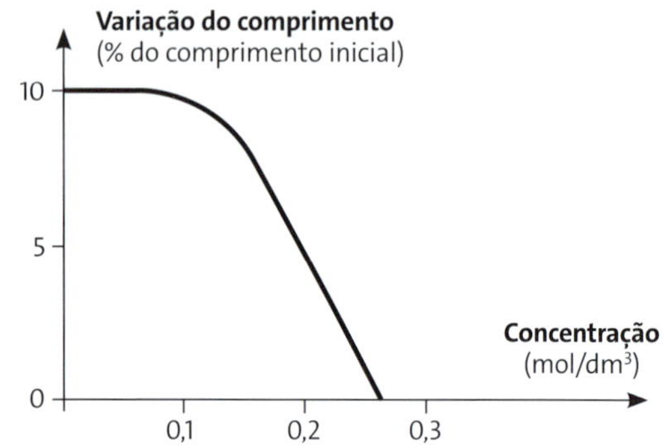

a) Como o comprimento das lâminas de batata variou em função do aumento de concentração da solução?

b) Como isso pode ser explicado?

8. No interior dos rins há tubos microscópicos que reabsorvem água, glicose e outras substâncias que, no processo de filtração, passaram do sangue para o líquido que dará origem à urina. A imagem a seguir mostra algumas células (em verde) de um desses tubos vistas ao microscópio eletrônico (aumento de cerca de 7 mil vezes; colorizada por computador). O limite entre as células não é nítido.

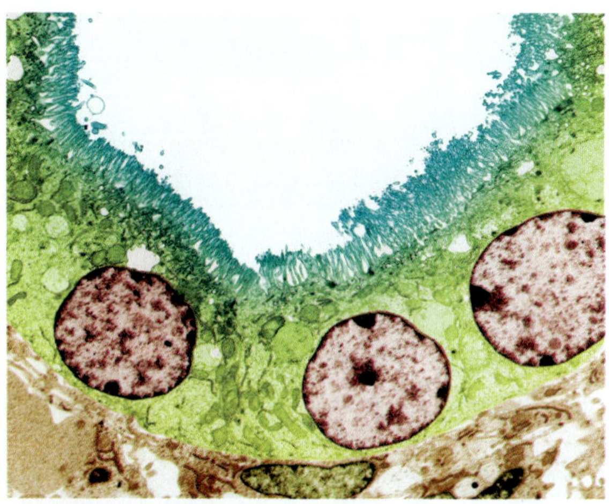

Steve Gschmeissner/SPL/Latinstock

Analise a imagem e responda:

a) Qual o nome da estrutura esférica de cor marrom que aparece três vezes na foto?

b) Qual o nome das projeções, com cerca de 1,3 μm a 1,6 μm de comprimento, na borda das células e como elas contribuem para a função desses tubos?

9. No capítulo 1, você aprendeu que os seres vivos têm uma importante característica: a capacidade de regular seu meio interno, chamada homeostase. Qual a importância do transporte ativo para essa característica?

10. Alguns seres vivos unicelulares, como as amebas, são capazes de ingerir outros organismos unicelulares, no processo denominado fagocitose. Explique em linhas gerais como elas fazem isso e diga que células de nosso corpo realizam um processo semelhante e por que fazem isso.

11. Um professor colocou em um dos cantos de uma bandeja, apoiada sobre uma mesa, dez bolas brancas; e no canto oposto, dez bolas pretas. Depois, sacudiu levemente a bandeja por algum tempo.
    a) Quando a bandeja foi sacudida, o que deve ter ocorrido com a distribuição de bolas brancas e pretas?
    b) Essa atividade pode servir de modelo para um fenômeno estudado neste capítulo. Qual é esse fenômeno? Justifique sua resposta.

12. Que estrutura permite que uma molécula passe de uma célula para outra em uma planta sem atravessar a membrana plasmática?

13. Um cientista marcou as proteínas das membranas de duas células com substâncias diferentes e promoveu a fusão dessas duas células. Observe no esquema abaixo que, depois da fusão, as proteínas, com seus marcadores, ficam distribuídas de modo uniforme pela membrana da nova célula. Que propriedade da membrana é evidenciada por esse experimento?

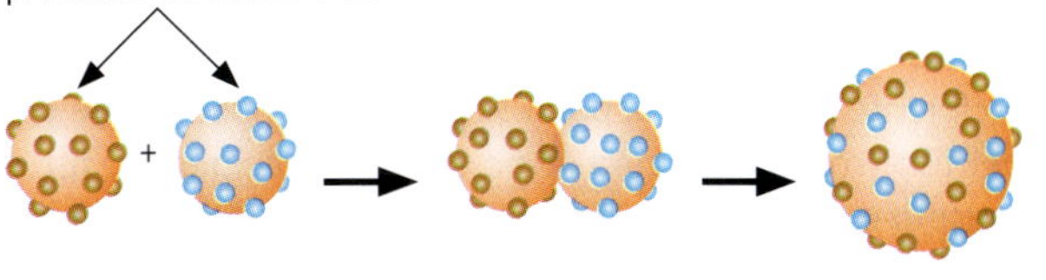

Trabalho em equipe

Neste capítulo vocês aprenderam que a diferença de concentração entre duas soluções é um fator importante no transporte através da membrana da célula. Com auxílio do professor de Química, pesquisem e expliquem para a classe as diversas maneiras de indicar as concentrações dos solutos nas soluções, e como a temperatura influencia a solubilidade das substâncias.

Atividades práticas

1. Dissolva uma colher de sopa de sal em meio copo de água. Peça ao professor que descasque uma batata-inglesa e corte duas fatias finas. Coloque um pouco da solução salina em um pires ou uma tampa plástica e mergulhe parcialmente uma das fatias de batata na solução, como mostra a figura abaixo. A outra fatia será mergulhada parcialmente em um pires ou tampa plástica com água pura.

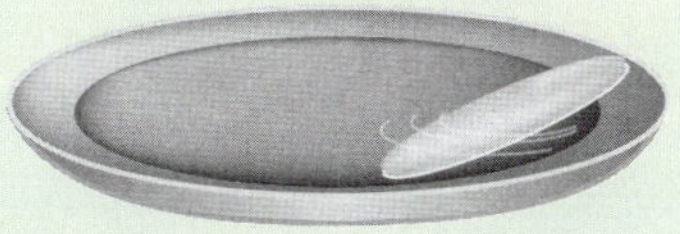

    a) Observe como estão as fatias de batata depois de cerca de 30 min e explique o que aconteceu.
    b) Se no laboratório houver uma balança, você pode pesar as duas fatias e verificar que a fatia colocada em água pura está mais pesada. Por quê?

2. Peça ao professor que corte ao meio uma beterraba grande e crua e faça uma cavidade na região central. Depois, despeje uma colher (de café) de sal na cavidade e espere cerca de 30 minutos. Explique o que acontece.

3. Peça ao professor que quebre a extremidade mais fina de um ovo e retire a clara e a gema. Depois, com a ponta de uma tesoura pequena, ele deve furar o polo oposto, com cuidado para não ferir a película que fica por dentro da casca. Essa película vai funcionar como membrana semipermeável. Encha o ovo até a metade com solução concentrada de açúcar e coloque-o boiando em água pura, com o polo mais grosso para baixo (como mostra a figura). Faça depois a experiência oposta: ponha água pura no interior do ovo e água com açúcar no copo. Observe e explique o que acontece em cada caso.

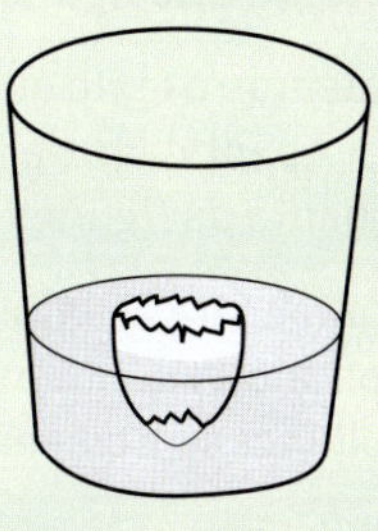

Ilustrações: Luis Moura/Arquivo da editora

4. Peça ao professor que faça um corte na epiderme inferior de uma planta de folha colorida, como a arca-de-noé ou o abacaxi-roxo (*Rhoeo discolor*), e coloque o material entre a lâmina e a lamínula mergulhado em água salgada ou açucarada. Observe ao microscópio e explique o que acontece com as células após algum tempo.

Pensando no Enem

Para explicar a absorção de nutrientes, bem como a função das microvilosidades das membranas das células que revestem as paredes internas do intestino delgado, um estudante realizou o seguinte experimento:

Colocou 200 mL de água em dois recipientes. No primeiro recipiente, mergulhou, por 5 segundos, um pedaço de papel liso, como na figura 1; no segundo recipiente, fez o mesmo com um pedaço de papel com dobras simulando as microvilosidades, conforme figura 2. Os dados obtidos foram: a quantidade de água absorvida pelo papel liso foi de 8 mL, enquanto pelo papel dobrado foi de 12 mL.

Luis Moura/Arquivo da editora

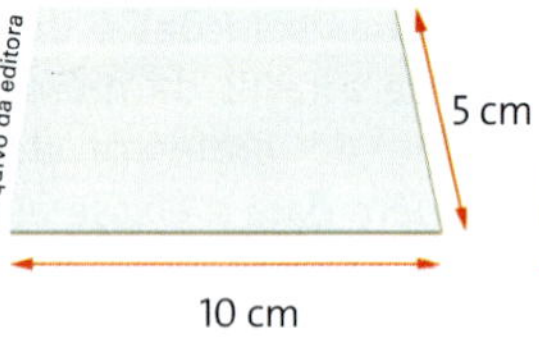

Figura 1

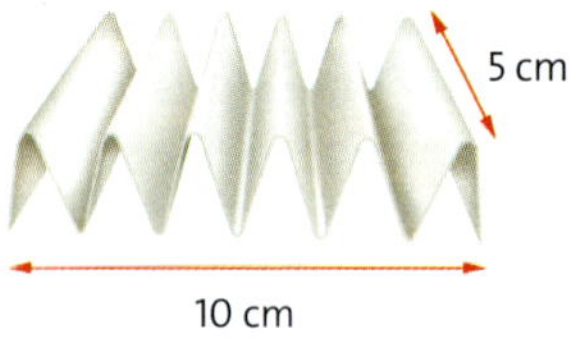

Figura 2

Com base nos dados obtidos, infere-se que a função das microvilosidades intestinais com relação à absorção de nutrientes pelas células das paredes internas do intestino é a de

a) manter o volume de absorção.
b) aumentar a superfície de absorção.
c) diminuir a velocidade de absorção.
d) aumentar o tempo de absorção.
e) manter a seletividade na absorção.

Resolução

Esta questão contém componentes relacionados às Ciências da Natureza, como moléculas, células e tecidos, mas também envolve conhecimento de superfície de absorção, interpretação de texto e de figura.

É importante ler com atenção o texto que precede o enunciado e extrair a maior quantidade de informações possível tanto do texto quanto da figura.

Neste exercício a figura ilustra as informações já dadas pelo texto e este explica o experimento realizado cuja interpretação dos resultados será essencial para a solução da questão.

As informações retiradas do texto são:

- Um estudante fez um experimento para explicar a função das microvilosidades intestinais;
- O experimento consistia em mergulhar por 5 segundos em recipientes com água dois pedaços de papel com características semelhantes, porém com diferentes superfícies de contato;
- De acordo com o texto, o resultado obtido foi de que o papel sem dobraduras absorveu 8 mL de água e o com dobradura absorveu 12 mL de água.

Interpretação da figura

A única informação contida nas figuras é a representação dos papéis que foram mergulhados em água.

Observa-se que ambos ocupam o mesmo comprimento e a mesma largura. No entanto, o papel retratado na figura 2 tem maior superfície porque, mesmo dobrado, tem as mesmas dimensões de largura e de comprimento.

O problema

O enunciado expõe um experimento realizado para explicar o papel das microvilosidades intestinais na absorção de nutrientes. Ele pede que, ao analisar os resultados obtidos, seja identificada a alternativa que melhor explica a função das microvilosidades.

Sabemos que a dobradura do papel faz com que uma quantidade maior de papel ocupe a mesma área que uma quantidade menor de papel sem dobras. Ou seja, o papel dobrado tem maior área de superfície de contato. Isso se explica pela superfície esticada do papel dobrado ganhar também as superfícies da altura das reentrâncias de cada dobradura.

Vale lembrar que, se o tamanho final dos papéis não fosse o mesmo, a superfície de contato poderia não ser maior. Por exemplo, se pegássemos 2 pedaços de papel de 10 cm e um fosse mergulhado esticado e o outro fosse dobrado e esticado, a superfície de contato seria a mesma. Já na situação do problema é demonstrado que os dois pedaços de papel ocupam a mesma área.

No contexto de volume de absorção, precisamos lembrar que quanto maior a superfície de contato, maior o volume de absorção. Portanto, a alternativa que explica os resultados é a que diz que as microvilosidades, por prolongarem a superfície de contato do intestino, aumentam a absorção.

O aumento da superfície de absorção causa aumento do volume absorvido, aumento na velocidade com a qual as substâncias são absorvidas e diminuição do tempo necessário para o mesmo volume de substâncias serem absorvidas. É importante que fique claro que os resultados obtidos não se referem à seletividade de absorção.

Resposta: **B.**

Vestibulares de Norte a Sul

1. SE (Vunesp-SP) No início da manhã, a dona de casa lavou algumas folhas de alface e as manteve em uma bacia, imersas em água comum de torneira, até a hora do almoço. Com esse procedimento, a dona de casa assegurou que as células se mantivessem:

a) túrgidas, uma vez que foram colocadas em meio isotônico.

b) túrgidas, uma vez que foram colocadas em meio hipotônico.

c) túrgidas, uma vez que foram colocadas em meio hipertônico.

d) plasmolizadas, uma vez que foram colocadas em meio isotônico.

e) plasmolizadas, uma vez que foram colocadas em meio hipertônico.

2. SE (UFF-RJ) Os venenos de serpentes são ricos em proteínas e peptídios ativos, responsáveis por sua morbidade e letalidade. Para o estudo dos efeitos desses venenos, um dos testes utilizados é a hemaglutinação, que envolve a lavagem e a manutenção das hemácias em solução isotônica até a realização dos testes com os venenos.

As figuras a seguir mostram o que ocorre com hemácias quando submetidas a soluções de diferentes concentrações:

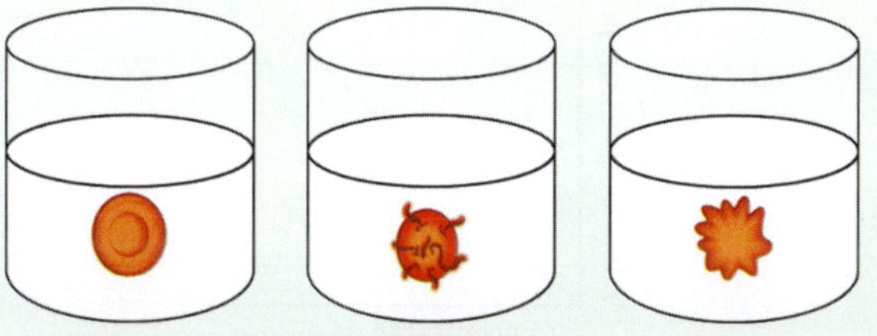

Sabe-se que a solução **A** é isotônica em relação à hemácia e contém 0,9% de cloreto de sódio em água. Após a análise das figuras, pode-se afirmar que o percentual de cloreto de sódio:

a) na solução **B** é maior do que 0,9%, pois nela a hemácia sofreu crenação.

b) na solução **B** é menor do que 0,9%, pois nela a hemácia sofreu crenação.

c) na solução **C** é menor do que 0,9%, pois nela a hemácia sofreu hemólise.

d) na solução **B** é maior do que 0,9%, pois nela a hemácia sofreu hemólise.

e) na solução **C** é maior do que 0,9%, pois nela a hemácia sofreu crenação.

3. SE (Uerj) Em um experimento realizado em um laboratório escolar, duas tiras de batata foram mergulhadas por 10 minutos, uma na solução A e a outra na solução B. Os resultados após este tempo estão resumidos na tabela abaixo.

Solução	Condição da tira de batata
A	amolecida
B	rígida

Em relação à tonicidade do citoplasma das células de batata, as soluções A e B são respectivamente classificadas como:

a) hipotônica e isotônica.

b) isotônica e hipertônica.

c) hipertônica e hipotônica.

d) hipotônica e hipertônica.

4. S (Uergs-RS) Quando o feijão é cozido em água com sal observa-se que ele murcha, pois:

a) o grão perde água por osmose.

b) os sais do grão passam pela água por difusão.

c) o calor estimula o transporte ativo das proteínas da água para o grão.

d) o transporte passivo das proteínas ocorre do grão para a água.

e) o grão perde proteínas por osmose.

5. N (UFT-TO) A membrana plasmática ou celular é considerada uma das barreiras que separa o meio intracelular do extracelular e também é responsável pelo controle de todas as substâncias ou partículas que entram ou saem da célula. A respeito da membrana plasmática é **incorreto** afirmar:

a) As membranas plasmáticas apresentam constituição lipoproteica.

b) A membrana plasmática permite a passagem livre de água e pequenas moléculas e dificulta ou impede a passagem de moléculas grandes.

c) As trocas que ocorrem entre o meio intracelular e extracelular podem ser classificadas como: transporte ativo, transporte passivo, endocitose e exocitose.

d) As células vivas são delimitadas por membrana plasmática e estão sujeitas a sofrerem osmose, caracterizada pela passagem de soluto de uma região de menor concentração para a de maior concentração.

e) A fagocitose é um processo pelo qual uma célula engloba partículas grandes, sendo que em protozoários tem a função de alimentação.

6. **N** (Ufam) A membrana plasmática separa dois compartimentos bem distintos quanto à composição iônica: o meio intracelular e o meio extracelular. Isso somente é possível devido à característica de semipermeabilidade da membrana. Como consequência, um gradiente eletroquímico é mantido e utilizado pelas células para a geração e propagação de sinais elétricos. Das afirmativas abaixo, assinale a alternativa **incorreta** em relação à geração do potencial de ação nas células nervosas:

a) A despolarização da membrana coincide com a abertura total dos canais de K^+ regulados por voltagem.
b) A despolarização da membrana coincide com a abertura dos canais de Na^+ regulados por voltagem.
c) A inativação dos canais de Na^+ regulados por voltagem e a abertura dos canais de K^+ regulados por voltagem marcam o início da repolarização da membrana.
d) O potencial de ação é o resultado de alterações na permeabilidade da membrana que levam a um aumento do potencial transmembrana celular (mais positivo).
e) A ação da proteína Na^+/K^+ ATPase em bombear 3 Na^+ para fora e 2 K^+ para dentro da célula contribui para restabelecer o gradiente elétrico de repouso.

7. **N** (UFRR) As membranas biológicas são estruturas dinâmicas nas quais as proteínas nadam em um mar de lipídios. Sobre as membranas biológicas é **incorreto** afirmar:

a) Tanto as proteínas como os lipídios de membranas apresentam uma estrutura dinâmica.
b) São um elemento mediador da comunicação entre a célula e o seu meio externo.
c) Os componentes lipídicos formam a barreira de permeabilidade, e as proteínas agem como sistema de transporte, bombas, canais, receptores.
d) As proteínas, de acordo com sua localização na membrana plasmática, são classificadas em integrais e periféricas.
e) Formam parte da composição dos ribossomos, microtúbulos e grânulos de glicogênio nas células eucarióticas.

8. **SE** (Fuvest-SP) Para a ocorrência de osmose, é necessário que:

a) as concentrações de soluto dentro e fora da célula sejam iguais.
b) as concentrações de soluto dentro e fora da célula sejam diferentes.
c) haja ATP disponível na célula para fornecer energia ao transporte de água.
d) haja um vacúolo no interior da célula no qual o excesso de água é acumulado.
e) haja uma parede celulósica envolvendo a célula, o que evita sua ruptura.

9. **S** (PUC-PR) As microvilosidades do epitélio do intestino apresentam como principal função:

a) evitar perda de água.
b) aumentar a superfície de absorção.
c) realizar os movimentos peristálticos.
d) facilitar a retenção dos alimentos.
e) realizar processos de trocas energéticas.

10. **SE** (Cesgranrio-RJ) A glicose é a principal fonte de energia nas células humanas, portanto, sua presença em todas as células é de fundamental importância.

Considerando o mecanismo de transporte da glicose para dentro da maioria das células, o gráfico que representa a velocidade de transporte, em função da concentração de glicose fora da célula, é:

a)
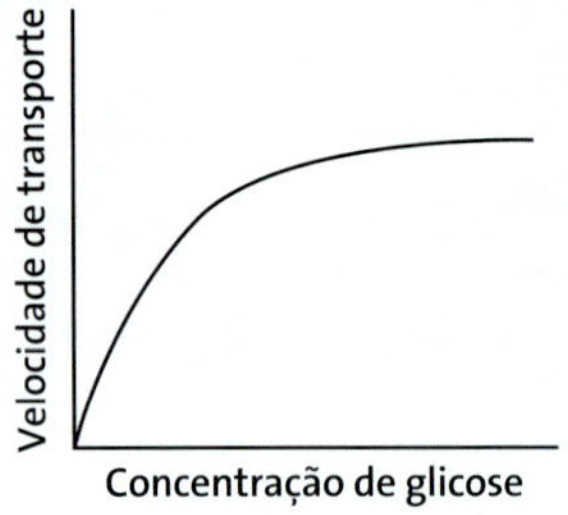

b)
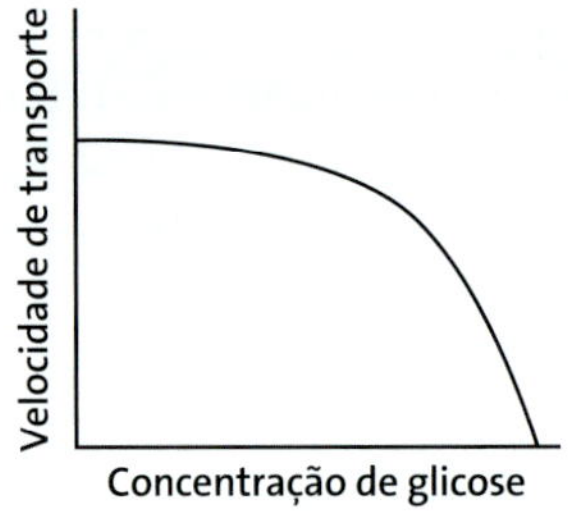

c)

d)

e)

11. **S** (UEPG-PR) A membrana plasmática é a estrutura que delimita o conteúdo celular, separando-o do meio externo. Além de proteger, a membrana plasmática controla a entrada e saída de substâncias na célula. Muitas vezes pode apresentar associações ou modificações que otimizam suas funções.

Com base nesse enunciado, assinale o que for correto.

01. Os desmossomos são regiões especializadas existentes nas membranas adjacentes de células vizinhas, que funcionam como presilhas, aumentando a adesão entre as células. A presença deles em todas as células de um epitélio garante a formação de um revestimento contínuo e coeso.
02. As bactérias possuem membrana esquelética feita de polissacarídeos, que promove à célula forma definida e rígida. Essa membrana esquelética, contrariamente à plasmática, não é viva.
04. As microvilosidades são dobras da membrana plasmática na superfície da célula que, voltadas para a parte interna do intestino delgado, permitem uma absorção mais eficiente do alimento digerido.
08. As células vegetais possuem, associadas externamente à membrana plasmática, a membrana esquelética, denominada membrana celulósica, que possui papel mecânico, selecionando as substâncias que entram e saem das células.
16. As interdigitações são dobras nas membranas plasmáticas limítrofes de duas células e que desempenham importante papel de coesão entre células vizinhas.

12. **S** (UFSC) A membrana plasmática é uma membrana semipermeável, não havendo condições, normalmente, para o extravasamento dos coloides citoplasmáticos para fora da célula. Sob esse aspecto, a membrana já começa a selecionar o que deve entrar na célula ou dela sair. Considerando os diferentes processos de passagem através da membrana plasmática, é correto afirmar que:

01. a osmose é a passagem de moléculas de água sempre no sentido do meio mais concentrado para o menos concentrado.
02. na difusão facilitada, participam moléculas especiais de natureza lipídica e há gasto de energia.
04. no transporte ativo, enzimas agem como transportadores de moléculas, como açúcar ou íons.
08. a fagocitose é um tipo de endocitose em que ocorre o englobamento de partículas sólidas.
16. a pinocitose é outro tipo de endocitose, ocorrendo, nesse caso, o englobamento de pequenas porções de substâncias líquidas.
32. pela exocitose, substâncias inúteis à célula são eliminadas com o auxílio dos centríolos.

Dê como resposta a soma dos números das alternativas corretas.

13. **NE** (UFPB) Os dois exemplos a seguir referem-se a anomalias orgânicas que ocorrem em seres humanos e que estão relacionadas à constituição das membranas citoplasmáticas.

Exemplo I: "Os indivíduos com diabetes tipo II possuem, nas membranas citoplasmáticas de suas células, poucos *receptores para o hormônio insulina*, o que acarreta um acúmulo de glicose no sangue".

Exemplo II: "A fibrose cística é uma doença caracterizada pela secreção de muco muito viscoso e de difícil fluxo pelos ductos glandulares. Esse problema é desencadeado pela alteração molecular que inativa os *elementos bombeadores do cloro através das membranas citoplasmáticas das células*".

Nos exemplos I e II, os constituintes das membranas destacados correspondem a:

a) carboidratos, no exemplo I, e a proteínas, no exemplo II.
b) proteínas, no exemplo I, e a lipídios, no exemplo II.
c) proteínas, no exemplo I, e a carboidratos, no exemplo II.
d) proteínas, nos dois exemplos.
e) carboidratos, nos dois exemplos.

14. **SE** (Unicamp-SP) Hemácias de um animal foram colocadas em meio de cultura em vários frascos com diferentes concentrações das substâncias A e B, marcadas com isótopo de hidrogênio. Dessa forma, os pesquisadores puderam acompanhar a entrada dessas substâncias nas hemácias, como mostra o gráfico apresentado a seguir.

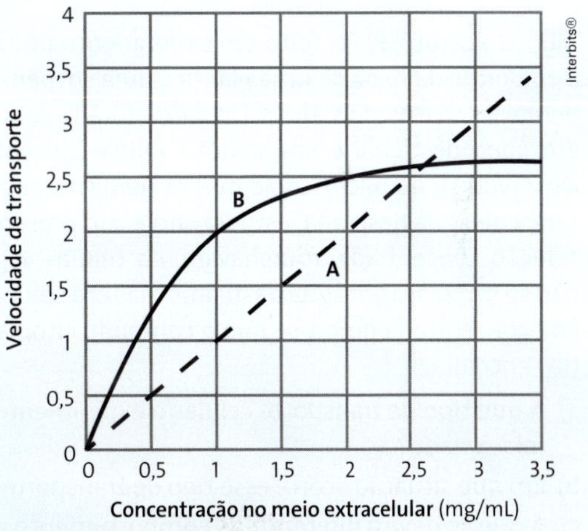

Assinale a alternativa **correta**.

a) A substância A difunde-se livremente através da membrana; já a substância B entra na célula por um transportador que, ao se saturar, mantém constante a velocidade de transporte através da membrana.
b) As substâncias A e B atravessam a membrana da mesma forma, porém a substância B deixa de entrar na célula a partir da concentração de 2 mg/mL.
c) A quantidade da substância A que entra na célula é diretamente proporcional a sua concentração no meio extracelular, e a de B, inversamente proporcional.
d) As duas substâncias penetram na célula livremente, por um mecanismo de difusão facilitada, porém a entrada da substância A ocorre por transporte ativo, como indica sua representação linear no gráfico.

15. **CO** (UnB-DF) Produtos de limpeza, como sabão, detergente, desentupidor de pia e alvejante, geralmente utilizados em residências, apresentam, na sua composição, compostos como hidróxido de sódio (NaOH) e hipoclorito de sódio (NaClO). A esse respeito, julgue o item a seguir:

Considerando-se que, para extrair DNA de uma célula, seja necessária a destruição das membranas, é correto inferir que, para tal procedimento, as células devam ser expostas a um detergente.

16. **S** (UFPR) O atual modelo de estrutura da membrana plasmática celular é conhecido por modelo do mosaico fluido, proposto em 1972 pelos pesquisadores Singer e Nicholson. Como todo conhecimento em ciência, esse modelo foi proposto a partir de conhecimentos prévios. Um importante marco nessa construção foi o experimento descrito a seguir. Hemácias humanas, que só possuem membrana plasmática (não há membranas internas) foram lisadas (rompidas) em solução de detergente, e os lipídios foram cuidadosamente dispersos na superfície da água. Foi então medida a área ocupada por esses lipídios na superfície da água e ficou constatado que ela correspondia ao dobro do valor da superfície das hemácias.

a) Que conclusão foi possível depreender desse experimento, com relação à estrutura das membranas celulares?
b) Baseado em que informação foi possível chegar a essa conclusão?

17. **SE** (Unicamp-SP) Foi feito um experimento utilizando a epiderme da folha de uma planta e uma suspensão de hemácias. Esses dois tipos celulares foram colocados em água destilada e em solução salina concentrada. Observou-se ao microscópio que as hemácias, em presença de água destilada, estouravam e, em presença de solução concentrada, murchavam. As células vegetais não se rompiam em água destilada, mas em solução salina concentrada notou-se que o conteúdo citoplasmático encolhia.

a) A que tipo de transporte celular o experimento está relacionado?
b) Em que situação ocorre esse tipo de transporte?
c) A que se deve a diferença de comportamento da célula vegetal em relação à célula animal? Explique a diferença de comportamento, considerando as células em água destilada e em solução concentrada.

18. **SE** (Vunesp-SP) Um estudante colocou dois pedaços recém-cortados de um tecido vegetal em dois recipientes, I e II, contendo solução salina. Depois de algumas horas, verificou que no recipiente I as células do tecido vegetal estavam plasmolisadas. No recipiente II, as células mantiveram o seu tamanho normal. Qual a conclusão do estudante quanto:

a) à concentração das soluções salinas nos recipientes I e II em relação ao suco celular desse tecido?
b) ao que significa dizer que em I as células estavam plasmolisadas?

19. **SE** (UFF-RJ) Três amostras idênticas de células animais foram colocadas, cada uma, respectivamente, nas soluções **X**, **Y** e **Z** cujas concentrações salinas são distintas. A variação do volume celular, acompanhada ao longo de certo tempo, está representada no gráfico abaixo.

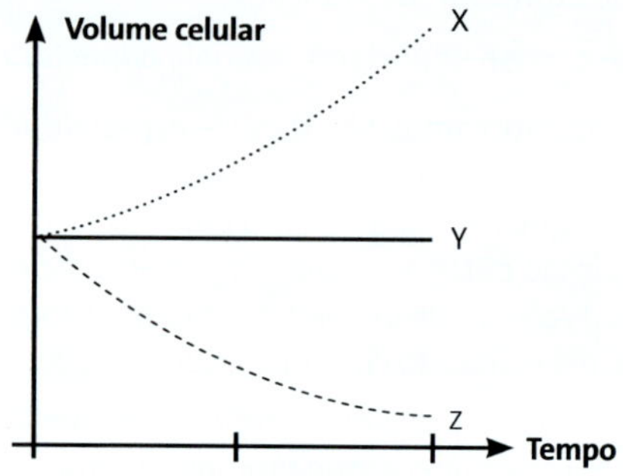

Classifique, quanto à tonicidade, as soluções **X**, **Y** e **Z**. Justifique sua resposta.

20. **SE** (UFRJ) O manitol tem uma estrutura semelhante ao monossacarídeo manose. Por ter sabor adocicado, o manitol frequentemente é usado na confecção de balas e doces. Ao contrário do açúcar comum, porém, o manitol não é absorvido pelo intestino, de modo que uma ingestão exagerada de produtos contendo manitol pode causar diarreia.

Médicos se aproveitam das propriedades osmóticas do manitol e o administram oralmente em altas concentrações para que a diarreia resultante esvazie o intestino de pacientes antes de exames de imagens.

Explique de que maneira altas doses de manitol provocam a diarreia.

21. **SE** (UFRJ) A consistência firme (turgor) dos olhos dos vertebrados aquáticos é consequência da pressão do fluido em seu interior. A estabilidade do turgor dos olhos dos tubarões, por exemplo, se deve à elevada concentração de sais de ureia no sangue e no interior dos olhos. Explique de que maneira essa alta concentração de sais contribui para o turgor dos olhos dos tubarões.

22. **SE** (Unicamp-SP) A seguir estão representados três modelos de biomembranas:

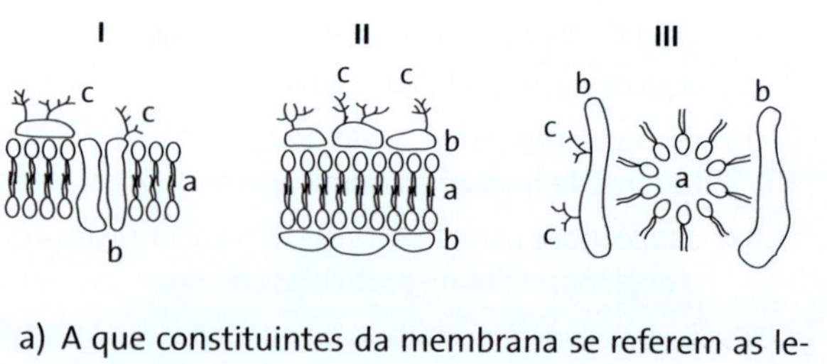

a) A que constituintes da membrana se referem as letras **a**, **b** e **c**?
b) Qual dos modelos anteriores é atualmente aceito para explicar a estrutura das biomembranas?
c) Que característica do modelo escolhido lhe confere vantagem do ponto de vista de transporte através da biomembrana?

CAPÍTULO

9 Citoplasma

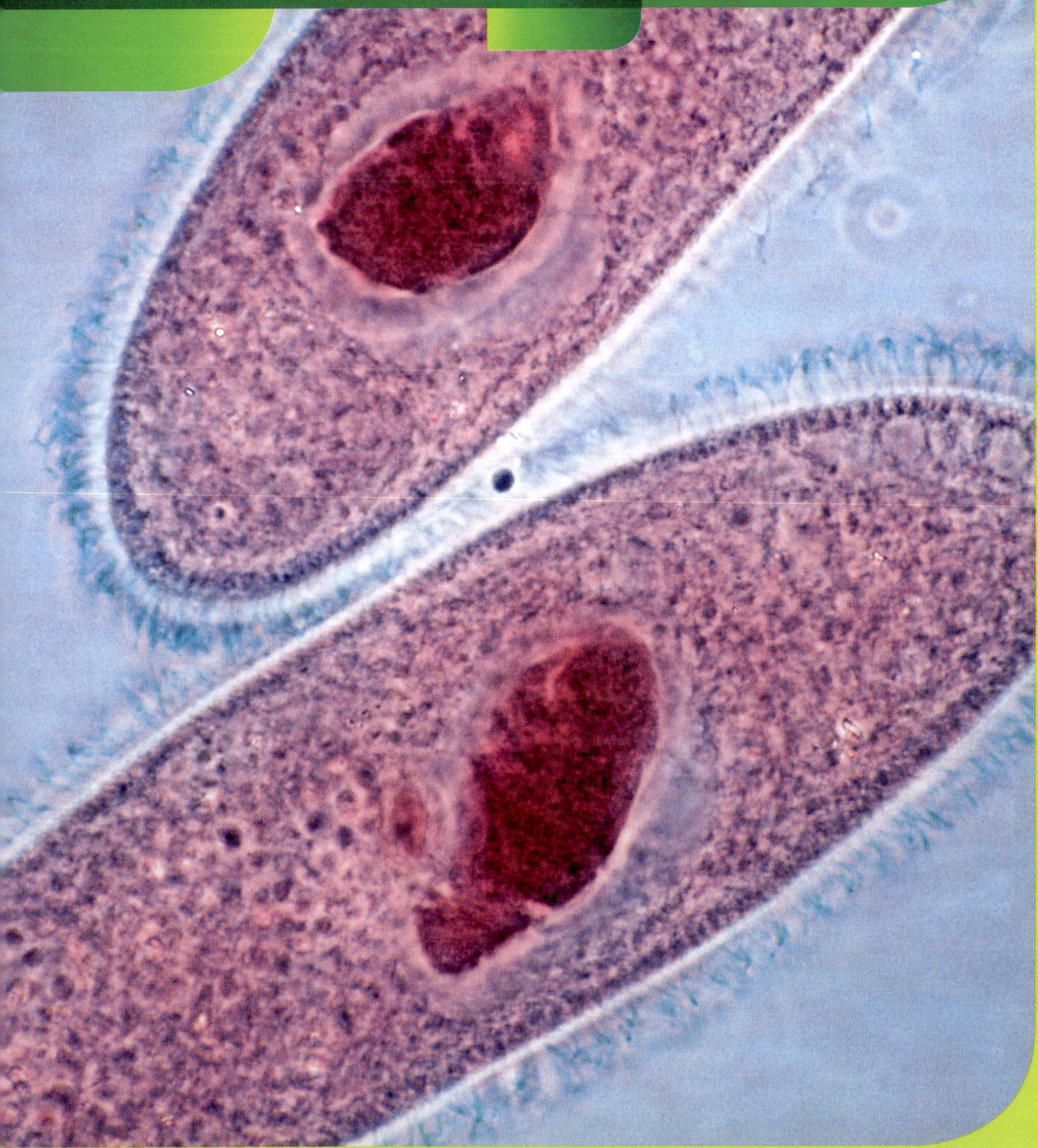

Dr. David Phillips/Visuals Unlimited/Corbis/Latinstock

Paramécios em imagem de microscopia de luz.

> *Além do núcleo, quais são as estruturas encontradas dentro de uma célula?*
>
> *Você conhece as funções de algumas dessas estruturas?*
>
> *Essas estruturas estão presentes em todas as células?*

1 Sustentação da célula: o citoesqueleto

Na região entre a membrana plasmática e o núcleo, chamada **citoplasma** (*kytos* = célula; *plasma* = molde), há um material gelatinoso, o **citosol** (*sol* = líquido), também chamado **hialoplasma** (*hyalos* = vidro) ou **matriz do citoplasma**. Nesse material, ocorrem diversas reações químicas do metabolismo. Há também, mergulhadas no citoplasma, várias organelas responsáveis pelas atividades da célula.

O citosol das células eucariotas é formado por um conjunto de fibras de proteína que dão suporte e mantêm a forma da célula, além de colaborarem nos seus movimentos e no transporte de substâncias. Esse conjunto de fibras é chamado **citoesqueleto** e funciona tanto como uma espécie de "esqueleto" como de "músculo" da célula. As células procariotas não possuem citoesqueleto e especula-se que nas primeiras células eucariotas, a exemplo de protozoários como a ameba, o citoesqueleto facilitaria a movimentação dessas células na captura e ingestão de outras células.

As fibras são visíveis apenas ao microscópio eletrônico. Com esse aparelho e outras técnicas, podemos identificar três tipos de fibras: os **microfilamentos**, os **microtúbulos** e os **filamentos intermediários** (figura 9.1).

Dr. Torsten Wittmann/SPL/Latinstock

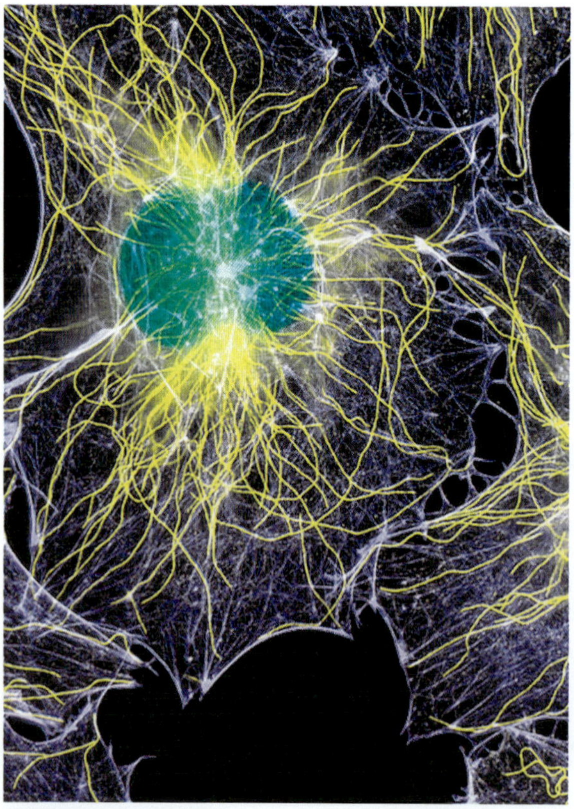

Citoesqueleto: visão com microscopia de fluorescência. A proteína tubulina aparece em amarelo, e a proteína actina, em roxo; o núcleo aparece em verde. (Aumento de cerca de mil vezes; imagem colorizada por computador.)

Esquema do citoesqueleto

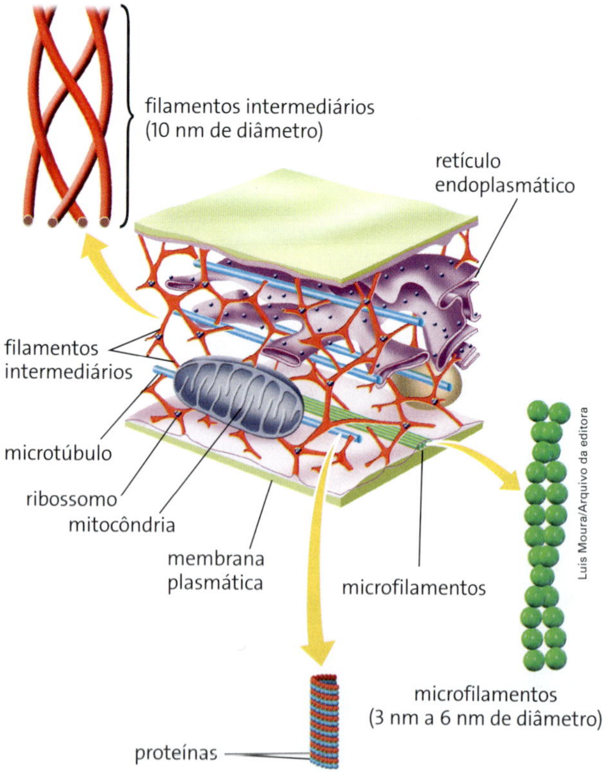

Luis Moura/Arquivo da editora

Figura 9.1 Componentes do citoesqueleto (os elementos da ilustração não estão na mesma escala; cores fantasia).

Os microfilamentos ajudam a manter a forma da célula, ligando-se a proteínas da face interna da membrana plasmática. Dão sustentação também às microvilosidades (as dobras que aumentam a área de certas células). Além disso, atuam em certos movimentos da célula, graças à sua capacidade de contração. Com outras proteínas, participam da contração das células musculares, da **ciclose** (*kyklos* = circular + *osis* = estado) – corrente de citoplasma ao redor do vacúolo da célula vegetal que ajuda a distribuir substâncias pela célula –, da emissão de pseudópodes, presentes na fagocitose e no deslocamento da ameba e dos leucócitos, e do estrangulamento do citoplasma da célula animal no fim da divisão celular (figura 9.2).

Os microtúbulos servem de ponto de apoio e "trilhos" para o transporte de organelas de uma parte para outra da célula. Eles também atuam nos movimentos dos cromossomos durante a divisão celular e na formação dos centríolos (*centrum* = centro; *iolo* indica diminutivo), cílios e flagelos, como veremos no próximo item.

Os filamentos intermediários são como cordas feitas com vários fios de proteínas, aumentando a resistência da célula a tensões (estão presentes nos desmossomos), além de ajudarem na sustentação do núcleo e de outras organelas (reveja a figura 9.1).

Figura 9.2 **Ciclose na célula vegetal**: à esquerda, foto de folha de Elodea (microscópio óptico; aumento de cerca de 220 vezes). Os cloroplastos em seu interior deslocam-se por causa da ciclose. À direita, ilustração de célula vegetal (tamanho aproximado entre 10 µm e 100 µm) e a indicação das correntes do citoplasma (os elementos da ilustração não estão na mesma escala; cores fantasia). **Movimento ameboide:** à esquerda, *Amoeba proteus* (microscópio óptico; aumento de cerca de 60 vezes). À direita, ameba (cerca de 0,7 mm) e movimento ameboide, com a participação de microfilamentos (os elementos da ilustração não estão na mesma escala; cores fantasia).

Ciclose na célula vegetal

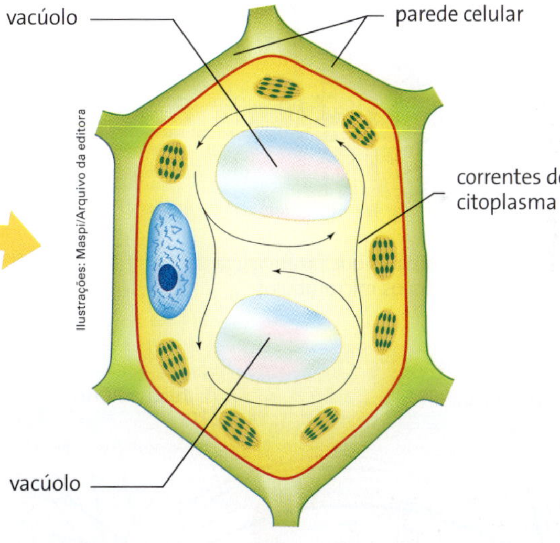

Movimento ameboide

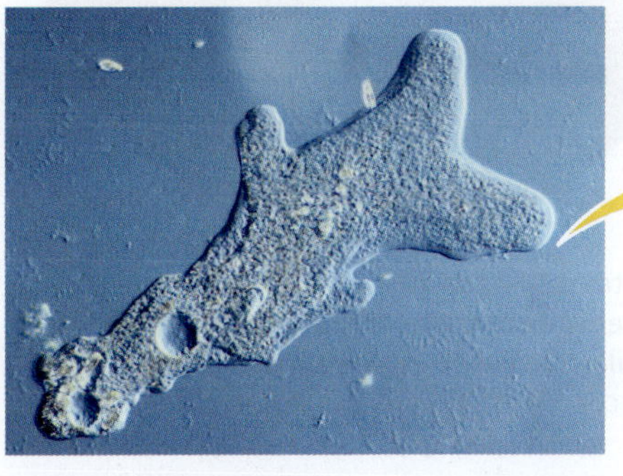

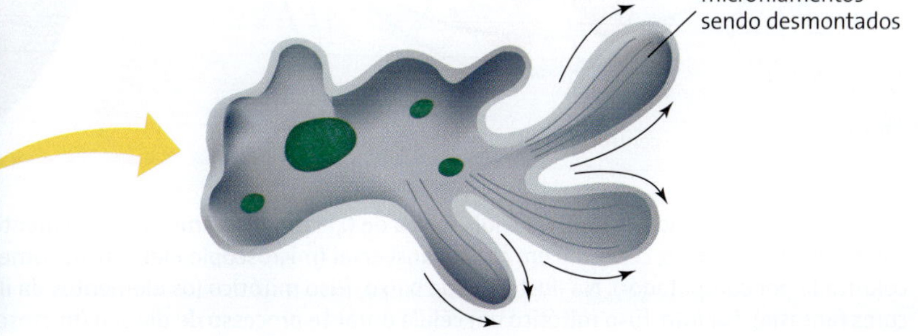

2 Centríolos

Os **centríolos** são pequenos cilindros (cerca de 0,15 μm de diâmetro) presentes em muitas células eucariotas – alguns organismos unicelulares, fungos e da maioria das plantas – situados em uma região do citoplasma próxima ao núcleo, o **centro celular** ou **centrossomo**. Os centríolos são encontrados geralmente aos pares, formando um ângulo reto entre si, e cada cilindro é formado por nove grupos de três microtúbulos (figura 9.3).

Os centríolos podem se autoduplicar, isto é, podem orientar a formação de novos centríolos a partir de microtúbulos do citoplasma. Eles colaboram na formação dos cílios e flagelos.

O centrossomo atua na organização do fuso mitótico das células animais (figura 9.3). Esse fuso é um conjunto de fios que atua nos movimentos dos cromossomos durante a divisão celular, como veremos no capítulo 14.

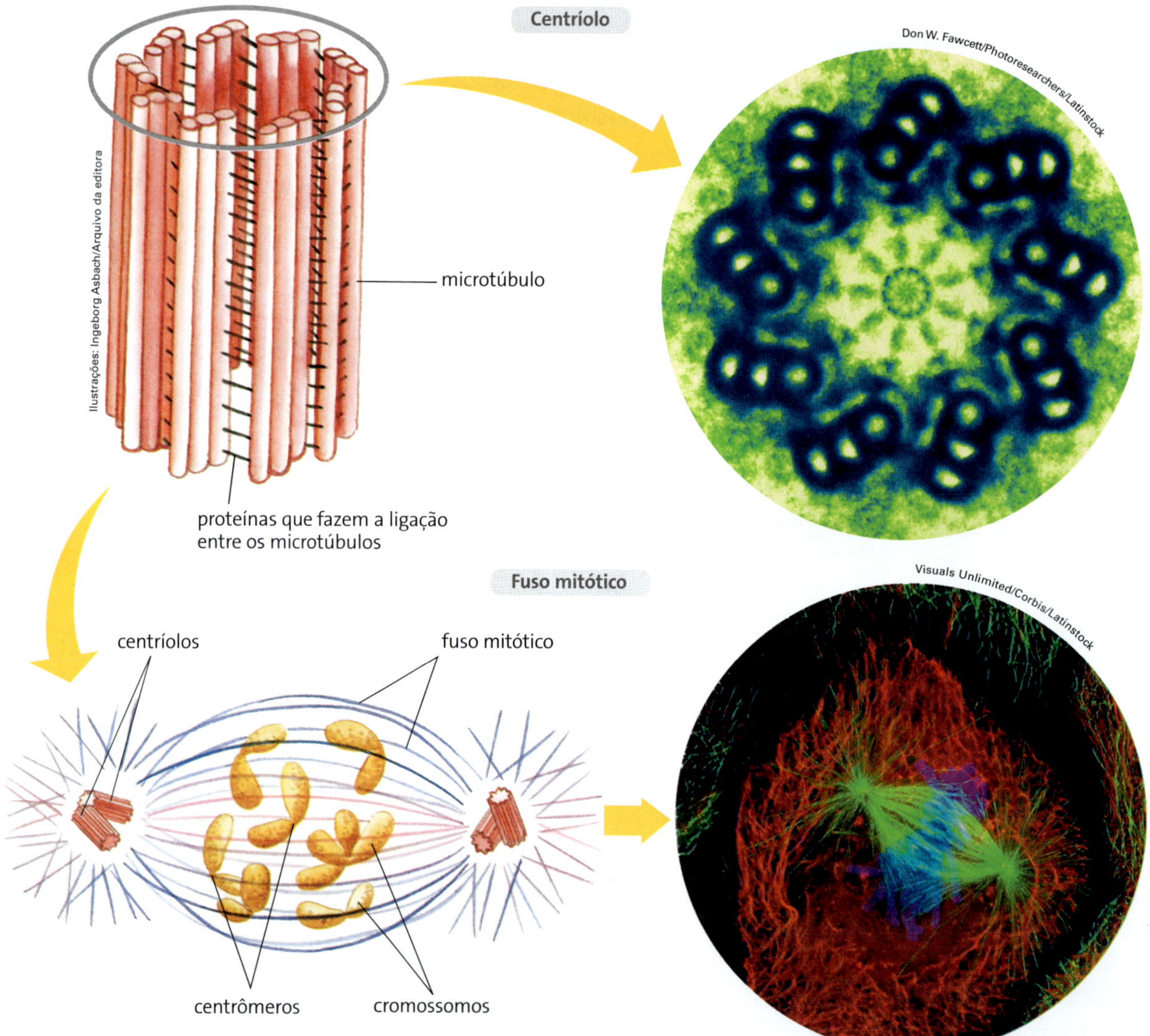

Figura 9.3 Na ilustração de cima, centríolo (cerca de 0,15 μm de diâmetro; os elementos da ilustração não estão na mesma escala; cores fantasia). Na foto, centríolo em corte transversal (microscópio eletrônico; aumento de cerca de 120 000 vezes; imagem colorizada por computador). Na ilustração de baixo, fuso mitótico (os elementos da ilustração não estão na mesma escala; cores fantasia). Na foto, fuso mitótico em célula durante processo de divisão (microscopia de fluorescência; aumento de cerca de 2 000 vezes; fuso mitótico em verde; cromossomos em azul).

Nos eucariontes, os **cílios** e **flagelos** são encontrados em algumas algas, certos protozoários e determinadas células animais, como os espermatozoides. Tais estruturas realizam movimentos capazes de provocar correntes no ambiente líquido onde estão mergulhadas as células. As correntes podem ser usadas para locomoção e captura de alimentos. No caso das vias respiratórias humanas, elas atuam na expulsão de partículas estranhas ao corpo.

Observando os cílios e flagelos ao microscópio eletrônico, vemos que eles têm a mesma estrutura. A única diferença é que os cílios são curtos e numerosos, enquanto os flagelos se apresentam longos e em pequeno número. Ambos são formados por microtúbulos envolvidos por uma projeção da membrana plasmática. A organização é característica: há sempre nove pares de microtúbulos periféricos e um par central (figura 9.4).

A base dos cílios e dos flagelos contém uma estrutura muito semelhante ao centríolo, o **corpo basal** ou **cinetossoma**. Ele orienta a arrumação dos microtúbulos fazendo com que se origine o cílio ou o flagelo.

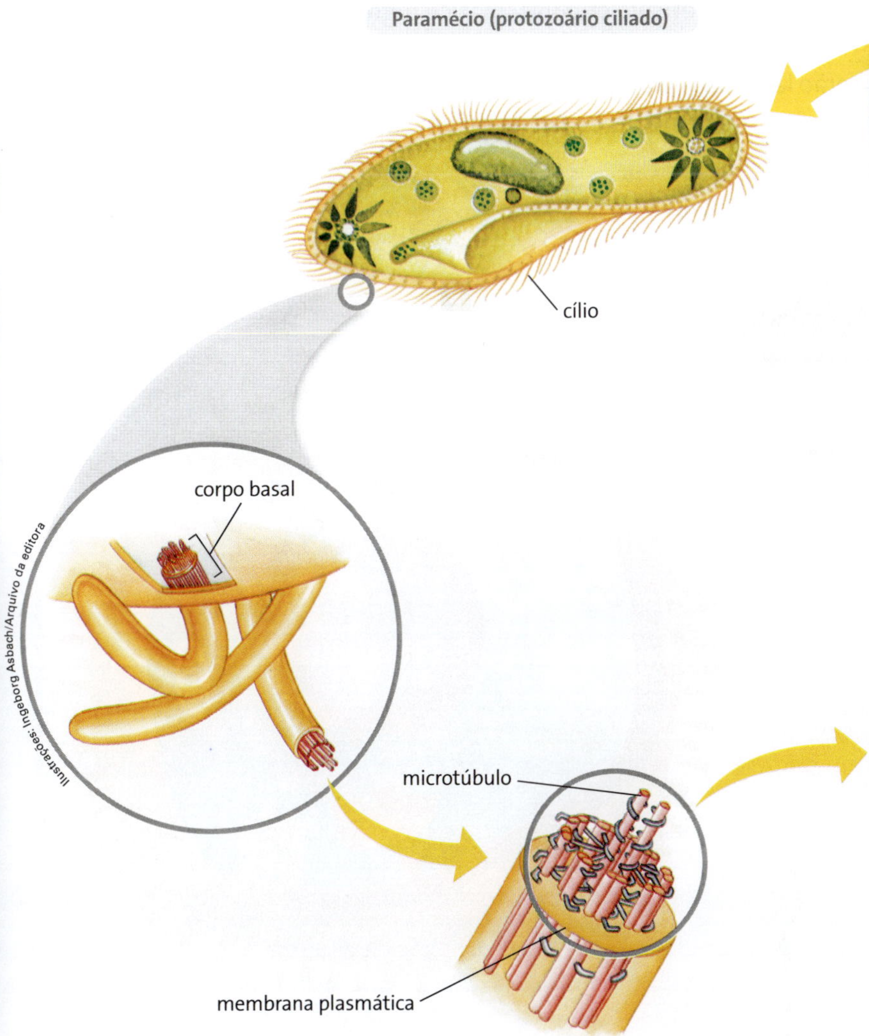

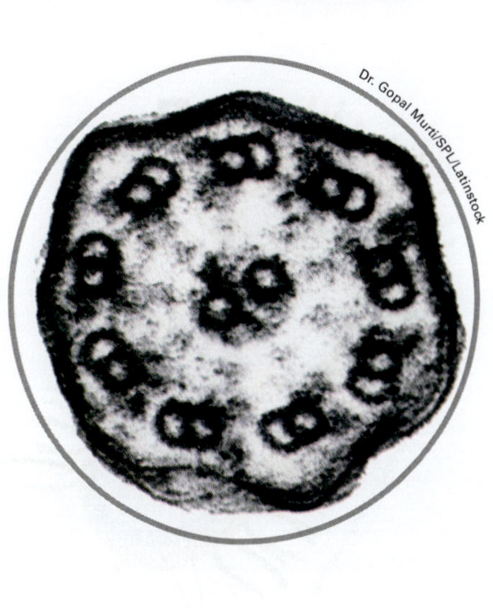

Figura 9.4 Estrutura dos cílios (os elementos ilustrados não estão na mesma escala). Na foto de cima, paramécios ao microscópio eletrônico (aumento de 400 vezes; imagem colorizada por computador) e, na foto de baixo, cílio visto ao microscópio eletrônico (aumento de cerca de 70 000 vezes).

3 Ribossomos

Presentes em todos os seres vivos, os ribossomos (*ribo* é relativo a ácido ribonucleico; *soma* = corpo) são grãos formados por RNA e proteínas, visíveis apenas ao microscópio eletrônico. Cada ribossomo é formado por duas subunidades de tamanhos e densidades diferentes.

Os ribossomos dos procariontes e os encontrados nas mitocôndrias são menores (cerca de 20 nm de diâmetro) que os presentes no citosol dos eucariontes (cerca de 25 nm de diâmetro) (figura 9.5).

É nos ribossomos que ocorre a síntese de proteínas, por meio da união entre aminoácidos. Esse mecanismo é controlado pelo RNA produzido no núcleo da célula, o RNA mensageiro (como veremos no capítulo 13) sob o comando do DNA. Apoiado em um grupo de ribossomos, chamado **polirribossomo** ou **polissoma** (*polys* = muito), o RNA comanda a sequência de aminoácidos da proteína. Esta é formada à medida que os ribossomos "deslizam" pela molécula de RNA.

Alguns ribossomos estão livres no citoplasma, enquanto outros fazem parte do retículo endoplasmático rugoso. Os livres sintetizam proteínas que serão usadas no citosol; os demais sintetizam proteínas que serão lançadas no próprio retículo – depois, elas poderão ser usadas em outro compartimento da célula ou enviadas para fora da célula, como veremos adiante.

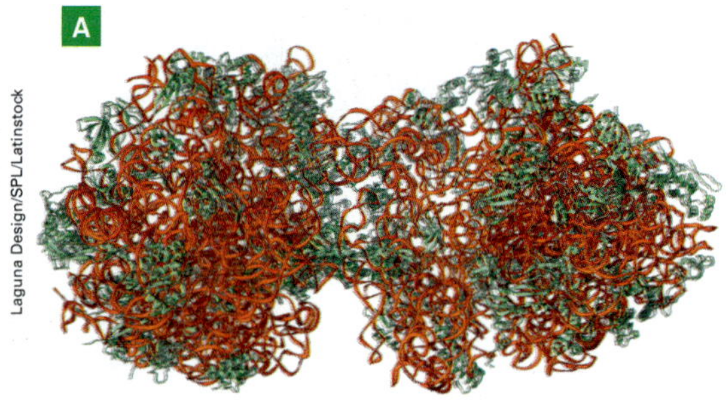

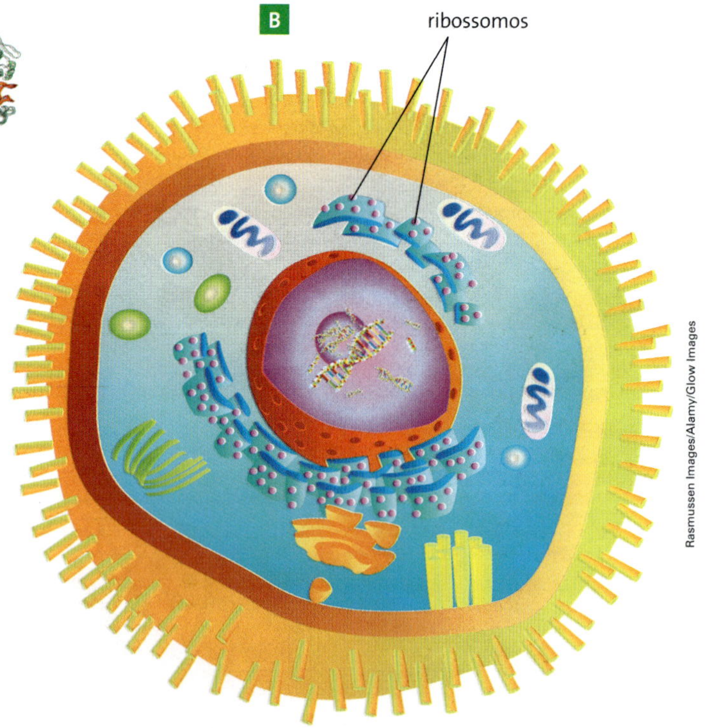

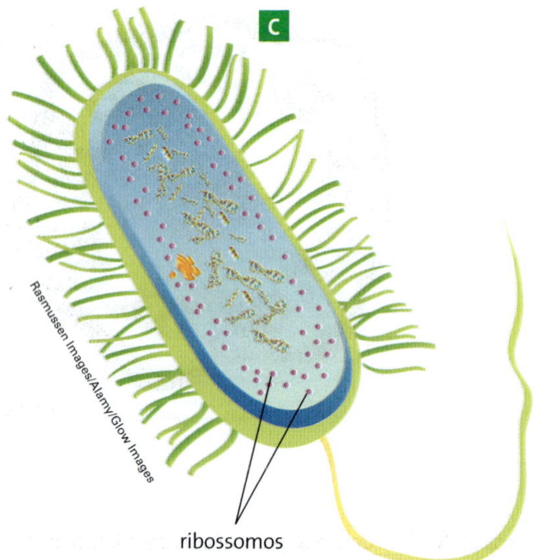

Figura 9.5 **A**: Modelo molecular de ribossomo. **B**: Ribossomos em célula eucariótica. **C**: Ribossomos em célula procariótica.

4 Retículo endoplasmático

O **retículo** (diminutivo de rede) **endoplasmático** é um conjunto de membranas que envolve cavidades de várias formas. Essas cavidades ficam separadas do citosol pela membrana, e no seu interior ocorrem a síntese e o transporte de várias substâncias.

Há dois tipos de retículo endoplasmático: o **granuloso** (também chamado **granular** ou **rugoso**) e o não **granuloso** (também chamado **agranular** ou **liso**). Veja a figura 9.6.

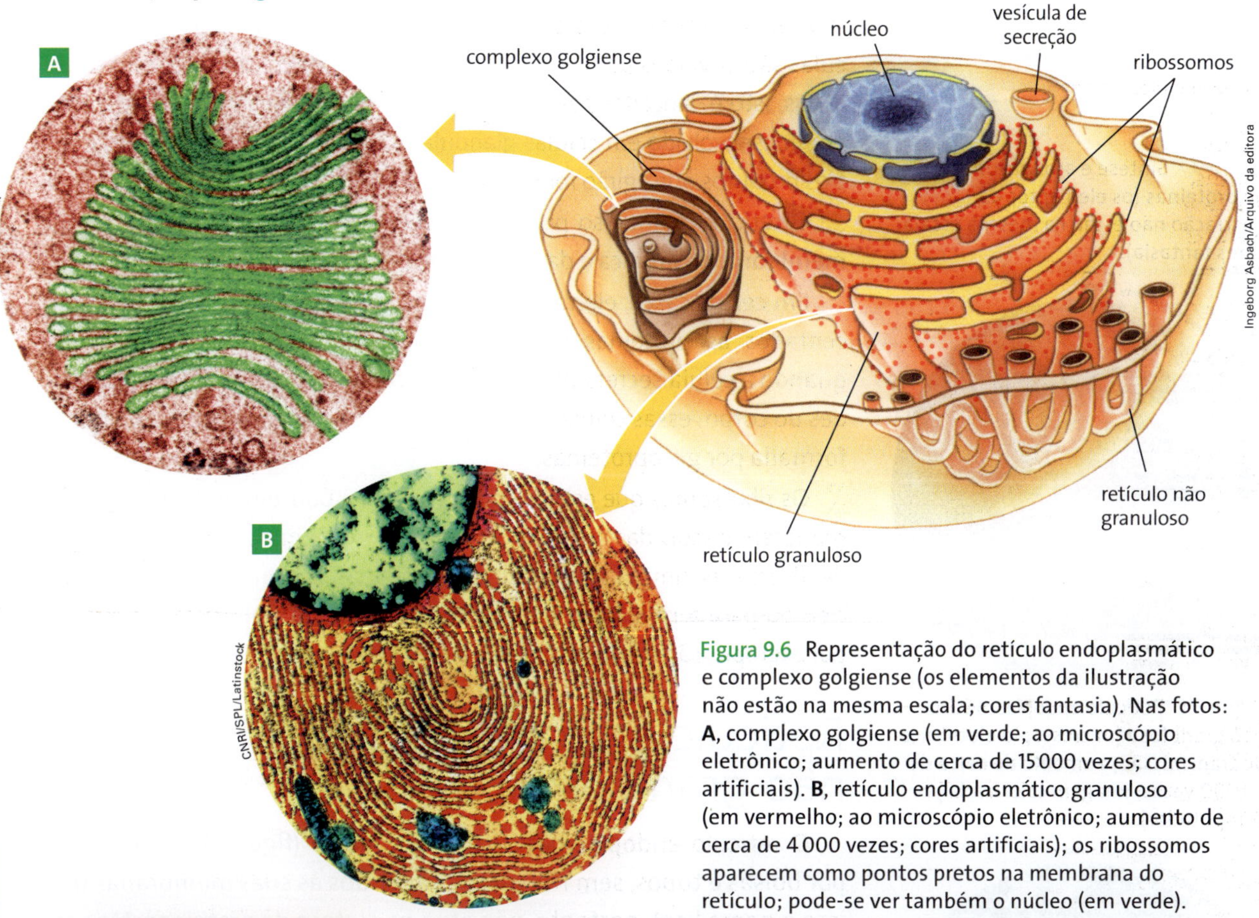

Figura 9.6 Representação do retículo endoplasmático e complexo golgiense (os elementos da ilustração não estão na mesma escala; cores fantasia). Nas fotos: **A**, complexo golgiense (em verde; ao microscópio eletrônico; aumento de cerca de 15 000 vezes; cores artificiais). **B**, retículo endoplasmático granuloso (em vermelho; ao microscópio eletrônico; aumento de cerca de 4 000 vezes; cores artificiais); os ribossomos aparecem como pontos pretos na membrana do retículo; pode-se ver também o núcleo (em verde).

Biologia e saúde

Problemas nos microfilamentos e nos microtúbulos

Ligados a certas proteínas da membrana, chamadas espectrinas, os microfilamentos ajudam a hemácia a resistir ao atrito quando ela passa pelos estreitos capilares do corpo. Se houver pouca espectrina – um problema de origem genética –, a hemácia torna-se frágil e pode romper-se com facilidade, provocando anemia. Como a hemácia adquire uma forma esférica, a doença recebe o nome de esferocitose.

No músculo, há outra proteína associada aos microfilamentos, a distrofina. Sua falta leva à destruição das células musculares, ocasionando um tipo de distrofia muscular, doença genética rara em que há destruição dos músculos, levando à morte.

A síndrome de Kartagener, que leva o nome de seu descobridor, o médico suíço Manes Kartagener (1897-1975), é uma doença genética em que falta a proteína dineína, presente nos cílios e flagelos. Por isso, os cílios das vias respiratórias, que ajudam a expelir o muco com bactérias e impurezas, não funcionam adequadamente e a pessoa passa a ter maior probabilidade de contrair infecções respiratórias.

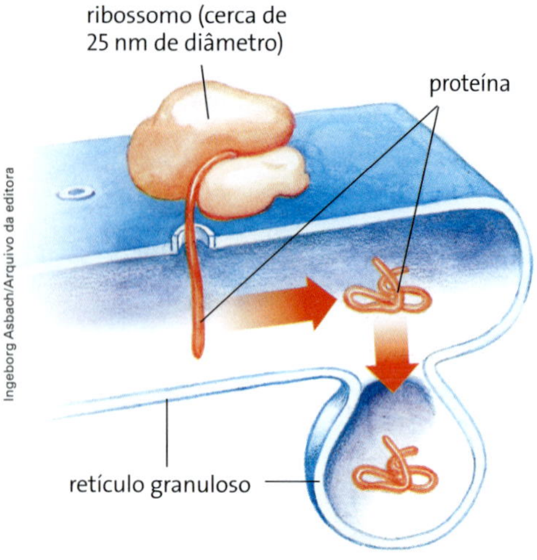

Figura 9.7 Síntese e acondicionamento de proteínas (os elementos da ilustração não estão na mesma escala; cores fantasia).

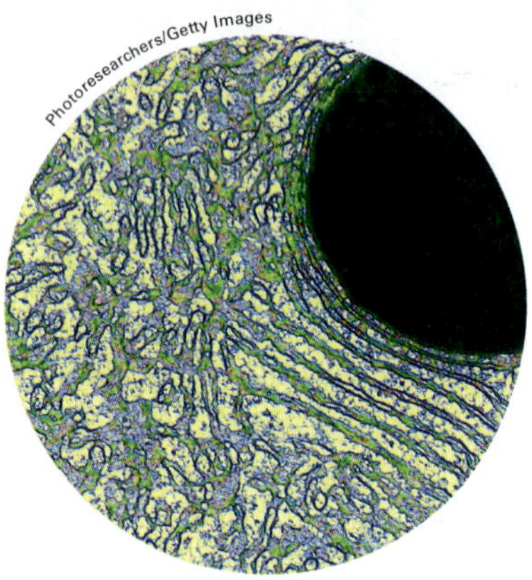

Figura 9.8 Retículo endoplasmático não granuloso (microscópio eletrônico de transmissão; aumento de cerca de 30 000 vezes; imagem colorizada por computador).

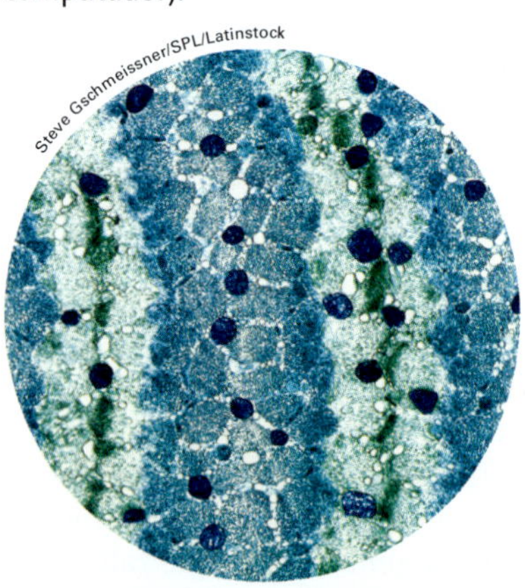

Figura 9.9 Seção transversal de músculo esquelético (microscópio eletrônico de transmissão; aumento de cerca de 2 500 vezes; imagem colorizada por computador). Os feixes de músculo (em azul) estão envoltos por tecido conjuntivo (verde-claro) e retículo sarcoplasmático (ovais brancas).

Retículo endoplasmático granuloso

O retículo endoplasmático granuloso é formado por cavidades achatadas (cisternas) com vários ribossomos na parte externa da membrana, isto é, na parte em contato com o citoplasma. A presença dos ribossomos dá o aspecto enrugado à membrana quando observada ao microscópio (por isso o nome rugoso).

As proteínas produzidas pelos ribossomos do retículo granuloso são lançadas na cavidade do retículo e envolvidas por pedaços de membrana, formando pequenas vesículas cheias de proteína (figura 9.7). Essas vesículas são enviadas para o complexo golgiense, de onde podem ser secretadas, isto é, lançadas para fora da célula. Por isso o complexo golgiense é bem desenvolvido em células glandulares, que secretam hormônios e outros produtos que agirão fora dessas células.

O retículo granuloso produz também proteínas que fazem parte da membrana plasmática e da membrana que envolve organelas.

Em certos casos, ele também produz alguns glicídios, que são acrescentados às proteínas sintetizadas pelos ribossomos. Isso acontece quando a célula secreta glicoproteínas, como as que revestem as cavidades do corpo; essas células secretam uma substância pegajosa ou muco, formada por glicoproteínas.

Os ribossomos que estão livres no citosol produzem proteínas que permanecem dissolvidas no próprio citosol e aí exercem suas funções. É o caso de diversas enzimas (algumas dessas proteínas, porém, migram para o núcleo ou para a mitocôndria e outras organelas). As células embrionárias, por exemplo, são ricas em ribossomos livres e pobres em retículo granuloso.

Retículo endoplasmático não granuloso

O retículo endoplasmático não granuloso (figura 9.8) é formado por bolsas e tubos, sem ribossomos aderidos às suas membranas (por isso o nome liso); portanto, não atua na síntese de proteínas. Mas em suas cavidades há enzimas que sintetizam diversos tipos de lipídios, como os da membrana plasmática e os esteroides (que formam, por exemplo, os hormônios sexuais). Há também enzimas responsáveis pela desintoxicação do organismo, isto é, enzimas que transformam alguns medicamentos e substâncias tóxicas em produtos menos tóxicos e de excreção mais fácil. O uso contínuo de drogas psicotrópicas pode provocar o desenvolvimento desse retículo, que passa a metabolizar mais rapidamente não apenas as drogas, mas também alguns medicamentos, diminuindo sua eficácia.

No fígado, esse retículo transforma glicogênio em glicose, que pode ser lançada no sangue e usada como fonte de energia.

Nos músculos, o retículo não granuloso – chamado **retículo sarcoplasmático** – também é muito desenvolvido e funciona como reservatório de íons cálcio, necessários ao mecanismo de contração (figura 9.9).

5 Complexo golgiense

Em 1898, ao corar uma célula nervosa com nitrato de prata, o médico italiano Camilo Golgi (1843-1926) observou que o metal se depositava em certas regiões da célula, evidenciando uma estrutura em forma de rede, que foi chamada aparelho ou complexo de Golgi; hoje, pela nova terminologia, recebe o nome de **complexo golgiense**.

Com o desenvolvimento do microscópio eletrônico foi possível observar que essa organela é formada por uma pilha de sacos achatados e pequenas vesículas esféricas (reveja a figura 9.6).

Secreção de proteínas

O complexo golgiense recebe proteínas e lipídios do retículo endoplasmático e os concentra em pequenos sacos ou vesículas que podem ser levados para outras organelas, para a membrana plasmática ou para fora da célula, conforme o tipo de proteína.

A função de "empacotar" e secretar proteínas explica por que o complexo golgiense é bem desenvolvido em células glandulares. Vamos analisar essa função com mais detalhes.

Observe na figura 9.10 que o complexo golgiense recebe as vesículas cheias de proteína do retículo granuloso, e elas se fundem à sua parte interna (voltada para o centro da célula). As proteínas são levadas, então, para a parte externa do complexo golgiense (voltada para a membrana plasmática). Lá, elas são novamente envolvidas por vesículas que brotam nessa região.

Figura 9.10 A proteína fabricada no retículo é encaminhada ao complexo golgiense e acondicionada em vesículas que serão secretadas. (Os elementos da figura não estão na mesma escala; cores fantasia.)

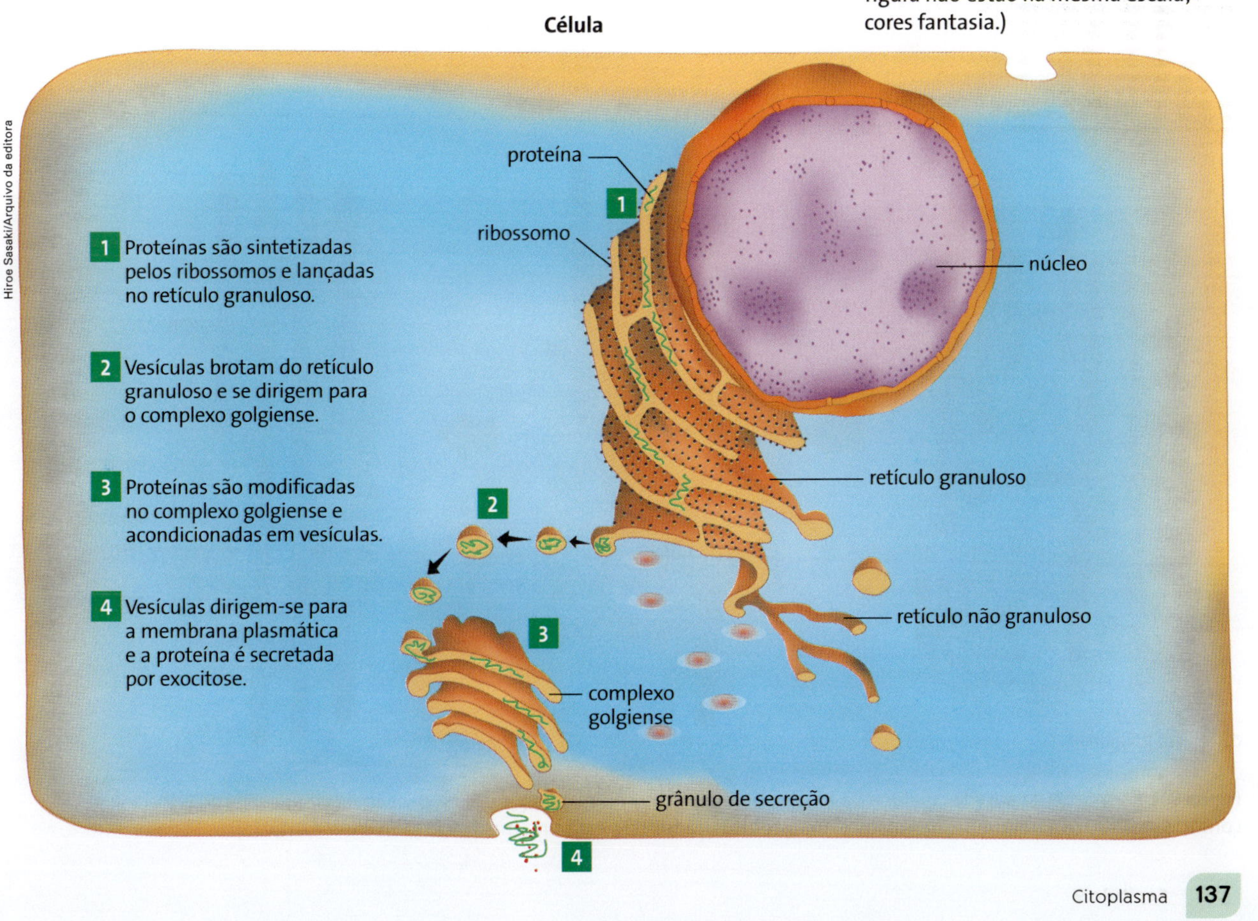

Denominadas grânulos de secreção, essas vesículas migram para a superfície da célula e fundem-se com a membrana plasmática, eliminando seu conteúdo para o meio extracelular.

Todo esse processo foi estudado inicialmente em células do pâncreas, que produzem enzimas digestivas. As células receberam aminoácidos marcados com trítio, um isótopo radioativo do hidrogênio (isótopos, estudados em Química, são átomos com o mesmo número atômico, mas diferentes números de massa), que possibilitou observar sua trajetória ao longo da célula.

Além disso, o complexo golgiense é capaz de sintetizar alguns glicídios, como o ácido hialurônico. Essa substância proporciona aderência entre as células, mantendo-as juntas em alguns tecidos animais.

Nas células vegetais, o complexo golgiense exerce uma função adicional: durante a divisão da célula, produz vesículas que se fundem e formam uma nova membrana plasmática entre as duas células-filhas (figura 9.11). Produz também glicídios que formarão a **lamela média** (esta separará as duas células-filhas) e glicídios que farão parte da parede celular.

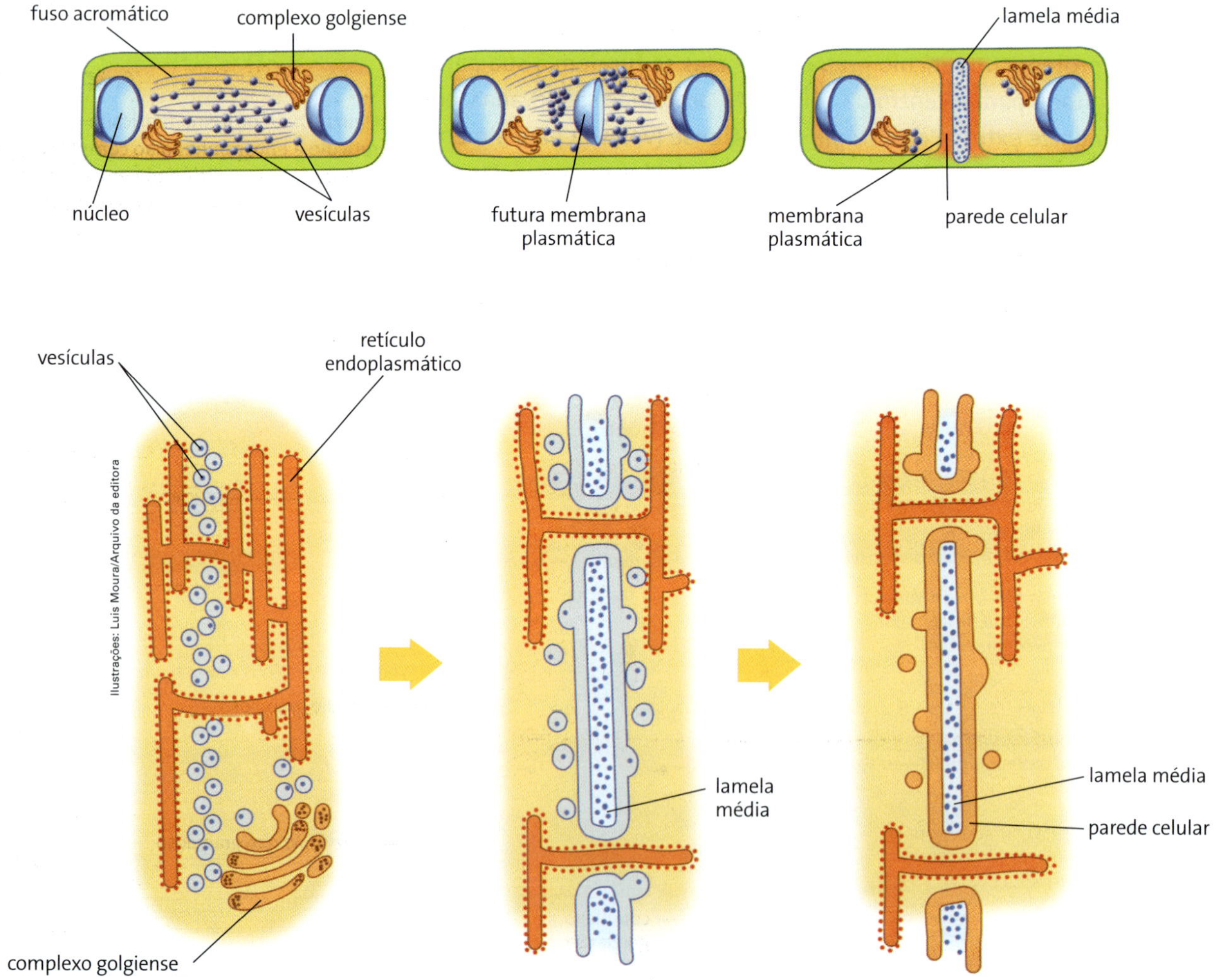

Figura 9.11 Formação da parede celular e da lamela média pelo complexo golgiense na divisão da célula vegetal (célula vegetal com 10 μm a 100 μm de comprimento; os elementos ilustrados não estão na mesma escala; cores fantasia).

O **acrossoma** (*akron* = extremidade) é uma vesícula presente no espermatozoide e rica em enzimas que facilitam a penetração desse gameta no óvulo. O acrossoma é formado a partir do complexo golgiense da espermátide, célula que origina o espermatozoide (figura 9.12). Você vai estudar a origem e a função do espermatozoide no capítulo 16.

Espermátide (cerca de 12 µm de diâmetro).

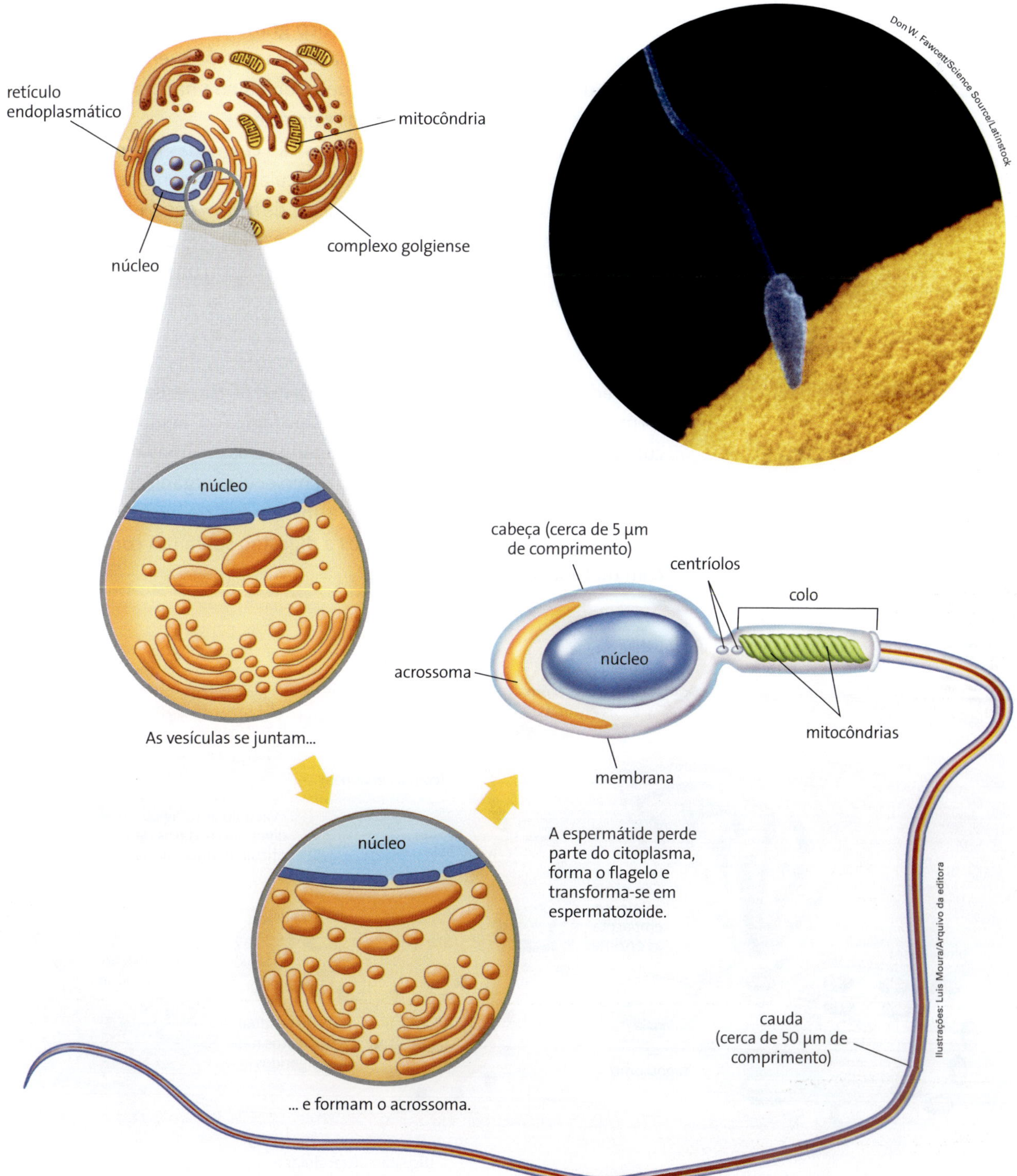

Figura 9.12 Formação do acrossoma do espermatozoide pelo complexo golgiense (os elementos da figura não estão na mesma escala; cores fantasia). Na foto acima, espermatozoide fertilizando um óvulo (microscópio eletrônico de varredura, aumento de cerca de 1100 vezes, imagem colorizada por computador).

6 Lisossomos

Alguns organismos eucariontes e unicelulares, como as amebas, e também alguns invertebrados, por exemplo, esponjas, capturam seres microscópicos por fagocitose e depois fazem a digestão intracelular das moléculas orgânicas complexas que formam esses seres. As enzimas que realizam essa digestão não ficam espalhadas no citosol. Elas são produzidas no retículo endoplasmático granuloso e encaminhadas ao complexo golgiense, onde são empacotadas em pequenas vesículas, os **lisossomos** (*lysis* = dissolução). Aqueles que ainda não participaram da digestão são chamados **lisossomos primários**.

As enzimas contidas nos lisossomos são chamadas **hidrolases ácidas** porque a digestão é uma quebra de moléculas de alimento feita com moléculas de água (por isso o nome hidrolase, de *hidro* = água + l + *ase* = sufixo para enzimas); e o interior do lisossomo é ácido (pH aproximadamente igual a 5), enquanto o citosol é praticamente neutro (pH em torno de 7,2).

Nas células vegetais, o vacúolo de suco celular contém enzimas digestivas, funcionando como lisossomo.

Durante a fagocitose, desenvolve-se no interior da célula um vacúolo chamado **fagossomo** (*phagein* = comer), que se funde com o lisossomo, formando um **vacúolo digestivo** ou **heterofágico** ou, ainda, **lisossomo secundário**, no qual estão a partícula ingerida e as enzimas digestivas.

À medida que ocorre a digestão, as moléculas orgânicas simples produzidas pelo processo atravessam a membrana do vacúolo e se espalham pelo citosol (figura 9.13). Após a digestão sobra um **corpo residual**, com material não digerido.

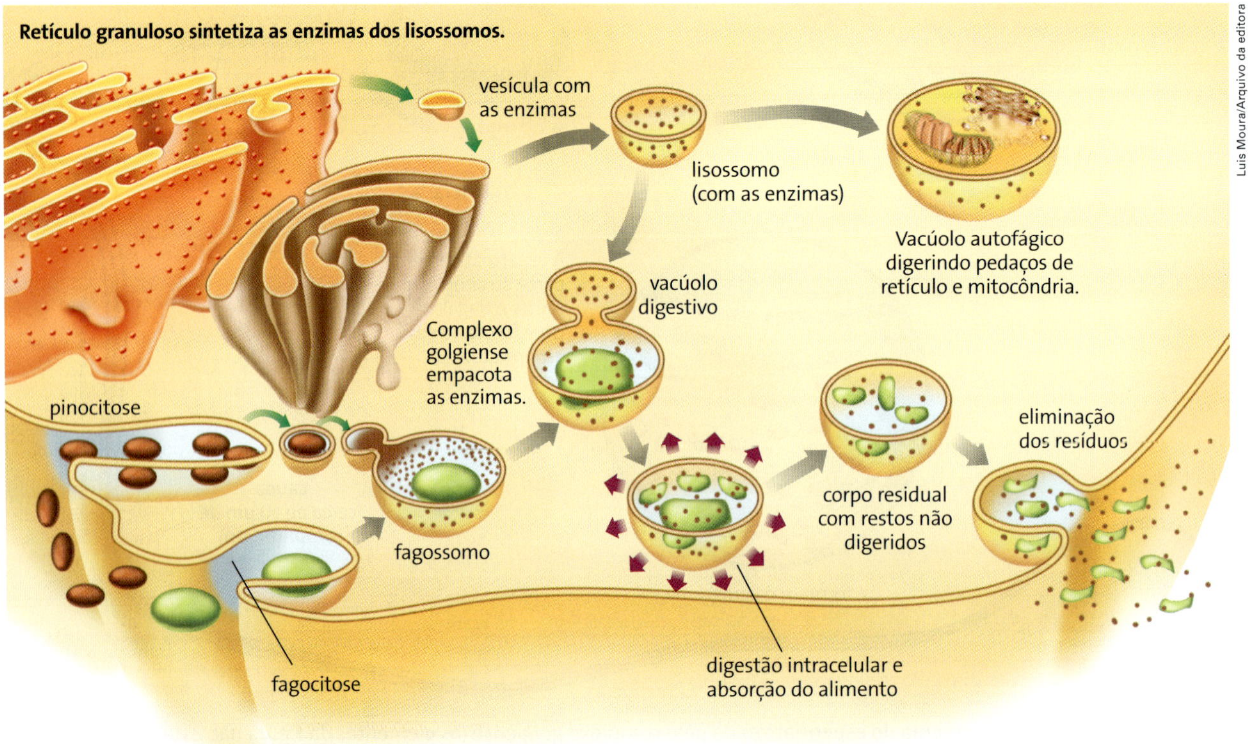

Figura 9.13 Processo de digestão intracelular (os elementos ilustrados não estão na mesma escala; cores fantasia).

A fagocitose não é apenas um meio de nutrição. A maioria dos animais possui células que se valem da fagocitose para defesa do organismo contra bactérias e outros microrganismos; é o caso de alguns tipos de leucócitos. Há também células do tecido conjuntivo, os macrófagos, que, por meio da fagocitose, destroem células danificadas, colaborando para a renovação do organismo.

Os lisossomos podem também remover organelas ou partes desgastadas da célula ou que não são mais necessárias ao seu funcionamento. A organela é envolvida por uma membrana dupla e se une a um lisossomo primário, formando um vacúolo autofágico (figura 9.13). Por esse processo, chamado **autofagia** (*autos* = próprio; *phagein* = comer) ou **função autofágica**, a célula mantém suas estruturas em permanente reconstrução, podendo mesmo construir uma parte nova à custa da destruição de outra mais velha.

Aprofunde seus conhecimentos

Morte celular programada

Ao longo do desenvolvimento de um organismo, há momentos em que grupos de células são destruídos. É o que ocorre durante a regressão da cauda do girino (larva do sapo) no processo de metamorfose. Ou durante a modelagem dos dedos do embrião humano: inicialmente, os dedos estão unidos por uma membrana (como em um pé de pato), que é removida pela destruição de suas células.

Antigamente se pensava que esses processos aconteciam por causa da ruptura da membrana do lisossomo, provocando a destruição da célula. O fenômeno foi chamado de autólise ou citólise. Hoje se sabe que se trata de um processo diferente, chamado morte celular programada, que envolve uma série de alterações que provocam a morte das células por meio de enzimas, do citoplasma e do núcleo, que estavam na forma inativa.

As células podem morrer de duas maneiras: pela ação de um agente ambiental (por lesão física ou por produtos químicos) ou por morte celular programada. No primeiro caso, chamado necrose, a célula incha (a membrana não regula mais a entrada de água e íons), arrebenta e seu conteúdo vaza. A região onde isso acontece fica inflamada.

O tipo mais comum de morte celular programada é chamado apoptose (palavra de origem grega que se refere à "queda das folhas das árvores no outono"). Ele ocorre nos tecidos que sofrem renovação contínua no adulto e ajuda também a remover células defeituosas ou que estejam se multiplicando em excesso.

Na apoptose, a célula perde água e encolhe, a mitocôndria arrebenta, e o DNA no interior do núcleo é destruído e, juntamente com o citoplasma, é eliminado da célula na forma de vesículas (corpos apoptóticos) que brotam da célula. A célula termina fagocitada por macrófagos e por outras células de defesa (figura 9.14). Nesse caso, não há reação inflamatória.

O organismo produz vários tipos de substâncias que se ligam à membrana das células e desencadeiam a apoptose. O processo é, então, executado por enzimas do citoplasma e do núcleo que estavam na forma inativa.

Fontes de consulta: ALBERTS, B. et al. *Fundamentos da Biologia celular*. 2. ed. Porto Alegre: Artmed, 2006, p. 625-633; HORTA, M. de F.; Young, J. D. Apoptose: quando a célula programa a própria morte. *Ciência Hoje*, v. 25, n. 150, p. 38-45, jun. 1999; na internet: <www.celldeath.de/>; <www.celldeath-apoptosis.org/>. Acesso em: 19 fev. 2014.

Dr. Gopal Murti/SPL/Latinstock

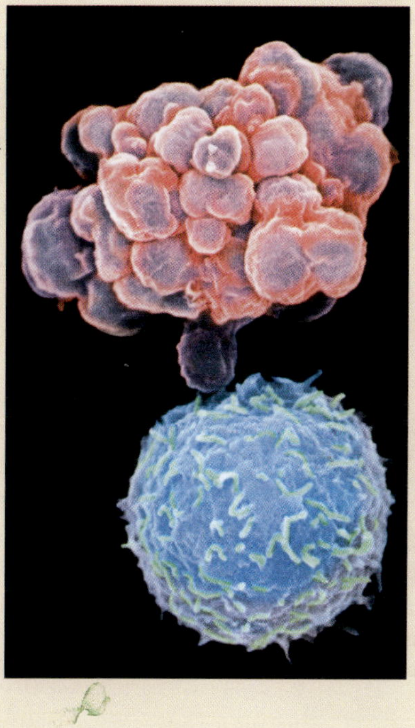

Figura 9.14 Na parte inferior da foto pode ser visto um leucócito ativo. Na parte superior, um leucócito sofrendo apoptose. (Microscópio eletrônico; aumento de cerca de 2 600 vezes; imagem colorizada por computador.)

7 Peroxissomos

Os **peroxissomos** são pequenas vesículas (entre 0,5 μm e 1,5 μm de diâmetro) presentes no citoplasma de células eucariotas (figura 9.15). Eles contêm enzimas que promovem a reação do oxigênio com algumas moléculas orgânicas. Nessa reação, a molécula orgânica perde hidrogênio e se forma água oxigenada (peróxido de hidrogênio; por isso o nome peroxissomo).

Esse processo pode ser representado assim (RH_2 simboliza uma molécula orgânica):

$$RH_2 + O_2 \rightarrow R + H_2O_2$$

A água oxigenada é tóxica, mas no peroxissomo há a **catalase**, enzima que decompõe a água oxigenada em água e oxigênio:

$$2H_2O_2 \rightarrow 2H_2O + O_2$$

Parte dos ácidos graxos encontrados nas gorduras é oxidada nos peroxissomos e transformada em moléculas menores, usadas como fonte de energia pela célula. Outra parte é oxidada na mitocôndria. O álcool ingerido pelo organismo também é oxidado nos peroxissomos e nas mitocôndrias das células do fígado e dos rins.

Nos vegetais, existe um tipo de peroxissomo, com enzimas que transformam os lipídios armazenados nas sementes em glicídios. Estes são importantes para o crescimento inicial da planta, até nascerem as primeiras folhas, que realizarão a fotossíntese. Durante essa transformação, forma-se o composto ácido glioxílico e, por isso, esse peroxissomo é chamado **glioxissomo** (figura 9.16).

Peroxissomos e glioxissomos são também chamados **microcorpos**.

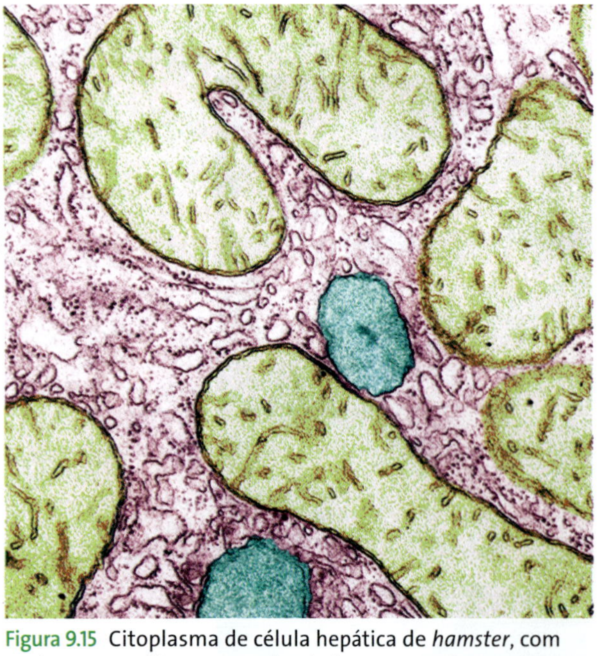

Don W. Fawcett/Photoresearchers/Latinstock

Figura 9.15 Citoplasma de célula hepática de *hamster*, com perixossomos (formas arredondadas e cor azul-esverdeada; microscópio eletrônico de transmissão; imagem colorizada por computador).

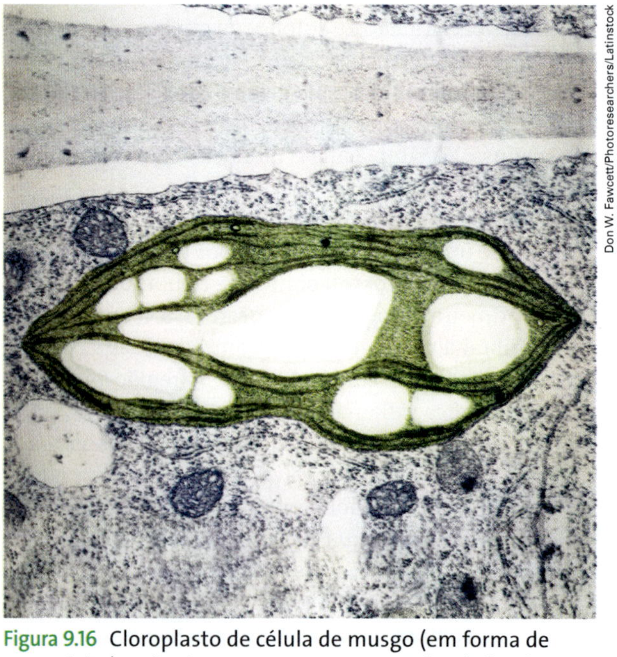

Don W. Fawcett/Photoresearchers/Latinstock

Figura 9.16 Cloroplasto de célula de musgo (em forma de amendoim) e glioxissomo, a estrutura arredondada e branca abaixo da extremidade esquerda do cloroplasto (microscópio eletrônico de transmissão; aumento de cerca de 13 000 vezes; imagem colorizada por computador).

8 Vacúolos

OED Células vegetais

Vimos que os vacúolos digestivos são formados pela união dos lisossomos com os fagossomos. Então, eles são cavidades limitadas por uma membrana nas quais ocorre a digestão intracelular. Mas há outros dois tipos de vacúolos encontrados em alguns protozoários e nas plantas.

Os **vacúolos contráteis** ou **pulsáteis**, presentes nos protozoários de água doce, encarregam-se de eliminar o excesso de água das células. Estas são hipertônicas em relação ao meio em que vivem e absorvem continuamente água por osmose, resultante da diferença de pressão osmótica. A água é levada para o vacúolo contrátil, que aumenta de volume. Em seguida, ele se contrai, bombeando o excesso de água para fora.

Desse modo, o vacúolo regula o equilíbrio osmótico desses organismos (figura 9.17).

O suco de laranja que tomamos estava em cavidades no interior das células da fruta, o **vacúolo de suco celular**, também chamado **vacúolo vegetal** ou **central**. Esses vacúolos costumam ocupar boa parte do volume da célula vegetal – às vezes 90% do volume é ocupado por um grande vacúolo, que resulta da fusão de pequenos vacúolos, originados, por sua vez, de vesículas do complexo golgiense e do retículo endoplasmático.

No capítulo 8, vimos que esses vacúolos podem aumentar ou diminuir de tamanho, de acordo com a entrada e a saída de água; sua membrana, portanto, é forte e bem elástica e é chamada **tonoplasto** (*tónos* = tensão; *plasto* = modelado).

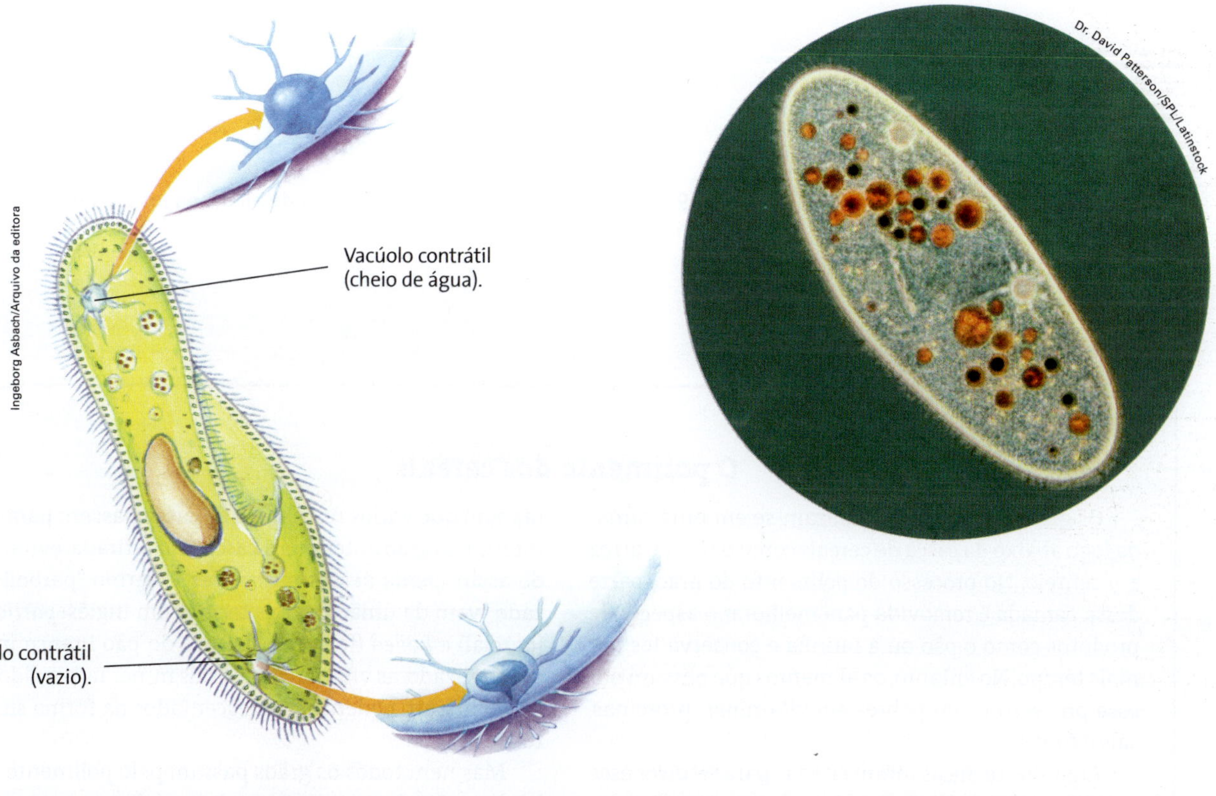

Figura 9.17 Na ilustração do paramécio (100 μm a 350 μm de comprimento), o excesso de água é bombeado para fora pelo vacúolo contrátil. (Os elementos da figura não estão na mesma escala; cores fantasia). Na foto, paramécio (microscópio óptico; imagem colorizada por computador), em que podem ser vistos dois vacúolos contráteis (estruturas mais claras, com formas arredondadas).

Os vacúolos armazenam diversas substâncias fabricadas pela célula, como alguns pigmentos que dão cor às pétalas das flores e substâncias tóxicas que funcionam como defesa contra animais herbívoros. Além disso, podem-se encontrar enzimas digestivas, semelhantes às dos lisossomos, que participam da digestão intracelular (figura 9.18).

Nas células das sementes, o vacúolo se fragmenta, originando vários vacúolos menores, que perdem água e formam pequenos grãos, chamados **grãos de aleurona** (*áleuron* = farinha), ricos em proteínas e algumas vitaminas necessárias à nutrição do embrião que se encontra no interior da semente (figura 9.19).

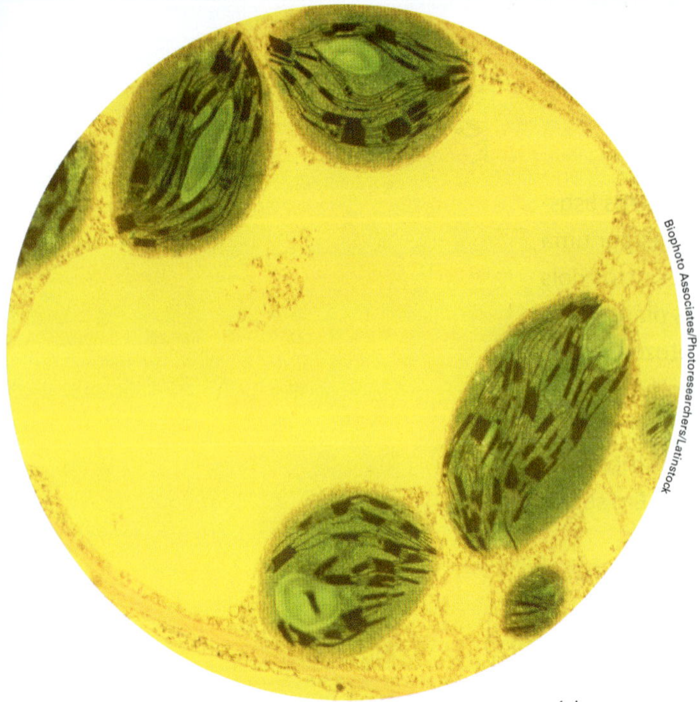
Biophoto Associates/Photoresearchers/Latinstock

Célula vegetal (10 µm a 100 µm de diâmetro).

Figura 9.18 Na foto, célula vegetal com vacúolo na parte central (amarelo-claro) e cloroplastos ao redor (verdes). (Microscópio eletrônico; aumento de cerca de 1900 vezes; imagem colorizada por computador.)

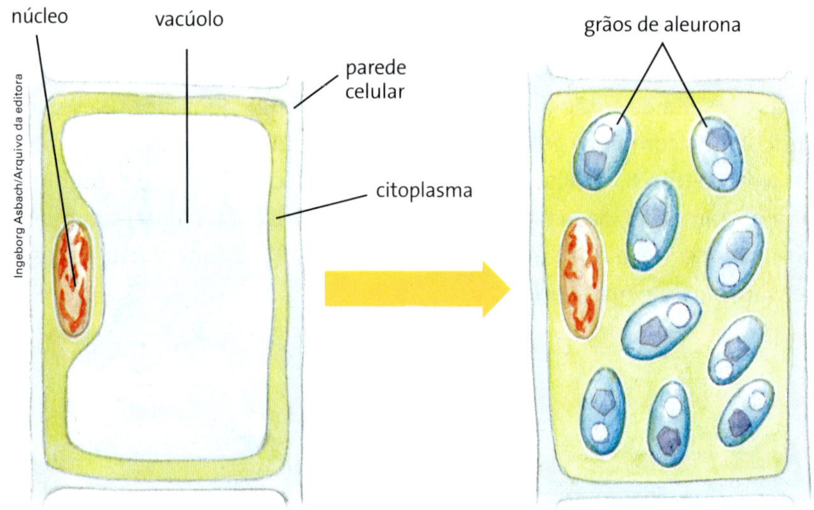

Ingeborg Asbach/Arquivo da editora

Figura 9.19 Na ilustração, formação dos grãos de aleurona (os elementos da figura não estão na mesma escala; cores fantasia).

Biologia e tecnologia

O polimento dos cereais

Os grãos de aleurona localizam-se em uma camada logo abaixo da casca de cereais como o trigo, o arroz e o centeio. No processo de polimento do grão, parte dessa camada é removida para melhorar o aspecto de produtos como o pão ou a farinha e conservá-los por mais tempo. No entanto, os alimentos que passam por esse processo ficam pobres em vitaminas, proteínas, sais e fibras.

Algumas técnicas foram criadas para resolver esse problema. O arroz parboilizado, por exemplo, é imerso em água aquecida a cerca de 50 graus Celsius, e isso faz com que vários nutrientes da casca passem para o interior do grão antes que a casca seja retirada, evitando assim perda desses nutrientes. O termo "parboilizado" vem da união de dois termos em inglês: *partial* (parcial) e *boiled* (fervido). No caso do pão branco industrializado, as vitaminas e os sais minerais perdidos no polimento podem ser acrescentados na forma sintética ao pão.

Mas nem todos os grãos passam pelo polimento e há a opção de consumir produtos feitos com esses grãos, como o pão integral.

9 Mitocôndrias

O tamanho da **mitocôndria** (*mitos* = fio; *chondrios* = grão) é comparável ao das bactérias (e isso não acontece por acaso, como veremos adiante): ela tem de 0,2 μm a 1 μm de diâmetro e 2 μm a 10 μm de comprimento. A forma pode ser: esférica, ovoide, filamentosa.

Embora essa organela possa ser vista ao microscópio óptico com auxílio de corantes ou técnicas especiais, sua estrutura interna só pode ser vista ao microscópio eletrônico. Ela aparece como uma bolsa limitada por duas membranas semelhantes à membrana plasmática. A interna forma uma série de dobras ou septos, as **cristas mitocondriais**. Entre essas cristas há uma solução gelatinosa de aspecto semelhante ao citosol, a **matriz mitocondrial** (figura 9.20).

Na matriz e na membrana interna existem várias enzimas responsáveis pelas reações químicas da respiração. As cristas mitocondriais permitem um aumento do número de enzimas sem aumento do tamanho da mitocôndria.

Na matriz há também DNA, RNA e ribossomos, o que significa que as mitocôndrias possuem equipamento próprio para a síntese de proteínas. Com ele, elas sintetizam algumas proteínas típicas e mesmo algumas enzimas que atuam na respiração, enquanto outras são produzidas pelos genes do núcleo da célula.

O DNA garante também a autoduplicação dessa estrutura e, desse modo, o número de mitocôndrias se mantém constante nas células resultantes do processo de divisão celular.

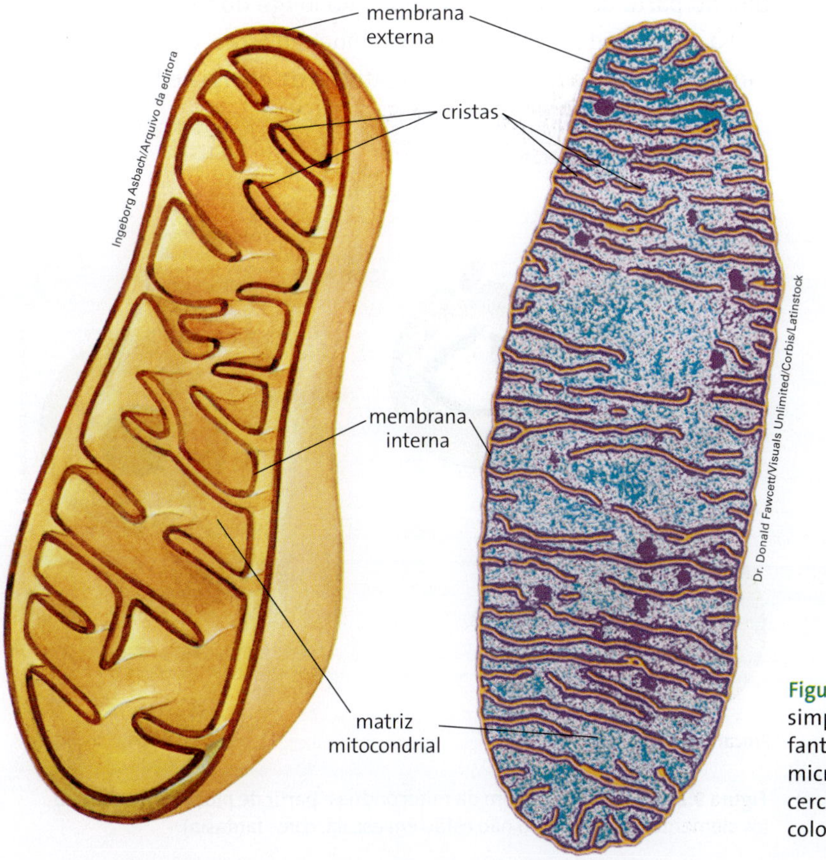

Figura 9.20 Na ilustração, esquema simplificado de mitocôndria (cores fantasia). Na foto, mitocôndria ao microscópio eletrônico (aumento de cerca de 60 000 vezes; imagem colorizada por computador).

Mitocôndrias: bactérias primitivas

Como veremos no próximo capítulo, na mitocôndria ocorrem as duas últimas etapas da respiração celular aeróbia, processo pelo qual as células obtêm energia do alimento utilizando gás oxigênio (O_2).

As mitocôndrias teriam surgido de bactérias aeróbias (que usam o gás oxigênio para liberar energia do alimento) que, há cerca de 2,5 bilhões de anos, foram fagocitadas por seres unicelulares maiores e, tendo escapado dos mecanismos de digestão, passaram a viver dentro delas (figura 9.21).

O organismo maior deveria ter sido anaeróbio (incapaz de usar o gás oxigênio do ambiente para liberar energia; *an* = sem; *aér* = ar; *bios* = vida). A associação possibilitou a ele liberar mais energia do alimento por meio da respiração aeróbia. O organismo fagocitado, por sua vez, teria ganhado maior proteção e alimento.

Há várias evidências dessa hipótese: a autonomia reprodutiva das mitocôndrias; a presença de DNA circular e de ribossomos menores do que os presentes em eucariontes.

Essa teoria é conhecida como **teoria endossimbiótica** (ou **endossimbiôntica**) **das mitocôndrias**. Simbiose é a associação entre duas espécies diferentes de seres vivos que vivem juntas. O termo *endossimbiose* indica o fato de uma célula passar a viver dentro de outra.

Supõe-se que a bactéria fosse capaz de realizar respiração aeróbia, ao contrário da célula que a abrigou, que realizaria apenas fermentação. Como a respiração aeróbia libera mais energia por molécula de glicose, a célula hospedeira passou a contar com maior disponibilidade de energia, e a bactéria pode ter ganhado maior proteção e também ter compartilhado parte do alimento da célula. Ao longo do tempo, a bactéria perdeu a capacidade de viver de forma independente, e a célula hospedeira também passou a depender da produção de energia pela mitocôndria.

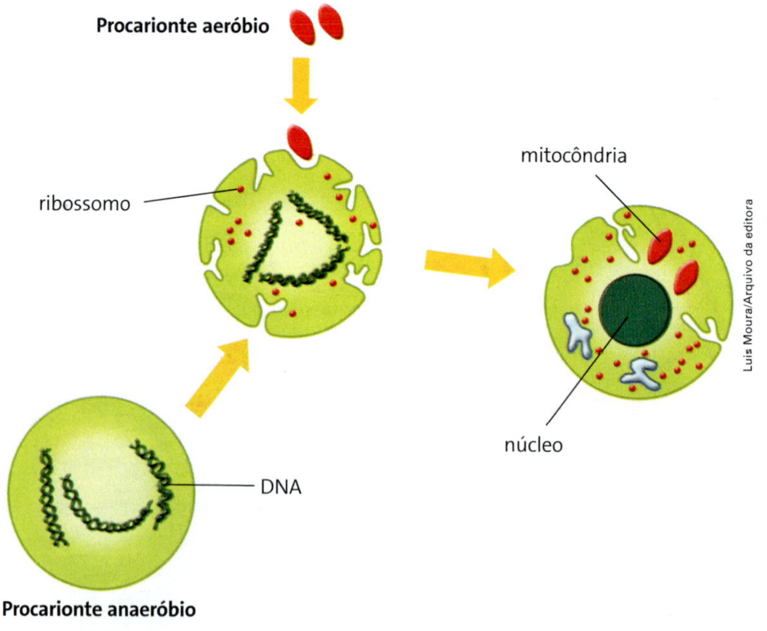

Figura 9.21 Esquema da origem da mitocôndria a partir de procarionte aeróbio (os elementos da ilustração não estão em escala; cores fantasia).

10 Cloroplastos

Organelas celulares

Nos procariontes, como as cianobactérias, a clorofila e outros pigmentos (moléculas coloridas capazes de absorver algumas cores e refletir outras) estão aderidos a membranas existentes no citoplasma. Nos eucariontes, como os vegetais, a clorofila situa-se no interior dos **cloroplastos** (figura 9.22).

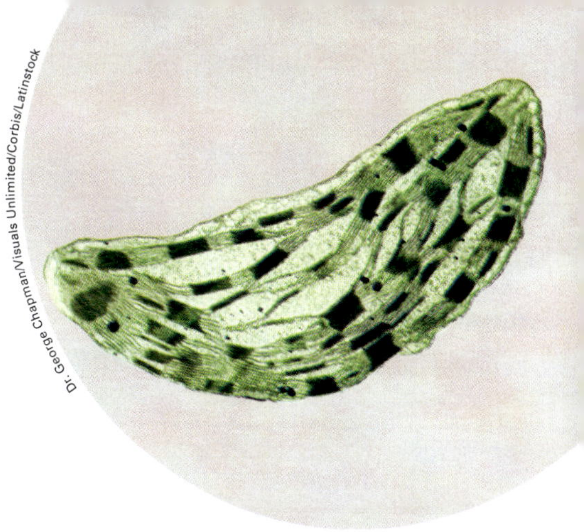

Figura 9.22 Cloroplasto visto ao microscópio eletrônico (aumento de cerca de 40 000 vezes; imagem colorizada por computador).

Os cloroplastos fazem parte de um grupo de organelas encontradas nas células das plantas e das algas, os **plastos** ou **plastídeos**. Essas organelas não estão presentes, portanto, nas células animais, nos fungos e nos procariontes.

Há vários tipos de plastos, que podem ser classificados de acordo com as funções que realizam e com os pigmentos encontrados em seu interior. Os plastídeos das células jovens (células que se dividem e originam outras células) apresentam estrutura mais simples e são chamados **proplastos** ou **proplastídeos**. Eles podem se dividir e originar outros plastos.

Os **leucoplastos** (*leukós* = branco) não possuem pigmentos e não fazem fotossíntese, mas podem acumular amido (sendo chamados **amiloplastos**), proteínas ou óleos. Os amiloplastos são encontrados em muitas sementes, raízes (como a cenoura e a batata-doce), caules (como a batata) e frutos. O amido acumulado pode ser utilizado pela planta quando necessário (figura 9.23).

Nos cloroplastos (*chlorós* = verde) predomina a clorofila, mas neles existem outros pigmentos, como os carotenoides. Um deles, muito comum, é o β-caroteno (betacaroteno), encontrado em abundância na cenoura, no tomate e no mamão.

Os **cromoplastos** (*chrôma* = cor) podem se desenvolver de cloroplastos que perdem a clorofila e acumulam carotenoides, como acontece no amadurecimento de alguns frutos, que passam a apresentar cor amarela, laranja ou vermelha, conforme o pigmento armazenado. Alguns autores, porém, classificam os cloroplastos como um tipo de cromoplasto.

Figura 9.23 Amiloplastos no interior de células da batata (a parede celular aparece em verde; microscópio eletrônico; aumento de cerca de 120 vezes; imagem colorizada por computador).

Origem e estrutura do cloroplasto

Como as mitocôndrias, os cloroplastos são capazes de se autoduplicar, possuindo, além de DNA próprio, RNA e ribossomos para síntese de uma parte das suas proteínas. A outra parte é produzida pelo DNA do núcleo da célula.

Com base nesse fato, sugeriu-se a hipótese de que os cloroplastos tiveram origem parecida com a das mitocôndrias. Seres procariontes autotróficos semelhantes às cianobactérias teriam sido fagocitados por procariontes maiores e, não sendo digeridos, passaram a viver harmoniosamente dentro deles, estabelecendo uma endossimbiose (teoria endossimbiótica dos cloroplastos).

Com tamanho médio entre 4 µm e 7 µm, os cloroplastos podem ser vistos ao microscópio óptico, geralmente na forma de grãos verdes. Ao microscópio eletrônico podemos observar que eles são envolvidos por uma membrana dupla. Em seu interior, há uma rede de membranas nas quais estão a clorofila e outros pigmentos. Parte das membranas forma vesículas achatadas, os tilacoides (*thýlakos* = saco), que ficam empilhados. Cada pilha é chamada ***grano*** ou ***granum*** (do latim; plural: *grana*) e significa 'grão'. As membranas do tilacoide são chamadas **membranas tilacoides** e nelas estão concentradas as clorofilas e outras moléculas que participam do processo de absorção de luz que ocorre na fotossíntese. As membranas entre os tilacoides são chamadas **membranas intergrana** ou **lamelas**. O espaço restante do cloroplasto é preenchido pelo **estroma**, matriz semelhante ao citosol (figura 9.24). Nele há várias enzimas que participam da fotossíntese, como veremos adiante.

Figura 9.24 Na ilustração, estrutura do cloroplasto (4 µm a 7 µm de comprimento; os elementos da ilustração não estão na mesma escala; cores fantasia). Na foto, células vegetais com cloroplastos (grãos verdes; ao microscópio óptico; aumento de cerca de 300 vezes).

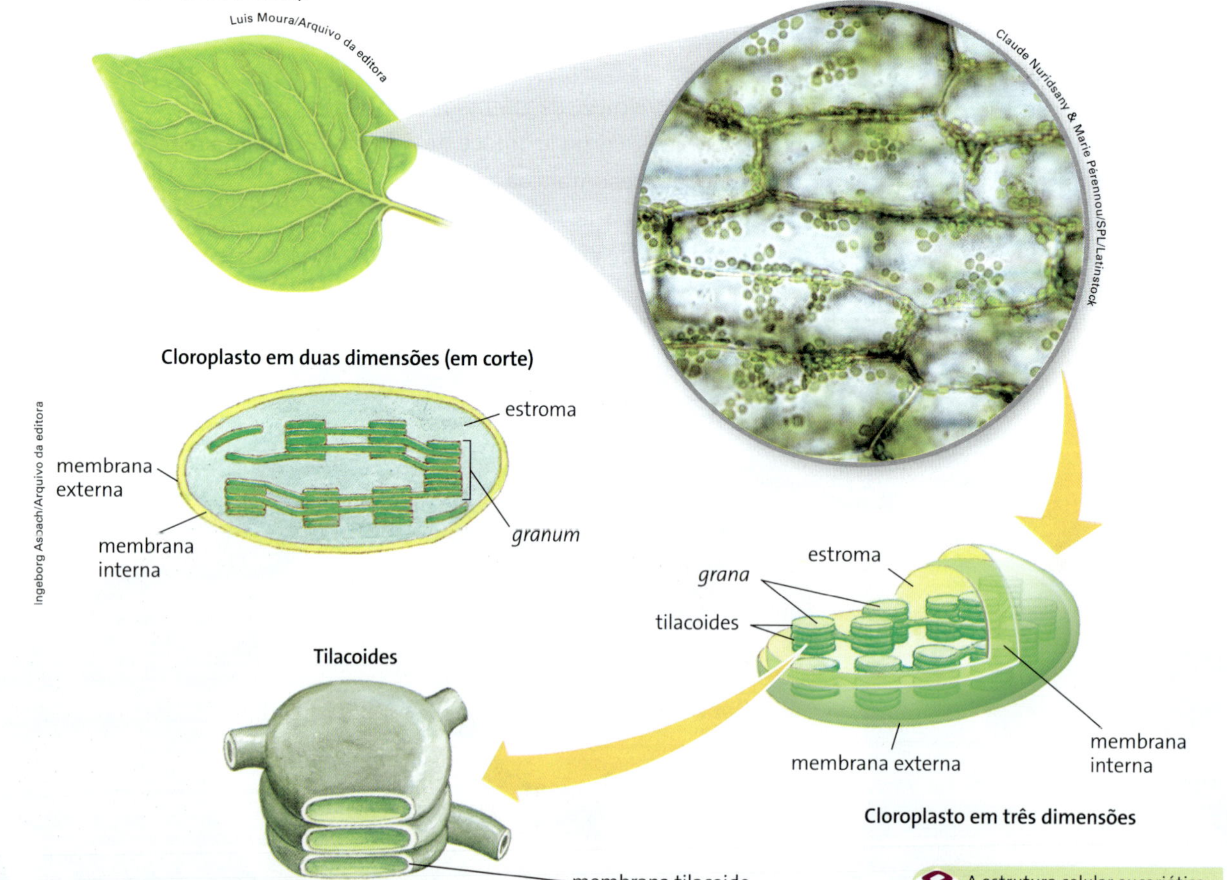

A estrutura celular eucariótica – animal e vegetal

Atividades

1. Todos os seres vivos, sem exceção, possuem ribossomos em suas células. Por que essas organelas são tão importantes para a vida?

2. Entre as células da derme na pele encontramos uma proteína resistente, o colágeno. Em que parte da célula o colágeno foi produzido?

3. Algumas bactérias, como as que causam a tuberculose e a salmonelose (uma intoxicação alimentar), produzem proteínas que impedem o fagossomo de se unir ao lisossomo. Que vantagem isso traz para essas bactérias?

4. Mitocôndrias possuem algumas semelhanças com bactérias aeróbias, e cloroplastos assemelham-se a cianobactérias. Como a ciência explica essas semelhanças? Em sua resposta, inclua a função dessas organelas nas células em que ocorrem.

5. Um estudante comparou a consistência do citoplasma a uma gelatina. Outro estudante, porém, disse que essa comparação não era muito boa, pois no citoplasma da célula existe uma estrutura que lembra uma rede de fios. Qual é essa estrutura, de que é formada e que funções ela desempenha?

6. Foi injetada em uma ameba uma substância que interrompe a formação de microfilamentos. O que deve ter ocorrido?

7. Atividades físicas aeróbias, como caminhadas ou corridas, feitas com regularidade (com a supervisão de profissionais especializados) podem levar ao aumento do número de determinada organela nas células musculares.

   a) Qual é essa organela?

   b) Como esse aumento altera o desempenho de uma pessoa nas atividades aeróbias? Explique.

8. O leite contém muitos nutrientes para o ser humano. Além da água, ele contém proteínas, lipídios, sais minerais e muitas vitaminas. Na produção do leite, qual o papel dos retículos endoplasmáticos granuloso e não granuloso das células das glândulas mamárias?

9. As células eucariotas possuem uma rede interligada de canais, vesículas e cisternas, da qual fazem parte o retículo endoplasmático e o complexo golgiense. Nesse sistema, as proteínas são sintetizadas, transportadas de um ponto a outro da célula e, por fim, secretadas. Sabendo disso, descreva o que acontece com um aminoácido, desde sua entrada no citoplasma de uma célula glandular até sua saída dessa célula.

10. O exame microscópico do retículo endoplasmático não granuloso de um consumidor usual de sedativos (calmantes) apresentou uma membrana três vezes maior do que a de não consumidores desses medicamentos. Como você explica isso?

11. Cite uma função do complexo golgiense presente apenas nas células vegetais e outra presente apenas nas células do testículo.

12. Você aprendeu que alguns organismos, como as amebas, podem englobar outros seres (fagocitose), utilizando-os como alimento. Qual a função dos lisossomos em células que se alimentam por fagocitose?

13. Examinando uma célula ao microscópio um estudante observou, em seu citoplasma, a presença de cloroplastos e mitocôndrias. Responda e justifique suas respostas:

    a) A célula observada é procariota ou eucariota?

    b) O organismo ao qual essa célula pertence é autotrófico ou heterotrófico?

14. Identifique na imagem abaixo as estruturas indicadas pelos números 1 e 2. (Imagem ao microscópio eletrônico. Aumento de cerca de 45 000 vezes – imagem colorizada por computador.)

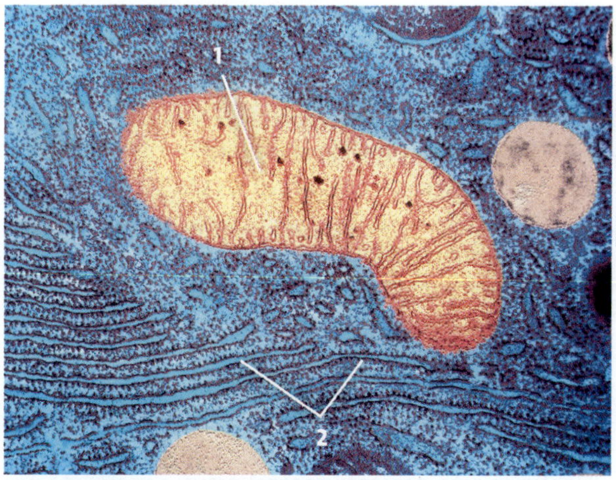

Bill Longcore/Photoresearchers/Latinstock

Atividade prática

Para esta atividade é necessário o seguinte material: uma batata-inglesa (batatinha), um bisturi ou uma lâmina de barbear, lugol (ou água iodada), uma lâmina e uma lamínula, um microscópio.

O professor deve cortar uma fatia muito fina de batata com o bisturi ou a lâmina (os alunos não devem manipular instrumentos cortantes, pois é muito perigoso), colocá-la em uma lâmina e pingar duas gotas de lugol. Depois de cerca de cinco minutos, o material deve ser coberto com a lamínula e observado ao microscópio com os aumentos de 4x, 10x e 40x (verifique a indicação de aumento nas objetivas do equipamento).

a) Desenhe e identifique as estruturas observadas com a objetiva de maior aumento (40x).

b) Qual a função dessas estruturas?

Vestibulares de Norte a Sul

1. SE (UFF-RJ) As células animais, vegetais e bacterianas apresentam diferenças estruturais relacionadas às suas características fisiológicas.

A tabela a seguir mostra a presença ou ausência de algumas dessas estruturas.

Estruturas	Células		
	animal	vegetal	bacteriana
Centríolos	+	–	–
Citoplasma	+	+	+
Membrana citoplasmática	+	+	+
Núcleo	+	+	–
Parede celular	–	+	+
Plastos	–	+	–

Analisando as informações apresentadas, é correto afirmar que

a) tanto os vegetais quanto as bactérias são autótrofos devido à presença da parede celular.
b) o citoplasma de todas as células são iguais.
c) as bactérias não possuem cromossomos por não possuírem núcleo.
d) a célula animal é a única que realiza divisão celular com fuso mitótico com centríolos nas suas extremidades.
e) todos os plastos estão envolvidos na fotossíntese.

2. SE (UFMG) A doença de Tay-Sachs é hereditária e provoca retardamento mental grave e morte do paciente na infância. Essa doença é devida à incapacidade das células de digerir uma substância cujo acúmulo é responsável pelas lesões no sistema nervoso central. Com base nessas informações, pode-se afirmar que a organela celular cuja função está alterada nessa doença é:

a) a mitocôndria.
b) o complexo de Golgi.
c) o lisossomo.
d) o retículo endoplasmático rugoso.

3. S (UEL-PR) Qual das organelas celulares mencionadas adiante possui menor valor adaptativo para microrganismos que habitam os fundos dos oceanos?

a) Vacúolo.
b) Mitocôndria.
c) Ribossomo.
d) Cloroplasto.
e) Centríolo.

4. S (UFRGS-RS) Considere o diagrama a seguir

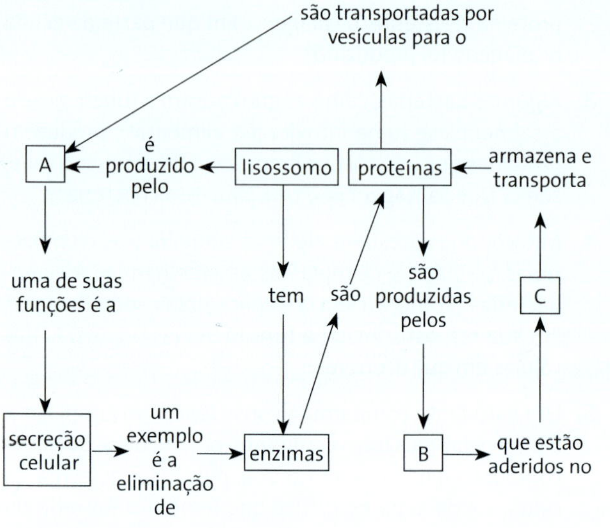

No diagrama, as letras A, B e C substituem, respectivamente,

a) o peroxissomo, os ribossomos e o retículo endoplasmático não granuloso.
b) o citoesqueleto, os centríolos e o retículo endoplasmático granuloso.
c) o complexo golgiense, os ribossomos e o retículo endoplasmático granuloso.
d) o peroxissomo, os vacúolos e o retículo endoplasmático não granuloso.
e) o complexo golgiense, os vacúolos e o cloroplasto.

5. SE (Mack-SP) As células produtoras de saliva retiram, do sangue, as substâncias necessárias para a síntese dessa secreção. Essas substâncias são, inicialmente, transferidas para __I__, em que ocorre a __II__. Em seguida, são encaminhadas para __III__ de onde são secretadas.

Assinale a alternativa que preenche correta e respectivamente as lacunas I, II e III.

a) as mitocôndrias; produção de ATP; o retículo endoplasmático liso.
b) o retículo endoplasmático liso; produção de proteínas; o centríolo.
c) o complexo de Golgi; produção de carboidratos; as mitocôndrias.
d) o retículo endoplasmático granular; produção de enzimas; o complexo de Golgi.
e) os centríolos; produção de carboidratos; o complexo de Golgi.

6. **SE** (Fuvest-SP) Células animais, quando privadas de alimento, passam a degradar partes de si mesmas como fonte de matéria-prima para sobreviver. A organela citoplasmática diretamente responsável por essa degradação é:

a) o aparelho de Golgi.
b) o centríolo.
c) o lisossomo.
d) a mitocôndria.
e) o ribossomo.

7. **S** (UFPR) Um experimento foi realizado para demonstrar a atividade da enzima catalase, também conhecida como peroxidase: em um recipiente foi colocado um pedaço de fígado bovino fresco (condição **A**), enquanto em outro foi colocado um pedaço de fígado bovino cozido (condição **B**). A seguir, peróxido de hidrogênio (água oxigenada) foi adicionado a cada um dos recipientes. Na condição **A**, muitas bolhas foram observadas saindo do pedaço de fígado; na condição **B** não foi observada a formação de bolhas. A partir dessas informações, assinale a alternativa correta.

a) As bolhas que apareceram na condição **A** são consequência da formação de vitamina C pela reação conhecida como peroxidação hepática.
b) A catalase aumentou a energia de ativação da reação do peróxido de hidrogênio, produzindo calor e consequentemente as bolhas no fígado fresco.
c) As bolhas formadas na condição **A** são de gás hidrogênio, produzido pelo contato do peróxido de hidrogênio com o ar.
d) A catalase está ativa na condição **A**, promovendo a formação de gás oxigênio pela quebra do peróxido de hidrogênio.
e) A água oxigenada foi convertida em gases na condição **A** e convertida em água pura na condição **B**.

8. **CO** (UFG-GO) Leia o texto a seguir.

A teoria endossimbiótica, proposta pela bióloga Lynn Margulis, indica que os primeiros eucariontes eram organismos anaeróbios, heterotróficos e que se alimentavam fagocitando bactérias aeróbicas e fotossintetizantes. Essas bactérias fagocitadas pelos eucariontes simples teriam mantido com eles relação simbiótica harmônica e, com o tempo, passaram a constituir um só organismo.

Essa teoria tem nos cloroplastos e mitocôndrias elementos-base de sua evidência, porque essas organelas apresentam:

a) membrana dupla: a interna seria da bactéria fagocitada e a externa, do envoltório da célula eucarionte.
b) reprodução por brotamento, característica também encontrada nas bactérias fagocitadas.
c) RNA circular compatível com o que existe no núcleo das células eucariontes.
d) cinetoplastos, que foram incorporados às células eucariontes.
e) carapaça de proteína transferida para as células eucariontes.

9. **CO** (UFMS) Qual organela citoplasmática, relacionada abaixo, contém DNA e apresenta capacidade de autoduplicação?

a) Lisossomos.
b) Cloroplastos.
c) Retículo endoplasmático rugoso.
d) Peroxissomos.
e) Complexo golgiense.

10. **N** (UFPA) Os organismos multicelulares exibem uma variedade de especializações celulares com funções e morfologia distintas. O citoplasma dessas células apresenta várias organelas ou estruturas, e, dependendo da especialização celular, vai predominar uma organela sobre as demais. A respeito das características típicas das organelas, é correto afirmar:

a) Ribossomos são grânulos constituídos por uma fita de DNA e proteínas; participam na síntese de proteínas.
b) O complexo golgiense é composto de cisternas e vesículas; participa no processamento das proteínas e secreção celular.
c) Mitocôndrias são formadas por lamelas e preenchidas pelo estroma; participam no processo da fotossíntese.
d) Peroxissomos são lisossomos; participam no armazenamento de substâncias como proteínas e lipídios.
e) Retículo endoplasmático liso é formado por cristas e preenchido por uma matriz; participa na produção e liberação de energia.

11. **N** (Ufac) No citoplasma das células eucariontes existe uma complexa rede de filamentos proteicos, que constituem o seu citoesqueleto, o qual, dentre outras funções, é responsável pela modificação do formato da célula. Nesse cenário, marque a alternativa que possui um elemento do citoesqueleto.

a) Canalículo
b) Microtúbulo
c) Citosol
d) Citogel
e) Proteína transmembrana

12. **SE** (Cesgranrio-RJ) Uma célula jovem cresce à custa de proteínas por ela sintetizadas. Essas proteínas são sintetizadas:

a) no retículo endoplasmático liso.
b) na superfície externa do retículo endoplasmático rugoso.
c) no interior do retículo endoplasmático rugoso.
d) no aparelho de Golgi.
e) nos ribossomos livres do citoplasma.

13. **SE** (PUC-RJ) O cianureto é um veneno que mata em poucos minutos, sendo utilizado na condenação à morte na câmara de gás. Ele combina-se de forma irreversível com pelo menos uma molécula envolvida na produção de ATP. Assim, ao se analisar uma célula de uma pessoa que tenha sido exposta ao cianureto, a maior parte do veneno será encontrada dentro de:

a) retículo endoplasmático.
b) peroxissomos.
c) lisossomos.
d) mitocôndria.
e) complexo de Golgi.

14. **SE** (Vunesp-SP) A figura apresenta os esquemas de duas células.

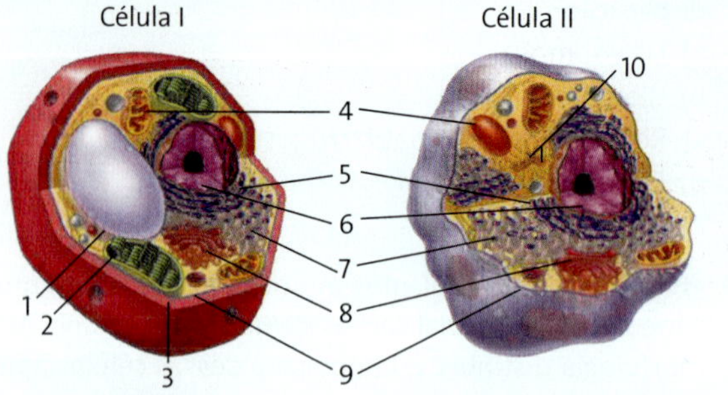

1 - Tonoplasto
2 - Cloroplasto
3 - Parede celular
4 - Mitocôndria
5 - Retículo endoplasmático rugoso
6 - Vacúolo de suco celular
7 - Retículo endoplasmático liso
8 - Complexo golgiense
9 - Membrana plasmática
10 - Centríolos

(http://macanicacelular.webnode.com.br. Adaptado)

Porém, o ilustrador cometeu um engano ao identificar as estruturas celulares. É correto afirmar que

a) II é uma célula vegetal e o engano está na identificação do complexo golgiense nesta célula, uma vez que este ocorre em células animais, mas não em células vegetais.

b) II é uma célula animal e o engano está na identificação do vacúolo em ambas as células, além de este ser característico de células vegetais, mas não de células animais.

c) II é uma célula animal e o engano está na identificação dos centríolos nesta célula, uma vez que estes são característicos de células vegetais, mas não de células animais.

d) I é uma célula animal e o engano está na identificação das mitocôndrias em ambas as células, além de estas ocorrerem em células animais, mas não em células vegetais.

e) I é uma célula vegetal e o engano está na identificação da membrana plasmática nesta célula, uma vez que esta ocorre em células animais, mas não em células vegetais.

15. **S** (Udesc) Assinale a alternativa correta quanto à célula.

a) O peroxissoma é responsável pelo armazenamento das proteínas ligadas ao peróxido de nitrogênio e é constituído por uma rede de túbulos separados.

b) O retículo endoplasmático liso possui a função de sintetizar proteínas e é constituído por uma rede de túbulos separados.

c) O retículo endoplasmático rugoso possui a função de sintetizar proteínas e é constituído por uma rede de túbulos interconectados que se comunicam com o envoltório nuclear.

d) O complexo de Golgi possui algumas funções, entre elas, é responsável pela formação das mitocôndrias e pela formação do espermatozoide. É constituído por uma rede de túbulos interconectados que permitem o armazenamento de lipídeos.

e) O lisossomo possui a função de sintetizar lipídio e é constituído por uma rede de lipídeos.

16. **S** (UFRGS-RS) Com relação às estruturas celulares encontradas nas células eucariontes, considere as afirmações abaixo.

I. O citoesqueleto e os centríolos são encontrados somente em células animais.

II. O cloroplasto e a parede celular são encontrados somente em células vegetais.

III. O complexo golgiense e os lisossomos são encontrados somente em células animais.

Quais estão corretas?

a) Apenas I.
b) Apenas II.
c) Apenas I e III.
d) Apenas II e III.
e) I, II e III.

17. **NE** (UFRN) As organelas que estão distribuídas no citoplasma são fundamentais para o funcionamento e para a adaptação das células em suas funções. Tanto maratonistas (corredores de prova de longa distância) quanto insetos voadores, como as abelhas, que sustentam o batimento de suas asas durante muito tempo, possuem uma taxa metabólica elevada em suas células musculares.

As células musculares de maratonistas e de insetos voadores contêm grande quantidade de

a) vacúolo, que armazena Ca^{+2} para a contração muscular.

b) complexo golgiense, que secreta enzimas para sintetizar hormônios.

c) lisossomo, que faz autofagia para eliminar partes desgastadas das células musculares.

d) mitocôndria, que fornece energia para a contração muscular.

18. **S** (Ulbra-RS) A silicose é uma patologia comum entre os mineiros decorrente da inalação repetida de sílica. Nesta condição, os macrófagos pulmonares são recrutados e fagocitam essas partículas inorgânicas não degradáveis. Esse processo leva ao rompimento e à liberação de enzimas no citoplasma, acarretando morte celular. Qual organela presente nos macrófagos é a principal responsável pelo processo acima descrito?

a) Ribossomos.
b) Mitocôndrias.
c) Lisossomos.
d) Nucléolo.
e) Retículo endoplasmático agranular.

19. **SE** (Fuvest-SP) Existe uma doença hereditária humana em que o indivíduo é incapaz de produzir uma das proteínas que constituem os cílios e os flagelos. Essa doença traz problemas respiratórios e esterilidade masculina. Qual a relação entre esses dois sinais clínicos e a ausência da proteína?

20. SE (Fuvest-SP) O esquema a seguir representa uma célula secretora de enzimas em que duas estruturas citoplasmáticas estão indicadas por letras (**A** e **B**). Aminoácidos radioativos incorporados por essa célula concentram-se inicialmente na região **A**. Após algum tempo, a radioatividade passa a se concentrar na região **B** e, pouco mais tarde, pode ser detectada fora da célula.

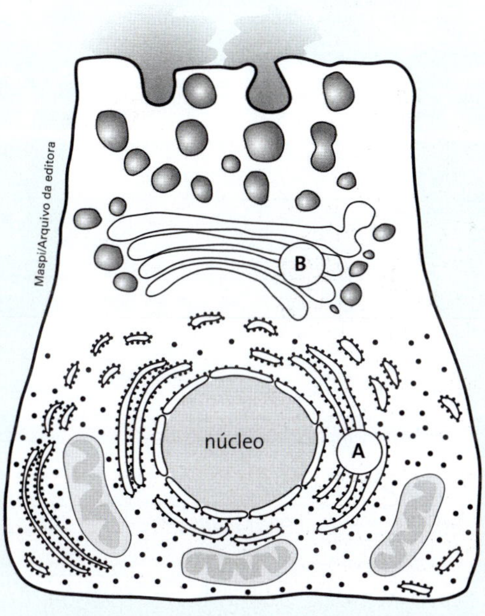

Maspi/Arquivo da editora

a) Explique, em termos funcionais, a concentração inicial de aminoácidos radioativos na estrutura celular **A**.

b) Como se explica a detecção da radioatividade na estrutura **B** e, em seguida, fora da célula?

21. SE (Unicamp-SP) Uma droga qualquer de efeito tóxico (fenobarbital, por exemplo, que é um sedativo usado como medicamento) foi fornecida a ratos adultos por cinco dias consecutivos. O retículo endoplasmático (RE) de hepatócitos (células de fígado), analisado durante doze dias, apresentou os seguintes resultados:

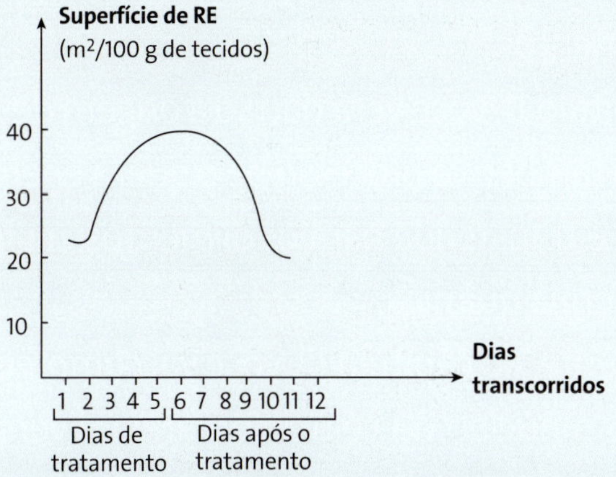

O que sugerem os resultados obtidos? Por quê?

22. SE (Vunesp-SP) O esquema representado pela figura é o de um mieloblasto (glóbulo jovem), encontrado na medula óssea de um mamífero.

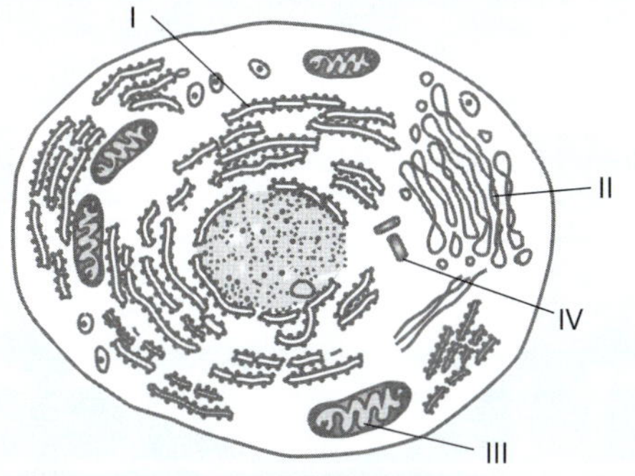

Maspi/Arquivo da editora

a) Identifique as estruturas representadas pelos algarismos I e II.

b) Dê a função atribuída a cada organoide citoplasmático representado pelos algarismos III e IV.

23. SE (Vunesp-SP) Foram coletadas três amostras de espermatozoides de um rato adulto apto para reprodução e colocadas separadamente em três tubos de ensaio. Cada uma destas amostras foi submetida a uma situação experimental.

Tubo 1: Todos os espermatozoides tiveram um determinado tipo de organoide extraído do citoplasma através de uma microagulha.

Tubo 2: Todos os espermatozoides tiveram outro tipo de organoide citoplasmático extraído.

Tubo 3: Todos os espermatozoides foram mantidos intactos e utilizados como controle.

Em seguida, as três amostras foram introduzidas, cada uma separadamente, nos colos uterinos de três ratazanas em condições de serem fertilizadas. Durante o experimento, verificou-se que:

- os espermatozoides do tubo 1 se aproximaram dos óvulos, mas nenhum deles conseguiu perfurar suas membranas plasmáticas;
- os espermatozoides do tubo 2 não foram além do colo uterino e sofreram um processo degenerativo, após 48 horas;
- os espermatozoides do tubo 3 caminharam até os óvulos e todos foram fertilizados.

a) Quais foram as estruturas extraídas dos espermatozoides dos tubos 1 e 2?

b) Quais as funções desses organoides?

24. SE (Unicamp-SP) Uma das hipóteses mais aceitas para explicar a origem das mitocôndrias sugere que estas organelas se originaram de bactérias aeróbicas primitivas, que estabeleceram uma relação de simbiose com uma célula eucarionte anaeróbica primitiva.

a) Dê uma característica comum a bactérias e mitocôndrias que apoie a hipótese acima.

b) Qual seria a vantagem dessa simbiose para a bactéria? E para a célula hospedeira?

c) Que outra organela é considerada também de origem simbiótica?

Célula: respiração, fotossíntese e funções do núcleo

O monte Everest, na fronteira entre a República Popular da China e o Nepal, é a montanha mais alta do mundo. Perto do topo, a temperatura pode chegar a 70 °C negativos e há apenas 30% do oxigênio existente na atmosfera ao nível do mar. Sem cilindro de oxigênio, treinamento e roupas especiais, qualquer um que tentasse chegar ao topo do Everest correria sério risco de morrer.

No capítulo 10, você vai saber por que o gás oxigênio é importante e qual a relação entre esse gás e a energia química contida nos alimentos.

No capítulo 11, você verá não só a origem desse gás como também o processo pelo qual a energia luminosa é transferida para os alimentos, na forma de energia química.

Finalmente, no capítulo 12, você vai compreender como o núcleo da célula comanda diversos processos celulares.

CAPÍTULO

10 Respiração celular e fermentação

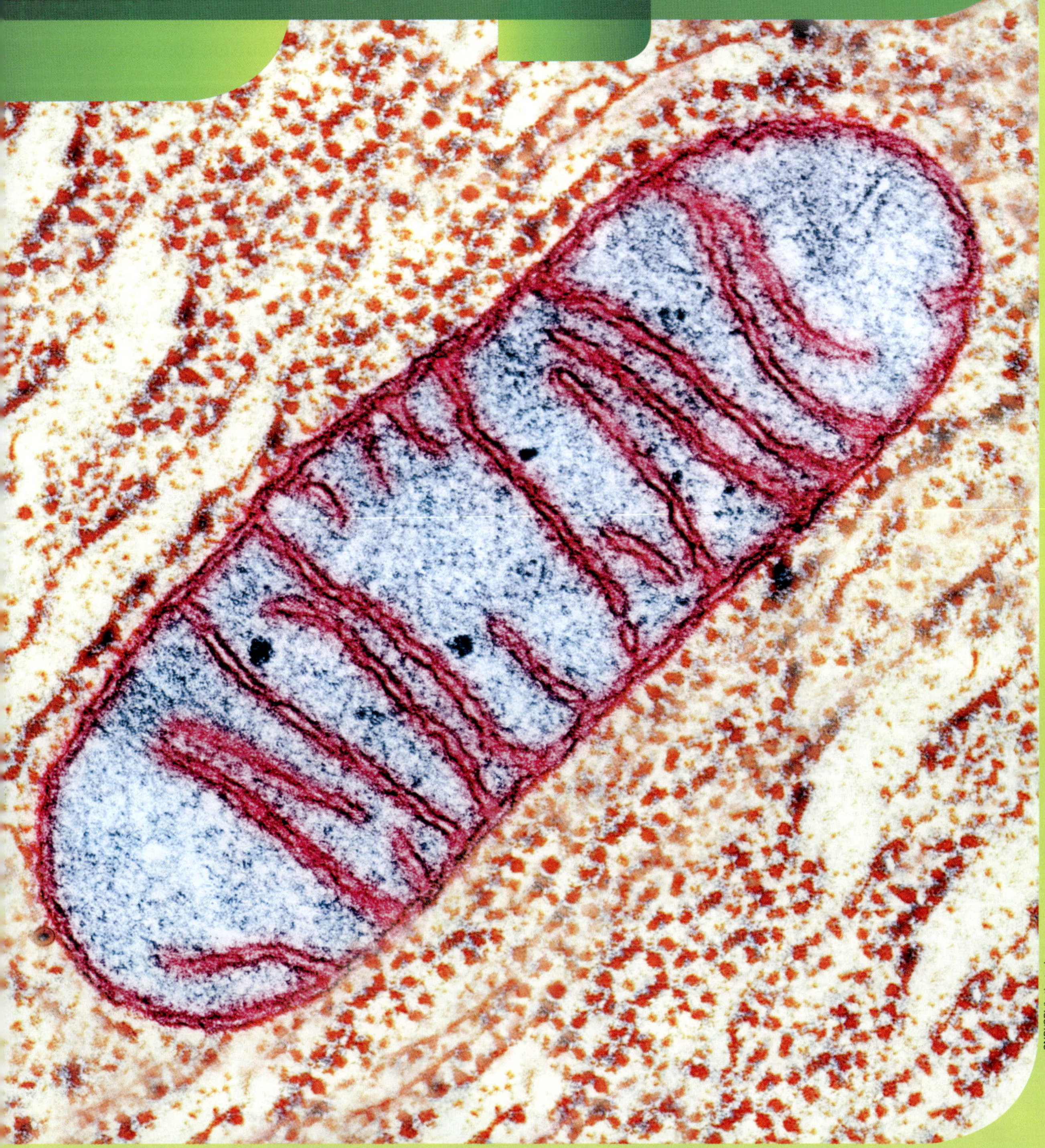

Mitocôndria (microscopia eletrônica de transmissão; aumento de cerca de 125 600 vezes).

- *Todos os seres vivos precisam do gás oxigênio para sobreviver?*
- *Como o gás oxigênio é usado pelos organismos?*
- *Você sabe como as células obtêm a energia contida nos alimentos?*
- *O que são exercícios aeróbios? E anaeróbios?*

1 Aspectos gerais da respiração aeróbia

Em Citologia, o termo respiração é usado abreviadamente para designar a respiração celular: uma série de reações químicas por meio das quais as células obtêm energia da glicose. Já o processo pelo qual os pulmões se enchem e se esvaziam de ar, a fim de captar oxigênio e eliminar gás carbônico, conhecido como respiração, é mais corretamente denominado como ventilação pulmonar.

Neste capítulo, veremos que a liberação de energia pode ser feita com consumo do gás oxigênio (**respiração aeróbia**) ou sem consumo desse gás (**fermentação** e **respiração anaeróbia**).

A respiração aeróbia (*aér* = ar; *bios* = vida) começa no citosol e, nos eucariontes, termina no interior da mitocôndria. Nos procariontes que executam esse tipo de respiração, suas etapas finais ocorrem na membrana plasmática. Já a fermentação ocorre no citosol – tanto nos procariontes como nos eucariontes.

Uma das maneiras mais eficientes de liberar a energia contida nas ligações químicas de uma substância é provocar a reação de suas moléculas com oxigênio. É o que ocorre na combustão da gasolina e da madeira (figura 10.1).

Embora a respiração aeróbia também produza gás carbônico e água, há muitas diferenças entre esses dois processos. Na combustão, a reação é violenta, com liberação de grande quantidade de energia em um intervalo de tempo pequeno. Na respiração, a quebra das cadeias de carbono é feita de forma gradativa, por meio de várias reações químicas intermediárias, e a energia é liberada em pequenas parcelas; caso contrário, o calor produzido destruiria a célula.

A principal molécula utilizada pelas células como fonte de energia é a glicose. O processo de respiração celular aeróbia pode ser representado pela equação a seguir. Ela mostra as substâncias que reagem (glicose e oxigênio), as substâncias produzidas (gás carbônico e água) e a proporção relativa entre elas.

$$C_6H_{12}O_6 + 6O_2 \rightarrow 6CO_2 + 6H_2O + \text{energia}$$

Figura 10.1 A combustão de uma molécula orgânica (celulose da madeira ou do papel, por exemplo) é uma reação com o oxigênio, que produz gás carbônico e água, além de liberar a energia da molécula orgânica na forma de calor e luz. (Ilustração com modelos de átomos; o diâmetro dos átomos é, em média, 10 milhões de vezes menor que 1 milímetro; cores fantasia.)

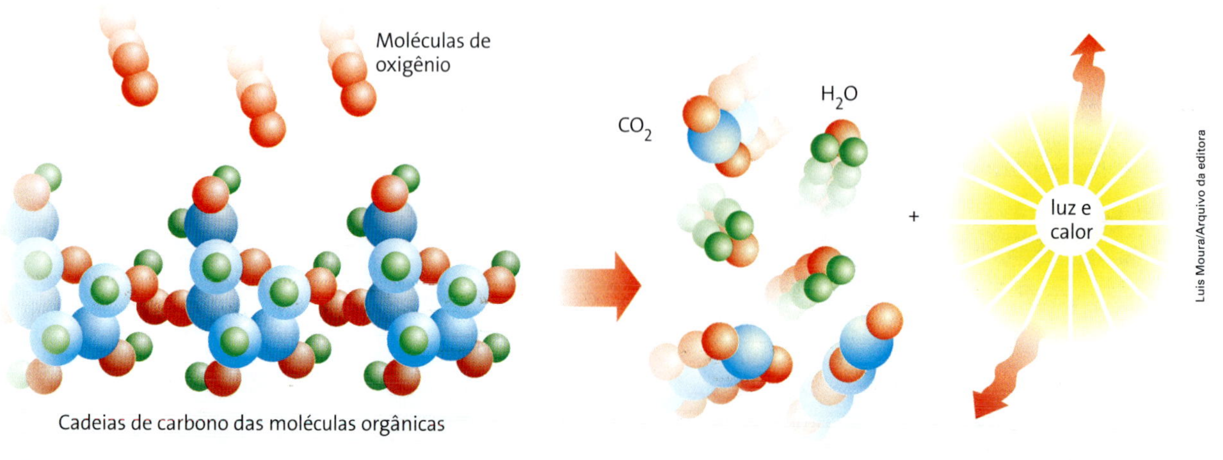

ATP: pequenos "pacotes" de energia

No capítulo 13, você vai conhecer melhor a estrutura dos ácidos nucleicos e de seus componentes, os nucleotídeos. Contudo, alguns nucleotídeos são encontrados fora dos ácidos nucleicos, realizando outras funções na célula: é o caso do **ATP** e do **NAD**.

O **ATP** (**adenosina trifosfato**) é formado por uma molécula que contém nitrogênio – uma **base nitrogenada** –, ligada a um açúcar, a **ribose**, e a três **íons fosfato**. Vem daí o nome dessa molécula: adenosina (união da adenina com a ribose) trifosfato (três íons fosfato). O **ADP** (**adenosina difosfato**), como o nome indica, é formado pela adenosina ligada a dois íons fosfato. Veja a figura 10.2.

A energia obtida na respiração não é usada de imediato. Cada parcela é utilizada na síntese de uma molécula de adenosina trifosfato (ATP) a partir de uma molécula de adenosina difosfato (ADP) e um íon fosfato. Essa reação se chama **fosforilação** e se forma ATP com um fosfato rico em energia (figura 10.3).

Quando uma célula precisa de energia para realizar algum trabalho, a ligação entre o ADP e o fosfato é quebrada, liberando energia e o fosfato, agora pobre em energia (fosfato inorgânico). O ADP e o fosfato podem ser "recarregados" e formar de novo ATP.

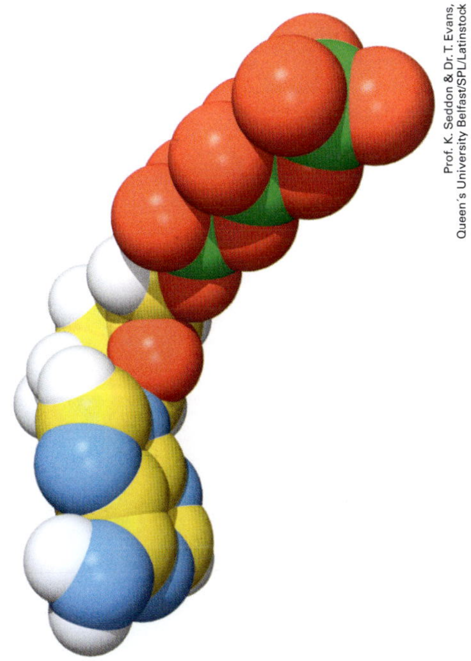

Figura 10.2 Modelo da molécula de ATP (carbono em amarelo; oxigênio em vermelho; nitrogênio em azul; hidrogênio em branco; fósforo em verde).

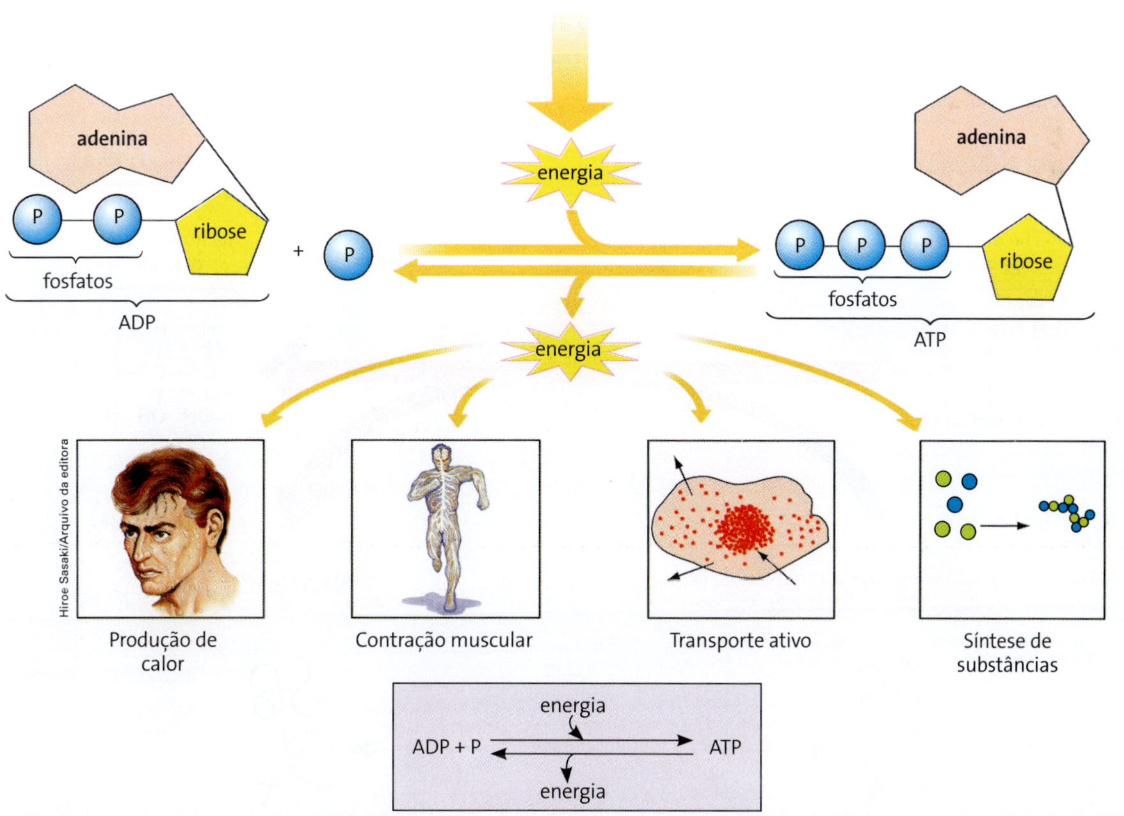

Figura 10.3 O ATP (em esquema simplificado) acumula a energia da respiração celular e é distribuído para as diversas partes da célula que consomem energia. (Os elementos da figura não estão na mesma escala; cores fantasia.)

Oxidação por retirada de hidrogênios

A energia armazenada nas ligações químicas da glicose é liberada por meio de oxidações sucessivas. Uma substância se oxida quando perde elétrons. Esse fenômeno ocorre, por exemplo, quando a substância reage diretamente com o oxigênio, caso da combustão da gasolina. Entretanto, as oxidações da glicose não ocorrem em reações diretas com o oxigênio, mas por retiradas de átomos de hidrogênio da molécula, isto é, por uma série de **desidrogenações**.

Essas reações são catalisadas por enzimas chamadas **desidrogenases**, que possuem como coenzima o grupamento **nicotinamida adenina dinucleotídeo (NAD)** (figura 10.4). A nicotinamida ou niacina é uma vitamina do complexo B, e a adenina, como vimos, é um composto com nitrogênio que participa da formação de alguns nucleotídeos. Algumas enzimas podem conter um composto semelhante ao NAD, a flavina adenina **dinucleotídeo (FAD)**; a flavina é uma substância derivada da vitamina B_2.

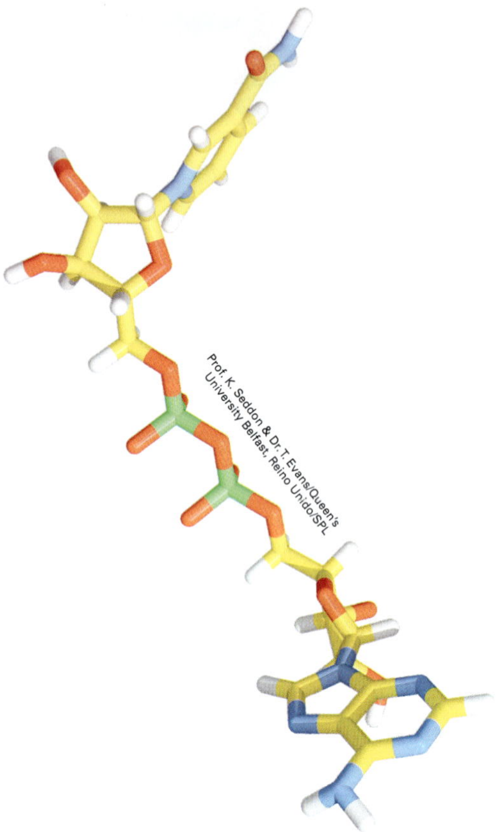

Figura 10.4 Modelo molecular do NAD.

Quando o NAD está na forma oxidada (NAD^+), ele é capaz de se combinar com os átomos de hidrogênio retirados da molécula que está sendo oxidada (figura 10.5). Um dos átomos de hidrogênio combina-se com NAD^+; o outro cede seu elétron e fica na forma iônica, como próton, em solução:

$$NAD^+ + 2H \rightarrow NADH + H^+$$

Para simplificar, pode-se omitir o hidrogênio na forma iônica (H^+) nas etapas da respiração.

Na respiração aeróbia, os hidrogênios que saem da glicose e de seus fragmentos são transportados até o oxigênio absorvido do ambiente, formando água.

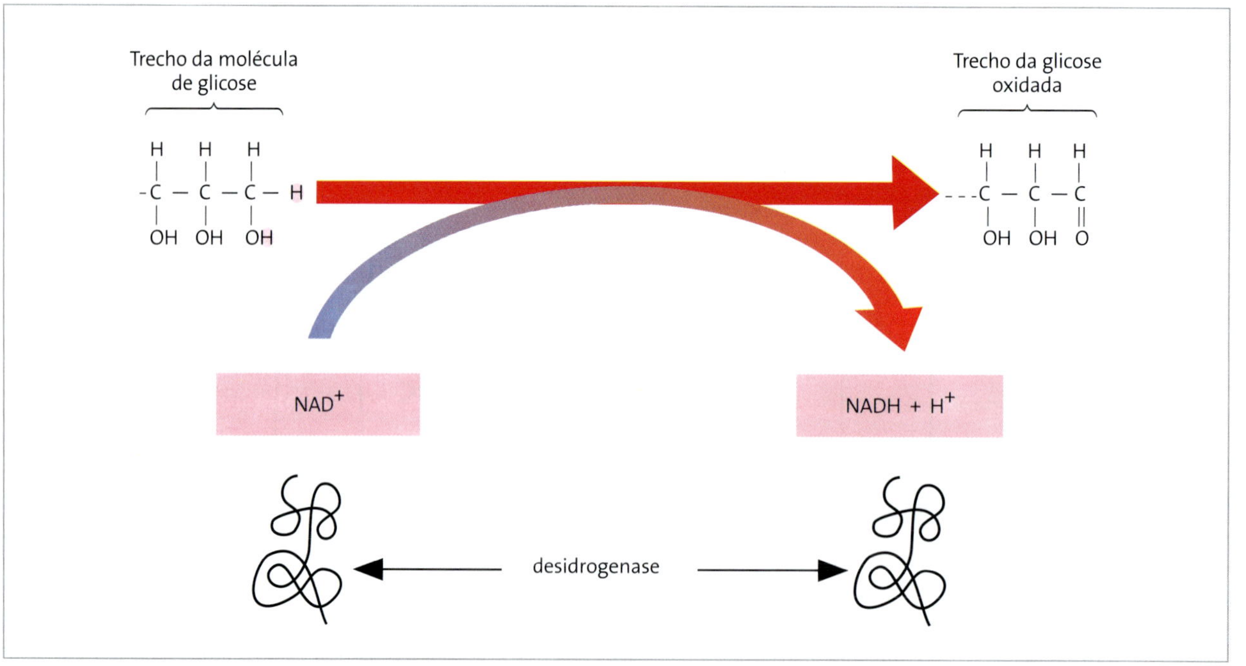

Figura 10.5 A ação da enzima desidrogenase (representada em esquema por um fio enrolado).

2 Etapas da respiração aeróbia

Sabemos que a respiração aeróbia consiste no processo de oxidação e quebra total da glicose, com participação do O_2, com liberação de energia, que é utilizada na síntese de ATP. A respiração aeróbia pode ser dividida nas seguintes etapas: **glicólise**, **etapa intermediária**, **ciclo de Krebs** e **cadeia respiratória**. Nas células eucarióticas, a glicólise ocorre no citosol, e as demais etapas, na mitocôndria. Nas células procarióticas, todas as etapas ocorrem no citosol, com exceção da cadeia respiratória, que ocorre na membrana plasmática.

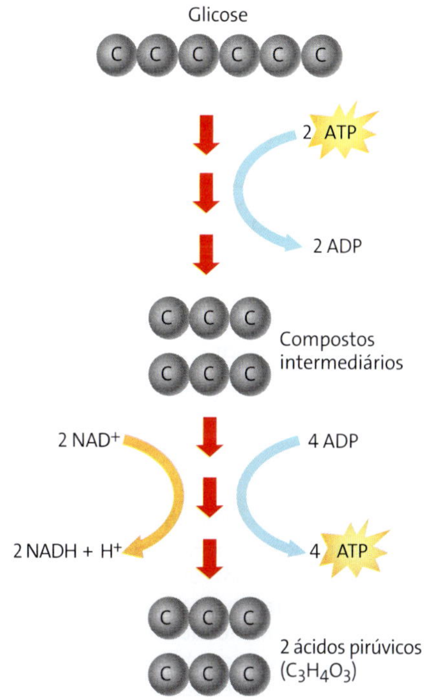

Glicólise

Esta etapa ocorre no citosol (hialoplasma) e consiste na quebra parcial da glicose em duas moléculas de ácido pirúvico (figura 10.6). Esse ácido e todos os outros ao longo da respiração aparecem em solução na forma ionizada, que, no caso do ácido pirúvico, é chamada de **piruvato**.

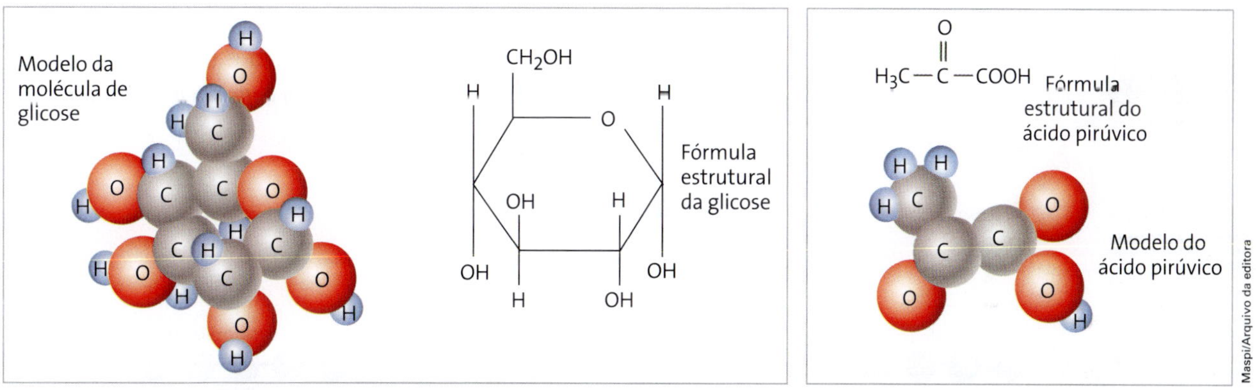

Maspi/Arquivo da editora

Figura 10.6 No alto, à direita, esquema simplificado da glicólise, em que uma molécula de glicose origina duas moléculas de ácido pirúvico após uma série de reações que não estão representadas. Em solução, o ácido pirúvico se ioniza, liberando o íon hidrogênio e o íon piruvato. Acima, modelos e fórmulas da glicose e do ácido pirúvico. (Cores fantasia.)

Durante essa quebra, que envolve vários compostos intermediários, uma parte da energia da glicose é liberada em quatro parcelas, permitindo a produção de quatro moléculas de ATP. Como foram gastas duas moléculas de ATP para ativar a glicose (energia de ativação necessária para começar a reação), o saldo é de duas moléculas de ATP nesta etapa. Ocorre também desidrogenação, com formação de duas moléculas de NADH. Veja na figura 10.7.

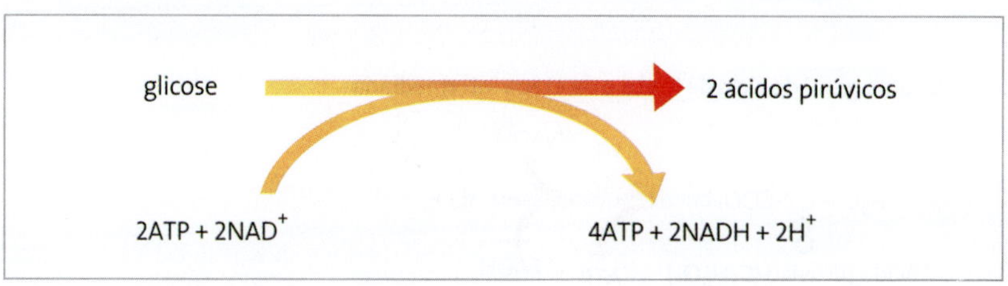

Figura 10.7 Balanço geral da glicólise.

Ciclo de Krebs

Estudada em 1938 pelo bioquímico alemão Hans Krebs (1900-1981), essa etapa ocorre na matriz das mitocôndrias das células eucarióticas e no citosol das bactérias aeróbias.

Antes de o ciclo se iniciar, há uma etapa intermediária ou preparatória, na qual o ácido pirúvico é oxidado, perdendo átomos de hidrogênio e elétrons (desidrogenação), além de um átomo de carbono e dois de oxigênio, formando-se uma molécula de NADH, uma de gás carbônico (CO_2) e uma cadeia de dois átomos de carbono, o grupo **acetila**. Esse grupo se liga a uma substância chamada coenzima A (CoA) e forma a **acetil-CoA** (figura 10.8).

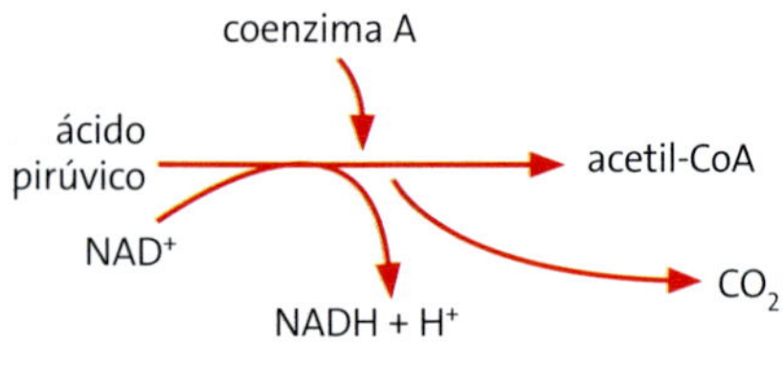

Figura 10.8 Formação da acetil-CoA a partir do ácido pirúvico.

No ciclo propriamente dito, a acetil-CoA liga-se a um composto de quatro átomos de carbono, o **ácido oxaloacético** (**oxaloacetato**), existente na matriz, e forma-se um composto de seis átomos de carbono, o ácido cítrico. A coenzima A apenas ajuda a acetila a se ligar ao ácido oxaloacético e não permanece no ciclo. Como o **ácido cítrico** possui três carboxilas (— COOH), o ciclo é chamado também de **ciclo do ácido cítrico** (**citrato**) ou **do ácido tricarboxílico**. O ácido cítrico sofre desidrogenações e perda de átomos de carbono e de oxigênio, que saem como CO_2, formando-se vários compostos intermediários. No fim do processo, o ácido oxaloacético é regenerado.

Durante essas transformações são produzidas três moléculas de NADH, uma molécula de $FADH_2$, duas de gás carbônico e uma de **guanosina trifosfato** (**GTP**), que armazena energia e logo a cede ao ATP (figura 10.9).

Figura 10.9 Esquema simplificado e resumo geral do ciclo de Krebs. Os átomos de carbono dos compostos formados estão representados por bolinhas. (Os elementos do esquema não estão na mesma escala; os ácidos cítrico e oxaloacético estão na forma ionizada de citrato e oxaloacetato; cores fantasia.)

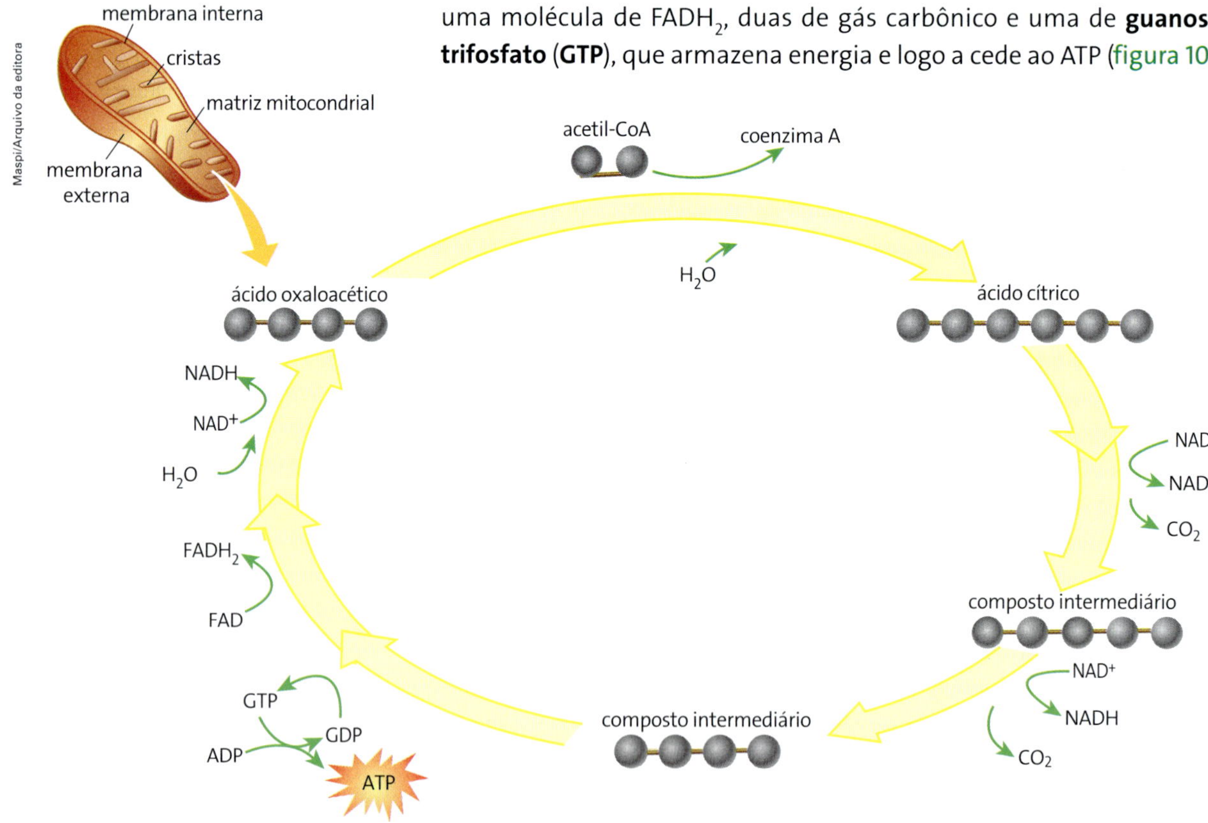

Resumo geral do ciclo de Krebs e da etapa intermediária

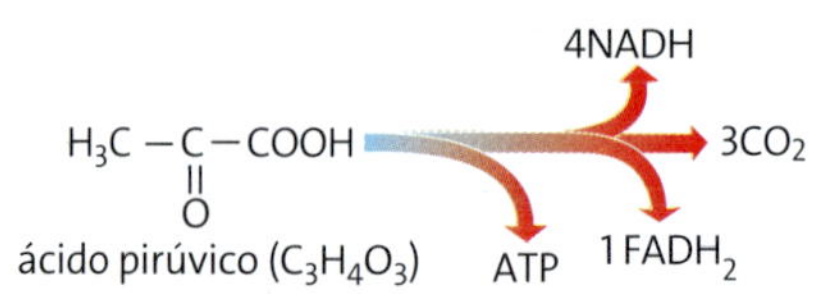

O ciclo de Krebs como uma "encruzilhada" metabólica

Além de liberar a energia de forma gradativa, o ciclo de Krebs permite que os compostos intermediários formados no processo sirvam de ligação entre o metabolismo da glicose e de outras substâncias vindas do alimento, como lipídios e proteínas.

Os ácidos graxos dos lipídios, por exemplo, são decompostos em várias moléculas de acetila, que entram no ciclo de Krebs (o glicerol é convertido em um composto de três carbonos e entra na glicólise).

Proteínas consumidas em excesso também podem ser usadas como fonte de energia: os aminoácidos perdem o grupamento amina (NH_2) e um hidrogênio, transformando-se em ácidos que entram em várias etapas do ciclo, dependendo do tipo de aminoácido.

Como vemos, o ciclo de Krebs pode ser desviado em várias direções metabólicas, dependendo das condições do organismo. Por isso, ele é considerado uma verdadeira "encruzilhada" do metabolismo.

Cadeia respiratória

Nesta etapa, que ocorre na membrana interna da mitocôndria e na membrana plasmática das bactérias aeróbias, os átomos de hidrogênio retirados pelo NAD das cadeias de carbono durante a glicólise e o ciclo de Krebs são transportados por várias moléculas intermediárias até o oxigênio, formando água e grande quantidade de moléculas de ATP (figura 10.10).

Na realidade, não são transportados átomos de hidrogênio, mas os elétrons retirados do átomo de hidrogênio e íons H^+. Decorre disso o outro nome dessa etapa: **transporte eletrônico**.

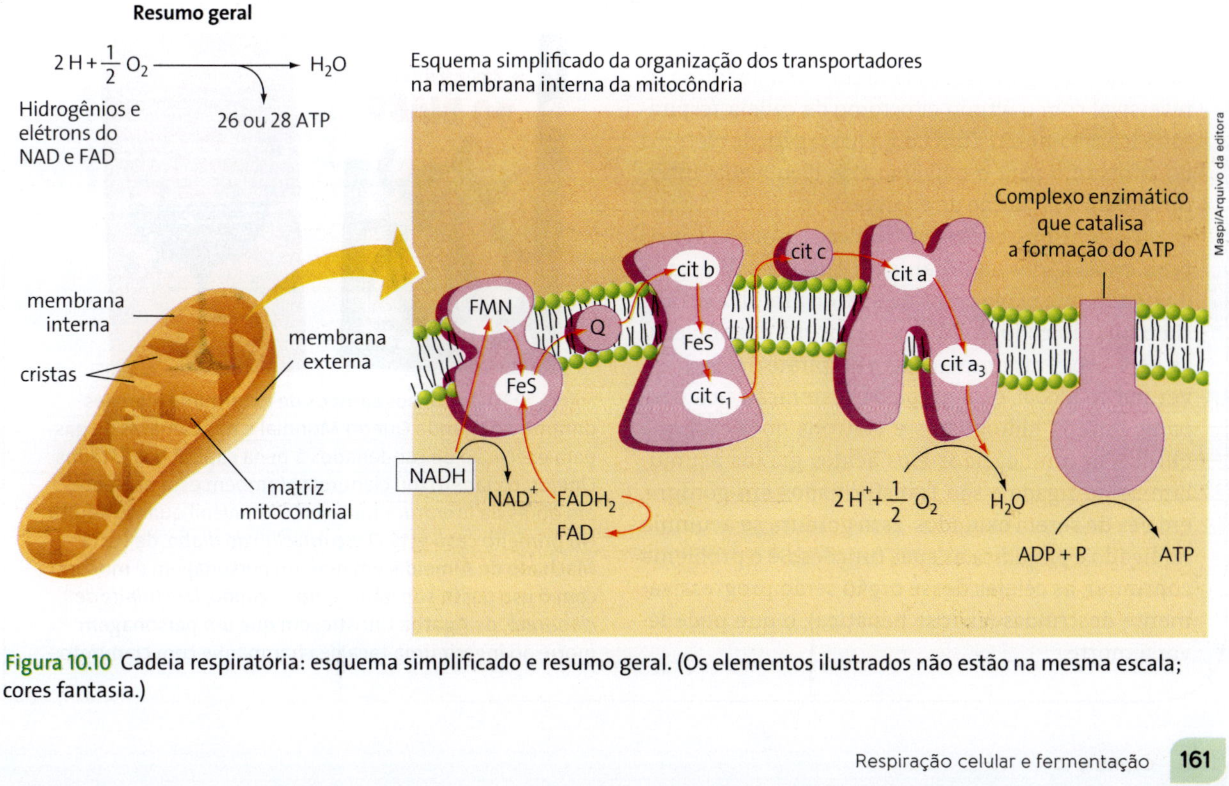

Figura 10.10 Cadeia respiratória: esquema simplificado e resumo geral. (Os elementos ilustrados não estão na mesma escala; cores fantasia.)

As moléculas transportadoras de elétrons estão posicionadas na membrana interna da mitocôndria de acordo com o trajeto que os elétrons percorrem (figura 10.10). Há um conjunto de proteínas (que recebe elétrons do NADH), a ubiquinona (ou coenzima Q) e várias proteínas com átomos de ferro ou cobre (os citocromos; o termo *cromo*, que significa 'cor', indica que essas substâncias são coloridas).

Durante o trajeto, os elétrons formam, com os transportadores, compostos cuja quantidade de energia é menor que a do transportador anterior. Dessa forma, a energia é liberada e usada na síntese de ATP. Essa síntese ocorre em um complexo enzimático, a ATP-sintase (que já foi chamada de ATP-sintetase).

Os transportadores não são gastos no processo. Eles passam da forma oxidada para a reduzida (quando ganham um elétron) e, em seguida, da forma reduzida para a oxidada (quando passam o elétron para o transportador seguinte). O último transportador se oxida ao passar os elétrons para o oxigênio absorvido do ambiente. Nesse processo, o oxigênio é a molécula que sofre redução definitivamente, recebendo elétrons e íons H^+ da solução, formando água (figura 10.10).

O oxigênio precisa ser continuamente fornecido à célula; caso contrário, os transportadores permanecem reduzidos e sem condições de receber novos elétrons, o que interrompe todo o processo respiratório.

A cadeia respiratória também é chamada **fosforilação oxidativa** porque a síntese de ATP depende da entrada de um fosfato no ADP (fosforilação) e a fosforilação é realizada com a energia proveniente de oxidações.

Biologia e saúde

Efeito do cianeto e do consumo de álcool na respiração

O cianeto é um veneno potente que mata em poucos minutos (figura 10.11). Ele se combina de forma irreversível com o último citocromo da cadeia respiratória (citocromo a3). Com isso, a passagem de elétrons do citocromo para o oxigênio fica bloqueada, interrompendo a produção de energia.

Já o consumo excessivo de álcool provoca vários problemas sérios ao organismo. Um é a sobrecarga do fígado, que oxida cerca de 95% do álcool ingerido. Na oxidação os hidrogênios e elétrons das moléculas de álcool entram na cadeia respiratória. Se houver muito álcool, essa etapa da respiração fica ocupada com os hidrogênios e elétrons do álcool, e a glicose, os aminoácidos e os ácidos graxos acumulam-se no fígado e são transformados em gordura, em vez de serem oxidados. Essa gordura se acumula no fígado e prejudica as suas funções. Se o problema continuar, as células desse órgão serão progressivamente destruídas (cirrose hepática), o que pode levar à morte.

Figura 10.11 Usado nos campos de extermínio alemães durante a Segunda Guerra Mundial e nas câmaras de gás para execução de condenados à pena capital nos Estados Unidos, o cianeto (ou cianureto) também está presente em obras da literatura tanto infantojuvenil quanto adulta. No primeiro caso está *O escaravelho do diabo*, de Lúcia Machado de Almeida, em que um personagem é morto com o uso dessa substância; no segundo, *Um brinde de cianureto*, de Agatha Christie, em que um personagem morre ao ingerir uma taça de champanhe com cianureto.

A bomba de prótons e a síntese de ATP

A energia liberada no transporte de elétrons impulsiona prótons para o espaço entre as duas membranas da mitocôndria. Esses prótons tendem a voltar para a matriz, onde sua concentração é menor, e a energia liberada nesse fluxo é usada para sintetizar ATP. A volta dos prótons para a matriz e a síntese do ATP ocorrem na ATP-sintase (figura 10.12). Esse mecanismo, conhecido como **acoplamento quimiosmótico** ou **teoria quimiosmótica**, foi proposto pelo bioquímico inglês Peter Mitchell (1920-1992) na década de 1960, tendo sido confirmado por vários experimentos.

A expressão "acoplamento quimiosmótico" indica que o acoplamento entre o transporte de elétrons e a produção de ATP se deve a uma diferença na concentração de prótons entre a matriz da mitocôndria e o espaço entre as membranas.

Nas células procariotas, como é o caso das bactérias, a respiração aeróbia pode produzir um total de 38 moléculas de ATP por molécula de glicose, mas o rendimento real da respiração é inferior a esse rendimento teórico.

Nas células eucariotas, parte da energia liberada na cadeia respiratória é consumida no transporte das moléculas de ATP pela membrana da mitocôndria e o saldo de moléculas de ATP pode chegar a 30 ATP ou 32 ATP, dependendo do tipo de célula. Mas aqui também esses números podem variar com as condições metabólicas da célula e, por isso, são valores aproximados.

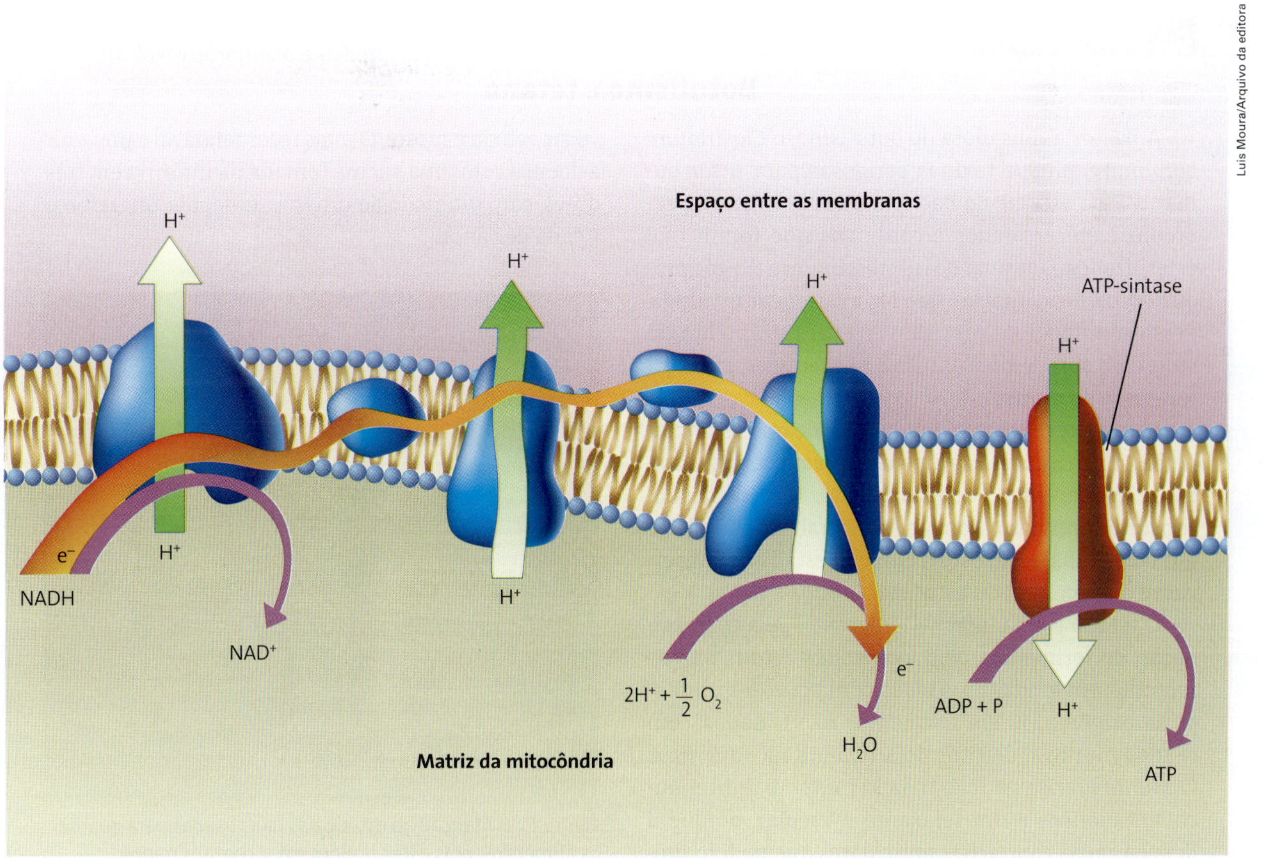

Figura 10.12 Esquema simplificado do transporte de prótons e elétrons pelas proteínas da membrana interna da mitocôndria e da síntese de ATP na ATP-sintase. (Os elementos ilustrados não estão na mesma escala; cores fantasia.)

Metabolismo energético

3 Fermentação

Ao contrário da respiração aeróbia, na fermentação a glicose é quebrada sem consumo de oxigênio do ambiente. Para muitos organismos, esse processo é a única fonte de energia.

Esses organismos – chamados **anaeróbios** (*an* = sem; *aér* = ar; *bios* = vida) **estritos** ou **obrigatórios** – não possuem as enzimas responsáveis pelas reações químicas do ciclo de Krebs e da cadeia respiratória. O oxigênio é tóxico para eles, portanto só crescem e se reproduzem em ambientes sem esse gás. É o caso da bactéria que causa o tétano e da que causa o botulismo.

Outros organismos, como o levedo de cerveja, embora possuam as enzimas e façam respiração aeróbia, podem também realizar fermentação caso falte oxigênio no ambiente. Eles são chamados **anaeróbios facultativos**.

A maioria dos organismos só faz respiração aeróbia e morre quando falta oxigênio no ambiente; são **aeróbios estritos** e estão representados, principalmente, pelos eucariontes pluricelulares, que consomem mais energia que os procariontes. O ser humano, por exemplo, não sobreviveria três minutos se dependesse apenas da fermentação como fonte de energia.

Biologia e saúde

ATENÇÃO!
Para mais informações, procure orientação médica.

Botulismo e tétano

A bactéria causadora do botulismo, o *Clostridium botulinum*, produz toxinas perigosas para o ser humano. Essa espécie de bactéria pode crescer e se reproduzir em enlatados e conservas que foram mal esterilizados. Um sinal desse crescimento é o gás produzido na fermentação, que faz a lata ficar estufada. Pessoas intoxicadas precisam receber tratamento rápido, com soro antibotulínico e antibióticos, pois correm risco de morrer.

Para a prevenção do botulismo e de outras intoxicações alimentares, os alimentos devem ser preparados e conservados adequadamente. Não se devem consumir alimentos com cheiro estranho, ou enlatados cuja embalagem esteja em mau estado de conservação (figura 10.13) ou estufada.

O tétano é uma infecção provocada pela contaminação de ferimentos pelo *Clostridium tetani*, que se reproduz em feridas profundas, com pouco suprimento de oxigênio, ou em ferimentos não tratados, com células mortas e detritos do ambiente na superfície. O doente precisa ser logo tratado com soro antitetânico, antibióticos e um relaxante muscular, porque a doença causa contrações musculares que podem provocar asfixia e morte. O mais recomendável é prevenir a doença com uma vacina tomada na infância em três doses, com intervalo de um mês, e, depois, um reforço a cada dez anos.

Eduardo Santaliestra/Arquivo da editora

Figura 10.13 Atenção ao estado das latas usadas para guardar os alimentos, pois estes podem estar contaminados.

Energia liberada na fermentação

Nesse processo, a quebra da glicose termina na glicólise. Não havendo oxigênio ou não sendo possível utilizá-lo, outra molécula terá de receber os átomos de hidrogênio. Essa molécula pode ser o ácido pirúvico ou outro fragmento da glicose, que, recebendo os átomos de hidrogênio, forma um produto final, terminando o processo.

O tipo de produto final depende da coleção enzimática própria de cada célula. Desse modo, na fermentação pode-se formar, por exemplo, álcool etílico, ácido acético, ácido láctico ou ácido butírico.

Como a glicose não é totalmente quebrada e oxidada a gás carbônico e água, a fermentação não libera toda a energia de sua molécula, e os produtos ainda possuem energia armazenada. Por isso, o saldo energético da fermentação é de apenas duas moléculas de ATP (correspondentes à glicólise) para cada molécula de glicose.

Estudaremos a seguir os tipos mais importantes da fermentação: a **láctica** e a **alcoólica**.

Fermentação láctica nas bactérias

Iogurtes e coalhadas são produzidos com leite e uma mistura em igual proporção dos microrganismos *Lactobacillus bulgaricus* e *Streptococcus thermophilus*, conhecidos genericamente como **lactobacilos**. A fermentação da lactose do leite por essas bactérias produz o ácido láctico (daí o nome fermentação láctica), que coagula o leite, transformando-o em coalhada ou iogurte. Esse ácido é produzido quando os hidrogênios retirados da glicose são recebidos pelo ácido pirúvico (figura 10.14).

Os lactobacilos são encontrados em nosso intestino, no qual fabricam diversas vitaminas úteis ao organismo, como algumas do complexo B.

Outros tipos de fermentação

Além do iogurte, as bactérias geram vários produtos importantes pela fermentação. O queijo suíço, por exemplo, resulta da produção de ácido propiônico e gás carbônico; este forma bolhas que se transformam nos famosos "buracos" do queijo suíço.

Outra bactéria (gêneros *Acetobacter* e *Gluconobacter*) fermenta a sidra (vinho da maçã) ou o vinho de uva, formando ácido acético e produzindo vinagre: é a **fermentação acética**. Esse mesmo processo provoca o azedamento do vinho.

O ranço da manteiga se deve ao ácido butírico, também produto da fermentação. O álcool, usado como combustível e solvente, e outros solventes, por exemplo acetona e álcool isopropílico, também são produtos da fermentação.

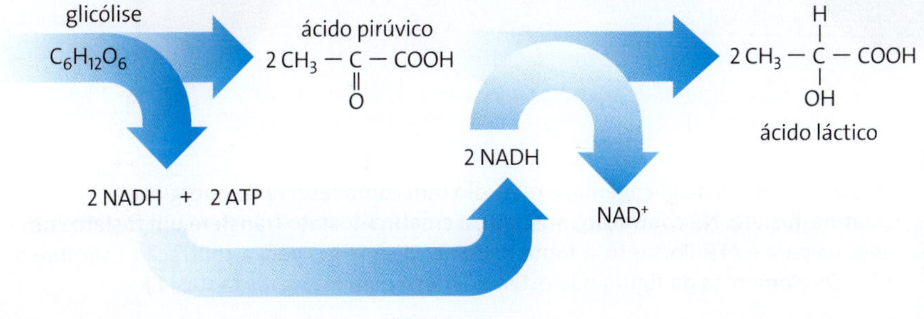

Figura 10.14 Esquema simplificado da fermentação láctica, realizada por lactobacilos como o *Lactobacillus bulgaricus*. Esses organismos são usados na produção de iogurtes.

Fermentação láctica nos músculos

As células musculares podem realizar tanto respiração aeróbia quanto fermentação láctica. A proporção relativa desses dois processos depende da disponibilidade de oxigênio e da intensidade do exercício. Durante um esforço muscular muito rápido ou intenso, o oxigênio que chega ao músculo não é suficiente para a obtenção de toda a energia necessária. Para compensar essa falta, as células musculares realizam fermentação láctica. Posteriormente, parte do ácido é conduzida pela corrente sanguínea ao fígado e transformada em ácido pirúvico, que é oxidado ou convertido em glicose. O processo é chamado **gliconeogênese** (*glykys* = doce; *neo* = novo; *genesis* = origem). A respiração ofegante após o exercício contribui para a remoção do ácido láctico e o reabastecimento de ATP e glicogênio.

Quando em repouso, a célula muscular armazena certa quantidade de ATP. Parte deste passa sua energia para outro composto, a creatina-fosfato (fosfocreatina), que, por ser mais estável, pode ficar mais tempo armazenado na célula. Em caso de necessidade, a creatina-fosfato cede energia para a produção de ATP, e este é usado no trabalho muscular (figura 10.15). Nos invertebrados, o músculo armazena arginina-fosfato, composto com a mesma função da creatina-fosfato. Por terem facilidade em dar e receber fosfato, ambas as substâncias são chamadas **fosfágenos**. Você vai estudar a estrutura e a função do músculo no capítulo 21.

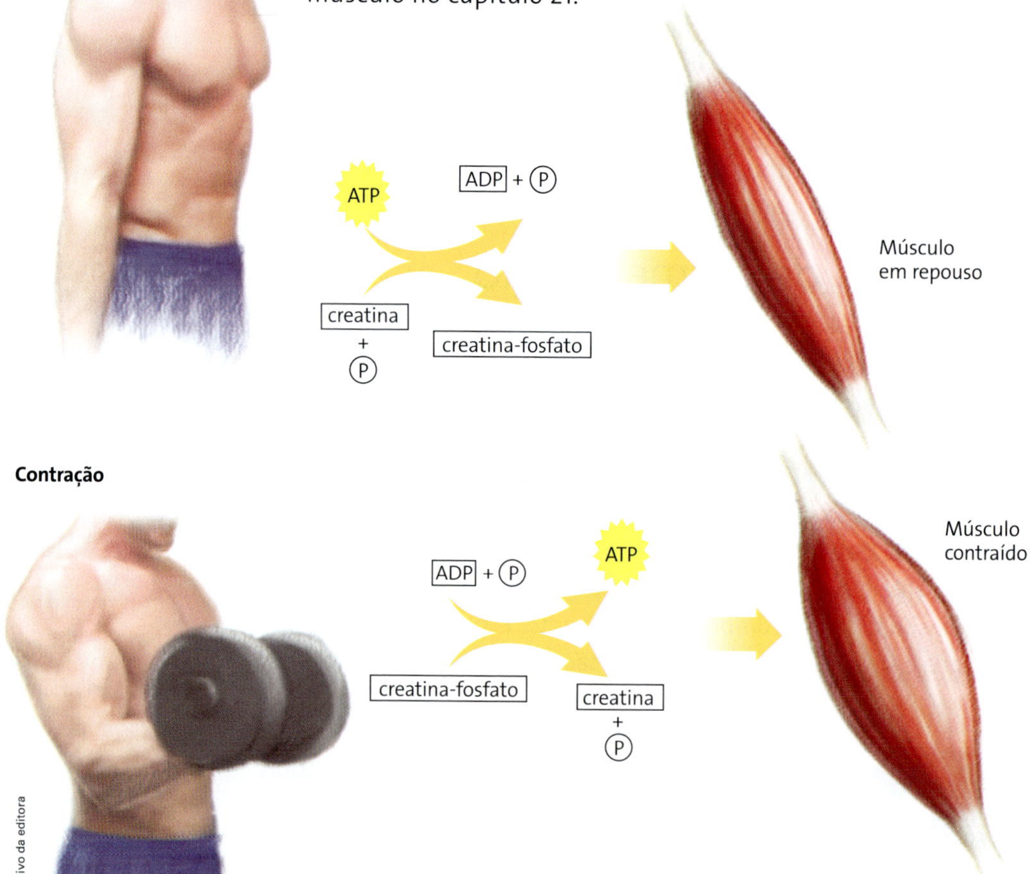

Figura 10.15 Além de glicogênio, o músculo tem como reserva de energia a creatina-fosfato. Na contração muscular, a creatina-fosfato transfere um fosfato com energia para o ATP. Portanto, a fonte imediata de energia para a contração é sempre o ATP. (Os elementos da figura não estão na mesma escala; cores fantasia.)

Fermentação alcoólica

Inscrições em placas de pedra de 9 mil anos, encontradas na Mesopotâmia, já mencionavam receitas para produção de vinho e cerveja. Essa arte milenar é resultado da fermentação realizada por um fungo unicelular, o levedo de cerveja ou fermento, cientificamente chamado *Saccharomyces cerevisiae*.

Na fermentação alcoólica, o ácido pirúvico é descarboxilado antes de receber os hidrogênios do NADH. Dessa forma, são produzidos gás carbônico e álcool etílico (figura 10.16). O gás carbônico pode ser mantido na bebida, como no champanhe e na cerveja.

Mas, como é um anaeróbio facultativo, dependendo da taxa de oxigênio presente no processo, esse fungo realizará respiração aeróbia. Por isso, se houver muito oxigênio, o fungo não produzirá álcool, mas gás carbônico e água. Nesse caso, a fermentação fica inibida pela presença de oxigênio; é o chamado **efeito Pasteur**, em homenagem ao cientista francês Louis Pasteur (1822-1895), que estudou a fermentação, entre muitas outras de suas contribuições à ciência.

A fermentação também é usada na produção do álcool usado como combustível nos veículos. No Brasil, esse álcool é produzido pela fermentação do açúcar da cana-de-açúcar.

Figura 10.16 Foto de fermentação alcoólica (produção de vinho) e, no detalhe, *Saccharomyces cerevisae*, fungo responsável pelo processo (microscópio eletrônico; aumento de cerca de 4 000 vezes; colorizado por computador). Abaixo, esquema simplificado da fermentação alcoólica.

Andrew Syred/SPL/Latinstock

Steven Morris/StockFood/Latinstock

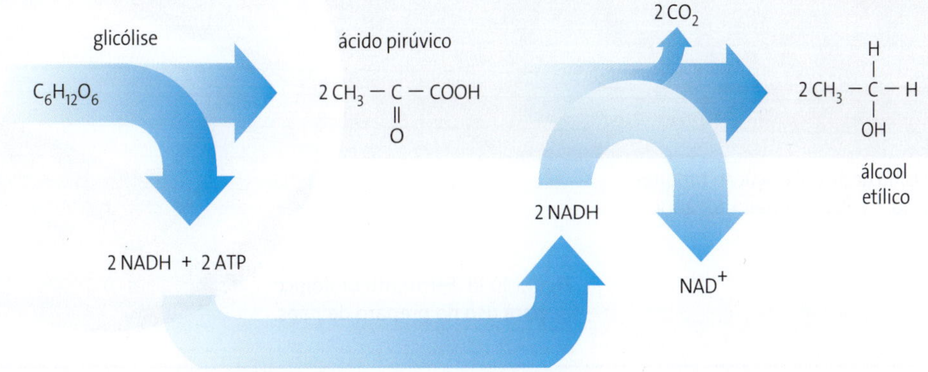

Biologia e tecnologia

Produção de pão e de bebidas alcoólicas

O líquido resultante da fermentação contém cerca de 12% de álcool e outros produtos que dependem da matéria-prima utilizada no processo e que caracterizam o sabor da bebida. Assim, por exemplo: o vinho é resultado da fermentação do açúcar da uva; a cerveja resulta da fermentação da cevada; a cachaça tem origem na fermentação da cana-de-açúcar (figura 10.17).

Uma vez que o fungo morre quando o nível de álcool chega a cerca de 12%, para a fabricação de bebidas de alto teor alcoólico é feito o processo de destilação, no qual o álcool é evaporado e, em seguida, condensado. Esse processo faz com que o álcool fique mais concentrado, aumentando o teor alcoólico da bebida. O teor de álcool também pode ser controlado no produto da fermentação pela entrada de oxigênio. Como o fungo é anaeróbio facultativo, a entrada de oxigênio permite a respiração completa, formando gás carbônico e água. Nesse caso, o fungo consome menos glicose e não produz álcool.

O fermento biológico, ou de padaria (figura 10.18), contém o fungo *Saccharomyces cerevisiae* vivo que, por meio da fermentação, produz o gás carbônico que faz crescer a massa do pão, além do álcool. Este é eliminado pelo calor do forno, o que explica por que não ficamos embriagados quando comemos pão. O gás carbônico também é eliminado. Mas não devemos abrir muito o forno enquanto a massa não está cozida, pois as bolhas de gás se comprimem com a perda de calor, e o pão acaba não crescendo.

O bicarbonato de sódio também é usado como fermento para fazer pães e bolos. Esse tipo de fermento, chamado popularmente de "fermento químico", é misturado na massa juntamente com outros produtos e libera gás carbônico por meio de uma reação química, fazendo a massa crescer e ficar fofa.

Fotos: Fabio Colombini/Acervo do fotógrafo

Figura 10.17 Usina de álcool e açúcar: tanques de fermentação, em Porto Ferreira, SP, 2006.

Figura 10.18 Fermento biológico para uso no preparo de pães.

4 Respiração anaeróbia

Embora às vezes a fermentação também seja chamada **respiração anaeróbia**, na realidade essa expressão indica um processo diferente.

Na fermentação, um composto orgânico derivado da glicose é usado como aceptor final de hidrogênios, não havendo ciclo de Krebs nem cadeia respiratória. Na respiração anaeróbia, há um ciclo de Krebs e uma cadeia respiratória, mas o oxigênio não é o aceptor final dos hidrogênios retirados da glicose. Esses hidrogênios são recebidos por compostos inorgânicos retirados do ambiente (nitratos, sulfatos ou carbonatos).

A respiração anaeróbia é realizada por algumas bactérias que vivem em solos profundos, com pouco oxigênio, e produz uma quantidade menor de ATP em relação à respiração aeróbia. O termo "respiração" justifica-se nos dois processos porque ambos são muito parecidos e envolvem as três etapas que caracterizam o fenômeno da respiração.

Biologia e cotidiano

Exercícios aeróbicos e anaeróbicos

Para realizar exercícios físicos por um tempo prolongado, é preciso regular o esforço para manter sempre um suprimento adequado do oxigênio necessário à respiração aeróbia, impedindo um acúmulo de ácido láctico no músculo. Isso é possível com atividades de longa duração, que podem ser caminhadas, corrida, ciclismo, natação, etc., desde que feitas de forma controlada, sem velocidade excessiva e nos limites estabelecidos por profissionais especializados. São os chamados exercícios aeróbicos (ou aeróbios), os quais aumentam o número de mitocôndrias nas fibras musculares. O número de capilares que levam oxigênio e alimento para as células também aumenta. Por isso, a prática constante desses exercícios aumenta a resistência à fadiga e faz com que a recuperação após um exercício intenso seja mais rápida.

Os exercícios anaeróbicos (ou anaeróbios), como musculação, levantamento de peso e corridas muito rápidas, exigem esforço muscular intenso e têm curta duração. Nesse caso, o suprimento de oxigênio não é suficiente para a atividade, e o ácido láctico começa a se acumular no músculo (figura 10.19).

Lucky Business/Shutterstock/Glow Images

Figura 10.19 Pessoas na academia, fazendo exercícios aeróbicos e anaeróbicos.

Atividades

1. Depois de dirigir um dia inteiro, o motorista teve de parar e abastecer o carro. Para onde foi o combustível? E por que o carro para se ficar sem combustível?

2. Uma pessoa comeu dois quilogramas de alimento ao longo de um dia. No entanto, ao se pesar, ela viu que seu peso não aumentou. Explique o que aconteceu.

3. Um estudante afirmou que a respiração celular não passa de um processo de combustão, semelhante ao que ocorre quando queimamos lenha, por exemplo. Critique a afirmação do estudante, explicando uma diferença importante entre esses dois processos.

4. Existe uma molécula presente em todos os seres vivos e que foi comparada a uma "moeda universal de energia". Qual é essa molécula? Explique a razão dessa comparação.

5. Escreva a equação geral da respiração, indicando de onde vem a energia liberada nesse processo.

6. Em uma aula, o professor explicava que nosso organismo não usa apenas a energia de glicídios, pois também retira energia dos ácidos graxos dos lipídios, por exemplo. Entretanto, um estudante observou que, na primeira etapa da respiração, há apenas enzimas que atuam sobre a glicose e seus derivados. Como, então, ele perguntou, os ácidos graxos podem ser aproveitados? Que resposta você daria a essa questão?

7. Um estudante afirmou que o papel do gás oxigênio na respiração é o de se combinar com o carbono da glicose, produzindo gás carbônico. Outro estudante discordou, dizendo que ele deveria estudar mais a última etapa da respiração. Resolva essa discussão respondendo: qual é, afinal, o papel do gás oxigênio na respiração?

8. As mitocôndrias dos espermatozoides concentram-se na região do citoplasma próxima ao início do flagelo. Qual pode ser a explicação para tal distribuição dessas organelas?

9. Sabendo que as células nervosas necessitam de constante suprimento de energia, sem o que elas podem morrer, explique por que a falta de vitamina B2 ou de nicotinamida provoca problemas no sistema nervoso.

10. Mesmo quando sentada e em repouso, uma pessoa gasta mais de 1 kcal/min de energia. No entanto, em dado momento, a quantidade de ATP em seu corpo é de menos de 60 g, o que permite a liberação de menos de 1 kcal, apenas. Explique como uma quantidade tão pequena de ATP é capaz de fornecer toda a energia que gastamos em nossas atividades. (Lembre-se de que o ATP é produzido de um ADP, um íon fosfato e energia.)

11. Qual a aplicação comercial da fermentação feita pelo lactobacilo, uma bactéria encontrada no leite? Compare esse processo com o que ocorre no músculo durante uma atividade física intensa.

12. Cada célula de nosso corpo contém, em média, de 500 a 2 000 mitocôndrias. As células dos músculos esqueléticos estão entre as que possuem um número maior. Além disso, suas mitocôndrias possuem mais cristas. Como você justifica essas duas características das células musculares?

13. Quando há bastante ATP para atender a demanda de energia da célula, a velocidade da respiração diminui. Isso acontece porque o excesso de ATP inibe uma das enzimas da glicólise. O inverso ocorre quando a célula está consumindo muita energia: a concentração de ATP diminui e a velocidade da respiração aumenta. Mecanismos desse tipo, em que o produto de uma sequência de reações do metabolismo inibe, a partir de uma dada concentração, sua formação, são chamados de retroinibição ou retroalimentação negativa (*feedback* negativo) e existem também em outras etapas da respiração celular. Qual a importância desses mecanismos para os organismos?

14. Existem seres vivos, como certas bactérias, que não realizam respiração aeróbia, isto é, esses organismos não dependem do oxigênio do ar para viver. Explique como eles conseguem a energia que consomem para levar a cabo suas funções vitais.

15. Um fungo unicelular misturado ao melado da cana-de-açúcar é utilizado na produção de uma substância que serve de combustível para veículos automotivos. Com essas pistas e os conhecimentos adquiridos neste capítulo, responda: quais os produtos finais desse processo? Para que o fungo o realiza?

16. No esquema abaixo, as letras correspondem às etapas da respiração aeróbia e os números a alguns de seus produtos. No caderno, identifique a que correspondem as letras e os números.

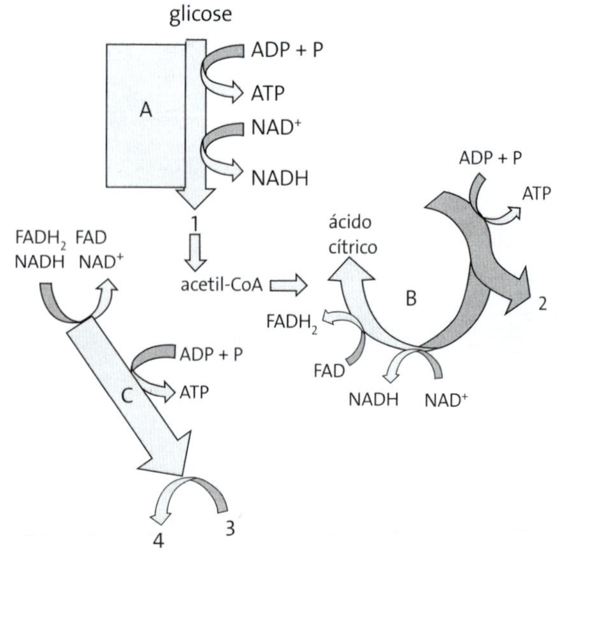

17. A partir do momento em que uma pessoa começa a fazer uma atividade física aeróbia, o ritmo de sua respiração e seu batimento cardíaco começam a aumentar progressivamente. Ao mesmo tempo, aumenta também a produção de ATP em suas células. Explique a relação entre esses fenômenos.

18. Por que seres pluricelulares são geralmente aeróbios em vez de anaeróbios?

19. Com base no que você aprendeu neste capítulo, explique como são formados aquele pequenos orifícios no pão.

20. Um estudante afirmou que as mitocôndrias podem ser comparadas a minúsculos aquecedores, uma vez que são responsáveis pela maior parte do calor gerado em nosso corpo. Você concorda com essa afirmação? Justifique sua resposta.

21. Na respiração celular, na etapa denominada ciclo de Krebs, ou ciclo do ácido cítrico, é produzida uma substância que deve ser eliminada do organismo, caso contrário, poderia prejudicar seu funcionamento, interferindo, por exemplo, no pH dos líquidos corporais. Que substância é essa e qual é o seu destino depois de produzida no ciclo de Krebs?

Trabalho em equipe

Em grupo, escolham um dos temas abaixo para pesquisar (em livros, CD-ROMs, na internet, etc.) e apresentem o resultado do trabalho para a classe e a comunidade escolar (alunos, professores e funcionários da escola e pais ou responsáveis).

a) Alimentos mal lavados ou conservados de maneira inadequada podem causar doenças. Pesquisem quais devem ser os cuidados em relação à compra e conservação dos alimentos e também ao seu preparo e consumo. Pesquisem também quais os sintomas, medidas preventivas e tratamento no caso do botulismo e da salmonelose. Elaborem uma campanha para mostrar à comunidade local a importância dos cuidados em relação ao alimento. A campanha deverá ser feita com cartazes, folhetos e outros recursos (frases de alerta, letras de música, fotos, vídeos, etc.).

b) Pesquisem quais os benefícios para a saúde da atividade física feita com a orientação de profissionais especializados. Com base na pesquisa, elaborem uma campanha (com cartazes, folhetos, frases de alerta, letras de música, etc.) para promover a prática de atividades físicas. Vocês podem pedir o auxílio do professor de Educação Física.

c) Pesquisem o que são fermento biológico e fermento químico e como atuam no preparo de pães, bolos, biscoitos e outros produtos. Expliquem, por exemplo, por que, quando se usa fermento químico, a massa pode ser levada imediatamente ao forno e, quando se usa o fermento biológico (fermento de padaria), ela deve descansar por algum tempo. Expliquem como se forma o glúten na produção do pão e o que acontece com o amido do trigo pela ação do fermento biológico. Contem também um pouco da história do pão e de sua produção (vocês podem pedir o auxílio do professor de História). Pesquisem também receitas para a fabricação de pães caseiros. Escolham algumas receitas para serem preparadas por adultos que saibam cozinhar e organizem um concurso na comunidade escolar para escolher a melhor receita.

d) Neste capítulo, vocês aprenderam que a respiração e a fermentação liberam a energia contida nas ligações químicas da glicose e outros compostos orgânicos. Com auxílio do professor de Física, pesquisem e apresentem para a classe as diversas formas em que a energia é encontrada (mecânica, térmica, de ligação química, etc.) e o princípio da conservação da energia. Com auxílio do professor de Química, expliquem também como se determina o calor de uma reação e o que são reações exotérmicas e endotérmicas.

Atividade prática

Material necessário para este experimento: um tablete de fermento para pão (guarde o tablete na geladeira até o dia da prática), açúcar, dois copos, plástico transparente ou papel-filme e elásticos. Coloque água filtrada até a metade de cada copo. Em um deles, coloque uma colher de sobremesa de açúcar e um quarto do tablete de fermento. No outro, coloque apenas água e um quarto de fermento. Tampe os dois copos com o plástico e prenda-o com elástico, deixando uma folga. Deixe os dois copos em local pouco iluminado durante um dia. Enquanto isso, sob a orientação de seu professor, prepare uma lâmina com uma gota da mistura de fermento e água, observe-a ao microscópio e desenhe o que puder observar. Depois, veja como está o plástico em cada copo, tire o plástico e analise se há diferença no cheiro deles. Explique a diferença no plástico e no cheiro entre os dois copos, dando o nome do fenômeno ocorrido. Diga também por que ele só ocorreu em um dos copos e o que você observou ao microscópio. Por fim, responda: se o fermento tivesse sido fervido, o fenômeno teria ocorrido? Por quê?

! ATENÇÃO!

Não realize experimentos nem manipule produtos químicos sem o consentimento e a supervisão do professor. Não mexa em torneiras de gás. Não cheire nem prove produtos químicos e impeça o contato deles com a pele e os olhos.

Pensando no Enem

No processo de fabricação de pão, os padeiros, após prepararem a massa utilizando fermento biológico, separam uma porção de massa em forma de "bola" e a mergulham em um recipiente com água, aguardando que ela suba, como pode ser observado, respectivamente, em I e II do esquema abaixo. Quando isso acontece, a massa está pronta para ir ao forno.

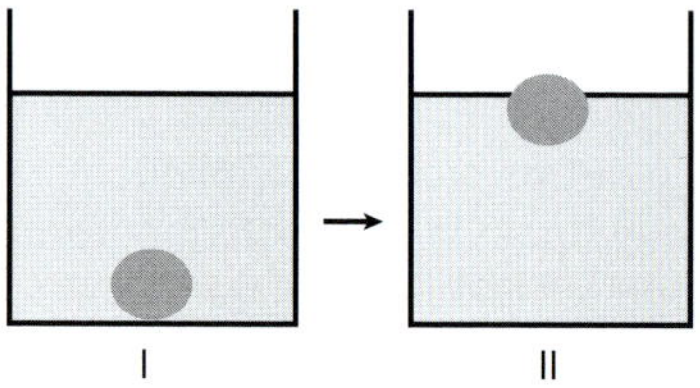

Um professor de Química explicaria esse procedimento da seguinte maneira: "A bola de massa torna-se menos densa que o líquido e sobe. A alteração da densidade deve-se à fermentação, processo que pode ser resumido pela equação $C_6H_{12}O_6$ (glicose) $\rightarrow$ $2C_2H_5OH$ (álcool comum) + $2CO_2$ (gás carbônico) + energia".

Considere as afirmações abaixo.

I. A fermentação dos carboidratos da massa de pão ocorre de maneira espontânea e não depende da existência de qualquer organismo vivo.

II. Durante a fermentação, ocorre produção de gás carbônico, que se vai acumulando em cavidades no interior da massa, o que faz a bola subir.

III. A fermentação transforma a glicose em álcool. Como o álcool tem maior densidade do que a água, a bola de massa sobe.

Entre as afirmativas, apenas:

a) I está correta.
b) II está correta.
c) I e II estão corretas.
d) II e III estão corretas.
e) III está correta.

Resolução

Nesta questão são encontrados conceitos das Ciências da Natureza, como compostos de carbono, densidade, além de cotidiano e interpretação de texto e de figura.

Leia sempre com atenção o texto que precede a figura para melhor entendê-la. Em caso de questões de verdadeiro ou falso é importante ler cada alternativa atentamente buscando julgá-las.

O texto que precede a figura explica que esta questão tratará de uma das etapas de fabricação do pão, na qual é separada uma pequena porção de massa e colocada num recipiente com água.

Já o texto que segue a figura nos mostra como a bolinha de massa deixa de estar submersa e passa a flutuar. Isso ocorre por causa da mudança de densidade que ocorre em consequência da fermentação.

Neste caso específico, a figura apenas ilustra o que acontece com a bolinha de massa, colocada na água, após certo tempo. Não há nenhuma informação além da que já está expressa no texto.

O problema

Nesta questão é exposta uma situação cotidiana de preparação de pão, na qual um pedaço de massa é colocado num recipiente com água e espera-se que ele suba para colocar o restante da massa no forno. Com base nessa situação, pede-se que se julguem as alternativas seguintes como verdadeiras ou falsas, levando em consideração que a situação cotidiana é resultado de processos químicos que envolvem mudança de densidade e fermentação.

Para que ocorra a fermentação no pão são utilizados os fermentos, que podem ser de dois tipos:

- Químico: a fermentação se dá pela decomposição de bicarbonato em gás carbônico e água, auxiliada pelo aumento de temperatura.
- Biológico: realizada pelas leveduras do fermento, que obtêm energia por meio da transformação de carboidrato em gás carbônico e álcool. Por se tratar de um ser vivo, esse processo ocorre entre as temperaturas de 30 °C a 50 °C, ou seja, antes de a massa ser assada.

O texto da questão indica que neste caso é utilizado o fermento biológico, e que o resultado da reação de transformação do carboidrato (glicose) gera álcool, gás carbônico e energia. Essa fermentação que gera álcool é chamada de fermentação alcoólica, porém o álcool produzido em massas evapora quando estas vão ao forno. Vale ressaltar que a densidade do álcool é menor que a da água, ajudando na flutuabilidade da massa.

O gás carbônico produzido na reação se acumula na massa e a faz aumentar de volume. Como esse aumento de volume se dá por aumento de gás dentro da massa, esta fica mais leve, ou seja, sua densidade diminui e por isso ela flutua. É assim que sabemos que a massa já está suficientemente aerada para ir ao forno.

Portanto, a fermentação no pão ocorre por causa do fermento biológico, composto de um fungo chamado levedura. Durante a fermentação há produção de gás carbônico, que infla a massa, e de álcool, ambos com densidades menores que a da água.

Resposta: **B**.

Vestibulares de Norte a Sul

1. SE (Fuvest-SP) As mitocôndrias são consideradas as "casas de força" das células vivas. Tal analogia refere-se ao fato de as mitocôndrias:

a) estocarem moléculas de ATP produzidas na digestão dos alimentos.
b) produzirem ATP com utilização de energia liberada na oxidação de moléculas orgânicas.
c) consumirem moléculas de ATP na síntese de glicogênio ou de amido a partir de glicose.
d) serem capazes de absorver energia luminosa utilizada na síntese de ATP.
e) produzirem ATP a partir da energia liberada na síntese de amido ou de glicogênio.

2. SE (Cesgranrio-RJ) A glicose, uma vez dentro da célula, entrará numa via catabólica geradora de energia que, entre outros subprodutos, gerará CO_2.

Considere o desenho esquemático a seguir, representando uma célula eucariótica e as diferentes etapas da quebra da glicose identificadas como I, II e III e subsequente produção de energia.

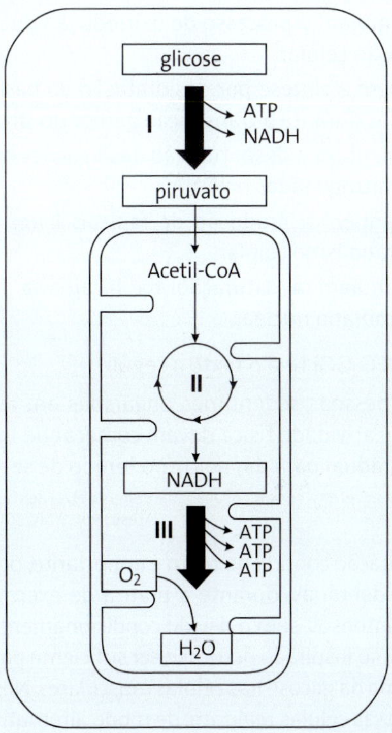

É(São) etapa(s) que gera(m) a produção de CO_2:

a) I, apenas.
b) II, apenas.
c) III, apenas.
d) I e II, apenas.
e) I, II e III.

3. SE (Uerj) Utilize as informações abaixo para responder à questão.

A ciência da fisiologia do exercício estuda as condições que permitem melhorar o desempenho de um atleta, a partir das fontes energéticas disponíveis. A tabela a seguir mostra as contribuições das fontes aeróbia e anaeróbia para geração de energia total utilizada por participantes de competições de corrida, com duração variada e envolvimento máximo do trabalho dos atletas.

Contribuição percentual para geração de energia total em competições de corrida			
Corrida		**Fonte de energia**	
Tipo (metros)	**Duração*** (segundos)	**Aeróbia**	**Anaeróbia**
100	9,84	10%	90%
400	43,29	30%	70%
800	100,00	60%	40%

* Tempos aproximados referentes aos recordes mundiais para homens, em abril de 1997.

Observe o esquema abaixo, que resume as principais etapas envolvidas no metabolismo energético muscular.

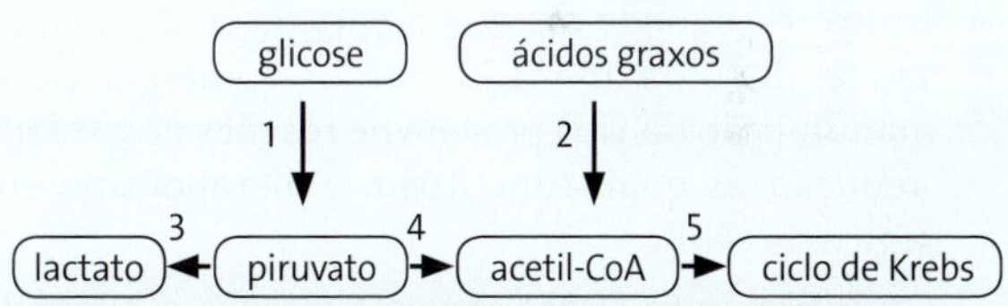

Ao final da corrida de 400 m, a maior parte da energia total dispendida por um recordista deverá originar-se da atividade metabólica ocorrida nas etapas de números:

a) 1 e 3.
b) 1 e 4.
c) 2 e 4.
d) 2 e 5.

4. NE (UFPE) O maior rendimento energético do processo de respiração aeróbica (acoplada à cadeia transportadora de elétrons) sobre a glicólise é principalmente devido à:

a) maior atividade específica das enzimas envolvidas.
b) maior difusão das enzimas no meio de reação.
c) muito menor energia de ativação requerida.
d) completa oxidação de glicose a CO_2 e H_2O.
e) compartimentação e ordenação das enzimas envolvidas.

5. **SE** (Ufscar-SP) Os ingredientes básicos do pão são farinha, água e fermento biológico. Antes de ser levada ao forno, em repouso e sob temperatura adequada, a massa cresce até o dobro de seu volume. Durante esse processo predomina a:

a) respiração aeróbica, na qual são produzidos gás carbônico e água. O gás promove o crescimento da massa, enquanto a água a mantém úmida.
b) fermentação lática, na qual bactérias convertem o açúcar em ácido lático e energia. Essa energia é utilizada pelos microrganismos do fermento, os quais promovem o crescimento da massa.
c) respiração anaeróbica, na qual os microrganismos do fermento utilizam nitratos como aceptores finais de hidrogênio, liberando gás nitrogênio. O processo de respiração anaeróbica é chamado de fermentação, e o gás liberado provoca o crescimento da massa.
d) fermentação alcoólica, na qual ocorre a formação de álcool e gás carbônico. O gás promove o crescimento da massa, enquanto o álcool se evapora sob o calor do forno.
e) reprodução vegetativa dos microrganismos presentes no fermento. O carboidrato e a água da massa criam o ambiente necessário ao crescimento em número das células de levedura, resultando em maior volume da massa.

6. **N** (UFRR) Os sistemas biológicos, assim como tudo no universo, seguem duas leis da termodinâmica. A primeira refere-se aos processos físicos e químicos, nos quais a energia pode ser transferida de um sistema para o outro, mas não pode ser criada nem destruída. A segunda diz que a energia se dissipa, passando de uma forma a outra. A energia para a manutenção da vida provém de reações de oxidação-redução, as quais constituem o metabolismo energético da célula.

Considere as equações abaixo e marque a alternativa que aponta a relação correta entre a reação, o processo metabólico e o local onde este ocorre.

1. $C_6H_{12}O_6 + 2ADP + 2Pi + 2NAD^+ \rightarrow 2C_3H_9O_3 + 2ATP + 2NADH + 2H^+$
2. Ácido pirúvico + CoA + $NAD^+ \rightarrow$ Acetil-CoA + NADH + CO_2 + H^+
3. $2NADH + 2H^+ + O_2 \rightarrow 2NAD^+ + 2H_2O$

a. Glicólise	I. Matriz mitocondrial
b. Ciclo das pentoses	II. Citoplasma
c. Ciclo do ácido cítrico	III. Tilacoide
d. Fosforilação oxidativa	IV. Crista mitocondrial
e. Fotofosforilação	V. Estroma do cloroplasto

a) [1, c, I]; [2, a, III]; [3, b, III]
b) [1, d, V]; [2, b, II]; [3, a, I]
c) [1, a, II]; [2, c, I]; [3, d, IV]
d) [1, e, III]; [2, b, V]; [3, d, II]
e) [1, b, II]; [2, c, IV]; [3, e, I]

7. **N** (Ufac) Em 1980, Umberto Eco publicou o livro *O nome da rosa*, romance ambientado em um mosteiro medieval, onde vários crimes aconteceram. Os mortos eram encontrados com a língua e os dedos escuros, indicando que folhearam livros com páginas envenenadas por cianureto (cianeto de potássio). Essa substância é extremamente tóxica, pois compromete a produção do ATP feita na célula, ligando-se ao citocromo a_3. A alternativa que indica a etapa inibida pelo cianureto e o local onde ocorre, respectivamente, é:

a) Cadeia respiratória, cristas mitocondriais.
b) Ciclo do ácido tricarboxílico, citosol.
c) Cadeia respiratória, matriz mitocondrial.
d) Glicólise, citoplasma.
e) Cadeia respiratória, citoplasma.

8. **CO** (UFG-GO) Leia o texto a seguir:

A cisplatina é uma droga antineoplásica efetiva contra vários tipos de cânceres humanos, tais como de testículo, ovário, cabeça, pescoço e pulmão. Entretanto, a lesão renal é um dos principais efeitos colaterais da terapia com a cisplatina. A gravidade dessa lesão é atribuída ao dano oxidativo causado pela droga. Contudo, a administração de antioxidantes é eficiente em reduzir esse efeito colateral.

Revista de nutrição. Campinas, v. 17, 2004. p. 89-96. [Adaptado].

Os antioxidantes possuem efeito protetor sobre as células renais, pois:

a) estimulam o processo de oxirredução durante a respiração celular.
b) inibem a síntese por desidratação de bases nitrogenadas durante a transcrição gênica do DNA.
c) aumentam a desnaturação das ligações entre as bases nitrogenadas do DNA.
d) diminuem a produção de radicais livres durante o metabolismo celular.
e) estimulam a saturação da bicamada lipídica da membrana nuclear.

9. **CO** (UFG-GO) Leia o texto a seguir:

[...] as pessoas sedentárias engajadas em aumentar o nível de atividade física devem começar de forma devagar e gradual para dar ao corpo tempo de se adaptar.

Disponível em: <www.copacabanarunners.net/sedentarismo-2.html>. Acesso em: 9 fev. 2012. [Adaptado].

A orientação contida no texto é importante, pois nas pessoas sedentárias, durante a prática de exercícios físicos muito intensos, sem o devido condicionamento corporal, o oxigênio inspirado pode não ser suficiente para permitir a queima da glicose nas células musculares. Nessas condições, essas células realizam, de modo alternativo, atividade anaeróbica. Embora tenha a vantagem de disponibilizar rapidamente energia (ATP), uma das consequências dessa atividade é a fadiga muscular causada pela produção e pelo acúmulo, nas células musculares, de:

a) ácido lático.
b) ácido pirúvico.
c) dióxido de carbono.
d) glicose 1,6-bifosfato.
e) monóxido de carbono.

10. **CO** (UEG-GO) A fase anaeróbica da respiração ocorre no citosol da célula, na ausência de oxigênio, sendo constituída pela formação de duas moléculas de ácido pirúvico e liberação de duas moléculas de ATP a partir da glicólise. Já a fase aeróbica ocorre nas mitocôndrias, em presença de oxigênio, sendo dividida nas sequências de reações do ciclo de Krebs e na cadeia respiratória. Em relação ao processo de respiração, é **incorreto** afirmar:

a) Em procariotos, mesmo na presença de oxigênio, o processo de respiração é ineficiente em virtude da falta de algumas enzimas mitocondriais.

b) Na ausência de oxigênio, o metabolismo pode ser desviado para a fermentação, pois, apesar da glicólise não ser dependente de oxigênio, o ciclo de Krebs e a cadeia respiratória o são.

c) Na ausência de glicose, outros compostos orgânicos como lipídios e proteínas podem ser utilizados para síntese de acetil-CoA.

d) A cadeia respiratória ocorre nas cristas mitocondriais e envolve o aproveitamento dos $NADH_2$ e $FADH_2$ obtidos no final do ciclo de Krebs.

11. **S** (UEL-PR) No gráfico a seguir observa-se a produção de CO_2 e ácido lático no músculo de um atleta que está realizando atividade física.

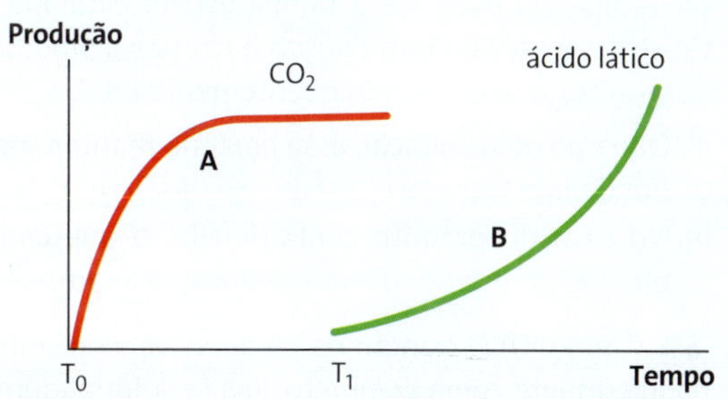

Sobre a variação da produção de CO_2 e ácido lático em **A** e **B**, analise as seguintes afirmativas:

I. A partir de T_1 o suprimento de O_2 no músculo é insuficiente para as células musculares realizarem respiração aeróbica.

II. O CO_2 produzido em **A** é um dos produtos da respiração aeróbica durante o processo de produção de ATP (trifosfato de adenosina) pelas células musculares.

III. Em **A**, as células musculares estão realizando respiração aeróbica, e em **B** um tipo de fermentação.

IV. A partir de T_1 a produção de ATP pelas células musculares deverá aumentar.

Das afirmativas acima, são corretas:

a) apenas I e II.

b) apenas III e IV.

c) apenas I, II e III.

d) apenas I, II e IV.

e) apenas II, III e IV.

12. **SE** (Fatec-SP) Os esquemas, a seguir, evidenciam três maneiras diferentes através das quais a glicose pode ser utilizada como fonte de energia necessária à manutenção da vida.

Esquema 1	Esquema 2	Esquema 3
Glicose ↓ Glicólise Ácido pirúvico ↓ Fermentação Etanol, CO_2 e ATP	Glicose ↓ Glicólise Ácido pirúvico ↓ Fermentação Ácido láctico e ATP	Glicose ↓ Glicólise Ácido pirúvico ↓ Ciclo de Krebs ↓ Cadeia respiratória H_2O, CO_2 e ATP

Interbits®

Assinale a alternativa correta sobre esses esquemas.

a) Os esquemas 1 e 3 ocorrem em ambientes totalmente anaeróbios para a produção de pães e bolos.

b) O esquema 1 exibe a fermentação alcoólica realizada nas mitocôndrias de leveduras com consumo de oxigênio.

c) O esquema 2 revela um processo aeróbio realizado nas mitocôndrias de lactobacilos e de células musculares humanas.

d) O esquema 3 demonstra um processo aeróbio em que o gás oxigênio atua como agente oxidante de moléculas orgânicas.

e) Os esquemas 1, 2 e 3 evidenciam processos aeróbios de obtenção de energia que ocorrem em plantas e animais em geral.

13. **SE** (Fuvest-SP) A lei 7678 de 1988 define que "vinho é a bebida obtida pela fermentação alcoólica do mosto simples de uva sã, fresca e madura". Na produção de vinho, são utilizadas leveduras anaeróbicas facultativas. Os pequenos produtores adicionam essas leveduras ao mosto (uvas esmagadas, suco e cascas) com os tanques abertos, para que elas se reproduzam mais rapidamente. Posteriormente, os tanques são hermeticamente fechados. Nessas condições, pode-se afirmar, corretamente, que:

a) o vinho se forma somente após o fechamento dos tanques, pois, na fase anterior, os produtos da ação das leveduras são a água e o gás carbônico.

b) o vinho começa a ser formado já com os tanques abertos, pois o produto da ação das leveduras, nessa fase, é utilizado depois como substrato para a fermentação.

c) a fermentação ocorre principalmente durante a reprodução das leveduras, pois esses organismos necessitam de grande aporte de energia para sua multiplicação.

d) a fermentação só é possível se, antes, houver um processo de respiração aeróbica que forneça energia para as etapas posteriores, que são anaeróbicas.

e) o vinho se forma somente quando os tanques voltam a ser abertos, após a fermentação se completar, para que as leveduras realizem respiração aeróbica.

14. **S** (Udesc) Observe o esquema abaixo:

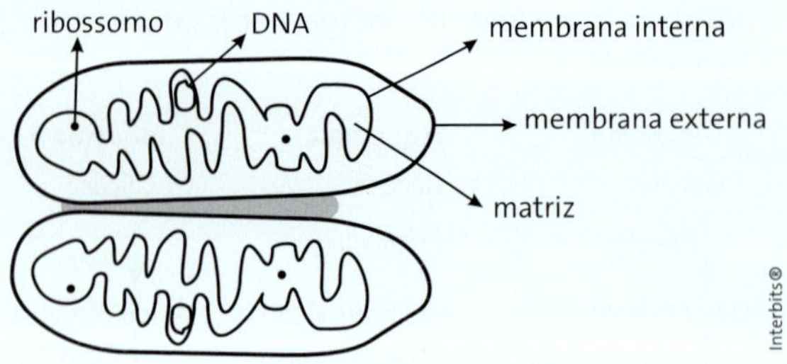

Assinale a alternativa correta quanto à morfologia e fisiologia da estrutura interna (organela) de uma célula animal, que se encontra partida ao meio, permitindo a sua visualização interna.

a) O esquema se refere à mitocôndria, que é responsável pela fermentação celular; a mitocôndria utiliza o ribossomo e a matriz para realizar a glicólise.
b) O esquema se refere à mitocôndria, que é responsável pela digestão celular. Para realizar essa função, ocorre o processo de cadeia respiratória em sua membrana externa.
c) O esquema se refere ao peroxissoma, que é responsável pela reação de oxidação de moléculas orgânicas e que utiliza sua membrana externa para realizar essa função.
d) O esquema se refere ao complexo de Golgi, que é responsável pela conversão da acetil-CoA com o ácido oxalacético, existente na matriz e forma o ácido cítrico.
e) O esquema se refere à mitocôndria, que é responsável por algumas etapas da respiração celular. Na matriz ocorre o ciclo de Krebs, e na membrana interna ocorre a cadeia respiratória.

15. **NE** (Uespi) O metabolismo celular fermentativo é um processo de degradação de moléculas orgânicas com liberação de energia usada para formar ATP. A fermentação lática, um dos processos fermentativos:

a) é resultado do anabolismo de carboidratos, cuja regeneração do NAD gera um produto final oxidado.
b) produz quatro moléculas de ácido lático e gás carbônico por molécula de glicose.
c) quando realizada por bactérias no leite, provoca a coagulação de proteínas.
d) na presença de oxigênio, produz saldo energético superior à respiração aeróbica.
e) gera 4 ATPs de saldo energético a partir da degradação do ácido pirúvico.

16. **S** (UFRGS-RS) Durante as fases da respiração celular aeróbia, a produção de CO_2 e água, ocorre, respectivamente,

a) na glicólise e no ciclo de Krebs.
b) no ciclo de Krebs e na cadeia respiratória.
c) na fosforilação oxidativa e na cadeia respiratória.
d) no ciclo de Krebs e na fermentação.
e) na glicólise e na cadeia respiratória.

17. **SE** (Uerj) Em um experimento, foram removidas as membranas externas de uma amostra de mitocôndrias. Em seguida, essas mitocôndrias foram colocadas em um meio nutritivo que permitia a respiração celular. Uma das curvas do gráfico a seguir representa a variação de pH desse meio nutritivo em função do tempo de incubação.

Observe:

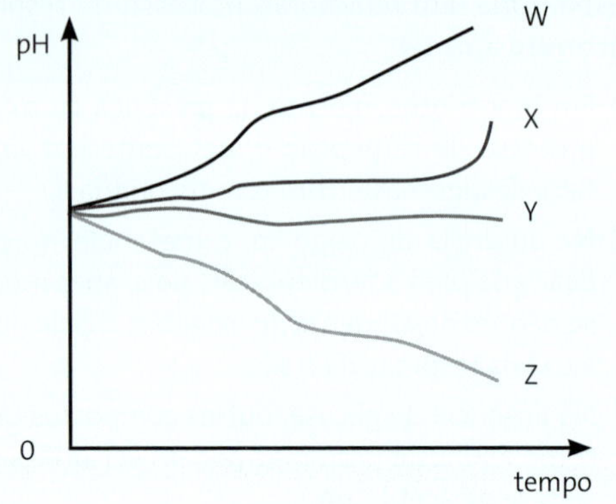

Identifique a curva que representa a variação de pH do meio nutritivo no experimento realizado. Justifique sua resposta.

18. **SE** (UFRJ) Há um cuidado que deve ser tomado quando se compra um alimento enlatado. Devemos observar não só a data de fabricação e o prazo de vencimento do produto, mas também o aspecto da lata, que não deve apresentar tampa estufada. Se a tampa estiver estufada, pode ter-se desenvolvido, entre outras bactérias, a produtora de botulismo, uma doença frequentemente fatal.

a) Que tipo de respiração essa bactéria mantém no interior da lata fechada?
b) No caso do produto contaminado, o que causou a pressão no interior da lata, estufando a tampa?

19. **SE** (Unirio-RJ) O cianeto de potássio, veneno conhecido popularmente como cianureto, liga-se à forma férrica do citocromo $\mathbf{a}_3$, cuja ação é muito potente, impedindo que os elétrons cheguem ao aceptor final, que é o oxigênio. Em que etapa da respiração aeróbica se verifica a interrupção do processo que leva o indivíduo ao óbito? Justifique sua resposta.

20. **SE** (UFU-MG) Sob idênticas condições experimentais, cultivaram-se dois tipos diferentes de microrganismos em tubos separados (1 e 2). Em cada tubo foram adicionados glicose e oxigênio. Após a total degradação da glicose, no tubo 1, detectou-se a produção de ATP, CO_2 e H_2O. No tubo 2, detectaram-se apenas ATP e um outro composto orgânico.

Com base nessas informações, responda:

a) quanto à forma de degradação de compostos orgânicos para obtenção de energia, como se classificam, respectivamente, os microrganismos presentes nos tubos 1 e 2?
b) quais processos metabólicos ocorreram, respectivamente, nos tubos 1 e 2?
c) além do ATP, qual foi o composto orgânico detectado no tubo 2?

CAPÍTULO

11 Fotossíntese e quimiossíntese

Sinclair Stammers/SPL/Latinstock

Alga filamentosa em imagem de microscopia de luz.

- *Você sabe como as células realizam fotossíntese?*
- *Que fatores influenciam nesse processo?*
- *O que é quimiossíntese?*
- *Quais os seres vivos que produzem matéria orgânica por meio desse processo?*

1 Visão geral da fotossíntese

Na fotossíntese, as moléculas de gás carbônico e de água são transformadas em açúcares com a utilização de energia luminosa. O processo pode ser resumido pela equação química abaixo (embora a glicose não seja o principal glicídio produzido, como veremos adiante):

$$6CO_2 + 6H_2O \rightarrow C_6H_{12}O_6 + 6O_2$$

Fornecendo à planta água com o isótopo ^{18}O do oxigênio e gás carbônico com oxigênio normal (^{16}O), verificamos que todo o oxigênio desprendido é formado por aquele isótopo. Se fornecermos gás carbônico com ^{18}O, veremos que nenhum oxigênio desprendido é formado por esse isótopo. Concluímos, assim, que a fonte exclusiva do oxigênio liberado na fotossíntese é a água.

Mas, pela equação química, observamos que se formam seis moléculas de gás oxigênio (um total de doze átomos de oxigênio) embora haja apenas seis moléculas de água (seis átomos de oxigênio). A explicação para essa aparente discrepância é o gasto de mais moléculas de água durante o processo. No fim, formam-se novas moléculas de água a partir do gás carbônico. Por isso, uma equação mais coerente com o fato de que todo o oxigênio se origina da água é a seguinte:

$$6CO_2 + 12H_2O \rightarrow C_6H_{12}O_6 + 6H_2O + 6O_2$$

Comparando as fórmulas químicas, observamos que para transformar seis moléculas de gás carbônico em uma de glicose são necessários átomos de hidrogênio. Além disso, para reunir essas seis moléculas, é preciso formar novas ligações químicas e energia.

Nos eucariontes, a fotossíntese ocorre nos cloroplastos. Nos procariontes, como as cianobactérias, a fotossíntese ocorre em um conjunto de membranas com organização semelhante à das membranas dos tilacoides e no citosol (figura 11.1).

Como veremos, essas transformações ocorrem em duas etapas: a fase clara e a fase escura.

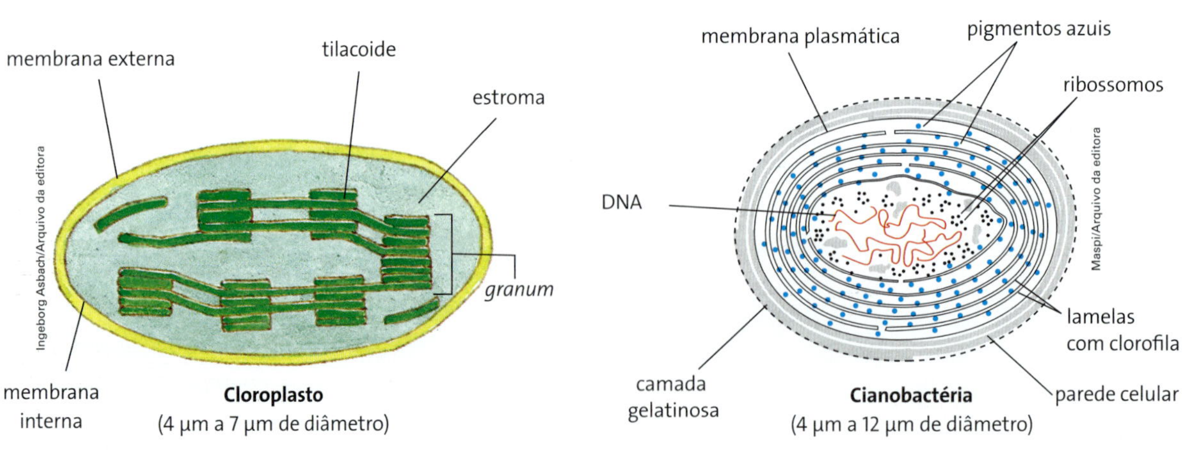

Figura 11.1 Modelo de um cloroplasto de células eucariontes e de uma cianobactéria (os elementos ilustrados não estão na mesma escala; cores fantasia).

Fotossíntese × Respiração

É importante compreender que a respiração não é feita apenas pelos animais. Todos os seres vivos realizam respiração ou fermentação, inclusive as plantas. Isso quer dizer que as plantas usam, na respiração, parte do alimento que fabricaram. Com isso, conseguem energia para o crescimento da raiz, do caule, das folhas, etc.

As plantas usam a fotossíntese para produzir açúcares. Uma parte do açúcar fica armazenada na planta. Outra parte pode ser usada na respiração, produzindo energia para a planta crescer e manter suas funções. A semente, por exemplo, vai se desenvolver inicialmente com a energia dos açúcares que ela armazena (figura 11.2).

Portanto, fotossíntese e respiração são processos diferentes. Animais não fazem fotossíntese – só respiram. Mas as plantas e os outros seres autotróficos fazem as duas coisas: fotossíntese (ou quimiossíntese) e respiração.

Outro ponto: não é correto dizer que a planta faz fotossíntese durante o dia e respira à noite. A fotossíntese ocorre durante o dia, desde que haja luz suficiente. Mas a respiração ocorre de dia e de noite. Durante o dia, quando há bastante luz, a produção de oxigênio é maior do que a empregada na respiração – o que sobra é liberado para a atmosfera.

Figura 11.2 As relações entre a respiração e a fotossíntese (os elementos da ilustração não estão na mesma escala; cores fantasia).

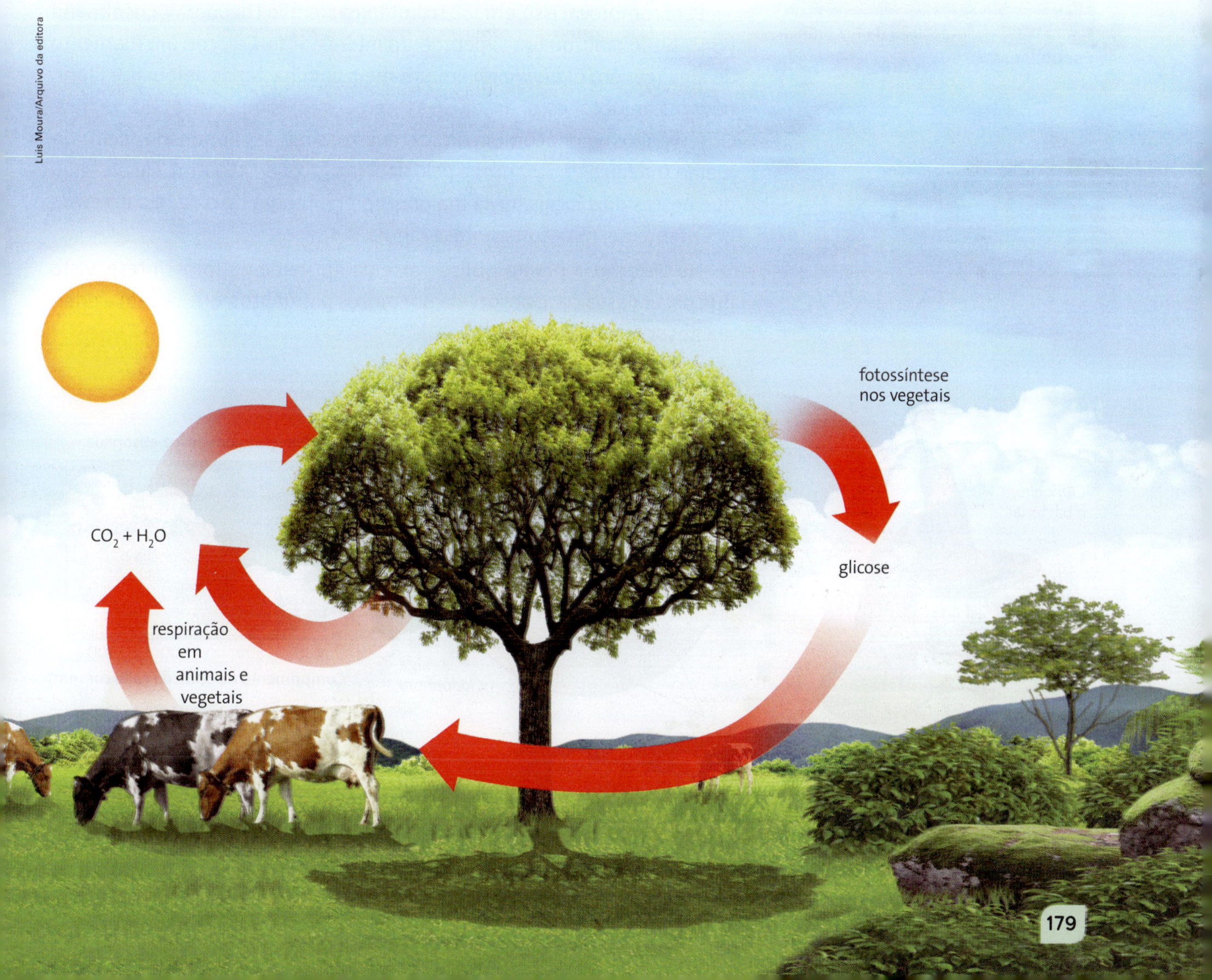

Clorofila e absorção de luz

A luz é uma onda eletromagnética como as ondas de rádio e de tevê, as micro-ondas, os raios infravermelhos, ultravioleta, X e gama.

As ondas transmitem energia. A luz corresponde a uma parte da energia transmitida pelo Sol e se diferencia das outras ondas por sua frequência (número de oscilações de cada ponto da onda por unidade de tempo) e seu comprimento de onda (distância entre dois pontos mais altos ou mais baixos consecutivos).

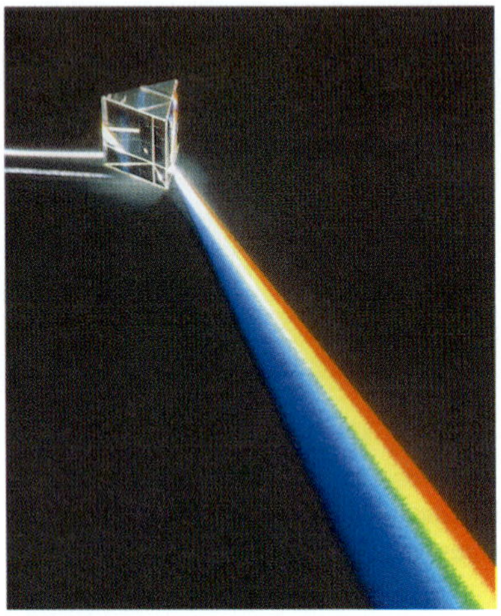

David Parker/SPL/Latinstock

Figura 11.3 Decomposição da luz branca por um prisma.

A luz branca é formada pela mistura de vários comprimentos de onda, registrados por nossos olhos com cores diferentes. É o que ocorre quando observamos um arco-íris ou quando a luz branca atravessa um prisma de vidro. O conjunto de cores que forma a luz branca é chamado **espectro da luz visível** (figura 11.3).

Da mesma forma que nossos olhos só percebem certos comprimentos de onda (não somos capazes de ver o ultravioleta, por exemplo), as moléculas de clorofila (há dois tipos de clorofila, como veremos adiante) só absorvem certos tipos de luz; elas absorvem bem as luzes vermelha, laranja, azul e violeta, e refletem grande parte da luz verde, absorvendo dela pouca energia (figura 11.4). A cor verde que vemos nas plantas é justamente o reflexo dessa luz não absorvida.

Para comprovar isso, em 1883 o botânico alemão Theodor W. Engelmann (1843-1909) realizou um experimento interessante. Colocou um filamento de alga (gênero *Cladophora*) em um meio com bactérias aeróbias e iluminou o conjunto com as diversas cores que compõem a luz branca. Observando maior acúmulo de bactérias nas regiões iluminadas pelo vermelho (na faixa de 700 nm) e pelo azul (na faixa de 450 nm), ele concluiu que nesses dois locais havia maior desprendimento de oxigênio e, consequentemente, mais fotossíntese (figura 11.4).

No entanto, a planta utiliza parte da luz verde na fotossíntese, visto que parte dessa cor é absorvida por outros pigmentos, que cedem a energia absorvida para a clorofila.

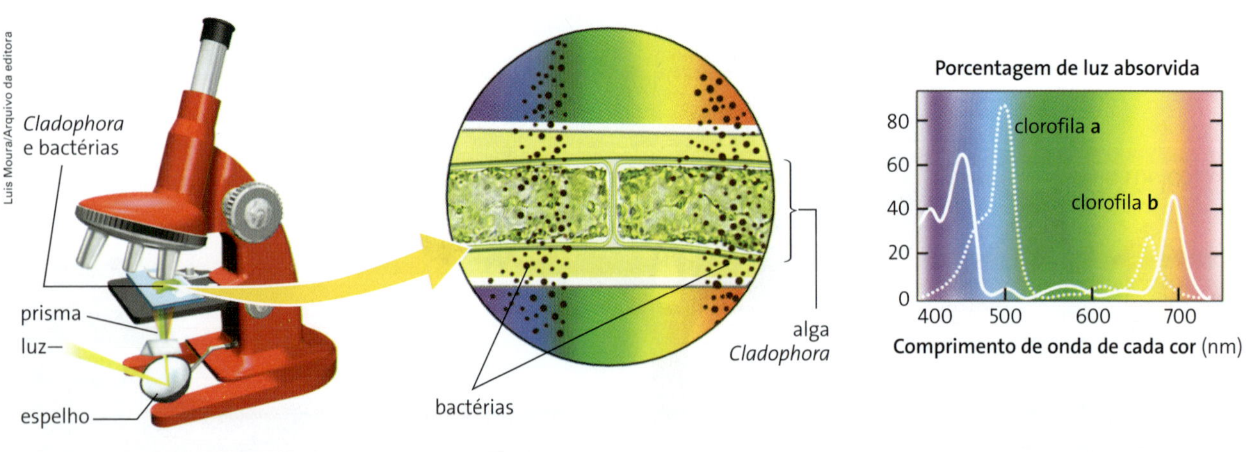

Figura 11.4 O espectro de absorção das clorofilas **a** e **b** indica que as cores mais absorvidas ficam em torno do vermelho e do azul e a menos absorvida é o verde. O experimento comprova que as cores mais absorvidas pela clorofila são justamente aquelas para as quais há maior fotossíntese: as bactérias aeróbias se dirigem para as regiões da alga onde há maior produção de oxigênio. (Os elementos da figura não estão na mesma escala; cores fantasia.)

Biologia tem História

Fotossíntese: o início das descobertas

No início do século XVII, pensava-se que as plantas absorviam todos os seus nutrientes do solo. Para testar essa hipótese, o médico belga Jean Baptiste van Helmont (1579-1644) cultivou uma muda de salgueiro em um vaso. Cinco anos mais tarde, constatou que o salgueiro estava quase 75 kg mais pesado, mas que a terra do vaso diminuíra em apenas 57 g (figura 11.5). Van Helmont explicou essas diferenças afirmando que, para crescer, a planta havia utilizado também a água usada para sua rega.

Hoje, no entanto, sabemos que o aumento de peso da planta se deve também ao gás carbônico do ar, que é transformado em glicídios pela fotossíntese.

A primeira evidência de que os gases do ar participam da fotossíntese, e consequentemente do crescimento do vegetal, foi obtida em 1772, com a experiência do químico inglês Joseph Priestley (1733-1804). Ele verificou que as plantas podem "purificar" o ar "esgotado" por uma vela que queima dentro de um recipiente fechado ou pela respiração de um animal (figura 11.6).

Em 1779, o médico holandês Jan Ingenhousz (1730-1779) demonstrou que o efeito observado por Priestley só ocorria se a planta fosse iluminada. No escuro, ela consumia oxigênio, da mesma forma que o animal. Hoje sabemos que a planta realiza respiração celular, consumindo oxigênio, o tempo todo, mas, de dia, predomina a produção de oxigênio pela fotossíntese.

Em 1941, dois cientistas da Universidade de Berkeley, Martin Kamen (1913-2002) e Sam Rubem (1913-1943) demonstraram, usando um isótopo de oxigênio (^{18}O), que todo o oxigênio liberado na fotossíntese vem da água, e não do gás carbônico.

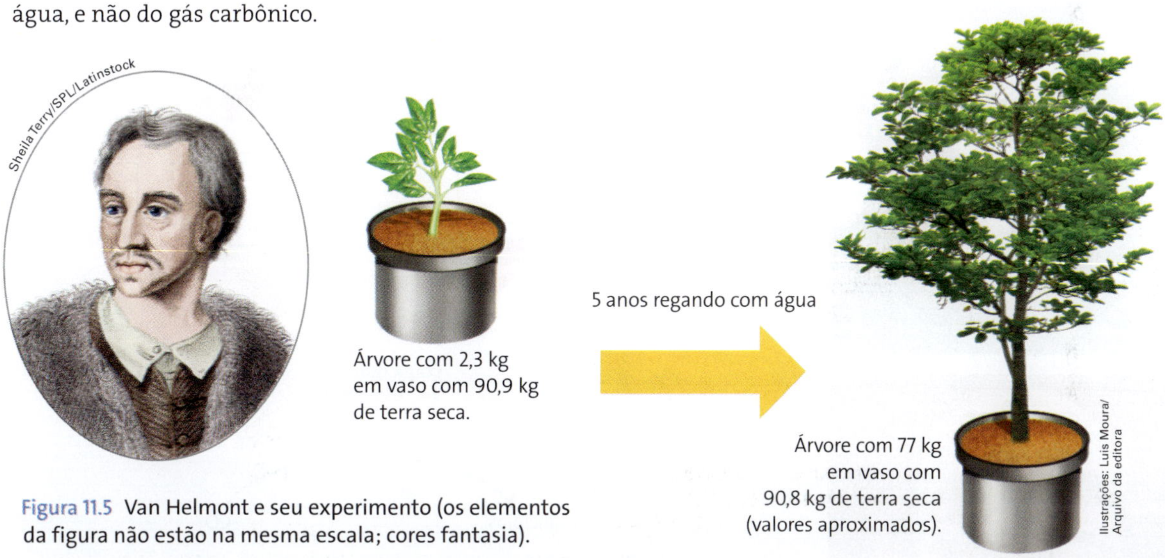

Figura 11.5 Van Helmont e seu experimento (os elementos da figura não estão na mesma escala; cores fantasia).

Figura 11.6 Joseph Priestley e seu experimento (os elementos da figura não estão na mesma escala; cores fantasia).

2 Etapas da fotossíntese

Etapa fotoquímica ou fase clara

Essa denominação, ou também **reações de claro** ou **fase luminosa**, vem do fato de que a energia luminosa é absorvida pela clorofila e armazenada em moléculas de ATP. Além disso, a luz promove a transformação da água em hidrogênio e oxigênio. Este é liberado pela planta, mas o hidrogênio e a energia do ATP serão usados na fase escura para transformar o gás carbônico em glicose. Para isso, o hidrogênio é transportado para o estroma do cloroplasto (a fase clara ocorre nos tilacoides) combinado à **nicotinamida adenina dinucleotídeo fosfato** (**NADP**), molécula semelhante ao NAD da respiração com mais um fosfato (figura 11.7).

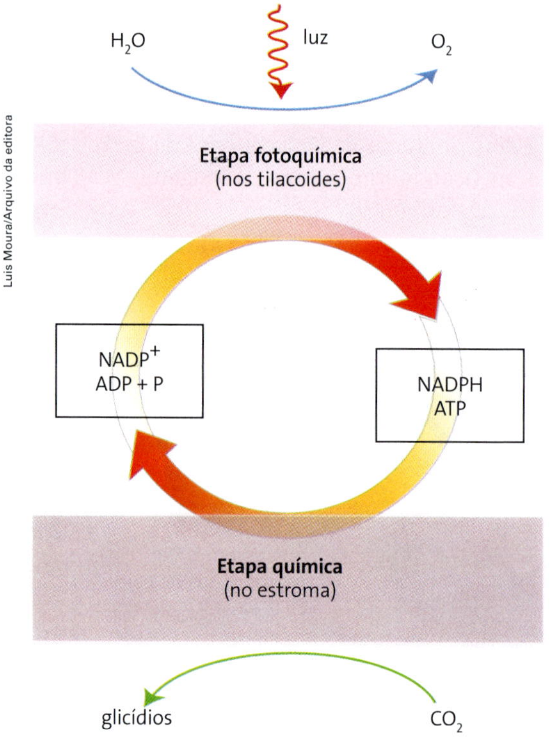

Figura 11.7 Esquema geral das duas etapas da fotossíntese.

Figura 11.8 Ao alto, Melvin Calvin; acima, Andrew Benson. Usando o isótopo carbono-14 como marcador, Calvin, Andrew Benson e James Bassham mapearam o caminho completo percorrido pelo carbono na planta durante a fotossíntese, desde sua absorção como dióxido de carbono da atmosfera até sua conversão em carboidratos e outros compostos orgânicos.

Etapa química ou fase escura

Essa etapa, também chamada **ciclo das pentoses** ou **de Calvin** ou **de Calvin-Benson**, foi estudada no final da década de 1940 pelo bioquímico norte-americano Melvin Calvin (1911-1997) e seus colaboradores, principalmente Andrew Benson (1917-) (figura 11.8). Essa fase ocorre no estroma e envolve a construção de glicídios a partir do gás carbônico do ambiente. Recebe o nome de *fase escura* não porque ocorra obrigatoriamente no escuro, mas por não depender diretamente da luz e sim dos hidrogênios e do ATP produzidos na etapa fotoquímica.

Desse modo, as duas etapas estão relacionadas, pois os átomos de hidrogênio necessários à segunda são fornecidos pelo NADPH, e a energia vem do ATP originado na primeira etapa.

Detalhes da fase fotoquímica

Fotossíntese

A molécula de clorofila possui uma região formada por cadeias fechadas de carbono com nitrogênio, formando um anel e rodeando um átomo de magnésio. Ligada a esse anel está uma cadeia longa e aberta, chamada **fitol**. Há dois tipos de clorofila: **a** e **b**; a diferença entre eles está em um grupamento ligado ao anel (figura 11.9).

A clorofila está localizada nos tilacoides do cloroplasto, associada a proteínas e outros pigmentos, como os carotenoides. Os pigmentos acessórios absorvem melhor as faixas de cores não absorvidas pela clorofila, aumentando o aproveitamento da energia luminosa. Além disso, esses pigmentos conferem proteção contra um excesso de energia luminosa e têm efeito oxidante, isto é, protegem a célula contra radicais livres (grupos de átomos ou moléculas que podem oxidar partes da célula). Esse conjunto, chamado **fotossistema**, é encarregado da absorção da luz e da transformação da energia luminosa em química (figura 11.10).

Há dois tipos de fotossistemas, I e II (os números indicam a ordem em que cada um foi descoberto), e a diferença está nas proteínas associadas à clorofila **a** do centro de reação. Essa associação modifica a capacidade de absorção de luz da clorofila. No fotossistema I, a clorofila **a** absorve melhor os comprimentos de onda de 700 nm, situados na parte vermelha do espectro; por isso, ela é chamada **pigmento 700** ou **P700** (P é a abreviação de pigmento). No fotossistema II, a clorofila **a** absorve melhor os comprimentos de onda de 680 nm, também na parte vermelha do espectro, e, por isso, é chamada **pigmento 680** ou **P680**.

A energia luminosa absorvida pela clorofila é transferida para elétrons, que, por isso, escapam da molécula, sendo recolhidos por outras substâncias. Quando perde elétrons, o P700 fica temporariamente com carga positiva, que é neutralizada pelos elétrons cedidos pelo P680. Este, depois de absorver luz, também perde elétrons.

Dependendo das substâncias transportadoras, os elétrons podem seguir dois caminhos: **fotofosforilação cíclica** e **fotofosforilação acíclica**. Em ambos, os elétrons cedem energia, que é utilizada na síntese de ATP pela fosforilação. Esta, como sabemos, é o processo pelo qual um fosfato rico em energia é adicionado ao ADP. Como a energia do elétron vem originalmente da luz, dizemos que essas moléculas de ATP são produzidas por fotofosforilação.

Nas páginas a seguir veremos esses dois caminhos (os processos são muito rápidos, ocorrendo em microssegundos).

Luis Moura/Arquivo da editora

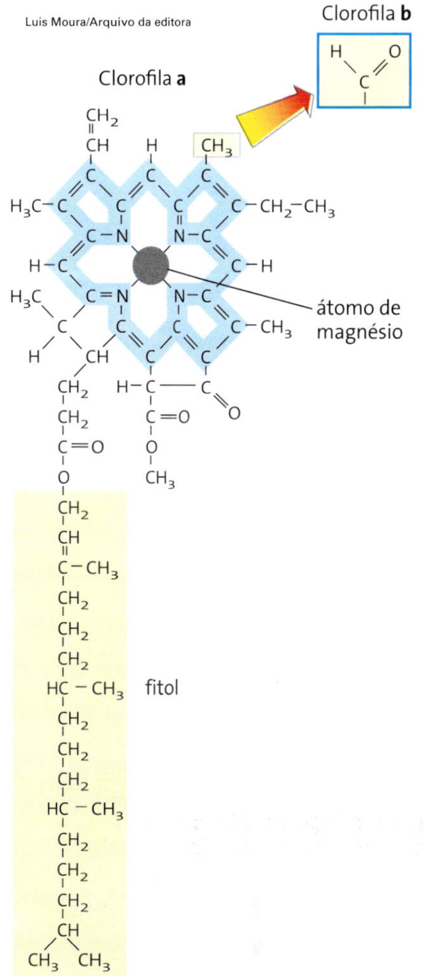

Figura 11.9 Fórmula estrutural das clorofilas **a** e **b**.

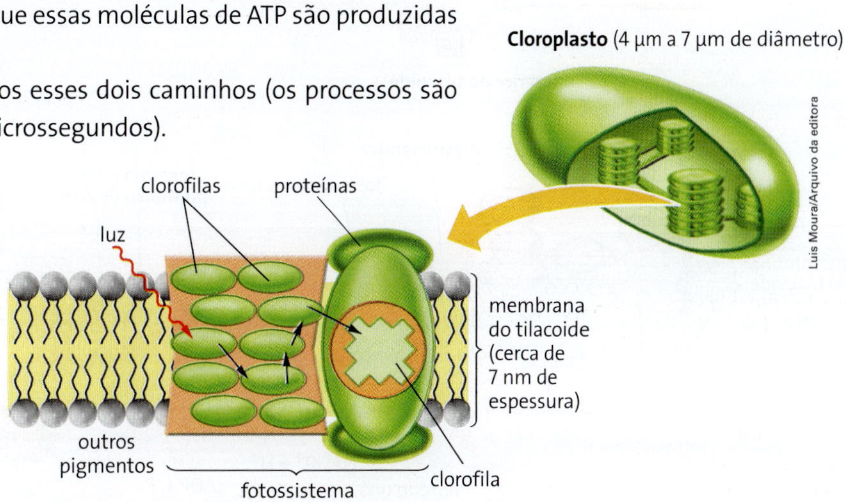

Figura 11.10 Esquema simplificado de fotossistema. As setas (em preto) indicam a transferência de energia entre as moléculas de clorofila. (Os elementos da figura não estão na mesma escala; cores fantasia.)

Fotofosforilação acíclica

Participam dessa etapa os fotossistemas I e II. A energia luminosa é absorvida pelo fotossistema II, fazendo a clorofila perder elétrons, que passam por uma série de transportadores até chegarem ao fotossistema I. Nesse trajeto, os elétrons liberam energia, que é usada para a síntese de ATP (figura 11.11).

Os elétrons perdidos pelo fotossistema II são repostos pela quebra de moléculas de água. Essa quebra forma também íons hidrogênio (H^+) e gás oxigênio (O_2):

$$2H_2O \rightarrow 4e^- + 4H^+ + O_2$$

A produção de ATP é semelhante à que ocorre nas mitocôndrias na terceira etapa da respiração (cadeia respiratória). Aqui também os elétrons se movem ao longo de transportadores liberando energia por meio da bomba de prótons (H^+) e da enzima ATP-sintase. Os transportadores de elétrons (plastoquinona, complexo de citocromos e plastocianina) também estão arrumados em membranas (no caso, no tilacoide), na ordem do trajeto que os elétrons devem seguir de modo a liberar energia para a bomba de prótons. Estes se acumulam dentro do tilacoide e tendem a voltar para o estroma, onde sua concentração é menor, passando pela ATP-sintase. A energia liberada nesse fluxo é usada para sintetizar ATP (mecanismo quimiosmótico de geração de ATP).

O fotossistema I perde elétrons quando recebe energia luminosa, que são repostos pelos elétrons que vieram do fotossistema II. Os elétrons que saem do fotossistema I passam por proteínas com ferro (ferredoxina) e chegam ao $NADP^+$ (NADP oxidado). O $NADP^+$ recebe também os íons hidrogênio (H^+) da quebra da água, formando-se NADPH (figura 11.11).

Figura 11.11 Esquema geral da fotofosforilação acíclica e da organização dos fotossistemas e transportadores na membrana dos tilacoides.

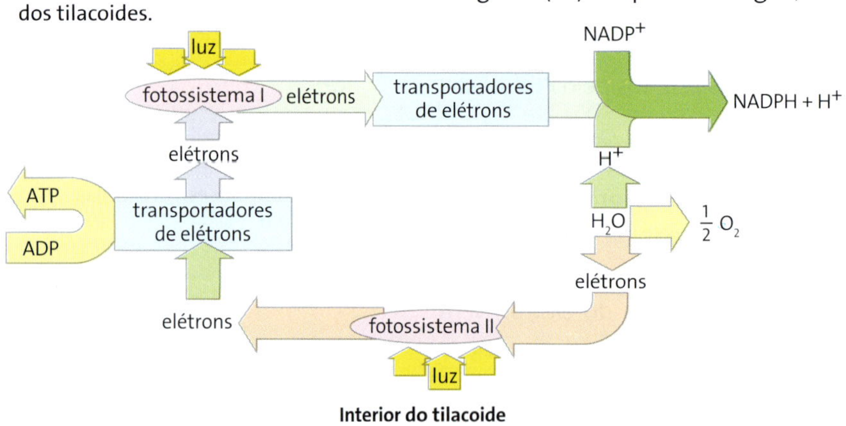

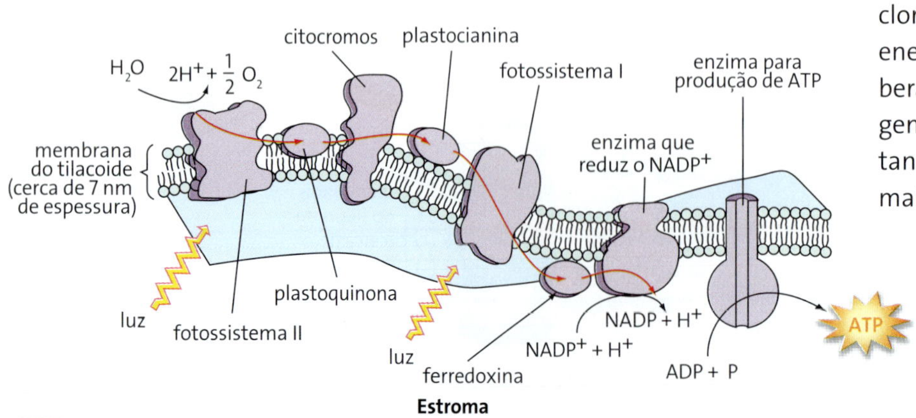

Luis Moura/Arquivo da editora

A água doa H^+ e elétrons para a constituição do NADPH. Portanto, a manutenção do processo depende da quebra contínua de moléculas de água, o que é provocado, indiretamente, pela luz. Dizemos, então, que houve **fotólise** da água (*photos* = luz; *lyse* = quebra).

No primeiro esquema da figura 11.11, podemos observar que os elétrons que saem das clorofilas atingem um nível energético mais alto e depois liberam energia durante a passagem pelos transportadores, voltando para um nível energético mais baixo.

Fotofosforilação cíclica

Neste caso, os elétrons retirados do fotossistema I passam por vários transportadores (plastoquinona, complexo de citocromos, plastocianina) e voltam para a clorofila da qual saíram. Durante o transporte, produz-se ATP, mas não NADPH, não havendo fotólise da água; portanto, também não é produzido oxigênio (figura 11.12).

Veja um resumo da fase clara:

I. A clorofila perde elétrons ao absorver energia luminosa e ocorre fotólise da água, que cede elétrons para a clorofila:

$$2H_2O \rightarrow 4H^+ + 4e^- + O_2$$

II. O $NADP^+$ recebe elétrons da clorofila e prótons da água:

$$2NADP^+ + 4H^+ + 4e^- \rightarrow 2NADPH + 2H^+$$

III. A energia luminosa é usada para sintetizar ATP:

$$ADP + P \rightarrow ATP$$

Então, a equação geral da fase clara pode ser escrita assim (**n** indica que o número de moléculas de ATP não é informado):

$$2H_2O + 2NADP^+ + luz + nADP + nP \rightarrow 2NADPH + 2H^+ + nATP + O_2$$

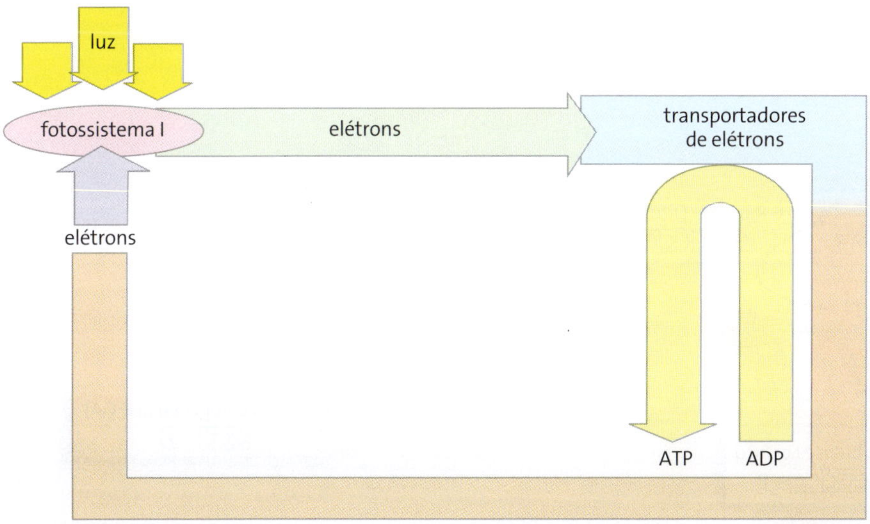

Figura 11.12 Fotofosforilação cíclica (os elementos da figura não estão na mesma escala; cores fantasia).

Detalhes da fase química

Nesta etapa, são sintetizados glicídios a partir do gás carbônico e dos hidrogênios produzidos na fase luminosa. A energia para essa síntese vem do ATP, também produzido na fase luminosa. A conversão do gás carbônico em um composto orgânico é chamada **fixação do carbono**.

Embora a energia luminosa não seja absorvida nessa etapa, é preciso lembrar que o NADPH é instável e não pode ser armazenado por muito tempo. Assim, uma vez que ele é necessário para completar o ciclo de Calvin, esta etapa depende indiretamente da fase luminosa.

Os cloroplastos não têm um sistema de transporte para levar o ATP produzido na fase clara para o citosol. Em vez disso, a energia do ATP é transferida para glicídios, que são transportados para outras partes da célula.

Reações químicas do ciclo de Calvin

No ciclo, os átomos de hidrogênio vindos da água são adicionados a compostos de carbono, obtidos a partir do gás carbônico, o que equivale a uma redução desse gás, com produção de glicídio.

O ciclo demora um pouco mais que a fase clara, podendo levar até 1 s para se completar. O gás carbônico reage, inicialmente, com um composto de cinco carbonos, a ribulose bisfosfato ou ribulose bifosfato (RuBP), que funciona como "suporte" para a incorporação de gás carbônico. Por isso, essa etapa é conhecida também como ciclo das pentoses (açúcares com cinco carbonos).

Quando a molécula de gás carbônico se liga ao "suporte" de ribulose, desencadeia um ciclo de reações no qual se formam vários compostos de carbono (figura 11.13).

De forma resumida, podemos dizer que, ao se ligar ao gás carbônico, a RuBP forma um composto de seis carbonos, que se quebra em duas moléculas de três carbonos, o ácido 3-fosfoglicérico (PGA). Este é reduzido a aldeído 3-fosfoglicérico (PGAL), usando o ATP e o NADPH produzidos na fase luminosa. No final do ciclo, a RuBP, usada como "investimento", é regenerada, e sobra um saldo de aldeído fosfoglicérico, que corresponde ao primeiro glicídio produzido na fotossíntese (figura 11.13).

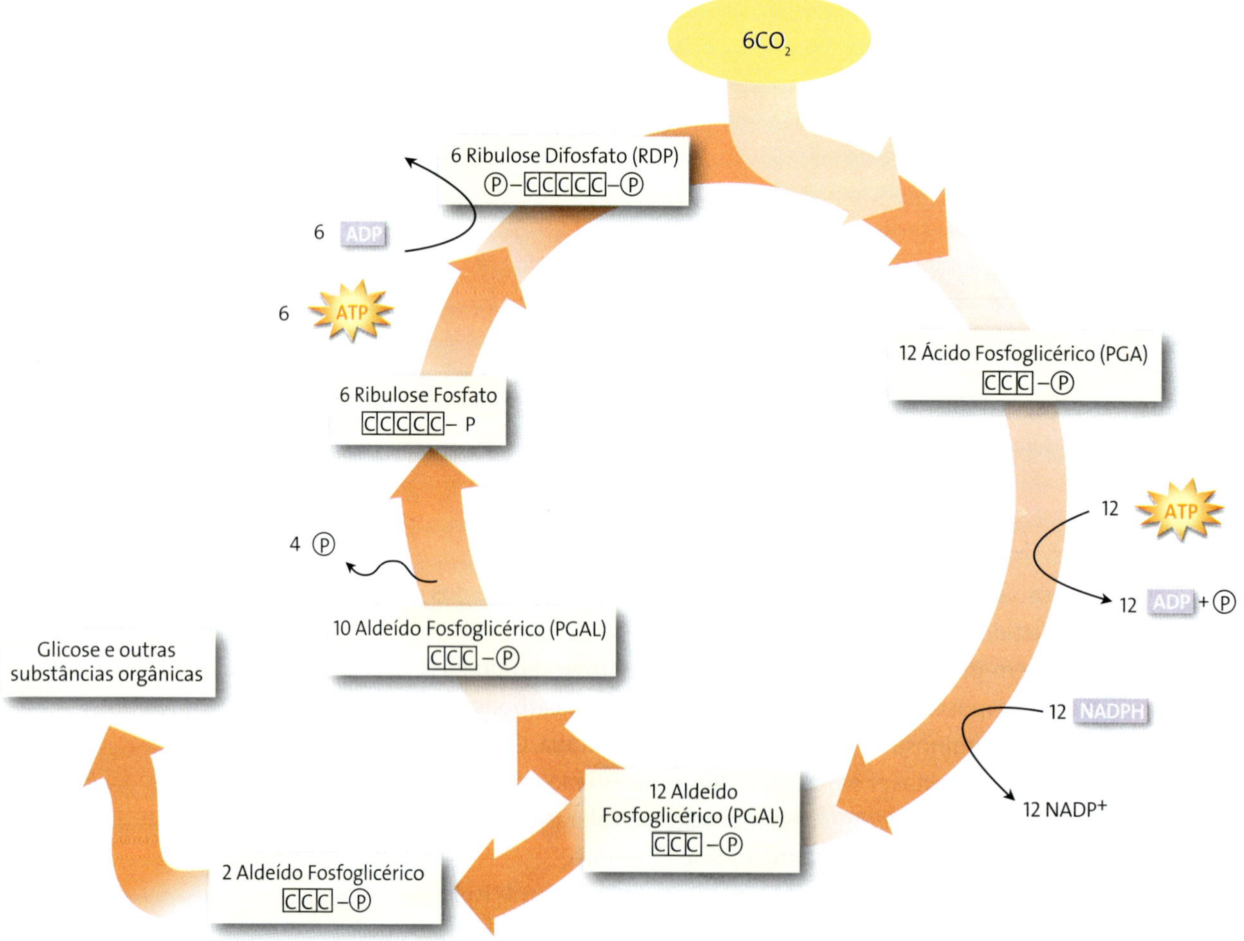

Figura 11.13 Esquema simplificado da fase escura da fotossíntese.

Para cada molécula de gás carbônico que entra no ciclo são consumidas três moléculas de ATP e duas de NADPH. Para cada molécula de aldeído fosfoglicérico produzida, são consumidas três moléculas de gás carbônico, nove moléculas de ATP e seis de NADPH.

Parte do aldeído fosfoglicérico pode ficar no cloroplasto e ser convertido em amido (no estroma). Outra parte é levada para o citosol e pode ser convertida em ácido pirúvico e utilizada na síntese de ATP pela mitocôndria, no processo de respiração celular.

O aldeído fosfoglicérico pode ser convertido também em outros compostos orgânicos e, na forma de sacarose, pode ser levado para outras partes da planta. Nas plantas com semente e nas pteridófitas (samambaias), esse transporte é feito por um conjunto de vasos que levam a seiva orgânica ou elaborada.

Veja uma equação geral para a fase escura da fotossíntese (PGAL = aldeído fosfoglicérico) e na figura 11.14 um resumo geral das duas etapas da fotossíntese:

$$3CO_2 + 9ATP + 6NADPH + 6H^+ \rightarrow PGAL + 9ADP + 8P + 6NADP^+ + 3H_2O$$

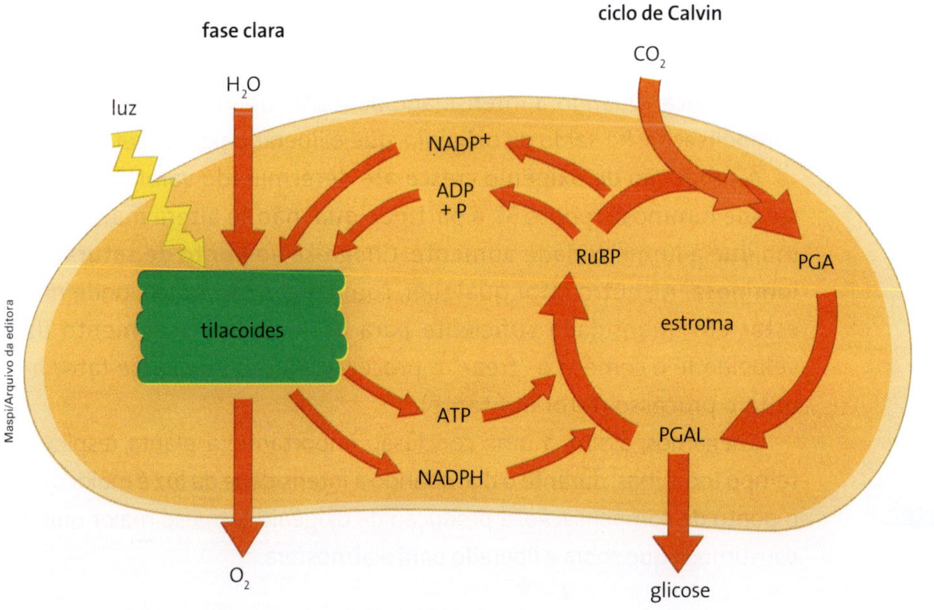

Figura 11.14 Esquema com resumo geral das duas etapas da fotossíntese (RuBP = ribulose bifosfato; PGA = ácido fosfoglicérico; PGAL = aldeído fosfoglicérico; cores fantasia).

Aprofunde seus conhecimentos

A equipe de Melvin Calvin cultivou algas num meio de cultura onde havia gás carbônico marcado com um isótopo radioativo de carbono e, interrompendo o processo em curtos intervalos de tempo, foi descobrindo os compostos intermediários.

Ao final de dois segundos, por exemplo, foi isolado o ácido fosfoglicérico. Em mais alguns segundos, a radioatividade foi encontrada no aldeído fosfoglicérico.

Desse modo, Calvin e sua equipe reconstituíram as reações químicas da fase escura. Pelo seu trabalho, ele ganhou o prêmio Nobel de Química, em 1961.

3 Velocidade da fotossíntese

Em condições normais, é muito difícil que todos os requisitos necessários à fotossíntese estejam presentes nas quantidades ideais; portanto, ela não ocorre com eficiência máxima.

Analisaremos a seguir a variação da velocidade da fotossíntese em relação a três fatores: luz, gás carbônico e temperatura.

Influência da luz

A velocidade da fotossíntese pode ser calculada medindo a quantidade de oxigênio liberada. Quanto maior essa quantidade, maior a velocidade do processo. Com esse procedimento, podemos construir um gráfico e dele tirar algumas conclusões importantes (figura 11.15).

Quando está no escuro (ponto 1), a planta não está realizando fotossíntese, mas está respirando; ela consome oxigênio em vez de produzi-lo.

O ponto 2 indica determinado valor de iluminação, no qual a quantidade de oxigênio consumida é igual à produzida. Isso significa que a fotossíntese atingiu velocidade igual à da respiração. Nesse momento, chegamos ao **ponto de compensação luminosa** ou **ponto de compensação fótica**. Quando a intensidade de luz é superior à do ponto de compensação, há saldo de oxigênio, que é liberado pelo vegetal.

A produção de oxigênio cresce até determinado valor da intensidade luminosa (ponto 3), a partir do qual não se altera mais, mesmo que a luminosidade aumente. Chega-se ao **ponto de saturação luminosa**. Aí, outro fator qualquer, como o gás carbônico, pode não estar em quantidade suficiente para acompanhar o aumento da velocidade e começa a "frear" o processo. Nesse caso, esse fator limita o processo (fator limitante).

Chegamos, assim, a uma conclusão importante: a planta respira o tempo todo, mas, durante o dia, quando a intensidade da luz é maior que o ponto de compensação, a produção de oxigênio torna-se maior que o consumo; o que sobra é liberado para a atmosfera.

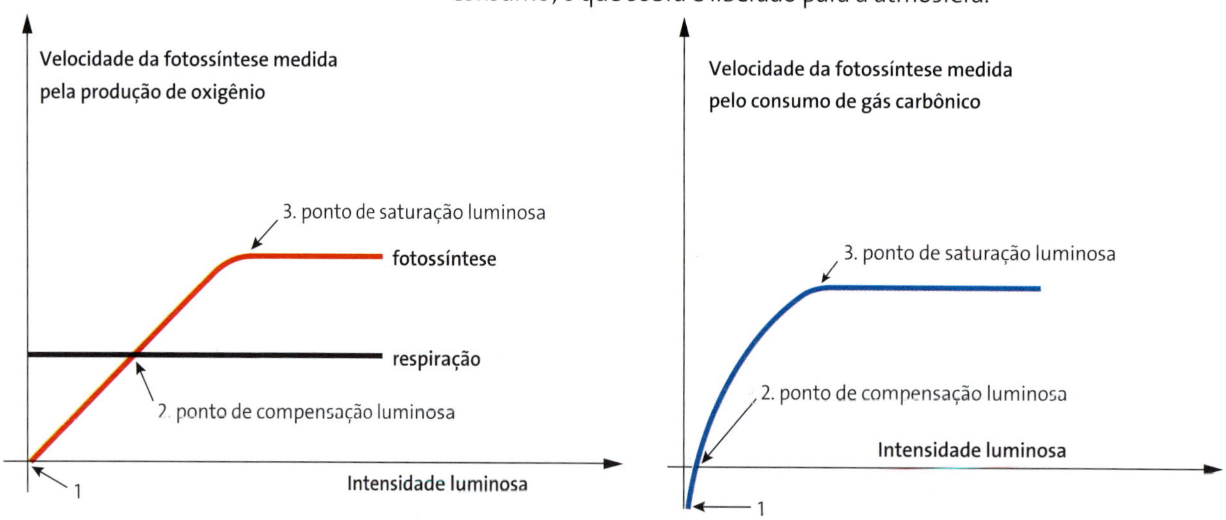

Figura 11.15 Gráficos da velocidade da fotossíntese em função da intensidade luminosa.

Influência do gás carbônico

A concentração de gás carbônico na atmosfera (cerca de 0,03%) é um fator importante na limitação da velocidade da fotossíntese de uma planta bem iluminada. Aumentando a concentração desse gás, a velocidade aumenta até que a luz ou outros fatores passem a ser limitantes (figura 11.16).

Luis Moura/Arquivo da editora

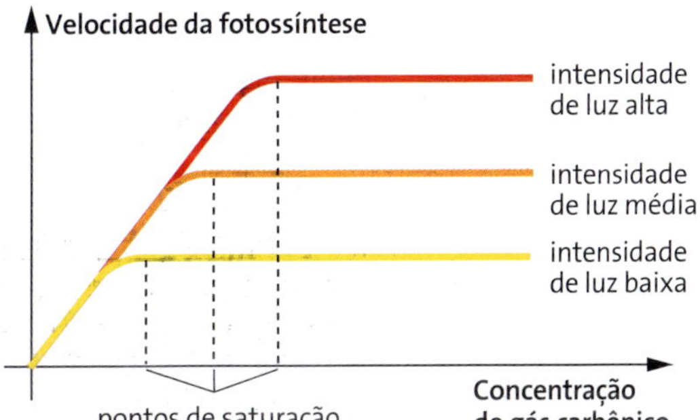

Figura 11.16 Gráfico da velocidade da fotossíntese em função da concentração de gás carbônico em diferentes intensidades luminosas.

Influência da temperatura

O aumento da temperatura acelera as reações químicas da fase escura, mas influencia pouco a fase luminosa, na qual as reações dependem apenas da energia luminosa. Por isso, se a planta estiver pouco iluminada, o aumento da temperatura terá pouco efeito, uma vez que os produtos da fase luminosa – ATP e NADPH – estão presentes em pequena quantidade. Se a planta estiver bem iluminada (o que corresponde a uma boa quantidade de NADPH e ATP), o aumento da temperatura provoca aumento significativo na velocidade.

Observe no gráfico da figura 11.17 que o aumento da velocidade da fotossíntese em decorrência da elevação da temperatura só ocorre até determinado ponto. A partir dele, o calor desnatura as enzimas que catalisam as reações com cadeias químicas de carbono. A velocidade começa a diminuir até o processo cessar, e a planta pode morrer.

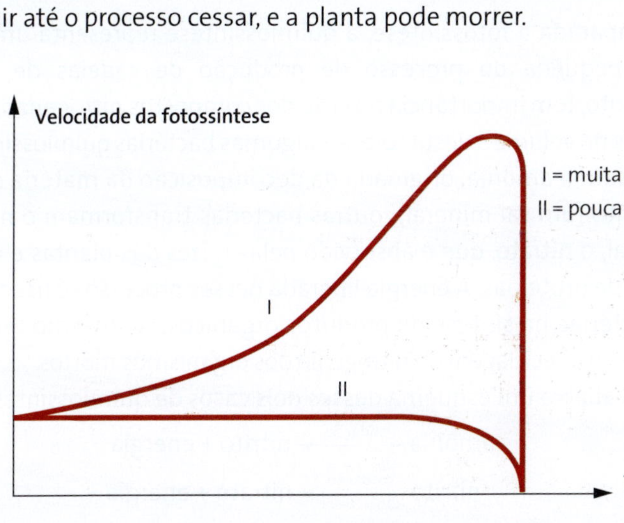

Figura 11.17 Gráfico da velocidade da fotossíntese em função da temperatura.

4 A evolução da fotossíntese

O papel da água na fotossíntese é fornecer átomos de hidrogênio para a transformação do gás carbônico em glicídios. O oxigênio é apenas um subproduto do processo. Outras moléculas com átomos de hidrogênio teriam a mesma função se houvesse um conjunto de enzimas adequadas capazes de utilizar essas moléculas. É o que acontece com as bactérias verdes sulfurosas e as púrpuras, que usam gás sulfídrico e não água, liberando enxofre em vez de oxigênio. Podemos esquematizar essa fotossíntese pela seguinte equação geral:

$$6CO_2 + 12H_2S \xrightarrow{\text{luz}} C_6H_{12}O_6 + 6H_2O + 12S$$

Essas bactérias possuem clorofilas especiais, as bacterioclorofilas, diferentes das clorofilas das plantas, e a maioria é anaeróbia obrigatória, vivendo no fundo de alguns lagos e estuários.

Análises comparativas do DNA indicam que as bactérias que utilizam outras fontes de hidrogênio diferentes da água (sem produção de oxigênio) foram as pioneiras no processo de fotossíntese. Isso teria acontecido há mais de 3 bilhões de anos. Com a evolução, surgiram outras bactérias, como as cianobactérias, que passaram a utilizar a água como fonte de hidrogênio, liberando gás oxigênio para o ambiente e tornando possível o aparecimento de bactérias aeróbias.

Pasieka/SPL/Latinstock

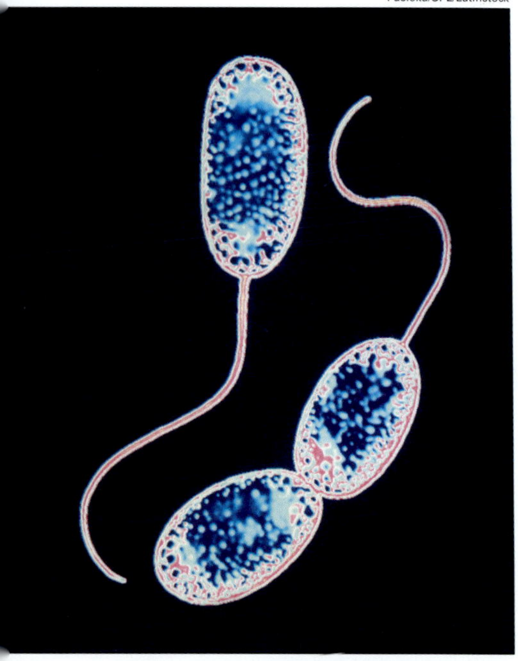

Figura 11.18 Bactérias do gênero Nitrobacter oxidam compostos nitrogenados, convertendo nitritos em nitratos, para obter energia. (Imagem por microscopia eletrônica de transmissão; aumento de cerca de 9 800 vezes; colorizada por computador.)

5 Quimiossíntese

Certas bactérias que vivem no solo são capazes de sintetizar substâncias orgânicas a partir de gás carbônico, água e outras substâncias inorgânicas sem utilizar energia luminosa. Elas provocam a oxidação de substâncias minerais do solo ou da água (amônia, enxofre, sais de ferro, etc.) e aproveitam a energia liberada para sintetizar açúcares. A partir destes, outras substâncias orgânicas são produzidas (figura 11.18). Esse processo, chamado **quimiossíntese**, pode ser esquematizado assim:

$$\text{substâncias inorgânicas} \xrightarrow{\text{oxidação}} \text{subprodutos}$$
$$\downarrow$$
$$CO_2 + H_2O \xrightarrow{\text{energia}} \text{substâncias orgânicas}$$

Comparada à fotossíntese, a quimiossíntese representa uma fração muito pequena do processo de produção de cadeias de carbono. Entretanto, tem importância no ciclo dos compostos nitrogenados. Como veremos no volume 3 desta coleção, algumas bactérias quimiossintetizantes oxidam a amônia, originada da decomposição da matéria orgânica, em nitrito (um sal mineral); outras bactérias transformam o nitrito em outro sal, o nitrato, que é absorvido pelas raízes das plantas e usado na síntese de proteínas. A energia liberada nesses processos é usada por essas bactérias na síntese de produtos orgânicos. Ao mesmo tempo, elas promovem a reciclagem do nitrogênio dos organismos mortos.

Veja abaixo um esquema desses dois casos de quimiossíntese:

$$\text{amônia} \xrightarrow{\text{oxidação}} \text{nitrito} + \text{energia}$$
$$\text{nitrito} \xrightarrow{\text{oxidação}} \text{nitrato} + \text{energia}$$

Atividades

1. A energia não pode ser criada nem destruída, mas uma forma de energia pode ser transformada em outra. Nos cloroplastos ocorre uma conversão de energia que não acontece nas mitocôndrias ou em nenhuma outra estrutura da célula eucariota. Explique que conversão é essa.

2. Uma planta em um ambiente iluminado foi envolvida em um papel celofane de cor verde. Esse papel age como um filtro de luz, deixando passar os comprimentos de onda correspondentes à luz verde e absorvendo a maior parte dos comprimentos de onda correspondentes às outras cores. O que deve ter acontecido com a velocidade da fotossíntese nessa planta? Por quê?

3. É sabido que todo o oxigênio desprendido no processo de fotossíntese se origina da água, e não do gás carbônico. Mas a equação simplificada da fotossíntese, enunciada a seguir, não mostra isso.

$$6CO_2 + 6H_2O \rightarrow C_6H_{12}O_6 + 6O_2$$

Explique o que, na equação, justifica essa segunda afirmação.

4. O esquema abaixo indica dois processos fundamentais para os seres vivos, as organelas que realizam esses processos e as substâncias consumidas e liberadas em cada um desses processos.

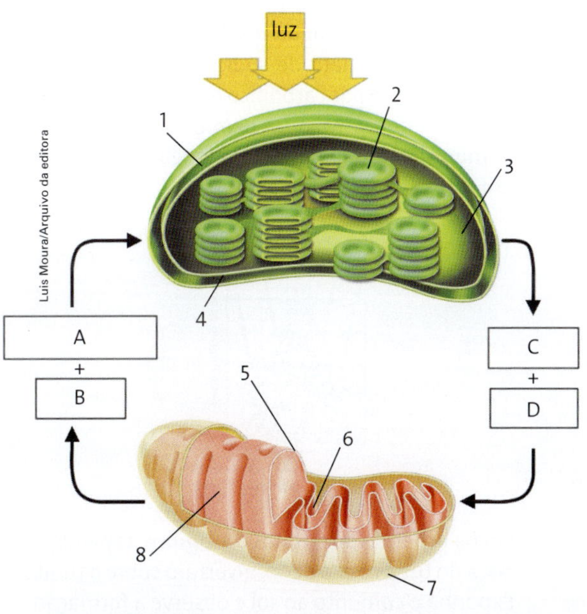

a) Quais são esses processos e que organelas são responsáveis por eles nas células eucariotas?

b) Identifique a que letra corresponde cada substância envolvida nesse processo, sabendo que a letra B indica a substância mais encontrada no corpo dos seres vivos e a letra C indica uma substância orgânica.

c) Identifique a que parte da organela corresponde cada número da figura.

5. O que acontece com a molécula de clorofila quando recebe luz? Qual a importância desse fato?

6. Há alguma relação entre a fotossíntese e as roupas que usamos ou as casas em que moramos? Explique.

7. Explique o que o bioquímico Albert Szent-Györgyi quis dizer com a frase: "O que mantém a vida em movimento é uma pequena corrente elétrica gerada pela luz do Sol".

8. Na primeira metade do século XVII, o médico belga Jean Baptiste van Helmont cultivou uma muda de salgueiro em um vaso, em um longo experimento. Cinco anos mais tarde, constatou que o salgueiro estava quase 75 kg mais pesado, mas que a terra do vaso diminuíra em apenas 57 g. Van Helmont explicou essas diferenças afirmando que, para crescer, a planta havia utilizado também a água das regas. Essa explicação está correta? Justifique sua resposta.

9. Na segunda metade do século XVII, o químico Joseph Priestley afirmou que o ar "viciado" de um recipiente fechado, no qual uma vela tinha queimado ou um camundongo tinha respirado, podia ser restaurado por uma planta. Justifique essa afirmação com base nos conhecimentos atuais sobre metabolismo celular.

10. A fotossíntese pode ser dividida em duas etapas: na primeira delas, a fase clara, parte da energia captada é armazenada e outra parte é utilizada na hidrólise da água. Um dos produtos dessa etapa será eliminado para o ambiente, mas outros produtos serão utilizados na segunda etapa do processo, a fase escura. Indique quais as condições para que a primeira etapa da fotossíntese ocorra e quais são os seus produtos.

11. Explique por que, na ausência de luz, a segunda etapa da fotossíntese, conhecida como "fase escura" do processo fotossintético, também acaba sendo interrompida.

12. Em 2006 uma nova espécie de microrganismo foi descoberta em uma mina de ouro, na África do Sul, a 2,8 km abaixo da superfície. Nesse local, parte da água do subsolo libera hidrogênio por causa das radiações emitidas por minerais radioativos, como urânio e tório. O microrganismo promove a reação desse hidrogênio livre com sais minerais de enxofre e, com a energia liberada nessa reação, sintetiza compostos orgânicos. (Fonte de consulta: LIN, L. H. et al. Long-term Sustainability of a High-energy, Low-diversity Crustal Biome. *Science*, vol. 314, n. 5 798, p. 479-82, 2006.)

a) Os microrganismos mencionados no texto são autotróficos ou heterotróficos? Por quê?

b) Como se chama o processo pelo qual os microrganismos transformam minerais em compostos orgânicos?

c) Esses seres dependem da luz solar para sua sobrevivência?

13. Observe o gráfico a seguir. O que ocorre no ponto de compensação? E com a velocidade da fotossíntese após o ponto de saturação luminosa?

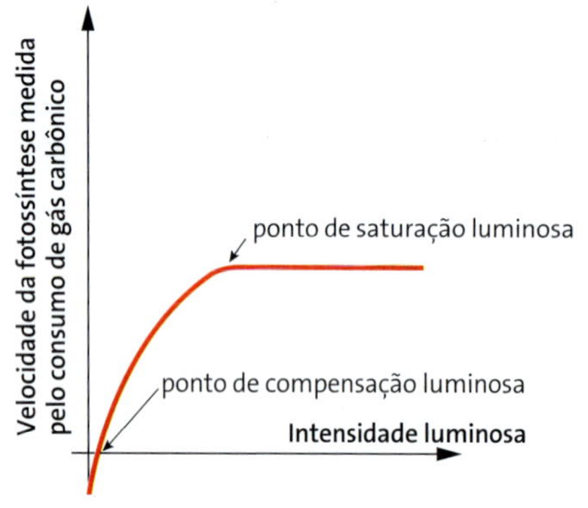

14. As raízes de uma planta em geral não recebem luz. Explique como, então, as células das raízes conseguem produzir ATP.

15. Os seres autotróficos podem ser agrupados em fotossintéticos e quimiossintéticos. A diferença básica entre os dois processos de produção de alimento está no tipo de energia utilizada pelo organismo. Explique essa diferença.

16. O gráfico a seguir mostra a variação da velocidade de fotossíntese (medida pela produção de oxigênio) em duas plantas diferentes, uma de luz (curva 1) e outra de sombra (curva 2), em função da intensidade luminosa.

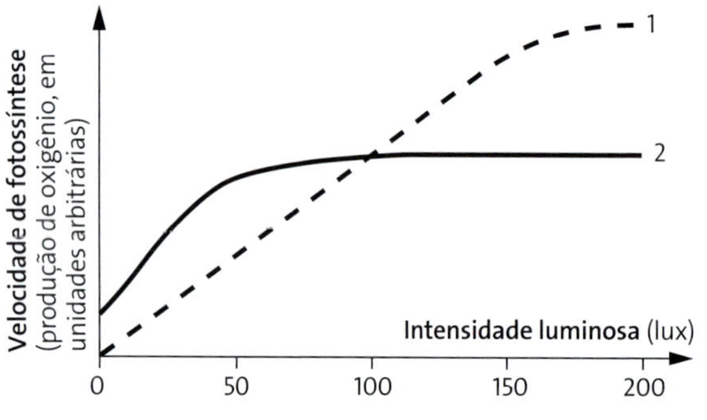

a) Em que valor de intensidade luminosa a velocidade de fotossíntese é igual nas duas plantas?
b) Em intensidades luminosas abaixo desse valor, qual das duas plantas realiza fotossíntese em maior velocidade?
c) Qual das duas plantas, a de luz ou a de sombra, cresce melhor dentro de casa? Por quê?

Trabalho em equipe

Neste capítulo vocês conheceram a importância da luz para a fotossíntese. Com auxílio do professor de Física, pesquisem e expliquem para a classe quais as ondas que compõem o espectro eletromagnético e que aplicações tecnológicas elas possuem.

Atividades práticas

Se em sua escola há microscópio óptico, lâminas de vidro especiais para serem utilizadas com o microscópio e lamínulas (lâminas de pequena espessura), você pode, com a orientação do professor, realizar o experimento a seguir e responder às questões.

1. Coloque um ramo da planta aquática elódea, encontrada em lojas que vendem aquários e peixes, em uma lâmina de vidro e cubra-a com uma ou duas gotas de água e, depois, com a lamínula, como mostra a figura a seguir.

Ingeborg Asbach/Arquivo da editora

Observe a lâmina ao microscópio. Se estiver um pouco fora de foco, você poderá, com orientação do professor, mexer no parafuso micrométrico. Desenhe o que viu e responda:

a) Que estruturas responsáveis pela cor verde da planta você pode enxergar?
b) Por que a elódea não sobreviveria sem essas estruturas?

2. Em um vidro com água dissolva uma colher de café de bicarbonato de sódio para aumentar a quantidade de gás carbônico e diminuir o tempo do experimento. Misture bem e espere cerca de 10 minutos. Ponha ramos de elódea e cubra com um funil, como mostra a figura.

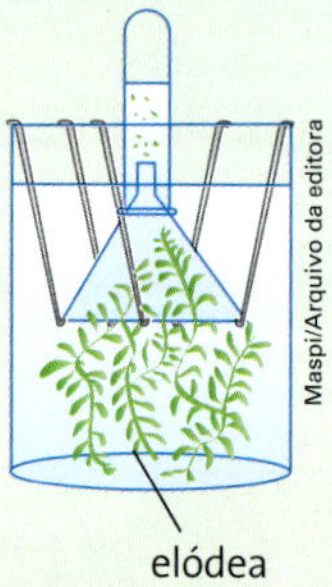

Maspi/Arquivo da editora

Encha um tubo de ensaio com água e, tapando a boca do tubo com o dedo, inverta-o sobre o funil. Exponha o conjunto ao sol e observe a formação de bolhas.

Responda:

a) Que tipo de gás forma essas bolhas?
b) Qual o fenômeno responsável pela produção do gás?
c) O que aconteceria com a produção desse gás se o tubo fosse colocado no escuro? Por quê?

Pensando no Enem

Certas espécies de algas são capazes de absorver rapidamente compostos inorgânicos presentes na água, acumulando-os durante seu crescimento. Essa capacidade fez com que se pensasse em usá-las como biofiltros para a limpeza de ambientes aquáticos contaminados, removendo, por exemplo, nitrogênio e fósforo de resíduos orgânicos e metais pesados provenientes de rejeitos industriais lançados nas águas. Na técnica do cultivo integrado, animais e algas crescem de forma associada, promovendo um maior equilíbrio ecológico.

SORIANO, E. M. Filtros vivos para limpar a água. Revista *Ciência Hoje*. v. 37, n. 219, 2005 (adaptado).

A utilização da técnica do cultivo integrado de animais e algas representa uma proposta favorável a um ecossistema mais equilibrado porque

a) os animais eliminam metais pesados, que são usados pelas algas para a síntese de biomassa.
b) os animais fornecem excretas orgânicos nitrogenados, que são transformados em gás carbônico pelas algas.
c) as algas usam os resíduos nitrogenados liberados pelos animais e eliminam gás carbônico na fotossíntese, usado na respiração aeróbica.
d) as algas usam os resíduos nitrogenados provenientes do metabolismo dos animais e, durante a síntese de compostos orgânicos, liberam oxigênio para o ambiente.
e) as algas aproveitam os resíduos do metabolismo dos animais e, durante a quimiossíntese de compostos orgânicos, liberam oxigênio para o ambiente.

Resolução

Esta questão integra conteúdos de Ciências da Natureza, como moléculas, células e tecidos; ecologia e ciências ambientais; os domínios naturais e a relação do ser humano com o ambiente. Além disso, exige interpretação de texto.

Fique sempre atento ao que é informado no texto que precede o enunciado. Os dados que são fornecidos pelo texto e pelo enunciado são essenciais para a interpretação e resolução do exercício.

Neste caso, os dados obtidos do texto de Soriano são:

- Algas absorvem compostos inorgânicos do ambiente acumulando-os durante o crescimento.
- Ambientes contaminados com resíduos provenientes de indústrias são ricos em compostos orgânicos e metais pesados.
- No cultivo integrado há associação biológica em equilíbrio de algas e animais.

O problema

A questão fornece informações sobre algas, biofiltro e cultivo integrado, e propõe que se identifique a alternativa que traduz o porquê de a utilização de algas no cultivo integrado ser considerada uma proposta favorável a um ecossistema equilibrado.

Para responder à questão, precisamos identificar características ecológicas e fisiológicas de animais e algas que seriam mutuamente benéficas se esses indivíduos compartilhassem o mesmo ambiente.

Para facilitar, podemos analisar as informações presentes nas alternativas:

- Os animais não eliminam metais pesados. Essas substâncias são tóxicas aos animais e cumulativas em seus sistemas.
- Os animais excretam compostos orgânicos nitrogenados.
- As algas fazem fotossíntese, processo que utiliza, durante a reação completa, compostos nitrogenados, fosfatados, gás carbônico e água para a produção final de energia e oxigênio.
- A fotossíntese, cuja fórmula simplificada é $12H_2O + 6CO_2 \rightarrow 6O_2 + C_6H_{12}O_6 + 6H_2O$, tem duas etapas, nas quais são utilizados compostos nitrogenados e fosfatados:

1. Clara (na presença de luz)

$$12H_2O + 12NADP + 18ADP + 18P \rightarrow 18ATP + 12NADPH_2 + 6O_2$$

2. Escura (não necessita de luz, mas sim de enzimas)

$$6CO_2 + 12NADPH_2 + 18ATP \rightarrow$$
$$12NADP + 18ADP + 18P + 6H_2O + C_6H_{12}O_6$$

- As algas obtêm os compostos nitrogenados e fosfatados utilizados para obtenção de energia e consequente crescimento através do meio em que vivem.
- A quimiossíntese é uma reação de obtenção de energia na ausência de luz solar, por meio da oxidação de substâncias minerais, e é realizada apenas por algumas bactérias.
- O oxigênio liberado pela fotossíntese é utilizado pelos animais na respiração.

Portanto, a melhor alternativa é a que considera a utilização pelas algas de compostos nitrogenados produzidos por animais. A alternativa explicita também que as algas utilizam esses compostos para a produção de energia, ou seja, produção de glicose, que é um composto orgânico, e que, como resultado do processo, liberam oxigênio, que é utilizado na respiração dos animais.

Resposta: **D**.

Vestibulares de Norte a Sul

1. **S** (UFRGS-RS) A reação química abaixo está relacionada à origem de vários produtos.

$$6CO_2 + 6H_2O \rightarrow C_6H_{12}O_6 + 6O_2$$

Considere os produtos citados a seguir.

1. álcool combustível (etanol)
2. petróleo
3. papel higiênico
4. óleo de soja
5. pão

Quais desses produtos têm sua origem relacionada à equação apresentada acima?

a) Apenas 1 e 2.
b) Apenas 3 e 4.
c) Apenas 1, 4 e 5.
d) Apenas 2, 3 e 5.
e) 1, 2, 3, 4 e 5.

2. **SE** (PUC-SP) Considere as seguintes etapas referentes ao metabolismo energético:

I. Consumo de gás carbônico.
II. Utilização da água como fonte de hidrogênio.
III. Liberação de gás carbônico.
IV. Liberação de oxigênio.

Pode-se afirmar que:

a) uma planta realiza I, II, III e IV.
b) uma planta realiza apenas I e II.
c) uma planta realiza apenas I, II e IV.
d) um animal realiza I, II, III e IV.
e) um animal realiza apenas III e IV.

3. **NE** (UFPI) A fotossíntese ocorre em dois estágios: 1) as reações de transdução de energia ou reações luminosas; 2) as reações de fixação de carbono ou reações de escuro. Vários processos ocorrem no decorrer dessas reações. Analise as sentenças a seguir, com relação às duas reações, e assinale V, para as verdadeiras, ou F, para as falsas.

( ) Nas reações de transdução de energia, a energia luminosa é absorvida pelas moléculas de clorofila **a** na membrana do tilacoide e é usada indiretamente como força para a síntese de ATP.

( ) Nas reações de transdução de energia, a água é quebrada em gás oxigênio e em átomos de hidrogênio (elétrons e prótons). Os elétrons são, então, capturados pelo $NADP^+$ e H^+, produzindo NADPH.

( ) Nas reações de fixação de carbono, que ocorre na membrana dos tilacoides, os açúcares são sintetizados, a partir do dióxido de carbono e do hidrogênio transportado pelo NADPH.

( ) Nas reações de fixação do carbono, ocorre uma série de reações conhecidas como ciclo de Calvin; nele, o CO_2 é fixado através de uma via de dois carbonos.

4. **SE** (FGV-SP) O fícus é uma planta bastante usada em projetos paisagísticos, tem crescimento rápido e pode formar árvores frondosas. Dois vasos de iguais dimensões receberam, cada um deles, uma muda de fícus, de mesmo tamanho e idade. Um dos vasos foi mantido na sala de estar da residência, e o outro colocado na calçada. Ao longo do tempo, ambas as plantas receberam os mesmos cuidados com irrigação e adubação, porém a planta da calçada desenvolveu-se rapidamente, enquanto que a da sala praticamente não cresceu.

Pode-se dizer que, provavelmente,

a) ambas as plantas foram mantidas próximas aos seus pontos de compensação fótica. A planta da calçada permaneceu em um ambiente com maior concentração de gás carbônico, o que promoveu seu maior crescimento.
b) ambas as plantas foram mantidas acima de seus pontos de compensação fótica. A planta da sala permaneceu em um ambiente com maior concentração de gás carbônico, o que inibiu seu crescimento.
c) a planta da sala foi mantida abaixo de seu ponto de compensação fótica, enquanto que a da calçada foi mantida em seu ponto de compensação. A concentração de gás carbônico deve ter tido pouca influência na diferença de crescimento dessas plantas.
d) a planta da sala foi mantida próxima ao seu ponto de compensação fótica, enquanto que a da calçada esteve acima de seu ponto de compensação. A concentração de gás carbônico deve ter tido pouca influência na diferença de crescimento dessas plantas.
e) a planta da sala foi mantida acima de seu ponto de compensação fótica, enquanto que a da calçada foi mantida abaixo de seu ponto de compensação. A concentração de gás carbônico deve ter tido pouca influência na diferença de crescimento dessas plantas.

5. **SE** (Fuvest-SP) Em determinada condição de luminosidade (ponto de compensação fótico), uma planta devolve para o ambiente, na forma de gás carbônico, a mesma quantidade de carbono que fixa, na forma de carboidrato, durante a fotossíntese. Se o ponto de compensação fótico é mantido por certo tempo, a planta:

a) morre rapidamente, pois não consegue o suprimento energético de que necessita.
b) continua crescendo, pois mantém a capacidade de retirar água e alimento do solo.
c) continua crescendo, pois mantém a capacidade de armazenar o alimento que sintetiza.
d) continua viva, mas não cresce, pois consome todo o alimento que produz.
e) continua viva, mas não cresce, pois perde a capacidade de retirar do solo os nutrientes de que necessita.

6. **NE** (UFPE) O plantio de árvores é um valioso ensinamento às gerações futuras com vistas a contrabalancear os efeitos em nosso planeta do acúmulo de gases nocivos à atmosfera. Considerando as taxas de fotossíntese e as trocas gasosas das plantas com o ambiente, observe o gráfico abaixo e as afirmativas que se seguem.

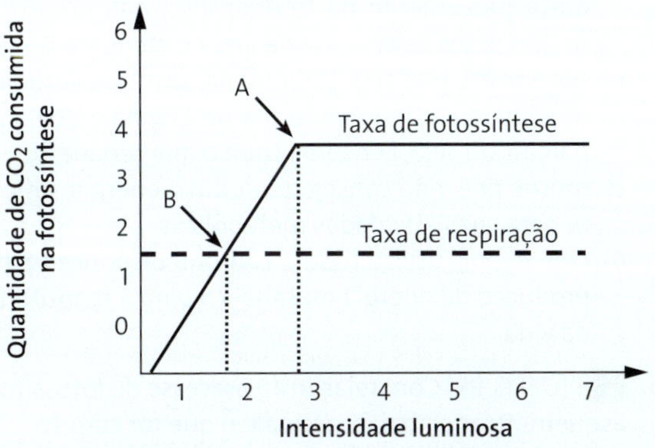

( ) "Plantas de sombra" possuem ponto de compensação fótico mais baixo que "plantas de sol", pois necessitam de intensidades luminosas menores.

( ) Quando todo o gás oxigênio liberado na fotossíntese é consumido na respiração celular, a planta não mais realiza trocas gasosas, independente da intensidade luminosa.

( ) O ponto de compensação fótico, mostrado em B, representa a intensidade luminosa que as plantas necessitam receber diariamente para poderem crescer.

( ) Se a intensidade luminosa for inferior ao ponto de compensação fótico, a matéria orgânica produzida com a fotossíntese será insuficiente para a planta crescer.

( ) Sob condições ideais, as taxas de fotossíntese aumentam até atingir um ponto de saturação luminosa, mostrado em A, no qual deixam de aumentar.

7. **CO** (Unemat-MT) A fotossíntese é um processo de formação de matéria orgânica, a partir da água e do gás carbônico, e exige luz para que se realize. Este processo é realizado pelos seres vivos que possuem em suas células pigmentos fotossintetizantes, como a clorofila.

A respeito deste processo, é correto afirmar:

a) A fotossíntese apresenta duas fases: a de claro ocorre nos cloroplastos e a de escuro ocorre nas mitocôndrias.
b) Ao final do processo fotossintético, a planta produzirá nitrogênio, água e oxigênio.
c) Na fotossíntese, a fase fotoquímica (reação de claro) ocorre nas partes clorofiladas dos cloroplastos e consiste em duas etapas: a fotólise da água que libera O_2 e a fotofosforilação que produz ATP.
d) A fotossíntese ocorre exclusivamente no cloroplasto, a fase de claro acontece no estroma e a fase de escuro acontece na grana, que é rica em clorofila.
e) O objetivo principal da fotossíntese é manter estável a quantidade de oxigênio do planeta, um processo realizado exclusivamente pelas plantas.

8. **N** (UFT-TO) A aplicação de CO_2 no cultivo de vegetais vem sendo utilizada desde o final do século passado. Analise este gráfico, em que estão representados resultados da aplicação e da não aplicação desse método numa determinada plantação:

Comparação da atividade fotossintética em plantas cultivadas com e sem CO_2

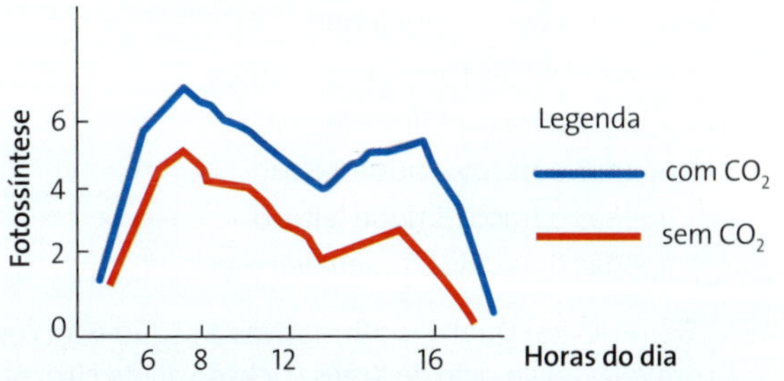

Considerando as informações desse gráfico e outros conhecimentos sobre o assunto, é correto afirmar que:

a) a aplicação de CO_2 aumenta a produção de matéria orgânica.
b) a aplicação de CO_2 retarda o crescimento e o desenvolvimento das plantas.
c) a atividade fotossintética independe da concentração de CO_2 e da temperatura.
d) a maior atividade fotossintética ocorre nas horas mais quentes do dia.

9. **SE** (Vunesp-SP) A produção de açúcar poderia ocorrer independentemente da etapa fotoquímica da fotossíntese se os cloroplastos fossem providos com um suplemento constante de:

a) clorofila.
b) ATP e $NADPH_2$.
c) ADP e NADP.
d) oxigênio.
e) água.

10. **NE** (Ufal) Vida demanda energia. Sem energia, a organização característica dos seres vivos não consegue se manter. Com relação a esse tema, analise as proposições a seguir.

1) Na quimiossíntese, a energia utilizada na formação de compostos orgânicos provém da oxidação de substâncias inorgânicas.
2) Na fotofosforilação, a energia luminosa do sol, captada pelas moléculas de clorofila, organizadas nas membranas dos tilacoides, é transformada em energia química.
3) Na fermentação, há liberação de energia suficiente para a síntese de duas moléculas de ATP.
4) Ao final do ciclo de Krebs, os elétrons energizados e os íons H+ produzidos são utilizados para constituir ATP, na cadeia respiratória.

Está(ão) correta(s):

a) 1, 2 e 4 apenas.
b) 2 e 3 apenas.
c) 1, 3 e 4 apenas.
d) 1, 2, 3 e 4.
e) 2 apenas.

11. **SE** (PUC-MG) O CO_2 tem a propriedade de formar uma película esbranquiçada na superfície da água de cal (solução de hidróxido de cálcio) ou de torná-la leitosa quando borbulhado em seu interior, formando o carbonato de cálcio. Colocando frascos com solução de água e cal como: frasco 1 – com plantas aquáticas; frasco 2 – com animais pequenos; frasco 3 – sementes de feijão germinando; e deixados em ambiente escuro durante 10 horas, deve-se esperar que:

a) os três frascos tornem-se leitosos.
b) apenas o frasco 1 fique leitoso.
c) apenas o frasco 2 fique leitoso.
d) apenas o frasco 3 fique leitoso.
e) apenas dois deles fiquem leitosos.

12. **S** (PUC-RS) Qual das afirmativas a seguir está correta com relação ao ciclo de Krebs (ciclo do ácido cítrico) e ao ciclo de Calvin (fases escuras)?

a) Ambos produzem ATP e NADH.
b) Ambos são capazes de produzir oxigênio.
c) Ambos ocorrem no citoplasma celular.
d) Ambos necessitam de NADH em suas reações enzimáticas.
e) Ambos utilizam enzimas localizadas na matriz de organelas.

13. **NE** (UFPB) A figura mostra uma planta, iluminada por uma fonte de intensidade 2x, e o gráfico que relaciona as velocidades dos processos de fotossíntese e de respiração em função da intensidade luminosa.

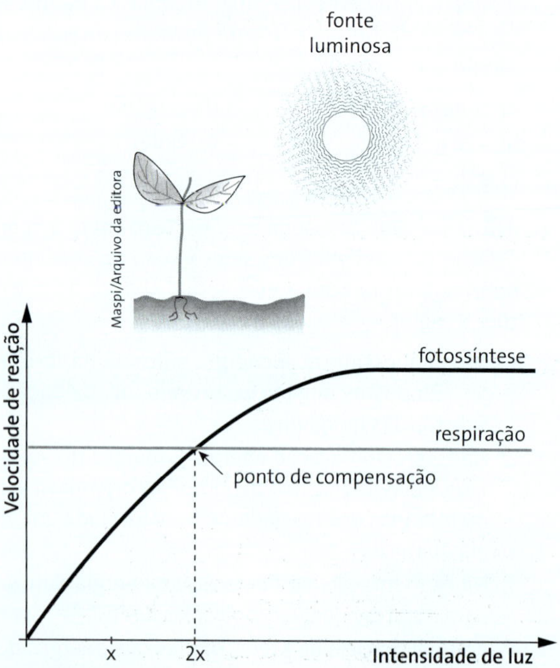

Maspi/Arquivo da editora

Se a intensidade luminosa for reduzida de 2x para x, a planta passará a produzir:

a) mais O_2 que CO_2.
b) menos O_2 que CO_2.
c) quantidades iguais de CO_2 e O_2.
d) apenas CO_2.
e) apenas O_2.

14. **SE** (UFSJ-MG) O ponto de compensação fótico é o ponto em que, para uma certa luminosidade, uma planta devolve e fixa as mesmas quantidades de carbono para o ambiente durante a fotossíntese.

Nessas condições, é CORRETO afirmar que a planta:

a) continua crescendo, pois, embora consuma carboidrato proveniente da fotossíntese, não interrompe os processos de retirada de água e alimento do solo.
b) não cresce, pois fixa carbono na forma de carboidrato e libera carbono na forma de CO_2 na mesma proporção, ou seja, consome tudo o que produz.
c) morre, pois não consegue produzir energia suficiente para suas atividades metabólicas.
d) cresce, pois utiliza todo o carbono disponível para a produção de energia metabólica para a manutenção da vida.

15. **S** (UEPG-PR) Com relação ao processo de fotossíntese esquematizado abaixo, assinale o que for correto.

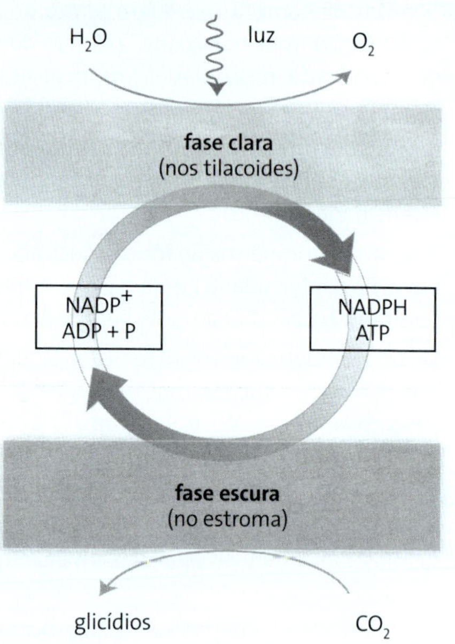

Luis Moura/Arquivo da editora

Fonte: Linhares, S.; Gewandsznajder, F. *Biologia hoje - Os seres vivos*. 15. ed. São Paulo: Ática, 2008.

01) A fase escura da fotossíntese, também denominada de ciclo de Calvin, está representada na Fase II e ocorre nos tilacoides dos cloroplastos.
02) Na Fase I, os átomos de hidrogênio provenientes da água e os carbonos obtidos a partir do gás carbônico ocasionam a produção de glicose.
04) Na Fase I, há a produção de hidrogênio e gás carbônico, os quais são imediatamente liberados pela planta ao ambiente.
08) Nos eucariotos, a fotossíntese ocorre nos cloroplastos. Já nas cianobactérias (seres procariotos), a fotossíntese ocorre em um conjunto de membranas, semelhantes às membranas dos tilacoides, localizadas no citosol.
16) A fase clara da fotossíntese, ou etapa fotoquímica, está representada na Fase I e ocorre na presença de energia luminosa, que é absorvida pela clorofila e armazenada na forma de ATP.

16. **SE** (Vunesp-SP) Gustavo foi contratado para trabalhar como jardineiro em uma residência na cidade de São Paulo. Os proprietários do imóvel exigiram que Gustavo mantivesse a grama sempre irrigada e aparada a uma altura específica, o que, dependendo da época do ano, exigiu podas mais ou menos frequentes.

Considerando que o balanço entre taxa de fotossíntese e taxa de respiração varia ao longo do ano em razão das diferenças de temperatura, intensidade luminosa e períodos de claro e escuro ao longo das 24 horas do dia, pode-se afirmar corretamente que as podas foram:

a) mais frequentes entre outubro e dezembro, período no qual a luminosidade intensa determinou o aumento da taxa de fotossíntese, mantendo o gramado no seu ponto de compensação fótica.
b) mais frequentes entre dezembro e fevereiro, período no qual o aumento da intensidade luminosa determinou um aumento na taxa de respiração.
c) menos frequentes entre abril e junho, período no qual as baixas temperaturas determinaram o aumento da taxa de respiração e colocaram o gramado acima de seu ponto de compensação fótica.
d) menos frequentes entre junho e agosto, período no qual a diferença entre a taxa de fotossíntese e a taxa de respiração tornou-se menor.
e) menos frequentes entre agosto e outubro, período no qual os dias mais curtos em relação às noites levaram a uma taxa de fotossíntese abaixo da taxa de respiração.

17. **NE** (UEPB) Pesquisadores do Instituto de Tecnologia de Massachusetts desenvolveram uma célula solar, do tamanho de um baralho de cartas, que imita a fotossíntese, o processo de produção de energia a partir de luz, água e sais minerais. Os cientistas acreditam que a folha artificial é uma fonte de energia elétrica promissora e de baixo custo.

(*Planeta*, jun/2011.)

Acerca do processo fotossintético assinale a alternativa correta.

a) O ponto de compensação fótica de uma planta é a intensidade de luz em que o volume de CO_2 produzido na respiração é exatamente igual àquele consumido pela fotossíntese.
b) A folha artificial terá seu melhor rendimento quando exposta aos comprimentos de onda do infravermelho, assim como as folhas naturais que têm maior taxa fotossintética quando iluminadas por luz vermelha.
c) A folha artificial deve conter células eletrônicas especiais responsáveis pela transformação da luz solar em energia elétrica, semelhantes aos estômatos, organela da célula vegetal onde ocorre a fotossíntese.
d) A fotossíntese é afetada apenas pela concentração de gás carbônico na atmosfera, pela temperatura e pela intensidade luminosa.
e) Dentre os organismos vivos, as plantas são os únicos capacitados a realizar a fotossíntese.

18. **SE** (UFMG) Em um experimento verificou-se que a concentração de bactérias aeróbicas heterotróficas ao redor de um filamento de *Spirogyra* (Chlorophyta), exposto à luz vermelha, era maior que a concentração ao redor da mesma "alga" quando exposta à luz verde. Tendo como dados o gráfico a seguir, os resultados do experimento e seus conhecimentos, responda:

Velocidade de fotossíntese em relação aos comprimentos de onda da luz (unidades relativas)

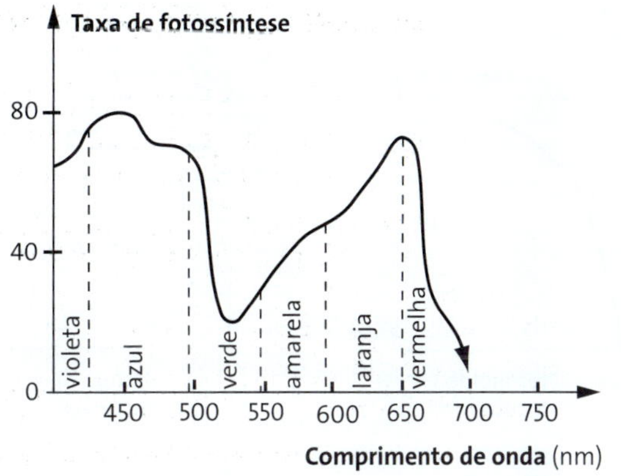

a) Por que as bactérias se concentram ao redor da alga?
b) Por que deve ser esperada maior concentração das bactérias ao redor da *Spirogyra* quando ela for submetida à luz azul?
c) Que substância é fonte do gás produzido após a realização da fotossíntese pela *Spirogyra*? Como isso foi classicamente demonstrado?
d) Que variável poderia ser introduzida no experimento favorecendo uma maior concentração de bactérias ao redor da *Spirogyra* quando submetida à luz vermelha? Justifique.

19. **SE** (Vunesp-SP) Melanina é um tipo de pigmento proteico produzido pelos melanócitos, células da camada basal da epiderme. Clorofila é a designação de um grupo de pigmentos presentes nos cloroplastos das plantas, conferindo-lhes a cor verde.

Mutações nos genes que participam das vias biossintéticas desses pigmentos podem comprometer sua produção, resultando em indivíduos albinos. Um animal albino pode crescer e se reproduzir; uma planta albina, contudo, não pode sobreviver. Explique por que um animal albino é viável, enquanto uma planta albina não.

20. **CO** (UEG-GO) As reações a seguir representam importantes processos biológicos para a manutenção do metabolismo dos organismos vivos.

$$A - C_6H_{12}O_6 + 6O_2 \longrightarrow 6CO_2 + 6H_2O + ENERGIA$$

$$B - 6CO_2 + 12H_2O \xrightarrow{luz} C_6H_{12}O_6 + 6O_2 + 6H_2O$$

Com base nessas reações, responda ao que se pede:

a) Quais os processos metabólicos representados em A e B?
b) Explique a importância desses processos para a manutenção da vida.

21. **SE** (Uerj) Uma amostra de mitocôndrias e outra de cloroplastos foram colocadas em meios de incubação adequados ao metabolismo normal de cada organela. As amostras, preparadas na ausência de luz, foram iluminadas do início até o final do experimento. Os gráficos abaixo indicam os resultados obtidos, para cada uma das organelas, nos quatro parâmetros medidos no experimento.

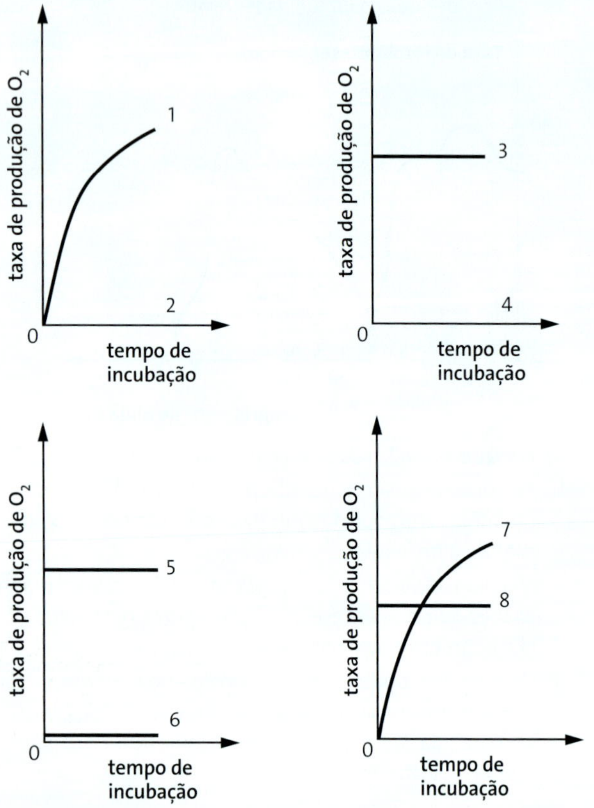

Identifique, por seus números, as curvas que correspondem às amostras de mitocôndrias e as que correspondem às amostras de cloroplastos, justificando sua resposta.

22. **NE** (UFBA) A figura ilustra, de forma esquemática, o experimento clássico de Thomas Engelmann (1883), em que iluminou uma alga filamentosa, de modo a expor diferentes segmentos da alga a diferentes comprimentos de onda da luz.

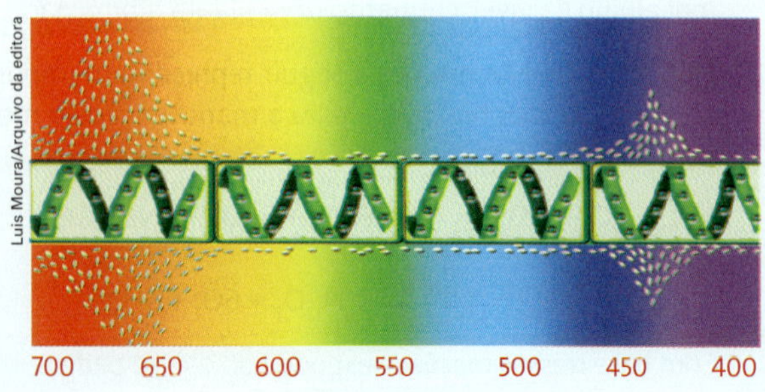

A partir da análise dos dados experimentais apresentados, explique a distribuição diferenciada das bactérias em torno da alga filamentosa.

23. **SE** (Uerj) Na fosforilação oxidativa, a passagem de elétrons através da cadeia respiratória mitocondrial libera a energia utilizada no bombeamento de prótons da matriz para o espaço entre as duas membranas da mitocôndria. O gradiente de prótons formado na membrana interna, por sua vez, é a fonte de energia para a formação de ATP, por fosforilação do ADP.

Algumas substâncias tóxicas, como o dinitrofenol (DNF), podem desfazer o gradiente de prótons, sem interferirem no fluxo de elétrons ao longo da cadeia respiratória.

Em um experimento, uma preparação de mitocôndrias foi incubada com substrato, O_2, ADP e fosfato, mantidos em concentrações elevadas durante todo o tempo considerado. Após alguns minutos de incubação, adicionou-se ao meio a droga DNF.

Observe os gráficos a seguir:

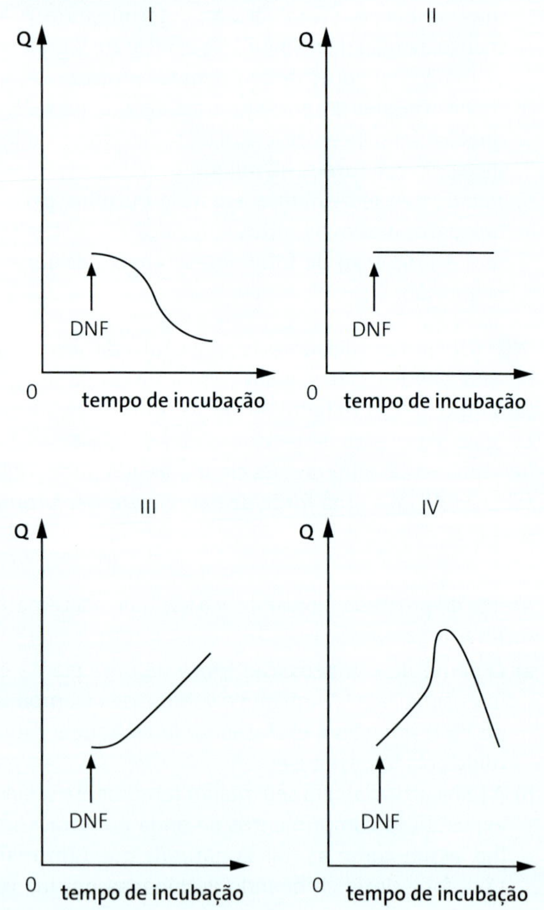

$$Q = \frac{\text{taxa de síntese de ATP}}{\text{taxa de } O_2 \text{ consumido}}$$

Indique o gráfico que representa a variação do quociente Q durante o tempo de incubação no experimento realizado. Justifique sua resposta.

CAPÍTULO

12 Núcleo, cromossomos e clonagem

Andrew Syred/SPL/Latinstock

Cromossomos vistos por microscópio eletrônico. Ao fundo, imagem de bandas formadas por fragmentos de DNA.

- *Você sabe o que existe no núcleo das células?*
- *Como o núcleo se comunica com o restante da célula?*
- *O que são cromossomos?*
- *Você sabe o que são clones? Podemos encontrá-los na natureza, ou a clonagem é algo criado pelos seres humanos?*

1 Componentes do núcleo

O núcleo é uma estrutura característica dos eucariontes. Dentro dele está o material genético, responsável pelo controle das atividades da célula e pelas características hereditárias dos organismos.

O núcleo é composto de um **envelope nuclear** ou carioteca (*karyon* = núcleo; *théke* = invólucro), que envolve a **cromatina** (material genético), os **nucléolos** e o **nucleoplasma**.

Nos eucariontes, o material genético resulta da associação das moléculas de DNA com proteínas e forma um conjunto de filamentos separado do citoplasma por um envoltório. O termo cromatina (*khroma* = cor) vem do fato de esses filamentos adquirirem cor visível ao microscópio óptico na presença de corantes básicos (como o azul de metileno) ou de outras técnicas.

O envelope nuclear apresenta membrana dupla com poros de cerca de 9 μm de diâmetro, através dos quais ocorre a troca de material entre o núcleo e o citoplasma (figura 12.1).

A cromatina está mergulhada em um líquido, o nucleoplasma ou **cariolinfa**. Esse líquido é constituído por água, sais minerais, proteínas e materiais que participam da síntese de ácidos nucleicos. No nucleoplasma também há um ou mais nucléolos, que são corpúsculos nos quais o RNA que forma o ribossomo (ácido ribonucleico ribossômico ou RNAr) é sintetizado de acordo com as instruções do DNA, também presente nesses nucléolos. Esse RNA se junta a proteínas que vêm do citoplasma e forma as subunidades precursoras dos ribossomos, que são exportadas para o citoplasma. As substâncias necessárias para essa síntese vêm do citoplasma e entram no núcleo pelos poros nucleares. Há, portanto, uma constante troca de material (nucleotídeos, RNA, proteínas, etc.) entre o núcleo e o citoplasma.

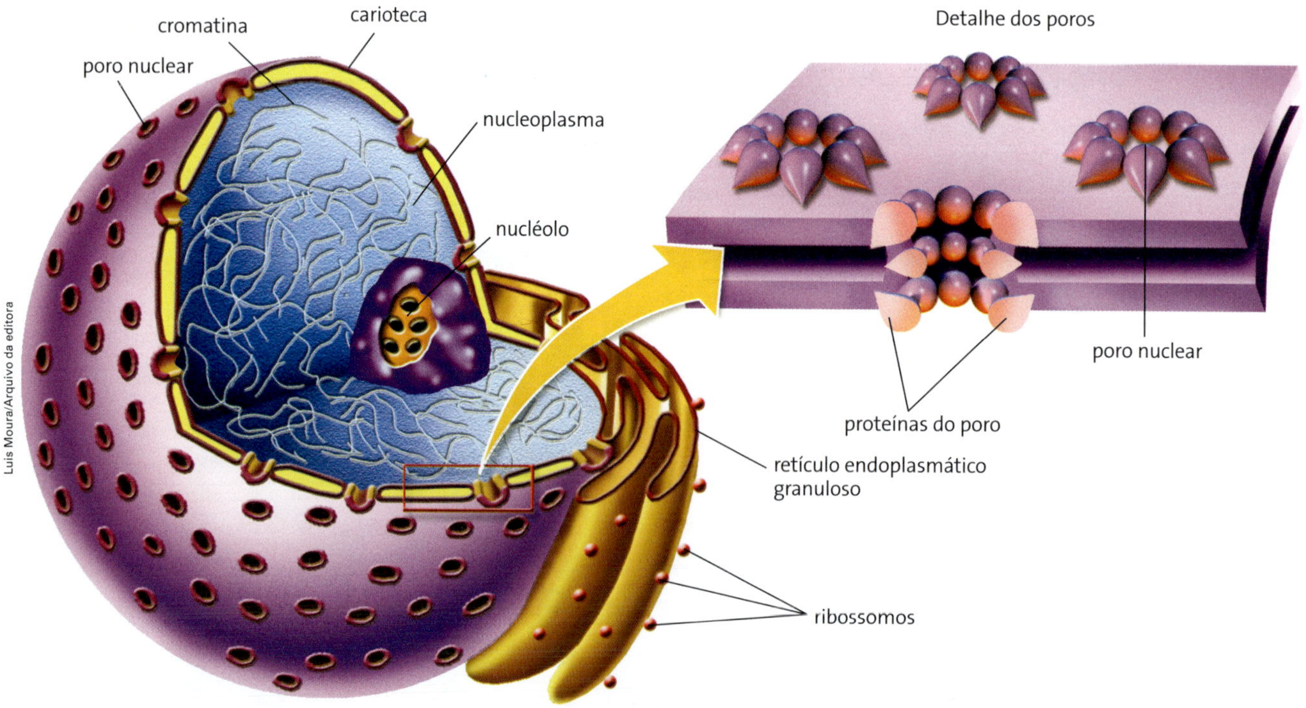

Figura 12.1 Ilustração do núcleo (em torno de 5 μm de diâmetro; os elementos da figura não estão na mesma escala; cores fantasia).

Cromatina

Quando tratada com um corante básico, a cromatina aparece, ao microscópio óptico, como uma mancha irregular. Na realidade, ela é formada por um emaranhado de filamentos que, com as técnicas usuais, aparecem muito interrompidos ao microscópio eletrônico, dando a impressão de uma fina granulação. As regiões mais densas – **heterocromatina** (*hétero* = diferente) – correspondem às partes dos filamentos dobradas de forma compacta. Essas regiões contrastam com outras em que os filamentos, mais "esticados", aparecem menos condensados; por isso, elas adquirem coloração mais fraca e são chamadas **eucromatina** (*eu* = bem, verdadeiro). Veja a figura 12.2.

A eucromatina corresponde a uma região do DNA em que os genes estão ativos, orientando a síntese de RNA e de proteínas. Por isso, ela está desenrolada, o que permite ao material genético apresentar grande superfície de contato com as enzimas e com o material necessário à síntese de proteínas. As regiões da heterocromatina correspondem a genes inativos ou desligados, uma vez que o DNA não tem, nesse caso, uma boa superfície de contato com as substâncias dissolvidas no nucleoplasma e necessárias ao comando da síntese de proteínas. Essas regiões podem, em certos momentos, desenrolar-se, fazendo com que seus genes entrem em atividade; o inverso ocorre com as regiões de eucromatina.

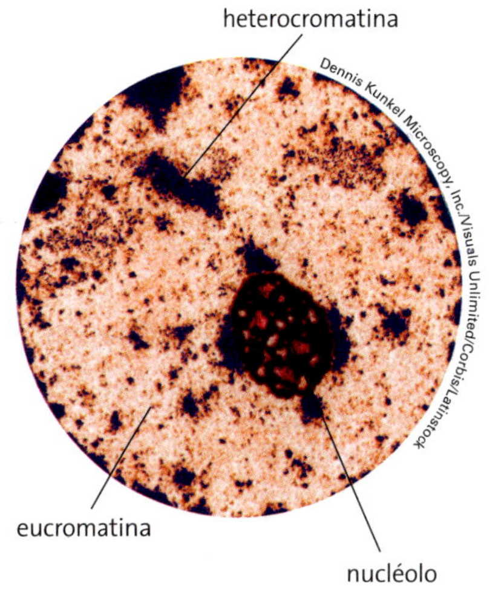

Figura 12.2 Núcleo ao microscópio eletrônico (aumento de cerca de 3 mil vezes; imagem colorizada por computador).

A cromatina sexual

Na maioria das espécies, incluindo a humana, existe um par de cromossomos responsável pela diferença entre os dois sexos: os **cromossomos sexuais** ou **heterocromossomos** ou ainda **alossomos** (*hétero* = diferente; *alós* = outro). Em geral, nas fêmeas eles são idênticos, e nos machos um cromossomo é idêntico ao das fêmeas, e o outro é diferente.

O cromossomo que aparece em duplicata na fêmea chama-se cromossomo X; e o que é exclusivo do macho, cromossomo Y. Assim, a fêmea é XX e produz óvulos com um dos cromossomos X. O macho é XY e produz espermatozoides X e espermatozoides Y. Os outros cromossomos do organismo são denominados **autossomos** (*autós* = si próprio).

Na mulher e em outras fêmeas de mamíferos, existe uma grande massa heterocromática com 1 μm de diâmetro, chamada **cromatina sexual** ou **corpúsculo de Barr**, descoberto, em 1948, pelo médico canadense Murray Barr (1908-1995). Veja a figura 12.3. A explicação para isso é que a mulher possui dois cromossomos X, mas apenas um permanece condensado, formando a cromatina sexual. O homem possui apenas um cromossomo X, que permanece "desenrolado". Por isso, o homem não tem cromatina sexual, a não ser em algumas anomalias cromossômicas, como veremos no capítulo 15.

O cromossomo X que permanece condensado forma em alguns glóbulos brancos uma projeção característica, chamada baqueta (lembra a baqueta do tambor ou a raquete de tênis; figura 12.3).

Em 1961, a geneticista britânica Mary Lyon (1925-) elaborou a hipótese de que a maior parte dos genes do cromossomo condensado não está em atividade na célula, ou seja, a cromatina sexual seria um cromossomo X com a maioria dos genes "desligados" ou inativos (hipótese de Lyon).

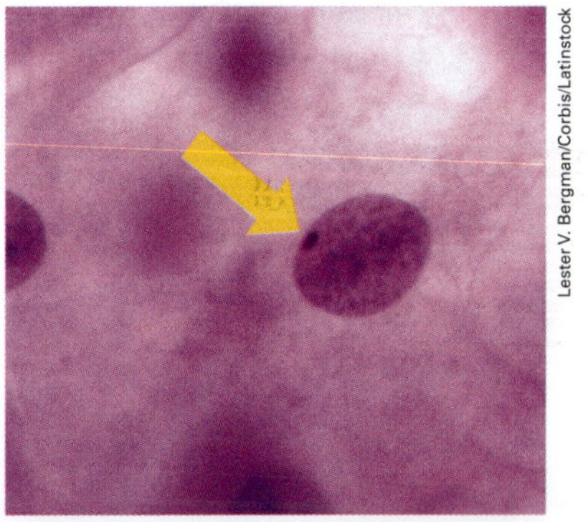

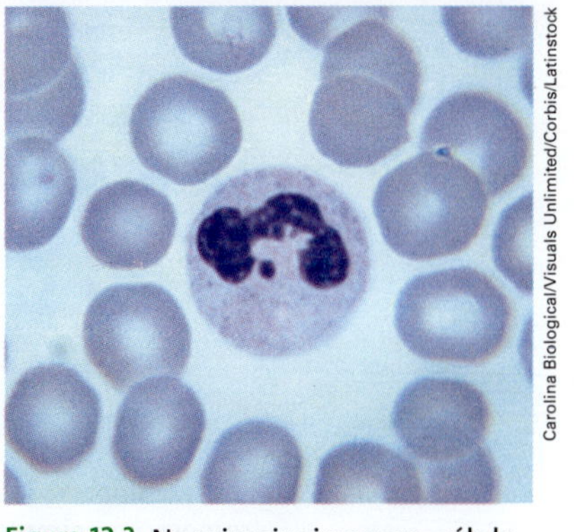

Figura 12.3 Na primeira imagem, célula feminina (vista ao microscópio de luz; aumento de 400 vezes; com uso de corante) com cromatina sexual (indicada pela seta amarela); na segunda, glóbulo branco com baqueta.

Compactação do DNA

2 Cromossomos

Quando observamos células eucariotas em processo de divisão, encontramos corpúsculos compactos em forma de bastonete, os **cromossomos** (*khroma* = cor; *soma* = corpo). Cada um é formado por uma longa molécula de DNA dobrada várias vezes sobre si mesma (figura 12.4).

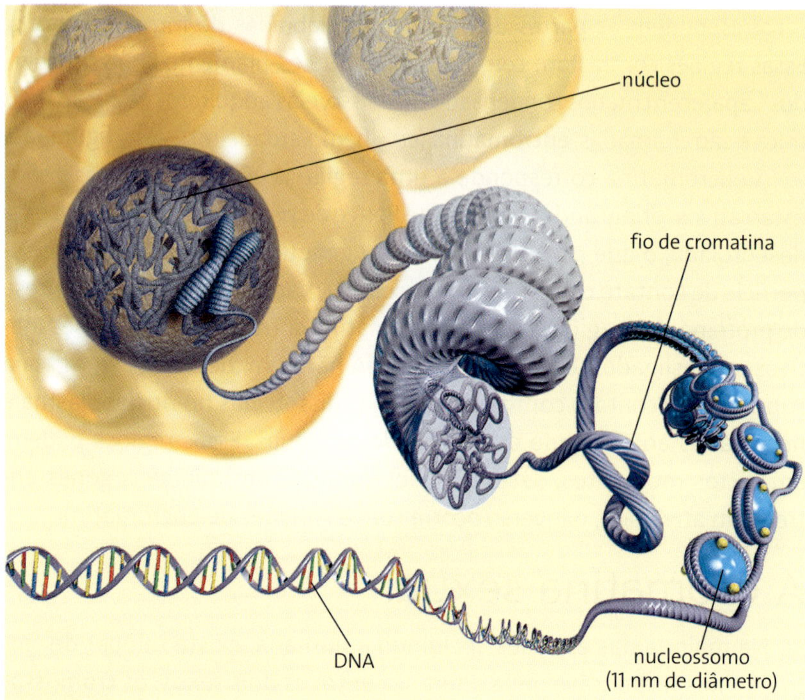

Figura 12.4 Ilustração mostrando os diferentes níveis de compactação da cromatina e do DNA no cromossomo. (Os elementos da figura não estão na mesma escala; cores fantasia.)

Em certas regiões, essa molécula aparece enrolada em volta de proteínas chamadas **histonas**. Um conjunto de oito unidades de histonas com o DNA em volta é chamado **nucleossomo**. Esse enrolamento permite que todo o DNA de uma célula complexa caiba no núcleo; se fosse completamente esticado, o DNA de uma célula humana teria cerca de 2 m de comprimento.

Antes de uma célula se dividir, cada cromossomo se duplica e cada um de seus filamentos é chamado de **cromátide**. As cromátides de um mesmo cromossomo são chamadas **cromátides irmãs**. Durante a divisão celular, as cromátides irmãs se separam, e cada uma vai para uma célula-filha. No fim da divisão, o cromossomo volta a ser simples, isto é, formado apenas por um fio de cromatina enrolado (figura 12.5).

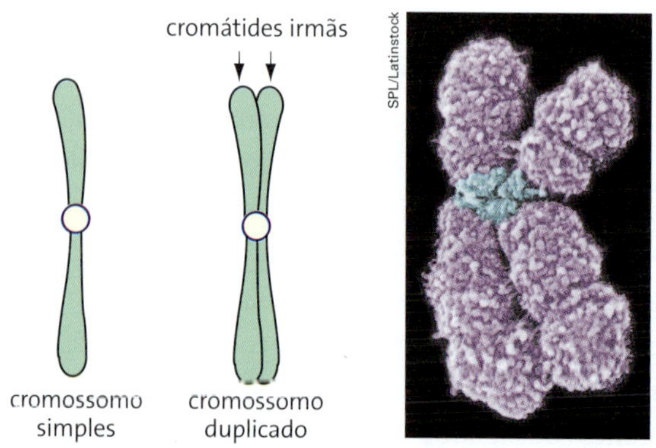

Cromossomo visto ao microscópio eletrônico. (Aumento de cerca de 25 mil vezes; imagem colorizada por computador.)

Figura 12.5 Ilustrações de cromossomo simples e de cromossomo duplicado (cores fantasia) e imagem de cromossomo humano com duas cromátides e centrômero (em verde).

O cromossomo apresenta um estrangulamento chamado **centrômero** (*kentron* = centro; *meros* = parte) ou **constrição primária**.

De acordo com a posição do centrômero (figura 12.6), os cromossomos podem ser classificados em:

- **metacêntrico** (*meta* = além de) – centrômero no meio;
- **submetacêntrico** (*sub* = abaixo) – centrômero um pouco afastado do meio;
- **acrocêntrico** (*akron* = ponta) – centrômero bem próximo a um dos polos;
- **telocêntrico** (*telos* = distante) – centrômero exatamente em um dos polos; não ocorre na espécie humana, embora possa estar presente em outras espécies animais.

No centrômero há DNA e o **cinetócoro** (*kinetokos* = que gera movimento; *choris* = dispersão), disco ao qual se prendem os filamentos do fuso acromático durante a divisão celular.

A extremidade do cromossomo é chamada **telômero** (*telos* = fim) e se relaciona ao tempo de vida de uma célula. Os telômeros protegem o cromossomo contra danos e permitem que a duplicação do DNA ocorra corretamente. Cada vez que uma célula se divide, os telômeros tornam-se ligeiramente mais curtos e, caso se percam totalmente, a célula perde a capacidade de divisão e pode morrer. Por isso, supõe-se que a diminuição dos telômeros possa estar relacionada com o número máximo de divisões que uma célula pode sofrer e com sua longevidade.

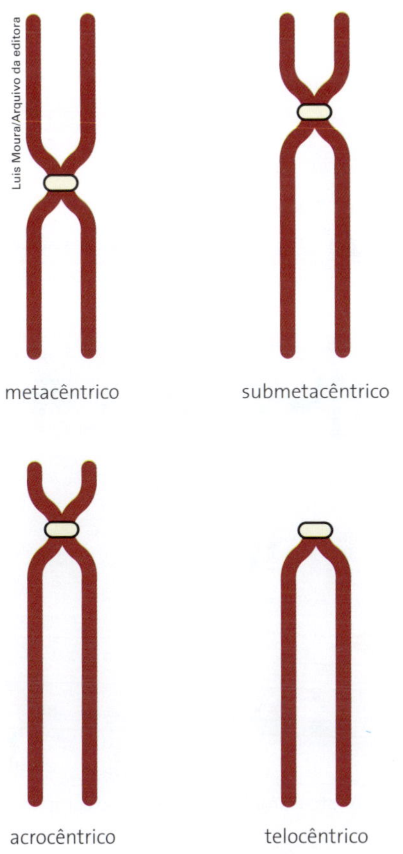

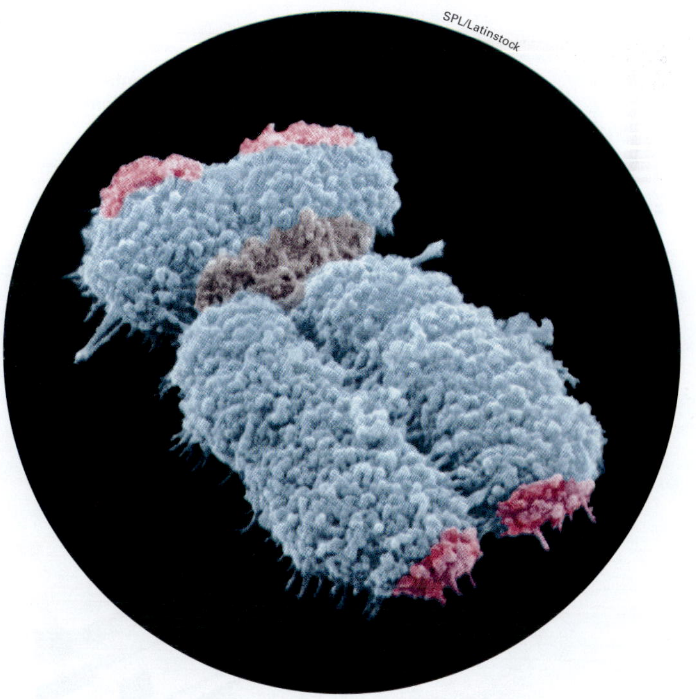

Figura 12.6 Tipos de cromossomos de acordo com a posição do centrômero (os elementos ilustrados não estão na mesma escala; cores fantasia). Na foto, cromossomo humano, em que se observam as cromátides, em azul, o centrômero, em cinza, e os telômeros, em rosa (microscópio eletrônico de varredura; imagem colorizada por computador).

Cariótipo: a coleção de cromossomos

O conjunto de cromossomos forma um padrão que se repete não só em todas as células do mesmo indivíduo, mas também nas células de todos os indivíduos da mesma espécie. Entre indivíduos de espécies diferentes, esse padrão é diferente. Isso acontece porque cada espécie tem sua coleção particular de cromossomos, que pode ser identificada pelo número, pela forma e pelo tamanho característicos, e é chamada **cariótipo** (figura 12.7).

Para o estudo do cariótipo humano, os cromossomos são organizados de acordo com a posição do centrômero e numerados por ordem de tamanho, de 1 (o maior) a 22 (o menor). Esses cromossomos são chamados autossomos, como já vimos. Os cromossomos sexuais (X e Y) não são numerados, sendo separados dos demais.

Observe que, na espécie humana, há 44 autossomos e dois cromossomos sexuais, XX na mulher e XY no homem. Essa informação pode ser escrita assim:

- mulher: 46, XX;
- homem: 46, XY.

Formas alternativas de escrever essas informações: "22AA + XX", "22AA + XY", "2AXX", "2AXY", em que **A** indica um conjunto haploide de autossomos.

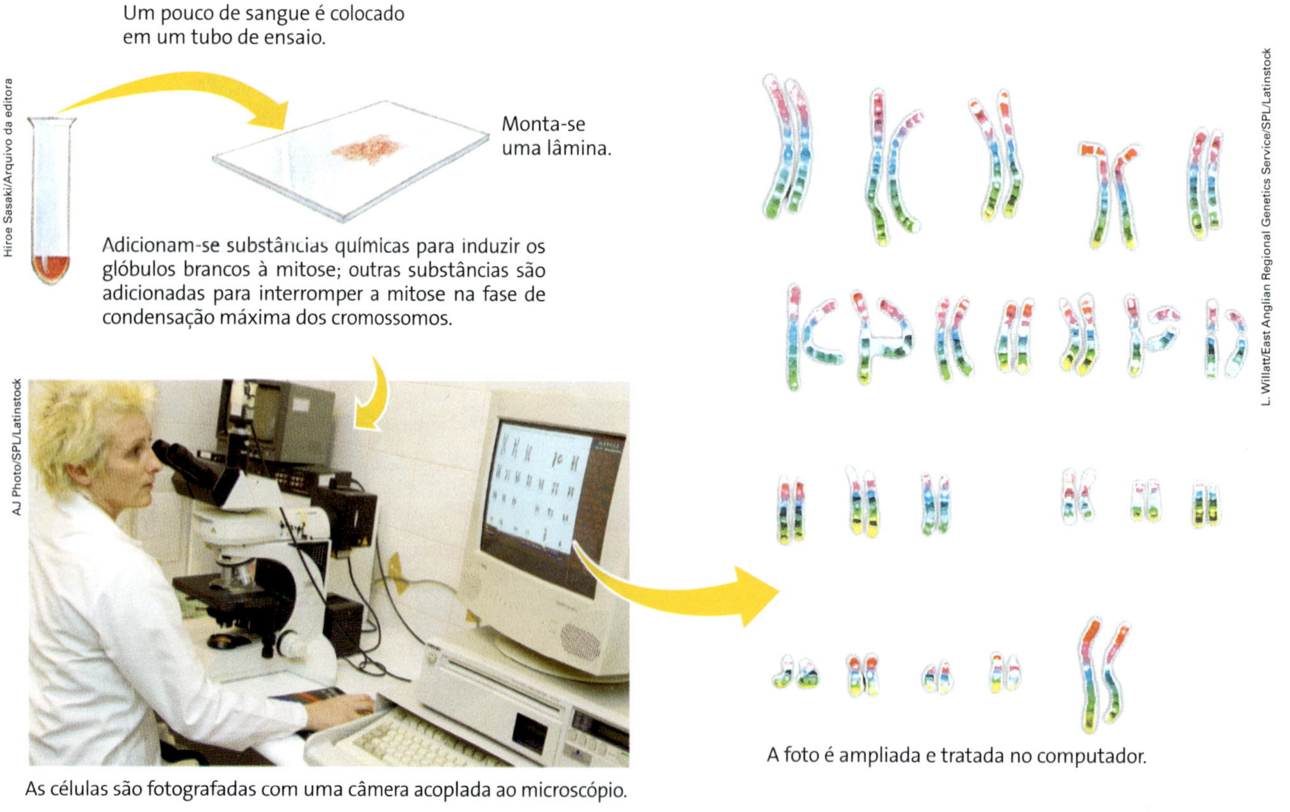

Figura 12.7 Na ilustração, montagem de cariótipo feita em laboratório. (Os elementos ilustrados não estão na mesma escala; cores fantasia.) Na foto, à direita, um exemplo de cariótipo (microscópio eletrônico; aumento de cerca de 2 mil vezes; imagem colorizada no computador).

Outra característica que pode ser notada é que os cromossomos aparecem aos pares, em que um dos cromossomos apresenta a mesma forma e o mesmo tamanho do outro, exceto os sexuais masculinos (X e Y). Cada par de determinado tipo forma um par de **homólogos**.

Por que os cromossomos aparecem aos pares? A maioria dos organismos desenvolve-se a partir de uma célula-ovo, formada pela união de um espermatozoide com um óvulo (ovócito II, na maioria dos mamíferos), que, na espécie humana, possuem, cada um, 23 cromossomos. Por isso, a célula-ovo possui 46; em cada par de homólogos, um foi herdado da mãe e o outro do pai (figura 12.8).

Por meio de divisões celulares, a célula-ovo origina a maioria das células que formam o corpo dos seres vivos, chamadas células **somáticas** (*soma* = corpo); em cada uma há 23 pares de cromossomos homólogos. As células germinativas, que originam gametas, possuem apenas um cromossomo de cada tipo; não há pares de homólogos.

Se chamarmos de **n** o número de tipos diferentes de cromossomos de uma célula, podemos dizer que as células somáticas são **diploides** (*diploos* = duplo; *eidos* = semelhante) ou **2n**; as células reprodutoras são **haploides** (*haploos* = simples, único) ou **n**.

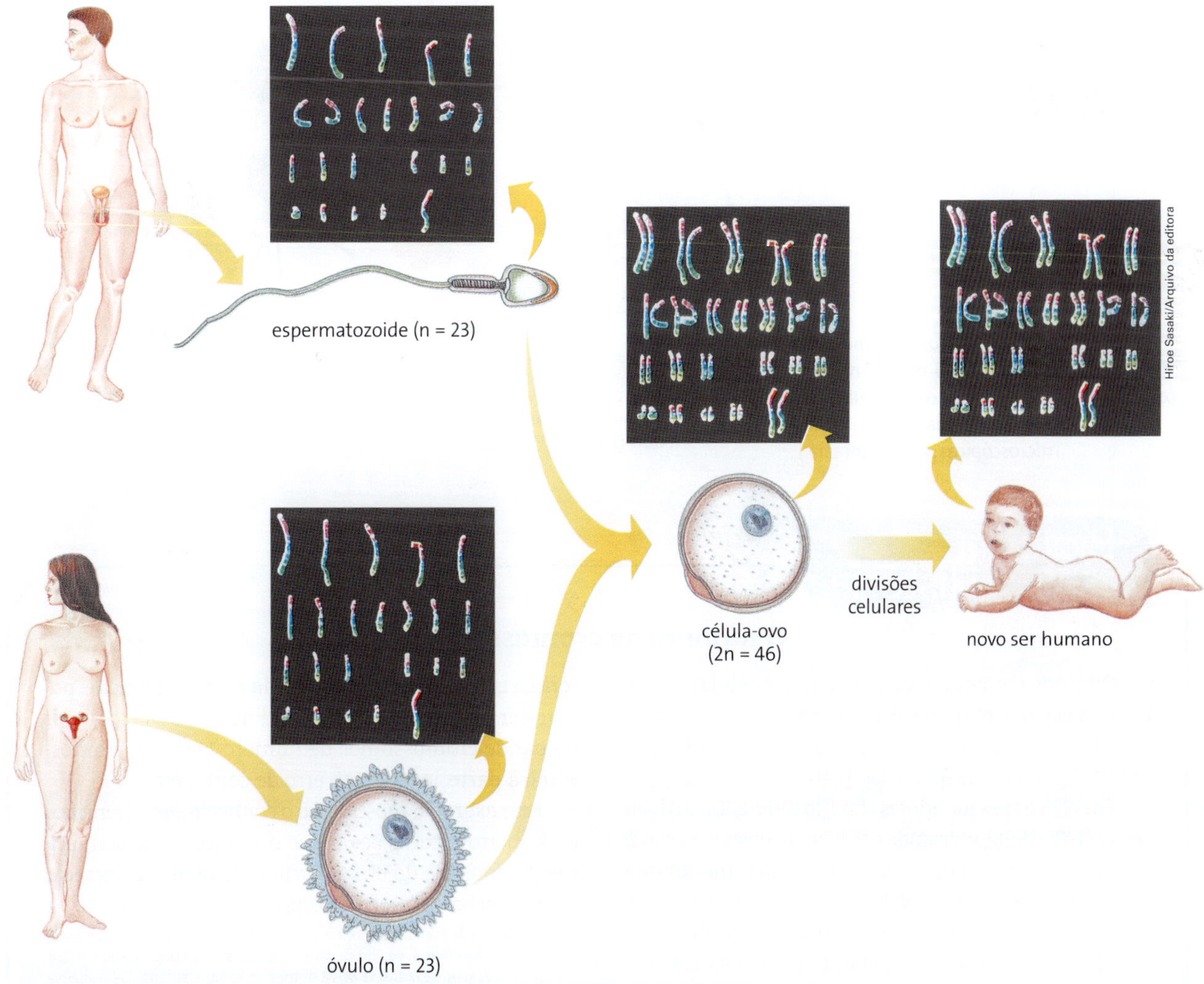

Figura 12.8 Cromossomos (comprimento entre cerca de 1 μm a 10 μm) passam dos pais para os filhos. (Os elementos da figura não estão na mesma escala. As células são microscópicas; cores fantasia.)

Veja na tabela a seguir o padrão haploide e diploide encontrado em alguns seres vivos.

	Células somáticas (2n)	**Células reprodutoras** (n)
Mosca da banana	8	4
Ser humano	46	23
Feijão	22	11
Pato	80	40

Veja abaixo (figura 12.9) o número de cromossomos nos gametas e nas células somáticas da drosófila.

A informação genética total em uma célula ou organismo é chamada **genoma**. Nos organismos diploides, o genoma corresponde aos genes de um conjunto haploide de autossomos e dos cromossomos sexuais.

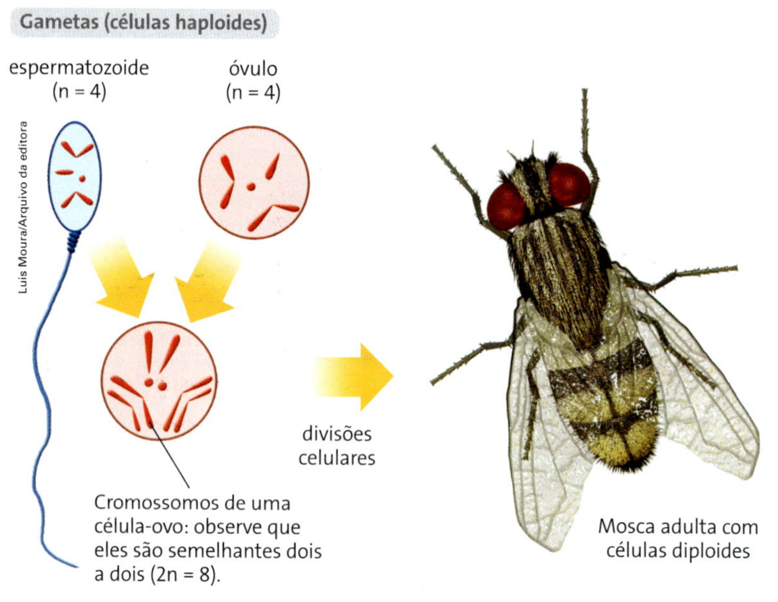

Figura 12.9 Número de cromossomos nas células da drosófila (3 mm a 5 mm de comprimento). (Os elementos da figura não estão na mesma escala; as células são microscópicas; cores fantasia.)

Biologia tem História

O número de cromossomos

Quantos cromossomos existem nas células somáticas da espécie humana? Hoje, sabemos que a resposta para essa questão é: 46 cromossomos. No entanto, até 1956 pensava-se que fossem 48.

Em 1956 os pesquisadores Hin Tjio (1919-2001) e Albert Levan (1905-1998), utilizando colchicina, substância capaz de interromper a mitose, e orceína acética como corante, entre outras técnicas, publicaram um trabalho apresentando evidências de que o número era 46, e não 48.

Alguns pesquisadores acham que as técnicas anteriores de microscopia – que usavam a hematoxilina férrica como corante, no lugar da orceína acética – podem ter causado a ilusão óptica de que o braço maior do par de cromossomos de número 1 era um cromossomo à parte, levando ao erro de contagem.

Esse exemplo mostra que o conhecimento científico está aberto a correções e que o avanço desse conhecimento depende do desenvolvimento de novas técnicas – temas debatidos em História e Filosofia da Ciência.

Fontes de consulta: Snustad, D. P.; Simmons, M. J. *Fundamentos de genética*. 4. ed. Rio de Janeiro: Guanabara Koogan, 2008, p. 128; Viana-Morgante, A. M. Temos 46 cromossomos! *Ciência Hoje*, Rio de Janeiro, n. 224, p. 75-78, mar. 2006.

Cromossomos gigantes

Em alguns casos, os cromossomos podem atingir dimensões bem maiores que as normais. De visualização e manuseio mais fáceis, eles contribuíram muito para o estudo da cromatina e das funções do material genético. Um dos mais estudados é o cromossomo gigante encontrado em algumas células da mosquinha da banana, a *Drosophila melanogaster*. Os filamentos de cromatina existentes nas células das glândulas salivares da larva dessa mosca multiplicam-se várias vezes, mas, como a célula não se divide, os filamentos não se separam. O processo se repete e, após algumas duplicações, surgem grossos filamentos formados por vários fios, vindo daí o nome cromossomos **politênicos** (*poli* = muitos; *tenio* = fio). Veja a figura 12.10.

Os cromossomos gigantes da drosófila são cem vezes mais grossos que os normais, e cada um contém mais de mil cópias de DNA. Todo esse aumento supre as células da larva com material genético suficiente para comandar a produção de grande quantidade de enzimas digestivas, necessárias para a digestão de muita comida, utilizada na metamorfose da larva em animal adulto.

Ao longo dos cromossomos gigantes, podemos observar regiões mais escuras – as **bandas**, nas quais os filamentos estão enrolados de forma compacta – que se alternam com outras mais claras, as **interbandas**. Em certos momentos, a cromatina compacta se desenrola, formando o que é chamado **pufe** (figura 12.11). Esse desenrolamento permite que o material genético apresente grande superfície de contato com o nucleoplasma e exerça suas atividades no controle da síntese de proteínas. Assim, o pufe corresponde a uma região do cromossomo com genes que entraram em atividade.

Nos ovócitos (células que originam o óvulo) de algumas espécies, como a salamandra, há cromossomos grandes com muitas alças laterais – são os cromossomos plumosos ou plumados. As alças correspondem ao pufe do cromossomo da drosófila.

Michael Abbey/Photoresearchers/Latinstock

Luis Moura/Arquivo da editora

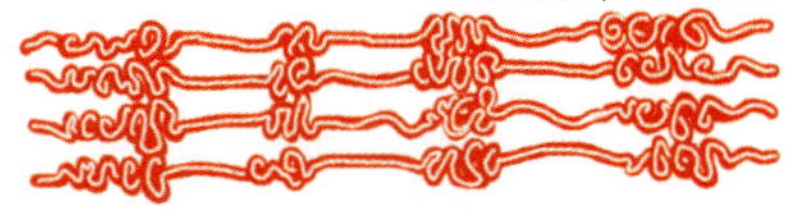

Figura 12.10 Foto de cromossomo de drosófila ao microscópio de luz (aumento de cerca de 400 vezes; com uso de corantes); esquema de trecho de cromossomo de drosófila (cores fantasia).

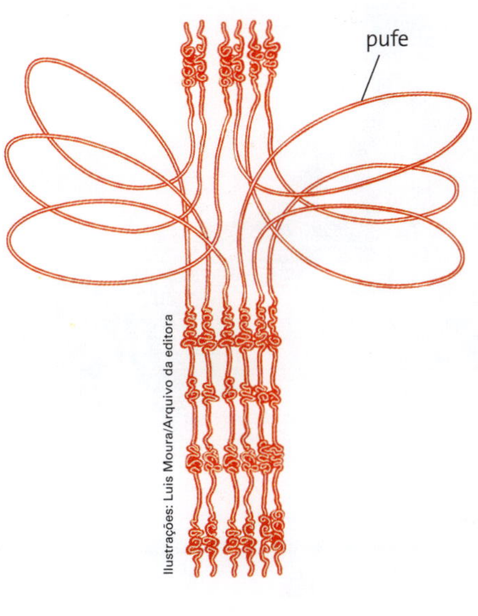

Ilustrações: Luis Moura/Arquivo da editora

SPL/Latinstock

Foto de cromossomo com pufes.

Figura 12.11 Esquema (cores fantasia) e foto de pufes (aumento de cerca de mil vezes; imagem colorizada por computador) de cromossomo politênico da drosófila (à direita).

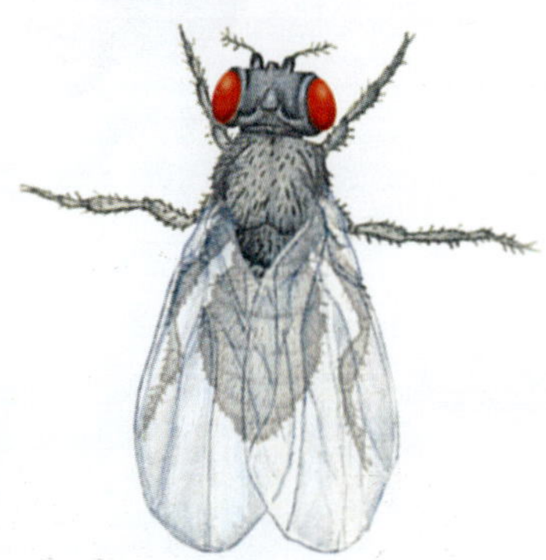

Drosófila (3 mm a 5 mm de comprimento).

Aprofunde seus conhecimentos

O cariótipo e a evolução humana

A semelhança entre o DNA humano e o do chimpanzé aponta uma origem evolutiva a partir de um ancestral comum. A separação deve ter ocorrido entre 6 milhões e 5 milhões de anos atrás.

As semelhanças aparecem também nos cromossomos quando estes são tratados com corantes que produzem bandas escuras nas regiões ricas em adenina e timina (nucleotídeos que fazem parte do DNA). O padrão de bandas é típico de cada cromossomo e permite que este seja identificado.

No entanto, análises do cariótipo mostram que o ser humano tem 46 cromossomos (23 pares), e os grandes símios (gorila, orangotango, chimpanzé) têm 48 (24 pares). Como explicar o par de cromossomos a menos de nossa espécie?

Os cromossomos 2A e 2B do chimpanzé são semelhantes às duas metades do cromossomo humano 2, que pode ter surgido da fusão entre dois cromossomos do ancestral de chimpanzés e humanos, o que explicaria o par de cromossomos a menos nos humanos (figura 12.12).

Análises genéticas confirmam a hipótese de fusão, mostrando que no meio do nosso cromossomo 2 há regiões de DNA que correspondem ao centrômero do cromossomo número 2B do chimpanzé, inativado no cromossomo humano. As análises mostram ainda que no meio do cromossomo 2, exclusivo da espécie humana, há regiões (sequências de DNA) que correspondem aos telômeros dos cromossomos do chimpanzé (telômeros são regiões situadas na ponta dos cromossomos).

Fontes de consulta: HILLIER, L. W. et al. Generation and Annotation of the DNA Sequences of Human Chromosomes 2 and 4. *Nature*, v. 434, p. 724-731, 2005; YUNIS, J. J. & PRAKASH, O. The Origin of Man: a Chromosomal Pictorial Legacy. *Science*, v. 215, p. 525-530, 1982.

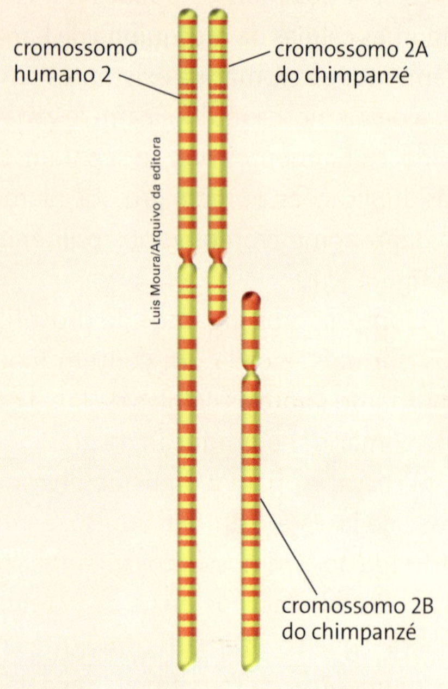

Figura 12.12 Comparação entre o cromossomo humano número 2 e os cromossomos 2A e 2B do chimpanzé. (Esquema simplificado; cromossomos têm entre cerca de 1 μm e 10 μm de comprimento; cores fantasia.) Na foto, o chimpanzé que protagonizou Chita (Cheeta, em inglês) nos filmes de Tarzã mostra sua habilidade na pintura.

3 Clonagem

Clonar um ser vivo consiste em obter uma ou mais cópias dele. Os seres obtidos desse modo são chamados **clones**. A clonagem pode ocorrer de forma natural ou artificial (feita pelo ser humano).

Clones naturais são comuns em seres unicelulares. Todas as bactérias que se originam por reprodução assexuada a partir de uma única bactéria original são geneticamente iguais entre si, isto é, são clones (desde que não tenha havido mutação). A clonagem natural ocorre também entre muitas plantas, como a grama dos jardins ou o morangueiro, cujos ramos rentes ao solo formam raízes e originam novas plantas.

O ser humano produz clones cortando e cultivando pedaços de plantas (mudas), que originam outras idênticas a elas. Algumas plantas, como a bananeira, só se reproduzem assim. O próprio termo **clone** vem do grego *klón*, que significa 'broto, estaca' (as estacas cortadas dos ramos e plantadas no solo). Mas os clones que vêm despertando a atenção nos últimos tempos são os de animais, principalmente de mamíferos.

Em 1996, nasceu aquele que pode ser considerado o mais famoso dos clones: Dolly, a primeira ovelha clonada a partir de uma célula adulta (figura 12.13). Antes já haviam sido produzidos clones de sapos e de mamíferos a partir de células embrionárias. Mas a maioria das células de um indivíduo adulto, ao contrário das embrionárias, é especializada e não se divide. O que pesquisadores escoceses fizeram foi unir uma célula da glândula mamária de uma ovelha de "cara branca" (da raça Finn Dorset) com um óvulo (na realidade, como veremos no capítulo 16, trata-se de uma célula denominada **ovócito II**) – do qual foi retirado o núcleo – de uma ovelha de "cara preta" (da raça Scottish Blackface). A célula resultante foi tratada (para "desprogramar" o núcleo de uma célula especializada, de modo que pudesse entrar em divisão) e implantada no útero de outra ovelha de "cara preta". Nasceu, então, Dolly, ovelha de "cara branca", clone daquela que forneceu a célula da glândula mamária. Pelo cruzamento com um macho de sua espécie, Dolly teve um filhote, Bonnie.

Essa técnica é chamada de clonagem por transferência nuclear, uma vez que o núcleo de uma célula (no caso de Dolly, uma célula da glândula mamária) foi transferido para outra célula (no caso, um ovócito II) da qual foi retirado o núcleo. Nesse caso, fala-se também em "clonagem reprodutiva", pois o processo dá origem a um clone de um indivíduo já existente.

Ingeborg Asbach/Arquivo da editora

Najlah Feanny/Corbis/Latinstock

Figura 12.13 Ilustração do processo de clonagem da ovelha Dolly. (Os elementos ilustrados não estão na mesma escala; as células são microscópicas; cores fantasia.) Na foto acima, ovelha Dolly (cerca de 1,2 m de comprimento).

Biologia e tecnologia

Técnicas de clonagem

Várias espécies de mamíferos já foram clonadas desde a ovelha Dolly: bois, porcos, cavalos, coelhos, gatos, entre outros. O método utilizado é chamado de transferência nuclear.

Por meio de hormônios, estimula-se a ovulação e colhem-se os óvulos (na realidade, células em um estágio anterior, chamadas ovócitos), que são mantidos em meio de cultura.

Depois é feita a enucleação, isto é, a retirada do núcleo dos óvulos com uma micropipeta, tomando cuidado para não perfurar a membrana plasmática. Então, é adicionado ao óvulo o núcleo retirado da célula doadora ou é feita a fusão com uma célula nucleada inteira. No caso da ovelha Dolly, uma célula de glândula mamária foi injetada em um óvulo que teve o núcleo removido (figura 12.14).

Fotos: James King-Holmes/SPL/Latinstock

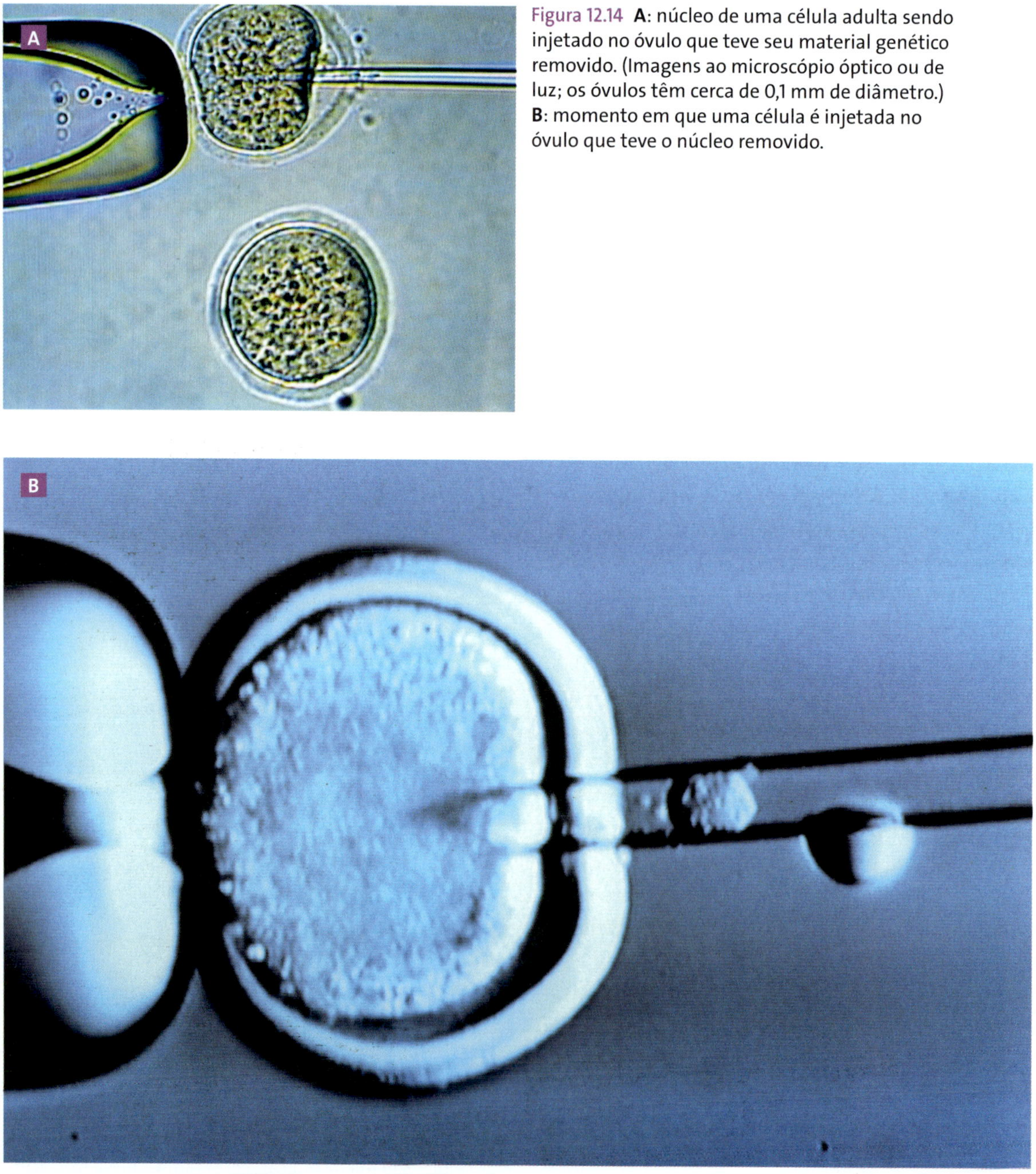

Figura 12.14 **A**: núcleo de uma célula adulta sendo injetado no óvulo que teve seu material genético removido. (Imagens ao microscópio óptico ou de luz; os óvulos têm cerca de 0,1 mm de diâmetro.) **B**: momento em que uma célula é injetada no óvulo que teve o núcleo removido.

Aplicações da clonagem

Com a clonagem é possível gerar um rebanho inteiro a partir de um único animal que tenha alguma característica de interesse econômico (um boi com carne de melhor qualidade, por exemplo) ou animais para pesquisas científicas (com algum problema genético que se quer estudar, etc.). No Brasil, a Empresa Brasileira de Pesquisa Agropecuária (Embrapa) produziu vários clones bovinos (figura 12.15).

Também pode ser possível produzir animais resistentes a doenças, como a febre aftosa e o mal da vaca louca. Ou mesmo clonar animais em risco de extinção, com o animal se desenvolvendo no útero de outra espécie, por exemplo. E talvez até animais recém-extintos possam ser clonados desse modo, desde que se consiga material genético em bom estado. Como o núcleo da célula deteriora-se rapidamente após a morte, uma opção seria o congelamento de células de animais em risco de extinção. O problema é que, mesmo que a experiência funcione, pode ser difícil salvar a espécie porque não existirá nenhuma diversidade genética, o que dificulta a sobrevivência do grupo, como veremos adiante.

Outra aplicação é a produção de cópias de animais transgênicos, isto é, geneticamente modificados, portadores de genes de outros organismos. Esses animais podem ser usados para produzir proteínas importantes para o ser humano. Há ainda a possibilidade de se realizarem transplantes de órgãos de animais geneticamente modificados (xenotransplantes), de modo que seus órgãos sejam compatíveis com os humanos, o que diminuiria o problema da falta de doadores de órgãos.

Sérgio Lima/Folhapress

Figura 12.15 A vaca Vitória, quando bezerra, primeiro clone bovino da América Latina, nascida em 2001.

Problemas com a clonagem

Primeiro, é preciso diferenciar clonagem reprodutiva – criação de cópias genéticas de um ser – e clonagem terapêutica – desenvolvimento de órgãos para transplante e tratamento de doenças.

Na clonagem terapêutica, são utilizadas células-tronco, ou seja, células não especializadas, com capacidade de se dividir e originar outros tecidos (vamos estudar essas células no capítulo 17). Elas podem ser retiradas de embriões, com poucos dias de desenvolvimento e com cerca de apenas cem células, descartados por clínicas de fertilização, por exemplo (figura 12.16). Também são encontradas em alguns tecidos do organismo adulto, como a medula óssea, mas em princípio não apresentam o mesmo potencial de originar tecidos como as embrionárias.

Nesse tipo de clonagem, ainda em fase de pesquisa, não são formados novos indivíduos. O objetivo de tal técnica é produzir tecidos e órgãos para transplante.

A formação de órgãos a partir dessas células para transplante poderia resolver o problema da doação. As células-tronco utilizadas têm de ser imunologicamente compatíveis com o paciente para evitar a rejeição. Isso pode ser feito selecionando, entre várias linhagens de células-tronco, as que são compatíveis ou transferindo o núcleo de uma célula adulta do paciente para um óvulo do qual foi removido o núcleo. Então, do embrião com cerca de 5 dias seriam retiradas as células-tronco.

Também estão sendo realizados estudos para o tratamento de diabetes, câncer, mal de Parkinson, doença de Alzheimer, etc. O objetivo é transplantar células-tronco para se reproduzirem e regenerarem as áreas afetadas.

Nem todos os países aceitam a clonagem de embriões humanos para fins terapêuticos, e a maioria condena clonagem com fins reprodutivos. Mas, mesmo na terapêutica, há problemas éticos. Embora algumas pessoas achem que os embriões utilizados sejam apenas um aglomerado de células, outras pensam que eles devem ser considerados seres humanos, com direitos como todos nós. Para essas pessoas, ainda que as células-tronco embrionárias estivessem sendo utilizadas para salvar vidas, estariam sendo sacrificadas outras vidas para isso.

Em toda essa discussão, é importante lembrar que as aplicações das descobertas científicas precisam ser discutidas por toda a sociedade e, para isso, todos devem estar bem informados sobre essas aplicações para que possam tomar decisões sobre seu uso.

Lester V. Bergman/Corbis/Latinstock

Figura 12.16 Células-tronco obtidas a partir de embrião humano (microscópio eletrônico de varredura; aumento de cerca de 1100 vezes; imagem colorizada por computador).

Atividades

1. Ao microscópio, no núcleo de uma célula corada artificialmente, é possível observar regiões mais escuras e regiões mais claras na cromatina. Observe a foto abaixo. Se ambas têm a mesma composição química, como essa diferença de coloração é interpretada?

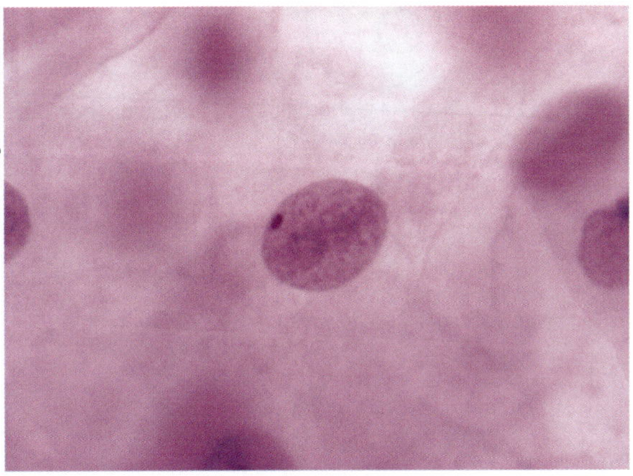

Lester V. Bergman/Corbis/Latinstock

2. Um dos animais mais famosos de todos os tempos é a ovelha Dolly, que foi obtida em um processo conhecido como clonagem reprodutiva, no qual é realizada a fusão de duas células. Um estudante quis saber se essa ovelha tinha pai. Responda ao estudante, explicando, com suas próprias palavras, como a ovelha Dolly foi obtida.

3. Explique por que células muito ativas na produção de proteínas, como certas células secretoras, possuem um nucléolo bem desenvolvido.

4. Recentemente, a clonagem de cavalos campeões tem se destacado. Explique por que não há garantias de que o clone de um cavalo campeão será também um campeão.

5. Você clonaria um animal de estimação morto se a tecnologia estivesse disponível para isso? E um parente, se fosse permitido? Que argumentos poderiam ser utilizados a favor da clonagem reprodutiva de seres humanos e da clonagem terapêutica? E contra elas?

6. Para clonar um animal podemos usar o núcleo de qualquer célula do corpo? Justifique sua resposta.

7. No núcleo de uma célula podemos observar duas estruturas diferentes: os filamentos de cromatina e os nucléolos. Qual a relação entre essas duas estruturas? Em sua resposta, compare a composição química de ambas.

8. No nosso corpo encontramos dois tipos de células: células diploides e células haploides. O termo "diplo" significa 'duplo' e o termo "haplo" significa 'metade'. Sabendo disso, responda: qual a principal diferença entre células diploides e haploides?

9. Na realidade, Dolly não é igual à mãe doadora do núcleo porque as características dos indivíduos são muito influenciadas pelo ambiente, o que vale para características físicas e psicológicas. Mesmo em termos genéticos, ela não é completamente igual à ovelha que doou o núcleo, visto que cerca de 0,1% do material genético de uma célula não fica no núcleo. Explique onde está esse material genético diferente.

10. A ilustração abaixo é de um glóbulo branco de sangue humano.

Luis Moura/Arquivo da editora

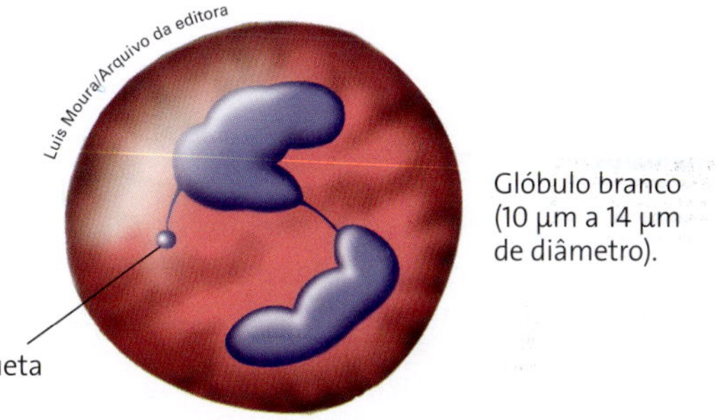

Glóbulo branco (10 μm a 14 μm de diâmetro; cores fantasia).

Um estudante afirmou que esse glóbulo branco deve ser de uma mulher. Por que ele pode afirmar isso?

Trabalho em equipe

Em grupo, realizem uma pesquisa sobre um dos temas a seguir:

1. A Bioética é uma área da Ética, que, por sua vez, é uma área da Filosofia. Ela discute as implicações morais (o que é certo; o que é errado) das pesquisas biológicas e de suas aplicações na Medicina, na Biotecnologia e em outras áreas. A Bioética busca estabelecer normas que devem ser seguidas por todos. Façam uma pesquisa e elaborem uma apresentação para a turma sobre Bioética no Brasil.

2. Busquem notícias recentes (em jornais, revistas, na internet, etc.) sobre a clonagem de animais no Brasil e no mundo. Façam um resumo do texto da notícia com suas próprias palavras e apresentem o resultado do trabalho para a classe.

3. Verifiquem a possibilidade de entrevistar pesquisadores (de universidades ou centros de pesquisa) da Genética, que se disponham a falar sobre novidades relacionadas à clonagem de seres vivos. Esse contato mais direto pode enriquecer a compreensão do assunto.

Pensando no Enem

A sequência abaixo indica de maneira simplificada os passos seguidos por um grupo de cientistas para a clonagem de uma vaca:

I. Retirou-se um óvulo da vaca **Z**. O núcleo foi desprezado, obtendo-se um óvulo anucleado.

II. Retirou-se uma célula da glândula mamária da vaca **W**. O núcleo foi isolado e conservado, desprezando-se o restante da célula.

III. O núcleo da célula da glândula mamária foi introduzido no óvulo anucleado. A célula reconstituída foi estimulada para entrar em divisão.

IV. Após algumas divisões, o embrião foi implantado no útero de uma terceira vaca, **Y**, mãe de aluguel. O embrião se desenvolveu e deu origem ao clone.

Considerando que os animais **Z**, **W** e **Y** não têm parentesco, pode-se afirmar que o animal resultante da clonagem tem as características genéticas da(s) vaca(s):

a) **Z**, apenas.
b) **W**, apenas.
c) **Y**, apenas.
d) **Z** e **W**, apenas.
e) **Z**, **W** e **Y**.

Resolução

Esta questão integra componentes de Ciências da Natureza, como moléculas, células e tecidos, além de envolver interpretação de texto.

As informações presentes no texto são, na maioria das vezes, importantes para a resolução do exercício, portanto fique atento à leitura.

Nesta questão a resposta depende da correta interpretação do texto que descreve a clonagem. Dele podemos retirar as seguintes informações:

- O óvulo que dará origem ao clone é da vaca Z, porém dele é retirado o núcleo.
- O núcleo do óvulo que originará o clone é proveniente da vaca W.
- O clone se desenvolverá na vaca Y.

O problema

A questão traz um protocolo de clonagem de vacas com todas as informações simplificadas do que será realizado em cada etapa e pede a identificação correta sobre a composição genética do clone, perguntando de qual (ou quais) vaca(s) o clone herdará as características genéticas.

Com base no texto, podemos elaborar o seguinte esquema:

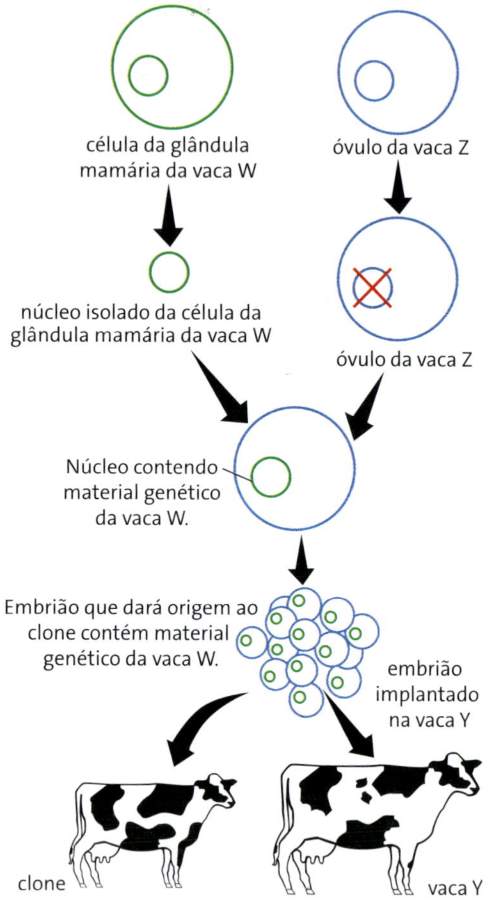

- Sabemos que a vaca Z contribui com o óvulo; porém, como o núcleo desse óvulo é retirado, a parte celular responsável pelas características genéticas da célula também foi retirada. Portanto, o animal resultante da clonagem não herdará as características da vaca Z.
- Da vaca W foi desprezada toda a célula com exceção do núcleo, que foi introduzido no óvulo anucleado provido pela vaca Z. É no núcleo que estão todas as informações genéticas do indivíduo. Através da replicação desse núcleo serão formados todos os núcleos celulares do indivíduo clonado. O núcleo é o responsável por controlar a expressão genética e mediar a replicação de DNA.
- A vaca Y apenas receberá o embrião em seu útero.

Portanto, o animal resultante da clonagem herdará as características genéticas da vaca W, da qual foi utilizado o núcleo da célula.

Resposta: **B**.

Vestibulares de Norte a Sul

1. **SE** (Fuvest-SP) Quando afirmamos que o metabolismo da célula é controlado pelo núcleo celular, isso significa que:

a) todas as reações metabólicas são catalisadas por moléculas e componentes nucleares.
b) o núcleo produz moléculas que, no citoplasma, promovem a síntese de enzimas catalisadoras das reações metabólicas.
c) o núcleo produz e envia, para todas as partes da célula, moléculas que catalisam as reações metabólicas.
d) dentro do núcleo, moléculas sintetizam enzimas catalisadoras das reações metabólicas.
e) o conteúdo do núcleo passa para o citoplasma e atua diretamente nas funções celulares, catalisando as reações metabólicas.

2. **SE** (FCC-SP) Observe o esquema abaixo.

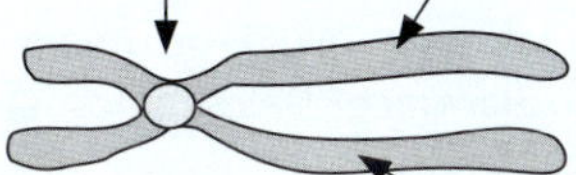

I e II indicam:

a) cromátides-irmãs.
b) cromátides homólogas.
c) cromossomos homólogos.
d) cromossomos não homólogos.
e) cromossomos-filhos.

3. **SE** (Fuvest-SP) Em determinada espécie animal, o número diploide de cromossomos é 22. Nos espermatozoides, nos óvulos e nas células epidérmicas dessa espécie serão encontrados, respectivamente:

a) 22, 22 e 44 cromossomos.
b) 22, 22 e 22 cromossomos.
c) 11, 11 e 22 cromossomos.
d) 44, 44 e 22 cromossomos.
e) 11, 22 e 22 cromossomos.

4. **SE** (Uerj) Em relação ao número de cromossomos, pode-se classificar as células em somáticas e reprodutoras. Das alternativas abaixo, aquela que caracteriza corretamente um ou outro tipo de célula é:

a) As somáticas são chamadas de diploides e possuem 23 cromossomos.
b) As reprodutoras são chamadas de haploides e possuem 23 cromossomos.
c) As somáticas são chamadas de diploides e possuem 46 pares de cromossomos.
d) As reprodutoras são chamadas de haploides e possuem 23 pares de cromossomos.

5. **NE** (UFPI) Analisando o desenho esquemático que representa o núcleo de uma célula animal qualquer, podemos identificar que o componente responsável pela síntese de RNA que forma o ribossomo é assinalado pelo número:

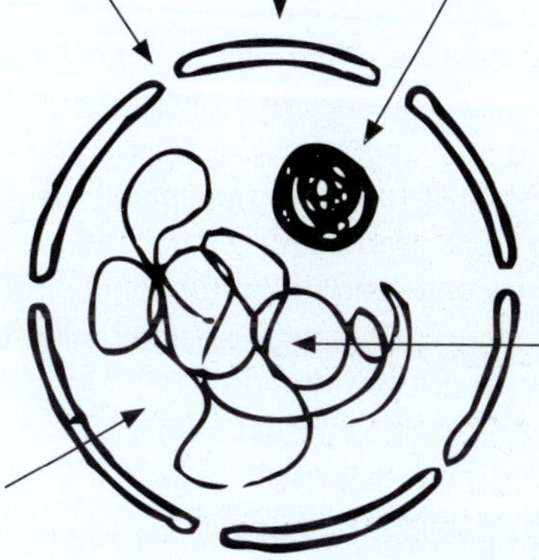

a) 1; b) 2; c) 3; d) 4; e) 5.

6. **SE** (Vunesp-SP) Em julho de 2002, a Unesp tornou-se a primeira instituição brasileira a produzir um clone animal a partir do núcleo de uma célula adulta. Pesquisadores da Faculdade de Ciências Agrárias e Veterinárias, do *campus* de Jaboticabal, removeram o núcleo de uma célula obtida da cauda de uma vaca da raça Nelore (animal **A**) e injetaram-no no óvulo anucleado de uma vaca de abatedouro (animal **B**). Posteriormente, esse óvulo foi implantado no útero de uma vaca mestiça holandesa (animal **C**). Do desenvolvimento desse óvulo resultou a bezerra Penta. Nas células da bezerra Penta há:

a) DNA nuclear do animal **A** e DNA mitocondrial do animal **C**.
b) DNA nuclear do animal **A** e DNA mitocondrial do animal **A**.
c) DNA nuclear do animal **A** e DNA mitocondrial do animal **B**.
d) DNA nuclear do animal **B** e DNA mitocondrial do animal **C**.
e) DNA nuclear do animal **C** e DNA mitocondrial do animal **A**.

7. **NE** (UFC-CE) Sabendo-se que uma determinada espécie de vertebrado possui número cromossômico 2n = 50, assinale a alternativa que associa corretamente o tipo de célula à sua quantidade de cromossomos.

a) hepatócito – 25
b) ovogônia – 25
c) neurônio – 50
d) fibra muscular – 25
e) óvulo – 50

8. SE (PUC-SP) A cromatina, sob o aspecto morfológico, é classificada em eucromatina e heterocromatina. Elas se distinguem porque:

a) a eucromatina se apresenta condensada durante a mitose e a heterocromatina já se encontra condensada na interfase.
b) a eucromatina se apresenta condensada na interfase e a heterocromatina, durante a mitose.
c) só a heterocromatina se condensa e a eucromatina não.
d) a eucromatina é Feulgen positivo e a heterocromatina é Feulgen negativo.
e) a eucromatina é a que ocorre no núcleo e a heterocromatina é a que ocorre no citoplasma.

9. SE (Unesp-SP) O primeiro transplante de genes bem-sucedido foi realizado em 1981, por J. W. Gurdon e F. H. Ruddle, para obtenção de camundongos transgênicos, injetando genes da hemoglobina de coelho em zigotos de camundongos, resultando camundongos com hemoglobina de coelho em suas hemácias. A partir destas informações, pode-se deduzir que

a) o DNA injetado foi incorporado apenas às hemácias dos camundongos, mas não foi incorporado aos seus genomas.
b) o DNA injetado nos camundongos poderia passar aos seus descendentes somente se fosse incorporado às células somáticas das fêmeas dos camundongos.
c) os camundongos receptores dos genes do coelho tiveram suas hemácias modificadas, mas não poderiam transmitir essa característica aos seus descendentes.
d) os camundongos transgênicos, ao se reproduzirem, transmitiram os genes do coelho aos seus descendentes.
e) o RNAm foi incorporado ao zigoto dos embriões em formação.

10. S (UFSM-RS) Associe as colunas:

1. Genoma	( ) Segmento de DNA que contém instrução para a formação de uma proteína.
2. Gene	( ) Estrutura formada por uma única molécula de DNA, muito longa, associada a proteínas, visível durante a divisão celular.
3. Cromossomo	
4. Cariótipo	( ) Conjunto de genes de uma espécie.

A sequência correta é:

a) 1 – 2 – 3.
b) 2 – 3 – 1.
c) 2 – 4 – 1.
d) 3 – 2 – 1.
e) 3 – 4 – 1.

11. CO (UFMT) A elucidação de crimes, como também a identificação da paternidade, vem sendo efetuadas com certa facilidade e segurança através do uso de técnicas apropriadas, em que são considerados básicos alguns conceitos de genética. Sobre esses conceitos, julgue os itens.

( ) Cariótipo é o conjunto de informações sobre os cromossomos de uma determinada espécie.
( ) Genes alelos são genes que ocupam o mesmo "locus" gênico em cromossomos homólogos.
( ) Um dos catalisadores do processo de duplicação do DNA é a enzima DNA polimerase.
( ) Na espécie humana distinguem-se 3 tipos sanguíneos, e os indivíduos do grupo sanguíneo AB são considerados doadores universais.

12. SE (Fatec-SP) Clone é uma população de seres geneticamente idênticos, originados pela multiplicação assexuada de um único genitor ou por manipulação citogenética. Recentemente os jornais publicaram uma receita de clonagem para "fazer" a ovelha "Dolly" da raça "Finn Dorset".

A receita propõe os seguintes passos:
Os cientistas retiraram óvulos de uma ovelha adulta da raça "Scottish Blackface". Deles removeram os núcleos e guardaram o resto.
Foram retiradas as células das glândulas mamárias de uma ovelha adulta da raça "Finn Dorset". Delas são retirados os núcleos, que são guardados. Os ingredientes foram colocados numa solução química para "hibernar" e esperar um tempo para serem encaixados nos óvulos anucleados. Os cientistas, transferiram o núcleo da célula mamária para o óvulo da ovelha "Scottish Blackface". Passado um tempo, ele começou a se dividir, formando um aglomerado de células. O aglomerado celular foi transferido para o aparelho reprodutor da ovelha "Scottish Blackface". Dele se formou um embrião que deu origem à Dolly.

Tomando por base o texto, podemos afirmar que:

a) A clonagem está correta, mas não revela a tecnologia necessária para as células "hibernarem" e acertarem o tempo, também necessário, para a transferência do núcleo para o óvulo anucleado.
b) "Dolly" não tem pai mas é, certamente, filha da ovelha da raça "Scottish Blackface", que cedeu o óvulo anucleado.
c) A clonagem está errada, pois o pai é a ovelha da raça "Finn Dorset", uma vez que no seu genótipo há cromossomos de seu avô.
d) A clonagem está correta, pois a genitora é a ovelha da raça "Scottish Blackface", uma vez que "Dolly" veio de seu óvulo.
e) Há uma falha técnica no experimento, pois núcleo de célula de glândula mamária não pode influir nas características da "Dolly".

13. **SE** (PUC-SP) Na aula de Biologia, o professor fez a seguinte afirmação: "A produção de ribossomos depende, indiretamente, da atividade dos cromossomos". Em seguida, pediu a seus alunos que analisassem a afirmação e a explicassem. Foram obtidas cinco explicações diferentes, que se encontram a seguir citadas. Assinale a única afirmação correta:

a) Os cromossomos são constituídos, essencialmente, por RNA ribossômico e proteínas, materiais utilizados na produção de ribossomos.
b) Os cromossomos são constituídos, essencialmente, por RNA mensageiro e proteínas, materiais utilizados na produção de ribossomos.
c) Os cromossomos contêm DNA; este controla a síntese de ribonucleoproteínas que formarão o nucléolo e que, posteriormente, farão parte dos ribossomos.
d) Os cromossomos são constituídos, essencialmente, por RNA transportador e proteínas, materiais utilizados na produção de ribossomos.
e) Os cromossomos, produzidos a partir do nucléolo, fornecem material para a organização dos ribossomos.

14. **SE** (PUC-RJ) Dentre as opções abaixo, qual apresenta a afirmativa correta com relação aos elementos transgênicos?

a) Eles mudam suas características fenotípicas ao longo de seu ciclo de vida.
b) Eles possuem parte da informação genética de outro ser vivo.
c) Eles contêm muitos conservantes que impedem sua rápida deterioração.
d) Eles passam parte de seu genoma para o indivíduo que o ingere.
e) Eles possuem menos calorias que os naturais.

15. **SE** (PUC-MG) A cromatina sexual compreende:

a) o citoplasma de células gaméticas masculinas que se apresentam mais coradas que as femininas.
b) o citoplasma de células gaméticas femininas que se apresentam mais coradas que as masculinas.
c) cromossomo Y condensado em núcleos de hemácias humanas.
d) um dos cromossomos X da mulher, que permanece condensado no núcleo das células, facilmente visualizado na mucosa oral.
e) cromossomos X e Y condensados durante o período da interfase.

16. **S** (UFSC) Na(s) questão(ões) a seguir escreva a soma dos itens corretos.

Clones são seres vivos obtidos pelo desenvolvimento de células retiradas de indivíduos já existentes. A clonagem é um processo que vem sendo desenvolvido rapidamente com vários organismos e, em humanos, encontra barreiras de ordem ética. Sobre esse processo é CORRETO afirmar:

01. Os clones são como irmãos gêmeos fraternos do doador das células.
02. O material genético do doador das células e do clone é idêntico.
04. Se o doador das células possuir um defeito genético, como o albinismo, seu clone possuirá, também, essa anomalia.
08. Órgãos transplantados do clone para o doador das células serão sempre rejeitados.
16. Já existem seres humanos que foram originados e desenvolvidos plenamente por clonagem.
32. Se o doador de células sofrer a perda de um membro antes de ser realizada a clonagem, o organismo originado posteriormente, por esse processo, nascerá sem o referido membro.

17. **S** (Ufpel-RS) Para a maioria das formigas, a reprodução sexuada ocorre através do processo de partenogênese. Porém, os machos da espécie *Wasmannia auropunctata* – pixixica – desenvolveram um novo método: eles podem fazer uma "autoclonagem". Em alguns dos ovos fecundados, o material genético da rainha é supostamente destruído pelo espermatozoide, gerando assim machos que contêm apenas os genes do pai, ou seja, um clone.

(*Ciência Hoje*, 37, 2005, adaptado.)

Com base no texto e em seus conhecimentos, analise as seguintes afirmativas.

I. Os machos de pixixica, assim como a maioria dos machos de outras espécies de formigas, possuem apenas material genético proveniente do pai. Portanto, pode-se considerar que os machos de formigas são filhos apenas do pai.
II. A partenogênese, além das formigas, também ocorre em outros himenópteros, como as abelhas e vespas. Esse fenômeno é uma forma de reprodução e também um mecanismo de determinação sexual.
III. A partenogênese não é um processo comum; ela só ocorre quando há escassez de macho na colmeia para realizar a fecundação. Em condições normais, o macho fecunda a fêmea, e essa utiliza os espermatozoides para fecundar os óvulos.
IV. No processo de partenogênese que ocorre nos himenópteros, os óvulos fecundados dão origem às fêmeas, e os óvulos não fecundados dão origem aos machos. Portanto os machos são apenas filhos apenas da mãe.
V. Nas abelhas, os machos são diploides, e as fêmeas, haploides, ou seja, os machos são organismos com n cromossomos, e as fêmeas, com 2n cromossomos.

Estão corretas apenas as afirmativas:

a) I, II e III.
b) IV e V.
c) II e IV.
d) II e V.
e) I, III e V.

18. **N** (Ufam) Existem 40 cromossomos em uma célula somática de um ratinho urbano. Pergunta-se: (i) Quantos cromossomos o rato recebeu de seu pai? (ii) Quantos autossomos estão presentes no gameta de um rato? (iii) Quantos cromossomos sexuais existem em um oócito de rato? (iv) Quantos autossomos existem nas células somáticas de uma fêmea de rato?

a) (i) 20; (ii) 19; (iii) 1; (iv) 38.
b) (i) 40; (ii) 2; (iii) 2; (iv) 40.
c) (i) 10; (ii) 38; (iii) 1; (iv) 2.
d) (i) 20; (ii) 19; (iii) 2; (iv) 40.
e) (i) 20; (ii) 39; (iii) 1; (iv) 38.

19. **CO** (UEG-GO) Vários projetos são desenvolvidos com a finalidade de desvendar o genoma de diferentes espécies de seres vivos. Dentre eles, destacam-se o Projeto Genoma Humano e o Projeto Genoma da bactéria *Tyobacterium tuberculosis* (bacilo da tuberculose). Alguns conceitos em genética são importantes para compreender os objetivos do Projeto Genoma. Desta forma, diferencie conceitualmente gene, DNA e genoma.

20. **SE** (Uerj) As células animais possuem núcleo delimitado por um envoltório poroso que funciona como uma barreira entre o material nuclear e o citoplasma. As células vegetais, apesar de possuírem núcleo similar, diferem das animais por apresentarem um envoltório externo à membrana plasmática, denominado parede celular.

Aponte o motivo pelo qual o envoltório nuclear deve apresentar poros. Em seguida, cite as funções da parede celular dos vegetais e seu principal componente químico.

21. **SE** (Unicamp-SP) Comente a frase: "Cromossomos e cromatina são dois estados morfológicos dos mesmos componentes celulares de eucariontes".

22. **SE** (Vunesp-SP) Na década de 40 descobriu-se que algumas células retiradas de mulheres apresentavam, no núcleo interfásico, um pequeno corpúsculo de cromatina intensamente corado. Esse corpúsculo é conhecido hoje como cromatina sexual ou corpúsculo de Barr.

a) A que corresponde tal corpúsculo e em que tipo de células (somáticas ou germinativas) ele aparece?
b) Qual a sua importância e por que ele não ocorre nas células masculinas?

23. **SE** (Fuvest-SP) Por que a ausência de nucléolo compromete a síntese de proteínas em uma célula eucarionte?

24. **SE** (Unicamp-SP) No início deste ano, pesquisadores anunciaram o nascimento da ovelha Dolly, considerada o primeiro clone de mamífero gerado artificialmente. Um dos objetivos dessa pesquisa é a melhoria da pecuária, através da formação de rebanhos homogêneos. Clones, no entanto, ocorrem naturalmente no cotidiano, lembra o geneticista Ademar Freire Maia em um artigo do Boletim "Germinis" do Conselho Federal de Biologia, de maio/junho de 1997.

a) Qual seria a desvantagem biológica de um rebanho de clones?
b) Dê um exemplo de clone que ocorre naturalmente. Justifique.

CAPÍTULO

13 Ácidos nucleicos

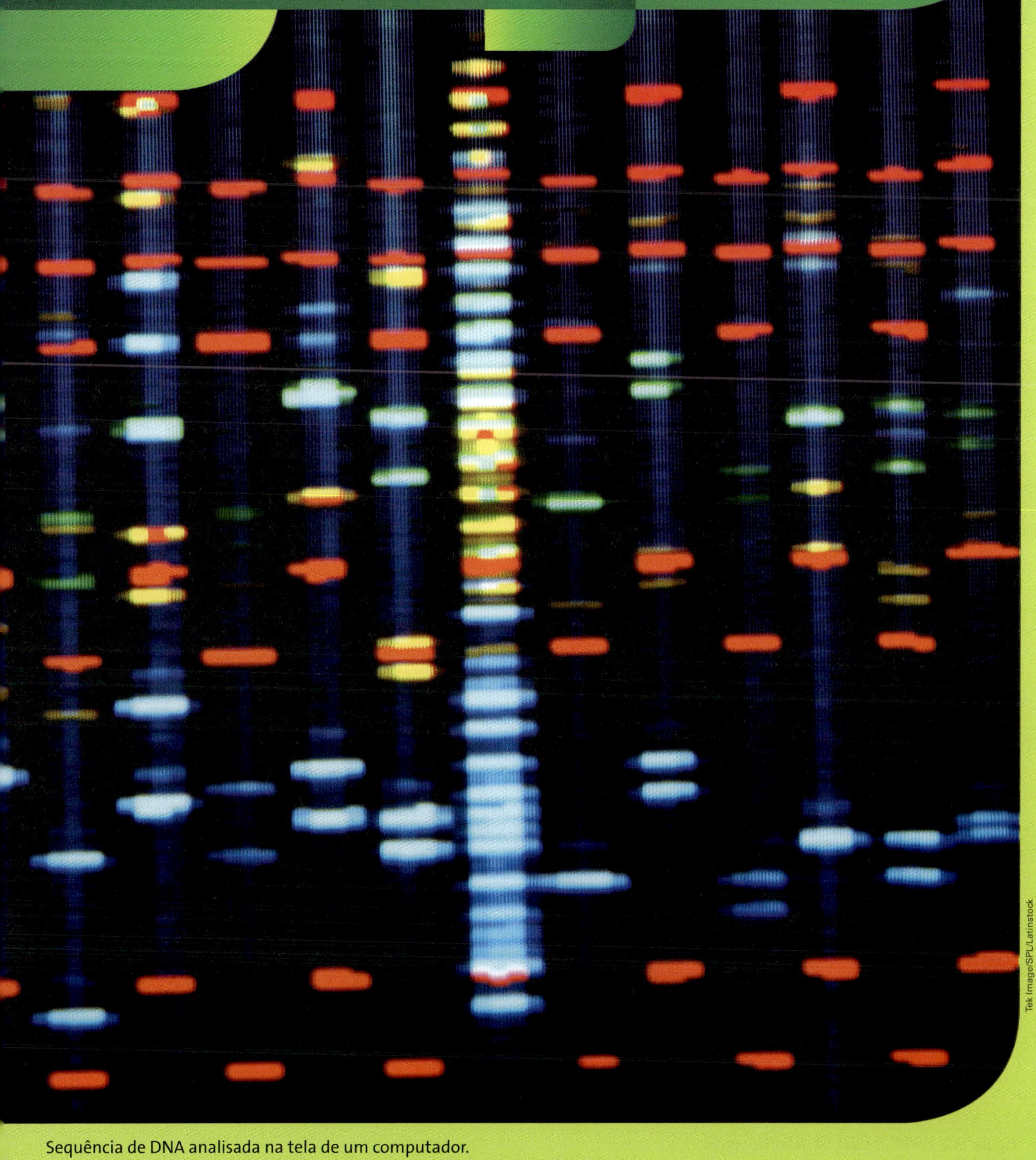

Tek Image/SPL/Latinstock

Sequência de DNA analisada na tela de um computador.

- ↘ *Você conhece a forma da molécula de DNA?*
- ↘ *Quais as diferenças entre o DNA e o RNA?*
- ↘ *Antes de uma célula se dividir, seu material genético tem que se duplicar. Você sabe como isso acontece?*
- ↘ *Como os ácidos nucleicos comandam a síntese de proteínas?*

1 Estrutura dos ácidos nucleicos

O nome ácido nucleico indica que as moléculas de DNA e RNA (ácido ribonucleico) são ácidas e foram identificadas, a princípio, no núcleo das células. Hoje sabemos que o DNA é encontrado no núcleo, formando os cromossomos e parte dos nucléolos, e também em pequena quantidade na mitocôndria e no cloroplasto. O RNA é encontrado no nucléolo, nos ribossomos, no citosol, nas mitocôndrias e nos cloroplastos.

Tanto o DNA como o RNA são formados pelo encadeamento de grande número de moléculas menores, os **nucleotídeos**, formados por três tipos de substâncias químicas (figura 13.1):

- uma **base nitrogenada** (uma cadeia de carbonos que contém nitrogênio);
- uma **pentose** (um açúcar simples com cinco átomos de carbono);
- um **fosfato** (PO_4^{3-}), íon do ácido fosfórico (pela retirada de três íons hidrogênio).

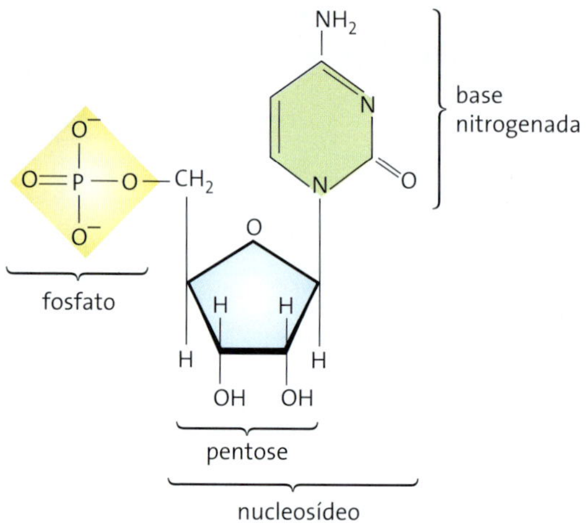

Figura 13.1 Fórmula estrutural de um nucleotídeo.

O fosfato e a base nitrogenada se ligam ao açúcar para formar um nucleotídeo. A união da base nitrogenada com o açúcar forma um **nucleosídeo**.

Existem cinco tipos principais de bases nitrogenadas: **adenina**, **guanina**, **citosina**, **timina** e **uracila**. As duas primeiras possuem um duplo anel de átomos de carbono e derivam de uma substância chamada **purina**, sendo, por isso, denominadas **bases purínicas** ou **púricas**. As outras três derivam de outro composto com apenas um anel de carbono, chamado **pirimidina**, e são denominadas **bases pirimidínicas** ou **pirimídicas** (figura 13.2). Na molécula de DNA aparecem quatro tipos de bases: adenina, guanina, citosina e timina. A uracila é encontrada apenas no RNA, e a timina é exclusiva do DNA.

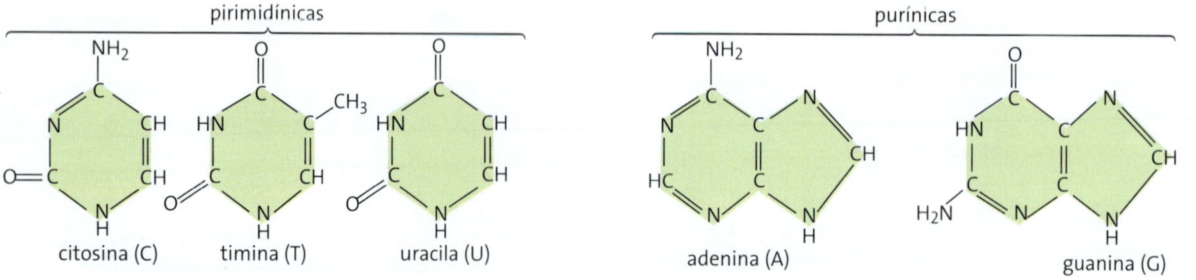

Figura 13.2 Fórmulas das bases nitrogenadas.

As pentoses são de dois tipos: **ribose** e **desoxirribose** (figura 13.3). O DNA recebe esse nome por ter apenas desoxirribose na cadeia. O RNA contém apenas ribose.

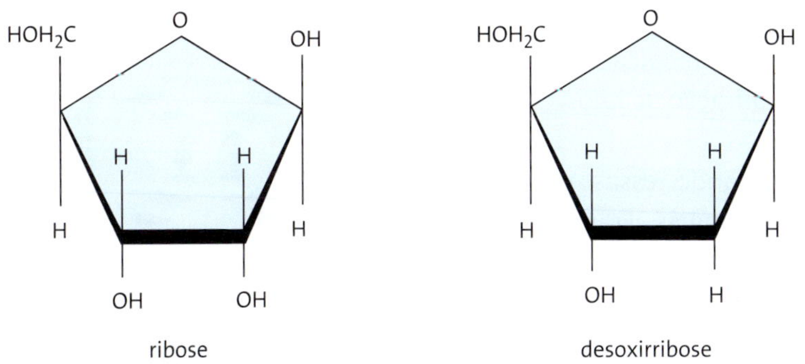

Figura 13.3 Fórmulas das pentoses.

Nos ácidos nucleicos, os nucleotídeos estão sempre unidos entre si, formando longos filamentos, os **polinucleotídeos**. A ligação é entre o fosfato de uma unidade e a pentose da unidade vizinha. Desse modo, a longa cadeia apresenta uma sequência de pentoses e fosfatos alternados, com as bases nitrogenadas ligadas às pentoses (figura 13.4). A diferença entre duas moléculas distintas de ácidos nucleicos é a sequência em que as bases nitrogenadas estão dispostas, como veremos a seguir.

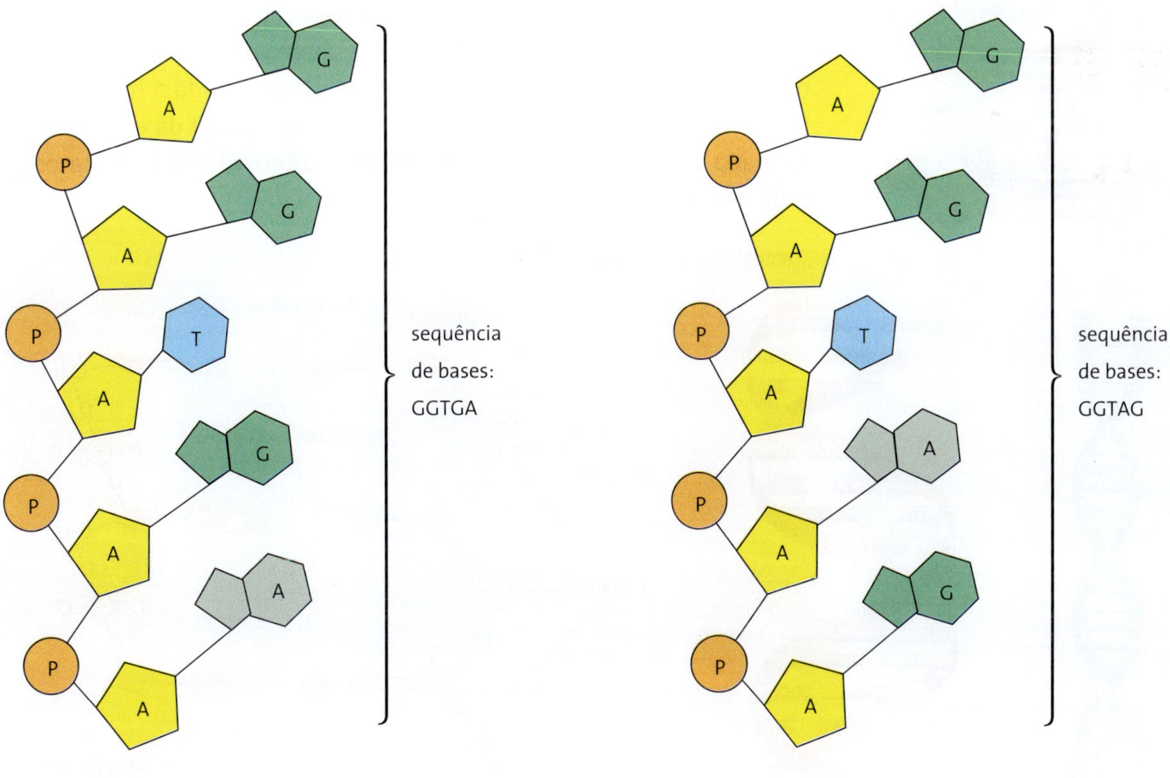

Figura 13.4 Esquemas simplificados de trechos de ácidos nucleicos (cores fantasia).

2 O DNA

A descoberta da estrutura do DNA

Em 1952, na Inglaterra, os pesquisadores Maurice Wilkins (1916-2004) e Rosalind Franklin (1920-1958) examinavam o DNA com uma técnica conhecida como difração de raios X (figura 13.5).

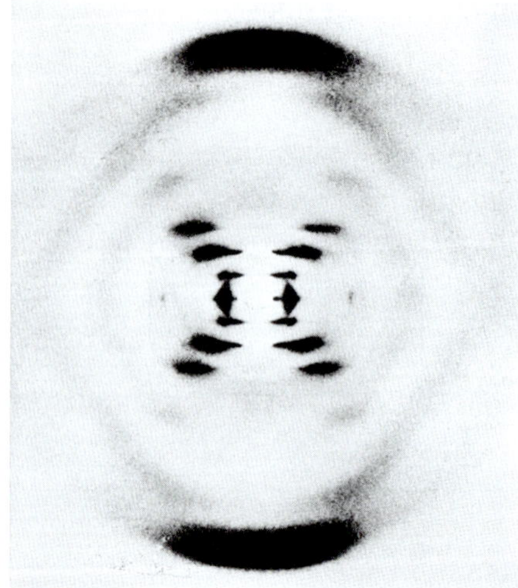

SPL/Latinstock

Figura 13.5 Imagem obtida quando os raios X são desviados de cristais de DNA.

Utilizando essas observações, o inglês Francis Crick (1916-2004) e o norte-americano James Watson (1928-) começaram a construir um modelo para a molécula que explicasse a imagem obtida pelos raios X e também os dados obtidos da Química – como o fato, descoberto em 1952 por Erwin Chargaff (1905-2002) e seus colaboradores da Universidade de Columbia – de o número de adeninas ser igual ao de timinas e o de citosinas ser igual ao de guaninas.

O modelo da molécula de DNA elaborado pelos cientistas James Watson e Francis Crick ficou conhecido como **modelo da dupla hélice**. Segundo esse modelo, a molécula de DNA possui duas cadeias ou fitas de polinucleotídeos, ligadas uma à outra pelas bases nitrogenadas. Elas estão torcidas – formando uma hélice dupla – e emparelhadas em sentidos opostos – se em uma extremidade de uma fita há uma pentose, na fita oposta há um fosfato (figura 13.6). Comparando a molécula de DNA com uma escada torcida no espaço, cada lateral da escada seria formada por uma sequência de pentoses alternadas com fosfatos, e cada degrau corresponderia a um par de bases.

Figura 13.6 Modelos simplificados do DNA (o diâmetro da hélice de DNA é de cerca de 2 nm; os elementos da ilustração não estão na mesma escala; cores fantasia).

Modelo feito em computador

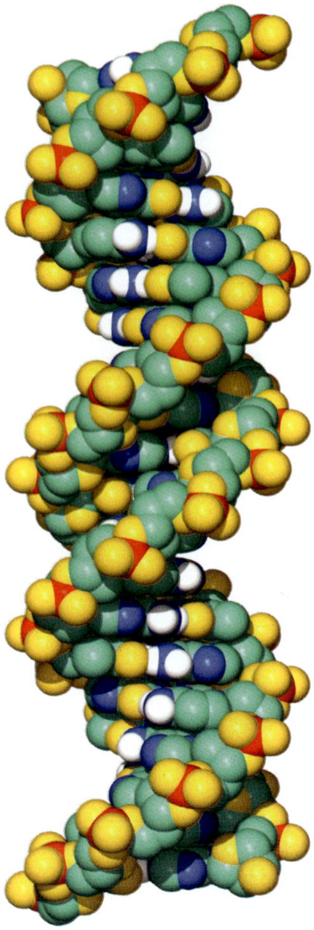

Dr. Tim Evans/SPL/Latinstock

Modelos com detalhamento crescente

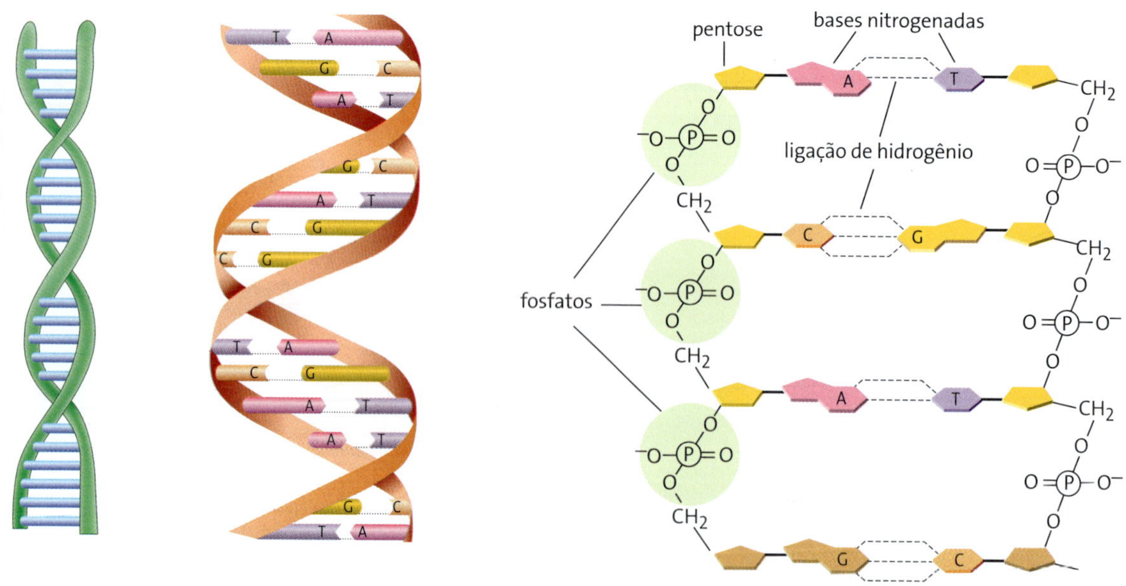

Ilustrações: Maspi/Arquivo da editora

A ligação entre as bases das duas fitas é feita por ligações de hidrogênio (pontes de hidrogênio).

Observando o modelo da molécula de DNA, notamos que a base timina (T) se liga sempre à adenina (A) por duas ligações de hidrogênio, e a base citosina (C) está sempre ligada à guanina (G) por três ligações de hidrogênio (**figura 13.7**). Como decorrência desse emparelhamento específico, a sequência de bases de uma fita determina a sequência de bases da outra. Portanto, se em uma fita houver a sequência AATCCATGT, na outra a sequência será TTAGGTACA. Assim, as duas fitas não são iguais, mas complementares.

Fórmulas químicas

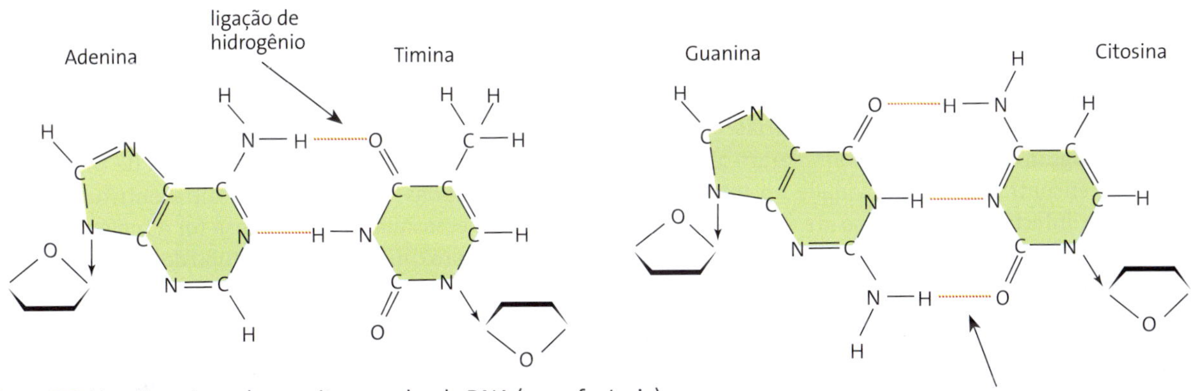

Figura 13.7 Ligação entre as bases nitrogenadas do DNA (cores fantasia).

Pelo seu trabalho, Watson, Crick e Wilkins ganharam o prêmio Nobel de Medicina ou Fisiologia em 1962 (**figura 13.8**). O prêmio só é concedido em vida, e Rosalind Franklin faleceu em 1958.

De forma simplificada, podemos dizer que a diferença entre dois genes está no número e na sequência de bases de cada um (mas você verá adiante que essa diferença é mais complexa). Essa sequência pode ser comparada a uma frase em código, escrita com quatro letras (as quatro bases do DNA: A, T, C, G), que simboliza a informação genética responsável por uma molécula de RNA. Mudando o número e a sequência de bases, alteramos a "frase". O conjunto de genes de uma célula que influencia o desenvolvimento das características de um ser vivo é chamado **genoma** e varia de um organismo para outro. No ser humano, o genoma corresponde à sequência de nucleotídeos do DNA contido em 22 autossomos e nos dois cromossomos sexuais (X e Y). O conjunto de proteínas expressas pelo genoma é chamado **proteoma**.

Cada cromossomo é formado por uma longa molécula de ácido nucleico, com milhares de genes. Cada gene pode ser formado por dezenas a milhões de pares de nucleotídeos. No total são cerca de 3,2 bilhões de pares de nucleotídeos em cada célula somática humana, formando aproximadamente 20 mil genes.

Escrita com letras do tamanho destas que você está lendo, a sequência de bases do genoma humano ocuparia em torno de 3 mil exemplares deste livro. Se o DNA de uma célula fosse esticado, daria um fio de quase 2 metros.

A. Barrington Brown/SPL/Latinstock

Figura 13.8 Watson (à esquerda) e Crick com o modelo da estrutura do DNA.

Biologia tem História

Experimentos que permitiram saber mais sobre o DNA

Desde 1920 sabe-se da existência de uma molécula nos cromossomos da célula chamada ácido desoxirribonucleico (DNA). O que não se sabia era se o DNA era de fato o responsável pela hereditariedade, uma vez que havia também proteínas no cromossomo.

Em 1952, os pesquisadores norte-americanos Alfred Hershey (1908-1997) e Martha Chase (1927-) marcaram dois grupos de vírus bacteriófagos (vírus que atacam bactérias): o primeiro grupo teve as proteínas que formam a cápsula marcadas com enxofre radioativo; e o segundo grupo teve o DNA marcado com fósforo radioativo. Em seguida, deixaram esses dois grupos de vírus em contato com bactérias sensíveis durante algum tempo. Depois examinaram o preparado e só encontraram radioatividade no interior das bactérias infectadas pelo grupo de vírus com DNA marcado. Nas bactérias infectadas por vírus com proteína marcada, a radioatividade estava presente nas cápsulas, que tinham ficado fora do corpo da bactéria (**figura 13.9**). Concluíram que o vírus injetou apenas seu conteúdo de DNA, e este foi suficiente para realizar não apenas a duplicação, mas também a síntese das proteínas componentes da cápsula e a formação dos novos vírus.

Então, esse experimento permitiu concluir que o DNA é a molécula responsável pela informação genética.

Em 1958, os cientistas Matthew Meselson (1930-) e Franklin Stahl (1929-) testaram a hipótese de que a duplicação do DNA é semiconservativa.

Eles cultivaram por várias gerações a bactéria *Escherichia coli* em um meio com o isótopo de nitrogênio ^{15}N, usado pela bactéria para sintetizar suas bases nitrogenadas. Após muitas divisões celulares, praticamente todo o DNA das bactérias continha o isótopo ^{15}N.

Essas bactérias foram transferidas para um meio de cultura com o isótopo ^{14}N, mais leve que o ^{15}N, e, à medida que se dividiam, seu DNA passava a incorporar o isótopo ^{14}N em suas bases nitrogenadas. Após uma geração (uma duplicação do DNA), uma amostra de bactérias foi retirada e suas moléculas de DNA foram submetidas ao processo de ultracentrifugação. Nesse processo, quanto mais densa for a molécula de DNA, mais próxima do fundo do tubo de ensaio ela se deposita. Eles observaram que, depois de uma geração, o DNA apresentava densidade intermediária entre um DNA com ^{14}N e um com ^{15}N (**figura 13.10**).

Isso aconteceu porque, inicialmente, ambas as cadeias do DNA da bactéria eram formadas por ^{15}N. Após uma geração, apenas uma das cadeias possuía ^{15}N; a outra possuía ^{14}N. O experimento foi repetido por mais algumas gerações e serviu de evidência de que a duplicação do DNA é semiconservativa.

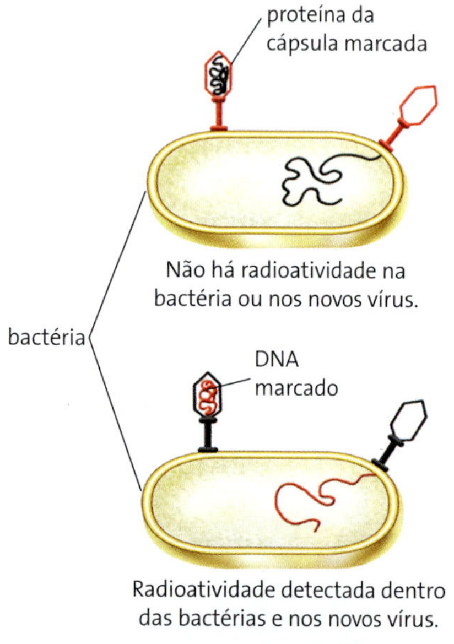

Figura 13.9 O experimento de Hershey e Chase (bacteriófago com cerca de 200 nm de comprimento e bactéria com cerca de 0,5 µm a 2 µm de diâmetro; os elementos representados não estão na mesma escala; cores fantasia).

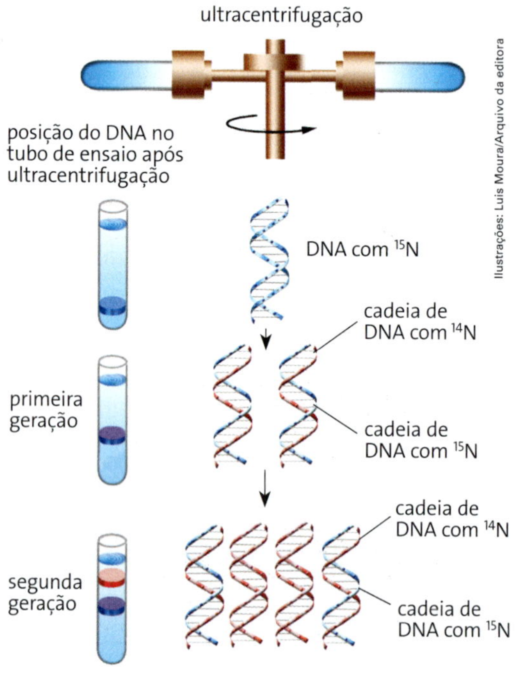

Figura 13.10 O experimento de Meselson-Stahl (os elementos ilustrados não estão na mesma escala; cores fantasia).

Duplicação do DNA

A duplicação do DNA é controlada por várias enzimas que promovem o afastamento das fitas, unem os nucleotídeos novos e corrigem erros de duplicação por um mecanismo de verificação de erros, substituindo o nucleotídeo "errado" pelo "certo", isto é, pelo complementar. Mesmo assim alguns erros escapam, mas, graças a esse mecanismo, há menos de um erro por bilhão de nucleotídeos copiados. Em uma bactéria, isso significa cerca de um erro em cada 250 células que se reproduzem.

Antes da duplicação, enzimas desenrolam as duas hélices e quebram as ligações de hidrogênio. Em seguida, proteínas específicas mantêm as duas cadeias afastadas.

Em cada fita exposta, novos nucleotídeos dissolvidos no nucleoplasma começam a se encaixar, obedecendo ao emparelhamento A-T e C-G. A união entre os nucleotídeos novos é feita com a ajuda das enzimas **DNA polimerases** ou **polimerases do DNA** (o DNA é um polímero de nucleotídeos), que também verificam se o nucleotídeo encaixou na base certa, removendo os encaixes errados. Cada fio orienta a formação de outro que lhe é complementar (figura 13.11). Portanto, a fita nova fica igual à antiga que ocupava aquela posição e, consequentemente, as duas moléculas resultantes serão exatamente iguais à original.

Como cada molécula-filha de DNA é formada por uma fita antiga, que veio do DNA original, e uma nova, a duplicação é **semiconservativa**.

Figura 13.11 Duplicação do DNA (o diâmetro da hélice de DNA é de cerca de 2 nm. Esquemas simplificados, com omissão das enzimas que atuam na replicação; cores fantasia.)

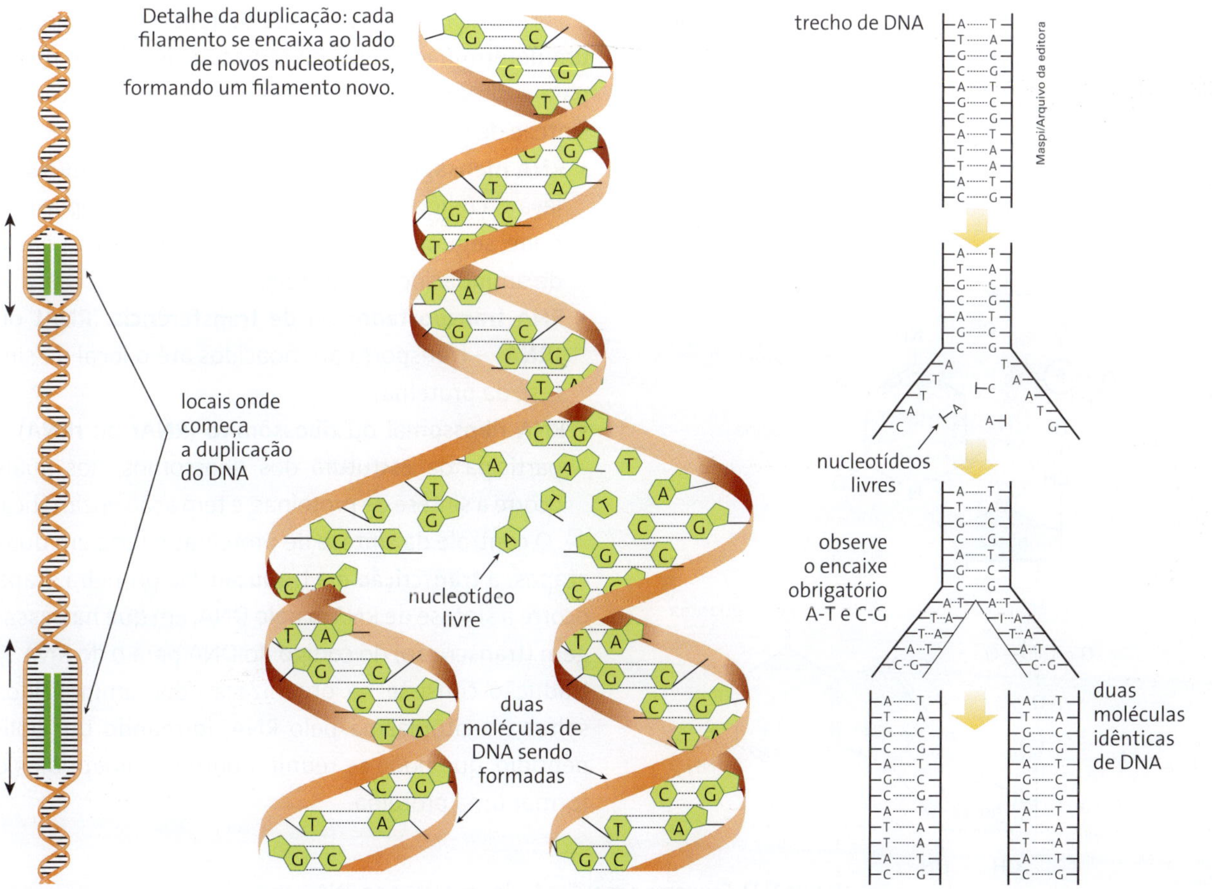

Síntese de proteínas

3 Síntese de proteínas

As características morfológicas e fisiológicas de um ser vivo dependem dos tipos de proteína do seu organismo. A síntese dessas proteínas depende do DNA em interação com o RNA, enzimas, ribossomos e outras estruturas da célula.

Apesar de terem a mesma coleção de genes, as células de um indivíduo podem ser diferentes porque, em determinado momento, alguns de seus genes estão em atividade (comandando a síntese de proteínas) enquanto outros estão inativos, e os genes ativos não são exatamente os mesmos nos diferentes tecidos.

Assim, diferentes células produzem diferentes conjuntos de proteínas. Por exemplo, os melanócitos produzem melanina, pigmento que escurece a pele; certas células do pâncreas produzem o hormônio insulina. Desse modo, surgem diferenças morfológicas e fisiológicas entre as células. Além disso, certas proteínas não são sintetizadas continuamente pelas células.

O RNA

Ao contrário da molécula do DNA, a do RNA é formada por um único filamento de polinucleotídeos. Nele, a pentose é sempre a ribose, e as bases são adenina, guanina, citosina e uracila. Como vimos, a timina não participa do RNA (figura 13.12).

O RNA é fabricado no núcleo, tendo como modelo um determinado setor da molécula do DNA, e migra para o citoplasma, onde desempenha sua função na síntese de proteínas. Há três tipos principais de RNA:

- **RNA mensageiro** ou **moldador** (**RNAm** ou **mRNA**) – leva o código genético do DNA para o citoplasma, onde, seguindo esse código, determina a sequência de aminoácidos da proteína;
- **RNA transportador** ou **de transferência** (**RNAt** ou **tRNA**) – transporta aminoácidos até o local da síntese da proteína;
- **RNA ribossomal** ou **ribossômico** (**RNAr** ou **rRNA**) – participa da estrutura dos ribossomos, nos quais ocorre a síntese de proteínas, e tem ação enzimática.

O controle da síntese de proteínas é feito em duas etapas: a **transcrição** e a **tradução**. Na primeira etapa ocorre a síntese de RNAm pelo DNA, em que há passagem (transcrição) do código do DNA para o do RNA. A tradução consiste na organização dos aminoácidos soltos no citoplasma pelo RNA, formando um polipeptídio, que pode se reunir a outros polipeptídios e formar uma proteína.

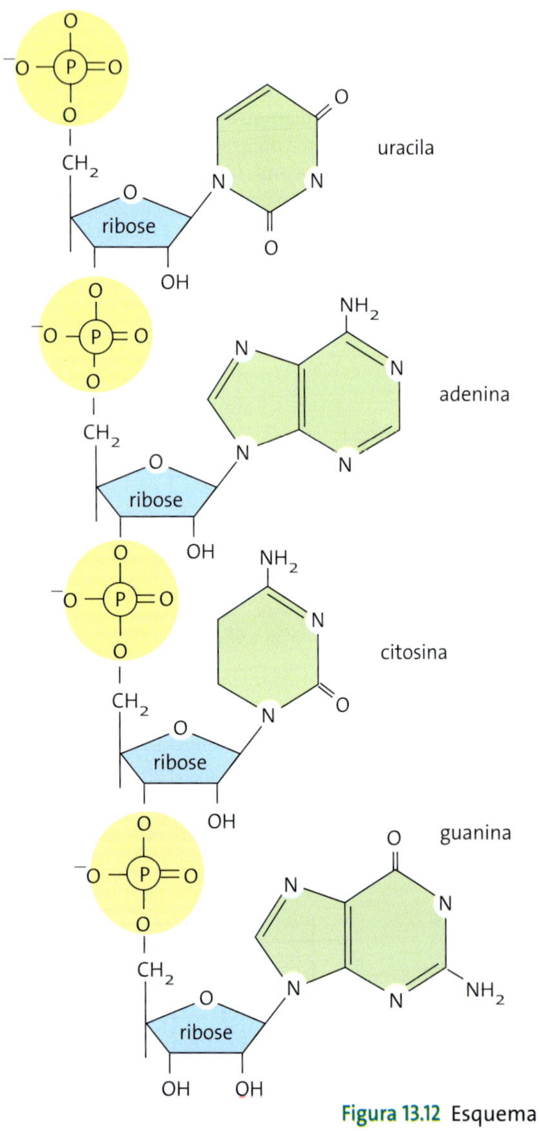

Figura 13.12 Esquema simplificado de um trecho de RNA.

Síntese do RNAm

Na transcrição, apenas uma das fitas de determinado trecho do DNA é usada para a síntese do RNAm. Nela atuam as enzimas **RNA polimerases** ou **polimerases do RNA**, que se ligam a uma sequência específica do DNA, chamada **promotor**. Este marca o início da transcrição e define para as enzimas a cadeia que deve ser lida. As enzimas desenrolam a dupla hélice, expondo as bases do DNA, e começam a encaixar os ribonucleotídeos (figura 13.13). O encaixe obedece à obrigatoriedade de ligação entre as bases, mas onde houver uma adenina no DNA encaixa-se uma uracila. Por exemplo, para a sequência TACGGACTA do DNA, constitui-se a sequência AUGCCUGAU no RNA. A transcrição termina em determinada sequência de bases do DNA.

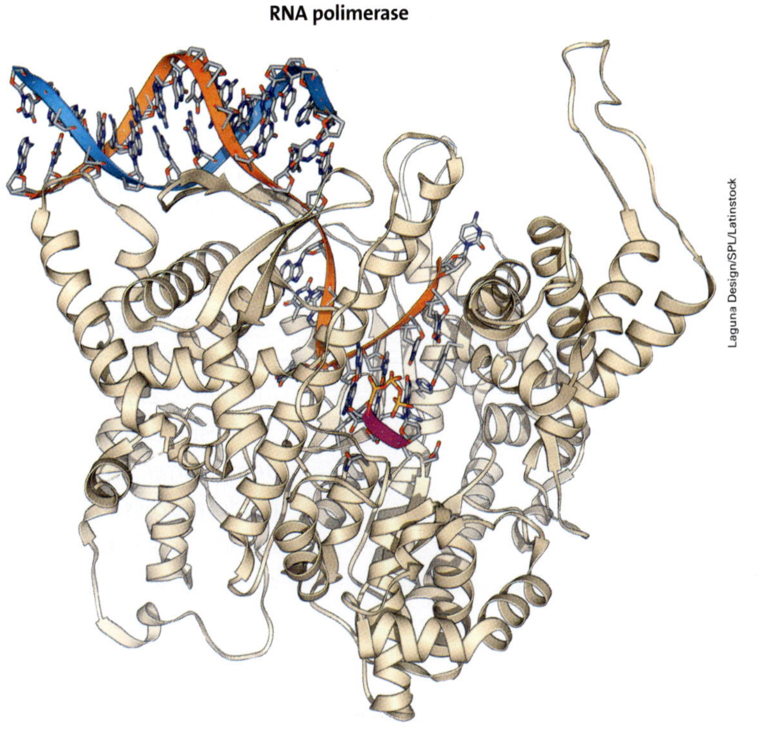

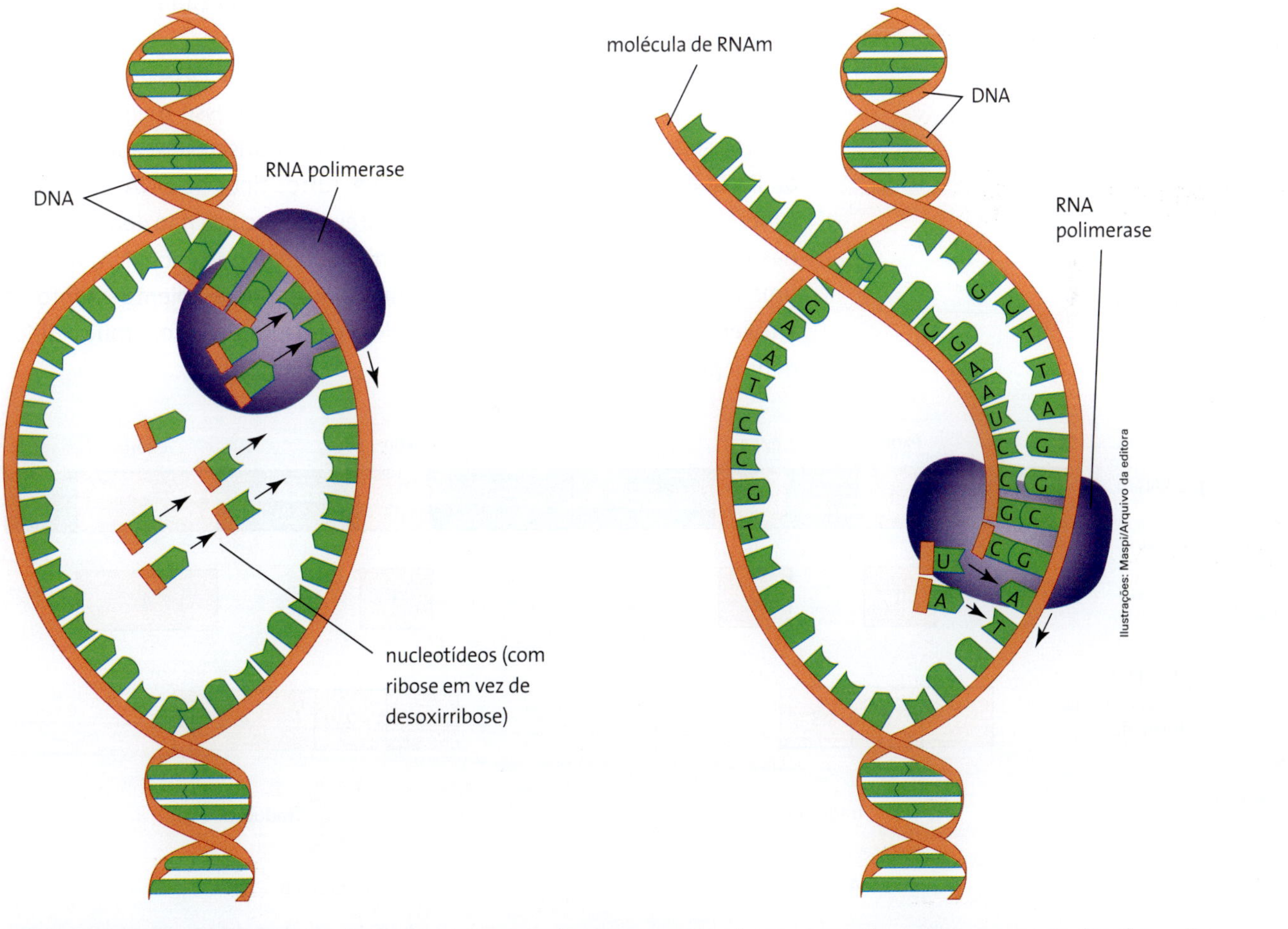

Figura 13.13 No alto, modelo molecular de RNA polimerase (bege) transcrevendo um segmento de RNA mensageiro (rosa) a partir de uma sequência de DNA (vermelho e azul). Acima, esquema simplificado de síntese de RNA mensageiro (os elementos das ilustrações não estão na mesma escala; cores fantasia).

Processamento do RNA

Nos eucariontes, o RNAm transcrito de um segmento de DNA ainda não está na sua forma definitiva e precisa sofrer várias modificações – chamadas de **processamento do RNA** – até se tornar funcional. Esse pré-RNA possui, por exemplo, trechos não funcionais, chamados **íntrons** (do inglês, ***intr**agenic regi**on***), formados por uma sequência de bases que não codificam proteínas.

No processo denominado *splicing* (do inglês, emenda), os íntrons são "cortados" e retirados antes de o RNA passar para o citoplasma, originando um RNAm funcional. Os trechos funcionais são chamados **éxons** (do inglês, ***ex**pressed regi**on***).

Observe na figura 13.14 que o corte dos íntrons e a união dos éxons podem ocorrer, em certos casos, de maneiras diferentes – um processo chamado **processamento alternativo do RNA** ou ***splicing* alternativo**. Desse modo, um gene pode produzir diferentes tipos de RNAm e, consequentemente, mais de uma proteína diferente. Isso explica por que, com apenas cerca de 20 500 genes (uma estimativa aproximada que pode se modificar a partir de novos estudos), nosso organismo pode produzir mais de 90 mil proteínas diferentes.

Ainda se discute o papel dos íntrons e de outros trechos de DNA que não codificam proteínas (DNA não codificante) na célula. Alguns parecem ter o papel de controlar a atividade dos genes.

A ideia de que os genes correspondem a trechos de DNA que codificam polipeptídeos é uma visão simplificada de um processo mais complexo. Muitos segmentos de DNA são íntrons; outros transcrevem apenas RNAr ou RNAt em vez de proteínas. E ainda há outros tipos de DNA não codificantes. Além disso, a síntese de uma proteína específica não depende apenas da sequência de bases de determinado segmento do DNA, mas de uma interação entre vários genes com moléculas do ambiente – tanto do ambiente externo quanto do interno do organismo. Por isso, é muito difícil definir gene, isto é, dizer com precisão o que é um gene.

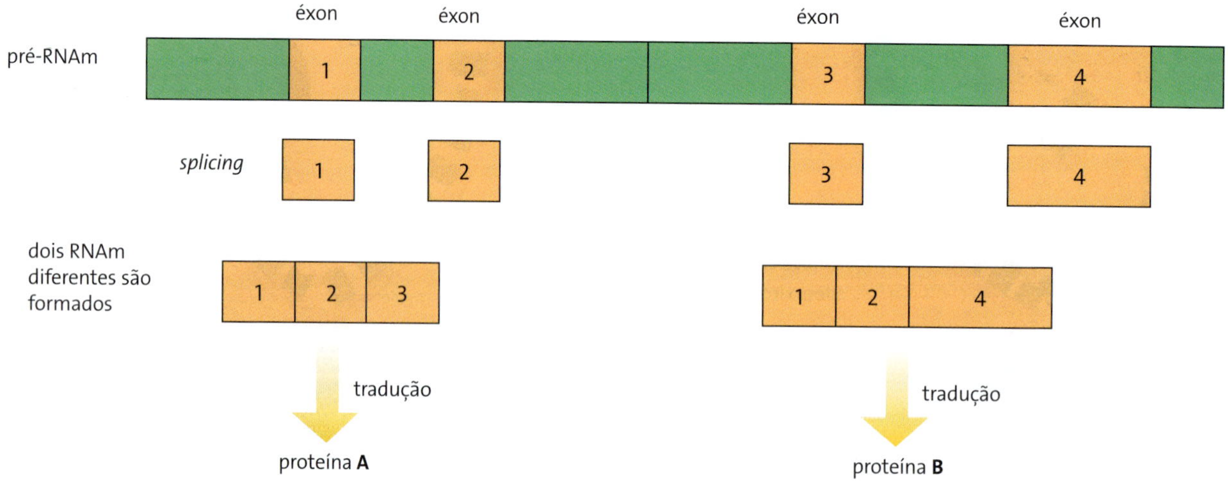

Figura 13.14 No núcleo da célula, os segmentos não codificadores (íntrons) do pré-RNAm são removidos, e os segmentos codificadores (éxons), reunidos. O RNAm formado migra para o citoplasma, onde orientará a síntese de proteínas.
Em certos casos, podem ser formadas diferentes moléculas de RNA por esse processo. (Esquema simplificado; cores fantasia.)

Do RNA à proteína

Na tradução, a informação contida na sequência de bases no RNA mensageiro passa para uma sequência de aminoácidos. Cada grupo de três bases consecutivas no RNAm recebe o nome de **códon** (*khodon* = código) e corresponde a um aminoácido (figura 13.15). Essa correspondência entre códons e aminoácidos é o que chamamos de **código genético**. Desse modo, o código genético contido no DNA termina sendo expresso na forma de polipeptídios ou proteínas que afetam determinada característica.

Observe que os códons UAG, UAA e UGA não especificam nenhum aminoácido; eles indicam o fim de uma cadeia. Note também que o códon AUG serve tanto para codificar o aminoácido metionina como para determinar o início da síntese de um novo polipeptídio.

Analisando a tabela de códons, pode-se perceber que o código genético é "degenerado", "redundante", ou seja, há mais de um códon com o mesmo "significado". A alanina, por exemplo, pode ser escolhida por qualquer um dos seguintes códons: GCU, GCC, GCA e GCG. Assim, há 61 códons que especificam vinte aminoácidos e três que especificam o fim de uma cadeia polipeptídica. Mas, apesar de ser redundante, não é ambíguo, isto é, o mesmo códon não serve para dois aminoácidos diferentes.

O código genético é o mesmo para praticamente todos os seres vivos – é quase universal –, o que indica uma origem evolutiva comum. Há pouquíssimas exceções, encontradas no código da mitocôndria e em algumas poucas espécies de bactérias e protistas. Mesmo assim, são diferenças em poucos códons.

Primeira base	Segunda base				Terceira base
	U	C	A	G	
U	fenilalanina	serina	tirosina	cisteína	U
	fenilalanina	serina	tirosina	cisteína	C
	leucina	serina	fim	fim	A
	leucina	serina	fim	triptofano	G
C	leucina	prolina	histidina	arginina	U
	leucina	prolina	histidina	arginina	C
	leucina	prolina	glutamina	arginina	A
	leucina	prolina	glutamina	arginina	G
A	isoleucina	treonina	asparagina	serina	U
	isoleucina	treonina	asparagina	serina	C
	isoleucina	treonina	lisina	arginina	A
	metionina	treonina	lisina	arginina	G
G	valina	alanina	ácido aspártico	glicina	U
	valina	alanina	ácido aspártico	glicina	C
	valina	alanina	ácido glutâmico	glicina	A
	valina	alanina	ácido glutâmico	glicina	G

Figura 13.15 O código genético: os trios de bases do RNAm (códons), responsáveis pelos aminoácidos das proteínas. Cada combinação de três bases codifica um aminoácido. Por exemplo: U (primeira base), C (segunda base) e U (terceira base) compõem o aminoácido serina; UAC = tirosina; AAC = asparagina; etc.

Os códons só realizam o trabalho de identificação dos aminoácidos com o auxílio do RNAt, que é capaz de se ligar a unidades de aminoácidos dissolvidos no citoplasma e transportá-las até o RNAm. O RNAt é formado por um filamento com cerca de 73 a 94 nucleotídeos e está dobrado no espaço. Ele apresenta algumas regiões com bases emparelhadas e outras com bases livres, onde se formam curvas (figura 13.16). Em uma das extremidades do RNAt aparecem as bases CCA. Em uma das curvas do filamento há um trio de bases que varia de um transportador para outro; esse trio é chamado **anticódon**, e por meio dele o RNAt se encaixa nos códons do RNAm.

A ligação entre o transportador e o aminoácido é específica e mediada por uma enzima com formato específico que garante tal exclusividade. Se o RNAt tem o anticódon CGA, ele vai se ligar exclusivamente ao aminoácido alanina.

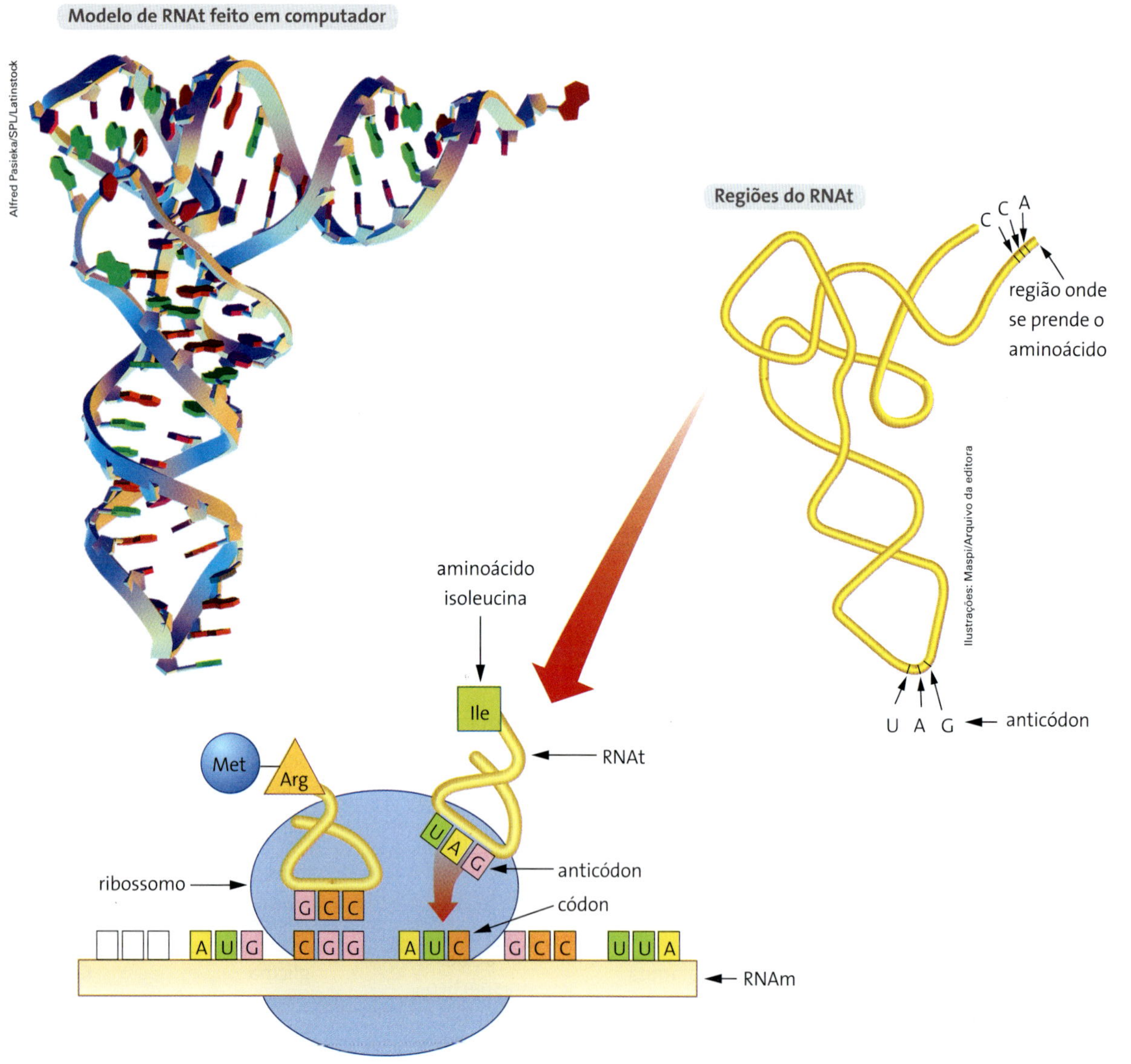

Figura 13.16 Cada RNAt se encaixa, pelo anticódon, em um ponto determinado do RNAm, levando um aminoácido específico. Desse modo, os aminoácidos são colocados na sequência correta da proteína. (O RNAt tem, em média, de 73 a 94 nucleotídeos e o ribossomo tem cerca de 25 nm de diâmetro; os elementos da ilustração não estão na mesma escala; cores fantasia.)

A tradução da sequência de bases de RNAm para a proteína é feita nos ribossomos. Os RNAt com os respectivos aminoácidos se encaixam nos códons correspondentes do RNAm (figura 13.17). À medida que um grupo de ribossomos (polirribossomo ou polissomo) desliza pelo RNAm, os aminoácidos se unem e formam uma molécula de proteína ou uma cadeia polipeptídica. Enquanto isso, os transportadores se soltam e ficam livres para o transporte de outros aminoácidos.

A síntese termina quando entra em posição no ribossomo um dos três códons (UAA, UAG ou UGA), que, em vez de se ligar a um anticódon, se encaixa em uma proteína especial que libera o filamento polipeptídico (figura 13.17).

A tradução envolve mecanismos para ativar aminoácidos, indicar os pontos de começo e fim da síntese, remover a metionina (que indica o início da síntese), caso ela não venha a constituir a proteína a ser formada. Parte desses mecanismos é controlada por enzimas e outra, pelo RNAr, que funciona também como uma enzima. Moléculas de RNA com atividade enzimática são chamadas **ribozimas**.

1. A síntese começa na região do RNAm com o códon AUG, aonde chegam o ribossomo e os RNAt.

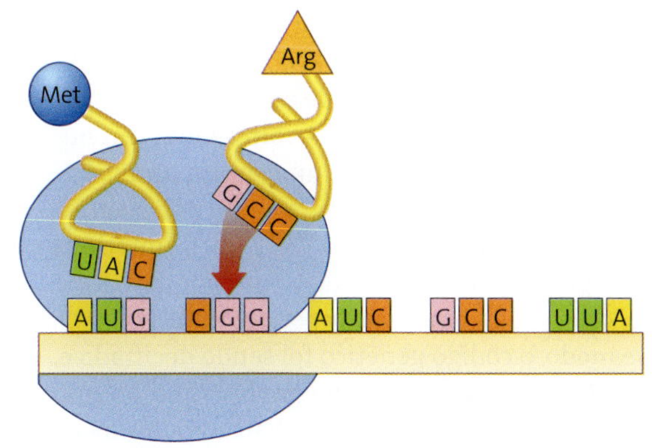

2. A metionina une-se à arginina por uma ligação peptídica e se solta do RNAt onde estava presa.

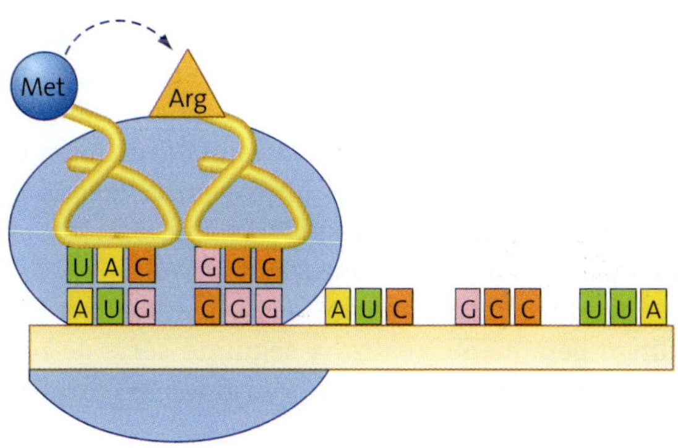

Ilustrações: Maspi/Arquivo da editora

3. O RNAt livre sai do ribossomo, que desliza pelo RNAm, colocando o terceiro códon na posição de receber o RNAt.

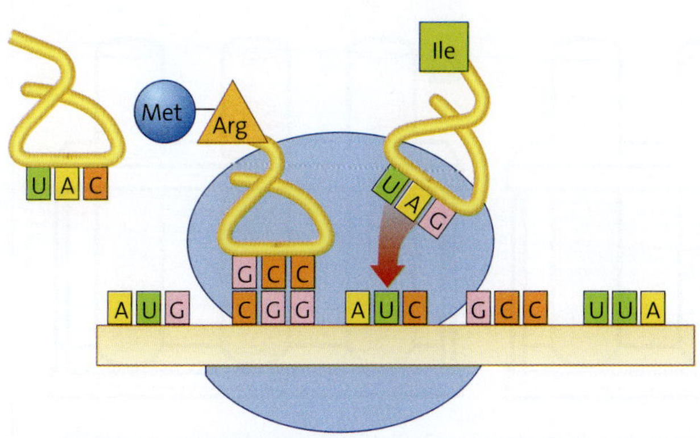

4. As subunidades do ribossomo se separam, soltando um polipeptídeo e o RNAm.

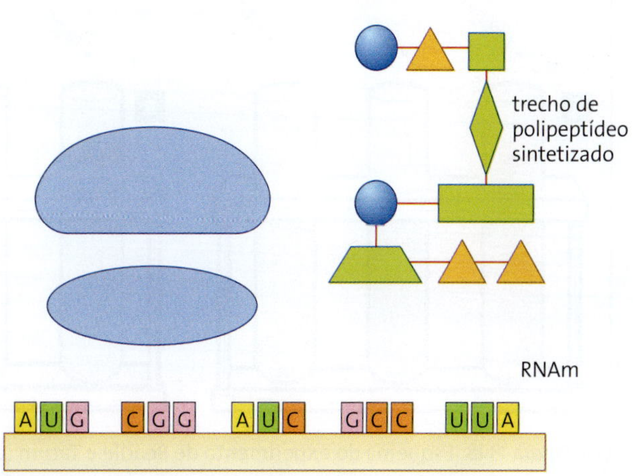

Figura 13.17 Esquema simplificado da tradução do RNAm (cores fantasia).

Biologia tem História

Desvendando o código genético

Em 1941, dois cientistas da Universidade de Stanford, George Beadle (1903-1989) e Edward Tatum (1909-1975), provocaram mutações expondo esporos de um fungo do pão (gênero *Neurospora*) a raios X. Geralmente, esse fungo é capaz de crescer em um meio de cultura com água, açúcar, sais minerais e uma vitamina. No entanto, alguns dos fungos expostos aos raios X não conseguiam mais crescer nesse meio mínimo de cultura. A possível explicação era que eles haviam sofrido uma mutação que os tornava incapazes de produzir uma enzima necessária à síntese de alguma substância orgânica importante para seu crescimento.

Para determinar qual seria essa substância, Beadle e Tatum colocaram esporos de fungos mutantes em vários tubos com meios de cultura diferentes e adicionaram uma substância a cada tubo. No primeiro adicionaram alanina; no segundo, arginina; no terceiro, uma vitamina; e assim por diante.

Os cientistas descobriram um tipo de fungo que só crescia se houvesse no meio arginina (fungo da linhagem **A**); esse fungo, portanto, era incapaz de sintetizar esse aminoácido. Outros só cresciam em meios com arginina ou com citrulina (linhagem **B**). Um terceiro tipo de fungo (linhagem **C**) crescia se houvesse qualquer um destes três aminoácidos: arginina, citrulina ou ornitina (figura 13.18).

Beadle e Tatum sabiam que o metabolismo do fungo geralmente realiza a seguinte série de reações: substância precursora → ornitina → citrulina → arginina.

A explicação era que o fungo da linhagem **A** sofreu mutação no gene responsável pela síntese da enzima que catalisa a última reação dessa série. Por isso, não adiantava acrescentar ornitina ou citrulina ao meio.

Na linhagem **B**, a mutação ocorreu no gene que produz a enzima que transforma ornitina em citrulina. Por isso, tanto a citrulina como a arginina faziam o fungo crescer, pois a enzima para a última etapa estava sendo produzida.

Na linhagem **C**, o gene mutante deve ter sido o que transforma a substância precursora em ornitina. Por isso, a adição de qualquer um dos aminoácidos fazia o fungo crescer.

Esse trabalho evidenciava que os genes controlam a síntese de enzimas, regulando, assim, diversas funções no organismo. Por ele, Beadle e Tatum receberam o prêmio Nobel de Fisiologia ou Medicina em 1958.

Na década de 1960, os cientistas Marshall Nirenberg (1927-2010) e Johann Matthaei (1929-) adicionaram a uma mistura de aminoácidos, ribossomos e enzimas um RNA artificial, formado apenas pela base uracila, chamado poli-U, e obtiveram um polipeptídio com apenas um tipo de aminoácido. Depois, Nirenberg mostrou que um RNA com apenas três nucleotídeos era suficiente para marcar um aminoácido em um polipeptídio.

O químico Gobind Khorana (1922-2011) sintetizou um polipeptídio usando o RNA formado por uma longa cadeia das bases AC repetidas (um poli-AC). Desse modo, o código genético foi sendo decifrado e, em 1968, Nirenberg e Khorana ganharam o prêmio Nobel (nesse mesmo ano, James Watson publicava o livro *A dupla hélice*, relatando a história da descoberta da estrutura do DNA).

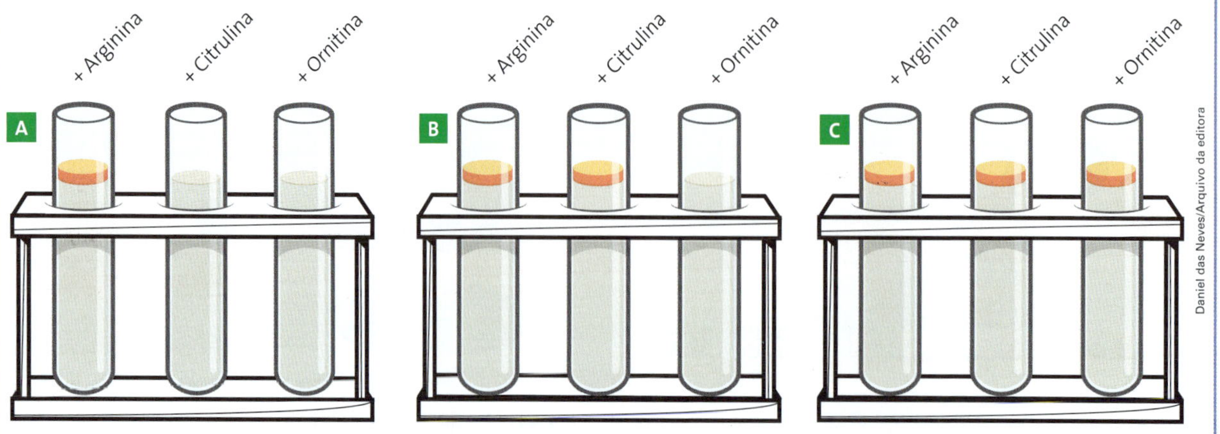

Figura 13.18 Esquema do experimento de Beadle e Tatum (os elementos da ilustração não estão em escala; cores fantasia).

4 Ligando e desligando genes

O processo pelo qual o gene exerce um efeito sobre a célula ou o organismo é chamado expressão gênica, e o processo de ligar e desligar genes é conhecido como regulação da expressão gênica.

Um exemplo bem estudado de regulação é a produção pela bactéria *Escherichia coli* de uma enzima capaz de digerir a lactose. Essa enzima só é produzida quando há lactose disponível no ambiente. Quando não há, uma proteína, chamada **repressor**, bloqueia um gene, chamado **operador**, e impede a enzima RNA polimerase de efetuar a transcrição dos genes que produzem a enzima para o aproveitamento da lactose (genes estruturais). O repressor é produzido por outro gene, o gene regulador. Quando há lactose, essa molécula se liga ao repressor, tornando-o inativo. O gene operador fica livre e permite que outro gene, o promotor, ligue-se à enzima RNA polimerase, que efetua a transcrição dos genes estruturais.

Nos eucariontes a regulação gênica é mais complexa que nos procariontes. Ela pode ocorrer, por exemplo, durante a transcrição do DNA em RNAm, no processamento desse RNA ou na seleção de quais RNAm serão traduzidos.

Biologia e tecnologia

Os antibióticos e a síntese de proteínas de bactérias

Vários antibióticos, como a tetraciclina, a estreptomicina, o cloranfenicol e a eritromicina, inibem a síntese de proteínas de bactérias. A tetraciclina, por exemplo, impede a ligação do RNAt aos ribossomos. Nos eucariontes, esses antibióticos não se ligam às proteínas dos ribossomos, que são diferentes dos ribossomos dos procariontes; por isso, podemos usá-los no combate às infecções. Veja no esquema abaixo (figura 13.19) a ação de alguns antibióticos sobre o metabolismo das bactérias.

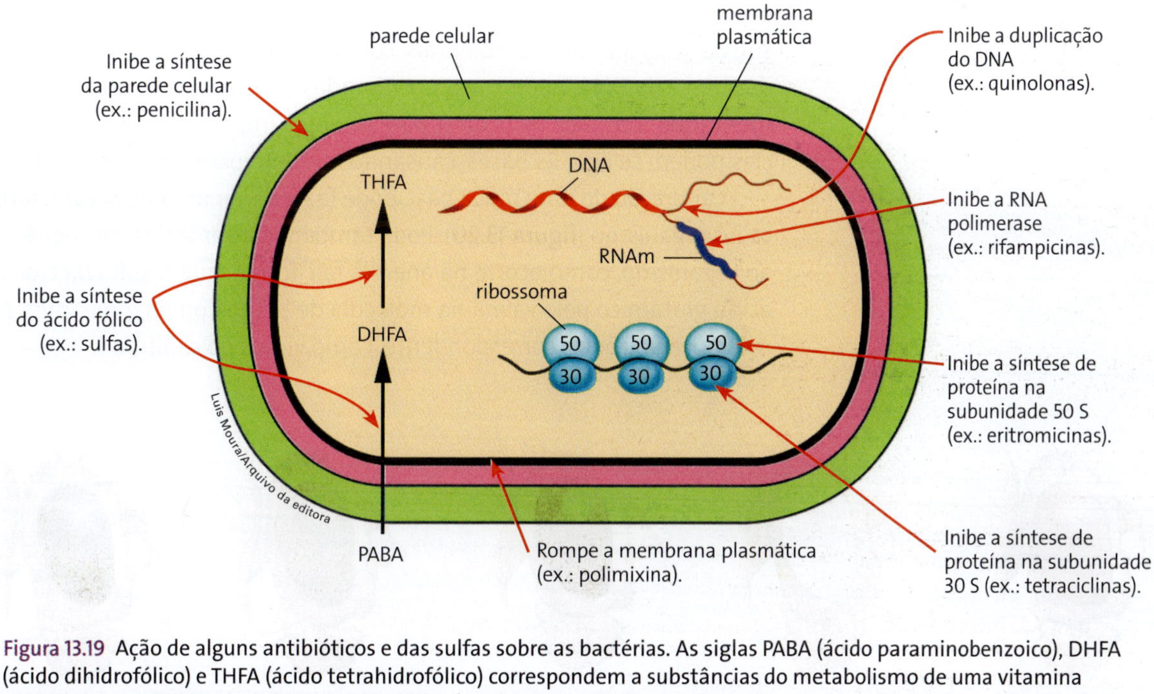

Figura 13.19 Ação de alguns antibióticos e das sulfas sobre as bactérias. As siglas PABA (ácido paraminobenzoico), DHFA (ácido dihidrofólico) e THFA (ácido tetrahidrofólico) correspondem a substâncias do metabolismo de uma vitamina essencial para algumas bactérias, o ácido fólico (os elementos da figura não estão na mesma escala; cores fantasia).

Mutações

5 Mutações

Ao longo da vida, o DNA é exposto a diversos fatores externos, que podem danificar sua molécula e modificar a mensagem genética inicial. Mas, como vimos, há mecanismos ou sistemas de reparo. Durante a duplicação, cada nucleotídeo novo que entra na cadeia é conferido pela DNA polimerase. Um encaixe errado de bases pode ser corrigido de imediato.

Durante a duplicação, a DNA polimerase examina a molécula e pode detectar emparelhamentos errados, como A-C em vez de A-T. O nucleotídeo errado é retirado e a DNA polimerase acrescenta o nucleotídeo correto.

A falha nesse mecanismo de verificação de erros modifica o código genético inicial. O gene modificado poderá alterar alguma função da célula e provocar até mesmo uma doença. No xeroderma pigmentoso, doença genética rara (menos de mil casos no mundo), a pessoa acometida não tem o mecanismo para corrigir danos no DNA da pele, provocados pela radiação ultravioleta. Se ficar exposta ao sol, essa pessoa desenvolve câncer de pele; por isso, ela precisa se proteger ao máximo com filtro solar e visitar com frequência o dermatologista, para ver se não está desenvolvendo um tumor de pele.

A mutação se caracteriza quando uma alteração na sequência de bases nitrogenadas de um segmento do DNA não é corrigida. A chance de ocorrerem mutações aumenta quando a célula é exposta aos chamados **fatores mutagênicos**, entre os quais estão as radiações produzidas por materiais radioativos na superfície terrestre, os raios cósmicos vindos do Sol e das estrelas, os raios X, os raios ultravioleta do Sol e diversas substâncias químicas, como as encontradas na fumaça do cigarro ou mesmo em algumas plantas e fungos.

Esses fatores podem quebrar a molécula de DNA, acrescentando ou retirando nucleotídeos, ou alterar o pareamento normal das bases. Certas substâncias químicas ambientais, com estrutura molecular semelhante à das bases do DNA, podem ser incorporadas a ele durante a duplicação, aumentando a chance de ocorrer pareamentos impróprios. Outras substâncias podem se ligar às bases, causando também pareamentos errados.

A alteração de uma única base pode fazer surgir uma nova característica no organismo (figura 13.20). Pode também causar sérias consequências ao organismo, como ocorre na anemia falciforme, que resulta da troca do ácido glutâmico pela valina na molécula de hemoglobina, provocada pela mudança do códon correspondente, como vimos no capítulo 5.

Ingeborg Asbach/Arquivo da editora

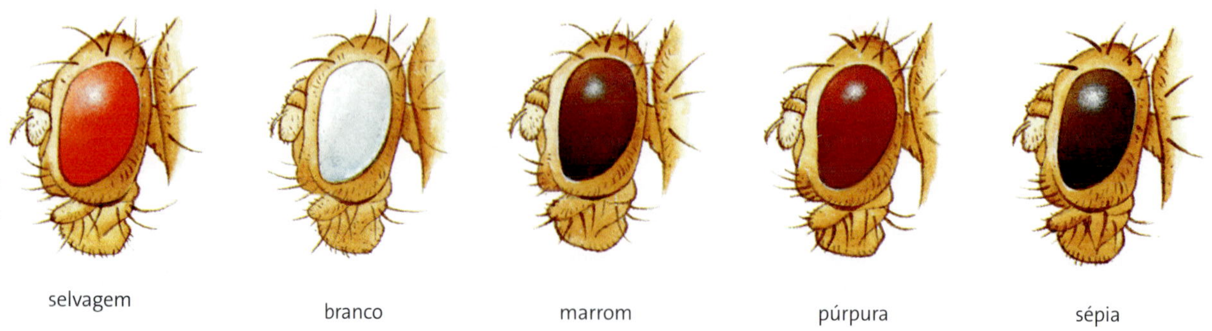

Quando a mutação corresponde à troca de uma única base, pode ocorrer a formação de um novo códon responsável pelo mesmo aminoácido. Por exemplo, o ácido glutâmico pode ser codificado tanto por GAA como por GAG. Se a mutação trocar a terceira base original A por uma nova base G, não haverá modificação nos aminoácidos da proteína. Essas mutações "silenciosas" não afetam o organismo e, por isso, muitos cientistas acham que o código degenerado (mais de um códon para o mesmo aminoácido) teria a vantagem de proteger o organismo contra um excesso de defeitos provocados por mutações.

Entretanto, quando a mutação apenas adiciona ou retira uma base da sequência, o efeito é muito mais grave, porque as bases estão arrumadas continuamente, sem interrupções, e, se for acrescentada ou retirada uma delas, a sequência de códons ficará completamente alterada a partir desse ponto. A proteína será, então, totalmente diferente e incapaz de realizar a sua função. A retirada ou a entrada de um códon inteiro (três nucleotídeos) é menos grave, pois altera apenas um aminoácido na sequência.

Observe como a adição de uma base modifica bastante a proteína final:

- trecho do DNA original: TACGCATGGAATACC
- trecho do RNAm: AUGCGUACCUUAUGG
- trecho da proteína: Met-Arg-Thr-Leu-Try
- DNA com um nucleotídeo a mais: TA**T**CGCATGGAATACC
- trecho do novo RNAm: AUAGCGUACCUUAUG
- trecho da nova proteína: Iso-Ala-Tyr-Leu-Met

Enquanto algumas mutações afetam genes individualmente (mutações gênicas), outras alteram toda uma região do cromossomo – ou até um cromossomo inteiro –, afetando muitos genes ao mesmo tempo (mutações cromossomiais, que estudaremos no capítulo 15).

A maioria das mutações é neutra e origina proteínas que não alteram o funcionamento do organismo; muitas são prejudiciais, pois alteram ao acaso um sistema vivo altamente organizado, que se formou após milhões de anos de evolução. Algumas podem torná-lo mais adaptado ao ambiente em que vive. Essas últimas podem, por seleção natural, aumentar de número ao longo das gerações, provocando a evolução das espécies, como estudaremos melhor no volume 3 desta coleção.

Drosófila (vista ao microscópio eletrônico; 3 mm a 5 mm de comprimento; imagem colorizada por computador).

Visuals Unlimited/Corbis/Latinstock

Figura 13.20 Algumas cores de olhos encontradas em drosófilas.

Atividades

1. A molécula de DNA é frequentemente comparada a uma escada. Que moléculas químicas fazem parte dos "degraus" e das laterais (onde se prendem os "degraus") dessa "escada"?

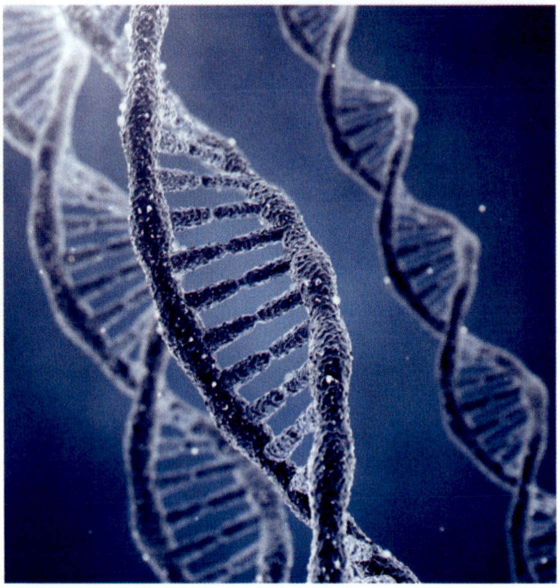

Representação artística de molécula de DNA.

2. No esquema abaixo, as letras **A** e **B** indicam duas etapas do metabolismo dos ácidos nucleicos, e os números indicam substâncias e estruturas que participam dessa etapa.

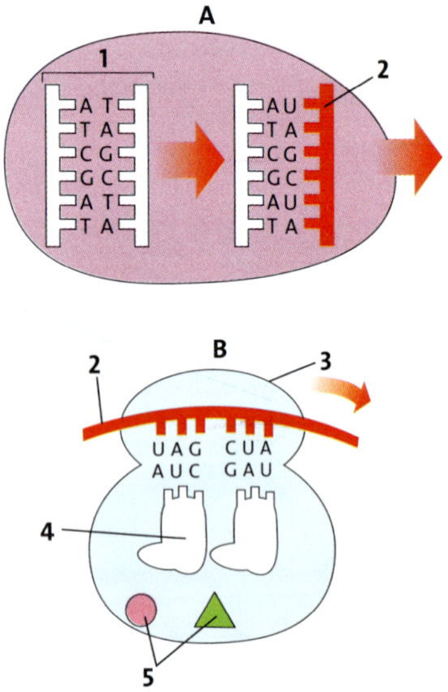

Os elementos da figura não estão na mesma escala. Cores fantasia.

a) O que está ocorrendo nas etapas **A** e **B**? Em que parte da célula elas ocorrem?

b) Que estruturas estão indicadas pelos números?

3. As proteínas são responsáveis por muitas características dos seres vivos. Explique por que, por mais carne bovina que uma pessoa coma, ela não vai adquirir características do boi por causa disso.

4. O que, essencialmente, torna uma molécula de DNA diferente de outra?

5. Por que a sequência de bases de uma fita determina, obrigatoriamente, a sequência da outra?

6. Se uma fita de DNA tem a sequência AATCCGGAT, qual a sequência na fita complementar?

7. Leia na página 224 o texto referente ao experimento de Meselson e Stahl. Após três gerações, qual a porcentagem esperada de moléculas de DNA com o isótopo ^{15}N?

8. Imagine um RNA mensageiro formado por apenas seis nucleotídeos unidos entre si. Responda:

a) Quantas moléculas diferentes desse ácido nucleico podem existir?

b) Que fórmula matemática você usou para calcular esse número?

9. Transcreva a mensagem TAGGTACCT do código do DNA para o código do RNA. Com auxílio da tabela de códons (página 229), indique que aminoácidos serão encadeados por esse trecho de DNA.

10. Com base na tabela de códons da página 229, descubra como são os polipeptídeos sintetizados por um poli-U e um poli-AC.

11. A ocitocina é um hormônio formado por nove aminoácidos unidos na seguinte sequência: cisteína – tirosina – isoleucina – glutamina – asparagina – cisteína – prolina – leucina – glicina. Consultando a tabela de códons da página 229, monte uma sequência possível de bases da cadeia do DNA responsável pela síntese desse hormônio. Responda também: pode ser montada mais de uma sequência? Por quê?

12. Um pesquisador fez com que uma população de amebas – organismo heterotrófico, eucariota e unicelular – crescesse em um meio de cultura contendo uracila radioativa. Em que organelas do citoplasma das amebas ele deve ter encontrado uracila marcada?

13. Um professor perguntou a um estudante: "Como se explica o fato de uma célula adiposa de uma pessoa ser tão diferente de uma célula nervosa da mesma pessoa?". O estudante rapidamente respondeu que isso se deve ao fato de, em cada tipo de célula, existir uma coleção diferente de genes. Você concorda com essa resposta? Por quê?

Pensando no Enem

A identificação da estrutura do DNA foi fundamental para compreender seu papel na continuidade da vida. Na década de 1950, um estudo pioneiro determinou a proporção das bases nitrogenadas que compõem moléculas de DNA de várias espécies.

Exemplos de materiais analisados	Bases nitrogenadas			
	Adenina	Guanina	Citosina	Timina
Espermatozoide humano	30,7%	19,3%	18,8%	31,2%
Fígado humano	30,4%	19,5%	19,9%	30,2%
Medula óssea de rato	28,6%	21,4%	21,5%	28,5%
Espermatozoide de ouriço-do-mar	32,8%	17,7%	18,4%	32,1%
Plântulas de trigo	27,9%	21,8%	22,7%	27,6%
Bactéria *E. coli*	26,1%	24,8%	23,9%	25,1%

A comparação das proporções permitiu concluir que ocorre emparelhamento entre as bases nitrogenadas e que elas formam:

a) pares de mesmo tipo em todas as espécies, evidenciando a universalidade da estrutura do DNA.

b) pares diferentes de acordo com a espécie considerada, o que garante a diversidade da vida.

c) pares diferentes em diferentes células de uma espécie, como resultado da diferenciação celular.

d) pares específicos apenas nos gametas, pois essas células são responsáveis pela perpetuação das espécies.

e) pares específicos somente nas bactérias, pois esses organismos são formados por uma única célula.

Resolução

Nesta questão são tratados conteúdos relacionados às Ciências da Natureza, como moléculas, células e tecidos, além de interpretação de texto, análise de dados em uma tabela e conhecimento de porcentagem e proporção.

É importante ler com atenção o texto que precede a tabela, obter a maior quantidade de informação fornecida e também se atentar à pergunta.

Neste caso, a partir do texto a única informação importante é a explicação da tabela.

Interpretação da tabela

Na tabela estão demonstrados os valores proporcionais das bases nitrogenadas no DNA de várias espécies.

Analisando a tabela, percebemos que a proporção da mesma base em diferentes organismos varia bastante, porém dentro do mesmo organismo a quantidade de adenina é sempre semelhante à de timina; e a de guanina e citosina também.

O problema

A questão expõe informações sobre a proporção de bases nitrogenadas no DNA de diferentes animais e pede que, analisando a tabela, seja escolhida a alternativa correta.

Observando a tabela, percebemos que em todos os organismos o DNA é composto das mesmas bases nitrogenadas.

Observamos também que, apesar de em alguns indivíduos as proporções não serem claramente separáveis, a proporção de adenina e timina possui sempre valores mais próximos do que as outras duas.

Isso também ocorre quando se observa guanina e citosina comparando com adenina e timina.

Portanto, pode-se afirmar que o pareamento ocorre sempre entre as bases adenina e timina; e entre guanina e citosina.

Apesar de os pareamentos serem sempre com as mesmas bases, em alguns casos há pareamento errado ou formação de alças não pareáveis, e é por isso que a proporção das bases pareáveis não é exatamente igual.

A estrutura do DNA é universal a todos os organismos.

Apesar disso, o tamanho da mólecula (de DNA), a ordem de bases nitrogenadas e os códons formados por essa ordem são variáveis entre organismos distintos.

Já a diferenciação celular no mesmo organismo se dá pela expressão ou silenciamento de determinadas regiões do DNA. É por essa razão que diferentes substâncias são produzidas por células em diferentes lugares e com diferentes funções no mesmo organismo.

Resposta: **A**.

Vestibulares de Norte a Sul

1. SE (PUC-RJ) Com o advento da Biologia Molecular, o ser humano conseguiu realizar inúmeras façanhas como identificar pessoas que estiveram em determinados locais, realizar testes de paternidade e determinar a relação filogenética entre diferentes seres vivos, através do sequenciamento e homologia dos ácidos desoxirribonucleicos de cada indivíduo. Esse ácido tem como característica ser uma molécula polimérica de fita

   a) simples, composta por pentoses, bases nitrogenadas e fosfato.
   b) dupla, composta de pentoses, bases nitrogenadas e fosfato.
   c) dupla, composta por hexoses, aminoácidos e nitrogênio.
   d) dupla, composta por nucleotídeos ligados por pontes de enxofre.
   e) simples, composta por nucleotídeos ligados por pontes de hidrogênio.

2. SE (PUC-RJ) Como consequência de uma mutação hipotética em uma molécula de RNA mensageiro, podemos esperar que ocorram diversas mudanças, à exceção de alterações:

   a) na transcrição reversa desse RNA para DNA.
   b) na autoduplicação do DNA que o originou.
   c) na tradução dessa molécula de RNA.
   d) moleculares em proteínas estruturais originadas desse RNA.
   e) funcionais em proteínas enzimáticas originadas desse RNA.

3. SE (Fuvest-SP) Há uma impressionante continuidade entre os seres vivos (...). Talvez o exemplo mais marcante seja o da conservação do código genético (...) em praticamente todos os seres vivos. Um código genético de tal maneira "universal" é evidência de que todos os seres vivos são aparentados e herdaram os mecanismos de leitura do RNA de um ancestral comum.

   Morgante & Meyer, Darwin e a Biologia. *O biólogo* 10:12-20, 2009.

   O termo "código genético" refere-se

   a) ao conjunto de trincas de bases nitrogenadas, cada trinca correspondendo a um determinado aminoácido.
   b) ao conjunto de todos os genes dos cromossomos de uma célula, capazes de sintetizar diferentes proteínas.
   c) ao conjunto de proteínas sintetizadas a partir de uma sequência específica de RNA.
   d) a todo o genoma de um organismo, formado pelo DNA de suas células somáticas e reprodutivas.
   e) à síntese de RNA a partir de uma das cadeias do DNA, que serve de modelo.

4. SE (Ufla-MG) Na tabela a seguir são apresentadas as quantidades de bases nitrogenadas de quatro espécies.

Espécie	A	C	G	T	U
1	20	30	30	20	–
2	10	40	30	–	20
3	15	35	35	15	–
4	30	20	20	–	30

   Considerando essas informações, o tipo de ácido nucleico de cada espécie é, respectivamente:

   a) DNA, RNA, DNA, DNA
   b) DNA, RNA, DNA, RNA
   c) RNA, RNA, DNA, DNA
   d) DNA, RNA, RNA, DNA

5. N (UFT-TO) As atividades celulares são orientadas pelas informações contidas no DNA, que são decodificadas em proteínas através dos mecanismos de transcrição e tradução. O que faz uma baleia parecer uma baleia são suas proteínas. Assim, as proteínas determinam as funções vitais da baleia, como de todos os seres vivos. Para ditar o desenvolvimento de um organismo, a informação do DNA deve, de algum modo, ser convertida em proteínas. Esta conversão ocorre porque o DNA contém um código genético para os aminoácidos que compõem as proteínas. Neste código, cada aminoácido é representado por uma sequência de pares de bases, e esta sequência é refletida na sequência de aminoácidos reunidos em uma cadeia proteica. Assim, traduzir o código genético significa passar o código de sequência de bases para uma sequência de aminoácidos. Deste modo, o DNA é decodificado na forma de uma proteína estrutural ou enzimática que, por sua vez, é responsável por uma característica do organismo.

   Podemos afirmar que:

   I. Esta decodificação se faz através da leitura de sequências de três nucleotídeos, chamados códons, que especificam aminoácidos.
   II. Os códons diferem entre diferentes táxons de seres vivos; há códons que não codificam aminoácidos.
   III. A decodificação ocorre no citoplasma celular, em estruturas chamadas ribossomos, a partir de uma fita simples de DNA que deixa momentaneamente o núcleo somente para tal função.
   IV. Cada códon traduz apenas um aminoácido.
   V. Alguns aminoácidos são codificados por mais de um códon. A isto chamamos degeneração do código, o que possivelmente traz maior estabilidade contra mutações no DNA.

   Indique a alternativa em que todas as afirmativas são falsas.

   a) I e III
   b) II, III e IV
   c) II e III
   d) II, III e V

6. **SE** (Fuvest-SP) Uma mutação, responsável por uma doença sanguínea, foi identificada numa família. Abaixo estão representadas sequências de bases nitrogenadas, normal e mutante; nelas estão destacados o sítio de início da tradução e a base alterada.

Sequência normal

...AUGACGGGCGACACACAGAGCGACUGGGACUGC...

Sítio de início da tradução

Sequência mutante

...AUGACGGGCGACACACAGAGCGACUGGAACUGC...

O ácido nucleico representado e o número de aminoácidos codificados pela sequência de bases, entre o sítio de início da tradução e a mutação, estão corretamente indicados em:

a) DNA; 8.
b) DNA; 24.
c) DNA; 12.
d) RNA; 8.
e) RNA; 24.

7. **N** (Ufam) As proteínas são as mais complexas e abundantes moléculas orgânicas encontradas nas células. Isso equivale a dizer que mais da metade do peso seco de uma célula é representado por esses compostos. Mesmo seus menores constituintes, os aminoácidos, desempenham papel essencial em vários processos fisiológicos.

Sendo assim, a construção de proteínas deve envolver um elaborado mecanismo celular. Baseado nisso, analise as afirmativas seguintes:

I. A tradução é um evento que ocorre essencialmente no citosol.
II. As subunidades ribossômicas são construídas no citosol e representam a única organela capaz de ler o RNAm.
III. As tetraciclinas, antibióticos, inibem a ligação do RNAt ao sítio aceptor no ribossomo.
IV. Os aminoácidos são adicionados em trincas, chamadas códons, à cadeia polipeptídica nascente.
V. A transcrição, leitura obrigatória das duas fitas de DNA nuclear, antecede a tradução.
VI. A enzima RNA polimerase executa a leitura da fita de DNA e gera o RNAm.

Assinale a alternativa correta:

a) Somente as afirmativas IV, V e VI estão incorretas.
b) Somente as afirmativas II, IV e V estão incorretas.
c) Somente as afirmativas II, V e VI estão incorretas.
d) Somente as afirmativas I, III e VI estão incorretas.
e) Somente as afirmativas I, II e V estão incorretas.

8. **S** (UEL-PR) Em 1953, James Watson e Francis Crick elucidaram a estrutura tridimensional da dupla hélice de DNA e postularam que o pareamento específico de bases nitrogenadas sugere um possível mecanismo de cópia para o material genético.

Baseado neste postulado, o processo de duplicação do DNA é considerado como sendo semiconservativo porque:

a) A dupla hélice original permanece intacta e uma nova dupla hélice é formada.
b) Os dois filamentos da dupla hélice original se separam e cada um serve como molde para uma nova fita.
c) Ambos os filamentos da dupla hélice original se fragmentam e servem como moldes para síntese de novos fragmentos.
d) Um dos filamentos da dupla hélice original serve de cópia para as duas fitas de DNA.
e) Os filamentos da dupla hélice original permutam as suas fitas para servirem de cópias de DNA.

9. **NE** (UPE) Ao final da década de 70, um grupo de cientistas postulou a hipótese de que a origem da vida está no RNA. Um RNA diferente e capaz de se duplicar sem ajuda de enzimas. A proposta do estudo "O mundo do RNA" vem ganhando apoio, embora não tenha uma ampla aceitação. Sobre essa molécula, assinale a alternativa que descreve corretamente a sua estrutura.

a) O RNA é uma molécula grande, formada de nucleotídeos e com os mesmos constituintes fundamentais do DNA.
b) Um nucleotídeo de RNA é formado por uma molécula de ácido fosfórico, uma molécula de açúcar, que é a desoxirribose, e uma base nitrogenada.
c) As bases nitrogenadas do RNA são as mesmas do DNA: adenina, guanina, timina e citosina.
d) A molécula de RNA possui aspecto de dupla hélice, e, tal como ocorre no DNA, as duas cadeias de nucleotídeos são mantidas unidas por pontes de hidrogênio.
e) O RNA origina-se por um processo de transcrição, no qual o trecho da molécula de DNA, que contém um gene a ser transcrito, se abre pela ação da enzima DNA polimerase.

10. **SE** (Unicamp-SP) Em um experimento, um segmento de DNA que contém a região codificadora de uma proteína humana foi introduzido em um plasmídeo e passou a ser expresso em uma bactéria. Considere que o 50º códon do RNA mensageiro produzido na bactéria a partir desse segmento seja um códon de parada da tradução. Nesse caso, é correto afirmar que:

a) A proteína resultante da tradução desse RNA mensageiro possui 50 aminoácidos.
b) A proteína resultante da tradução desse RNA mensageiro possui 49 aminoácidos.
c) A proteína resultante da tradução desse RNA mensageiro possui 150 aminoácidos.
d) Nenhuma proteína é formada, pois esse RNA mensageiro apresenta um códon de parada.

11. **NE** (UEPB) Uma molécula de DNA, com sequência de bases GCATGGTCATAC, permite a formação de um RNA mensageiro com a seguinte sequência de bases:

a) CGTACCAGTAGT.
b) CGUACCAGUAUG.
c) GCUAGGACUATU.
d) CGTACCTACTCA.
e) GCATGGTCATAC.

12. **SE** (Ufop-MG) Com relação à síntese de proteínas em uma célula, é incorreto afirmar:

a) Todas as células sintetizam sempre os mesmos tipos de proteínas, nas mesmas proporções.
b) A sequência de bases nitrogenadas ao longo da molécula de RNA mensageiro determina a sequência dos aminoácidos incorporados na cadeia polipeptídica.
c) Para a formação da proteína, não basta a atividade do RNAm; é necessária a participação dos RNAt e dos ribossomos.
d) Ao longo de um DNA, há segmentos que atuam diretamente na síntese de proteínas, os éxons, e os que parecem inativos nesse processo, os íntrons.

13. **SE** (Cesgranrio-RJ) Apesar de suas amplas aplicações, o aparelho de raios X deve ser usado com cautela. Em especial, recomenda-se evitar a superexposição em crianças e adolescentes, pois pode provocar problemas para os seus descendentes. Explique por que os raios X podem ser nocivos ao ser humano e também por que se deve evitar seu uso em crianças.

14. **SE** (Uerj) Em células eucariontes mantidas em cultura adicionou-se o nucleosídeo uridina marcado radioativamente com H^3 ao meio de cultura. Após algum tempo, as células foram transferidas para um novo meio que não continha o isótopo. Amostras dessas células foram retiradas 3, 15 e 90 minutos após a transferência, sendo, então, colocadas em lâminas de vidro, fixadas e submetidas a autorradiografia. Esse processo marca a posição aproximada do isótopo dentro da célula, como representado no esquema a seguir.

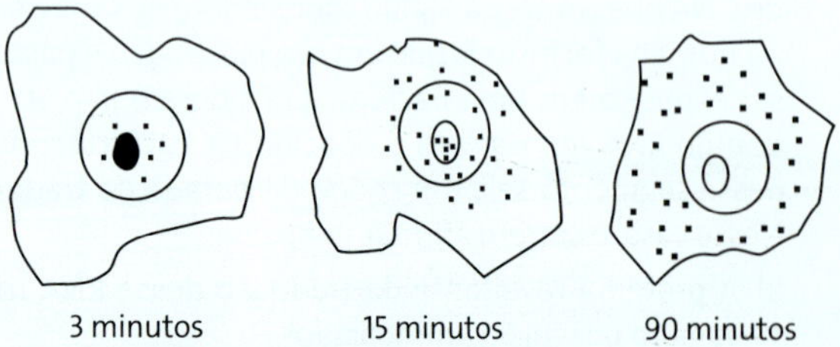

a) Cite o tipo de molécula à qual a uridina se incorporou. Justifique sua resposta.
b) Nomeie o compartimento celular que seria marcado se o nucleosídeo radioativo usado fosse a timidina e justifique sua resposta.

15. **SE** (UFRJ) A sequência de DNA de um gene dos procariotos pode ser deduzida a partir da sequência de seu RNA mensageiro (RNAm). Já no caso dos eucariotos, frequentemente essa técnica não é adequada para determinar a sequência completa dos nucleotídeos do gene.

Explique por que, no caso dos eucariotos, nem sempre é possível obter a sequência de um gene a partir do RNAm.

16. **SE** (UFJF-MG) Há xampus cujos rótulos registram a presença dos aminoácidos constituintes da seda. Muitas pessoas compram esses produtos acreditando que a disponibilidade desses aminoácidos altera a constituição proteica do cabelo, tornando-o mais saudável.

a) Supondo que os aminoácidos presentes no xampu penetrem nas células que formam o cabelo, é correto afirmar que haverá mudanças na sequência de aminoácidos das novas proteínas que forem sintetizadas? Explique.
b) Pesquisadores, estudando novos tratamentos para a calvície, observaram que algumas drogas aumentavam o tamanho do nucléolo das células do couro cabeludo. Qual é o significado disso com relação à síntese de proteínas? Explique.

17. **CO** (UFG-GO) Os esquemas I e II abaixo mostram as etapas da expressão gênica em dois organismos distintos, um procarioto e um eucarioto.

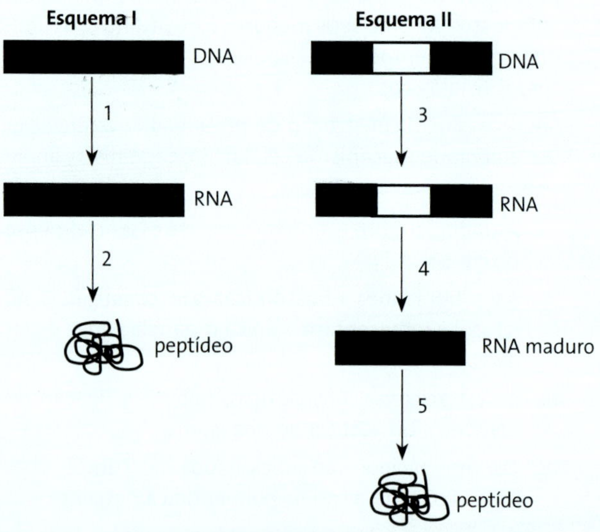

a) Indique, com justificativa, qual esquema se refere ao eucarioto. Em qual ou quais compartimentos celulares ocorrem as etapas indicadas por 1 e 2 no esquema I, e as etapas 3 e 5 do esquema II?
b) A remoção diferencial de íntrons do RNA mensageiro pode resultar na produção de diferentes peptídeos. Qual das etapas indicadas nos esquemas corresponde ao processo de remoção de íntrons? Explique por que a remoção diferencial de íntrons pode acarretar a produção de diferentes peptídeos.

CAPÍTULO

14 Divisão celular

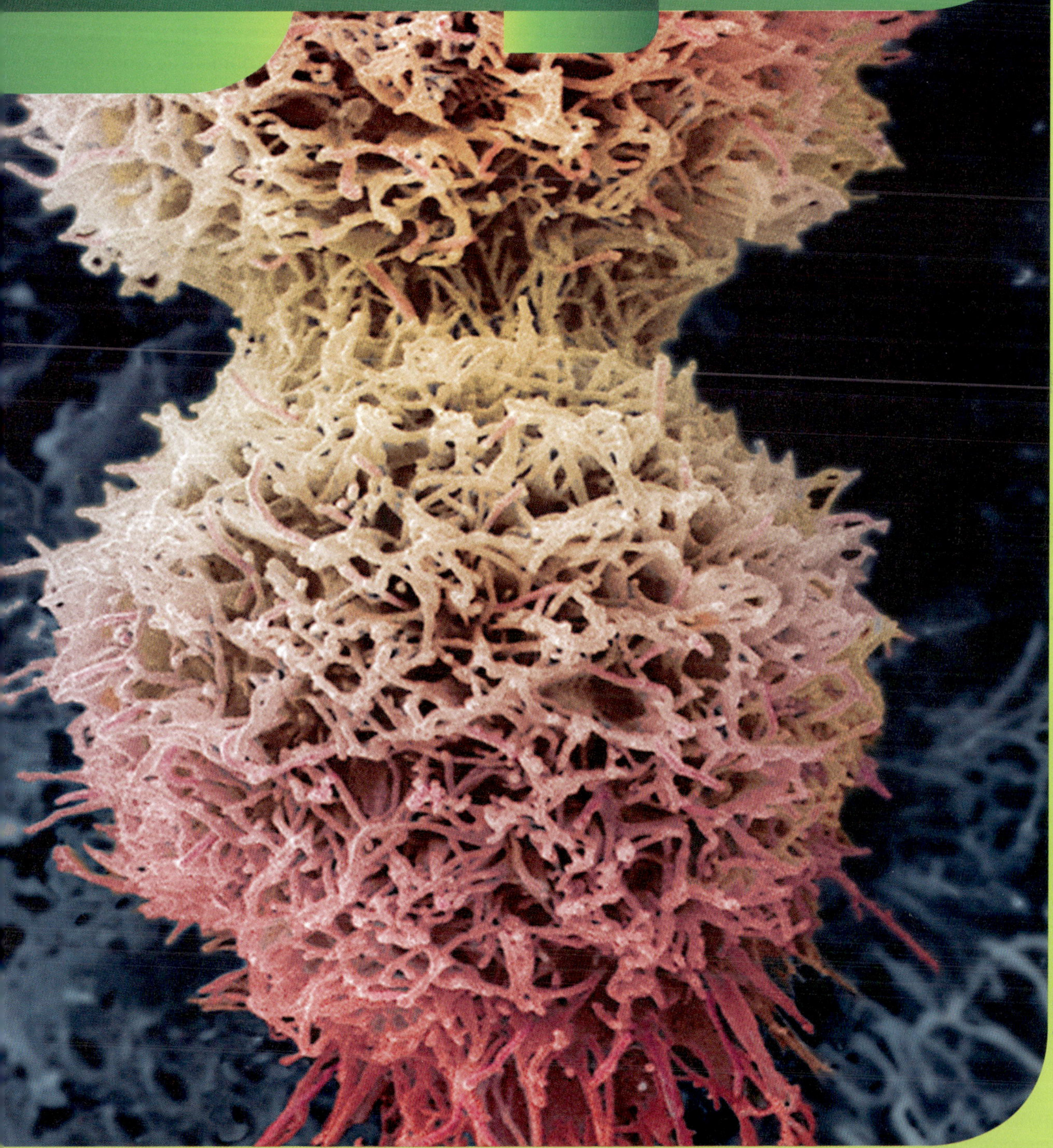

Steve Gschmeissner/SPL/Latinstock

Divisão celular de célula cancerosa em imagem de microscópio eletrônico.

- *Qual a importância das divisões celulares para um ser vivo?*
- *O que acontece com o material genético durante uma divisão celular?*
- *Quais as diferenças entre a meiose e a mitose?*
- *O que pode acontecer quando ocorrem erros na divisão celular?*

1 Os seres vivos e a divisão celular

Nos procariontes, como as bactérias, a divisão celular é relativamente simples: o DNA se duplica e o citoplasma se estrangula em duas partes, ficando cada uma com uma cópia do DNA.

As células eucariotas são mais complexas, com número bem maior de genes e de organelas. Por isso, a divisão celular não pode ser tão simples como nos procariontes. O material genético muda de aspecto durante a divisão, passando da forma de filamentos de cromatina espalhados no nucleoplasma para a forma compacta de cromossomos.

Nos organismos eucariotas e sexuados ocorrem dois tipos de divisão celular: a **mitose**, que forma células com o mesmo número de cromossomos e as mesmas informações genéticas da célula-mãe, e a **meiose**, que reduz esse número à metade (figura 14.1).

A mitose é o mecanismo mais comum de reprodução dos organismos unicelulares eucariontes. É também o processo pelo qual os seres pluricelulares são formados, seja a partir de um pedaço do corpo (reprodução assexuada), seja a partir da célula-ovo, ou zigoto (reprodução sexuada). A mitose é essencial para o crescimento, para a renovação de suas células e para a regeneração de partes do seu organismo.

A célula-ovo surge por meio da fecundação, ou seja, da união dos gametas (espermatozoide e óvulo), o que permite que os cromossomos do pai e os da mãe se juntem na célula-ovo e componham o patrimônio genético do filho. A meiose sempre dá origem a células haploides. Nos animais, a meiose dá origem aos gametas; nos vegetais, a meiose produz esporos.

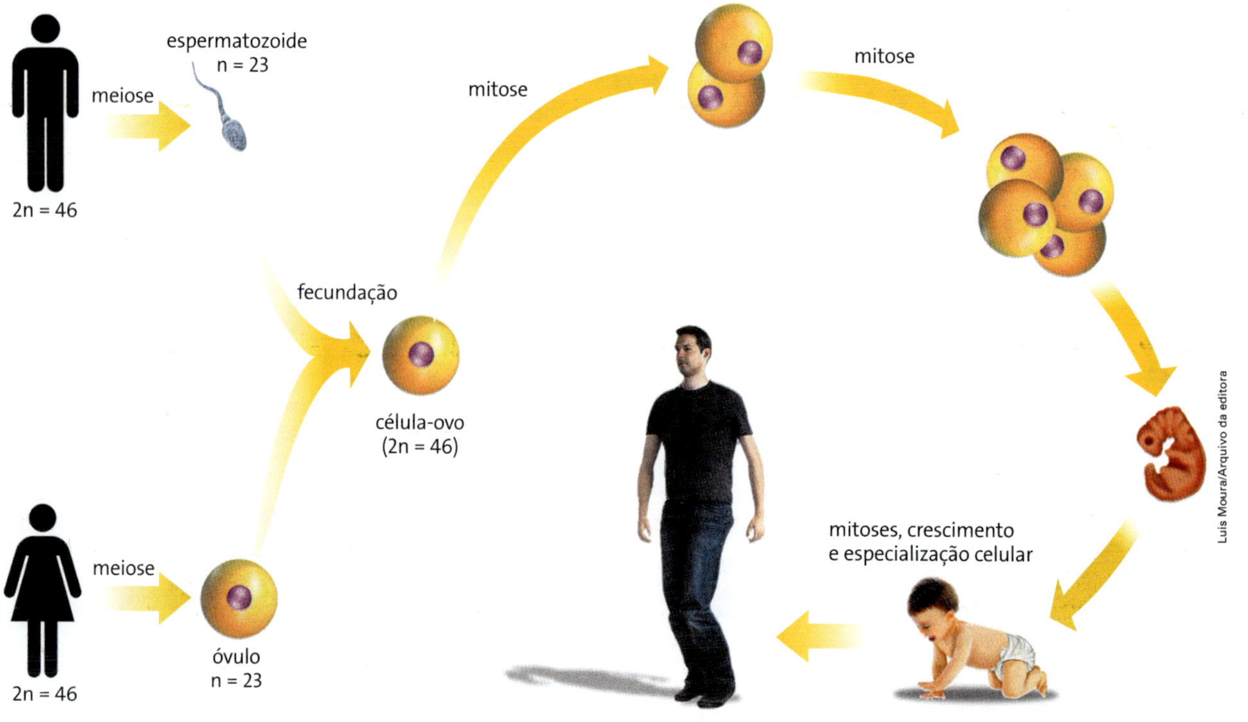

Figura 14.1 Na formação dos gametas, a meiose produz células com metade dos cromossomos. A mitose forma células com o mesmo número de cromossomos da célula original. Na espécie humana, células diploides têm 46 cromossomos (2n = 46) e células haploides, 23 (n = 23). (Os elementos da figura não estão na mesma escala; cores fantasia.)

2 Mitose

A divisão celular pode ser observada ao microscópio comum. Em algumas células, dura 20 minutos; em outras, pode durar horas ou até mais de um dia. No corpo humano há células que se dividem continuamente, como as da base da epiderme. Por outro lado, células muito especializadas, como as nervosas e musculares, geralmente param de se dividir quando estão totalmente maduras.

O período que vai da origem de uma célula, a partir de outra, ao fim de uma divisão celular é chamado **ciclo celular**, durante o qual a célula cresce, prepara-se para a divisão e se divide. Esse ciclo inclui, portanto, uma fase em que a célula não está se dividindo, chamada **intérfase**, e as quatro etapas da divisão propriamente: **prófase**, **metáfase**, **anáfase** e **telófase** (figura 14.2).

Na intérfase (*inter* = entre, no meio), o material genético está na forma de filamentos de cromatina, comandando a atividade da célula por meio da síntese de RNA. Ela pode ser subdividida em três períodos:

- **G_1** (**G**, do inglês *gap* = intervalo) – compreende a fase anterior à duplicação do DNA. A célula cresce e realiza seu metabolismo normal, sintetizando RNA e proteínas, incluindo um grupo de proteínas que dão o sinal para a divisão celular começar.

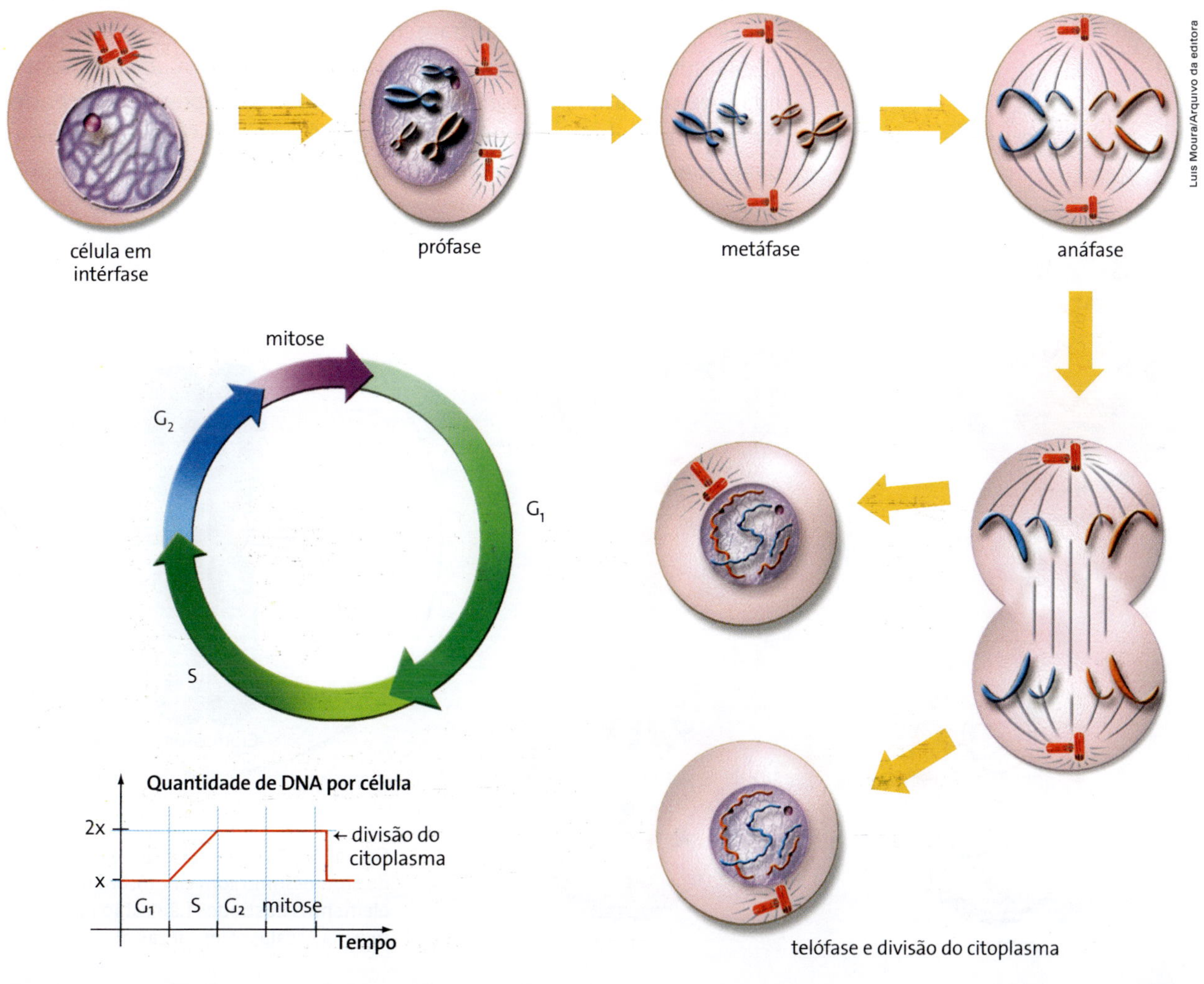

Figura 14.2 Ciclo celular. Observe no gráfico que, na intérfase, a célula cresce e duplica seu DNA. Após a divisão do citoplasma, formam-se duas novas células, cada uma com a mesma quantidade de DNA da célula original. (Os elementos ilustrados não estão na mesma escala; cores fantasia.)

- **S** (síntese) – ocorre a duplicação do DNA e, consequentemente, dos filamentos de cromatina, além da síntese de histonas (as proteínas que fazem parte dos cromossomos) e da duplicação dos centríolos.
- **G_2** – intervalo entre a duplicação do DNA e o início da divisão celular. Nele volta a ocorrer a síntese geral de proteínas, iniciada no período **G_1**, e a de moléculas necessárias à divisão, como os componentes dos microtúbulos, que formarão o fuso mitótico, conjunto de filamentos que levarão os cromossomos para os polos da célula.

Antes de a célula entrar em divisão, há mecanismos que verificam se o DNA está danificado, se a célula atingiu um tamanho mínimo para entrar em divisão, se o meio em que a célula está é favorável, etc. Caso haja algum problema, o ciclo celular pode ser interrompido ou retardado até que o problema seja corrigido. Essa verificação é feita por enzimas nos chamados **pontos de controle** (ou **pontos de checagem**), que acontecem no final das fases **G_1** e **G_2**. Se o problema não puder ser corrigido, deve ser acionado um mecanismo de destruição da célula, conhecido como **apoptose** (palavra de origem grega que se refere à "queda das folhas das árvores no outono"). É um tipo de morte celular programada em que a célula sofre várias alterações no núcleo e no citoplasma e termina morrendo, sendo fagocitada por células de defesa do organismo (veja mais sobre apoptose no boxe do capítulo 9, página 141).

Veremos agora as etapas da mitose em uma célula animal (figura 14.3).

Prófase (*pró* = anterior). Os filamentos de cromatina começam a se enrolar (o DNA fica inativo e não transcreve RNA), formando os cromossomos. Os filamentos estão duplicados e unidos no centrômero. Cada fio recebe o nome de **cromátide**, e o conjunto de duas cromátides presas pelo centrômero é chamado **cromossomo duplicado**. É importante lembrar que as duas cromátides são exatamente iguais ao filamento inicial de cromatina.

Luis Moura/Arquivo da editora

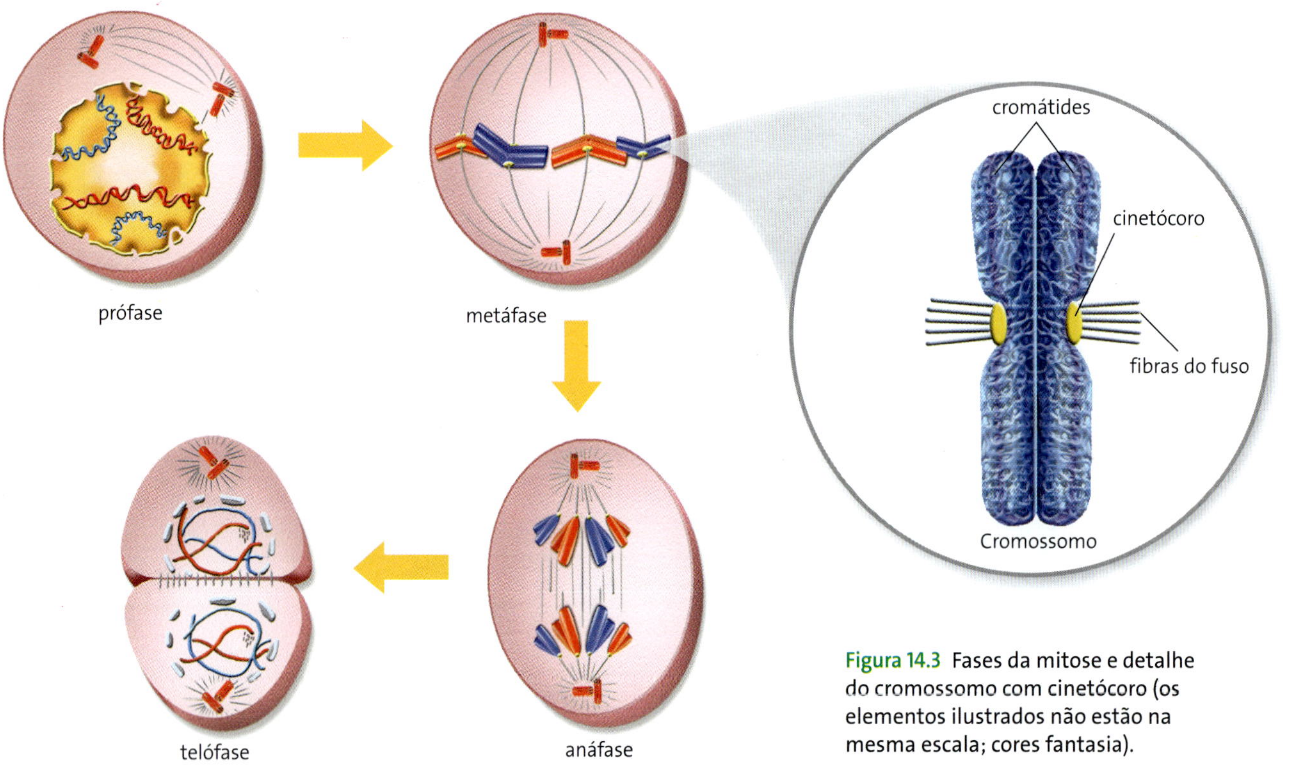

Figura 14.3 Fases da mitose e detalhe do cromossomo com cinetócoro (os elementos ilustrados não estão na mesma escala; cores fantasia).

Os centríolos, duplicados, migram para os polos rodeados por fibras, que, em conjunto, formam o **áster** (lembra os raios de uma estrela saindo do centríolo). É a partir da região onde está o centríolo, chamada **centro celular** ou **centrossomo**, que se forma o fuso mitótico.

A carioteca começa a se fragmentar e os nucléolos desaparecem (seus grãos se espalham no citoplasma e dão origem aos ribossomos).

Há uma fase intermediária entre a prófase e a metáfase, chamada **prometáfase**. Essa etapa começa com o rompimento da carioteca. Os microtúbulos do fuso ligam-se aos **cinetócoros** (discos de proteínas na região do centrômero). Então, os cromossomos movimentam-se para a região mediana da célula e a prometáfase termina com a chegada dos cromossomos a essa região mediana. O termo mitose refere-se ao movimento dos cromossomos durante a divisão (*mitos* = fio; *ose* = estado de).

Metáfase (*meta* = além de). Os centríolos ocupam polos opostos na célula. Cada cromátide está presa às fibras do fuso pelo cinetócoro. Os cromossomos habitam a região mediana da célula, formando a placa equatorial ou metafásica, e as cromátides irmãs se voltam uma para cada polo da célula. Os cromossomos estão na condensação máxima, o que torna bem visíveis as duas cromátides.

Anáfase (*aná* = para cima). As cromátides se separam (passando a ser chamadas **cromossomos-filhos** ou **irmãos**) e são levadas para polos opostos da célula pelo encurtamento dos filamentos do fuso. A igualdade das cromátides irmãs e a posição que ocupavam na metáfase garantem uma distribuição idêntica do material genético para os dois polos e, consequentemente, para as duas células que se formarão.

Telófase (*telós* = distante, afastado). Os cromossomos chegam aos polos e começam a se desenrolar, adquirindo novamente o aspecto de filamentos de cromatina. A carioteca e o nucléolo voltam a se formar.

A mitose termina quando dois núcleos são formados. Na maioria dos casos, porém, ela é acompanhada pela divisão do citoplasma, processo chamado **citodiérese** ou **citocinese** (*kytos* = célula; *diairesis* = divisão em dois; *kineim* = movimento). Os dois processos – mitose e citocinese – formam a fase **M** do ciclo celular.

Veja na figura 14.4 fotos da mitose em uma célula de peixe.

Figura 14.4 Mitose em célula animal (microscópio óptico; aumento de cerca de 360 vezes, com uso de corantes).

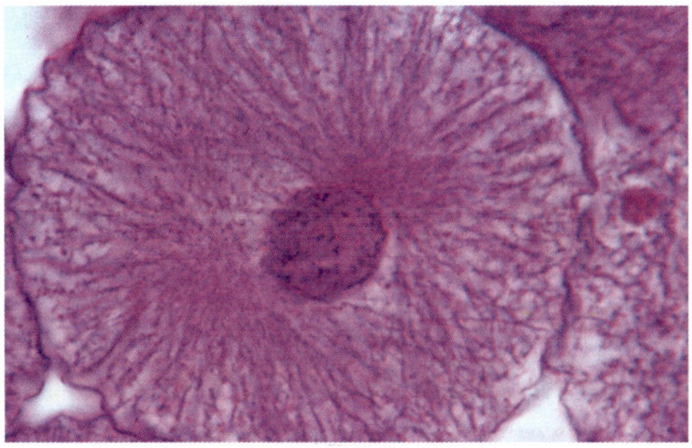

Prófase

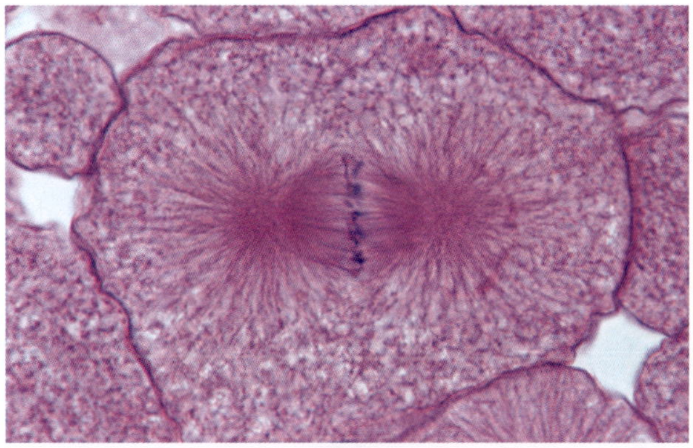

Metáfase

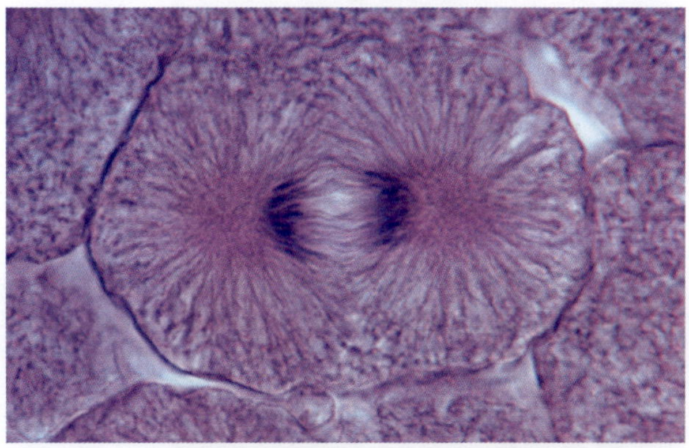

Anáfase

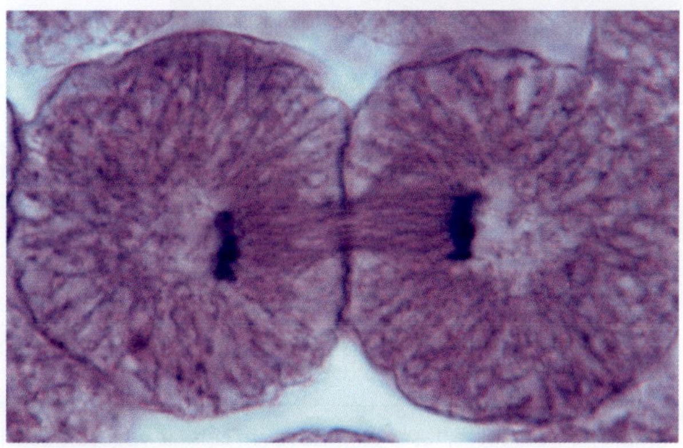

Telófase

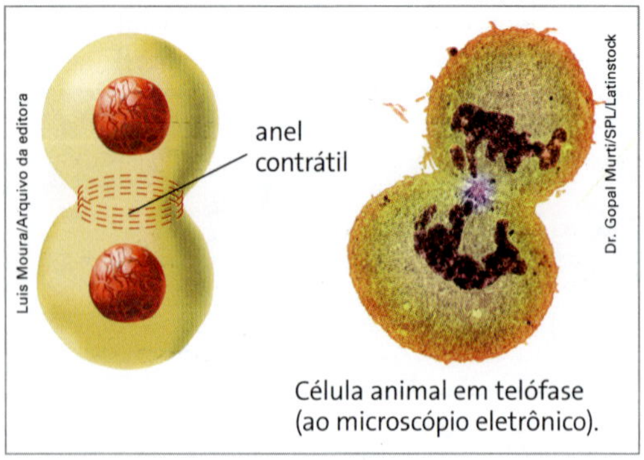

Figura 14.5 Ilustração (os elementos não estão na mesma escala; cores fantasia) e foto (anel contrátil em rosa; aumento de cerca de 1 500 vezes; imagem colorizada por computador) da divisão do citoplasma nas células animais.

Mitose nas células animais e nas vegetais

Em todos os eucariontes, a mitose é caracterizada pela divisão equitativa do material genético, de modo que as células formadas sejam geneticamente iguais e tenham os mesmos cromossomos da célula original.

Mas há algumas diferenças entre a mitose das células animais e a das vegetais. Nas células animais, a membrana plasmática sofre uma invaginação no final da divisão, provocada por um anel contrátil de filamentos de actina e miosina; recomeça, então, um período de intérfase para cada célula formada (figura 14.5).

Nas células dos vegetais com semente, não há centríolos e, como é necessário construir novas paredes celulares, a citocinese é um pouco diferente, sem estrangulamento do citoplasma. Após o afastamento dos dois grupos de cromossomos, vesículas originadas do complexo golgiense fundem-se na região mediana da célula, formando, aos poucos, as novas membranas plasmáticas das duas células-filhas. A celulose e outros polissacarídeos são depositados até se formar a lamela média e a parede celular, separando as células-filhas (figura 14.6).

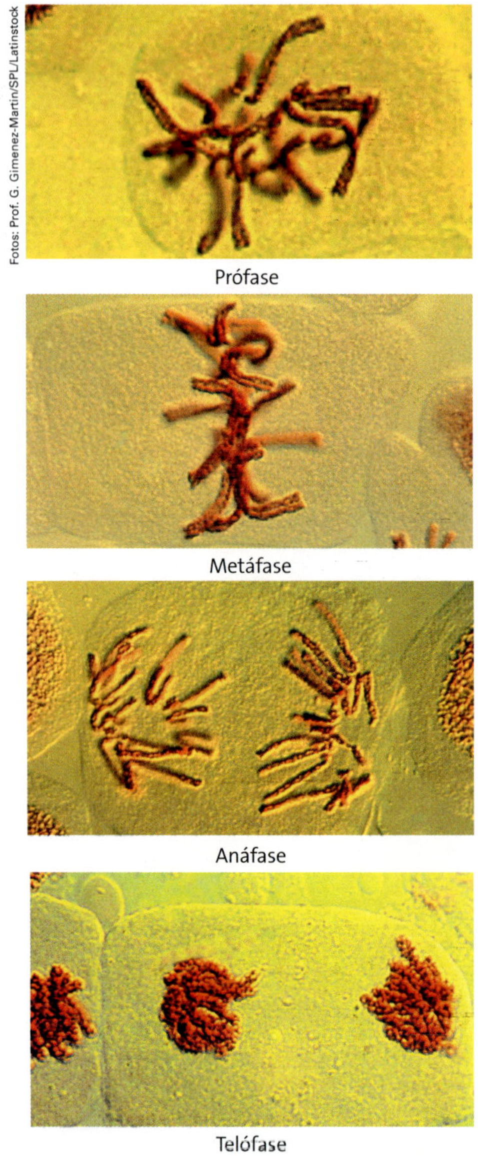

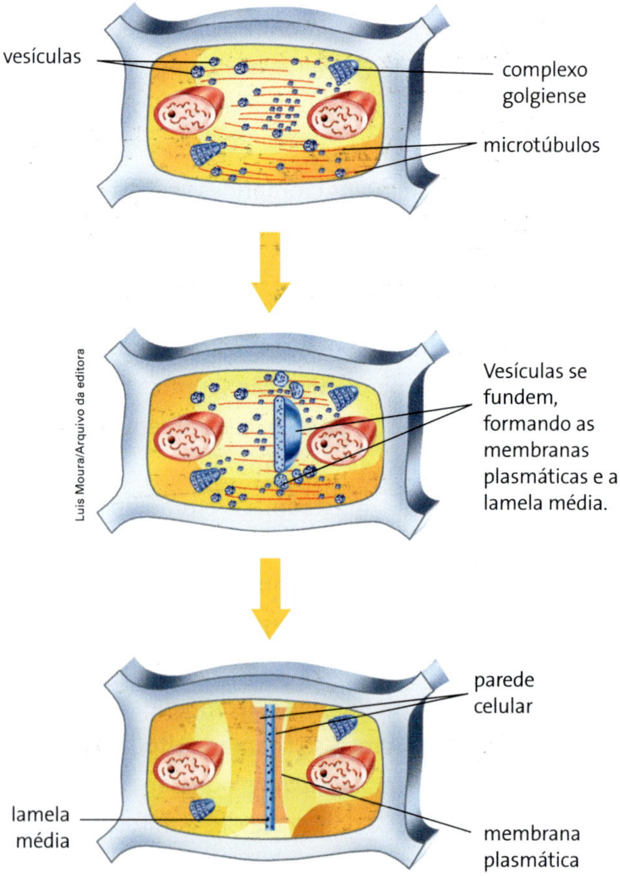

Figura 14.6 Nas fotos, fases da mitose em células vegetais ao microscópio de luz (aumento de cerca de 140 vezes, com uso de corantes) e, na ilustração, divisão do citoplasma nessas células. (Os elementos não estão na mesma escala; cores fantasia.)

3 Meiose

Meiose

Fases da meiose

A célula-ovo surge da união de duas células especializadas, os gametas. A produção dessas células caracteriza a reprodução sexuada, pois, em geral, cada gameta é produzido por indivíduos de sexos diferentes. Essa união – chamada fecundação – permite que os cromossomos do pai e da mãe se juntem na célula-ovo, formando o patrimônio genético do filho.

Nos animais, a meiose acontece durante a produção de gametas (a produção de gametas nos animais será vista no capítulo 16). Essa divisão produz células com a metade do número de cromossomos das células originais (*meiosis* = divisão ao meio). Assim, quando ocorre a fecundação, a união dos gametas dá origem a uma nova célula diploide.

Nos vegetais, que possuem um ciclo reprodutivo diferente, a meiose ocorre na formação de células especiais: os **esporos** (a reprodução dos vegetais será vista no volume 2 desta coleção).

Muitos dos fenômenos que ocorrem na mitose (formação do fuso mitótico, desaparecimento da carioteca, movimento dos cromossomos para o meio da célula e depois para os polos) se repetem na meiose. A diferença básica entre os dois processos é que, na meiose, há duas divisões celulares seguidas, que resultam na formação de quatro células-filhas para cada célula que inicia o processo. Durante essas divisões, cada cromossomo se duplica apenas uma vez, o que explica a redução do padrão cromossomial de 2n para n. Veja um esquema geral da meiose na figura 14.7.

Outra característica importante da meiose é que as células produzidas não são geneticamente iguais, o que aumenta a variedade genética dos indivíduos formados por reprodução sexuada (a reprodução sexuada será vista no capítulo 16).

Vejamos agora as etapas das duas divisões da meiose.

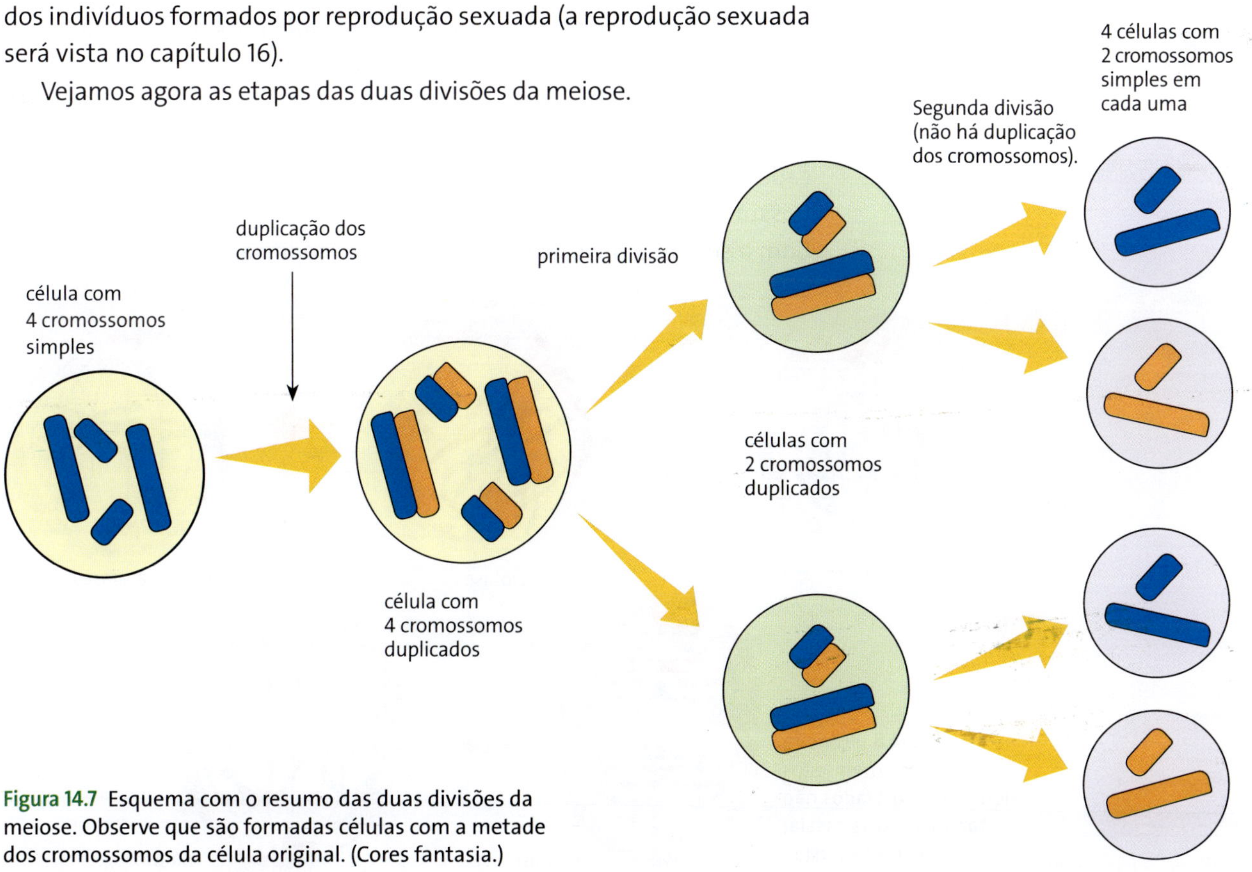

Figura 14.7 Esquema com o resumo das duas divisões da meiose. Observe que são formadas células com a metade dos cromossomos da célula original. (Cores fantasia.)

Primeira divisão

Essa divisão também tem quatro etapas (figura 14.8): **prófase I**, **metáfase I**, **anáfase I** e **telófase I**.

Prófase I. Basicamente, ocorre nesta fase o pareamento dos cromossomos homólogos: o cromossomo duplicado de origem paterna fica alinhado com seu homólogo de origem materna. Esse emparelhamento é exclusivo da meiose e garante que cada célula-filha receba um cromossomo de cada par de homólogos. Também ocorrem os outros fenômenos da mitose: a carioteca e o nucléolo fragmentam-se e os fios de cromatina ficam cada vez mais condensados. Um dos eventos mais notáveis que pode ocorrer durante esta etapa é a "troca de pedaços" entre cromossomos homólogos; alguns genes que estavam no cromossomo de origem paterna podem passar para o de origem materna e vice-versa. Esse fenômeno, chamado **permutação** ou ***crossing-over***, aumenta a diversidade de gametas produzidos, como veremos adiante.

Metáfase I. Por causa do emparelhamento, os cromossomos homólogos não ficam alinhados no mesmo plano, como acontece na mitose. Eles permanecem um de cada lado da região mediana do fuso mitótico.

Anáfase I. Os cromossomos homólogos se separam, indo para polos opostos, por causa da redução do fuso. É importante observar que, ao contrário do que ocorre na mitose, as cromátides não se separam; os cromossomos que migram para os polos são cromossomos duplos.

Telófase I. Os cromossomos atingem os polos ainda duplicados, mas não chegam a se desenrolar completamente, como acontece na mitose. O citoplasma se divide, formando duas células-filhas.

Ao terminar a primeira divisão, cada célula possui apenas um cromossomo de cada tipo; portanto, as células-filhas são haploides. Como o número de cromossomos foi reduzido à metade, essa divisão também é chamada **divisão reducional**. Embora tenha havido redução, cada cromossomo está duplicado. Isso significa que cada célula-filha possui duas cópias de cada molécula de DNA, uma em cada cromátide. Com a segunda divisão, essa situação se modificará.

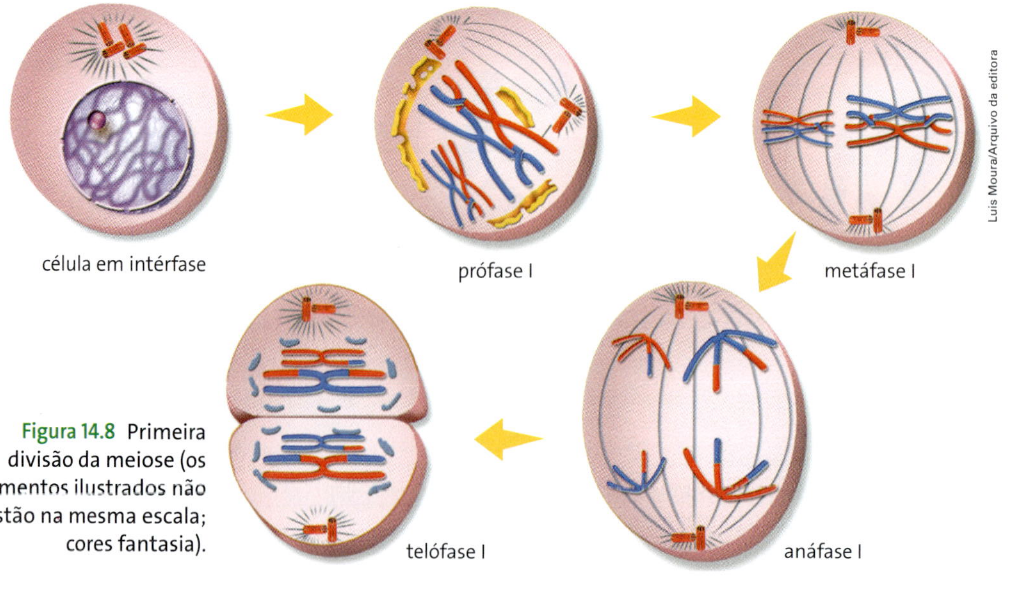

Figura 14.8 Primeira divisão da meiose (os elementos ilustrados não estão na mesma escala; cores fantasia).

Segunda divisão

O intervalo entre a primeira e a segunda divisão (esta também denominada meiose II), chamado **intercinese**, é muito curto, aparecendo logo na sequência a figura característica de uma segunda prófase. É importante observar que não ocorre nova duplicação do DNA, como acontece na intérfase da mitose. Como não existem cromossomos homólogos na mesma célula, também não haverá emparelhamento. Assim, os movimentos cromossomiais serão idênticos aos que ocorrem na mitose (figura 14.9).

Ao final da segunda divisão, o número de cromossomos não se reduz. Por isso, ela também é chamada **divisão equacional**. No entanto, embora não haja redução, cada cromossomo duplicado separa-se em dois cromossomos simples e, assim, não há mais duas cópias de cada molécula de DNA por célula.

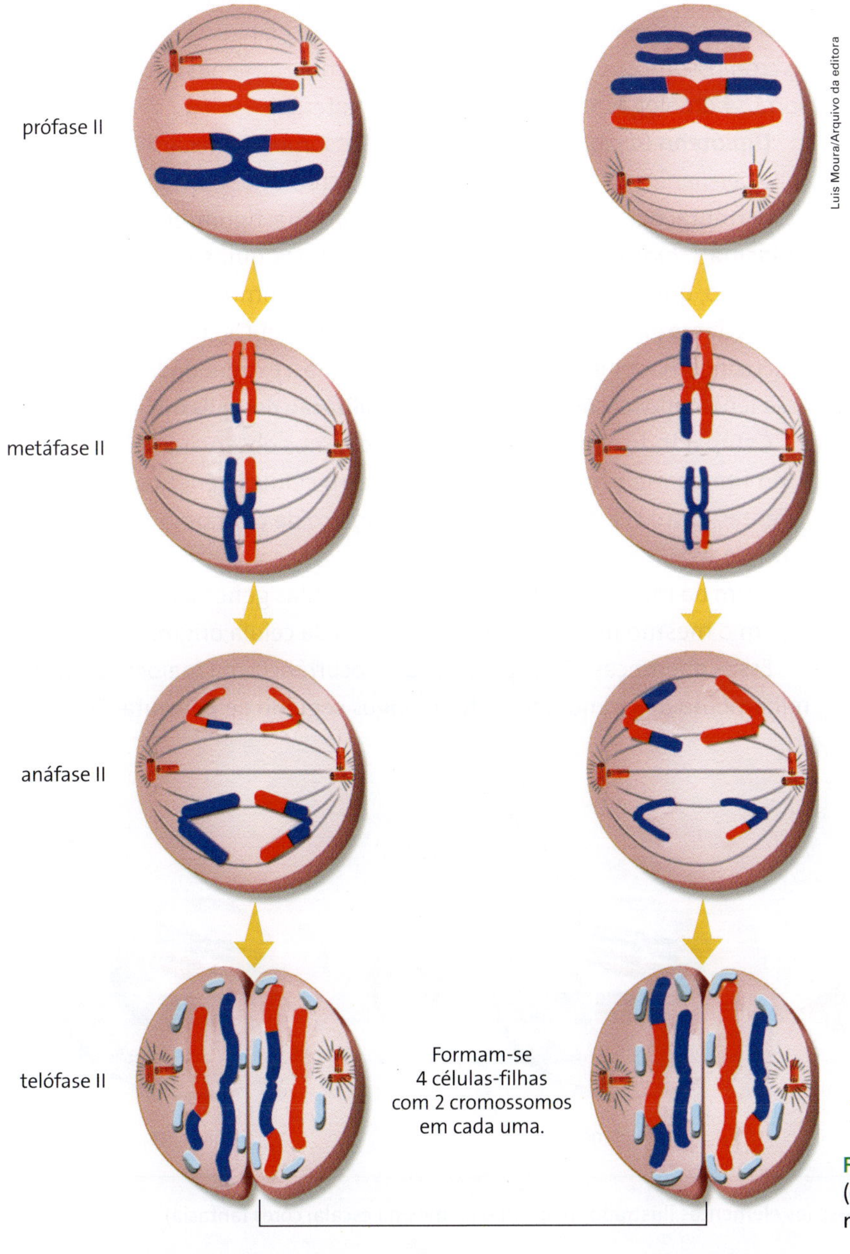

Figura 14.9 Segunda divisão da meiose (os elementos ilustrados não estão na mesma escala; cores fantasia).

Subfases da prófase

Como vimos, a prófase I apresenta uma série de fenômenos que a tornam bem diferente da prófase da mitose. É uma fase prolongada e está subdividida em cinco etapas (figura 14.10): leptóteno, zigóteno, paquíteno, diplóteno e diacinese.

Leptóteno (*léptos* = fino; *tainia* = fita, filamento). Os cromossomos começam a se condensar e, apesar de estarem duplicados, a duplicação não é visível ao microscópio óptico.

Zigóteno (*zygos* = par). Inicia-se o pareamento dos cromossomos, processo também chamado **sinapse**.

Paquíteno (*pachys* = espesso). Completa-se o pareamento dos homólogos, que se apresentam espessos, bastante condensados. Cada par de homólogos forma uma **díade** (*di* = dois) ou **bivalente**, com quatro cromátides. O conjunto é chamado **tétrade** (*tetra* = quatro). Aqui, inicia-se a permutação, quebra de cromátides homólogas, acompanhada de uma ressoldagem "trocada" e em diagonal (que pode ocorrer em qualquer ponto entre os cromossomos). O resultado é um intercâmbio de genes entre os cromossomos homólogos, de origem paterna e materna.

Diplóteno (*diploos* = duplo). Os cromossomos começam a se separar, mas permanecem unidos nos pontos das cromátides em que ocorreram as permutações. Em cada ponto aparece uma figura em **X**, chamada **quiasma** (*chiasma* = dispositivo em cruz). Os quiasmas evidenciam, portanto, que ocorreu permutação entre os cromossomos.

Diacinese (*dia* = através de; *kinesis* = movimento). Os cromossomos ficam mais condensados e os quiasmas deslizam para a extremidade do bivalente. Esse fenômeno recebe o nome de **terminalização dos quiasmas**.

Comparando a mitose e a meiose, podemos observar que:

- no fim da meiose são produzidas quatro células geneticamente diferentes entre si e com a metade do número de cromossomos da célula original;
- no fim da mitose são produzidas duas células geneticamente iguais e com o mesmo número de cromossomos da célula original.

Essas diferenças são explicadas pela ocorrência, na meiose, do emparelhamento de cromossomos homólogos seguido de permutação.

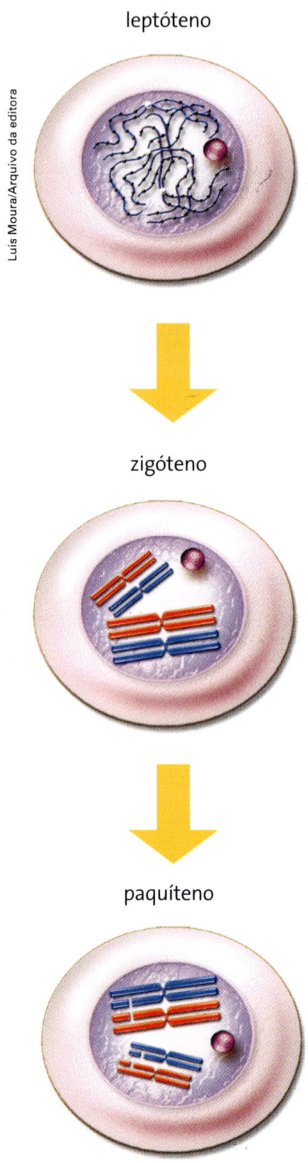

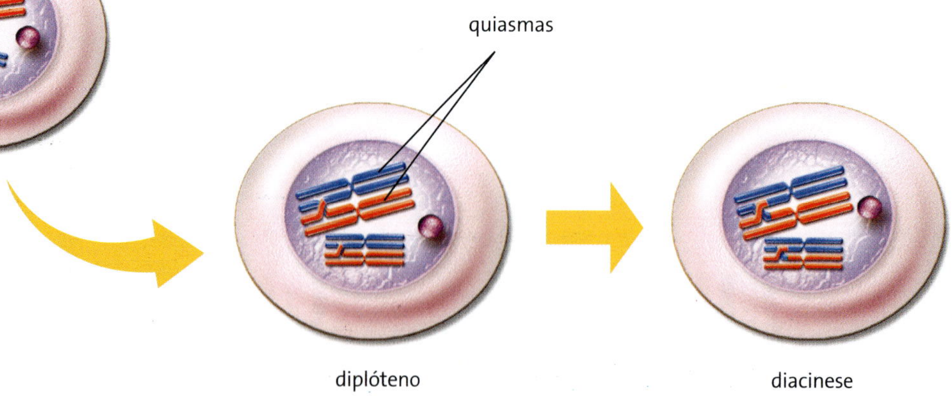

Figura 14.10 Subfases da prófase I da meiose (os elementos ilustrados não estão na mesma escala; cores fantasia).

Meiose e variabilidade genética

A reprodução sexuada produz grande variabilidade genética de indivíduos. Como veremos no volume 3, isso é importante para a evolução das espécies, e a meiose contribui para ela de duas maneiras.

A primeira ocorre na metáfase I, quando os cromossomos homólogos se emparelham ao acaso no equador da célula. Por isso, a partir de uma célula com apenas dois cromossomos podem surgir quatro células-filhas diferentes, de acordo com o arranjo dos cromossomos paternos e maternos no equador. No caso da espécie humana, é possível a formação de mais de 8 milhões de células diferentes (2^{23}) a partir dos 23 cromossomos do pai e dos 23 cromossomos da mãe. A outra maneira é o *crossing-over* (figura 14.11). Como ele ocorre ao acaso, há várias possibilidades de trocas de pedaços entre os cromossomos, fazendo surgir novas combinações genéticas.

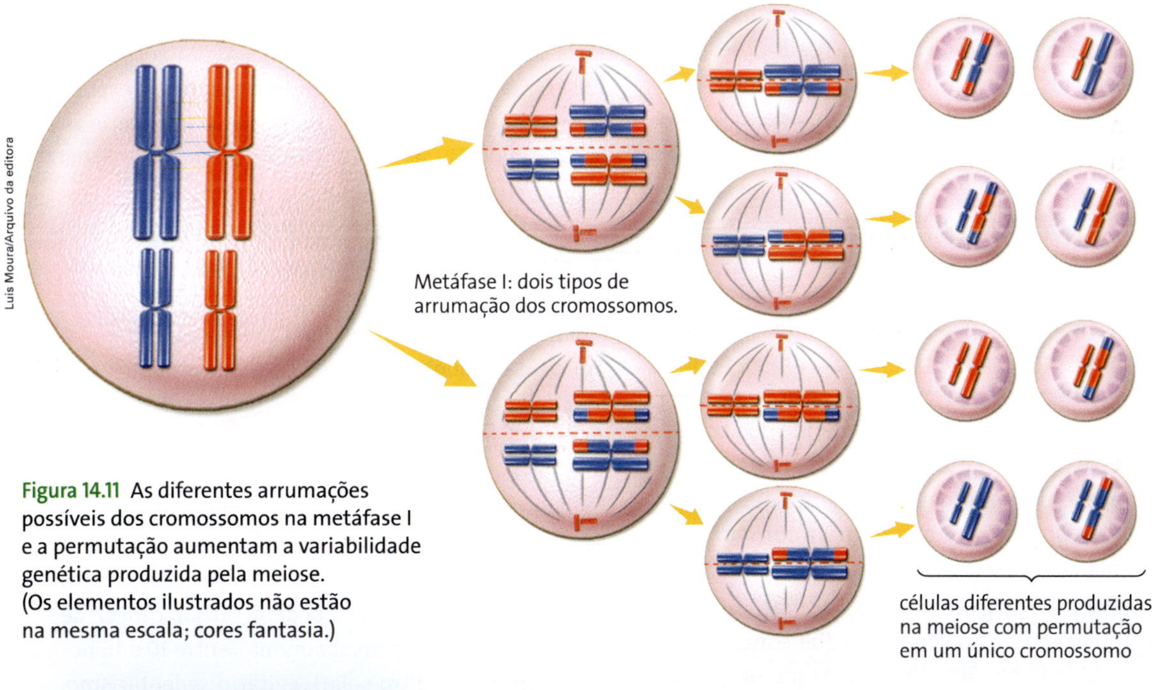

Figura 14.11 As diferentes arrumações possíveis dos cromossomos na metáfase I e a permutação aumentam a variabilidade genética produzida pela meiose. (Os elementos ilustrados não estão na mesma escala; cores fantasia.)

Biologia e sociedade

Seja crítico ao ler notícias!

É preciso muito cuidado com notícias sobre supostas curas do câncer que, de vez em quando, aparecem nos meios de comunicação. Nas revistas científicas, um pesquisador só pode publicar resultados que passaram por testes rigorosos, mas nos meios de comunicação não especializados nem sempre há essa exigência.

Às vezes, os jornais, a internet ou alguns programas de televisão veiculam notícias sobre curas ou tratamentos eficazes, não só de câncer, mas de várias outras doenças, que, na verdade, ainda não foram comprovados cientificamente, ou que ainda estão em fase de estudo, sendo necessários novos testes que possam comprovar a eficácia real do medicamento ou do tratamento e que verifiquem, entre outras coisas, se esses não produzem efeitos colaterais.

Por isso, diante de qualquer problema de saúde, devemos consultar um médico. E em relação a notícias sobre saúde nos meios de comunicação, podemos tentar saber se há algum estudo publicado em revista científica sobre o tema em questão.

Biologia e saúde

Câncer

Apesar de o câncer ser uma doença grave, é importante você saber que, na maioria dos casos, quando descoberto a tempo e devidamente tratado, ele é curável. O especialista em câncer é o médico oncologista (*ogkos* = tumor; *logos* = estudo).

Como vimos, as células do embrião dividem-se e originam as diversas células do corpo. Mesmo no adulto, encontramos células capazes de se dividir e originar outras, em substituição às células desgastadas ou mortas. Tudo isso é mantido sob controle por diversos hormônios e fatores, que, por sua vez, são comandados por genes. No entanto, algumas células podem escapar do sistema de controle do corpo e começar a se dividir sem parar, em vez de realizar suas funções normais. Essa multiplicação produz massas de células chamadas tumores. Alguns tumores, como as verrugas, são benignos: eles crescem devagar e não se espalham pelo corpo. Se estiverem interferindo na função de um órgão, por exemplo, alguns podem ser removidos por cirurgia, bisturi elétrico e outras técnicas. Outros tumores, porém, crescem rapidamente e invadem os tecidos – são os tumores malignos. Podem ainda se espalhar através da circulação por diferentes pontos do corpo, num processo conhecido como metástase. Esses tumores retiram nutrientes dos tecidos ao seu redor e provocam a morte das outras células (figura 14.12). Câncer é, portanto, o nome genérico que se dá a um grupo de doenças em que ocorre a formação de tumores malignos.

O câncer pode aparecer devido a alterações genéticas, como as mutações, em genes que controlam a divisão e a diferenciação celular. Essas mutações podem transformar esses genes em oncogenes e provocar o câncer.

As alterações genéticas podem ser provocadas por: radiação (raios X, ultravioleta, etc.); certos tipos de vírus (como o da hepatite B, que pode provocar câncer de fígado); substâncias químicas (como as presentes na fumaça do cigarro ou na poluição ambiental); modificações na posição dos genes, causadas pela troca de pedaços entre cromossomos (translocação).

A proteína p53, codificada pelo gene de mesmo nome, pode detectar mutações no código genético e ativar a produção de proteínas que reparam o erro; ou induzir a morte da célula com a mutação por apoptose (morte celular programada). Portanto, o gene que codifica essa proteína é um gene supressor de tumor, e mutações nesse gene também podem desencadear um câncer.

Detectar o câncer ainda no início é fundamental. Quanto mais precoce o diagnóstico, maior a chance de cura. As técnicas de diagnóstico estão cada vez mais precisas: radiografias; biópsias (extração de pedaços de tecidos para exame ao microscópio); Papanicolau (exame que acusa a presença de células malignas no colo do útero); mamografia (radiografia da mama); punção (agulhas finíssimas retiram células dos órgãos); testes genéticos que identificam a presença de oncogenes específicos para certos tipos de câncer; marcadores tumorais que acusam a presença de substâncias produzidas pelas células cancerosas, indicando o grau de evolução do tumor. Todas essas técnicas são fruto do trabalho de muitos pesquisadores em várias áreas da ciência: Biologia, Física, Química, Medicina, etc. Dependendo do tipo de câncer, podem ser usadas a cirurgia, que retira o tumor; a radioterapia, que mata as células cancerosas com radiação; ou a quimioterapia (uso de medicamentos que matam as células cancerosas). Essas terapias podem ainda ser combinadas.

Muitos casos da doença podem ser evitados se certos hábitos forem adotados: evitar o cigarro (principal responsável pelo câncer de pulmão) e o álcool (fator para o desenvolvimento do câncer na boca); usar filtro solar (os raios ultravioleta podem causar câncer de pele), evitando o sol, principalmente, entre 10 e 16 horas (mesmo com filtro solar); evitar o sedentarismo; adotar uma alimentação adequada; usar preservativo nas relações sexuais (alguns tipos de vírus sexualmente transmissíveis podem causar câncer no útero); realizar exames médicos periódicos, como o Papanicolau e o exame das mamas nas mulheres e o de próstata nos homens.

É preciso, ainda, que sejam adotadas medidas de cunho social (estudadas em Sociologia, entre outras disciplinas) para que toda a população tenha acesso a exames e tratamentos em tempo hábil.

ATENÇÃO!

Para mais informações, procure orientação médica.

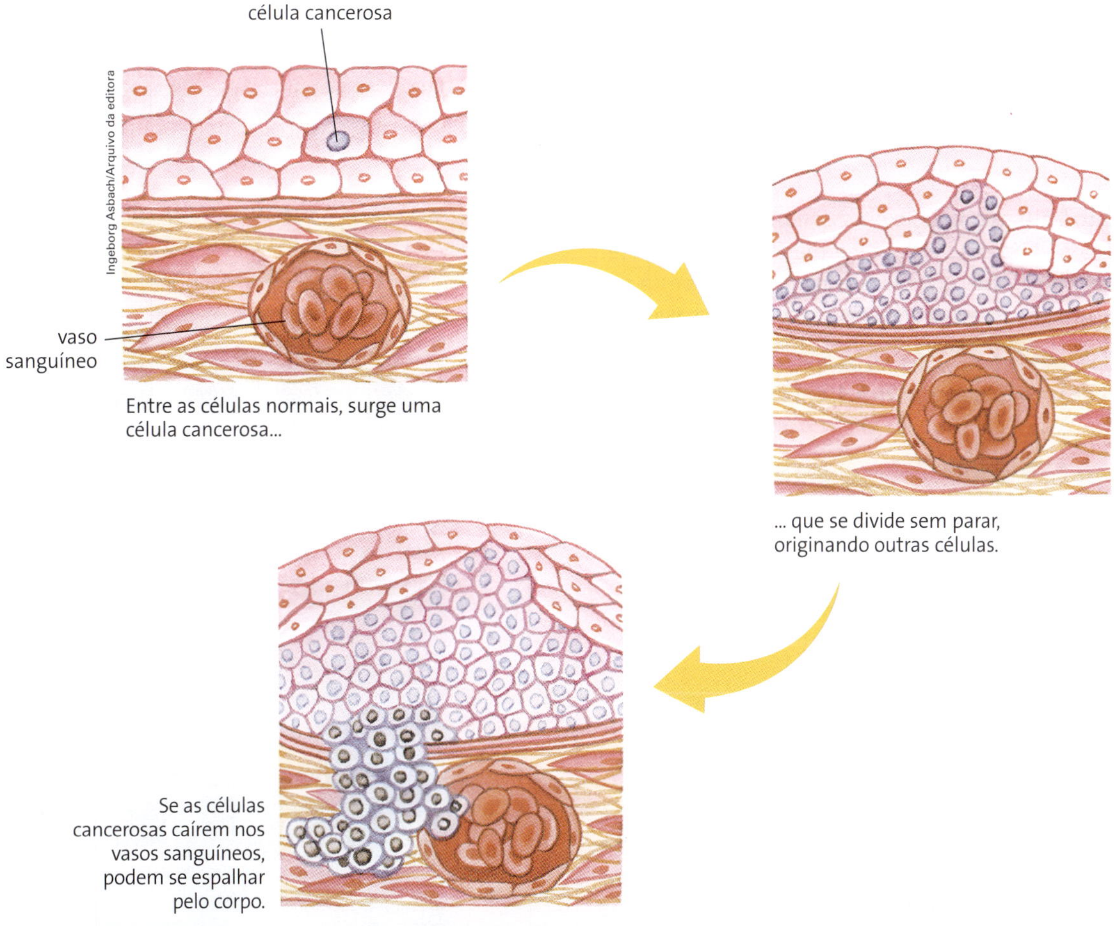

Figura 14.12 Formação e crescimento de um tumor (os elementos não estão na mesma escala; as células são microscópicas; cores fantasia). Na foto, tumor (em rosa) no pulmão (imagem ao microscópio eletrônico; aumento de cerca de 600 vezes; imagem colorizada por computador).

Atividades

1. Diferencie os processos de divisão de células eucariotas, mitose e meiose, relativamente ao número de cromossomos em cada célula no final do processo e à ocorrência nos organismos.

2. Qual a principal diferença entre a prófase I da meiose e a prófase da mitose?

3. Quanto à disposição dos cromossomos, qual a diferença entre a metáfase da mitose e a metáfase I da meiose? Em cada um desses processos, explique por que essa disposição é importante para o resultado final da divisão.

4. Os dois esquemas da figura abaixo representam duas fases de uma célula, com 2n = 4, em divisão.

A B

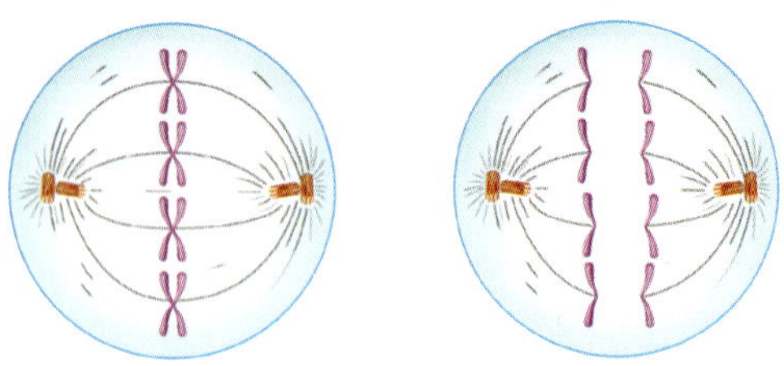

Luis Moura/Arquivo da editora

a) A célula se encontra em mitose ou em meiose? Justifique sua resposta.

b) Que etapas estão indicadas pelas letras **A** e **B**?

5. Imagine que espermatozoides e óvulos de uma espécie com 2n = 42 fossem formados pelo processo de mitose e que eles tivessem se unido e formado zigotos. Quantos cromossomos teriam esses zigotos? Imagine agora que esses zigotos pudessem se desenvolver e originar novos indivíduos e que esses novos indivíduos formassem gametas por mitose e fossem originados novos zigotos. Quantos cromossomos teriam esses zigotos?

6. O esquema abaixo representa o ciclo celular de uma célula com 4 cromossomos. Só que a ordem das fases desse ciclo não está correta.

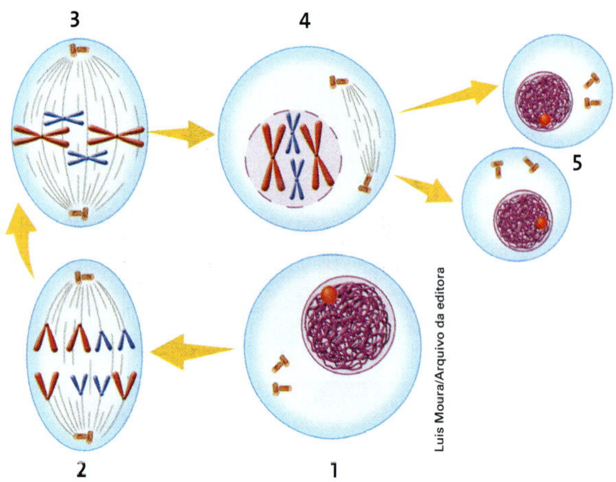

Luis Moura/Arquivo da editora

a) Indique a ordem correta das fases.

b) Dê nome às fases 2, 3 e 4.

7. Uma célula humana, portanto, com 46 cromossomos, dividiu-se por mitose, dando origem a duas células-filhas, cada uma também com 46 cromossomos. Como você explica o fato de o número de cromossomos permanecer constante apesar de a célula ter se dividido em duas?

8. Identifique na foto abaixo as etapas da mitose em que cada célula vegetal está (ao microscópio óptico; aumento de cerca de 1 000 vezes; com uso de corantes).

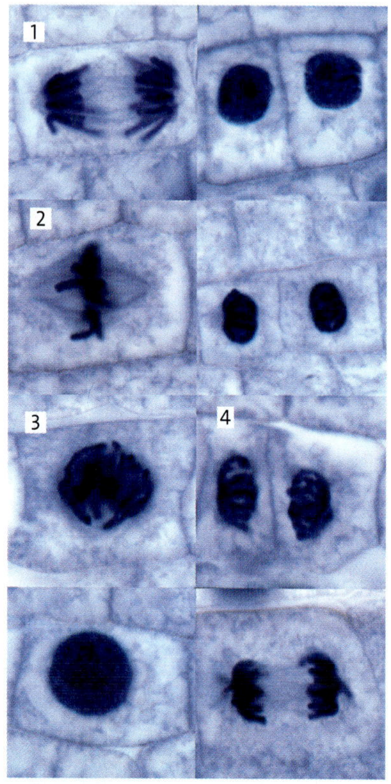

Steve Gschmeissner/SPL/Latinstock

Trabalho em equipe

Forme um grupo e escolham um dos tipos de câncer relacionados no final do quadro para pesquisar (em livros, CD-ROMs, na internet, etc.) as causas (fatores de risco), as medidas preventivas e o tratamento. Entrevistem um médico especialista e tentem agendar com ele uma palestra sobre o assunto. Se possível, convidem a comunidade escolar para participar da plateia.

Informem-se também se nas proximidades da escola ou da casa de vocês existe alguma universidade, centro médico ou instituição que faça pesquisas ou desenvolva atividades para educar a população sobre a prevenção ao câncer. Verifiquem a possibilidade de agendar uma visita ao local.

- de pele
- de pulmão
- de próstata
- de útero
- de mama
- de intestino

Vestibulares de Norte a Sul

1. **SE** (IFSP) Bioquímicos, médicos, biólogos, químicos, entre outros, podem trabalhar em pesquisa e descobrir substâncias que podem interferir em algum mecanismo celular e, com isso, auxiliar na saúde humana. Entre elas, está a vinblastina, alcaloide que impede a formação das proteínas chamadas microtúbulos, presentes nas fibras do fuso. Ela pode

   a) inibir divisões mitóticas, impedindo, assim, o crescimento de um tumor.
   b) inibir divisões meióticas, impedindo, assim, a formação de células somáticas.
   c) reduzir a digestão lipídica, favorecendo a perda de massa corpórea.
   d) facilitar a perda de proteínas durante a digestão, favorecendo o emagrecimento.
   e) estimular a divisão citoplasmática do final da mitose, estimulando o crescimento.

2. **SE** (Unifesp) Analise o diagrama.

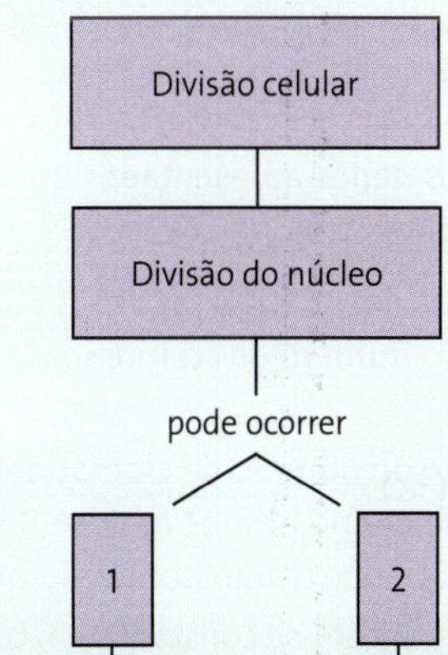

   Indique a alternativa que identifica corretamente os conceitos correspondentes a 1, 2, 3 e 4.

   a) 1 = em células diploides; 2 = na mitose; 3 = na meiose; 4 = em células haploides.
   b) 1 = em células haploides; 2 = na meiose; 3 = na mitose; 4 = em células diploides.
   c) 1 = na meiose; 2 = em células haploides; 3 = na mitose; 4 = em células diploides.
   d) 1 = na meiose; 2 = na mitose; 3 = em células diploides; 4 = em células haploides.
   e) 1 = na mitose; 2 = em células diploides; 3 = em células haploides; 4 = na meiose.

3. **CO** (Unemat-MT) Uma célula animal, diploide, com 20 pares de cromossomos, vai passar pelo processo de divisão celular chamado meiose.
   Assinale a alternativa que corresponde corretamente à fase da meiose com os números de cromossomos dessa célula.

   a) Na fase paquíteno, a célula terá 80 cromossomos.
   b) Na fase metáfase I, a célula terá 20 cromossomos.
   c) Na fase anáfase I, a célula terá 20 cromossomos.
   d) Na fase anáfase II, a célula terá 40 cromossomos.
   e) Na fase telófase II, após a citocinese, a célula terá 20 cromossomos.

4. **SE** (Fuvest-SP) A figura abaixo representa uma célula diploide e as células resultantes de sua divisão.

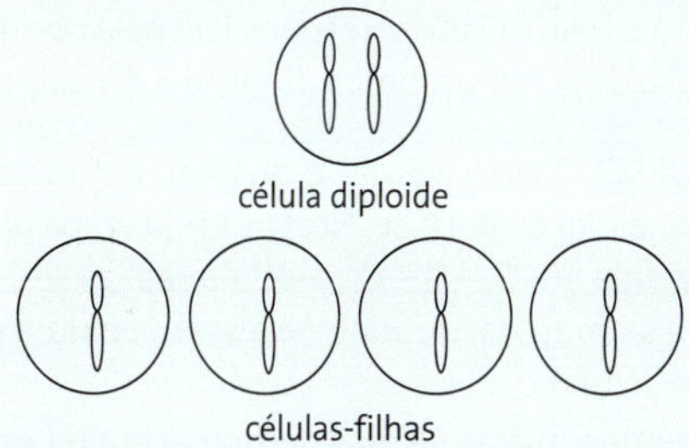

   Nesse processo,

   a) houve um único período de síntese de DNA, seguido de uma única divisão celular.
   b) houve um único período de síntese de DNA, seguido de duas divisões celulares.
   c) houve dois períodos de síntese de DNA, seguidos de duas divisões celulares.
   d) não pode ter ocorrido permutação cromossômica.
   e) a quantidade de DNA das células-filhas permaneceu igual à da célula-mãe.

5. **SE** (Vunesp-SP) O ciclo celular envolve a intérfase e as divisões celulares, que podem ser mitose ou meiose. A meiose é um tipo de divisão celular que originará quatro células com o número de cromossomos reduzido pela metade. Com base no texto e em seus conhecimentos sobre o assunto, é correto afirmar que:

   a) intérfase é um período em que ocorre apenas a duplicação do material genético.
   b) na anáfase I cada cromossomo de um par de cromossomos homólogos é puxado para um dos polos da célula.
   c) o *crossing-over* ocorre em todos os cromossomos não homólogos.
   d) na telófase I os cromossomos separados em dois lotes sofrem duplicação do material genético e as membranas nucleares se reorganizam.
   e) quiasmas são as permutas que ocorrem entre cromátides irmãs que permitem a variedade de gametas.

6. **NE** (UPE) A proliferação celular exagerada está diretamente relacionada ao desenvolvimento de câncer. Tem-se como exemplo de bloqueio desse processo o uso de drogas antimitóticas, que desorganizam o fuso mitótico. Em relação à formação e ao papel do fuso mitótico em condições normais, é CORRETO afirmar que:

a) a carioteca, membrana nuclear formada por proteínas fibrosas do citoesqueleto, está envolvida na formação do fuso mitótico, essencial à adesão celular.
b) o citoesqueleto é uma rede citoplasmática de ácidos nucleicos envolvidos no processo da formação do fuso mitótico, de lisossomos e do acrossomo, responsáveis pela mitose.
c) os centríolos são cilindros formados por actina e miosina, envolvidos na formação do fuso mitótico, dos cílios e flagelos, que auxiliam na movimentação celular.
d) os centrômeros são responsáveis pela formação do fuso mitótico constituído de carboidratos, essencial ao direcionamento do ciclo celular.
e) os microtúbulos são constituídos de tubulinas e formam o fuso mitótico, responsável pela correta segregação dos cromossomos durante a divisão celular.

7. **S** (UFSC) O ciclo celular é dividido em duas etapas: divisão celular e interfase. Nesta última etapa (interfase), subdividida em $G_1 - S - G_2$, a célula realiza seu metabolismo e se prepara, quando necessário, para a etapa da divisão celular.

1) O tempo que as células permanecem na etapa chamada de interfase é o mesmo entre os diferentes tipos celulares.
2) No período do desenvolvimento embrionário, o ciclo celular compreende etapas de interfases longas e etapas de divisões celulares rápidas.
4) Na fase S da interfase ocorre o processo de duplicação do DNA.
8) Durante a interfase o DNA está em plena atividade, formando o RNA com as informações para a síntese proteica.
16) Em G_2 a quantidade de DNA é a mesma que em G_1.
32) A frequência com que as células entram em divisão celular varia com o tipo e o estado fisiológico de cada uma delas.
64) Na etapa chamada de divisão celular, pode ocorrer tanto a mitose como a meiose, em qualquer célula do corpo humano.

8. **N** (UFPA) O período que precede a mitose é denominado de intérfase. Nessa fase ocorre a duplicação do DNA, evento que garante a transmissão das informações existentes na célula original para cada uma das células-filhas. A duplicação do DNA origina a formação de pares de:

a) cromátides irmãs presas uma à outra pelo centrômero.
b) cromossomos homólogos ligados pelos quiasmas.
c) nucléolos portadores de genes alelos.
d) cromossomos duplos, cada um com uma cromátide.
e) cromatinas diploides dispersas no nucléolo.

9. **NE** (Ufal) As proposições a seguir dizem respeito à divisão celular.

( ) Durante a prófase mitótica, os cromossomos homólogos emparelham-se.
( ) Uma célula-mãe, após dividir-se por mitose, origina quatro células geneticamente idênticas.
( ) A reprodução assexuada por cissiparidade ocorre em consequência da mitose.
( ) Durante a metáfase I meiótica, pode ocorrer o fenômeno da permutação entre cromátides homólogas.
( ) No ciclo de reprodução sexuada, a meiose é de fundamental importância para manter constante o número de cromossomos de uma espécie.

10. **S** (UFRGS-RS) Observe o quadro a seguir, referente a diferentes fases do ciclo celular de uma célula meiótica de uma determinada espécie.

	A	B	C	D	E	F
Número de cromátides por célula	20	40	40	20	20	10
Número de cromossomos por célula	20	20	20	10	10	10

Com base nos dados apresentados no quadro, assinale a afirmação correta.

a) A separação das cromátides irmãs é responsável pela redução do número de cromossomos entre as fases C e D.
b) O aumento do número de cromátides em relação ao número de cromossomos na fase B é consequência da separação dos cromossomos homólogos.
c) O valor n mantém-se constante em todas as fases do ciclo celular.
d) O número de cromossomos de células haploides desta espécie é 20.
e) A redução do número de cromátides entre as fases E e F deve-se à separação das cromátides irmãs.

11. **SE** (Ufla-MG) Apresentam-se a seguir eventos que ocorrem durante o processo de divisão celular mitótico. Analise os eventos e marque a alternativa CORRETA.

I. Condensação máxima dos cromossomos
II. Segregação cromatídica
III. Cromossomos no equador da célula
IV. Desestruturação da carioteca

Na metáfase:

a) ocorrem somente os eventos I e III.
b) ocorrem somente os eventos I e II.
c) ocorrem somente os eventos II e IV.
d) ocorrem somente os eventos II e III.

12. **SE** (UFU-MG) O ciclo celular é um processo fisiológico que acontece todos os dias na dinâmica de funcionamento do corpo humano. Seja na reparação, formação ou renovação de tecidos, ou ainda na formação de gametas, a atividade celular é intensa.

Neste processo, são eventos do ciclo celular:

I. Condensação máxima dos cromossomos.
II. Reorganização do nucléolo.
III. Duplicação dos cromossomos.
IV. Separação das cromátides irmãs.

Os eventos acima citados correspondem, respectivamente, a:

a) prófase, fase S da intérfase, telófase, anáfase.
b) fase S da intérfase, prófase, metáfase, telófase.
c) metáfase, telófase, fase S da intérfase, anáfase.
d) metáfase, anáfase, prófase, telófase.

13. **NE** (Uesc-BA)

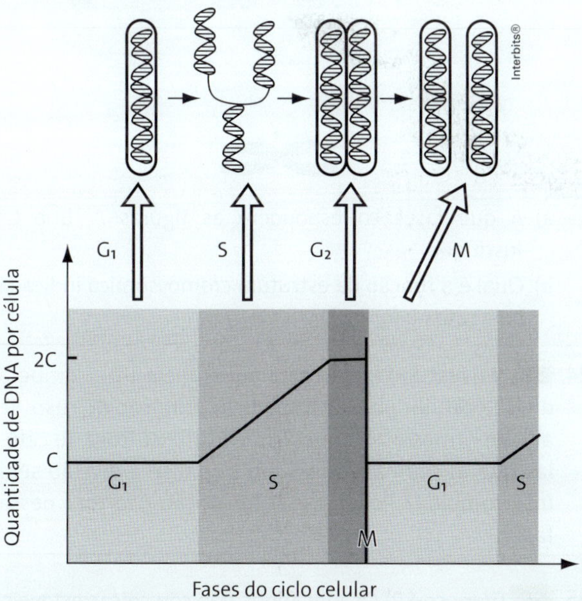

A imagem representa a variação da quantidade de DNA ao longo do ciclo celular de uma célula eucariótica.

Em relação aos eventos que caracterizam as mudanças observadas na imagem, pode-se afirmar:

a) A duplicação do DNA ocorre a partir da etapa G_1, finalizando na G_2.
b) A redução do número cromossômico é concretizada pela separação dos cromossomos homólogos na etapa M.
c) A divisão equacional da etapa M é justificada a partir dos eventos de replicação que ocorrem na etapa S.
d) A condensação do material genético é essencial para que o processo de replicação seja plenamente completado na etapa M.
e) A expressão da informação genética é garantida a partir dos eventos realizados exclusivamente na etapa S.

14. **SE** (Fuvest-SP) Os desenhos representam três células em anáfase da divisão celular, pertencentes a um organismo cujo número diploide de cromossomos é igual a 6 (2n = 6). As células 1, 2 e 3 encontram-se, respectivamente, em:

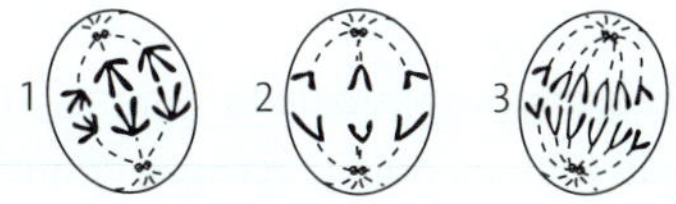

a) mitose, meiose I e meiose II.
b) meiose I, meiose II e mitose.
c) meiose II, mitose e meiose I.
d) meiose I, mitose e meiose II.
e) meiose II, meiose I e mitose.

15. **SE** (Fuvest-SP) Considere os eventos abaixo, que podem ocorrer na mitose ou na meiose:

I. Emparelhamento dos cromossomos homólogos duplicados.
II. Alinhamento dos cromossomos no plano equatorial da célula.
III. Permutação de segmentos entre cromossomos homólogos.
IV. Divisão dos centrômeros resultando na separação das cromátides irmãs.

No processo de multiplicação celular para reparação de tecidos, os eventos relacionados à distribuição equitativa do material genético entre as células resultantes estão indicados em

a) I e III, apenas.
b) II e IV, apenas.
c) II e III, apenas.
d) I e IV, apenas.
e) I, II, III e IV.

16. **NE** (Uneb-BA) Considerando dois cromossomos homólogos durante uma determinada fase da meiose, a afirmação que melhor caracteriza a ilustração abaixo é:

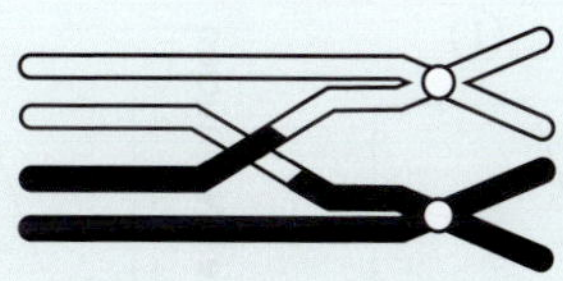

a) Ainda não se iniciou o pareamento entre os dois homólogos.
b) Logo após essa fase ocorrerá replicação de DNA.
c) Ainda não ocorreu a formação de cromátides não irmãs.
d) Cromátides não irmãs estão formando um quiasma.
e) Permutações ainda não são evidentes.

17. **SE** (Unifesp) Durante a prófase I da meiose, pode ocorrer o *crossing-over* ou permuta gênica entre os cromossomos das células reprodutivas.

a) Explique o que é *crossing-over* e sua importância para as espécies.
b) Considerando que a maioria das células de um organismo realiza divisão celular mitótica para se multiplicar, justifique o fato de as células reprodutivas realizarem a meiose.

18. **NE** (UFC-CE) "Dois tipos de divisão nuclear, mitose e meiose, são característicos da maioria das células animais e de plantas. A mitose está regularmente associada à divisão nuclear de células vegetativas ou somáticas. A meiose ocorre em conjunto com a formação de células reprodutivas (gametas ou meiósporos) nas espécies de reprodução assexuada" (Burns, 1983).

Com relação a esses dois processos de divisão celular, responda:

a) Que fenômeno acontece na prófase meiótica, o qual possibilita a ocorrência de *crossing-over* e consequente formação de quiasmas?

b) Que diferença existe quanto ao número de cromossomos nas células resultantes da mitose e da meiose?

19. **SE** (Unicamp-SP) O esquema a seguir representa três fases do ciclo celular de uma célula somática de um organismo diploide.

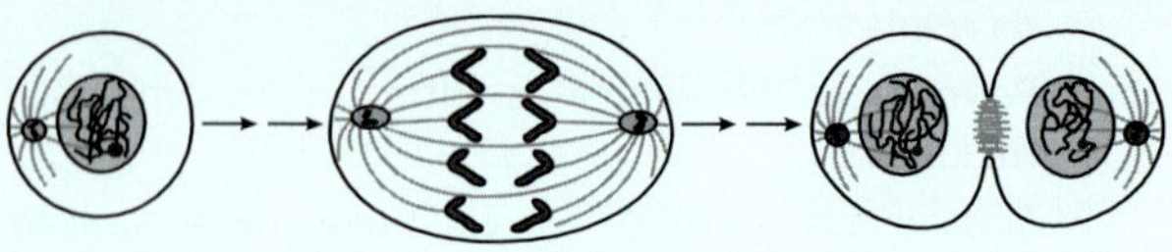

(Adaptado de Hernandes Faustino de Carvalho e Shirlei Maria Recco-Pimentel, *A célula*. Manole, Ed., 2007, p. 380)

a) Qual é o número de cromossomos em uma célula haploide do organismo em questão? Justifique sua resposta.

b) Identifique se a célula representada é de um animal ou de uma planta. Aponte duas características que permitam fazer sua identificação. Justifique.

20. **SE** (Unifesp) Os gráficos I e II representam o conteúdo de DNA durante divisões celulares.

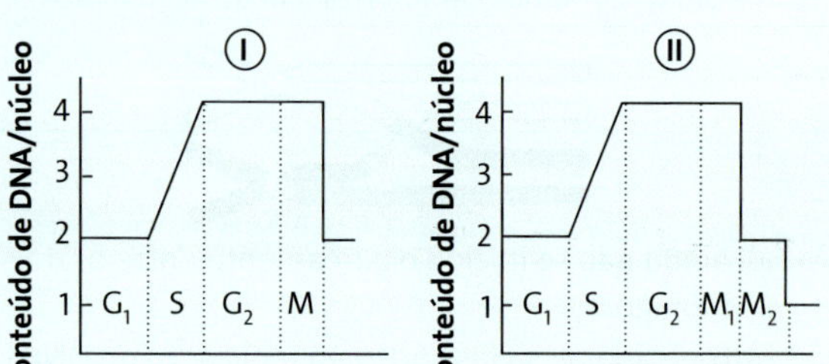

Considerando-se um cromossomo:

a) Quantas cromátides estão presentes no início da fase M do gráfico I? E ao final da fase M_2 do gráfico II?

b) Quantas moléculas de DNA estão presentes no início da fase M do gráfico I? E ao final da fase M_2 do gráfico II?

21. **SE** (UFU-MG) O leão – *Panthera leo* – possui em suas células somáticas 38 cromossomos. Na formação dos gametas desse animal, sabendo que a primeira divisão da meiose é reducional, é possível encontrar alguma fase da segunda divisão com 38 cromossomos? Justifique.

22. **SE** (Fuvest-SP) Em certa linhagem celular, o intervalo de tempo entre o fim de uma mitose e o fim da mitose seguinte é de 24 horas. Uma célula dessa linhagem gasta cerca de 12 horas, desde o início do processo de duplicação dos cromossomos até o início da prófase. Do fim da fase de duplicação dos cromossomos até o fim da telófase, a célula gasta 3 horas e, do início da prófase até o fim da telófase, ela gasta 1 hora.

Com base nessas informações, determine a duração de cada uma das etapas do ciclo celular (G_1, S, G_2 e mitose) dessas células.

23. **SE** (Unicamp-SP) Os esquemas **A**, **B** e **C** a seguir representam fases do ciclo de uma célula que possui 2n = 4 cromossomos.

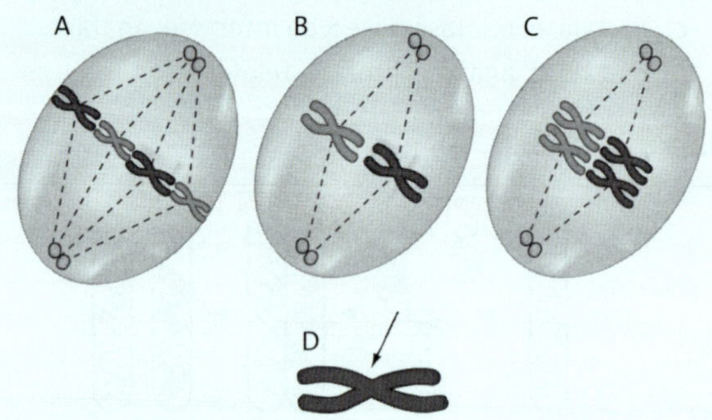

a) A que fases correspondem as figuras A, B e C? Justifique.

b) Qual é a função da estrutura cromossômica indicada pela seta na figura D?

24. **SE** (Fuvest-SP) Uma certa substância interrompe a divisão celular porque impede a formação do fuso. Se adicionarmos essa substância a uma cultura de células que iniciam a mitose, em que fase a divisão será interrompida? Por que a interrupção ocorrerá nessa fase?

25. **SE** (Vunesp-SP) Os indivíduos não são coisas estáveis. Eles são efêmeros. Os cromossomos também caem no esquecimento, como as mãos num jogo de cartas pouco depois de serem distribuídas. Mas as cartas, em si, sobrevivem ao embaralhamento. As cartas são os genes. Eles apenas trocam de parceiros e seguem em frente. É claro que eles seguem em frente. É essa a sua vocação. Eles são os replicadores e nós, suas máquinas de sobrevivência. Quando tivermos cumprido a nossa missão, seremos descartados. Os genes, porém, são cidadãos do tempo geológico: os genes são para sempre.

(Richard Dawkins. *O gene egoísta*, 2008.)

Considerando a reprodução sexuada, explique o que o autor do texto quis dizer ao comparar cada cromossomo, e o conjunto cromossômico de uma pessoa, às mãos de cartas que se desfazem assim que são distribuídas. Considerando o mecanismo de duplicação do DNA, explique a afirmação de que os genes são para sempre.

CAPÍTULO

15 Alterações cromossômicas

Diana Taliun/Shutterstock/Glow Images

Frutas sem semente, como a melancia na foto, são resultado de alterações cromossômicas.

> Quais são os erros que podem ocorrer na distribuição dos cromossomos durante uma divisão celular?
>
> Você conhece alguma síndrome causada por alterações no número ou na estrutura dos cromossomos?

1 Alterações numéricas

Erros durante a divisão celular podem alterar os cromossomos da célula. Essas **alterações** ou **mutações cromossômicas** podem ser **numéricas** (no número de cromossomos de uma célula) ou **estruturais** (na sequência de genes de um cromossomo).

As alterações numéricas podem ser classificadas em:

- **euploidia** (*eu* = bem, correto; *ploós* = número de vezes) – ocorre quando há redução ou aumento em toda a coleção de cromossomos, formando células **n** (**monoploidia**), 3n (**triploidia**), 4n (**tetraploidia**), e assim por diante;
- **aneuploidia** (*an* = sem) – acontece quando apenas o número de certo tipo de cromossomo sofre alteração para mais ou para menos. Nesse caso, pode haver **trissomia** (três cromossomos de determinado tipo), **monossomia** (um cromossomo apenas) e **nulissomia** (falta um par de homólogos). Veja a figura 15.1.

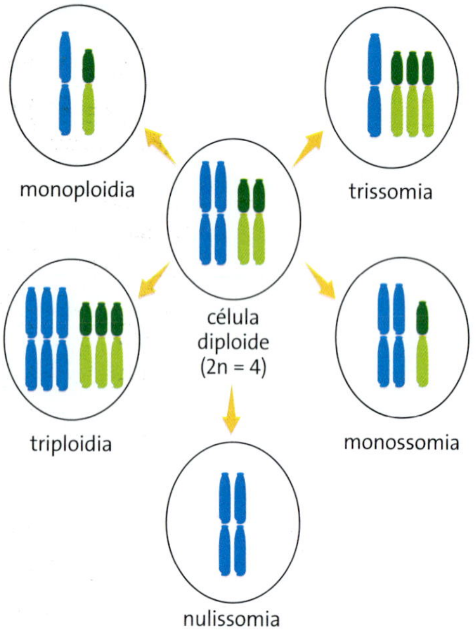

Figura 15.1 Esquema de algumas alterações cromossômicas (os elementos da figura não estão na mesma escala; cores fantasia).

Como surgem as alterações numéricas

Se uma substância, como a colchicina, interferir na formação do fuso mitótico durante a divisão celular, os cromossomos podem se duplicar sem que haja migração para os polos. Forma-se, então, uma célula com o dobro do número de cromossomos.

Em outros casos, a ação de substâncias químicas, de vírus ou de radiação pode provocar ruptura apenas em determinadas fibras do fuso mitótico ou em determinado centrômero. Se isso ocorrer em células germinativas, que sofrem meiose, os cromossomos homólogos podem não se separar, deixando de migrar um para cada polo, como normalmente ocorre na meiose (figura 15.2). Esse fenômeno – chamado **não disjunção** – pode ocorrer também na segunda divisão da meiose: as cromátides não se separam, migrando ambas para o mesmo polo.

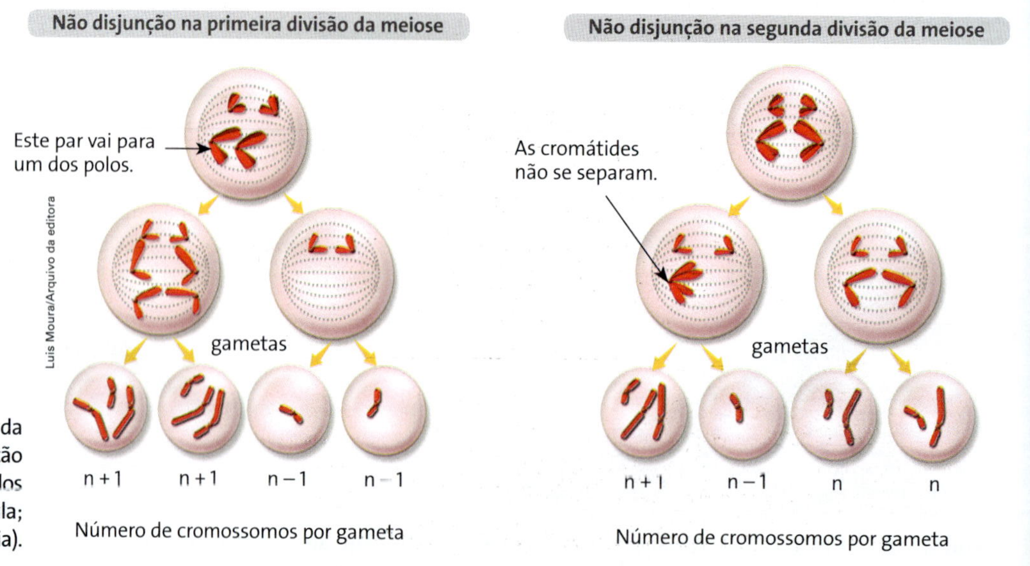

Figura 15.2 Esquemas da ocorrência de não disjunção (os elementos ilustrados não estão na mesma escala; cores fantasia).

O resultado desse processo é a formação de gametas defeituosos, com falta ou excesso de cromossomos, que poderão ser responsáveis, por exemplo, pela formação de zigotos com número anormal de cromossomos e de embriões que não se desenvolvem.

Se o embrião se desenvolver, forma-se um indivíduo com número anormal de cromossomos em todas as células. O organismo poderá apresentar então alguma síndrome (conjunto de sintomas típicos provocados por uma única causa; nesse caso, o número anormal de cromossomos).

Se a não disjunção for parcial, ela pode causar aneuploidia. Quando há não disjunção de todo o conjunto de cromossomos, ocorre euploidia; nesse caso, seria formado, por exemplo, um gameta 2n, que, fecundado por um gameta normal **n**, resultaria em um zigoto 3n (triploide).

Esse fenômeno pode ocorrer também nas seguintes situações: durante as mitoses iniciais do zigoto, no decorrer do desenvolvimento embrionário e na regeneração de tecidos do indivíduo já formado. Nessas situações, o indivíduo apresentará células com padrões diferentes, caracterizando uma condição chamada **mosaicismo**, ou seja, tecidos com células normais misturados a outros com células portadoras de padrão cromossomial anormal (figura 15.3).

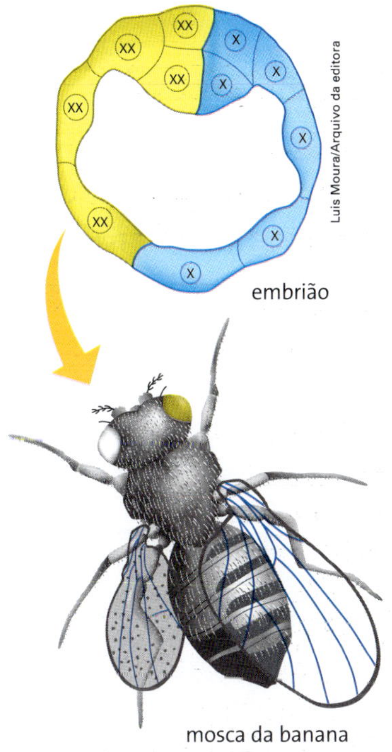

Figura 15.3 Mosca da banana (drosófila, 3 mm a 5 mm de comprimento) com um corpo assimétrico por causa de uma não disjunção seguida de perda de um cromossomo X durante as divisões iniciais do zigoto. Isso levou à formação de células geneticamente diferentes, que originaram metades do corpo com características diferentes. (Os elementos ilustrados não estão na mesma escala; cores fantasia.)

Poliploidia em vegetais

Em animais, as euploidias são raras. Elas podem ser encontradas em alguns peixes, insetos e crustáceos, mas nos mamíferos provocam geralmente um desequilíbrio genético tão grande que acarreta a morte do embrião ou, pelo menos, a esterilidade do indivíduo, por causa da meiose irregular. No ser humano é letal, causando a morte ainda no período embrionário ou, mais raramente, até um mês após o nascimento.

Entre os vegetais, no entanto, é comum haver poliploidia, presença de três ou mais conjuntos completos de cromossomos na célula. Um grande número de plantas é poliploide ou tem alguns tecidos nessa situação. Algumas vezes é difícil distinguir, pelo aspecto, uma planta poliploide; outras, o número maior de cromossomos ocasiona tamanho maior na planta. Justamente por isso são mais procuradas para o cultivo que as variedades normais, como acontece com as formas poliploides da maçã, do café, do morango, do trigo e da batata, entre outros (figura 15.4).

Figura 15.4 Duas variedades de morango. **A**: morango silvestre (*Fragaria vesca*) diploide e **B**: morango comercial (*Fragaria ananassa*) octoploide. O exemplo ilustra o gigantismo causado pela poliploidia.

Síndrome de Down

A mais comum das mutações cromossomiais é a **síndrome de Down**, que afeta um em cada mil recém-nascidos. O termo Down vem do nome do médico inglês que descreveu esse problema em 1866: John Langdom Down (1828-1896).

As pessoas com essa síndrome apresentam sinais característicos, como língua protrusa (para fora da boca), altura abaixo da média, orelhas com implantação baixa, pescoço grosso e adiposo, mãos curtas e largas com uma única linha palmar e olhos com uma prega cutânea na pálpebra superior.

Além dessas características, eles apresentam retardo ou atraso mental com deficiência, em graus variáveis, de aprendizagem, memória ou linguagem, problemas cardíacos, maior risco de infecções e leucemia (tipo de câncer dos glóbulos brancos).

Essa condição corresponde a uma trissomia do cromossomo 21, o menor cromossomo humano, com cerca de 1500 genes. O cariótipo dos portadores dessa síndrome é representado por 47, XY + 21 (homens) ou 47, XX + 21 (mulheres), ou, quando não se quer indicar o sexo, 47, + 21.

A alteração pode ser descoberta após o nascimento ou logo no início da gravidez, por meio de exames de sangue, de ultrassonografia e de técnicas que recolhem células do embrião para depois se fazer o cariótipo. Na maioria dos casos, ela acontece por falha na meiose (geralmente na primeira divisão) durante a formação do óvulo.

A chance de nascer uma criança com síndrome de Down aumenta com o avanço da idade da mãe, principalmente a partir dos 35 anos (figura 15.5).

Figura 15.5 O aumento da incidência da síndrome de Down (porcentagem de nascimentos de crianças com a síndrome) em função da idade materna.

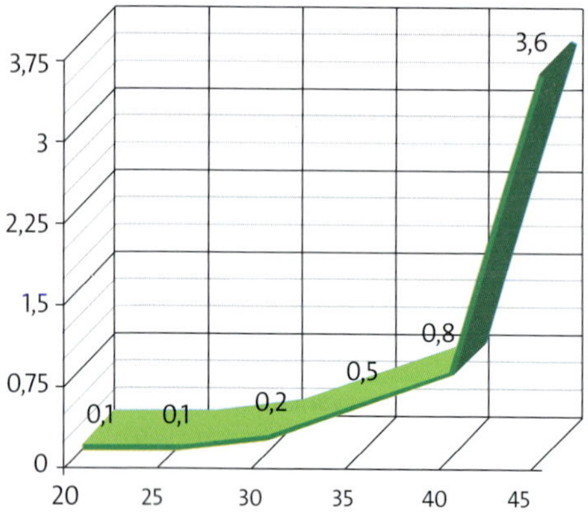

Fonte: *American Family Physician*. 15 ago. 2000.

A qualidade de vida das pessoas com síndrome de Down e o desempenho físico e mental melhoram com atendimento especializado, cuidados e estímulos adequados iniciados o mais precocemente possível.

É importante que governo e sociedade lutem contra o preconceito e a discriminação para que a criança com síndrome de Down seja tratada e respeitada como membro efetivo da sociedade e tenha a oportunidade de interagir e desenvolver suas potencialidades. Essa é uma questão ética e de cidadania.

Aprofunde seus conhecimentos

Variações na síndrome de Down

Cerca de 92% das pessoas com síndrome de Down possuem um cromossomo 21 extra em todas as células. No entanto, em 3% a 4% dos casos, o cromossomo 21 extra está ligado a outro cromossomo, geralmente o 14. Isso acontece por causa de uma alteração conhecida como translocação.

Em 2% a 4% dos casos, ocorre mosaicismo, em que há células com número normal de cromossomos e células com trissomia do cromossomo 21, por causa da não disjunção do cromossomo 21 durante as mitoses iniciais no embrião. Quanto menor o número de células com o cromossomo extra, menos afetado será o indivíduo.

Alterações nos cromossomos sexuais

Em muitas espécies, incluindo a espécie humana, há um par de cromossomos responsáveis pela diferença entre os dois sexos: os cromossomos sexuais (figura 15.6). A mulher possui dois cromossomos idênticos – cromossomos X – e o homem, um cromossomo idêntico ao da mulher e outro de tamanho menor – o cromossomo Y. Assim, a mulher é 46, XX, e o homem é 46, XY.

Essa diferença acarreta a formação de glândulas masculinas ou femininas e a consequente produção de hormônios sexuais diferentes em cada sexo. Ela pode ser verificada por meio de um exame do cariótipo ou de um processo mais simples, o teste da cromatina sexual, feito com uma leve raspagem da mucosa bucal de um indivíduo e do exame, ao microscópio, das células obtidas. Como vimos no capítulo 12, nas células de uma mulher existe uma mancha mais corada que o resto do núcleo – a cromatina sexual ou corpúsculo de Barr. Essa mancha não existe no núcleo das células masculinas (reveja a figura 12.3, na página 201).

A cromatina sexual corresponde a um cromossomo X que permanece "enrolado" durante a intérfase. Trata-se, portanto, de um cromossomo formado inteiramente, ou quase, de heterocromatina, praticamente com todos os seus genes inativos.

Com o exame da cromatina sexual é possível identificar diversas anomalias sexuais, como as síndromes de Turner, Klinefelter e a do poli-X.

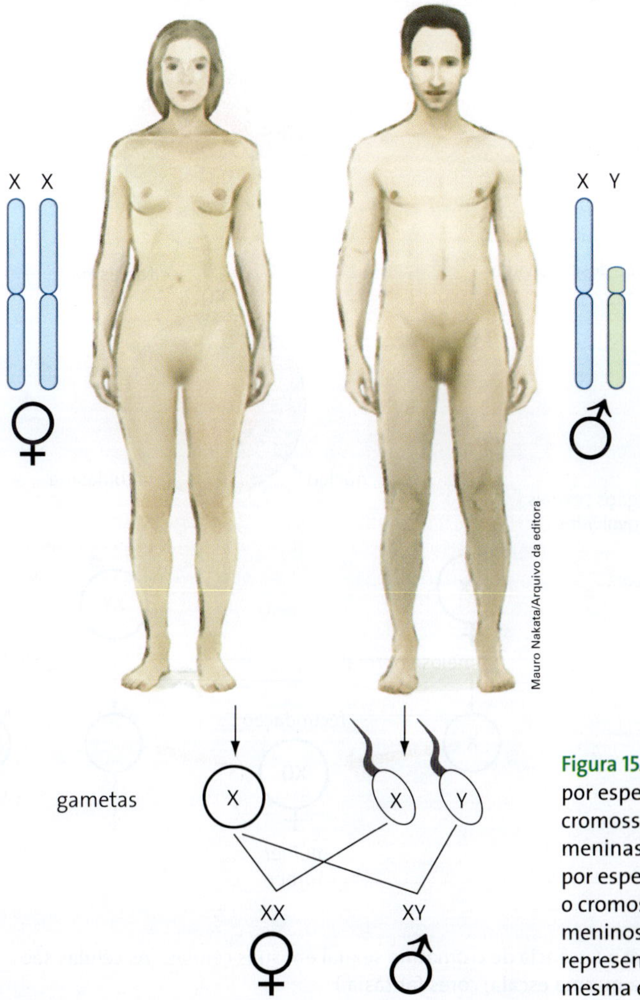

Figura 15.6 Óvulos fecundados por espermatozoides com o cromossomo X originam meninas, e óvulos fecundados por espermatozoides com o cromossomo Y geram meninos. (Os elementos representados não estão na mesma escala; cores fantasia.)

Síndrome de Turner. Descrita em 1938 por Henry Turner, resulta de uma não disjunção durante a formação do espermatozoide (figura 15.7), e a pessoa afetada é uma mulher com monossomia do cromossomo X. O cariótipo é 45, X (45 cromossomos com falta de um cromossomo X, também representado como 2AX0, em que "0" indica a ausência do cromossomo), não apresentando, portanto, cromatina sexual. Sua ocorrência está em torno de uma em 5 mil meninas. A pessoa com essa síndrome apresenta baixa estatura, órgãos sexuais e caracteres sexuais secundários pouco desenvolvidos (por falta de hormônios sexuais), tórax largo em barril, pescoço alado (com pregas cutâneas bilaterais), má-formação das orelhas, maior frequência de problemas renais e cardiovasculares e é quase sempre estéril (os ovários não produzem óvulos). O médico pode indicar tratamento hormonal a partir da puberdade. Por causa de um possível amadurecimento mental um pouco mais lento, deve ser estimulada desde cedo em casa e na escola. A síndrome pode aparecer também por não disjunção e perda de um dos cromossomos X durante a mitose na fase embrionária, o que origina mosaicismo (células XX e células X0 no mesmo indivíduo).

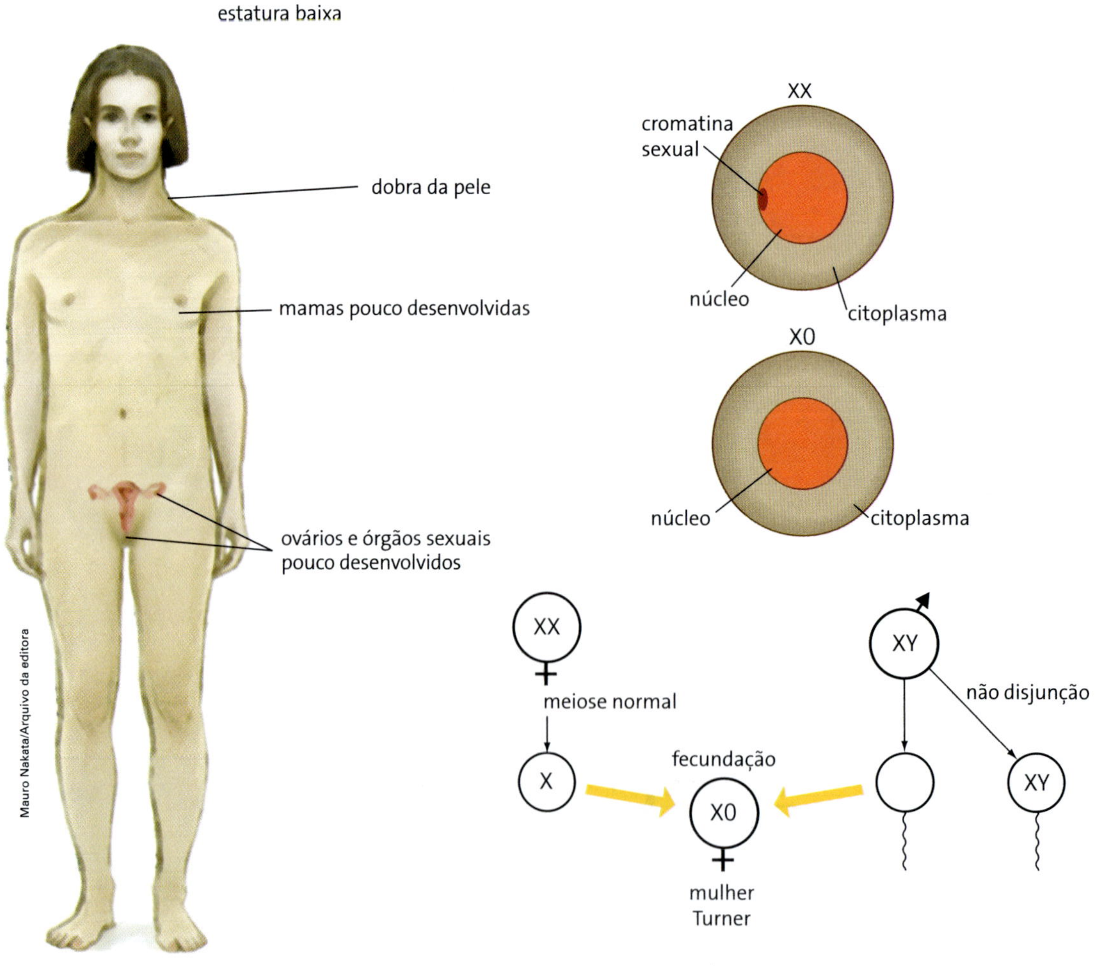

Figura 15.7 Mulher com síndrome de Turner. Observe a ausência de cromatina sexual em suas células. (As células são microscópicas; os elementos da figura não estão na mesma escala; cores fantasia.)

Síndrome de Klinefelter. Foi descrita por H. F. Klinefelter em 1942. Uma em cerca de mil crianças nasce com um cromossomo X extra (47, XXY ou 2AXXY), resultante, geralmente, de uma não disjunção na formação do óvulo (figura 15.8). Embora apresente cromatina sexual, é do sexo masculino, porque este é determinado pelo cromossomo Y, mesmo quando acompanhado de mais de um cromossomo X. Entretanto, isso geralmente provoca baixa fertilidade, com pouca ou nenhuma produção de espermatozoides (os testículos são pouco desenvolvidos) e, às vezes, desenvolvimento exagerado da glândula mamária (ginecomastia). A altura é acima da média. O tratamento hormonal pode ajudar a diminuir esses sintomas, mas não a baixa fertilidade. Em alguns casos, pode haver amadurecimento mental um pouco mais lento, que deve ser compensado por mais atividades e estímulos na escola.

Essa síndrome aparece, mais raramente, associada a homens com mais de um cromossomo X adicional (XXXY, XXXXY, etc.).

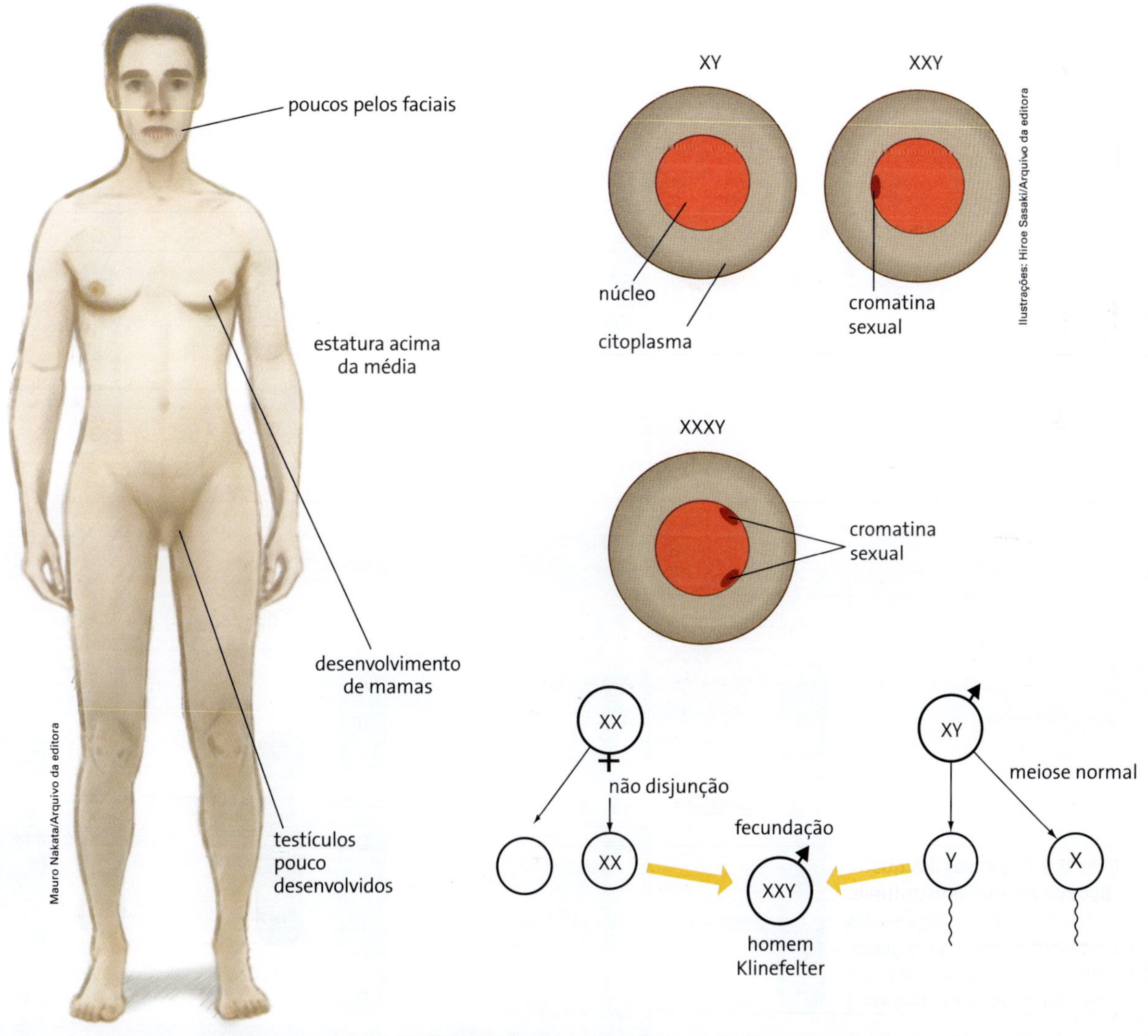

Figura 15.8 Homem com síndrome de Klinefelter. Observe a presença de uma cromatina sexual em homem XXY e de duas cromatinas sexuais em homem XXXY. (As células são microscópicas; os elementos da figura não estão na mesma escala; cores fantasia.)

2 Alterações estruturais

Quando alterações estruturais ocorrem durante a mitose das células do corpo, seus efeitos são mínimos, pois apenas algumas células serão atingidas, embora, em alguns casos, a célula alterada possa se transformar em célula cancerosa e crescer, formando um tumor.

Se essas alterações acontecem na meiose, como resultado, por exemplo, de uma permutação anormal, elas podem ser transmitidas aos descendentes, que terão cromossomos anormais em todas as células.

Existem quatro tipos de alterações estruturais: inversão, deficiência ou deleção, duplicação e translocação.

Suponha que haja ruptura (provocada por radiação, por exemplo) em determinado trecho de um cromossomo e que um pedaço desse cromossomo se solte. Se esse pedaço sofrer uma ressoldagem em posição invertida, ocorrerá **inversão** na sequência de genes (figura 15.9).

Caso ele se desloque, fixando-se em outro cromossomo homólogo (que contém genes para as mesmas características), o cromossomo original apresentará **deficiência** ou **deleção**, e o que recebeu o novo pedaço apresentará **duplicação** na sequência de seus genes.

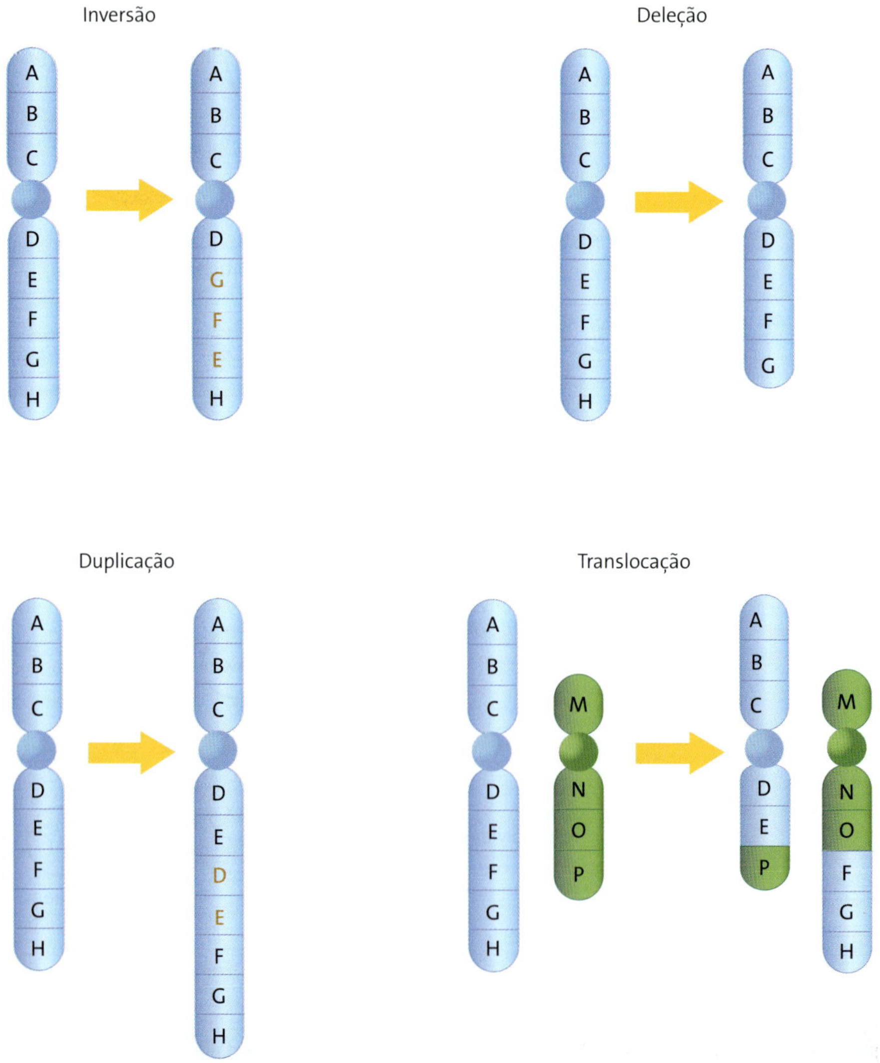

Luis Moura/Arquivo da editora

Figura 15.9 Esquemas dos quatro tipos de anomalias estruturais. As letras indicam regiões dos cromossomos com muitos genes. (Os elementos ilustrados não estão na mesma escala; cores fantasia.)

No caso da ligação desse pedaço ao cromossomo não homólogo, dizemos que houve **translocação**.

Quando ocorre o pareamento dos cromossomos homólogos na meiose, é possível, em alguns casos, identificar essas alterações pelos formatos típicos que aparecem ao microscópio (figura 15.10).

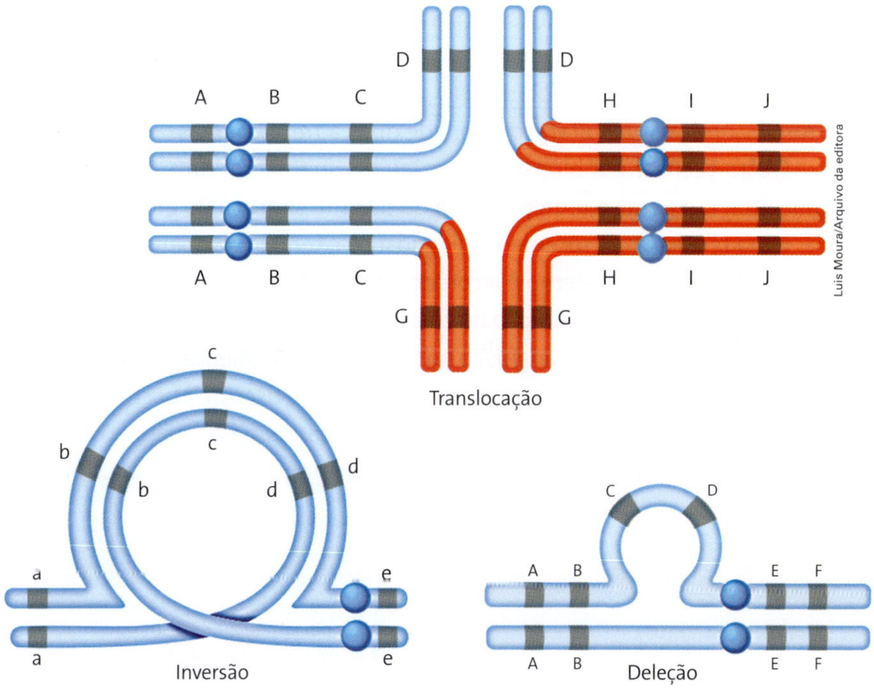

Figura 15.10 Esquema simplificado do aspecto dos cromossomos com alterações cromossômicas durante o pareamento da meiose. (Os elementos da figura não estão na mesma escala; cores fantasia.)

Alterações estruturais na espécie humana

No ser humano, a perda de um segmento de cromossomo (deleção) é quase sempre prejudicial, mas as outras alterações podem ter também efeitos benéficos, aumentando a diversidade genética e originando novas combinações de genes. Por isso, têm papel importante na evolução das espécies.

Um exemplo de deleção é a **síndrome do miado do gato**, em que falta um segmento do cromossomo 5, provocando má-formação na face e defeitos na laringe, além de deficiência neuromotora e mental. Por causa desse defeito, o choro da criança portadora dessa síndrome se assemelha a um miado de gato.

As outras anomalias estruturais podem interferir no funcionamento genético e provocar doenças, como alguns tipos de câncer, ou a morte do zigoto. Além disso, dificultam a separação de cromossomos homólogos durante a meiose, diminuindo a fertilidade do indivíduo.

Um caso bem estudado é o cromossomo Philadelphia (referência à cidade onde foi descoberto, em 1962), formado por uma translocação entre o cromossomo 22 e o 9. Essa mudança afeta um gene que controla a divisão celular, causando um tipo de leucemia.

Descobriu-se também que uma pequena porcentagem das crianças com síndrome de Down possui o terceiro cromossomo 21, ou parte dele, preso a outro cromossomo, geralmente o 14.

3 Exames na gravidez

Alguns exames permitem descobrir a existência de anomalias cromossômicas logo no início da gravidez. Uma dessas técnicas, denominada amniocentese, é feita geralmente a partir da décima quarta semana de gestação e consiste na retirada de amostra do líquido amniótico para exame das células do feto (figura 15.11). Uma pequena quantidade do líquido pode ser retirada no princípio da gravidez. Examinando essas células após cultura de tecido, faz-se o cariótipo do feto para verificar se há alguma alteração cromossômica. O resultado demora de duas a três semanas.

Outra técnica é a biópsia vilocorial, na qual se retiram amostras da placenta. Em geral, é feita por volta da décima semana de gravidez.

Uma técnica mais recente de diagnóstico e terapia de doenças de crianças ainda no útero materno é a cordocentese, feita a partir da vigésima semana. Trata-se de uma punção do cordão umbilical para retirar amostra do sangue do feto ou para transfusão no tratamento de doenças sanguíneas.

Esses exames, porém, envolvem um pequeno risco de aborto involuntário (em torno de 1%) e, por isso, são indicados para mães em idade avançada (acima dos 35 anos) ou que já tiveram um filho com alguma alteração cromossômica.

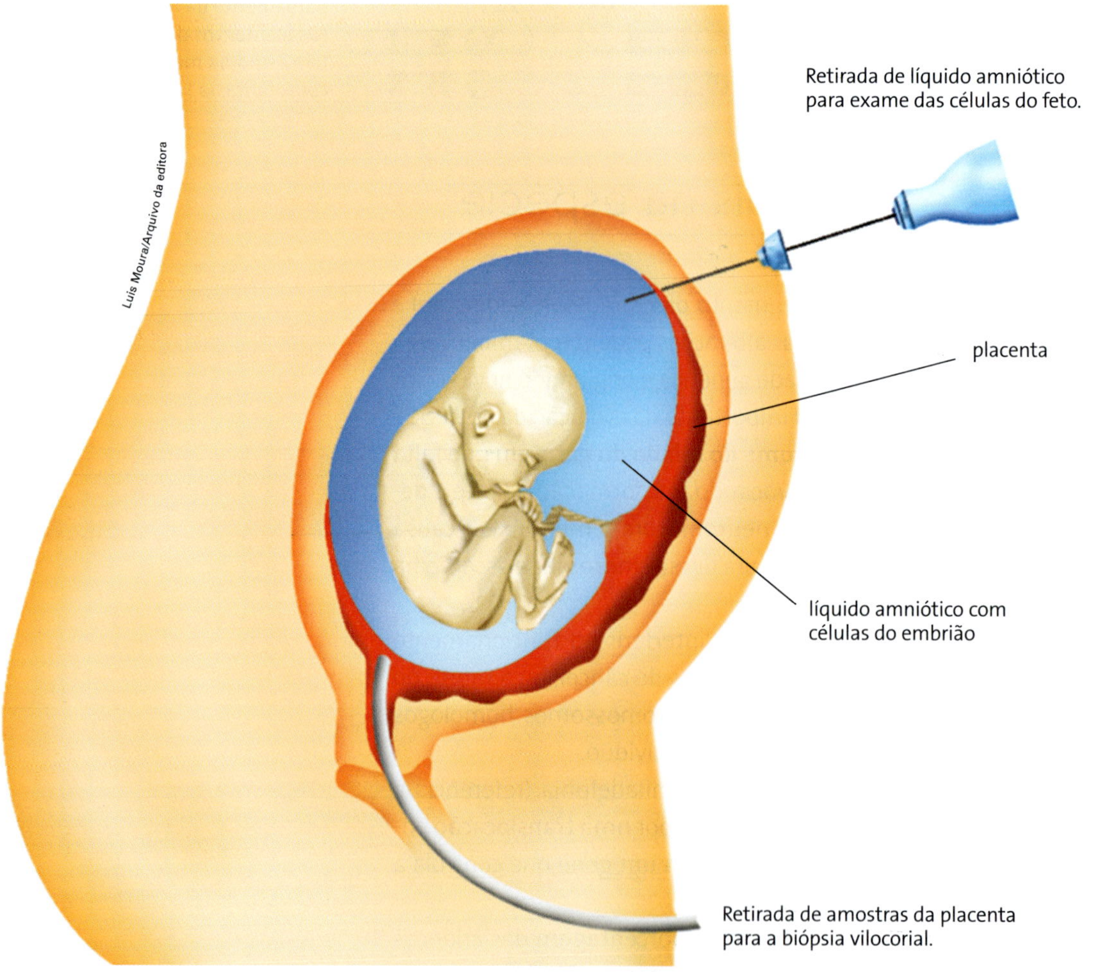

Figura 15.11 Esquema representando a realização de técnicas para a pesquisa de anomalias cromossômicas no embrião. (Os elementos do esquema não estão na mesma escala; cores fantasia.)

Atividades

1. Observe os dois cariótipos a seguir.

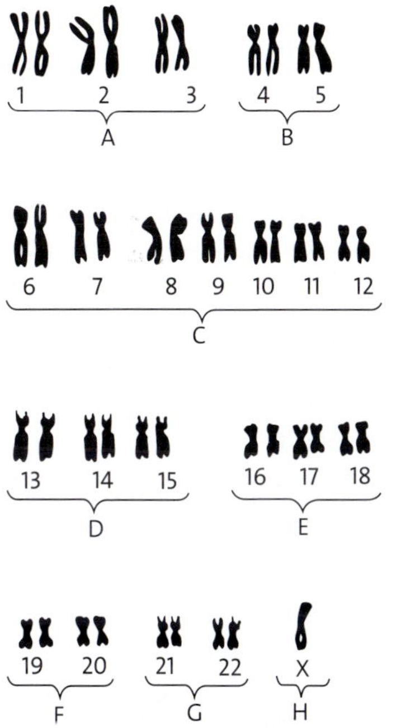

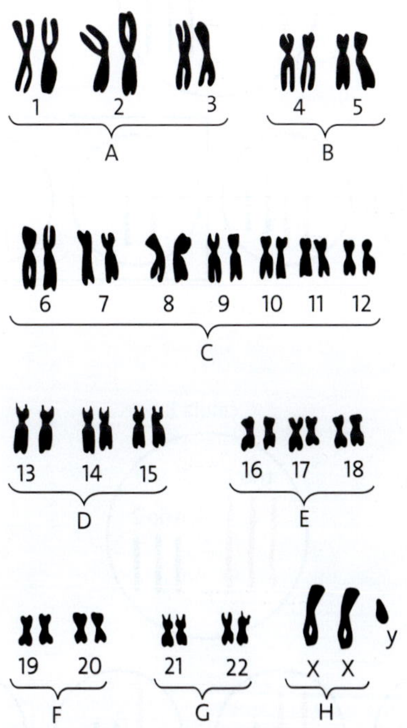

(Os elementos da figura não estão na mesma escala; cores fantasia.)

Que alterações cromossômicas podemos ver nesses cariótipos? Que síndrome elas provocam?

2. Observando um cariótipo, um pesquisador concluiu que um dos cromossomos de um dos pares sofrera deleção enquanto outro sofrera duplicação. Que características observadas fizeram com que ele chegasse a essa conclusão?

3. Na figura a seguir, está representado o cariótipo de dois espermatozoides de um homem. Note que ambos apresentam um número anormal de cromossomos: um deles possui 24 cromossomos, e o outro, 22. Observe também que o cromossomo extra de um dos gametas é justamente o mesmo tipo de cromossomo que falta no outro gameta. Que problema deve ter acontecido na formação desses gametas que deu origem a essa diferença no número de cromossomos?

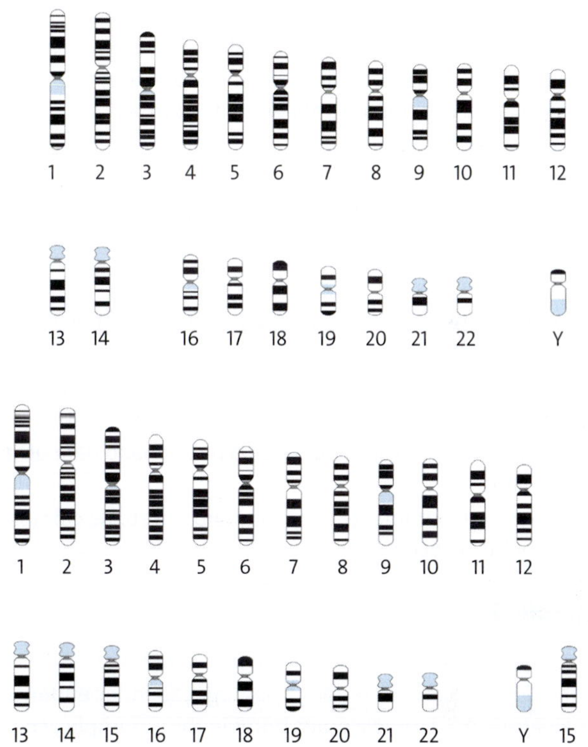

4. A figura abaixo mostra um teste de cromatina sexual. Explique como esse teste permite a identificação tanto do sexo de um indivíduo como de determinadas alterações nos cromossomos sexuais.

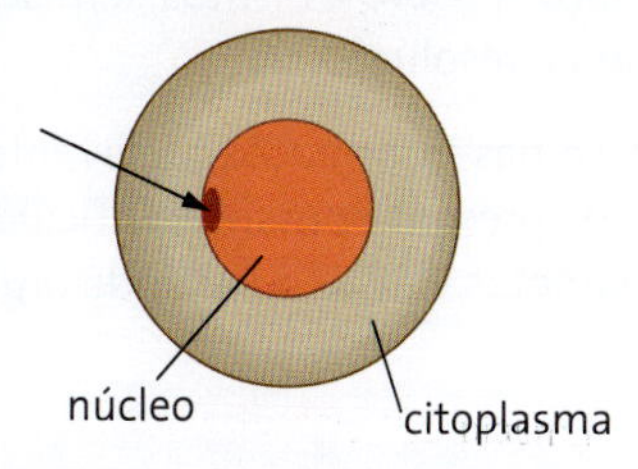

Hiroe Sasaki/Arquivo da editora

5. Imagine que uma célula tenha apenas um par de cromossomos. Em seu caderno, esquematize como seria uma versão triploide dessa célula.

6. Suponha que existisse uma espécie portadora de um sistema de reparo perfeito para mutações gênicas e cromossômicas. Sabendo que, com o tempo, o ambiente se modifica, diga o que poderia acontecer com essa espécie a longo prazo. Justifique sua resposta.

Pensando no Enem

Quando adquirimos frutas no comércio, observamos com mais frequência frutas sem ou com poucas sementes. Essas frutas têm grande apelo comercial e são preferidas por uma parcela cada vez maior da população. Em plantas que normalmente são diploides, isto é, apresentam dois cromossomos de cada par, uma das maneiras de produzir frutas sem sementes é gerar plantas com uma ploidia diferente de dois, geralmente triploide. Uma das técnicas de produção dessas plantas triploides é a geração de uma planta tetraploide (com 4 conjuntos de cromossomos), que produz gametas diploides e promove a reprodução dessa planta com uma planta diploide normal.

A planta triploide oriunda desse cruzamento apresentará uma grande dificuldade de gerar gametas viáveis, pois como a segregação dos cromossomos homólogos na meiose I é aleatória e independente, espera-se que

a) os gametas gerados sejam diploides.
b) as cromátides irmãs sejam separadas ao final desse evento.
c) o número de cromossomos encontrados no gameta seja 23.
d) um cromossomo de cada par seja direcionado para uma célula-filha.
e) um gameta raramente terá o número correto de cromossomos da espécie.

Resolução

Esta questão aborda conhecimentos sobre a divisão celular. É necessário entender a segregação independente e aleatória dos cromossomos homólogos e as implicações da formação de gametas em um organismo triploide.

Assim como frequentemente aparece no Enem, essa questão apresenta diversas informações, que podem ou não ter utilidade para a resolução do problema. Neste caso as informações sobre as frutas sem sementes são irrelevantes para a resolução.

Concentrando-se nas informações relevantes, é pedido que o candidato apresente possíveis dificuldades para a formação de gametas viáveis a partir de organismos triploides.

O problema

Para resolver a questão proposta, é necessário compreender a segregação aleatória e independente dos cromossomos homólogos.

No caso da planta triploide, cada célula que dará origem a duas células gaméticas terá que dividir seus trios de cromossomos homólogos entre as duas células-filhas.

Isso impõe um problema aos gametas, visto que muitos cromossomos serão divididos de forma desigual, tendo duas cópias de um homólogo e uma cópia de outro homólogo por célula, por exemplo.

Assim, essa segregação independente dificilmente dará origem a gametas com a mesma ploidia em todos os homólogos, dificultando então a viabilidade dos gametas, como diz a **alternativa e**.

Considere o exemplo: um organismo tem apenas dois trios de homólogos, o trio "1" e o trio "2". Vamos supor que duas células desse organismo vão gerar gametas: a célula "A" e a célula "B".

Como a segregação é aleatória e independente, cada gameta pode ter uma ploidia diferente.

Veja o desenho a seguir:

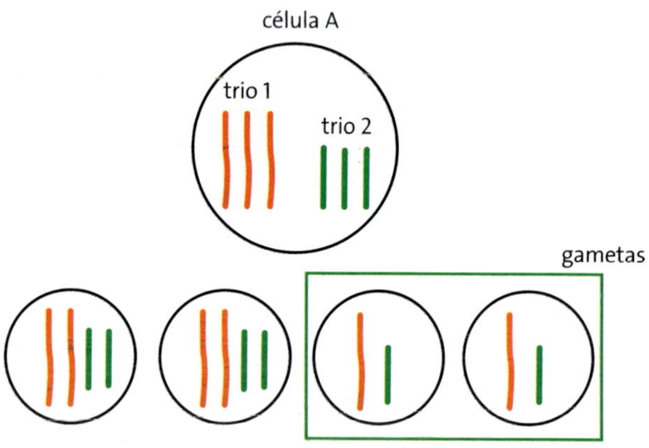

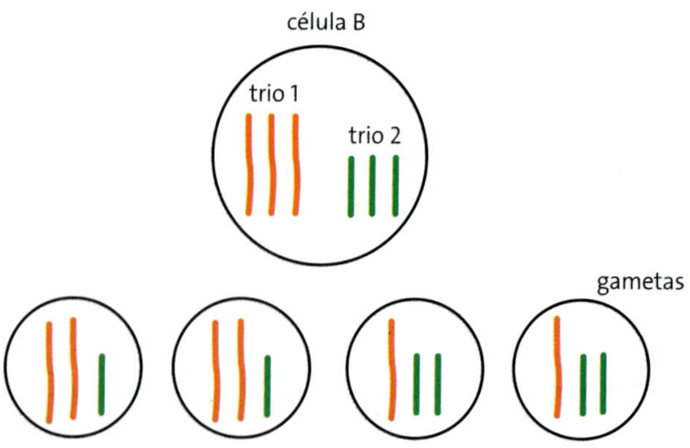

Os gametas destacados pelo retângulo verde são os únicos que apresentam o número haploide correto de cromossomos.

Resposta: **E.**

Vestibulares de Norte a Sul

1. **SE** (UFMG) Analise o gráfico:

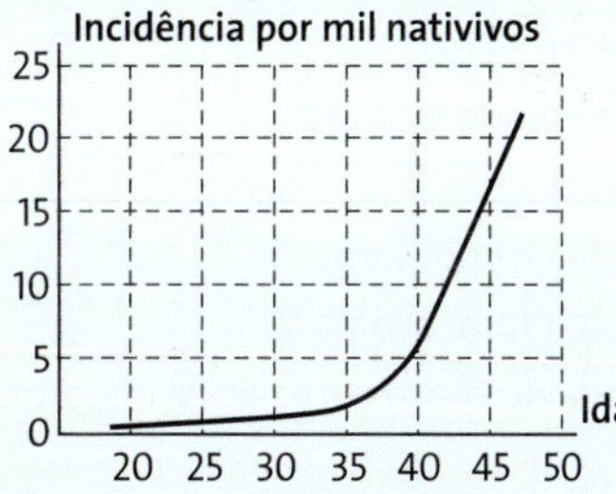

Com base nas informações desse gráfico, todas as afirmativas sobre a correlação entre o nascimento de crianças com síndrome de Down e a idade materna estão corretas, exceto:

a) A frequência aumenta com a idade avançada.
b) A frequência esperada aos 40 anos é cerca de 0,5%.
c) A incidência aos 35 anos é, aproximadamente, a metade da incidência aos 40 anos.
d) A incidência aos 45 anos é, aproximadamente, três vezes maior que aos 40 anos.
e) A probabilidade de incidência abaixo de 20 anos é zero.

2. **SE** (PUC-RJ) Na espécie humana, se um óvulo normal for fecundado por um espermatozoide portador de 24 cromossomos, será originado um indivíduo:

a) 2n = 46, normal.
b) 2n = 47, trissômico.
c) 2n = 47, triploide.
d) 2n = 48, tetrassômico.
e) 2n = 48, tetraploide

3. **SE** (Cesgranrio-RJ) Assinale a alternativa que apresenta três casos de aberração cromossômica que envolvem alteração numérica nos cromossomos.

a) deleção, monossomia e inversão.
b) inversão, poliploidia e monossomia.
c) haploidia, triploidia e trissomia.
d) deleção, inversão e duplicação.
e) poliploidia, nulissomia e translocação.

4. **SE** (PUC-RJ) Qual das alternativas apresenta a constituição cromossômica de um indivíduo que possui dois corpúsculos de Barr nas células interfásicas?

a) 45, X0
b) 46, XX
c) 46, XY
d) 47, XXY
e) 48, XXXY

5. **SE** (PUCC-SP) Observe o cariótipo a seguir, obtido a partir de células diploides de uma pessoa.

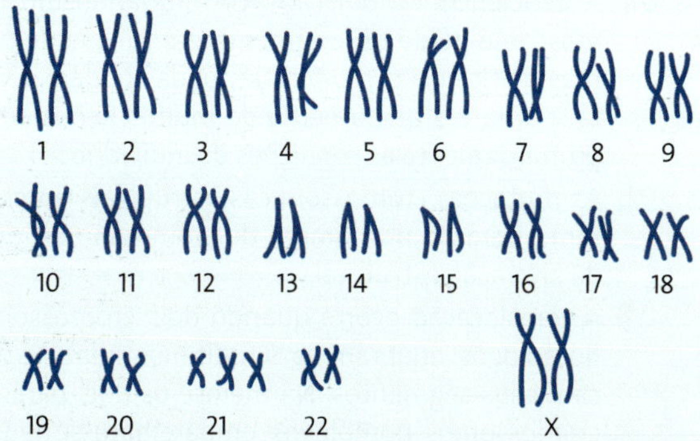

Sua análise permite afirmar que ele pode pertencer a uma mulher:

a) normal, com 47 cromossomos.
b) com síndrome de Down.
c) com síndrome de Klinefelter.
d) com daltonismo.
e) com polidactilia.

6. **SE** (Uerj) Pela análise dos cromossomos, é possível detectar a anomalia que caracteriza a síndrome de Down. O esquema a seguir apresenta quatro eventos da divisão celular.

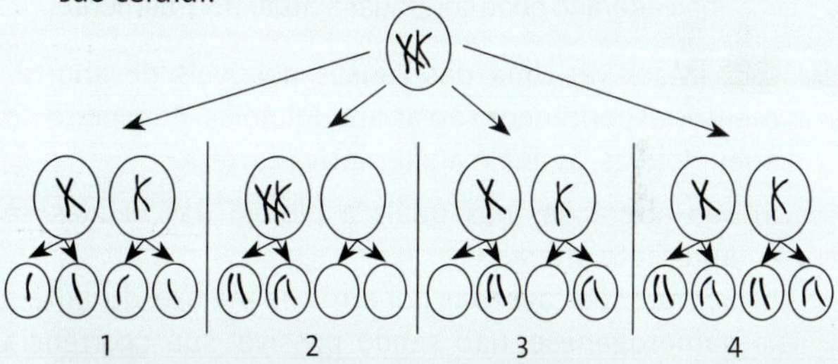

Os eventos possíveis da meiose que levam à síndrome de Down são os de número:

a) 1 e 4.
b) 1 e 3.
c) 2 e 3.
d) 2 e 4.

7. **SE** (Ufes) O esquema **A** representa uma célula 2n cromossomos. Os esquemas **B** e **C** representam, respectivamente, os fenômenos de:

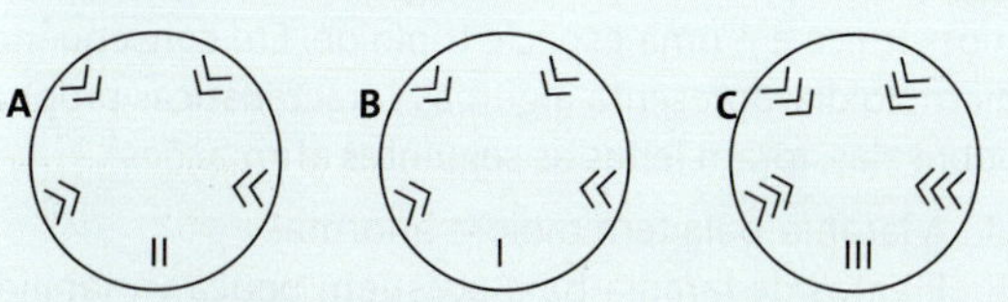

a) monossomia e trissomia.
b) haploidia e trissomia.
c) monossomia e triploidia.
d) haploidia e triploidia.
e) euploidia e aneuploidia.

8. **S** (UEPG-PR) A permutação é um processo que permite a recombinação entre os genes, aumentando a variabilidade genética nas populações. O aumento da variabilidade genética pode ocorrer por mudanças estruturais nos cromossomos, chamadas mutações cromossômicas estruturais. A respeito dessas mutações, assinale o que for correto.

01) A deficiência ou deleção ocorre quando um cromossomo perde um segmento em função de quebras. Deficiências muito acentuadas podem ser letais, uma vez que a perda de muitos genes altera profundamente as condições do indivíduo.

02) As mutações cromossômicas estruturais apresentam alteração no número de cromossomos, além da alteração estrutural.

04) A translocação ocorre quando dois cromossomos homólogos quebram-se simultaneamente e trocam seus segmentos. Na meiose os dois pares de cromossomos homólogos emparelham-se lado a lado em função da translocação.

08) A inversão ocorre quando um cromossomo sofre quebra em dois pontos e o segmento entre as quebras apresenta um giro de 180 graus, soldando-se invertido no cromossomo. A sequência de genes apresenta-se, assim, invertida em relação à anterior.

16) A duplicação corresponde à ocorrência de um ou mais segmentos em dose dupla, em um mesmo cromossomo e nem sempre reduz a viabilidade do organismo. Naqueles que toleram duplicações, um dos trechos em duplicata pode sofrer mutação sem que isso interfira na adaptabilidade do organismo, pois o outro trecho não alterado pode continuar a atuar normalmente.

9. **SE** (Mack-SP) Uma das causas possíveis de abortamentos espontâneos são as aneuploidias. A respeito de aneuploidias, assinale a alternativa correta.

a) São alterações nas quais a ploidia das células se apresenta alterada.
b) Sempre são causadas por erros na meiose, durante a gametogênese, não sendo possível sua ocorrência após a fecundação.
c) Há casos em que um indivíduo aneuploide pode sobreviver.
d) Em todos os casos, o indivíduo apresenta cromossomos a mais.
e) A exposição a radiações não constitui fator de risco para a ocorrência desse tipo de situação.

10. **SE** (Unifesp) A laranja-baía surgiu de uma mutação cromossômica e é uma espécie triploide. Em consequência da triploidia, apresenta algumas características próprias. Sobre elas, foram feitas as seguintes afirmações:

I. A laranja-baía tem meiose anormal.
II. Plantas de laranja-baía possuem pouca variabilidade genética.
III. Todas as plantas de laranja-baía são clones.

Está correto o que se afirma em

a) I, apenas.
b) II, apenas.
c) III, apenas.
d) I e II, apenas.
e) I, II e III.

11. **CO** (UFMT) As alterações cromossômicas têm importante papel em pediatria por causa das síndromes. Sobre o assunto, numere o segundo quadro de acordo com o primeiro.

1 – Síndrome de Down
2 – Síndrome de Turner
3 – Síndrome de Edwards
4 – Síndrome do miado do gato

( ) Trissomia do cromossomo 18
( ) Trissomia do cromossomo 21
( ) Monossomia do braço curto do cromossomo 5
( ) 45 XO

Marque a sequência correta.

a) 3, 2, 1, 4
b) 3, 1, 4, 2
c) 4, 2, 1, 3
d) 4, 3, 2, 1
e) 2, 3, 4, 1

12. **SE** (Vunesp-SP) Leia a placa informativa presente em uma churrascaria.

Porcos e javalis são subespécies de uma mesma espécie, *Sus scrofa*. A referência ao número de cromossomos justifica-se pelo fato de que são considerados javalis puros apenas os indivíduos com 36 cromossomos. Os porcos domésticos possuem 38 cromossomos e podem cruzar com javalis.

Desse modo, é correto afirmar que:

a) os animais com 37 cromossomos serão filhos de um leitão ou de uma leitoa, mas não de um casal de javalis.
b) um híbrido de porco e javali, conhecido como javaporco, terá 74 cromossomos, tendo herdado o material genético de ambas as subespécies.
c) do cruzamento de uma leitoa com um javali devem resultar híbridos fêmeas com 38 cromossomos e híbridos machos com 36 cromossomos.
d) os animais não puros terão o mesmo número de cromossomos do porco doméstico, mas não o número cromossômico do javali.
e) os animais puros, aos quais o restaurante se refere, são filhos de casais em que pelo menos um dos animais paternos tem 36 cromossomos.

13. **S** (UFSC) Aproximadamente uma a cada 600 crianças nasce com síndrome de Down, pois anomalias cromossômicas são frequentes na população. Na grande maioria dos casos, isso se deve à presença de um cromossomo 21 extranumerário. Quando bem assistidas, pessoas com síndrome de Down alcançam importantes marcos no desenvolvimento e podem estudar, trabalhar e ter uma vida semelhante à dos demais cidadãos. Sobre as anomalias no número de cromossomos, é CORRETO afirmar que:

01) ocorrem ao acaso, sempre devido a um erro na ovulogênese.
02) podem acontecer devido a erros na transcrição do RNA.
04) podem ocorrer tanto na espermatogênese quanto na ovulogênese.
08) ocorrem mais em meninas do que em meninos.
16) ocorrem somente em filhos e filhas de mulheres que dão à luz em idade avançada.
32) ocorrem preferencialmente em populações de menor renda, com menor escolaridade e pouca assistência médica.
64) estão intimamente ligadas à separação incorreta dos cromossomos na meiose.

14. **S** (Udesc) Analise as proposições abaixo, em relação às mutações:

I. As mutações gênicas são alterações na sequência dos nucleotídeos do material genético.
II. As mutações cromossômicas numéricas são aquelas que não modificam a quantidade de cromossomos de uma célula e sim a estrutura do cromossomo.
III. As euploidias são casos de mutações cromossômicas, ocorrendo redução ou aumento em toda a coleção de cromossomos com a formação de células n, 3n, 4n e sucessivamente.
IV. A síndrome de Down é um tipo de mutação cromossômica estrutural em que ocorre a trissomia do cromossomo 21; a síndrome do *Cri du Chat* é um exemplo de mutação cromossômica numérica que ocorre na ausência de um fragmento do braço curto do cromossomo 5.

Assinale a alternativa CORRETA.

a) Somente as afirmativas III e IV são verdadeiras.
b) Somente as afirmativas II e IV são verdadeiras.
c) Somente as afirmativas I, II e III são verdadeiras.
d) Somente as afirmativas I, II e IV são verdadeiras.
e) Somente as afirmativas I e III são verdadeiras.

15. **SE** (EEWB-MG) Um determinado casal, ambos com cariótipo normal, têm um filho com cariótipo 2n = 47, XYY.

Podemos inferir que o cromossomo Y extra foi decorrente de erro na:

a) meiose I da mãe.
b) meiose II da mãe.
c) meiose II do pai.
d) meiose I do pai.

16. **NE** (UFC-CE) Uma mulher com a idade de 40 anos está grávida do primeiro filho. Ela sabe que, devido à sua idade, o bebê tem maior probabilidade de ser portador de alguma anomalia cromossômica. A cariotipagem pré-natal é o exame mais indicado para esclarecer estas dúvidas na fase uterina.

Pergunta-se:

a) Em que consiste este exame?
b) Que exemplos de anomalias cromossômicas podem ser detectados através deste exame (cite dois exemplos)?

17. **SE** (Unicamp-SP) Considere as duas fases da meiose de um organismo com 2n = 6 cromossomos esquematizadas a seguir e responda:

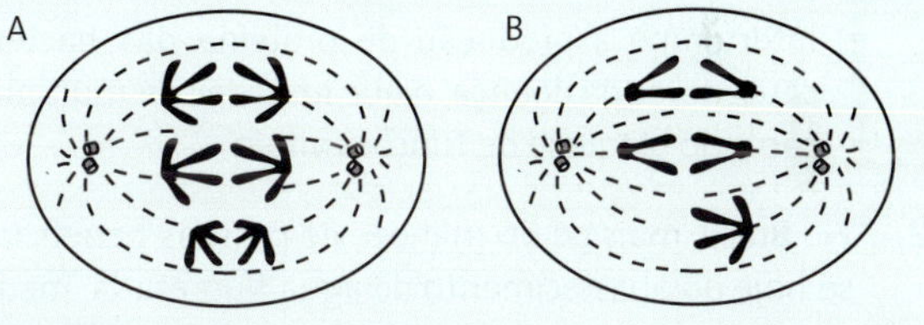

a) Que fases estão representadas na figura A e na B? Justifique.
b) Que tipo de alteração aparece em uma das figuras? Em relação aos cromossomos, como serão as células resultantes de um processo de divisão com essa alteração?
c) Dê um exemplo de anomalia que seja causada por esse tipo de alteração na espécie humana, cujo número normal de cromossomos é 2n = 46.

18. **S** (UFPR) Na síndrome de Down, geralmente ocorre uma trissomia do cromossomo 21, ou seja, a pessoa apresenta três cópias (cromátides) desse cromossomo, ao invés de apenas duas. Na maioria dos casos de síndrome de Down, a terceira cópia do cromossomo 21 é originada devido a um erro durante a formação dos gametas do pai ou da mãe. Que tipo de erro, durante a formação dos gametas do pai ou da mãe do portador de síndrome de Down, leva a uma trissomia como essa?

19. **SE** (Unip-SP) O número diploide (2n) de um organismo é 18. Quantos cromossomos podemos encontrar em um tetrassômico?

Caiu no Enem

1. Na embalagem de um antibiótico, encontra-se uma bula que, entre outras informações, explica a ação do remédio do seguinte modo: O medicamento atua por inibição da síntese proteica bacteriana.

   Essa afirmação permite concluir que o antibiótico:

   a) impede a fotossíntese realizada pelas bactérias causadoras da doença e, assim, elas não se alimentam e morrem.
   b) altera as informações genéticas das bactérias causadoras da doença, o que impede manutenção e reprodução desses organismos.
   c) dissolve as membranas das bactérias responsáveis pela doença, o que dificulta o transporte de nutrientes e provoca a morte delas.
   d) elimina os vírus causadores da doença, pois não conseguem obter as proteínas que seriam produzidas pelas bactérias que parasitam.
   e) interrompe a produção de proteína das bactérias causadoras da doença, o que impede sua multiplicação pelo bloqueio de funções vitais.

2. "No Brasil, mais de 66 milhões de pessoas beneficiam-se hoje do abastecimento de água fluoretada, medida que vem reduzindo, em cerca de 50%, a incidência de cáries. Ocorre, entretanto, que profissionais da saúde muitas vezes prescrevem flúor oral ou complexos vitamínicos com flúor para crianças ou gestantes, levando à ingestão exagerada da substância. O mesmo ocorre com o uso abusivo de algumas marcas de água mineral que contêm flúor. O excesso de flúor – fluorose – nos dentes pode ocasionar desde efeitos estéticos até defeitos estruturais graves.

   Foram registrados casos de fluorose tanto em cidades com água fluoretada pelos poderes públicos como em outras abastecidas por lençóis freáticos que naturalmente contêm flúor."

   (Adaptado de: APCD. *Revista da Associação Paulista de Cirurgiões Dentistas*, v. 53, n. 1, jan.-fev. 1999.)

   Com base nesse texto, são feitas as afirmações abaixo:

   I. A fluoretação da água é importante para a manutenção do esmalte dentário, porém não pode ser excessiva.
   II. Os lençóis freáticos citados contêm compostos de flúor em concentrações superiores às existentes na água tratada.
   III. As pessoas que adquiriram fluorose podem ter utilizado outras fontes de flúor, além da água de abastecimento público, como cremes dentais e vitaminas com flúor.

   Pode-se afirmar que apenas:

   a) I é correta.
   b) II é correta.
   c) III é correta.
   d) I e III são corretas.
   e) II e III são corretas.

3. Considere a situação em que foram realizados dois experimentos, designados de experimentos A e B, com dois tipos celulares, denominados células 1 e 2. No experimento A, as células 1 e 2 foram colocadas em uma solução aquosa contendo cloreto de sódio ($NaC\ell$) e glicose ($C_6H_{12}O_6$), com baixa concentração de oxigênio.

   No experimento B foi fornecida às células 1 e 2 a mesma solução, porém com alta concentração de oxigênio, semelhante à atmosférica. Ao final do experimento, mediu-se a concentração de glicose na solução extracelular em cada uma das quatro situações. Este experimento está representado no quadro abaixo.

Experimento A		**Experimento B**	
Células 1	**Células 2**	**Células 1**	**Células 2**
$NaC\ell$ e glicose baixa concentração de oxigênio		$NaC\ell$ e glicose alta concentração de oxigênio	

   Foi observado no experimento A que a concentração de glicose na solução que banhava as células 1 era maior que a da solução contendo as células 2 e esta era menor que a concentração inicial. No experimento B, foi observado que a concentração de glicose na solução das células 1 era igual à das células 2 e esta era idêntica à observada no experimento A, para as células 2, ao final do experimento.

   Pela interpretação do experimento descrito, pode-se observar que o metabolismo das células estudadas está relacionado às condições empregadas no experimento, visto que as:

   a) células 1 realizam metabolismo aeróbio.
   b) células 1 são incapazes de consumir glicose.
   c) células 2 consomem mais oxigênio que as células 1.
   d) células 2 têm maior demanda de energia que as células 1.
   e) células 1 e 2 obtiveram energia a partir de substratos diferentes.

4. Nas recentes expedições espaciais que chegaram ao solo de Marte e através dos sinais fornecidos por diferentes sondas e formas de análise, vem sendo investigada a possibilidade da existência de água naquele planeta. A motivação principal dessas investigações, que ocupam frequentemente o noticiário sobre Marte, deve-se ao fato de que a presença de água indicaria, naquele planeta:

a) a existência de um solo rico em nutrientes e com potencial para a agricultura.
b) a existência de ventos, com possibilidade de erosão e formação de canais.
c) a possibilidade de existir ou ter existido alguma forma de vida semelhante à da Terra.
d) a possibilidade de extração de água visando ao seu aproveitamento futuro na Terra.
e) a viabilidade, em futuro próximo, do estabelecimento de colônias humanas em Marte.

5. A figura seguinte representa um modelo de transmissão da informação genética nos sistemas biológicos. No fim do processo, que inclui a replicação, a transcrição e a tradução, há três formas proteicas diferentes denominadas a, b e c.

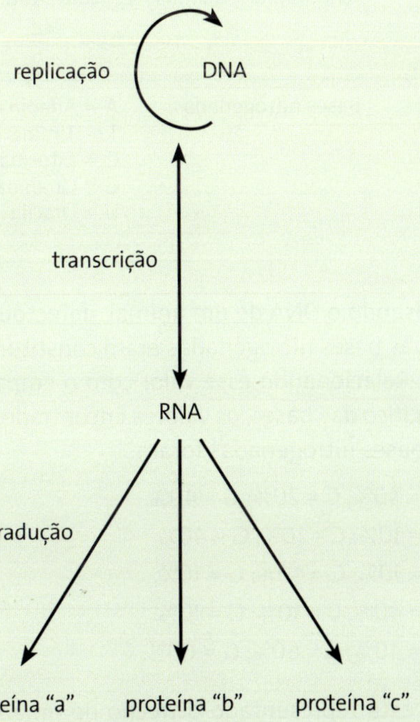

Depreende-se do modelo que:

a) a única molécula que participa da produção de proteínas é o DNA.
b) o fluxo de informação genética, nos sistemas biológicos, é unidirecional.
c) as fontes de informação ativas durante o processo de transcrição são as proteínas.
d) é possível obter diferentes variantes proteicas a partir de um mesmo produto de transcrição.
e) a molécula de DNA possui forma circular e as demais moléculas possuem forma de fitas simples linearizadas.

6. Alguns fatores podem alterar a rapidez das reações químicas. A seguir, destacam-se três exemplos no contexto da preparação e da conservação de alimentos:

1. A maioria dos produtos alimentícios se conserva por muito mais tempo quando submetidos à refrigeração. Esse procedimento diminui a rapidez das reações que contribuem para a degradação de certos alimentos.
2. Um procedimento muito comum utilizado em práticas de culinária é o corte dos alimentos para acelerar o seu cozimento, caso não se tenha uma panela de pressão.
3. Na preparação de iogurtes, adicionam-se ao leite bactérias produtoras de enzimas que aceleram as reações envolvendo açúcares e proteínas lácteas.

Com base no texto, quais são os fatores que influenciam a rapidez das transformações químicas relacionadas aos exemplos 1, 2 e 3, respectivamente?

a) Temperatura, superfície de contato e concentração.
b) Concentração, superfície de contato e catalisadores.
c) Temperatura, superfície de contato e catalisadores.
d) Superfície de contato, temperatura e concentração.
e) Temperatura, concentração e catalisadores.

7. A fotossíntese é importante para a vida na Terra. Nos cloroplastos dos organismos fotossintetizantes, a energia solar é convertida em energia química que, juntamente com água e gás carbônico (CO_2), é utilizada para a síntese de compostos orgânicos (carboidratos). A fotossíntese é o único processo de importância biológica capaz de realizar essa conversão. Todos os organismos, incluindo os produtores, aproveitam a energia armazenada nos carboidratos para impulsionar os processos celulares, liberando CO_2 para a atmosfera e água para a célula por meio da respiração celular. Além disso, grande fração dos recursos energéticos do planeta, produzidos tanto no presente (biomassa) como em tempos remotos (combustível fóssil), é resultante da atividade fotossintética.

As informações sobre obtenção e transformação dos recursos naturais por meio dos processos vitais de fotossíntese e respiração, descritas no texto, permitem concluir que:

a) o CO_2 e a água são moléculas de alto teor energético.
b) os carboidratos convertem energia solar em energia química.
c) a vida na Terra depende, em última análise, da energia proveniente do Sol.
d) o processo respiratório é responsável pela retirada de carbono da atmosfera.
e) a produção de biomassa e de combustível fóssil, por si, é responsável pelo aumento de CO_2 atmosférico.

8. Um molusco, que vive no litoral oeste dos EUA, pode redefinir tudo o que se sabe sobre a divisão entre animais e vegetais. Isso porque o molusco (*Elysia chlorotica*) é um híbrido de bicho com planta. Cientistas americanos descobriram que o molusco conseguiu incorporar um gene das algas e, por isso, desenvolveu a capacidade de fazer fotossíntese. É o primeiro animal a se "alimentar" apenas de luz e CO_2, como as plantas.

GARATONI, B. *Superinteressante*. Edição 276, mar. 2010 (adaptado).

A capacidade de o molusco fazer fotossíntese deve estar associada ao fato de o gene incorporado permitir que ele passe a sintetizar:

a) clorofila, que utiliza a energia do carbono para produzir glicose.
b) citocromo, que utiliza a energia da água para formar oxigênio.
c) clorofila, que doa elétrons para converter gás carbônico em oxigênio.
d) citocromo, que doa elétrons da energia luminosa para produzir glicose.
e) clorofila, que transfere a energia da luz para compostos orgânicos.

9. O milho-verde recém-colhido tem um sabor adocicado. Já o milho-verde comprado na feira, um ou dois dias depois de colhido, não é mais tão doce, pois cerca de 50% dos carboidratos responsáveis pelo sabor adocicado são convertidos em amido nas primeiras 24 horas. Para preservar o sabor do milho-verde pode-se usar o seguinte procedimento em três etapas:

1º) descascar e mergulhar as espigas em água fervente por alguns minutos;

2º) resfriá-las em água corrente;

3º) conservá-las na geladeira.

A preservação do sabor original do milho-verde pelo procedimento descrito pode ser explicada pelo seguinte argumento:

a) O choque térmico converte as proteínas do milho em amido até a saturação; este ocupa o lugar do amido que seria formado espontaneamente.
b) A água fervente e o resfriamento impermeabilizam a casca dos grãos de milho, impedindo a difusão de oxigênio e a oxidação da glicose.
c) As enzimas responsáveis pela conversão desses carboidratos em amido são desnaturadas pelo tratamento com água quente.
d) Microrganismos que, ao retirarem nutrientes dos grãos, convertem esses carboidratos em amido são destruídos pelo aquecimento.
e) O aquecimento desidrata os grãos de milho, alterando o meio de dissolução onde ocorreria espontaneamente a transformação desses carboidratos em amido.

Considere o enunciado a seguir para responder às questões 10 e 11.

10. João ficou intrigado com a grande quantidade de notícias envolvendo DNA: clonagem da ovelha Dolly, terapia gênica, testes de paternidade, engenharia genética, etc. Para conseguir entender as notícias, estudou a estrutura da molécula de DNA e seu funcionamento e analisou os dados do quadro a seguir.

I	A T C C G G A T G C T T T A G G C C T A C G A A
II	A T C C G G A T G C T T ⇓ U A G G C C U A C G A A
III	U A G G C C U A C G A A ⇓ Metionina Alanina Leucina Glutamato
IV	Bases nitrogenadas: A = Adenina T = Timina C = Citosina G = Guanina U = Uracila

Analisando o DNA de um animal, detectou-se que 40% de suas bases nitrogenadas eram constituídas por adenina. Relacionando esse valor com o emparelhamento específico das bases, os valores encontrados para as outras bases nitrogenadas foram:

a) T = 40%; C = 20%; G = 40%.
b) T = 10%; C = 10%; G = 40%.
c) T = 10%; C = 40%; G = 10%.
d) T = 40%; C = 10%; G = 10%.
e) T = 40%; C = 60%; G = 60%.

11. Em I está representado o trecho de uma molécula de DNA. Observando o quadro, pode-se concluir que:

a) a molécula de DNA é formada por duas cadeias caracterizadas por sequências de bases nitrogenadas.
b) na molécula de DNA podem existir diferentes tipos de complementação de bases nitrogenadas.
c) a quantidade de A presente em uma das cadeias é exatamente igual à quantidade de A da cadeia complementar.
d) na molécula de DNA podem existir cinco diferentes tipos de bases nitrogenadas.
e) no processo de mitose cada molécula de DNA dá origem a quatro moléculas de DNA exatamente iguais.

12. Um fabricante afirma que um produto disponível comercialmente possui DNA vegetal, elemento que proporcionaria melhor hidratação dos cabelos.

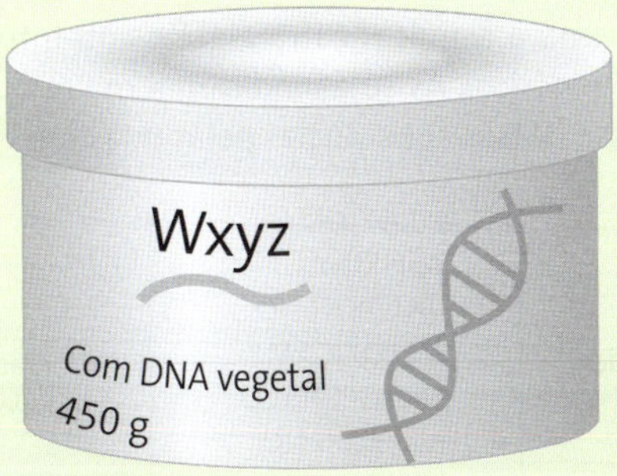

Maspi/Arquivo da editora

Sobre as características químicas dessa molécula essencial à vida, é correto afirmar que o DNA:

a) de qualquer espécie serviria, já que tem a mesma composição.
b) de origem vegetal é diferente quimicamente dos demais, pois possui clorofila.
c) das bactérias poderia causar mutações no couro cabeludo.
d) dos animais encontra-se sempre enovelado e é de difícil absorção.
e) de características básicas, assegura sua eficiência hidratante.

13. Um medicamento, após ser ingerido, atinge a corrente sanguínea e espalha-se pelo organismo, mas, como suas moléculas "não sabem" onde é que está o problema, podem atuar em locais diferentes do local "alvo" e desencadear efeitos além daqueles desejados. Não seria perfeito se as moléculas dos medicamentos soubessem exatamente onde está o problema e fossem apenas até aquele local exercer sua ação? A técnica conhecida como iontoforese, indolor e não invasiva, promete isso. Como mostram as figuras, essa nova técnica baseia-se na aplicação de uma corrente elétrica de baixa intensidade sobre a pele do paciente, permitindo que fármacos permeiem membranas biológicas e alcancem a corrente sanguínea, sem passar pelo estômago. Muitos pacientes relatam apenas um formigamento no local de aplicação. O objetivo da corrente elétrica é formar poros que permitam a passagem do fármaco de interesse. A corrente elétrica é distribuída por eletrodos, positivo e negativo, por meio de uma solução aplicada sobre a pele. Se a molécula do medicamento tiver carga elétrica positiva ou negativa, ao entrar em contato com o eletrodo de carga de mesmo sinal, ela será repelida e forçada a entrar na pele (eletrorrepulsão – A). Se for neutra, a molécula será forçada a entrar na pele juntamente com o fluxo de solvente fisiológico que se forma entre os eletrodos (eletrosmose – B).

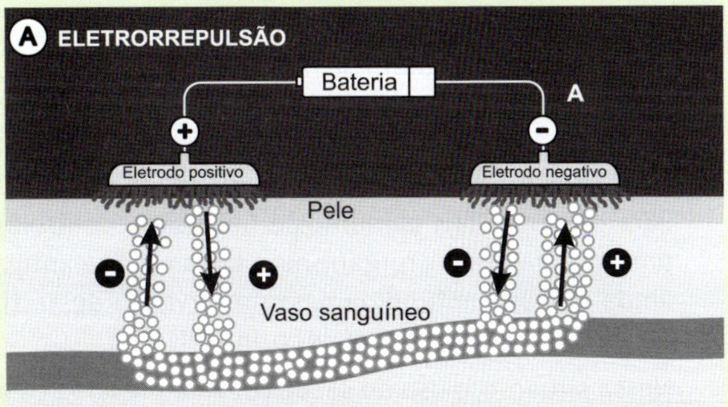

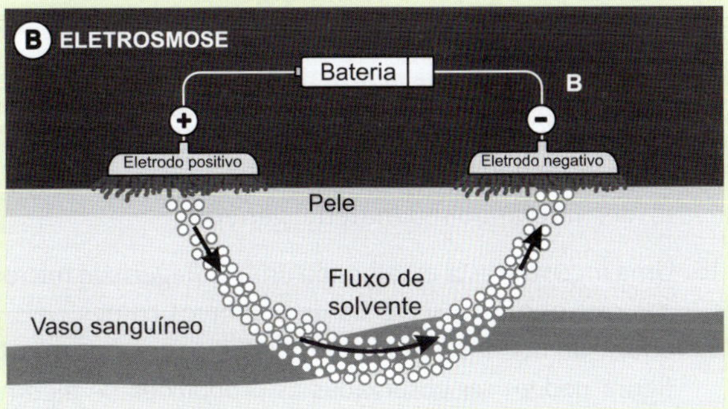

GRATIERI, T; GELFUSO, G. M.; LOPES, R. F. V. Medicação do futuro: iontoforese facilita entrada de fármacos no organismo. *Ciência Hoje*, v. 44, n. 259, maio 2009 (adaptado).

De acordo com as informações contidas no texto e nas figuras, o uso da iontoforese:

a) provoca ferimento na pele do paciente ao serem introduzidos os eletrodos, rompendo o epitélio.
b) aumenta o risco de estresse nos pacientes, causado pela aplicação da corrente elétrica.
c) inibe o mecanismo de ação dos medicamentos no tecido-alvo, pois estes passam a entrar por meio da pele.
d) diminui o efeito colateral dos medicamentos, se comparados com aqueles em que a ingestão se faz por via oral.
e) deve ser eficaz para medicamentos constituídos de moléculas polares e ineficaz, se essas forem apolares.

14. Para a identificação de um rapaz vítima de acidente, fragmentos de tecidos foram retirados e submetidos à extração de DNA nuclear, para comparação com o DNA disponível dos possíveis familiares (pai, avô materno, avó materna, filho e filha). Como o teste com o DNA nuclear não foi conclusivo, os peritos optaram por usar também DNA mitocondrial, para dirimir dúvidas.

Para identificar o corpo, os peritos devem verificar se há homologia entre o DNA mitocondrial do rapaz e o DNA mitocondrial do(a)

a) pai.
b) filho.
c) filha.
d) avó materna.
e) avô materno.

15. Alimentos como carnes, quando guardados de maneira inadequada, deterioram-se rapidamente devido à ação de bactérias e fungos. Esses organismos se instalam e se multiplicam rapidamente por encontrarem aí condições favoráveis de temperatura, umidade e nutrição. Para preservar tais alimentos é necessário controlar a presença desses microrganismos. Uma técnica antiga e ainda bastante difundida para preservação desse tipo de alimento é o uso do sal de cozinha (NaCℓ).

Nessa situação, o uso do sal de cozinha preserva os alimentos por agir sobre os microrganismos:

a) desidratando suas células.
b) inibindo sua síntese proteica.
c) inibindo sua respiração celular.
d) bloqueando sua divisão celular.
e) desnaturando seu material genético.

16. Uma indústria está escolhendo uma linhagem de microalgas que otimize a secreção de polímeros comestíveis, os quais são obtidos do meio de cultura de crescimento. Na figura podem ser observadas as proporções de algumas organelas presentes no citoplasma de cada linhagem.

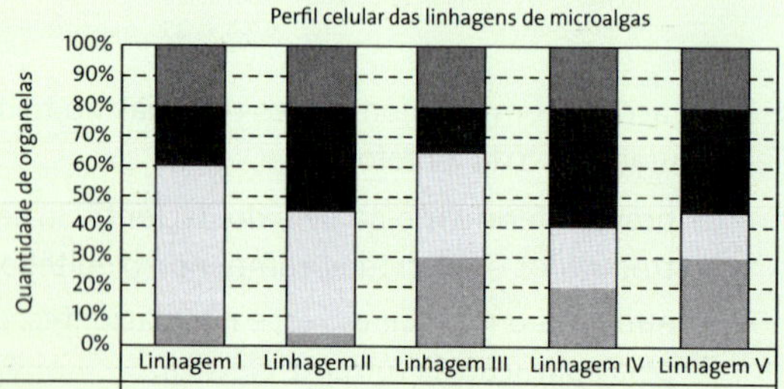

	Linhagem I	Linhagem II	Linhagem III	Linhagem IV	Linhagem V
Núcleo	20	20	20	20	20
Retículo endoplasmático	20	35	15	40	35
Complexo golgiense	50	40	35	20	15
Mitocôndrias	10	5	30	20	30

Qual é a melhor linhagem para se conseguir maior rendimento de polímeros secretados no meio de cultura?

a) I.
b) II.
c) III.
d) IV.
e) V.

17. Os efeitos dos anti-inflamatórios estão associados à presença de inibidores da enzima chamada ciclo-oxigenase 2 (COX-2). Essa enzima degrada substâncias liberadas de tecidos lesados e as transforma em prostaglandinas pró-inflamatórias, responsáveis pelo aparecimento de dor e inchaço.

Os anti-inflamatórios produzem efeitos colaterais decorrentes da inibição de uma outra enzima, a COX-1, responsável pela formação de prostaglandinas, protetoras da mucosa gastrintestinal.

O esquema a seguir mostra alguns anti-inflamatórios (nome genérico). As setas indicam a maior ou a menor afinidade dessas substâncias pelas duas enzimas.

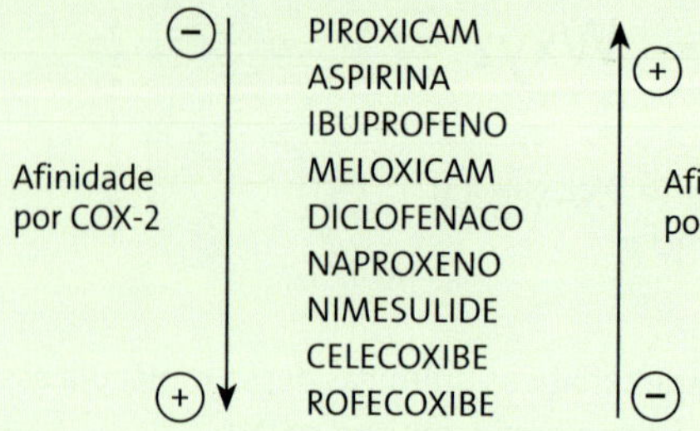

Com base nessas informações, é correto concluir que:

a) o piroxicam é o anti-inflamatório que mais pode interferir na formação de prostaglandinas protetoras da mucosa gastrintestinal.
b) o rofecoxibe é o anti-inflamatório que tem a maior afinidade pela enzima COX-1.
c) a aspirina tem o mesmo grau de afinidade pelas duas enzimas.
d) o diclofenaco, pela posição que ocupa no esquema, tem sua atividade anti-inflamatória neutralizada pelas duas enzimas.
e) o nimesulide apresenta o mesmo grau de afinidade pelas enzimas COX-1 e COX-2.

18. O DNA (ácido desoxirribonucleico), material genético de seres vivos, é uma molécula de fita dupla, que pode ser extraída de forma caseira a partir de frutas, como morango ou banana amassados, com uso de detergente, de sal de cozinha, de álcool comercial e de uma peneira ou de um coador de papel. O papel do detergente nessa extração de DNA é:

a) aglomerar o DNA em solução para que se torne visível.
b) promover lise mecânica do tecido para obtenção do DNA.
c) emulsificar a mistura para promover a precipitação do DNA.
d) promover atividades enzimáticas para acelerar a extração do DNA.
e) romper as membranas celulares para liberação do DNA em solução.

Respostas

Vestibulares de Norte a Sul

Capítulo 1

1. a
2. d
3. a
4. a
5. c
6. b

Capítulo 2

1. b
2. F, V, V
3. c
4. e
5. b
6. c
7. a

Capítulo 3

1. c
2. a
3. b
4. c
5. 01 + 02 + 04 = 07

Capítulo 4

1. d
2. b
3. c
4. a
5. e
6. V, F, V, F
7. d
8. c
9. c

Capítulo 5

1. e
2. b
3. c
4. d
5. a
6. d
7. c
8. a
9. 01 + 02 + 04 + 08 + 16 + 64 = 95
10. c
11. a
12. d
13. a

Capítulo 6

1. c
2. V, F, F, V
3. a
4. e
5. b
6. F, V, F, F, V
7. e
8. a
9. d
10. c
11. b
12. d
13. c
14. e

Capítulo 7

1. 01 + 02 + 04 = 07
2. e
3. e
4. b
5. d
6. e
7. c
8. a
9. d
10. b
11. c
12. a
13. b

Capítulo 8

1. b
2. e
3. c
4. a
5. d
6. a
7. e
8. b
9. b
10. a
11. 01 + 02 + 04 + 16 = 23
12. 02 + 04 + 08 = 14
13. d
14. a

Capítulo 9

1. d
2. c
3. d
4. c
5. d
6. c
7. d
8. a
9. b
10. b
11. b
12. e
13. d
14. b
15. c
16. b
17. d
18. c

Capítulo 10

1. b
2. b
3. a
4. d
5. d
6. c
7. a
8. d
9. a
10. a
11. c
12. d
13. a
14. e
15. c
16. b

Capítulo 11

1. e
2. a
3. V, V, F, F
4. d
5. d
6. V, F, F, V, V
7. c
8. a
9. b
10. d
11. e
12. e
13. b
14. b
15. 08 + 16 = 24
16. d
17. a

Capítulo 12

1. b
2. a
3. c
4. b
5. c
6. c
7. c
8. a
9. d
10. b
11. V, V, V, F
12. a
13. c
14. b
15. d
16. 02 + 04 = 06
17. c
18. a

Capítulo 13

1. b
2. b
3. a
4. b
5. c
6. d
7. b
8. b
9. a
10. b
11. b
12. a

Capítulo 14

1. a
2. d
3. e
4. b
5. b
6. e
7. 04 + 08 + 32 = 44
8. a
9. F, F, V, F, V
10. e
11. a
12. c
13. a
14. b
15. b
16. d

Capítulo 15

1. e
2. b
3. c
4. e
5. b
6. c
7. c
8. 01 + 08 + 16 = 25
9. c
10. e
11. b
12. a
13. 04 + 64 = 68
14. e
15. c

Caiu no Enem

1. e
2. d
3. a
4. c
5. d
6. c
7. c
8. e
9. c
10. d
11. a
12. a
13. d
14. d
15. a
16. a
17. a
18. e

Parte 2

Reprodução e desenvolvimento embrionário dos animais

Histologia animal

A origem da vida

Reprodução e desenvolvimento embrionário dos animais

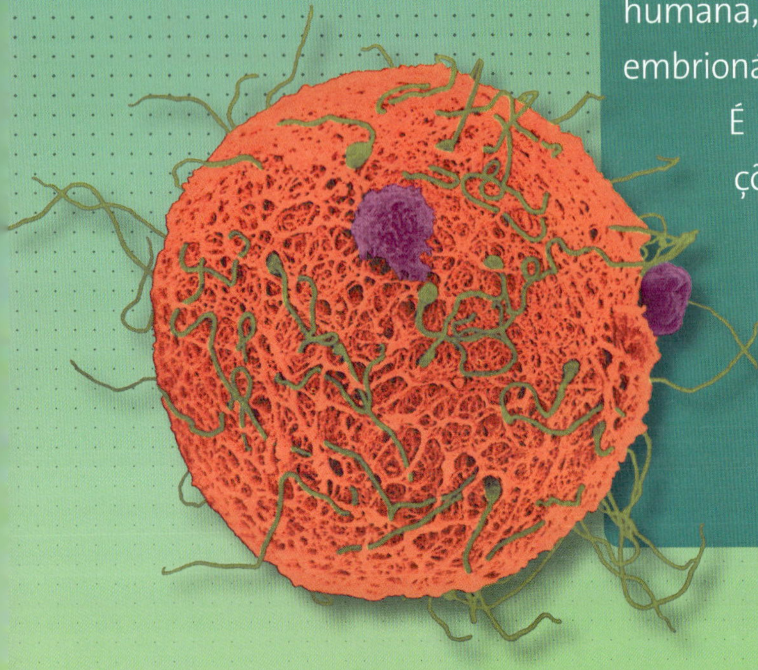

A reprodução é fundamental para a espécie humana e os seres vivos em geral. Se, em algum momento da evolução humana, tivéssemos perdido a capacidade de nos reproduzir, nossa espécie já estaria extinta.

Por meio da reprodução um organismo produz descendentes e passa para eles os seus genes. Nos capítulos a seguir, vamos conhecer os dois tipos básicos de reprodução — sexuada e assexuada, com destaque para a reprodução humana, bem como para o desenvolvimento embrionário dos animais.

É sempre importante lembrar que relações sexuais e reprodução envolvem emoções, sentimentos e comportamentos que são influenciados pela cultura. E cada pessoa tem sua personalidade, sua maneira de pensar e de agir, seus valores éticos e espirituais, seus projetos de vida.

CAPÍTULO 16 Reprodução

Hxdbzxy/Shutterstock/Glow Images

Filhote de crocodilo saindo do ovo.

↘ *Quais são os dois tipos básicos de reprodução?*

↘ *Que diferenças existem entre o sistema genital masculino e o feminino?*

↘ *Como se dá a fecundação? Quais os principais métodos anticoncepcionais?*

↘ *Como podemos reduzir os riscos de contrair doenças sexualmente transmissíveis?*

1 Reprodução assexuada

Na reprodução assexuada há a participação de apenas um indivíduo, e os descendentes são formados por mitoses.

A reprodução assexuada origina seres geneticamente idênticos entre si. Nos organismos unicelulares, essa reprodução costuma ocorrer por **divisão binária**, também chamada **bipartição** ou **cissiparidade** (*scissus* = dividido; *pari* = par; sufixo *dade* = qualidade de). Veja a figura 16.1.

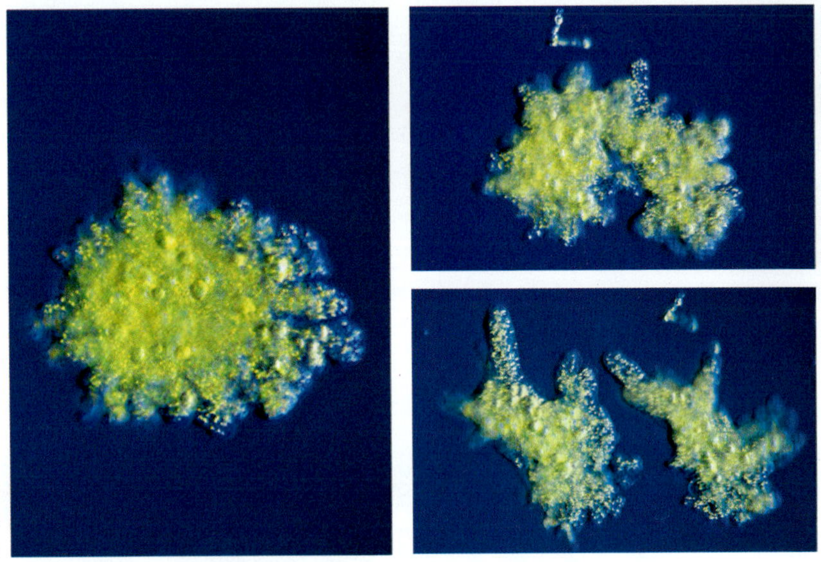

Fotos: Carolina Biological/Visuals Unlimited/Corbis/Latinstock

Figura 16.1 Foto (ao microscópio óptico) da reprodução de uma ameba (cerca de 0,7 mm), um organismo unicelular.

Na **laceração**, também chamada **fragmentação** ou **fissão**, o corpo do animal parte-se em dois ou mais pedaços, e cada pedaço regenera por mitoses a parte perdida, originando dois ou mais indivíduos. Esse fenômeno ocorre em poríferos, cnidários, vermes e equinodermos. A planária, por exemplo, pertence ao grupo dos platelmintos – vermes de corpo achatado. Esse animal "estica" seu corpo e o parte em dois pedaços. Cada pedaço origina um indivíduo inteiro (figura 16.2), o que é possível graças ao grande poder de regeneração desse animal.

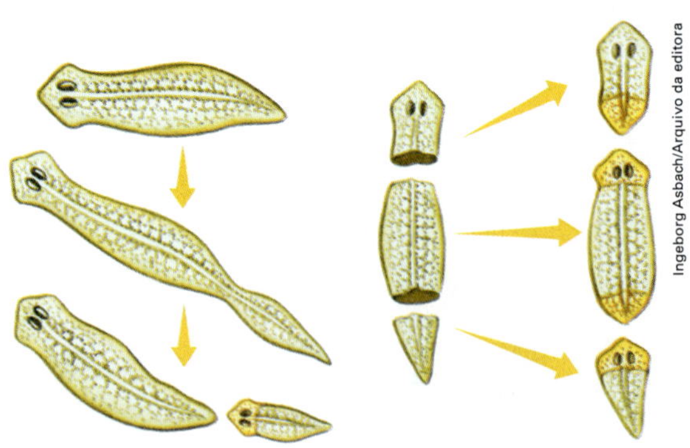

Ingeborg Asbach/Arquivo da editora

A planária pode esticar o corpo e partir-se em duas. Cada parte regenera a parte que está faltando.

Cada uma das três partes da planária é capaz de originar um animal completo.

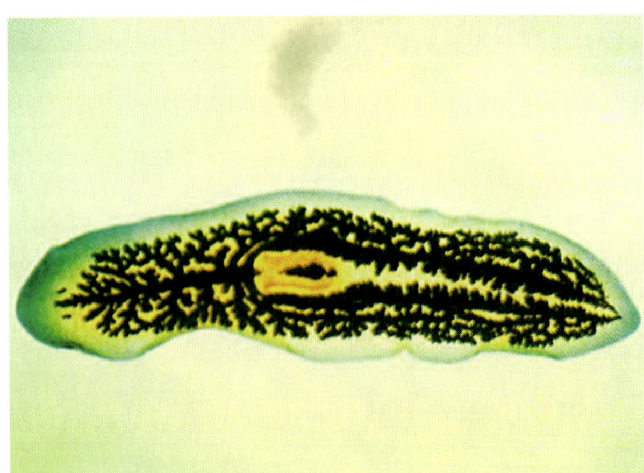

Lester V. Bergman/Corbis/Latinstock

Figura 16.2 Na ilustração, representação de reprodução assexuada e capacidade de regeneração das planárias (cores fantasia). Na foto, planária ao microscópio de luz (cerca de 15 mm de comprimento; a parte escura é o tubo digestório).

No **brotamento** ou **gemiparidade** (*gemma* = broto; *parere* = parir) ocorre um processo inverso ao da laceração. Primeiro, há um crescimento por sucessivas mitoses; depois, ocorre o corte. Observe na figura 16.3 o caso da hidra (um animal aquático do grupo dos cnidários, ao qual pertencem também os corais, as anêmonas e as águas-vivas). Em uma parte do corpo cresce um **broto**, que corresponde a um esboço de filhote. Em seguida, esse broto se desprende e continua a crescer isoladamente do indivíduo original. Algumas vezes o broto não se desliga e, com o aparecimento de novos brotamentos, o conjunto pode formar uma colônia, como os corais ou as colônias de esponjas.

Nas plantas, encontramos tanto reprodução sexuada como assexuada. Esta última ocorre, por exemplo, quando caules ou folhas originam novas plantas completas. Isso acontece de forma natural em caules subterrâneos e rasteiros. A reprodução das plantas será estudada no volume 2.

Figura 16.3 Brotamento em uma hidra (*Hydra oligactis*), um invertebrado aquático (cerca de 1 mm de comprimento).

2 Reprodução sexuada

A reprodução sexuada está presente na maioria das espécies pluricelulares. Mesmo entre aquelas que se reproduzem de forma assexuada, quase todas apresentam, periodicamente, reprodução sexuada, ainda que simples.

De modo geral, pode-se dizer que a reprodução sexuada se caracteriza pela formação de gametas (**gametogênese**) e pela **fecundação** ou fertilização (união dos gametas). Nesse tipo de reprodução, há alternância entre meiose, que origina células haploides (com metade dos cromossomos das outras células), e fecundação, que restaura o número diploide de cromossomos.

A reprodução sexuada envolve dois indivíduos, e cada um contribui com um gameta, a não ser quando são indivíduos hermafroditas (assunto que será tratado adiante). A união dos gametas produz uma célula-ovo ou zigoto diploide, que, por mitoses, forma um novo indivíduo. Na maioria das espécies, os organismos masculinos produzem **espermatozoides**, gametas pequenos e móveis, e os femininos, **óvulos** (ovócitos II na espécie humana e em outros mamíferos), gametas grandes e imóveis.

Embora a reprodução sexuada envolva maior gasto de tempo e de energia (o indivíduo tem de produzir gametas, encontrar parceiros, etc.; na reprodução assexuada pode ser produzida grande quantidade de indivíduos em curto intervalo de tempo), ela apresenta vantagens, pois, enquanto pela reprodução assexuada são produzidos indivíduos geneticamente iguais (exceto quando ocorrem mutações), pela sexuada originam-se filhos com variedade genética muito grande. Isso porque os gametas são geneticamente distintos e podem associar-se de várias maneiras por meio da fecundação.

A gametogênese ocorre nas **glândulas sexuais** ou **gônadas** (*gónos* = geração, semente). Os espermatozoides são produzidos por espermatogênese nos **testículos** (*testis* = testemunha); os óvulos (na espécie humana, ovócitos) são produzidos por ovulogênese (ou ovogênese) nos **ovários**.

A espermatogênese e a ovulogênese são semelhantes e podem ser divididas, basicamente, em três fases: **multiplicação** (também chamada **fase germinativa**), **crescimento** e **maturação**. Na espermatogênese ocorre ainda a fase de **especialização** ou **espermiogênese**.

Aprofunde seus conhecimentos

Vantagem da variabilidade genética

Ao longo dos anos várias hipóteses foram propostas para explicar por que a maior variabilidade genética gerada pela reprodução sexuada é vantajosa.

Uma das hipóteses é a de que a reprodução sexuada é uma proteção contra doenças causadas por parasitas. Alguns indivíduos poderiam apresentar combinações genéticas que os tornariam mais resistentes aos parasitas que atacavam seus pais. Esses indivíduos teriam novas proteínas na membrana das células nas quais as proteínas dos parasitas não se encaixariam. Sem esse encaixe, um vírus, por exemplo, não poderia entrar na célula. Em outras palavras, as proteínas dos parasitas funcionariam como "chaves" que não poderiam mais abrir as novas "fechaduras" do organismo. Assim, ao mesmo tempo que novos vírus surgem por evolução, novas "fechaduras" seriam sempre produzidas pelos hospedeiros.

As espécies com reprodução assexuada estariam mais suscetíveis a ataques de parasitas. Isso também acontece com monoculturas agrícolas, em que há pouca variabilidade genética, sendo necessário usar agrotóxicos para evitar a destruição por pragas.

Espermatogênese

A fase de multiplicação (figura 16.4) começa no testículo do embrião. Nessa etapa, células embrionárias, chamadas **células germinativas primordiais**, multiplicam-se e originam **espermatogônias**, que, a partir da puberdade, dividem-se por mitose, aumentando de número em um processo que continua por toda a vida, o que garante grande quantidade de futuros gametas. Uma parte das espermatogônias continua se multiplicando; outras entram na fase de crescimento e se tornam **espermatócitos primários** (**de primeira ordem** ou **espermatócito I**). Estes sofrem a primeira divisão da meiose e originam duas células haploides, os **espermatócitos secundários** (**de segunda ordem** ou **espermatócito II**), que sofrem a segunda divisão da meiose, formando quatro células haploides: as **espermátides**. As duas divisões compõem a fase de maturação.

As espermátides não se dividem mais e começam a se transformar em espermatozoides: é a fase de especialização (figura 16.4). Nesse processo, elas perdem grande parte do citoplasma e desenvolve-se, a partir do centríolo, uma **cauda** ou **flagelo**. Essas transformações produzem células leves e móveis, capazes de se deslocar em direção ao óvulo (ovócito II, na maioria dos mamíferos) com velocidade média, na espécie humana, de 1 mm/min a 4 mm/min. As mitocôndrias agrupam-se no início da cauda (na **peça intermediária** ou **colo**) e encarregam-se de fornecer energia para o movimento. Na extremidade da **cabeça**, há o **acrossoma**, vesícula originada do complexo golgiense com enzimas que facilitam a penetração do espermatozoide no óvulo (ou no ovócito). Reveja o processo de formação do acrossoma na figura 9.12, na página 139.

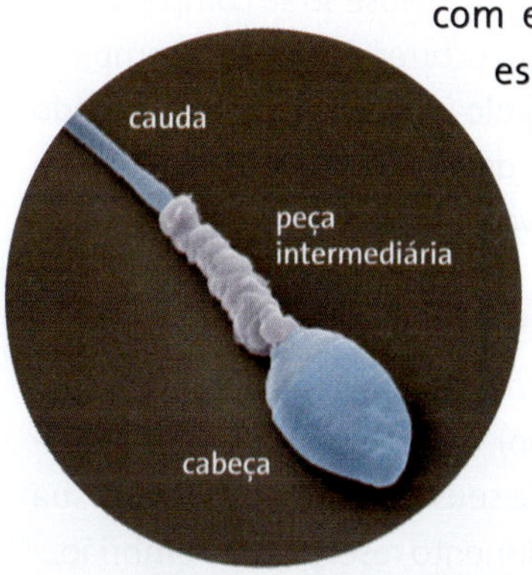

Figura 16.4 Na ilustração, esquema simplificado da espermatogênese de um animal com quatro cromossomos nas células do corpo. A primeira divisão da meiose reduz o número de cromossomos à metade. Na segunda divisão, os cromossomos duplos voltam a ser simples. (Os elementos ilustrados não estão na mesma escala. Cores fantasia.) Na foto, pode ser vista a cabeça, a peça intermediária e parte da cauda de um espermatozoide (microscópio eletrônico; aumento de cerca de 12 mil vezes; imagem colorizada por computador).

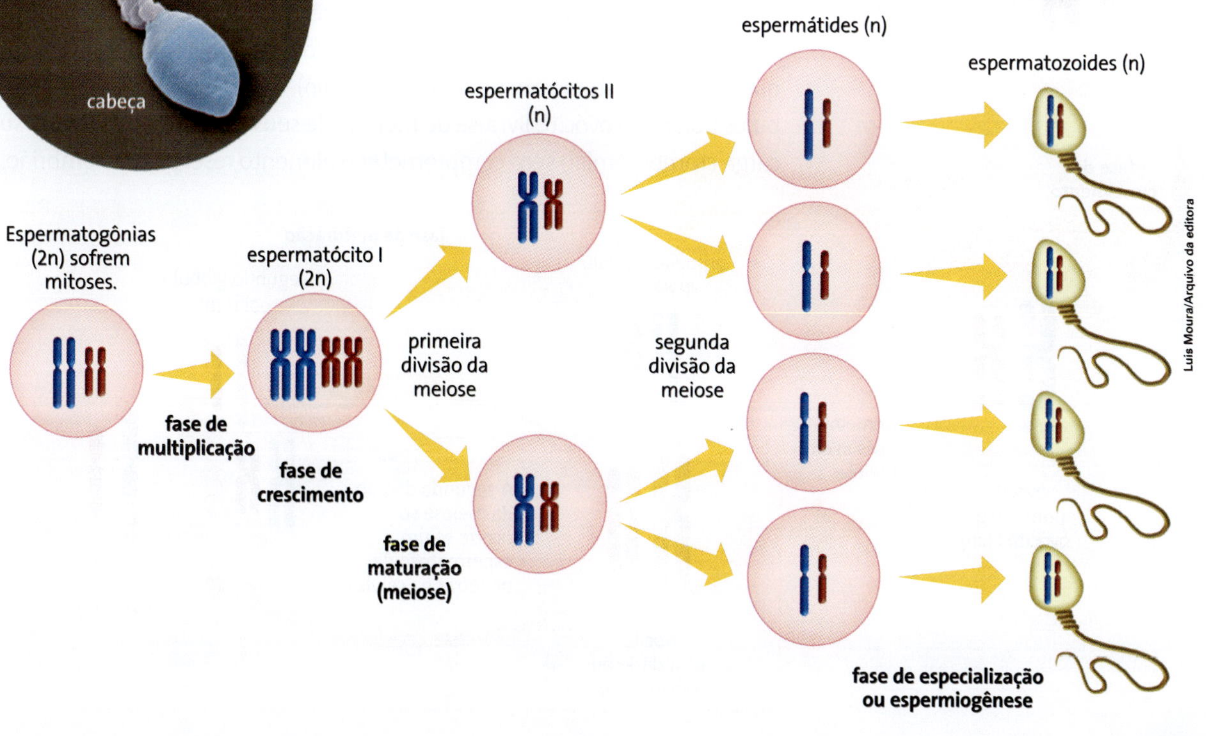

Ovulogênese

Figura 16.5 Na ilustração, esquema simplificado da ovulogênese de um animal com quatro cromossomos nas células do corpo: do ovócito primário forma-se apenas um óvulo. (Os elementos ilustrados não estão na mesma escala; cores fantasia.) Na foto, o espermatozoide (amarelo) penetrou no ovócito II (rosa), que se dividiu e originou um segundo glóbulo polar, que se dividiu também (os glóbulos aparecem nas cores roxo e azul; microscópio eletrônico; aumento de cerca de 1 500 vezes; imagem colorizada por computador).

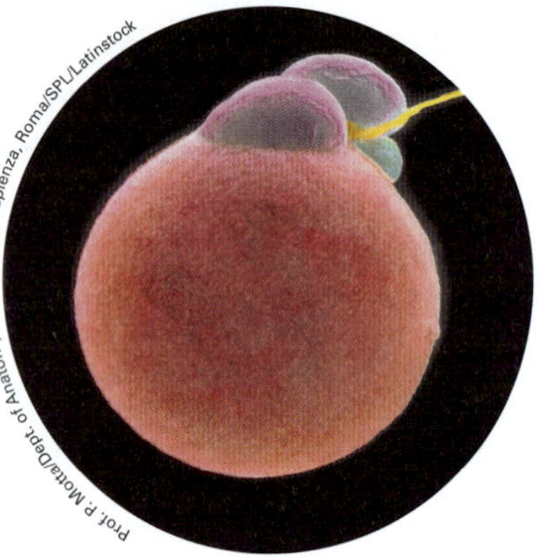

Prof. P. Motta/Dept. of Anatomy/University La Sapienza, Roma/SPL/Latinstock

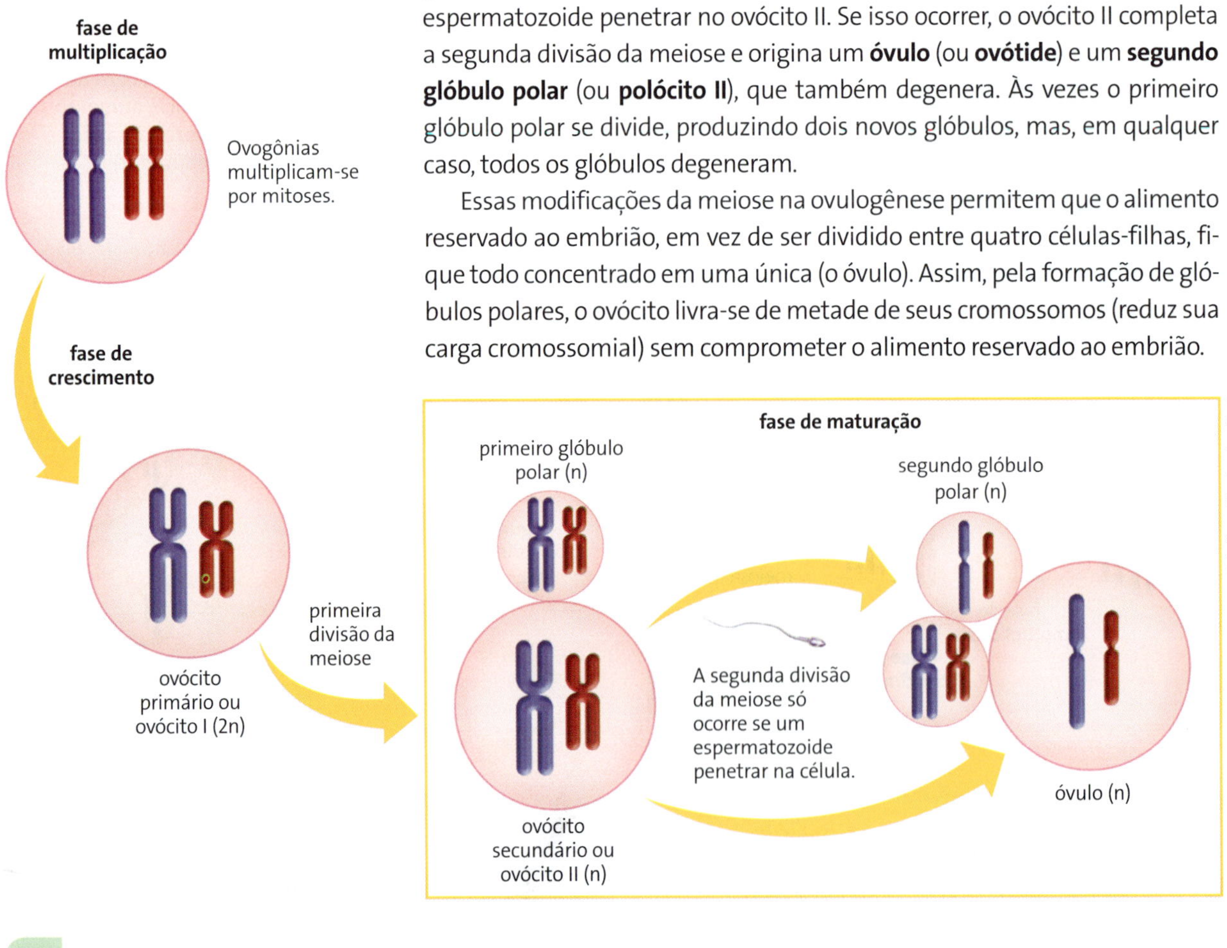

Luis Moura/Arquivo da editora

Na fase embrionária, as células germinativas primordiais multiplicam-se e originam **ovogônias**, situadas no interior dos ovários (figura 16.5). Parte dessas ovogônias cresce e se torna o **ovócito primário** (**de primeira ordem** ou **ovócito I**), que armazena em seu citoplasma alimento (**vitelo**) para o início do desenvolvimento do embrião. A quantidade de vitelo varia. Na maioria dos mamíferos é pequena ou, no caso da espécie humana, praticamente ausente. Na gema do ovo de galinha, é tão grande que torna a célula visível a olho nu.

Quando as meninas nascem, há um ovócito I paralisado na prófase da primeira divisão da meiose. Na puberdade, uma vez por mês (a cada ciclo menstrual, como veremos adiante), um ovócito (em geral) completa a primeira divisão da meiose, originando duas células haploides: o **ovócito secundário** (**de segunda ordem** ou **ovócito II**) e o **primeiro glóbulo polar** (**corpúsculo polar** ou **polócito I**). Reveja a figura 16.5. Nessa divisão, diferentemente do que ocorre na espermatogênese, o emparelhamento dos cromossomos não se dá no equador da célula, mas em algum ponto de sua periferia. Por causa dessa arrumação especial, aquelas duas células apresentam tamanhos diferentes. Apesar de também possuir metade dos cromossomos do ovócito I, o primeiro glóbulo polar é constituído por uma quantidade muito reduzida de citoplasma e degenera (figura 16.5).

Na maioria dos mamíferos, a célula lançada pelo ovário na tuba uterina não é o óvulo, mas o ovócito II estacionado na metáfase II (metáfase da segunda divisão da meiose). A segunda divisão da meiose só se completa se o espermatozoide penetrar no ovócito II. Se isso ocorrer, o ovócito II completa a segunda divisão da meiose e origina um **óvulo** (ou **ovótide**) e um **segundo glóbulo polar** (ou **polócito II**), que também degenera. Às vezes o primeiro glóbulo polar se divide, produzindo dois novos glóbulos, mas, em qualquer caso, todos os glóbulos degeneram.

Essas modificações da meiose na ovulogênese permitem que o alimento reservado ao embrião, em vez de ser dividido entre quatro células-filhas, fique todo concentrado em uma única (o óvulo). Assim, pela formação de glóbulos polares, o ovócito livra-se de metade de seus cromossomos (reduz sua carga cromossomial) sem comprometer o alimento reservado ao embrião.

Fecundação: externa ou interna

Na fecundação externa, frequente em muitos invertebrados aquáticos, em muitos peixes e nos anfíbios, o macho e a fêmea lançam seus gametas na água; portanto, o encontro dos gametas masculinos e femininos ocorre fora do corpo (veja a figura 16.6). A quantidade de gametas produzidos é significativa, compensando a grande perda: a fêmea do peixe dourado, por exemplo, produz cerca de 2 milhões de óvulos durante a época de reprodução; no entanto, calcula-se que menos de dez filhotes consigam chegar à fase adulta.

A fecundação interna, em que os espermatozoides são lançados no sistema genital feminino, constitui importante adaptação à vida terrestre, pois impede a desidratação dos gametas e permite economia no número de óvulos produzidos (figura 16.7). É a forma dominante de fecundação nos animais terrestres (répteis, aves, mamíferos e diversos invertebrados, como os insetos e as aranhas) e frequente também em alguns animais aquáticos, como o polvo, a lula e alguns peixes.

Figura 16.6 Na foto, o macho abraça a fêmea de anfíbio (rã-touro; *Lithobates catesbeianus*; 10 cm a 20 cm de comprimento) que, por sua vez, solta óvulos na água. Parte desses óvulos será fecundada pelos espermatozoides.

Figura 16.7 Nos animais terrestres, a fecundação interna protege os gametas contra a desidratação. Nas fotos, acasalamento de besouros (cerca de 15 mm de comprimento) e de leões (1,70 m a 2,5 m de comprimento, fora a cauda).

Fecundação: a união dos gametas

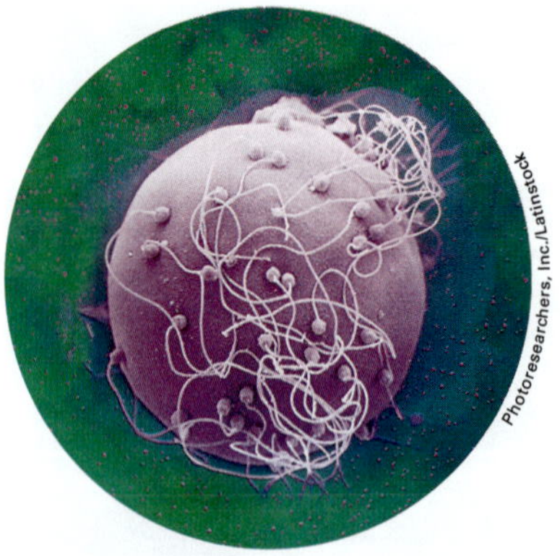

Espermatozoides ao redor de ovócito II humano (microscópio eletrônico; aumento de cerca de 480 vezes; imagem colorizada por computador).

Fecundação é a penetração do espermatozoide no óvulo (ou no ovócito II) e a união dos núcleos dos dois gametas, com a consequente formação do zigoto. Em algumas espécies, o contato é precedido pela atração dos espermatozoides por substâncias químicas produzidas pelo óvulo (ou pelo ovócito II) ou por células que o envolvem (no caso da espécie humana) (figura 16.8).

O espermatozoide penetra apenas em óvulos (ou em ovócitos II) das fêmeas de sua espécie, por causa da presença de proteínas nas membranas dos gametas que se encaixam umas nas outras e garantem a adesão entre eles.

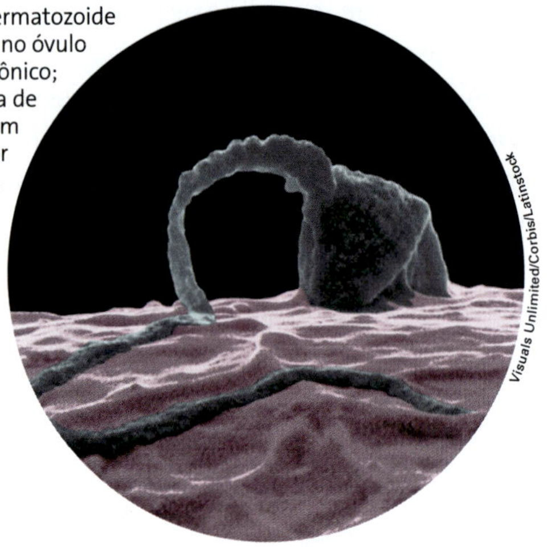

Detalhe de um espermatozoide penetrando no óvulo (microscópio eletrônico; aumento de cerca de 5700 vezes; imagem colorizada por computador).

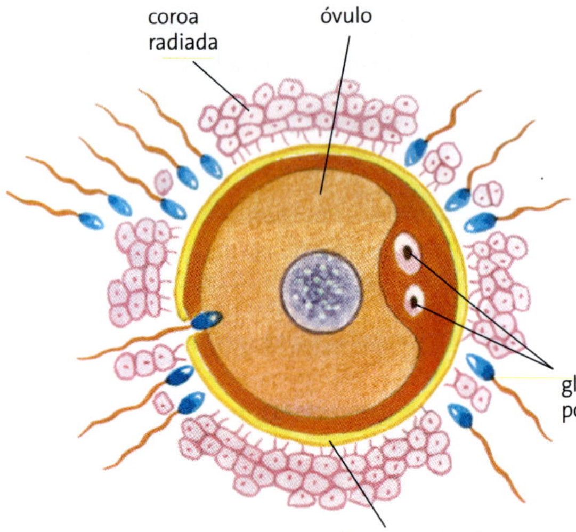

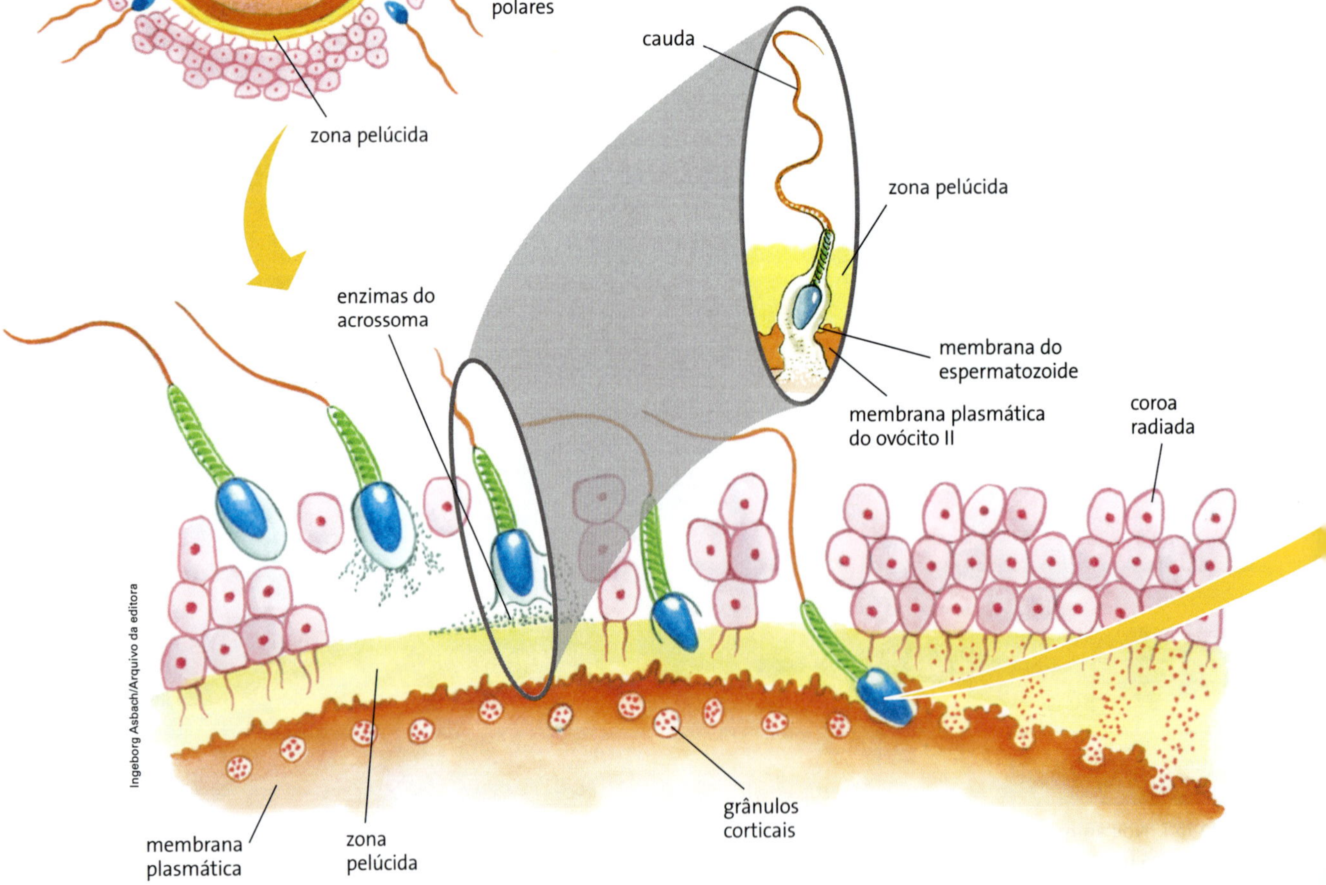

Nos mamíferos, o espermatozoide passa inicialmente pela ***corona radiata*** (ou **coroa radiada**), células que se desprenderam do ovário junto com o ovócito II (na maioria das espécies). Depois, o espermatozoide entra em contato com uma camada gelatinosa formada por glicoproteínas (**zona pelúcida**). Um tipo de glicoproteínas liga-se às proteínas da membrana da cabeça do espermatozoide, o que desencadeia a liberação de enzimas do acrossoma. Essas enzimas hidrolisam proteínas (enzimas proteolíticas) e glicoproteínas (hialuronidase) da zona pelúcida, facilitando a penetração do espermatozoide.

Quando o primeiro espermatozoide funde sua membrana com a membrana plasmática do ovócito, começam as modificações que impedirão a entrada de outros espermatozoides. Grãos situados na periferia do ovócito, os **grânulos corticais**, liberam enzimas que modificam os receptores do envoltório do óvulo responsáveis por facilitar a penetração dos gametas masculinos. Além disso, a zona pelúcida fica mais "endurecida", dificultando a entrada de outros espermatozoides. Em anfíbios, répteis e aves, é possível entrar mais de um espermatozoide (fenômeno conhecido como **polispermia**; *polys* = muito; *sperma* = semente), mas apenas um é utilizado; os outros são destruídos por enzimas do óvulo.

A última etapa da fecundação é a **cariogamia** (*karyon* = núcleo; *gamo* = casamento), também chamada **singamia** (*syn* = junto) e **anfimixia** (*anphi* = duplo; *míxis* = mistura). Nessa etapa, o núcleo do espermatozoide (**pró-núcleo masculino**) funde-se com o núcleo do óvulo (**pró-núcleo feminino**) e forma o zigoto, que logo em seguida passa pela primeira mitose de seu desenvolvimento.

O óvulo (ou ovócito II) contribui com o núcleo e o citoplasma (e suas organelas) para o desenvolvimento da célula-ovo; o espermatozoide contribui com o núcleo e os centríolos (a cauda e as mitocôndrias do colo não penetram no óvulo – ou no ovócito II –; quando penetram, são destruídas).

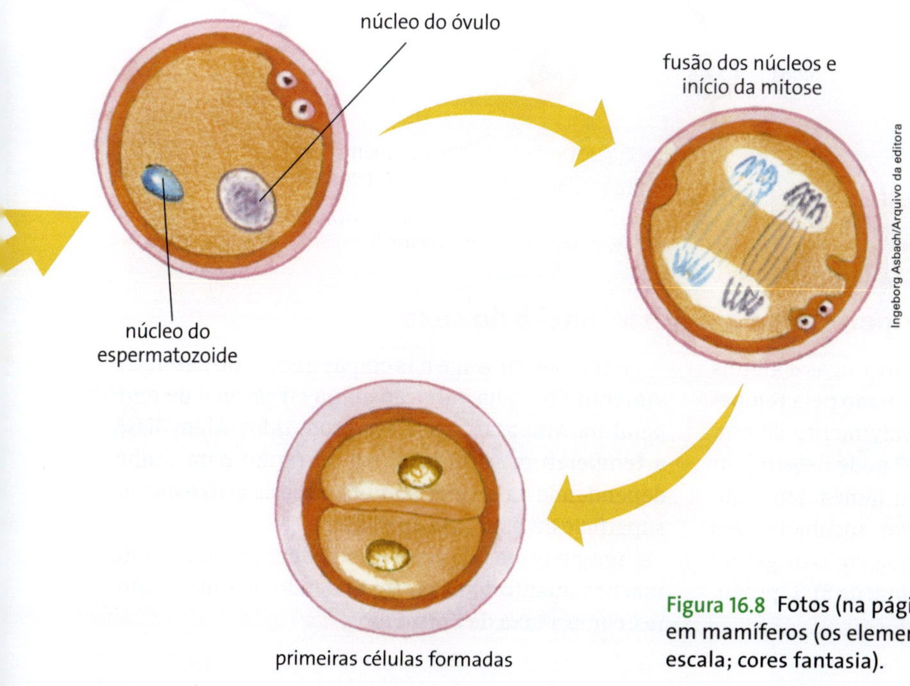

Figura 16.8 Fotos (na página ao lado) e ilustração da fecundação em mamíferos (os elementos da ilustração não estão na mesma escala; cores fantasia).

Determinação do sexo

Na maioria das espécies, incluindo a humana, existe um par de cromossomos responsável pela diferença entre os dois sexos: os **cromossomos sexuais** ou **heterocromossomos** (*hétero* = diferente). Em geral, nas fêmeas eles são idênticos; nos machos, um dos cromossomos é idêntico ao das fêmeas, e o outro é diferente. Reveja a seção *A cromatina sexual*, na página 201.

Em alguns insetos, como o gafanhoto, a fêmea possui dois cromossomos sexuais (XX) e o macho, apenas um (X0; o **0** indica a falta do cromossomo sexual). Nas aves em geral, nas mariposas, nas borboletas e em alguns peixes, a fêmea possui cromossomos diferentes (ZW), e o macho é homogamético (ZZ; **figura 16.9**). As letras **Z** e **W** são usadas apenas para diferenciar esse sistema do sistema XY de determinação do sexo.

Na espécie humana, se o cromossomo Y está presente, a gônada primitiva do embrião se transforma em testículo; na ausência desse cromossomo, a gônada forma um ovário. Definido o tipo de gônada, ela produz hormônios que estimulam o desenvolvimento do sistema genital e as características sexuais secundárias, que aparecem na puberdade. No entanto, como veremos no terceiro volume, para que um embrião do sexo masculino se desenvolva, é necessária a presença de um gene específico no cromossomo Y, o que pode não ocorrer. Além disso, os receptores para os hormônios sexuais, por alguma alteração genética, podem estar ausentes nas células dos tecidos-alvo.

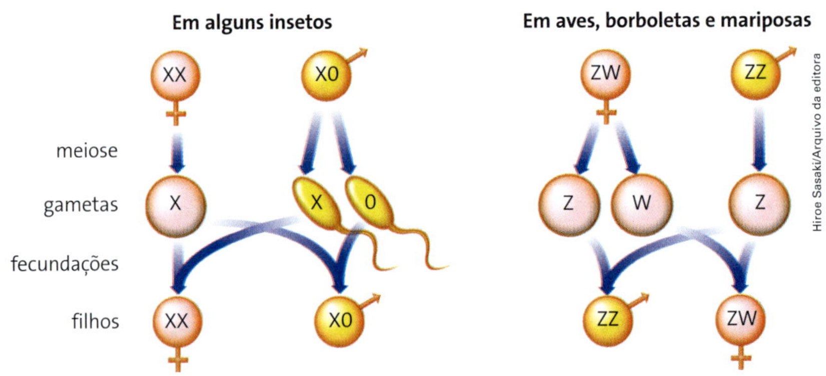

Figura 16.9 Esquema demonstrando determinação do sexo nos sistemas XX/X0 e ZW/ZZ. (As células são microscópicas e não estão na mesma escala; cores fantasia.)

Aprofunde seus conhecimentos

A temperatura e a determinação do sexo

Nos crocodilianos, em muitas tartarugas e alguns lagartos, o sexo do filhote é determinado pela temperatura ambiente durante o desenvolvimento do embrião. Uma variação de 2 °C ou 4 °C pode determinar se o embrião se tornará macho ou fêmea. Em algumas tartarugas, por exemplo, ovos incubados em temperaturas iguais ou menores que 26 °C originam machos; ovos com temperatura acima de 31 °C produzem fêmeas.

A temperatura age nas etapas iniciais do desenvolvimento. Como há variação diária ou sazonal de temperatura, ambos os sexos são produzidos. Além disso, a temperatura varia também de ninho para ninho, dependendo da luz e da sombra ou se os ovos estão na superfície ou no fundo do ninho.

Temperaturas de transição podem produzir tanto machos quanto fêmeas, dependendo de outros fatores, como a taxa de hormônios.

Hermafroditismo

Em várias espécies de invertebrados, um mesmo indivíduo produz normalmente espermatozoides e óvulos: é o **hermafroditismo** (a palavra vem do nome dos deuses gregos Hermes e Afrodite). Em princípio, o ser hermafrodita pode fecundar a si próprio (**autofecundação**), mas isso só é verificado em alguns parasitas, como a solitária, e em organismos fixos que vivem isolados. Na maioria das vezes, os hermafroditas realizam fecundação cruzada: um dos indivíduos funciona como macho, e o outro, como fêmea. Em alguns casos (por exemplo, nas minhocas), ocorre **fecundação recíproca**, também chamada **fecundação cruzada mútua**, na qual os dois funcionam, ao mesmo tempo, como macho e fêmea, dando e recebendo espermatozoides (**figura 16.10**).

Se a autofecundação é um recurso para alguns animais incapazes de se locomover ou que vivem isolados, a fecundação recíproca e cruzada ocorre quando o encontro de dois animais pode ser raro ou difícil, por causa, por exemplo, da pouca mobilidade dos indivíduos (caso das minhocas e dos caracóis) ou da pequena densidade populacional. Nesses casos, se cada indivíduo for hermafrodita, todos os encontros poderão resultar em cópula, o que não aconteceria se os dois fossem do mesmo sexo.

Existem mecanismos que dificultam a autofecundação, como o amadurecimento das gônadas do mesmo indivíduo em épocas diferentes. Nesse caso, pode amadurecer primeiro o sistema reprodutor masculino ou então o feminino, fenômenos conhecidos como **protandria** (*protos* = primeiro; *andros* = macho, homem) e **protoginia** (*gyné* = fêmea, mulher), respectivamente. Esses mecanismos evitam a redução da variedade genética (na autofecundação os filhos recebem genes de apenas um indivíduo) e a reunião, no mesmo indivíduo, de genes causadores de doenças.

Nos vertebrados, o hermafroditismo é menos frequente, mas alguns peixes podem mudar de sexo. Isso ocorre em espécies em que um macho vive com várias fêmeas. Quando ele morre, uma das fêmeas, geralmente a maior, transforma-se em macho.

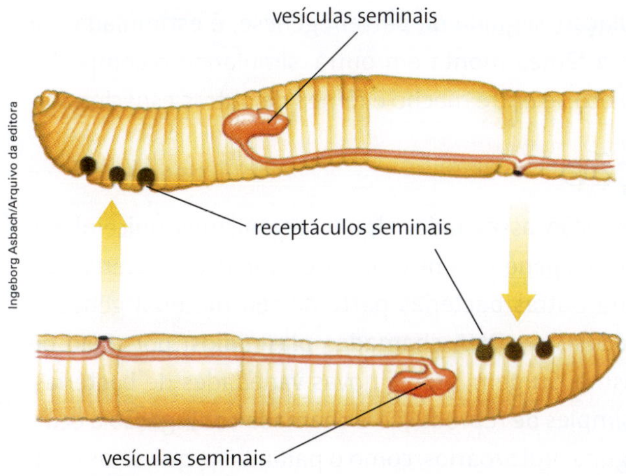

Kenneth H. Thomas/Photoresearchers, Inc./Latinstock

Figura 16.10 Na ilustração, esquema de fecundação recíproca em minhocas (cores fantasia): os espermatozoides eliminados pelas vesículas seminais de uma minhoca são lançados nos receptáculos seminais da outra. Na foto, duas minhocas (até 20 cm de comprimento) durante a fecundação.

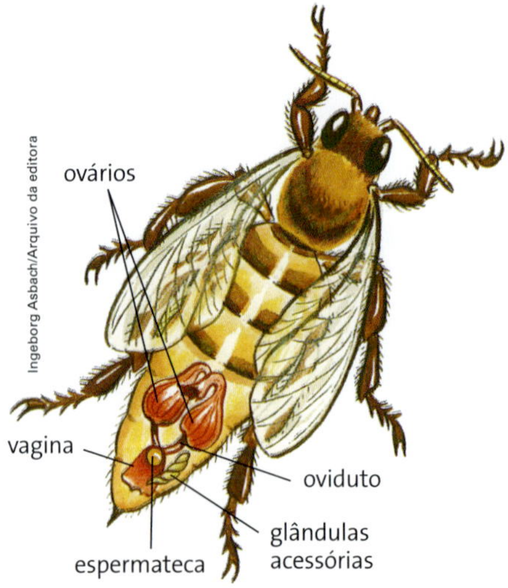

Figura 16.11 Sistema genital da rainha das abelhas. (A abelha tem cerca de 2 cm de comprimento. Os elementos da figura não estão na mesma escala; cores fantasia.)

Partenogênese

Apesar de ser considerada uma forma de reprodução assexuada, a **partenogênese** (*parthenos* = virgem; *genesis* = origem) apresenta características diferentes da reprodução assexuada típica, pois há um sistema reprodutor que produz gametas femininos. Os óvulos desenvolvem-se sem a participação de espermatozoides, não havendo, portanto, mistura de genes de dois gametas diferentes. Não é um fenômeno raro e, em alguns insetos, vermes e crustáceos, é o processo normal de reprodução. Um dos exemplos mais estudados é a partenogênese das abelhas. Nesses insetos, todos os machos da colmeia (zangões) surgem por partenogênese e as fêmeas (operárias e rainhas), por fecundação.

Durante o voo nupcial, a rainha (figura 16.11) recebe os espermatozoides dos zangões e os armazena em uma bolsa, a **espermateca** (*theka* = estojo). Se a comunicação entre a espermateca e o oviduto (canal que se comunica com o ovário) estiver aberta quando os óvulos estiverem passando, os espermatozoides saem e ocorre a fecundação: o ovo resultante origina uma larva feminina. Caso esta seja alimentada durante todo o seu desenvolvimento com geleia real (secreção produzida pelas operárias), forma-se uma rainha; se receber mel comum e pólen, nasce uma operária. Com o oviduto fechado, os óvulos não são fecundados e desenvolvem-se por partenogênese, originando zangões.

A partenogênese das abelhas produz apenas machos. No inseto pulgão das videiras, as fêmeas reproduzem-se na primavera e no verão apenas por partenogênese e originam exclusivamente outras fêmeas. No outono elas se reproduzem sexuadamente, produzindo machos e fêmeas.

A alternância de partenogênese e fecundação pode significar uma adaptação à disponibilidade de alimentos no verão. Nessa época, em que o suprimento de alimentos é grande, a partenogênese possibilita uma reprodução mais rápida que a fecundação. A variedade genética é obtida no outono, pela reprodução sexuada normal.

Há espécies de lagartos formadas exclusivamente por fêmeas. Nesse caso, a ovulação, seguida de partenogênese, é estimulada por pseudocópula: uma fêmea monta em outra, simulando o comportamento sexual que ocorre entre macho e fêmea de outras espécies.

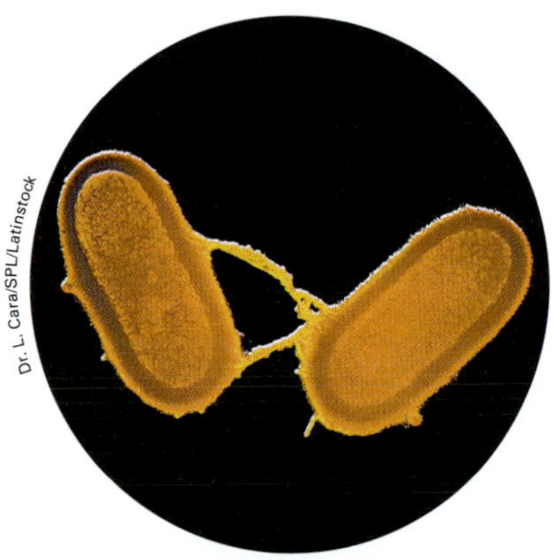

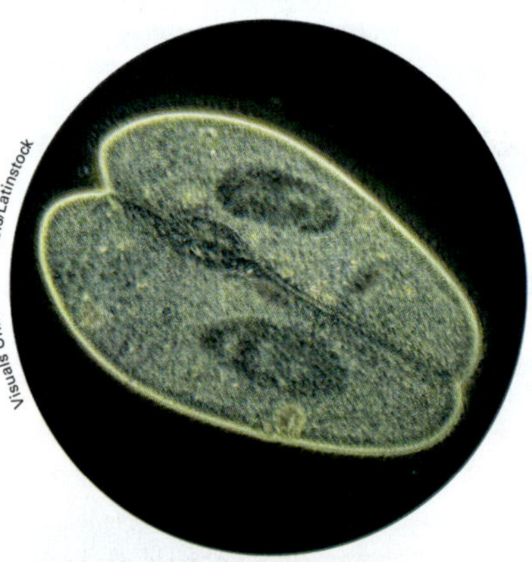

Figura 16.12 Na primeira foto, bactérias (ao microscópio eletrônico; aumento de cerca de 5 mil vezes; imagem colorizada por computador). Na segunda, paramécios (ao microscópio de luz; aumento de cerca de 200 vezes; com uso de corantes) em conjugação.

Conjugação

Além da reprodução assexuada, alguns organismos unicelulares podem trocar material genético entre si. Por exemplo, as bactérias podem transferir para outras bactérias parte de seu material genético (contido em moléculas de DNA chamadas **plasmídios**) por meio de pontes de citoplasma. Surgem, assim, novas variedades de bactérias. Essa forma mais simples de reprodução é chamada **conjugação** e ocorre também em alguns protozoários, como o paramécio, que se unem e trocam material genético contido em pequenos núcleos, os micronúcleos. Estes sofrem meiose e são transferidos de um protozoário para o outro (figura 16.12).

3 Reprodução humana

Na puberdade, o corpo sofre grandes transformações. Nos meninos, ela começa, em geral, entre 9 e 14 anos. Entre outras transformações, os órgãos genitais crescem, a musculatura se desenvolve, aparecem a barba e os pelos nas axilas e no púbis (pelos púbicos), o crescimento se acelera e começa a produção de espermatozoides.

Nas meninas, a puberdade começa, em geral, entre 8 e 13 anos. Os seios aumentam, aparecem pelos nas axilas e no púbis, o ritmo do crescimento se acelera e ocorre a primeira ovulação (lançamento de um ovócito secundário na tuba uterina) e a menstruação.

Essas mudanças são controladas por hormônios, substâncias químicas lançadas no sangue por certas glândulas do corpo, chamadas **glândulas endócrinas**. Você vai conhecê-las melhor no volume 2. Mas, para compreender como funciona o sistema genital, é importante você já saber que essas transformações são controladas pela glândula hipófise e pelos hormônios produzidos nos testículos e nos ovários (figura 16.13).

Figura 16.13 Estimulada pelo hipotálamo, uma região do encéfalo, a hipófise produz hormônios que estimulam a ovulação (lançamento de um ovócito secundário na tuba uterina) e a produção de hormônios sexuais pelos ovários e testículos. (Os elementos da figura não estão na mesma escala; cores fantasia.)

ED Reprodução humana

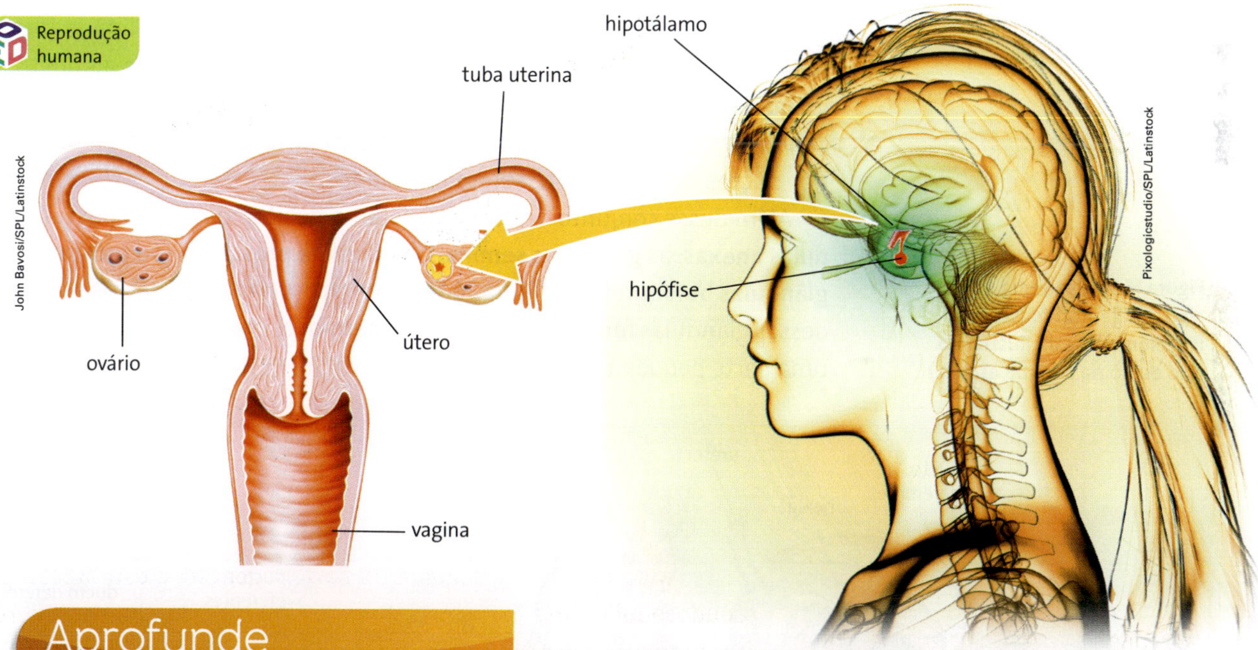

Aprofunde seus conhecimentos

Hermafroditismo na espécie humana

Indivíduos hermafroditas são muito raros na espécie humana. Apresentam testículos e ovários separados ou uma gônada mista (ovoteste).

No pseudo-hermafroditismo, o indivíduo apresenta gônadas de um sexo, mas órgãos genitais ambíguos ou do sexo oposto. No pseudo-hermafroditismo feminino, a glândula suprarrenal do embrião feminino produz hormônios masculinos, talvez por causas genéticas. O indivíduo passa a apresentar ovários e órgãos genitais ambíguos. Há, por exemplo, desenvolvimento maior do clitóris, que pode ser confundido com um pênis. No caso masculino, o indivíduo possui testículos dentro do abdome e uma vagina fechada no fundo, não apresentando útero nem ovário. O problema pode ser genético, provocando falhas nos receptores das células que respondem aos hormônios sexuais.

Em certos casos, cirurgias ou tratamentos hormonais podem corrigir as malformações dos órgãos genitais.

Sistema genital masculino

No embrião humano, os testículos estão localizados no interior da cavidade abdominal, próximo aos rins. Antes do nascimento eles saem dessa cavidade e alojam-se no **escroto** (*scrotum* = saco; figura 16.14). Isso favorece a espermatogênese, que normalmente se realiza em temperaturas mais baixas que a do interior da cavidade abdominal. No escroto, a temperatura é 1 °C a 2 °C mais baixa que a temperatura corporal.

Nos testículos existem cerca de mil pequenos tubos enovelados, chamados **túbulos seminíferos** (*semen* = semente; *ferre* = que transporta), nos quais, a partir da puberdade, são produzidos os espermatozoides. Estes recebem nutrientes de células chamadas **epiteliócitos sustentadores**. O termo epiteliócito refere-se ao fato de que essas são células epiteliais, um tecido que você vai estudar adiante (essas células eram chamadas de células de Sertoli). Entre esses tubos estão as **células intersticiais**, que produzem testosterona, hormônio responsável pelas características sexuais secundárias, como o aparecimento de pelos nas axilas e no púbis (pelos púbicos) e da barba.

Dos túbulos seminíferos os espermatozoides são transportados através dos **ductos eferentes** para outro tubo (**epidídimo**; *epi* = sobre; *didymos* = gêmeos, no caso os dois testículos), no qual adquirem mobilidade (figura 16.14). De cada epidídimo sai um **ducto deferente**, que se une ao ducto da **glândula** (ou **vesícula**) **seminal**, formando o **ducto ejaculatório** e desembocando na uretra. Os espermatozoides ficam armazenados no epidídimo e nos ductos deferentes até serem ejaculados.

Além desse conjunto de tubos, o sistema genital masculino possui **glândulas anexas**: as **glândulas seminais**, a **glândula prostática** (ou **próstata**) e as **glândulas bulbouretrais** (figura 16.14). Com os espermatozoides, as secreções dessas glândulas formam o **sêmen** ou **esperma** (os espermatozoides formam uma parte pequena – menos de 10% – do volume total do esperma).

Figura 16.14 Esquema do sistema genital masculino. (Os elementos da ilustração não estão na mesma escala.)

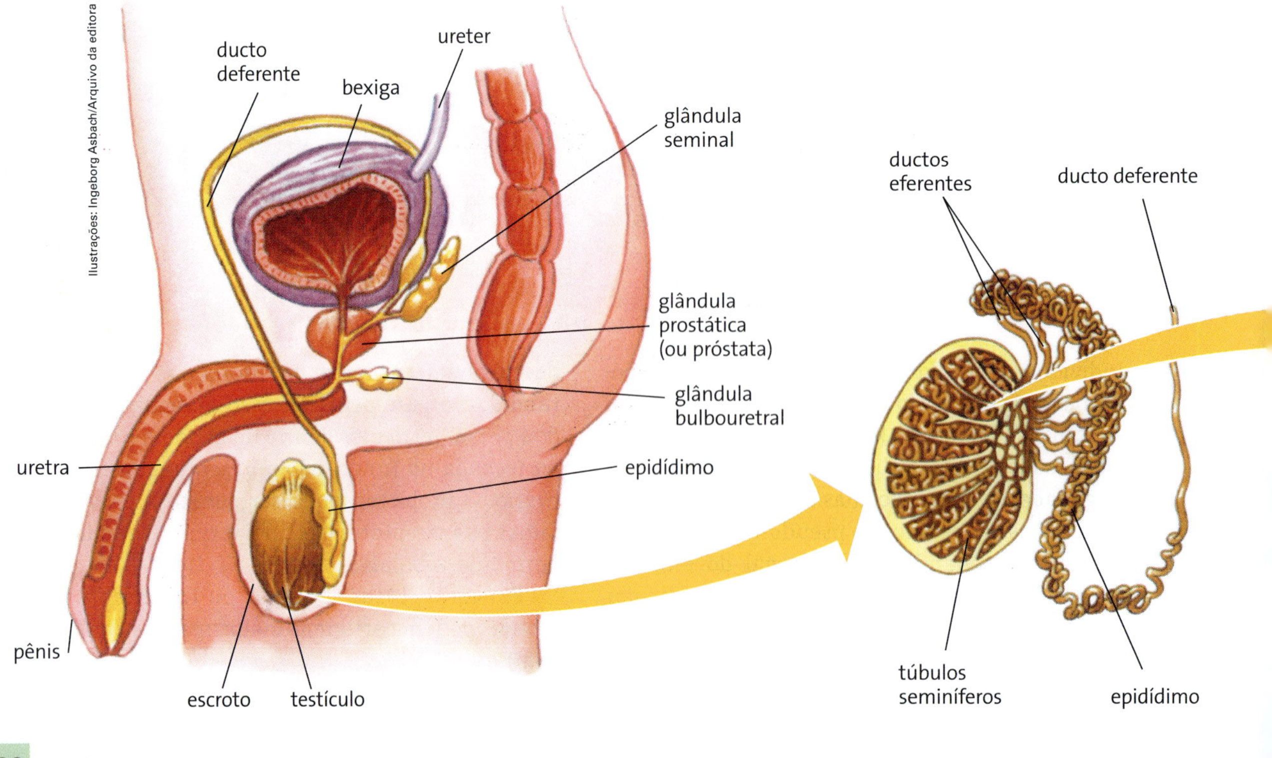

A secreção das vesículas seminais e da próstata contém substâncias nutritivas, que facilitam a sobrevivência do espermatozoide durante sua viagem em direção ao ovócito II. Uma dessas substâncias é a frutose, que serve de fonte de energia para os movimentos da cauda. Essas glândulas produzem um líquido alcalino, que neutraliza a acidez da uretra e das secreções vaginais. Embora ajude a destruir bactérias causadoras de doenças, essa acidez prejudica o movimento dos espermatozoides. As glândulas bulbouretrais produzem um líquido que também ajuda a neutralizar a acidez da uretra.

Pelo sêmen também são eliminados linfócitos (a presença dessas células com o vírus da Aids explica por que ele pode ser transmitido pelo sêmen).

A uretra passa por dentro do pênis, que possui tecidos esponjosos ricos em vasos sanguíneos, os **corpos cavernosos** e o **corpo esponjoso** (figura 16.15). Durante a excitação sexual, estímulos nervosos vindos do sistema nervoso parassimpático fazem com que as artérias do pênis se dilatem, acumulando sangue nesses tecidos e comprimindo as veias, o que obstrui o retorno do sangue. O resultado é a ereção: aumento do volume e enrijecimento do pênis.

Durante o ato sexual, quando os estímulos se tornam suficientemente intensos, ocorrem contrações dos músculos lisos do epidídimo, do canal deferente, da uretra e das glândulas anexas, e o sêmen é lançado para o exterior (ejaculação, acompanhada de sensações agradáveis, o orgasmo). Em cada ejaculação são expulsos, em média, de 2,5 mililitros a 5 mililitros de esperma, que contêm de 50 a 150 milhões de espermatozoides por mililitro de sêmen.

Cada espermatozoide mede em torno de 2,7 milésimos de milímetro e se desloca da vagina até as tubas uterinas, nas quais se dará o encontro com o ovócito II. Apenas cerca de cem espermatozoides chegam próximos ao ovócito (que tem um volume de mais de 80 mil vezes maior que o do espermatozoide), e apenas um o fecundará e unirá seu núcleo ao dele, formando a célula-ovo ou zigoto.

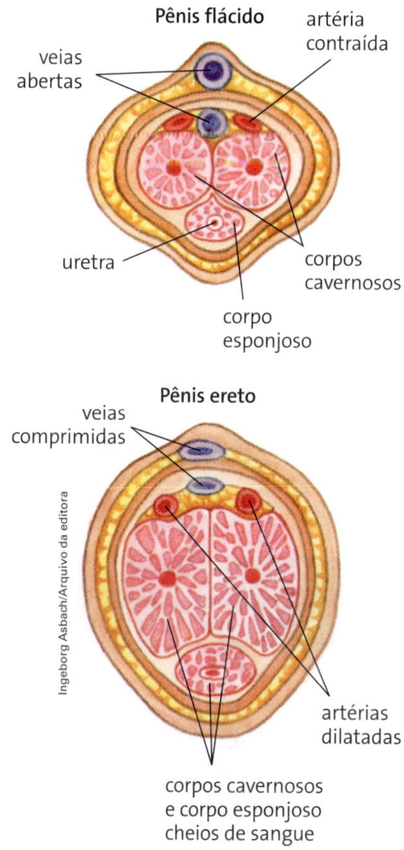

Figura 16.15 No alto, os tecidos que se enchem de sangue na ereção. Embaixo, o interior dos túbulos seminíferos. (Os elementos da ilustração não estão na mesma escala; cores fantasia.) Na foto, túbulo seminífero com espermatozoides ao centro, visto ao microscópio eletrônico (aumento de cerca de 150 vezes; imagem colorizada por computador).

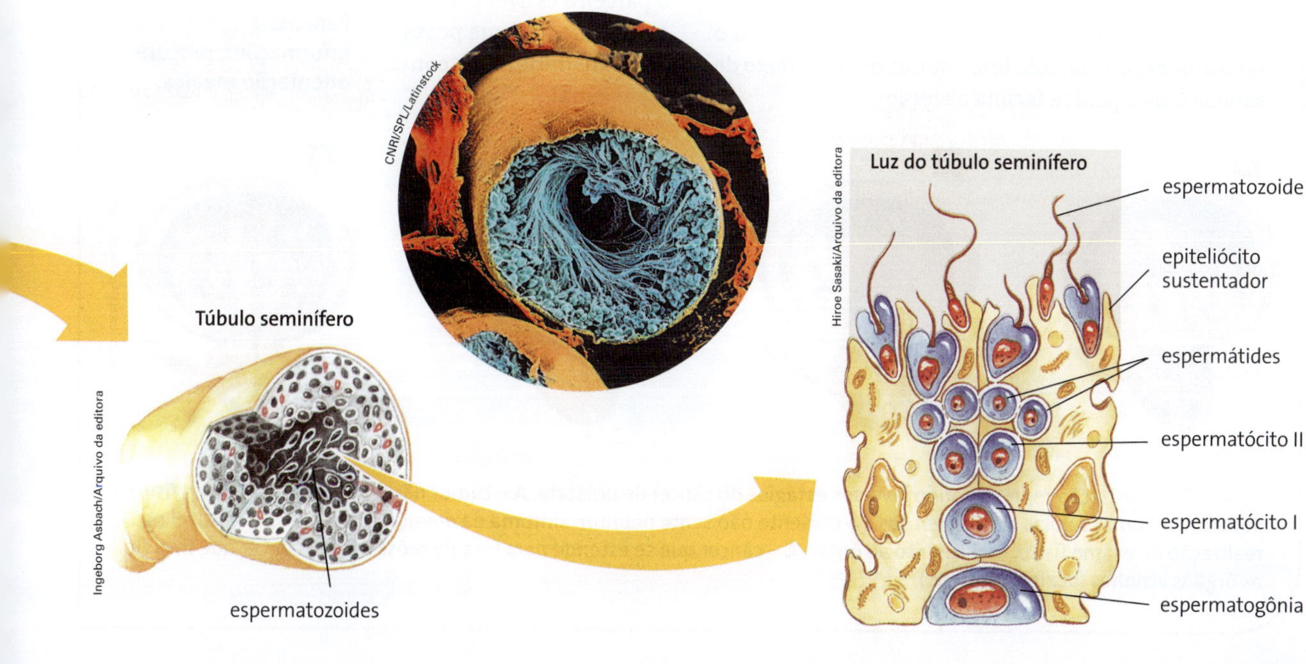

Os hormônios e o sistema genital masculino

Durante a puberdade, os testículos são estimulados pelos hormônios **folículo estimulante** (**FSH**) e **luteinizante** (**LH**), produzidos pela hipófise. O FSH estimula os epiteliócitos sustentadores e a espermatogênese. O LH (também chamado no homem **hormônio estimulador das células intersticiais, ICSH**) estimula essas células a secretar testosterona, que reforça a ação do FSH na espermatogênese e determina o desenvolvimento dos órgãos genitais (caracteres sexuais primários), a descida dos testículos para o escroto e as características sexuais secundárias, que diferenciam os homens das mulheres, como a distribuição dos pelos (maior quantidade na face e no peito, por exemplo), o tom da voz e o desenvolvimento muscular e ósseo.

Biologia e saúde

Problemas no sistema genital masculino

Em algumas crianças, um ou ambos os testículos podem não descer para o escroto, caracterizando a criptorquidia (*cripto* = escondido; *orchis* = testículo). Como há risco de esterilidade, é necessária uma avaliação médica.

A incapacidade de ter (ou manter) uma ereção por tempo suficiente para o ato sexual é chamada impotência. Pode ser causada por fatores psicológicos (estresse, ansiedade, frustrações, problemas conjugais) ou por problemas fisiológicos (doenças vasculares, uso de certos medicamentos, lesões nervosas, etc.). É necessário, portanto, um diagnóstico médico que indique o tratamento adequado. Vários medicamentos contra a impotência aumentam o efeito do óxido nítrico, gás que funciona como mensageiro químico em várias partes do corpo. Durante a estimulação sexual, ele provoca o relaxamento do músculo liso, o que aumenta o fluxo de sangue para o pênis e facilita a ereção.

Homens com menos de 20 milhões de espermatozoides por mililitro de sêmen são provavelmente inférteis, mas esse problema pode, em geral, ser resolvido com técnicas de reprodução assistida, como a inseminação artificial.

O câncer mais frequente em homens com mais de 50 anos é o de próstata. O diagnóstico precoce aumenta muito as chances de cura. Por isso, homens com mais de 40 anos devem ir ao urologista anualmente e devem procurar também o médico se sentirem dor ou ardência ao urinar, se aparecerem caroços, bolhas ou verrugas em torno dos órgãos genitais, se saírem secreções ou sangue pela uretra ou se o parceiro estiver com alguma infecção que possa ser transmitida por contato sexual.

! ATENÇÃO!

Para mais informações, procure orientação médica.

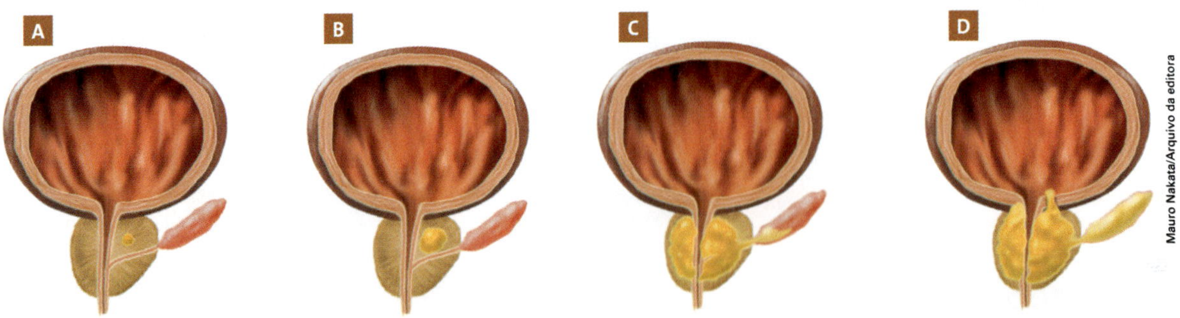

Figura 16.16 Ilustração representando diversos estágios do câncer de próstata. **A** – tumor não perceptível ao exame físico. Somente algumas células são cancerosas e o paciente não sente nenhum sintoma da doença. **B** – câncer perceptível na realização do exame físico, mas restrito ao órgão. **C** – câncer que se estende para fora da próstata. **D** – câncer que invadiu os órgãos vizinhos (bexiga, reto, etc.).

Sistema genital feminino

O sistema genital feminino (**figura 16.17**) é formado por um par de ovários, que produzem hormônios sexuais femininos e ovócitos, e um par de **tubas uterinas** (anteriormente chamadas trompas de Falópio), que desembocam no útero, órgão muscular e oco que aloja o embrião durante a gravidez. O útero tem o formato de uma pera invertida, com 7,5 centímetros de comprimento e 5 centímetros de largura (durante a gravidez, aumenta muito de tamanho, chegando a ter 35 centímetros de comprimento). Dele sai a **vagina**, que se abre nos órgãos genitais externos. A vagina recebe o pênis durante o ato sexual e é através dela que o bebê sai no momento do parto natural.

A abertura da vagina e da uretra é protegida por dobras de pele e pelos lábios maiores e menores (dobras de pele e mucosa). Um pouco acima do orifício da uretra está o clitóris, pequeno órgão formado pela união da parte de cima dos pequenos lábios, que, por possuir muitas terminações nervosas, é muito sensível a estímulos, além de apresentar tecidos que se enchem de sangue durante a excitação sexual.

Figura 16.17 Ilustrações do sistema genital feminino e das fases iniciais do desenvolvimento embrionário. (Os elementos representados não estão na mesma escala; cores fantasia.) Na foto, embrião humano com 16 células (ao microscópio eletrônico; aumento de cerca de 1,5 mil vezes; imagem colorizada por computador).

Sistema genital visto de perfil

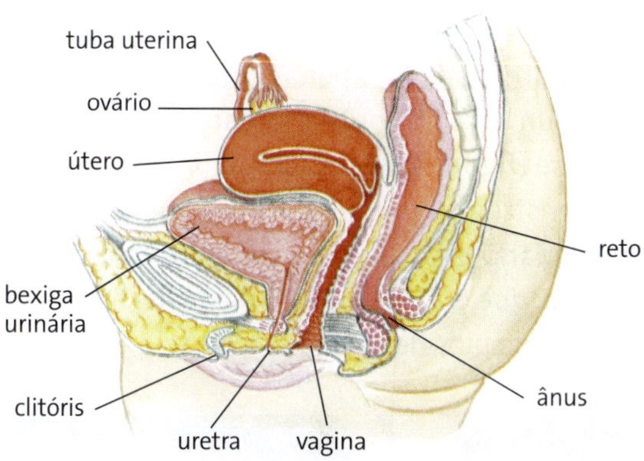

Órgãos genitais externos

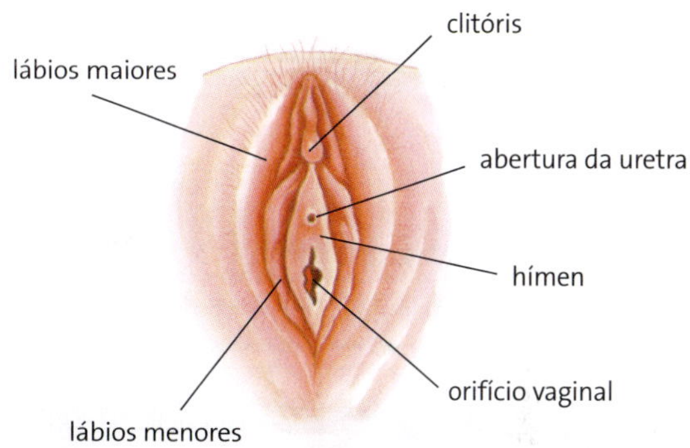

Ilustrações: Hiroe Sasaki/Arquivo da editora

Sistema genital visto de frente

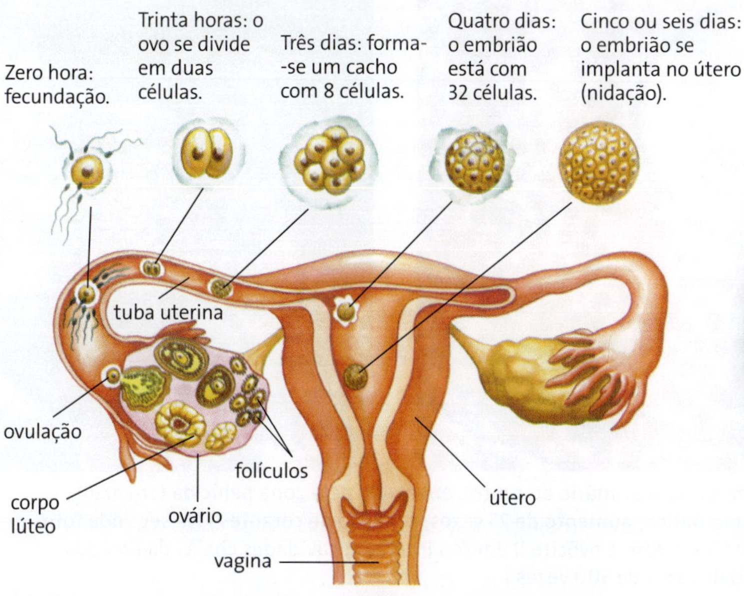

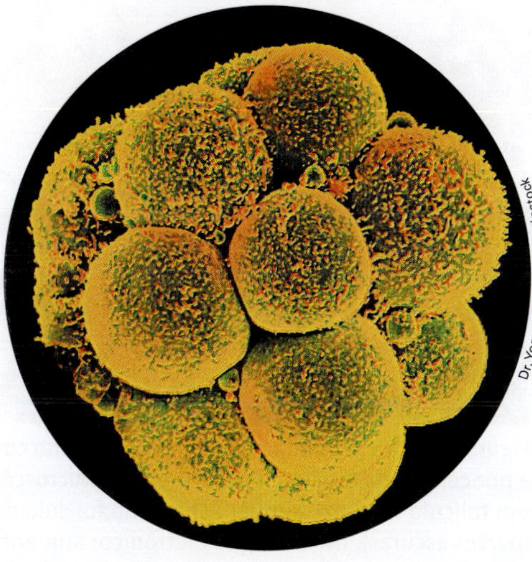

Dr. Yorgos Nikas/SPL/Latinstock

Em mulheres virgens, fechando parcialmente a abertura da vagina, há uma membrana perfurada (hímen), que, em geral, se rompe no primeiro ato sexual (algumas mulheres têm hímen complacente, que possui uma abertura grande e pode não se romper com a penetração do pênis). Na parede vaginal, abrem-se os ductos das glândulas vestibulares maiores (ou de Bartholin). Sob a ação de estímulos sexuais, essas glândulas produzem um líquido que lubrifica a vagina.

Os espermatozoides depositados na vagina nadam pelo útero até a parte superior das tubas, onde ocorre a fecundação. A tuba é revestida por células com cílios, cujos movimentos, juntamente com contrações musculares, levam o zigoto em direção ao útero. Durante essa viagem, que dura cerca de três dias, o zigoto sofre mitoses, de modo que, ao chegar ao útero, já se encontra na forma de uma pequena esfera com 12 a 16 células. Cerca de uma semana após a fecundação, formado por cerca de 70 a 100 células, começa o processo de implantação no útero (**nidação**) e inicia-se a gravidez (figura 16.17).

Os ovários de um bebê menina começam a funcionar já na fase embrionária, estimulados pelo hormônio **gonadotrofina** (*trophein* = nutrição) **coriônica humana** (hCG), produzido pela placenta e similar ao LH. Por ocasião do nascimento, há, em cada ovário, cerca de 1 milhão de "cachos" de células, os **folículos ovarianos**. A maior parte deles, porém, degenera e na época da puberdade há apenas cerca de 300 mil folículos. Em cada folículo, há um ovócito primário paralisado no início da primeira divisão da meiose (figura 16.18). Na puberdade, a meiose continua e, em cada ciclo menstrual, a primeira divisão da meiose se completa e um ovócito secundário é lançado na tuba uterina. O processo continua até a **menopausa**, que é a interrupção da ovulação e da menstruação, quando todos os folículos degeneram.

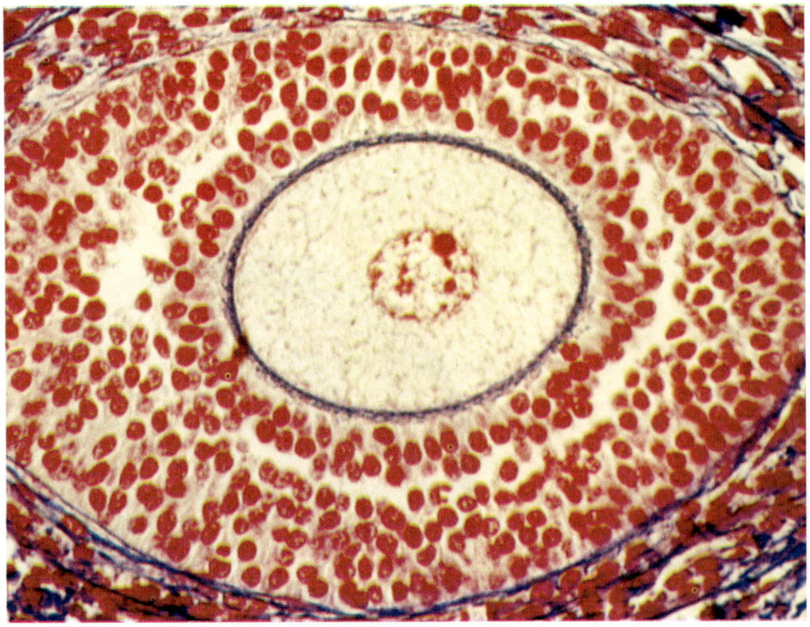

Manfred Kage/SPL/Latinstock

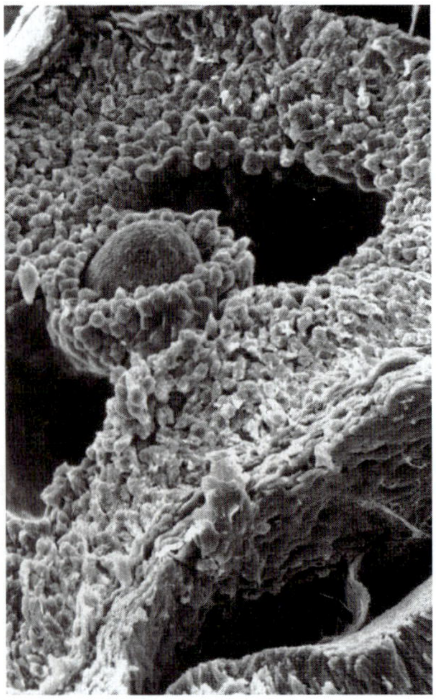

Photoresearchers, Inc./Latinstock

Figura 16.18 Na primeira foto, folículo ovariano com ovócito primário ao centro, envolvido pela zona pelúcida (em azul) e por células do folículo (em vermelho). (Microscópio óptico; aumento de 25 vezes; com uso de corantes.) Na segunda foto, um folículo maduro, também chamado folículo de Graaf, com o ovócito II em seu interior e cavidades cheias de líquidos (partes escuras). (Microscópio eletrônico; aumento de cerca de 500 vezes.)

O ciclo menstrual

De forma resumida, podemos dizer que, uma vez por mês, em média, o ovário lança um ovócito II na tuba uterina (ovulação) e o útero prepara-se para receber um embrião. Se houver fecundação, o embrião se implantará e crescerá no útero. Caso não haja, o ovócito II degenera, e a parte interna do útero desmancha-se e é eliminada pela vagina (**menstruação**). Essa série de acontecimentos no ovário e no útero é controlada pelos hormônios FSH e LH e constitui o **ciclo menstrual** (figura 16.19), que se divide em três fases:

Fase proliferativa ou folicular. Nesta etapa o folículo ovariano cresce e prepara-se para a ovulação. Esse crescimento é provocado pelo FSH e, à medida que cresce, o folículo produz **estrogênios** (ou **estrógenos**, grupo de hormônios sexuais femininos, dos quais o mais importante é o **estradiol**). Por isso, essa fase é também chamada **estrogênica**. Esses hormônios provocam o crescimento do **endométrio**, membrana que forra o útero e na qual o embrião se fixará e crescerá. O útero é formado por uma camada de tecido epitelial, com glândulas produtoras de muco. Esse tecido fica apoiado em tecido conjuntivo.

Em geral, apenas um folículo ovariano termina seu crescimento (apesar de diversos serem estimulados) e acumula um líquido em seu interior. O ovócito primário termina a primeira divisão da meiose ao mesmo tempo que o folículo crescido se rompe, lançando o ovócito secundário na tuba uterina. Com isso, termina a primeira fase do ciclo menstrual.

Fase secretória, **de secreção**, **lútea** ou **luteínica**. Sob ação do LH, o folículo rompido transforma-se em uma glândula, o **corpo lúteo** (*luteus* = amarelo; anteriormente também chamado **corpo amarelo**), que secreta estrogênios e **progesterona**, o principal hormônio do grupo das **progestinas** (*pró* = anterior; *gestatione* = gestação). A progesterona estimula o desenvolvimento dos vasos sanguíneos e das glândulas do endométrio, que se torna espesso, vascularizado e cheio de secreções nutritivas.

Fase menstrual. Se não ocorrer fecundação até cerca de 14 dias depois da ovulação e, portanto, não chegar nenhum embrião no útero até esse dia, o corpo lúteo degenera ao longo da segunda fase do ciclo e transforma-se em uma "cicatriz" (**corpo albicante** ou **albicans**; *albus* = branco), deixando de produzir progesterona e estrogênios. A queda daquele hormônio provoca a degeneração e a eliminação parcial do endométrio (menstruação, que dura de três a sete dias).

Por convenção, considera-se o primeiro dia de menstruação o início do ciclo menstrual. Na primeira metade do ciclo, um novo folículo é estimulado pelo FSH e começa a crescer, produzindo estrogênios, cuja concentração aumenta gradativamente e inibe (controle por *feedback*) a produção de FSH e LH. No entanto, no meio do ciclo, a alta taxa de estrogênios passa a ter efeito contrário, estimulando a produção de LH e, em menor grau, de FSH por meio de um *feedback* positivo. Observe na figura 16.19, na página seguinte, que, logo após o pico de estrogênios, há um pico de LH e de FSH. Com o LH alto (perto do 14º dia), ocorre a ovulação. Assim, é o LH que provoca a ovulação e a formação do corpo lúteo.

Após o pico de LH e a ovulação, a taxa de estrogênio cai. O corpo lúteo começa a secretar progesterona, e a taxa desse hormônio aumenta. A concentração elevada de progesterona, associada a um pouco de estrogênio, inibe a produção de FSH e LH. Com a queda da concentração de LH, o corpo lúteo tende a regredir, e as concentrações de estrogênio e progesterona diminuem, provocando a menstruação e o desbloqueio da hipófise, iniciando-se um novo ciclo.

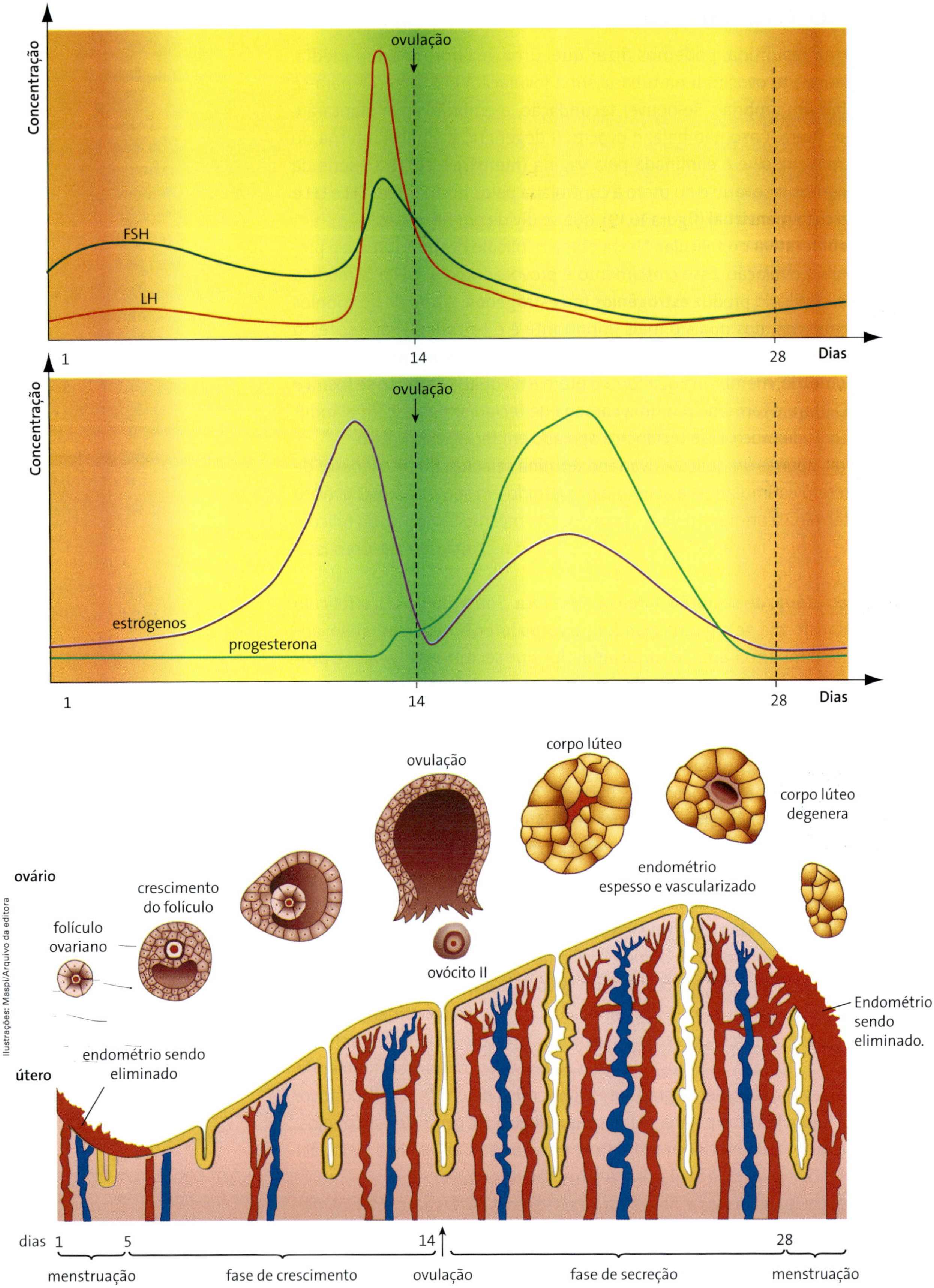

Figura 16.19 Esquema simplificado do ciclo menstrual (os elementos representados não estão na mesma escala; cores fantasia) e, na parte superior da figura, gráficos da concentração no sangue dos hormônios da hipófise e do ovário ao longo do ciclo.

Período fértil e gravidez

O ovócito II pode ser fecundado em um período de 24 a 36 horas após ter sido eliminado do ovário. Alguns espermatozoides podem permanecer vivos no sistema genital feminino por 72 horas (ou mais). Assim, uma mulher pode engravidar se tiver uma relação 72 horas antes da ovulação e até 36 horas depois.

Como a ovulação ocorre de 13 a 15 dias antes da próxima menstruação, o período fértil está, portanto, perto do meio do ciclo. O período estéril está próximo ao início e ao fim do ciclo. É preciso lembrar, no entanto, que a duração do ciclo é variável, podendo oscilar entre 21 e 35 dias, o que torna difícil prever o período fértil.

Em caso de gravidez, a placenta produz o hormônio hCG, que mantém o corpo lúteo ativo e impede que haja menstruação e ovulação. A detecção desse hormônio na urina ou no sangue serve de método para identificar a gravidez (figura 16.20). Os testes de gravidez comprados em farmácias detectam o hCG na urina. Porém, independentemente do resultado do teste, é recomendável marcar uma consulta com ginecologista.

O fato de a menstruação não ocorrer no fim do ciclo pode indicar gravidez, mas também pode ser apenas um atraso causado por algum problema.

A partir do terceiro mês, com a produção de progesterona e estrógenos pela placenta, o corpo lúteo degenera, e o processo torna-se independente do ovário.

Bevan Goldswain/Shutterstock/Glow Images

Figura 16.20 O grau de precisão dos testes de gravidez varia conforme a marca, a maneira como é feito e a sensibilidade ao hCG.

Biologia e sociedade

Homossexualidade

Em nossa sociedade, como em muitas outras, existem indivíduos homossexuais, isto é, que se relacionam sexualmente com pessoas do mesmo sexo.

Alguns cientistas pensam que pode haver uma influência dos genes para alguns tipos de homossexualidade. Outros acham que ser homossexual depende do ambiente em que a pessoa vive.

Na adolescência, os sentimentos podem estar confusos, e a admiração que se tem por amigos do mesmo sexo – ou amigas, no caso das garotas – pode muitas vezes se confundir com atração física. Mas não se deve rotular as pessoas por causa disso. Garotas com ciúme umas das outras ou garotos com uma turma de amigos do mesmo sexo são exemplos de comportamentos típicos da adolescência e não caracterizam homossexualidade. No entanto, se alguém estiver desconfortável por causa de desejos sexuais por uma pessoa de mesmo sexo, vale a pena procurar um psicólogo.

Um último lembrete: caráter, talento e capacidade profissional não têm sexo nem são exclusivos de heterossexuais ou homossexuais. Não se deve avaliar uma pessoa por sua orientação sexual. Quem discrimina os outros não está ajudando em nada a vida em sociedade e acaba perdendo o direito de ser livre. Afinal, se alguém não respeita os outros, como espera ser respeitado?

> **! ATENÇÃO!**
>
> **As informações apresentadas a seguir têm o objetivo de ajudar as pessoas a entender melhor os diversos métodos contraceptivos. A escolha de um método para evitar a gravidez deve ser feita com auxílio médico: só ele pode indicar a melhor opção para cada caso.**

4 Métodos contraceptivos ou anticoncepcionais

O nascimento de um filho traz muitas responsabilidades para as quais o casal nem sempre está preparado. Essa falta de preparo é comum principalmente entre os adolescentes, que devem se lembrar de que a gravidez e os cuidados com o bebê vão ocupar parte do tempo que eles poderiam dedicar aos estudos ou ao início da carreira profissional.

Há vários métodos para evitar a gravidez, mas antes o casal deve consultar um médico, pois alguns podem trazer riscos à saúde.

Camisinha

O preservativo masculino (camisinha masculina) é uma membrana de borracha fina, que deve ser colocada no pênis ereto antes da penetração (**figura 16.21**).

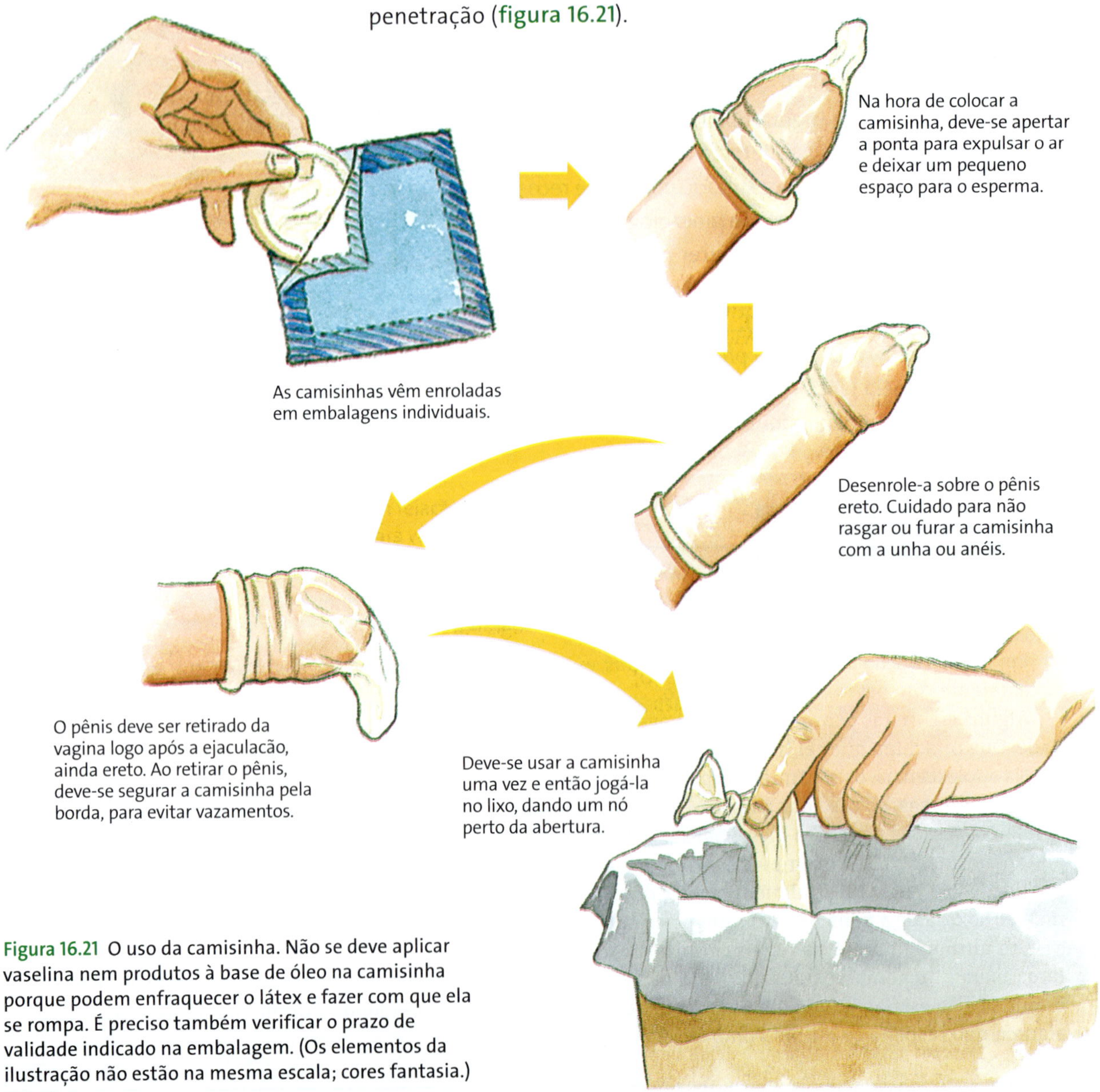

Hiroe Sasaki/Arquivo da editora

Figura 16.21 O uso da camisinha. Não se deve aplicar vaselina nem produtos à base de óleo na camisinha porque podem enfraquecer o látex e fazer com que ela se rompa. É preciso também verificar o prazo de validade indicado na embalagem. (Os elementos da ilustração não estão na mesma escala; cores fantasia.)

O preservativo feminino é um tubo de poliuretano (plástico macio e flexível), que se encaixa na vagina (figura 16.22). Para colocá-lo corretamente, é preciso ler as instruções na embalagem. Também pode ser conveniente procurar a orientação do médico em caso de dúvidas. As camisinhas retêm o esperma ejaculado durante a relação sexual, impedindo a fecundação. Além disso, protegem contra muitas doenças sexualmente transmissíveis, até mesmo a Aids. A proteção, no entanto, não é completa: o uso inadequado pode rasgar a camisinha ou fazer o esperma vazar. O vazamento ocorre se ela for tirada depois que o pênis estiver flácido ou se for tirada sem cuidados. Se isso acontecer, o fato deve ser comunicado ao médico o mais rápido possível.

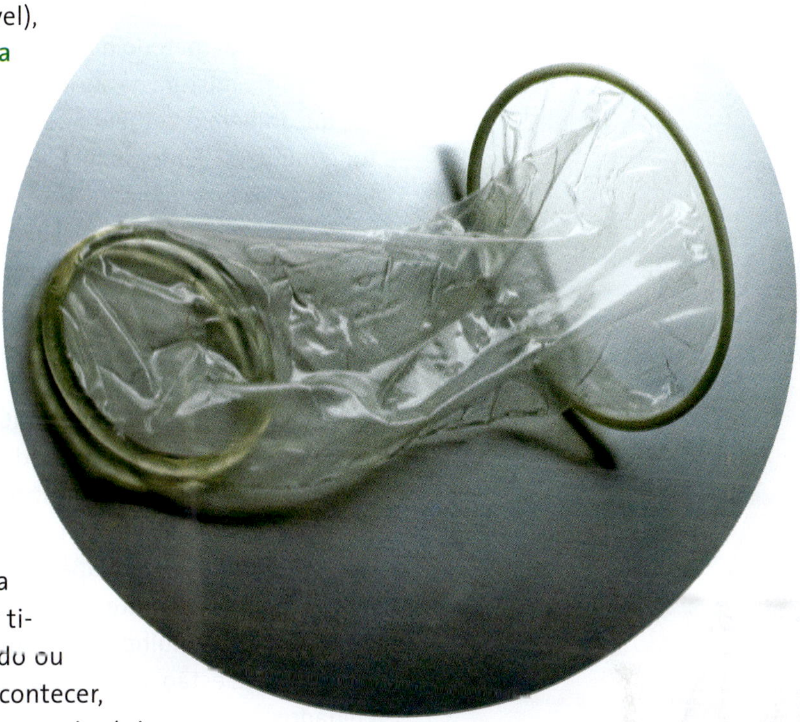

Reuters/Latinstock

Figura 16.22 Camisinha feminina.

Existem à venda muitos produtos que são usados com a camisinha, como o creme ou gel lubrificante, que facilita a penetração do pênis na vagina, e os espermicidas, que destroem os espermatozoides e aumentam a eficiência da camisinha. Há também camisinhas que já vêm lubrificadas. No entanto, os espermicidas têm eficácia muito baixa quando usados isoladamente. Por isso, devem ser usados sempre com a camisinha (ou com o diafragma, outro método contraceptivo). Não se deve usar o preservativo feminino e o masculino ao mesmo tempo, pois eles podem grudar um no outro e sair do lugar.

A maior vantagem da camisinha sobre os demais métodos anticoncepcionais é que ela protege também contra doenças sexualmente transmissíveis.

Método de abstinência periódica

Consiste em evitar relações sexuais durante o período fértil. Para isso, a mulher precisa descobrir quando ele ocorre (em geral 14 dias antes da menstruação). Como o ciclo pode variar, é necessário determinar o dia da ovulação pelo acompanhamento diário da temperatura corporal ao acordar e do aspecto da secreção vaginal. Na época da ovulação, a temperatura aumenta cerca de 0,5 °C, e a secreção vaginal fica pegajosa, parecida com clara de ovo. Para não engravidar, a mulher deve ter relação sexual 48 horas depois do dia da ovulação.

Apesar de não ter efeitos colaterais para a saúde da mulher, em geral esse método apresenta baixa eficácia e é necessária uma orientação detalhada do médico e muito treinamento, disciplina e motivação por parte do casal.

Contraceptivos hormonais

Métodos hormonais

O principal método hormonal é a **pílula anticoncepcional**, geralmente com uma mistura de derivados sintéticos de estrogênios e progesterona, que inibem o aumento de LH (responsável pela ovulação). É um método muito eficiente; se for usado corretamente, o índice de falha é muito baixo. Mas a pílula deve ser sempre indicada por um médico, pois pode haver efeitos colaterais e nem todas as mulheres podem tomá-la.

Os hormônios de efeito prolongado baseiam-se no mesmo princípio da pílula. São aplicadas **injeções** desses hormônios mensalmente, ou a cada dois ou três meses; podem também ser implantados sob a pele do braço pequenos tubos de plástico que liberam hormônios no sangue durante cerca de três anos (figura 16.23). Há ainda o **adesivo transdérmico**, que libera hormônios na pele e deve ser trocado semanalmente. O índice de falhas desses métodos também é muito baixo. Da mesma forma é necessário acompanhamento médico.

A **minipílula** contém apenas um hormônio, semelhante à progesterona. É menos eficiente que a pílula combinada, sendo indicada especialmente para mulheres que apresentam problemas com a pílula comum ou que estão amamentando. Mas é necessário tomar os mesmos cuidados.

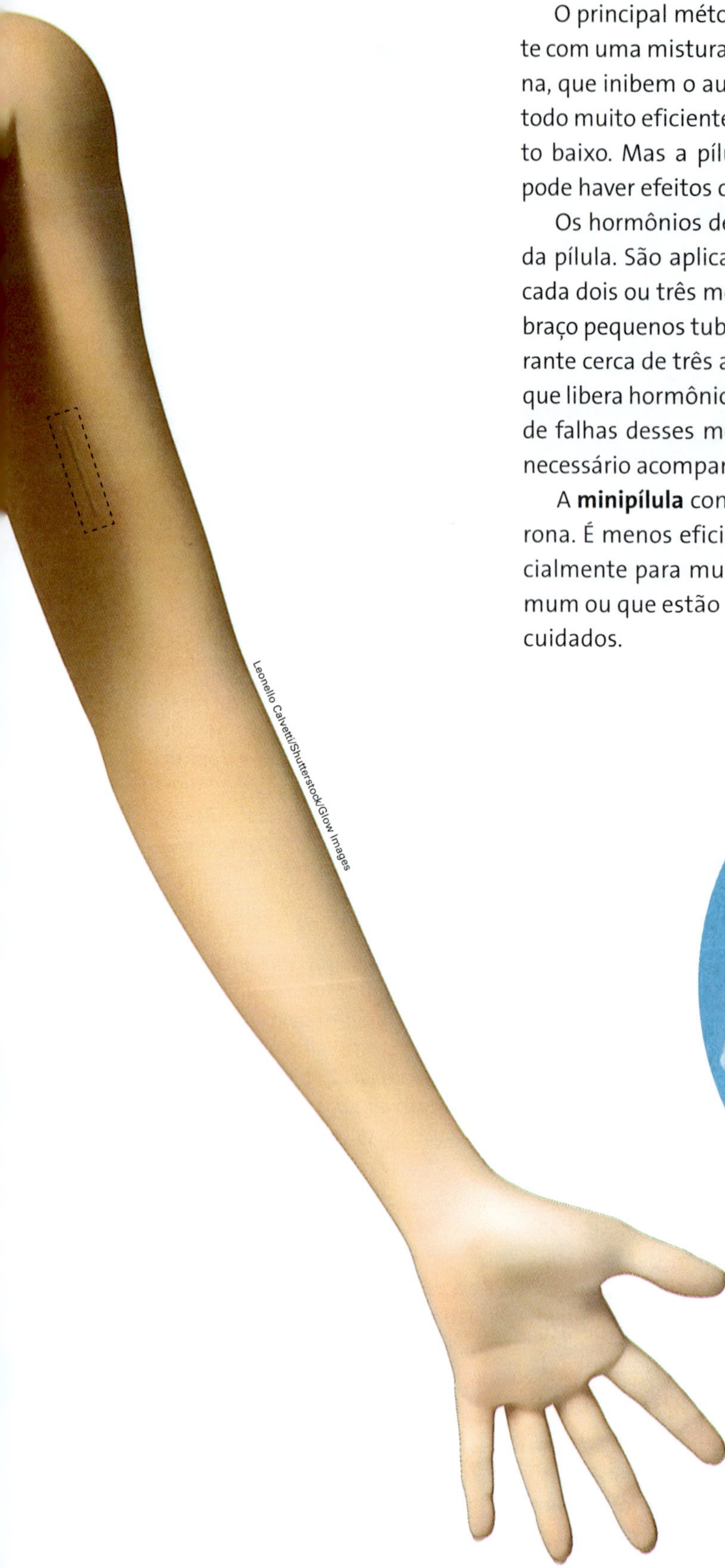

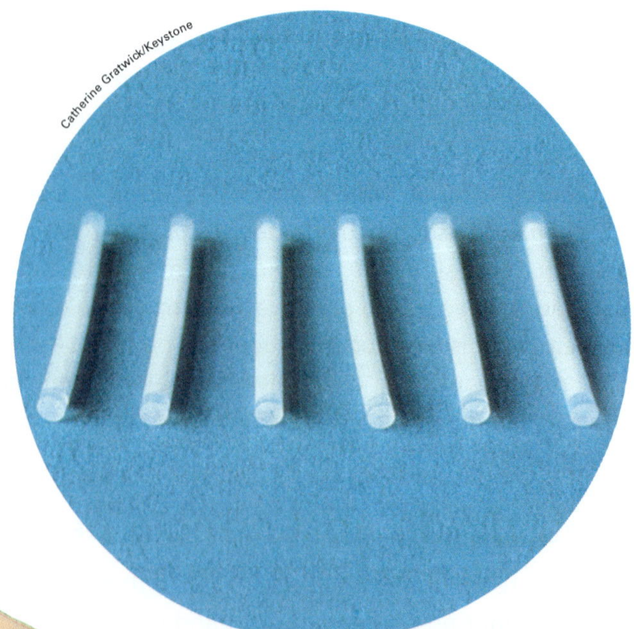

Figura 16.23 Foto de implantes hormonais (4 cm de comprimento e 2 mm de diâmetro). Eles são colocados sob a pele, no lado interno do braço. (Os elementos da ilustração não estão na mesma escala; cores fantasia.)

Dispositivo intrauterino (DIU)

Trata-se de uma pequena peça de plástico recoberta de cobre, colocada no útero pelo médico. Este deve ser consultado periodicamente para verificar se o dispositivo está bem adaptado (**figura 16.24**). Sua remoção também deve ser feita pelo médico. O cobre destrói parte dos espermatozoides e impede que outros cheguem ao ovócito e o fecundem. Caso haja fecundação, o DIU impedirá que o embrião se fixe no útero. É um método eficaz, mas podem ocorrer cólicas, dores e sangramentos. Às vezes, o organismo expulsa o DIU. Existe também maior risco de infecções que, se não forem logo tratadas, podem provocar esterilidade.

O DIU não pode ser usado diante de suspeita de gravidez ou de gravidez confirmada, na presença de tumores no útero ou se houver sangramentos vaginais de causa desconhecida. Por isso, é necessário consultar o médico periodicamente para verificar se não há problemas. Há ainda um DIU que libera um hormônio sintético, semelhante à progesterona (**figura 16.24**).

Hiroe Sasaki/Arquivo da editora

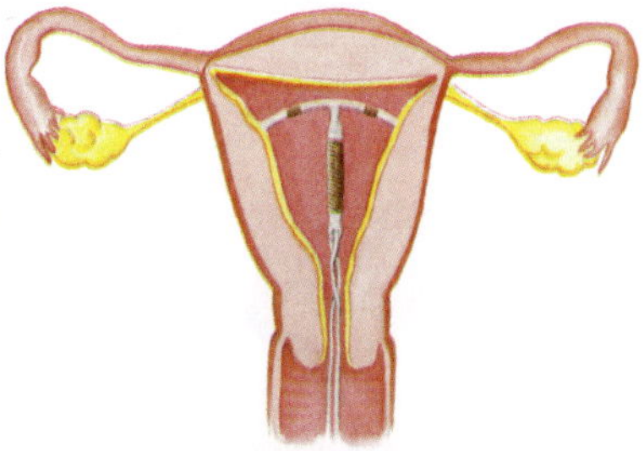

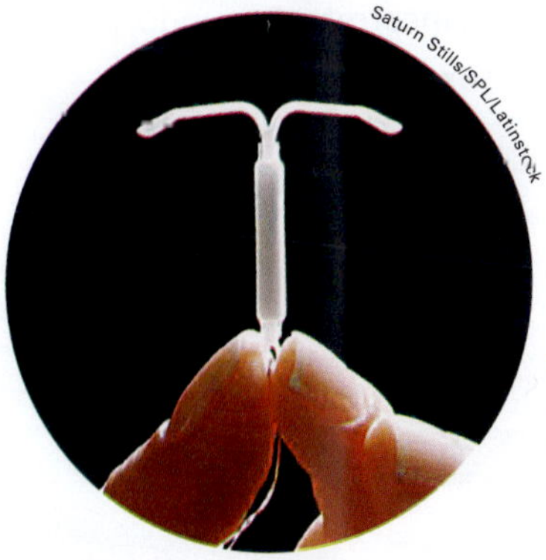

Figura 16.24 Na ilustração, posição do DIU no útero (cores fantasia). Na foto, DIU hormonal, que libera um hormônio sintético semelhante à progesterona.

Biologia e saúde

Mulher: cuidados com o corpo

Uma vez por ano, toda mulher e toda garota que já tenha menstruado devem ir ao ginecologista para fazer o exame Papanicolau, que serve para verificar a existência de câncer no colo do útero, acusar infecções e determinar o nível de hormônios relacionados ao ciclo menstrual.

O médico poderá pedir uma mamografia, exame de raios X especial capaz de detectar tumores muito pequenos. Esse exame deve ser feito por todas as mulheres a partir dos 50 anos de idade – ou antes, de acordo com orientação médica. Para as mulheres que já tiveram casos de câncer de mama na família, por exemplo, o médico pode indicar um exame anual a partir dos 35 anos ou até mesmo antes.

Também se deve consultar o médico se houver ardência ou dor ao urinar, dores abdominais, se aparecerem caroços, bolhas ou verrugas na região genital, se passar a urinar com muita frequência, se a secreção vaginal, normalmente incolor e sem cheiro, estiver amarelada, rosada, parecida com "água de carne" ou tiver mau cheiro (pode ser que haja uma infecção ou outro problema), ou se o parceiro estiver com alguma infecção que possa ser transmitida por contato sexual.

Embora seja comum dizer que uma mulher entrou na menopausa, esse termo é aplicado de forma mais precisa para se referir à última menstruação da mulher, que ocorre por volta dos 50 anos. Essa última menstruação marca também o momento em que ela para de ovular. Já o termo climatério refere-se ao período que antecede a menopausa e que pode começar por volta dos 40 anos, quando há diminuição da atividade hormonal e dos ovários. Nesse período podem ser necessários tratamentos para evitar, por exemplo, a osteoporose (enfraquecimento dos ossos). Qualquer tratamento sempre deve ser orientado pelo médico – o que vale também para tratamentos com produtos naturais.

! ATENÇÃO!

Para mais informações, procure orientação médica.

Diafragma

Trata-se de um capuz de borracha flexível, que deve ser colocado na entrada do útero antes da relação sexual, bloqueando a passagem dos espermatozoides (**figura 16.25**). O tamanho correto do diafragma é determinado pelo médico. Para aumentar sua eficiência, deve-se lubrificar as bordas com gel espermicida e só retirá-lo no mínimo seis horas depois do ato sexual, mas não mais de um dia, pois há risco de infecções. Se a mulher tiver outra relação duas horas depois, deve aplicar um pouco mais de espermicida na vagina, sem tirar o diafragma, pois o produto perde a eficiência com o tempo. Depois de usado, deve ser lavado com água e sabão neutro, secado e guardado no estojo para ser reutilizado em outra ocasião. Sempre se deve verificar se ele não está com furos: basta olhá-lo contra a luz ou enchê-lo de água.

O diafragma não costuma causar problemas no organismo, mas pode aumentar um pouco a chance de infecção urinária. No entanto, é menos eficiente que a pílula e o DIU. Primeiro, porque pode ser colocado em posição incorreta. Segundo, porque pode sair da posição correta durante o ato sexual.

Gary Parker/SPL/Latinstock

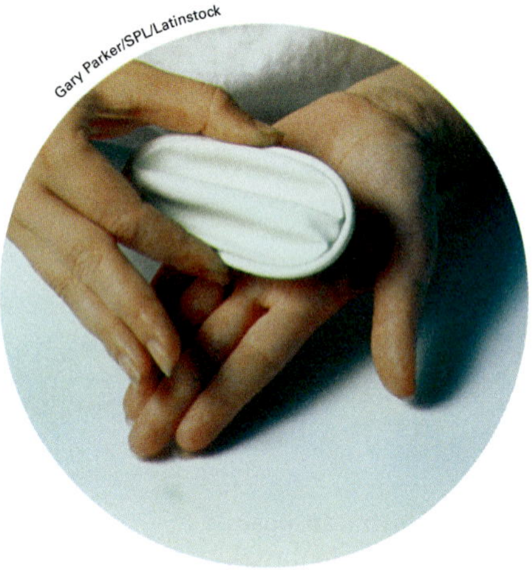

Hiroe Sasaki/Arquivo da editora

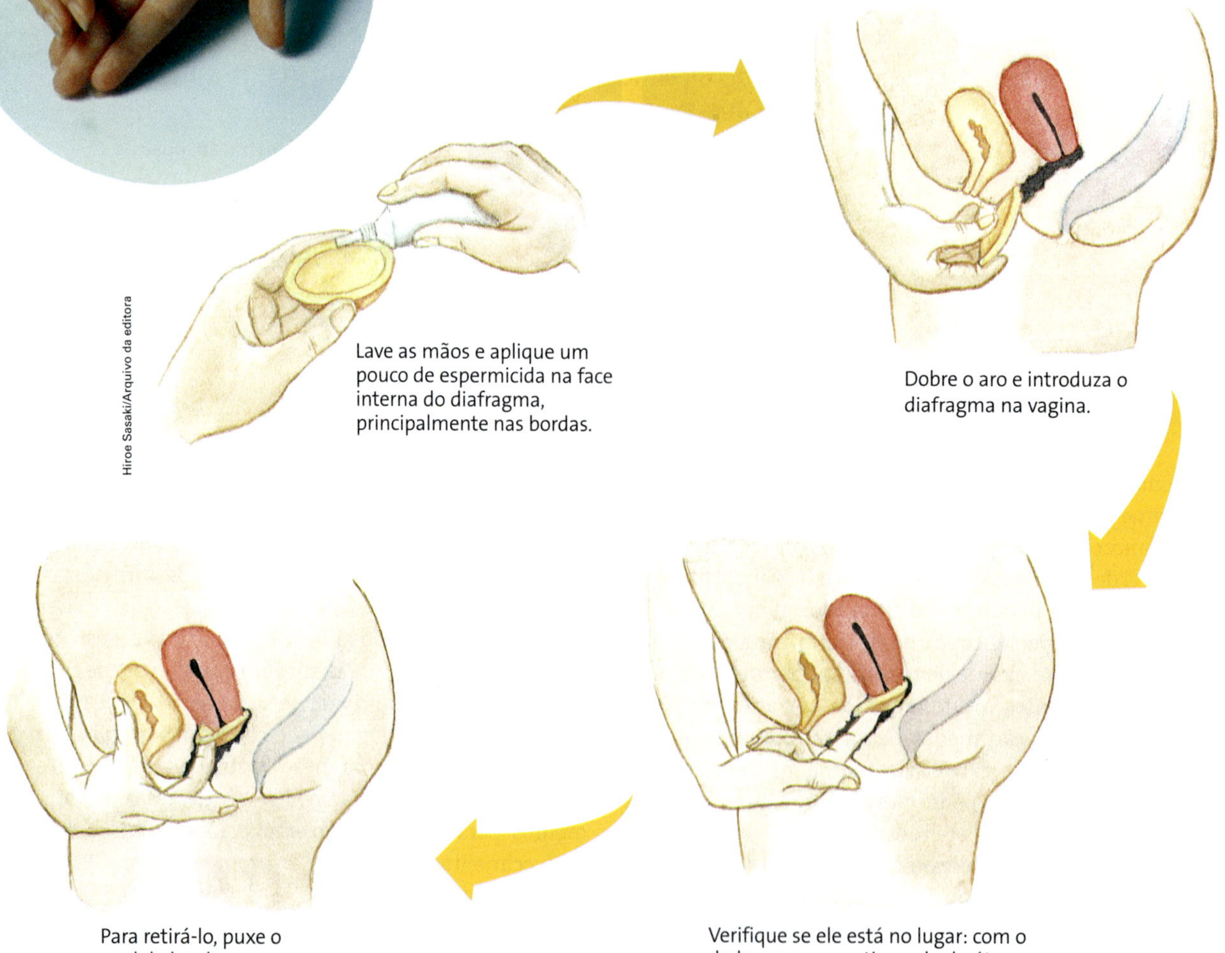

Figura 16.25 Foto de diafragma e, na ilustração, modo de usá-lo. (Os elementos da ilustração não estão na mesma escala; cores fantasia.)

Técnicas de esterilização

Na esterilização feminina (**ligação** ou **laqueadura tubária**), a tuba uterina é cortada e seus cotos, amarrados (figura 16.26). Com isso, embora continue a ser produzido, o ovócito não é fecundado, uma vez que se interrompeu a ligação entre o ovário e o útero.

A esterilização masculina (**vasectomia** ou **deferectomia**) é relativamente simples e consiste na secção dos ductos deferentes por meio de um pequeno corte na pele da bolsa escrotal (figura 16.27). Essa operação não modifica o comportamento sexual (a testosterona continua a ser lançada no sangue), e o sêmen continua a ser produzido, embora não contenha espermatozoides (estes constituem apenas 10% do volume do sêmen).

Há pequeno risco de falha em ambas as cirurgias. O problema, porém, é que nem sempre é possível reverter a esterilização por meio de nova cirurgia. Por isso, para fins práticos, a esterilização deve ser considerada definitiva.

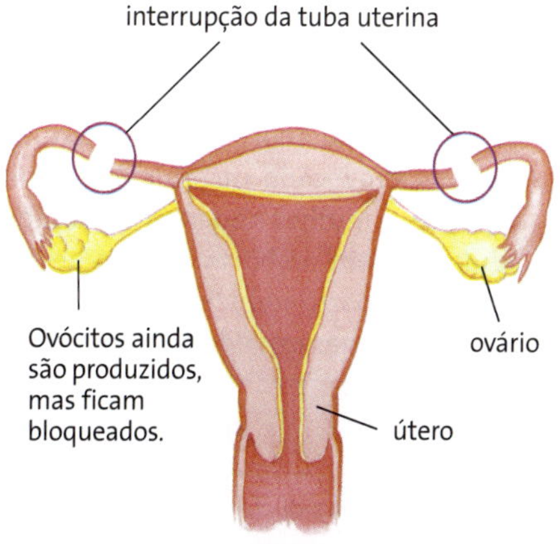

Figura 16.26 Ilustração de ligação tubária (cores fantasia).

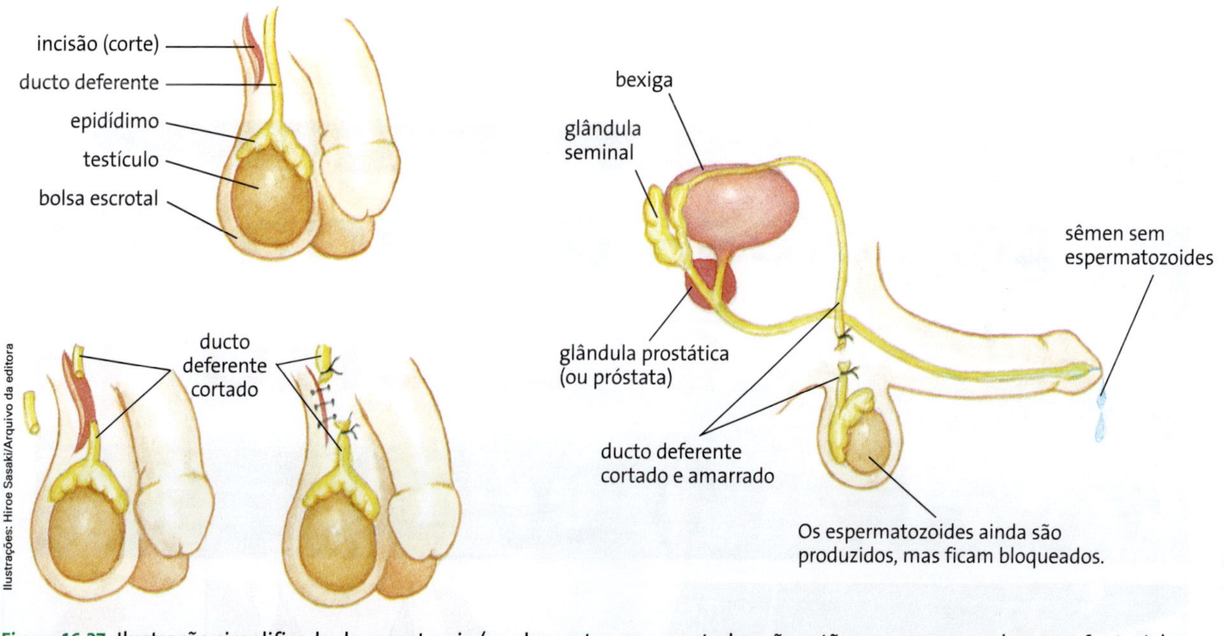

Figura 16.27 Ilustração simplificada da vasectomia (os elementos representados não estão na mesma escala; cores fantasia).

Biologia e sociedade

Esterilização voluntária

Para realizar a laqueadura tubária, é necessário cumprir alguns pré-requisitos, como indicação médica, idade mínima (mais de 25 anos), ter pelo menos dois filhos e passar por aconselhamento com assistente social, entre outros.

Para saber mais sobre a esterilização voluntária (por laqueadura tubária ou por vasectomia), deve-se consultar a Lei n. 9 263, sancionada em 12 de janeiro de 1996, que regulamenta o planejamento familiar no Brasil. No artigo segundo desta lei, por exemplo, o planejamento familiar é entendido como o "conjunto de ações de regulação da fecundidade que garanta direitos iguais de constituição, limitação ou aumento da prole pela mulher, pelo homem ou pelo casal".

Biologia e sociedade

Aborto

Algumas doenças infecciosas, como a sífilis, e problemas no feto ou no organismo da gestante podem provocar aborto espontâneo. Mas há também o aborto provocado ou induzido, quando, por algum motivo, a mulher não quer ter o filho. As leis que regulamentam o aborto variam de país para país. No Brasil, o aborto induzido é considerado crime. É permitido apenas quando não houver outro meio de salvar a vida da gestante, quando a gravidez é resultado de estupro (crime que consiste em forçar alguém a ter relação sexual mediante violência ou grave ameaça) ou no caso de fetos anencéfalos (com má-formação do cérebro e do córtex), o que leva o bebê à morte logo após o parto. Apesar disso, o aborto é praticado clandestinamente no Brasil. Quando é feito sob condições de higiene precárias, torna-se muito perigoso e pode provocar infecções, esterilidade e, em casos extremos, até a morte da gestante.

Geralmente, o aborto apresenta riscos e pode causar muita angústia e sentimento de culpa. Por isso o melhor é se prevenir, escolhendo com o médico e com o parceiro um método anticoncepcional adequado.

O aborto envolve questões éticas e sociais. Algumas pessoas são contra o aborto porque consideram que ele destrói uma vida humana. Essa é a posição de várias religiões, como a católica. Outras pessoas acham que a mulher deve ter o direito de decidir sobre o seu corpo e de interromper uma gravidez não planejada. Esse grupo defende a legalização do aborto em nosso país (figura 16.28).

Além dessa discussão, é importante lutar pelo direito a uma vida decente e digna, que garanta segurança econômica para criar os filhos. Se a população tivesse mais acesso a informações sobre métodos anticoncepcionais, educação, creches, hospitais, entre outros benefícios, as pessoas poderiam planejar melhor a vida: ter ou não filhos, quando e por quê.

Daniel Cymbalista/Pulsar Imagens

Sérgio Lima/Folhapress

Figura 16.28 O aborto é um assunto que divide opiniões.

5 Doenças sexualmente transmissíveis

Algumas infecções passam de uma pessoa para outra, principalmente pela relação sexual: são as doenças sexualmente transmissíveis (DSTs) ou infecções sexualmente transmissíveis. Ainda que um casal seja cauteloso com relação aos métodos contraceptivos para evitar uma gravidez indesejada, é muito importante também que se protejam contra as DSTs. O uso do preservativo masculino ou feminino em todas as relações é a forma mais segura de proteção contra DSTs.

Apenas o médico pode fazer o diagnóstico correto e indicar o tratamento. Alguns sinais servem de alerta para procurá-lo: coceira, dor, caroços, feridas, manchas avermelhadas ou escuras (elas podem aparecer também na palma da mão ou na planta do pé), bolhas, verrugas ou inflamação nos órgãos genitais ou em torno deles, na região anal ou na boca; íngua na virilha (nódulos linfáticos inchados); ardência ou incômodo no ato sexual ou ao urinar; vontade frequente de urinar. Nos homens podem sair também secreções ou sangue pelo pênis. Na mulher pode haver mudança na cor ou no cheiro da secreção vaginal ou dor no abdome.

Às vezes, não há sintomas. Além disso, até que os sintomas da doença apareçam, podem se passar dias ou semanas: é o chamado período de incubação. Por isso, se um parceiro estiver com infecção ou mesmo suspeita, o outro deverá procurar um médico, mesmo que não tenha sintomas. Não se pode esquecer de avisar o parceiro sobre a doença para que ele procure um médico e possa ser tratado também. Às vezes, os sintomas da doença desaparecem espontaneamente e a pessoa pode pensar que está curada. Mas, sem o tratamento médico, a doença pode voltar mais forte e provocar consequências sérias. Por isso, quanto mais cedo a doença for diagnosticada e tratada, mais fácil e rápida será a cura.

Nunca tome remédios nem faça tratamentos por conta própria.

Veja a seguir informações sobre algumas DSTs, lembrando sempre que essas informações não substituem a consulta ao médico nem podem ser usadas para diagnóstico, tratamento ou prevenção de doenças.

Gonorreia ou blenorragia

É causada pela bactéria *Neisseria gonorrhoeae* (figura 16.29), que pode provocar inflamação da uretra, da próstata e do útero. Pode haver dor, ardência e uma secreção branca ou amarelada ao urinar. A secreção vaginal pode ficar amarelada. Em alguns casos, principalmente na mulher, não há sintomas, mas o médico pode diagnosticar a doença por meio de exames. Mesmo não apresentando sintomas, uma pessoa pode transmitir a doença. Se uma mulher grávida tiver a doença, os olhos do recém-nascido podem ser infectados durante o parto. O tratamento é feito com antibióticos, e, em geral, a cura é rápida.

Figura 16.29 Bactérias causadoras da gonorreia (aumento de cerca de 11 mil vezes; imagem colorizada por computador).

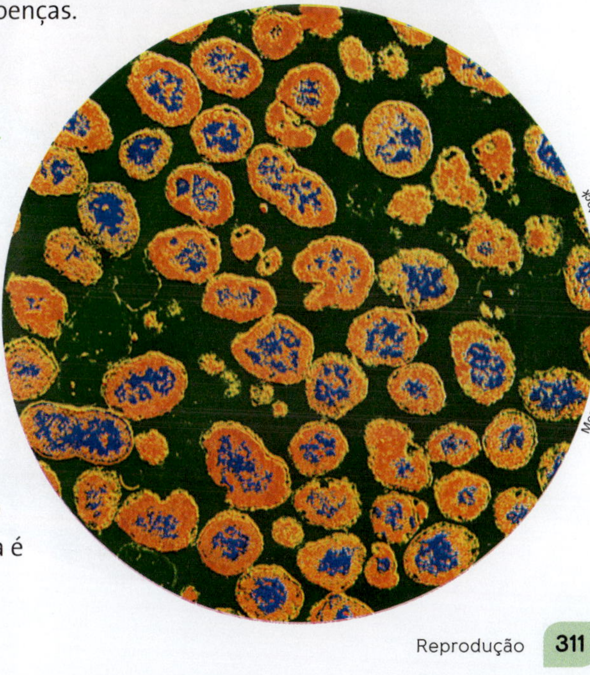

Moredun Animal Health Ltd/SPL/Latinstock

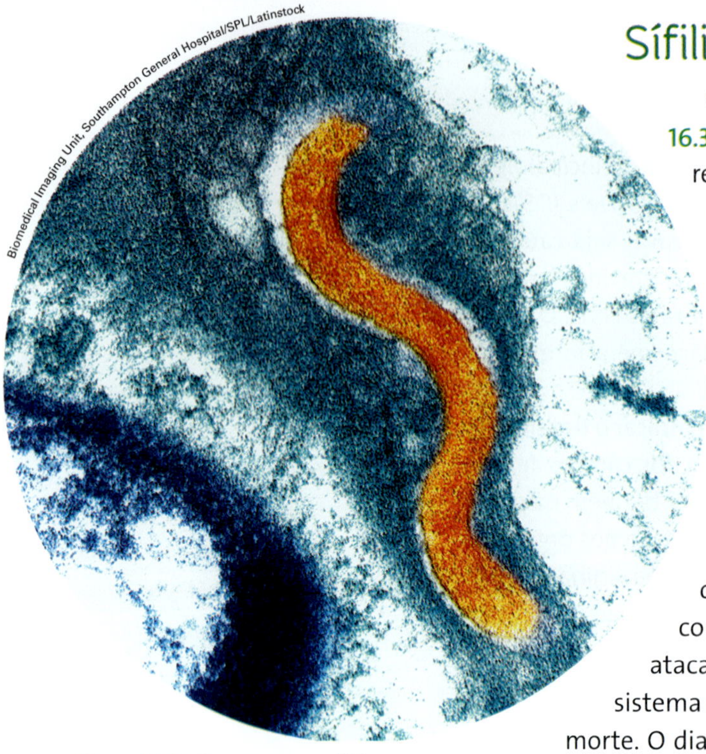

Figura 16.30 *Treponema pallidum*, bactéria causadora da sífilis (ao microscópio eletrônico; imagem colorizada por computador). Essas bactérias medem 0,09 μm a 0,5 μm de diâmetro por 5 μm a 20 μm de comprimento.

Sífilis

Causada pela bactéria *Treponema pallidum* (figura 16.30), essa doença pode ser fatal se não for tratada corretamente e pode passar da mãe para o feto, provocando problemas físicos e mentais na criança. O primeiro sinal é uma ferida sem dor, dura, com bordas elevadas e avermelhadas na área genital ou, às vezes, no ânus, na boca ou em outras regiões que entraram em contato com a bactéria. A ferida some em duas a seis semanas, mesmo sem tratamento, mas a bactéria continua presente no organismo. Se a pessoa não se tratar, cerca de dois a seis meses depois aparecem feridas na pele, febre baixa, dor de garganta e outros sintomas. Esses sinais também desaparecem de duas a seis semanas. Se a pessoa continuar sem receber tratamento, a doença poderá atacar, até mesmo anos depois, o coração, as artérias e o sistema nervoso, podendo levar à cegueira, paralisia, loucura e morte. O diagnóstico é feito por meio de exame de sangue, e o tratamento é à base de antibióticos.

Infecções por clamídia

A bactéria *Chlamydia trachomatis* (figura 16.31) pode causar infecções na uretra (uretrite), nos olhos (tracoma) e nos linfonodos da região genital (linfogranuloma venéreo). Na mulher pode atingir também o útero e as tubas uterinas. Quando ataca a uretra, provoca dor e ardência ao urinar. Quando ataca os linfonodos, provoca inchações ("ínguas") na virilha. Na mulher pode causar sangramento no período entre as menstruações, dor durante o ato sexual e outros sintomas. Se não for tratada adequadamente, com antibióticos tomados de acordo com prescrição médica, há risco de esterilidade.

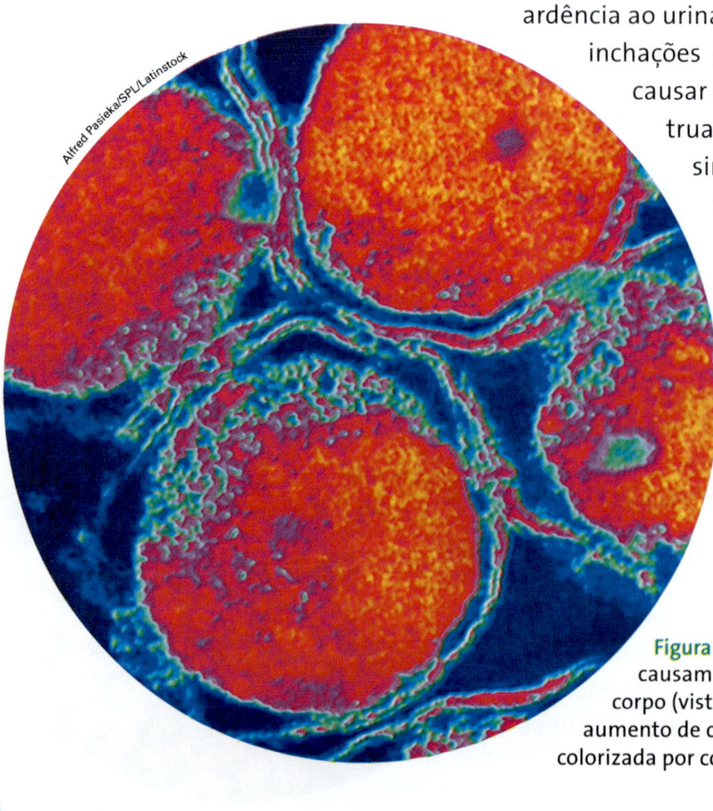

Figura 16.31 Clamídias, bactérias que causam infecção em várias partes do corpo (vistas ao microscópio eletrônico; aumento de cerca de 70 mil vezes; imagem colorizada por computador).

Herpes genital

É causado por um vírus. O local fica inicialmente vermelho e com coceira, surgindo depois pequenas bolhas, que arrebentam e formam feridas. Os sintomas desaparecem, em geral, em até quatro semanas, mas o vírus continua presente no organismo e, em algumas pessoas, provoca recaídas. Uma pessoa com herpes deve evitar tocar a área contaminada; se o fizer, deve lavar as mãos para evitar contaminar outras pessoas. Não deve ter relações sexuais durante as recaídas (as fases mais contagiosas) da doença. Como o vírus pode passar para a criança durante o parto, a mulher com herpes deve informar o fato ao médico. Ele poderá optar por realizar uma cesariana para evitar que a criança entre em contato com as lesões do herpes. Há medicamentos que diminuem muito os sintomas da doença. (Há também o herpes causado por outro tipo de vírus, que ataca a face e os lábios.)

Condiloma acuminado

É causado pelo papilomavírus humano (figura 16.32), conhecido como HPV (do inglês *Human Papilloma Virus*), que forma verrugas nos órgãos genitais, no colo do útero e ao redor do ânus (popularmente conhecidas como "crista de galo"). O tratamento consiste em eliminar as verrugas com congelamento, bisturi elétrico, *laser*, cirurgia ou produtos químicos. As mulheres que tiveram ou têm o vírus devem fazer exames periódicos para a prevenção do câncer de útero, pois algumas variedades desse vírus aumentam a chance do aparecimento desse tipo de câncer. A mulher que teve condiloma e ficou grávida deve avisar ao médico, uma vez que, no momento do parto, o vírus pode passar para a criança e provocar problemas respiratórios. O médico pode indicar também a vacina que protege contra alguns tipos de HPV.

Figura 16.32 À esquerda, ilustração de HPV gerada por computador (cores fantasia) e, à direita, imagem do vírus ao microscópio eletrônico (cerca de 55 nm de diâmetro; imagem colorizada por computador).

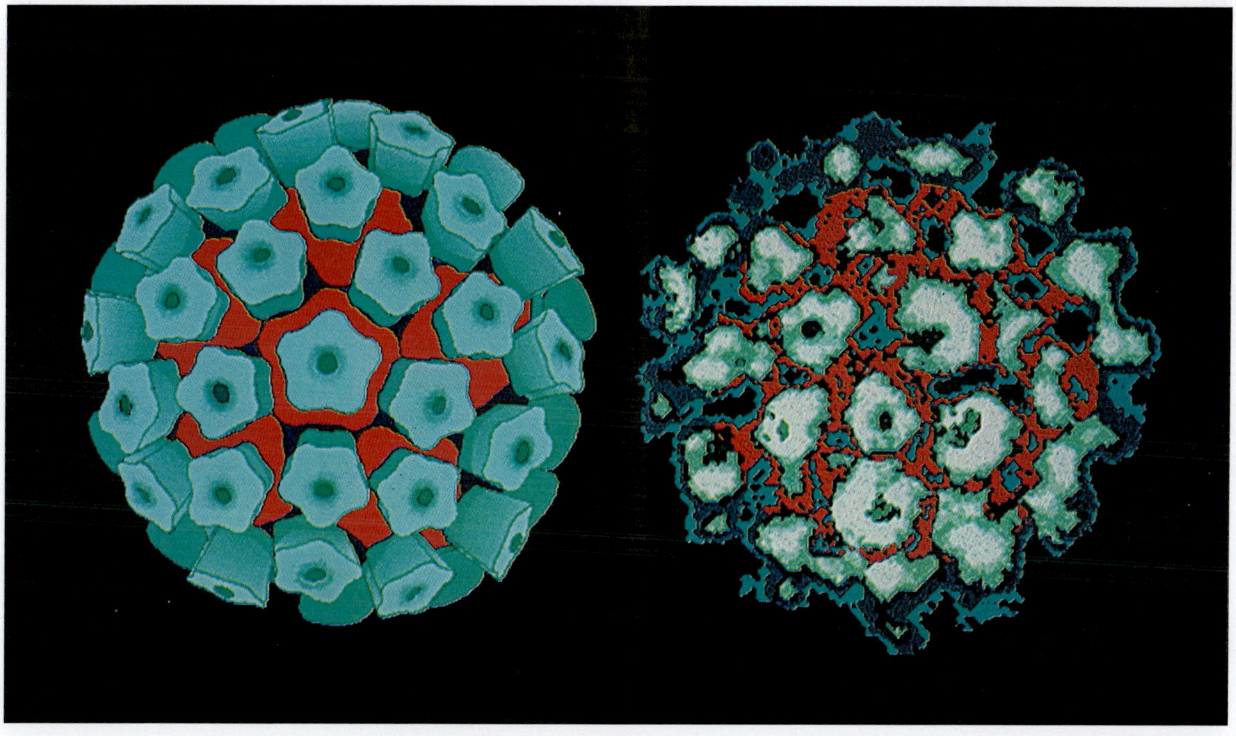

Dr. Linda Stannard, UCT/SPL/Latinstock

Hepatite B

A hepatite pode ser provocada por vários tipos de vírus diferentes (**figura 16.33**). Todos provocam inflamação do fígado.

Os principais sintomas da hepatite B são: febre, dor de cabeça, cansaço e, geralmente, icterícia: a pele e a esclera (o branco dos olhos) ficam amarelados devido ao acúmulo de pigmentos da bile. A icterícia se manifesta em diversas doenças.

Quem já teve hepatite não pode doar sangue porque o vírus pode continuar no organismo, mesmo sem haver sintomas da doença. A hepatite B pode ser transmitida por transfusão de sangue, contato sexual ou entre tecidos que forram a boca e outras cavidades (mucosas) que tenham secreções, como a saliva e as lágrimas. Pode passar também da mãe para o filho no momento do parto. Há risco de o vírus provocar, em alguns casos, cirrose (destruição do fígado) ou câncer de fígado.

Por isso, logo ao nascer, a criança deve tomar a primeira dose da vacina, que será repetida um mês depois e, novamente, seis meses depois da primeira dose. Adultos também podem tomar a vacina.

Figura 16.33 **A** – Modelo do vírus da hepatite B. **B** – imagem ao microscópio eletrônico desses vírus (o vírus tem cerca de 0,07 μm de diâmetro; aumento de cerca de 60 mil vezes; imagem colorizada por computador). **C** – Tomar vacinas na infância previne uma série de doenças.

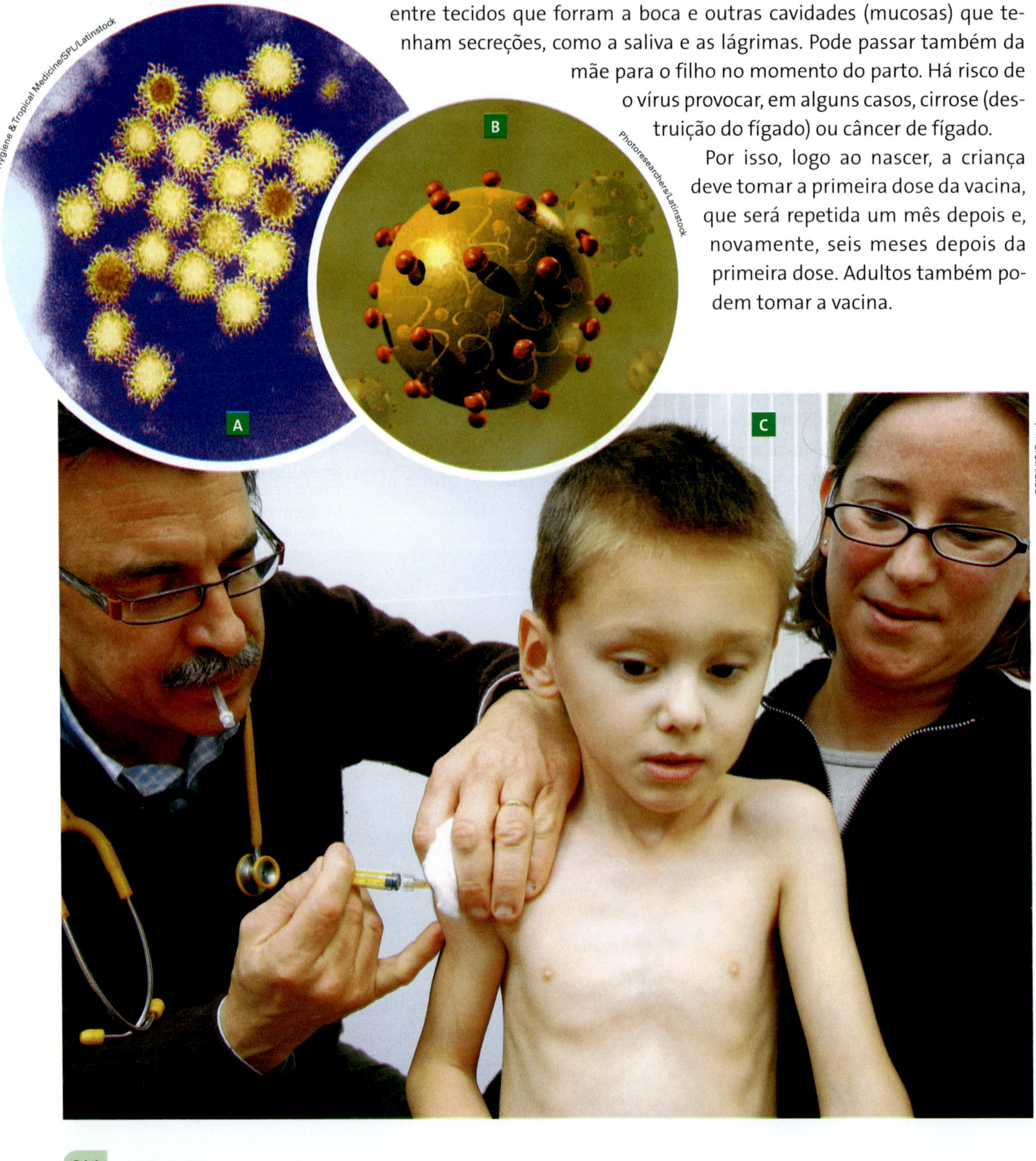

Tricomoníase

É causada pelo protozoário *Trichomonas vaginalis* (figura 16.34), que provoca nas mulheres inflamação na vagina, com secreção branca ou amarelada e com mau cheiro. No homem pode provocar ardência ao urinar.

Candidíase ou monilíase

É provocada pelo fungo *Candida albicans* (monília, figura 16.35), o mesmo que causa o "sapinho" na boca. Na mulher aparece uma secreção esbranquiçada, acompanhada de coceira nos órgãos genitais. No homem pode provocar vermelhidão e coceira na área genital. O tratamento é feito com cremes ou outros medicamentos contra o fungo.

Eye of Science/SPL/Latinstock

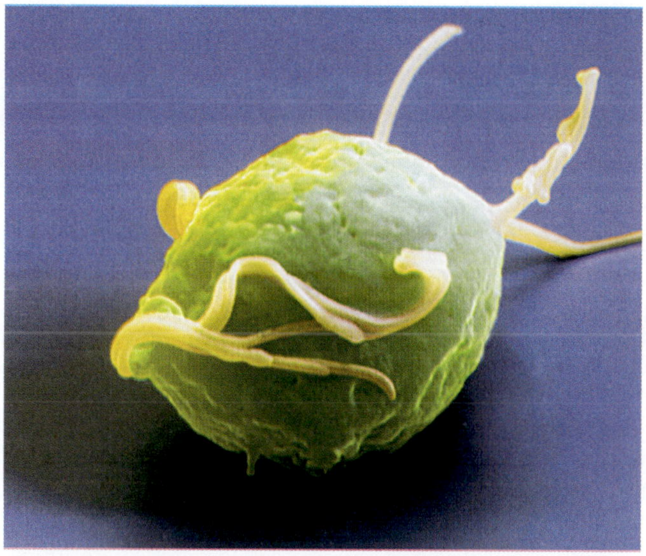

Figura 16.34 Protozoário *Trichomonas vaginalis* ao microscópio eletrônico (aumento de cerca de 3 500 vezes; imagem colorizada por computador).

Sebastian Kaulitzki/Shutterstock/Glow Images

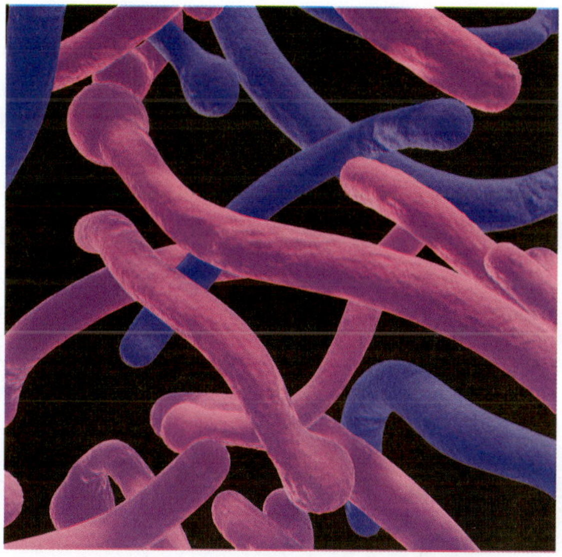

Figura 16.35 Imagem renderizada em 3D do fungo *Candida albicans* (os elementos da ilustração não estão em escala; cores fantasia).

Pediculose pubiana

É causada pelo piolho púbico (*Phthirus pubis*), conhecido popularmente como "chato" (figura 16.36). Em geral, fica aderido aos pelos pubianos. O tratamento é local e é necessário ferver as roupas infestadas (o piolho também pode ser transmitido pelo contato com roupas, toalhas e lençóis).

E. Gray/SPL/Latinstock

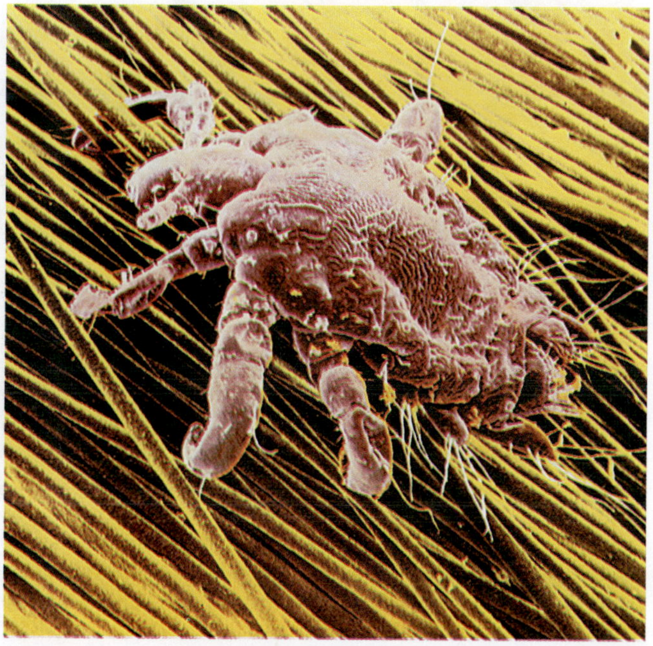

Figura 16.36 *Phthirus pubis*, piolho causador da pediculose pubiana (visto ao microscópio eletrônico de varredura; aumento de cerca de 30 vezes; imagem colorizada por computador).

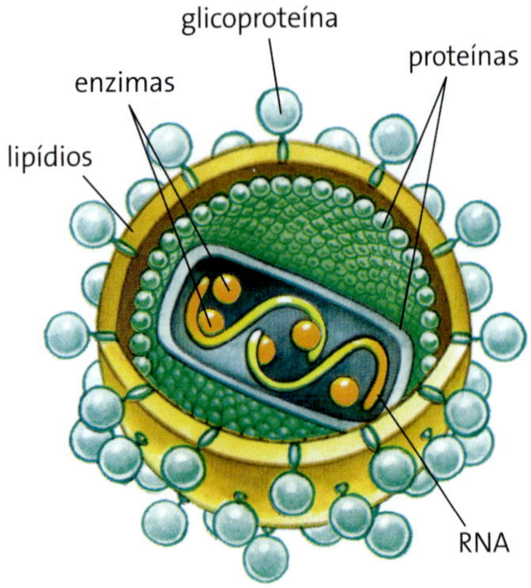

Figura 16.37 Ilustração do HIV (cerca de 0,1 µm de diâmetro; cores fantasia).

Aids

A Aids (sigla de *acquired immunodeficiency syndrome*, ou Sida, *síndrome da imunodeficiência adquirida*) é causada pelo **vírus da imunodeficiência humana** (HIV, do inglês *human immunodeficiency virus*). Medindo apenas 0,1 µm, ele é formado por uma cápsula esférica de glicoproteínas mergulhadas em uma dupla camada de gordura, com RNA (figura 16.37).

A proteína mais externa do HIV, chamada de gp120, é capaz de se encaixar na proteína CD4, presente na membrana do principal glóbulo branco atacado pelo vírus, o linfócito T4, também denominado CD4+ ou auxiliar. Após o encaixe, a cápsula do vírus se funde à membrana da célula, e o material genético viral penetra no citoplasma. Com o auxílio da enzima **transcriptase reversa**, o RNA sintetiza uma molécula de DNA, que lhe é complementar (figura 16.38), e é destruído. Essa molécula de DNA produz outra de DNA, complementar, e as duas se unem, formando uma dupla cadeia, que migra para o núcleo e se incorpora ao patrimônio genético da célula (figura 16.38).

Como é o RNA que sintetiza uma molécula de DNA, ao contrário do que acontece no processo de transcrição dos seres vivos em geral, o HIV é classificado no grupo dos **retrovírus** (retro = para trás), o que justifica também o nome da enzima que permite esse processo, isto é, a transcriptase reversa.

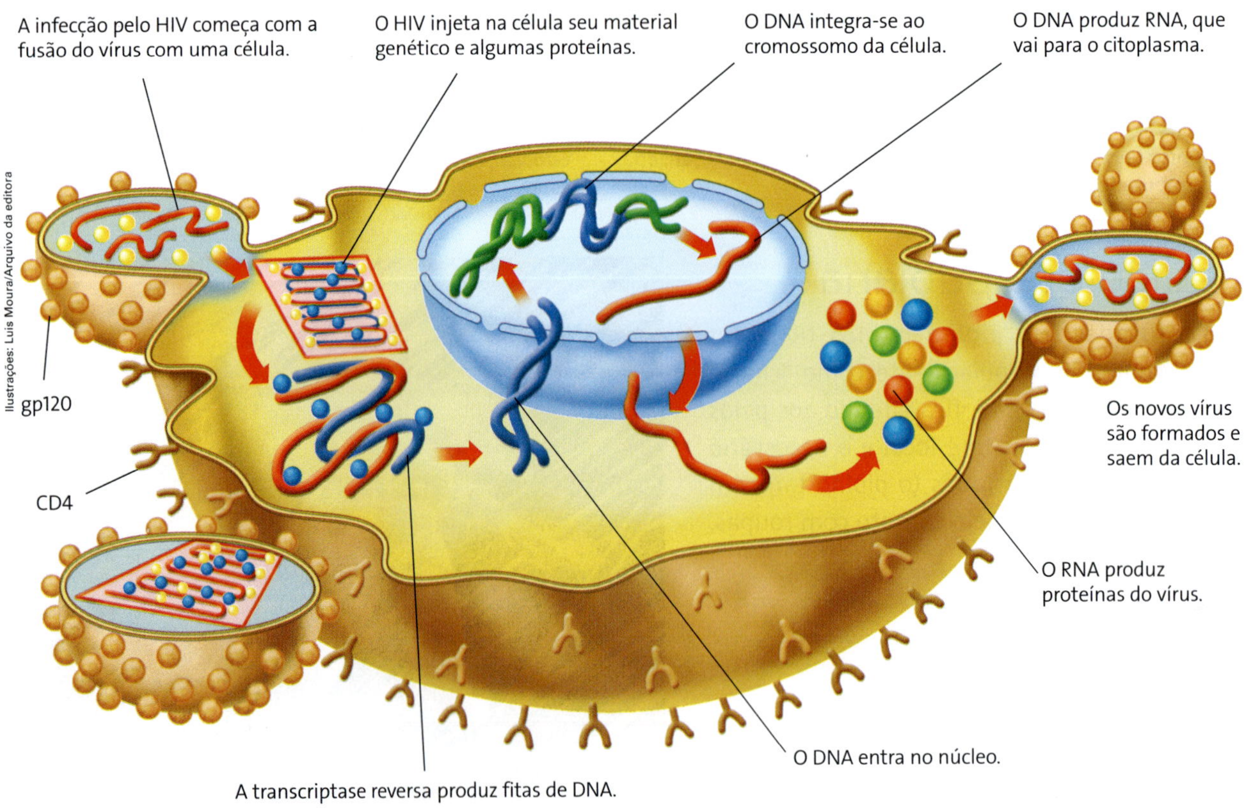

Ilustrações: Luis Moura/Arquivo da editora

Figura 16.38 Entrada do HIV (o vírus tem cerca de 0,1 µm de diâmetro) na célula e sua multiplicação (os elementos da figura não estão na mesma escala; cores fantasia).

O DNA do vírus desencadeia a síntese de novas moléculas de RNA, que orientam também a síntese de proteínas da cápsula e das enzimas virais. Assim, formam-se novos vírus, que migram para a periferia da célula, são envolvidos pela membrana e compõem brotos que se soltam da célula (figura 16.39).

O resultado desse processo de destruição é a progressiva diminuição de linfócitos T_4, o que, com o tempo, compromete todo o sistema imunitário. Dessa forma, o organismo fica sem defesa contra diversos germes e o doente pode morrer vítima de uma série de infecções.

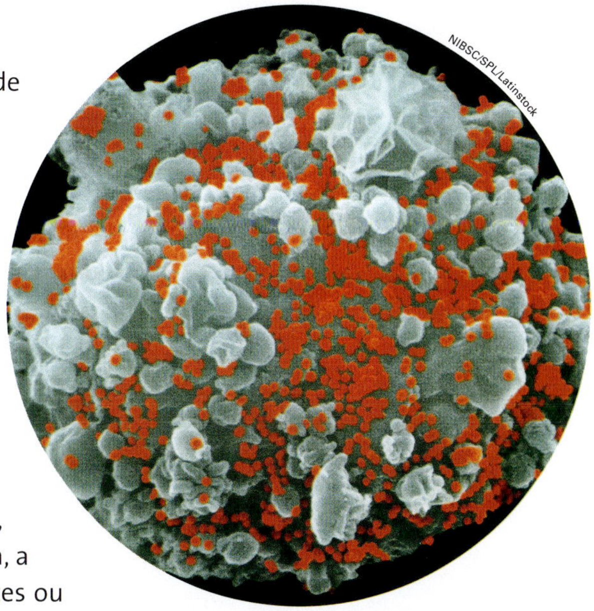

Figura 16.39 Imagem de linfócito T infectado por HIV, obtida por microscopia eletrônica de varredura (aumento de cerca de 5 600 vezes; colorizada por computador). Na superfície de aspecto granuloso podem ser vistas pequenas partículas esféricas de vírus (em vermelho), que estão em processo de desprendimento da membrana celular do linfócito.

O HIV pode ser transmitido por meio de vários fluidos corporais contaminados – sangue, sêmen, secreção vaginal, leite materno, líquido cefalorraquidiano, líquido amniótico –, quando eles entram em contato com mucosas, como a da boca, a do ânus e a da vagina, ou com a pele (se esta apresentar cortes ou perfurações; a pele intacta é uma barreira eficiente contra a infecção de qualquer vírus).

No caso do sangue, o HIV também pode ser transmitido por transfusão (embora a fiscalização dos bancos de sangue pelo governo tenha diminuído muito essa forma de transmissão; é importante ressaltar que o risco existe apenas para quem recebe o sangue na transfusão).

O vírus pode ser transmitido da mãe para o filho durante a gestação, o parto ou o aleitamento. Por isso, mulheres grávidas devem fazer o teste de Aids. Sendo portadoras do vírus, o uso de medicamentos adequados diminui muito a chance de transmissão para o filho.

O transplante de órgãos e a inseminação artificial também podem ser uma forma de transmissão.

Objetos que possam entrar em contato com sangue, como lâmina de barbear, tesoura, alicate de unha, instrumentos usados por médicos e dentistas (bisturis, pinças, alicates, seringas, etc.), ou em tatuagens e acupuntura, podem transmitir o vírus se tiverem sido utilizados em pessoas infectadas.

Para evitar a Aids, é preciso usar camisinha em todas as relações sexuais (ou ter relações sexuais apenas com um parceiro não infectado e fiel), exigir a esterilização de objetos que possam entrar em contato com sangue (como lâmina de barbear, tesoura, alicate de unha, etc.) e também de instrumentos usados por médicos e dentistas (bisturis, pinças, alicates, seringas, etc.). Em relação a seringas e agulhas, deve-se usar sempre as descartáveis.

Por meio de certos exames, o paciente pode saber se é portador do HIV, ou seja, se é HIV-positivo (também chamado de soropositivo). É necessário fazer mais de um exame para confirmar o resultado, que pode ser **falso negativo**, isto é, dar um resultado negativo para uma pessoa já contaminada pelo HIV, ou **falso positivo**, isto é, dar um resultado positivo para alguém que não está contaminado pelo HIV.

O falso negativo pode acontecer, por exemplo, se o teste for feito durante o período denominado **janela imunitária**, que corresponde ao período em que o HIV ou os anticorpos produzidos pelo organismo contra o vírus ainda não são detectados pelos testes, e varia com o tipo de teste utilizado. No período de janela imunitária, embora os exames deem negativo, a pessoa infectada pelo HIV pode transmiti-lo a outras pessoas.

O resultado falso positivo em geral ocorre por erro do próprio teste. Por isso, apenas um resultado positivo não é suficiente para diagnosticar a infecção. É necessário repetir o exame pelo menos duas vezes e confirmá-lo por um teste de outro tipo, como o Western-Blot, que é mais preciso. Assim, quem quer saber se tem ou não o vírus HIV deve procurar uma clínica especializada, que lhe dê toda a assistência e informação. E, em caso de confirmação de resultado positivo, consultar um médico para saber, com segurança, como se tratar.

O resultado positivo indica apenas que a pessoa é portadora do HIV. Muitos portadores do vírus, porém, não apresentam nenhum sintoma da Aids após a contaminação e podem ficar assim por longo tempo. Ainda assim, podem transmitir o vírus a outras pessoas, inclusive para o filho, no caso de uma mulher soropositiva que engravide.

Com a contínua multiplicação do vírus, pode chegar um momento, que pode demorar muitos anos, em que o número de linfócitos diminui muito e começam a aparecer infecções por germes oportunistas: tuberculose, pneumonia, diarreias crônicas provocadas por amebas, giárdia e outros germes, meningites, herpes cutâneo, candidíase oral (sapinho).

Embora não destruam completamente os vírus, os medicamentos atuais podem retardar a evolução da doença e combater as infecções oportunistas. Além de medicamentos que atacam as infecções oportunistas, existem também os chamados antirretrovirais, que inibem a reprodução do HIV no sangue.

Um dos maiores problemas para o desenvolvimento de uma vacina é a capacidade de o vírus sofrer mutações muito rapidamente. Como a vacina tem de ser específica, ela poderia não atuar sobre as demais variedades.

No volume 2 desta coleção, no capítulo sobre vírus, você vai saber mais sobre a Aids.

Biologia e saúde

É preciso ser responsável

Estudos têm mostrado que a incidência da Aids voltou a aumentar porque, com o uso de retrovirais, as pessoas soropositivas passaram a não apresentar sintomas e a se descuidar do comportamento seguro. Mesmo assintomáticas, as pessoas soropositivas podem transmitir os vírus e, por isso, devem ser sexualmente responsáveis.

Devem sempre usar camisinha ou pedir ao parceiro ou à parceira para usar, além de avisar às pessoas que possam ter infectado como resultado de relações sexuais não protegidas ou do uso comum de agulhas.

BMP/Shutterstock/Glow Images

Devem também informar seu médico e seu dentista para garantir o melhor tratamento possível a si mesmas e permitir que sejam tomadas precauções que protejam as outras pessoas. Também não podem doar sangue, esperma ou órgãos.

Dia 1º de dezembro é o Dia Mundial de Luta Contra a Aids. Esse dia foi criado pela Assembleia Mundial de Saúde e existe para divulgar a importância da prevenção, realizar campanhas de solidariedade em prol dos portadores do vírus e combater o preconceito contra eles.

Atividades

1. Imagine duas espécies semelhantes de plantas. Uma delas reproduz-se apenas assexuadamente, mas a outra, além da reprodução assexuada, também se reproduz sexuadamente. Em qual delas podemos esperar encontrar maior variedade genética? Por quê?

2. Na história da vida na Terra, na passagem do ambiente aquático para o ambiente terrestre foram selecionadas algumas adaptações, por exemplo, a fecundação interna. Que vantagem adaptativa esse tipo de fecundação confere aos organismos terrestres?

3. Costuma-se dizer que o sexo da criança é determinado no momento da fecundação. Na maioria das espécies, isso se deve à presença dos chamados cromossomos sexuais. Como são os gametas masculinos e femininos humanos em relação aos cromossomos sexuais? Qual deles determina o sexo da criança?

4. Uma mulher tem ciclo menstrual regular de 28 dias. O último dia de sua menstruação, que durou 5 dias, foi 10 de dezembro. Quais são os dias mais favoráveis para ela ter relação sexual e engravidar?

5. Há vários mecanismos que impedem a penetração de mais de um espermatozoide no óvulo ou a união de dois ou mais núcleos com o núcleo do óvulo. Existe alguma vantagem adaptativa nesses mecanismos? Explique.

6. Uma mulher ficou menstruada no dia 1º de junho. Sabendo que seu ciclo é regular e de 28 dias, em que dia desse mês ela tem mais chance de engravidar?

7. Um estudante afirmou que um homem que fez vasectomia não pode mais ejacular. Esse estudante está certo? Por quê?

8. Você conheceu neste capítulo alguns métodos anticoncepcionais: vasectomia, pílula anticoncepcional, DIU, camisinha, ligação tubária, diafragma. Agora, no caderno, escreva quais desses métodos possuem as características abaixo (lembre-se: um método pode ter mais de uma característica).
   a) Impede a ovulação.
   b) Protege contra doenças sexualmente transmissíveis.
   c) Permite que o espermatozoide chegue à vagina, mas não ao útero.
   d) Trata-se de uma cirurgia que bloqueia as tubas uterinas.
   e) É um dispositivo de plástico coberto de cobre que é posto no útero pelo médico.
   f) Consiste no corte dos ductos deferentes.

9. Em relação às doenças sexualmente transmissíveis (DSTs), responda:
   a) Como deve agir quem deseja reduzir o risco de contrair essas doenças?
   b) Que atitudes deve ter uma pessoa que acha que foi contaminada por uma DST?

Trabalho em equipe

Em grupo, escolham um dos temas a seguir para pesquisar (em livros, na internet, em entrevistas com médicos e outros profissionais da área de saúde e sexualidade). Depois, exponham as conclusões da pesquisa para a classe e para o resto da comunidade escolar.

Vocês também podem tentar entrevistar pesquisadores (de universidades ou de centros de pesquisa) da área de saúde e sexualidade e convidar esses profissionais para ministrarem palestras para a comunidade escolar sobre um dos temas especificados.

Finalmente, informem-se se na região em que vocês moram existe alguma universidade, centro médico ou instituição que desenvolva atividades para educar a população sobre contracepção e planejamento familiar e vejam se é possível agendar uma visita ao local.

a) Custos envolvidos no uso de cada tipo de anticoncepcional. Além do preço do produto, levem em consideração a frequência com que ele deve ser usado e as consultas médicas necessárias para o uso correto. Descubram o que é planejamento familiar e que países o adotaram ou adotam. Analisem as medidas tomadas e o resultado alcançado. Descubram também qual é a posição do governo brasileiro a respeito do assunto.

b) Quais as principais formas de transmissão da Aids no Brasil? Como a doença está evoluindo em nosso país? E no mundo? Em que grupos de pessoas ela está aumentando mais rapidamente? Que medidas estão sendo tomadas para diminuir a velocidade de propagação da Aids em nosso país?

c) Pesquisar quais as principais doenças sexualmente transmissíveis em nosso país (não levem em consideração a Aids, que foi objeto de pesquisa no item anterior). Quais são os fatores que provocam um aumento na ocorrência dessas doenças? O que deve ser feito para combater esse problema? Quais são os exames e cuidados recomendados para os jovens se prevenirem contra as doenças sexualmente transmissíveis?

Pensando no Enem

Em certas localidades ao longo do rio Amazonas, são encontradas populações de determinada espécie de lagarto que se reproduzem por partenogênese. Essas populações são constituídas, exclusivamente, por fêmeas que procriam sem machos, gerando apenas fêmeas. Isso se deve a mutações que ocorrem ao acaso nas populações bissexuais. Avalie as afirmações seguintes, relativas a esse processo de reprodução:

I. Na partenogênese, as fêmeas dão origem apenas a fêmeas, enquanto nas populações bissexuadas cerca de 50% dos filhotes são fêmeas.
II. Se uma população bissexuada se mistura com uma que se reproduz por partenogênese, esta última desaparece.
III. Na partenogênese, um número x de fêmeas é capaz de produzir o dobro do número de descendentes de uma população bissexuada de x indivíduos, uma vez que, nesta, só a fêmea põe ovos.

É correto o que se afirma:

a) apenas em I.
b) apenas em II.
c) apenas em I e III.
d) apenas em II e III.
e) em I, II e III.

Resolução

Esta questão trata de assuntos relacionados às Ciências Naturais, mas também exige conhecimentos básicos de Matemática, como entender os significados das porcentagens utilizadas e prever os resultados de uma relação numérica proposta no enunciado.

De uma forma mais geral, esta questão requer do aluno a compreensão dos fenômenos apresentados no enunciado, bem como a avaliação da validade das argumentações construídas em cada uma das afirmações. É necessário compreender também as consequências da partenogênese, além do próprio fenômeno.

O problema

A questão expõe um fenômeno encontrado em algumas populações na natureza, a partenogênese. É importante ter conhecimento desta propriedade para que se possa entender suas consequências.

A partenogênese é uma forma de reprodução que ocorre em diversos grupos de animais com reprodução sexuada. Nestes casos, embriões da fêmea se desenvolvem e crescem sem a necessidade de fertilização. É importante ter em mente que em algumas espécies de lagartos isso é uma possibilidade e não uma necessidade, ou seja, as fêmeas que conseguem se reproduzir por partenogênese também podem se reproduzir por meio da fertilização de seus gametas.

É também importante saber que em lagartos a partenogênese tem um mecanismo diferente do observado em abelhas, na qual uma abelha-rainha produz zangões por meio de gametas haploides não fertilizados. As fêmeas de lagartos em partenogênese não produzem gametas, mas sim embriões diploides, clones da fêmea reprodutora. Assim, todo o material genético da mãe é transmitido à sua prole partenogenética.

Após a identificação do problema, o enunciado faz três afirmações acerca das consequências da partenogênese. Vamos analisar cada uma das afirmações.

A primeira afirmação refere-se ao sexo da prole gerada por partenogênese e por reprodução sexuada simples. Sabemos que em populações de reprodução sexuada, a razão entre os indivíduos é, geralmente, 50% de machos e 50% de fêmeas. Existem algumas exceções, mas esta é a proporção mais comumente encontrada. Em populações de lagartos que se reproduzem por partenogênese, as fêmeas geram clones de si mesmas, portanto, elas dão origem apenas a fêmeas. Assim, a afirmativa I está correta.

A segunda afirmação propõe o desaparecimento de uma população partenogenética que se reproduza com uma população bissexuada. Por ser um fenômeno facultativo em répteis, as fêmeas que se reproduzem por partenogênese podem se reproduzir normalmente por reprodução bissexuada também. Além disso, se houver uma redução no número de machos, estas podem voltar a se reproduzir por partenogênese. Portanto, esta afirmativa está incorreta.

A terceira afirmação refere-se à razão prole/número total de indivíduos. Em uma população que se reproduz por partenogênese, todos os indivíduos (x) são fêmeas (portanto, x fêmeas), então todos os indivíduos podem gerar descendentes. Se definirmos que cada fêmea pode gerar 1 descendente, então temos que x indivíduos desta população podem gerar x descendentes. Já em uma população bissexuada (com x indivíduos), apenas metade dos indivíduos são fêmeas (portanto, x/2 fêmeas). Se mantivermos os parâmetros acima, de que cada fêmea pode gerar apenas 1 descendente, então temos que x indivíduos de uma população de reprodução bissexuada podem gerar x/2 descendentes. Assim, uma população partenogenética de x indivíduos pode produzir, neste caso, x descendentes, enquanto uma população bissexuada de x indivíduos produz apenas x/2 descendentes. Portanto, a afirmativa III está correta.

Dessa forma, apenas a afirmativa II está incorreta.

Resposta: **C**.

Vestibulares de Norte a Sul

1. N (UFPA) Em humanos, a fecundação ou fertilização é o evento responsável pela origem de um novo ser. Os principais eventos que ocorrem após a entrada do espermatozoide no óvulo são:

   I. O óvulo termina a divisão meiótica, ocorre a formação do pró-núcleo feminino e a união desse com o pró-núcleo masculino.
   II. O zigoto contém uma nova combinação de cromossomos diferente de ambos os pais.
   III. O zigoto sofre a primeira divisão mitótica, a qual resulta na formação de dois blastômeros, que é o início do desenvolvimento embrionário.

   A(s) afirmativa(s) correta(s) é(são):

   a) I e II.
   b) I e III.
   c) II e III.
   d) somente III.
   e) I, II e III.

2. NE (Uece) Diante das dificuldades impostas pelo mundo atual, a humanidade vem tentando controlar o nascimento de novos indivíduos através da utilização de métodos contraceptivos. Para tanto, muitas pesquisas têm colocado no mercado uma infinidade de produtos que podem ser bastante eficientes para o planejamento familiar. Numere a segunda coluna de acordo com a primeira, relacionando os métodos contraceptivos listados na 1ª com os modos de ação listados na 2ª.

   1. Diafragma
   2. Pílula anticoncepcional
   3. Dispositivo intrauterino
   4. Ligadura tubária

   ( ) Previne a ovulação.
   ( ) Impede a chegada do óvulo ao útero.
   ( ) Impede a implantação do óvulo fertilizado.
   ( ) Impede a entrada dos espermatozoides no útero.

   Assinale a alternativa que contém a sequência correta, de cima para baixo.

   a) 4, 2, 1, 3.
   b) 2, 3, 4, 1.
   c) 2, 4, 3, 1.
   d) 3, 4, 2, 1.

3. NE (UFS-SE) "Considerando-se 8 ovócitos primários e 8 espermatócitos primários, obteremos **I** óvulos e **II** espermatozoides". Para completar corretamente a frase anterior, basta substituir **I** e **II**, respectivamente, por:

   a) 8 e 8.
   b) 8 e 16.
   c) 8 e 32.
   d) 32 e 8.
   e) 32 e 16.

4. CO (UEG-GO) A reprodução, processo necessário a todos os seres vivos por levar à preservação da espécie, acontece desde a forma mais simples até a mais complexa. Quanto a esse processo, marque a alternativa **incorreta**.

   a) A reprodução assexuada aumenta a variabilidade genética numa população de determinada espécie, porque os descendentes assim originados diferem geneticamente de seus pais.
   b) Nos organismos sexuados ocorrem dois tipos de divisão celular: mitose e meiose.
   c) A mitose é o mecanismo mais comum de reprodução dos organismos unicelulares eucariontes.
   d) Uma vantagem evolutiva da reprodução sexuada está no fato de ela poder conferir proteção contra parasitas; alguns descendentes, por exemplo, podem apresentar combinações genéticas que os tornam mais adaptados aos parasitas do que seus pais.
   e) Durante a meiose e a fecundação podem ocorrer eventos que criam variabilidade genética nos seres que se reproduzem sexuadamente.

5. SE (Fuvest-SP) Foram feitas medidas diárias das taxas dos hormônios: luteinizante (LH), folículo estimulante (FSH), estrógeno e progesterona no sangue de uma mulher adulta, jovem, durante vinte e oito dias consecutivos. Os resultados estão mostrados no gráfico:

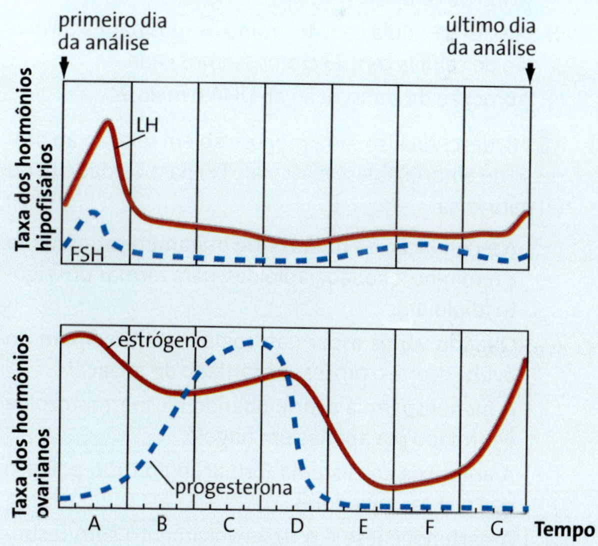

   Os períodos mais prováveis de ocorrência da menstruação e da ovulação, respectivamente, são:

   a) A e C.
   b) A e E.
   c) C e A.
   d) E e C.
   e) E e A.

6. **SE** (PUC-SP) O trecho abaixo foi extraído do artigo "Desencontros sexuais", de Drauzio Varella, publicado na *Folha de S.Paulo*, em 25 de agosto de 2005.

"Nas mulheres, em obediência a uma ordem que parte de uma área cerebral chamada hipotálamo, a hipófise libera o hormônio FSH (hormônio folículo-estimulante), que agirá sobre os folículos ovarianos, estimulando-os a produzir estrogênios, encarregados de amadurecer o óvulo a cada mês. FSH e estrogênios dominam os primeiros 15 dias do ciclo menstrual com a finalidade de tornar a mulher fértil, isto é, de preparar para a fecundação umas das 350 mil células germinativas com as quais nasceu."

O trecho faz referência a um grupo de células que a mulher apresenta ao nascer. Essas células são:

a) Ovogônias em início de meiose, presentes no interior de folículos ovarianos e apresentam 23 cromossomos.
b) Ovócitos em início de meiose, presentes no interior de folículos ovarianos e apresentam 46 cromossomos.
c) Ovócitos em fase final de meiose, presentes no interior de folículos ovarianos e apresentam 23 cromossomos.
d) Óvulos originados por meiose, presentes na tuba uterina e apresentam 23 cromossomos.
e) Ovogônias em início de meiose, presentes na tuba uterina e apresentam 46 cromossomos.

7. **S** (PUC-RS) Qual das seguintes alternativas descreve a formação de um zigoto?

a) Fusão de núcleos haploides de duas células compatíveis (cariogamia).
b) Promoção da replicação do DNA e mitose.
c) Sucessão de divisões celulares que forma uma massa sólida de células.
d) Divisão da célula com 46 cromossomos para a formação de células com 23 cromossomos cada.
e) Promoção da transcrição do DNA e meiose.

8. **S** (Udesc) Analise cada proposição em relação ao processo de embriogênese e assinale (V) para verdadeira ou (F) para falsa.

( ) A fecundação é a união entre os gametas masculino e feminino, que são haploides, para formar um zigoto (diploide).
( ) Quando vários espermatozoides se aproximam do óvulo, ocorre o processo chamado de ativação.
( ) A monoespermia ocorre quando o espermatozoide é formado por apenas um flagelo.
( ) A anfimixia consiste na formação do tubo polínico nas plantas superiores.
( ) A partenogênese é o desenvolvimento sem fecundação do óvulo pelo espermatozoide. Este processo ocorre, por exemplo, nas abelhas.

Assinale a alternativa que contém a sequência **correta**, de cima para baixo.

a) V – V – V – V – V
b) V – F – F – F – F
c) V – F – V – F – F
d) F – V – F – V – V
e) V – V – F – F – V

9. **S** (PUC-PR) Leia as seguintes afirmações a respeito do ciclo menstrual na mulher.

I. No início de cada ciclo menstrual ocorre um aumento nas taxas de todos os hormônios, exceto o FSH, que só aumenta no momento da ovulação, quando deve haver a estimulação do folículo.
II. Quando ocorre a fertilização e consequente fixação do embrião no tecido uterino, inicia-se a produção de gonadotrofina coriônica humana (HCG) pela placenta. Este hormônio é responsável por estimular o corpo lúteo a produzir progesterona, impedindo, assim, o início de um novo ciclo menstrual.
III. No momento da ovulação, por volta do 14º dia do ciclo, as taxas de LH e estrógeno estão altas, enquanto as taxas de FSH estão baixas.
IV. Para que a ovulação ocorra, é necessário que todos os hormônios estejam com suas taxas baixas, exceto a progesterona, que mantém o endométrio preparado para a nidação.

Estão corretas:

a) Apenas I e IV.
b) Apenas I e II.
c) Apenas II e III.
d) Apenas I, II e IV.
e) Todas.

10. **SE** (Cefet-SP) Leia o texto:

Uma mulher de 24 anos, cujos ovários pararam de funcionar na adolescência, deu à luz uma menina após passar por um raro transplante de ovário. O ÓRGÃO FOI DOADO POR SUA IRMÃ GÊMEA IDÊNTICA.

(*O Estado de S. Paulo*, 6/6/2005)

Um bebê se forma a partir da multiplicação de uma célula-ovo, que se origina a partir da fusão do espermatozoide masculino com o óvulo feminino. No caso noticiado, o bebê originou-se de:

a) Célula-ovo doada por sua tia.
b) Espermatozoide de seu pai e óvulo de sua tia.
c) Espermatozoide doado pelo tio com o óvulo de sua mãe.
d) Célula-ovo doada pela mãe.
e) Espermatozoide de seu tio e óvulo de sua tia.

11. **SE** (UFU-MG) Baseado no processo da ovulogênese humana, assinale a alternativa **incorreta**.

a) A redução do número de cromossomos da espécie, à metade, ocorre devido à separação das cromátides-irmãs dos cromossomos.
b) A divisão II da meiose termina se ocorrer o processo de fecundação.
c) O ovócito II tem a mesma quantidade de cromossomos que o óvulo.
d) O processo de multiplicação das ovogônias ocorre por mitose, mantendo o número de cromossomos da espécie.
e) A fase da meiose chamada anáfase I é responsável pela redução do número de cromossomos da espécie à metade.

12. **S** (UFPR) Os métodos de reprodução assistida vêm se popularizando e sendo tecnicamente aprimorados. À medida que o sucesso desses métodos aumenta, a frequência de gestações múltiplas decorrentes da fertilização *in vitro* vem diminuindo, embora ainda apresente taxas acima da média, quando comparada à fertilização natural. Com relação aos motivos do aumento da incidência de gestações múltiplas após a fertilização *in vitro*, considere as seguintes afirmativas:

1. A grande proporção de gametas masculinos em relação aos femininos disponíveis *in vitro* aumenta as chances de polispermia, ou seja, de que mais de um espermatozoide fecunde o mesmo ovócito.
2. A separação das células da massa celular interna do blastocisto produz duas populações de células totipotentes, sendo que cada uma dessas populações irá originar um organismo completo. Substâncias presentes no meio de cultura estimulam essa separação em taxa acima do esperado naturalmente.
3. Geralmente, são transferidos mais de um concepto para o útero, para aumentar as chances de sucesso do procedimento *in vitro*. Assim, com frequência, múltiplos conceptos desenvolvem-se e chegam a termo.
4. A implantação do único zigoto produzido pela fertilização com frequência estimula mecanicamente a dissociação das células da massa celular interna do blastocisto, gerando células totipotentes que se desenvolverão em organismos completos.

Assinale a alternativa correta.

a) Somente a afirmativa 3 é verdadeira.
b) Somente as afirmativas 2 e 3 são verdadeiras.
c) Somente as afirmativas 1 e 4 são verdadeiras.
d) Somente as afirmativas 1, 3 e 4 são verdadeiras.
e) Somente as afirmativas 1 e 2 são verdadeiras.

13. **SE** (PUC-RJ) Os contraceptivos orais, as chamadas pílulas anticoncepcionais, são constituídas basicamente por dois hormônios. Escolha a opção que indica corretamente o nome desses hormônios e sua ação na anticoncepção.

a) Estrogênio e hormônio folículo estimulante, que estimulam a perda do endométrio.
b) Progesterona e hormônio luteinizante, que inibem o crescimento do endométrio.
c) Insulina e progesterona, que inibem a maturação do folículo ovariano.
d) Progesterona e estrogênio, que interferem na maturação do folículo ovariano.
e) Testosterona e progesterona, que inibem a liberação do endométrio.

14. **SE** (Vunesp-SP) Paula não toma qualquer contraceptivo e tem um ciclo menstrual regular de 28 dias exatos. Sua última menstruação foi no dia 23 de junho. No dia 6 de julho, Paula manteve uma relação sexual sem o uso de preservativos. No dia 24 de julho, Paula realizou um exame de urina para verificar se havia engravidado.

Em função do ocorrido, pode-se dizer que, no dia 6 de julho, Paula:

a) talvez ainda não tivesse ovulado, mas o faria um ou dois dias depois. Considerando que o espermatozoide pode permanecer viável no organismo feminino por cerca de dois dias, há a possibilidade de Paula ter engravidado. O exame de urina poderia confirmar essa hipótese, indicando altos níveis de gonadotrofina coriônica.
b) já teria ovulado, o que teria ocorrido cerca de dois dias antes. Contudo, considerando que depois da ovulação o óvulo permanece viável no organismo feminino por cerca de uma semana, há a possibilidade de Paula ter engravidado. O exame de urina poderia confirmar essa hipótese, indicando redução no nível de estrógenos.
c) já teria ovulado, o que teria ocorrido há cerca de uma semana. Portanto não estaria grávida, o que poderia ser confirmado pelo exame de urina, que indicaria altos níveis de estrógenos e LH.
d) estaria ovulando e, portanto, é quase certo que estaria grávida. Com a implantação do embrião no endométrio, ocorre um aumento na secreção de LH e diminuição nos níveis de gonadotrofina coriônica, o que poderia ser detectado pelo exame de urina já na semana seguinte à nidação.
e) ainda não teria ovulado, o que só iria ocorrer dias depois. Portanto, não estaria grávida, o que poderia ser confirmado pelo exame de urina, que indicaria altos níveis de gonadotrofina coriônica.

15. **SE** (Uerj) Durante o ciclo menstrual, as concentrações sanguíneas de hormônios hipofisários e ovarianos sofrem notáveis variações. Os gráficos abaixo ilustram essas variações, ocorridas durante um ciclo de 28 dias. O gráfico que representa o hormônio progesterona, em um ciclo menstrual normal, está indicado pela seguinte letra:

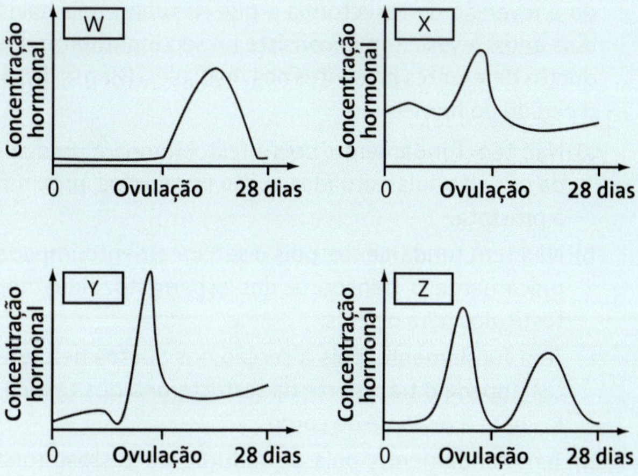

a) W.
b) X.
c) Y.
d) Z.

16. **NE** (UPE) A mulher entra na fase reprodutiva, na puberdade, quando ocorre a primeira menstruação ou menarca. Em geral, o ciclo dura 28 dias. O primeiro dia da menstruação marca o início do ciclo. A respeito dos hormônios que atuam nesse ciclo, analise as proposições e conclua se são verdadeiras ou falsas.

( ) Na primeira metade do ciclo, o hormônio folículo estimulante (FSH) e o estrógeno são responsáveis, respectivamente, pelo crescimento e amadurecimento folicular e pelo espessamento (proliferação) do endométrio.

( ) Por volta do 14º dia, ocorre um aumento do hormônio luteinizante (LH), responsável pela ovulação.

( ) O LH atua na formação do folículo ovariano que se rompe e passa a ser o corpo lácteo ou corpo amarelo que ocasiona a descamação do endométrio.

( ) Os ovários produzem o estrógeno, responsável pelas características sexuais secundárias, como o desenvolvimento das mamas e o arredondamento das formas da mulher.

( ) A progesterona, produzida na hipófise, é o principal hormônio da gravidez, mantendo o endométrio preparado para a recepção do embrião.

17. **SE** (UFF-RJ) Os hormônios atuam em rede na integração de diferentes órgãos e sistemas fisiológicos de um indivíduo. O estrogênio, por exemplo, além de determinar as características sexuais também induz o amadurecimento dos órgãos genitais e promove o ímpeto sexual. Esse hormônio é produzido principalmente pelo(a)

a) hipófise.
b) útero.
c) testículo.
d) próstata.
e) ovário.

18. **SE** (Unifesp) Um homem dosou a concentração de testosterona em seu sangue e descobriu que esse hormônio encontrava-se num nível muito abaixo do normal esperado. Imediatamente buscou ajuda médica, pedindo a reversão da vasectomia a que se submetera havia dois anos. A vasectomia consiste no seccionamento dos ductos deferentes presentes nos testículos. Diante disso, o pedido do homem:

a) Não tem fundamento, pois a testosterona é produzida por glândulas situadas acima dos ductos, próximo à próstata.
b) Não tem fundamento, pois o seccionamento impede unicamente o transporte dos espermatozoides dos testículos para o pênis.
c) Tem fundamento, pois a secção dos ductos deferentes impede o transporte da testosterona dos testículos para o restante do corpo.
d) Tem fundamento, pois a produção da testosterona ocorre nos ductos deferentes e, com seu seccionamento, essa produção cessa.
e) Tem fundamento, pois a testosterona é produzida no epidídimo e dali é transportada pelos ductos deferentes para o restante do corpo.

19. **NE** (UFPB) Podemos imaginar a fecundação na espécie humana como um verdadeiro *rallye* em decorrência de vários obstáculos presentes na trajetória dos espermatozoides até o óvulo. À semelhança de um *grid* de largada, os gametas masculinos depositados na vagina começam a "subir" pelo útero e ovidutos, em função de sua extraordinária **motilidade** (I). Transpõem várias barreiras, como pH ácido, densas secreções mucosas, dobras e invaginações, até alcançar o oviduto, onde literalmente deverão continuar "nadando contra a maré". Ao encontrar o óvulo, têm ainda que sobrepor mais uma barreira, uma vez que esse é envolvido por uma **camada de células** (II). Por fim liberam uma enzima chamada hialuronidase, efetivando assim a fecundação.

a) Cite o local onde, normalmente, ocorre a fecundação.
b) Qual é a organela celular responsável pela função indicada no texto por I?
c) Qual o nome da camada de células indicada no texto por II?

20. **NE** (UFC-CE) Responda o que se pede sobre os métodos anticoncepcionais.

a) Cite dois exemplos de métodos anticoncepcionais cujo princípio básico é impedir que os espermatozoides sejam depositados na vagina da mulher ou que alcancem as porções superiores do oviduto, onde normalmente ocorre a fecundação.
b) Descreva o modo de ação do comprimido anticoncepcional (pílula) usado pela mulher.

21. **SE** (Ufop-MG) A infecção pelo retrovírus da Aids inicia-se com a interação de uma glicoproteína da superfície do vírus denominada gp120 com o receptor CD4 da membrana da célula a ser invadida (linfócito T). Imediatamente após a injeção de seu material genético, RNA, a enzima transcriptase reversa produz uma nova fita de DNA denominada cDNA, complementar ao RNA do vírus. Logo em seguida, a fita de RNA é destruída pela enzima RNA-ase e o cDNA serve de molde para a síntese de nova fita complementar. O cDNA de dupla fita (provírus) é agora capaz de se integrar ao DNA da célula hospedeira. O provírus pode permanecer latente por vários anos até atingir um estado em que se inicia uma rápida produção de novos vírus, culminando com a ruptura e a destruição da célula hospedeira. Dessa forma, novos vírus são produzidos, podendo infectar novas células.

a) Com base no texto acima, esquematize o ciclo evolutivo do vírus da Aids.
b) Considerando que a célula invadida é constituída de DNA, qual a origem da transcriptase reversa? Justifique sua resposta.
c) Uma das tentativas de controlar a infecção pelo vírus foi a administração intravenosa da proteína CD4 sintética, produzida por engenharia genética. Qual foi a justificativa para usar essa estratégia?

CAPÍTULO

17 Desenvolvimento embrionário dos animais

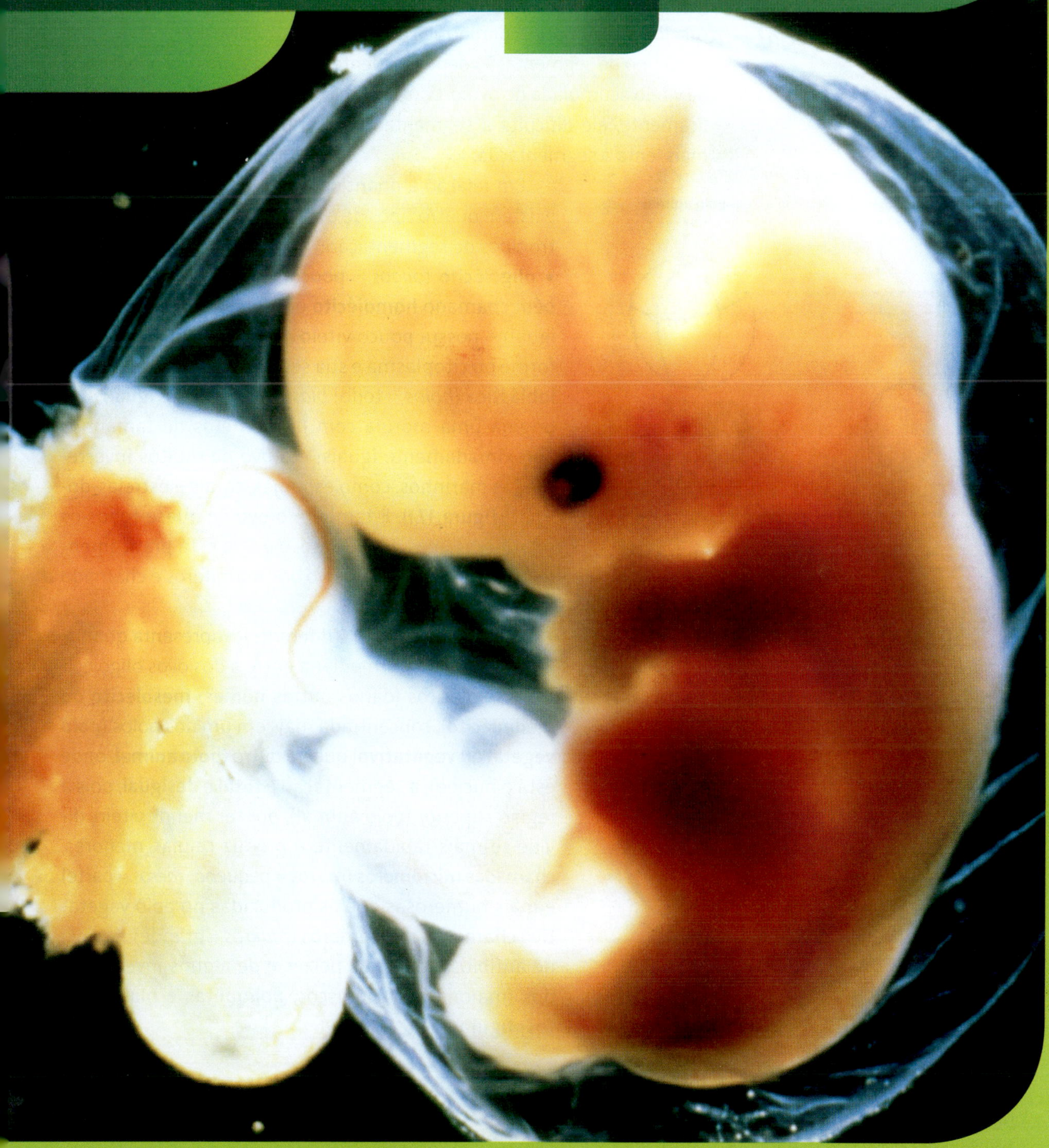

Edelmann/SPL/Latinstock

Embrião humano com cerca de cinco a seis semanas.

- *Você sabe por que é comum dizer que a bolsa estourou quando uma mulher está prestes a dar à luz?*
- *Que estruturas auxiliam o desenvolvimento dos animais ovíparos?*
- *O que são células-tronco e qual sua importância?*

1 Tipos de ovos e de segmentação

O desenvolvimento embrionário (**embriogênese**) corresponde aos processos de multiplicação, crescimento e diferenciação celular que levam à formação dos tecidos e órgãos de um embrião (**organogênese**). O desenvolvimento do indivíduo desde a formação do zigoto até a maturidade sexual é a **ontogênese** (**desenvolvimento ontogenético**).

As divisões iniciais da célula-ovo constituem o processo chamado **segmentação** ou **clivagem** e originam células chamadas **blastômeros** (*blastós* = germe; *meros* = parte). Uma esfera maciça de blastômeros é chamada **mórula** (do latim, *morula*, diminutivo de "amora", fruto silvestre).

O tipo de segmentação depende, dentre outros fatores, da quantidade de vitelo acumulada no óvulo. Como o vitelo é um material inerte metabolicamente, ele dificulta a segmentação: quanto maior sua quantidade, mais lenta a segmentação.

Em relação à quantidade e à distribuição do vitelo, existem quatro tipos de ovos, que correspondem a quatro tipos de segmentação:

- **oligolécito** (*oligos* = pouco; *lekythos* = vitelo), também chamado **homolécito** ou **isolécito** (*homo* ou *iso* = igual) – possui pouco vitelo distribuído de forma uniforme no citoplasma e sua segmentação é **total** ou **holoblástica** (*holos* = todo; *blastós* = germe) e **igual**, pois origina uma mórula com blastômeros de tamanhos aproximadamente iguais; é o ovo de muitos invertebrados marinhos, como esponjas, corais e estrelas-do-mar (figura 17.1). É também o ovo de quase todos os mamíferos, mas, neste caso, o vitelo está praticamente ausente e, por isso, o ovo dos mamíferos é chamado **alécito** (*a* = sem);
- **heterolécito** (*hétero* = diferente) – apresenta quantidade de vitelo intermediária entre a dos ovos oligolécitos e telolécitos (daí os outros nomes: **mesolécito** ou **mediolécito**), concentrada mais em um dos polos (**polo vegetal** ou **vegetativo**) que no outro (**polo animal**, onde está o núcleo); a segmentação é **total** e **desigual**, pois a região superior (polo animal), por ter menos vitelo, divide-se mais rapidamente e produz células menores, chamadas **micrômeros** (*mikros* = pequeno; *meros* = parte) e mais numerosas que as produzidas no polo vegetativo chamadas **macrômeros** (*makrós* = grande); é o ovo de anfíbios, de alguns peixes e de alguns invertebrados (maioria dos moluscos, poliquetas e platelmintos; figura 17.2);

Ilustrações: Ingeborg Asbach/Arquivo da editora

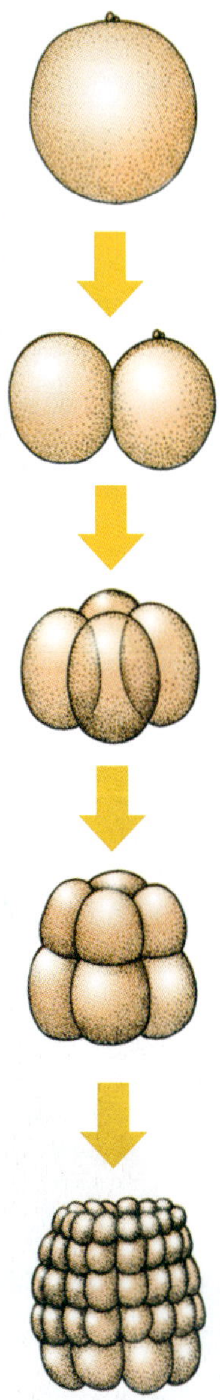

Figura 17.1 Ilustração da segmentação de um ovo oligolécito (cores fantasia).

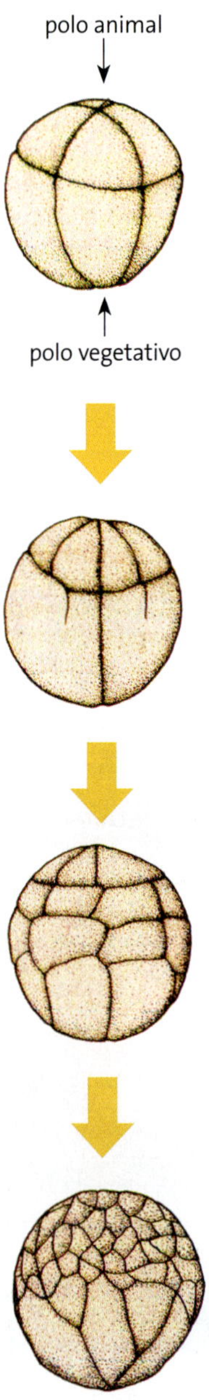

Figura 17.2 Ilustração da segmentação de um ovo heterolécito de sapo (cores fantasia).

- **telolécito** (*telein* = completo), também chamado **megalécito** (*méga* = grande) – o núcleo e o citoplasma formam um pequeno disco sobre uma quantidade enorme de vitelo (neste caso, também chamado **gema**), que ocupa quase todo o volume da célula e está completamente separado do citoplasma; a segmentação é **meroblástica** (*meros* = parte) ou **parcial** e **discoidal**, pois ocorre apenas no polo animal e forma um pequeno disco de células (cicatrícula), encravado na gema; é o ovo de répteis, aves, moluscos cefalópodes (polvo, lula), mamíferos ovíparos (ornitorrinco e equidna) e da maioria dos peixes (figura 17.3);
- **centrolécito** – o vitelo ocupa a região central da célula e não se divide; o núcleo divide-se várias vezes no interior do vitelo e migra, depois, para a periferia, seguindo-se a divisão do citoplasma; a segmentação é **meroblástica** e **superficial**; é o ovo da maioria dos artrópodes (insetos e outros; figura 17.4).

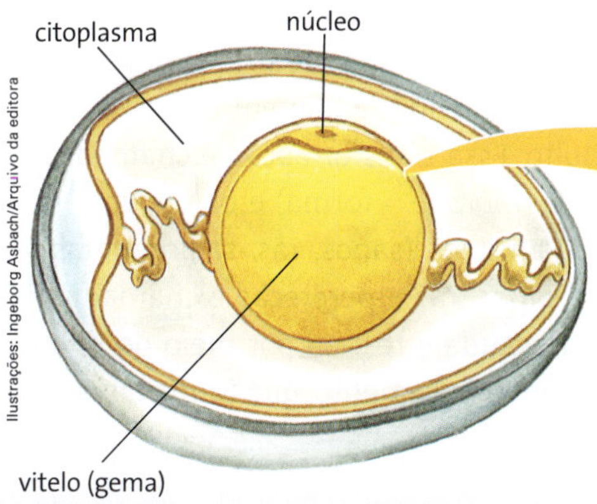

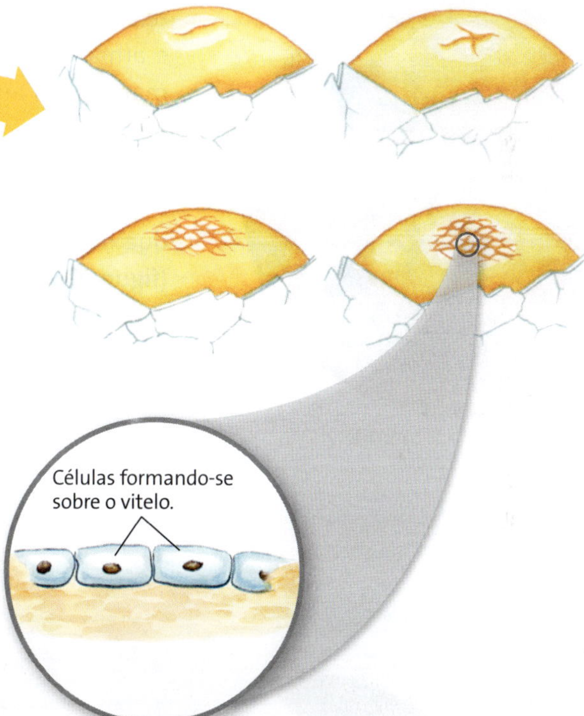

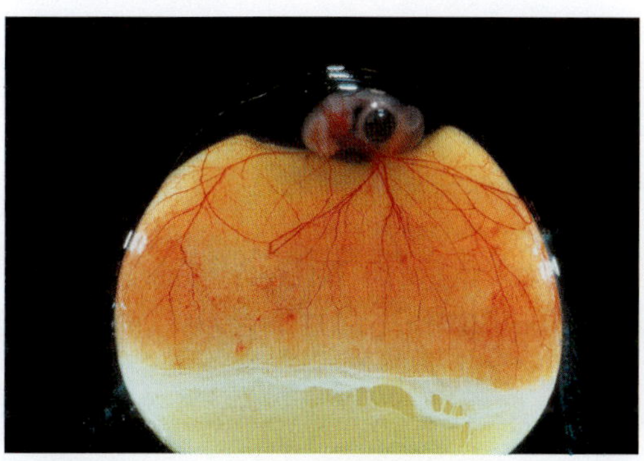

Ilustrações: Ingeborg Asbach/Arquivo da editora

Jerome Wexler/Photoresearchers/Latinstock

Figura 17.3 Ilustração da segmentação parcial e discoidal de um ovo megalécito de galinha (os elementos ilustrados não estão na mesma escala; cores fantasia). Na foto, embrião de galinha com 5 dias. O ovo de galinha tem até 6 cm de diâmetro.

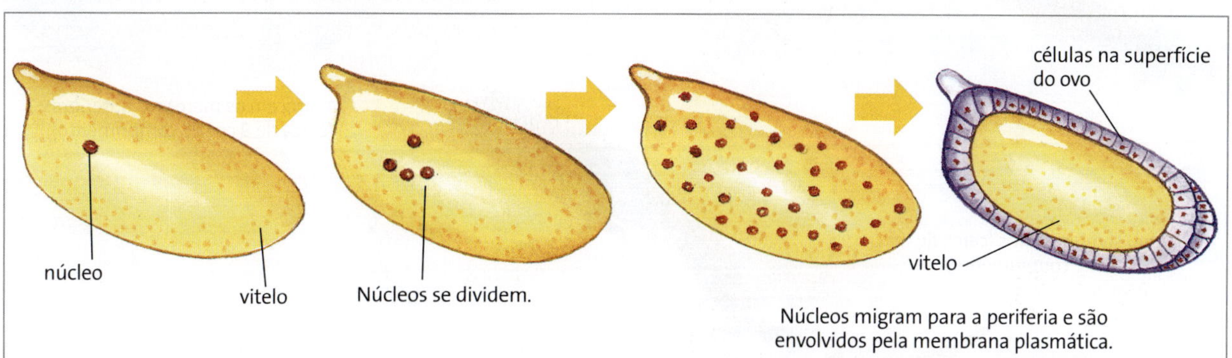

Figura 17.4 Ilustração (cores fantasia; células microscópicas) da segmentação parcial e superficial de um ovo centrolécito (ovo de inseto; entre 0,02 mm e 16 mm de comprimento, conforme a espécie).

Desenvolvimento direto e indireto

Do ovo dos répteis e das aves forma-se um pequeno animal semelhante ao adulto; para sua formação é necessária uma quantidade muito grande de vitelo. Nos ovos de mamíferos também é formado um filhote semelhante ao adulto, mas não há necessidade de grande quantidade de vitelo, pois o embrião começa desde cedo a receber alimento diretamente da mãe. Dizemos que nos répteis, nas aves e nos mamíferos ocorre um **desenvolvimento direto** porque não há fase larval. O desenvolvimento direto ocorre também na maioria dos peixes.

Os ovos com quantidade de vitelo inferior à existente nos ovos de répteis e aves e cujo embrião não recebe alimento diretamente da mãe, ou seja, não são vivíparos, costumam formar filhotes com estrutura mais simples, as **larvas** (para formá-las não é necessária uma quantidade de vitelo tão grande quanto para formar um filhote semelhante ao adulto). A larva é capaz de se locomover, capturar e armazenar quantidade suficiente de alimento para se transformar em um animal adulto. Essa transformação é chamada **metamorfose** (*meta* = além de; *morphé* = forma) e ocorre com muitos invertebrados e com os anfíbios (sapos, rãs, salamandras, etc.). Neste caso, a larva dos sapos, rãs e pererecas é chamada **girino**, que nada com auxílio da cauda e respira por meio de brânquias (figura 17.5). Esse tipo de desenvolvimento, que forma larvas, é chamado **desenvolvimento indireto**.

Figura 17.5 Desenvolvimento de um anfíbio, a rã-touro (*Lithobates catesbeianus*).

Fotos: Fabio Colombini/Acervo do fotógrafo

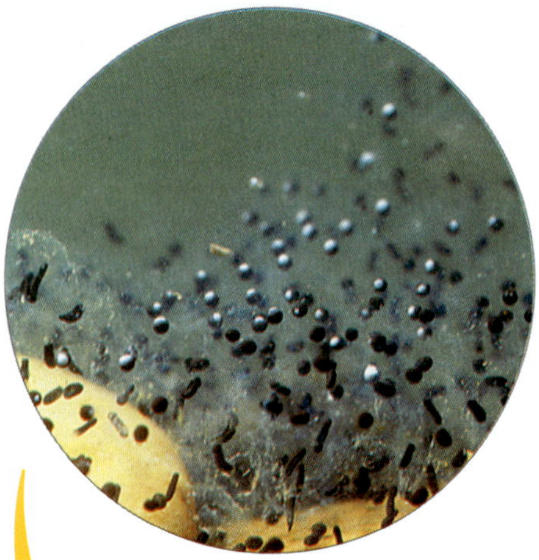

Girinos (cerca de 5 mm de comprimento).

Girino sem membros (cerca de 2,5 cm de comprimento).

Aparecem os membros posteriores (cerca de 3,5 cm de comprimento).

Aparecem os membros anteriores (cerca de 9 cm de comprimento).

Na maioria dos insetos, ocorre uma metamorfose bem característica. Nas borboletas, por exemplo, o ovo produz uma **lagarta**, que se alimenta de folhas de vegetais. Após algumas semanas, ela tece um casulo e permanece imóvel dentro dele: é a fase de pupa (*pupa*, em latim, significa 'menina', 'boneca'). Veja a figura 17.6. A pupa da borboleta é chamada **crisálida** (*crysallide* = dourado). Na fase de pupa, o inseto utiliza o alimento obtido na fase larval para se transformar em **imago** (animal adulto, que se alimenta do néctar das flores; figura 17.6).

Figura 17.6 A borboleta apresenta metamorfose.

A cauda regride (cerca de 10 cm de comprimento).

Adulto (10 cm a 20 cm de comprimento, em média).

Fotos: Fabio Colombini/Acervo do fotógrafo

Fabio Colombini/Acervo do fotógrafo

Tartaruga tigre-d'água: ovípara (os filhotes saem dos ovos com cerca de 3 cm de comprimento).

Rod Patterson/Gallo Images/Corbis/Latinstock

Nascimento de filhote de cascavel, animal ovovivíparo (*Crotalus durissus*; atinge cerca de 1,5 m de comprimento).

Ruhrgebiet/Shutterstock/Glow Images

Vaca, um animal vivíparo (cerca de 1,5 m de altura até o tronco), que acaba de dar à luz um bezerro.

2 Local de desenvolvimento

Em alguns animais, como na maioria dos peixes e dos anfíbios, as fêmeas lançam óvulos na água e ocorre fecundação externa. Nesse caso, em geral são produzidos muitos óvulos, mas poucos embriões sobrevivem e completam o desenvolvimento, uma vez que ficam praticamente expostos aos perigos do ambiente, sem muita proteção dos pais.

Nos animais que têm fecundação interna, como no caso de alguns peixes, das aves, dos répteis e dos mamíferos, a produção de óvulos (ovócito II, na maioria dos mamíferos) pode ser menor, porque a proteção aos embriões é maior e há maior probabilidade de sobrevivência.

De acordo com o local de desenvolvimento dos embriões, os animais com fecundação interna podem ser classificados em:

- **ovíparos** (*ovi* = ovo; *parere* = dar à luz) – a fêmea elimina o ovo (este termo pode ser usado como sinônimo de célula-ovo ou de todo o conjunto formado pela célula, pela casca e pelos anexos embrionários), que se desenvolve no exterior à custa de suas reservas nutritivas; caso dos répteis em geral (figura 17.7), das aves e de vários invertebrados; a fecundação interna fornece maior proteção aos gametas e, como a presença de um ovo com casca e com anexos embrionários, é uma adaptação à vida terrestre;
- **ovovivíparos** – o embrião desenvolve-se no interior da fêmea (o ovo é retido no oviduto), à custa de suas reservas nutritivas, sem nutrientes adicionais do organismo materno; isso protege mais o embrião e o filhote sai formado de dentro da mãe; como no caso de certos invertebrados, alguns peixes e determinados répteis (figura 17.7);
- **vivíparos** – o embrião absorve diretamente do sangue materno o alimento e o oxigênio necessários e elimina suas excretas através da placenta, que se forma no útero da mãe; são representados tipicamente (mas não exclusivamente) pelos mamíferos (figura 17.7).

Figura 17.7 Exemplos de animais ovíparos, ovovivíparos e vivíparos.

3 Formação e destino dos folhetos embrionários

O processo embrionário varia de acordo com o tipo de ovo e com o grupo do animal. Usaremos como exemplo o anfioxo, cujo estudo dá ideia da formação das principais estruturas embrionárias dos vertebrados em geral.

O anfioxo

Os vertebrados (peixes, anfíbios, répteis, aves e mamíferos) pertencem ao filo dos cordados, animais que na fase embrionária possuem um bastão dorsal de sustentação, chamado de **notocorda** ou **corda dorsal** (*chorda* = corda; *notos* = dorso). Nos vertebrados, a corda dorsal é, total ou parcialmente, substituída pela coluna vertebral.

Além dos vertebrados, encontramos no filo dos cordados o anfioxo, um animal pequeno que vive no mar, quase sempre enterrado na areia (*anphi* = duplo; *oxus* = ponta, indicando que as extremidades são afiladas; figura 17.8).

No anfioxo a notocorda persiste por toda a vida e funciona como um esqueleto flexível, que serve de ponto de apoio aos músculos. Desse modo, quando os músculos se contraem, ela impede que o corpo do animal encolha, o que facilita os movimentos laterais de natação.

As fendas na faringe (outra característica dos cordados) filtram o alimento que entra com a água e realizam a respiração. Há um cordão nervoso dorsal e oco, com uma dilatação anterior (vesícula cerebral).

A segmentação do anfioxo é holoblástica e aproximadamente igual (as células de um polo são um pouco menores que as do polo oposto).

Ilustrações: Ingeborg Asbach/Arquivo da editora

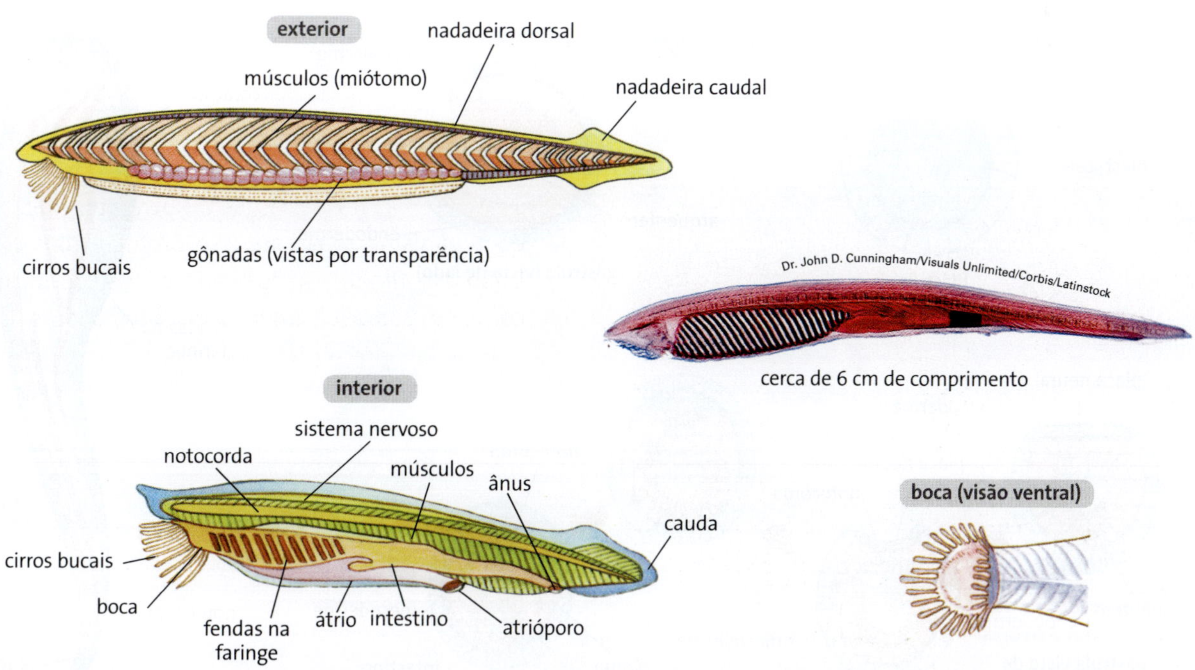

Figura 17.8 Esquemas e foto de anfioxo, gênero *Branchiostoma* (os elementos da ilustração não estão na mesma escala; cores fantasia).

A mórula transforma-se em um embrião oco, a blástula (*blastós* = broto), com uma cavidade, a blastocele (*koilos* = cavidade), que sofre uma invaginação e origina a **gástrula** (*gaster* = estômago). Esse processo é chamado **gastrulação**. A gástrula é formada por duas camadas de células, os **folhetos embrionários** ou **germinativos**: a **ectoderme** (*ektos* = de fora; *derme* = pele) e a **endoderme** (*endon* = interno).

Esse embrião possui uma cavidade (**arquêntero**; *arkhe* = primitivo; *entheron* = intestino), que originará o tubo digestório e que se comunica com o exterior por um orifício (**blastóporo**). Nos **protostômios** (*protos* = primeiro; *stoma* = boca), representados pela maioria dos invertebrados, o blastóporo origina a boca (ou tanto a boca quanto o ânus) do futuro animal. Nos equinodermos (estrela-do-mar, ouriço-do-mar, etc.) e cordados (**deuterostômios**), a boca forma-se mais tarde em outra região, e o ânus forma-se do blastóporo ou em uma região próxima a ele (*dêuteron* = secundário).

Em seguida, surge um terceiro folheto (**mesoderme**; *mesos* = meio), proveniente de uma região do folheto interno. Ao mesmo tempo, formam-se o **celoma** (cavidade geral, onde se localizam os órgãos; *kelos* = cavidade do corpo), a **notocorda** ou **corda dorsal** e o **intestino primitivo**. Essas modificações do folheto interno são acompanhadas pela formação do **tubo neural** a partir da ectoderme. O embrião passa a ser chamado **nêurula**, começando então a fase de **organogênese**, isto é, o início da formação dos órgãos (figura 17.9).

A notocorda e o tubo neural formam-se apenas nos cordados. A notocorda é um eixo de sustentação do embrião, que permanece na fase adulta do anfioxo, mas nos vertebrados é gradativamente substituída pela coluna vertebral. O tubo neural origina o sistema nervoso.

Figura 17.9 Desenvolvimento do anfioxo (a mórula tem cerca de 140 μm de diâmetro). A última figura é um esquema geral de um cordado na fase embrionária. As fendas na faringe (fendas faríngeas) desempenham função respiratória em alguns cordados, como os peixes. Em outros, a função respiratória é exercida pelos pulmões (os elementos da figura não estão na mesma escala; cores fantasia).

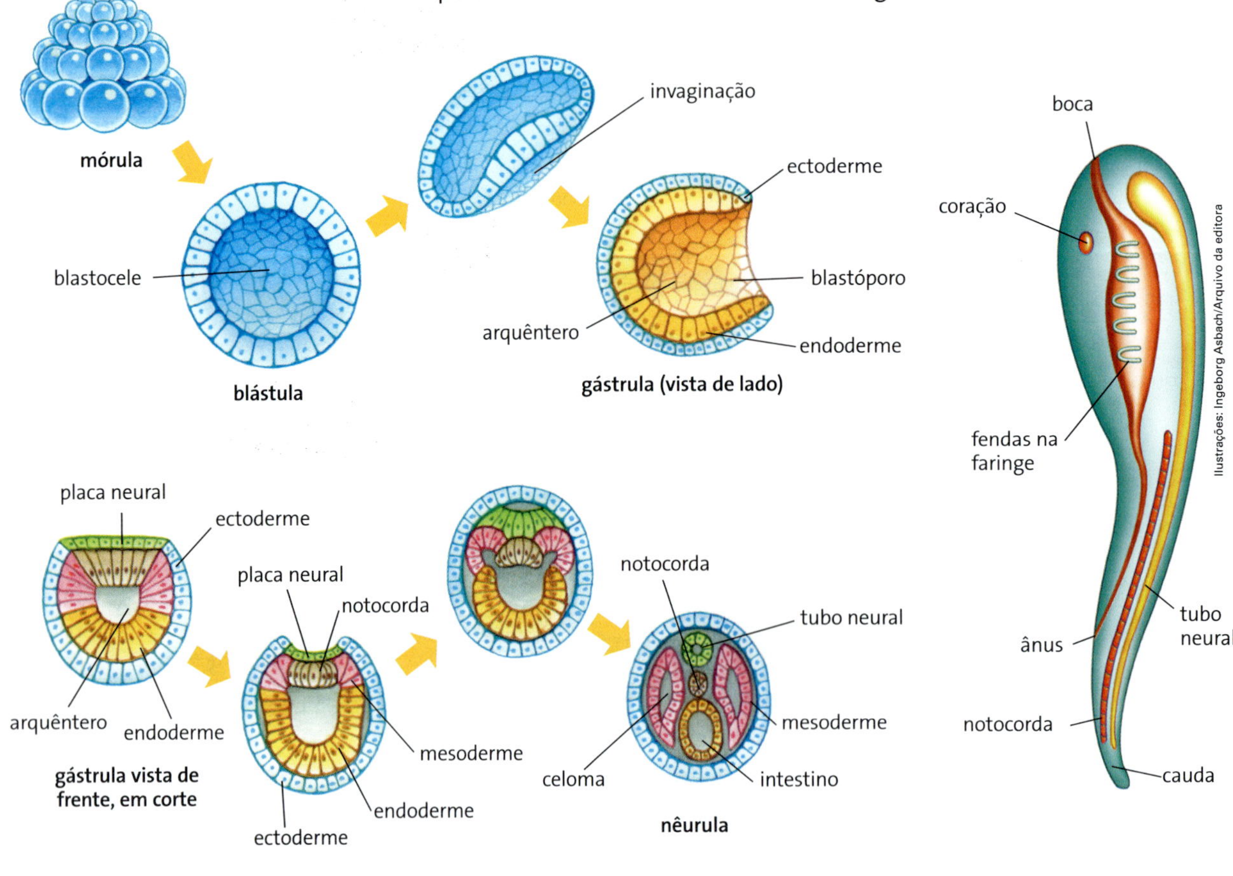

Destino dos folhetos embrionários

Os cnidários (água-viva, coral, anêmona) permanecem com dois folhetos (ectoderme e endoderme) e são chamados **diblásticos** (*di* = dois). Os outros animais desenvolvem a mesoderme e denominam-se **triblásticos** (*tri* = três). Nem todos apresentam celoma, ou seja, uma cavidade formada no interior da mesoderme (figura 17.10). Os platelmintos (planária, tênia) são **acelomados** (*a* = sem); os nematódeos (lombriga) são **pseudocelomados** (possuem um falso celoma, entre a mesoderme e a endoderme; *pseudos* = falso); os demais triblásticos (anelídeos, artrópodes, moluscos, equinodermos e cordados) são celomados.

O celoma dos deuterostômios forma-se a partir de dobras do intestino primitivo do embrião, sendo, por isso, chamado enteroceloma (*énteron* = intestino). Nos protostômios, o celoma surge de fendas que se formam na mesoderme, sendo, por isso, chamado esquizoceloma (*schizo* = fender, separar; figura 17.11).

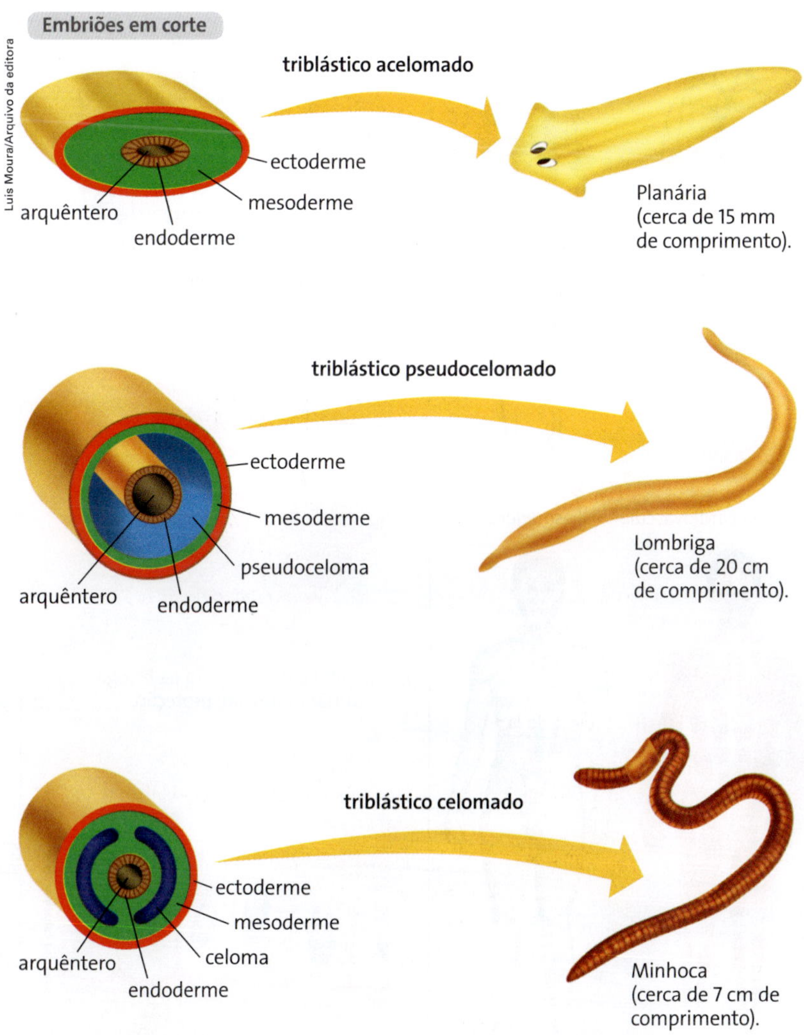

Figura 17.10 Estrutura do corpo dos embriões de um platelminto (vermes com o corpo achatado dorsoventralmente, como a planária e a tênia), de um nematódeo (vermes com o corpo em forma de fio, como a lombriga) e de um anelídeo (vermes com o corpo segmentado, como a minhoca). (Os elementos da figura não estão na mesma escala; cores fantasia.)

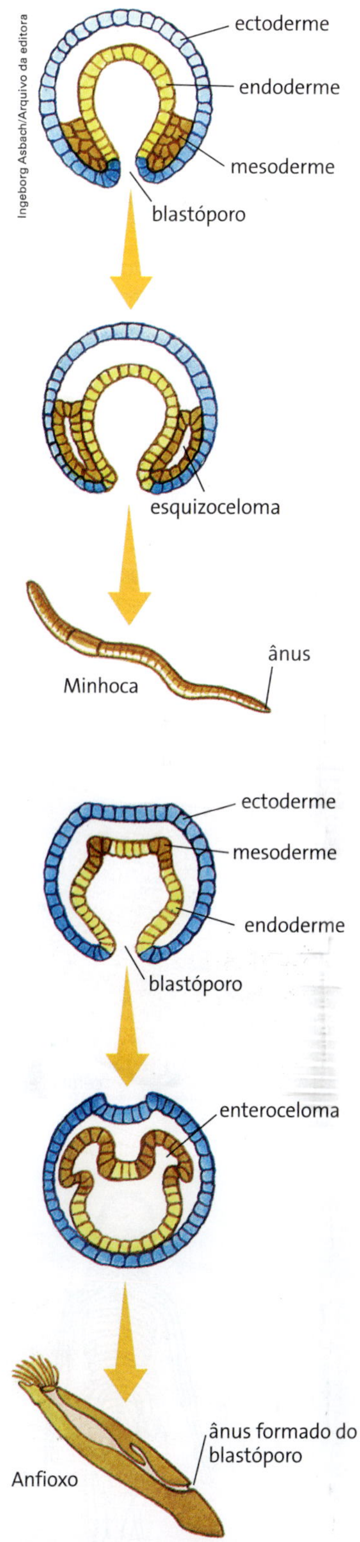

Figura 17.11 Diferenças na gástrula (as células são microscópicas) entre o embrião de protostômios esquizocelomados (minhoca; cerca de 7 cm de comprimento) e o de deuterostômios enterocelomados (anfioxo; cerca de 6 cm de comprimento). (Os elementos da figura não estão na mesma escala; cores fantasia.)

Veja na figura 17.12 os principais tecidos e órgãos originados de cada folheto embrionário. Os gametas se formam a partir de células germinativas, que se desenvolvem separadamente das células somáticas.

Ectoderme	Mesoderme	Endoderme
• epiderme e anexos (pelos, unhas, chifres, penas, etc.) • glândulas sudoríferas ou sudoríparas (*sudor* = suor; *ferre* = levar; *para* = produzir), sebáceas, mamárias, lacrimais, medula da adrenal e hipófise • sistema nervoso (encéfalo, medula espinal, gânglios e nervos) • lente (cristalino), retina e córnea • revestimento (tecido epitelial) da boca, do nariz e do ânus • esmalte dos dentes	• músculos • tecidos conjuntivos (cartilagens, ossos, derme, tecido hematopoético, sangue) • sistemas cardiovascular e linfático • sistemas urinário e genital • pericárdio, pleura e peritônio (membranas que revestem o coração, os pulmões e os intestinos) • córtex da adrenal	• revestimento epitelial do tubo digestório e do sistema respiratório • fígado, pâncreas, glândula tireóidea e glândulas paratireóideas • revestimento da bexiga urinária

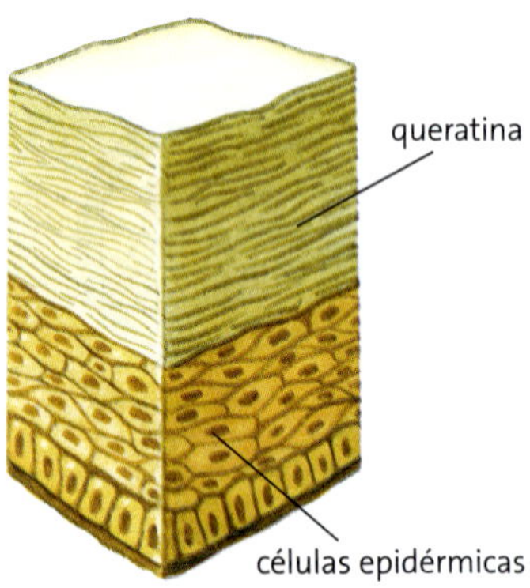

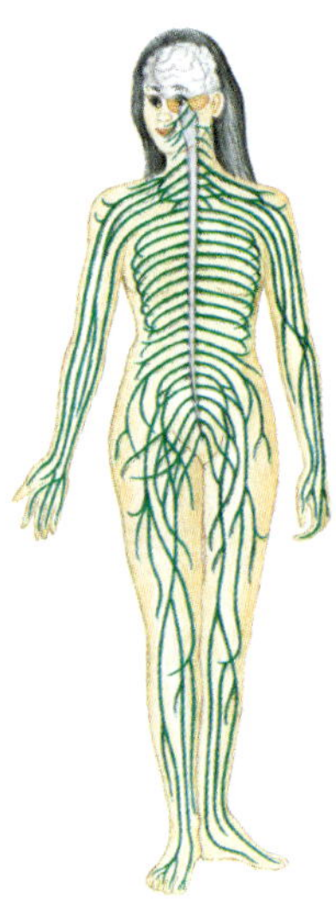
sistema nervoso

Hiroe Sasaki/Arquivo da editora

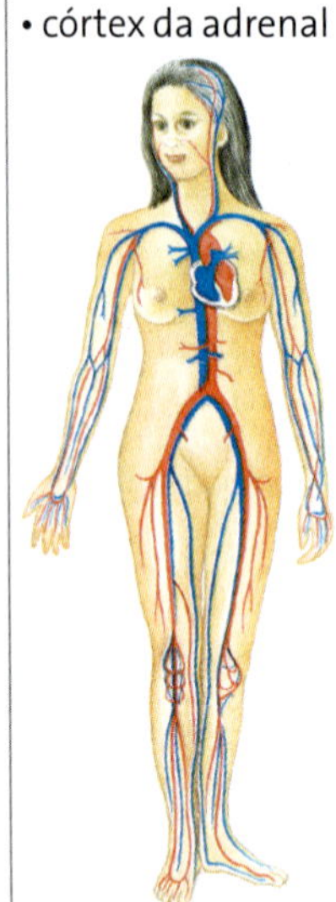
sistema cardiovascular

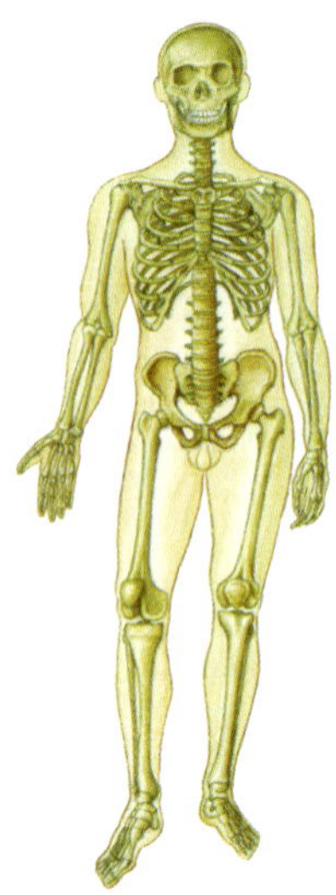
esqueleto

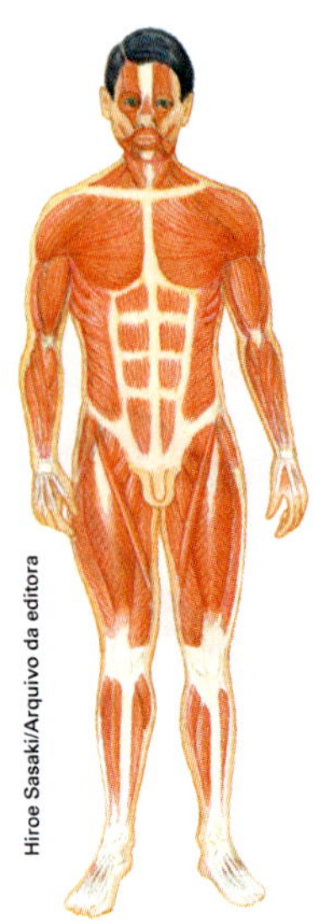
músculos

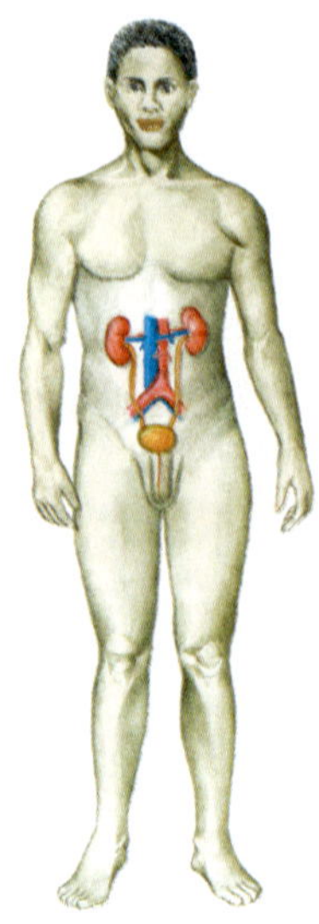
sistema urinário

Hiroe Sasaki/Arquivo da editora

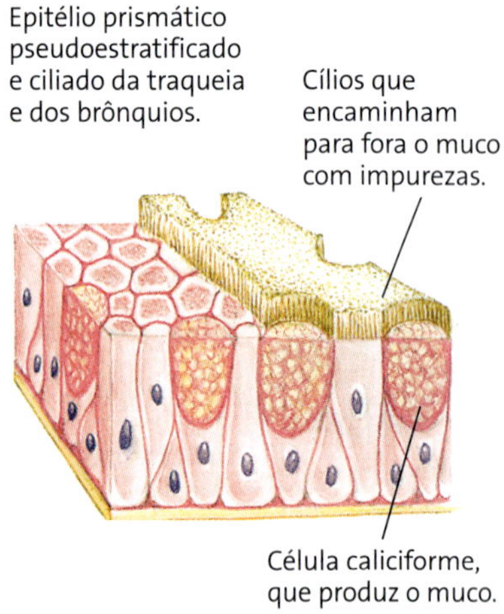

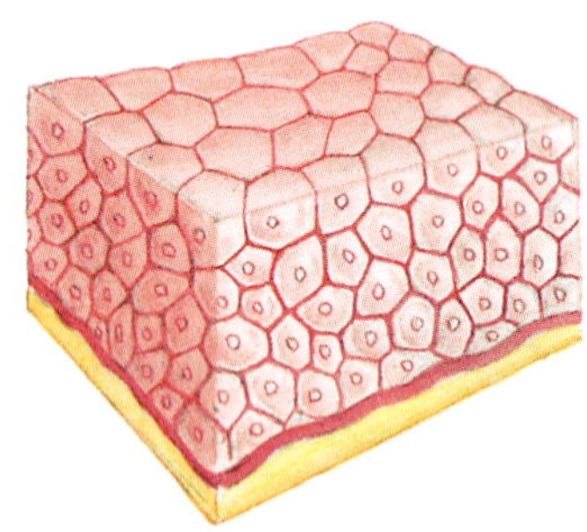
Epitélio de transição da bexiga urinária; função: proteção.

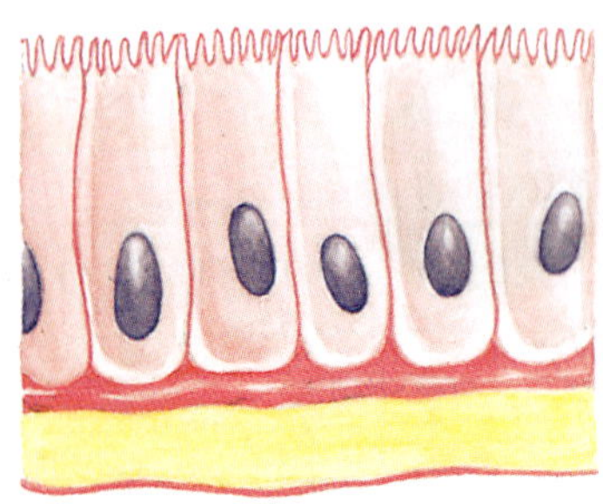
Epitélio prismático simples do intestino delgado.

Ingeborg Asbach/Arquivo da editora

Figura 17.12 Os principais tecidos (as células são microscópicas) e órgãos originados de cada folheto embrionário (os elementos da figura não estão na mesma escala; cores fantasia).

4 Anexos embrionários

Nos vertebrados aparecem estruturas, os **anexos embrionários**, que auxiliam o desenvolvimento do embrião. Nos répteis e nas aves há quatro anexos (figura 17.13):

- **âmnio** (*âmnion* = água corrente) ou **bolsa de água** – contém um líquido que protege o embrião contra choques mecânicos e evita seu dessecamento ou sua desidratação (perda de água para o meio). O âmnio permite que o desenvolvimento embrionário ocorra fora do ambiente aquático, sendo, por isso, um fator importante para a conquista do ambiente terrestre pelos répteis, pelas aves e pelos mamíferos (prevenindo a dessecação) e também para a lubrificação do embrião, pois impede a aderência dos tecidos fetais e destes com as paredes do saco coriônico. Essa lubrificação também facilita os movimentos fetais;
- **vesícula vitelínica** ou **saco vitelínico** – contém alimento (vitelo) de reserva para o embrião (esta estrutura aparece também em alguns peixes);
- **alantoide** (*allantos* = salsicha) – acumula as excretas do embrião, retira oxigênio do ar, elimina gás carbônico e retira cálcio da casca do ovo;
- **córion** (*chorion* = pele) – anexo mais externo, com função de proteção; adere à casca do ovo e participa, com o alantoide, das trocas gasosas.

Além desses anexos, os ovos dos répteis e das aves possuem: casca, que fornece proteção mecânica e permite a passagem de oxigênio e gás carbônico por ela; albumina ou clara, com água e proteína, que serve de alimento ao embrião (figura 17.13).

O âmnio, a alantoide e o córion estão presentes apenas nos répteis, nas aves e nos mamíferos. Por isso, esses vertebrados, adaptados ao desenvolvimento fora da água, são chamados **amniotas**; peixes e anfíbios são **anamniotas** (*an* = sem).

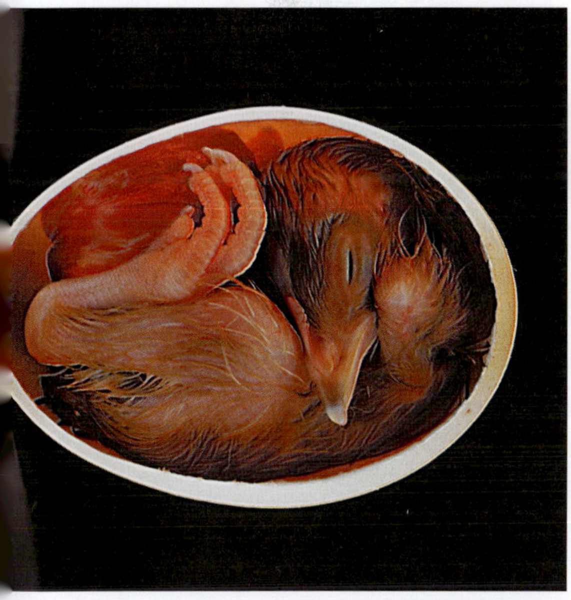

Robert Pickett/Corbis/Latinstock

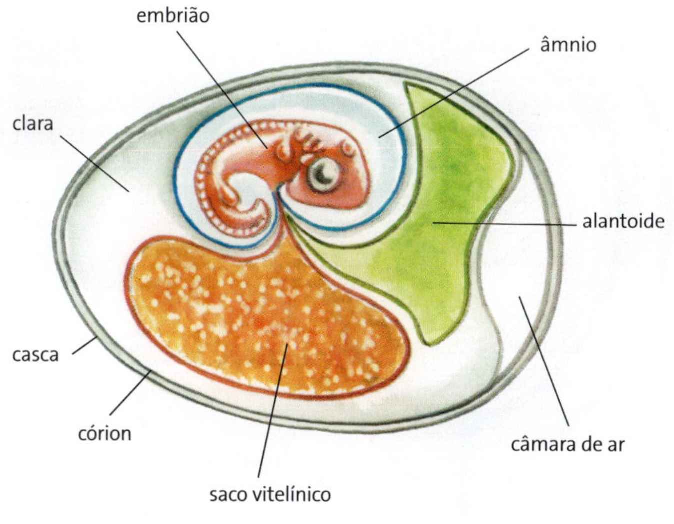

Ingeborg Asbach/Arquivo da editora

Figura 17.13 O embrião dos répteis e das aves está protegido por um ovo com casca. Em seu interior há reserva de alimento (clara e gema) e anexos embrionários. (Os elementos da ilustração não estão na mesma escala; cores fantasia.) Na foto, um embrião de galinha aos 21 dias, prestes a eclodir (ovo com até 6 cm de diâmetro).

Na maioria dos mamíferos, além dos anexos, há a placenta (presente também em alguns peixes), formada pela união de vilosidades do córion com o endométrio (figura 17.14). Através dela, os vasos sanguíneos da mãe e do embrião ficam próximos, o que possibilita as trocas de alimento (do sangue materno para o embrião), gases (oxigênio do sangue materno para o embrião e gás carbônico no sentido inverso) e excretas (ureia do embrião para o sangue materno). Ela tem, portanto, funções de nutrição, respiração e excreção. A placenta também produz hormônios (hCG, estrógenos, progesterona) e permite a passagem de alguns anticorpos maternos que conferem imunidade contra algumas doenças infecciosas, como sarampo e difteria, mas não contra doenças como coqueluche e catapora.

A alantoide e o saco vitelínico farão parte, por um tempo, do cordão umbilical, que possui vasos sanguíneos que levam os nutrientes da placenta para o embrião e as excretas do embrião para a mãe. Na membrana do saco vitelínico surgem as primeiras células do sangue, que depois serão produzidas no corpo do embrião.

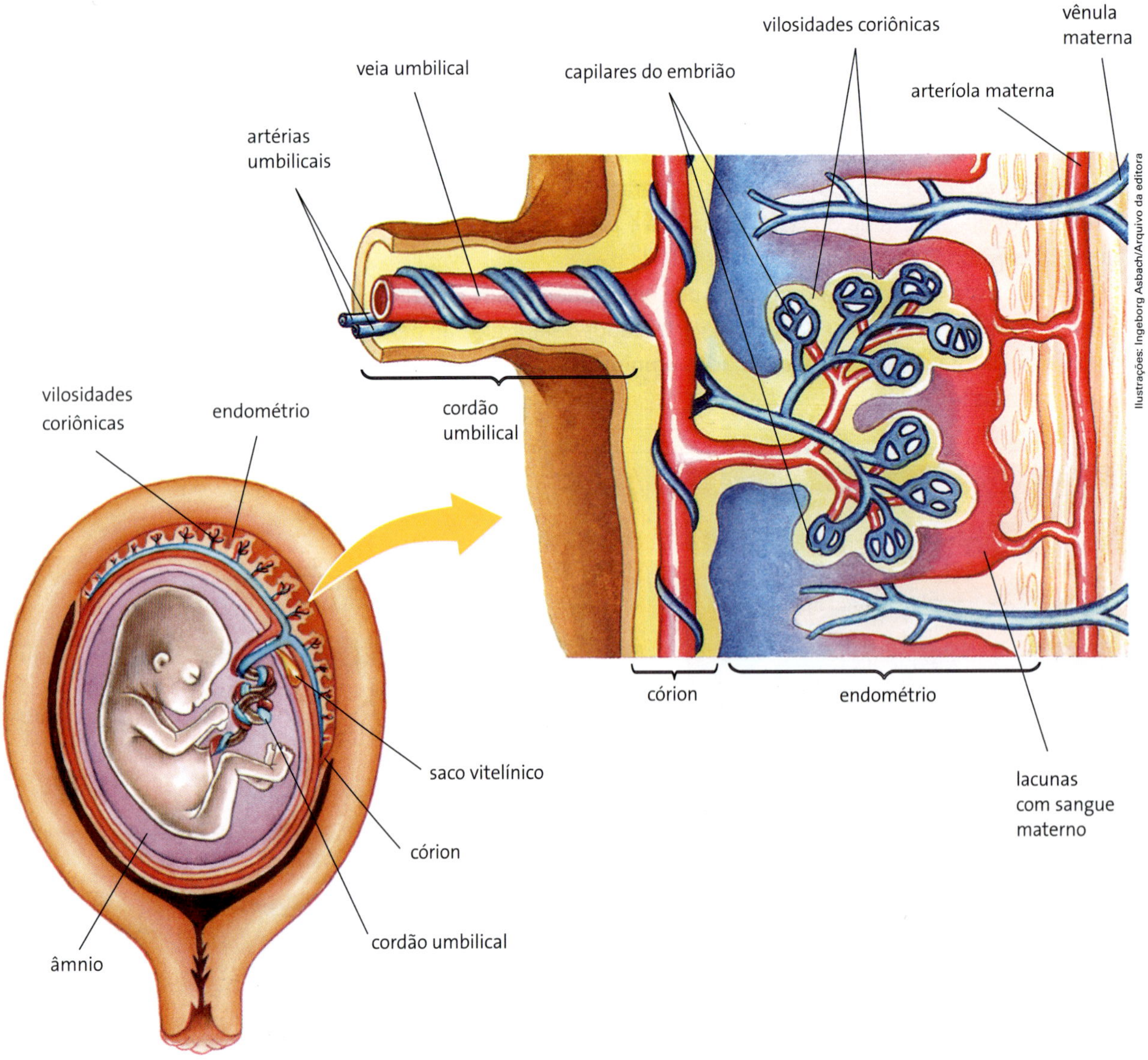

Figura 17.14 Ilustração dos anexos embrionários dos mamíferos (os elementos não estão na mesma escala; cores fantasia).

Os mamíferos que possuem placenta são chamados **eutérios** (*eu* = verdadeiro). Os que não possuem (o ornitorrinco e a equidna, ovíparos) são chamados **prototérios** (*protos* = primeiro, primitivo; *therion* = fera). Os mamíferos do grupo dos marsupiais (canguru, gambá, catita) possuem uma placenta rudimentar e são chamados **metatérios** (*meta* = além de); o filhote nasce precocemente e migra para uma bolsa chamada **marsúpio** (*marsupiu* = bolsa), na qual ficam as glândulas mamárias e onde ele termina o desenvolvimento (figura 17.15).

Figura 17.15 Exemplos de prototérios (ornitorrinco e equidna) e marsupiais (canguru e gambá).

Shin Yoshiro/Minden Pictures/Latinstock

Ornitorrinco (*Ornithorhynchus anatinus*; entre 40 cm e 60 cm de comprimento, fora a cauda).

Reg Morrison/Minden Pictures/Latinstock

Equidna (*Tachyglossus aculeatus*; cerca de 30 cm de comprimento).

Fabio Colombini/Acervo do fotógrafo

Gambá (*Didelphis marsupialis*; entre 45 cm e 50 cm de comprimento, fora a cauda).

Fabio Colombini/Acervo do fotógrafo

Canguru (*Macropus rufus*) com filhote (entre 1 m e 1,60 m de comprimento).

Desenvolvimento do embrião humano

A placenta

5 Desenvolvimento embrionário humano

Dr. Yorgos Nikas/SPL/Latinstock

Mórula humana com dezesseis células (microscópio eletrônico; aumento de cerca de 600 vezes; imagem colorizada por computador).

A fecundação na espécie humana ocorre na tuba uterina. À medida que desce por ela em direção ao útero (levado pelo batimento dos cílios e pelas contrações musculares da tuba), o embrião sofre segmentação. Três a quatro dias depois da fecundação, ele chega ao útero na fase de mórula, sendo formado por doze a dezesseis blastômeros. Passados mais três dias, já é uma blástula (também chamado **blastócito** ou **blastocisto**), com cerca de 70 a 100 células, e começa o processo de implantação no útero, que termina, em geral, por volta do 12º dia no útero. Nessa fase, pode-se observar uma camada mais externa de células, chamada **trofoblasto** (*trophé* = nutrição), que origina o córion, e a **massa celular interna**, também chamada **botão embrionário** ou **embrioblasto**, que formará o embrião e os anexos embrionários (figura 17.16).

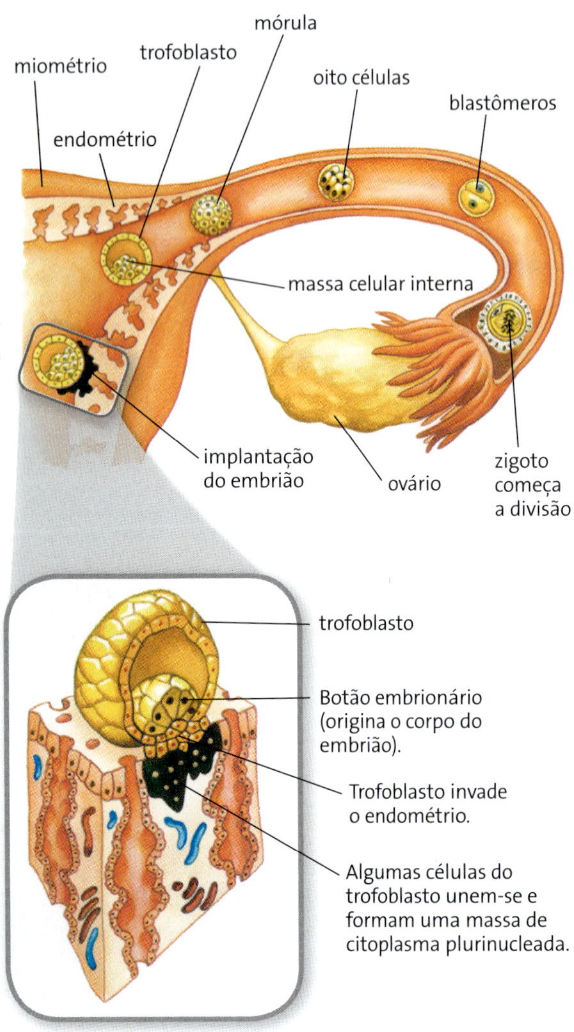

Ingeborg Asbach/Arquivo da editora

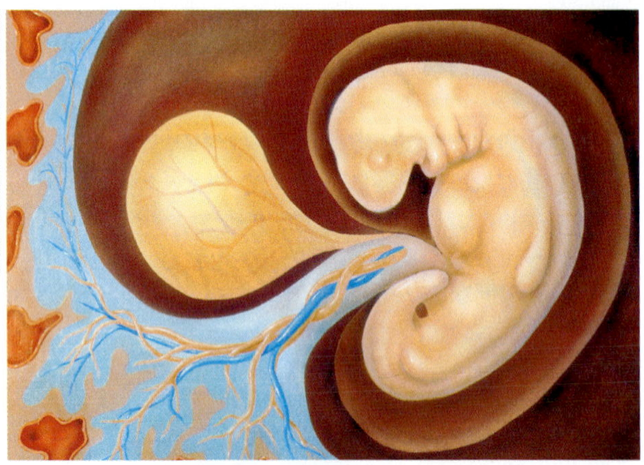
Custom Medical Stock Photo/SPL/Latinstock

Embrião com 4 semanas de desenvolvimento (cerca de 4 mm a 5 mm). Pode ser visto o âmnio (em marrom), o saco vitelínico (amarelo) e a placenta (embaixo, à esquerda).

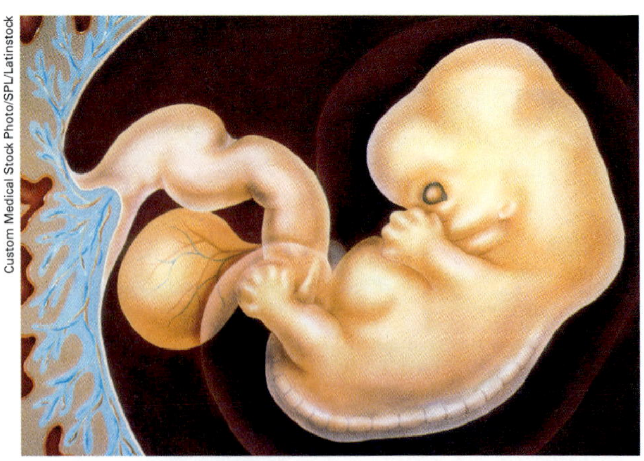
Custom Medical Stock Photo/SPL/Latinstock

Embrião com 6 semanas (cerca de 13 mm a 15 mm). À esquerda, pode ser vista a placenta, o saco vitelínico e o cordão umbilical.

Figura 17.16 Desenvolvimento inicial do embrião humano (os elementos da ilustração não estão na mesma escala; cores fantasia).

Por volta do décimo quarto dia, o endométrio já cresceu em volta do embrião, isolando-o da cavidade uterina. Depois, formam-se as vilosidades do córion, que ficarão mergulhadas no endométrio, em cavidades cheias de sangue, originando a placenta.

A gastrulação ocorre do 14º ao 19º dia, e formam-se os três folhetos embrionários (ectoderme, endoderme e mesoderme).

A maior parte dos principais órgãos do embrião forma-se da terceira à oitava semana do desenvolvimento (fase de organogênese). Essa formação está completa no início da nona semana, e o embrião passa a ser chamado **feto**: já tem aparência tipicamente humana, mede cerca de 2,5 cm de comprimento e pesa 15 g. Ele continua a crescer e a se desenvolver. No final do terceiro mês, pesa cerca de 30 g, mede, aproximadamente, 8,5 cm de comprimento e começa a mover braços e pernas. No quinto mês os movimentos são mais fortes, e a mãe começa a percebê-los (figura 17.17).

Figura 17.17 Desenvolvimento do embrião humano.

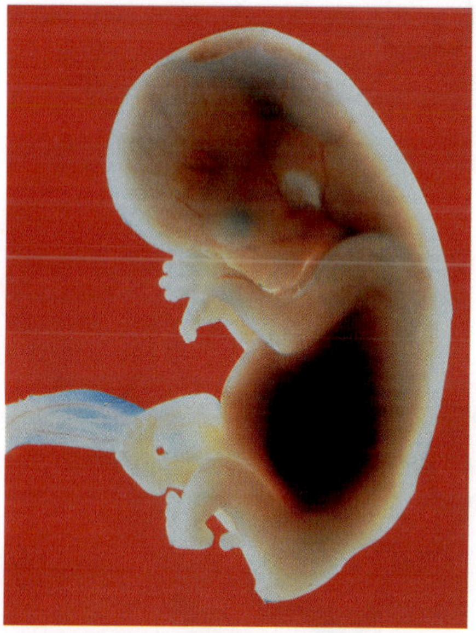

Alex Bartel/SPL/Latinstock

Feto com 11 semanas (cerca de 4 cm de comprimento).

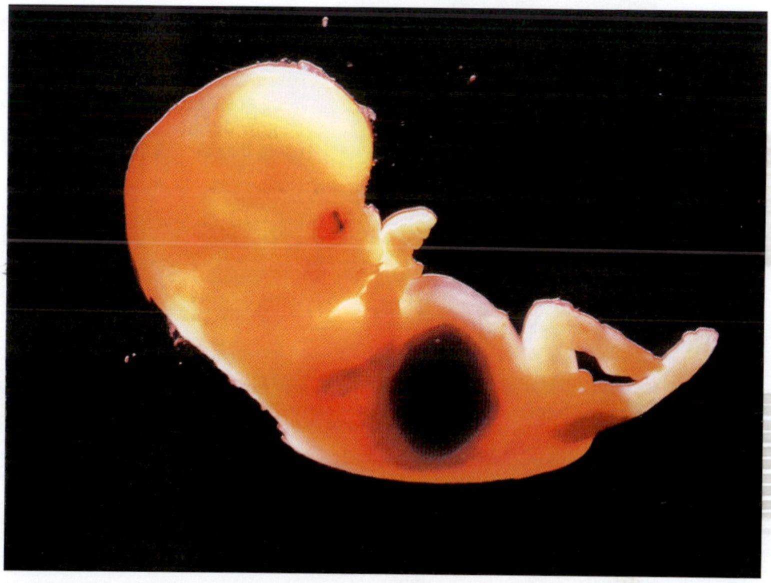

Science Pictures Ltd/SPL/Latinstock

Feto com 3 meses (cerca de 8 cm de comprimento).

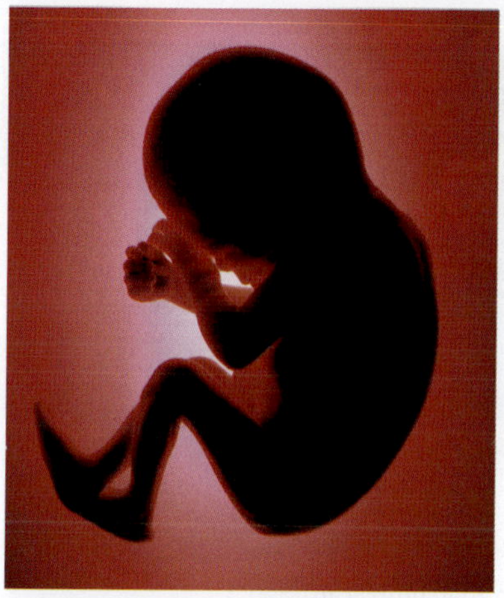

Garry Watson/SPL/Latinstock

Feto com 5 meses (cerca de 28 cm de comprimento).

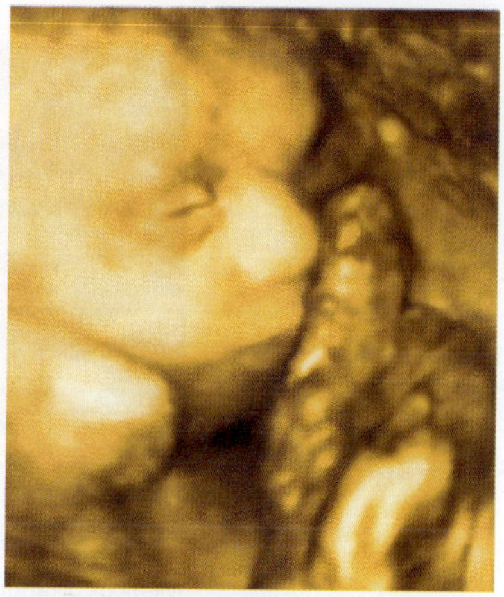

Dr. Najeeb Layyous/SPL/Latinstock

Feto com 6 meses (cerca de 37 cm de comprimento; imagem produzida por ultrassonografia em três dimensões).

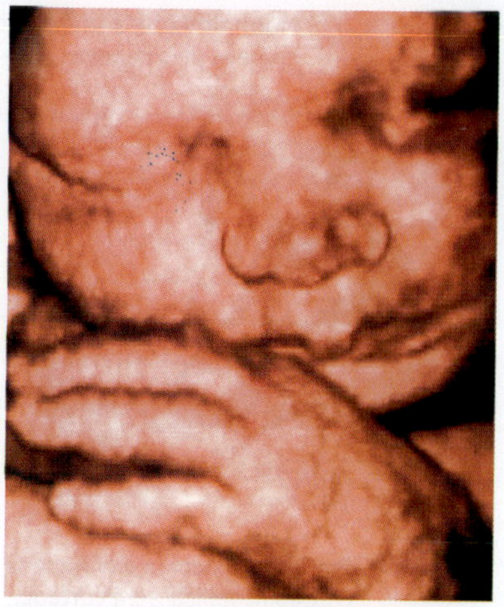

Bernard Benoit/SPL/Latinstock

Feto em fase final de gestação (imagem produzida por ultrassonografia em três dimensões).

Após cerca de quarenta semanas (nove meses, 280 dias) depois do primeiro dia da última menstruação, ocorre o parto (**figura 17.18**). As contrações da musculatura do útero indicam que o momento do parto se aproxima. A bolsa de água se rompe e a criança é empurrada para fora do corpo da mãe através da vagina. A placenta é eliminada e o cordão umbilical é cortado. O umbigo é a cicatriz que fica no lugar do cordão umbilical. A criança pesa entre 3 kg e 3,5 kg, em média, tem entre 48 cm e 52 cm de comprimento e passa a respirar pelo seu sistema respiratório.

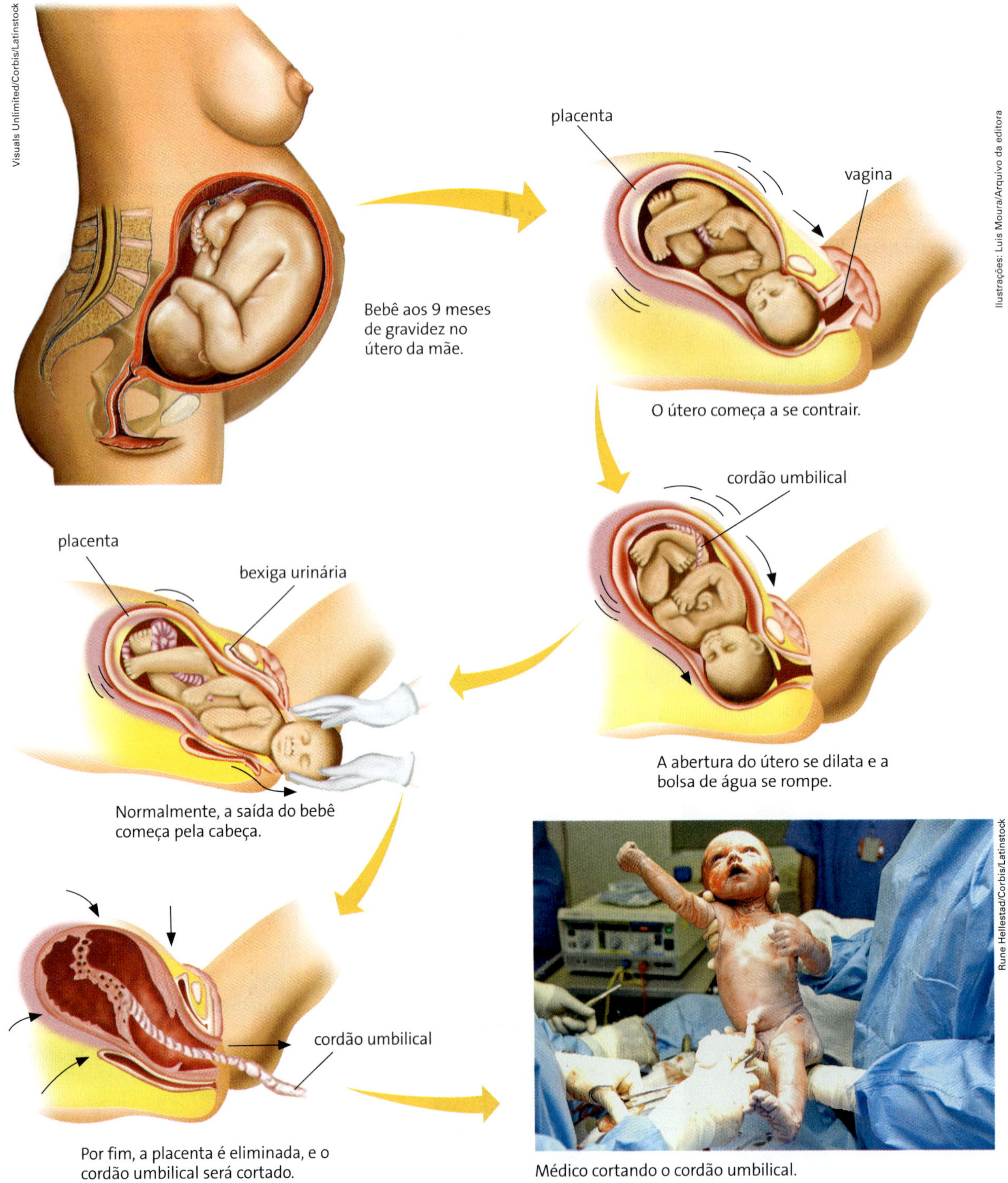

Bebê aos 9 meses de gravidez no útero da mãe.

O útero começa a se contrair.

A abertura do útero se dilata e a bolsa de água se rompe.

Normalmente, a saída do bebê começa pela cabeça.

Por fim, a placenta é eliminada, e o cordão umbilical será cortado.

Médico cortando o cordão umbilical.

Figura 17.18 Etapas do nascimento de uma criança (os elementos da figura não estão na mesma escala; cores fantasia).

Biologia e saúde

Infertilidade

Fertilização *in vitro*

Muitos casais desejam ter filhos, mas não conseguem. É preciso, então, pesquisar a causa. Pode ser que o homem produza espermatozoides em quantidade insuficiente (menos de 20 milhões por mililitro) ou uma taxa maior de espermatozoides anormais.

No caso da mulher, pode haver problemas na produção de hormônios, o que dificulta a ovulação ou a implantação do embrião no útero.

Se o problema for a produção insuficiente de esperma, pode-se realizar tratamentos hormonais ou técnicas de reprodução assistida, armazenando espermatozoides e realizando inseminação artificial. Há também técnicas que injetam espermatozoides diretamente, em laboratório, no citoplasma do ovócito: é a injeção intracelular de espermatozoide (ICSI). Depois, o embrião em fase inicial é transferido para o útero.

Alguns casos de infertilidade feminina podem ser tratados com o uso de hormônios. Outras vezes, quando há, por exemplo, uma obstrução na tuba uterina, recorre-se à inseminação fora do corpo, em laboratório, com ovócitos retirados da mulher. Depois, o embrião com quatro a oito células é implantado no útero para que o desenvolvimento se complete.

A importância do leite materno

O leite materno é o melhor alimento para o bebê, sendo mais adequado do que as fórmulas comerciais preparadas a partir do leite de vaca. As vantagens são várias: é de digestão mais fácil; a probabilidade de causar reações alérgicas e prisão de ventre é menor; contém anticorpos que protegem a criança contra diversas doenças contagiosas. Além disso, em casa, no preparo do leite comercial, há maiores riscos de contaminação por germes causadores de doenças, principalmente em locais sem água potável.

A amamentação também traz benefícios para a mãe. Além de aumentar o contato entre mãe e filho, o que é bom para ambos, diminui o risco de câncer de mama, acelera a volta do útero ao tamanho normal e evita hemorragias depois do parto (figura 17.19).

Mas nem sempre é possível amamentar. Às vezes, por exemplo, a mãe precisa tomar certos medicamentos que podem passar para o leite e prejudicar a saúde da criança. As mães portadoras do vírus da Aids também devem evitar a amamentação, seguindo a orientação do médico para a escolha e o preparo do leite comercial.

A Organização Mundial da Saúde recomenda que a criança seja alimentada exclusivamente com leite materno até os 6 meses de idade. A partir daí, outros tipos de alimento podem ser oferecidos, diminuindo a frequência da amamentação.

Figura 17.19 Leite materno: um alimento perfeito para os primeiros meses de vida.

Alexander Raths/Shutterstock/Glow Images

Formação de gêmeos

Os gêmeos **monozigóticos**, também chamados **univitelinos**, **idênticos** ou **verdadeiros** (*monos*, *uni* = um), formam-se de um único óvulo (ovócito II na espécie humana) fecundado por um único espermatozoide, mas, em vez de originar apenas um embrião, o zigoto origina dois ou mais. Isso porque as células formadas nas fases iniciais do desenvolvimento (até oito dias depois da fecundação) separam-se em dois ou mais grupos independentes, e cada grupo origina um embrião completo (figura 17.20). Esses gêmeos são geneticamente iguais entre si e, portanto, são sempre do mesmo sexo.

Se a separação ocorrer cedo (dois a três dias depois da fecundação), formam-se gêmeos com dois âmnios, dois córions e duas placentas (se a implantação no útero for próxima, o córion e a placenta podem fundir-se; figura 17.20).

Essa situação ocorre em cerca de um terço dos casos de formação de gêmeos. Em cerca de dois terços dos casos, a separação ocorre depois, formando-se duas massas celulares internas, que compartilham o mesmo trofoblasto. Nesse caso, ambos os gêmeos vão compartilhar o mesmo córion e a mesma placenta, mas cada um estará em uma cavidade amniótica (figura 17.20).

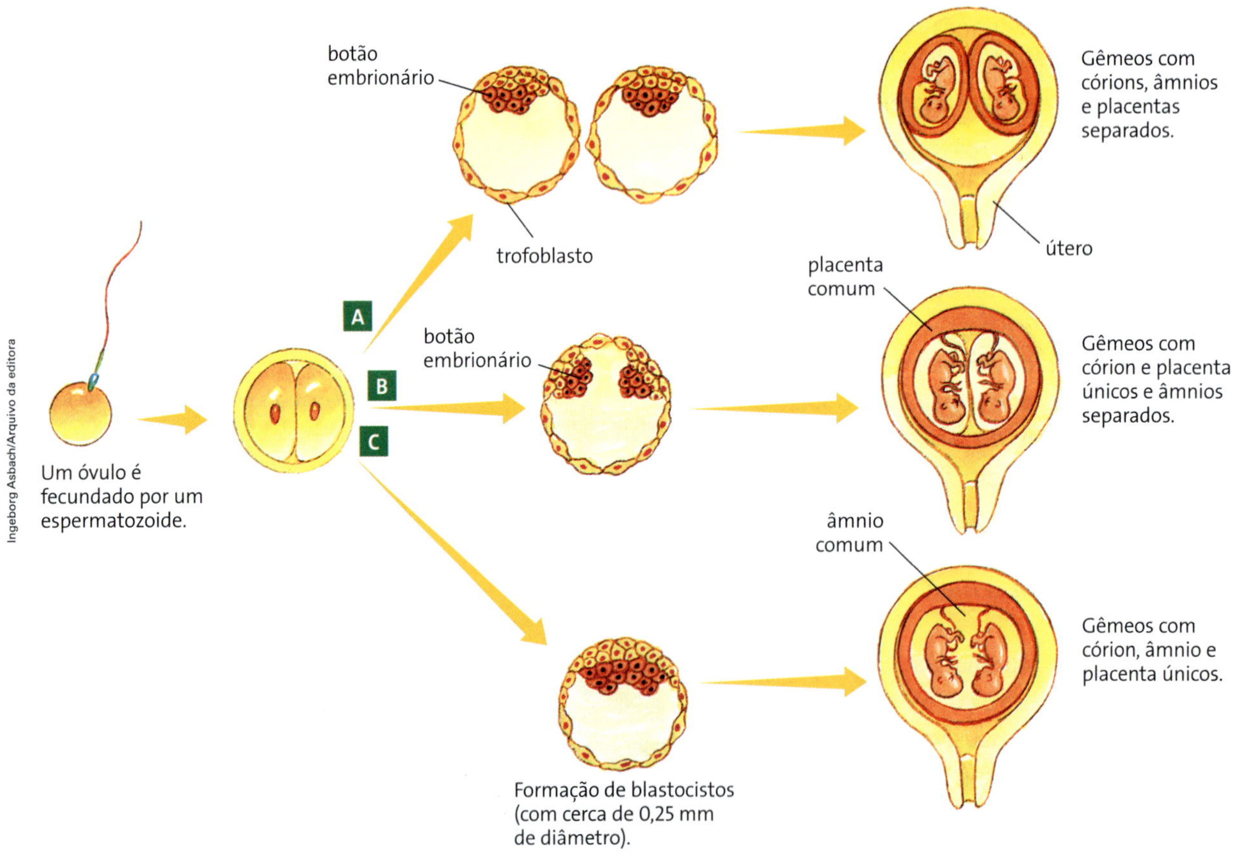

Figura 17.20 Formação de gêmeos verdadeiros: **A**, separação precoce dos blastômeros, antes da formação do trofoblasto (dois a três dias); **B**, separação da massa celular interna (primeira semana); **C**, separação tardia (nove a quinze dias). (Os elementos da ilustração não estão na mesma escala; cores fantasia.)

Raramente, em cerca de 1% dos casos, a separação ocorre tardiamente (entre 9 e 15 dias), originando embriões que compartilham o mesmo córion, o mesmo âmnio e a mesma placenta. Nesse caso, os embriões dificilmente sobrevivem ou, se a separação não for completa, podem surgir gêmeos verdadeiros presos por uma parte comum do corpo e compartilhando órgãos: são os **gêmeos conjugados**, também chamados **irmãos siameses** ou **xifópagos** (a maioria desses gêmeos está unida na altura do apêndice xifoide, que fica no osso esterno). Em certos casos, dependendo dos órgãos que tenham em comum, é possível separá-los cirurgicamente.

O primeiro caso registrado desse fenômeno ocorreu com os gêmeos Chang e Eng, nascidos em 1811 no Sião (atual Tailândia), vindo daí o nome "siameses" (figura 17.21). Os gêmeos foram viver nos Estados Unidos, casaram e tiveram filhos.

Na população humana, ocorrem de três a quatro gêmeos univitelinos em cada mil nascimentos. A maioria dos casos de gêmeos (de sete a onze em cada mil nascimentos) ocorre de outra forma: a mulher lança na tuba uterina dois ou mais ovócitos II no mesmo ciclo, e cada um é fecundado por um espermatozoide (figura 17.22). Como esses gêmeos se desenvolvem de células-ovo distintas, que vieram da união de gametas com genes diferentes (são geneticamente diferentes), eles não são tão parecidos quanto os idênticos. Podem ter ou não o mesmo sexo, por exemplo. De fato, podem ser tão diferentes quanto dois irmãos não gêmeos.

Stanley B. Burns/MD Burns Archive NY/SPL/Latinstock

Figura 17.21 Os irmãos Chang e Eng Bunker (1811-1874).

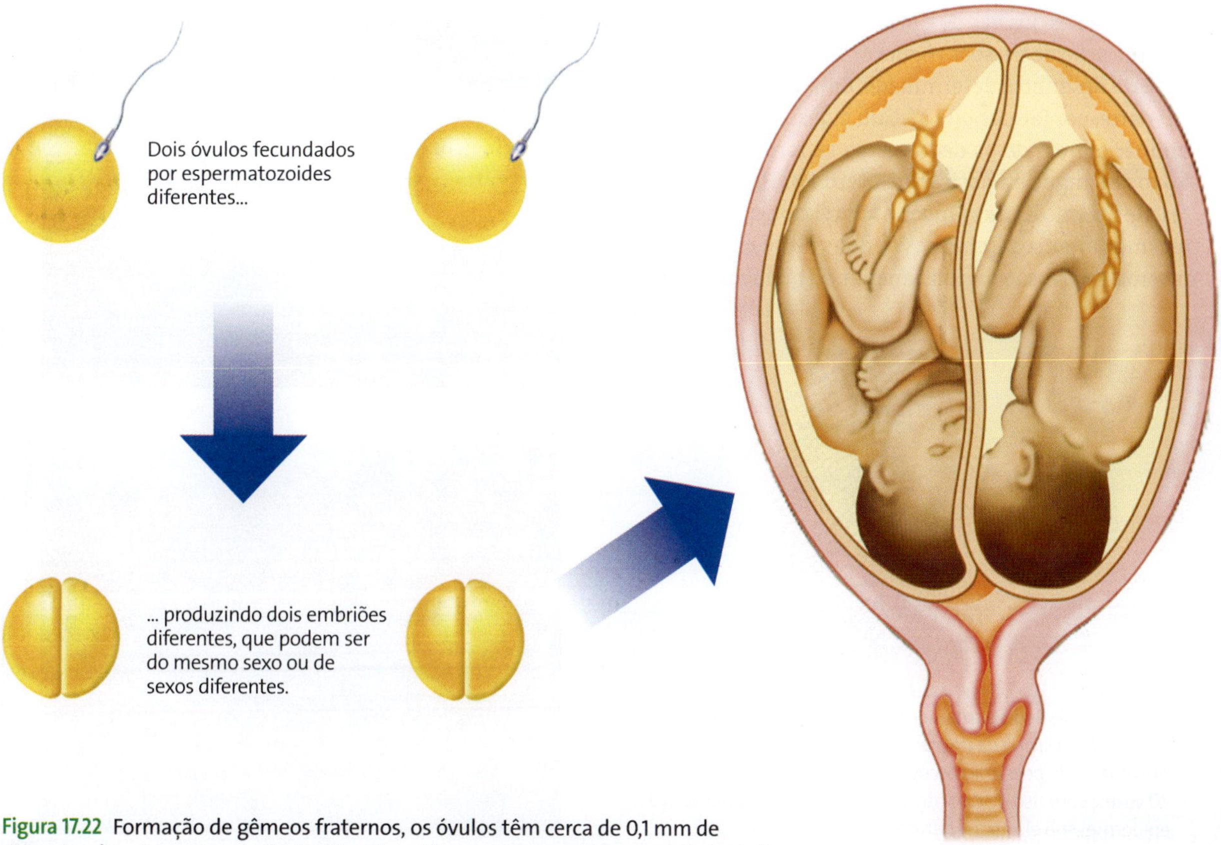

Luis Moura/Arquivo da editora

Figura 17.22 Formação de gêmeos fraternos, os óvulos têm cerca de 0,1 mm de diâmetro. (Os elementos da ilustração não estão na mesma escala; cores fantasia.)

Por isso, são chamados **gêmeos fraternos**, falsos ou, como vieram de zigotos diferentes, **dizigóticos** (ou **plurizigóticos**) ou **bivitelinos** (ou **plurivitelinos**). Há sempre dois âmnios e dois córions, com duas placentas (se eles se implantarem em regiões próximas, pode haver fusão dos córions e das placentas).

A formação de trigêmeos, quadrigêmeos, etc. é bem mais rara e pode resultar da separação de vários conjuntos de blastômeros, de uma ovulação múltipla ou de ambos os fatores.

Parece não haver tendência hereditária para a formação de gêmeos idênticos; ao que tudo indica, ela ocorre ao acaso. Mas algumas mulheres são mais propensas a lançarem simultaneamente mais de um ovócito na tuba, originando gêmeos falsos.

A identificação do tipo de gêmeo pode ser feita por meio de um exame de DNA: somente os gêmeos verdadeiros terão exatamente o mesmo material genético.

Em alguns animais, como o tatu, é usual nascerem de quatro a oito gêmeos verdadeiros em uma ninhada, fenômeno chamado **poliembrionia** (*polis* = muitos).

Biologia e tecnologia

Impressões digitais em gêmeos

As impressões digitais são os desenhos formados como consequência de elevações da pele presentes na polpa dos dedos e são exclusivas de cada indivíduo, sendo usadas na identificação de pessoas (figura 17.23).

Esse desenho é determinado, em parte, pelos genes e, em parte, por fatores que afetam o desenvolvimento embrionário (quando os dedos estão se formando), como o fluxo de sangue e a posição no útero. Por isso, são diferentes até mesmo entre gêmeos univitelinos, que possuem o mesmo genoma. As chances de duas pessoas possuírem a mesma impressão digital é menor do que 1 em 1 bilhão.

A

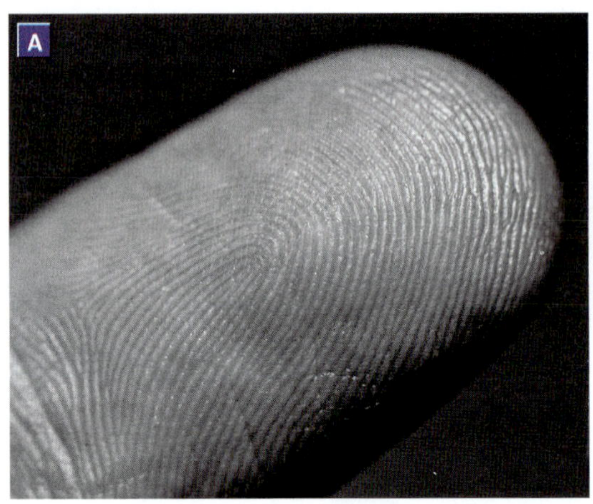

ChristopheVanBiesen Photography/Getty Images

B

Andrey Burmakin/Shutterstock/Glow Images

C

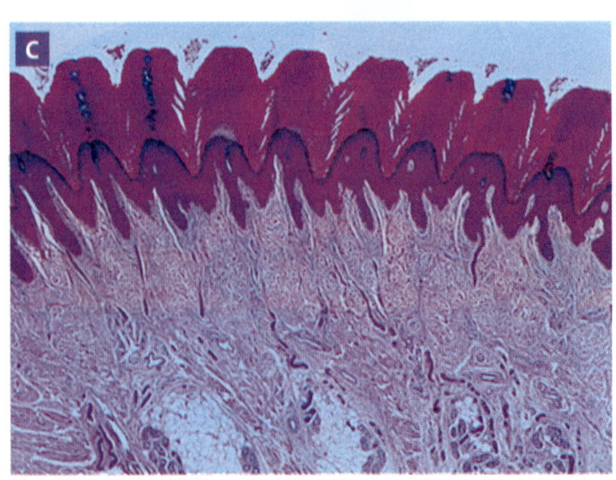

Innerspace Imaging/SPL/Latinstock

Figura 17.23 **A**: dedo humano com detalhes das impressões digitais; **B**: carimbo da impressão digital em papel; **C**: corte histológico de pele (microscópio óptico; aumento de cerca de 20 vezes; com uso de corantes). A camada mais superficial é a epiderme; sob ela está a derme.

6 Mecanismos do desenvolvimento embrionário

Todas as células do embrião originam-se por mitoses da célula-ovo; portanto, têm os mesmos genes. No entanto, nem todos os genes de uma célula estão ativados. Ao longo do desenvolvimento embrionário, certos genes serão ativados e outros permanecerão inativos. Por esse processo – **diferenciação celular** –, as células embrionárias, inicialmente idênticas entre si, originarão os diversos tipos de células especializadas que formam o organismo.

A potencialidade de uma célula para originar todas as outras perdura, no máximo, até a fase de gástrula, quando certos "caminhos" começam a ficar definidos. A camada externa da gástrula (ectoderme), por exemplo, origina o tecido nervoso, a epiderme e o revestimento da boca e do ânus. Portanto, a potencialidade das células começa a ficar cada vez mais limitada.

Certos grupos de células podem influenciar no desenvolvimento de outras, por exemplo, pela produção de substâncias químicas capazes de ativar ou inativar os genes de outras células. Entre essas substâncias estão algumas proteínas, RNAm e o ácido retinoico.

Um trabalho pioneiro nesse campo foi realizado pelo biólogo alemão Hans Spemann (1869-1941), na década de 1920. Ele cortou um pedaço do lábio dorsal (região do blastóporo) de um embrião de salamandra e transplantou-o para a região ventral de outro embrião. Esse pedaço induziu as células da região ventral a produzir uma notocorda e um tubo neural, que induziram a formação de outros tecidos, e, aos poucos, formou-se outro embrião unido ao original (figura 17.24).

Essa experiência demonstrou que certas regiões do embrião podem induzir ou orientar a especialização de outras regiões. O fenômeno foi chamado **indução embrionária**. Ao longo do desenvolvimento embrionário ocorre uma espécie de reação em cadeia: uma região dá a partida, comandando a especialização de outra, que, ao se especializar, orienta a especialização de uma terceira. Essa comandará a especialização de outra, e assim por diante.

Figura 17.24 Ilustração da formação da notocorda e do tubo neural pelo lábio dorsal do blastóporo (os elementos da figura não estão na mesma escala; cores fantasia).

Células-tronco

7 Células-tronco

Células-tronco são células pouco diferenciadas capazes de se dividir e originar células especializadas do corpo. São encontradas em embriões no início do desenvolvimento, no cordão umbilical e em alguns tecidos adultos, como a medula óssea e o fígado.

As **células-tronco embrionárias** estão presentes em embriões no início do desenvolvimento e podem dar origem a qualquer tecido do corpo. Há dois tipos de células-tronco embrionárias: as **células-tronco totipotentes** (*totus* = todo; *potens* = poderoso) podem originar todos os tipos de células e tecidos do corpo, inclusive anexos embrionários e placenta, podendo ainda originar um indivíduo completo, como ocorre no caso de gêmeos univitelinos. Elas são encontradas no embrião na fase de mórula, com cerca de 16 células, até o terceiro ou quarto dia após a fecundação. As **células-tronco pluripotentes** (*pluri* = muitos) podem também dar origem a todos os tecidos, mas não podem produzir placenta ou anexos embrionários, não sendo possível, portanto, originar um indivíduo completo. Essas células são encontradas na massa celular interna do blastocisto – embrião com cerca de 100 células – por volta do quinto dia de desenvolvimento.

Em vários órgãos do corpo, encontramos **células-tronco adultas**. São **células-tronco multipotentes**, ou seja, elas têm a capacidade de gerar apenas células dos tecidos de que são provenientes. Essas células são encontradas, por exemplo, no sangue do cordão umbilical e na medula óssea. Nos últimos anos, porém, têm sido desenvolvidas técnicas capazes de alterar geneticamente essas células e até mesmo células adultas diferenciadas, transformando-as em células pluripotentes, que podem dar origem a todos os tecidos, com exceção daqueles que formam anexos embrionários.

Com estímulos apropriados, promove-se a diferenciação das células-tronco embrionárias em células musculares, pancreáticas, nervosas ou do tipo necessário para substituir células de órgãos comprometidos (figura 17.25).

As células-tronco embrionárias podem ser conseguidas de embriões congelados, obtidos por fertilização *in vitro* (fora do corpo), que existem em clínicas de fertilização assistida e que não serão implantados em útero. Em 2007, um grupo de cientistas obteve células-tronco do líquido amniótico de dentro da placenta. Outro grupo conseguiu transformar algumas células da pele humana em células embrionárias. A técnica pode ser útil para se conseguir células-tronco sem destruir embriões.

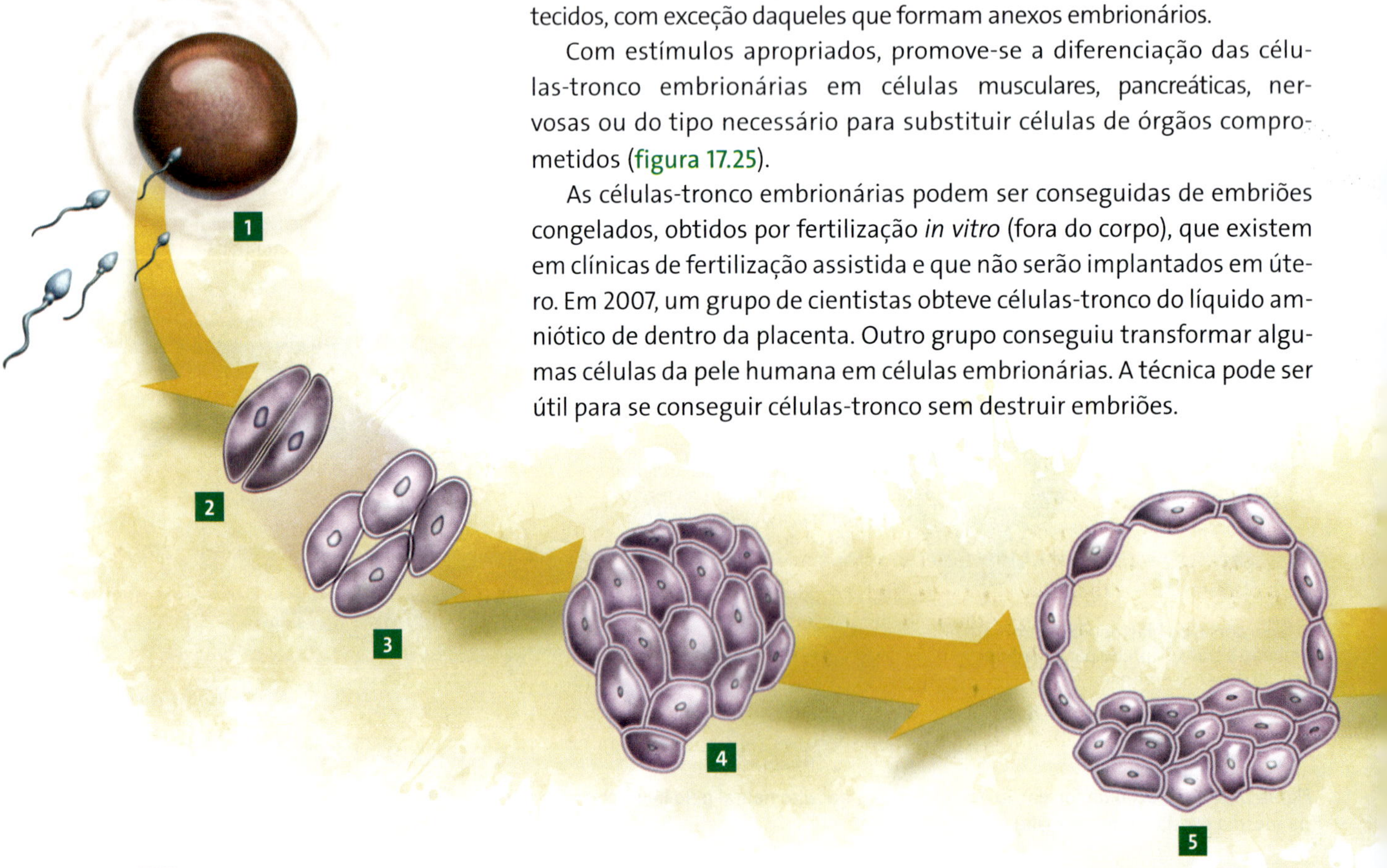

Figura 17.25 Após a fecundação em laboratório (**1**), forma-se uma célula-ovo, que se divide (**2** e **3**) formando uma mórula (**4**) e, em seguida, um blastocisto (**5**). As células do blastocisto são cultivadas em condições especiais (**6**) para se transformarem em células especializadas (**7**), que, no futuro, poderiam ser utilizadas para regenerar tecidos de órgãos, por exemplo, o coração (**8**). (As células são microscópicas; os elementos da figura não estão na mesma escala; cores fantasia.)

Para evitar o risco de rejeição é preciso conseguir células-tronco compatíveis com as do receptor ou realizar a clonagem terapêutica ou transferência nuclear, que consiste em retirar o núcleo de uma célula somática da pessoa que necessita de um transplante para um óvulo anucleado e estimular seu desenvolvimento em laboratório até o estágio de blastocisto. Como as células clonadas continham o núcleo do paciente, não há risco de rejeição. Mas essa clonagem não serve para pacientes com doenças genéticas, pois as células geradas desse modo também seriam portadoras da doença.

Essas células poderiam ser usadas em doenças do sistema nervoso, como mal de Parkinson e paralisia por lesões na medula espinal, na diabetes e em doenças no coração. Mas essas aplicações ainda estão em fase de pesquisa e há problemas técnicos e de segurança que precisam ser resolvidos, visto que essas células podem gerar tumores. Outro problema é de ordem ética e diz respeito ao uso de embriões humanos na fase inicial como fonte de células-tronco. Embora algumas pessoas achem que os embriões humanos na fase inicial sejam apenas um aglomerado de células, outras pensam que eles devem ser considerados seres humanos, com direitos como todos nós – como os embriões que serviriam de fontes de células-tronco são destruídos, isso equivaleria a destruir um ser humano.

Nos países que permitem a pesquisa com essas células, elas podem ser obtidas de embriões congelados nas clínicas de fertilização assistida que não serão mais implantados em um útero.

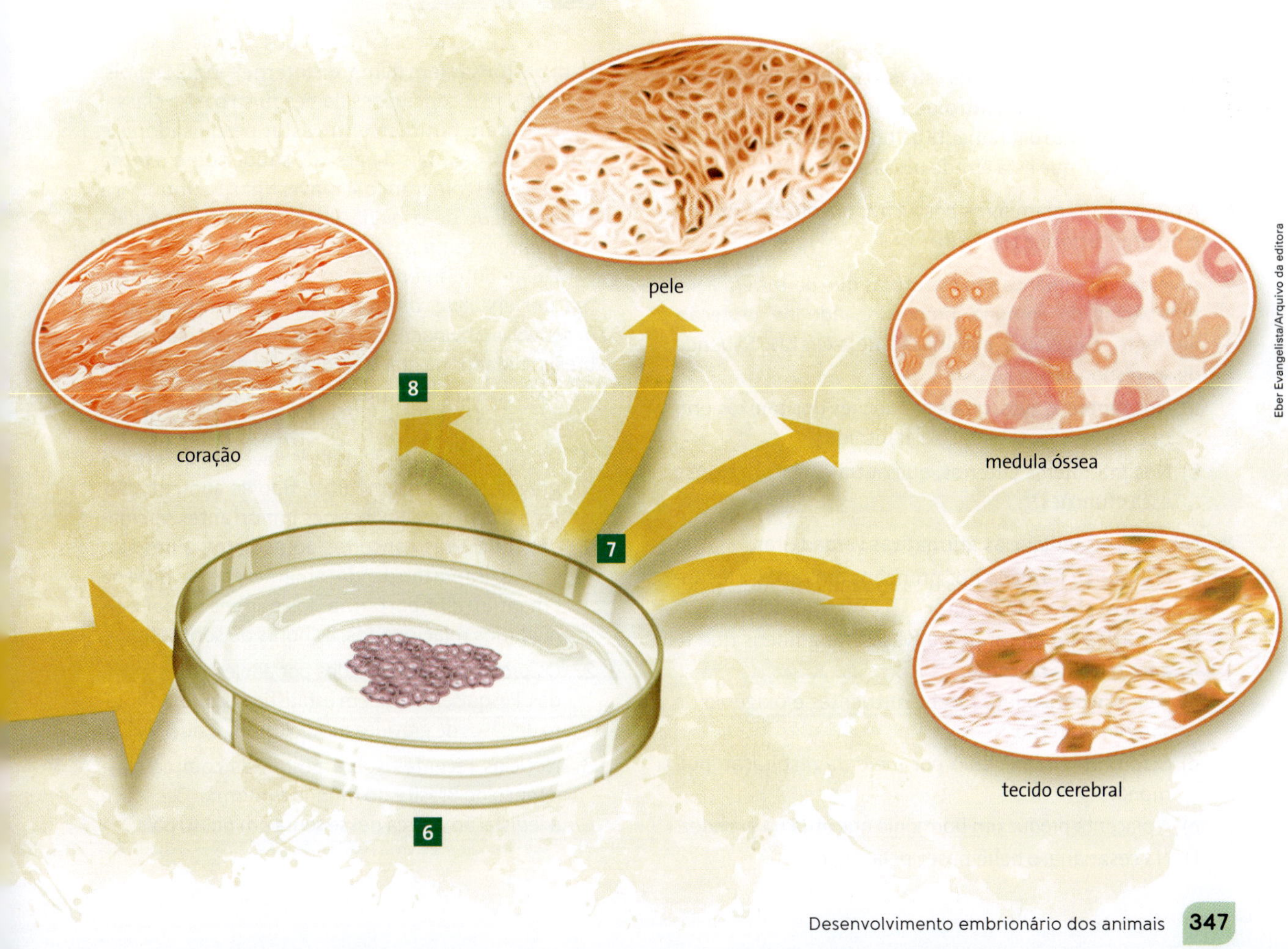

Eber Evangelista/Arquivo da editora

Atividades

1. Um estudante desenhou no caderno três tipos de células. Uma delas era muito pequena em relação às outras e continha pouco vitelo. Outra era a maior de todas e continha grande quantidade de vitelo. A terceira tinha um tamanho intermediário e possuía uma quantidade média de vitelo. A que grupos de vertebrados pertenceriam cada uma dessas células e qual a razão da diferença na quantidade de vitelo entre elas?

2. De modo geral, os biólogos consideram a gástrula a etapa mais importante do desenvolvimento embrionário porque é nessa etapa que são formados três grupamentos de células. Quais são esses grupamentos e por que eles são tão importantes?

3. Por que o risco de malformações provocadas por drogas ingeridas na gravidez é maior no período que vai da terceira à oitava semana após a ovulação?

4. A figura ao lado, baseada em uma ilustração feita em 1694, representa um espermatozoide. Ela mostra uma ideia popular na época sobre a função do espermatozoide para a formação de um novo ser vivo. Qual seria essa ideia? Por que, segundo nossos conhecimentos atuais, ela está errada?

Ingeborg Asbach/Arquivo da editora

5. Um estudante afirmou que todos os animais com fecundação interna são ovíparos, isto é, o embrião desses animais desenvolve-se dentro de um ovo com casca, sem receber alimento diretamente da mãe durante esse período. Indique o que está errado nessa afirmação.

6. A maioria dos mamíferos possui ovo oligolécito. Por que o do ornitorrinco é telolécito?

7. Anexos embrionários são estruturas que permitem a sobrevivência do embrião, proporcionando-lhe proteção, alimento, oxigênio e eliminação de excretas. Sabendo disso, responda:
   a) Nos répteis e aves, quais as funções dos anexos embrionários saco vitelínico e alantoide?
   b) Nos mamíferos eutérios, que outra estrutura exerce essas funções?

8. No caderno, indique as afirmativas verdadeiras.
   a) O embrião formado nos primeiros dias após a fecundação é chamado de feto.
   b) O cordão umbilical possui vasos sanguíneos que ligam o feto à placenta.
   c) Pela placenta o feto recebe nutrientes e oxigênio do sangue materno.
   d) O feto obtém oxigênio por meio da respiração pulmonar.
   e) A placenta produz um hormônio que atua na gravidez.
   f) Na cesariana, o bebê nasce pela vagina.

9. Durante a gravidez, o embrião fica mergulhado em um líquido, o líquido amniótico, formado por água e sais minerais. Como ele consegue obter oxigênio para se manter vivo?

10. No caderno, indique apenas as afirmativas verdadeiras.
    a) A mulher grávida deve ir periodicamente ao médico.
    b) É importante manter uma alimentação equilibrada durante a gravidez.
    c) O embrião pode se desenvolver sem problemas na tuba uterina.
    d) Exames como a ultrassonografia podem diagnosticar alguns problemas na gravidez.
    e) Fumar e tomar bebidas alcoólicas na gravidez não comprometem o desenvolvimento do feto.
    f) A gestante não deve usar medicamento sem consultar o médico.
    g) A rubéola pode prejudicar o embrião.

11. Explique por que é possível saber se os gêmeos são univitelinos (ou verdadeiros) ou bivitelinos (ou falsos) por meio de um exame de DNA.

Trabalho em equipe

Em grupo, escolham um dos temas a seguir para pesquisar (em livros, na internet, etc.). Depois, exponham as conclusões da pesquisa para a classe.

Procurem também entrevistar pesquisadores e outros profissionais da área de saúde sobre o tema que vocês escolheram para investigar. Verifiquem a possibilidade de convidá-los para ministrar palestras sobre o tema para a comunidade escolar.

Finalmente, informem-se se na região existe alguma universidade, centro médico ou instituição que desenvolva atividades de educação da população sobre os cuidados na gravidez, os problemas da gravidez na adolescência e a importância das pesquisas com células-tronco e vejam se é possível visitar o local.

1. Os cuidados que a mulher deve ter durante a gravidez (exames médicos, tipo de alimentação, etc.) e com o bebê: exames importantes, vacinação, primeiras consultas ao pediatra, alimentação, a importância da amamentação, higiene em geral, a importância dos banhos de sol e os cuidados relacionados, as horas de sono, etc.
2. Os problemas enfrentados por adolescentes grávidas. Pesquisem também estatísticas sobre o número de casos de gravidez na adolescência no Brasil.
3. Notícias recentes sobre pesquisas com células-tronco no Brasil e no mundo e informações sobre a legislação acerca desse tema em nosso país.

Pensando no Enem

A utilização de células-tronco do próprio indivíduo (autotransplante) tem apresentado sucesso como terapia medicinal para a regeneração de tecidos e órgãos cujas células perdidas não têm capacidade de reprodução, principalmente em substituição aos transplantes, que causam muitos problemas devido à rejeição pelos receptores.

O autotransplante pode causar menos problemas de rejeição quando comparado aos transplantes tradicionais, realizados entre diferentes indivíduos. Isso porque as:

a) células-tronco se mantêm indiferenciadas após sua introdução no organismo do receptor.
b) células provenientes de transplantes entre diferentes indivíduos envelhecem e morrem rapidamente.
c) células-tronco, por serem doadas pelo próprio indivíduo receptor, apresentam material genético semelhante.
d) células transplantadas entre diferentes indivíduos se diferenciam em tecidos tumorais no receptor.
e) células provenientes de transplantes convencionais não se reproduzem dentro do corpo do receptor.

Resolução

Esta questão contém elementos da área de Ciências da Natureza, principalmente noções sobre células-tronco e diferenciação celular.

É proposta uma situação-problema, na qual deve-se selecionar elementos do enunciado e relacionar suas consequências para responder à questão.

São importantes também competências em interpretação de texto, bem como compreensão de fenômenos e construção de uma argumentação baseada nesses fenômenos, no momento da escolha entre as alternativas.

O problema

A questão exige conhecimentos sobre dois temas: células-tronco e rejeição celular. Utilizando elementos desses temas, o enunciado apresenta uma situação-problema – um autotransplante em vez de um transplante de órgãos – e pede uma reflexão sobre as diferenças entre as duas situações. Portanto, é importante compreender primeiro as propriedades dos fenômenos relacionados aos temas básicos.

A rejeição celular ocorre quando o sistema imune do organismo receptor reconhece as células de um órgão transplantado como invasoras, o que desencadeia uma reação imunológica para a eliminação dessas células. Cada célula de um organismo contém algumas proteínas em sua membrana que a identificam como pertencente ao próprio organismo. Essa identificação é bastante útil para as células do sistema imunológico, cuja função é procurar por agentes patológicos invasores. Como essas proteínas têm um formato próprio, característico de cada indivíduo, se as células responsáveis pela detecção de invasores encontram uma proteína diferente na membrana de uma célula, elas iniciam uma reação de eliminação dessa célula invasora.

Essa reação é exatamente a mesma que ocorre durante a rejeição de um órgão transplantado. Células responsáveis pela detecção de invasores analisam as células de um órgão transplantado e encontram proteínas da membrana diferentes das proteínas características do indivíduo. Por isso, as células do órgão são identificadas como células invasoras, da mesma forma que um patógeno, e é iniciada uma reação de eliminação dessas células. Ou seja, as células transplantadas não exibem nenhum problema, elas envelhecem em velocidade normal, podem se reproduzir e realizam suas funções normalmente. Por isso, podemos eliminar as alternativas B, D e E.

Como toda proteína de um organismo, as proteínas das membranas celulares são determinadas geneticamente. Por isso, células com genomas distintos apresentarão proteínas celulares também distintas.

Células-tronco são células indiferenciadas com potencial para se diferenciar em qualquer outra célula de um organismo, mediante estímulo. Todo indivíduo apresenta uma grande quantidade de células diferenciadas em seus órgãos, que desempenham uma função determinada, mas também apresenta menor quantidade de células-tronco. Por serem de um indivíduo, suas células-tronco apresentam o mesmo material genético que qualquer outra célula diferenciada do seu organismo.

Se células-tronco são utilizadas para a regeneração de tecidos e órgãos injuriados, elas receberão um estímulo para se diferenciar em células do órgão-alvo. Por isso, células-tronco podem ser utilizadas como alternativa a transplantes convencionais.

Além disso, diferentemente das células de um órgão transplantado, as células-tronco em um autotransplante (ou seja, do mesmo indivíduo) apresentam o mesmo material genético e as mesmas proteínas de membrana que qualquer outra célula do organismo. Sendo assim, as células do sistema imunológico responsáveis por encontrar células invasoras não as reconhecem como tal e, portanto, não iniciam uma reação de eliminação.

Resposta: **C**.

Vestibulares de Norte a Sul

1. **SE** (Vunesp-SP) A formação de um tipo de gêmeos pode ser explicada pelo seguinte esquema:

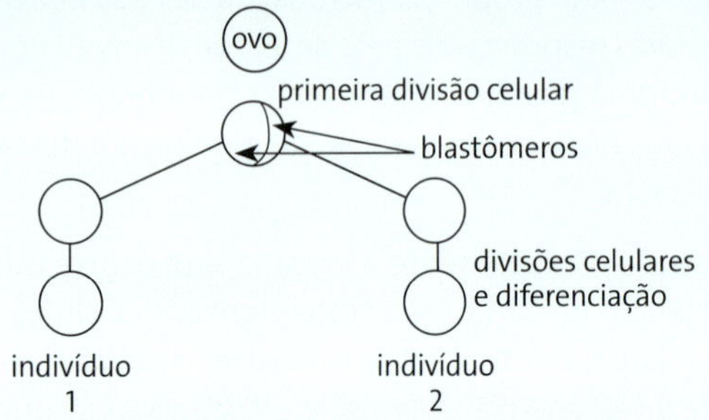

Da análise desse esquema, podemos concluir que esses gêmeos:

a) resultam da fecundação de um único óvulo por dois espermatozoides.

b) negam a possibilidade de poliembrionia humana.

c) serão siameses ou xifópagos, porque se originam de um único ovo.

d) poderão apresentar sexos iguais ou diferentes.

e) terão, obrigatoriamente, sexos iguais.

2. **CO** (UEG-GO) O estudo da embriologia fornece subsídios para a compreensão dos processos biológicos envolvidos na formação e no desenvolvimento embrionário e fetal humano. Sobre esse assunto, é correto afirmar:

a) a fase de segmentação acontece a partir da terceira semana de gestação onde ocorrem as clivagens e a formação gastrular do embrião.

b) na formação do feto, a endoderme origina os revestimentos do tubo neural assim como os somitos, células pertencentes à notocorda.

c) a fase de blastulação refere-se aos eventos de formação do arquêntero e da blastocele, ambos responsáveis pela proteção embrionária.

d) na fase de organogênese ocorre a formação dos tecidos especializados e dos órgãos através da diferenciação da ectoderme, mesoderme e endoderme.

3. **SE** (Unirio-RJ) Dentre as opções abaixo, assinale a que melhor define as funções principais da placenta:

a) proteger o embrião contra choques e evitar sua desidratação.

b) proteger o embrião e produzir vilosidades que penetram no endotérmico.

c) acumular excretas, retirar oxigênio do ar e devolver gás carbônico.

d) conter excretas e alimentos de reserva para o embrião (vitelo).

e) nutrir, excretar e respirar, produzindo também hormônios importantes para a gravidez.

4 **NE** (Unifor-CE) A figura abaixo mostra uma fase do desenvolvimento embrionário da galinha. As estruturas numeradas encerram cavidades com diferentes funções.

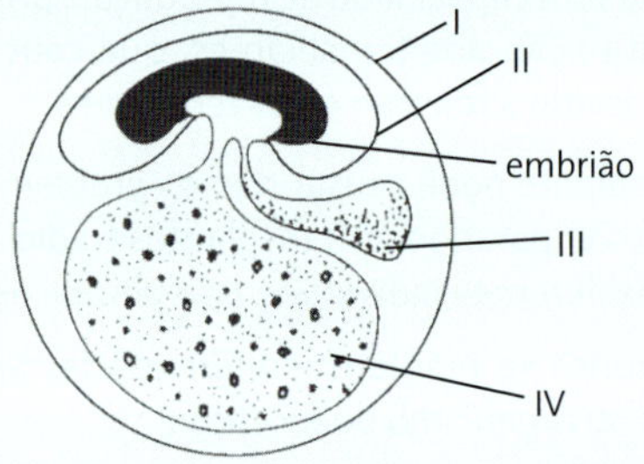

O armazenamento de excretas e a nutrição do embrião são funções desempenhadas, respectivamente, por:

a) I e II.
b) II e I.
c) III e IV.
d) IV e II.
e) IV e III.

5. **S** (Udesc) Assinale a alternativa **incorreta** quanto aos tecidos e aos órgãos derivados dos folhetos embrionários.

a) A epiderme e seus anexos se originam no ectoderma.

b) Os órgãos dos sistemas genital e urinário se originam do mesoderma.

c) Fígado e pâncreas se originam do endoderma.

d) Todas as estruturas do sistema nervoso se originam do ectoderma.

e) O sistema respiratório (exceto as cavidades nasais) se origina do mesoderma.

6. **SE** (UFRRJ) A seguir estão indicados os anexos embrionários que se formam durante a embriogênese da maioria dos mamíferos. O anexo embrionário exclusivo dos mamíferos e que possibilita um período mais longo de desenvolvimento do embrião no interior do organismo materno é:

a) o saco vitelino.
b) o âmnio.
c) o córion.
d) a placenta.
e) a alantoide.

7. **NE** (UFPB) Em uma aula sobre embriologia animal, a professora falou sobre os diversos tipos de ovos e suas segmentações.

Sabendo-se que, nos diferentes grupos animais, os tipos de ovos e suas segmentações são distintos, identifique as afirmativas corretas:

( ) Os mamíferos apresentam ovos do tipo oligolécitos e segmentação meroblástica.

( ) Os insetos possuem ovos do tipo centrolécitos e segmentação do tipo superficial.

( ) Os anfíbios possuem ovos do tipo heterolécitos e segmentação holoblástica e desigual.

( ) Os peixes apresentam ovos do tipo centrolécitos e segmentação do tipo meroblástica.

( ) Os répteis possuem ovos do tipo telolécitos e segmentação meroblástica discoidal.

8. **SE** (UEMG) Leia o trecho, a seguir.

"As mais versáteis são as células-tronco embrionárias (TE), isoladas pela primeira vez em camundongos há mais de 20 anos. As células TE vêm da região de um embrião muito jovem que, no desenvolvimento normal, forma as três camadas germinativas distintas de um embrião mais maduro e, em última análise, todos os diferentes tecidos do corpo."

Scientific American Brasil, julho de 2004.

Com as informações contidas nesse texto, juntamente com outros conhecimentos que você possui sobre o assunto, só é possível afirmar CORRETAMENTE que

a) as células-tronco embrionárias (TE), anteriores ao embrioblasto, são totipotentes, isto é, capazes de se diferenciarem em qualquer uma das células somáticas do indivíduo.
b) a legislação brasileira proíbe qualquer tipo de pesquisa com células-tronco embrionárias, porque a constituição brasileira considera que o zigoto já é um novo indivíduo e tem que ser protegido.
c) as três camadas germinativas distintas a que o texto se refere são os folhetos embrionários epiderme, derme e hipoderme.
d) entre os tecidos do corpo, o tecido nervoso se origina a partir do folheto germinativo ectoderma, enquanto o tecido muscular se origina do endoderma.

9. **S** (UEPG-PR) Após a fecundação, ou seja, a fusão entre os gametas masculino e feminino, ocorre o início de uma nova vida. Esse novo ser vivo passará por uma série de etapas até que possa ser considerado um feto. Essas etapas são conhecidas como etapas embrionárias.

Sobre elas, assinale o que for correto.

01) Em geral, um único espermatozoide penetra no óvulo, ficando fora o flagelo. Logo após sua entrada, a membrana do óvulo sofre uma grande modificação físico-química tornando-se espessa e impedindo a penetração de outros espermatozoides. Essa condição é conhecida como monospermia.
02) A segmentação é uma série de divisões meióticas do zigoto, que leva à formação de um grupo maciço de células, a mórula. A mórula cresce bastante, originando a blástula, com uma cavidade interna, o blastômero. É a partir da blástula que se diferenciam os folhetos embrionários que se diferenciarão nos tecidos e órgãos do novo ser.
04) A cabeça do espermatozoide, que contém o núcleo, é arrastada pelo citoplasma em direção ao núcleo do óvulo, com o qual se une, constituindo então o núcleo haploide do zigoto.
08) Na primeira divisão mitótica resultarão as duas primeiras células, os blastômeros, marcando a segmentação, que é o começo do desenvolvimento embrionário.

10. **S** (Ufpel-RS) O que surgiu antes: o ovo ou a galinha? Este é um problema retórico que parece insolúvel apenas se desconsiderarmos a evolução dos organismos como descritos por Charles Darwin há quase 150 anos. Antes que as galinhas surgissem, outros animais já se reproduziam por meio de ovos. Assim, o ovo, como estrutura reprodutiva, surgiu antes da galinha. Porém, continuamos tendendo a pensar que a oviparidade seja rara, mas na verdade a viviparidade que é a exceção entre os animais.

Ciência Hoje, v. 42, n. 250, julho 2008 (adaptado).

Com base no texto e em seus conhecimentos, é correto afirmar que:

a) as espécies vivíparas não formam ovos envoltos por cápsulas e os embriões desenvolvem-se dentro da mãe. Os animais vivíparos têm placenta, exceto os cangurus e demais marsupiais cujos filhotes completam a maior parte do desenvolvimento fora do útero.
b) o ovo das espécies ovovivíparas pode variar muito de tamanho entre os animais, mas é uma célula relativamente grande do organismo ao qual pertence, por causa do volume do seu núcleo.
c) espécies ovíparas põem ovos protegidos por cápsulas e o embrião desenvolve-se no interior do ovo, enquanto que as espécies ovovivíparas retêm os ovos até a eclosão. Os tubarões apresentam tanto espécies ovíparas quanto ovovivíparas.
d) a gema, considerando o ovo da galinha, é a célula-ovo (ovócito) que poderá ser fertilizada. A clara é a principal reserva nutritiva, que servirá para o desenvolvimento do ovo até a formação do pinto.
e) o surgimento dos ovos com casca permitiu que o ancestral dos vertebrados terrestres saísse da água e garantiu aos anfíbios sucesso na colonização do ambiente terrestre.

11. **SE** (UFV-MG) O desenvolvimento embrionário de um ser humano se assemelha em muitos aspectos ao de um jacaré. Porém, existem diferenças importantes. Assinale a afirmativa correta.

a) No desenvolvimento embrionário do jacaré o córion foi substituído pela casca calcárea.
b) A fecundação interna ocorre no ser humano, que é vivíparo, mas não no jacaré, que é ovíparo.
c) No desenvolvimento embrionário do jacaré não há formação do âmnio, já que a ovoposição ocorre em locais úmidos.
d) No desenvolvimento embrionário humano a vesícula ou saco vitelínico está ausente, pois a nutrição é placentária.
e) A alantoide tem funções respiratória e de acúmulo de excretas no embrião do jacaré, mas não no do ser humano.

12. **S** (UFRGS-RS) Assinale a alternativa correta a respeito dos ovos de diferentes espécies animais.

a) Ovos de aves apresentam segmentação total, originando blastômeros de tamanhos iguais.

b) Ovos de insetos têm vitelo distribuído de forma homogênea.

c) Ovos de moluscos apresentam vitelo abundante distribuído de forma heterogênea.

d) Ovos de anfíbios apresentam segmentação total, originando blastômeros de tamanhos diferentes.

e) Ovos de mamíferos realizam mitoses na região do disco germinativo.

13. **SE** (Ufla-MG) O esquema a seguir representa a diferenciação do tecido mesodérmico em animais triploblásticos.

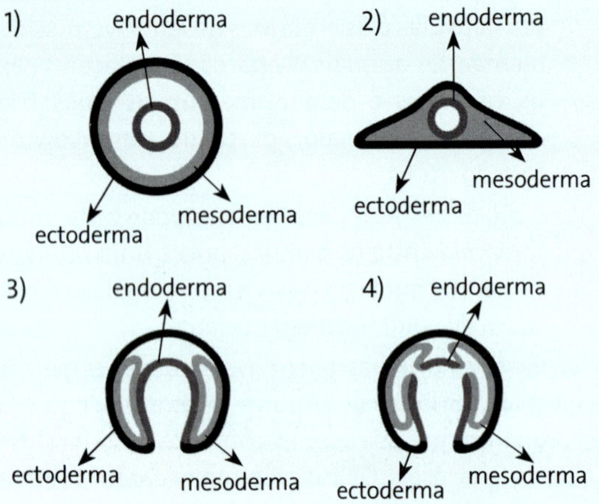

Os animais representados pelos esquemas 1, 2 e 4 são classificados, respectivamente, como:

a) pseudocelomados, acelomados e enterocelomados.

b) acelomados, pseudocelomados, enterocelomados.

c) pseudocelomados, enterocelomados e esquizocelomados.

d) enterocelomados, acelomados e esquizocelomados.

14. **SE** (Fuvest-SP) Durante a gestação, os filhotes de mamíferos placentários retiram alimento do corpo materno. Qual das alternativas indica o caminho percorrido por um aminoácido resultante da digestão de proteínas do alimento, desde o organismo materno até as células do feto?

a) estômago materno → circulação sanguínea materna → placenta → líquido amniótico → circulação sanguínea fetal → células fetais.

b) estômago materno → circulação sanguínea materna → placenta → cordão umbilical → estômago fetal → circulação sanguínea fetal → células fetais.

c) intestino materno → circulação sanguínea materna → placenta → líquido amniótico → circulação sanguínea fetal → células fetais.

d) intestino materno → circulação sanguínea materna → placenta → circulação sanguínea fetal → células fetais.

e) intestino materno → estômago fetal → circulação sanguínea fetal → células fetais.

15. **CO** (Unemat-MT) A reprodução é o mecanismo responsável pela perpetuação da espécie e consiste fundamentalmente no processo em que um ou dois organismos originam um novo indivíduo.

Sobre a reprodução humana e desenvolvimento embrionário, é correto afirmar:

a) Os espermatozoides são produzidos no epidídimo.

b) A fecundação ocorre no útero.

c) É através da placenta que o organismo materno fornece ao embrião nutrientes e oxigênio, e o embrião elimina excretas na circulação materna.

d) Após a formação do zigoto, inicia-se o processo de gastrulação, onde a célula-ovo sofre sucessivas divisões mitóticas, proporcionando um aumento significativo do número de células.

e) A segmentação é o estágio embrionário que se caracteriza pela formação dos folhetos embrionários: ectoderme, mesoderme e endoderme.

16. **S** (Ifsul-RS) Durante o desenvolvimento embrionário de répteis, aves e anfíbios, formam-se estruturas associadas ao corpo do embrião denominadas anexos embrionários. Desses anexos, o âmnio é a estrutura que desempenha a função de:

a) nutrição do embrião.

b) armazenamento de excretas pelo embrião durante o seu desenvolvimento.

c) promoção de trocas gasosas entre o sangue embrionário e o ar atmosférico.

d) proteção do embrião contra dessecação e eventuais choques mecânicos.

17. **SE** (UFV-MG) Distinguem-se dois tipos fundamentais de gêmeos: os univitelinos ou monozigóticos e os bivitelinos ou dizigóticos. Os primeiros são habitualmente chamados "gêmeos verdadeiros" e os últimos, "gêmeos fraternos". Com relação a esses dois tipos de gêmeos, analise as afirmativas abaixo:

I. O desenvolvimento de "gêmeos verdadeiros" ocorre a partir da fecundação de dois óvulos em um mesmo ciclo ovariano.

II. Gêmeos fraternos possuem características hereditárias tão diferentes entre si quanto irmãos nascidos em épocas diferentes.

III. A formação de "gêmeos verdadeiros" pode ser decorrente de uma divisão inicial dos blastômeros, ou de uma divisão do embrioblasto.

Assinale a opção correta.

a) Somente uma é verdadeira.

b) Todas são verdadeiras.

c) Somente I e II são verdadeiras.

d) Somente II e III são verdadeiras.

e) Somente I e III são verdadeiras.

18. S (UEPG-PR) A respeito do desenvolvimento embrionário humano, assinale o que for correto.

01) Após aproximadamente 72 horas da fecundação, o ovo inicia a primeira divisão originando dois blastocistos. Entre o terceiro e quarto dia após a fecundação, o embrião apresenta-se no estágio de mórula. Posteriormente, forma-se a blástula, também chamada de blastômero, que chega ao útero.

02) O blastocisto implanta-se na parede uterina por volta do décimo quarto dia após a fecundação. As células do trofoblasto dividem-se rapidamente e produzem enzimas que digerem a parede uterina, permitindo a penetração do embrião. Por volta do décimo quinto dia, o embrião encontra-se totalmente envolto pelo tecido uterino.

04) Enquanto está sendo conduzido da tuba uterina para o útero, o blastocisto fica envolto pela zona pelúcida. Essa proteção impede a adesão do blastocisto à parede da tuba uterina. O blastocisto libera-se da zona pelúcida apenas quando chega ao útero.

08) Em alguns casos, a liberação do blastocisto de dentro da zona pelúcida ocorre na tuba uterina e ele se adere à parede dessa estrutura, provocando o que se chama gravidez tubária, um dos casos de gravidez ectópica.

16) O blastocisto apresenta-se como uma esfera formada por uma camada de células denominadas trofoblastos, envolvendo uma cavidade interna, em que se observa um acúmulo de células, denominado botão embrionário ou embrioblasto. Os trofoblastos participam da formação do âmnio, do cório, da placenta e do saco vitelínico; o botão embrionário dá origem ao embrião propriamente dito.

19. SE (PUC-SP) Encontram-se a seguir um esquema do embrião humano com aproximadamente 5 dias e um trecho sobre clonagem:

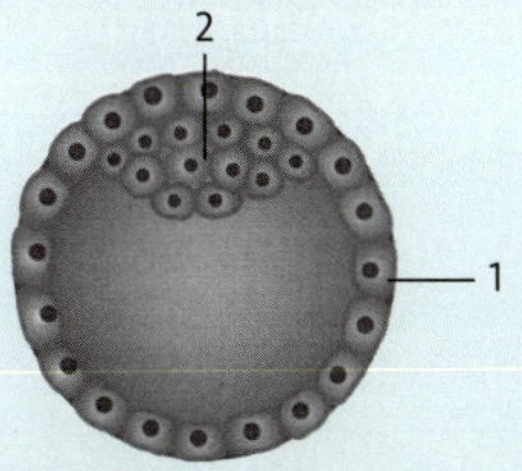

"A clonagem terapêutica oferece a possibilidade de repor tecidos perdidos por acidente ou pelo passar dos anos e de tratar doenças neuromusculares, infartos, derrames cerebrais, Alzheimer e outras demências, cegueira, câncer e muitas outras."

VARELLA, Drauzio. Clonagem humana. *Folha de S.Paulo*, 1º maio 2004.

Na clonagem terapêutica são utilizadas células-tronco, indicadas no esquema pelo número:

a) 1, capazes de se diferenciar em vários tipos de células.
b) 2, capazes de se diferenciar em vários tipos de células.
c) 1, com objetivo de gerar um novo ser.
d) 2, com o objetivo de gerar um novo ser.
e) 1, que têm capacidade limitada de diferenciação.

20. SE (UFRJ) No processo evolutivo, centenas de espécies podem ser criadas em um tempo relativamente curto. Esse fenômeno é conhecido como radiação adaptativa. No grupo dos répteis, ocorreu uma grande radiação adaptativa após o aparecimento da fecundação interna e do ovo amniótico; muitas espécies desse grupo surgiram e ocuparam o *habitat* terrestre. Explique por que o ovo amniótico facilitou a ocorrência dessa radiação adaptativa.

21. SE (Fuvest-SP) Durante o desenvolvimento embrionário das aves, o embrião é nutrido graças à grande quantidade de vitelo presente no ovo. Já nos mamíferos o ovo é pobre em vitelo. Como a grande maioria dos embriões de mamíferos consegue obter os nutrientes necessários para seu desenvolvimento?

22. SE (Vunesp-SP) A placenta desempenha várias funções no organismo humano, entre elas a de transporte de substâncias.

a) Cite duas substâncias que são transportadas do feto para o organismo da mãe e duas que são transportadas do organismo da mãe para o feto, considerando, neste último caso, apenas substâncias que podem causar prejuízos ao feto.
b) Além da função de troca de materiais entre o feto e o organismo materno, cite outras duas funções da placenta.

23. SE (Unicamp-SP) Recentemente pesquisadores brasileiros conseguiram produzir a primeira linhagem de células-tronco a partir de embrião humano. As células-tronco foram obtidas de um embrião em fase de blástula, de onde foram obtidas as células que posteriormente foram colocadas em meio de cultura para se multiplicarem.

a) As células-tronco embrionárias podem solucionar problemas de saúde atualmente incuráveis. Quais características dessas células-tronco permitem que os pesquisadores possam utilizá-las no futuro para este fim?
b) Blástula é uma etapa do desenvolvimento embrionário de todos os animais. Identifique entre as figuras a seguir qual delas corresponde à fase de blástula e indique uma característica que a diferencia da fase anterior e da posterior do desenvolvimento embrionário.

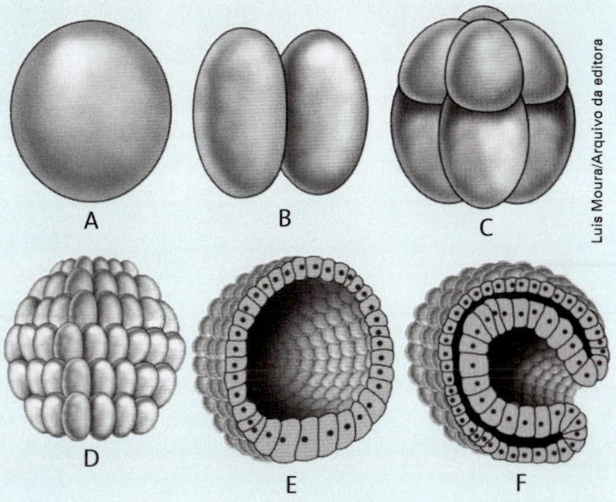

Histologia animal

Uma característica importante dos seres pluricelulares é a divisão de trabalho entre suas células. No corpo humano, por exemplo, há mais de duzentos tipos de grupos de células que cooperam entre si e garantem a sobrevivência do organismo.

Cada grupo de células reunidas na execução de uma função específica é chamado tecido. A parte da Biologia responsável por seu estudo é a Histologia (*histos* = tecido; *logos* = estudo).

De acordo com o tipo de célula de que são formados e da substância intercelular, os tecidos animais são classificados em quatro grupos principais: epitelial, conjuntivo, muscular e nervoso.

CAPÍTULO

18 Tecido epitelial

Peter Cade/Getty Images

O uso de filtro solar é uma maneira eficiente de proteger a pele contra os efeitos do sol.

- *Qual é o maior órgão do corpo humano?*
- *Você está acostumado a usar protetor solar? Por que ele é tão importante?*
- *Por que a pele fica mais escura quando ficamos expostos ao sol?*
- *O que são glândulas?*

1 Características gerais

O **tecido epitelial** ou, simplesmente, **epitélio** (*theleo* = tecido que cresce; *epi* = acima, sobre) reveste o corpo humano (e o da maioria dos animais) e as cavidades internas e forma as glândulas. Um tecido não é formado apenas por células. Inclui também o material fabricado por elas, chamado **substância intercelular** (ou **matriz extracelular**), que, às vezes, funciona apenas como ligação entre as células e, outras vezes, desempenha papel importante na função do tecido. Além dessa substância, há nos tecidos animais o **líquido intersticial**, que sai dos vasos sanguíneos e tem a função de levar alimento, oxigênio e hormônios ao tecido e remover dele o gás carbônico e os resíduos do metabolismo.

As células do tecido epitelial estão estreitamente unidas, havendo entre elas pouca quantidade de substância intercelular. Esta é formada apenas pela cobertura de glicoproteínas das células animais, o glicocálice. Com raras exceções, esse tecido não tem vasos sanguíneos e sua nutrição é feita pelo tecido conjuntivo abaixo dele. Em geral, possui terminações nervosas sensíveis a estímulos.

Neste capítulo vamos estudar os dois tipos de tecidos epiteliais: o **de revestimento** e o **glandular** ou **de secreção**.

2 Epitélio de revestimento

Esse tipo de tecido epitelial reveste o corpo e suas cavidades (tubo digestório e sistemas respiratório e urinário), protegendo o organismo contra atritos, invasão de microrganismos e evaporação; atua também na absorção de alimentos e oxigênio.

Quase todos os epitélios possuem, na superfície de contato com o tecido conjuntivo, uma região formada por glicoproteínas (fabricadas pelas células epiteliais) e fibras de proteína (fabricadas pelo tecido conjuntivo). Essa região, chamada **lâmina basal**, promove a adesão entre os dois tecidos.

O tecido epitelial pode ser formado por uma camada de células – **epitélio simples** – ou por várias camadas – **epitélio estratificado**. Às vezes, aparece um tecido constituído por uma camada de células com núcleos em alturas diferentes, aparentando formar várias camadas. Esse tecido é chamado **pseudoestratificado** (*pseudos* = falso). Quanto mais espesso for o epitélio, melhor será sua capacidade protetora; quanto mais fino, melhor a capacidade de absorção (figura 18.1).

As células da superfície do tecido apresentam formas variadas. Podem ser cúbicas, cilíndricas ou achatadas, o que permite classificar os epitélios, respectivamente, em **cúbicos**, **prismáticos**, também chamados **cilíndricos**, e **pavimentosos** (ou **escamosos**). Há ainda o **epitélio de transição**, encontrado na bexiga urinária, cujas células mudam de forma segundo o grau de distensão da bexiga (figura 18.1).

A origem embrionária do tecido epitelial depende de sua localização no corpo. A **epiderme** (*epi* = acima; *derma* = pele), que reveste externamente o corpo, origina-se da ectoderme; o epitélio que reveste o tubo digestório e o sistema respiratório origina-se da endoderme; o epitélio que reveste os vasos sanguíneos (endotélio) e as membranas que envolvem os pulmões (pleura), o coração (pericárdio), o estômago e o intestino (peritônio) originam-se da mesoderme.

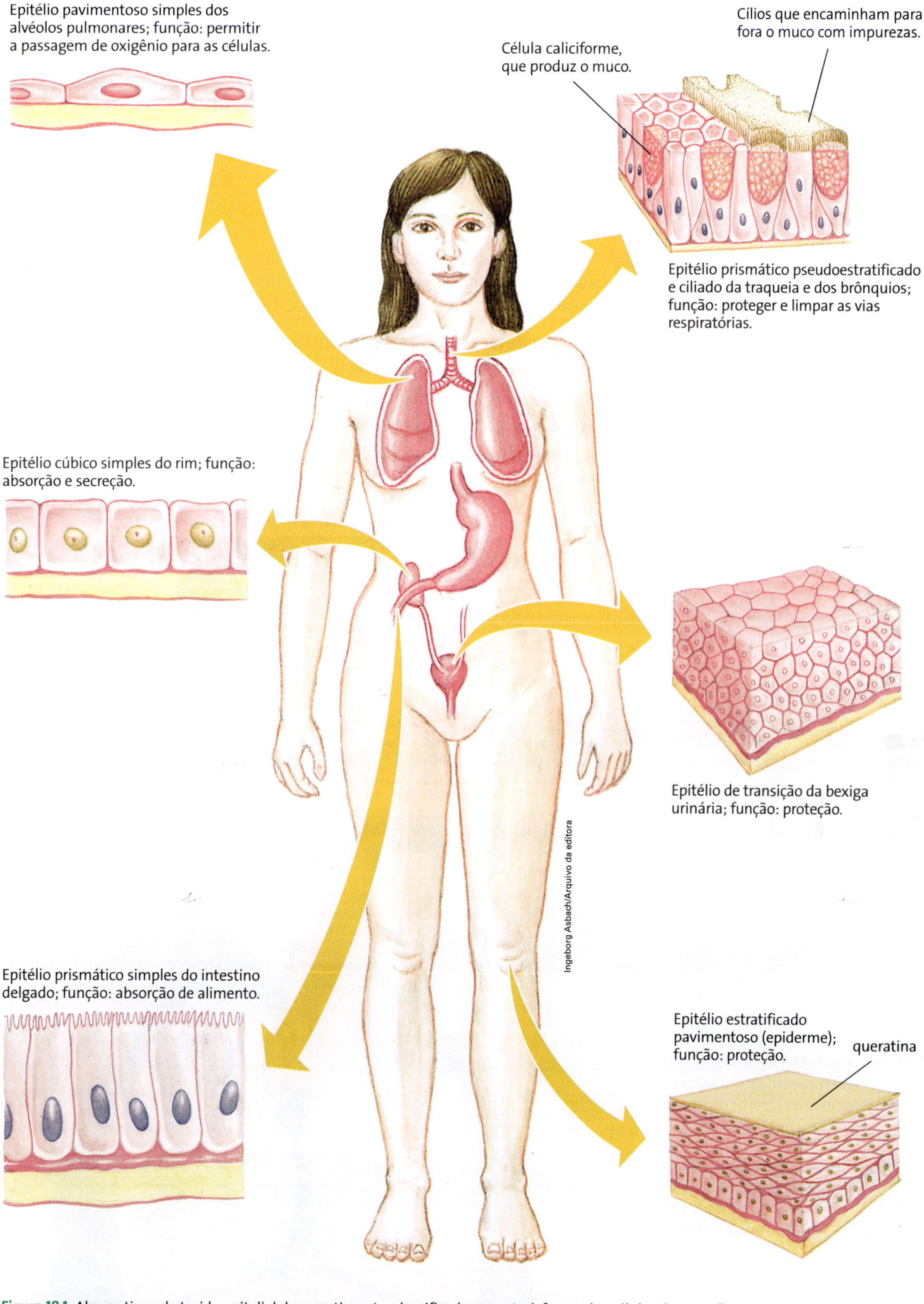

Figura 18.1 Alguns tipos de tecido epitelial de revestimento, classificados quanto à forma das células da superfície e quanto ao número de camadas de células. Observe que esse tecido repousa sempre sobre um tecido conjuntivo (em amarelo), que o sustenta e nutre. (Os elementos da figura não estão na mesma escala; as células são microscópicas; cores fantasia.)

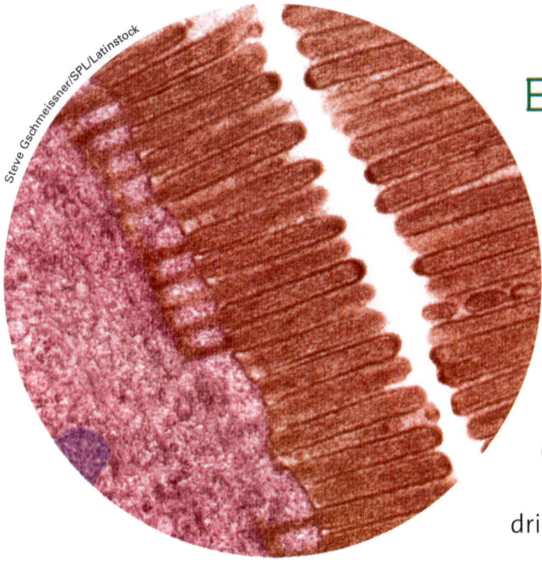

Steve Gschmeissner/SPL/Latinstock

Figura 18.2 Microvilosidades do intestino delgado (microscópio eletrônico de transmissão; aumento de cerca de 14 000 vezes; imagem colorizada por computador).

Epitélios que revestem cavidades

O epitélio do intestino delgado, por exemplo, é constituído por uma camada simples de células cilíndricas, que lhe permite executar sua principal função: absorver nutrientes. Por isso, essas células possuem dobras – as microvilosidades ou microvilos (estudados no capítulo 8) –, que aumentam a área de absorção do alimento (figura 18.2). Nesse caso, a proteção do organismo contra o atrito é feita por **muco**, secreção viscosa formada por glicoproteínas e produzida por células especiais – as **células caliciformes** –, encontradas em vários órgãos.

O muco é produzido também no epitélio pseudoestratificado cilíndrico que reveste as vias respiratórias (figura 18.3).

As partículas de poeira e as bactérias do ar inspiradas durante a respiração ficam grudadas no muco, que contém também enzimas capazes de degradar bactérias, sendo depois expulsas do organismo por prolongamentos finos, os cílios, encontrados nas células cilíndricas desse tecido.

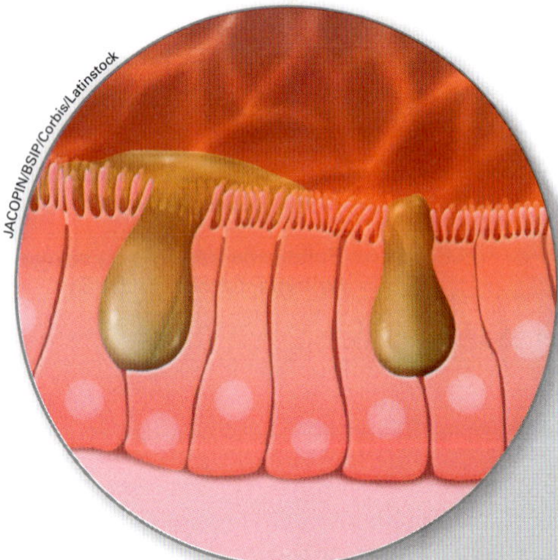

JACOPIN/BSIP/Corbis/Latinstock

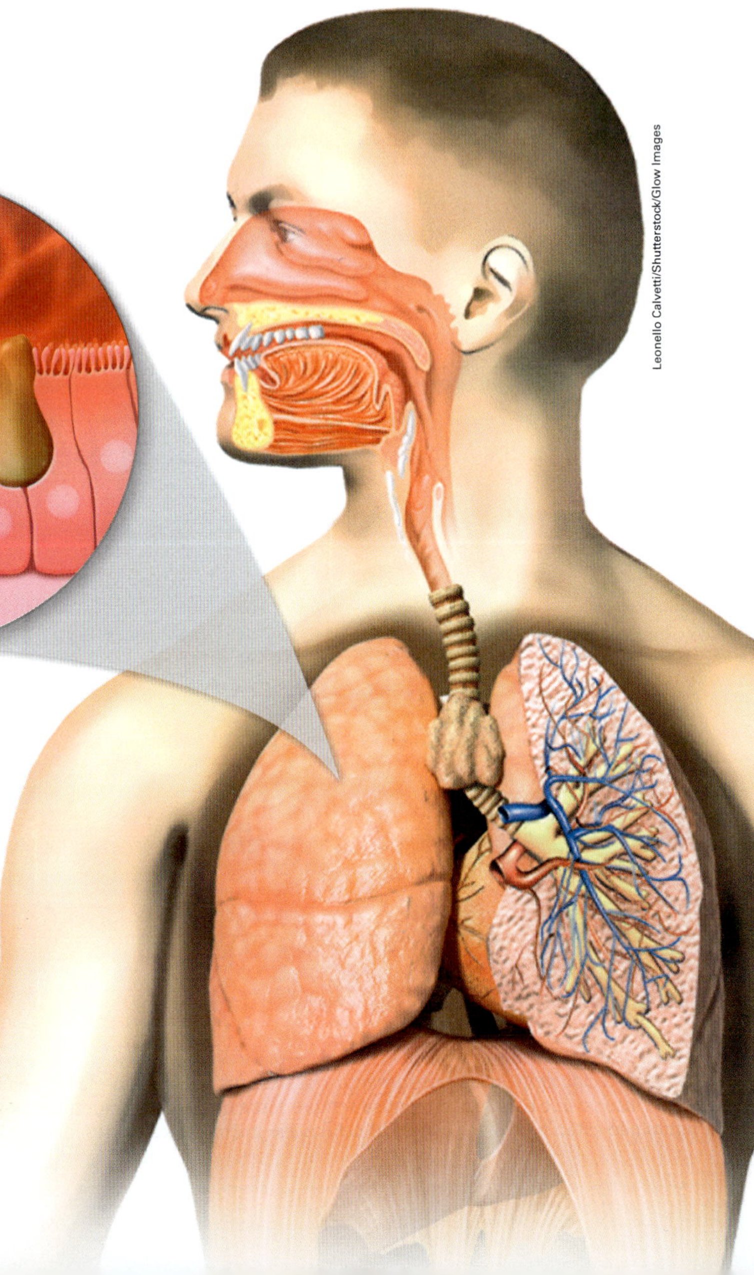

Leonello Calvetti/Shutterstock/Glow Images

Figura 18.3 Tecido epitelial de revestimento de um brônquio. Ilustração feita a partir de imagem ao microscópio óptico ou de luz (aumento de cerca de 1 000 vezes; com uso de corantes), com células produtoras de muco e cílios: uma defesa contra a invasão de microrganismos.

Epiderme

A epiderme é um epitélio estratificado pavimentoso que reveste externamente o corpo (figura 18.4). Com o tecido conjuntivo subjacente, chamado **derme**, ela forma o maior órgão do corpo, a **pele**, com cerca de 2 m² de área e 0,5 mm a 4 mm de espessura.

A epiderme é a primeira linha de defesa do corpo, protegendo o organismo contra a penetração de agentes estranhos e contra seu desgaste pelo atrito. A eficiência da epiderme nessa função se deve ao grande número de camadas de células superpostas que a constituem, vindo daí sua classificação como tecido epitelial estratificado.

As células da camada mais profunda (estrato basal ou camada germinativa) dividem-se constantemente, substituindo as células superficiais que se desgastam. Estas possuem forma achatada e são, portanto, células pavimentosas. Nos vertebrados terrestres (répteis, aves e mamíferos), elas fabricam uma proteína impermeável, a **queratina**. Após acumular boa quantidade de queratina em seu citoplasma, essas células morrem e originam uma camada impermeabilizante (estrato córneo ou camada córnea), que protege o corpo e evita a desidratação (ameaça constante aos animais terrestres).

Nas camadas profundas da epiderme estão os **melanócitos** (figura 18.4), células que fabricam o pigmento **melanina**, responsável pela cor da pele e por sua proteção contra o excesso de raios ultravioleta; quanto mais melanina, maior proteção. A exposição ao sol aumenta a produção de melanina na pele. As sardas, por exemplo, são resultado de um acúmulo de melanina em certos pontos da pele.

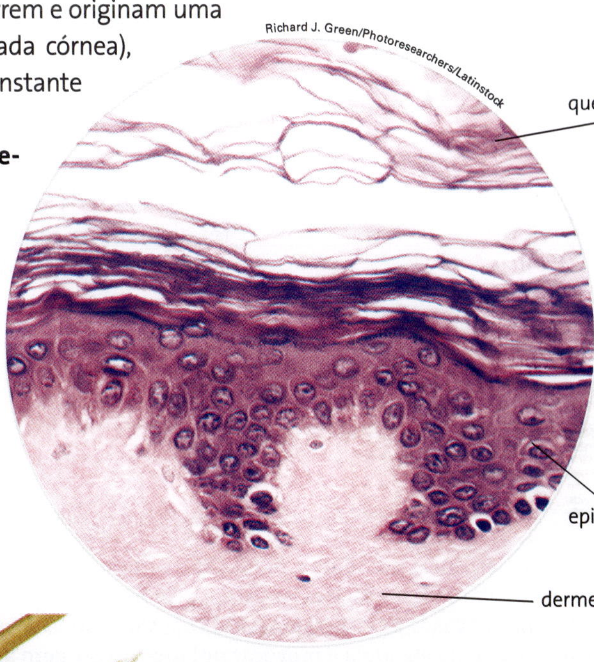

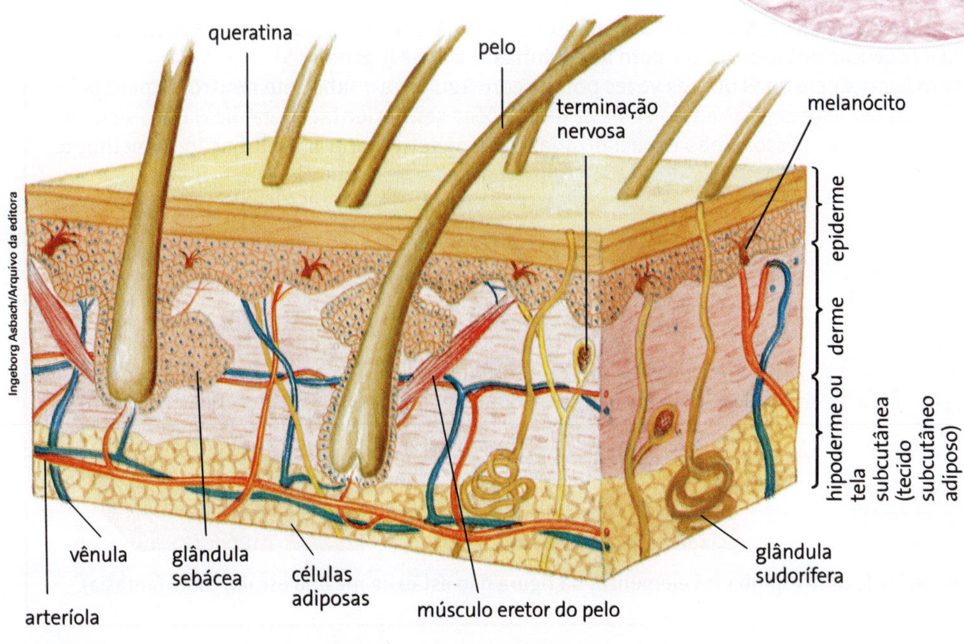

Figura 18.4 Esquema de pele humana (os elementos representados não estão na mesma escala; cores fantasia). Na foto (acima), corte de pele ao microscópio óptico (aumento de 100 vezes; com uso de corantes).

3 Epitélio de secreção: glândulas

As glândulas são estruturas formadas por agrupamentos de células epiteliais que se multiplicam e penetram no tecido conjuntivo subjacente. O tecido epitelial glandular é especializado na produção de secreções, substâncias que serão usadas em outras regiões do corpo. Há três tipos de glândulas: exócrinas, endócrinas e mistas.

Glândulas exócrinas

As glândulas que eliminam substâncias para fora do organismo ou em cavidades abertas são chamadas **exócrinas** (*exo* = para fora; *krinein* = secretar) ou **de secreção externa**. Entre as células dessas glândulas há uma cavidade que funciona como canal ou ducto, através da qual as substâncias são lançadas. Como exemplos, temos as glândulas sudoríferas (sudoríparas), sebáceas, lacrimais, salivares e mamárias.

As glândulas sudoríferas produzem uma solução salina diluída que, pela evaporação, colabora para diminuir a temperatura do corpo. As glândulas sebáceas secretam lipídios que diminuem o ressecamento da pele e dos pelos.

Na maioria dos casos, a célula que elimina seu produto permanece intacta, mas nas glândulas sebáceas a secreção é formada pela própria célula, que acumula sua secreção, morre e é eliminada. As células remanescentes dividem-se, regenerando a parte eliminada. Por isso, as glândulas sebáceas são chamadas **holócrinas** (*holos* = todo), e as outras, que eliminam apenas a secreção sem provocar a morte da célula, são chamadas **merócrinas** (*meris* = parte).

Biologia e saúde

Acne

Na adolescência, aumenta a produção de hormônios sexuais, que, entre outros efeitos, estimulam o funcionamento das glândulas sebáceas. Por isso, a pele fica mais oleosa nas áreas mais ricas nessas glândulas: rosto e tórax.

Em alguns casos, a gordura produzida obstrui a saída da glândula e forma-se o cravo. Bactérias podem se reproduzir no canal da glândula e provocar inflamação. Surgem as espinhas: é a acne (figura 18.5).

Pessoas com acne devem lavar a pele duas ou três vezes por dia com água fria e sabonete neutro ou para pele oleosa. As espinhas não devem ser espremidas e não se deve usar loções sem orientação médica; nem se deve confiar em tratamentos indicados por pessoas não especializadas, pois podem piorar a inflamação. O melhor a fazer é consultar um dermatologista.

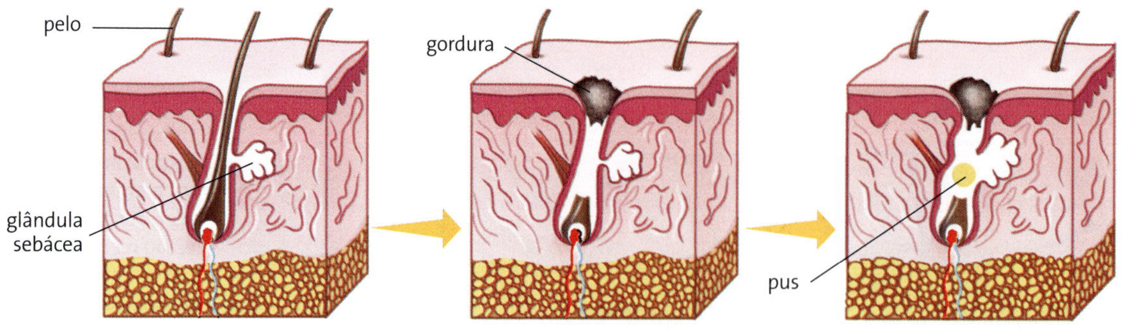

Figura 18.5 Esquema da formação de uma espinha (os elementos da figura não estão na mesma escala; cores fantasia).

Glândulas endócrinas

Quando lança substâncias na corrente sanguínea, a glândula é dita **endócrina** (*endon* = para dentro) ou **de secreção interna**. Nessas glândulas, o cordão de células que realiza a comunicação da glândula com o exterior desaparece e ficam apenas as células mais profundas, que lançam a secreção, chamada **hormônio**, no sangue (figura 18.6). É o caso da hipófise, da glândula tireóidea, das glândulas paratireóideas, das glândulas adrenais e dos testículos e ovários (a função dos hormônios será estudada no volume 2).

Glândulas mistas

Também denominadas **mesócrinas** (*mesos* = meio) ou **anfícrinas** (*amphi* = duplo), as glândulas mistas lançam suas secreções tanto no sangue como em cavidades abertas. O melhor exemplo é o pâncreas, que lança no intestino delgado o suco pancreático e, no sangue, a insulina e o glucagon, hormônios que controlam a taxa de açúcar do sangue.

Ilustrações: Ingeborg Asbach/Arquivo da editora

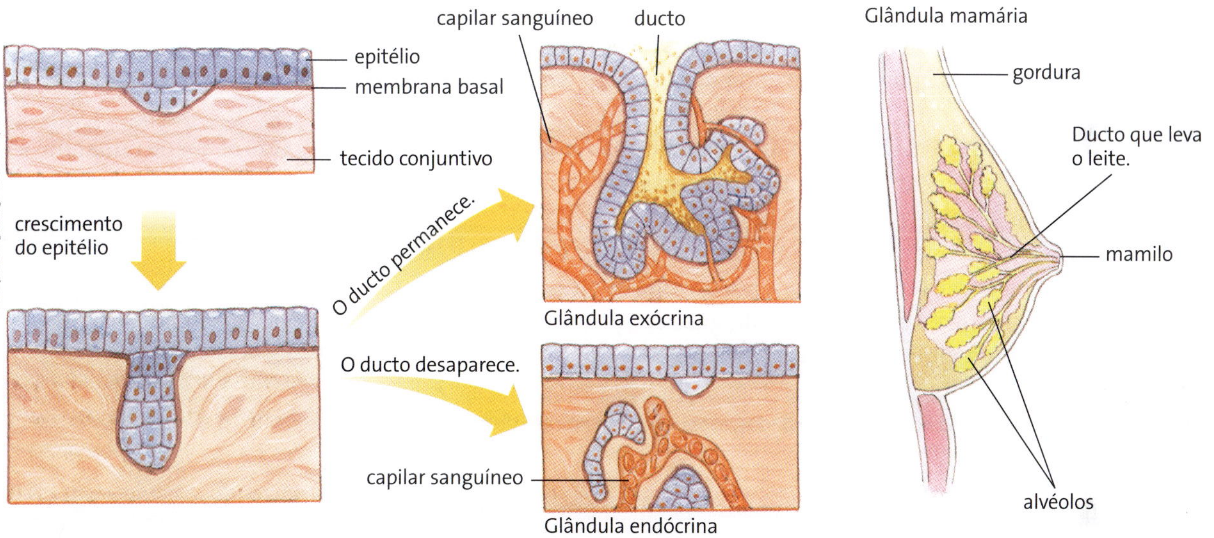

Figura 18.6 Formação de glândulas endócrinas e exócrinas e esquema de glândula mamária (os elementos da figura não estão na mesma escala; as células são microscópicas; cores fantasia).

Biologia e cotidiano

Cabelos brancos e albinismo

O aparecimento dos fios de cabelos brancos (figura 18.7) pode demorar mais ou menos para aparecer, dependendo da pessoa. Mas, geralmente, com o envelhecimento, os cabelos se tornam acinzentados e brancos por causa da morte de células-tronco que dão origem a melanócitos.

Algumas pessoas, chamadas albinas, nunca produzem melanina. Por isso, sua pele e seus cabelos são muito claros. Isso acontece porque essas pessoas possuem uma forma modificada do gene responsável pela produção de melanina. Como consequência, elas ficam menos protegidas contra o sol.

Benjamin Kralj/Shutterstock/Glow Images

Figura 18.7 O músico Gilberto Gil em apresentação em 2010.

Biologia e saúde

Use filtro solar!

Os filtros solares são classificados de acordo com um número chamado Fator de Proteção Solar (FPS). Por exemplo, uma pessoa que utiliza filtro solar com FPS 15 (o índice mínimo que devemos usar) leva 15 vezes mais tempo para ficar com a pele vermelha ou irritada do que se estivesse sem ele.

Quanto mais sensível a pele, maior o fator de proteção necessário. A indicação do filtro solar mais adequado para cada tipo de pele deve ser feita pelo médico, que orientará também quanto ao tempo máximo de exposição ao sol. Esse tempo de exposição varia conforme o tipo de pele e com o fator de proteção utilizado.

Mesmo com filtro solar, é preciso evitar a exposição ao sol no intervalo das 10 horas às 16 horas, aproximadamente, quando a radiação ultravioleta é mais intensa. Além disso, a proteção deve ser complementada pelo uso de chapéu e de óculos escuros confiáveis, que bloqueiam os raios ultravioleta (figura 18.8). A exposição excessiva a esses raios pode causar também problemas nos olhos, como a catarata.

Na embalagem dos filtros solares, costumam aparecer as siglas UVA e UVB. Em Física, aprendemos que elas correspondem a duas faixas de comprimento de onda dos raios ultravioleta. Ambas podem provocar danos à pele.

A exposição ao sol, entre outros fatores, pode provocar a formação de tumores benignos e malignos (chamados carcinomas) nos epitélios. A maioria dos tumores tem cura total, mas alguns, como o melanoma, só podem ser curados em estágios muito iniciais. Por isso, além de evitar a exposição exagerada ao sol e de usar filtro solar, é preciso ir ao médico se notar: feridas que não cicatrizam; sinais com alteração de cor ou tamanho, com sangramento ou bordas mal definidas; verrugas que, com pequenos traumatismos, repetidamente coçam e sangram.

Há ainda vários tipos de verrugas. As verrugas virais, por exemplo, são tumores benignos da epiderme causados por um tipo de vírus, o papilomavírus. Mas é preciso que o médico faça o diagnóstico, já que muitas vezes outros tipos de lesões são confundidas com verrugas.

! ATENÇÃO!

Para mais informações, procure orientação médica.

Figura 18.8 A exposição à luz solar requer cuidados, especialmente no caso de crianças.

Kosmos111/Shutterstock/Glow Images

Atividades

1. Os tecidos epiteliais possuem algumas características em comum. Indique três dessas características.

2. Pesquisas sobre os malefícios do cigarro mostram que entre as diversas consequências negativas do hábito de fumar estão danos aos cílios do tecido epitelial que reveste internamente as vias aéreas do sistema respiratório. Por exemplo, como o cigarro provoca um aumento na viscosidade do muco produzido pelas vias respiratórias, em fumantes ocorre uma drástica redução do movimento desses cílios. Sabendo disso, explique por que as pessoas que fumam estão mais sujeitas a infecções respiratórias do que aquelas que não fumam.

3. Observando uma parte de uma glândula ao microscópio, um estudante observou a presença de um canal e concluiu que essa parte da glândula produzia hormônios. Por que a conclusão do estudante não está correta?

4. Em locais sujeitos a muito atrito, como a sola do pé, a epiderme torna-se mais grossa por causa da produção de uma proteína que, pelo atrito constante, pode formar o calo. Qual é essa proteína?

5. Todos devem usar filtro solar, independentemente da cor da pele. Apesar disso, explique por que as pessoas de pele clara têm maior probabilidade de desenvolver câncer de pele do que pessoas de pele escura.

6. A foto abaixo mostra as mãos de uma pessoa com vitiligo. Essa doença é caracterizada pela presença de manchas brancas na pele e é provocada pela destruição de um tipo de célula. Que célula é essa?

Custom Medical Stock Photo/SPL/Latinstock

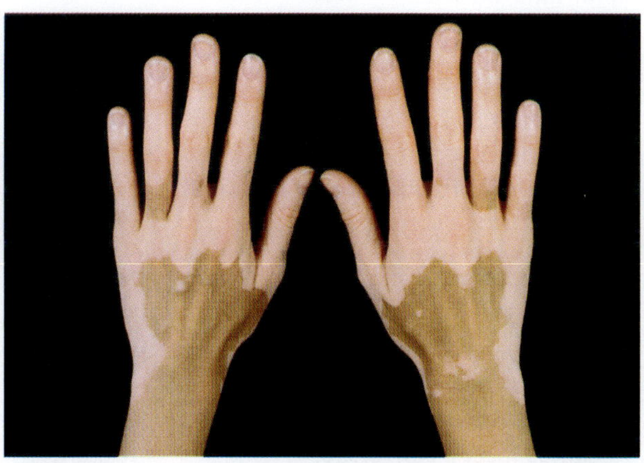

7. Embora os diversos tecidos epiteliais possuam características em comum, cada tipo desse tecido possui características próprias, adaptadas a funções específicas. Indique algumas dessas características nos tecidos citados a seguir e explique como contribuem com suas funções.
   a) epiderme
   b) epitélio do intestino delgado
   c) epitélio das vias respiratórias

8. Indique as afirmativas verdadeiras no caderno.
   a) A melanina protege o corpo contra a perda de água.
   b) A camada de queratina filtra totalmente a radiação ultravioleta.
   c) A cor da pele é definida pela quantidade de melanina.
   d) Unhas e pelos são formados de queratina.
   e) Ao evaporar, a água do suor retira calor da pele, o que ajuda a diminuir a temperatura do corpo.
   f) As glândulas sebáceas ajudam a controlar a temperatura do corpo.

9. A cada dia, milhões de células mortas, cheias de queratina, se desprendem da epiderme — perdemos cerca de 15 gramas de células epiteliais por dia. Então, como a epiderme mantém sempre a mesma espessura?

10. Observe as imagens abaixo e identifique qual o tipo de epitélio observado em cada uma delas.

Carolina Biological/Visuals Unlimited/Corbis/Latinstock

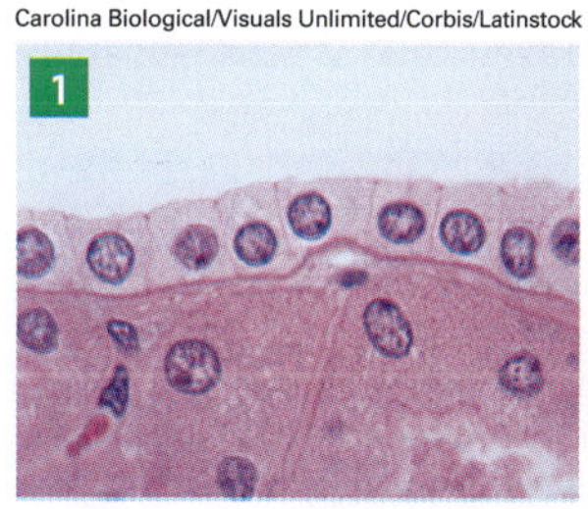

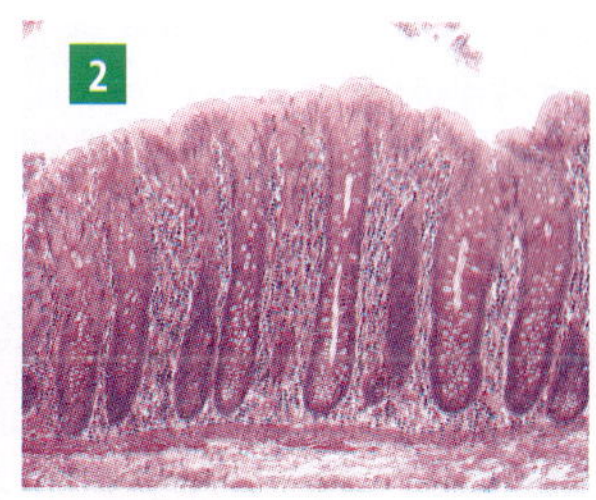

Dr. Gladden Willis/Visuals Unlimited/Corbis/Latinstock

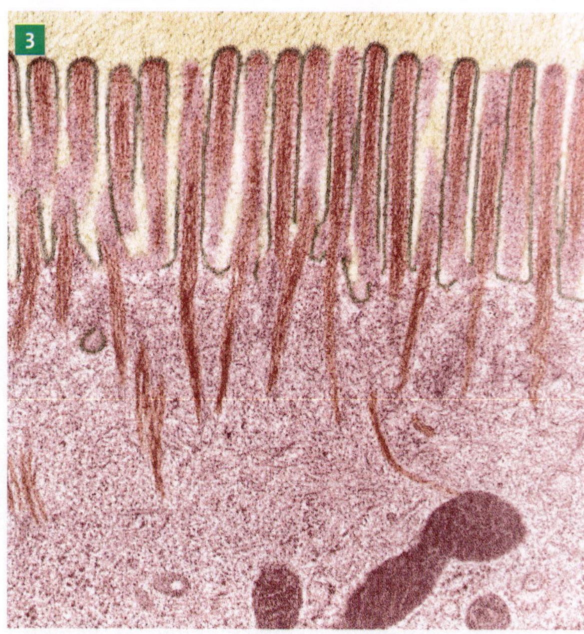

Don W. Fawcett/Photoresearchers/Latinstock

Carolina Biological/Visuals Unlimited/Corbis/Latinstock

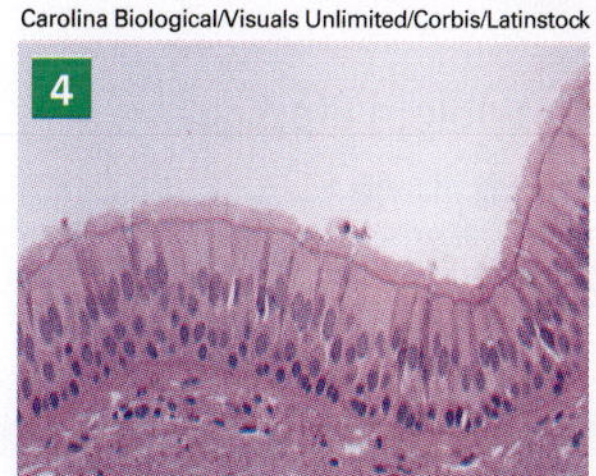

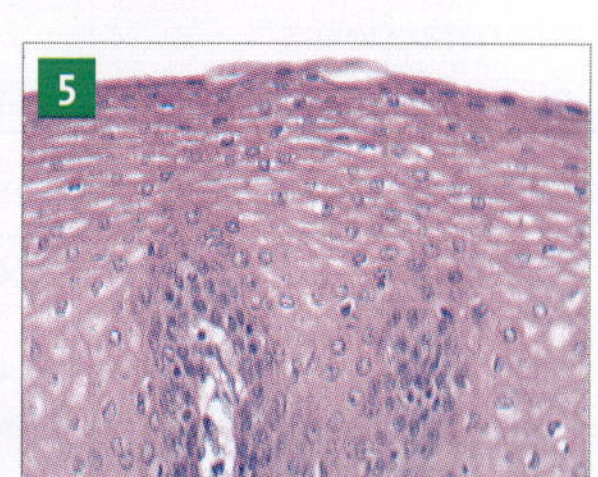

Carolina Biological/Visuals Unlimited/Corbis/Latinstock

Pensando no Enem

Os níveis de irradiância ultravioleta efetiva (IUV) indicam o risco de exposição ao sol para pessoas de pele II – pele de pigmentação clara. O tempo de exposição segura (TES) corresponde ao tempo de exposição aos raios solares sem que ocorram queimaduras de pele. A tabela mostra a correlação entre riscos de exposição, IUV e TES:

Riscos de exposição	IUV	TES (em minutos)
Baixo	0 a 2	Máximo 60
Médio	3 a 5	30 a 60
Alto	6 a 8	20 a 30
Extremo	Acima de 8	Máximo 20

Uma das maneiras de se proteger contra queimaduras provocadas pela radiação ultravioleta é o uso de cremes protetores solares, cujo Fator de Proteção Solar (FPS) é calculado da seguinte maneira:

FPS = TPP/TPD

TPP = tempo de exposição mínima para produção de vermelhidão na pele protegida (em minutos).

TPD = tempo de exposição mínima para a produção de vermelhidão na pele desprotegida (em minutos).

O FPS mínimo que uma pessoa de pele tipo II necessita para evitar queimaduras ao se expor ao sol, considerando TPP o intervalo das 12 às 14 horas, num dia em que a irradiância efetiva é maior que 8, de acordo com os dados fornecidos, é:

a) 5.
b) 6.
c) 8.
d) 10.
e) 20.

Resolução

Esta questão aborda temas de Ciências da Natureza, como qualidade de vida das populações humanas, além de envolver interpretação de texto, análise de dados em uma tabela e um cálculo simples de divisibilidade.

É importante sempre ler com atenção o enunciado da questão, levando em consideração que o texto que precede a tabela e a tabela são, na maioria das vezes, essenciais para a resolução do exercício.

No primeiro texto desta questão obtemos as seguintes informações:

- IUV significa irradiância ultravioleta efetiva;
- Pele II é a pele de pigmentação clara;
- TES significa tempo de exposição ao sol sem que ocorram queimaduras.

Essas informações serão úteis para a interpretação da tabela.

Interpretação da tabela

Na tabela estão contidas as informações dos riscos de exposição em determinada irradiância ultravioleta efetiva (IUV) e o tempo de exposição segura em minutos sem que ocorram queimaduras de pele.

Por exemplo, o risco de exposição é alto se a IUV está entre 6 e 8, então o tempo de exposição sem queimaduras vai de 20 a 30 minutos.

O problema

O exercício começa explicando o que é IUV e TES, demonstrando o que dizem seus valores em uma tabela. Logo em seguida, afirma que o Fator de Proteção Solar (FPS) funciona aumentando o tempo de exposição ao sol sem queimaduras e nos dá uma fórmula para calculá-lo.

Nessa fórmula utilizamos o tempo de exposição mínima que causa vermelhidão com proteção (TPP) e o tempo de exposição mínima que causa vermelhidão sem proteção (TPD). Vale ressaltar que ambos são calculados em minutos.

O exercício pede então para que se descubra qual o FPS mínimo para evitar queimaduras se o TPP será o intervalo das 12h às 14h, e a IUV é de 8.

Para resolvermos a questão, precisamos substituir valores na fórmula, ou seja:

- A fórmula é FPS = TPP/TPD
- Sabemos pelo texto que o TPP é o período das 12h às 14h, ou seja, 2 h de exposição. Para substituirmos na fórmula, precisamos lembrar que esse tempo tem de ser transformado de horas em minutos.

$$2 \times 60 = 120 \text{ minutos}$$

- Já para obter o TPD, precisamos consultar na tabela quando a IUV é 8. Cruzando essas informações, obtemos um risco de exposição alto, e o TPD mínimo é de 20 minutos de exposição para formar vermelhidão. Neste caso, o tempo já está em minutos e não precisamos fazer a conversão.
- Substituindo temos:

$$FPS = TPP/TPD$$
$$FPS = 120/20$$
$$FPS = 6$$

Dessa forma, o fator de proteção solar mínimo para duas horas de exposição sem vermelhidão é de 6 quando a IUV é de 8.

Resposta: **B**.

Vestibulares de Norte a Sul

1. **SE** (Uerj) A camada de queratina da pele representa um grande fator de proteção para o homem. Entre as alternativas abaixo, aquela que justifica essa afirmativa é:

   a) A camada de queratina filtra totalmente a radiação ultravioleta.
   b) A camada de queratina do epitélio intestinal impede a fixação de parasitas.
   c) A camada de queratina atua como primeira barreira na pele, evitando a perda excessiva de água.
   d) A camada de queratina situada profundamente na pele facilita o transporte de água através da sudorese.

2. **SE** (Unirio-RJ) O esquema abaixo representa os cortes transversais de uma glândula exócrina e de outra endócrina:

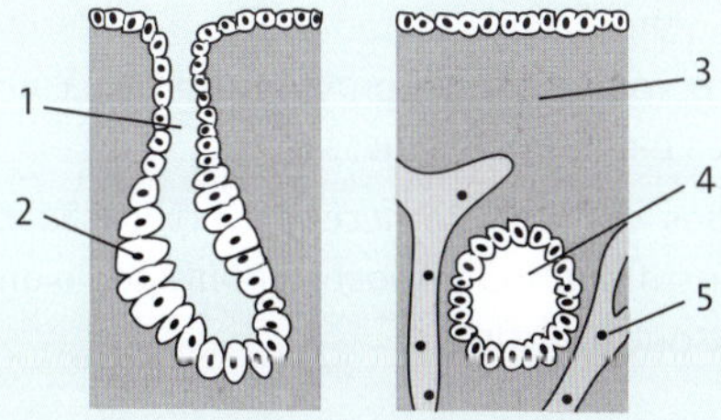

   Assinale a alternativa cuja numeração indica o duto e o capilar sanguíneo, respectivamente:

   a) 2-3.
   b) 1-4.
   c) 1-5.
   d) 3-4.
   e) 2-5.

3. **SE** (UFTM-MG) O esquema representa a superfície livre de uma célula epitelial com inúmeras microvilosidades que contribuem para o aumento da área superficial e, consequentemente, da área de absorção.

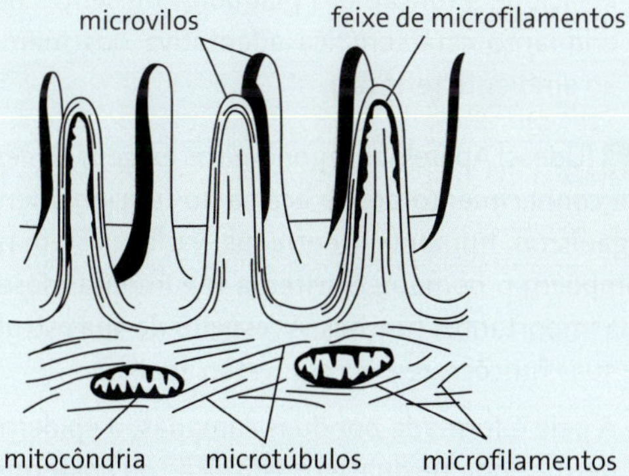

   Células desse tipo encontram-se no epitélio que:

   a) forma as glândulas sebáceas.
   b) forma as glândulas sudoríparas.
   c) reveste a cavidade intestinal.
   d) reveste a cavidade da traqueia.
   e) forma a pele.

4. **S** (UEM-PR) Sobre os tecidos epiteliais, é correto afirmar que:

   01) o tecido epitelial glandular é formado por agrupamento de células especializadas na produção de secreção.
   02) o tecido epitelial de revestimento é classificado de acordo com o número de camadas e com a morfologia de suas células.
   04) os tecidos epiteliais são vascularizados na epiderme e no intestino.
   08) o tecido epitelial se origina, embriologicamente, da ectoderme.
   16) no intestino é encontrado o tecido epitelial do tipo pseudoestratificado ciliado.

5. **S** (UFSC) Tecido epitelial, ou simplesmente epitélio, é aquele que reveste todas as superfícies internas ou externas do corpo, além de formar as glândulas. Com relação a esse tecido, é **correto** afirmar que:

   01) os epitélios de revestimento caracterizam-se por apresentar células justapostas, de forma prismática, cúbica ou achatada, praticamente sem material intercelular.
   02) os epitélios de revestimento não são vascularizados, recebendo alimento por difusão a partir de capilares existentes no tecido conjuntivo sobre o qual repousa.
   04) os epitélios de revestimento conferem proteção contra atritos e invasão de microrganismos, servindo também para a absorção de alimento e oxigênio.
   08) os epitélios glandulares apresentam células especializadas em produzir secreções e, no caso das glândulas endócrinas, apresentam ductos por onde seus produtos são eliminados para o exterior do corpo.
   16) a epiderme humana é pluriestratificada e queratinizada e apresenta-se bastante espessa nas áreas de muito atrito, como a sola dos pés.
   32) as células do epitélio intestinal apresentam cílios que auxiliam no movimento e deslocamento das substâncias que transitam pelo intestino.
   64) nas células do epitélio intestinal existe o complexo unitivo, constituído pela zônula de oclusão, zônula de adesão e desmossomo, que funciona como eficiente barreira à passagem de substâncias indesejáveis.

6. **SE** (Cesgranrio-RJ) Quando um epitélio se apresenta constituído por uma única camada de células, de formato cilíndrico, está bem adaptado à função de:

   a) armazenamento.
   b) absorção.
   c) transporte.
   d) sustentação.
   e) revestimento externo.

7. **S** (UFSC) Os tecidos epiteliais são encontrados em uma variedade de organismos animais ou vegetais desempenhando diferentes funções. Com relação a este tecido, assinale a(s) proposição(ões) **correta(s)**.

01) Alguns epitélios são responsáveis pela produção de secreções como a adrenalina, a tiroxina e o leite.

02) Os tecidos epiteliais têm como principal característica o fato de serem uniestratificados.

04) As microvilosidades são especializações presentes no epitélio dos alvéolos e têm como principal função aumentar a capacidade de trocas gasosas (hematose).

08) A pele é o melhor exemplo de tecido epitelial de revestimento.

16) O epitélio de revestimento das folhas é o principal responsável pela fotossíntese.

32) Os epitélios dos animais caracterizam-se por possuírem muita substância intercelular e ausência de junções celulares.

64) Todos os tecidos epiteliais são originados a partir da mesoderme na embriogênese.

8. **S** (UEM-PR) No verão, muitas pessoas apreciam ficar se bronzeando ao sol, nas praias ou piscinas, por acharem que um bom bronzeado é sinal de bem-estar e de vitalidade. Mas não é bem assim. A radiação solar pode trazer sérias consequências para o corpo, como queimaduras e até câncer de pele. Sobre isso, assinale a(s) alternativa(s) correta(s).

01) A radiação ultravioleta é capaz de alterar a molécula de DNA, levando ao desenvolvimento do câncer de pele.

02) A destruição da camada de ozônio aumenta a incidência de radiação ultravioleta sobre a superfície da Terra.

04) Os agentes mutagênicos, físicos ou químicos, podem elevar a incidência das mutações.

08) Mutações provocadas pela radiação solar fazem com que o organismo adquira resistência a esse tipo de radiação.

16) Parte da radiação solar que chega à Terra é refletida pelas nuvens e pela superfície terrestre; outra parte é absorvida pelo solo e reirradiada para a atmosfera na forma de calor. Esse fenômeno natural é denominado inversão térmica.

9. **NE** (IFCE) O *Demodex folliculorum* é um ácaro que habita os folículos pilosos dos seres humanos, alimentando-se de pele e sebo. Algumas pessoas podem ter reações alérgicas a esse animal e desenvolver a acne. A bactéria *Propionebacterium acnes* é um ser vivo oportunista e prolifera na pele, causando inflamação.

As glândulas envolvidas nesse processo infeccioso são chamadas de:

a) sebáceas e exócrinas.
b) sudoríparas e endócrinas.
c) sebáceas e endócrinas.
d) sudoríparas e exócrinas.
e) mistas e exócrinas.

10. **SE** (Fuvest-SP) O tecido epitelial, como regra, não tem vasos sanguíneos. Como suas células são nutridas e oxigenadas?

11. **SE** (Unirio-RJ) Dois surfistas, após uma hora dentro da água, perceberam a pele enrugada nas pontas dos dedos e na sola dos pés. Cada um deu uma explicação para o fato:

Explicação do surfista 1: Nosso corpo, com menor concentração de soluto do que a água do mar, sofre desidratação por osmose, enrugando a pele.

Explicação do surfista 2: Lentamente ocorre a hidratação da queratina depositada sobre a epiderme, aumentando o volume dessa proteína fibrosa, causando dobras nas partes mais espessas.

Qual dos surfistas forneceu a explicação correta do fato? Justifique sua resposta, apontando o erro cometido pelo outro surfista.

12. **S** (UFPR) Sabendo que as glândulas são um tipo de tecido epitelial, explique a diferença na formação de uma glândula exócrina e de uma endócrina.

13. **CO** (UEG-GO) A pele é um órgão importante na manutenção do metabolismo basal nos mamíferos e apresenta uma complexidade em células especializadas e de diferentes tipos de tecidos. A respeito do assunto, responda ao que se pede.

a) Quais os tecidos constituintes desse órgão?
b) Relacione a função das glândulas presentes na pele enquanto característica adaptativa dos mamíferos ao ambiente terrestre.

14. **S** (Udesc) Aparelhos ergonômicos exigem do *designer* um conhecimento prévio acerca do funcionamento do organismo humano. Dentre os vários sistemas que compõem o homem, o sistema tegumentar desempenha importantes funções. A respeito da sua estrutura e de suas funções, resolva a questão abaixo.

a) A pele é formada por duas camadas: a epiderme e a derme. Indique qual a constituição da **epiderme** e relacione com sua(s) função(ões).
b) Cite três anexos do sistema tegumentar e descreva sua(s) função(ões).

CAPÍTULO

19 Tecidos conjuntivos

Scientifica/Visuals Unlimited/Getty Images

Lâmina de cartilagem elástica vista em microscopia de luz.

↘ *Quais são os tecidos que dão sustentação ao corpo?*

↘ *Por que precisamos ter gordura em nosso corpo?*

↘ *O que acontece quando a pele sofre ferimentos?*

↘ *Você já quebrou algum osso? Como os ossos se recuperam de fraturas?*

1 Características gerais

Os tecidos conjuntivos formam-se do **mesênquima** (*mesos* = meio; *egchyma* = infusão), um tecido embrionário originado da mesoderme e formado por um grupo de células (**células mesenquimatosas**) imersas em uma substância viscosa. Todos apresentam grande quantidade de substância intercelular (matriz extracelular), formada por proteínas fibrosas (fibras), que ficam imersas na **substância fundamental**, também chamada **substância fundamental amorfa**.

Podemos dividi-los em:

- tecido conjuntivo propriamente dito, que pode ser frouxo ou denso;
- tecido adiposo;
- tecido cartilaginoso;
- tecido ósseo;
- tecido hematopoético.

O tecido hematopoético será estudado no próximo capítulo, quando veremos o sangue e a linfa, que podem ser considerados tipos especiais de tecido conjuntivo, em que a substância intercelular é líquida.

2 Tecido conjuntivo propriamente dito

A função desse tecido é sustentar e nutrir tecidos que não possuem vascularização, como o epitelial. É encontrado abaixo do epitélio e em volta dos órgãos, servindo para o acolchoamento, preenchendo espaços e fazendo a ligação entre dois tecidos diferentes.

A substância fundamental é um gel formado por polissacarídeos com nitrogênio, chamados mucopolissacarídeos ou glicosaminoglicanos, como o ácido hialurônico, e proteínas ligadas a glicídios, no qual estão imersos três tipos de fibras:

- **colágenas** – feitas de um tipo de colágeno, proteína muito resistente à tração (figura 19.1);

Ingeborg Asbach/Arquivo da editora

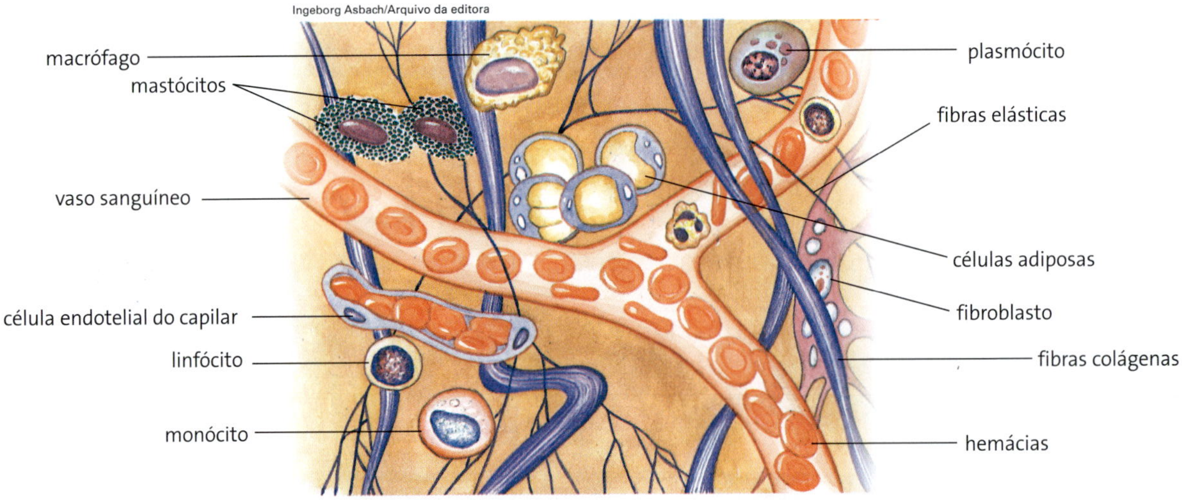

Figura 19.1 Tecido conjuntivo propriamente dito frouxo. (Os elementos ilustrados não estão na mesma escala; as células, fibras e capilares são microscópicos; cores fantasia.)

- **elásticas** – feitas de elastina, glicoproteína que cede à tração, mas retorna à forma original (figura 19.1);
- **reticulares** – feitas de um tipo de colágeno associado à glicoproteína, formando uma rede de sustentação em alguns órgãos, como o baço e a medula óssea.

De acordo com a quantidade de fibras, esse tecido pode ser classificado em:

- **frouxo**, com poucas fibras; é delicado e flexível e está espalhado por todo o corpo, preenchendo espaços e servindo de apoio aos epitélios, sustentando os órgãos (figura 19.1);
- **denso**, mais resistente por causa da maior concentração de fibras; é encontrado: na derme, formando cápsulas em órgãos como o fígado e o baço; nos ligamentos, ligando os ossos entre si; nos tendões, ligando o músculo ao osso (figura 19.2).

As fibras dos tendões e dos ligamentos estão arrumadas paralelamente ao sentido da tração do músculo, o que confere grande resistência ao tecido. Por isso, dizemos que o tendão é um tecido conjuntivo denso **modelado**. Na derme, as fibras estão dispostas de maneira desordenada, formando um tecido conjuntivo denso **não modelado**.

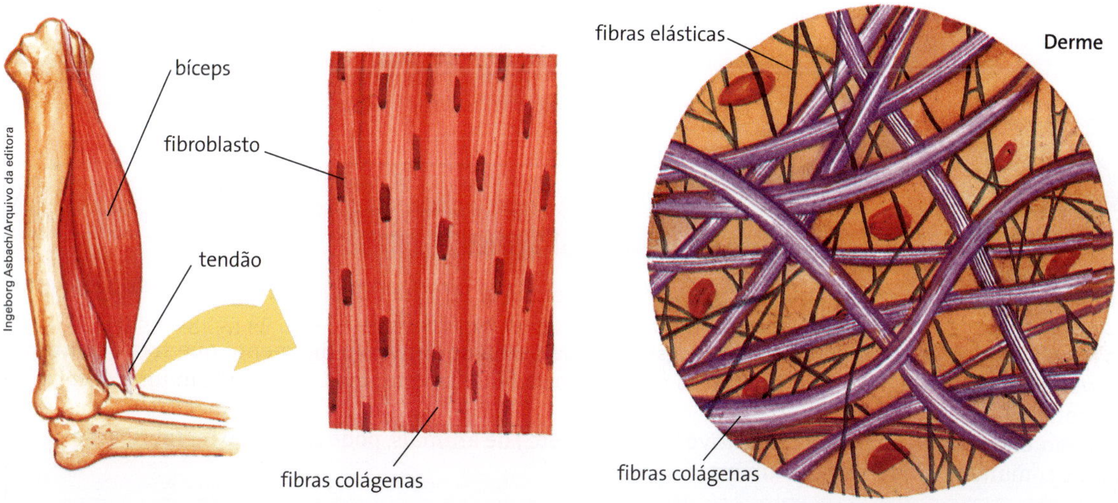

Figura 19.2 Tecido conjuntivo denso: tendão e derme (os elementos ilustrados não estão na mesma escala; cores fantasia.)

Biologia e cotidiano

O tendão de aquiles

De acordo com a mitologia grega, o grande guerreiro grego Aquiles, que aparece no poema "Ilíada", de Homero, era praticamente imbatível durante as lutas. Segundo a lenda, para torná-lo invulnerável, Tétis, sua mãe, mergulhou-o no rio Estige, mas, como ficou segurando-o pelos calcanhares, essa região ficou desprotegida. Esse era o único ponto fraco de seu corpo. E, na luta contra os troianos, Aquiles foi ferido justamente nessa parte do corpo e posto fora de combate.

Por isso o tendão calcâneo, formado por tecido conjuntivo, é conhecido como tendão de aquiles. Vem também daí a expressão "calcanhar de aquiles", o ponto fraco de uma pessoa.

Tendão é um tecido que liga o músculo ao osso. O tendão de aquiles é o mais resistente do nosso corpo, mas é também bastante suscetível a inflamações.

Células do tecido conjuntivo

A substância intercelular do tecido conjuntivo é fabricada pelos **fibroblastos** (*blastós* = broto, gérmen), que atuam na regeneração do tecido. Veja a figura 19.2.

No tecido conjuntivo que fica sob o epitélio há **macrófagos** (*makrós* = grande; *phagein* = comer) – células de defesa que fagocitam microrganismos, restos de células e partículas inertes que invadem o organismo – e **plasmócitos** ou **células plasmáticas** – responsáveis pela produção de anticorpos, proteínas que atacam os germes invasores. Os plasmócitos são formados a partir de **linfócitos**, glóbulos brancos que saem do sangue e invadem o tecido conjuntivo. Essa saída é facilitada pelos **mastócitos** (*mast* = engorda), células que fabricam **histamina** (substância que dilata os vasos), e pela **heparina** (substância anticoagulante que evita coagulações inoportunas e remove o excesso de gordura do sangue).

Quando há um corte na pele, os fibroblastos migram para a região danificada e produzem muitas fibras colágenas, promovendo o fechamento do corte.

A epiderme também começa a crescer por cima das fibras colágenas, mas se a lesão for grande as células epiteliais não conseguem cobrir totalmente a área, deixando aparecer um pouco de colágeno. É esse colágeno que forma a cicatriz.

Em algumas pessoas, durante a cicatrização pode haver um acúmulo de colágeno, formando uma elevação chamada **queloide**.

Biologia e saúde

Vitamina C e colágeno

A vitamina C (ácido ascórbico) atua na síntese do colágeno. Por isso, na falta dessa vitamina, esses tecidos ficam fracos e podem ocorrer sangramentos ou hemorragias na pele (figura 19.3), na gengiva e nas articulações (o colágeno envolve também os capilares), além da perda de dentes (o ligamento que fixa o dente no osso alveolar contém colágeno). Esses sintomas causados pela falta de vitamina C caracterizam uma doença conhecida como escorbuto.

O colágeno, encontrado no tecido conjuntivo (osso, pele, etc.) de animais, pode ser usado na fabricação de gelatinas e é comum na alimentação humana.

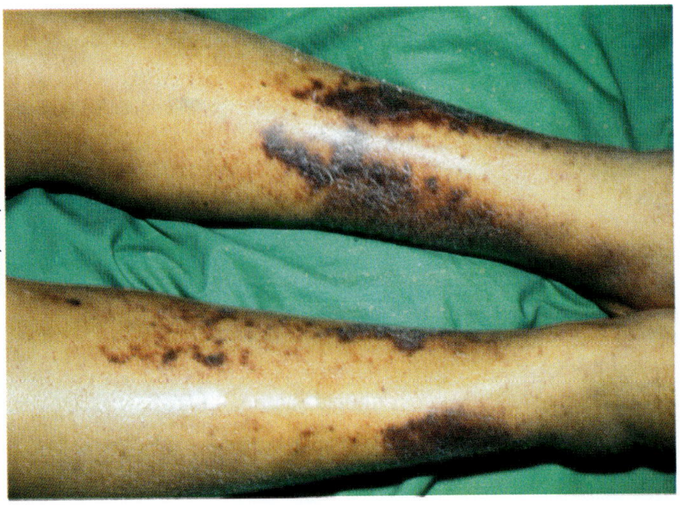

St. Mary's Hospital Medical School/SPL/Latinstock

Figura 19.3 Problemas de pele causados por escorbuto.

3 Tecido conjuntivo adiposo

É um tecido conjuntivo muito rico em células que acumulam gordura, as **células adiposas** ou **adipócitos** (figura 19.4). Esse tecido funciona como reserva de energia e proteção contra o frio. Além disso, envolve diversos órgãos, protegendo-os contra traumatismos durante os movimentos do corpo. Aparece ainda na cavidade de alguns ossos (medula óssea) e forma uma camada sob a pele, a **tela subcutânea** ou **hipoderme**.

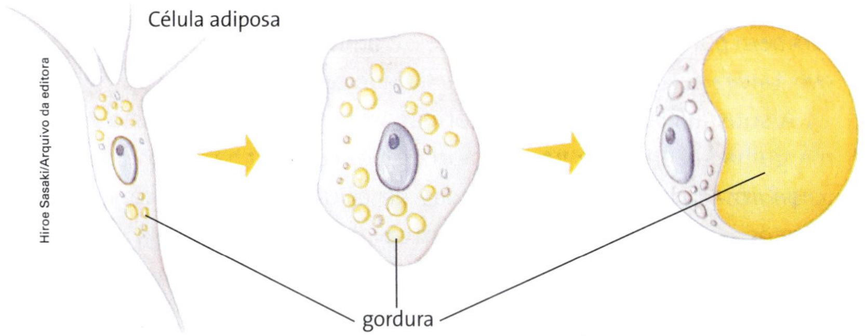

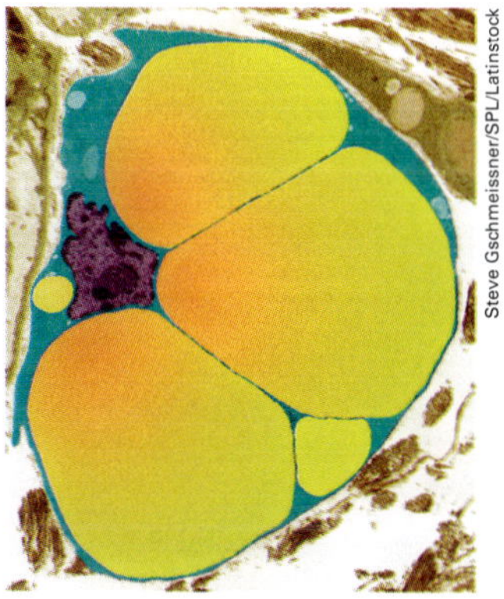

Figura 19.4 Acúmulo de gordura nas células adiposas (as células são microscópicas; cores fantasia). A quantidade de gordura em cada célula diminui ou aumenta conforme a pessoa emagrece ou engorda. Na foto, célula adiposa ao microscópio eletrônico (aumento de cerca de 2700 vezes; imagem colorizada por computador).

Biologia e saúde

Excesso de tecido adiposo

O tecido adiposo exerce várias funções no organismo, entre elas a produção de leptina, um hormônio envolvido, entre outras funções, no controle do apetite. O excesso de tecido adiposo pode chegar a um nível que caracteriza a obesidade. Essa doença aumenta os níveis de leptina, além de causar outros problemas sérios de saúde. Há vários tratamentos para a obesidade, que devem ser feitos com orientação médica.

O excesso de tecido adiposo, ainda que não atinja os níveis de obesidade, preocupa muitas pessoas por razões estéticas. Muitas delas se submetem a um tipo de cirurgia conhecido como lipoaspiração. Esse procedimento retira parte da gordura que se encontra sob a derme, mas não é uma cirurgia para perder peso nem um tratamento para a obesidade, porque são retirados apenas acúmulos de gordura localizada em determinadas regiões do corpo.

Celulite e rugas

A celulite é o nome popular de uma alteração do tecido adiposo. Ocorre na hipoderme, a camada mais profunda da pele. Ela aparece principalmente em mulheres, nas regiões do corpo onde há mais gordura acumulada, como abdome, quadril, coxas e nádegas. Daí o seu nome oficial: lipodistrofia ginoide (do grego *gino*, que significa 'mulher').

Há o aumento do volume das células adiposas e uma compressão das veias e dos vasos linfáticos, que drenam o excesso de líquido proveniente do sangue. Com isso, a circulação fica prejudicada e desenvolve-se um edema (inchaço) no local. As fibras que formam o tecido conjuntivo da derme são repuxadas e aparecem irregularidades na pele, que fica com aspecto semelhante ao de uma casca de laranja.

A celulite, além de ser agravada por fatores hereditários, pode surgir por causa de sedentarismo, obesidade, consumo de álcool ou cigarro e problemas hormonais.

É importante manter o peso sob controle, praticar atividades físicas, ter uma alimentação saudável, rica em legumes, verduras e frutas, e beber bastante líquido, pois esses cuidados podem auxiliar na prevenção do problema. Alguns tratamentos podem ajudar, desde que orientados por um dermatologista (no mercado, existem muitos produtos que não funcionam).

Já as rugas são causadas pela destruição das fibras da derme, provocada pela exposição excessiva ao sol, que acelera o envelhecimento da pele. O fumo provoca o mesmo efeito. Além disso, fatores hereditários e o próprio avanço da idade também contribuem para agravar esse problema.

4 Tecido conjuntivo cartilaginoso

Além de fibras colágenas e elásticas, o **tecido cartilaginoso** (ou **cartilagem**) possui glicídios e glicoproteínas, que lhe dão consistência firme e flexível, tornando-o capaz de sustentar diversas partes do corpo e permitindo certa flexibilidade de movimento. É encontrado na orelha, no nariz, na traqueia, nos discos intervertebrais (entre as vértebras), nos brônquios e também nas articulações (onde dois ossos móveis se tocam), cobrindo a superfície dos ossos e diminuindo o atrito entre eles, o que é garantido também por um líquido lubrificante – o **líquido sinovial** (*syn* = união; *ovu* = ovo, talvez pela comparação desse líquido com a clara de ovo).

A substância intercelular é formada por fibras (colágenas e elásticas) mergulhadas em uma parte amorfa e por células chamadas **condrócitos** (*chondros* = cartilagem), originadas de células jovens, os condroblastos (*blastós* = embrionário), e alojadas em cavidades (lacunas). Veja a figura 19.5.

O tecido cartilaginoso é formado de células mesenquimais que se transformam em células cartilaginosas jovens, os **condroblastos**. Estas se tornam adultas (condrócitos) e ficam alojadas em cavidades (lacunas), regiões quase sem fibras formadas apenas por substância amorfa.

O mesênquima que se encontra ao redor da cartilagem transforma-se em um tecido conjuntivo denso chamado **pericôndrio** (*peri* = ao redor).

Como no interior da maioria das cartilagens não há vasos sanguíneos nem nervos, é a partir dos vasos do pericôndrio que, por difusão, as células cartilaginosas recebem alimento. Além disso, o pericôndrio possui uma camada de células mesenquimais que podem se transformar em condroblastos, promovendo o crescimento da cartilagem. Esse crescimento ocorre também por divisão dos condrócitos no centro da cartilagem.

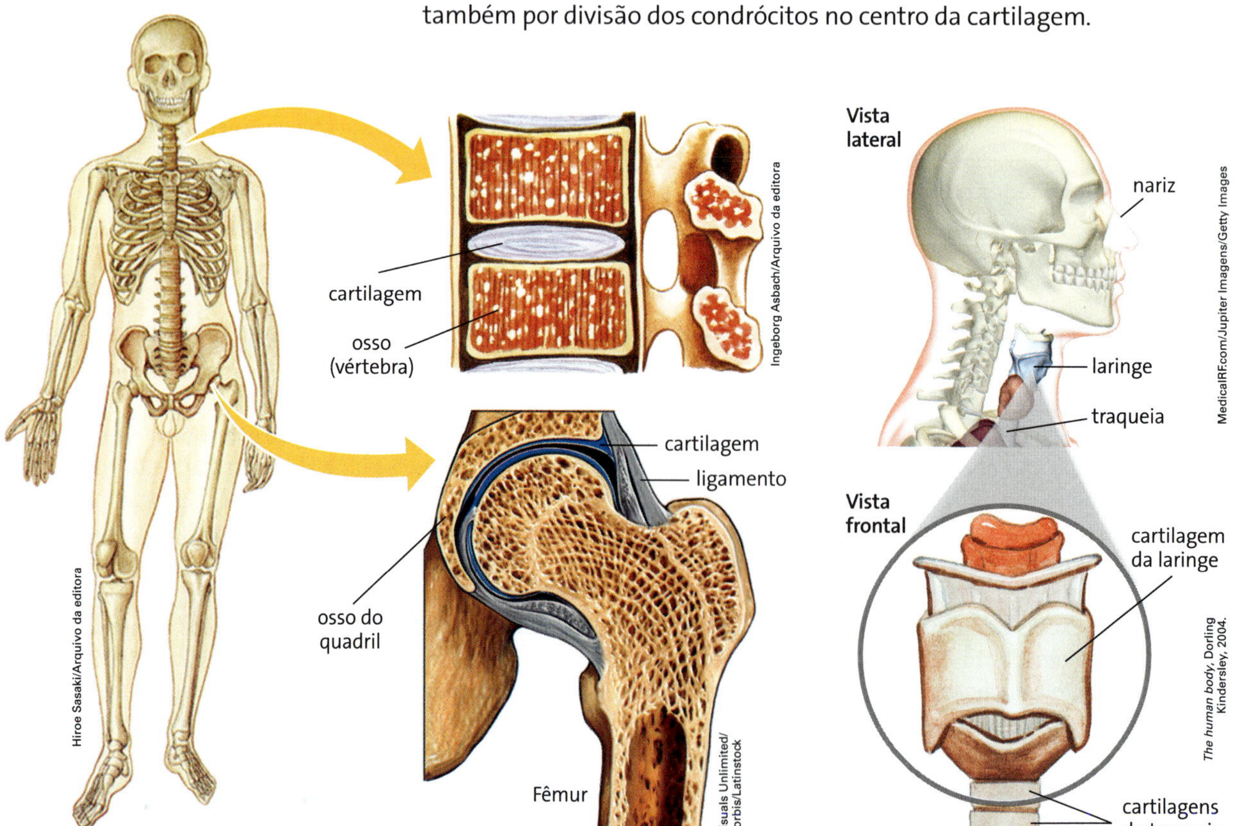

Figura 19.5 O tecido cartilaginoso é encontrado em locais em que sustentação e flexibilidade são necessárias. (Os elementos ilustrados não estão na mesma escala; cores fantasia.)

Tipos de cartilagem

De acordo com a quantidade e o tipo de fibra que apresenta, a cartilagem pode ser:

- **hialina** – possui quantidade moderada de fibras colágenas e é a mais comum no corpo. Encontra-se na parede das fossas nasais, na traqueia, nos brônquios, nas superfícies articulares dos ossos longos (facilitando o deslizamento no contato entre os ossos) e na ligação das costelas ao osso esterno. Quase todo o esqueleto do embrião é formado inicialmente por cartilagem hialina; com o desenvolvimento embrionário, a maior parte dessa cartilagem é substituída por tecido ósseo.
- **elástica** – além de fibras colágenas, possui grande quantidade de fibras elásticas e está presente no pavilhão auditivo (orelha externa), na laringe e na epiglote (válvula que tampa a traqueia quando engolimos, impedindo que o alimento obstrua a passagem do ar).
- **fibrosa** (fibrocartilagem) – rica em fibras colágenas, que ocupam quase toda a substância intercelular, lembrando o tecido conjuntivo denso. É encontrada entre as vértebras, formando os discos intervertebrais. Além de amortecer os impactos a que as vértebras são submetidas durante os movimentos do corpo, esses discos contribuem para a flexibilidade da coluna. A hérnia de disco (figura 19.6) é formada quando há uma lesão no disco intervertebral, que se achata e se desloca de sua posição normal, podendo pressionar um nervo e provocar dor. A parte central e gelatinosa do disco pode se projetar para fora (figura 19.6).

Figura 19.6 Ilustração da formação de uma hérnia de disco (em roxo; cores fantasia) e imagem de ressonância magnética de uma hérnia na região lombar da coluna (nessa região, os discos têm cerca de 25 mm a 40 mm de largura).

John Bavosi/SPL/Latinstock

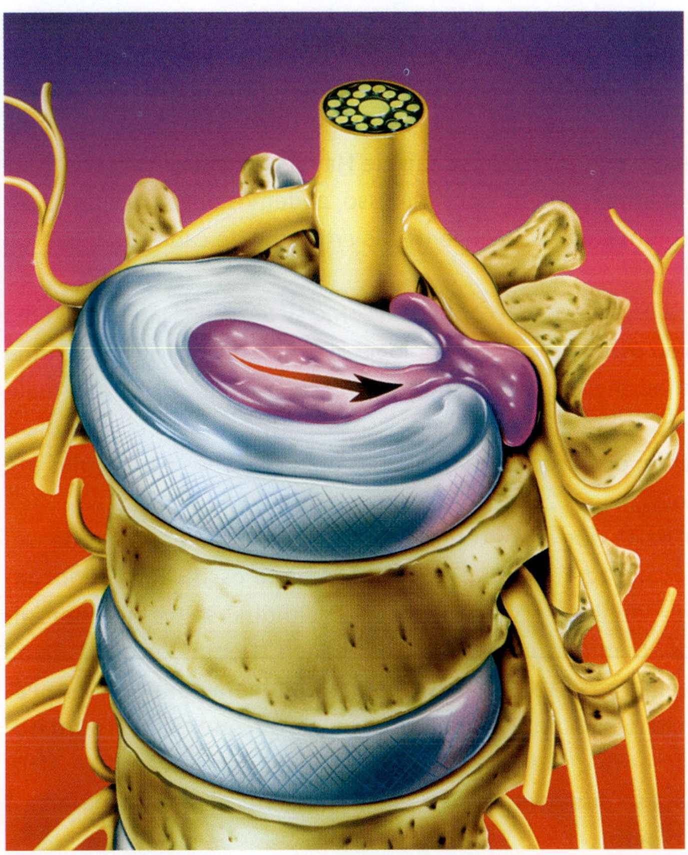

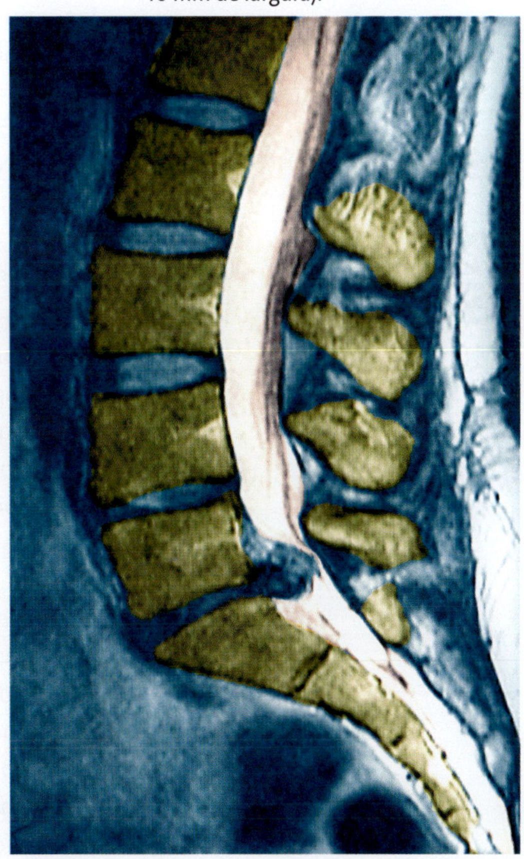

Zephyr/SPL/Latinstock

5 Tecido conjuntivo ósseo

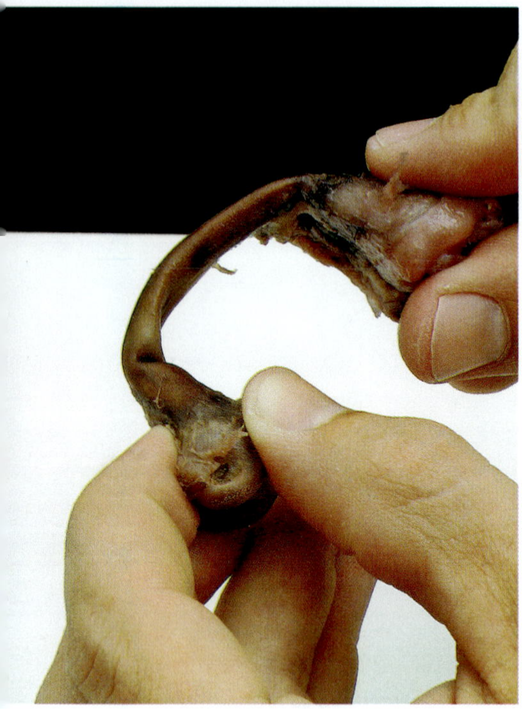

Figura 19.7 Osso de galinha do qual foram removidos os sais minerais. Sem o fosfato de cálcio, o osso se torna flexível.

Além de atuar na sustentação do corpo, o osso é importante nos movimentos, servindo de ponto de apoio para os músculos e protegendo órgãos vitais, como o sistema nervoso e os pulmões. No interior de vários ossos existe a **medula óssea**, comumente chamada **tutano**. A medula óssea é um tecido mole responsável pela produção das células do sangue. Ela funciona também como reserva de cálcio do organismo (o cálcio pode ser retirado do osso e lançado no sangue).

O tecido ósseo é bem mais rígido que a cartilagem. Essa característica é devida à sua substância intercelular que possui, além da parte orgânica, formada por fibras colágenas e glicoproteínas, uma parte inorgânica. A parte inorgânica é composta de sais, principalmente fosfato de cálcio, que são responsáveis pela rigidez do tecido ósseo. O fosfato de cálcio está na forma de um cristal, cujo nome é hidroxiapatita. Esse cristal vem sendo pesquisado para aplicação de enxertos nas cirurgias ortopédicas.

Portanto, pode-se dizer que sem as fibras colágenas, os ossos poderiam rachar com o próprio peso do corpo. Já sem os sais de cálcio, os ossos seriam flexíveis demais, como a borracha, e não dariam sustentação ao corpo (figura 19.7).

Organização do osso

No tecido ósseo, alojadas nas lacunas, existem células vivas – os **osteócitos** (*osteon* = osso; *kytos* = célula) –, que se formam a partir de células ósseas jovens, os **osteoblastos** (*blastós* = broto). Estes possuem finos prolongamentos de citoplasma que se ligam entre si. Desse modo, quando os osteoblastos secretam o depósito da substância intercelular, surgem na matriz óssea pequenos canais que se comunicam entre si. Através desses canalículos, as células ósseas comunicam-se com canais por onde passam vasos sanguíneos: os **canais de Havers** ou **canais centrais** (pela terminologia atual). Em um corte de osso, podemos observar que os osteócitos formam camadas concêntricas em torno de cada canal central (figura 19.8).

Toda essa organização – conhecida como **sistema de Havers**, **sistema harvesiano** ou **ósteon** (pela terminologia atual – o nome "Havers" é uma homenagen ao médico britânico Clopton Havers (1657-1702), que realizou pesquisas sobre a estrutura do osso) – permite que o alimento e o oxigênio saiam dos vasos sanguíneos e cheguem pelos canalículos até os osteócitos.

A maior parte dos ossos longos e curtos é formada a partir de um "molde" de cartilagem. Esse processo, chamado **ossificação endocondral** (*endon* = dentro), ocorre no embrião, no qual se formam inicialmente ossos em miniatura, feitos de cartilagem. Depois, há depósito de fosfato de cálcio na matriz da cartilagem, tornando-a dura e impermeável. Como não existe uma rede de canalículos, os condrócitos ficam isolados do alimento e morrem. Com isso, cessa a renovação da matriz, que começa a se dissolver. Sobre essa cartilagem calcificada e morta é construído o osso.

Quando o indivíduo nasce, o "molde" de cartilagem já foi quase todo substituído por tecido ósseo. Mas, perto das extremidades dos ossos longos, persiste uma região cartilaginosa – o **disco epifisário** ou **de conjugação** –, que permite o crescimento longitudinal dos ossos. A parte central dos ossos longos é chamada **diáfise** (*diaphysis* = separação), enquanto as **epífises** (*epi* = sobre; *physis* = natureza) são as extremidades. Até o fim da adolescência, essa cartilagem é inteiramente substituída por osso, e o indivíduo para de crescer.

O crescimento em espessura dos ossos e a reposição em caso de fratura se fazem a partir do **periósteo** e do **endósteo** (que reveste a cavidade do osso), que originam novos osteoblastos.

Ao mesmo tempo, células especiais – os **osteoclastos** (*osteon* = osso; *klastos* = quebrar, destruir) – secretam ácidos que dissolvem os sais de cálcio, e uma enzima, a **colagenase**, que digere o colágeno.

Assim, os osteoclastos desfazem a parte interna do osso, aumentando a cavidade onde a medula se encontra. Eles colaboram também para o equilíbrio do cálcio no corpo. Se a taxa de cálcio no sangue diminui, os osteoclastos são ativados por um hormônio das glândulas paratireóideas, retirando cálcio do osso e lançando-o no sangue.

Figura 19.8 Estrutura do osso (os elementos da ilustração não estão na mesma escala; cores fantasia). No interior de alguns ossos há uma cavidade onde se localiza a medula óssea.

Tecido conjuntivo ósseo

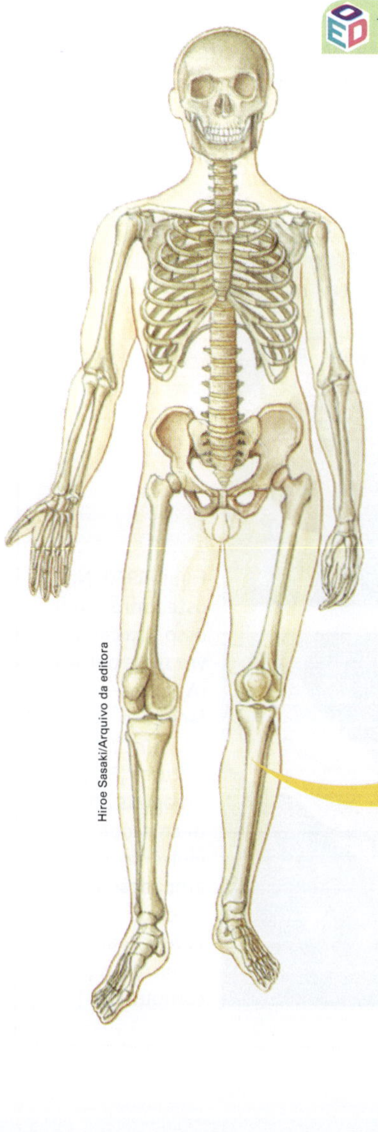

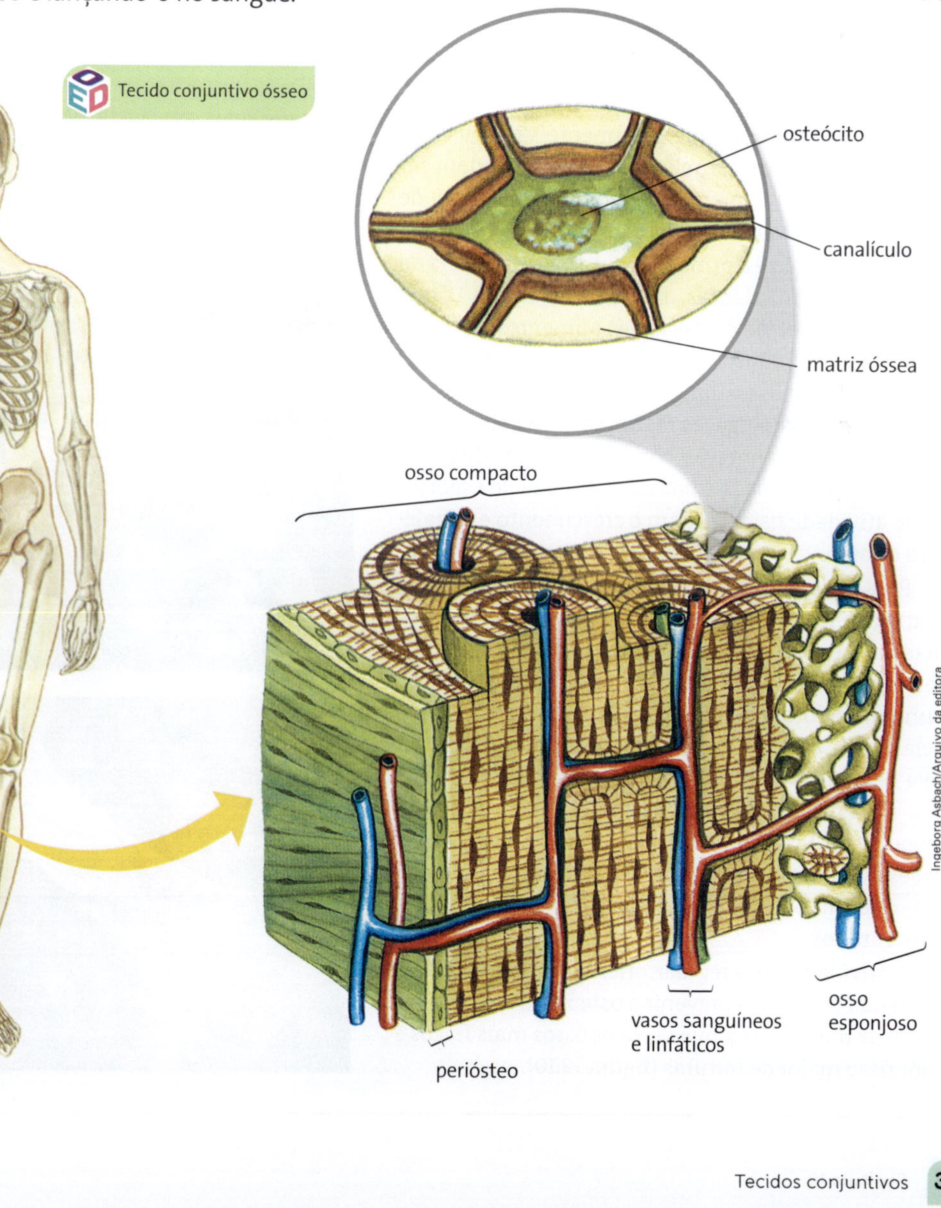

Biologia e saúde

Fraturas e outros problemas nos ossos

Quando um osso quebra, dizemos que ocorreu uma fratura (figura 19.9). No local da fratura ocorre hemorragia, por causa de lesões dos vasos sanguíneos, destruição da matriz e morte de células ósseas.

As células do periósteo e do endósteo multiplicam-se e diferenciam-se em osteoblastos e produzem um tecido que depois sofrerá ossificação, formando um calo ósseo, um tecido ósseo imaturo, que une as partes quebradas. Ao mesmo tempo, macrófagos e osteoclastos removem coágulos e células mortas. Com o tempo, a matriz volta a se organizar em sistemas de Havers.

Se houver fratura ou suspeita de fratura, não se deve tentar colocar o osso "no lugar". A vítima deve permanecer imóvel, e os primeiros socorros devem ser prestados por alguém preparado para isso. Em geral, a região fraturada é imobilizada com auxílio de gesso ou de aparelhos especiais. As partes quebradas são mantidas próximas umas das outras para que o osso possa se reconstituir.

Além das fraturas, que geralmente são causadas por acidentes, outros problemas nos ossos podem ser causados por má alimentação, sedentarismo, falta de exposição ao sol, entre outras causas.

A desnutrição é a principal causa da deficiência de crescimento. Em crianças, a falta de vitamina D, que promove a absorção do cálcio dos alimentos no intestino, provoca o raquitismo: os ossos não crescem normalmente e os ossos longos das pernas, ainda com cartilagem de conjugação, deformam-se com o peso do corpo. Boa alimentação, com quantidade adequada de cálcio e vitamina D, e prática adequada de esportes ou de atividade física ajudam o crescimento e fortalecem os ossos.

Para os jovens em fase de crescimento, o ideal é praticar algum esporte ou atividade física regular, mas sem excessos: caminhadas, natação, bicicleta, corrida, futebol. O crescimento do osso é estimulado também pelo hormônio do crescimento, produzido pela hipófise. Nesse caso, se houver produção excessiva desse hormônio, a criança pode crescer demais por aumento do comprimento dos ossos longos (gigantismo). No adulto pode haver crescimento excessivo da espessura dos ossos: é a acromegalia, em que mãos, queixo e ossos do crânio ficam aumentados.

A atividade física regular, orientada por especialistas, ajuda também a prevenir a osteoporose, ou seja, a perda de massa óssea, que deixa os ossos mais fracos e com risco maior de fraturas (figura 19.10).

SPL/Latinstock

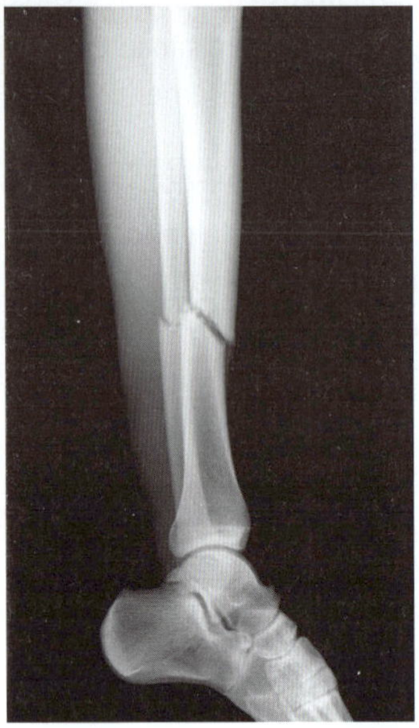

Figura 19.9 Radiografia de perna com fratura da tíbia e da fíbula.

! ATENÇÃO!

Para mais informações, procure orientação médica.

A osteoporose é um problema comum em pessoas de idade mais avançada. Mulheres depois da menopausa têm maior risco por causa da queda de estrogênio, hormônio que, entre outras coisas, ajuda a depositar cálcio nos ossos. O tratamento pode incluir medicamentos a critério médico.

Eye Of Science/SPL/Latinstock

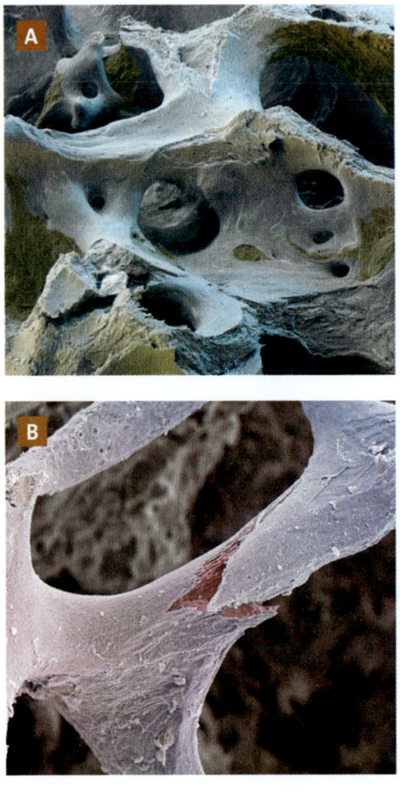

Steve Gschmeissner/SPL/Latinstock

Figura 19.10 Na osteoporose o osso fica cada vez mais poroso (**A**), o que facilita a ocorrência de fraturas (**B**). (Imagens ao microscópio eletrônico; ampliação de cerca de 70 vezes; imagens colorizadas por computador.)

Atividades

1. Quais os componentes da substância intercelular do tecido conjuntivo propriamente dito?

2. Indique dois tipos de tecido conjuntivo propriamente dito e dê suas funções.

3. Qual a função das células adiposas, dos macrófagos, dos fibroblastos e dos plasmócitos?

4. Indique algumas diferenças entre a cartilagem e o osso.

5. Cite três funções do osso.

6. De que é formada a substância intercelular do osso?

7. Observando um tecido ao microscópio, um estudante não foi capaz de identificar os tipos de células, mas garantiu que não era tecido epitelial, e sim tecido conjuntivo. O que ele deve ter observado que lhe permitiu essa conclusão?

8. A vitamina C é importante para a síntese do colágeno. Com base nisso, explique por que a falta dessa vitamina pode ocasionar hemorragia nas gengivas e na pele (um dos sintomas do escorbuto).

9. Na tatuagem, os desenhos são feitos com pequenas gotas de tinta injetadas na pele. Observe a foto abaixo. A tatuagem é, em princípio, permanente (só pode ser removida por *laser* ou cirurgia). Pense e responda: a tinta é injetada na epiderme ou na derme? Justifique sua resposta.

Anna Karwowska/Shutterstock/Glow Images

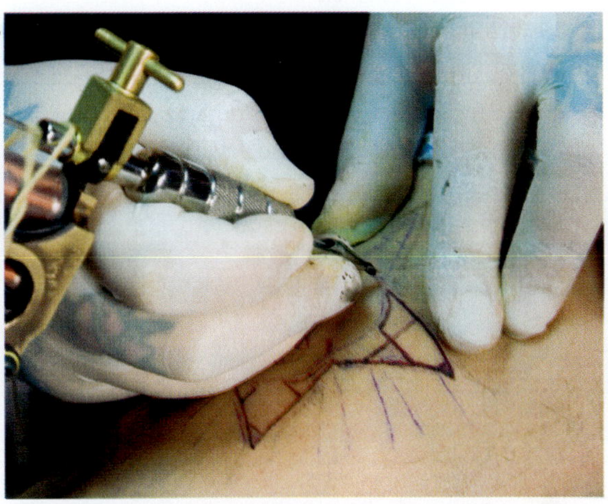

10. Um estudante afirmou que a pele é um tecido. Ele está certo? Por quê?

11. Observando-se ao microscópio uma amostra da derme humana em que foi injetado um corante vermelho, nota-se que as partículas do corante ficam concentradas em determinadas células do tecido conjuntivo. Que células são essas e por que isso acontece?

12. O que acontece com a maior parte da cartilagem que forma o esqueleto do embrião? Como se chama esse processo?

13. No caderno, identifique as estruturas da pele indicadas por números.

Andrea Danti/Shutterstock/Glow Images

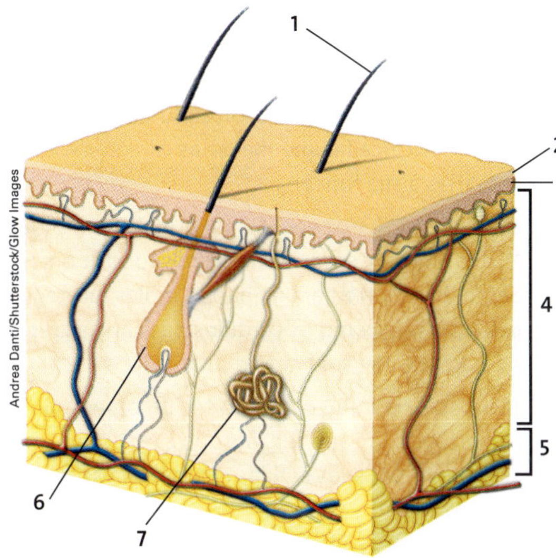

14. No caderno, indique as afirmativas verdadeiras sobre o tecido conjuntivo.
    a) A cartilagem é o mais resistente dos tecidos do corpo.
    b) A derme é um tipo de tecido conjuntivo propriamente dito.
    c) A gordura do tecido adiposo serve de reserva de alimento.
    d) O sangue é um tipo de tecido epitelial.
    e) A cartilagem é um tecido duro, rico em sais de cálcio.
    f) O tecido ósseo é formado por células mortas.
    g) Não há vasos sanguíneos no interior do osso.

Atividade prática

Para esta atividade é necessário o seguinte material: dois ossos de coxa de galinha limpos, dois copos, um pouco de vinagre.

Coloquem um dos ossos de galinha num copo com vinagre e o outro num copo com água. Deixem-nos de molho por cerca de sete dias.

Ao fim desse prazo, retire os ossos dos copos e lave-os bem em água corrente.

a) Tentem dobrar os dois ossos.
b) O que vocês observaram?
c) Pesquisem (na internet, em livros, etc.) qual pode ser a explicação para o que aconteceu.

Vestibulares de Norte a Sul

1. **S** (UFPR) Com relação a tecidos animais de sustentação, pode-se afirmar que:

01. Os tecidos animais de sustentação são de natureza conjuntiva e caracterizam-se pela riqueza de material intercelular produzido por suas células.

02. O tecido cartilaginoso é o mais resistente dos tecidos animais de sustentação, tendo substância intercelular calcificada, que lhe dá as características necessárias à sua função.

04. O tecido ósseo é o constituinte principal do esqueleto dos animais, especializado em suportar pressões. Serve de suporte para as partes moles, protegendo órgãos vitais, como os contidos nas caixas craniana e torácica e no canal raquidiano.

08. A substância intercelular do tecido ósseo não tem importância em sua função, que é executada exclusivamente por suas células chamadas osteoblastos e osteócitos.

16. A nutrição de um osso se faz por meio de canais existentes na matriz, que permitem a comunicação dos osteócitos com seus vizinhos, com as superfícies externa e interna do osso e com os canais vasculares da matriz.

Qual é a soma dos números das afirmativas corretas?

2. **S** (UFSC) No tecido conjuntivo, cada um dos elementos realiza funções específicas. Assim, as fibras colágenas orientadas paralelamente e a substância fundamental intensamente mineralizada se caracterizam, respectivamente, pelas funções de:

a) dureza e armazenamento.
b) tração e resistência.
c) defesa e preenchimento.
d) elasticidade e reserva.
e) flexibilidade e tenacidade.

3. **S** (UFRGS-RS) Deixando um osso de galinha imerso em uma solução fraca de ácido clorídrico, depois de três dias, ao retirá-lo, constata-se que ele:

a) adquire maior consistência, porque o ácido clorídrico reage com o cálcio do osso, formando cloreto de cálcio, que se solidifica.
b) permanece totalmente escuro pela deposição de uma camada de cloreto de cálcio.
c) reveste-se de uma membrana fibrosa de osseína.
d) torna-se flexível, porque o ácido clorídrico destrói os sais de cálcio.
e) destrói-se completamente, corroído pelo ácido.

4. **SE** (Unicamp-SP) A osteoporose, principal causa de quedas entre idosos, é resultado da perda gradual da densidade da matriz óssea, que é remodelada por osteoblastos e osteoclastos. Segundo os especialistas, a prevenção contra a osteoporose deve começar na infância, com alimentação rica em cálcio e em vitamina D, exposição diária ao sol e exercícios físicos. Sobre os vários fatores envolvidos na formação do osso, é correto afirmar que:

a) A fixação do cálcio no tecido ósseo depende da presença de vitamina D, cuja síntese é diminuída em indivíduos que têm o hábito de tomar sol.
b) O excesso de vitamina C pode levar à diminuição da densidade óssea, pois essa vitamina causa degradação das moléculas de colágeno.
c) Os osteoblastos e os osteoclastos são células responsáveis, respectivamente, pela captura de cálcio e pela absorção de vitamina D.
d) Os osteoblastos e os osteoclastos são células responsáveis, respectivamente, pela produção e pela degradação de componentes da matriz óssea.

5. **S** (PUC-PR) Associe o tipo de tecido animal a sua característica:

1 – Tecido ósseo compacto
2 – Tecido ósseo esponjoso
3 – Cartilagem hialina
4 – Cartilagem elástica
5 – Cartilagem fibrosa

( ) ocorre nos pontos de ligação do tendão do osso.
( ) é formado por sistemas organizados.
( ) ocorre na epiglote e no pavilhão auditivo.
( ) é formada por trabéculos.
( ) constitui o primeiro esqueleto fetal.

Assinale a sequência correta:

a) 5 – 1 – 4 – 2 – 3
b) 4 – 2 – 3 – 1 – 5
c) 5 – 3 – 2 – 1 – 4
d) 1 – 5 – 4 – 2 – 3
e) 5 – 4 – 1 – 3 – 2

6. **S** (UFPR) A vitamina C atua na reação de hidroxilação enzimática da prolina em hidroxiprolina, aminoácidos essenciais para a formação do colágeno. A partir dessa informação, é possível afirmar que a vitamina C está relacionada à manutenção de qual tipo de tecido dos organismos multicelulares?

a) Conjuntivo.
b) Epitelial.
c) Sanguíneo.
d) Nervoso.
e) Adiposo.

7. **S** (UEL-PR) O osso, apesar da aparente dureza, é considerado um tecido plástico, em vista da constante renovação de sua matriz. Utilizando-se dessa propriedade, ortodontistas corrigem as posições dos dentes, ortopedistas orientam as consolidações de fraturas e fisioterapeutas corrigem defeitos ósseos decorrentes de posturas inadequadas. A matriz dos ossos tem uma parte orgânica proteica constituída principalmente por colágeno, e uma parte inorgânica constituída por cristais de fosfato de cálcio, na forma de hidroxiapatita.

Com base no texto e nos conhecimentos sobre tecido ósseo, é correto afirmar:

a) A matriz óssea tem um caráter de plasticidade em razão da presença de grande quantidade de água associada aos cristais de hidroxiapatita.
b) A plasticidade do tecido ósseo é resultante da capacidade de reabsorção e de síntese de nova matriz orgânica pelas células ósseas.
c) O tecido ósseo é considerado plástico em decorrência da consistência gelatinosa da proteína colágeno que lhe confere alta compressibilidade.
d) A plasticidade do tecido ósseo, por decorrer da substituição do colágeno, aumenta progressivamente, ao longo da vida de um indivíduo.
e) A matriz óssea é denominada plástica porque os ossos são os vestígios mais duradouros que permanecem após a morte do indivíduo.

8. **SE** (Cesgranrio-RJ) Dos vários tipos de colágeno presentes no corpo humano, o colágeno do Tipo I é o mais abundante. Uma doença genética caracterizada por problemas na produção de colágeno do Tipo I é a chamada *Osteogenesis Imperfecta*, ou doença dos ossos de cristal. Pessoas acometidas dessa doença apresentam fragilidade óssea, ossos curvados e baixa estatura, entre outros sintomas. Os acometimentos do tecido ósseo na *Osteogenesis Imperfecta* se devem ao fato de que o colágeno:

a) promove a multiplicação dos osteoplastos.
b) permite que os osteoclastos não fagocitem.
c) faz parte da matriz extracelular do osso.
d) forma depósitos cristalinos de fosfato de cálcio.
e) preenche as trabéculas de ossos esponjosos.

9. **S** (Ifsul-RS) Podemos classificar os tecidos conjuntivos de acordo com suas funções. Com relação aos diferentes tipos de tecido conjuntivo, considere as afirmativas abaixo.

I. O tecido conjuntivo propriamente dito frouxo é muito flexível, possui poucas fibras de colágeno e as células características estão imersas na substância fundamental amorfa.
II. O tecido conjuntivo propriamente dito denso possui grande resistência a trações e pode ser de três tipos: modelado, não modelado e fibroso.
III. O tecido conjuntivo denso não modelado compõe os tendões e os ligamentos.
IV. O tecido conjuntivo denso fibroso forma a derme e os envoltórios de cartilagens.

Estão corretas apenas as afirmativas:

a) I e IV.
b) I, II e III.
c) II e IV.
d) II, III e IV.

10. **CO** (UFG-GO) Um jovem apresenta uma cicatriz na coxa, provocada por mordida de um cão feroz. A cicatriz no local da lesão deve-se:

a) à regeneração do tecido epitelial pseudoestratificado por meio de suas células totipotentes indiferenciadas.
b) ao acúmulo de plaquetas que têm substâncias ativas no processo de conversão de fibrinogênio em fibrina.
c) à substituição do tecido muscular por tecido conjuntivo, por meio de fibroblastos e substâncias intercelulares.
d) à organização de fibras reticulares que atuam como uma trama de sustentação das células.
e) à interação entre filamentos de actina e miosina nos sarcômeros.

11. **S** (UFRGS-RS) Um indivíduo adulto submeteu-se a uma lipoaspiração para a retirada de 700 mL de gordura.

A respeito da gordura retirada no procedimento, é correto afirmar que ela é:

a) armazenada no tecido muscular, rico em mitocôndrias que metabolizam as reservas de gordura.
b) composta de ácidos graxos capazes de liberar mais energia que a glicose, em reações de oxidação nas mitocôndrias.
c) estocada nos adipócitos sob a forma de glicogênio.
d) utilizada pelas células do sistema nervoso para a produção de ATP.
e) removida do tecido conjuntivo denso modelado.

12. **S** (UFRGS-RS) Em uma partida de futebol, um jogador fraturou o fêmur.

Considere os seguintes eventos, relacionados à recuperação da zona de lesão desse jogador.

1 – preenchimento por proliferação do periósteo
2 – remoção de células mortas e de restos de matriz óssea, por fagocitose
3 – ossificação do tecido regenerado
4 – formação de calo ósseo com tecido ósseo primário

A ordem em que esses eventos ocorrem no processo de regeneração do tecido ósseo é:

a) 1 – 3 – 4 – 2.
b) 2 – 1 – 3 – 4.
c) 3 – 2 – 1 – 4.
d) 4 – 1 – 3 – 2.
e) 3 – 4 – 2 – 1.

13. NE (UFPE) Em relação ao tecido conjuntivo cartilaginoso podemos afirmar que:

( ) a cartilagem hialina ocorre no nariz, na laringe e na traqueia, e no esqueleto fetal, antes de ser substituída pelo tecido ósseo.

( ) os tendões e ligamentos fixam-se aos ossos nas articulações, em associação com cartilagens fibrosas.

( ) a cartilagem elástica é encontrada no pavilhão auditivo e é rica em fibras de tecido conjuntivo denso, o que a torna mais resistente à tensão.

( ) o pericôndrio, formado por tecido conjuntivo denso, é responsável pela nutrição e pela regeneração das cartilagens.

( ) a cartilagem hialina é ricamente vascularizada e, por isso, é menos sujeita a processos degenerativos.

14. SE (Ufes) Em relação ao tecido ósseo denso, é correto afirmar que ele:

a) possui uma matriz parenquimatosa composta de fibroblastos, megacariócitos e fibrina.
b) é composto por células conhecidas como condroblastos, que se transformam em condrócitos no tecido ósseo maduro.
c) é caracterizado pela presença de tecido mieloide de caráter hematopoiético disperso no fragmoplasto.
d) possui células conhecidas como osteoblastos, que geram o material intercelular, composto principalmente de quitina mineralizada.
e) apresenta lamelas ósseas concêntricas, dispostas em torno de canais centrais através dos quais nervos e vasos penetram o osso.

15. SE (Mack-SP) A respeito do tecido cartilaginoso, é correto afirmar que:

a) apresenta vasos sanguíneos para sua oxigenação.
b) possui pouca substância intercelular.
c) aparece apenas nas articulações.
d) pode apresentar fibras proteicas como o colágeno entre suas células.
e) se origina a partir do tecido ósseo.

16. S (Udesc) A famosa gordura localizada é uma das principais razões que levam as pessoas para academias de ginástica. Ela é formada por camadas de tecido adiposo, que se desenvolve em certos locais do corpo (quadris, abdômen, etc.) de maneira acentuada. Contudo, todo o nosso corpo é envolvido, mais ou menos, por uma camada de gordura que fica abaixo da pele. Com base nessa afirmativa, responda:

a) Como são denominadas as células desse tecido e qual a substância orgânica que armazenam?
b) A presença desse tecido é importante para o metabolismo do organismo. Comente sobre uma função do tecido adiposo existente em nosso corpo.

17. SE (Uerj) Atualmente, um grande esforço tem sido feito por diversos centros de pesquisa de tratamento de pessoas queimadas para produzir grandes áreas de pele, do próprio indivíduo, que possam recobrir imediatamente áreas destruídas.

Sabe-se que a infecção bacteriana é uma das causas de óbito nos indivíduos que sofreram queimaduras em grandes extensões do corpo.

Cite uma substância das células superficiais do epitélio e uma característica do tecido conjuntivo que auxiliam na proteção contra infecções bacterianas.

18. NE (UFRN) Para fazer um *piercing* é necessário saber quais são os principais cuidados apontados por especialistas, dentre eles, o de optar por áreas sem cartilagens, pois pode haver o risco de infecções e formação de queloides. Considerando isto,

a) apresente duas funções do tecido cartilaginoso no organismo humano.
b) justifique, do ponto de vista da constituição do tecido cartilaginoso, as dificuldades para controlar uma infecção em locais que contenham cartilagens.

19. CO (UnB-DF) Julgue este item: "O tecido ósseo é formado exclusivamente por células mortas e calcificadas".

20. SE (Uerj) A luz solar traz inúmeros benefícios para os seres vivos. Um de seus componentes, a radiação ultravioleta, UV, é responsável, no entanto, por alguns efeitos indesejáveis. A ilustração abaixo resume a atuação dos diferentes tipos de radiação UV sobre a pele humana.

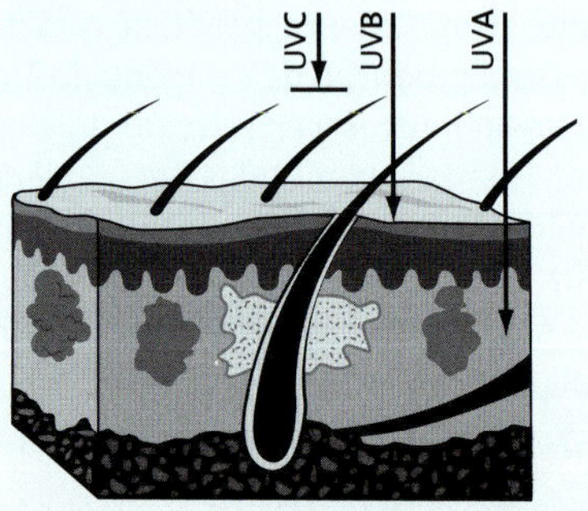

UVA: corresponde à maior parte do espectro da radiação ultravioleta, atingindo, inclusive, áreas mais profundas da pele e produzindo alterações que podem levar ao fotoenvelhecimento e ao câncer.

UVB: penetra pouco na pele; responsável pela vermelhidão e por queimaduras após a exposição ao sol, também pode causar o câncer de pele.

UVC: é normalmente absorvida pela camada de ozônio antes de chegar à Terra.

a) Cite o tipo de radiação UV que tem maior efeito estimulante sobre a pigmentação da pele e justifique sua resposta.
b) Cite o tipo de célula presente em maior quantidade na hipoderme e explique a importância dessa camada para a adaptação de animais ao clima frio.

CAPÍTULO

20 Sangue, linfa e sistema imunitário

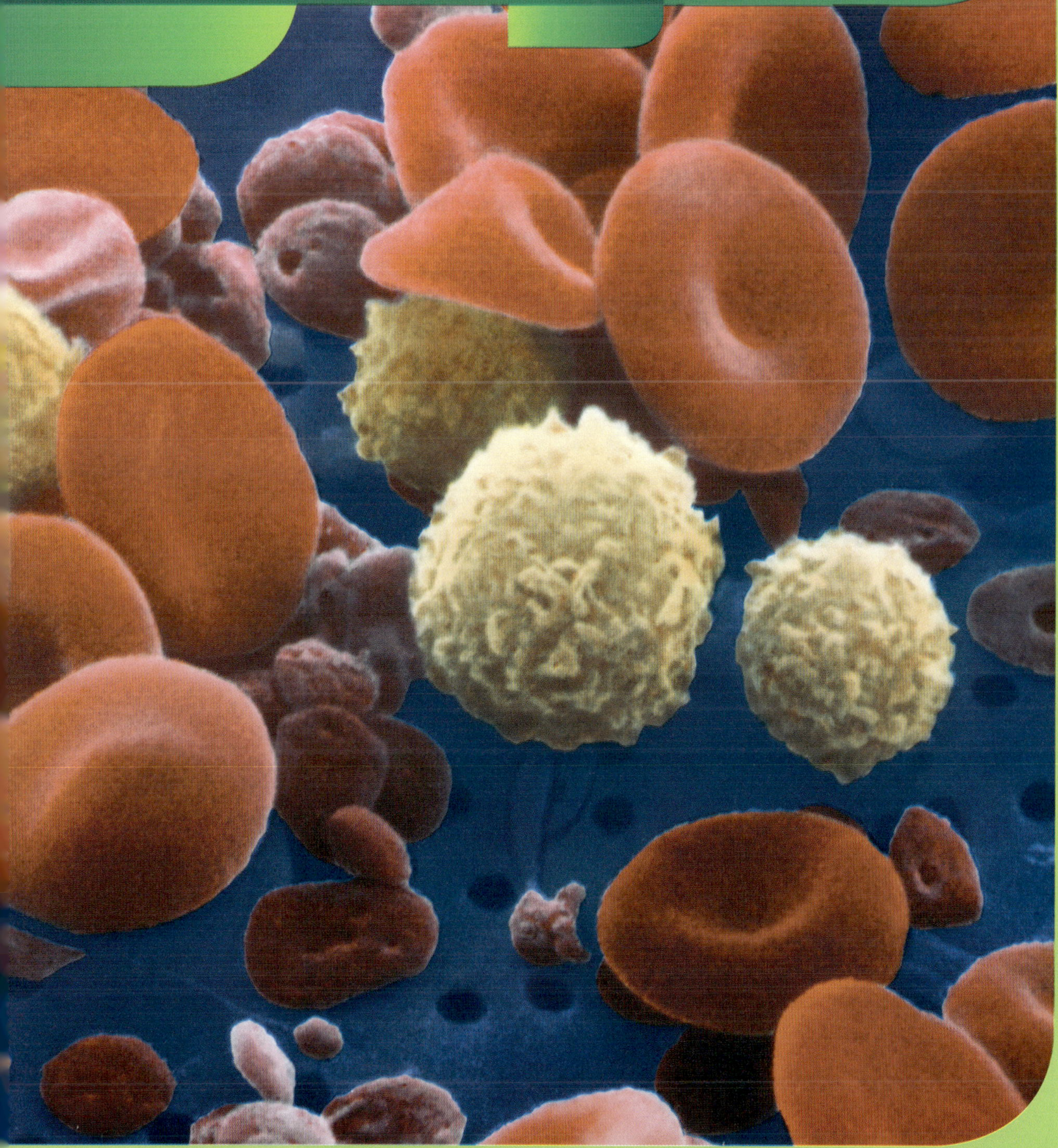

National Cancer Institute/SPL/Latinstock

Células sanguíneas e plaquetas em imagem obtida por microscopia eletrônica.

- *Você conhece os elementos figurados do sangue? Onde eles são produzidos?*
- *Como o oxigênio é transportado dos pulmões para as outras partes do corpo?*
- *Como nosso corpo se defende naturalmente contra doenças?*
- *O que são soros? E vacinas?*

1 Tecido hematopoético

Também chamado **tecido hemocitopoético**, **hematopoético** ou **hematopoiético** (*haîma* = sangue; *poesys* = formação), esse tecido é responsável pela produção dos glóbulos do sangue. Há dois tipos desse tecido: **medula óssea vermelha** ou **tecido mieloide** (*myelos* = medula) e **tecido linfático** ou **linfoide**.

A medula óssea é encontrada no interior dos ossos. Ela contém células-tronco, chamadas **células-tronco hematopoiéticas**, capazes de originar todas as células do sangue (**figura 20.1**). Atualmente se sabe que essas células têm o potencial de originar também células de outros tecidos do corpo. No embrião, a maioria dos ossos possui uma medula ativa, de cor vermelha, mas, à medida que o indivíduo cresce, a maior parte dessa medula passa a acumular gordura e para de produzir glóbulos, transformando-se em **medula amarela**. No adulto, a medula vermelha é encontrada nas costelas, nas vértebras, no esterno, nos ossos do crânio, e, no adulto jovem, próxima às extremidades do fêmur e do úmero.

A maioria dos glóbulos brancos, as hemácias e as plaquetas são lançadas já prontas no sangue. Os linfócitos dirigem-se para órgãos com tecidos linfáticos, nos quais se reproduzem.

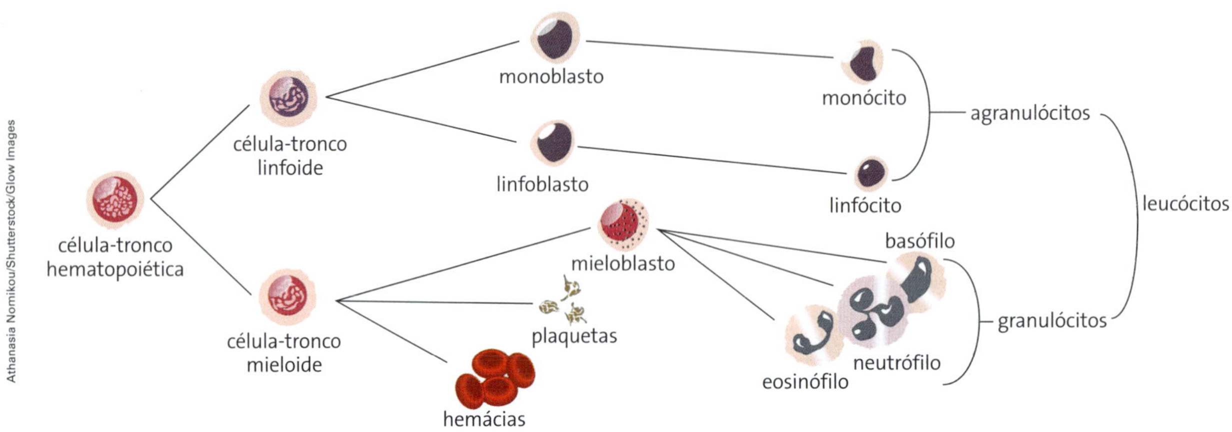

Figura 20.1 A origem dos diversos tipos de elementos figurados a partir de células-tronco da medula. (Figura sem escala; cores fantasia.)

Biologia e saúde

Transplante de medula óssea

O transplante de medula óssea é um tratamento que substitui a medula óssea doente do paciente por outra sadia. Esse procedimento é usado, por exemplo, em alguns tipos de anemia e leucemia. As células da nova medula se instalam e se reproduzem na medula do paciente.

A medula pode ser obtida por meio de punções nos ossos de um doador. Essa pessoa deve ter sido previamente selecionada entre os familiares ou em bancos de medula óssea. A retirada não compromete a saúde do doador e, em poucas semanas, sua medula estará totalmente recuperada.

Deve haver compatibilidade entre certas proteínas do doador e do receptor, de modo a evitar a rejeição. Por isso, o ideal é usar a medula de parentes próximos ou de bancos em que a medula foi testada previamente.

Nos casos em que o paciente vai ser submetido a uma alta dose de quimioterapia, que pode destruir as células da medula óssea, esta pode ser retirada antes e reinstalada depois do tratamento – é o chamado transplante autólogo.

! ATENÇÃO!
Para mais informações, procure orientação médica.

Tecido linfático

É encontrado em certos órgãos de defesa, que, em conjunto, formam o **sistema linfático**: timo, baço, linfonodos (antigamente chamados gânglios linfáticos) e tonsilas palatinas (antes chamadas amígdalas) e faríngeas (antes chamadas adenoides). Há tecido linfático também nos nódulos linfáticos, presentes no interior dos tecidos conjuntivos das mucosas (**figura 20.2**).

O sistema linfático retira dos tecidos corporais os fluidos em excesso, absorve e transporta ácidos graxos para o sistema circulatório e auxilia o sistema imunitário na defesa do organismo contra os agentes externos.

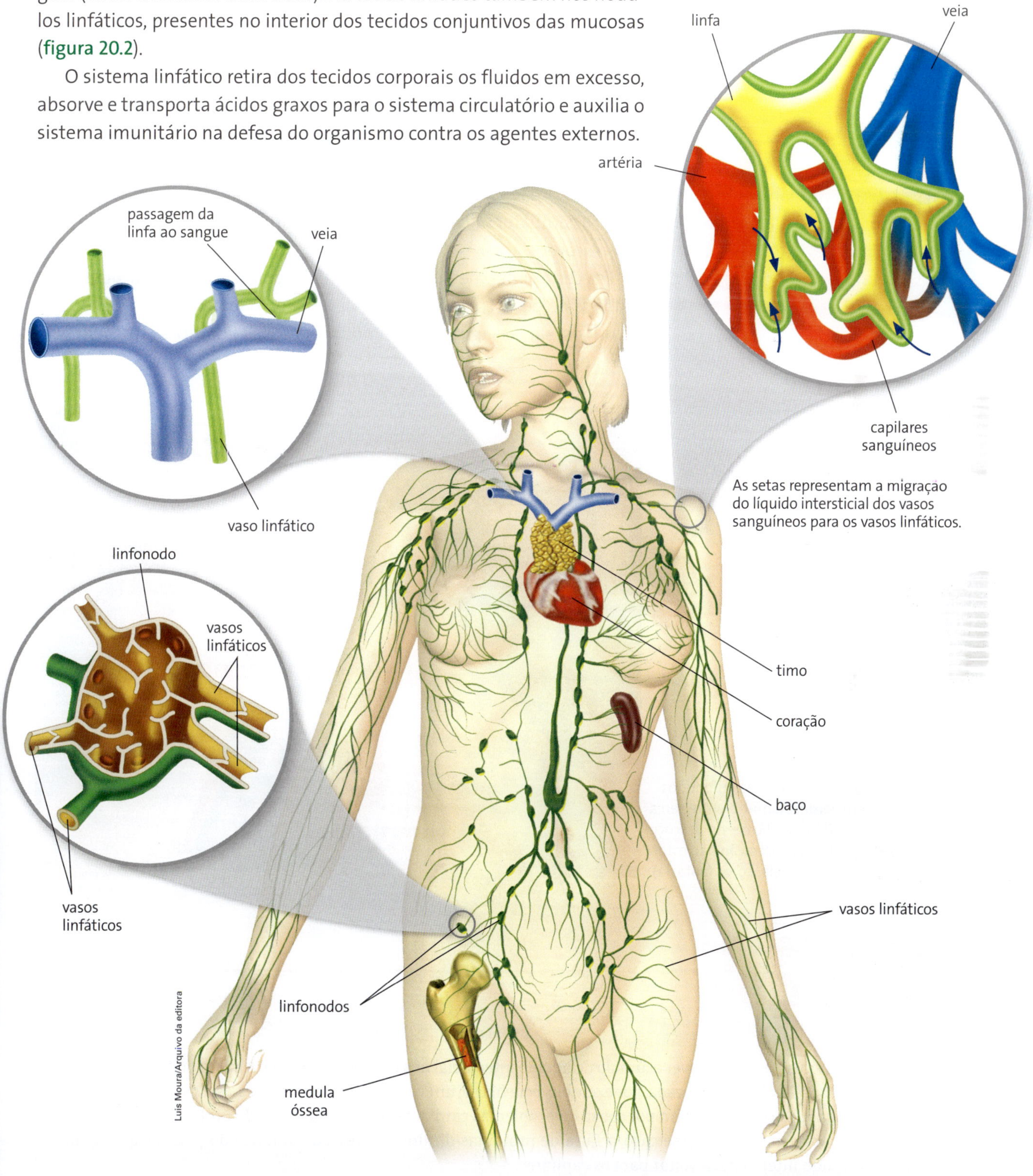

Figura 20.2 Coração e sistema linfático (os elementos da ilustração não estão na mesma escala; cores fantasia).

Para compreender as funções do sistema linfático, devemos lembrar que as células do corpo são banhadas pelo líquido intersticial, que sai dos capilares e é formado por água, nutrientes e oxigênio. Parte desse líquido volta para os capilares com gás carbônico e outras excretas produzidas pelas células. Outra parte é recolhida por um conjunto de vasos bem finos, que se unem e formam vasos maiores, os **vasos linfáticos**. O excesso de líquido intersticial depois que entra nos vasos linfáticos é chamado **linfa** (figura 20.2). Depois de circular pelos vasos linfáticos, a linfa é devolvida ao sangue por meio da veia situada sob a clavícula esquerda, logo abaixo do ombro.

Além de devolver o líquido intersticial para o sangue, os vasos linfáticos absorvem gorduras do intestino e, ao atravessarem os linfonodos e os outros órgãos do sistema linfático, recebem linfócitos, que ajudam o corpo a combater microrganismos causadores de doenças pela produção de anticorpos.

Em certas infecções, podemos sentir, dependendo do local, que os linfonodos do pescoço (figura 20.3), da axila ou da virilha estão inchados e doloridos; são as **ínguas**. Desse modo, os órgãos linfáticos removem bactérias e impurezas da linfa.

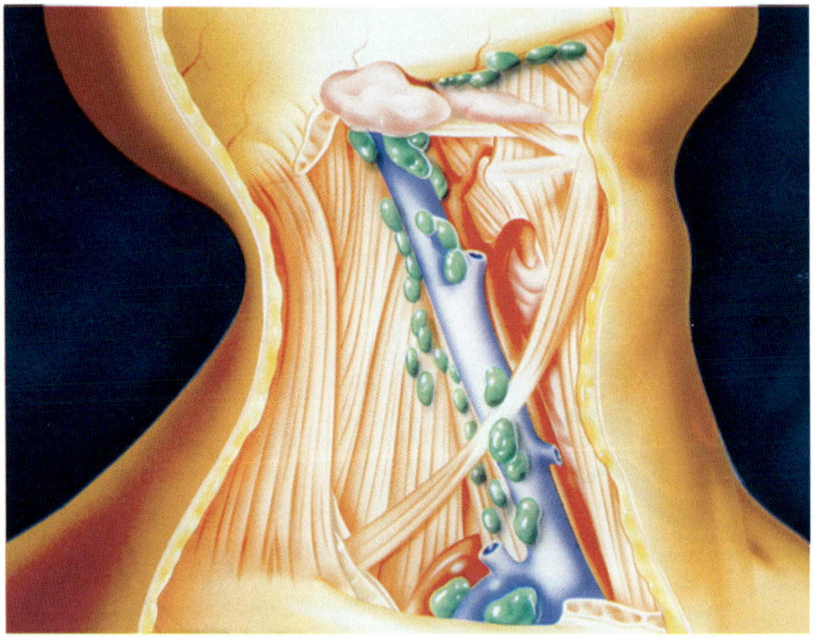

John Bavosi/SPL/Latinstock

Figura 20.3 Detalhe de linfonodos – em verde; diâmetro entre cerca de 0,5 cm e 2 cm – no pescoço (os elementos da ilustração não estão na mesma escala; cores fantasia).

Biologia e saúde

Edema

Em certas situações, pode haver acúmulo de líquido intersticial nos tecidos: é o edema. A causa pode ser uma obstrução dos vasos linfáticos, provocada, por exemplo, pela filária, um verme parasita que vive nesses vasos.

O edema pode ocorrer também por causa de problemas cardíacos ou da deficiência de proteína, que pode ser provocada por desnutrição. Nesse caso, a falta de proteínas diminui a pressão osmótica do plasma, que ajuda parte do líquido intersticial a voltar para os capilares.

2 Sangue

O sangue

O sangue pode ser considerado um tecido muito especial, pois sua substância intercelular – o **plasma** – está no estado líquido, sendo constituída de água (cerca de 92%), sais minerais, diversas substâncias que são transportadas pelo sangue (alimento, oxigênio, gás carbônico, produtos de excreção, hormônios, etc.) e proteínas.

O plasma representa cerca de 55% do sangue. Os 45% restantes são constituídos pelos chamados **elementos figurados** (glóbulos sanguíneos): **hemácias**, também chamadas **glóbulos vermelhos** ou **eritrócitos** (*erythron* = vermelho), que são a maior parte (99,9% dos elementos figurados), **leucócitos** (*leukos* = branco) ou **glóbulos brancos** e **plaquetas** ou **trombócitos** (*thrombos* = coágulo).

Por meio da centrifugação, a porção líquida do sangue pode ser separada dos elementos figurados. Na parte superior do tubo da centrífuga, fica um líquido claro (o plasma) e, na parte inferior do tubo, depositam-se as células (figura 20.4).

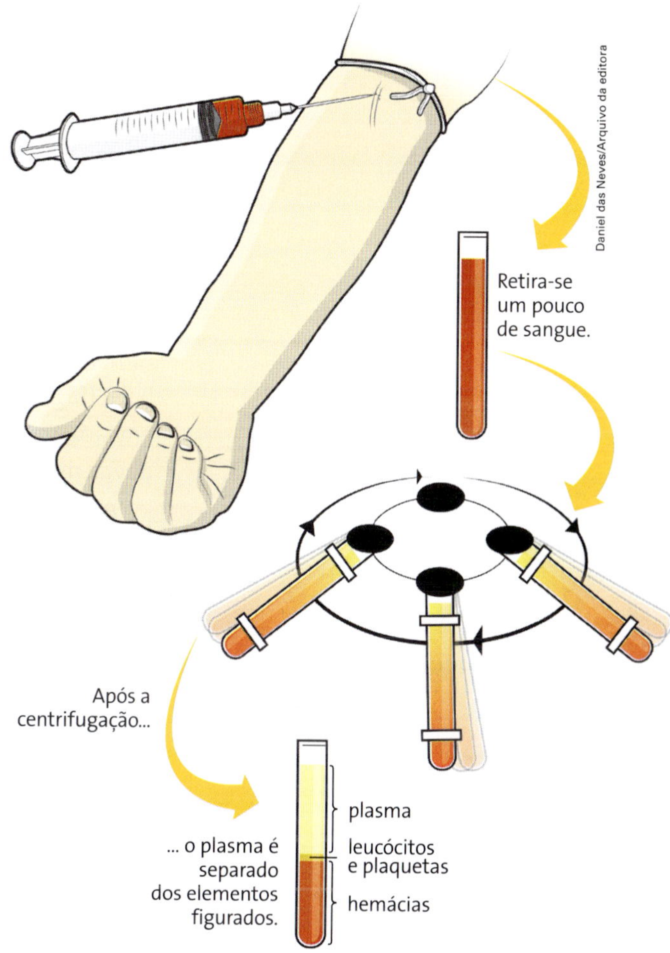

Daniel das Neves/Arquivo da editora

Figura 20.4 Esquema de separação dos componentes do sangue (os elementos da ilustração não estão na mesma escala; cores fantasia).

Hemácias

O sangue contém de 4 milhões a 6 milhões de hemácias por milímetro cúbico. Como uma pessoa tem de 5 a 6 litros de sangue, circulam no organismo cerca de 30 trilhões de hemácias.

Na maioria dos grupos de invertebrados, o oxigênio é transportado por pigmentos dissolvidos no plasma, mas nos vertebrados o pigmento (hemoglobina) está concentrado na hemácia, que possui uma forma muito bem adaptada ao transporte de oxigênio; em vez de esférica, como a maioria das células, ela tem a forma de um disco circular bicôncavo, achatado no centro (figura 20.5). Essa forma aumenta a superfície de contato da hemácia com os gases a serem transportados, tornando mais rápida a absorção e a eliminação. Além disso, o glóbulo vermelho é muito flexível, podendo dobrar-se e passar por vasos com diâmetros menores que o seu, que é de cerca de 7,5 μm.

Figura 20.5 Na foto **A**, hemácias e dois glóbulos brancos (próximos ao centro da imagem) vistos ao microscópio óptico (aumento de cerca de 400 vezes, com uso de corantes); na foto **B**, hemácias ao microscópio eletrônico (aumento de cerca de 5 mil vezes; imagem colorizada por computador).

Eric Grave/SPL/Latinstock

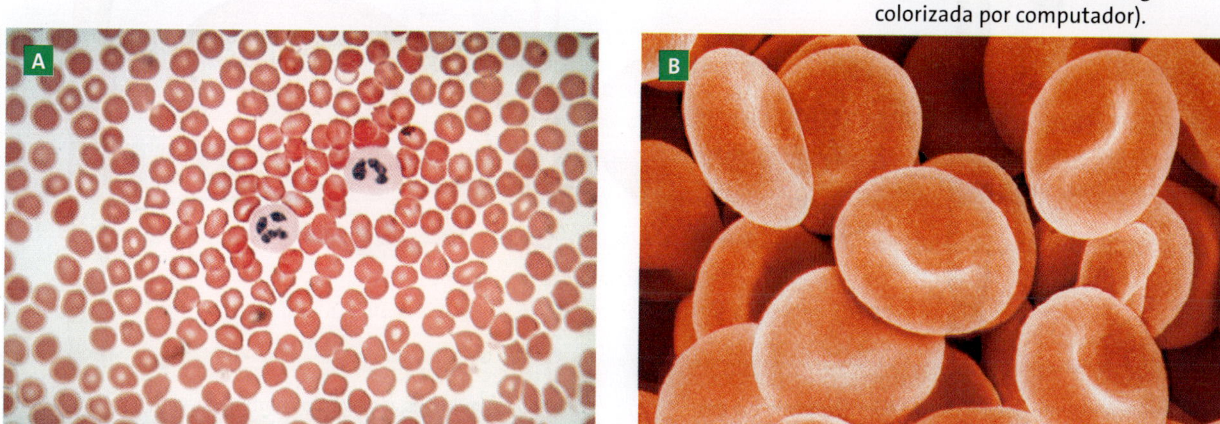

Micro Discovery/Corbis/Latinstock

A hemácia dos mamíferos é tão especializada que não possui nem mesmo núcleo; a maior parte de seu citoplasma está ocupada pela hemoglobina. Nos demais vertebrados, ela possui núcleo.

A uma velocidade de 2,5 milhões de glóbulos por segundo, as hemácias são constantemente formadas na medula óssea a partir de células nucleadas, os **eritroblastos**, por meio de uma série de transformações, incluindo a perda do núcleo (eritropoiese). Uma vez no sangue, elas duram apenas cerca de quatro meses; depois são destruídas no fígado e no baço (fagocitadas e digeridas por macrófagos). O ferro da hemoglobina é enviado para a medula óssea, na qual será reaproveitado na produção de novas moléculas de hemoglobina.

A baixa concentração de hemoglobina no sangue (menos de 11 g/mL), por causa da diminuição no número de hemácias ou da concentração baixa de hemoglobina em cada glóbulo quando o número de hemácias é normal, caracteriza a **anemia**. O aumento acima do normal no número de hemácias é chamado **policitemia** (*polys* = muito; *kytos* = célula; *haîma* = sangue).

Pessoas que moram em lugares de grande altitude em geral apresentam policitemia, pois, por causa da rarefação do ar e, portanto, da baixa concentração de oxigênio, o organismo produz quantidade maior de hemácias para aumentar a captação de oxigênio e seu transporte às células.

Quando a hemácia chega aos vasos sanguíneos do pulmão, o oxigênio, em alta concentração, entra nela e combina-se com a hemoglobina (Hb), formando a **oxigênio-hemoglobina** ou **oxiemoglobina** (HbO_2). Nos tecidos, como a pressão de oxigênio é baixa, visto que ele é constantemente absorvido para a respiração celular, ocorre uma reação inversa: a oxiemoglobina libera o oxigênio para as células, transformando-se novamente em hemoglobina. Em seguida, a hemácia retorna ao pulmão para buscar mais oxigênio (figura 20.6).

Figura 20.6 Esquema de transporte de oxigênio e gás carbônico pela hemácia, que tem entre 6 μm e 8 μm de diâmetro. (Os elementos da figura não estão na mesma escala; cores fantasia.)

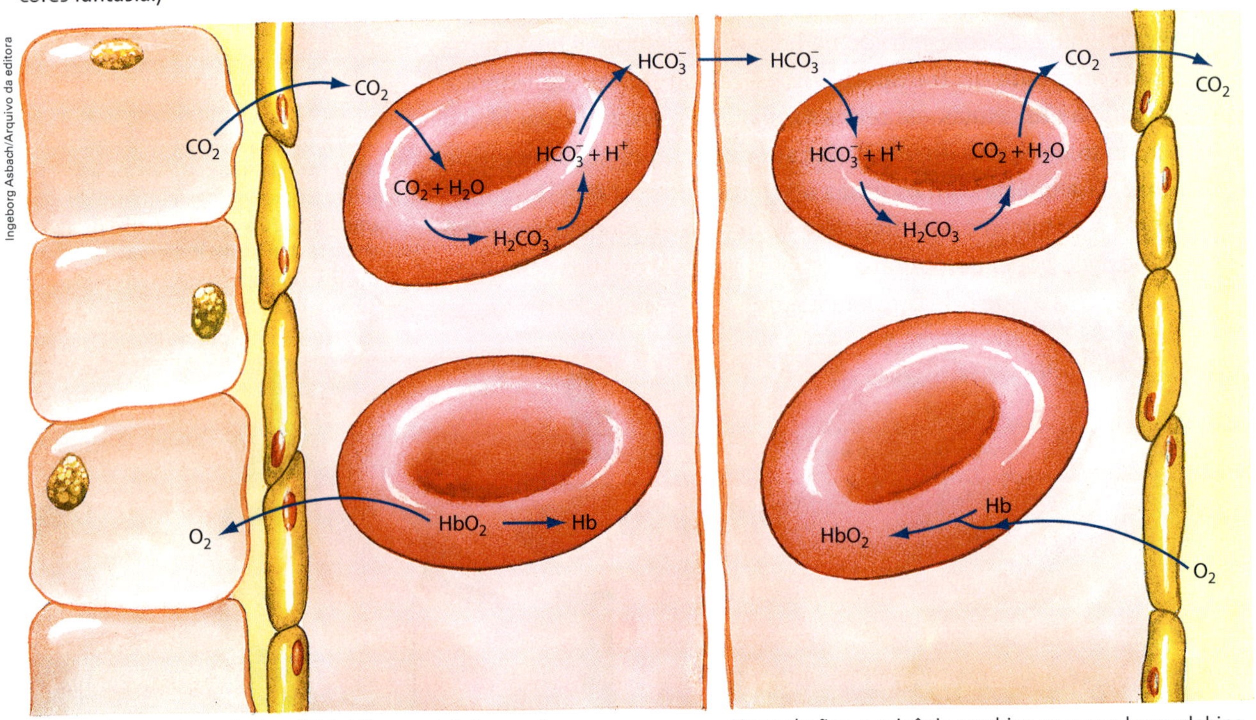

Nos tecidos, a oxiemoglobina (HbO_2) libera oxigênio e o gás carbônico combina-se com a água, formando íon bicarbonato.

Nos pulmões, o oxigênio combina-se com a hemoglobina (Hb) e o íon bicarbonato libera gás carbônico.

Em relação ao gás carbônico, cerca de 7% são transportados dissolvidos no plasma. Outros 23% ligam-se a grupos aminas da hemoglobina, formando a **carbamino-hemoglobina** ou **carbo-hemoglobina**. A maior parte do gás carbônico, cerca de 70%, é transportada pelo plasma na forma de **íons bicarbonato**. Esse processo ocorre em duas etapas. Primeiro, o gás carbônico penetra na hemácia, reage com água e forma ácido carbônico. Essa reação é catalisada pela enzima **anidrase carbônica**. Em seguida, o ácido carbônico se ioniza e origina íons hidrogênio – que se unem à hemoglobina e a outras proteínas – e íons bicarbonato (HCO_3^-) – que se difundem para fora da hemácia e são levados pelo plasma até os pulmões. Nesses órgãos o processo ocorre em sentido inverso (figura 20.6).

Em Química, o nome oficial do íon bicarbonato é hidrogenocarbonato, uma vez que esse íon deriva do ácido carbônico pela retirada de um dos hidrogênios. O bicarbonato de sódio é um sal usado em fermentos químicos, entre outras aplicações.

Enquanto o dióxido de carbono é transportado pelas hemácias, o monóxido de carbono, gás formado pela queima dos combustíveis fósseis (e presente também na fumaça do cigarro), combina-se com a hemoglobina e forma a **carboxi-hemoglobina**, impedindo o transporte de oxigênio. Dependendo do grau de deficiência de oxigenação dos tecidos, esse gás pode provocar desde uma simples dor de cabeça até a perda de consciência e morte.

Biologia e saúde

Anemia

A anemia pode ter várias causas: falta de ferro, de vitamina B_{12} ou de ácido fólico, decorrentes de dieta alimentar inadequada ou de falha na absorção desses elementos; perda crônica de sangue em doenças como úlcera, verminoses intestinais ou em mulheres com menstruação abundante; fatores hereditários, como na anemia falciforme, em que as hemácias são destruídas muito rapidamente; doenças da medula óssea, como a leucemia.

Nem sempre os sintomas são evidentes, embora nos casos graves o paciente apresente cansaço, dificuldade de respirar, fraqueza muscular, etc.

Anemias intensas em geral provocam graves consequências no organismo, podendo mesmo levar à morte.

A prevenção da anemia por deficiência de ferro pode ser feita com a ingestão de alimentos ricos nesse mineral (fígado, rins, gema de ovo, carne, espinafre, couve, brócolis, feijão, etc.) (figura 20.7). Mas nem sempre isso é suficiente. Há casos em que só a reposição de ferro com medicamentos é eficiente. O aconselhável é não tomar remédios por conta própria nem consultar pessoas não especializadas.

Figura 20.7 Ovos, espinafre, ervilha, feijão, carne, fígado e uvas-passas: fontes de sais de ferro.

Robyn Mackenzie/Shutterstock/Glow Images

Leucócitos

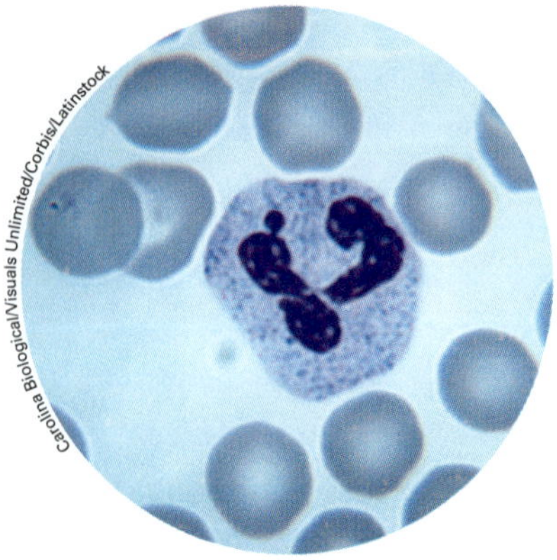

Figura 20.8 Neutrófilo (9 μm a 12 μm de diâmetro) visto ao microscópio óptico com uso de corantes.

Os leucócitos formam verdadeiro exército contra os microrganismos causadores de doenças e qualquer partícula estranha que penetre no organismo: vírus, bactérias, parasitas ou proteínas diferentes das do corpo. Eles também "limpam" o corpo, destruindo células mortas e restos de tecidos.

No sangue humano há de 6 mil a 10 mil leucócitos por milímetro cúbico. O aumento no número de leucócitos, provocado por certas doenças e infecções, é chamado **leucocitose**. A diminuição é chamada **leucopenia** e pode ser provocada por radiações, certos medicamentos e produtos químicos que causam danos à medula óssea. O indivíduo fica, então, desprotegido contra infecções. Isso ocorre também nas **leucemias**, tipo de câncer no qual há produção descontrolada de leucócitos anormais, incapazes de defender o organismo. Hoje, porém, várias formas de leucemia são totalmente curáveis.

Os diversos tipos de leucócitos podem ser agrupados em:

- **granulócitos** (neutrófilos, acidófilos ou eosinófilos e basófilos) – apresentam grânulos no citoplasma e caracterizam-se por terem núcleos com formas variadas, podendo apresentar dois ou mais lóbulos; por isso, são chamados também **polimorfonucleares** (*polys* = muitos; *morphé* = forma).
- **agranulócitos** (monócitos e linfócitos) – não apresentam grânulos no citoplasma e seu núcleo é aproximadamente esférico; são também chamados **mononucleares** (*monos* = um).

Vejamos cada um deles.

Neutrófilos. São os leucócitos encontrados com maior frequência no sangue, correspondendo a cerca de 60% a 70% do total. Recebem esse nome porque apresentam grãos que se coram por meio de corantes neutros. São os mais ativos na fagocitose e muitos de seus grãos são lisossomos, ricos em enzimas digestivas (figura 20.8).

Quando bactérias atravessam o tecido epitelial e atingem o tecido conjuntivo, elas e os tecidos lesados liberam substâncias que atraem os neutrófilos para o local da invasão (figura 20.9). Estes atravessam a parede dos vasos capilares e passam para o tecido conjuntivo. Essa passagem, chamada **diapedese** (*dia* = através de; *pedans* = saltar), é facilitada pela histamina produzida pelos mastócitos do tecido conjuntivo e pelos basófilos; a histamina provoca a dilatação dos capilares, abrindo poros que dão passagem aos leucócitos. A seguir, os neutrófilos fagocitam as bactérias e as digerem nos lisossomos. Muitos leucócitos podem morrer nessa atividade por causa das toxinas liberadas pelas bactérias. Quando isso ocorre, surge o pus, que é formado por aglomerados de leucócitos mortos e bactérias.

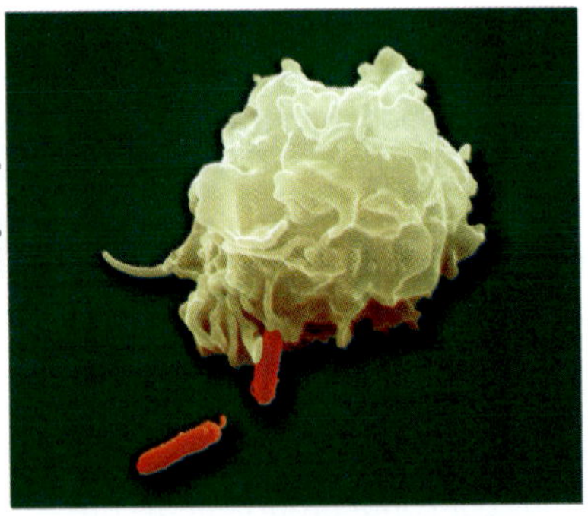

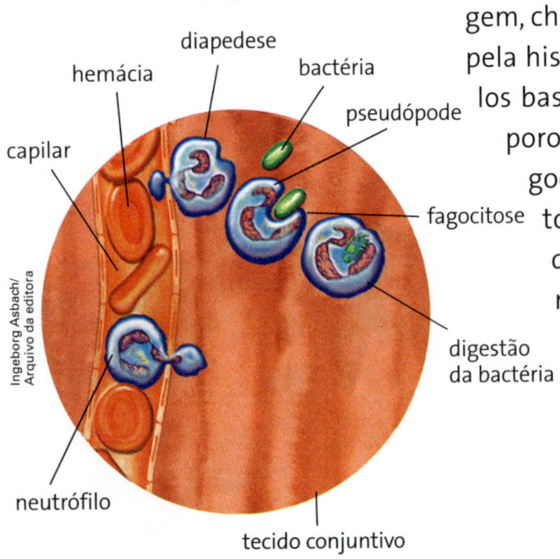

Figura 20.9 Na foto, glóbulo branco (9 μm a 12 μm de diâmetro) fagocitando bactérias (imagem ao microscópio eletrônico; colorizada por computador). Na ilustração, esquema da saída de um neutrófilo do sangue e fagocitose de microrganismos invasores (os elementos ilustrados não estão na mesma escala; cores fantasia).

Eosinófilos ou **acidófilos**. Coram-se pela eosina, corante ácido. Constituem de 2% a 4% do total de leucócitos, defendem o corpo contra vermes parasitas, liberando substâncias químicas contra eles, e fagocitam o complexo antígeno-anticorpo formado nas reações alérgicas.

Basófilos. São encontrados em menor frequência no sangue (de 0% a 1%) e coram-se com corantes básicos. Possuem grãos ricos em histamina. Eles e os mastócitos têm a mesma função nas reações alérgicas. Quando o corpo é invadido por uma proteína estranha, os plasmócitos produzem anticorpos contra essa proteína, que se fixam nos mastócitos e nos basófilos, promovendo a ruptura da membrana e desencadeando a liberação de histamina e outras substâncias que provocam as reações alérgicas (figura 20.10).

Monócitos. São os leucócitos de maior tamanho e constituem de 3% a 8% do total. Saem do sangue e transformam-se em macrófagos, fagocitando microrganismos e células mortas.

Linfócitos. Correspondem a cerca de 20% a 30% dos leucócitos. Como vimos, surgem inicialmente na medula e depois migram para os tecidos linfáticos. Há dois tipos: **T** e **B**.

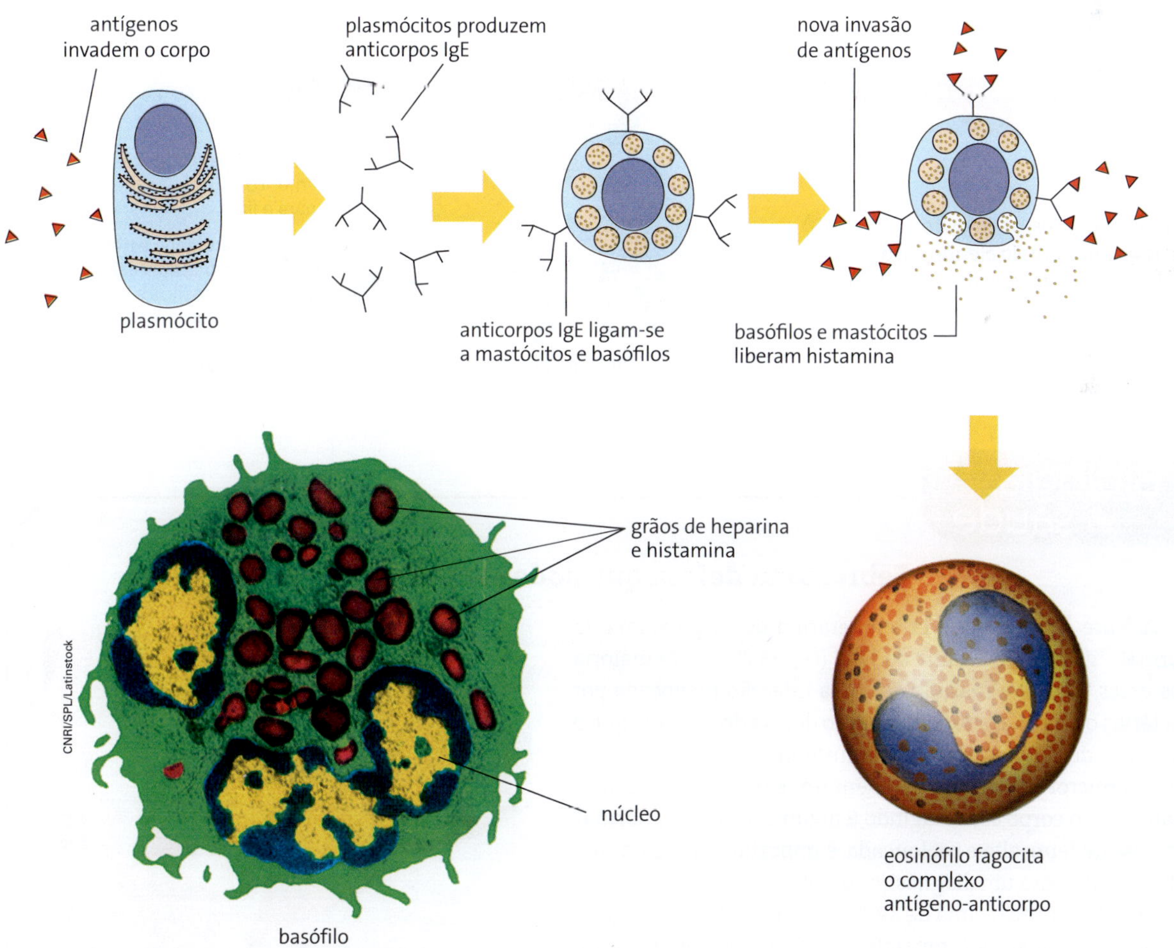

Figura 20.10 Na ilustração, a histamina dilata os vasos sanguíneos, estimula a produção de muco e, em algumas pessoas, provoca a contração dos músculos lisos dos bronquíolos, dificultando a respiração, como ocorre na asma (os elementos ilustrados não estão na mesma escala; cores fantasia). Na foto, basófilo (8 μm a 10 μm de diâmetro) com grãos de heparina e histamina (imagem ao microscópio eletrônico; colorizada por computador).

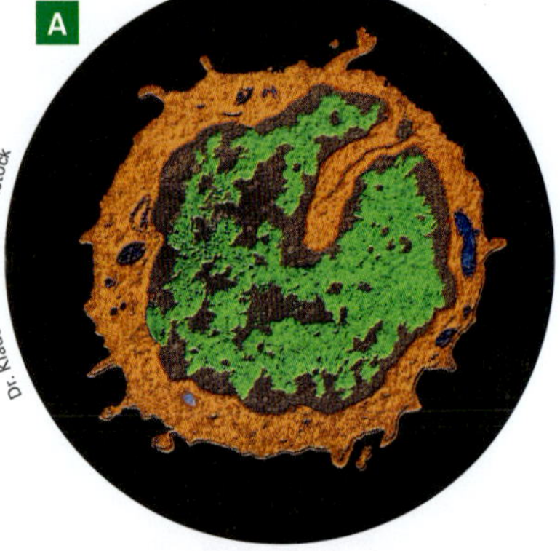

Os **linfócitos T** são assim chamados porque são produzidos a partir de células não especializadas da medula óssea (células-tronco) que passam pelo timo, no qual se tornam capazes de reagir aos antígenos. Depois, elas se dirigem para o baço, os linfonodos e outras partes do sistema linfático (figura 20.11).

Os **linfócitos B** também são produzidos a partir de células da medula óssea. A letra B vem de **bolsa de Fabricius**, órgão linfático existente nas aves para o qual essas células migram, indo depois para os demais tecidos linfáticos. Nos mamíferos essa bolsa não existe, e essas células amadurecem na própria medula, indo depois para os tecidos linfáticos. Nestes, podem transformar-se em plasmócitos e produzir **anticorpos**, caso entrem em contato com uma proteína estranha ou um **antígeno**.

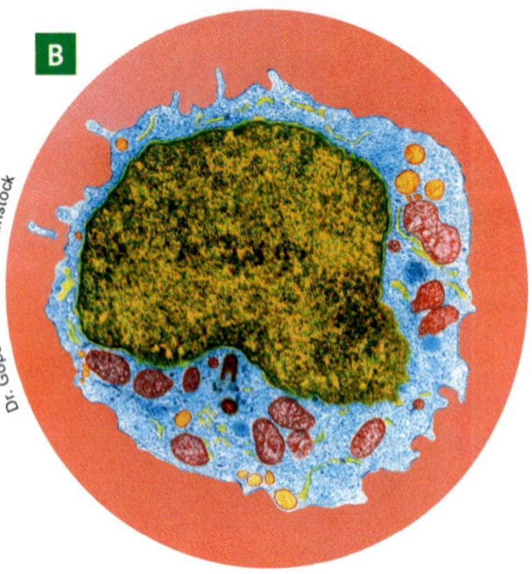

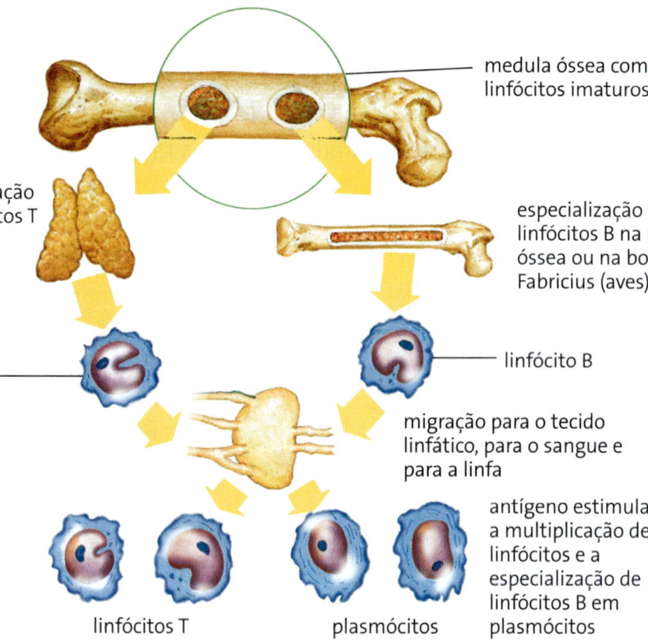

Figura 20.11 Nas fotos, os linfócitos T (**A**) e B (**B**) (imagens ao microscópio eletrônico; aumento de cerca de 6 mil vezes; imagens colorizadas por computador). Na ilustração, esquema da formação e especialização dos linfócitos B e T (os elementos da ilustração não estão na mesma escala; cores fantasia).

Biologia e saúde

Febre: uma defesa que pode ser perigosa

A febre é o aumento da temperatura do corpo acima do normal – geralmente acima de 37 °C (figura 20.12). Na maioria das vezes, a febre é causada por uma infecção provocada por bactérias ou vírus. Ela funciona como defesa do corpo, já que o aumento de temperatura pode diminuir a multiplicação de muitos microrganismos. É também um sinal de alarme, pois indica que o corpo está reagindo a alguma situação anormal. Em caso de febre alta e prolongada, é importante procurar auxílio médico para um diagnóstico e tratamento mais precisos.

Se subir muito (acima de 39 °C), a febre pode ser perigosa. É necessário baixar a temperatura com medicamentos antitérmicos, mas sempre com a orientação de um médico. A pessoa com febre deve ficar em repouso e beber bastante líquido para evitar a desidratação.

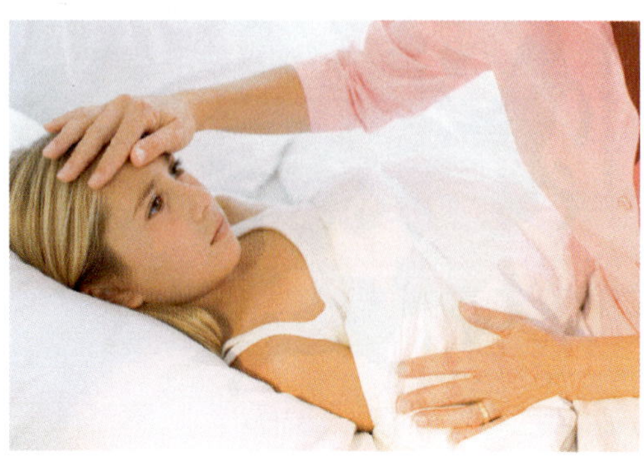

Figura 20.12 Uma das formas de verificar se a criança está com febre é colocar a mão sobre sua testa. O ideal nesses casos é usar um termômetro.

Plaquetas

As plaquetas são pequenos fragmentos de citoplasma desprovidos de núcleo e em forma de disco. Elas são formadas na medula óssea a partir de células com grandes núcleos, os **megacariócitos** (*mega* = grande; *karyon* = núcleo; *kytos* = célula), e lançadas no sangue, no qual vivem e circulam por cerca de dez dias. Em cada milímetro cúbico de sangue há cerca de 200 mil a 400 mil plaquetas, com a importante função de prevenir ou interromper hemorragias; essa função é chamada **hemostasia** (*haîma* = sangue; *stásis* = parar). Se não fossem elas, qualquer pequeno ferimento representaria sério risco de morte.

Assim que um vaso sanguíneo se rompe, as plaquetas acumulam-se rapidamente na região e formam um tampão, que diminui a perda de sangue. As plaquetas também secretam substâncias que promovem a contração do vaso, diminuindo o fluxo de sangue no local e desencadeando uma série de reações que promovem a coagulação do sangue. Esta começa quando os tecidos lesados liberam um complexo de substâncias denominado **tromboplastina** (*thrombos* = coágulo; *plastos* = modelado) **tecidual**, que se junta a fatores do plasma e à tromboplastina liberada pelas plaquetas para originar outro complexo de substâncias, chamado **ativador de protrombina**. Acompanhe esse processo na figura 20.13.

A protrombina é uma enzima inativa encontrada no plasma. Em presença da tromboplastina e de outros fatores de coagulação (e de íons cálcio do plasma), ela se transforma em uma enzima ativa, a **trombina**, que transforma o **fibrinogênio** (proteína do plasma) em **fibrina**. As moléculas de fibrina unem-se, constituindo uma rede tridimensional que retém os glóbulos do sangue. Surge, assim, o coágulo. Este, alguns minutos depois de formado, contrai-se, expelindo um líquido claro, chamado **soro**, que nada mais é que o plasma sem fibrinogênio e muitos outros fatores retidos no coágulo.

A protrombina e o fibrinogênio são produzidos pelo fígado. Para que esse órgão produza a protrombina é necessária a vitamina K (também chamada, por isso, de vitamina anti-hemorrágica). É preciso também uma concentração mínima de íons cálcio para que as diversas etapas do processo ocorram.

Figura 20.13 Esquema simplificado da coagulação do sangue (os elementos da ilustração não estão na mesma escala; cores fantasia).

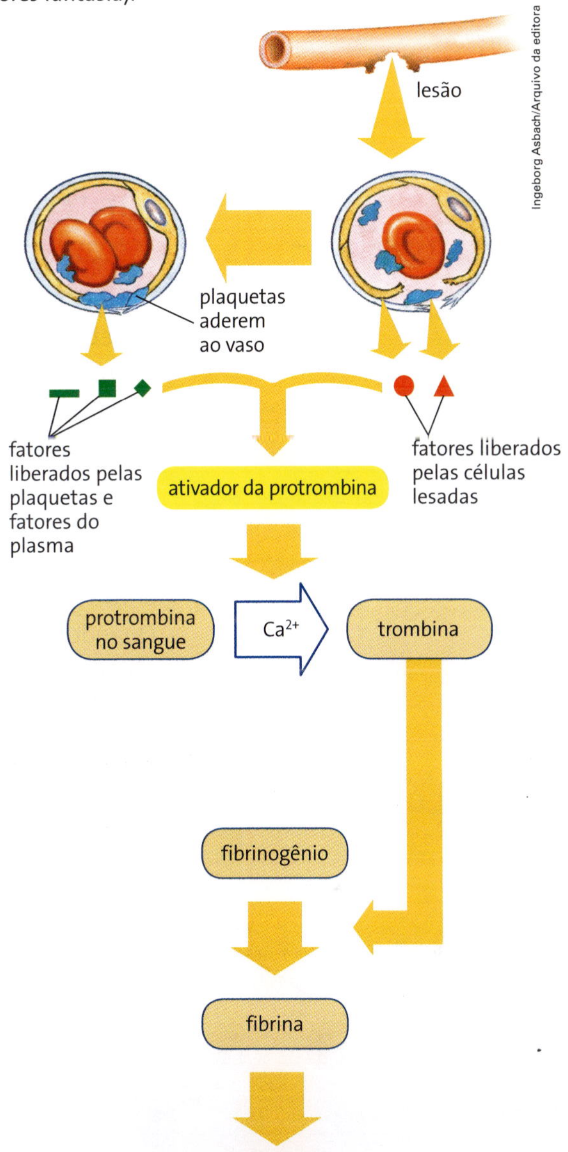

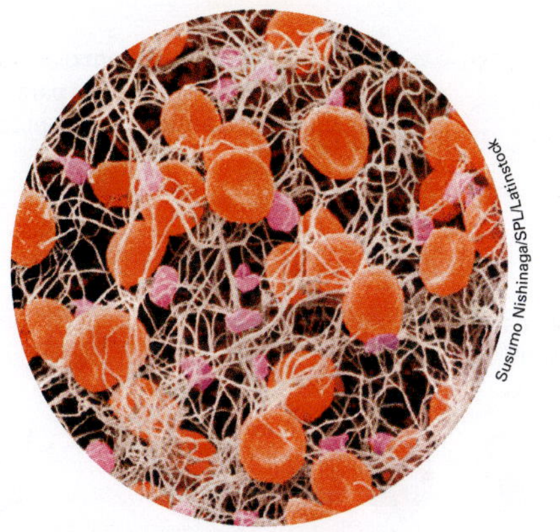

Coágulo visto ao microscópio eletrônico, com hemácias (em vermelho) e plaquetas (em rosa) presas a uma rede de fibrina. (Aumento de cerca de 1500 vezes. Imagem colorizada por computador.)

Sistema imunitário

3 Sistema imunitário

Enquanto a pele, a inflamação e a fagocitose são formas de defesa não específicas, isto é, combatem qualquer microrganismo invasor, o sistema **imunitário** ou **imune** realiza um combate individualizado contra cada tipo de invasor. Os responsáveis por esse combate são os linfócitos e os plasmócitos, produzidos na medula óssea, nos órgãos linfáticos e em várias partes do corpo.

Linfócitos B

Cada ser vivo possui algumas proteínas diferentes das proteínas de outros seres vivos. Assim, quando uma bactéria ou outro microrganismo penetra no corpo de uma pessoa, as proteínas desse invasor não são reconhecidas e tem início a produção de anticorpos ou imunoglobulinas, proteínas do corpo invadido capazes de neutralizar as proteínas estranhas, também chamadas **antígenos**. Os anticorpos são específicos: para cada tipo de antígeno é formado apenas um tipo de anticorpo, com forma complementar à do antígeno.

Assim, o sistema imunitário produz milhões de grupos diferentes de linfócitos B, cada grupo com um anticorpo diferente em sua membrana. Quando um antígeno penetra no organismo, o anticorpo que lhe é complementar liga-se a ele, o que ativa o linfócito que traz o anticorpo em sua membrana. Os linfócitos ativados se multiplicam e se transformam em plasmócitos, produzindo anticorpos que circulam no sangue. Portanto, o antígeno vai determinar qual grupo de linfócitos será ativado (figura 20.14). A esse tipo de defesa do organismo dá-se o nome de **imunidade humoral** (*humor* significa, aqui, 'líquido corporal').

A união do anticorpo com o antígeno faz com que os agentes infecciosos se aglutinem, evitando que se espalhem pelo corpo e facilitando a ação dos glóbulos brancos e dos macrófagos.

Alguns linfócitos ativados pelo antígeno transformam-se em **células de memória** (figura 20.14), graças às quais o organismo se torna imune a doenças como sarampo, catapora, etc. Se o antígeno invadir o corpo novamente, algumas dessas células transformam-se em plasmócitos em poucas horas.

Maspi/Arquivo da editora

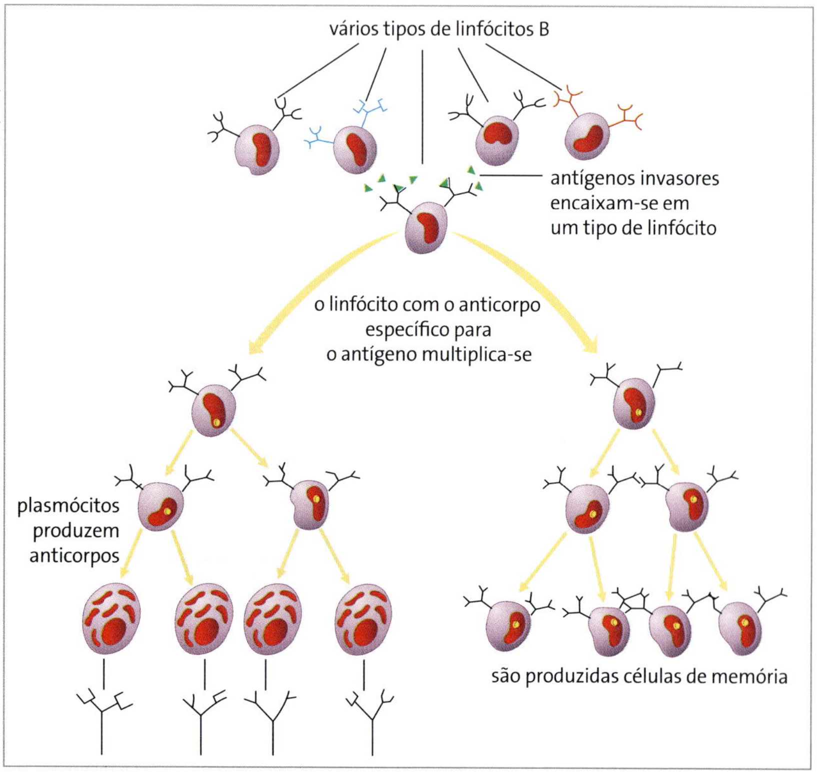

Figura 20.14 Esquema da produção de anticorpos (as células são microscópicas e os anticorpos são cerca de mil vezes menores que a célula; cores fantasia).

Linfócitos T

Enquanto os linfócitos B defendem o organismo pela produção de anticorpos que circulam no sangue, entre os linfócitos T, há células que produzem substâncias que ativam outros linfócitos e células que atacam diretamente as células do corpo invadidas por microrganismos, uma espécie de combate corpo a corpo, além de suprimirem a produção de anticorpos depois que o invasor foi destruído. Cada função é exercida por um tipo de linfócito T: o **linfócito T4**, também conhecido como **célula CD4** (em sua membrana plasmática há uma proteína denominada CD4), **auxiliador** ou ***helper***; o **linfócito T8**, também conhecido como **célula CD8** (a proteína que aparece na membrana é denominada CD8), **linfócito citotóxico** ou **linfócito T matador** ou ***killer***; o **linfócito T supressor**, a célula de memória.

Esse tipo de defesa é chamado **imunidade celular**. Depois de ter fagocitado o microrganismo invasor, o macrófago e outras células do sistema imune espalhadas pelo corpo levam, aderidos à membrana, pedaços das proteínas (peptídios) dos antígenos do invasor. Essas células entram em contato com o linfócito T auxiliar, que possui em sua membrana uma proteína capaz de se encaixar nos antígenos. A partir desse momento, o linfócito T auxiliar produz substâncias que estimulam a sua multiplicação e a de outros linfócitos T e B (figura 20.15).

O linfócito T citotóxico se encarrega de destruir as células do corpo invadidas por vírus e células cancerosas ou transplantadas: ele se une a elas e destrói sua membrana, abrindo orifícios por onde sai o citoplasma. Essas células estranhas são reconhecidas pelo linfócito citotóxico porque, como os macrófagos, apresentam um pouco de antígeno viral em sua superfície.

Quando o combate à infecção termina, as respostas do sistema imunitário diminuem, até cessarem, o que é provocado pelo linfócito T supressor. Por fim, as células de memória permanecem prontas para se diferenciarem nos outros linfócitos T caso o antígeno volte a penetrar no corpo.

No caso da Aids, o vírus ataca o linfócito T auxiliar, prejudicando o sistema imune. Assim, a pessoa fica mais suscetível a infecções.

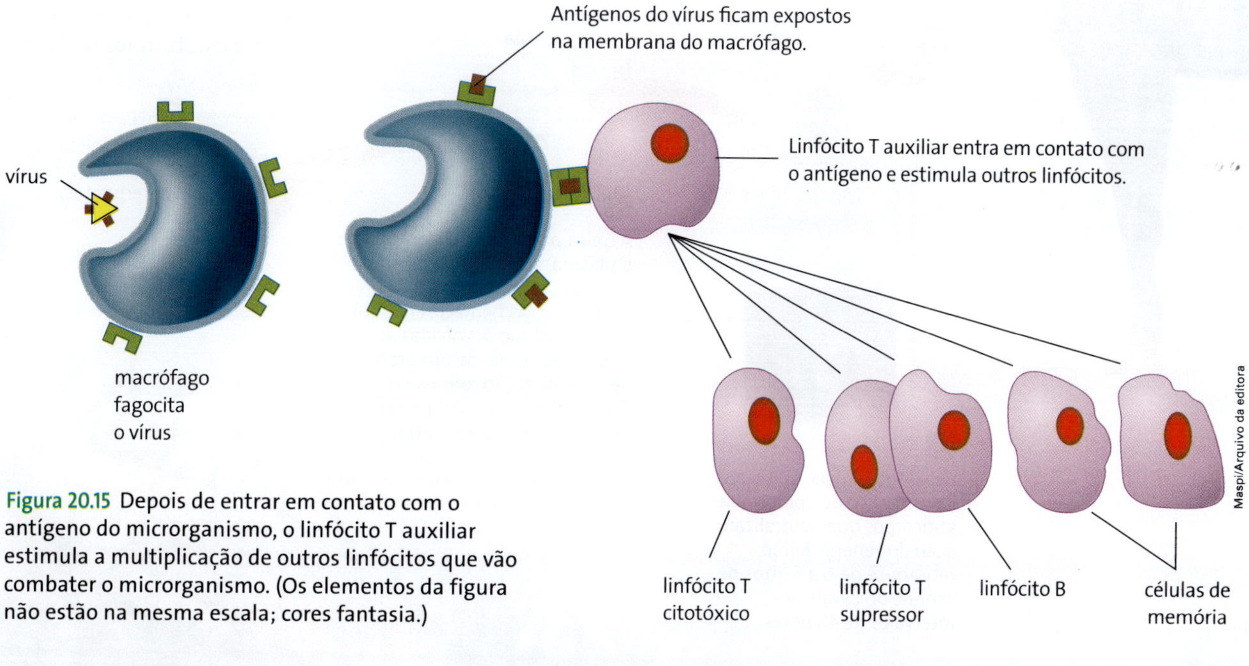

Figura 20.15 Depois de entrar em contato com o antígeno do microrganismo, o linfócito T auxiliar estimula a multiplicação de outros linfócitos que vão combater o microrganismo. (Os elementos da figura não estão na mesma escala; cores fantasia.)

Defesas artificiais: vacinas e soros

Uma medida importante para promover a saúde de uma população é a **vacinação**. Vacinar é injetar no organismo bactérias mortas ou suas toxinas desativadas, vírus atenuados ou partes desses vírus que possam ser reconhecidas pelo corpo como antígenos. Isso faz com que o organismo produza anticorpos específicos, sem ficar doente.

Algumas vezes, para obter um volume razoável de anticorpos, é necessária a vacinação por três ou mais vezes, pois o tempo que os anticorpos permanecem no organismo é variável. Assim, dependendo do tipo de vacina, é conveniente, após algum tempo, a aplicação de uma dose suplementar – o chamado **reforço**. Depois disso, o organismo produz de imediato um nível alto de anticorpos, o que torna a conferir resistência contra a infecção.

A vacina é um caso de **imunização ativa** porque o próprio corpo fabrica os anticorpos contra o agente infeccioso. Em geral, tem a função de prevenir uma doença, embora algumas vacinas sejam dadas ao indivíduo doente para aumentar suas defesas contra microrganismos.

Às vezes, porém, é preciso uma defesa rápida, por exemplo: quando um indivíduo sofre ferimentos suspeitos de contaminação pelo bacilo do tétano ou pelo vírus da raiva ou quando é picado por serpentes peçonhentas. Nesses casos, não se deve esperar que seu corpo produza anticorpos, pois esse processo é muito lento em relação à capacidade de proliferação do microrganismo invasor ou ao alto poder tóxico da peçonha. Assim, deve-se inocular no indivíduo um líquido obtido do sangue de um animal previamente colocado em contato com a peçonha ou com o agente infeccioso – o **soro** ou **soro imune** –, com certa quantidade de anticorpos, que começam a neutralizar imediatamente os antígenos. Depois, o indivíduo passa a produzir seus próprios anticorpos, impedindo a progressão da infecção ou da intoxicação (figura 20.16).

Figura 20.16 Preparação de soro antiofídico (os elementos da ilustração não estão na mesma escala; cores fantasia).

A preparação do soro pode ser feita em cavalos, coelhos ou cabras. Esses animais recebem quantidades não mortais de antígenos, em doses progressivamente maiores, e produzem grande quantidade de anticorpos. O soro é, então, retirado do sangue do animal e armazenado para uso em indivíduos atingidos por infecções ou picadas de animais peçonhentos.

Na produção do soro antiofídico (contra picadas de serpentes), por exemplo, as hemácias são devolvidas ao cavalo, reduzindo-se, assim, os efeitos colaterais da perda de sangue.

O soro, portanto, tem efeito **curativo** e é uma imunização **passiva**, uma vez que o organismo recebe os anticorpos já prontos.

Uma imunização passiva ocorre naturalmente durante a gravidez, quando o feto recebe anticorpos através da placenta, e durante a amamentação, (figura 20.17), quando os anticorpos são fornecidos tanto pelo colostro, nome do líquido produzido pelas mamas nos três primeiros dias depois do parto, como pelo leite materno. É por isso que bebês alimentados com leite materno têm mais resistência contra infecções, mesmo contra as gastrintestinais, uma das causas da alta mortalidade infantil nos países subdesenvolvidos.

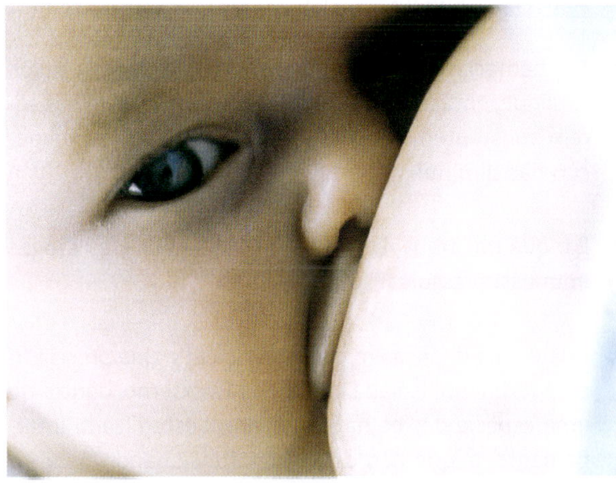

Peache/Photononstop/Latinstock

Figura 20.17 A amamentação é importante por vários motivos. Um deles é dar ao bebê mais resistência contra infecções.

Biologia e saúde

Anticorpos e alergias

A alergia é uma reação exagerada do sistema imune ao contato com substâncias estranhas, provocando reações inflamatórias.

Ocorre produção excessiva de um tipo de anticorpo, a imunoglobulina **E** (IgE), contra os alérgenos, antígenos presentes no pólen, nas penas, na poeira, em cosméticos, medicamentos e até em certos tipos de alimento.

Quando uma pessoa entra em contato pela primeira vez com o alérgeno, ela produz muitas moléculas de IgE, que passam a circular no sangue e também se prendem à membrana dos basófilos e dos mastócitos. Em um segundo contato, o alérgeno "encaixa-se" na IgE dessas células, que liberam histamina e outras substâncias que provocam inflamação.

A histamina dilata os vasos sanguíneos, estimula a produção de muco e, em algumas pessoas, provoca a contração da musculatura das vias aéreas. O resultado pode ser nariz coçando e pingando, olhos lacrimejando, vermelhidão e descamação da pele e até falta de ar (na asma alérgica).

A alergia pode provocar urticária (erupção de manchas vermelhas e brancas na pele), rinite alérgica (inflamação da mucosa nasal), eczema (inflamação não infecciosa da pele, com vermelhidão, bolhas, crostas ou descamação) e asma.

Em alguns casos e em pessoas já sensibilizadas pode haver uma reação muito intensa que exige atendimento médico imediato, pois pode causar a morte: é o choque anafilático.

Na origem da asma alérgica estão dois fatores principais: uma predisposição genética e o contato com o alérgeno. Uma das causas de alergias respiratórias são os ácaros, tipo de aracnídeo microscópico presente na poeira domiciliar. Nesse caso, a limpeza do ambiente é fundamental. No caso de alergia alimentar, é necessário evitar os alimentos aos quais se tem alergia.

Para prevenir ou controlar as doenças alérgicas, é necessária a orientação de um médico, que indicará medicamentos específicos, além de adotar várias medidas práticas: arejar bem o ambiente; forrar travesseiros e colchões com capas; limpar os ambientes com aspiradores com filtros especiais; evitar proximidade com objetos que facilitam o acúmulo de poeira (livros, bichos de pelúcia, brinquedos em excesso).

Atividades

1. O termo leucemia se aplica a vários tipos de câncer que, apesar de afetarem o sangue, não se originam nele. Responda:
   a) Em que tecido do corpo esses problemas têm origem?
   b) Por que alterações nesse tecido afetam o sangue?
   c) Quais são as células do sangue diretamente afetadas pela leucemia? Como isso ocorre?

2. As hemácias adultas não sofrem divisão celular. Explique, então, por que, apesar de hemácias velhas serem constantemente destruídas, o número de hemácias não diminui.

3. Por que nos transplantes de órgãos são usadas drogas imunossupressoras?

4. Existe uma doença em que a pessoa atingida precisa ficar totalmente isolada do ambiente externo, dentro de uma espécie de "bolha" de plástico, esterilizada internamente. O que não deve estar funcionando bem no organismo dessa pessoa? Justifique sua resposta.

5. A dengue é uma doença que provoca a diminuição do número de plaquetas no sangue. Por isso, em casos de suspeita dessa doença, medicamentos à base do ácido acetilsalicílico – substância que diminui a atividade das plaquetas – não devem ser tomados. Sabendo disso, responda: em caso de dengue, que problema o uso desses medicamentos poderia provocar?

6. Explique por que uma pessoa com anemia pode se cansar facilmente, mesmo com a realização de um esforço físico que, em condições normais de saúde, não a cansaria.

7. Um estudante garantiu que a hemácia adulta de um mamífero não pode sofrer mitose. Justifique a afirmativa do estudante e explique por que, apesar dessa limitação, a hemácia é fundamental para nossa sobrevivência.

8. A amamentação protege o bebê contra diversas infecções. Mas essa defesa é temporária. Por quê?

9. Uma pessoa procura uma médica queixando-se de dores de garganta. Além de conversar com a paciente, a médica executa o procedimento mostrado na foto abaixo.

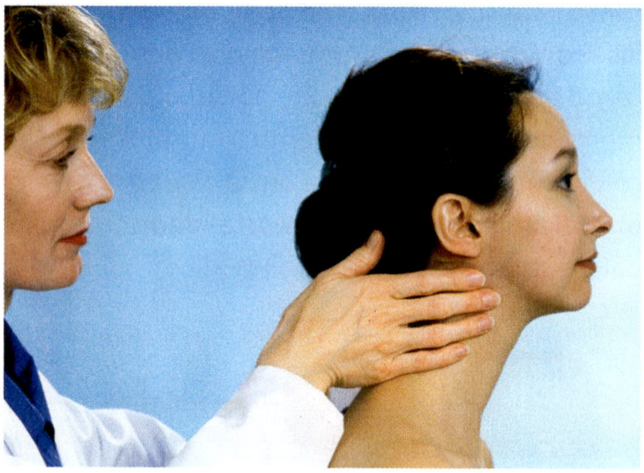

Saturn Stills/SPL/Latinstock

O que a médica deve estar tentando observar e em que esse procedimento poderá auxiliar no diagnóstico?

Trabalho em equipe

Em grupo, escolham um dos temas a seguir para pesquisar (em livros, na internet, em CD-ROMs, etc.). Depois, exponham o resultado da pesquisa para a classe e para a comunidade escolar.

Seria interessante também fazer uma entrevista com um profissional da área de saúde sobre o tema escolhido e convidá-lo para ministrar uma palestra para a comunidade escolar sobre o assunto.

a) Cuidados com a pele: importância da proteção contra o sol (uso de filtro solar e outros cuidados); doenças causadas por parasitas da pele (micose, pediculose, sarna, etc.) e as formas de prevenir esses problemas.

b) Que doenças podem ser diagnosticadas com o auxílio dos exames de sangue? Quais são os requisitos para que uma pessoa possa doar sangue (idade, peso, histórico de doenças, etc.)? Elaborem uma campanha, com folhetos, cartazes e frases de alerta para estimular a doação de sangue.

c) Providenciem um calendário de vacinação obrigatória em postos de saúde e pesquisem as doenças que podem ser prevenidas por vacinas. Façam um resumo das principais características dessas doenças. Elaborem uma campanha, com folhetos, cartazes e frases de alerta que ressaltem a importância da vacinação.

d) As queimaduras podem ser causadas por calor, substâncias químicas ou eletricidade. Podem destruir partes da pele e até tecidos mais profundos e ser classificadas por área da pele atingida e profundidade. Quanto maior a extensão e a profundidade da queimadura, maior é o risco de vida. Pesquisem como as queimaduras podem ser classificadas em relação à profundidade. Apresente algumas características de cada tipo. Se possível, tentem conseguir um profissional de saúde capaz de dar informações à comunidade escolar sobre noções de primeiros socorros.

Pensando no Enem

Um paciente deu entrada em um pronto-socorro apresentando os seguintes sintomas: cansaço, dificuldade em respirar e sangramento nasal. O médico solicitou um hemograma ao paciente para definir um diagnóstico. Os resultados estão dispostos na tabela:

Constituinte	Número normal	Paciente
Glóbulos vermelhos	4,8 milhões/mm³	4 milhões/mm³
Glóbulos brancos	(5 000 – 10 000)/mm³	9 000/mm³
Plaquetas	(250 000 – 400 000)/mm³	200 000/mm³

Relacionando os sintomas apresentados pelo paciente com os resultados de seu hemograma, constata-se que:

a) o sangramento nasal é devido à baixa quantidade de plaquetas, que são responsáveis pela coagulação sanguínea.

b) o cansaço ocorreu em função da quantidade de glóbulos brancos, que são responsáveis pela coagulação sanguínea.

c) a dificuldade respiratória ocorreu da baixa quantidade de glóbulos vermelhos, que são responsáveis pela defesa imunológica.

d) o sangramento nasal é decorrente da baixa quantidade de glóbulos brancos, que são responsáveis pelo transporte de gases no sangue.

e) a dificuldade respiratória ocorreu pela quantidade de plaquetas, que são responsáveis pelo transporte de oxigênio no sangue.

Resolução

Esta questão integra conteúdos relacionados às Ciências da Natureza, como moléculas, células e tecidos e qualidade de vida das populações humanas. Além disso, avalia a capacidade de interpretação de texto e análise de dados em uma tabela.

É importante que você fique atento aos aspectos mais relevantes que serão utilizados para a resolução do exercício, por isso leia com atenção o texto, o enunciado e a tabela fornecida.

Do texto retiramos as informações relacionadas com o estado do paciente, ou seja, ele apresentava as seguintes queixas:

- cansaço;
- dificuldade de respirar;
- sangramento nasal.

Para resolver o exercício precisaremos explicar um desses sintomas por meio dos dados do hemograma que se encontram na tabela.

Interpretação da tabela

Na tabela estão contidas as informações geradas pelo hemograma pedido pelo médico. Nela estão demonstrados os valores normais de glóbulos vermelhos, brancos e plaquetas para a comparação com os valores encontrados no paciente.

De acordo com a tabela, por exemplo, a quantidade de glóbulos vermelhos no paciente é menor do que a normalmente encontrada em um indivíduo normal.

O problema

Após a contextualização dos problemas sofridos pelo paciente e do resultado do hemograma, a questão propõe que se identifique qual sintoma é explicado por qual constituinte do hemograma.

Para isso precisamos saber qual a função destes constituintes do sangue no organismo.

- Glóbulos vermelhos (ou hemácias, ou eritrócitos): constituídos de globulina e hemoglobina. A hemoglobina contém ferro, que se liga ao oxigênio, sendo, portanto, responsável pelo transporte de oxigênio e gás carbônico.
- Glóbulos brancos (ou leucócitos): são componentes do sistema imune do organismo, sendo responsáveis pela captura de corpos estranhos e produção de anticorpos.
- Plaquetas (ou trombócitos): responsáveis por processos de coagulação sanguínea.

Analisando a tabela, percebemos que a quantidade de plaquetas no paciente é inferior ao normal. As plaquetas são responsáveis pela coagulação sanguínea e, portanto, se o número delas no sangue é menor, por consequência, a dificuldade de coagulação é maior, sendo o sangramento nasal um sintoma explicado por essa deficiência.

Resposta: **A.**

Vestibulares de Norte a Sul

1. **CO** (UFG-GO) Analise a tabela a seguir, na qual é apresentado o resultado de parte de um hemograma de um indivíduo adulto do sexo masculino, com peso e altura compatíveis.

Elementos figurados	Valores encontrados	Valores de referência
Hemácias	5,2	4,5 – 6,0 (M/μL)
Hematócritos	50	40 – 52 (%)
Hemoglobinas	16,5	13 – 18 (g/dL)
Neutrófilos totais	59	51 – 65 (%)
Linfócitos	31	20 – 35 (%)
Eosinófilos	2	1 – 4 (%)
Monócitos	7	2 – 14 (%)
Plaquetas	68	150 – 500 (giga/L)

O resultado apresentado indica que esse indivíduo tem uma predisposição a

a) anemia.
b) infecção.
c) hemorragia.
d) siclemia.
e) talassemia.

2. **SE** (UFMG) A Campanha Nacional de Vacinação do Idoso, instituída pelo Ministério da Saúde do Brasil, vem se revelando uma das mais abrangentes dirigidas à população dessa faixa etária. Além da vacina contra a gripe, os postos de saúde estão aplicando, também, a vacina contra pneumonia pneumocócica. É correto afirmar que essas vacinas protegem porque:

a) são constituídas de moléculas recombinantes.
b) contêm anticorpos específicos.
c) induzem resposta imunológica.
d) impedem mutações dos patógenos.

3. **NE** (UFPI) Qual a sequência correta para a coagulação do sangue nos vertebrados?

a) Plaquetas, fibrinogênio, protrombina, fibrina, trombina.
b) Trombina, plaquetas, fibrinogênio, protrombina, fibrina.
c) Plaquetas, protrombina, trombina, fibrinogênio, fibrina.
d) Plaquetas, fibrina, fibrinogênio, trombina, protrombina.
e) Fibrinogênio, plaquetas, protrombina, fibrina, trombina.

4. **S** (UFSC) "Nos últimos 10 anos, os imunologistas realizaram avanços impressionantes no conhecimento sobre a geração de respostas imunes para a defesa do organismo. Um dos resultados mais promissores levou à retomada dos estudos de imunoterapia para controlar o crescimento de tumores." (Trecho extraído da revista *Ciência Hoje*, v. 35, n. 207, p. 28, ago. 2004.)

Com relação aos assuntos citados no texto acima, é correto afirmar que:

01. O corpo humano tem suas defesas, que formam o chamado sistema fisiológico.
02. O câncer é o resultado de modificações genéticas produzidas em células, seja por vírus ou por agentes externos, como radiação ou substâncias químicas.
04. Os leucócitos (células brancas) e as hemácias (células vermelhas) são "unidades móveis" que atuam na defesa dos organismos.
08. As células imunes, ricas em lisossomos, penetram nos tecidos de todo o corpo através da intermediação de enzimas especiais que possibilitam a realização do transporte ativo.
16. A medula óssea está envolvida com a produção de células do sistema imune.
32. Quando do surgimento de um tumor, células normais sofrem alterações que afetam sua capacidade de divisão.

Dê como resposta a soma dos números associados aos itens corretos.

5. **SE** (Ufscar-SP) No esquema abaixo (construído segundo Junqueira e Carneiro, 1972), está representada uma área inflamada no corpo humano. Nele, 1, 2, 3 e 4 correspondem à seguinte sequência de eventos:

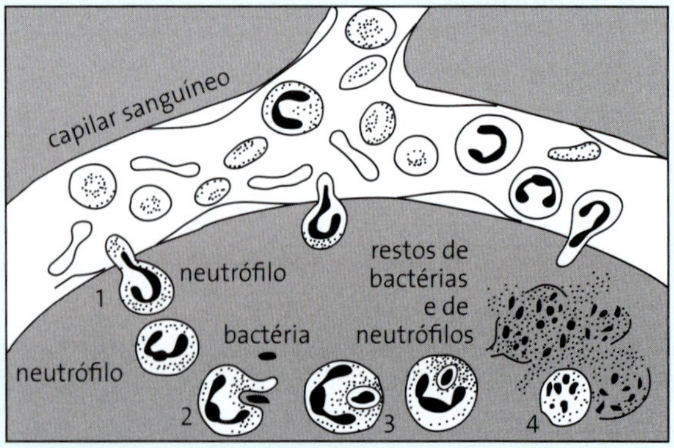

a) fagocitose, diapedese, digestão e clasmocitose.
b) diapedese, pinocitose, digestão e formação de pus.
c) diapedese, clasmocitose, pinocitose e formação de pus.
d) diapedese, fagocitose, digestão e formação de pus.
e) fagocitose, pinocitose, diapedese e formação de pus.

6. NE (UFPE-modificada) O corpo humano possui cerca de 5 a 6 litros de sangue, o que é essencial para a sobrevivência e o funcionamento de células, tecidos e órgãos.

Considerando o conhecimento sobre o tecido sanguíneo, analise as proposições a seguir.

( ) As hemácias são células anucleadas, de origem mesodérmica, sem mitocôndrias e ricas em hemoglobina.

( ) Processos hemorrágicos intensos produzem o choque hipovolêmico, o que pode levar à morte, em razão da perda de plaquetas e dos fatores de coagulação sanguínea.

( ) Células T citotóxicas são linfócitos que amadurecem no timo; são especializadas na produção de antígenos e células de memória durante as infecções.

( ) Neutrófilos e macrófagos são fagócitos originários da medula óssea vermelha, sendo que os primeiros possuem núcleo trilobado, e os segundos, um grande núcleo na região central da célula.

( ) Eosinófilos são células que combatem infecções parasíticas, enquanto os basófilos produzem aumento da permeabilidade vascular através da secreção de histamina.

7. CO (UFMS) Sobre os leucócitos, assinale a(s) proposição(ões) correta(s):

(01) Monócitos são classificados como granulócitos.

(02) Linfócitos T são especializados na produção de anticorpos.

(04) Linfócitos são classificados como agranulócitos.

(08) Neutrófilos e eosinófilos são classificados como agranulócitos.

(16) Basófilos são granulócitos que liberam histamina e heparina.

(32) Linfócitos B recebem essa denominação (B) por terem sido estudados, inicialmente, em aves onde são maturados em uma estrutura linfoide chamada de Bursa de Fabricius.

8. N (UFRR) A histamina é uma substância que desempenha papel importante nas inflamações e reações alérgicas, sendo responsável pelo edema (inchaço) e pelo eritema (vermelhidão). Quando liberada pelas células, a histamina provoca aumento da permeabilidade dos capilares sanguíneos, facilitando a liberação de anticorpos. Marque a alternativa que indica o tipo de leucócito responsável pela liberação da histamina:

a) eosinófilo.
b) basófilo.
c) linfócito.
d) monócito.
e) neutrófilo.

9. NE (UEPB) Uma pessoa foi transportada para uma região de grande altitude, onde a atmosfera é rarefeita. Observou-se que nessa pessoa ocorreu:

a) um aumento do número de leucócitos.
b) uma diminuição da frequência dos movimentos cardíacos.
c) um aumento do número de hemácias.
d) uma diminuição da pressão sanguínea.
e) uma diminuição da frequência dos movimentos respiratórios.

10. SE (Fuvest-SP) Têm (ou tem) função hematopoiética:

a) as glândulas parótidas.
b) as cavidades do coração.
c) o fígado e o pâncreas.
d) o cérebro e o cerebelo.
e) a medula vermelha dos ossos.

11. NE (UFRN) A vacinação é muito eficaz na prevenção de doenças virais, como a poliomielite e o sarampo. No entanto, a eficácia das vacinas diminui quando são aplicadas em indivíduos que não se alimentam adequadamente. Uma explicação para esse fato é que, nesses indivíduos, ocorre:

a) contato mais frequente com os agentes causadores das doenças.
b) produção menor de anticorpos contra o componente da vacina.
c) carência de vitaminas, como a C e a E, sujeitando-os a infecções.
d) queda na multiplicação de hemácias e leucócitos na medula óssea.

12. SE (Fuvest-SP) Qual das seguintes situações pode levar o organismo de uma criança a tornar-se imune a um determinado agente patogênico por muitos anos, até mesmo pelo resto de sua vida?

a) Passagem de anticorpos contra o agente da mãe para o feto durante a gestação.
b) Passagem de anticorpos contra o agente da mãe para a criança durante a amamentação.
c) Inoculação no organismo da criança de moléculas orgânicas constituintes do agente.
d) Inoculação no organismo da criança de anticorpos específicos contra o agente.
e) Inoculação no organismo da criança de soro sanguíneo obtido de um animal imunizado contra o agente.

13. S (UFRGS-RS) Quando uma pessoa é picada por um animal peçonhento, deve procurar socorro através de:

a) soro, que induzirá a formação de anticorpos.
b) soro, porque é composto de antígenos específicos.
c) soro, porque contém anticorpos prontos.
d) vacina, porque fornecerá ao organismo elementos de defesa.
e) vacina, para eliminar quimicamente o veneno.

14. SE (UFMG) Este quadro se refere ao número de células sanguíneas, expresso em células/mm³ de sangue, encontradas nos exames de sangue de um indivíduo normal e de um indivíduo doente.

Células sanguíneas		Indivíduo normal	Indivíduo doente
Hemácias		4 500 000	4 800 000
Plaquetas		250 000	100 000
Leucócitos	Totais	8 000	15 000
	Neutrófilos (%)	4 800 (60%)	12 000 (80%)
	Basófilos (%)	80 (1%)	150 (1%)
	Eosinófilos (%)	240 (3%)	1 050 (7%)
	Linfócitos (%)	2 400 (29%)	1 500 (10%)
	Monócitos (%)	560 (7%)	300 (2%)

Entre as possíveis alterações apresentadas pelo indivíduo doente, não se inclui:

a) alergia.
b) anemia.
c) distúrbio da coagulação.
d) infecção.

15. SE (FGV-SP) O gráfico ilustra a concentração de duas substâncias (I e II) no processo de coagulação sanguínea.

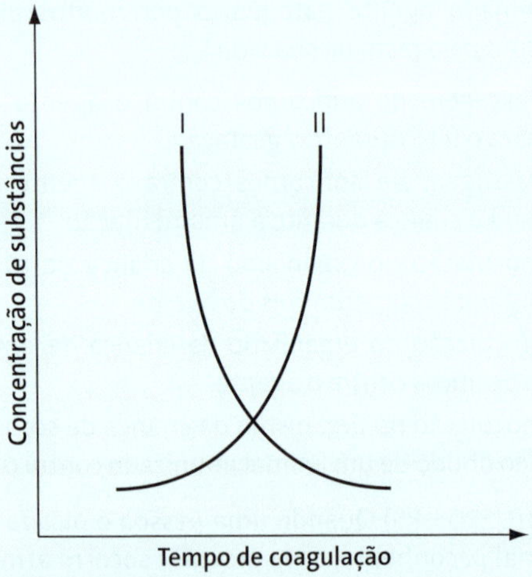

As substâncias I e II são, respectivamente,

a) fibrina e fibrinogênio.
b) protrombina e vitamina K.
c) protrombina e trombina.
d) trombina e cálcio.
e) protrombina e tromboplastina.

16. SE (Vunesp-SP) Dados da Organização Mundial de Saúde indicam que crianças filhas de mães fumantes têm, ao nascer, peso médio inferior ao de crianças filhas de mães não fumantes.

Sobre esse fato, um estudante fez as seguintes afirmações:

I. O cigarro provoca maior concentração de monóxido de carbono (CO) no sangue e provoca constrição dos vasos sanguíneos da fumante.
II. O CO se associa à hemoglobina formando a carboxiemoglobina, um composto quimicamente estável que favorece a ligação da hemoglobina ao oxigênio.
III. O oxigênio, ligado à hemoglobina, fica indisponível para as células e desse modo o sangue materno chega à placenta com taxas reduzidas de oxigênio.
IV. A constrição dos vasos sanguíneos maternos diminui o aporte de sangue à placenta, e desse modo reduz-se a quantidade de oxigênio e nutrientes que chegam ao feto.
V. Com menos oxigênio e menos nutrientes, o desenvolvimento do feto é mais lento, e a criança chegará ao final da gestação com peso abaixo do normal.

Sabendo-se que a afirmação I está correta, então podemos afirmar que:

a) a afirmação II também está correta, mas esta não tem por consequência o contido na afirmação III.
b) as afirmações II e III também estão corretas, e ambas têm por consequência o contido na afirmação V.
c) a afirmação III também está correta, mas esta não tem por consequência o contido na afirmação V.
d) a afirmação IV também está correta e tem por consequência o contido na afirmação V.
e) as afirmações II, III e IV estão corretas e têm por consequência o contido na afirmação V.

17. SE (FGV-SP) A anemia ferropriva é caracterizada pela carência de ferro no organismo em função de fatores tais como: deficiência nutricional, parasitoses intestinais, gravidez, amamentação e hemorragias. Para suprir essa deficiência, algumas pessoas recomendam que se cozinhe alimentos em conjunto com objetos de ferro, como por exemplo um prego. Essa recomendação é:

a) válida, pois o prego, durante o cozimento, libera grande quantidade de ferro, e o organismo apresenta elevada absorção do elemento liberado.
b) válida, pois o prego, durante o cozimento, libera pequena quantidade de ferro, mas o organismo apresenta elevada absorção do elemento liberado.
c) inválida, pois o prego, durante cozimento, libera pequena quantidade de ferro, e o organismo apresenta reduzida absorção do elemento liberado.
d) inválida, pois o prego, durante o cozimento, libera grande quantidade de ferro, mas o organismo não apresenta absorção desse elemento.

18. **S** (Udesc) No quadro abaixo é demonstrada a característica geral dos leucócitos e a sua função.

Desenho esquemático			
Nome do leucócito	1	2	Linfócito
Característica geral	3	Núcleo geralmente trilobulado	Núcleo ocupando quase toda célula
Função	Fagocitar bactérias	Fagocitar elementos estranhos	4

Assinale a alternativa correta que completa o quadro na sequência 1, 2, 3 e 4.

a) 1. Linfócito, 2. Neutrófilo, 3. Núcleo trilobulado e 4. Produção de anticorpos.
b) 1. Monócito, 2. Neutrófilo, 3. Núcleo em forma de rim e 4. Produção de anticorpos.
c) 1. Monócito, 2. Eosinófilo, 3. Núcleo em forma de rim e 4. Libera heparina.
d) 1. Linfócito, 2. Basófilo, 3. Núcleo em forma de rim e 4. Libera heparina.
e) 1. Basófilo, 2. Neutrófilo, 3. Núcleo trilobulado e 4. Produção de anticorpos.

19. **NE** (UERN) Durante a vida de um animal, as divisões celulares são rigorosamente controladas, de modo a garantir o bom funcionamento do organismo. Entretanto, certas alterações genéticas podem danificar o sistema de controle da divisão celular, levando à multiplicação descontrolada da célula, com potencialidade para formar um tumor. Os tumores malignos são classificados em dois grupos: sarcomas, que são originados de células do mesoderma, e carcinomas, provenientes de células originadas do ectoderma ou endoderma. Leucemia é caracterizada pela produção excessiva de células brancas anormais, superpovoando a medula óssea. A infiltração da medula óssea resulta na diminuição da produção e funcionamento de células sanguíneas normais. Dependendo do tipo, a doença pode se espalhar para os nódulos linfáticos, baço, fígado, sistema nervoso central e outros órgãos e tecidos, causando inchaço na área afetada. Esse tipo de câncer é proveniente de células originadas no seguinte folheto embrionário:

a) mesoderme.
b) ectoderme.
c) endoderme.
d) notocorda.

20. **NE** (UFRN) Uma pessoa foi fazer um hemograma e obteve o resultado abaixo.

HEMOGRAMA		
	Valores obtidos	**Valores referenciais**
Hemácias (milhões/mm³)	5,12	4,5 a 6,5
Leucócitos (mm³)	8 100	4 300 a 10 000
Plaquetas (mm³)	90 000	150 000

Considerando os valores obtidos, apresentados no resultado do hemograma, é correto afirmar que:

a) o número de plaquetas por mm^3 favorece a ocorrência de distúrbios hemorrágicos, caracterizados por uma tendência ao sangramento fácil.
b) a quantidade de plaquetas indica a presença de anemia, associada à dificuldade em transportar o oxigênio e o gás carbônico.
c) o número de leucócitos por mm^3 sugere a presença de infecção bacteriana, caracterizada por uma tendência a hemorragia.
d) a quantidade de hemácias indica que o indivíduo encontra-se devidamente protegido contra os agentes infecciosos.

21. **SE** (UFTM-MG) O gráfico mostra a variação, ao longo dos 10 anos, da quantidade de vírus HIV, causador da Aids, e de linfócitos CD4 em um paciente que não foi submetido a nenhum tratamento com antivirais.

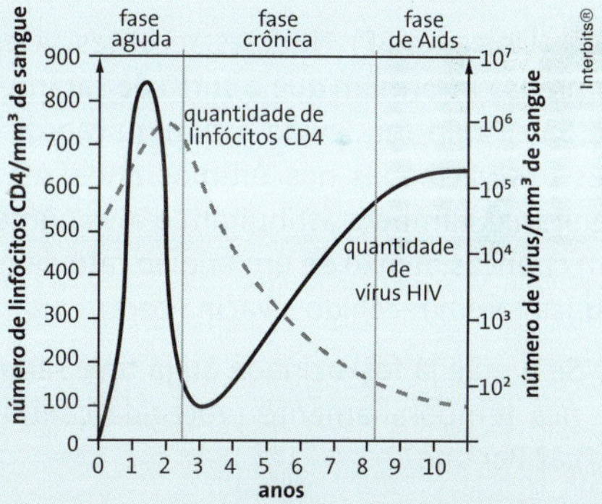

A partir da análise do gráfico, pode-se afirmar corretamente que:

a) a quantidade de linfócitos aumenta com o aumento da quantidade de vírus durante os cinco primeiros anos.
b) os sintomas típicos da doença aparecem a partir do segundo ano porque o número de linfócitos está abaixo de 50 por mm^3 de sangue.
c) durante as fases aguda e crônica, uma pessoa não é capaz de transmitir o vírus para outra pessoa, isso ocorre somente na fase de Aids.
d) muitas doenças oportunistas podem ser adquiridas por um paciente quando a quantidade de linfócitos atinge valores abaixo de 200 por mm^3 de sangue.
e) os vírus utilizam os linfócitos para se reproduzirem nos dois primeiros anos e, depois, qualquer célula humana pode servir de hospedeira.

22. **NE** (UEPB) Analise as proposições apresentadas sobre os processos de imunização.

I. Existem dois tipos de resposta imune: a humoral, relacionada aos anticorpos presentes no sangue e na linfa, e a celular, que é mediada pelos linfócitos T.

II. O princípio de atuação das vacinas difere do princípio dos soros. As vacinas desencadeiam um mecanismo de imunização ativa e os soros desencadeiam um mecanismo de imunização passiva.

III. Na resposta imunitária secundária, o tempo para a produção de anticorpos é maior e a quantidade de anticorpos produzidos é menor, comparando-se com o que ocorre na resposta imunitária primária.

Assinale a alternativa que apresenta a(s) proposição(ões) correta(s).

a) I, II e III.
b) Apenas I e III.
c) Apenas III.
d) Apenas II e III.
e) Apenas I e II.

23. **SE** (UFF-RJ) O sistema imune apresenta um tipo de célula que passa do vaso sanguíneo para o tecido conjuntivo onde irá exercer sua função de defesa. A célula e a passagem são, respectivamente, identificadas como:

a) basófilos e pinocitose.
b) macrófagos e fagocitose.
c) leucócitos e endocitose.
d) leucócitos e diapedese.
e) glóbulos brancos e endocitose.

24. **SE** (Unicamp-SP) Notícias recentes veiculadas pela imprensa informam que o surto de sarampo no estado de São Paulo foi devido à diminuição do número de pessoas vacinadas nos últimos anos. As autoridades sanitárias também atribuíram o alto número de casos em crianças abaixo de um ano ao fato de muitas mães nunca terem recebido a vacina contra o sarampo.

a) Se a mãe já foi vacinada ou já teve sarampo, o bebê fica temporariamente protegido contra essa doença? Por quê?

b) Por que uma pessoa que teve sarampo ou foi vacinada fica permanentemente imune à doença? De que forma a vacina atua no organismo?

25. **SE** (FGV-SP) Os cromossomos humanos podem ser estudados em células do sangue. Essa análise pode ser feita tanto em linfócitos como em hemácias? Por quê?

26. **CO** (UFG-GO) As respostas imunológicas constituem mecanismos de defesa vitais para os organismos. A esse respeito,

a) explique a diferença entre a resposta ativa e a passiva;

b) apresente um exemplo de imunização ativa artificial e um de imunização passiva natural.

27. **SE** (Vunesp-SP) Vários atletas do continente americano foram convidados a participar de uma competição de atletismo na cidade do Rio de Janeiro. Assim que os atletas desembarcavam no aeroporto internacional, eram submetidos a vários testes e exames, um dos quais o hemograma. Um determinado atleta, tendo perdido seu passaporte durante a viagem, alegou ser mexicano e que morava na Cidade do México.

a) Qual o elemento figurado no sangue que, analisado através do hemograma desse atleta, possibilitaria acreditar em sua origem?

b) Justifique sua resposta.

28. **SE** (PUC-MG) O sangue é um tecido especial cuja substância intercelular é líquida. Nele, vários tipos celulares, com funções específicas, se distribuem constituindo os chamados elementos figurados. Tendo em vista as células do sangue de mamíferos, identifique os itens abaixo:

I. É uma célula anucleada na forma de disco bicôncavo.

II. Produz histamina e heparina.

III. É o leucócito mais numeroso.

IV. São fragmentos citoplasmáticos importantes na coagulação sanguínea.

V. Existe na proporção de 25% a 35% dos leucócitos, sendo o menor deles.

29. **SE** (Vunesp-SP) Em condições normais, o número de hemácias na espécie humana é aproximadamente constante: 5,5 milhões para o homem e 4,5 milhões para a mulher. Como isso pode ocorrer sendo que a duração da vida das hemácias está limitada a mais ou menos 120 dias?

CAPÍTULO

21 Tecido muscular

Lori Adamski Peek/Getty Images

A prática de exercícios é fundamental para a saúde do tecido muscular e de todo o organismo.

- Por que quando fazemos exercício físico dizemos que estamos gastando energia?
- Quais são os tecidos que se desenvolvem quando fazemos exercício físico?
- Que tipos de músculos atuam nos movimentos das nossas pernas e braços? E do nosso coração? E do sistema digestório?

1 Tipos de tecido muscular

Em geral, o que chamamos de carne na nossa alimentação é formado principalmente pelo **tecido muscular**.

O músculo é composto de feixes de células envolvidos por tecido conjuntivo propriamente dito, que leva vasos sanguíneos e nervos para elas. Essas células se originam da mesoderme e possuem a capacidade de se contrair, provocando movimentos, o que depende da presença no citoplasma de filamentos de proteínas especiais.

Esses filamentos e outras partes da célula recebem nomes específicos:

- as células musculares são chamadas **fibras musculares** ou, pela terminologia recente, **miócitos** (*mys* = músculo);
- os filamentos de proteínas, **miofibrilas** ou **miofilamentos**;
- o retículo endoplasmático não granuloso, que armazena cálcio para a contração, é chamado **retículo sarcoplasmático** (*sarkos* = carne, músculo; *plasma* = molde).

Existem três tipos de tecido muscular – estriado esquelético, não estriado e estriado cardíaco –, que diferem entre si pelas características de suas células e pela localização no organismo.

Tecido muscular esquelético

Tecido muscular estriado esquelético

O tecido muscular estriado esquelético é formado por células cilíndricas muito compridas, que se originam da fusão de um grande número de células embrionárias e, por isso, são plurinucleadas, podendo conter centenas de núcleos (figura 21.1). Suas miofibrilas apresentam faixas claras e escuras alternadas, formando estrias transversais.

A maioria dos seiscentos músculos esqueléticos está ligada aos ossos. Mas eles também são encontrados no abdome, sustentando as vísceras, e sob a pele do rosto, respondendo pelas expressões fisionômicas e pelo movimento dos olhos.

Além disso, por meio do músculo estriado esquelético reagimos aos estímulos do ambiente. Portanto, é natural que esse músculo seja capaz de contrações fortes e rápidas e que seja possível controlá-las conscientemente. Assim, dizemos que esses músculos são voluntários.

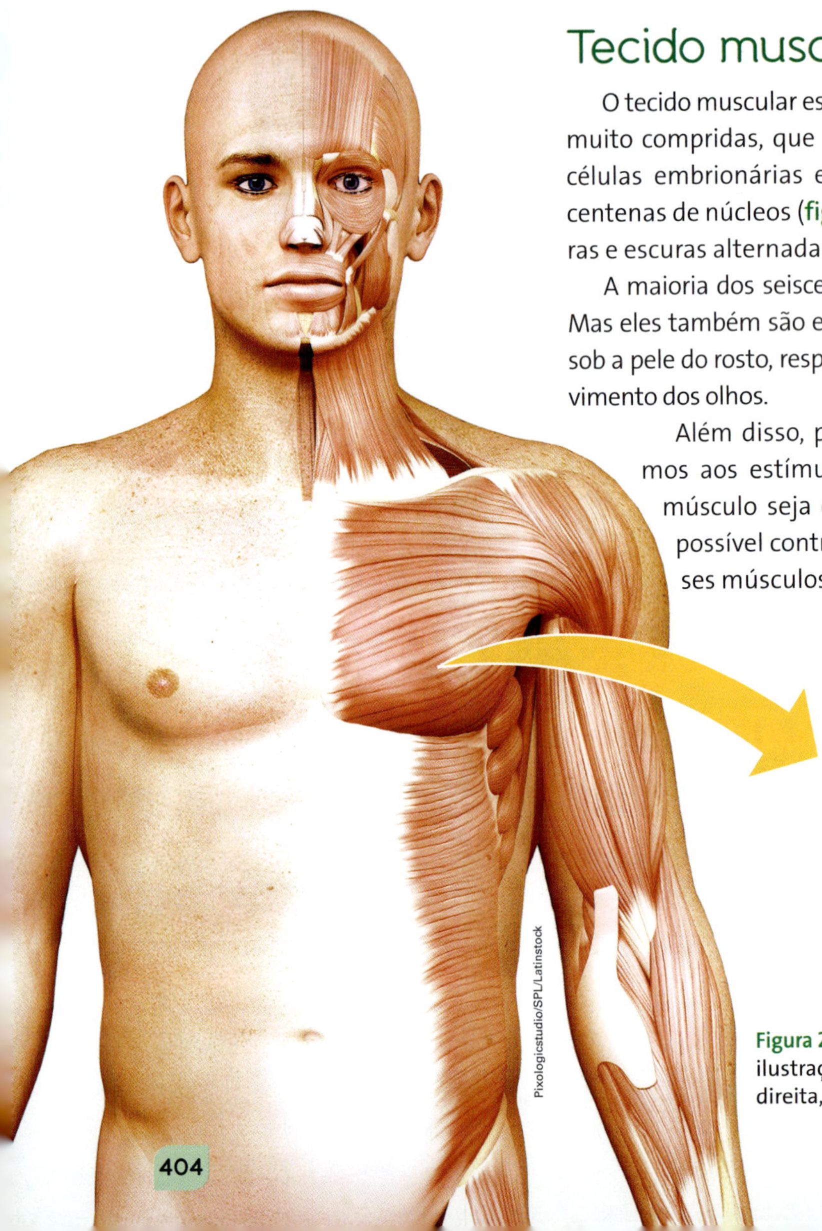

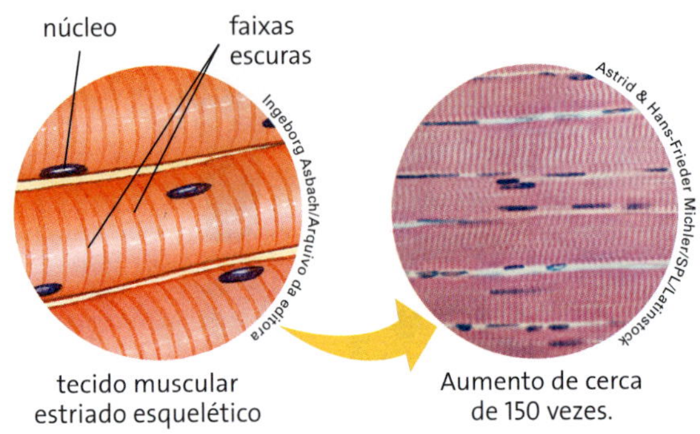

Figura 21.1 Tecido muscular estriado esquelético (os elementos da ilustração não estão na mesma escala; cores fantasia.) Na foto à direita, imagem ao microscópio óptico (com uso de corantes).

Tecido muscular não estriado

É formado por células mononucleadas, sem estrias transversais (figura 21.2) e constitui a maior parte do **músculo não estriado** (ou **liso**). Está presente nas paredes dos órgãos ocos (como o tubo digestório, o útero, a bexiga, a vesícula biliar, as artérias e veias, os brônquios e bronquíolos), ao redor das glândulas (determinando a eliminação de secreções) e preso aos pelos e ao cabelo (quando os músculos lisos se contraem em resposta a um golpe de ar ou a um susto, provocam o eriçamento dos pelos e do cabelo aos quais estão presos).

Suas funções são empurrar o alimento ao longo do tubo digestório; regular o fluxo de ar para os pulmões pelo controle do diâmetro dos brônquios e bronquíolos; regular o fluxo de sangue para certa região do corpo por meio do controle do diâmetro dos vasos sanguíneos; regular a intensidade de luz que chega aos olhos pelo controle do diâmetro da pupila; secretar a bile da vesícula biliar para o intestino; ajudar na contração do útero no parto; ajudar a eliminar a urina da bexiga (o que é diferente do controle exercido pelo músculo estriado esquelético no esfíncter da uretra, que é voluntário).

Portanto, esse tipo de músculo se contrai independentemente de nossa vontade; é um músculo **involuntário**.

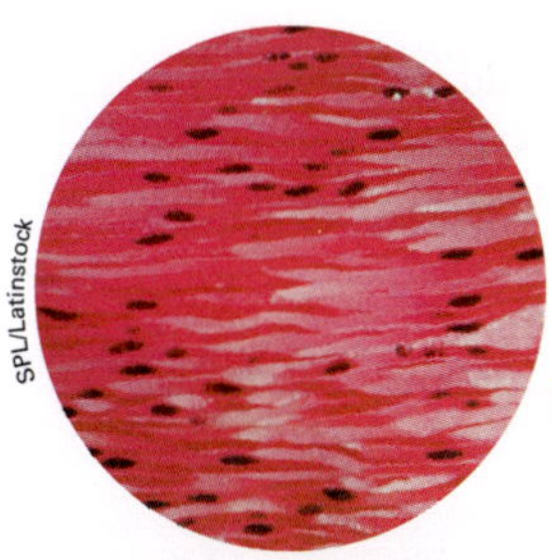

Aumento de cerca de 100 vezes.

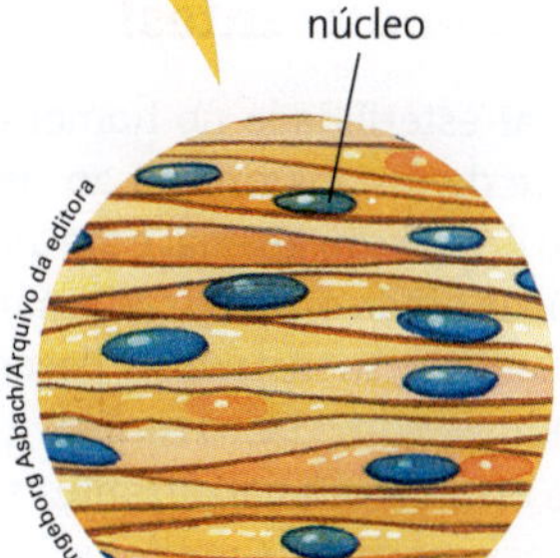

tecido muscular não estriado

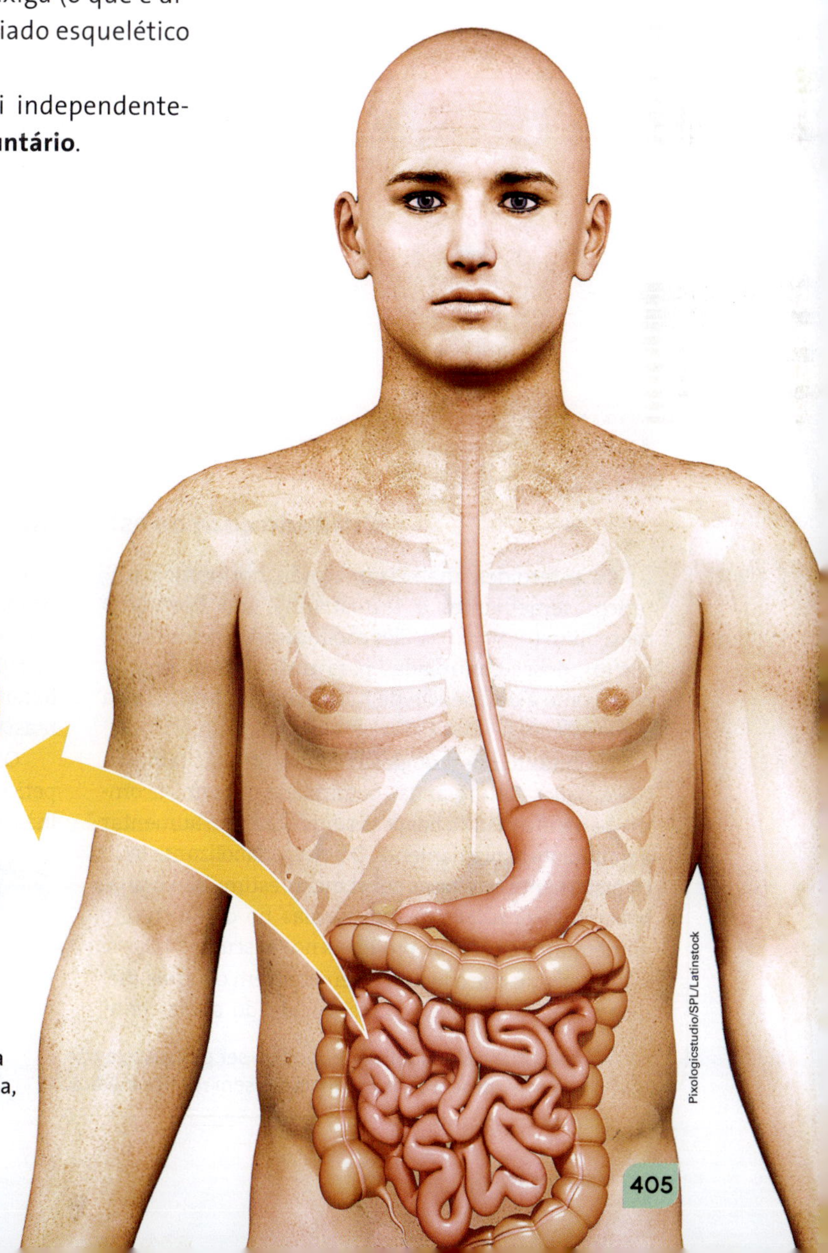

Figura 21.2 Tecido muscular não estriado (os elementos da ilustração não estão na mesma escala). Na foto à esquerda, imagem ao microscópio óptico (com uso de corantes).

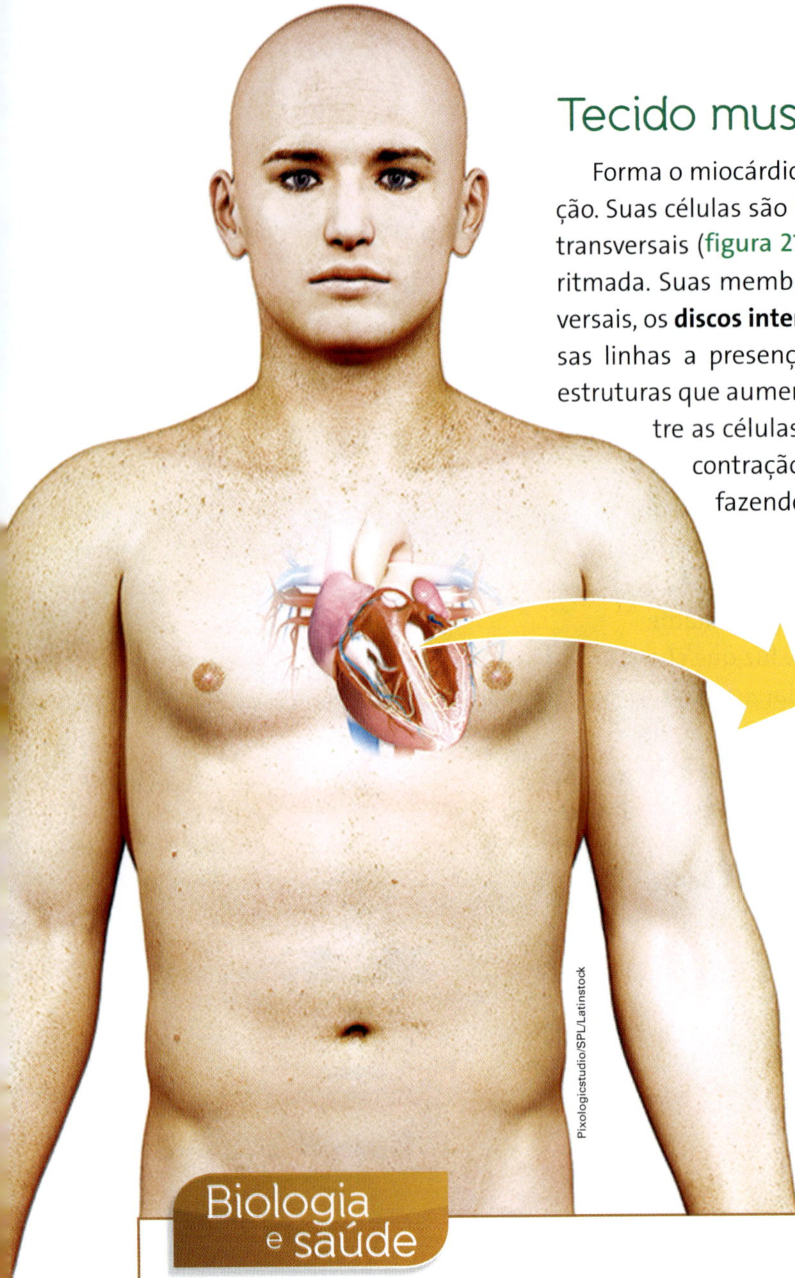

Tecido muscular estriado cardíaco

Forma o miocárdio ou músculo estriado cardíaco, localizado no coração. Suas células são longas, ramificadas e mononucleadas, com estrias transversais (figura 21.3), e contraem-se de forma involuntária, rápida e ritmada. Suas membranas estão intimamente unidas por linhas transversais, os **discos intercalares**. Ao microscópio eletrônico observa-se nessas linhas a presença de desmossomos e de junções comunicantes, estruturas que aumentam a adesão e permitem a passagem de íons entre as células. Desse modo, o impulso elétrico que determina a contração passa rapidamente de uma célula para outra, fazendo com que todas se contraiam ao mesmo tempo.

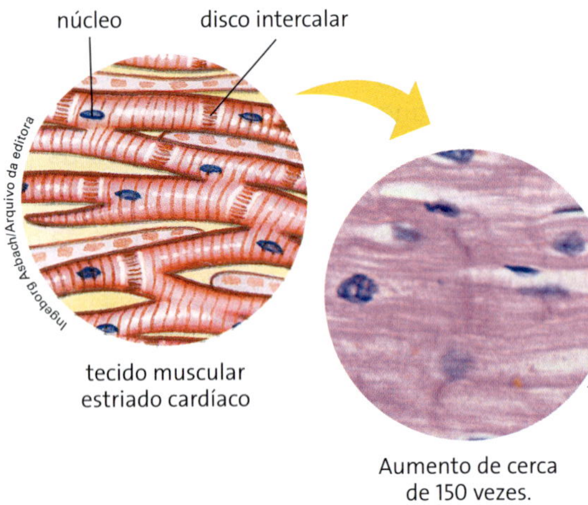

Figura 21.3 Tecido muscular estriado cardíaco (os elementos da ilustração não estão na mesma escala). Na foto acima, imagem ao microscópio óptico (com uso de corantes).

Biologia e saúde

Cuidado com os esteroides anabolizantes!

Os esteroides anabolizantes são hormônios sintéticos semelhantes à testosterona, um hormônio masculino (figura 21.4). Eles são indicados pelos médicos em doses controladas para tratar certos problemas, como a deficiência de hormônios masculinos na adolescência.

No entanto, os esteroides anabolizantes são também consumidos em grande quantidade e sem acompanhamento médico por pessoas que querem aumentar a musculatura rapidamente. O nome anabolizante indica justamente que essas substâncias estimulam o anabolismo (a produção de substâncias no organismo) e aumentam a síntese de proteínas no músculo.

O perigo é que o uso de esteroides sem controle médico pode interromper o crescimento do adolescente, provocar esterilidade no homem, depressão, câncer de fígado e danos aos rins ou ao sistema circulatório (aumento de pressão arterial e até ataque cardíaco). Na mulher, pode ainda diminuir o tamanho dos seios, desequilibrar o ciclo menstrual e desenvolver características masculinas, como pelos na face.

Os esteroides anabolizantes são proibidos nas competições esportivas, e muitos atletas perdem suas medalhas quando é constatado o uso dessas substâncias.

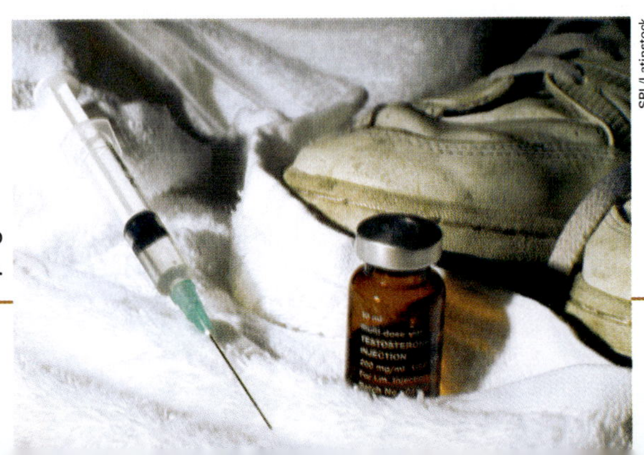

Figura 21.4 Os anabolizantes podem ser perigosos e não devem ser administrados sem receita médica.

2 Contração muscular

As células musculares contraem-se por causa do encurtamento de centenas de miofibrilas presentes no seu citoplasma. Vamos entender como essas miofibrilas se organizam e aprender certos detalhes da contração muscular.

Observando as miofibrilas dos músculos estriados ao microscópio eletrônico, nota-se que elas são constituídas, principalmente, por dois tipos de proteína: a **miosina**, mais espessa, e a **actina**, mais fina.

Nos músculos estriados esqueléticos, essas proteínas organizam-se em filamentos (figura 21.5), que se alinham formando regiões claras – **bandas I**, nas quais predomina a actina – alternadas com regiões escuras – **bandas A**, compostas da superposição de miosina e actina. No centro da banda A há uma faixa um pouco mais clara – **zona** ou **banda H** –, constituída apenas por miosina. No centro da banda I há uma linha escura – **linha Z** –, formada por outro tipo de proteína, a **alfa-actinina**. O espaço entre duas linhas Z é chamado **miômero** (ou **sarcômero** pela antiga terminologia).

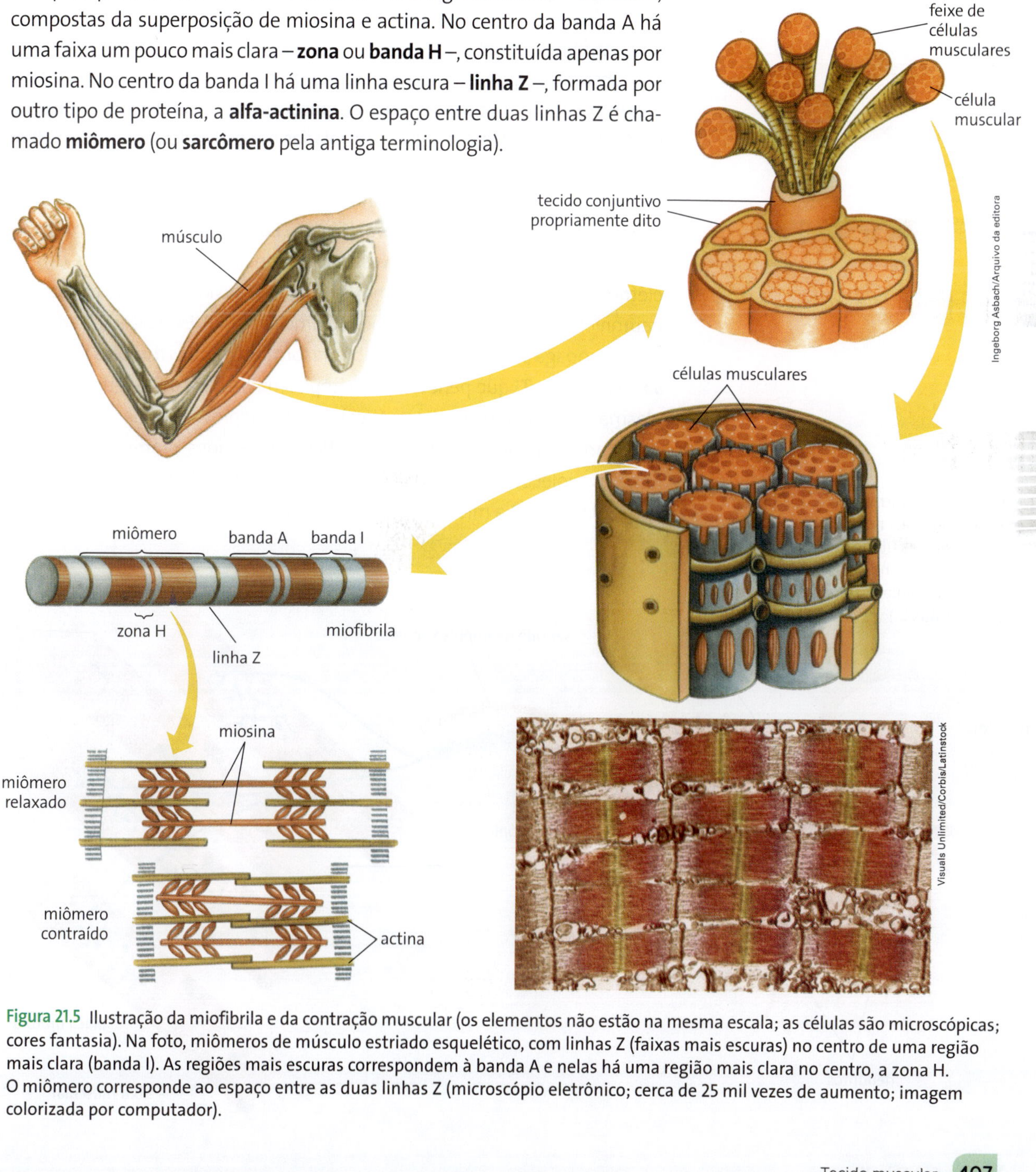

Figura 21.5 Ilustração da miofibrila e da contração muscular (os elementos não estão na mesma escala; as células são microscópicas; cores fantasia). Na foto, miômeros de músculo estriado esquelético, com linhas Z (faixas mais escuras) no centro de uma região mais clara (banda I). As regiões mais escuras correspondem à banda A e nelas há uma região mais clara no centro, a zona H. O miômero corresponde ao espaço entre as duas linhas Z (microscópio eletrônico; cerca de 25 mil vezes de aumento; imagem colorizada por computador).

A contração é causada pelo deslizamento dos filamentos finos em relação aos espessos, que ocorre quando a molécula de miosina forma ligações químicas com a de actina. Como resultado, a zona H desaparece e a distância entre duas linhas Z diminui.

Nos músculos lisos, os filamentos de actina e miosina formam uma rede dentro da célula, em vez de estarem alinhados. Por isso, não se veem estrias nesses músculos, e a força e a velocidade de contração apresentam-se mais fracas e lentas que nos músculos estriados. No entanto, o mecanismo é semelhante em todos os músculos e envolve o deslizamento dos filamentos de actina.

Exercícios de musculação, que exigem esforço muscular intenso para mover pesos ou vencer resistências, aumentam o número de miofibrilas em cada célula muscular sem aumentar o de células. Com isso, o diâmetro e a força da fibra aumentam.

Substâncias químicas (os mediadores químicos, que serão estudados no próximo capítulo) liberadas por terminações nervosas desencadeiam as contrações musculares, que são controladas por estímulos nervosos.

No músculo esquelético, o local onde as terminações das células nervosas (neurônios) entram em contato com as fibras musculares é chamado **placa motora** ou **junção mioneural** (figura 21.6). As substâncias químicas liberadas pelas terminações nervosas provocam uma alteração nas cargas elétricas na membrana (sarcolema), semelhante ao impulso que ocorre nos neurônios (que serão estudados no próximo capítulo). Essa alteração de cargas se propaga por dobras da membrana formando tubos (**túbulos transversos** ou **túbulos T**) que penetram no citoplasma da fibra até o retículo endoplasmático (retículo sarcoplasmático). O impulso provoca a liberação de íons cálcio armazenados no interior do retículo. Esses íons promovem a união entre as moléculas de miosina e actina. Em seguida, à custa da energia de moléculas de ATP, a miosina puxa a actina, fazendo-a deslizar.

Figura 21.6 Ilustração da junção entre as terminações nervosas de um neurônio e as fibras musculares. (Os elementos não estão na mesma escala; as células são microscópicas; cores fantasia.)

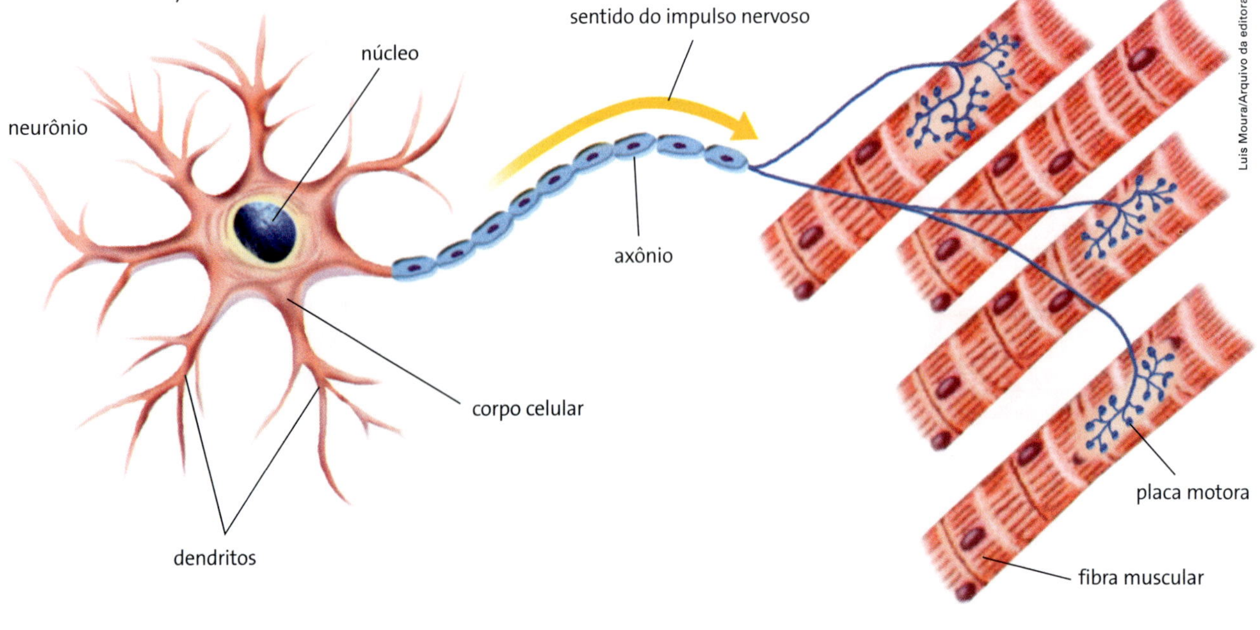

Ainda com a energia do ATP, a miosina solta-se e volta a se ligar em outro ponto da molécula de actina, puxando-a outra vez. Desse modo, os filamentos movem-se entre si, como os dentes de duas engrenagens (figura 21.7).

Cessado o impulso nervoso, o cálcio é bombeado por transporte ativo, armazenando-se novamente no retículo. As ligações entre a miosina e a actina deixam de existir e o músculo relaxa. Todo esse processo é muito rápido, ocorrendo de cinquenta a cem vezes por segundo e provocando um encurtamento de 35% na fibra muscular.

Como vimos no capítulo 10, durante um esforço muscular intenso, o oxigênio que chega ao músculo pode não ser suficiente como fonte de energia, e as células musculares realizam fermentação láctica. O ácido láctico produzido pode ser depois oxidado ou convertido em glicose, e esta, armazenada em glicogênio.

Quando em repouso, a célula muscular produz excesso de ATP, que passa sua energia para a fosfocreatina. Durante a contração, a fosfocreatina libera energia para a síntese de ATP, que é consumido durante o exercício.

Figura 21.7 Ilustração da disposição da miosina e da actina na célula muscular (microscópica) e detalhes da contração. (Os elementos da ilustração não estão na mesma escala; cores fantasia.)

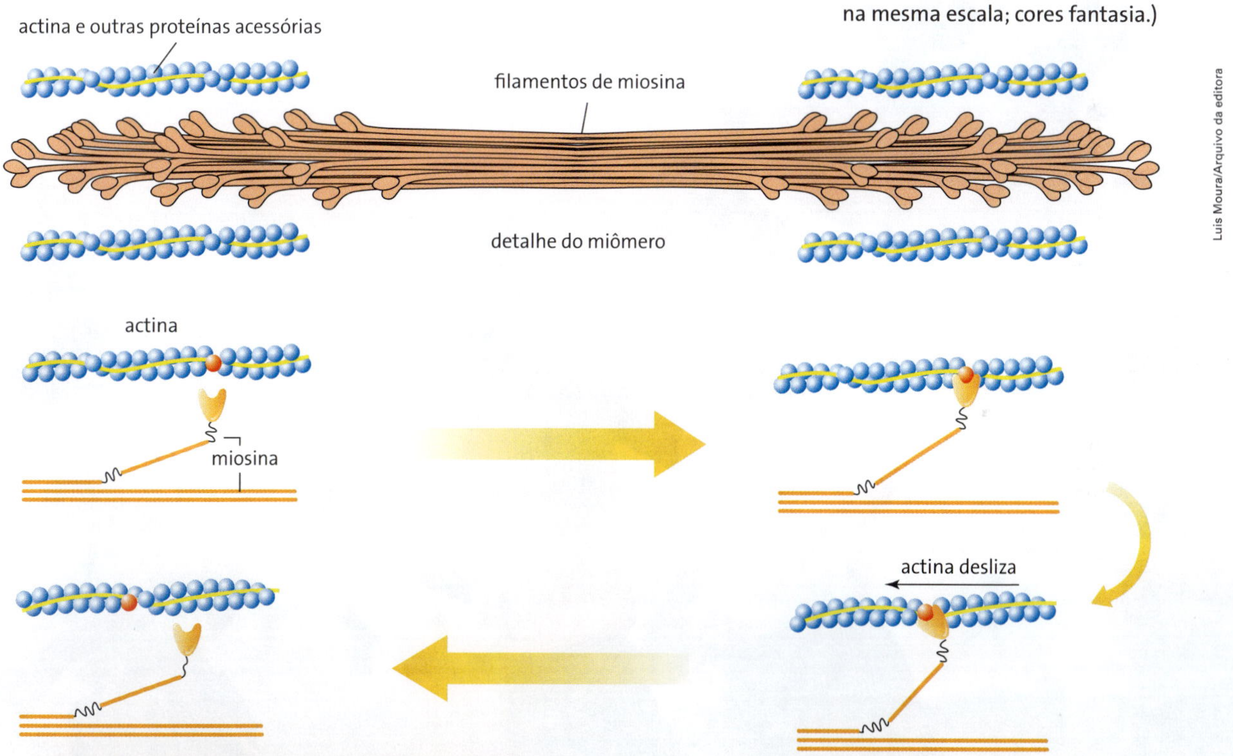

Aprofunde seus conhecimentos

A origem das letras que denominam as regiões do miômero

A letra "A" para "banda A" (a região escura do miômero) vem da inicial de "anisotrópica", que indica que essa região possui propriedades diferentes (*anisos* = desigual; *tropos* = mudança) em razão da presença de filamentos grossos (miosina) e finos (actina). Já a letra "I" para "banda I" vem de "isotrópica" (*isos* = igual), que possui apenas filamentos finos de actina.

A expressão "linha Z" vem da palavra alemã *zwischen*, que quer dizer 'no meio' (está no centro da banda I).

A expressão "banda H" vem da palavra alemã *heller*, 'claro' (é uma região mais clara no centro da banda A).

Fibras de contração lenta e fibras de contração rápida

Nos músculos estriados esqueléticos, há dois tipos principais de fibras musculares: as de contração rápida e as de contração lenta (há ainda um terceiro tipo de contração: a intermediária). Cada tipo de fibra é constituído por um tipo de miosina.

As fibras de contração lenta possuem a chamada miosina lenta, além de maior irrigação sanguínea, mais mitocôndrias e maior reserva de glicogênio e gordura. Essas características permitem que essas fibras realizem respiração aeróbia por mais tempo, conferindo maior resistência para atividades físicas prolongadas. Outra razão para essa maior resistência é a presença de grande quantidade de uma proteína de cor vermelho-escura, a mioglobina, que possui mais afinidade com o oxigênio que a hemoglobina. Ela “rouba” oxigênio da hemácia e o armazena no músculo. Maior quantidade de oxigênio significa respiração aeróbia por mais tempo e maior resistência.

Denis Kuvaev/Shutterstock/Glow Images

As fibras de contração rápida possuem a chamada miosina rápida e dependem mais da fermentação para conseguir energia. Elas atingem a capacidade máxima de contração mais rapidamente e com mais força que as lentas, mas sua resistência à fadiga é menor, e a atividade é mantida por menos tempo. O músculo com predomínio dessas fibras tem aspecto mais claro, e a quantidade relativa das duas fibras no músculo determina sua maior ou menor capacidade de contração: prolongada e lenta ou rápida e forte. Por exemplo, nos músculos do abdome e das costas, a proporção de fibras de contração lenta é maior que nos músculos dos braços.

O tipo de atividade física pode modificar, até certo ponto, a proporção dessas fibras. Um maratonista tem mais fibras de contração lenta nos músculos das pernas; um corredor de 100 metros rasos apresenta mais fibras de contração rápida (figura 21.8). Outro fator que pode influir nessa proporção é a hereditariedade.

Os exercícios aeróbios (corrida, caminhada rápida, natação, ciclismo, etc.) mantêm um suprimento adequado de oxigênio ao músculo de forma a prolongar por período maior a atividade. Eles aumentam o número de mitocôndrias em ambos os tipos de fibra.

Figura 21.8 Para participar de uma maratona (imagem abaixo), é importante ter muita fibra de contração lenta nas pernas; já para correr os 100 metros rasos, é melhor ter fibras de contração rápida (no detalhe da página ao lado).

Pavel L Photo and Video/ Shutterstock/Glow Images

Atividades

1. Você aprendeu que há três tipos de tecido muscular no corpo: o estriado esquelético, o não estriado e o estriado cardíaco. Sabendo disso, identifique que tipo de tecido muscular realiza cada atividade abaixo.
   a) regular a entrada de ar nos brônquios;
   b) promover o batimento cardíaco;
   c) controlar o fluxo do sangue pelas artérias;
   d) esticar o braço;
   e) impulsionar o alimento ao longo do intestino delgado;
   f) chutar uma bola.
2. Em relação às atividades mencionadas na questão anterior, indique quais delas dependem de contração voluntária, ou seja, quais delas dependem de contrações musculares controladas de maneira consciente.
3. A célula ou fibra muscular obedece ao princípio do tudo ou nada: ou se contrai totalmente, ao máximo, ou não se contrai. Como você explica a diferença entre uma contração forte do bíceps, como quando estamos com um peso na mão, e uma contração mais fraca (sem peso)?
4. Os músculos esqueléticos costumam ter bastante irrigação sanguínea. Por que esse fato é importante para o trabalho do músculo?
5. A poliomielite é uma doença provocada por um vírus que ataca o sistema nervoso. Por que ela pode provocar paralisia?
6. Qual a relação entre o grande número de mitocôndrias nas células do músculo cardíaco e a rapidez com que são provocados danos nesse órgão quando há interrupção no fluxo de sangue, como em um ataque cardíaco?
7. Um estudante afirmou que, durante a contração muscular, uma proteína chamada actina se contrai, por isso o músculo diminui de tamanho. Corrija a afirmação do estudante, explicando, com suas próprias palavras, o que acontece com a actina durante a contração muscular. Diga também qual é a menor parte da célula muscular que se contrai.
8. A prática regular de exercícios aeróbicos, feita sob orientação especializada, ajuda a desenvolver um músculo de contração involuntária. Qual é esse músculo? Explique.
9. Identifique nas micrografias a seguir os diferentes tipos de tecido muscular representados. Descreva as principais estruturas observadas em cada tipo muscular.

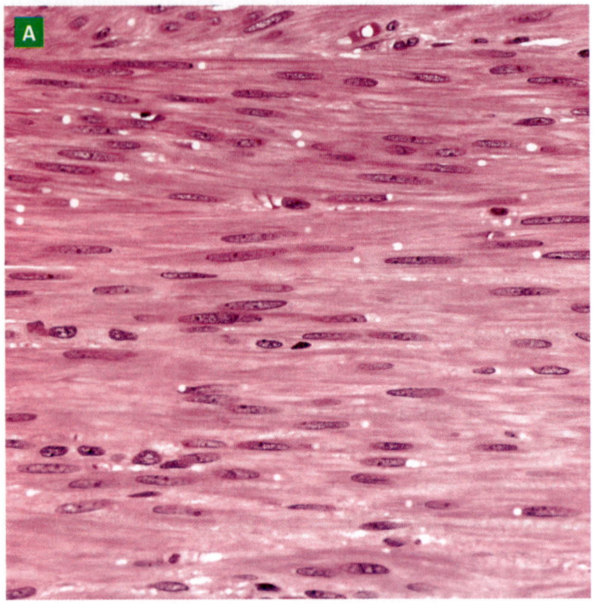

Dr. Gladden Willis/Visuals Unlimited/Corbis/Latinstock

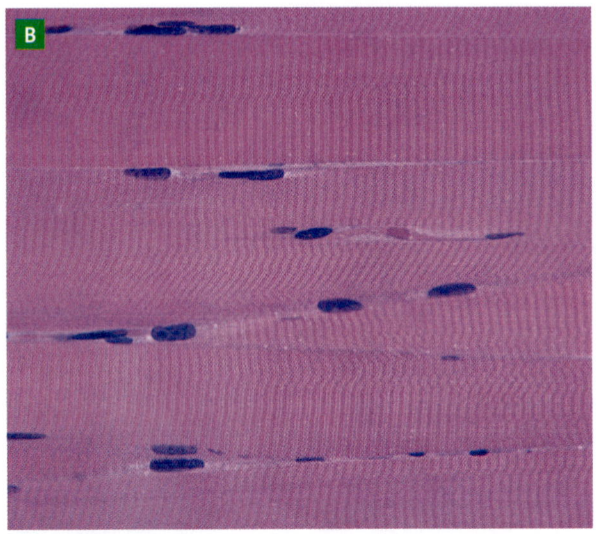

Carolina Biological/Visuals Unlimited/Corbis/Latinstock

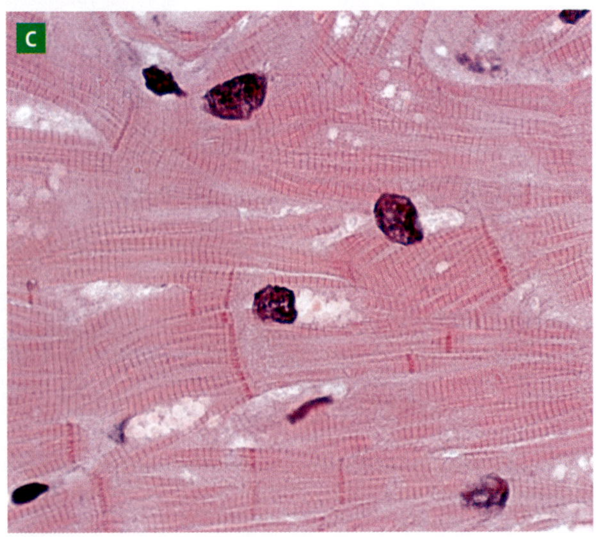

Ed Reschke/Getty Images

Pensando no Enem

Matéria publicada em jornal diário discute o uso de anabolizantes (apelidados de "bombas") por praticantes de musculação. Segundo o jornal, os anabolizantes são hormônios que dão uma força extra aos músculos. Quem toma consegue ganhar massa muscular mais rápido que normalmente. Isso porque uma pessoa pode crescer até certo ponto, segundo sua herança genética e independentemente do quanto ela se exercite. Um professor de musculação diz: "Comecei a tomar bomba por conta própria. Ficava nervoso e tremia. Fiquei impotente durante uns seis meses. Mas como sou lutador de vale-tudo, tenho que tomar".

A respeito desta matéria, dois amigos fizeram os seguintes comentários:

I. O maior perigo da automedicação é seu fator anabolizante, que leva à impotência sexual.

II. O crescimento corporal depende tanto dos fatores hereditários quanto do tipo de alimentação da pessoa, se pratica ou não esportes, se dorme as 8 horas diárias.

III. Os anabolizantes devem ter mexido com o sistema circulatório do professor de musculação, pois ele até ficou impotente.

IV. Os anabolizantes são mais perigosos para os homens, pois as mulheres, além de não correrem o risco da impotência, são protegidas pelos hormônios femininos.

Tomando como referência as informações da matéria do jornal e o que se conhece da fisiologia humana, pode-se considerar que estão corretos os comentários:

a) I, II, III e IV.
b) I, II e IV, apenas.
c) III e IV, apenas.
d) II e III, apenas.
e) I, II e III, apenas.

Resolução

Esta questão integra conhecimentos das Ciências Naturais, como os efeitos fisiológicos dos hormônios sexuais e suas consequências para a saúde humana, mas também exige capacidade de interpretação de texto.

Fique atento ao texto do enunciado que foi publicado no jornal. Ele traz informações importantes para ajudar na resolução da questão. Nesse caso a principal informação é que o indivíduo que toma anabolizante ganha massa muscular mais rapidamente, mas em contrapartida pode ficar impotente.

O problema

Anabolizantes são hormônios esteroides androgênicos sintéticos e derivados da testosterona, um hormônio masculino. A testosterona também está presente nas mulheres, mesmo que em menor quantidade.

Os anabolizantes são liberados na corrente sanguínea, podendo circular por todo o corpo, mas só exercem seus efeitos em tecidos específicos, principalmente o muscular e o ósseo. Nesses tecidos, os anabolizantes induzem o crescimento celular, a miogênese e a hipertrofia de fibras musculares. Por isso, são muito utilizados para acelerar o ganho de massa muscular (chamada de massa magra) e a perda de gordura.

Como mencionado no enunciado da questão, o indivíduo poderá crescer até determinado ponto, sendo limitado por seus genes e por seus hábitos de vida, como a nutrição e a prática esportiva. A partir disso esses anabolizantes sintéticos poderiam suplementar ou acelerar o crescimento.

A venda de anabolizantes no Brasil é efetuada apenas com a apresentação de receita médica, na forma de medicamentos de reposição hormonal, vendidos em farmácias. Em todos os outros casos seu comércio é ilegal. Tais medidas são tomadas por causa dos efeitos colaterais que o uso de anabolizantes pode causar, como ginecomastia, atrofia testicular e impotência sexual em homens, virilização em mulheres, além de hipertensão, doenças cardiovasculares, maturação óssea acelerada em adolescentes, entre outros.

Com base no nosso conhecimento a respeito dos efeitos dos anabolizantes, podemos concluir que apenas as respostas II e III são as corretas.

I – Errado: nem toda automedicação consiste no uso de anabolizantes. Para que uma medicação tenha efeitos anabolizantes, é preciso fazer uso de um tipo específico de medicação. Além disso, o fato de um indivíduo fazer uso de anabolizantes não significa que ele obrigatoriamente se tornará impotente.

II – Correto: o desenvolvimento e crescimento de um organismo deve-se tanto a fatores genéticos quanto ambientais.

III – Correto: os anabolizantes circulam pela corrente sanguínea efetuando sua ação nos tecidos alvos, podendo levar, em altas quantidades e com uso prolongado, a problemas sexuais e cardiovasculares, por exemplo.

IV – Errado: apesar de as mulheres não correrem o risco de impotência, os anabolizantes também causam efeitos colaterais significativos nelas.

Resposta: **D**.

Vestibulares de Norte a Sul

1. **SE** (Uerj) A força de contração da fibra muscular estriada é definida pela tensão desenvolvida pelos filamentos de miosina e actina do sarcômero e sofre influência do grau de superposição desses filamentos.

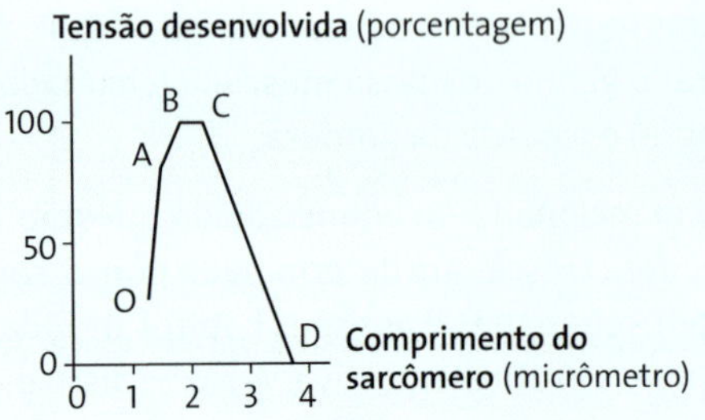

(GUYTON, A. C; HALL, J. E. *Tratado de Fisiologia médica.* Rio de Janeiro: Guanabara Koogan, 1997.)

De acordo com o gráfico, podemos dizer que a molécula de miosina apresenta uma interação mais eficiente com a actina entre os seguintes segmentos:

a) O e A.
b) A e B.
c) B e C.
d) C e D.

2. **S** (UFPR) Existem mais de duzentos tipos diferentes de células no corpo humano, que se distribuem em diversos tecidos, como epitelial, conjuntivo, muscular e nervoso. Com relação aos tecidos representados pelas figuras abaixo, é correto afirmar que:

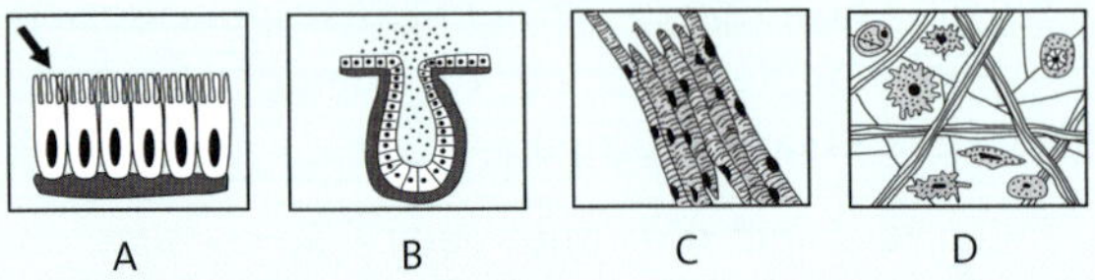

01. As figuras A e B representam tipos de tecidos epiteliais, C representa tecido muscular e D representa tecido conjuntivo.
02. A figura C representa um fragmento de tecido muscular estriado esquelético em que as fibras musculares são longas, têm estrias transversais e muitos núcleos periféricos.
04. Na figura B está representada uma glândula endócrina, pois o produto por ela secretado (hormônio) é lançado diretamente no sangue.
08. Os tecidos representados nas figuras B e C têm em comum a característica de apresentar grande quantidade de substância intercelular.
16. A figura A mostra uma variedade de tecido epitelial de revestimento com funções absorventes, pois apresenta microvilosidades (seta).
32. Os espaços entre órgãos e tecidos do corpo são preenchidos pelo tecido conjuntivo frouxo (figura D).

Dê a soma das afirmativas corretas.

3. **S** (UFPR) Um feixe de células musculares estriadas, mantido em cultura com todas as condições ideais, foi submetido a várias séries de contrações e relaxamentos (exercício) por vários dias consecutivos, seguido de um período de repouso (sem exercício) de alguns dias também. Durante esses períodos se quantificou o número de mitocôndrias por célula, possibilitando a elaboração do gráfico abaixo.

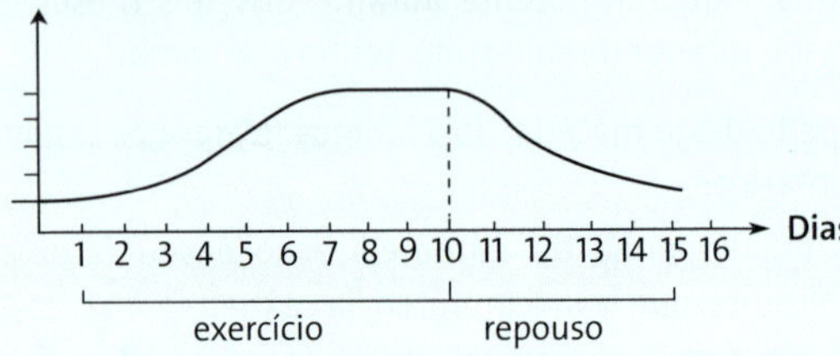

Com base nesse gráfico e em conhecimentos sobre o assunto enfocado, as alternativas corretas são:

a) O número de mitocôndrias por célula aumenta durante o exercício porque a célula precisa de muito ATP, e é a mitocôndria que o produz.
b) Há um número mínimo necessário de mitocôndrias por célula para manter o metabolismo dela, mesmo quando em repouso.
c) Se fosse sempre mantida a mesma carga de exercícios, o número de mitocôndrias por célula aumentaria indefinidamente.
d) O número de mitocôndrias aumenta nas células porque elas são fagocitadas do meio de cultura.
e) Quando cessa o exercício, o excesso de mitocôndrias é removido pela digestão intracelular dessas organelas.
f) Se fosse também medido o consumo de oxigênio dessas células, o gráfico seria semelhante ao obtido para o número de mitocôndrias.

4. **SE** (PUC-MG) São dadas abaixo algumas características de três tipos de tecido muscular animal:

I. Possui apenas um núcleo, com contração relativamente lenta.
II. Apresenta células cilíndricas extremamente longas, multinucleadas, de contração rápida e voluntária.
III. Tem células normalmente mononucleadas, de contrações rápidas e involuntárias, com presença de discos intercalares.

As características se referem, respectivamente, aos seguintes tecidos musculares:

a) liso, estriado esquelético e estriado cardíaco.
b) estriado esquelético, liso e estriado cardíaco.
c) estriado cardíaco, liso e estriado esquelético.
d) liso, estriado cardíaco e estriado esquelético.
e) estriado cardíaco, estriado esquelético e liso.

5. **NE** (UFPE) Os animais utilizam-se dos músculos para movimentar o corpo ou partes dele. É graças à atividade muscular que conseguem andar, nadar, correr, etc. Sobre esse assunto, observe a figura adiante e analise as proposições a seguir.

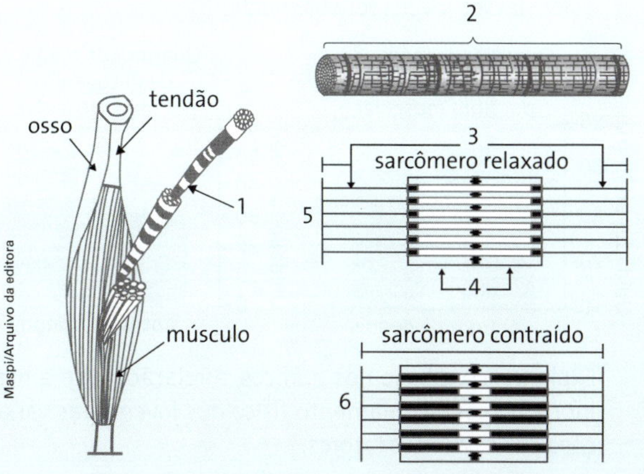

1. As fibras musculares esqueléticas apresentam em seu citoplasma finíssimas fibras contrácteis, as miofibrilas (1).
2. Cada miofibrila é formada por uma sequência linear de sarcômeros (2).
3. Cada sarcômero é constituído por filamentos proteicos de actina (4) e miosina (3).
4. A presença de íons cálcio (Ca^{++}) no líquido intracelular é uma condição necessária para que ocorra a contração dos sarcômeros (6).
5. No relaxamento dos sarcômeros (5), não há gasto de ATP.

Está(ão) correta(s) apenas:

a) 1 e 2.
b) 3.
c) 4.
d) 3 e 4.
e) 1, 2 e 4.

6. **N** (UFPA) Sobre a estrutura e a fisiologia dos tecidos musculares, é correto afirmar que:

a) a musculatura esquelética estriada se ancora aos ossos por meio de tendões e desenvolve movimentos voluntários, controlados apenas pelo sistema nervoso periférico.
b) todo o tubo digestivo é revestido por camadas de fibras musculares lisas, que possuem movimentação voluntária, à exceção da atividade de deglutição e defecação.
c) a musculatura estriada cardíaca e a musculatura lisa possuem, em comum, movimentos involuntários controlados pelo sistema nervoso autônomo.
d) os três tipos de tecidos musculares possuem citoesqueleto altamente organizado e rico em actina, microtúbulos e miosina, importantes para a condução de sinais reguladores da contração.
e) os três tecidos musculares possuem a mesma origem ectodérmica.

7. **SE** (Ufes) A força humana está relacionada diretamente com os músculos, e, para que estes realizem trabalho, é necessário que ocorra a contração muscular. Sobre os mecanismos envolvidos na contração muscular, pode-se afirmar que:

a) a miosina é responsável pela conversão da energia da hidrólise do ATP em movimento, devido à presença dos íons de ferro.
b) a quimiossíntese ocorre nas células musculares, onde o ácido pirúvico é transformado em ácido lático, o que garante ATP em situações de emergência.
c) o deslizamento durante a contração muscular ocorre quando as cabeças da miosina se prendem firmemente à actina, dobrando-se sobre o resto da molécula da miosina e permanecendo assim indefinidamente.
d) o glicogênio armazenado nas células musculares pode ser convertido em ATP por meio de processos de fermentação alcoólica, o que causa dor e intoxicação das fibras musculares.
e) a energia obtida do ATP confere à miosina uma configuração instável de alta energia potencial e faz com que ela puxe as fibras de actina, realizando o trabalho.

8. **SE** (FGV-SP) Em 16 de agosto de 2009, no Mundial de Atletismo de Berlim, o corredor jamaicano Usain Bolt quebrou o recorde mundial dos 100 m rasos com o tempo de 9s58. Usain acha que pode baixar o próprio recorde para 9s40, embora pesquisadores acreditem que, nessa prova, o limite humano seria de 9s48. Além da composição das fibras musculares das pernas e dos glúteos, há a limitação imposta pelas fontes de energia para a contração desses músculos.

Para que Usain Bolt atinja seus objetivos, o mais viável é que

a) realize exercícios físicos que aumentem a taxa de divisões celulares no tecido muscular, de modo que, com novas e mais células, possa haver maior produção de miofibrilas e maior eficiência no processo de contração muscular.
b) realize exercícios físicos que convertam as fibras musculares de suas pernas e glúteos em fibras do tipo vermelhas, ricas em mioglobina e mitocôndrias, conversão essa limitada pelas características genéticas do atleta.
c) realize exercícios físicos que otimizem a obtenção de energia a partir de sistemas aeróbicos, uma vez que a reserva de ATP das células musculares é pouca e indisponível no início do processo de contração muscular.
d) realize exercícios físicos que aumentem a proporção de fibras musculares com pouca mioglobina e mitocôndrias em relação às fibras com muita mioglobina e mitocôndrias, aumento esse limitado pelas características genéticas do atleta.
e) realize exercícios físicos que aumentem a liberação de adrenalina, uma vez que esta age sobre o tecido adiposo aumentando o fornecimento de ácidos graxos para o sistema muscular, o que se constitui na principal fonte de ATP para esportes que exigem rápida resposta muscular.

9. **S** (Acafe-SC) A figura abaixo representa um importante mecanismo que ocorre em certos grupos animais.

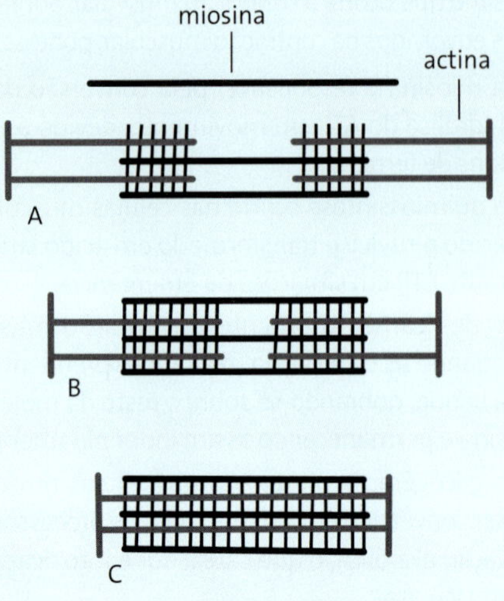

Sobre esse processo, a alternativa correta é:

a) A, B e C ocorrem apenas em células de mamíferos.
b) Em B observa-se o fenômeno da contração das fibras musculares, sendo um processo exclusivamente voluntário.
c) Em A observa-se a posição das fibras musculares em total contração.
d) Para chegar até o ponto C não há gasto de energia.
e) Em A está representada a posição das proteínas musculares com o músculo em repouso.

10. **CO** (UnB-DF) Os "canhoneiros", como são chamados os chutadores mais potentes, constituem um pequeno e seleto grupo entre os jogadores de futebol. A velocidade de contração do sistema muscular dos "canhoneiros" é extremamente alta. Eles já nasceram com músculos super-rápidos, embora um bom programa de treinamento possa aumentar consideravelmente a potência de um jogador de chute médio, bem como de qualquer atleta.

Superinteressante, 1988.

Considerando essas informações, julgue os itens que se seguem.

( ) A potência do chute depende da quantidade de terminações nervosas em cada grupo de células musculares.
( ) O mesmo tipo de célula muscular que proporciona o chute é encontrado também no músculo cardíaco.
( ) O volume das fibras musculares aumenta com uma atividade muscular de esforço.
( ) Alguns músculos, quando se está dormindo, mantêm-se em um estado de pequena contração.

11. **SE** (UFRJ) Os gráficos a seguir representam duas características de fibras musculares de jovens saudáveis, medidas antes e depois de realizarem, por algumas semanas, exercício físico controlado, associado a uma dieta equilibrada. Marcante melhoria no condicionamento físico desses jovens foi observada.

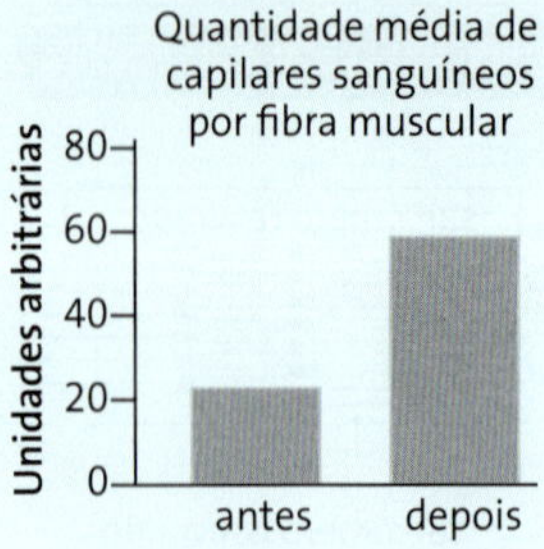

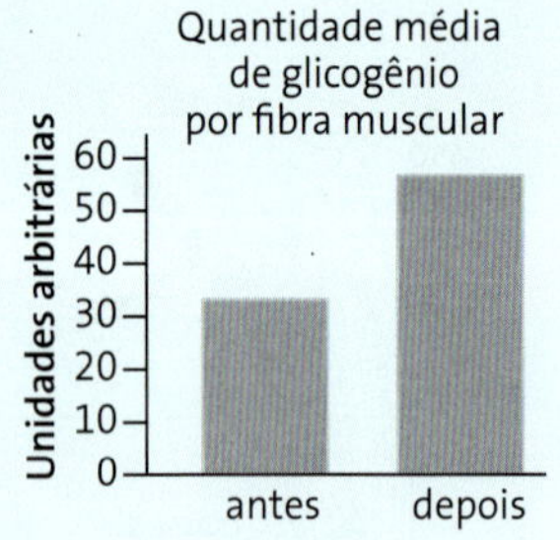

Explique, com base nos gráficos, a relação entre a melhoria no condicionamento físico dos jovens e as variações dos seguintes fatores:

a) quantidade de capilares sanguíneos por fibra muscular;
b) quantidade de glicogênio por fibra muscular.

12. **SE** (Unicamp-SP) "Ciência ajuda natação a evoluir." Com esse título, uma reportagem do jornal *O Estado de S. Paulo* sobre os jogos olímpicos (18/9/2000) informa que: "Os técnicos brasileiros cobiçam a estrutura dos australianos: a comissão médica tem seis fisioterapeutas, nenhum atleta deixa a piscina sem levar um furo na orelha para o teste do lactato e a Olimpíada virou um laboratório para estudos biomecânicos – tudo o que é filmado embaixo da água vira análise de movimento".

a) O teste utilizado avalia a quantidade de ácido láctico nos atletas após um período de exercícios. Por que se forma ácido láctico após exercício intenso?
b) O movimento é a principal função do músculo estriado esquelético. Explique o mecanismo de contração da fibra muscular estriada.

13. **SE** (Unirio-RJ) Ginástica rítmica na infância e adolescência: características e necessidades nutricionais

Recomenda-se que a dieta para atletas jovens forneça de 55% a 60% da energia total na forma de carboidratos, 12% a 15% de proteínas e 25% a 30% de lipídeos. Os carboidratos devem ser preferencialmente complexos. A ingestão inadequada de carboidratos pode resultar em estoques insuficientes de glicogênio muscular e fadiga precoce, além do uso de estoques para fins de produção de energia.

<www.efdeportes.com>

a) Onde estão localizados os estoques energéticos disponíveis para a produção de energia, mencionados no texto?
b) Qual seria uma das consequências do uso continuado deste recurso?

CAPÍTULO

22 Tecido nervoso

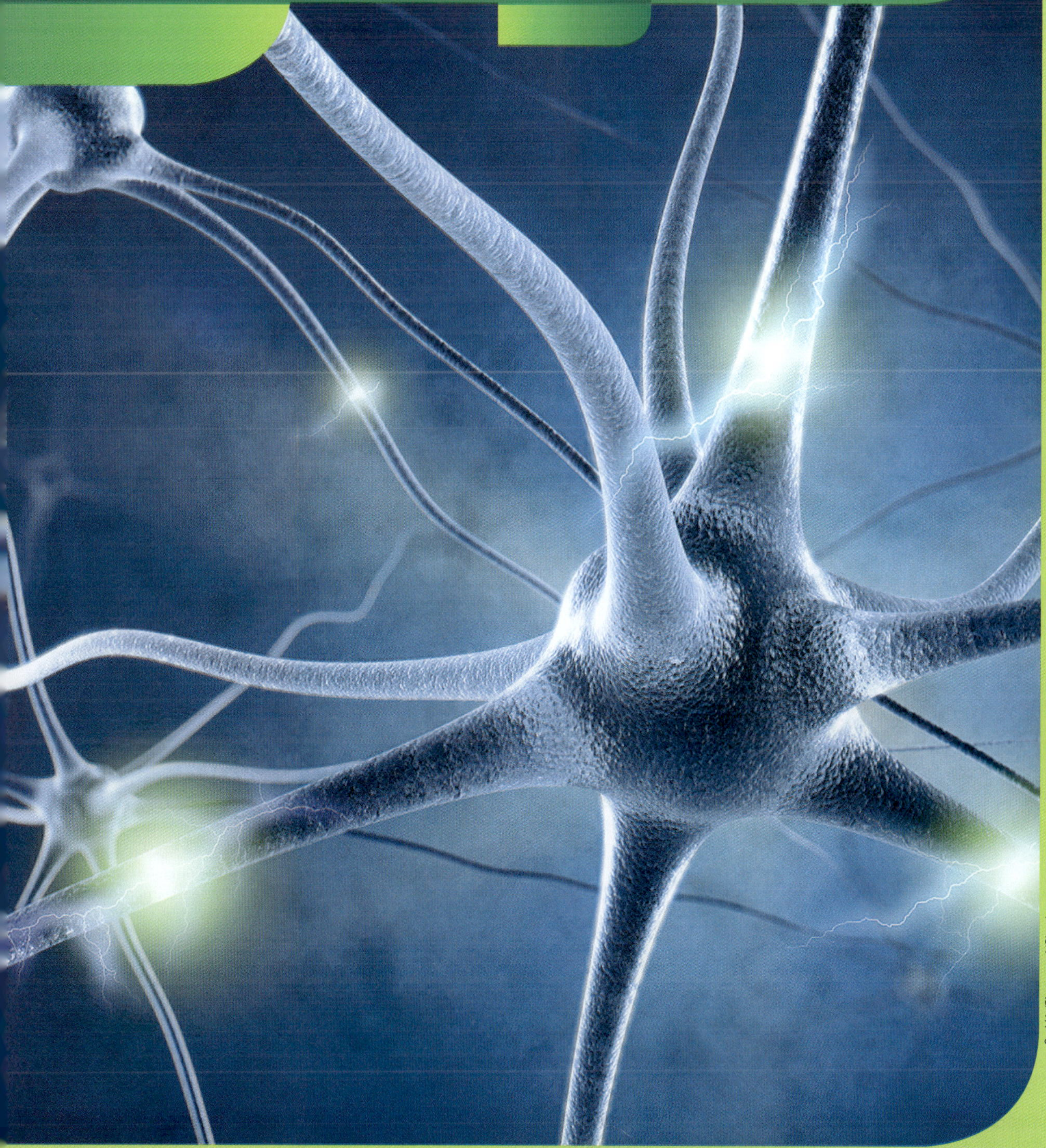

Sashkin/Shutterstock/Glow Images

Representação artística de neurônios.

- *Você conhece alguma doença que afeta o sistema nervoso?*
- *O que acontece quando tomamos um pequeno choque ou colocamos a mão sobre algo muito quente?*
- *Quais são os efeitos do álcool sobre o comportamento de uma pessoa?*

1 Neurônio

Receber mensagens dos órgãos dos sentidos, armazenar informações, comandar as respostas fazendo os músculos ou as glândulas funcionarem, coordenar diversas funções do organismo, tudo isso é feito pelo sistema nervoso e por seu principal componente – o **tecido nervoso**.

Pesquisas recentes indicam que no cérebro há cerca de 86 bilhões de **neurônios** (*nêuron* = nervo), células altamente especializadas que se comunicam entre si formando uma rede pela qual circulam mensagens – os **impulsos nervosos** (o cérebro e outros órgãos do sistema nervoso serão estudados no volume 2).

As informações recolhidas dos órgãos dos sentidos são levadas por nervos à medula espinal ou ao encéfalo, nos quais são feitas conexões entre os neurônios, e uma mensagem é enviada através dos nervos para músculos ou glândulas (figura 22.1).

A maioria dos neurônios é constituída por uma região chamada **corpo celular** ou **pericário** (*peri* = em volta; *cario* = núcleo), na qual se concentram o citoplasma e o núcleo. Dela saem várias ramificações: os **dendritos** (*dendron* = árvore; *ito* = pequeno), que recebem mensagens dos órgãos dos sentidos ou de outros neurônios. Essas informações são então passadas para um músculo, uma glândula ou outro neurônio através de um prolongamento maior, o **axônio** (*axon* = eixo). Essa passagem se dá pela região final e ramificada do axônio, o **telodendro**. Em cada ponta da ramificação há pequenas dilatações, os **bulbos terminais** (**botões terminais** ou **sinápticos**), que contêm vesículas com mensageiros químicos que levam o impulso para outras células.

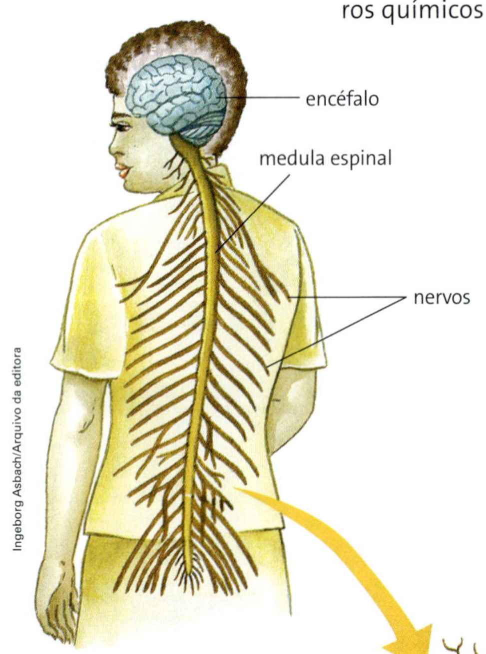

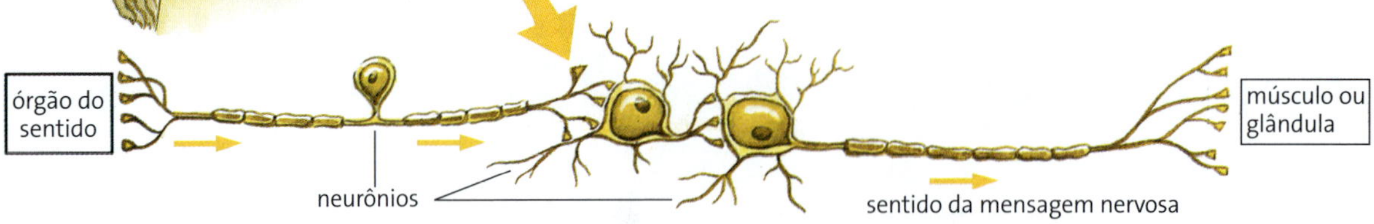

Neurônio ao lado de capilares sanguíneos (imagem ao microscópio; aumento de cerca de 1000 vezes; imagem colorizada por computador).

Figura 22.1 Organização do sistema nervoso (um axônio tem entre 0,2 μm e 20 μm de diâmetro e de frações de milímetro até cerca de 1 m de comprimento, e os corpos celulares têm cerca de 4 μm a 100 μm de diâmetro; os elementos da ilustração não estão na mesma escala; cores fantasia).

Em alguns neurônios, o axônio pode atingir até 1 metro de comprimento. Alguns feixes de axônios envolvidos por tecido conjuntivo formam os **nervos**.

O neurônio do tipo **multipolar** possui vários dendritos e um axônio. Esse é o tipo mais comum de neurônio e é encontrado no sistema nervoso central (encéfalo e medula espinal). Além dele, há **neurônios bipolares**, que apresentam um dendrito e um axônio e que geralmente transmitem informações dos órgãos dos sentidos para o cérebro, e os **neurônios pseudounipolares**, com um único prolongamento que se bifurca em um dendrito e um axônio. Esse neurônio recebe informações da pele e leva para o sistema nervoso central (encéfalo ou medula espinal). Veja a figura 22.2.

O corpo celular possui muitos ribossomos livres, além de complexo golgiense e retículo granuloso bem desenvolvidos. As proteínas sintetizadas no retículo podem migrar para o axônio, substituindo as proteínas gastas. As novas proteínas são utilizadas também na regeneração dos prolongamentos dos neurônios, o que pode acontecer (dentro de certos limites) se o corpo celular não estiver danificado.

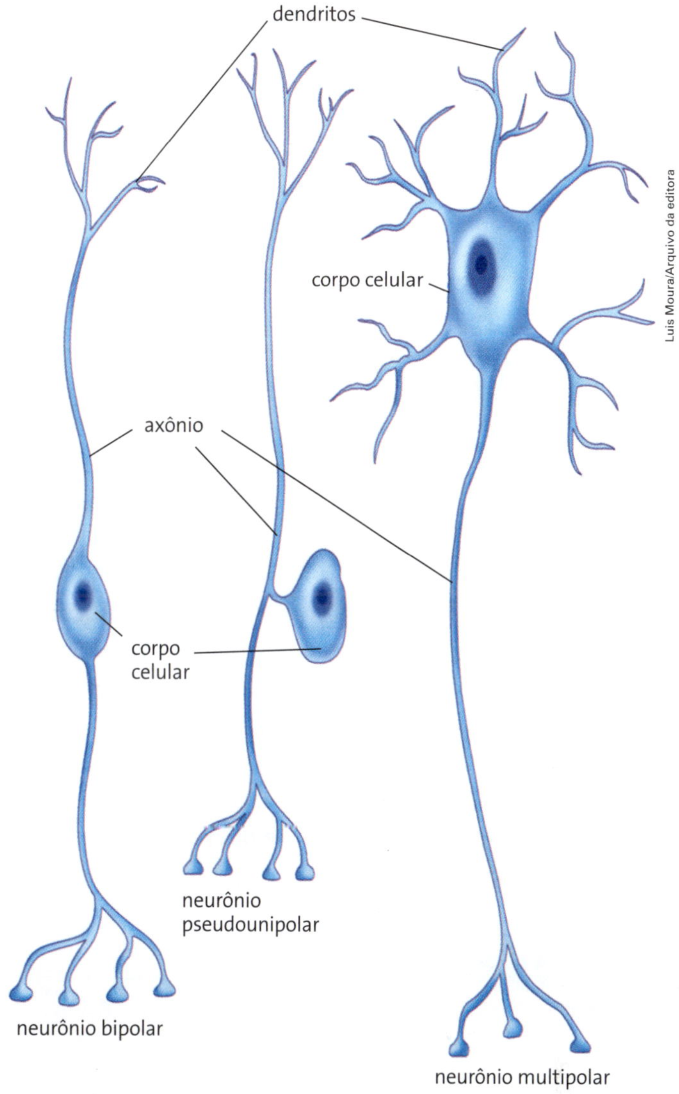

Figura 22.2 Três tipos de neurônio: bipolar, pseudounipolar e multipolar. (Figura sem escala; cores fantasia.)

Biologia e saúde

Esclerose múltipla

Na esclerose múltipla, ocorre uma perda de mielina em certas áreas do sistema nervoso, como o nervo óptico, o cérebro e a medula espinal. O nome dessa doença vem do fato de que se formam áreas de cicatrização (esclerose) nas regiões com desmielinização. A doença leva a uma fraqueza muscular e falta de coordenação motora, entre outros sintomas (figura 22.3).

ATENÇÃO!

Para mais informações, procure orientação médica.

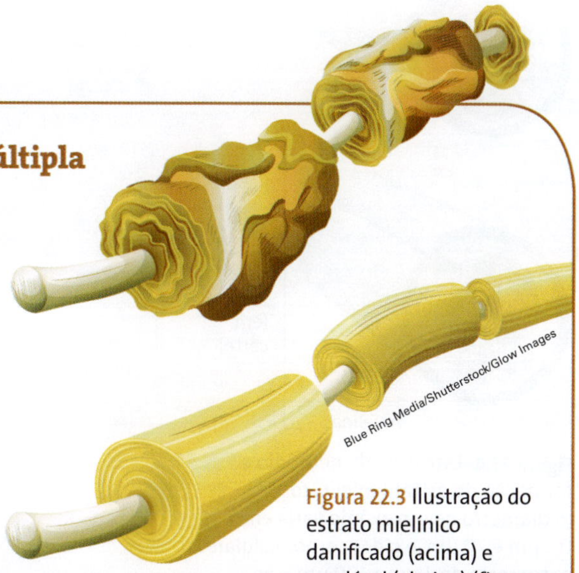

Figura 22.3 Ilustração do estrato mielínico danificado (acima) e saudável (abaixo) (figura sem escala; cores fantasia).

A maioria dos axônios é envolvida pelas **células de Schwann**, que recebem esse nome em homenagem ao fisiologista alemão Theodor Schwann (1810-1882). Pela nova terminologia, essas células são chamadas **neurolemócitos** ('célula do neurilema'). Os neurolemócitos se enrolam várias vezes em volta do axônio, depositando diversas camadas de membrana plasmática e formando o **estrato mielínico** (ou **bainha de mielina**, pela terminologia anterior; figura 22.4). Nessa bainha há esfingomielina, lipídio que funciona como isolante elétrico e que aumenta a velocidade de condução do impulso nervoso. Entre as células de Schwann há espaços sem mielina, denominados **nós neurofibrosos** (**nódulos de Ranvier**). O conjunto formado pelo axônio e pelas células que o envolvem é chamado **neurofibra** (ou **fibra nervosa**).

As células de Schwann (neurolemócitos) fazem parte de um grupo de células chamadas **gliócitos**, **células da glia** ou **células gliais** (*glia* = cola, liga). Embora não conduzam mensagens nervosas, os diversos tipos de células da glia (figura 22.5) exercem funções variadas.

Os astrócitos (*astron* = estrela; *kytos* = célula) atuam na sustentação e nutrição dos neurônios, entre outras funções. Os oligodendrócitos (*oligos* = pouco) produzem estrato mielínico nos neurônios do sistema nervoso central. As micróglias (*mikros* = pequeno) fazem fagocitose de corpos estranhos ou resíduos.

A mielina confere cor branca aos nervos e a certas regiões do encéfalo e da medula. Outras regiões têm cor cinzenta por causa do acúmulo de corpos celulares dos neurônios e de células da glia.

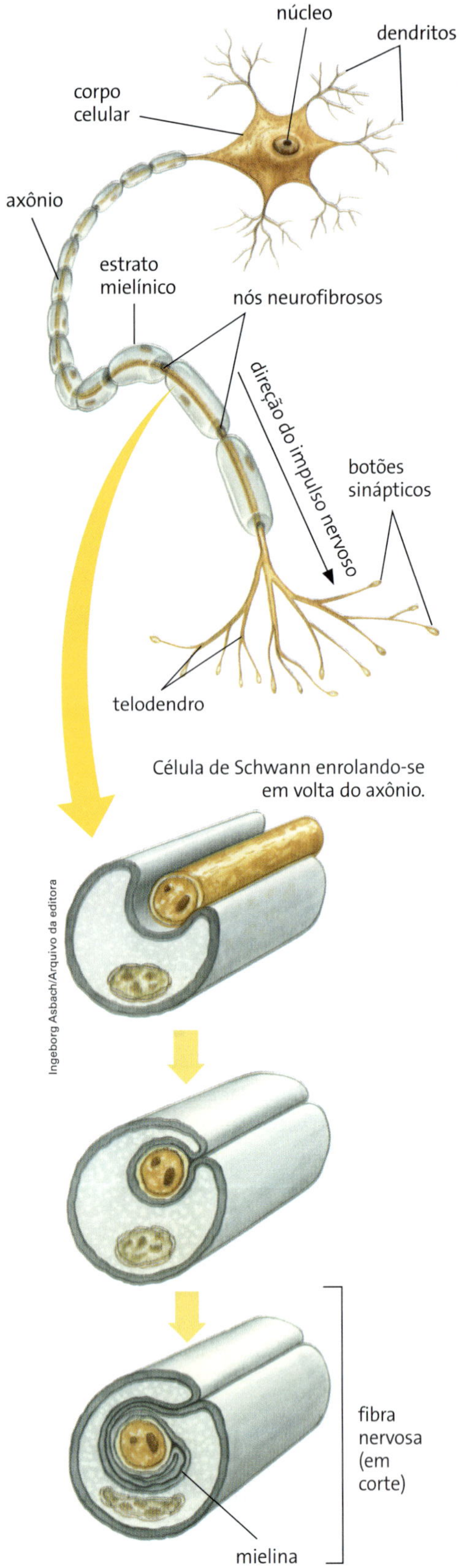

Figura 22.4 Estrutura do neurônio e formação do estrato mielínico (o diâmetro de um axônio varia entre 0,2 µm e 20 µm, e o dos corpos celulares, entre cerca de 4 µm e 100 µm – os elementos da figura não estão na mesma escala; cores fantasia).

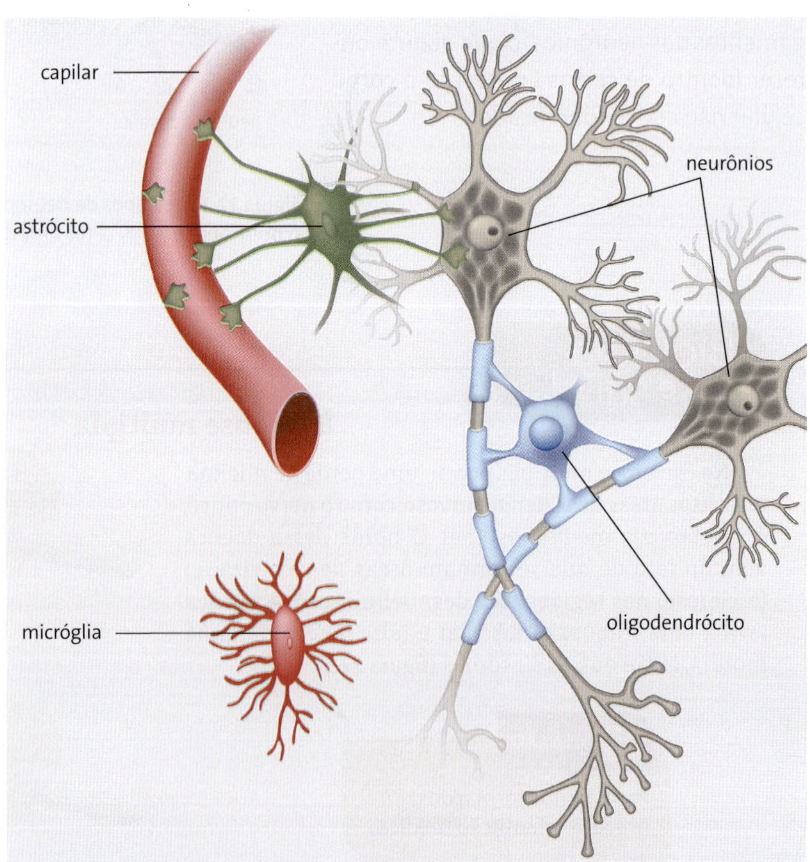

Alila Medical Media/Shutterstock/Glow Images

Figura 22.5 Ilustração (sem escala; cores fantasia) de alguns gliócitos.

2 Impulso nervoso

Os animais são capazes de captar estímulos do ambiente através de estruturas especiais chamadas **receptores**. Para cada forma de energia, há um receptor adequado: os olhos captam apenas luz; as orelhas reagem apenas às ondas sonoras. Mas, qualquer que seja o receptor, sempre há em seu interior terminações nervosas (dendritos) e, por mais diversos que sejam os estímulos, todos têm uma única função: disparar o impulso nervoso.

Vejamos como é a sequência desse processo.

Como vimos no estudo da membrana plasmática, a bomba de sódio e potássio é responsável pela diferença de concentração desses íons dentro e fora da célula. Há trinta vezes mais íons potássio dentro da célula que fora dela e quinze vezes mais íons sódio fora que dentro.

Como a quantidade de íons sódio fora da célula é maior que a de íons potássio em seu interior, a face externa da membrana apresenta carga positiva e a interna, com maior concentração de íons fosfato, bicarbonato e proteínas, negativa (figura 22.6). Por causa dessa diferença, a membrana fica polarizada, com diferença de potencial – **potencial de repouso** – de cerca de 70 milivolts (mV). A diferença de potencial é uma grandeza estudada em Física. Ela surge quando há uma distribuição desigual de cargas elétricas, como ocorre na membrana do neurônio. Esse é um exemplo de como a Física nos ajuda a compreender fenômenos biológicos.

Quando a membrana do neurônio é atingida por um estímulo de natureza química, elétrica ou mecânica, com um mínimo de intensidade, os canais (formados por proteínas da membrana) que estavam fechados para a passagem de íons sódio se abrem. Com isso, a membrana torna-se mais permeável a esses íons, que passam a entrar na célula por difusão, com velocidade maior que a dos íons lançados para fora pela bomba de sódio (figura 22.6).

Maspi/Arquivo da editora

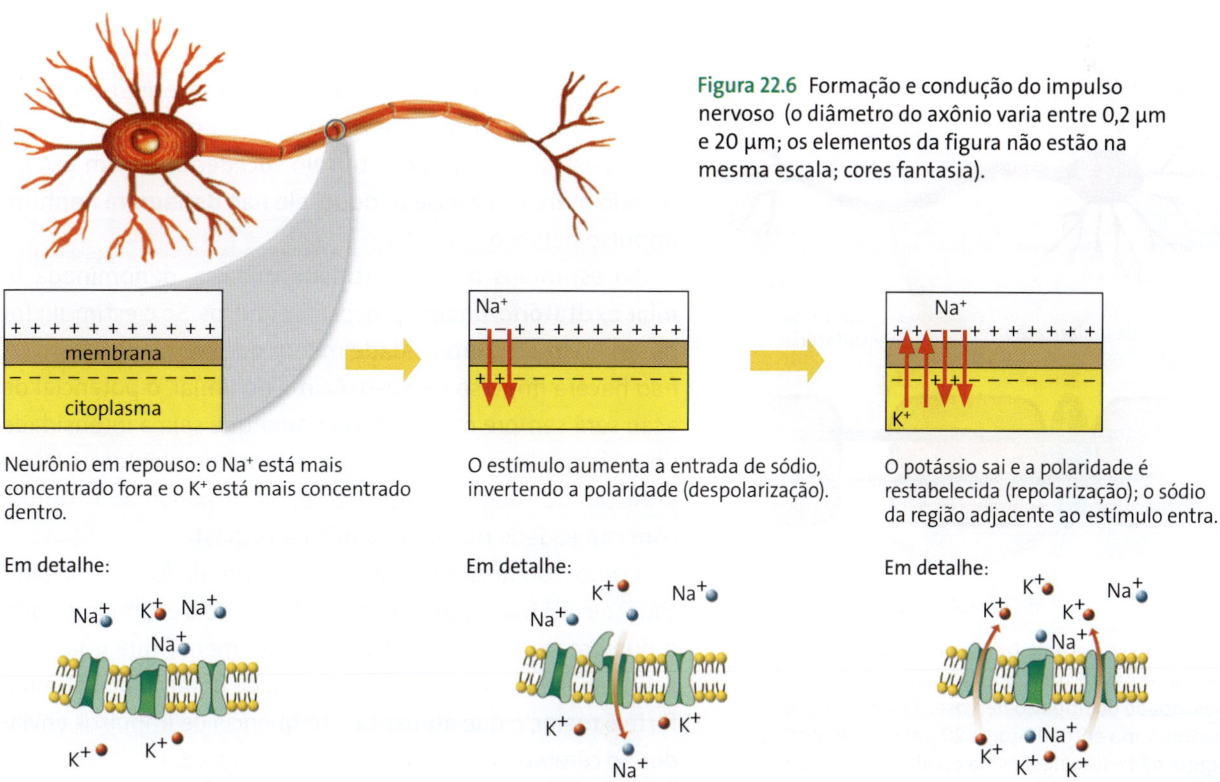

Figura 22.6 Formação e condução do impulso nervoso (o diâmetro do axônio varia entre 0,2 μm e 20 μm; os elementos da figura não estão na mesma escala; cores fantasia).

A entrada de sódio provoca inversão da carga elétrica na membrana que, então, fica negativa por fora e positiva por dentro. A diferença de potencial agora é de cerca de 35 mV. Dizemos que houve despolarização da membrana.

Essa alteração da carga elétrica – chamada **potencial de ação** – não se restringe à região estimulada do neurônio. Ela se propaga ao longo dele a uma velocidade entre 15 m/s e 120 m/s, dependendo do tipo de neurônio. Tal sequência de trocas de cargas elétricas propagando-se pelo neurônio constitui o impulso nervoso.

Logo após a entrada de sódio na célula, os canais de sódio se fecham e os de potássio se abrem. Assim, a membrana torna-se mais permeável ao íon potássio, que sai da célula, e volta a ficar positiva na face externa e negativa na interna. A diferença de potencial retorna aos 70 mV. Portanto, a saída de potássio provoca a **repolarização** da membrana, ou seja, restabelece a polaridade e o potencial originais. Desse modo, o neurônio torna-se apto a conduzir um novo impulso nervoso.

Alguns anestésicos, como a xilocaína, fecham os canais de sódio e potássio da membrana. Com isso, o impulso nervoso não se forma e a dor não é transmitida.

A velocidade de condução do impulso nervoso é maior nos axônios com células de Schwann e estrato mielínico, como ocorre na maioria dos axônios de vertebrados, nos quais pode chegar a 120 m/s. Isso porque a mielina é um eficiente isolante elétrico, que não permite a troca de cargas elétricas entre o líquido extracelular e a célula. Essa troca ocorre apenas nos nós neurofibrosos. Por isso, a condução é dita **saltatória** (figura 22.7).

Nos invertebrados, a condução pelos axônios (que não apresentam mielina) é contínua e mais lenta: cerca de 0,5 m/s. Mas devemos lembrar que esses animais, em geral, são menores que os vertebrados.

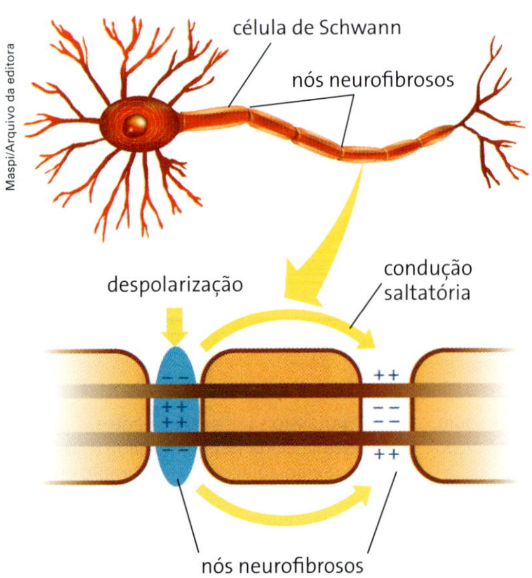

Figura 22.7 A despolarização ocorre apenas nos nós neurofibrosos. Essa condução saltatória aumenta a velocidade do impulso nervoso. (O diâmetro do axônio varia entre 0,2 µm e 20 µm – os elementos da figura não estão na mesma escala; cores fantasia.)

A entrada de sódio e a saída de potássio demoram em torno de 2 milésimos de segundo. Durante esse período, chamado **período refratário**, o neurônio não pode receber outros estímulos. Se um estímulo suceder outro em um intervalo menor que esse período, ele não deflagrará nenhum impulso nervoso.

Só estímulos com intensidade mínima, denominada **limiar excitatório**, podem provocar impulsos. Se o estímulo for muito fraco, com intensidade menor que o limiar excitatório, não haverá impulso nervoso. Acima do limiar, o potencial de ação será sempre o mesmo, qualquer que seja a intensidade do estímulo. Isso quer dizer que o neurônio obedece à lei ou princípio do tudo ou nada, isto é, ou responde ao estímulo com capacidade máxima ou não há resposta.

Como o organismo distingue um estímulo forte (uma pancada) de um fraco (um leve toque)? Quando o estímulo é fraco, o número de neurônios estimulados é menor que quando o estímulo é forte. Além disso, o tempo de duração do estímulo forte é maior, o que aumenta a frequência de impulsos enviados ao cérebro.

3 Passagem do impulso entre neurônios

Cada neurônio do cérebro humano está ligado a centenas ou milhares de outros neurônios. O ponto de contato entre dois neurônios, chamado **sinapse** (*syn* = união; *apsein* = ato de tocar), é formado pela união entre o axônio de um neurônio e os dendritos ou o corpo celular de outro. Examinando a sinapse ao microscópio eletrônico, pode-se ver um pequeno espaço (**fenda sináptica**), de cerca de 30 nm, entre o axônio e os dendritos. Não há, portanto, continuidade anatômica entre os neurônios (figura 22.8).

Ao atingir as ramificações finais do axônio, o impulso nervoso provoca o esvaziamento (exocitose) de várias vesículas sinápticas, com a liberação de **neurotransmissores** (também chamados mensageiros químicos, mediadores químicos ou neuro-hormônios), substâncias químicas que se difundem pela sinapse e se ligam a proteínas da membrana (receptores) de outro neurônio. A membrana torna-se mais permeável ao sódio e surge assim um potencial de ação, que se propaga pelo neurônio estimulado. Cerca de 2 a 3 milissegundos depois, essas substâncias são destruídas por enzimas ou reconduzidas para o interior do neurônio que as liberou, fazendo cessar o estímulo (figura 22.8).

Já se conhecem centenas de neurotransmissores; entre eles, acetilcolina, adrenalina, noradrenalina, dopamina, serotonina, ácido gama-aminobutírico.

Como os mediadores químicos estão acumulados somente no final do axônio, a sinapse faz com que o impulso nervoso ao longo do neurônio siga um caminho único: entra pelo dendrito, passa para o corpo celular e sai pelo axônio.

Alguns neurônios conduzem o impulso até o músculo através da junção mioneural ou placa motora, na qual, da mesma forma que nas sinapses entre neurônios, são liberados mediadores químicos que desencadeiam a contração muscular. Processo semelhante ocorre entre os neurônios e as glândulas, que respondem secretando substâncias.

Na realidade, os neurotransmissores podem estimular ou inibir neurônios. Inibindo, facilitam a saída do potássio, tornando o neurônio mais polarizado e menos excitável. Como cada neurônio recebe mensagens de centenas de outros neurônios, a resposta final depende do somatório desses impulsos: se a soma total fornecer um estímulo igual ou maior que o limiar excitatório, o impulso nervoso será deflagrado.

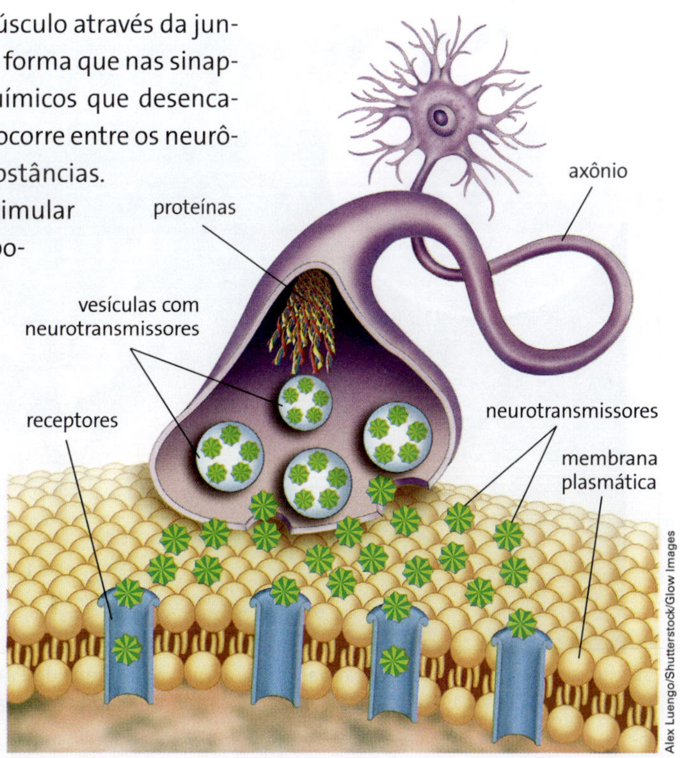

Figura 22.8 Condução do impulso nervoso pela sinapse (o diâmetro do axônio varia entre 0,2 μm e 20 μm; os elementos da ilustração não estão na mesma escala; cores fantasia).

Biologia e saúde

Problemas que afetam os neurotransmissores

Algumas doenças podem afetar os neurotransmissores. O botulismo, por exemplo, é uma intoxicação grave provocada pela bactéria *Clostridium botulinum*, que pode se desenvolver em alimentos enlatados. A bactéria produz uma toxina que impede a liberação do neurotransmissor acetilcolina, e consequentemente impede que o músculo se contraia. Há uma fraqueza muscular progressiva, que pode evoluir para paralisia respiratória (o diafragma pode ficar paralisado) e morte se não houver socorro imediato (é necessário tratamento hospitalar).

Para evitar o botulismo, os alimentos devem ser preparados e conservados adequadamente. Não se devem consumir alimentos com cheiro estranho ou que estejam enlatados em embalagens em mau estado de conservação ou estufadas.

O tétano é outra doença infecciosa que afeta os neurotransmissores. Ele é causado pela bactéria *Clostridium tetani*, que pode penetrar no organismo por ferimentos na pele. A bactéria produz uma enzima que bloqueia a liberação de mensageiros químicos, como o GABA (ácido gama-aminobutírico).

A miastenia grave é uma doença autoimune, na qual são produzidos anticorpos contra os receptores de acetilcolina. Seus principais sintomas são fraqueza e fadiga rápida dos músculos esqueléticos, podendo atingir os músculos da deglutição e da respiração e levar à morte.

A doença de Huntington, também chamada coreia de Huntington, tem esse nome por causa do médico estadunidense George Huntington, que a descreveu em 1872. O termo "coreia" vem da palavra grega para "dança", referindo-se aos movimentos involuntários e anormais que aparecem na doença.

Trata-se de uma doença hereditária rara que começa a mostrar os primeiros sintomas entre os 35 e os 50 anos, provocando degeneração progressiva do sistema nervoso, com perda de controle dos movimentos dos membros, dificuldade de fala, perda de memória e outros problemas. Isso acontece em razão da destruição de neurônios de partes do cérebro que produzem o neurotransmissor GABA. Há medicamentos que diminuem os sintomas, mas não há cura.

Na doença de Parkinson, descrita inicialmente em 1817 pelo médico inglês James Parkinson (1755-1824), ocorre a degeneração progressiva de neurônios de uma região do cérebro que produz o mediador químico dopamina e que controla os movimentos e o equilíbrio. Assim, a doença provoca rigidez muscular ou tremores que dificultam a realização de movimentos voluntários. Há medicamentos que trazem a melhora dos sintomas, além da estimulação elétrica de alta frequência, por meio de eletrodos implantados no cérebro (figura 22.9).

! ATENÇÃO!

Para mais informações, procure orientação médica.

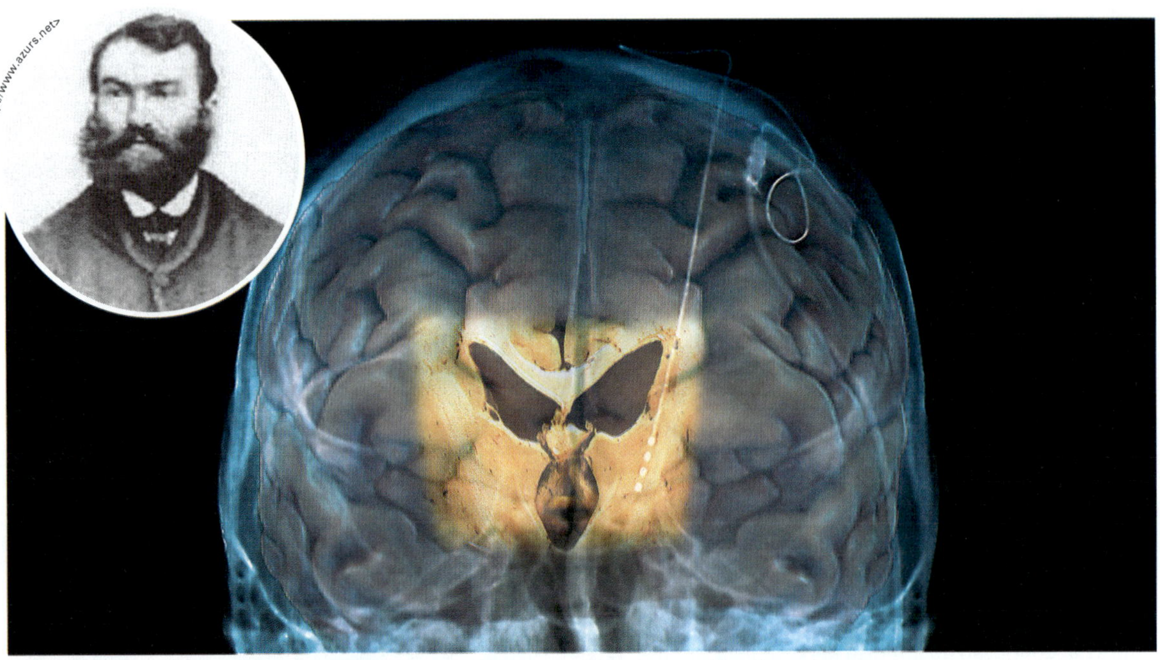

Reprodução/<http://www.azurs.net>

Zephyr/SPL/Latinstock

Figura 22.9 Implante cerebral para tratamento da doença de Parkinson (fio claro; imagem por ressonância magnética em 3D; colorizada por computador; aplicada sobre radiografia de crânio). No detalhe, James Parkinson.

4 Arcos reflexos

Arco reflexo

Nos animais, os estímulos do ambiente são captados pelos órgãos sensoriais. Neles há dendritos de neurônios especiais – os **neurônios sensitivos** ou **aferentes** –, que recebem os estímulos e os transformam em impulsos nervosos.

Entretanto, apenas a captação de estímulos não é suficiente. Os organismos também devem ser capazes de emitir alguma resposta. Para que isso ocorra, o **neurônio sensitivo** leva o impulso até o **neurônio associativo** (ou **interneurônio**) no cérebro ou na medula. Daí, o impulso passa para outro neurônio – o **neurônio motor** ou **eferente**, que leva a resposta até um órgão efetor, representado por um músculo ou uma glândula (figura 22.10). Esse encadeamento de neurônios – chamado **arco reflexo** – é a base dos **atos reflexos**, respostas automáticas e involuntárias a certos estímulos.

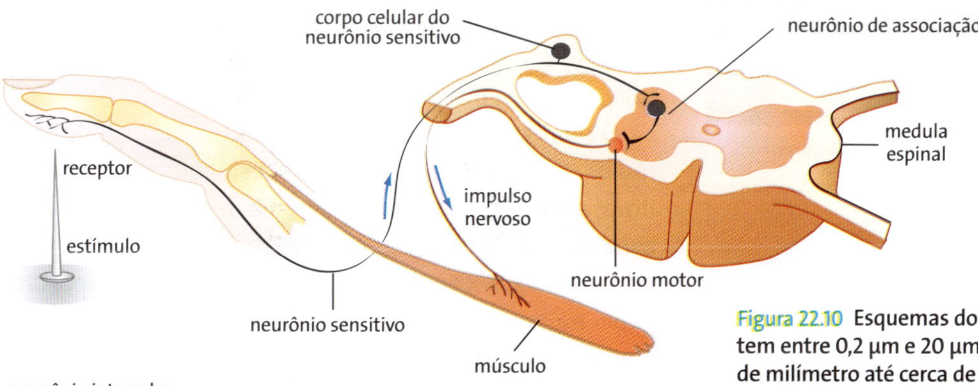

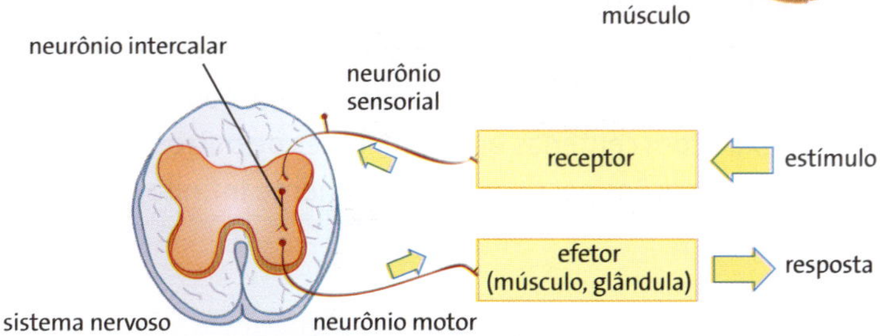

Figura 22.10 Esquemas do arco reflexo (um axônio tem entre 0,2 μm e 20 μm de diâmetro e de frações de milímetro até cerca de 1 m de comprimento; os elementos da figura não estão na mesma escala; cores fantasia).

Para testar nossos reflexos, por exemplo o do joelho (reflexo patelar), em geral os médicos dão uma pequena batida com um martelinho de borracha logo abaixo do joelho. Essa pancada comprime um tendão e provoca um ligeiro estiramento em um músculo, estimulando as terminações nervosas de um neurônio sensitivo, que leva o impulso até a medula. Nesta, o impulso passa para o neurônio motor e é levado até o músculo, fazendo com que se contraia. Essa contração provoca na perna um movimento semelhante ao de um pontapé (figura 22.11). Nesse reflexo, há apenas dois neurônios encadeados, formando um arco reflexo simples. Em todos os outros, entre os neurônios sensitivo e motor há um ou mais neurônios associativos.

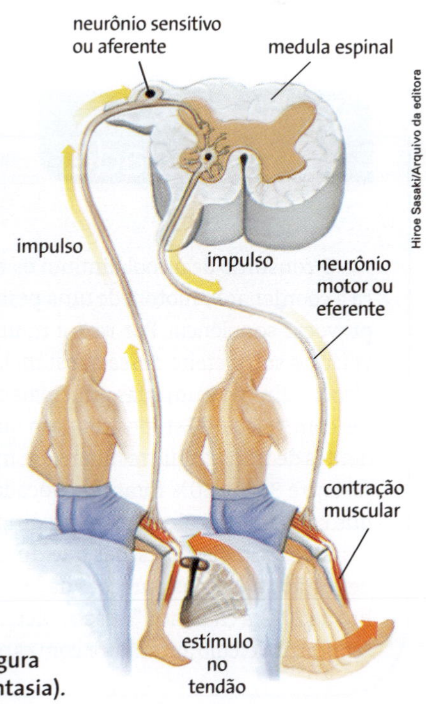

Figura 22.11 Arco reflexo simples (os elementos da figura não estão na mesma escala; cores fantasia).

SuperStock/Glow Images

Figura 22.12 Retrato de Ivan Pavlov, de Mikhail Nesterov (óleo sobre tela, 1930).

Reflexos condicionados

Quando o ser humano ou qualquer outro animal nasce, já apresenta uma série de comportamentos inatos. Isso ocorre porque, nos reflexos inatos, o encadeamento de neurônios foi geneticamente programado de modo a formar uma "via preferencial" no sistema nervoso. Entretanto, pela aprendizagem, novos "caminhos" podem ser estabelecidos no cérebro.

Durante a vida, os animais adquirem novos reflexos. Para estudar isso, o fisiologista russo Ivan Pavlov (1849-1936, figura 22.12) fez algumas experiências no início do século XX. Ele observou que, ao colocar um pedaço de carne na boca de um cão, havia aumento automático na produção de saliva (reflexo inato). Também observou que o som de uma campainha não tinha nenhum efeito sobre a salivação. Mas, quando fez soar uma campainha imediatamente antes de fornecer comida ao cão e repetiu isso várias vezes, o animal passou a salivar sempre que ouvia a campainha.

O cientista concluiu, assim, que a associação de dois estímulos – a comida e o som – pode estabelecer uma relação nova, aprendida, à qual deu o nome de **resposta** ou **reflexo condicionado**.

Os reflexos condicionados desempenham importante papel na aprendizagem. No entanto, é bom lembrar que a maioria dos comportamentos envolve grande número de neurônios de associação e de circuitos ou redes neuronais. São 100 bilhões de neurônios e cada um pode estabelecer conexão com centenas ou até milhares de outros. O número de combinações possíveis é praticamente infinito.

Biologia e sociedade

O álcool e os reflexos

O consumo de álcool diminui os reflexos e prejudica a coordenação motora de uma pessoa, além de poder provocar sonolência. Por isso, é muito perigoso dirigir veículos sob o efeito dessa substância. Essa mistura de álcool e direção é uma das principais causas dos acidentes com veículos. Estudos revelam que, do total de acidentes de trânsito que resultam em internação ou morte, entre 30% e 50% foram provocados por motoristas que consumiram álcool antes de dirigir.

Por causa disso, pessoas que dirigem depois de beber estão sujeitas às punições da lei. A partir de dezembro de 2012, a chamada "lei seca" determina que é crime "conduzir veículo automotor com capacidade psicomotora alterada em razão da influência de álcool ou de outra substância psicoativa que determine dependência". Isso significa que o limite de 6 dg/L (decigramas por litro) de álcool no sangue, geralmente determinado pelo uso do bafômetro, passou a ser apenas uma das formas de comprovar embriaguez. Outros sinais que indiquem embriaguez, como a coordenação motora e o equilíbrio comprometidos, também podem ser usados como prova da contravenção.

Além do risco de detenção, a multa para os infratores é de R$ 1915,40 e dobra em caso de reincidência no período de um ano. O veículo é retido até a apresentação de um condutor habilitado.

Atividades

1. Por que se pode dizer que, na maioria dos casos, não há um verdadeiro contato entre dois neurônios?
2. Por que se pode dizer que a passagem do impulso nervoso ao longo de um neurônio é um fenômeno elétrico e que a passagem do impulso entre dois neurônios é um fenômeno químico?
3. O curare, veneno que alguns índios usam em suas flechas, bloqueia os receptores de acetilcolina na membrana dos músculos esqueléticos, impedindo a passagem do impulso nervoso para esses músculos. Por que uma pessoa envenenada por curare acaba morrendo por asfixia?
4. A ilustração abaixo mostra partes de dois neurônios. Com os conhecimentos adquiridos neste capítulo, responda:

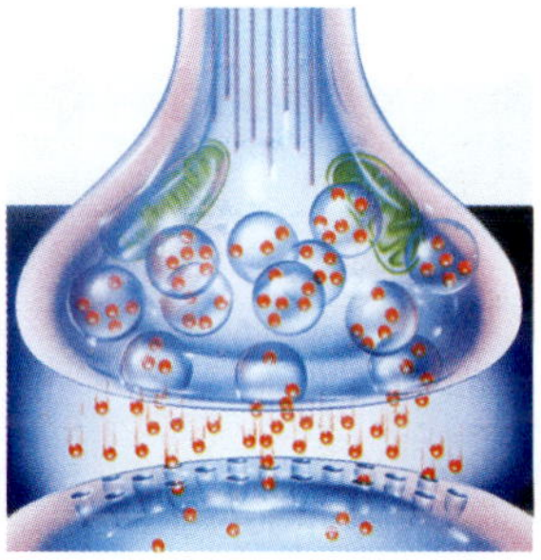

John Bavosi/SPL/Latinstock

Figura sem escala; cores fantasia.

   a) A que correspondem as esferas vermelhas? Qual a sua função?
   b) A parte de cima corresponde a que região do neurônio? Justifique sua resposta.
   c) Como se chama esse ponto de encontro entre dois neurônios?

5. Você conheceu os tecidos que formam o corpo. Entre eles, encontram-se os tecidos epitelial, conjuntivo propriamente dito, adiposo, ósseo, muscular, nervoso e a cartilagem.

   Agora, no caderno, associe as características abaixo (um tecido pode ter mais de uma característica) com os tipos de tecidos mencionados:

   a) Funciona como uma primeira barreira contra a penetração de microrganismos.
   b) Tem a capacidade de se contrair.
   c) Serve de proteção contra o frio, dificultando a troca de calor pela pele.
   d) Serve de ponto de apoio para os músculos que movimentam o corpo.
   e) Comanda a contração dos músculos.
   f) Está localizado logo abaixo da epiderme.
   g) Reveste o corpo e absorve alimentos no intestino.
   h) É o principal tecido encontrado no cérebro.
   i) Nas células desse tecido há vários prolongamentos, mas, em geral, um deles é mais longo que os outros.
   j) Suas células estão bem unidas umas às outras e quase não há substância intercelular entre elas.
   k) É um tipo de tecido que acumula gordura.
   l) A substância intercelular é rica em sais de cálcio.
   m) Está relacionado com a capacidade de memorizar um número de telefone.
   n) Sustenta várias partes do sistema respiratório e possui substância intercelular flexível.

6. A fenda sináptica é muito importante na transmissão do impulso nervoso. Explique por quê.

Atividade prática

Veja este experimento para testar o tempo de reação das pessoas. Em duplas, façam o que se pede.

Um de vocês (pessoa **A**), em pé, segura uma régua de 25 cm a 30 cm por uma das extremidades, verticalmente, com o zero da régua voltado para baixo. O outro (pessoa **B**), sentado, deve manter o polegar e o indicador de uma das mãos esticados (com os demais dedos fechados), envolvendo, sem segurar, a outra extremidade da régua. Vejam a figura.

Então, de repente e sem avisar, a pessoa **A** solta a régua. A pessoa **B** deve fechar os dedos o mais rapidamente possível para tentar segurar a régua. A pessoa **A** anota em que ponto a pessoa **B** conseguiu segurar a régua.

Depois, troquem de posição e repitam os procedimentos. Em seguida, respondam:

a) Em que ponto da régua cada um de vocês conseguiu segurá-la? O que esse ponto indica?
b) Por que existe um tempo de reação entre a percepção de que a régua está caindo e o ato de segurá-la?

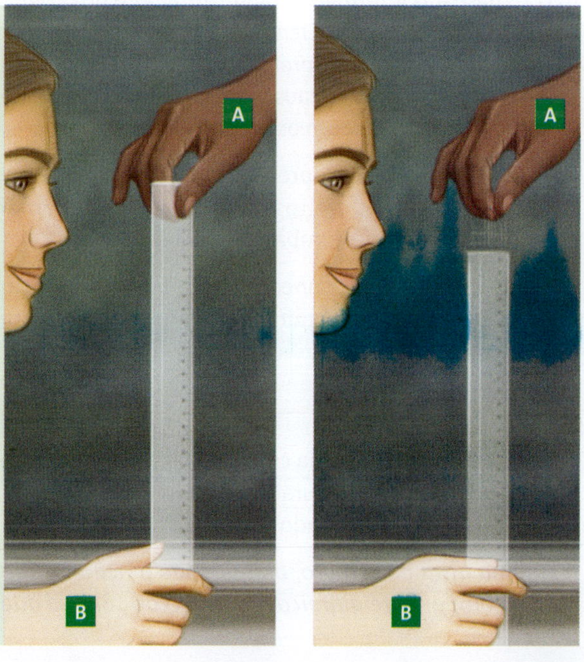

Mauro Nakata/Arquivo da editora

Pensando no Enem

A cafeína atua no cérebro, bloqueando a ação natural de um componente químico associado ao sono, a adenosina. Para uma célula nervosa, a cafeína se parece com a adenosina e combina-se com seus receptores. No entanto, ela não diminui a atividade das células da mesma forma. Então, ao invés de diminuir a atividade por causa do nível de adenosina, as células aumentam sua atividade, fazendo com que os vasos sanguíneos do cérebro se contraiam, uma vez que a cafeína bloqueia a capacidade da adenosina de dilatá-los. Com a cafeína bloqueando a adenosina, aumenta a excitação dos neurônios, induzindo a hipófise a liberar hormônios que ordenam às suprarrenais que produzam adrenalina, considerada o hormônio do alerta.

Disponível em: <http://ciencia.hsw.uol.com.br>. Acesso em: 23 abr. 2010 (adaptado).

Veja abaixo as fórmulas estruturais das duas moléculas.

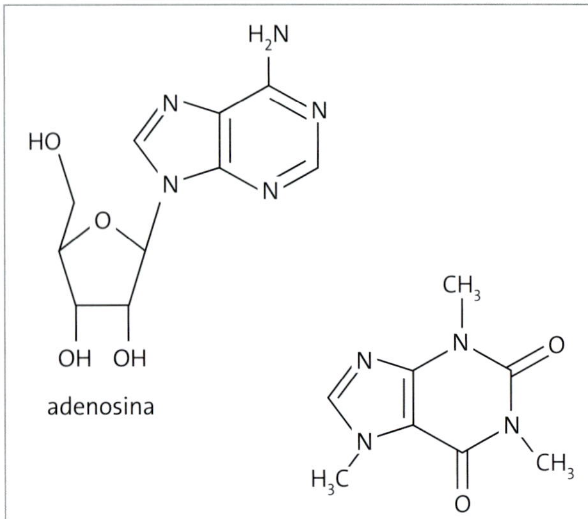

adenosina

cafeína

Infere-se do texto que o objetivo da adição de cafeína em alguns medicamentos contra a dor de cabeça é:

a) contrair os vasos sanguíneos do cérebro, diminuindo a compressão sobre as terminações nervosas.

b) aumentar a produção de adrenalina, proporcionando uma sensação de analgesia.

c) aumentar os níveis de adenosina, diminuindo a atividade das células nervosas do cérebro.

d) induzir a hipófise a liberar hormônios, estimulando a produção de adrenalina.

e) excitar os neurônios, aumentando a transmissão de impulsos nervosos.

Resolução

Esta questão exige uma avaliação crítica do texto proposto com base nas informações apresentadas e nos conhecimentos relacionados às Ciências da Natureza, sobretudo a Fisiologia. Além da interpretação do texto, é importante entender as principais causas das dores de cabeça, para então relacioná-las com os efeitos da cafeína.

Ao ler e analisar o texto apresentado, é importante que você compreenda os efeitos da cafeína que poderiam estar relacionados ao combate às dores de cabeça.

É importante também conhecer a principal causa das dores de cabeça para conseguir relacionar a cafeína ao tratamento dessas dores.

O problema

O texto cita dois efeitos da cafeína. O primeiro é a competição por receptores neurais entre a molécula da cafeína e um composto associado ao sono, a adenosina:

A cafeína atua no cérebro, bloqueando a ação natural de um componente químico associado ao sono, a adenosina.

Já o segundo coloca a cafeína como uma molécula que bloqueia a atividade da adenosina na dilatação dos vasos sanguíneos do cérebro. Ou seja, de acordo com o texto apresentado no enunciado da questão, a cafeína faz com que os vasos sanguíneos do cérebro se contraiam.

Desses dois efeitos, um deles está diretamente associado ao estado de alerta. Com a administração de cafeína, aumenta o estado de excitação das células nervosas e estas estimulam a produção de adrenalina pelas glândulas suprarrenais. A consequência é o aumento do estado de alerta. Porém, isso não tem ligação direta com as causas da dor de cabeça.

Alguns tipos de dores de cabeça são causados pela dilatação dos vasos sanguíneos da cabeça. Estes estimulam terminações nervosas, o que pode causar a dor. Quando o fluxo sanguíneo passa pela zona irritada, provoca uma pressão sobre o vaso dilatado que acaba se traduzindo em uma dor intensa.

Conhecendo essa informação, é possível relacionar os efeitos da cafeína na contração dos vasos sanguíneos (e a subsequente diminuição da dilatação de vasos sanguíneos do cérebro) com as causas das dores de cabeça.

Se uma pessoa está com dor de cabeça, a causa dessa dor pode ser a dilatação dos vasos sanguíneos do cérebro. Assim, a adição de cafeína em alguns medicamentos contra a dor de cabeça produz a contração desses vasos, diminuindo a sensação de dor.

Resposta: **A**.

Vestibulares de Norte a Sul

1. **SE** (Uerj) O aldicarb, conhecido popularmente como chumbinho, é uma substância de alta toxicidade, derivada do ácido carbâmico. Ele age inibindo a acetilcolinesterase, enzima que, hidrolisando o mediador químico acetilcolina, desempenha um papel importante no processo de transmissão do impulso nervoso em sinapses como as encontradas nas junções neuromusculares.

   Observe a concentração de Ca^{++} medida em dois compartimentos de células musculares, em repouso, na ausência de aldicarb.

   Nos gráficos I a IV, representados a seguir na mesma escala, observe algumas alterações na concentração de Ca^{++} nesses compartimentos:

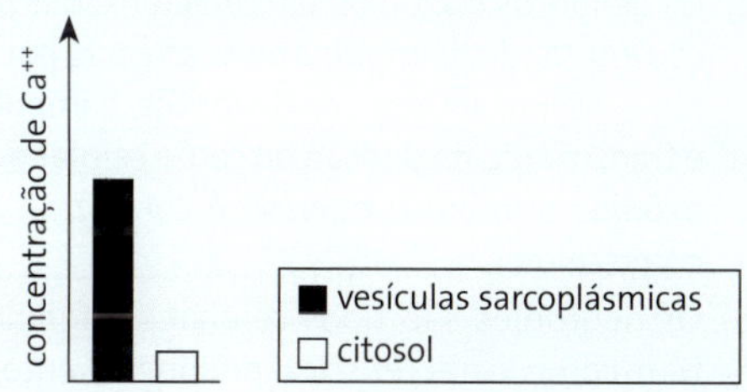

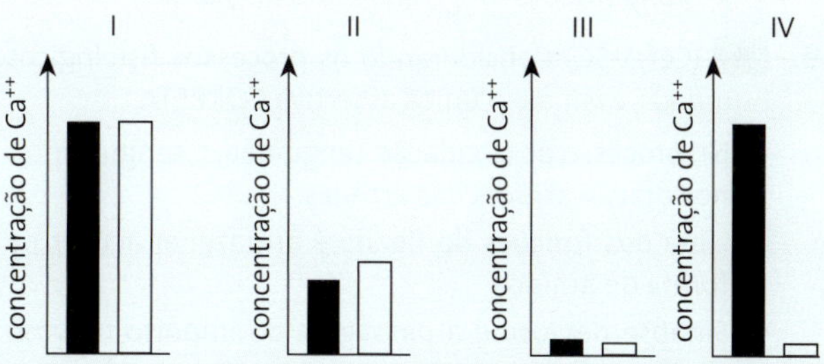

   O gráfico que mostra a ação do aldicarb, logo após sua penetração na junção neuromuscular, é o de número:

   a) I
   b) II
   c) III
   d) IV

2. **NE** (Uece) Sabe-se que a deficiência na produção de serotonina pode ser uma das causas do estado depressivo dos adolescentes, conforme indicam pesquisas no campo da psiquiatria. Esta substância é um neurotransmissor, sendo liberada na seguinte região do neurônio, para que o impulso nervoso se propague:

   a) corpo celular.
   b) terminal sináptico do dendrito.
   c) bainha de mielina do axônio.
   d) terminal sináptico do axônio.

3. **NE** (UFPE) O impulso nervoso é um fenômeno de natureza eletroquímica, autopropagado, que caminha pela membrana do neurônio. Com relação a esse assunto, podemos afirmar que:

   ( ) Ao ser estimulada, a membrana de um neurônio em repouso se despolariza. Na área estimulada, ocorre uma alteração momentânea na permeabilidade da membrana plasmática e a entrada de íons sódio.
   ( ) Ao período de despolarização, segue-se um período de repolarização, em que o potássio se difunde para o meio extracelular. Posteriormente, a bomba de sódio e potássio restabelece os gradientes normais desses íons na célula.
   ( ) Se o estímulo for de baixa intensidade, inferior ao limiar de excitação, as alterações sofridas pelo neurônio serão suficientes apenas para gerar um impulso nervoso de baixa propagação.
   ( ) A membrana do neurônio em repouso é polarizada como uma pilha elétrica. Sua face interna representa como polo negativo, e a face externa funciona como polo positivo.
   ( ) Axônios amielínicos transmitem o impulso nervoso mais rapidamente que os mielinizados.

4. **NE** (UFPE) Na figura ilustra-se uma sinapse nervosa, região de interação entre um neurônio e uma outra célula. Com relação a esse assunto, é **incorreto** afirmar que:

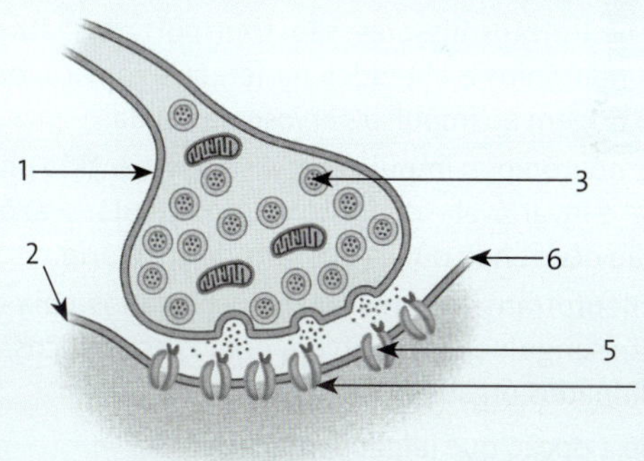

   a) A fenda sináptica está compreendida entre a membrana pré-sináptica do neurônio (1) e a membrana pós-sináptica da célula estimulada (2).
   b) Na extremidade do axônio existem vesículas sinápticas (3), que contêm substâncias como a acetilcolina e a noradrenalina.
   c) Os neurotransmissores liberados pelo axônio ligam-se a moléculas receptoras (4) na membrana pós-sináptica.
   d) Canais iônicos (5), na membrana pós-sináptica, permitem a entrada de íons Na^+ na célula.
   e) A passagem do impulso nervoso pela sinapse é um fenômeno físico-químico; depende do número de vesículas sinápticas na parede da célula estimulada (6).

5. SE (Mack-SP) Alguns tipos de drogas, utilizadas no tratamento da esquizofrenia, agem bloqueando os receptores de dopamina, um tipo de neurotransmissor, nas sinapses. A respeito desse bloqueio, é correto afirmar que

a) ocorre no axônio de um neurônio.
b) provoca a destruição dos neurotransmissores.
c) como consequência, não há impulso nervoso no neurônio pós-sináptico.
d) atrasa a condução de um impulso ao longo de um neurônio.
e) provoca a diminuição permanente da produção de ATP no neurônio pós-sináptico.

6. N (UFRR) "O *ecstasy* é uma das drogas ilegais mais utilizadas atualmente; conhecida como a "pílula do amor", possui uma substância chamada MDMA – metilenodioximetanfetamina – que atua sobre três neurotransmissores: a serotonina, a dopamina e a noradrenalina. O mais atingido é a serotonina, que controla as emoções e também regula o domínio sensorial, o domínio motor e a capacidade associativa do cérebro. O MDMA provoca uma descarga de serotonina nas células nervosas do cérebro para produzir os efeitos de leveza e bem-estar; porém, a serotonina também é reguladora da temperatura do corpo, podendo causar hipertermia ou superaquecimento do organismo, sendo esta a principal causa de morte dos usuários."

Adaptado: *Superinteressante*, set./2000.

Em relação aos neurotransmissores, analise as afirmativas abaixo:

I. Os neurotransmissores são transportados através dos neurônios e liberados na fenda sináptica, onde dão origem ao impulso nervoso da célula.
II. Nos neurônios o impulso nervoso tem sentido unilateral e invariável – dendrito > corpo celular > axônio – não ocorrendo nunca em sentido contrário.
III. Os neurotransmissores são transportados pela corrente sanguínea e atuam em órgãos específicos, denominados órgãos-alvo.

Marque a opção que julgar verdadeira:

a) I está correta.
b) I e III estão corretas.
c) III está correta.
d) I e II estão corretas.
e) I, II e III estão corretas.

7. S (PUC-PR) Os neurônios são células extremamente especializadas do sistema nervoso.

Cada neurônio é formado essencialmente por:

a) dendritos, corpo celular e axônio.
b) dendritos, sinapses e axônio.
c) sinapses, dendritos e corpo celular.
d) axônio e sinapses.
e) dendritos e axônios.

8. SE (UFSJ-MG) Observe a imagem abaixo.

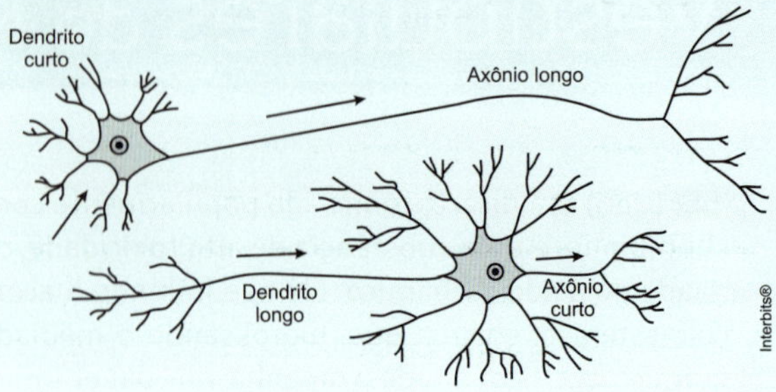

A partir dessa imagem assinale a alternativa CORRETA.

a) Os dendritos e os axônios são responsáveis pela condução do impulso nervoso. O que os diferencia é que o axônio é o prolongamento mais longo e não ramificado e os dendritos são prolongamentos mais finos e ramificados.
b) O axônio é o prolongamento celular mais longo dos neurônios e é responsável por conduzir o impulso nervoso.
c) Os dendritos e axônios são caracterizados por sua função em conduzir impulso nervoso e não por sua morfologia. Assim, através dos dendritos, o impulso nervoso é transmitido na direção do corpo celular e através dos axônios o impulso nervoso é conduzido a partir do corpo celular.
d) Os neurônios são tipos celulares diferenciados que têm como característica prolongamentos celulares finos e ramificados chamados de dendritos e um prolongamento longo chamado de axônio.

9. S (Cefet-SC) Considerando os processos fisiológicos humanos, assinale a única assertiva CORRETA:

a) No processo de circulação sanguínea, o sangue entra no coração através das artérias.
b) Uma das funções do fígado é armazenar açúcar na forma de amido.
c) Sinapse nervosa é a passagem do impulso nervoso de uma célula para a outra, através de mediadores químicos.
d) A traqueia é um tubo cartilaginoso que tem como única função permitir a passagem do ar até os brônquios.
e) Os excretas produzidos em nosso organismo são eliminados apenas pelos rins.

10. SE (Mack-SP) Vários distúrbios neurológicos são devidos a alterações na ação de neurotransmissores. A respeito dessas substâncias, é correto afirmar que:

a) sua ação sempre depende da existência de receptores na membrana.
b) não podem ser reabsorvidas uma vez secretadas, sendo necessária a sua destruição.
c) sempre são capazes de provocar um potencial de ação em um neurônio.
d) são sempre lançadas no espaço entre um axônio e um dendrito.
e) a intensidade da resposta não depende da quantidade dessas substâncias lançadas na sinapse.

11. **NE** (Uece) Na cadeia de propagação do impulso nervoso, na ordem de passagem do impulso pelo neurônio, podemos afirmar corretamente que o corpo celular é a estrutura neuronal que o recebe:

a) por último, passando-o para um novo neurônio.
b) intermediariamente, passando-o para o dendrito.
c) primeiro, passando-o para o axônio.
d) intermediariamente, passando-o para o axônio.

12. **SE** (Uerj) Podemos analisar a organização morfofuncional do sistema nervoso dos vertebrados quando observamos a reação do indivíduo ao tocar com a mão um objeto muito quente: a musculatura do esqueleto é estimulada e ele retrai a mão da fonte de calor.

Esse fenômeno pode ser explicado pela atuação dos componentes da seguinte estrutura:

a) arco reflexo.
b) cordão nervoso ventral.
c) eixo hipotálamo-hipófise.
d) rede nervosa epidérmica.

13. **SE** (Ufla-MG) Analise as seguintes afirmativas referentes às células nervosas e suas sinapses:

I. As sinapses nervosas podem ser elétricas ou químicas, sendo essa última caracterizada pela ausência de contato físico entre as células.
II. Os dendritos são ramificações dos corpos dos neurônios responsáveis por conduzir o impulso nervoso para outras células.
III. Corpos de neurônios estão localizados exclusivamente no cérebro e cerebelo.
IV. As fibras nervosas podem ser mielinizadas ou amielinizadas; nesse último caso, a propagação do impulso nervoso é mais lenta.

Assinale a alternativa CORRETA.

a) Apenas as afirmativas I e II estão corretas.
b) Apenas as afirmativas II e III estão corretas.
c) Apenas as afirmativas III e IV estão corretas.
d) Apenas as afirmativas I e IV estão corretas.

14. **S** (UFRGS-RS) No esquema abaixo, 1, 2 e 3 são, respectivamente, neurônios:

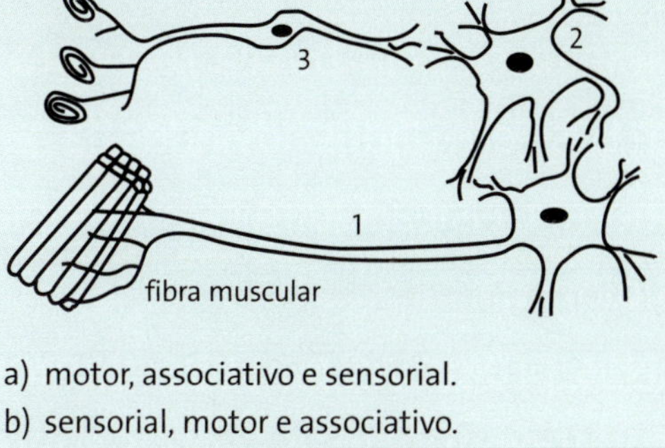

a) motor, associativo e sensorial.
b) sensorial, motor e associativo.
c) sensorial, associativo e motor.
d) motor, sensorial e associativo.
e) associativo, sensorial e motor.

15. **SE** (Fuvest-SP) O esquema abaixo representa dois neurônios contíguos (I e II) no corpo de um animal e sua posição em relação a duas estruturas corporais identificadas por X e Y.

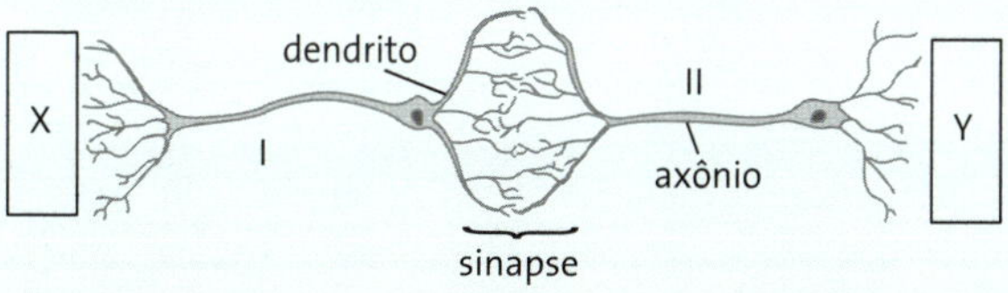

a) Tomando-se as estruturas X e Y como referência, em que sentido se propagam os impulsos nervosos através dos neurônios I e II?
b) Considerando que, na sinapse mostrada, não há contato físico entre os dois neurônios, o que permite a transmissão do impulso nervoso entre eles?
c) Explique o mecanismo que garante a transmissão unidirecional do impulso nervoso na sinapse.

16. **SE** (Uerj) A toxina produzida pela bactéria anaeróbica *Clostridium botulinum* pode produzir a doença denominada botulismo, por impedir a liberação do mediador químico acetilcolina nas sinapses nervosas colinérgicas. Sob o nome comercial de Botox, é usada para minimizar, temporariamente, a formação de rugas faciais.

a) Explique por que o uso de pequenas doses injetáveis dessa toxina propicia essa minimização de rugas.
b) Explique, ainda, por que latas estufadas podem indicar a contaminação do alimento nelas contido por *Clostridium botulinum*.

17. **NE** (UFBA) A figura representa uma fibra nervosa mielinizada e um gráfico que registra a velocidade do impulso nervoso em fibras mielinizadas e desmielinizadas. Com base nesses dados, analise a importância da mielinização na transmissão do impulso nervoso e relacione a velocidade dessa transmissão em função do diâmetro das fibras mielinizadas e desmielinizadas.

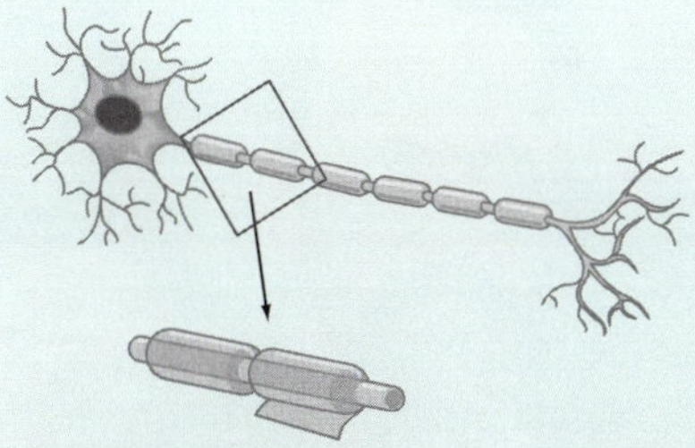

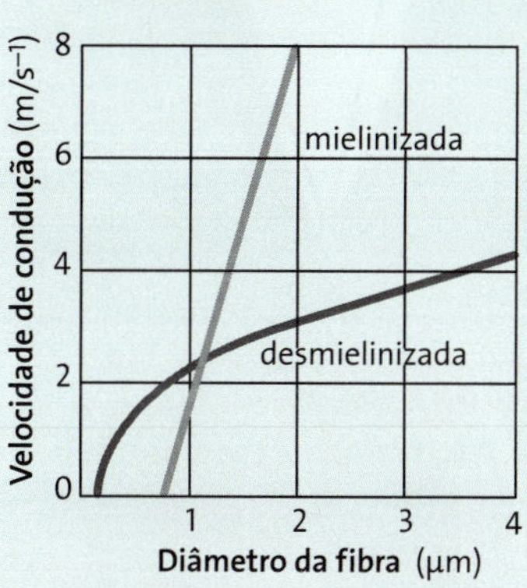

A origem da vida

O Sistema Solar surgiu de uma imensa nuvem de gás e poeira que se condensou sob a ação da gravidade. A Terra e os outros planetas formaram-se há 4,6 bilhões de anos. Já os fósseis mais antigos (de cianobactérias) datam de cerca de 3,5 bilhões de anos.

Como a vida surgiu em nosso planeta?

Essa é uma questão intrigante, que mobilizou mentes investigativas, gerou hipóteses e experimentos esclarecedores, como o de Louis Pasteur, mostrado na ilustração. Em 1860, o cientista francês demonstrou que micro-organismos surgem de outros preexistentes e, com isso, derrubou a teoria da geração espontânea.

Hoje, a ciência busca respostas com base em dados advindos da Astronomia, Física, Química, Geologia e Biologia.

Nas próximas páginas, vamos estudar as principais teorias sobre a origem da vida.

CAPÍTULO

23 Teorias sobre a origem da vida

Henning Dalhoff/Bonnier Publications/SPL/Latinstock

Célula primitiva, ou protocélula (os elementos da ilustração não estão em escala; cores fantasia).

- *Você conhece a teoria da geração espontânea?*
- *Como você faria um experimento para provar que o bicho-de-goiaba não surgiu espontaneamente da fruta, mas que é resultado do desenvolvimento de ovos de mosca?*

1 Teoria da geração espontânea e biogênese

Parece evidente que um ser vivo vem sempre de outros seres vivos. Basta observar cães, gatos e outros mamíferos nascendo ou aves saindo do ovo.

Mas será que todos surgem assim?

Da Antiguidade até pelo menos o início do século XVII, acreditava-se que pequenos seres vivos, como moscas e girinos (larvas de sapos), podiam nascer da matéria sem vida (bruta). Afinal, ninguém ainda havia observado o desenvolvimento desses animais a partir de ovos. Pensava-se, por exemplo, que pequenos vermes surgiam da carne em decomposição.

Às vezes observava-se que larvas de moscas apareciam em carne podre, que sapos e outros animais saíam da lama dos pântanos e que lombrigas cresciam no intestino humano.

A ideia de que a vida pode surgir regularmente da matéria sem vida era conhecida como **teoria da abiogênese** (*a* = sem; *bios* = vida; *genesis* = origem) ou **geração espontânea**.

Experiência de Redi

Um dos primeiros cientistas a duvidar da teoria da geração espontânea foi o médico italiano Francesco Redi (1626-1698). Ele estava familiarizado com os trabalhos do médico inglês William Harvey (1578-1657), que, estudando pequenos embriões de mamíferos, supôs que os animais pudessem surgir de ovos tão pequenos que não seriam visíveis a olho nu.

Em 1668, Redi reparou que pequenos "vermes" apareciam em lugares frequentados por moscas, como a carne em decomposição. Supôs, então, que esses "vermes" eram, na realidade, provenientes de ovos depositados pelas moscas adultas.

Para testar sua hipótese, colocou carne, peixe e outras matérias orgânicas em oito vidros, quatro cobertos com gaze e os outros abertos. Após alguns dias, surgiram larvas apenas nos vidros sem gaze (figura 23.1). Se a matéria orgânica fosse suficiente para a formação de larvas, elas deveriam ter surgido nos oito vidros.

O fato de Redi ter usado dois grupos de frascos idênticos, que diferiam apenas por um fator – o fechamento ou não do vidro –, permitiu concluir que as larvas vieram de ovos depositados pelas moscas, e não da transformação da carne estragada.

O grupo de frascos abertos serviu de grupo de controle, e o grupo de frascos fechados é chamado grupo experimental: um grupo no qual se faz alguma alteração para se testar uma hipótese.

Como vimos no capítulo 2, a comparação entre duas situações caracteriza um experimento controlado, característica importante da pesquisa científica.

Figura 23.1 Experimento de Redi. Não surgiram larvas de mosca no vidro fechado com gaze (vidro **B**). (Os elementos da figura não estão na mesma escala; cores fantasia.)

Renascimento da teoria da geração espontânea

Francesco Redi generalizou suas conclusões afirmando que todos os seres vivos vêm sempre de outros seres vivos. Assim nascia a **teoria da biogênese**. Mas, no mesmo século XVII, com a descoberta dos microrganismos, a abiogênese renasceu. Afirmava-se que os microrganismos eram tão simples que poderiam surgir da matéria sem vida.

Em 1745, o naturalista inglês John Needham (1713-1781) aqueceu e fechou hermeticamente vários recipientes com caldo de carne. Depois, observou que, mesmo assim, se desenvolvia neles grande número de microrganismos (bactérias). Segundo ele, isso demonstrava a existência de geração espontânea.

Vários cientistas da época questionaram essa conclusão. Ainda no século XVIII, o padre italiano Lazzaro Spallanzani (1729-1799) achava que, como a temperatura dos frascos de Needham não era alta o suficiente, nem todos os microrganismos haviam sido destruídos. Partindo dessa hipótese, ferveu por longo tempo caldo de carne em vários frascos e manteve alguns abertos, enquanto o restante foi lacrado logo depois da fervura. Ao final da experiência, demonstrou que os microrganismos só apareciam nos frascos abertos, pois vinham do ar, e não do líquido interno. Ainda assim foi criticado por Needham, que argumentou que nos vidros lacrados não entrava ar, o que impedia a formação de microrganismos.

Além disso, os defensores da geração espontânea argumentavam que a fervura prolongada teria destruído um "princípio vital" que existia no caldo de carne e que era necessário para a formação de organismos por geração espontânea.

Não se conseguia imaginar um experimento controlado no qual não houvesse interferência desses fatores (ar e princípio vital).

Experimento de Pasteur

Em 1862, o cientista francês Louis Pasteur realizou um experimento que serviu de evidência importante contra a abiogênese. Ele ferveu caldo de carne em um vidro aberto – que deixava entrar o ar –, mas com o gargalo curvado em forma de **S**. O líquido permaneceu estéril (sem microrganismos) por muito tempo, pois, apesar de entrar ar, os microrganismos, vindos com o ar, ficavam depositados junto à poeira na curvatura do gargalo (**figura 23.2**).

Para demonstrar que a ausência de microrganismos não se devia à falta do suposto "princípio vital", após alguns dias Pasteur quebrou o frasco de modo que o caldo estéril entrasse em contato com a poeira; depois de dezoito horas, o frasco estava cheio de bactérias.

As experiências de Pasteur e Redi deram apoio, portanto, à ideia da biogênese.

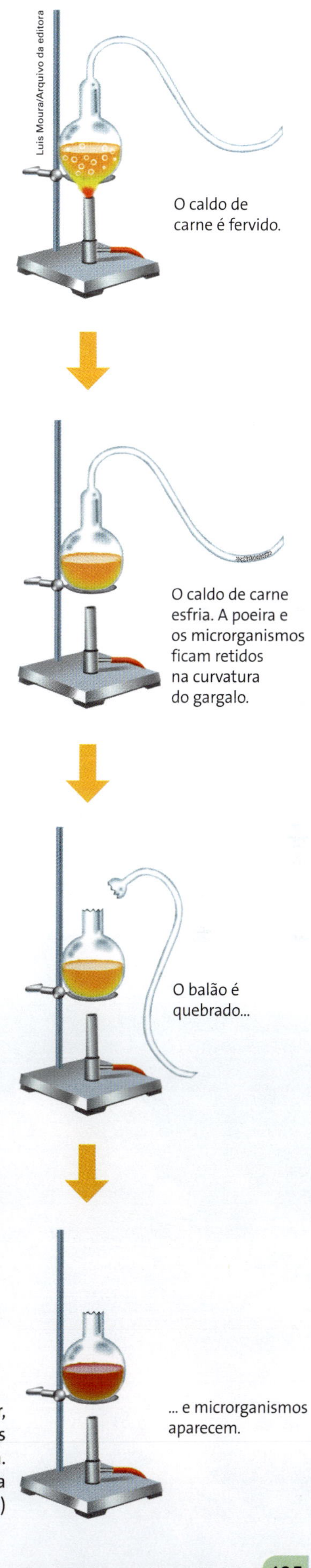

Figura 23.2 Ilustração do experimento de Pasteur, que tem o objetivo de derrubar a ideia de que os microrganismos surgem por geração espontânea. (Os elementos da ilustração não estão na mesma escala; cores fantasia.)

2 Teoria de Oparin e Haldane

Na década de 1930 dois cientistas, o russo Aleksandr I. Oparin (1894-1980) e o escocês John B. S. Haldane (1892-1964), trabalhando de forma independente, chegaram à mesma conclusão: nas condições da Terra primitiva, a vida poderia ter surgido da matéria sem vida. A partir dessas substâncias orgânicas, e ao longo de um grande período de tempo, teria se formado o primeiro ser vivo.

Mas, com isso, eles não estavam defendendo que a abiogênese pudesse ocorrer nas condições atuais e com regularidade, como diziam os antigos defensores dessa teoria. Apenas em condições que não existem mais teria sido possível a formação de um ser vivo originado de matéria sem vida – e, mesmo assim, esse processo teria levado muitos milhões de anos para ocorrer.

A atmosfera primitiva e as primeiras moléculas orgânicas

Vulcões jorrando lava e gases, numerosos impactos de corpos sólidos originados da formação do Sistema Solar, feitos de poeira cósmica e gelo, relâmpagos, radiações ultravioleta mais intensas que as atuais e uma temperatura muito alta que, até cerca de 3,9 bilhões de anos, impedia a presença de vida na Terra (figura 23.3).

Evidências geológicas, o estudo comparado da atmosfera de outros planetas e a análise química dos gases emitidos pelos vulcões permitiram aos cientistas concluir que a atmosfera da Terra primitiva era composta de gases diferentes dos atuais. Segundo Oparin, havia metano, amoníaco, hidrogênio e vapor de água. Observe que apenas quatro tipos de átomos constituem essas substâncias: carbono, hidrogênio, oxigênio e nitrogênio – justamente os elementos básicos da constituição de todos os seres vivos.

Figura 23.3 Ilustração da Terra primitiva, ainda sem vida. Podem ser vistos vulcões em erupção e meteoritos caindo sobre a Terra. (Os elementos da ilustração não estão na mesma escala; cores fantasia.)

Várias evidências indicam que o oxigênio livre estaria praticamente ausente da atmosfera primitiva (poderia haver uma quantidade muito pequena desse gás por causa da decomposição de moléculas de água pelos raios ultravioleta). Se estivesse presente desde o início, esse gás teria oxidado e destruído os primeiros compostos orgânicos, impedindo-os de se acumular e originar os primeiros organismos vivos.

Atualmente, os cientistas acham que parte do amoníaco teria sido decomposto em hidrogênio e nitrogênio pelos raios ultravioleta. Estudando os gases liberados por vulcões, concluíram que deve ter havido também monóxido de carbono, sulfeto de hidrogênio e gás carbônico. De qualquer forma, os quatro elementos fundamentais estariam presentes.

As fortes descargas elétricas das tempestades e a grande quantidade de raios ultravioleta teriam representado uma fonte de energia para promover as mais variadas reações químicas entre as substâncias da atmosfera. Como não havia seres vivos para consumir essas moléculas nem oxigênio livre em quantidade suficiente para oxidá-las, podemos supor que, ao longo de milhões de anos, uma incalculável quantidade e variedade de substâncias se formou (figura 23.4).

Os átomos de carbono, por exemplo, têm a propriedade de se combinar formando cadeias quando recebem energia. Esta fica armazenada nas ligações químicas que mantêm os átomos unidos na molécula. Assim, podem ter se formado moléculas orgânicas simples, como álcoois, ácidos, aminoácidos, açúcares, bases orgânicas e nitrogenadas, constituídas por pequenas cadeias de carbono.

As moléculas orgânicas são estudadas em uma área da Química chamada Química Orgânica.

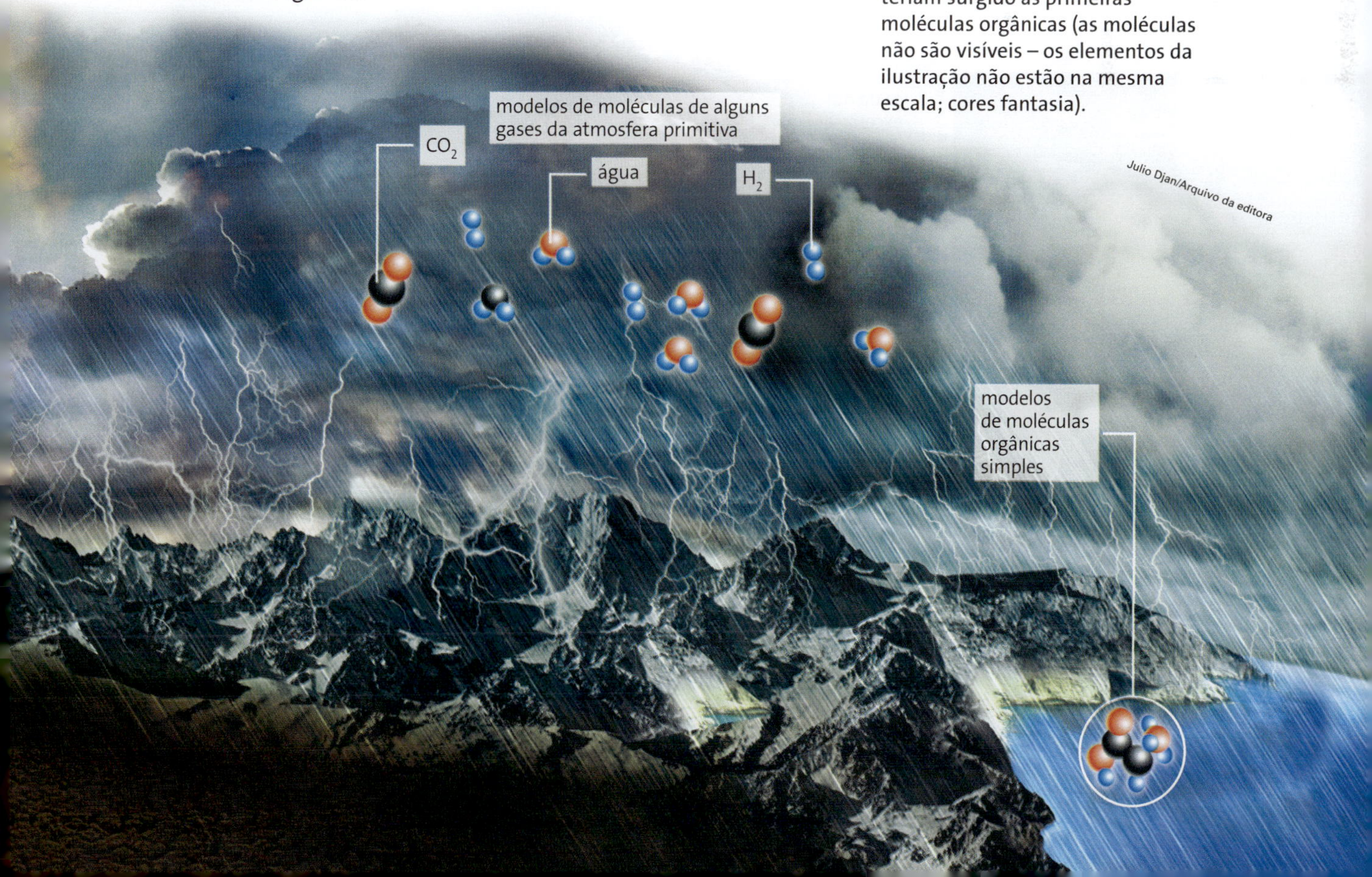

Figura 23.4 Tempestades, chuvas frequentes e vulcões em atividade por todo o planeta: dessas condições teriam surgido as primeiras moléculas orgânicas (as moléculas não são visíveis – os elementos da ilustração não estão na mesma escala; cores fantasia).

Testando a teoria de Oparin e Haldane

Seria possível testar a hipótese de que as primeiras moléculas orgânicas teriam surgido dos gases da atmosfera primitiva?

Em 1953, Stanley Miller (1930-2007), estudante norte-americano da Universidade de Chicago, sob a orientação de seu professor Harold Urey (1893-1981), imaginou um modo de testar essa hipótese. Ele construiu um aparelho no qual colocou hidrogênio, amoníaco e metano. Essa mistura foi submetida a fortes descargas elétricas, ao mesmo tempo que recebia vapor de água condensado como chuva. Após uma semana de funcionamento, constatou, no líquido formado, a presença de compostos orgânicos, até mesmo aminoácidos (**figura 23.5**).

Miller simulou as condições que, supunha-se, ocorreram na Terra primitiva e testou experimentalmente a hipótese de Oparin e Haldane para mostrar que as primeiras moléculas orgânicas poderiam ter sido formadas dos gases da Terra primitiva. No entanto, as moléculas formadas ainda eram muito simples, se comparadas com a complexidade das grandes moléculas que formam os seres vivos, como as proteínas e os ácidos nucleicos. Além disso, alguns cientistas questionam o experimento de Miller porque hoje se acredita que a atmosfera primitiva não tinha exatamente a mesma composição gasosa que ele usou em sua simulação. Experimentos muito semelhantes ao dele, mas com outra composição atmosférica e na presença de algumas substâncias que, acredita-se, estavam presentes nos mares primitivos, têm sido realizados. Em alguns casos foram produzidas moléculas orgânicas simples.

SPL/Latinstock

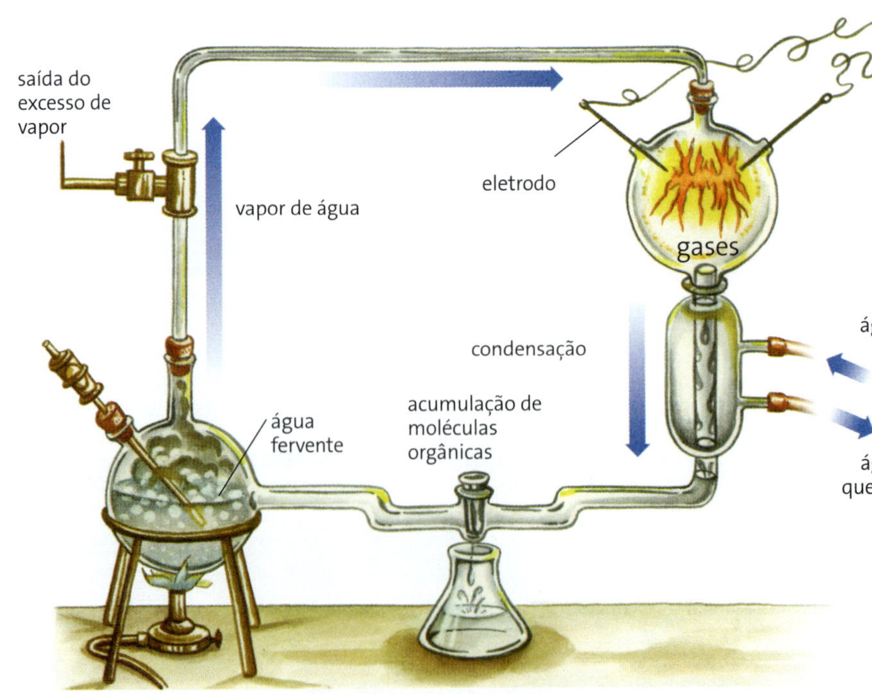

Ingeborg Asbach/Arquivo da editora

Figura 23.5 Na foto, Miller com o aparelho que usou no experimento. Na ilustração, o experimento de Miller (os elementos da ilustração não estão na mesma escala; cores fantasia).

3 As primeiras células

Nas décadas de 1950 e 1960, o cientista norte-americano Sidney Walter Fox (1912-1998) mostrou que, em certas condições, aminoácidos podem se unir espontaneamente e formar pequenos peptídios. Posteriormente, outros cientistas mostraram que esse tipo de síntese poderia ter ocorrido com o auxílio de catalisadores minerais, como sulfetos metálicos e silicatos, na superfície de certas rochas ou da argila (sulfetos estão presentes em grande quantidade nas fendas hidrotermais, um possível local para a origem da vida, como veremos adiante). Essa síntese pode ter originado vários tipos de polímeros.

Fox também demonstrou que proteínas em solução em água quente poderiam, por resfriamento, produzir pequenas vesículas esféricas com cerca de 2 µm de diâmetro, chamadas **microsferas**.

Algumas microsferas podem reagir a variações osmóticas e absorver compostos orgânicos em sua superfície. Elas ainda apresentam complexidade muito inferior à do ser vivo mais primitivo, mas, se colocarmos em seu interior enzimas e seus substratos, começam a ocorrer reações químicas, surgindo, assim, uma espécie de metabolismo primitivo (figura 23.6).

Outro tipo de aglomerado de moléculas orgânicas foi obtido por Oparin ao misturar ácido a uma solução de proteínas em água, chamada **coloide**. Com a mudança de acidez, várias moléculas de proteínas se aproximam, formando aglomerados visíveis ao microscópio, os **coacervatos**. É possível que muitos coacervatos tenham sido destruídos, enquanto outros evoluíram para uma forma mais complexa, com a adesão de moléculas de gordura à sua superfície. Essas moléculas poderiam ter formado uma espécie de membrana primitiva.

Os experimentos descritos mostram que muitos aglomerados de proteínas e outras moléculas poderiam ter se formado ao longo de muitos milhões de anos nos mares primitivos, na forma de coacervatos ou de microsferas. Mas esses aglomerados só deveriam ser considerados seres vivos primitivos se apresentassem as propriedades da vida: metabolismo, reprodução, hereditariedade, evolução, etc.

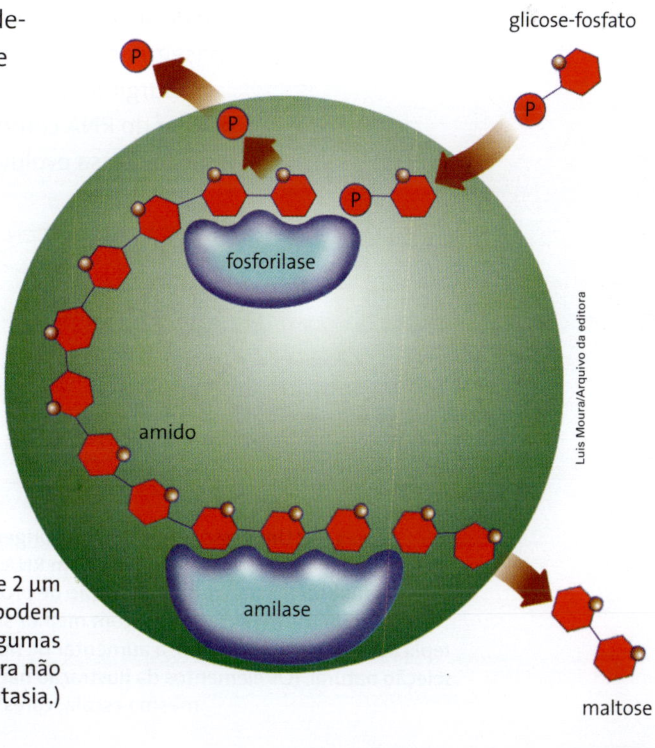

Figura 23.6 Ilustração de microsferas (cerca de 2 µm de diâmetro) com algumas enzimas, em que podem ocorrer reações químicas semelhantes a algumas reações do ser vivo. (Os elementos da figura não estão na mesma escala; cores fantasia.)

Uma célula primitiva ou protocélula poderia apresentar as propriedades de vida se estivesse protegida por uma membrana de lipídios, que, separando-a do ambiente, selecionaria as substâncias que entram na célula e saem dela, permitindo que o seu interior tivesse composição química diferente do exterior e garantindo uma diferença entre o ser vivo e o ambiente; se houvesse em seu interior enzimas que tornassem possíveis as reações químicas do metabolismo; se tivesse alguma espécie de molécula com capacidade de se replicar e controlar a síntese das enzimas, como fazem os ácidos nucleicos.

No entanto, a duplicação do DNA e seu controle da síntese de proteínas são mecanismos muito complexos, que exigem a participação de grande número de enzimas. Por isso, é pouco provável que os primeiros genes fossem feitos de DNA.

Alguns cientistas acham mais provável que o primeiro gene tenha sido feito de RNA ou de alguma molécula semelhante e mais simples, uma espécie de pré-RNA (figura 23.7).

Na década de 1980, descobriu-se que, assim como as proteínas, moléculas de RNA também podiam funcionar como enzimas; elas foram chamadas **ribozimas**. Embora hoje nenhum tipo de RNA consiga se replicar sem o auxílio de enzimas, o químico norte-americano David Bartel e seus colaboradores conseguiram produzir em laboratório um RNA artificial capaz de catalisar a união de nucleotídios e formar um trecho de outro RNA. Embora não prove que algo semelhante tenha acontecido na origem da vida, isso encoraja pesquisas nesse sentido.

À medida que os primeiros seres vivos se replicavam, surgiam mutações ao acaso, incorporadas ao material genético. Algumas teriam aprimorado o processo de replicação e, assim, começava o processo de seleção natural: os seres que se reproduziam mais rapidamente ou que tinham enzimas mais eficientes para a obtenção de alimento e energia aumentavam de número ao longo das gerações. O resultado foi a evolução de sistemas vivos cada vez mais complexos, capazes de se duplicar e conseguir energia de forma mais eficiente.

O surgimento da molécula de DNA, mais estável, que passou a ocupar o lugar do RNA como material genético do ser vivo, pode ter sido consequência dessa evolução.

Luis Moura/Arquivo da editora

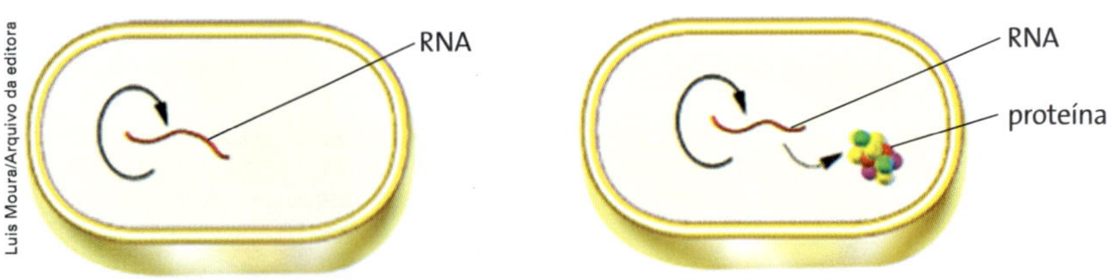

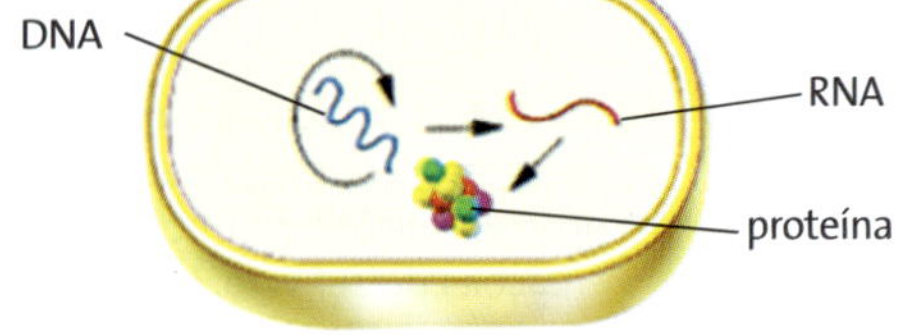

Figura 23.7 Um passo importante na origem da vida ocorreu quando uma molécula, talvez um RNA, passou a se duplicar e a orientar a fabricação de proteínas. As "protocélulas" (microscópicas) com melhor sistema de replicação começaram, assim, a aumentar de número por seleção natural. (Os elementos da ilustração não estão na mesma escala; cores fantasia.)

Hipótese heterotrófica

Como os primeiros seres vivos conseguiam moléculas orgânicas para seu crescimento? Qual a sua fonte de energia?

Para alguns cientistas, a nutrição autotrófica, em que os seres vivos sintetizam suas moléculas orgânicas a partir do alimento inorgânico, não era muito adequada aos organismos pioneiros (muito simples), pois a fotossíntese é um processo bem complexo, que exige uma coleção enzimática variada.

Segundo a **hipótese heterotrófica**, os primeiros seres vivos deveriam apresentar **nutrição sapróbia**, ou seja, conseguiam alimento pela absorção de moléculas orgânicas simples dos mares primitivos.

A respiração aeróbia, utilizada hoje pela maioria dos seres vivos, exige a participação de oxigênio livre, para extrair energia da glicose, e de uma coleção enzimática muito ampla, pois o número de reações químicas é muito maior que na fermentação. Nos mares e na atmosfera primitiva não existia oxigênio, e a coleção enzimática dos seres pioneiros era pequena. Logo, é mais provável que os primeiros seres vivos conseguissem energia por meio de um processo anaeróbio, como a fermentação.

Mudanças no planeta

As condições ambientais da Terra foram se alterando com o passar do tempo. Veja algumas dessas alterações: 1) A transformação dos gases da atmosfera em moléculas orgânicas simples. Desses gases, apenas o vapor de água é recuperável pela evaporação. A quantidade dos outros diminuiu e, consequentemente, a produção de moléculas orgânicas; 2) O resfriamento da Terra reduziu a frequência de tempestades, o que dificultou a produção de moléculas orgânicas na atmosfera; 3) O aumento da população dos organismos iniciais, que provocou consumo maior de moléculas orgânicas simples. Isso acarretou, com os fatores acima, escassez de alimento.

Vejamos como essas mudanças favoreceram a nutrição autotrófica.

Aprofunde seus conhecimentos

O que é vida?

Toda essa discussão sobre a origem da vida nos faz pensar: o que é vida?

Para o evolucionista inglês John Maynard Smith (1920-2004), algumas propriedades são essenciais nos sistemas vivos. A primeira é a de que o ser vivo mantém sua estrutura constante de uma forma dinâmica, isto é, apesar de novas moléculas do nutriente serem incorporadas ao organismo, elas são transformadas em partes do próprio organismo.

A segunda propriedade é que as partes dos seres vivos possuem funções, isto é, elas contribuem para a sobrevivência e reprodução do organismo.

Para Maynard Smith, uma população de entidades capazes de se multiplicar e de sofrer mudanças hereditárias que influem em seu sucesso reprodutivo irá sofrer evolução por seleção natural. Com o tempo, poderão surgir então órgãos ou partes com funções de sobrevivência. Portanto, para esse cientista, a vida poderia ser definida pelas propriedades que permitem a certas entidades sofrer evolução por seleção natural: multiplicação, hereditariedade, variação.

Sucesso dos autotróficos

Enquanto o ambiente se modificava, os seres vivos sofriam mutações. Aquelas mais vantajosas, aos poucos, se acumulavam. Dessa forma, podem ter aparecido alguns organismos capazes de obter alimento pela fotossíntese. Como não dependiam do alimento dissolvido no mar (cada vez mais escasso), esses seres teriam maior possibilidade de sobrevivência que os demais. Assim, pela seleção natural, eles eram cada vez mais numerosos; surgiam os organismos autotróficos (figura 23.8).

Para alguns cientistas, os primeiros organismos autotróficos deveriam ter sido bactérias primitivas que usavam gás sulfídrico como fonte de hidrogênio, em vez de água. Somente depois teriam aparecido aqueles que, por usarem água como doadora de hidrogênio, liberavam oxigênio livre na atmosfera.

Com o aumento do número desses autotróficos, que seriam os ancestrais das atuais cianobactérias, a concentração de oxigênio aumentou na atmosfera. Análises da composição química de rochas antigas mostram que o oxigênio já era um componente importante da atmosfera há 2,3 bilhões de anos. Parte desse oxigênio foi transformada em ozônio, que, com o tempo, formou uma camada no alto da atmosfera. Essa camada filtra os raios ultravioleta, representando uma proteção importante para os seres vivos atuais.

Figura 23.8 Ilustração de possível sequência na origem da vida: as primeiras protocélulas (microscópicas) teriam sido heterotróficas anaeróbias; depois, viriam as autotróficas. O aparecimento do oxigênio na atmosfera favoreceu os organismos aeróbios, cuja respiração tem maior rendimento energético que a fermentação. (Os elementos do esquema não estão na mesma escala; cores fantasia.)

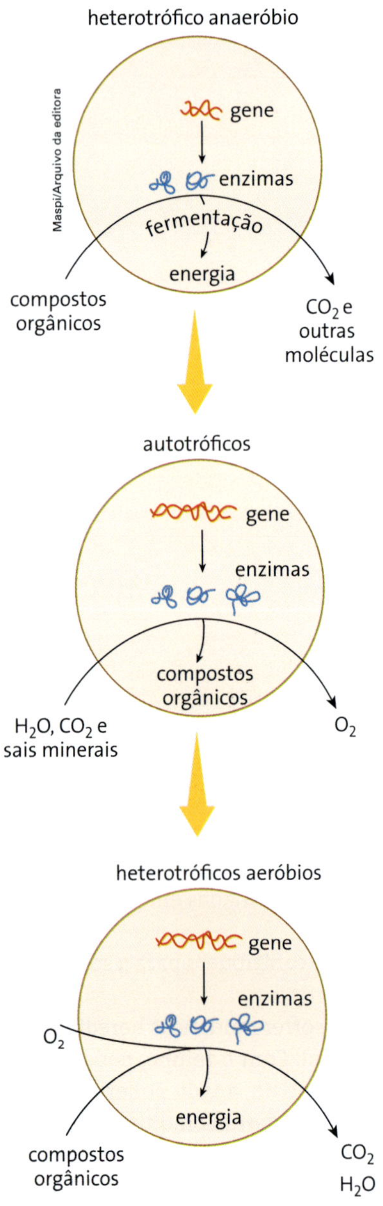

Maspi/Arquivo da editora

Sucesso dos aeróbios

A facilidade com que o oxigênio oxida as substâncias orgânicas deve ter ocasionado alguns problemas para os primeiros organismos. Os seres que, por mutação, foram capazes de provocar uma reação controlada do oxigênio molecular com hidrogênio ou outras substâncias do metabolismo, contornando o problema da oxidação, tiveram sucesso na luta pela sobrevivência.

Podemos supor que a respiração aeróbia surgiu, com sucesso, a partir dessa forma de defesa contra a ação oxidante do oxigênio. Surgiam, então, os seres aeróbios, que, por causa da maior eficiência metabólica, sobreviviam mais tempo e aumentavam gradativamente em número (figura 23.8).

Apesar de a respiração aeróbia ser mais eficiente que a fermentação, seu aparecimento só foi possível depois da produção de oxigênio pelos autotróficos. Além disso, somente após algum tempo relativo de evolução seria possível uma coleção enzimática bem variada, que permitisse realizar as reações necessárias para a quebra total da glicose. A respiração aeróbia possibilitou o aparecimento de organismos maiores e mais complexos, com necessidades energéticas mais altas.

A liberação de oxigênio pelos autotróficos teve outra consequência importante: a destruição das condições que permitiram o aparecimento da vida na Terra a partir da matéria bruta. Assim, mesmo que uma molécula orgânica se formasse hoje por processo semelhante ao que ocorreu na Terra primitiva, ela provavelmente seria destruída pelo oxigênio ou terminaria sendo absorvida por algum ser vivo.

De procariontes a eucariontes

Os fósseis mais antigos, encontrados na Austrália e África do Sul, confirmam que os procariontes devem ter surgido antes dos eucariontes. Rochas com cerca de 3,5 bilhões de anos apresentam vestígios de células procarióticas. Elas são encontradas em rochas com várias camadas, chamadas **estromatólitos** (do grego *stroma* = tapete; *litos* = pedra). Essas rochas se formam pelo depósito e pela fossilização de microrganismos, principalmente cianobactérias, e dos produtos de seu metabolismo (figura 23.9). É possível que os primeiros seres vivos tenham sido ainda mais simples e tenham surgido antes desse período, entre 3,9 bilhões e 4 bilhões de anos. Durante 2 bilhões de anos, só havia procariontes no planeta. Depois, surgiram as células eucarióticas. Portanto, o tempo para surgir um eucarionte a partir de um procarionte foi maior que para surgir o primeiro ser vivo a partir da matéria sem vida.

Essa passagem deve ter acontecido de duas maneiras: por meio do desenvolvimento de dobras da membrana plasmática, que originaram o retículo, o complexo golgiense e outras vesículas e canais da célula; e pela endossimbiose. Essa associação pode ter ocorrido quando uma bactéria aeróbia foi fagocitada por outro procarionte anaeróbio maior e, em vez de ser destruída, passou a viver no interior dele, recebendo proteção e alimento, ao mesmo tempo que aumentava a eficiência energética da associação por meio da respiração aeróbia. Com o tempo, essas bactérias aeróbias originaram as atuais mitocôndrias dos eucariontes. Reveja a figura 7.10, na página 101.

Um processo semelhante teria ocorrido entre procariontes maiores e cianobactérias. Essa é a provável origem dos cloroplastos.

Figura 23.9 Foto do estromatólito, rochas formadas pelo depósito de bactérias.

Luc Cuyvers/Corbis/Latinstock

4 Reinos e domínios

Com os eucariontes, surge uma célula de complexidade maior, capaz de acumular maior coleção de genes e enzimas. A célula eucariota pode também reunir-se formando colônias com divisão de trabalho, abrindo caminho para a formação dos organismos multicelulares.

Um agregado de células formando colônias de seres unicelulares pode ter originado seres pluricelulares, como as plantas, os fungos e os animais (figura 23.10).

Ao longo do tempo foram propostos vários sistemas de classificação para organizar a imensa variedade de espécies atuais e indicar o grau de parentesco evolutivo entre elas, isto é, indicar o caminho da evolução.

Maspi/Arquivo da editora

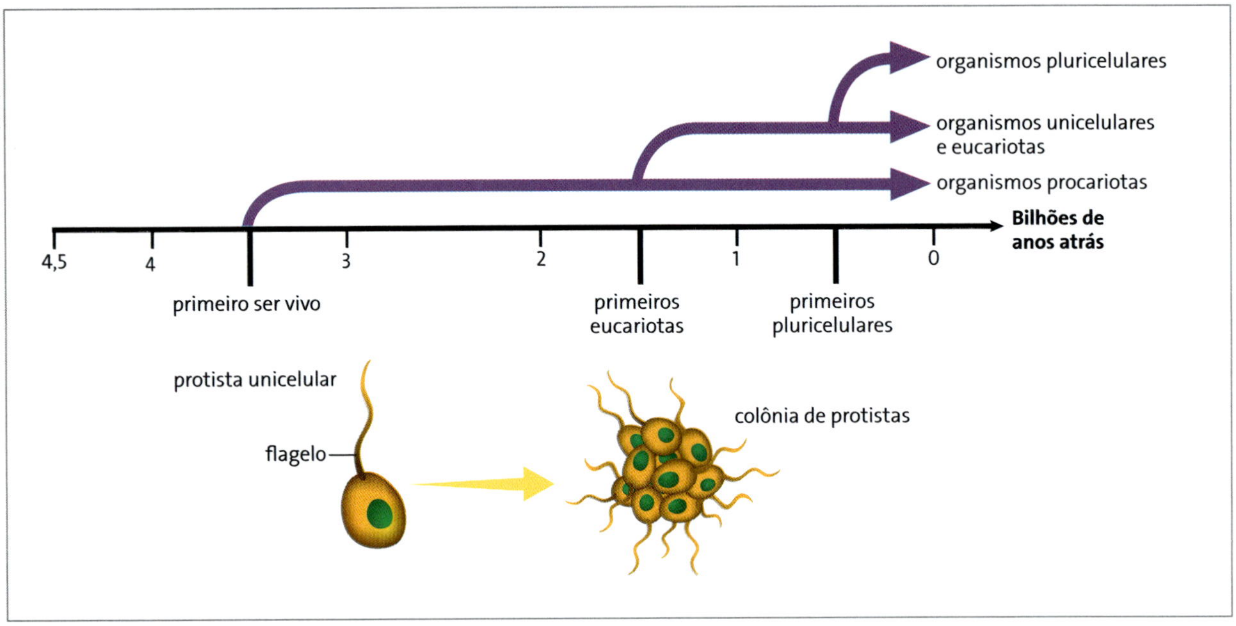

Figura 23.10 Esquema mostrando a evolução do primeiro ser vivo aos seres pluricelulares. (Os protistas representados no esquema são microscópicos e não estão na mesma escala; cores fantasia.)

Aprofunde seus conhecimentos

A árvore da vida

Um conceito importante em Sistemática (disciplina que estuda a classificação dos seres vivos) é o de que a evolução dos seres vivos pode ser representada como uma "árvore".

Na extremidade de cada ramo estão as espécies atuais; na origem ou base de cada ramo estão as espécies ancestrais, que originaram as atuais, mas não existem mais. Portanto, não se pode dizer que uma espécie é mais adaptada que outra. Cada espécie está adaptada a um ambiente, a um modo de vida (nicho) diferente.

O objetivo da Sistemática atualmente é formar grupos de seres que evoluíram a partir de uma única espécie, a qual não originou outras espécies em outros grupos. Em outras palavras, a ideia é formar grupos de organismos que tenham se originado de um antepassado comum exclusivo, um antepassado que originou apenas os grupos em questão.

Análises moleculares, por exemplo, indicam que os cães devem ter surgido há cerca de 10 mil anos por domesticação de antepassados dos lobos atuais.

O sistema de cinco reinos

Em 1969, o cientista Robert Whittaker agrupou os seres vivos em cinco reinos, com base na organização celular e no tipo de nutrição. Vejamos as características de cada um.

- **Monera** – formado pelas bactérias, organismos unicelulares procariontes; muitas são heterotróficas e algumas, autotróficas (como vimos no capítulo 7, as cianofíceas ou cianobactérias também pertencem a esse reino);
- **Protista** – reúne os seres unicelulares eucariontes: os protozoários (heterotróficos), como a ameba; e a maioria das algas unicelulares (autotróficas), como as diatomáceas. Depois, o grupo passou a incluir também algas pluricelulares (algas verdes, vermelhas e pardas). Mais recentemente, foi proposta a substituição do reino protista por vários novos reinos;
- **Plantae** ou **Metaphyta** (plantas) – constituído pelas plantas terrestres, organismos eucariontes, pluricelulares e autotróficos. Alguns autores colocam aqui também as algas verdes, que possuem um ancestral comum com as plantas;
- **Animalia** ou **Metazoa** (animais) – compreende os eucariontes pluricelulares e heterotróficos por ingestão (ingerem moléculas orgânicas complexas retiradas do corpo de outros seres vivos);
- **Fungi** – inclui os fungos, seres eucariontes, unicelulares ou pluricelulares e heterotróficos por absorção (absorvem moléculas orgânicas simples do ambiente); a maioria vive da decomposição da matéria orgânica do ambiente.

Os três domínios

Mais recentemente, os seres vivos podem ser agrupados em três domínios (como se fossem "super-reinos"): **Archaea** (arqueas), **Bacteria** (bactérias) e **Eukarya** (eucariontes)(figura 23.11).

O domínio Archaea (*arkhe* = primitivo) reúne procariontes encontrados em condições de temperatura, salinidade ou pH desfavoráveis à sobrevivência dos outros organismos.

No domínio Bacteria estão as bactérias, incluindo as cianobactérias.

No domínio Eukarya (*eu* = bem; *karyon* = núcleo) estão as plantas, os animais, os fungos e os organismos que foram classificados como protistas.

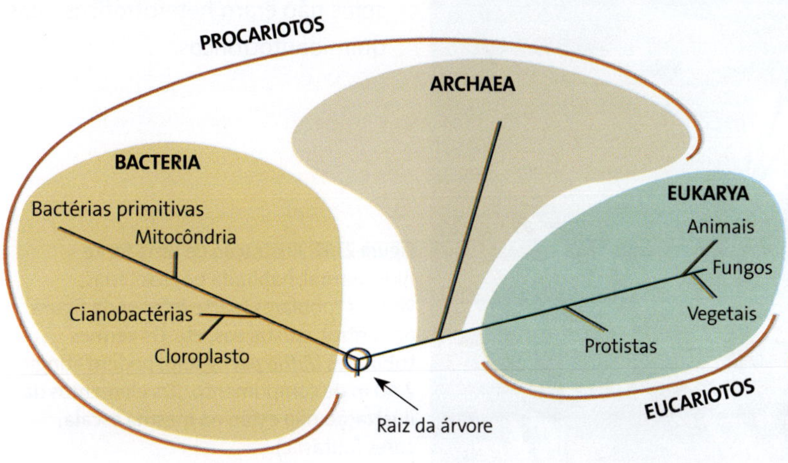

Figura 23.11 Divisão dos seres vivos em 3 domínios. Essa divisão foi proposta em 1990 pelo microbiologista estadunidense Carl Woese (1928-2012).

5 Outras teorias sobre a origem da vida

Nem todos os cientistas acham possível que a Terra primitiva reunisse as condições necessárias para a síntese de matéria orgânica, como ocorre no experimento de Miller. Outras duas teorias – a das **fontes hidrotermais** e a da **panspermia** – concorrem com a de Oparin e Haldane para explicar o maior número de dados coletados acerca da origem da vida.

Fontes hidrotermais

Muitos cientistas apontam vários problemas na teoria de Miller, entre eles o fato de que a superfície do planeta ainda sofria o bombardeio de meteoritos e outros corpos celestes, além de erupções vulcânicas constantes. Uma alternativa seria que os primeiros seres vivos teriam aparecido no fundo dos oceanos, ao redor de fontes ou fendas hidrotermais, espécies de chaminés de água quente e compostos minerais aquecidos pelo magma, como se fossem pequenos "vulcões" submarinos (figura 23.12). Essas condições poderiam ter oferecido a proteção necessária para que os primeiros seres vivos se formassem.

Ao se reproduzir as condições químicas dessas fendas em laboratório, obteve-se um composto orgânico comum nos seres vivos, o ácido pirúvico, e conseguiu-se realizar a síntese de peptídios.

Nas fontes hidrotermais submarinas há bactérias e arqueas (antes conhecidas como arqueobactérias) que usam energia química do gás sulfídrico, presente nessas fontes, para sintetizar compostos orgânicos (quimiossíntese), sustentando toda uma comunidade de seres marinhos que vivem nessa região (figura 23.12). Assim, a vida não teria surgido na superfície dos mares a partir de uma "sopa" de moléculas orgânicas, como afirma a teoria tradicional, mas nas fontes quentes do fundo do mar.

Mas essa teoria também apresenta problemas, pois as moléculas complexas poderiam ser degradadas ou hidrolisadas nas temperaturas altas das fendas. Em todo caso, se ela for verdadeira, os primeiros seres não eram heterotróficos, mas quimioautotróficos.

David A. Hardy/SPL/Latinstock

Figura 23.12 Ilustração de uma fonte hidrotermal, habitada por bactérias, vermes tubulares (parte inferior da figura, ao centro), crustáceos, etc. Os vermes tubulares (*Riftia pachyptila*) podem atingir 2,40 m de comprimento. (Os elementos da ilustração não estão na mesma escala; cores fantasia.)

Panspermia

A ideia de que existe vida em outras partes do Universo e de que microrganismos ou esporos extraterrestres tenham originado a vida na Terra é conhecida como **teoria da panspermia** (*pan* = todo; *sperma* = semente).

Uma variante dessa teoria defende a ideia de que a vida na Terra surgiu não a partir de microrganismos ou esporos, mas de compostos orgânicos trazidos por cometas e meteoritos. De fato, foram encontradas moléculas orgânicas em meteoritos que caíram na Terra. O problema é que é duvidoso que esses corpos celestes tenham trazido matéria orgânica suficiente para a evolução da vida até o aparecimento dos primeiros autotróficos.

Então, como surgiu a vida no planeta? Ainda não há uma teoria que possa ser considerada a melhor para explicar a origem da vida, mas os cientistas continuam a pesquisar e a buscar evidências a favor ou contra cada uma delas em vários campos.

O estudo sobre a origem da vida ilustra, portanto, algumas características importantes da investigação científica: a busca de evidências (por meio de observações ou experimentos) a favor ou contra hipóteses e teorias; o objetivo de conseguir teorias que expliquem o maior número possível de fatos; a complexa questão de avaliar qual teoria é a mais adequada para explicar os fenômenos – essas são apenas algumas das questões discutidas em História e Filosofia da Ciência.

Além disso, com essas pesquisas, nosso conhecimento, não apenas sobre a origem da vida, mas sobre todos os fenômenos vitais, vem aumentando.

Aprofunde seus conhecimentos

O meteorito de Marte

Em 1984, foi encontrado em Allan Hills, na Antártida, um meteorito originado de Marte, com cerca de 2 quilogramas (figura 23.13). Foi batizado de ALH84001. Em 1996, a Nasa (agência espacial dos Estados Unidos) afirmou que ele continha compostos orgânicos que surgem durante a formação de fósseis de organismos vivos. Havia também estruturas que se assemelham à forma de certas bactérias, que podem ser interpretadas como fósseis de organismos primitivos unicelulares (figura 23.13).

No entanto, essas estruturas são de cem a mil vezes menores que as menores bactérias. Por fim, havia também cristais de substâncias com propriedades magnéticas que poderiam ter sido formados por organismos vivos (algumas bactérias produzem esses cristais). Então, o meteorito seria uma evidência de que já houve vida em Marte.

Contudo, outros cientistas publicaram artigos mostrando que os compostos orgânicos e os cristais podem ser produzidos por processos não biológicos, conseguindo ainda reproduzir em laboratório essas condições. Isso também vale para as estruturas que lembram bactérias: essas formas podem surgir por processos inorgânicos.

Portanto, até o momento, mais evidências são necessárias para confirmar a hipótese de que o meteorito de Marte apresenta sinais de vida.

Fotos: Nasa/SPL/Latinstock

Figura 23.13 O meteorito ALH84001 e as estruturas que lembram formas de bactérias (vistas ao microscópio eletrônico).

Biologia e cotidiano

Há vida em outros planetas?

Existe vida em Marte?

Em nosso Sistema Solar, mais de setenta corpos celestes (planetas, satélites, cometas e asteroides) foram explorados a distâncias variáveis com uma série de instrumentos (câmeras, espectrômetros, detectores de partículas e radiações, etc.), e ainda não se conseguiu encontrar nenhum sinal de vida (o caso do meteorito de Marte ainda está sendo discutido).

No entanto, o Sol é apenas uma entre 100 bilhões de estrelas da nossa galáxia. E talvez existam cerca de 100 bilhões de galáxias no Universo. Pode ser que em algumas dessas estrelas haja algum planeta com vida, talvez até com vida inteligente, com seres capazes de construir uma espaçonave que chegue à Terra. Mas como poderíamos descobrir esses planetas no meio de tantos sistemas solares?

Uma tentativa é procurar ondas de rádio, que poderiam estar sendo emitidas por vida inteligente. O projeto Seti (sigla em inglês para Busca por Vida Extraterrestre Inteligente) foi criado nos anos 1970 para encontrar ondas eletromagnéticas que se propagam pelo Universo e que poderiam ter sido emitidas de planetas com vida (figura 23.14).

Relatos de observações de discos voadores e de extraterrestres visitando a Terra não são considerados provas conclusivas pelos astrônomos – balões meteorológicos, certos tipos de nuvens, como as nuvens lenticulares da figura 23.15, e o brilhante planeta Vênus, muitas vezes são confundidos com discos voadores. Além disso, os astrônomos argumentam que seus telescópios ainda não captaram essas naves.

Uma evidência importante seria a apresentação de algum material que não pudesse ter sido produzido na Terra ou que tivesse vindo de fora do Sistema Solar, o que pode ser constatado pela análise do percentual de certos isótopos presentes no material (o percentual teria de ser diferente do encontrado na Terra).

Foram feitas algumas análises químicas de objetos apresentados por pessoas que disseram ter tido contato com extraterrestres, mas essas análises revelaram apenas que tais objetos eram de origem terrestre.

Dr. Seth Shostak/SPL/Latinstock

Figura 23.14 Radiotelescópios – telescópios capazes de captar ondas de rádio – construídos na Califórnia, EUA, durante desenvolvimento do projeto Seti.

Galen Rowell/Corbis/Latinstock

Figura 23.15 Nuvem lenticular (em forma de lente). Imagem capturada na Califórnia, EUA, na década de 1980.

Atividades

1. Explique a abiogênese.
2. Como poderiam ter se formado moléculas orgânicas simples a partir dos gases da atmosfera primitiva?
3. Cite dois fatores que contribuíram para diminuir a produção de moléculas orgânicas a partir dos gases da atmosfera primitiva.
4. Por que o fato de alguns seres vivos terem se tornado capazes de usar a energia luminosa para fabricar moléculas teria sido vantajoso para eles?
5. Qual a modificação causada pelos autotróficos na atmosfera primitiva?
6. Como as teorias das fontes hidrotermais e da panspermia explicam a origem da vida na Terra?
7. Observe a foto abaixo e explique como os experimentos contra a teoria da geração espontânea contribuíram para as técnicas de conservação dos alimentos.

Howard Deshong/Glow Images

8. Por que o primeiro ser vivo deveria possuir alguma molécula com atividade catalítica?
9. Com base em seus conhecimentos sobre a membrana plasmática, explique por que a presença de uma membrana deve ter sido necessária para a formação do primeiro ser vivo.
10. Neste capítulo você conheceu um experimento que serviu de importante evidência contra a teoria da abiogênese, aquele em que Pasteur ferveu caldo de carne em um balão de vidro e conseguiu conservá-lo estéril por muito tempo. Observe a ilustração abaixo. Por que, nesse experimento, foi importante manter a boca do gargalo do balão aberta?

Luis Moura/Arquivo da editora

11. Ao estudar as teorias sobre a origem da vida em nosso planeta, um estudante perguntou ao professor: "Mas, se os primeiros seres vivos na Terra surgiram a partir da matéria sem vida, isso não significa que a teoria da geração espontânea defendida no século XVII estava correta?". O que você diria a esse estudante? Explique.
12. Experimentos como o de Miller não provam que moléculas orgânicas foram, de fato, sintetizadas a partir dos gases da atmosfera primitiva. Por que, apesar disso, esses experimentos são importantes?
13. Muitos cientistas acreditam que, na história da vida no planeta, o RNA teria sido a primeira molécula com capacidade de se replicar, pois o DNA é uma molécula complexa, que só se replica com a ajuda de enzimas. Além disso, reforça essa hipótese o fato de o RNA possuir uma propriedade específica, que o DNA não apresenta. Qual é essa propriedade?
14. Atualmente, os animais, que são organismos heterotróficos, nutrem-se ingerindo moléculas orgânicas do corpo de outros seres vivos. Suponha que os primeiros seres vivos tenham sido heterotróficos e responda:
    a) Como eles conseguiriam moléculas orgânicas?
    b) Que processo, provavelmente, utilizariam para retirar energia dessas moléculas e por quê?
15. Observe a ilustração abaixo. Ela mostra o experimento feito por Francesco Redi. Explique por que foi importante manter dois vidros, um aberto e um fechado.

Luis Moura/Arquivo da editora

16. Leia o texto abaixo e responda à questão.

    No século XVII, a geração espontânea ainda era aceita por pesquisadores como o belga Jean Baptist van Helmont (1580-1644). Conhecido por suas experiências no campo da Fisiologia vegetal, ele costumava dizer: "Colocam-se em um canto sossegado e pouco iluminado camisas sujas e sobre elas espalham-se grãos de trigo. O resultado será que, em 21 dias, surgirão ratos".

    Como você faria para mostrar que os ratos em questão não surgem por geração espontânea?
17. Alguns cientistas acreditam que os primeiros organismos autotróficos realizavam fotossíntese usando o sulfeto de hidrogênio como fonte de hidrogênio. Suponha que a fotossíntese utilizando o hidrogênio obtido da água não tivesse surgido e explique como isso afetaria a evolução da vida na Terra.

Pensando no Enem

O gráfico abaixo representa a evolução da quantidade de oxigênio na atmosfera no curso dos tempos geológicos. O número 100 sugere a quantidade atual de oxigênio na atmosfera, e os demais valores indicam diferentes porcentagens dessa quantidade.

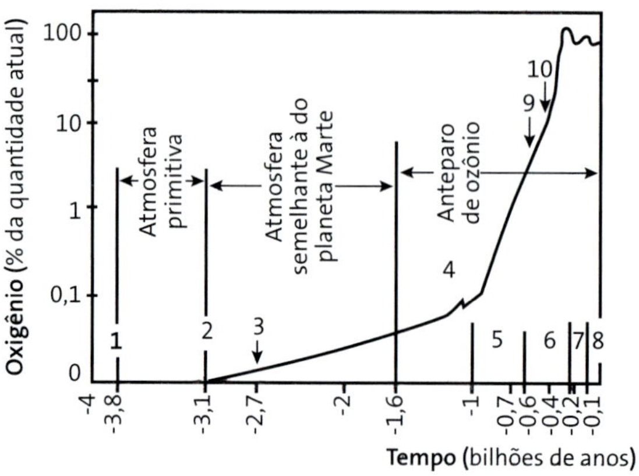

De acordo com o gráfico é correto afirmar que:

a) as primeiras formas de vida surgiram na ausência de O_2.

b) a atmosfera primitiva apresentava 1% de teor de oxigênio.

c) após o início da fotossíntese, o teor de oxigênio na atmosfera mantém-se estável.

d) desde o Pré-Cambriano, a atmosfera mantém os mesmos níveis de teor de oxigênio.

e) na escala evolutiva da vida, quando surgiram os anfíbios, o teor de oxigênio atmosférico já se havia estabilizado.

Resolução

O enunciado desta questão apresenta componentes relacionados às Ciências da Natureza, além de componentes de outras áreas, envolvendo interpretação de texto e análise de dados em um gráfico.

Dessa forma, é importante que você consiga distinguir entre os dados dispostos no gráfico quais são mais relevantes e que devem ser levados em conta na hora da resolução.

O enunciado ajuda a compreender o que está representado no gráfico, mas não apresenta dados relevantes para a resolução do problema, apenas auxilia na contextualização das informações disponíveis.

Interpretação do gráfico

Esse gráfico é uma representação da quantidade de oxigênio na atmosfera terrestre ao longo da história do planeta.

Atente ao fato de que as distâncias entre os valores no eixo "Oxigênio" do gráfico não são proporcionais aos valores nele dispostos. Isso pode causar confusão quando se analisa de forma superficial essas informações. Portanto, preste atenção aos valores apresentados nos eixos, bem como os valores plotados para os dados.

Os dados indicam que até 3,1 bilhões de anos, período identificado como "Atmosfera primitiva", a quantidade de oxigênio na atmosfera terrestre era de 0% do valor atual. No período identificado como "Atmosfera semelhante à do planeta Marte", de 3,1 a 1,6 bilhões de anos, os valores de oxigênio atmosférico sobem lentamente, variando de 0% a aproximadamente 0,1%. De 1,6 até 0,1 bilhões de anos, o último período identificado como "Anteparo de ozônio", a quantidade de oxigênio na atmosfera sobe de forma ainda lenta até 1 bilhão de anos, mas após isso a quantidade aumenta de forma muito rápida, estabilizando-se em aproximadamente 100% por volta de 0,2 bilhões de anos.

O problema

Esta questão exige, além do entendimento das informações dispostas no enunciado e no gráfico, conhecimento acerca da história evolutiva da vida na Terra, bem como dos períodos geológicos.

A alternativa B pode ser eliminada apenas pela análise do gráfico. No gráfico, "Atmosfera primitiva" indica o período entre 3,8 e 3,1 bilhões de anos, durante o qual as quantidades de oxigênio teriam sido iguais a 0% do valor atual, e não 1% como afirma essa alternativa.

Para o discernimento entre as outras alternativas são necessários conhecimentos sobre o início de quatro eventos importantes para a história evolutiva da vida na Terra: o surgimento da vida, o início da fotossíntese, a duração do período Pré-Cambriano e o surgimento dos anfíbios.

O surgimento dos anfíbios ocorreu no Devoniano, por volta de 0,4 bilhões de anos. Esse trecho do gráfico indica que a quantidade de oxigênio ainda estava aumentando e só se estabilizaria por volta de 0,2 bilhões de anos.

O período Pré-Cambriano termina por volta de 0,5 bilhões de anos, período em que, segundo o gráfico, as quantidades de oxigênio na atmosfera ainda eram inferiores às atuais.

Os primeiros indícios de animais fotossintetizantes ocorrem por volta de 3,1 bilhões de anos quando, segundo o gráfico, o teor de oxigênio começa a aumentar na atmosfera terrestre.

Assim, resta apenas a alternativa A. As primeiras formas de vida surgiram por volta de 3,5 bilhões de anos. No gráfico, esse período mostra quantidade de oxigênio igual a 0% dos valores atuais, ou seja, as primeiras formas de vida surgiram na ausência de oxigênio.

Resposta: **A**.

Vestibulares de Norte a Sul

1. **N** (UFT-TO) A origem da vida parece ter ocorrido há cerca de 3400 M.a., quando o planeta Terra teria já 1000 a 1500 M.a., e os seres vivos conservam em si marcas do seu passado. Atualmente, há reconhecidamente duas formas de organização celular entre os seres vivos: a célula procariótica e a célula eucariótica, que provavelmente originaram-se de organismos ancestrais, a partir de eventos evolutivos e interações com os ecossistemas em que habitavam. Qual seria a origem da diferença entre células procarióticas e eucarióticas? Até há pouco tempo, considerava-se que as células eucarióticas teriam derivado da invaginação e especialização da membrana plasmática da célula procariótica. A cientista Lynn Margulis sugeriu que a origem da célula eucariótica se deve ao desenvolvimento de associações simbióticas obrigatórias entre diferentes seres, que ocorreram em três etapas: (1) Uma célula protoeucarionte hospedou uma bactéria aeróbia, obtendo assim a mitocôndria; (2) Esta célula protoeucarionte hospedou uma espiroqueta obtendo assim cílios, flagelos e citoesqueleto; (3) Finalmente, esta célula protoeucarionte hospedou uma cianobactéria e obteve assim os plastos. É verdadeiro que:

   I. Esta hipótese chamada Teoria Endossimbiótica é muito improvável porque a simbiose raramente ocorre na natureza.

   II. A síntese proteica em mitocôndrias e cloroplastos não ocorre na presença de substâncias inibidoras de procariontes, como estreptomicina e cloranfenicol.

   III. A membrana que envolve as mitocôndrias e plastos é dupla, o que sugere que a bactéria endossimbionte foi fagocitada pela célula protoeucarionte.

   IV. Houve a aquisição de complexidade na estrutura e função da célula eucariótica em relação à célula procariótica, inclusive permitindo a maturação de proteínas.

   V. As organelas de eucariontes, mitocôndrias e plastos não têm DNA próprio e, portanto, não podem fazer divisão autônoma.

   Indique a alternativa em que todas as afirmativas são verdadeiras.

   a) II, III e IV.
   b) I, II e IV.
   c) I, II, IV e V.
   d) IV e V.

2. **NE** (Cefet-CE) É **incorreto** em relação à teoria da Biogênese:

   a) trata-se de uma teoria contrária à da geração espontânea.
   b) teve como principal defensor o cientista francês Louis Pasteur.
   c) comprovou que os seres vivos se originam de matéria não viva.
   d) baseava-se no fato de que todo ser vivo se origina por reprodução de outro ser vivo da mesma espécie.
   e) o pesquisador italiano Lazzaro Spallanzani foi um grande aliado desta teoria.

3. **NE** (UFPI) Nas condições da atmosfera primitiva, faça uma simulação do experimento histórico e típico de Stanley Lloyd Miller (1930-2007), que teria reproduzido o surgimento das moléculas orgânicas essenciais à vida. Use o desenho esquemático a seguir para responder às indagações:

   I. Quais os gases que simulavam a mistura submetida às descargas elétricas (3), no experimento de Miller? Coloque-os no compartimento 1.

   II. Qual a substância que foi colocada no compartimento 2, para aquecimento (4)?

   III. Quais as prováveis moléculas orgânicas simples que poderiam ter representantes retidos no espaço 5?

   Marque a alternativa que contém somente dados corretos, seguindo a sequência das indagações.

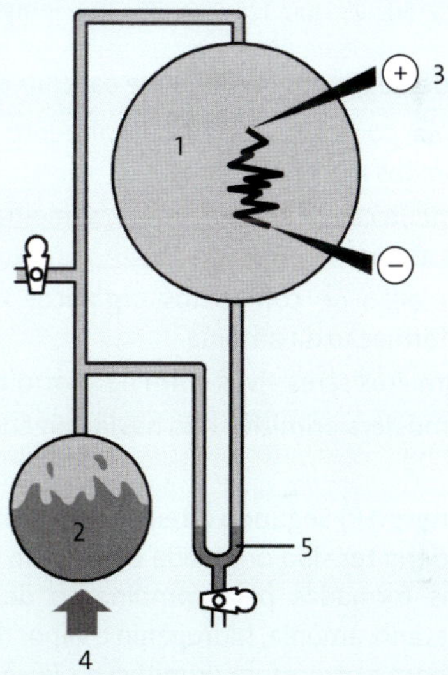

   a) I – COO_2, CHO_4, NH_2, H_2
   II – H_2O_2
   III – Amido, nucleotídeos, glicogênio e polipeptídios.

   b) I – CO_2, CH_3, NH_2, H_3
   II – H_2O_2
   III – Amônia, proteínas, ácidos nucleicos e vitaminas.

   c) I – COO_2, CH_4, NH_2, H_2
   II – H_2O
   III – Coacervados, proteínas, ácidos nucleicos e polipeptídios.

   d) I – CO_2, CH_3, NH_2, H_2
   II – H_2O
   III – Sacarose, coacervados, aminoácidos e proteínas.

   e) I – CH_4, H_2, NH_3
   II – H_2O
   III – Glicina, alanina, sarcosina, purinas e pirimidinas.

4. SE (Unirio-RJ) Stanley Miller, no início da década de 1950, montou um experimento que hoje é um dos suportes da hipótese de origem da vida na Terra, expondo uma mistura de gases prováveis da atmosfera primitiva a descargas elétricas. Analisou, durante esse experimento, as concentrações de determinadas substâncias dentro do sistema. O gráfico abaixo mostra a relação entre algumas dessas substâncias.

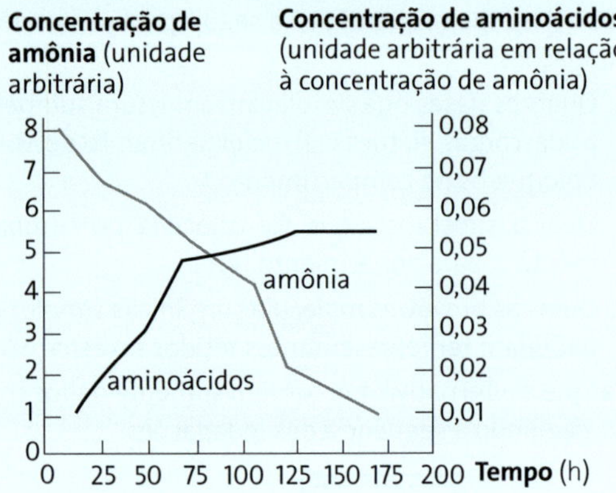

A partir desses dados, Miller pôde concluir que:

a) a célula pode ser recriada atualmente a partir de compostos inorgânicos.
b) a primeira célula era procariota, semelhante às bactérias atuais.
c) a formação de compostos orgânicos depende da transformação da amônia.
d) os primeiros seres vivos eram heterótrofos.
e) na atmosfera primitiva não havia oxigênio.

5. SE (Vunesp-SP) Segundo a teoria de Oparin, a vida na Terra poderia ter sido originada a partir de substâncias orgânicas formadas pela combinação de moléculas, como metano, amônia, hidrogênio e vapor de água, que compunham a atmosfera primitiva da Terra. A esse processo seguiram-se a síntese proteica nos mares primitivos, a formação dos coacervados e o surgimento das primeiras células. Considerando os processos de formação e as formas de utilização dos gases oxigênio e dióxido de carbono, a sequência mais provável dos primeiros seres vivos na Terra foi:

a) autotróficos, heterotróficos anaeróbicos e heterotróficos aeróbicos.

b) heterotróficos anaeróbicos, heterotróficos aeróbicos e autotróficos.

c) autotróficos, heterotróficos aeróbicos e heterotróficos anaeróbicos.

d) heterotróficos anaeróbicos, autotróficos e heterotróficos aeróbicos.

e) heterotróficos aeróbicos, autotróficos e heterotróficos anaeróbicos.

6. CO (UEG-GO) Várias teorias ao longo dos anos tentam explicar as possíveis origens para a vida no planeta Terra. Na figura a seguir, está representado um dos experimentos feitos para explicar tal origem.

LINHARES, Sérgio; GEWANDSZNAJDER, Fernando. *Biologia série Brasil*. São Paulo: Ática, 2005. p. 456. (Adaptado).

A partir do experimento realizado, a que conclusão pode-se chegar sobre a origem da vida?

7. SE (Uerj) A procura de formas de vida em nosso sistema solar tem dirigido o interesse de cientistas para Io, um dos satélites de Júpiter, que é coberto por grandes oceanos congelados. As condições na superfície são extremamente agressivas, mas supõe-se que, em grandes profundidades, a água esteja em estado líquido e a atividade vulcânica submarina seja frequente. Considerando que tais condições são similares às do bioma abissal da Terra, aponte o tipo de bactéria que poderia ter se desenvolvido em Io e indique como esse tipo de bactéria obtém energia para a síntese de matéria orgânica.

8. SE (Unicamp-SP) A hipótese mais aceita para explicar a origem da vida sobre a Terra propõe que os primeiros seres vivos eram heterótrofos.

a) Que condições teriam permitido que um heterótrofo sobrevivesse na Terra primitiva?
b) Que condições ambientais teriam favorecido o aparecimento posterior dos autótrofos?
c) Além das condições ambientais, qual o outro argumento para não se aceitar que o primeiro ser vivo tenha sido autótrofo?

9. SE (Unicamp-SP) "Ouvintes de rádio em pânico tomam drama de guerra como verdade". Com esta manchete, o jornal *The New York Times* de 1º de novembro de 1938 relatou o que aconteceu nos Estados Unidos na noite anterior, quando foi narrada pela rádio CBS uma história fictícia sobre a invasão por marcianos de uma pequena cidade do estado de Nova Jersey. Marte sempre fascinou os cientistas porque, mesmo que lá não existam homenzinhos verdes, esse planeta parece apresentar, entre os do Sistema Solar, as condições mais propícias à vida. Recentemente foram enviadas sondas espaciais para procurar indícios de vida em Marte.

a) Comparando com a origem da vida na Terra, indique que condições seriam fundamentais para o surgimento de vida em Marte.
b) Supondo que uma sonda espacial tenha trazido de Marte dois organismos, um deles classificado como pertencente ao Reino Monera e o outro ao Reino Protista, explique como os cientistas puderam diferenciar esses dois organismos.

Caiu no Enem

1. O vírus do papiloma humano (HPV, na sigla em inglês) causa o aparecimento de verrugas e infecção persistente, sendo o principal fator ambiental do câncer de colo de útero nas mulheres. O vírus pode entrar pela pele ou por mucosas do corpo, o qual desenvolve anticorpos contra a ameaça, embora em alguns casos a defesa natural do organismo não seja suficiente. Foi desenvolvida uma vacina contra o HPV, que reduz em até 90% as verrugas e 85,6% dos casos de infecção persistente em comparação com pessoas não vacinadas.

Disponível em: http://g1.globo.com. Acesso em: 12 jun. 2011.

O benefício da utilização dessa vacina é que pessoas vacinadas, em comparação com as não vacinadas, apresentam diferentes respostas ao vírus HPV em decorrência da:

a) alta concentração de macrófagos.
b) elevada taxa de anticorpos específicos anti-HPV circulantes.
c) aumento na produção de hemácias após a infecção por vírus HPV.
d) rapidez na produção de altas concentrações de linfócitos matadores.
e) presença de células de memória que atuam na resposta secundária.

2. Em certos locais, larvas de moscas, criadas em arroz cozido, são utilizadas como iscas para pesca. Alguns criadores, no entanto, acreditam que essas larvas surgem espontaneamente do arroz cozido, tal como preconizado pela teoria da geração espontânea.

Essa teoria começou a ser refutada pelos cientistas ainda no século XVII, a partir dos estudos de Redi e Pasteur, que mostraram experimentalmente que:

a) seres vivos podem ser criados em laboratório.
b) a vida se originou no planeta a partir de microrganismos.
c) o ser vivo é oriundo da reprodução de outro ser vivo pré-existente.
d) seres vermiformes e microrganismos são evolutivamente aparentados.
e) vermes e microrganismos são gerados pela matéria existente nos cadáveres e nos caldos nutritivos, respectivamente.

3. A adaptação dos integrantes da seleção brasileira de futebol à altitude de La Paz foi muito comentada em 1995, por ocasião de um torneio, como pode ser lido no texto a seguir.

"A seleção brasileira embarca hoje para La Paz, capital da Bolívia, situada a 3 700 metros de altitude, onde disputará o torneio Interamérica. A adaptação deverá ocorrer em um prazo de 10 dias, aproximadamente. O organismo humano, em altitudes elevadas, necessita desse tempo para se adaptar, evitando-se, assim, risco de colapso circulatório."

(Adaptado da revista *Placar*, edição fev. 1995.)

A adaptação foi necessária principalmente porque a atmosfera de La Paz, quando comparada à das cidades brasileiras, apresenta:

a) menor pressão e menor concentração de oxigênio.
b) maior pressão e maior quantidade de oxigênio.
c) maior pressão e maior concentração de gás carbônico.
d) menor pressão e maior temperatura.
e) maior pressão e menor temperatura.

4. Estima-se que haja atualmente no mundo 40 milhões de pessoas infectadas pelo HIV (o vírus que causa a Aids), sendo que as taxas de novas infecções continuam crescendo, principalmente na África, Ásia e Rússia. Nesse cenário de pandemia, uma vacina contra o HIV teria imenso impacto, pois salvaria milhões de vidas.

Certamente seria um marco na história planetária e também uma esperança para as populações carentes de tratamento antiviral e de acompanhamento médico.

TANURI, A.; FERREIRA JUNIOR, O. C. Vacina contra Aids: desafios e esperanças. *Ciência Hoje* (44) 26, 2009 (adaptado).

Uma vacina eficiente contra o HIV deveria:

a) induzir a imunidade, para proteger o organismo da contaminação viral.
b) ser capaz de alterar o genoma do organismo portador, induzindo a síntese de enzimas protetoras.
c) produzir antígenos capazes de se ligarem ao vírus, impedindo que este entre nas células do organismo humano.
d) ser amplamente aplicada em animais, visto que esses são os principais transmissores do vírus para os seres humanos.
e) estimular a imunidade, minimizando a transmissão do vírus por gotículas de saliva.

5. A produção de soro antiofídico é feita por meio da extração da peçonha de serpentes que, após tratamento, é introduzida em um cavalo. Em seguida são feitas sangrias para avaliar a concentração de anticorpos produzidos pelo cavalo. Quando essa concentração atinge o valor desejado, é realizada a sangria final para obtenção do soro. As hemácias são devolvidas ao animal, por meio de uma técnica denominada plasmaferese, a fim de reduzir os efeitos colaterais provocados pela sangria.

Disponível em: http://www.infobibos.com. Acesso em: 28 abr. 2010 (adaptado).

A plasmaferese é importante, pois, se o animal ficar com uma baixa quantidade de hemácias, poderá apresentar:

a) febre alta e constante.
b) redução de imunidade.
c) aumento da pressão arterial.
d) quadro de leucemia profunda.
e) problemas no transporte de oxigênio.

6. Na solução aquosa das substâncias orgânicas pré-bióticas (antes da vida), a catálise produziu a síntese de moléculas complexas de toda a classe, inclusive proteínas e ácidos nucleicos. A natureza dos catalisadores primitivos que agiam antes não é conhecida. É quase certo que as argilas desempenharam papel importante: cadeias de aminoácidos podem ser produzidas no tubo de ensaio mediante a presença de certos tipos de argila. [...] Mas o avanço verdadeiramente criativo – que pode, na realidade, ter ocorrido apenas uma vez – ocorreu quando uma molécula de ácido nucleico "aprendeu" a orientar a reunião de uma proteína, que, por sua vez, ajudou a copiar o próprio ácido nucleico. Em outros termos, um ácido nucleico serviu como modelo para a reunião de uma enzima que poderia então auxiliar na produção de mais ácido nucleico. Com esse desenvolvimento apareceu o primeiro mecanismo potente de realização. A vida tinha começado.

Adaptado de: LURIA, S. E. *Vida:* experiência inacabada. Belo Horizonte/São Paulo: Itatiaia/Edusp, 1979.

Considere o esquema abaixo:

Adaptado de: Gepeq – Grupo de Pesquisa em Educação Química-USP. *Interações e transformações III – Atmosfera:* fonte de materiais extrativos e sintéticos. São Paulo: Edusp, 1998.

O "avanço verdadeiramente criativo" citado no texto deve ter ocorrido no período (em bilhões de anos) compreendido aproximadamente entre:

a) 5,0 e 4,5.
b) 4,5 e 3,5.
c) 3,5 e 2,0.
d) 2,0 e 1,5.
e) 1,0 e 0,5.

7. Nas recentes expedições espaciais que chegaram ao solo de Marte, e através dos sinais fornecidos por diferentes sondas e formas de análise, vem sendo investigada a possibilidade da existência de água naquele planeta. A motivação principal dessas investigações, que ocupam frequentemente o noticiário sobre Marte, deve-se ao fato de que a presença de água indicaria naquele planeta:

a) a existência de um solo rico em nutrientes e com potencial para a agricultura.
b) a existência de ventos, com possibilidade de erosão e formação de canais.
c) a possibilidade de existir ou ter existido alguma forma de vida semelhante à da Terra.
d) a possibilidade de extração de água visando ao seu aproveitamento futuro na Terra.
e) a viabilidade, em futuro próximo, do estabelecimento de colônias humanas em Marte.

8. A água é um dos componentes mais importantes das células. A tabela a seguir mostra como a quantidade de água varia em seres humanos, dependendo do tipo de célula. Em média, a água corresponde a 70% da composição química de um indivíduo normal.

Tipo de célula	Quantidade de água
Tecido nervoso – substância cinzenta	85%
Tecido nervoso – substância branca	70%
Medula óssea	75%
Tecido conjuntivo	60%
Tecido adiposo	15%
Hemácias	65%
Ossos sem medula	20%

Durante uma biópsia, foi isolada uma amostra de tecido para análise em um laboratório. Enquanto intacta, essa amostra pesava 200 mg. Após secagem em estufa, quando se retirou toda a água do tecido, a amostra passou a pesar 80 mg. Baseado na tabela, pode-se afirmar que essa é uma amostra de:

a) tecido nervoso – substância cinzenta.
b) tecido nervoso – substância branca.
c) hemácias.
d) tecido conjuntivo.
e) tecido adiposo.

9. A variação da quantidade de anticorpos específicos foi medida por meio de uma experiência controlada em duas crianças durante um certo período de tempo. Para a imunização de cada uma das crianças foram utilizados dois procedimentos diferentes: criança I: aplicação de soro imune; criança II: vacinação. O gráfico que melhor representa as taxas de variação da quantidade de anticorpos nas crianças I e II é:

a)

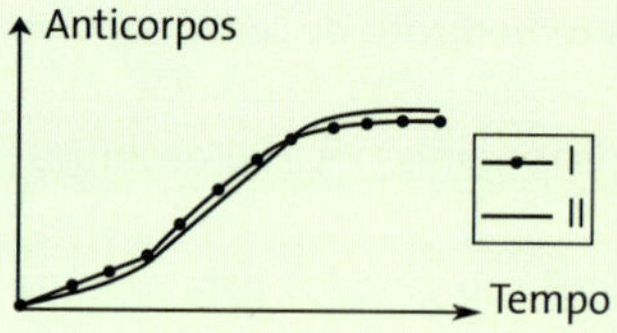

b)

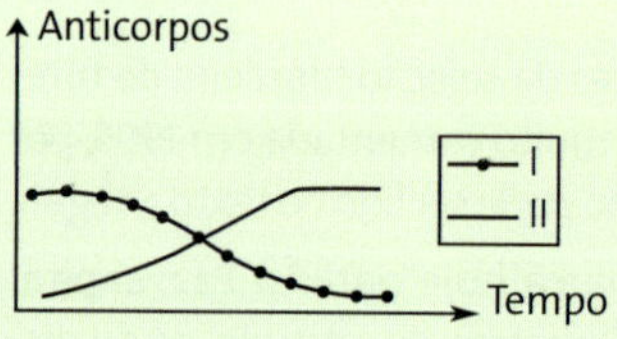

c)

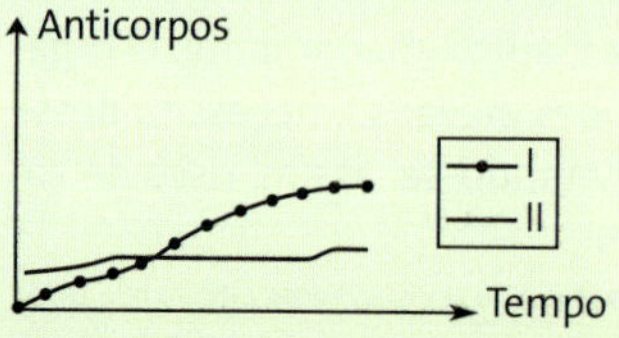

d)

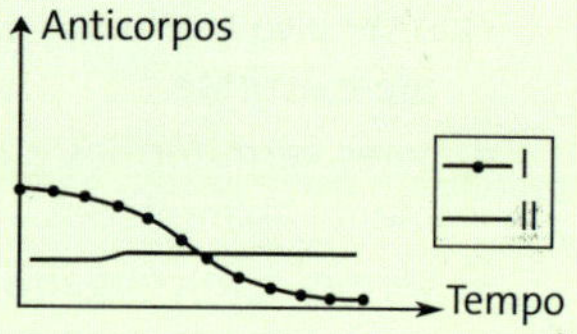

e)

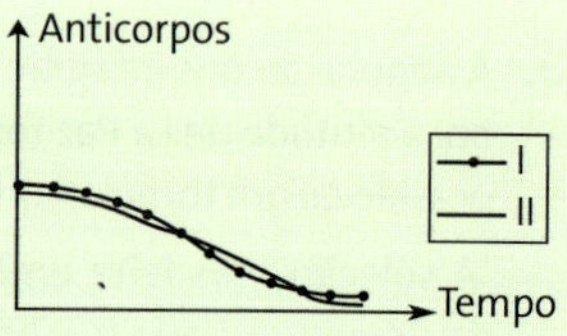

Respostas

Vestibulares de Norte a Sul

Capítulo 16

1. e
2. c
3. c
4. a
5. e
6. b
7. a
8. e
9. c
10. b
11. a
12. a
13. d
14. a
15. a
16. V, V, F, V, F
17. e
18. b

Capítulo 17

1. e
2. d
3. e
4. c
5. e
6. d
7. F, V, V, F, V
8. a
9. 01 + 08 = 09
10. c
11. e
12. d
13. a
14. d
15. c
16. d
17. d
18. 04 + 08 + 16 = 28
19. b

Capítulo 18

1. c
2. c
3. c
4. 01 + 02 = 03
5. 01 + 02 + 04 + 16 + 64 = 87
6. b
7. 01
8. 01 + 02 + 04 = 07
9. a

Capítulo 19

1. 01 + 04 + 16 = 21
2. b
3. d
4. d
5. a
6. a
7. b
8. c
9. a
10. c
11. b
12. b
13. V, V, F, V, F
14. e
15. e

Capítulo 20

1. c
2. c
3. c
4. 02 + 16 + 32 = 50
5. d
6. V, F, F, V, V
7. 04 + 16 + 32 = 52
8. b
9. c
10. e
11. b
12. c
13. c
14. b
15. c
16. d
17. c
18. b
19. a
20. a
21. d
22. e
23. d

Capítulo 21

1. c
2. 01 + 02 + 16 + 32 = 51
3. a, b, e, f
4. a
5. e
6. c
7. e
8. d
9. e
10. V, F, V, V

Capítulo 22

1. b
2. d
3. V, V, F, F, F
4. e
5. c
6. a
7. a
8. c
9. c
10. a
11. d
12. a
13. d
14. a

Capítulo 23

1. a
2. c
3. e
4. c
5. d

Caiu no Enem

1. e
2. c
3. a
4. a
5. e
6. b
7. c
8. d
9. b

Sugestões de leitura, filme e *sites*

Livros

- ***A mente desconhecida***
  John Horgan. São Paulo: Companhia das Letras, 2002.
- ***Clonagem: benefícios e riscos***
  Danielle Cabral Bonfim. Rio de Janeiro: Interciência, 2005.
- ***Conviver com a Aids***
  Walkyria Pereira Pinto. São Paulo: Scipione, 2000.
- ***Decifrando o genoma***
  Kevin Davies. São Paulo: Companhia das Letras, 2001.
- ***Humanidade sem raças?***
  Sergio D. J. Pena. São Paulo: Publifolha, 2008.
- ***Investigando o corpo humano***
  Jose Mariano Amabis e Gilberto R. Martho.
  São Paulo: Scipione, 1995.
- ***O fim da ciência***
  John Horgan. São Paulo: Companhia da Letras, 1998.
- ***O livro de ouro da evolução***
  Carl Zimmer. Rio de Janeiro: Ediouro, 2003.
- ***O planeta simbiótico***
  Lynn Margulis. Rio de Janeiro: Rocco, 2001.
- ***Os 100 maiores cientistas da História***
  John Simmons. Rio de Janeiro: Difel, 2002.
- ***Sexo, sexualidade e doenças sexualmente transmissíveis***
  Ruth de Gouvêa Duarte. São Paulo: Moderna, 1997.
- ***Sexualidade: a difícil arte do encontro***
  Lidia Rosenberg Aratangy. São Paulo: Ática, 1998.

Filme

- *Gattaca* – Experiência genética (*Gattaca*). Direção: Andrew Niccol, Estados Unidos, 1997.

Sites

Todos os endereços eletrônicos sugeridos a seguir estavam ativos em 7 fev. 2014.

- Agência Nacional de Vigilância Sanitária: <http://portal.anvisa.gov.br/wps/portal/anvisa/home>
- Associação Brasileira para o Estudo da Obesidade e da Síndrome Metabólica: <www.abeso.org.br>
- Biotecnologia: <www.biotecnologia.com.br>
- Centro Brasileiro de Informações sobre Drogas Psicotrópicas: <www.cebrid.epm.br/index.php>
- Ciência Hoje: <http://cienciahoje.uol.com.br/view>
- Espaço Ciência: <www.espacociencia.pe.gov.br>
- Instituto Brasileiro de Controle do Câncer: <www.ibcc.org.br>
- Laboratório de ensino de Ciências e Tecnologia: <http://darwin.futuro.usp.br>
- Seara da Ciência: <www.seara.ufc.br>
- Unesp Saúde: <www.unespsaude.com.br>

Bibliografia

ALBERTS, B. et al. *Fundamentos da Biologia celular*. 2. ed. Porto Alegre: Artmed, 2006.

BIZZO, N. *Ciências:* fácil ou difícil? São Paulo: Ática, 1998.

BONFIM, D. C. *Clonagem:* benefícios e riscos. Rio de Janeiro: Interciência, 2005.

BRASIL. Ministério da Educação. Secretaria de Educação Básica. Parâmetros Curriculares Nacionais para o Ensino Médio. Ciências da Natureza, Matemática e suas Tecnologias. Brasília: MEC/ Secretaria de Educação Média e Tecnológica (Semtec), 1999.

CAMPBELL, N. A.; REECE, J. B. *Biology*. 8. ed. San Francisco: Pearson, 2008.

DE ROBERTIS, E. M. F.; HIB, J. *Bases da Biologia celular e molecular*. 4. ed. Rio de Janeiro: Guanabara Koogan, 2006.

FARAH, S. B. *DNA:* segredos e mistérios. São Paulo: Sarvier, 1997.

JUNQUEIRA, L. C. V.; CARNEIRO, J. *Biologia celular e molecular*. 8. ed. Rio de Janeiro: Guanabara Koogan, 2005.

LOWE, J. N.; STEVENS, A. *Histologia humana*. 2. ed. Barueri: Manole, 2001.

NELSON, K. Y. et al. *Princípios de Bioquímica*. 3. ed. São Paulo: Sarvier, 2003.

RAVEN, P. H.; JOHNSON, G. B.; LOSOS, J. B.; SINGER, S. R. *Biology*. 7. ed. Boston: McGraw-Hill, 2005.

ROITT, I. M.; MALE, D.; BROSTOFF, J. *Imunologia*. 6. ed. Barueri: Manole, 2002.

TORTORA, G. J. *Corpo humano:* fundamentos de Anatomia e Fisiologia. 6. ed. Porto Alegre: Artmed, 2006.

PROJETO MÚLTIPLO

Caderno de Estudo

Ensino Médio

Sérgio Linhares

Bacharel e licenciado em História Natural pela Universidade do Brasil (atual UFRJ).

Foi professor de Biologia Geral na Universidade do Brasil (atual UFRJ) e de Biologia no Colégio Pedro II e em outros colégios e cursinhos pré-vestibulares do Rio de Janeiro.

Fernando Gewandsznajder

Licenciado em Biologia pelo Instituto de Biologia da Universidade Federal do Rio de Janeiro.

Mestre em Educação pelo Instituto de Estudos Avançados em Educação da Fundação Getúlio Vargas (RJ).

Mestre em Filosofia pela Pontifícia Universidade Católica do Rio de Janeiro.

Doutor em Educação pela Faculdade de Educação da Universidade Federal do Rio de Janeiro.

Foi professor de Biologia e Ciências no Colégio Pedro II e em outros colégios e cursinhos pré-vestibulares do Rio de Janeiro.

editora ática

editora ática

Diretoria editorial: Lidiane Vivaldini Olo
Editoria de Ciências e Biologia: José Roberto Miney
Editores: Helena Pacca e Felipe Murro Capeli
Colaboradora editorial: Ana Luisa Mengardo
Supervisor de arte e produção: Sérgio Yutaka
Supervisor de arte e criação: Didier Moraes
Coordenadora de arte e criação: Andréa Dellamagna
Editor de arte: André Gomes Vitale
Diagramação: Casa de Tipos
Design gráfico: UC Produção Editorial, Andréa Dellamagna (miolo e capa)
Gerente de revisão: Hélia de Jesus Gonsaga
Equipe de revisão: Rosângela Muricy (coord.), Ana Paula Chabaribery Malfa, Gloria Cunha e Luís Maurício Boa Nova; Flávia Venézio dos Santos e Gabriela Macedo de Andrade (estags.)
Supervisor de iconografia: Sílvio Kligin
Pesquisadoras iconográficas: Cláudia Bertolazzi e Roberta Freire Lacerda Santos
Tratamento de imagem: Cesar Wolf e Fernanda Crevin
Foto da capa: Jessmine/Shutterstock/Glow Images
Grafismos: Shutterstock/Glow Images
Ilustrações: Casa de Tipos, Hiroe Sasaki, Ingeborg Asbach, Luis Moura, Maspi e Theo Szczepanski

Av. das Nações Unidas, 7221, 3º andar, setor C
Pinheiros – São Paulo – SP
CEP 05425-902
Tel.: 4003-3061
www.atica.com.br/editora@atica.com.br

Dados Internacionais de Catalogação na Publicação (CIP)
(Câmara Brasileira do Livro, SP, Brasil)

Linhares, Sérgio
Projeto Múltiplo: Biologia / Sérgio Linhares, Fernando Gewandsznajder. -- São Paulo : Ática, 2014.

Obra em 3 v.
Bibliografia.

1. Projeto Múltiplo: Biologia (Ensino médio)
I. Gewandsznajder, Fernando. II. Título.

14-01325 CDD-574.07

Índice para catálogo sistemático:
1. Projeto Múltiplo: Biologia : Ensino médio 574.07

2020
ISBN 978 85 08 16678-7 (AL)
ISBN 978 85 08 16679-4 (PR)
Código da obra CL 738360
CAE 501260 (AL)
CAE 501261 (PR)
1ª edição
8ª impressão

Impressão e acabamento: Bercrom Gráfica e Editora

Uma publicação Abril EDUCAÇÃO

Apresentação

O Ensino Médio é a época na qual a maioria dos adolescentes faz uma escolha que os acompanhará por toda a vida: a da profissão que desejam seguir.

Além da profissão, a escolha da universidade também é um fator decisivo para o seu futuro sucesso profissional. E para que você tenha um bom desempenho no exame vestibular da universidade que escolher, além de conhecer muito bem todo o conteúdo do Ensino Médio, você deve ter uma ótima habilidade em resolver exercícios. Por esse motivo, este caderno reúne mais de 200 questões das mais variadas e renomadas universidades do país, questões de níveis complexos, que, no todo, representam um momento único de preparação para o vestibular. Para auxiliá-lo com as resoluções, cada sequência de exercícios de um mesmo tema é precedida por quadros-resumos que sintetizam os principais tópicos do conteúdo.

Encare o período de estudo com este caderno como oportunidade de aperfeiçoar sua capacidade de resolver exercícios de forma rápida e segura.

Utilize este caderno como um instrumento de aperfeiçoamento de suas habilidades e não desista dos seus sonhos.

Bons estudos!

Sumário

Vestibular em foco

Theo Szczepanski/Arquivo da editora

ORIGEM DA VIDA

Teoria da geração espontânea

- Também conhecida como teoria da abiogênese.
- Seres vivos surgiam a partir da matéria sem vida.

Teoria da biogênese

- Todos os seres vivos se originam a partir de outro ser vivo.
- Experimentos de Redi e de Pasteur deram embasamento para a teoria.

Teoria de Oparin e Haldane

- Nas condições primitivas da Terra, a vida poderia ter surgido da matéria sem vida.

Atmosfera primitiva

- Presença de gases, como metano, amoníaco e hidrogênio, e ausência de oxigênio.
- Milhares de anos depois, as primeiras moléculas orgânicas se formaram.

Primeiras células

- Síntese de proteínas a partir das moléculas orgânicas.
- Surgimentos dos coacervados (aglomerados de proteínas).

Outras teorias sobre a origem da vida na Terra

- Fontes hidrotermais: seres vivos surgiram no fundo dos oceanos, ao redor de chaminés de água quente e compostos minerais.
- Panspermia: microrganismos ou esporos (ou apenas compostos orgânicos) extraterrestres seriam a base da vida na Terra.

Os primeiros organismos

Hipótese heterotrófica

- Primeiros seres vivos apresentavam nutrição sapróbia (o alimento eram as moléculas orgânicas simples). A obtenção de energia ocorreria por processos anaeróbios, como a fermentação.
- Com as mudanças no planeta, criaram-se condições para a evolução de seres fotossintetizantes. Os primeiros autotróficos foram bactérias primitivas.
- O aumento da concentração de oxigênio resultante da atividade dos seres autotróficos permitiu o surgimento dos heterotróficos aeróbios, seres mais complexos e maiores.

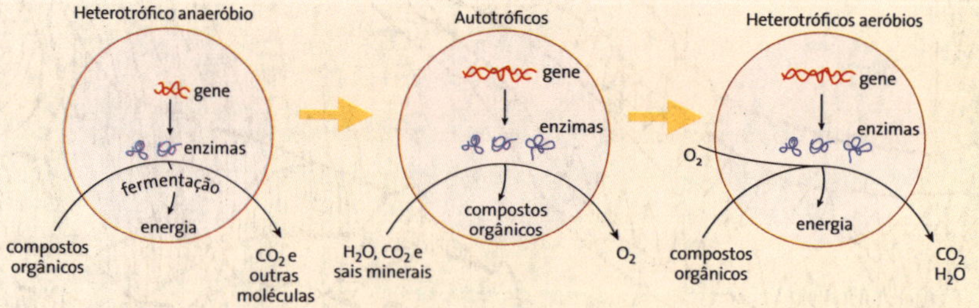

Maspi/Arquivo da editora

Eucariontes

- Procariontes surgiram antes dos eucariontes.
- Eucariontes surgiram a partir da endossimbiose ou de dobras da membrana plasmática.

Classificação dos seres

- Cinco reinos de Whittaker (Monera, Protista, Plantae, Animalia e Fungi), agrupados pela classificação atual em três domínios: Archaea, Bacteria e Eukaria.

Exercícios

1. (UPE) O experimento, utilizando-se de frascos de vidro, com o formato de "pescoço de cisne", contendo um "caldo nutritivo" e submetido primeiramente ao isolamento e posteriormente à exposição ao ar, conforme figura abaixo, foi usado para se provar a origem da vida.

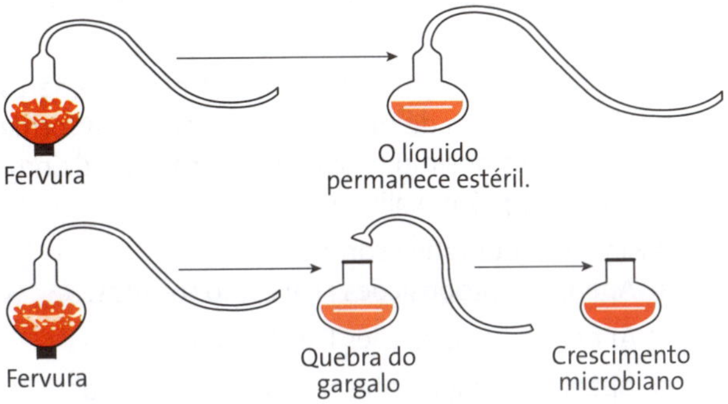

Casa de Tipos/Arquivo da editora

O autor e a teoria por ele provada foram respectivamente:

a) Charles Darwin e teoria da evolução.
b) Francesco Redi e teoria da abiogênese.
c) Aristóteles e teoria da geração espontânea.
d) Louis Pasteur e teoria da biogênese.
e) Louis Joblot e teoria da seleção natural.

2. (Unifal-MG) Do início da vida na Terra até o aparecimento dos seres vivos atuais, aconteceram vários eventos, como por exemplo:

I - formação das primeiras células;
II - formação de moléculas orgânicas complexas;
III - aparecimento de organismos capazes de produzir alimentos pela fotossíntese;
IV - surgimento dos primeiros organismos aeróbicos.

Marque a alternativa que indica a ordem mais aceita, atualmente, para o acontecimento desses eventos.

a) I - II - IV - III
b) II - III - IV - I
c) I - IV - III - II
d) II - I - III - IV

3. (FASM-SP) "O cientista imaginou que a grandes altitudes, na atmosfera, não deveriam existir germes, ou apenas muito poucos; e que o ar de grandes altitudes não produziria o surgimento de microrganismos nas infusões. Para testar essa ideia, elaborou em 1860 um experimento interessante. Preparou vários balões de vidro, enchendo-os com água de levedo de cerveja fervida e filtrada, retirando o ar do seu interior e lacrando a abertura dos balões com a chama de um maçarico. Não apareciam microrganismos nesses balões, quando eram conservados fechados. Ele subiu então uma montanha, levando muitos desses balões, que abriu a diferentes alturas, lacrando-os logo em seguida novamente com o maçarico."

(Lilian Al-Chueyr Pereira Martins. *Filosofia e História da Biologia*, 2009. Adaptado.)

Assinale a alternativa que aponta corretamente o que o experimento descrito tentava demonstrar e o nome do cientista que o realizou:

a) a inexistência da geração espontânea; Louis Pasteur.
b) a seleção natural; Charles Darwin.
c) a heterogenia; Lazzaro Spallanzani.
d) os processos de fermentação; John Needham.
e) os processos de contaminação; Robert Hooke.

4. (Uerj) Considere a hipótese de que o ambiente marinho primitivo, sem oxigênio molecular, onde viveram os primeiros organismos, contivesse moléculas orgânicas produzidas por síntese abiótica. Admita, ainda, que essas moléculas eram por eles decompostas para obtenção de energia.

O tipo de nutrição e a forma de obtenção de energia desses organismos deveriam ser, respectivamente:

a) homeotrófica – oxidação
b) autotrófica – fotossíntese
c) isotrófica – quimiossíntese
d) heterotrófica – fermentação

5. (UEFS-BA) A hipótese heterotrófica proposta pelos pesquisadores Oparin e Haldane defende a importância de uma evolução química que teria antecedido a formação do primeiro protobionte.
A respeito desse tema, pode-se afirmar:
a) A formação de moléculas orgânicas – como as proteínas – nas condições existentes na Terra primitiva prescindiu de uma composição química peculiar presente na atmosfera existente à época.
b) O acúmulo gradual dos diversos tipos de proteínas nos oceanos primitivos foi suficiente para a construção das estruturas celulares presentes nos primeiros seres vivos.
c) A presença de uma atmosfera oxidante favoreceu o acúmulo de componente orgânico nos oceanos da Terra primitiva, dando origem ao que se convencionou chamar de 'sopa primordial'.
d) A camada de ozônio presente na atmosfera primitiva foi fundamental para que gases, como H_2O, N_2, CH_4 e NH_3 interagissem na formação das primeiras moléculas orgânicas.
e) A interação de uma membrana lipoproteica com a estrutura dos coacervados permitiu um maior controle no trânsito de substâncias, o que favoreceu uma estabilidade química essencial ao metabolismo da célula primordial.

6. (UEPB) Na atualidade, a hipótese mais aceita para explicar a origem dos primeiros seres vivos assevera que as condições reinantes na terra primitiva possibilitaram a formação de seres vivos, a partir da matéria sem vida e isso após milhões de anos. Com base nesta hipótese, assinale a alternativa **incorreta**:
a) A atmosfera da Terra primitiva era composta pelos gases metano (CH_4), amoníaco (NH_3), hidrogênio (H_2) e vapor de água (H_2O).
b) O oxigênio livre (O_2) estava ausente da atmosfera primitiva.
c) As fortes descargas elétricas provenientes das tempestades torrenciais e a alta incidência de raios ultravioleta representavam uma excelente fonte de energia que desencadeou variadas reações químicas nas condições da Terra primitiva.
d) As moléculas orgânicas simples podem ter aparecido a partir dos gases da atmosfera.
e) Os primeiros seres vivos eram autotróficos que absorviam moléculas orgânicas simples dos mares primitivos, usando-as como energia.

7. (UEPB) Analise as proposições abaixo:
I. Segundo a hipótese dos cosmozoários ou panspermia cósmica, os primeiros seres vivos teriam chegado a Terra em fragmentos de corpos celestes, como os meteoritos ou estrelas cadentes.
II. A hipótese da abiogênese ou da geração espontânea, defendida há mais de 2 000 anos por Aristóteles, postulava a existência do "princípio vital", capaz de produzir matéria viva a partir de matéria bruta.
III. Os cientistas Lazzaro Spallanzani, John Needham e Francesco Redi contestaram a hipótese da abiogênese.
IV. De acordo com a hipótese autotrófica, os seres vivos surgiram de moléculas orgânicas, na forma de organismos muito simples e incapazes de produzir seu próprio alimento.

Assinale a alternativa correta.
a) Apenas as proposições I e II estão corretas.
b) Apenas as proposições II e III estão corretas.
c) Apenas as proposições III e IV estão corretas.
d) Apenas as proposições II e IV estão corretas.
e) Todas as proposições estão corretas.

8. (Mack-SP)
I. Segundo a hipótese heterotrófica, os organismos com esse tipo de nutrição foram os últimos a surgir.
II. O surgimento dos organismos fotossintetizantes permitiu o aparecimento da respiração aeróbica.
III. Sob determinadas circunstâncias, foi possível o surgimento de substâncias orgânicas a partir de substâncias inorgânicas.
IV. O surgimento dos coacervados permitiu que algumas moléculas como o DNA se mantivessem íntegras por mais tempo.

Dentre as afirmações acima, relativas à origem dos seres vivos, estão corretas, apenas:
a) II, III e IV.
b) II e III.
c) III e IV.
d) I e II.
e) I e IV.

9. (UPE) No planeta Terra, há aproximadamente quatro bilhões de anos, gerou-se a vida atendendo a seu imperativo autopoético em um universo que obedecia a leis termodinâmicas. A origem da vida se baseia em diferentes hipóteses. Assinale a afirmativa que correlaciona adequadamente a teoria relativa à origem dos seres vivos ao exemplo correspondente.
a) Teoria da abiogênese – no século V a.C., o cientista grego Anaxágoras lançou a ideia de que a vida, dispersa sob a forma de sementes por todo o universo, havia pousado na Terra.
b) Teoria do Big Bang – "Ser uma entidade distinta do ambiente exige uma barreira à difusão livre. A necessidade de isolar um subsistema termodinamicamente é uma condição irredutível da vida. É o fechamento de uma membrana anfifílica de duas camadas, sob a forma de uma vesícula, que representa a transição clara da não vida para a vida." (Harold Morowitz)
c) Teoria da biogênese – os seres vivos se originam a partir de outro preexistente, sendo assim não podem surgir por outros mecanismos que não a reprodução. Assim Lewis Thomas destaca "O aparecimento dessas células, ... foi um grande acontecimento da evolução planetária, e levou diretamente, linhagem por linhagem, a nosso eu complexo, com o cérebro e tudo o mais."
d) Teoria do mundo de RNA – "Quando se espreme uma roupa de baixo suja, ... um fermento drenado da roupa e transformado pelo cheiro do cereal reveste o próprio trigo com sua pele e o transforma em camundongos..." (Jan Baptiste Van Helmont)
e) Teoria da panspermia – segundo Gilbert, a reprodução e o metabolismo das primeiras formas de vida dependiam das atividades catalíticas e replicativas do RNA, e que tanto o DNA quanto as proteínas teriam assumido suas funções atuais posteriormente.

11. (UEPB) Leia atentamente as proposições abaixo:
I. O médico e biologista italiano Francesco Redi elaborou, em meados do século XVII, experimentos que favoreceram o fortalecimento da teoria sobre a origem da vida por geração espontânea.
II. A abiogênese defendia que a vida poderia surgir a partir da matéria bruta. No século XVIII, o médico Van Helmont, famoso fisiologista vegetal e defensor dessa hipótese, apresentou uma "receita" para obter ratos a partir de grãos de trigo e de uma roupa suada.
III. O aperfeiçoamento do microscópio, que revelou a existência de seres muito pequenos, reforçou as ideias sobre geração espontânea, pelo menos no que se refere a esses seres microscópicos.
IV. Somente em meados do século passado, o cientista francês Louis Pasteur conseguiu demonstrar, de maneira definitiva, que até mesmo os microrganismos não se originam espontaneamente de matéria inanimada.

Assinale a alternativa correta.
a) apenas a proposição I é falsa.
b) apenas a proposição IV é falsa.
c) apenas as proposições I e III são falsas.
d) apenas as proposições I e IV são falsas.
e) todas as proposições são falsas.

10. (UEG-GO) A hipótese da evolução gradual dos sistemas químicos foi testada pela primeira vez pelo químico americano Stanley L. Müller em 1953. Müller construiu um aparelho que simulava as condições da Terra primitiva e introduziu nele os componentes que provavelmente constituíam a atmosfera naquela época.

LOPES, Sônia. *Bio*. São Paulo: Saraiva, 2000. p. 19.

Os elementos utilizados no experimento de Müller foram:
a) Amônia, hidrogênio, metano e vapor de água.
b) Nitrito, nitrogênio, metano e vapor de água.
c) Nitrato, amônia, dióxido de carbono e vapor de água.
d) Amônia, hidrogênio, butano e vapor de água.
e) Amônia, nitrogênio, metano e vapor de água.

12. (Udesc) Quanto à teoria heterotrófica de origem da vida na Terra, assinale a alternativa **incorreta**.
a) O aparecimento da vida na Terra foi precedido por um período de evolução química, por meio do qual moléculas orgânicas simples agregaram-se gradualmente para formar macromoléculas complexas.
b) Os primeiros organismos eram autótrofos; apenas tempos depois apareceram os organismos heterótrofos.
c) O processo de fermentação precedeu ao fotossintético.
d) Na época que os primeiros organismos apareceram, não havia oxigênio livre, mas uma atmosfera composta de metano, gás carbônico e hidrogênio.
e) Os primeiros microrganismos eram anaeróbicos.

13. (UEPB) Sobre a origem dos seres vivos, duas teorias sustentaram uma polêmica nos meios científicos, até fins do século XIX: a teoria da abiogênese e a teoria da biogênese. Sobre essa temática são enunciadas as proposições abaixo. Coloque V para as verdadeiras e F para as falsas.

( ) O filósofo grego Aristóteles acreditava que um "princípio ativo" ou "vital" teria a capacidade de transformar a matéria bruta em um ser vivo; essa forma de pensar foi a base filosófica para o surgimento da teoria da abiogênese ou teoria da geração espontânea.

( ) Coube a Louis Pasteur, por volta de 1860, provar definitivamente que os seres vivos se originam de outros seres vivos; para isso ele realizou experimentos com balões do tipo pescoço de cisne.

( ) Jan Baptist van Helmont e Francesco Redi eram adeptos da teoria da abiogênese, chegando mesmo a formular "receitas" para produzir seres vivos.

( ) O fato de Louis Pasteur ter utilizado balões do tipo pescoço de cisne foi fundamental para o sucesso do experimento, pois as gotículas de água que se acumulam nesse pescoço durante o resfriamento funcionam como um filtro, retendo os micróbios contidos no ar que penetra no balão.

( ) Lazzaro Spallanzani aqueceu por cerca de uma hora substâncias nutritivas em frascos hermeticamente fechados. Após alguns dias ele abriu o frasco e observou o líquido ao microscópio: a presença de organismos fortalecia a Teoria da Abiogênese.

Assinale a alternativa que apresenta a sequência correta:

a) F V F V V
b) F V V F F
c) F F V F V
d) V V F V V
e) V V F V F

14. (Uece) Podemos afirmar corretamente que os aglomerados de proteínas que se formam espontaneamente em soluções aquosas com certo grau de acidez e salinidade e que inspiraram Oparin a formular sua teoria para a origem da vida estão reunidos em:

a) coacervados.
b) micoplasmas.
c) microsferas.
d) arqueobactérias.

15. (UEFS-BA) "A célula, menor estrutura autopoética hoje conhecida, é a unidade mínima capaz de um metabolismo auto-organizador incessante. A origem da mais ínfima célula bacteriana, primeiro sistema autopoético, com cerca de quinhentos tipos diferentes de proteínas e outras moléculas de cadeia longa, é obscura. No entanto, a maioria concorda em que compostos complexos de carbono, expostos de algum modo a uma energia incessante e à transformação ambiental, convertem-se em gotículas oleosas que acabam por se tornar células delimitadas por uma membrana."

MARGULIS, Lynn & SAGAN, Dorion.
O que é vida? Rio de Janeiro: Jorge Zahar, 2002.

Conforme proposto por Alexander Oparin, na sua hipótese heterotrófica de origem da vida, esta pode ter surgido a partir de uma longa evolução química. Com relação aos pressupostos desenvolvidos por essa hipótese e dos novos conhecimentos associados a esse tema, é possível afirmar:

a) A hipótese heterotrófica de Oparin foi um marco na história da ciência por desvendar os mistérios antes relacionados ao tema de origem da vida.
b) As gotículas oleosas formadas nas camadas mais altas da atmosfera primitiva eram resultado da interação de vários gases atmosféricos com a radiação infravermelha.
c) A presença de uma célula delimitada por uma membrana lipoproteica com capacidade seletiva foi essencial na estabilização e evolução das reações metabólicas do protobionte.
d) O estabelecimento de um metabolismo auto-organizador incessante prescindiu da participação de uma molécula informativa, provavelmente na forma de RNA.
e) A energia incessante presente no ambiente favoreceu a formação dos primeiros protobiontes que já fixavam a luz solar como fonte energética.

16. (PUC-RS) Nos primórdios da vida em nosso planeta, ocorreram dois fatos que se encontram intimamente relacionados. São eles:

a) quimiossíntese e aparecimento dos vírus.
b) formação dos mares e extinção dos anaeróbios.
c) fotossíntese e vida aeróbia.
d) formação de argilas e origem das algas.
e) coacervação e evolução dos poríferos.

17. (Udesc) Sobre as teorias da origem da vida e seus estudiosos, assinale a alternativa correta.

a) Segundo a abiogênese, a vida apenas se origina de outro ser vivo preexistente.

b) Todos os seres vivos se desenvolvem a partir da matéria inorgânica em contato com um princípio vital, ou "princípio ativo", segundo a epigênese.

c) A primeira teoria criteriosa sobre a origem da vida surgiu na Grécia Antiga, com Aristóteles, que formulou a hipótese de geração espontânea.

d) Francesco Redi testou e confirmou, experimentalmente, a hipótese da geração espontânea.

e) Louis Pasteur realizou uma série de experiências, demonstrando que existe no ar ou nos alimentos o "princípio ativo" capaz de gerar vida espontaneamente.

19. (Fatec-SP) Com relação à origem da vida são feitas três afirmações:

I. A ideia de que a vida surge a partir de vida preexistente é conhecida como biogênese.

II. A crença em que a vida poderia surgir a partir de água, lixo, sujeira e outros meios caracteriza a ideia de abiogênese.

III. A crença em que a vida é fruto da ação de um criador (como consta no livro Gênesis, da Bíblia) é denominada de criacionismo.

Assinale a alternativa que classifica corretamente cada afirmação como derrubada (+) ou não derrubada (–) por Pasteur.

a) I. (+), II. (–), III. (–).

b) I. (–), II. (+), III. (–).

c) I. (–), II. (–), III. (+).

d) I. (+), II. (+), III. (+).

e) I. (–), II. (–), III. (–).

18. (Mack-SP) Num experimento relativo à origem dos seres vivos, três frascos, A, B e C, com caldo de carne, foram fervidos e preparados conforme a figura abaixo. Após algum tempo, só se observou a existência de microrganismos no frasco A. Assinale a alternativa **incorreta** sobre esse experimento.

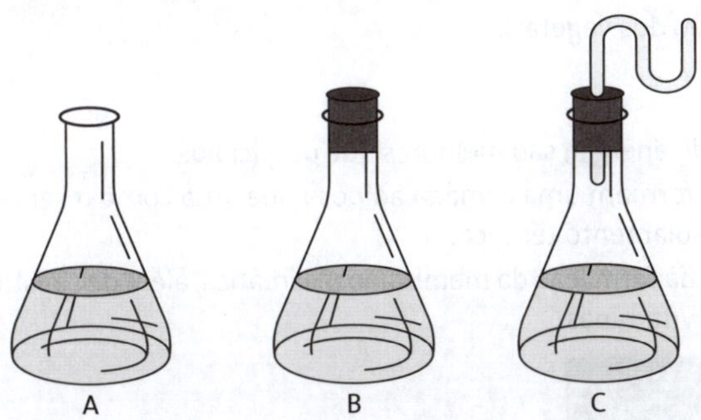

a) Como a rolha do frasco B impede a entrada de oxigênio, não é possível o surgimento de seres vivos.

b) Os microrganismos presentes no frasco A são provenientes de outros existentes no ar.

c) A fervura dos frascos tem como objetivo a destruição de microrganismos presentes no caldo de carne.

d) A curva existente no tubo do frasco C retém os microrganismos, impedindo que eles alcancem o caldo.

e) Um experimento semelhante a esse foi idealizado por Pasteur, que conseguiu comprovar a teoria da biogênese.

20. (Uece) A história da Biologia está repleta de experimentos que foram relevantes para a explicação da biogênese e da origem da vida. Associe corretamente os cientistas da Coluna A aos experimentos que constam na Coluna B.

COLUNA A	COLUNA B
1. Redi	( ) Usou frascos com gargalo em forma de pescoço de cisne.
2. Spalazani	( ) Observação dos coacervados.
3. Pasteur	( ) Explicação biogênica para o surgimento de larvas na carne em putrefação.
4. Oparin	( ) Produção de aminoácidos.
5. Miller	( ) Esterilização de caldos nutritivos, experimento muito criticado por Needham.

Assinale a alternativa que contém a sequência correta, de cima para baixo.

a) 2, 5, 1, 4, 3

b) 3, 4, 1, 5, 2

c) 3, 4, 2, 5, 1

d) 2, 1, 5, 3, 4

QUÍMICA DA VIDA

Água
- Molécula polar com propriedades importantes para a vida na Terra.

Solvente
- Dissolve diversas substâncias, facilitando inúmeras reações químicas.
- Permite o transporte das substâncias entre as células ou pelo corpo.

Reguladora da temperatura
- A água apresenta um elevado calor específico.
- Ajuda animais a manter a temperatura corporal; participa da transpiração.

Sais minerais
- Cada tipo tem funções específicas no corpo.
- Podem ser obtidos por diferentes alimentos.

Como são encontrados no organismo
- Íons dissolvidos na água do corpo.
- Cristais nos ossos do esqueleto.
- Combinados com moléculas orgânicas (como na hemoglobina e na clorofila).

Nutrientes – glicídios e lipídios

Glicídios
- São os carboidratos (glicose, sacarose, frutose, etc.).
- Compostos energéticos (combustível da respiração celular).
- Participam da estrutura do revestimento celular e dos genes, além de fazer parte das substâncias intercelulares.
- Fibras: importantes ao sistema digestório.

Polissacarídeos (glicídios complexos)
- Amido: reserva energética das plantas.
- Glicogênio: reserva nos animais para curtos períodos sem glicose.
- Celulose: sustentação dos vegetais.

Lipídios
- Eficientes reservas de energia; são melhores que os glicídios.
- Insolúveis em água, formam uma camada adiposa que atua como reserva de energia e ajuda no isolamento térmico.
- Participam também da formação da membrana plasmática, além de constituir alguns hormônios e vitaminas.

Sheila Terry/SPL

Tipos de lipídios
- Glicerídeos: álcool + ácidos graxos. Podem ser insaturados (óleos) ou saturados (gorduras).
- Ceras: animais e vegetais (proteção, impermeabilização).
- Esteroides: hormônios, sais biliares e vitamina D.

Nutrientes – proteínas e vitaminas

Proteínas

- Funções principais: estrutural, enzimática, contrátil, hormonal, de defesa, de transporte e de proteção.
- Formadas pela união de aminoácidos.
- Vegetais sintetizam todos os aminoácidos a partir de fontes de carbono e nitrogênio. Já nos animais, os chamados **aminoácidos essenciais** não são produzidos, por isso devem provir de fontes externas, estando presentes na alimentação.

R-P/kino.com.br

Estrutura

- Primária: sequência de aminoácidos.
- Secundária: enrolamento do fio de aminoácidos, formando uma hélice.
- Terciária: tridimensional, hélice se dobra sobre ela mesma.
- Quaternária: associação de várias unidades.
- Desnaturação: rompimento das ligações que formam as estruturas das proteínas. O calor e a acidez são fatores que podem causar desnaturação.

Enzimas

- São catalisadores, fornecem a energia de ativação para que as reações químicas ocorram.
- Sua forma tem um sítio ativo que permite o encaixe a reagentes específicos.
- As reações enzimáticas são alteradas por alguns fatores: são aceleradas conforme o aumento da concentração de enzimas e/ou do substrato, da temperatura (até certo limite) e do grau de acidez (cada enzima tem um pH de funcionamento ótimo).

Vitaminas

- Controlam diversas atividades das células e funções do corpo.
- São nutrientes necessários em menor quantidade, mas só são obtidas por meio dos alimentos (importância de uma dieta variada).

Classificação

- Lipossolúveis: vitaminas A, D, E e K; estão associadas à gordura e aos óleos dos alimentos. São armazenadas no fígado.
- Hidrossolúveis: vitaminas C e do complexo B; encontradas geralmente nos vegetais (vitamina B_{12} nos animais). Por serem solúveis em água, são liberadas com a urina, por isso são necessárias com maior regularidade.

Exercícios

1. (UEG-GO) As enzimas são moléculas de proteínas que funcionam como efetivos catalisadores biológicos. A sua presença nos seres vivos é essencial para viabilizar as reações químicas, as quais, em sua ausência, seriam extremamente lentas ou até mesmo não ocorreriam. Considerando-se as propriedades desses biocatalisadores, constata-se o seguinte:
   a) A mioglobina presente nos músculos é um exemplo de enzima.
   b) As enzimas aumentam a energia de ativação de uma reação química.
   c) Com o aumento da temperatura, a atividade catalítica atinge um ponto máximo e depois diminui.
   d) Essas moléculas alteram a posição de equilíbrio das reações químicas.

2. (UFRR) Testes bioquímicos realizados durante um experimento revelaram a presença, em uma solução, de dois tipos de biopolímeros, um composto de monossacarídeos unidos por ligações glicosídicas e o outro composto de aminoácidos unidos por ligações peptídicas. Além disso, constatou-se que o segundo polímero tinha atividade enzimática glicosidase (quebra ligação glicosídica).
   A propósito da situação acima, é correto afirmar que:
   a) o material de acordo com as características bioquímicas descritas contém um polissacarídeo e enzima capaz de degradá-lo.
   b) as características bioquímicas descritas para os dois biopolímeros permitem concluir que se trata de um polissacarídeo e de um ácido nucleico.
   c) o material de acordo com as características bioquímicas descritas contém um ácido nucleico e enzima capaz de degradá-lo.
   d) as biomoléculas encontradas nas análises bioquímicas são carboidratos que formam polímeros como a insulina.
   e) o biopolímero composto de aminoácidos é uma proteína e todas as proteínas possuem a mesma sequência de aminoácidos, porém peso molecular diferentes.

3. (Ufop-MG) Com relação às vitaminas, todas as afirmativas estão corretas, exceto:
   a) A vitamina B_{12} exerce importante papel na manutenção da integridade das membranas celulares.
   b) A vitamina E está envolvida em processos de controle da ação de radicais livres no organismo.
   c) A vitamina D é responsável pela absorção de cálcio no intestino, propiciando a mineralização adequada do esqueleto.
   d) A vitamina K está envolvida no mecanismo de coagulação sanguínea porque é necessária à formação de protrombina.
   e) A vitamina B_2, também denominada riboflavina, faz parte da composição de uma importante coenzima envolvida na respiração celular.

4. (UEPB) A revista *Veja* – edição 1858 – ano 37 – n. 24, de 16 de junho de 2004, em sua matéria de capa, destaca: "*Um santo remédio? Eficazes para baixar o colesterol, as estatinas já são as drogas mais vendidas no mundo*". No conteúdo da matéria, as articulistas Anna Paula Buchalla e Paula Neiva discorrem sobre os efeitos dessa nova droga no combate seguro aos altos níveis de colesterol. Sobre o colesterol, analise as proposições abaixo:
   I. O colesterol é um dos mais importantes esteróis dos esterídeos animais, produzido e degradado pelo fígado, que atua como um órgão regulador da taxa dessa substância no sangue.
   II. O colesterol participa da composição química da membrana das células animais, além de atuar como precursor de hormônios, como a testosterona e a progesterona.
   III. Quando atinge baixos níveis no sangue, o colesterol contribui para a formação de placas de ateroma nas artérias, provocando-lhes um estreitamento.
   IV. Há dois tipos de colesterol: O LDL e o HDL. O primeiro é o "colesterol bom", que remove o excesso de gordura da circulação sanguínea.

   Assinale a alternativa correta:
   a) Apenas a proposição I é correta.
   b) Apenas a proposição II é correta.
   c) Apenas as proposições I e II são corretas.
   d) Apenas as proposições III e IV são corretas.
   e) Todas as proposições são corretas.

5. (UFPA) Nos últimos anos, o açaí vem se destacando no cenário nacional como uma bebida energética, muito consumida por esportistas, principalmente halterofilistas, que consomem grandes quantidades de calorias durante os treinamentos. Seu alto valor calórico é devido a elevados teores de lipídios. Além da função energética, os lipídios são importantes por serem:

a) substâncias inorgânicas que participam de reações químicas mediadas por enzimas.

b) moléculas orgânicas constituintes das membranas celulares e atuarem como hormônios.

c) peptídeos constituintes dos ácidos nucleicos.

d) oligossacarídeos indispensáveis à formação da membrana plasmática.

e) compostos estruturais da parede celular vegetal.

6. (Mack-SP) A respeito do gráfico abaixo, considere as afirmações:

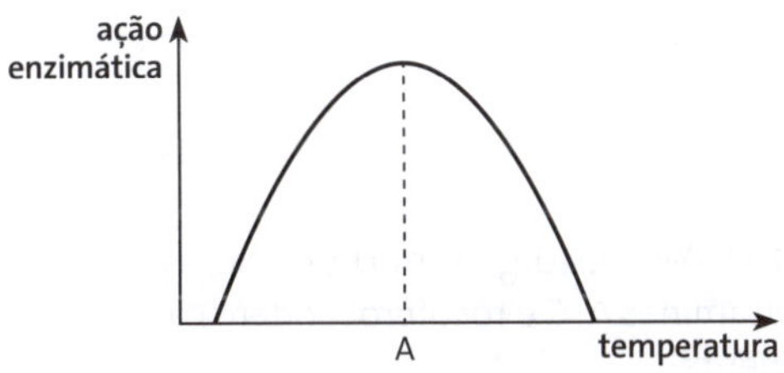

I. O ponto A representa a temperatura na qual a eficiência da enzima é máxima.

II. As enzimas de um peixe tropical apresentam um valor para o ponto A diferente das enzimas de um peixe da região antártica.

III. No ser humano, todas as enzimas apresentam um mesmo valor para o ponto A.

Assinale:

a) se todas estão corretas.

b) se apenas I e II estão corretas.

c) se apenas I e III estão corretas.

d) se apenas II e III estão corretas.

e) se apenas I está correta.

7. (UFJF-MG) Sobre o colesterol, marque a afirmativa **incorreta**:

a) Pode ser sintetizado no organismo animal ou adquirido pela dieta.

b) É um esteroide que participa da composição química da membrana celular.

c) Quando em excesso, deposita-se na parede interna dos vasos sanguíneos formando ateromas.

d) É precursor dos hormônios sexuais masculino (testosterona) e feminino (estrógeno).

e) Pode ser sintetizado pela célula vegetal e consumido na alimentação.

8. (Acafe-SC) Identifique os diferentes sais minerais com suas funções no organismo, apresentadas abaixo.

(.....) Participa da molécula dos ácidos nucleicos.
(.....) Forma a hemoglobina dos glóbulos vermelhos.
(.....) Importante para o equilíbrio dos íons do corpo.
(.....) Forma ossos e dentes. Age na contração muscular.

A alternativa correta, de cima para baixo, é:

a) cálcio – ferro – sódio – fosfato

b) ferro – sódio – cálcio – fosfato

c) sódio – fosfato – ferro – cálcio

d) fosfato – ferro – sódio – cálcio

e) fosfato – cálcio – ferro – sódio

9. (UEPB) Na tabela abaixo são relacionadas concentrações de vitaminas e de minerais (mg/100 g) de alguns alimentos.

Alimentos	Vitaminas			Minerais		
	A	B1	C	Ca	P	Fe
Acelora	31	0,14	389	27	31	0,5
Feijão	2	0,16	3	52	151	10
Queijo	40	0,40	10	739	20	0,6
Arroz	0,2	0,02	0,2	10	81	0,90
Cenoura	341	0,9	27	45	40	1,0

Analisando a tabela, identifique a única recomendação alimentar inespecífica à enfermidade, constante na alternativa.

a) Acerola para quem sofre de escorbuto.

b) Arroz para pessoas que sofrem de raquitismo.

c) Feijão para alguém com anemia.

d) Queijo para prevenção da osteoporose.

e) Cenoura para pessoas que sofrem de xeroftalmia.

10. (Unicamp-SP) No homem, a carência da vitamina __________ provoca a chamada cegueira noturna, um problema visual caracterizado por dificuldade para enxergar em situações de luz fraca. Essa vitamina é necessária, pois associa-se a proteínas dos bastonetes, os quais são células fotorreceptoras da __________ que permitem a visão da luminosidade.

a) A – córnea

b) A – retina

c) C – córnea

d) E – íris

e) E – retina

11. (Unipar-PR) O conhecimento médico e a sabedoria popular coincidem na defesa de que o cozimento em panelas de ferro faz bem à saúde. Segundo pesquisas, o simples fato de cozinhar alimentos nessas panelas reduz drasticamente a taxa de anemia mesmo em populações que sofrem de algum déficit nutricional. Essa redução pode ser explicada pelo fato de que o ferro:

a) ao se desprender das paredes da panela, modifica o sabor dos alimentos aumentando o apetite das pessoas.

b) quando aquecido, libera vitaminas do complexo B presente nos alimentos prevenindo a anemia.

c) quando aquecido, se desprende mais facilmente dos alimentos facilitando a sua absorção.

d) ao se desprender das paredes da panela, libera vitaminas que aceleram a digestão das pessoas.

e) proveniente das panelas se mistura aos alimentos e é facilmente absorvido pelo organismo.

12. (UGF-RJ) A fome é um sintoma de que o fígado está trabalhando demais para manter a concentração normal de glicose na corrente sanguínea.
No fígado, a glicose fica armazenada sob a forma de:

a) amido.

b) frutose.

c) maltose.

d) galactose.

e) glicogênio.

13. (PUC-RJ) Analise a experiência esquematizada abaixo:

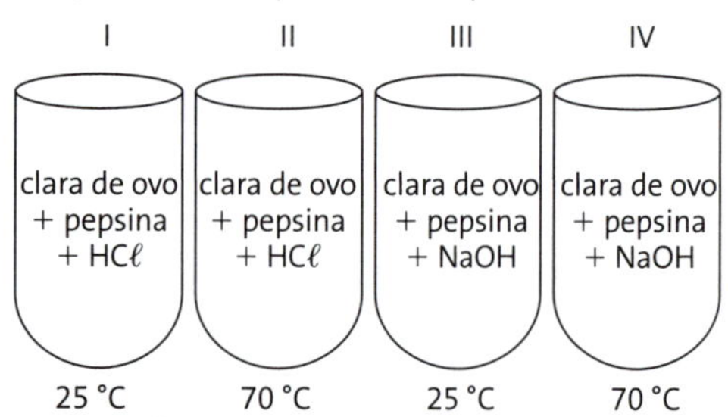

HCℓ = ácido clorídrico
NaOH = hidróxido de sódio

Como resultado dessa experiência, espera-se que a proteína presente na clara de ovo seja digerida apenas no(s) tubo(s):

a) I.

b) II.

c) I e II.

d) I e III.

e) III e IV.

14. (UFPB) O aumento da atividade industrial, embora tenha trazido melhorias na qualidade de vida, agravou os níveis de poluição do planeta, resultantes, principalmente, da liberação de agentes químicos no ambiente. Na tentativa de minimizar tais efeitos, diversas abordagens vêm sendo desenvolvidas, entre elas a substituição de agentes químicos por agentes biológicos. Um exemplo é o uso, na indústria têxtil, da enzima celulase no processo de amaciamento dos tecidos, em substituição aos agentes químicos.
Considerando os conhecimentos sobre estrutura e função de proteínas, é correto afirmar que essas moléculas biológicas são úteis no processo industrial citado devido à sua:

a) insensibilidade a mudanças ambientais.

b) capacidade de uma única enzima reagir, simultaneamente, com diversos substratos.

c) capacidade de diminuir a velocidade das reações.

d) alta especificidade com o substrato.

e) capacidade de não se reciclar no ambiente.

15. (UFV-MG) No organismo humano, as deficiências das vitaminas A, C e tocoferol podem causar, respectivamente:

a) raquitismo, anemia e aborto.

b) aborto, escorbuto e cegueira noturna.

c) distrofia muscular, escorbuto e anemia.

d) cegueira noturna, escorbuto e esterilidade.

16. (PUCC-SP) Uma característica dos seres vivos é a capacidade de suas células sintetizarem macromoléculas orgânicas como gorduras e carboidratos.
Sobre essas macromoléculas é correto afirmar que:

a) entre as funções dos carboidratos no interior da célula está a função enzimática que permite o controle do metabolismo celular.

b) as gorduras ou lipídeos são moléculas que atuam ativamente no transporte de substâncias entre o meio extracelular e o citosol.

c) gorduras e carboidratos são moléculas que participam da síntese de ATP como fontes de energia.

d) gorduras e carboidratos são moléculas à base de carbono e nitrogênio que desempenham funções reguladoras nas células.

e) carboidratos são moléculas complexas formadas a partir da união de inúmeras moléculas de aminoácidos e apresentam papel estrutural.

CÉLULA

Teoria celular	• Todos os seres vivos são formados por células. • A célula é a menor unidade viva. • As células surgem sempre de outras células.

Tipos de célula	**Células procariotas** • O material genético (DNA) não está envolvido por uma membrana; não há um núcleo individualizado e separado do citoplasma. Exemplos de organismos procariontes: bactérias e cianobactérias.
	Células eucariotas • O material genético (DNA) está envolvido pelo envelope nuclear, formando um núcleo individualizado; possuem citoesqueleto e maior diversidade de organelas em relação à célula procariota. Exemplos de organismos eucariontes: plantas e animais.

Componentes da célula	**Membrana plasmática** • Camada dupla de fosfolipídios; também possui proteínas e pequena quantidade de glicídios. • Atua no controle das substâncias que entram e saem da célula e na comunicação com outras células e com o ambiente interno. • O transporte de substâncias através da membrana pode ser passivo (difusão e osmose) ou ativo (bomba de sódio e potássio). • As grandes moléculas orgânicas e até partículas maiores entram na célula por endocitose e saem por exocitose. **Parede celular** • Protege e sustenta a célula. • Nas plantas, é formada principalmente por celulose e lignina. • Nas algas, a composição depende do grupo, podendo ser celulose, ágar, carragenina, sílica, entre outros materiais. • Nas bactérias, são compostas de peptidioglicanos. • Nos fungos, é formada por quitina.
	Citoplasma • Nele há um material gelatinoso, o **citosol**, onde ocorrem diversas reações químicas do metabolismo e onde estão mergulhadas várias organelas. **Citoesqueleto** • Conjunto de fibras no citosol: microfilamentos (forma e movimentação da célula), microtúbulos (divisão celular e formação de centríolos, cílios e flagelos) e filamentos intermediários (resistência celular).
	Organelas • Estruturas especializadas que possuem uma função específica dentro da célula.

ORGANELAS

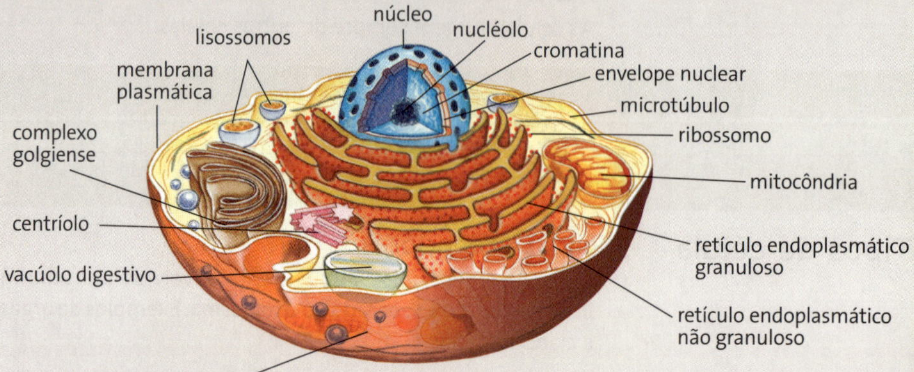

célula animal
(10 a 50 μm de diâmetro, em média)

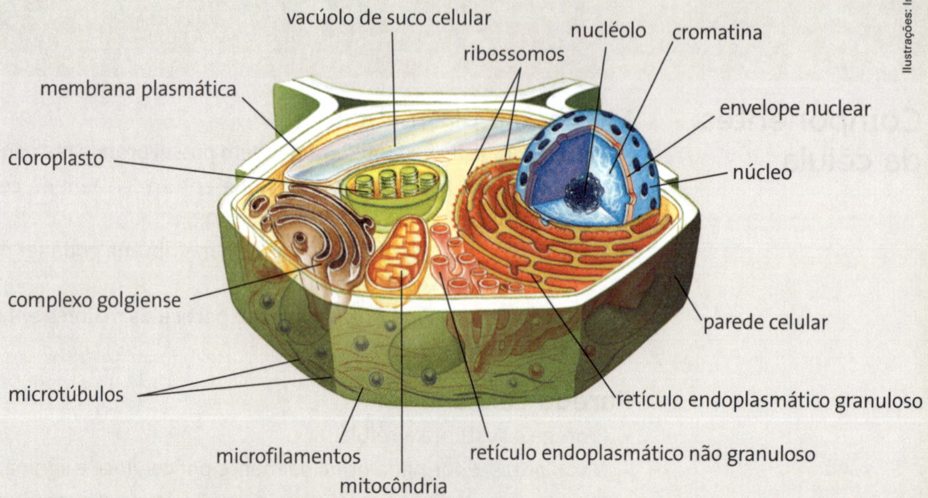

célula vegetal
(10 a 100 μm de diâmetro, em média)

Ilustrações: Ingeborg Asbach/Arquivo da editora

Não envolvidas por membrana	**Centríolos** • Colaboram na formação de cílios e flagelos; nas células animais, também atuam na organização do fuso mitótico.
	Ribossomos • Presentes em todos os seres vivos, é onde ocorre a união entre aminoácidos, formando as proteínas.

Envolvidas por membrana simples	
• São organelas limitadas por membrana semelhante à membrana plasmática.	**Retículo endoplasmático** • Conjunto de membranas formando cavidades. • No **retículo endoplasmático granuloso**, coberto de ribossomos, as proteínas produzidas são lançadas na cavidade da organela. • No **retículo endoplasmático não granuloso**, ocorre síntese de lipídios, como os da membrana plasmática e os esteroides.
	Complexo golgiense • Recebe substâncias do retículo endoplasmático e as concentra em pequenas vesículas, que podem ser levadas para outras organelas, para a membrana plasmática ou para fora da célula.
	Lisossomo • Participa da digestão intracelular, unindo-se ao fagossomo e formando o vacúolo digestivo. Também pode digerir estruturas da própria célula (autofagia).
	Peroxissomos • Pequenas organelas onde parte dos ácidos graxos é oxidada e transformada em moléculas menores. • Nos peroxissomos também ocorrem reações que resultam na formação de água oxigenada como resíduo. A água oxigenada, tóxica para o organismo, é eliminada com o auxílio da enzima catalase.
	Vacúolos • São vesículas cuja função varia bastante entre os diferentes tipos de células. Em geral, armazenam água e outras substâncias e ajudam no controle osmótico. • Grande parte das células vegetais possui um grande vacúolo central. • Alguns protozoários possuem um vacúolo contrátil, que ajuda a eliminar o excesso de água da célula.

Envolvidas por membrana dupla	
• São organelas limitadas por duas membranas semelhantes à membrana plasmática.	**Mitocôndrias** • A membrana interna forma uma série de dobras chamadas cristas mitocondriais. • Carregam várias enzimas responsáveis pelas reações químicas da respiração celular. Possuem DNA, RNA e ribossomos, sendo, assim, capazes de sintetizar as próprias proteínas. • De acordo com a teoria endossimbiótica, as mitocôndrias surgiram de bactérias aeróbias que passaram a viver dentro de seres unicelulares maiores.
	Cloroplastos • Presentes nas plantas e nas algas; em seu interior há uma rede de membranas nas quais estão a clorofila e outros pigmentos. • Carregam várias enzimas que participam da fotossíntese; a clorofila é o pigmento dominante, mas também há outros pigmentos, como os carotenoides. Como as mitocôndrias, possuem DNA, RNA e ribossomos, sendo, assim, capazes de sintetizar as próprias proteínas. • Os procariontes, como as cianobactérias, não possuem cloroplasto; a clorofila e outros pigmentos estão aderidos a membranas existentes no citoplasma.
	Núcleo celular • Contém o material genético e é responsável pelo controle das atividades da célula e pelas características hereditárias.

Exercícios

1. (PUC-RJ) O cianureto é um veneno que mata em poucos minutos, sendo utilizado na condenação à morte na câmara de gás. Ele combina-se de forma irreversível com pelo menos uma molécula envolvida na produção de ATP.
Assim, ao se analisar uma célula de uma pessoa que tenha sido exposta ao cianureto, a maior parte do veneno será encontrada dentro de:
a) retículo endoplasmático.
b) peroxissomos.
c) lisossomos.
d) mitocôndria.
e) complexo de Golgi.

2. (Unifor-CE) O quadro abaixo indica presença (+) ou ausência (−) de certas estruturas celulares em três grupos de organismos.

Estrutura	I	II	III
ribossomos	+	+	+
lisossomos	+	+	+
plastos	−	+	−
parede celular	+	+	−

I, II e III são, respectivamente:
a) bactérias, plantas e animais.
b) animais, plantas e fungos.
c) bactérias, fungos e animais.
d) fungos, plantas e animais.
e) fungos, animais e plantas.

3. (UFCG-PB) Os microtúbulos são elementos constituintes do citoplasma das células.
Assinale a alternativa abaixo que descreve **corretamente** as funções desses microtúbulos.
a) Contração muscular e constituição do citoesqueleto.
b) Contração muscular e orientação da divisão celular.
c) Manutenção da forma da célula e formação do fuso mitótico.
d) Formação do fuso mitótico e movimentos ameboides.
e) Deslocamento dos cromossomos e movimentos ameboides.

4. (Uece) A membrana plasmática tem como principal função selecionar as substâncias e partículas que entram e saem das células. Para sua proteção, a maioria das células apresenta algum tipo de envoltório. Nos animais esse envoltório é denominado glicocálix e nos vegetais é denominado parede celulósica. Em relação às células animais, é correto afirmar-se que o glicocálix:
a) compreende o conjunto de fibras e microvilosidades que revestem as células das mucosas.
b) é representado pelo arranjo de estruturas como interdigitações e desmossomos fundamentais à dinâmica celular.
c) é composto exclusivamente de lipídios e proteínas presentes nas membranas dessas células.
d) pode ser comparado a uma manta, formada principalmente por carboidratos, que protege a célula contra agressões físicas e químicas do ambiente externo.

5. (Unimontes-MG) Organelas são estruturas com funções especializadas, suspensas no citoplasma das células vivas. A figura a seguir apresenta algumas organelas celulares. Observe-a.

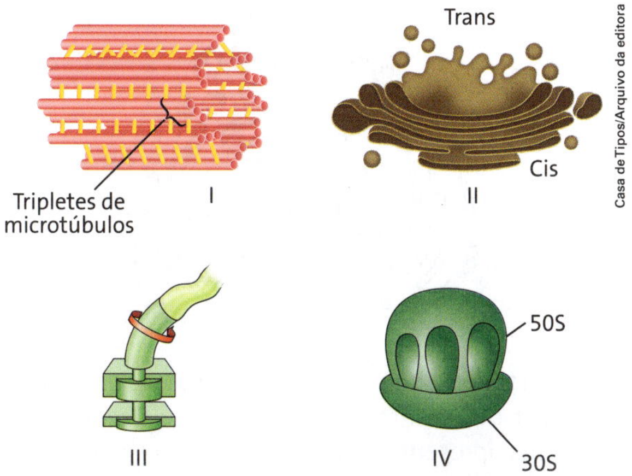

Considerando a figura acima e o assunto abordado, analise as afirmativas abaixo e assinale a alternativa **correta**.

a) A estrutura I atua em divisões celulares e não está presente em células procariontes.

b) II representa o centro de informação genética das células.

c) A produção de proteínas pelas células está relacionada à estrutura III.

d) IV é responsável pelos processos de secreção e movimentação celular.

6. (PUCC-SP) Quando o girino se *metamorfoseia* em sapo ocorre reabsorção da cauda larval devido à ação dos:

a) golgiossomos.

b) ribossomos.

c) peroxissomos.

d) cromossomos.

e) lisossomos.

7. (UEM-PR) Assinale a alternativa incorreta sobre as membranas celulares.

a) São constituídas por fosfolipídios e proteínas.

b) São componentes dos centríolos e dos flagelos dos organismos unicelulares.

c) São componentes das cristas mitocondriais.

d) São componentes dos tilacoides dos cloroplastos.

e) São componentes do retículo endoplasmático.

8. (FGV-SP) A figura ilustra a maneira como certas moléculas atravessam a membrana da célula sem gastar energia, o que é denominado transporte ________. Tal processo ocorre ________ gradiente de concentração e é utilizado para a passagem de ________.

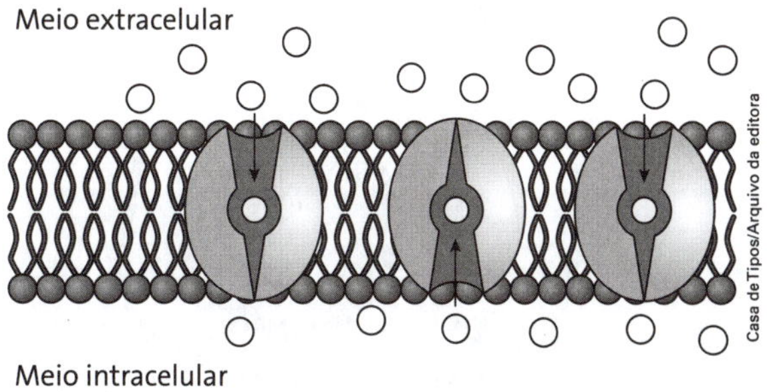

http://picasaweb.google.com

Assinale a alternativa que completa, correta e respectivamente, as lacunas da oração.

a) facilitado – independentemente do – micromoléculas

b) passivo – a favor do – aminoácidos e monossacarídeos

c) ativo – contra o – íons

d) fagocitário– na presença de – polissacarídeos

e) celular – na ausência de – peptídeos

9. (UFC-CE) Que processo, provavelmente, estaria ocorrendo em grande extensão em células cuja membrana celular apresentasse microvilosidades?

a) Detoxificação de drogas.

b) Secreção de esteroides.

c) Síntese de proteínas.

d) Catabolismo.

e) Absorção.

10. (Ufam) Na espécie humana, no processo de digestão intracitoplasmática, as substâncias do meio extracelular são introduzidas na célula, por meio de:

a) fossetas cobertas.

b) corpo residual.

c) microtúbulos.

d) citossol.

e) fagossomos.

11. (FCMMG) O esquema abaixo mostra um RNAm, traduzido simultaneamente por vários ribossomos (polissomos ou polirribossomos) livres no citosol.

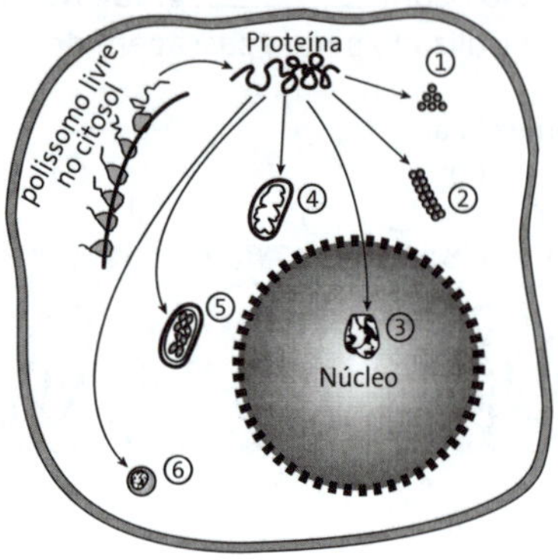

A proteína sintetizada, resultante desta tradução, pode ter o seguinte destino, EXCETO:

a) composição do conjunto de enzimas respiratórias.

b) participação na estrutura do citoesqueleto.

c) constituição cromossômica.

d) formação de lisossomos.

12. (UEL-PR) O tecido epitelial do intestino delgado apresenta um tipo de célula que produz mucopolissacarídeos com função lubrificante, facilitando, assim, o deslocamento do alimento durante o processo de digestão. Baseando-se na função dessas células, qual das organelas celulares aparece bastante desenvolvida quando observada ao microscópio eletrônico?

a) Retículo endoplasmático liso.

b) Lisossomo.

c) Complexo de Golgi.

d) Peroxissomo.

e) Vacúolo.

13. (UFRGS-RS) Assinale a alternativa que completa corretamente a frase abaixo.

Os produtos da síntese proteica são transferidos do retículo endoplasmático para o ______, onde ocorrem modificações estruturais como a incorporação de glicídios.

a) lisossomo

b) ribossomo

c) centríolo

d) complexo de Golgi

e) núcleo

14. (UEL-PR) O esquema abaixo representa um modelo de célula com alguns de seus componentes numerados de 1 a 8.

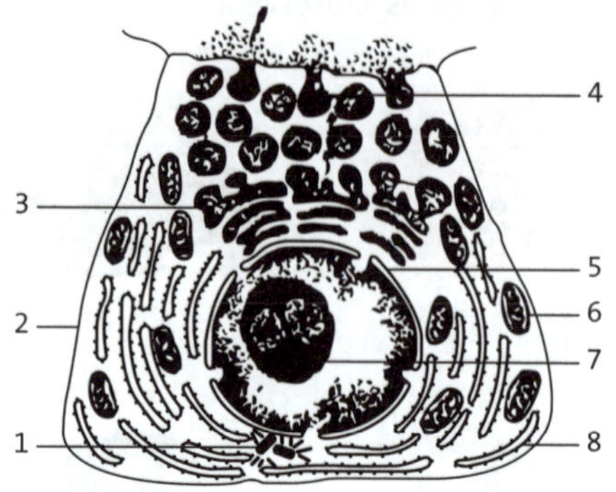

Analisando a abundância e a distribuição das diferentes estruturas intracelulares, pode-se dizer que o esquema apresentado pertence a uma célula:

a) absortiva do epitélio intestinal.

b) vegetal com alta atividade fotossintética.

c) com intensa atividade endocítica.

d) secretora.

e) indiferenciada.

15. (PUC-RS) Quando uma dada célula engloba uma partícula alimentar, verifica-se no seu citoplasma uma série de eventos, tais como:

1. o fenômeno denominado clasmocitose;
2. enzimas digestivas que passam à fase ativa;
3. a fusão do lisossomo com o fagossomo;
4. a formação de um tipo de vacúolo dito fagossomo.

A sequência correta do aparecimento desses eventos é:

a) 1 – 4 – 2 – 3

b) 3 – 2 – 1 – 4

c) 2 – 3 – 4 – 1

d) 4 – 3 – 2 – 1

e) 2 – 4 – 1 – 3

16. (Fuvest-SP) Alimento proteico marcado com radioatividade foi fagocitado por paramécios. Poucos minutos depois, os paramécios foram analisados e a maior concentração de radioatividade foi encontrada:

a) nos centríolos.

b) nas mitocôndrias.

c) na carioteca.

d) no nucléolo.

e) no retículo endoplasmático.

17. (Unipac-MG) As células animais que produzem e secretam enzimas, como as do pâncreas e do intestino, têm suas enzimas produzidas no ______________ migrando para o(s) ______________, onde são armazenadas. Ao serem estimuladas, as células produzem vesículas cheias de enzimas que são denominadas de ______________ porque são lançadas no exterior da célula. A alternativa que preenche corretamente as lacunas é:

a) retículo endoplasmático liso – complexo de Golgi – lisossomos.

b) ergastoplasma – grãos de zimogênio – vacúolos excretores.

c) retículo endoplasmático liso – lisossomos – vacúolos excretores.

d) ergastoplasma – complexo de Golgi – grãos de zimogênio.

18. (UFRRJ) Um professor pergunta a cinco alunos de uma turma onde normalmente ocorre a maior produção de ATP na célula.

Resposta dos alunos:

– Roberto: nas mitocôndrias;

– Alice: nos lisossomos;

– Carlos: nos ribossomos;

– Wilson: no complexo de Golgi;

– Laura: no retículo endoplasmático.

Como a questão valia ponto, o premiado foi:

a) Roberto.

b) Alice.

c) Carlos.

d) Laura.

e) Wilson.

19. (UFJF-MG) Nos metazoários existem células especializadas na absorção de diversas substâncias. Nos mamíferos, as células mais bem estudadas são as do epitélio intestinal. Essas células possuem, em sua membrana plasmática, especializações ou diferenciações que possibilitam uma absorção mais eficiente do alimento ingerido. Tais especializações são denominadas:

a) desmossomos.

b) interdigitações.

c) hemidesmossomos.

d) microvilosidades.

e) plasmodesmos.

20. (UFPR) A fagocitose de agentes invasores é um processo fundamental nas respostas de defesa dos organismos multicelulares. Escolha a alternativa que apresenta a ordem de eventos, desde o encontro entre um macrófago e o patógeno até a apresentação deste ao sistema imunológico.

1. Digestão e degradação do patógeno.
2. Formação dos fagossomas.
3. Fusão dos lisossomas ao fagossoma.
4. Adesão e internalização.
5. Exocitose dos produtos.

a) 4, 2, 3, 1, 5.

b) 5, 3, 2, 1, 4.

c) 1, 4, 2, 3, 5.

d) 5, 2, 3, 4, 1.

e) 4, 2, 5, 3, 1.

21. (Fuvest-SP) Medidas da concentração de íons de sódio (Na^+) e de potássio (K^+), dentro e fora dos neurônios gigantes de lula, revelam:

Íon	Concentração citoplasmática	Concentração no meio extracelular
Na^+	50	440
K^+	400	20

Se os neurônios são expostos a um bloqueador respiratório, como o cianeto, a concentração de sódio rapidamente se iguala dentro e fora da célula, o mesmo ocorrendo com o potássio.
Em condições normais, qual o mecanismo responsável pela manutenção da diferença entre as concentrações iônicas dentro e fora do neurônio?

a) Difusão, pelo qual íons podem atravessar a membrana espontaneamente.
b) Osmose, pelo qual apenas a água atravessa a membrana espontaneamente.
c) Transporte ativo, pelo qual íons atravessam a membrana com gasto de energia.
d) Fagocitose, pelo qual a célula captura partículas sólidas.
e) Pinocitose, pelo qual a célula captura gotículas.

22. (UFU-MG) As hemácias são usadas para se entender e verificar o transporte de nutrientes através de membranas. A fim de demonstrar o processo de osmose, uma professora levou seus alunos ao laboratório e colocou algumas hemácias em três tubos de ensaio contendo uma solução de $NaC\ell$ com diferentes concentrações.
A seguir, está descrito o que ocorreu com as hemácias transcorrido um determinado tempo.
Tubo I: enrugadas.

Tubo II: normais.

Tubo III: rompidas.

A partir dessas informações, assinale a alternativa que expressa corretamente a concentração da solução $NaC\ell$ nos três tubos de ensaio.

a) Tubo I – solução hipotônica; Tubo II – solução isotônica; Tubo III – solução hipertônica.
b) Tubo I – solução hipertônica; Tubo II – solução isotônica; Tubo III – solução hipotônica.
c) Tubo I – solução hipertônica; Tubo II – solução hipotônica; Tubo III – solução isotônica.
d) Tubo I – solução hipotônica; Tubo II – solução hipertônica; Tubo III – solução isotônica.

23. (UFT-TO) As membranas biológicas são estruturas dinâmicas e desempenham suas funções vitais, permitindo que as células interajam umas com as outras e com as moléculas de seu ambiente. Sobre a membrana celular é **incorreto** afirmar que:

a) apresenta uma constituição fundamentalmente lipoproteica, ou seja, formada por fosfolipídios e proteínas.
b) na membrana plasmática, as proteínas inseridas na bicamada fosfolipídica, integrais ou periféricas, desempenham diferentes funções, tais como o transporte de substâncias, recepção de sinais e reconhecimento celular.
c) diferentes substâncias podem atravessar as membranas biológicas por transporte passivo, sem gasto energético, e por transporte ativo, com aporte energético.
d) a osmose é um caso especial de transporte passivo, em que o soluto se difunde através da membrana semipermeável das células se deslocando de um meio hipertônico para um meio hipotônico.
e) é por meio da exocitose que certos tipos de células eliminam os restos da digestão intracelular.

24. (UFRR) As membranas biológicas são estruturas dinâmicas nas quais as proteínas nadam em um mar de lipídios. Sobre as membranas biológicas é **incorreto** afirmar:

a) Tanto as proteínas como os lipídios de membranas apresentam uma estrutura dinâmica.
b) São um elemento mediador da comunicação entre a célula e o seu meio externo.
c) Os componentes lipídicos formam a barreira de permeabilidade, e as proteínas agem como sistema de transporte, bombas, canais, receptores.
d) As proteínas, de acordo com sua localização na membrana plasmática, são classificadas em integrais e periféricas.
e) Formam parte da composição dos ribossomos, microtúbulos e grânulos de glicogênio nas células eucarióticas.

25. (Uncisal) Observe o modelo da membrana plasmática elaborado por Singer e Nicolson em 1972. Nesse modelo podem ser encontradas várias moléculas orgânicas, indicadas por I, II e III.

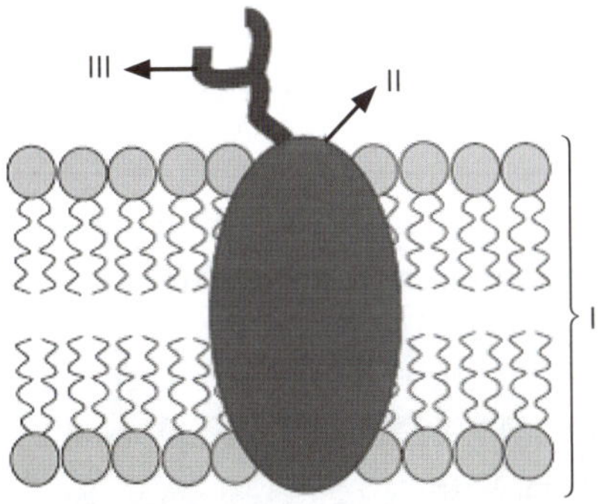

Dentre elas, pode-se afirmar que a estrutura apontada por:

a) I representa a dupla camada de proteínas, onde estão inseridas moléculas de fosfolipídios.

b) II representa uma molécula de fosfolipídio que se movimenta entre as moléculas de proteínas.

c) III representa a molécula de glicoproteína que faz comunicação entre as moléculas de lipídio.

d) I representa a dupla camada de fosfolipídios que permite a mobilidade de certas moléculas de proteína.

e) II representa uma molécula de proteína que é ancorada em um único ponto específico da membrana plasmática.

26. (UEMS) Qual etapa da síntese proteica acontece nos ribossomos?

a) Duplicação.

b) Transcrição.

c) Replicação.

d) Tradução.

e) Desnaturação.

27. (UEPB) Leia o texto abaixo:

Receita de batata frita

Corte as batatas em fatias finas e mergulhe-as em uma mistura de água e sal, na proporção de uma colher de sopa de sal para cada litro de água. Retire pequenas porções de batata da solução salina e frite. Não precisa acrescentar sal. As batatas ficam crocantes e levemente salgadas.

Agora analise as proposições referentes ao texto acima:

I. A solução salina recomendada é hipertônica em relação à célula vegetal. Assim, por osmose, a célula perde muita água e fica plasmolisada, daí a crocância observada nas batatas fritas.

II. No processo de plasmólise, o citoplasma e a membrana plasmática acompanham a contração do vacúolo e separam-se da membrana celulósica. Assim, no espaço entre o protoplasma e a parede celular fica uma solução aquosa de concentração muito semelhante à do meio externo à célula. Daí o sabor levemente salgado.

III. Sendo a solução salina recomendada hipotônica em relação à célula vegetal, ocorre difusão de $Na^+C\ell^-$, o que possibilita o sabor levemente salgado.

Assinale a alternativa que contém a(s) proposição(ões) correta(s):

a) I, II e III

b) I e III, apenas

c) II e III, apenas

d) III, apenas

e) I e II, apenas

28. (UFRN) As hemácias de mamíferos são isotônicas, quando comparadas a uma solução salina de $NaC\ell$ a 0,9%. Tais hemácias, colocadas em uma solução com concentração de 0,2% de $NaC\ell$, sofrem

a) diálise com hemólise.

b) osmose sem hemólise.

c) osmose com hemólise.

d) diálise sem hemólise.

NÚCLEO E MATERIAL GENÉTICO

Componentes do núcleo

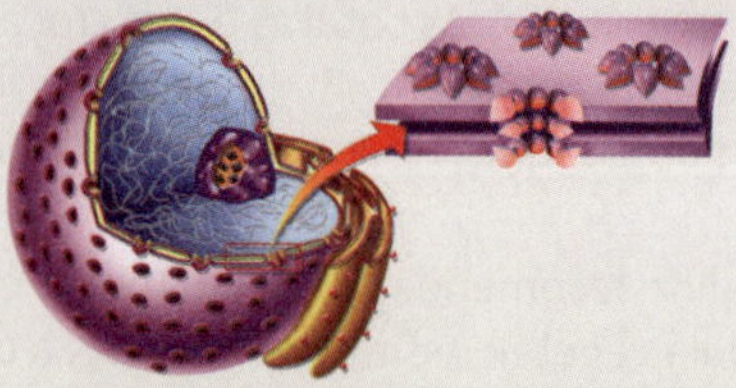

Luis Moura/Arquivo da editora

- **Envelope nuclear** ou **carioteca**: membrana dupla com poros através dos quais ocorre a troca de material entre o núcleo e o citoplasma.
- **Cromatina** (material genético): associação das moléculas de DNA com proteínas; é responsável pelo controle das atividades da célula e pelas características hereditárias dos organismos.
- **Nucléolos**: corpúsculos nos quais o RNA ribossômico é sintetizado.
- **Nucleoplasma**: líquido constituído por água, sais minerais, proteínas e materiais que participam da síntese de ácidos nucleicos.

Cromossomos

- São observados nas células eucariotas em processo de divisão; cada cromossomo é formado por uma longa molécula de DNA condensada.

SPL/Latinstock

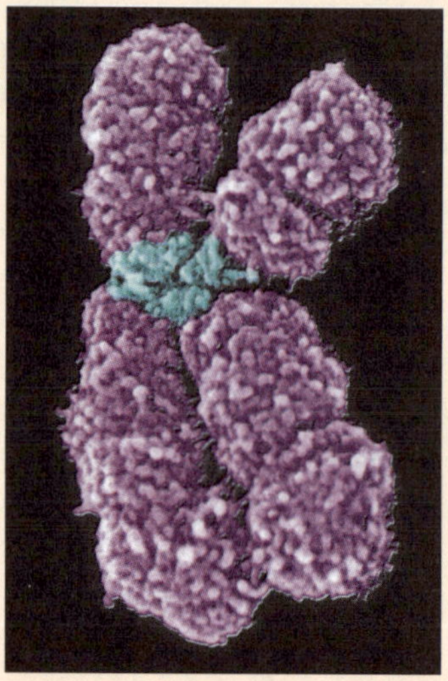

Cromossomo visto ao microscópio eletrônico.

- Antes de a célula se dividir, cada cromossomo se duplica e cada um dos filamentos resultantes é chamado de **cromátide**. As cromátides de um mesmo cromossomo são chamadas **cromátides irmãs**.
- De acordo com a posição do **centrômero**, os cromossomos podem ser classificados em:

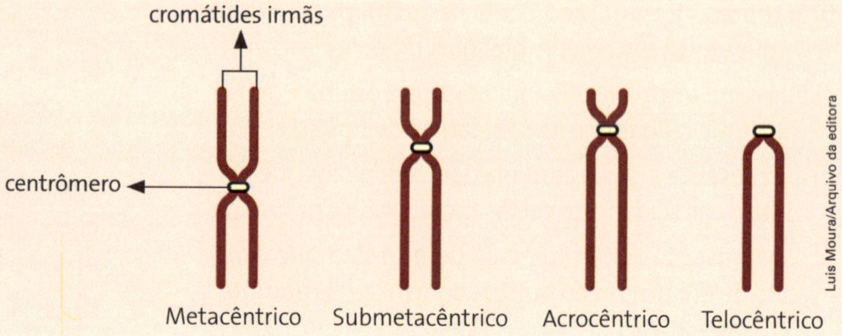

Luis Moura/Arquivo da editora

Cariótipo

- Conjunto de cromossomos que se repete em todas as células de um indivíduo.
- O cariótipo também é característico de cada espécie. O número e a forma dos cromossomos podem ser usados para identificar uma espécie.

Alterações cromossômicas

- Mudanças que ocorrem no cariótipo por causa de erros durante a divisão celular.

Alterações numéricas

- Afetam o número de cromossomos.
- Pode ocorrer redução ou aumento de todo o conjunto de cromossomos (por exemplo, monoploidia ou tetraploidia) ou apenas de certo tipo de cromossomo (por exemplo, trissomia ou monossomia).

Alterações estruturais

- Afetam a sequência de genes de um cromossomo.
- Existem quatro tipos de alterações estruturais:

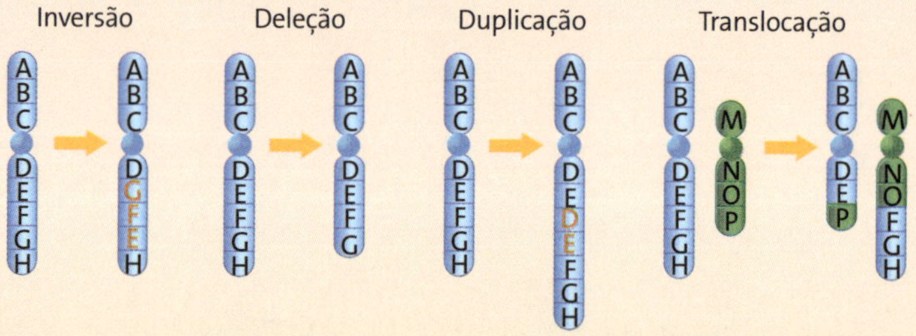

Luis Moura/Arquivo da editora

ÁCIDOS NUCLEICOS

Características gerais

- Nas células eucariontes, o DNA é encontrado no núcleo, formando os cromossomos e parte dos nucléolos, e também nas mitocôndrias e nos cloroplastos. Já o RNA é encontrado no nucléolo, nos ribossomos, no citosol, nas mitocôndrias e nos cloroplastos.
- Tanto o DNA como o RNA são formados pelo encadeamento de muitos nucleotídeos:

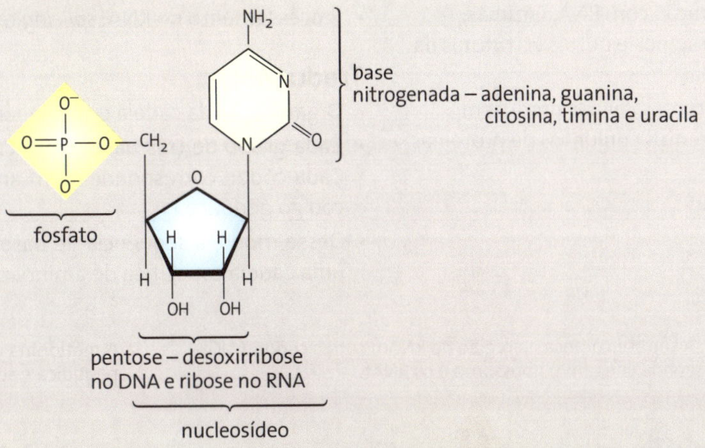

DNA

- Duas cadeias de nucleotídeos ligadas uma à outra pelas bases nitrogenadas, formando o modelo da dupla hélice:

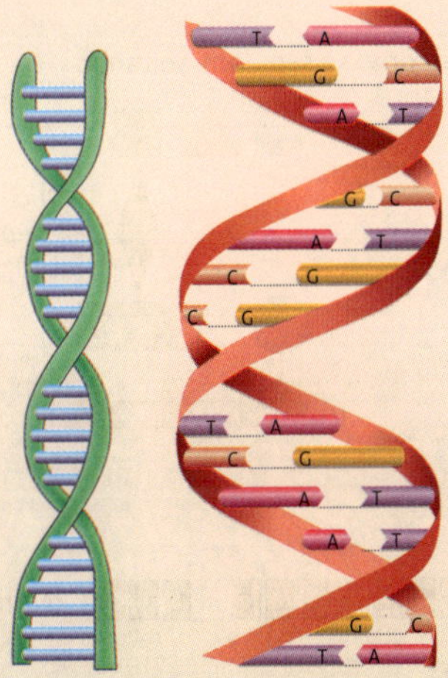

Ilustrações: Maspi/Arquivo da editora

- A timina (T) se liga sempre à adenina (A), e a citosina (C) se liga à guanina (G).
- As fitas da dupla hélice são complementares entre si.

Duplicação do DNA

- Antes da duplicação, enzimas desenrolam a dupla hélice e quebram as ligações entre as bases.
- Em cada fita exposta, novos nucleotídeos se encaixam, obedecendo ao emparelhamento A-T e C-G.
- Cada fio serve de base para outro que lhe é complementar; portanto, as duas moléculas resultantes serão iguais à original.
- Enzimas realizam um sistema de verificação de erros durante o processo de duplicação.
- A duplicação é chamada de semiconservativa.

RNA

- Um único filamento de nucleotídeos.
- O RNA é fabricado tendo como modelo um trecho da molécula de DNA.
- As bases são adenina, guanina, citosina e uracila. A timina não participa do RNA.

Tipos de RNA

- RNA mensageiro (RNAm): leva a informação que determina a sequência de aminoácidos das proteínas que serão formadas.
- RNA transportador (RNAt): carrega os aminoácidos ao local da síntese de proteínas.
- RNA ribossômico (RNAr): participa da estrutura dos ribossomos.

Síntese de proteínas

- A síntese depende do DNA em interação com RNA, enzimas, ribossomos e outras estruturas da célula.
- Diferentes células produzem diferentes conjuntos de proteínas.

Transcrição

- Síntese de RNAm a partir da transcrição de um trecho de uma das fitas do DNA.
- Processamento do RNA: *splicing* que gera o RNAm funcional.

Tradução

- Organização da cadeia de aminoácidos com base na sequência do RNAm.
- Cada grupo de três bases consecutivas do RNAm recebe o nome de códon. Cada códon corresponde a um aminoácido específico, seguindo o chamado código genético.
- Desse modo, a sequência de bases no RNAm se traduz, nos ribossomos, em uma cadeia específica de aminoácidos, formando a proteína.

1. A síntese começa na região do RNAm com o códon AUG, aonde chegam o ribossomo e os RNAt.

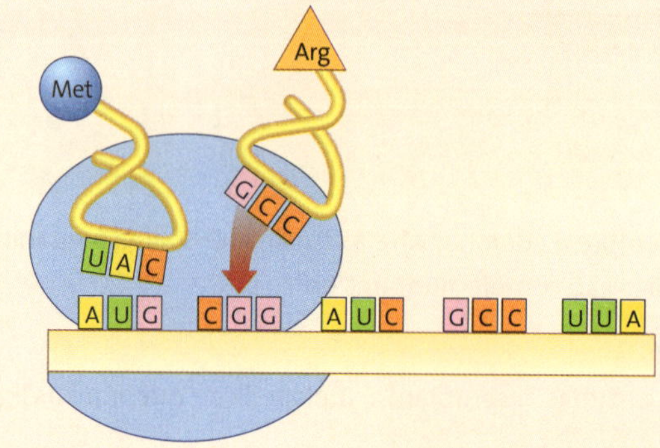

2. A metionina une-se à arginina por uma ligação peptídica e se solta do RNAt onde estava presa.

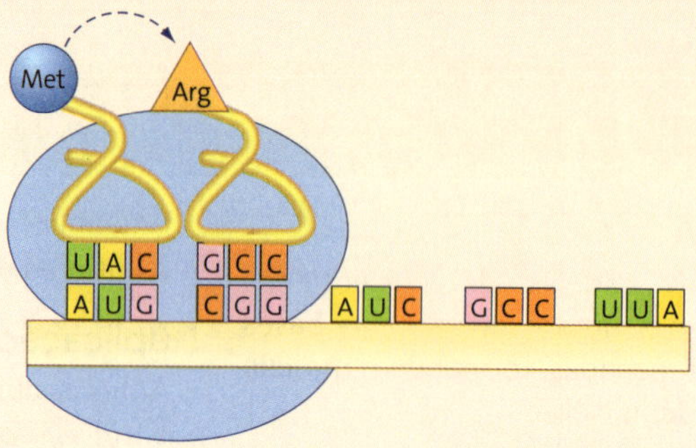

Ilustrações: Maspi/Arquivo da editora

3. O RNAt livre sai do ribossomo, que desliza pelo RNAm, colocando o terceiro códon na posição de receber o RNAt.

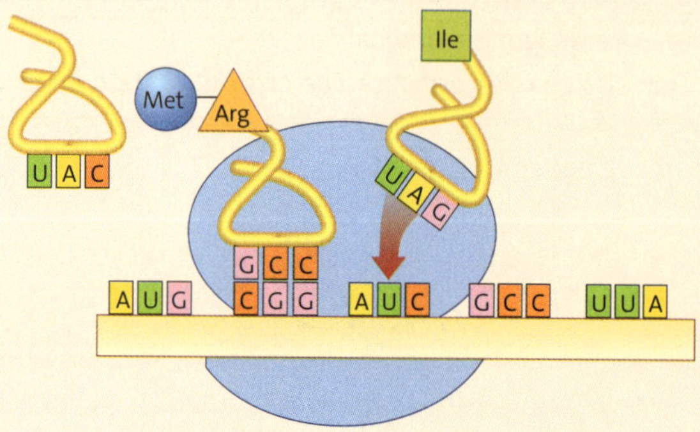

4. As subunidades do ribossomo se separam, soltando um polipeptídeo e o RNAm.

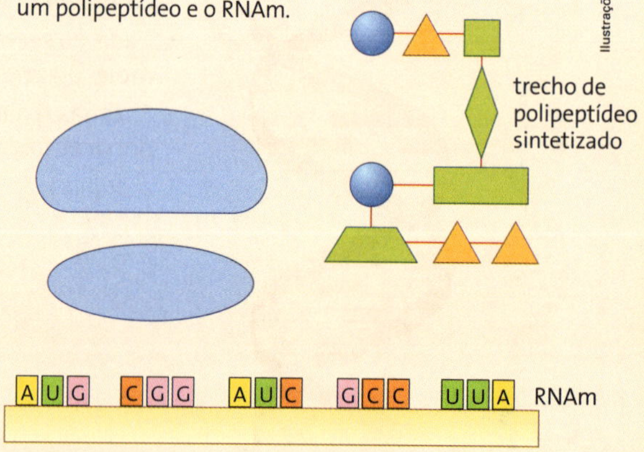

Esquema simplificado da tradução do RNAm (cores fantasia).

Mutações

- Alterações na molécula de DNA que modificam a informação genética original.
- Mecanismos de controle e reparo evitam os erros durante a duplicação do DNA, diminuindo a ocorrência de mutação.
- Genes modificados podem alterar alguma função da célula e provocar até mesmo uma doença.
- A chance de ocorrer mutação aumenta quando a célula é exposta a fatores mutagênicos.
- Mutações "silenciosas": não modificam os aminoácidos da proteína.
- Adição ou subtração de bases: proteína totalmente diferente.

Exercícios

1. (FFFCMPA-RS) Entendendo-se que monômeros são unidades e que polímeros (*poli* = "muitos"; *mer* = "unidade") são macromoléculas formadas pela ligação de monômeros, estaria correto afirmar que __________ constituem __________ .
As lacunas do período acima ficam corretamente preenchidas por:
a) aminoácidos – as proteínas.
b) nucleotídeos – os aminoácidos.
c) açúcares – o DNA.
d) açúcares – as proteínas.
e) aminoácidos – o DNA.

2. (PUCC-SP) O desenvolvimento de células nervosas é um exemplo do processo de diferenciação celular, pelo qual as células de um organismo tornam-se especializadas em forma e função. Em cada linhagem celular diferenciada ocorre:
a) duplicação dos genes nucleares funcionais.
b) perda diferencial de material genético.
c) expressão de genes específicos.
d) produção de linhagens ribossomais diferenciadas.
e) condensação da cromatina não funcional.

3. (Ufop-MG) As alternativas abaixo apresentam relações corretas entre estruturas celulares e características químicas ou funcionais das células, exceto:
a) nucléolo – síntese de DNA.
b) membrana celular – função seletiva.
c) mitocôndrias – respiração.
d) centríolos – multiplicação celular.
e) lisossomos – enzimas digestivas.

4. (UFU-MG) Após a análise de DNA de uma célula de mamífero, verifica-se que 15% das bases nitrogenadas são representadas por uma base que tem como característica a formação de três pontes de hidrogênio com a base complementar.
Considerando essas informações, é correto afirmar que a quantidade de:
a) citosina representa 35% da quantidade total de bases nitrogenadas.
b) adenina representa 30% da quantidade total de bases nitrogenadas.
c) timina representa 35% da quantidade total de bases nitrogenadas.
d) guanina representa 30% da quantidade total de bases nitrogenadas.

5. (UGF-RJ) A molécula de insulina (proteína) do boi carrega três aminoácidos diferentes da humana, enquanto a do porco carrega um aminoácido diferente.
Sabemos que as proteínas diferem, principalmente, umas das outras quanto ao(à):
a) número de grupos NH_2.
b) tamanho das moléculas.
c) tipo de aminoácido.
d) quantidade de aminoácidos.
e) sequência de aminoácidos.

6. (Unifor-CE) Um cientista sintetizou uma proteína constituída por uma cadeia de 112 aminoácidos. Neste caso, quantas moléculas de RNA mensageiro (RNAm) e quantas moléculas de RNA transportador (RNAt) foram usadas na biossíntese?
a) Uma molécula de RNAm e 112 moléculas de RNAt.
b) 112 moléculas de RNAm e uma molécula de RNAt.
c) 112 moléculas de RNAm e 112 moléculas de RNAt.
d) Uma molécula de RNAm e 56 moléculas de RNAt.
e) 56 moléculas de RNAm e uma molécula de RNAt.

7. (UFF-RJ) Ao se pesquisar a função dos nucléolos realizaram-se experiências com uma linhagem mutante do anfíbio *Xenopus*. Verificou-se que cruzamentos de indivíduos dessa linhagem produziam prole com alta incidência de morte – os embriões se desenvolviam normalmente e pouco depois da eclosão os girinos morriam. Estudos citológicos mostraram que os núcleos dos embriões ou não apresentavam nucléolos, ou apresentavam nucléolos anormais.
Conclui-se que a primeira atividade celular afetada nesses embriões foi:
a) o processamento do RNA mensageiro
b) a produção de RNA mensageiro
c) a produção de histonas
d) a produção de ribossomos
e) a produção de RNA polimerase

8. (Udesc) Em um organismo unicelular, uma única célula realiza todas as funções vitais. Por outro lado, em organismos multicelulares, ________ células é(são) especializada(s) para realizar ________ funções. Devido à ________ celular, as células dos organismos multicelulares ________ outras células do organismo para sua sobrevivência.
A alternativa que preenche corretamente, e em sequência, as lacunas da afirmativa acima é:
a) algumas – inúmeras – especialização – misturam-se com
b) poucas – a maioria das – diferenciação – independem de
c) boa parte das – muitas – indiferenciação – interagem com
d) a maioria das – uma ou poucas – especialização – dependem de
e) uma grande variedade de – poucas – padronização – interagem com

9. (Ufop-MG) Assinale a alternativa **incorreta**:
a) Núcleo com predominância de eucromatina é característico de células que apresentam alta atividade metabólica.
b) O envoltório nuclear possui membrana dupla, interrompida por poros que permitem o intercâmbio de substâncias entre o núcleo e o citoplasma.
c) As proteínas presentes no núcleo com função estrutural, enzimática e de controle da atividade gênica são sintetizadas no próprio núcleo.
d) Nucléolo é um corpúsculo denso, não delimitado por membrana, responsável pela formação de subunidades ribossômicas.
e) Cromossomo é uma estrutura formada por filamento de cromatina que se compacta extraordinariamente durante a divisão celular.

10. (Fuvest-SP) Considere a seguinte tabela que indica sequências de bases do RNA mensageiro e os aminoácidos por elas codificados.

UUU UUC	Fenilalanina	AAU AAC	Asparagina
UUA UUG	Leucina	AAA AAG	Lisina
CCU CCC CCA CCG	Prolina	GUU GUC GUA GUG	Valina

Com base na tabela fornecida e considerando um segmento hipotético de DNA, cuja sequência de bases é AAG TTT GGT, qual seria a sequência de aminoácidos codificada?
a) Aspargina, leucina, valina.
b) Aspargina, lisina, prolina.
c) Fenilalanina, lisina, prolina.
d) Fenilalanina, valina, lisina.
e) Valina, lisina, prolina.

11. (PUC-SP) Proteínas são moléculas essenciais à vida, pois atuam na organização e funcionamento das células e tecidos em todos os seres vivos.

A respeito da síntese de proteínas pelas células, considere as afirmações a seguir:

I. A diversidade de proteínas está relacionada à sequência e quantidade de aminoácidos que constitui cada proteína.

II. Cada espécie apresenta um código genético diferente, a partir do qual suas proteínas são sintetizadas.

III. A produção destas moléculas dá-se com gasto de energia, através do consumo de ATP.

IV. As proteínas provenientes dos alimentos e absorvidas por nosso sistema digestório são utilizadas por nossas células e integram nossos tecidos.

Estão corretas:

a) I e III, somente.

b) II e IV, somente.

c) I, II e III, somente.

d) II, III e IV, somente.

e) I, II, III, IV.

12. (UFMS) Duas proteínas (α e β), extraídas de órgãos diferentes de um mesmo anfíbio, mostraram a seguinte composição:

α – 10 leucinas, 15 valinas, 3 prolinas, 12 histidinas, 8 serinas e 11 cisteínas.

β – 10 leucinas, 15 valinas, 3 prolinas, 12 histidinas, 8 serinas e 11 cisteínas.

Considerando esses dados da análise das duas proteínas, é correto afirmar que:

a) α e β são iguais, pois têm exatamente o mesmo número de aminoácidos.

b) α e β são iguais, pois têm os mesmos aminoácidos e pertencem ao mesmo animal.

c) α e β são iguais, pois têm a mesma proporção dos diferentes aminoácidos.

d) α e β são diferentes, pois foram extraídas de órgãos diferentes do animal.

e) os dados são insuficientes para podermos afirmar se as proteínas α e β são iguais ou diferentes.

13. Considerando que a figura a seguir representa aspectos morfológicos do material genético de uma célula, assinale a opção correta:

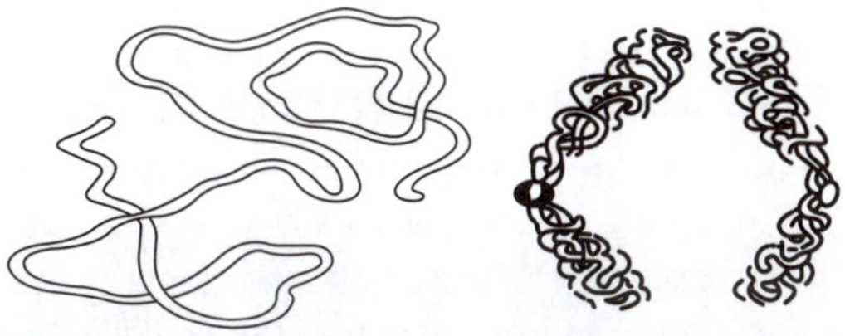

a) A primeira estrutura da figura indica um cromossomo acrocêntrico, já que seu centrômero se situa na extremidade, havendo, nesse caso, apenas uma cromátide.

b) Caso seja feita uma análise mais profunda da primeira estrutura da figura, constataremos apenas a presença de DNA.

c) A segunda estrutura da figura se torna mais condensada na metáfase, sendo, portanto essa fase a melhor etapa para ser visualizado o material genético de uma célula.

d) Pode-se dizer que uma célula dotada da primeira estrutura da figura apresenta-se na mitose e que uma célula com a segunda estrutura da figura esteja na interfase do ciclo celular.

e) A cromatina, compreendida pela segunda estrutura da figura, indica alta atividade genética, devido à forma descondensada com que essa estrutura se apresenta.

DIVISÃO CELULAR

Ciclo celular

- Período que vai da origem de uma célula, a partir de outra, ao fim de uma divisão celular.

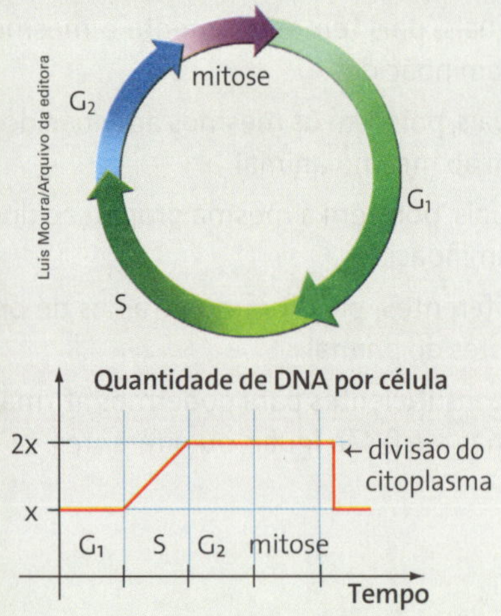

Intérfase

- Fase em que a célula se prepara para a mitose; de forma geral, há aumento de volume, produção de organelas e intensa síntese de proteínas.
- É subdividida em três fases: G_1, S (quando ocorre a duplicação do DNA) e G_2.

Pontos de controle

- No final das fases G_1 e G_2; eles checam se o processo da intérfase ocorreu normalmente. Caso haja problemas, a célula pode sofrer apoptose.

Mitose

- Forma células com o mesmo número de cromossomos que a célula-mãe.
- Mecanismo de reprodução assexuada de organismos unicelulares eucariontes.
- Para organismos pluricelulares, a mitose é essencial para o crescimento, para a renovação das células e para a regeneração de partes do corpo.

Etapas da mitose

- **Prófase**: os filamentos de cromatina começam a se enrolar, formando os cromossomos. Em células animais, os centrossomos se afastam.
- **Prometáfase**: fase intermediária em que o envelope celular se desintegra e os cromossomos se ligam aos microtúbulos provenientes dos centrossomos.
- **Metáfase**: os centrossomos ocupam polos opostos e os cromossomos (que atingiram sua condensação máxima) se posicionam na região mediana da célula.
- **Anáfase**: as cromátides de cada cromossomo se separam e os microtúbulos encurtam, puxando-as para lados opostos da célula.
- **Telófase**: os cromossomos começam a se desenrolar. A carioteca e o nucléolo voltam a se formar. A mitose termina quando dois núcleos são formados.

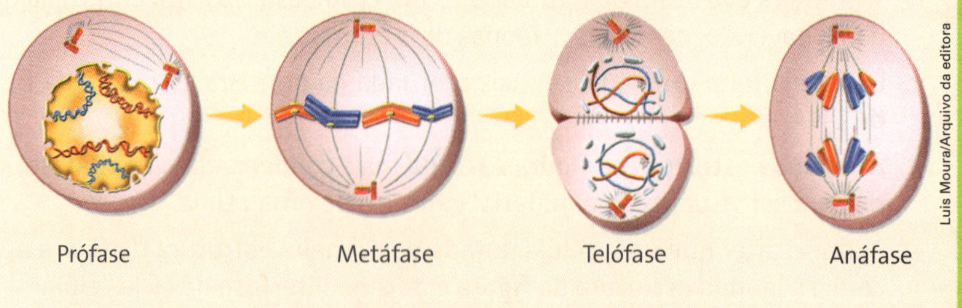

Citocinese

- Durante a telófase, a célula também passa pelo processo de citocinese: o citoplasma se divide, formando efetivamente duas células-filhas.
- Nos animais, um anel contrátil estrangula e divide a célula.
- Nas plantas, uma lamela média é formada no interior da célula, dividindo o citoplasma em dois.

Meiose

- Forma células com metade do número de cromossomos da célula-mãe.
- Na meiose, há duas divisões celulares seguidas (meiose I e II), que resultam na formação de quatro células-filhas.
- Nos animais, ocorre durante a produção de gametas. Nos vegetais, para produzir os esporos.

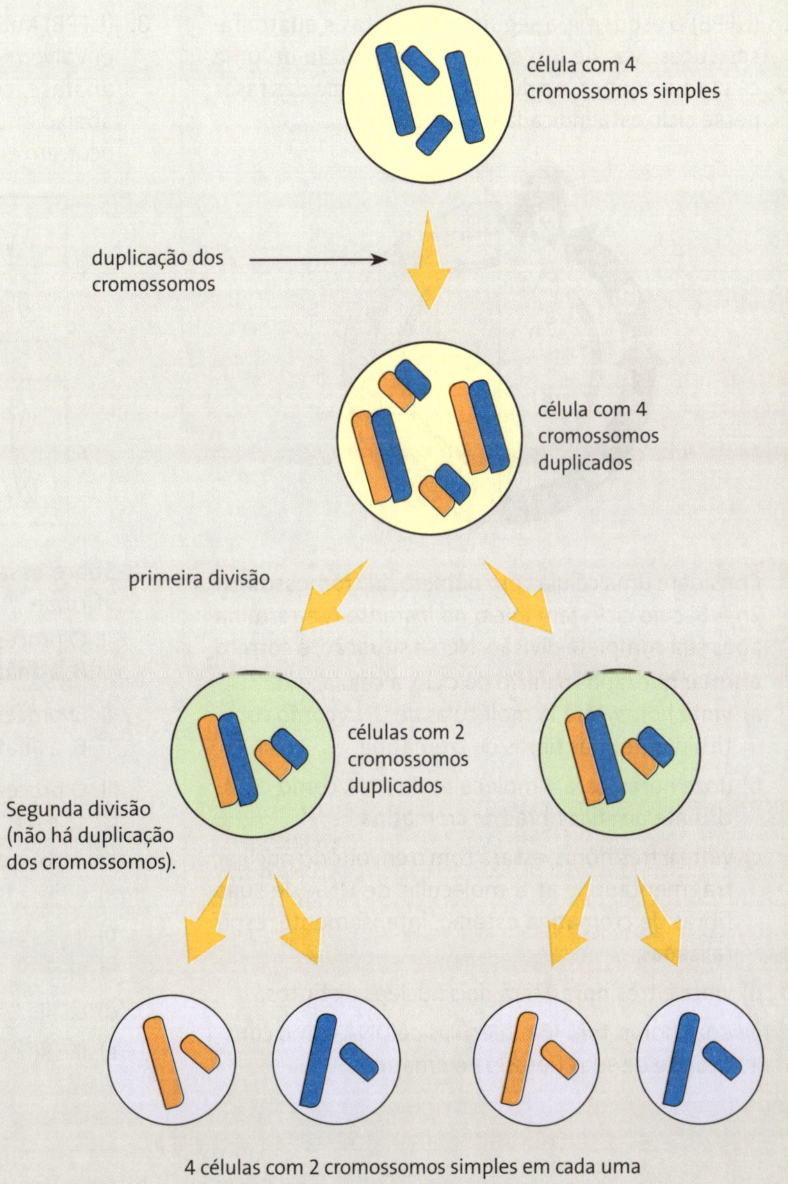

- A meiose I é chamada de divisão reducional, pois é onde o número de cromossomos é reduzido à metade. A meiose II é semelhante à mitose.
- Na prófase I da meiose os cromossomos ficam pareados com seu homólogo e pode ocorrer a permutação.
- Na anáfase I há a separação dos cromossomos homólogos, enquanto na anáfase II as cromátides irmãs que são separadas (assim como na mitose).

Câncer

- Um tumor é formado quando células começam a se dividir sem controle.
- O tumor benigno cresce devagar e não se espalha pelo corpo.
- Já câncer é o nome dado ao grupo de doenças em que ocorre o tumor maligno (que se espalha pelo corpo trazendo inúmeros prejuízos).

Exercícios

1. (UFPB) O esquema, a seguir, representa as quatro fases sucessivas de um ciclo de vida padrão de uma célula eucariótica, e a duração de cada uma das fases desse ciclo está indicada em horas.

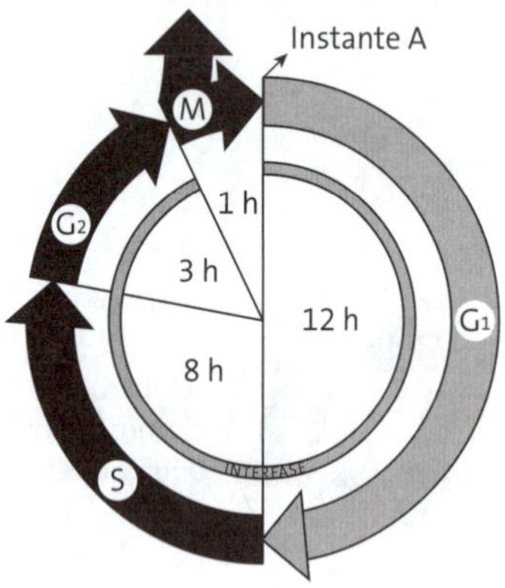

Considere uma célula com número de cromossomos $2n = 8$, cujo ciclo tem início no instante **A** e termina após sua completa divisão. Nessa situação, é correto afirmar que, após o início do ciclo, a célula, em:

a) vinte horas, terá 16 moléculas de DNA como constituinte de suas fibras de cromatina.

b) doze horas, terá 4 moléculas de DNA como constituinte de suas fibras de cromatina.

c) vinte e três horas, estará com o envoltório nuclear fragmentado, e as 8 moléculas de DNA de suas fibras de cromatina estarão, intensamente, espiralizadas.

d) vinte e três horas, terá dois núcleos distintos.

e) doze horas, terá 16 moléculas de DNA como constituinte de suas fibras de cromatina.

2. (Acafe-SC) A sequência das subfases da prófase I é:

a) Leptóteno, diplóteno, paquíteno, zigóteno, diacinese.

b) Leptóteno, diplóteno, paquíteno, diacinese, zigóteno.

c) Leptóteno, zigóteno, paquíteno, diacinese, diplóteno.

d) Leptóteno, zigóteno, paquíteno, diplóteno, diacinese.

e) Leptóteno, paquíteno, zigóteno, diplóteno, diacinese.

3. (UFPB) Mitose e meiose apresentam momentos que envolvem cromossomos em afastamento como na anáfase, com suas particularidades. Os esquemas abaixo mostram separações cromossômicas que ocorrem em anáfases de divisões celulares.

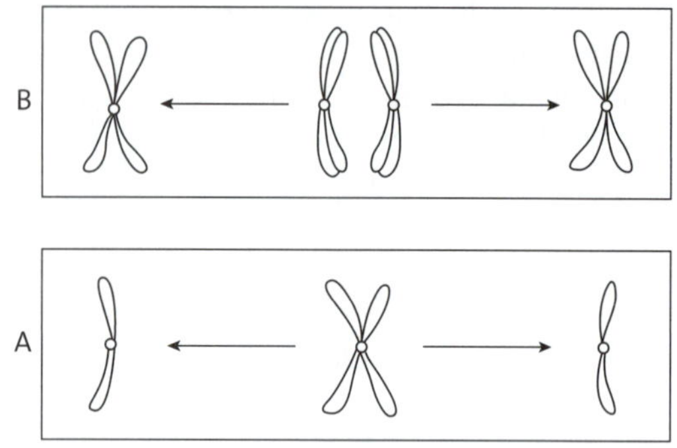

Sobre essas separações cromossômicas, pode-se afirmar:

I. O processo **A** refere-se à anáfase II da meiose e o **B**, à anáfase mitótica.

II. O processo **A** refere-se à anáfase I da meiose e o **B**, à anáfase II meiótica.

III. O processo **A** pode se referir à anáfase II da meiose e o **B**, à anáfase I meiótica.

Está(ão) correta(s) apenas:

a) I

b) II

c) III

d) I e III

e) II e III

4. (ESCS-DF) A diferença entre mitose e meiose é:

a) na mitose, as células-filhas são haploides; na meiose, as células-filhas são diploides;

b) na metáfase da mitose, os cromossomos não estão pareados; na metáfase da meiose, os cromossomos estão pareados.

c) na mitose, não há duplicação do material genético; na meiose há duplicação do material genético.

d) na anáfase da mitose, ocorre separação de pares homólogos; na anáfase da meiose ocorre separação das cromátides.

e) na prófase da mitose, os cromossomos são filamentos simples; na prófase da meiose os cromossomos são filamentos duplos.

5. (UEFS-BA) O gráfico representa a variação da quantidade de DNA identificada em cinco pontos específicos (1, 2, 3, 4 e 5), ao longo de um ciclo de uma célula eucariótica.

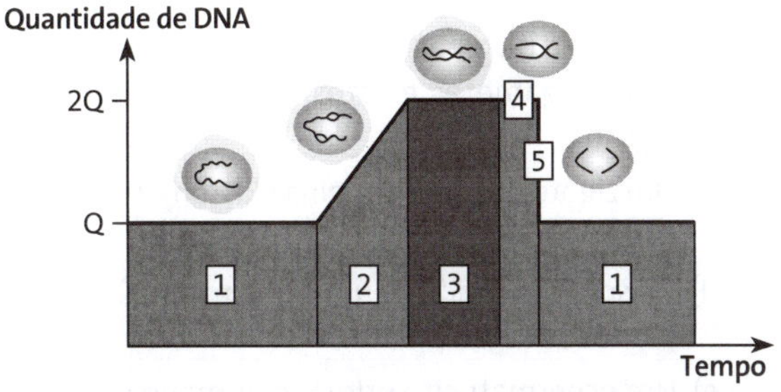

Disponível em: <http://www.cientic.com/base_entra.html>. Acesso em: 20 jun. 2012.

Considerando-se as informações do gráfico e conhecimento sobre ciclo celular, é correto afirmar:

a) O ponto 1 representa a etapa G_2 da interfase.

b) A divisão representada no ciclo é a da meiose.

c) No ponto 2, ocorre a separação das cromátides irmãs.

d) A divisão celular é do tipo mitose e está sendo representada pelos pontos 4 e 5.

e) Apenas a etapa S da interfase representada pelo ponto 1 é que se repete ao longo dos sucessivos ciclos celulares.

7. (Uece) Analise as proposições sobre os processos de divisão celular e assinale (V) para as verdadeiras e (F) para as falsas.

( ) A primeira fase da mitose, também denominada prófase, inicia-se com a formação do fuso acromático e se encerra com o emparelhamento dos cromossomos homólogos.

( ) Na mitose, a divisão de uma célula-mãe origina quatro células-filhas, geneticamente idênticas.

( ) Em células animais, a citocinese é denominada centrífuga e, em células vegetais, recebe o nome de citocinese centrípeta.

( ) Na meiose, o número original de cromossomos é diminuído pela metade nas células-filhas produzidas.

( ) Na reprodução sexuada, a meiose é de fundamental importância para manter constante o número de cromossomos de uma espécie.

Assinale a alternativa que contém a sequência correta de cima pra baixo.

a) V, F, F, V, F

b) V, V, F, F, V

c) F, F, V, F, V

d) F, F, F, V, V

6. (UFPB) Um estudante observou uma lâmina contendo células de moscas de fruta (drosófilas), cujo número diploide de cromossomos é 2n = 8. Sobre quatro dessas células, A, B, C e D, em processo de divisão celular, esse estudante fez as seguintes observações:

- A célula A apresenta quiasmas ao longo dos cromossomos pareados.
- A célula B apresenta quatro bivalentes (tétrades).
- A célula C apresenta quatro cromossomos dispostos individualmente na placa equatorial (metafásica).
- A célula D apresenta quatro pares de cromossomos unidos entre si, dispostos na placa equatorial (metafásica).

De acordo com as observações feitas pelo estudante, é correto afirmar que a(s) célula(s):

a) D é diploide e está na metáfase da segunda divisão meiótica.

b) C é haploide e está na metáfase mitótica.

c) A e B são diploides e estão na prófase da segunda divisão meiótica.

d) A e B são haploides e estão na prófase da primeira divisão meiótica.

e) A e B são diploides e estão na prófase mitótica.

8. (UFRGS-RS) No processo de divisão celular por mitose, chamamos de célula-mãe aquela que entra em divisão e de células-filhas as que se formam como resultado do processo. Ao final da mitose de uma célula, têm-se:

a) duas células, cada uma portadora de metade do material genético que a célula-mãe recebeu de sua genitora e a outra metade, recém-sintetizada.

b) duas células, uma delas com o material genético que a célula-mãe recebeu de sua genitora e a outra célula com o material genético recém-sintetizado.

c) três células, ou seja, a célula-mãe e duas células-filhas, essas últimas com metade do material genético que a célula-mãe recebeu de sua genitora e a outra metade, recém-sintetizada.

d) três células, ou seja, a célula-mãe e duas células-filhas, essas últimas contendo material genético recém-sintetizado.

e) quatro células, duas com material genético recém-sintetizado e duas com o material genético que a célula-mãe recebeu de sua genitora.

9. (PUC-RJ) Considere as afirmativas abaixo acerca dos processos de divisão celular:

I. Na mitose, a célula-mãe dá origem a duas células-filhas geneticamente idênticas.

II. Em todos os organismos que fazem reprodução sexuada, a produção de gametas se dá por meiose.

III. Na primeira fase da meiose, ocorre o pareamento e a segregação dos cromossomos homólogos.

IV. Na mitose, os cromossomos são alinhados na placa equatorial e ocorre a separação das cromátides irmãs.

Estão corretas:

a) Todas as afirmativas.

b) Somente I e IV.

c) Somente I, III e IV.

d) Somente I, II e IV.

e) Somente I, II e III.

10. (UFPB) A figura abaixo representa uma célula, durante o período G_1 do ciclo celular, com número diploide de cromossomos igual a quatro (2n = 4).

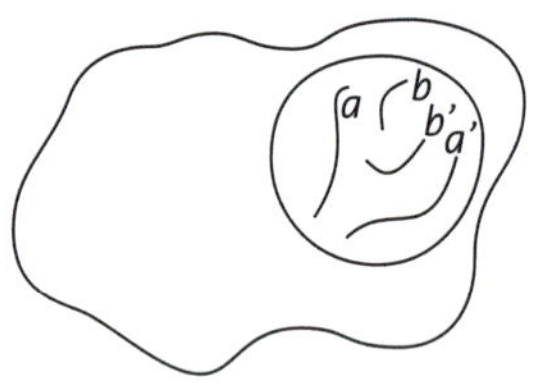

A seguir estão esquematizadas três anáfases possíveis, em A, B e C, caso essa célula se divida por meiose ou mitose.

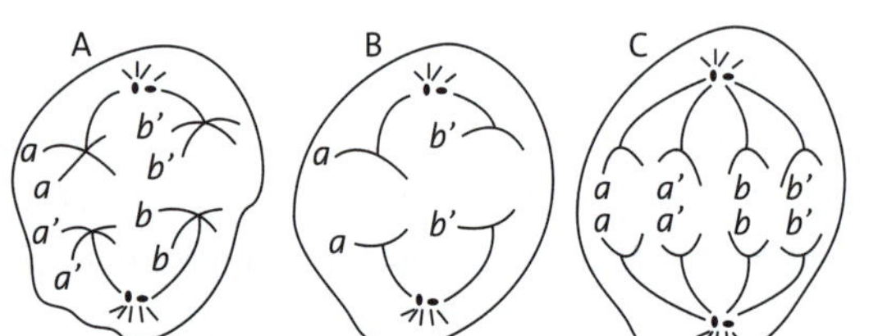

De acordo com os esquemas, identifique as afirmativas corretas:

I. As três anáfases esquematizadas ocorrem durante a meiose.

II. A anáfase esquematizada em A representa a anáfase I da meiose.

III. A anáfase esquematizada em B representa a anáfase II da meiose.

IV. A anáfase esquematizada em A apresenta oito moléculas de DNA.

V. A anáfase esquematizada em C corresponde à anáfase da mitose.

11. (PUC-SP) Nos seres vivos ocorrem dois processos de divisão celular, mitose e meiose. Qual das alternativas abaixo apresenta uma situação na qual ocorre meiose?

a) Um fungo haploide produz esporos haploides e cada esporo, ao germinar, origina um novo fungo.

b) O prótalo ou geração haploide de uma samambaia produz gametas e estes se unirão originando o zigoto.

c) Um zigoto de coelho origina blastômeros que constituem o embrião.

d) O esporo haploide de um pinheiro dá origem a uma das fases dessa planta.

e) Um espermatócito primário humano dá origem a quatro células haploides.

12. (UFTM-MG) Na meiose, ocorrem vários eventos para formarem quatro células haploides. Foram listados alguns deles:

I. Cromátides irmãs se separam e deslocam para os polos opostos da célula.

II. Cromossomos homólogos colocam-se lado a lado e ocorre a permuta entre segmentos de suas cromátides.

III. Separação dos cromossomos homólogos devido ao encurtamento dos microtúbulos do fuso.

IV. Os pares de cromossomos homólogos dispõem-se na região mediana da célula.

V. Citocinese com formação de células cujos cromossomos apresentam duas cromátides.

Esses eventos sucedem-se na ordem

a) I – II – III – IV – V.

b) II – IV – III – V – I.

c) II – III – IV – I – V.

d) IV – V – I – II – III.

e) IV – II – I – V – III.

METABOLISMO ENERGÉTICO

Características gerais

- A principal molécula utilizada como fonte de energia é a **glicose**.
- A energia obtida da glicose é usada na **fosforilação** (formação de ATP a partir de ADP). O ATP acumula a energia e é distribuído para as diversas partes da célula que consomem energia.

Respiração aeróbia

- Processo em que a liberação de energia da glicose é feita com consumo do gás oxigênio. Pode ser resumida pela equação:

  $C_6H_{12}O_6 + 6O_2 \rightarrow 6CO_2 + 6H_2O +$ + energia
- A quebra das cadeias de carbono é feita de forma gradativa, em uma sequência de reações. A energia é liberada em pequenas parcelas; caso contrário, o calor produzido destruiria a célula.

Etapas da respiração aeróbia

Glicólise

- Quebra parcial da glicose; resulta em duas moléculas de piruvato e na liberação de ATP.
- Ocorre no citosol e não depende de gás oxigênio.

Etapa intermediária

- O piruvato é oxidado em outro composto, que será usado na etapa seguinte.

Ciclo de Krebs

- Completa a oxidação do piruvato, de maneira gradual. Água e gás carbônico são resíduos desta etapa.
- Ocorre apenas em condições aeróbias, na matriz da mitocôndria (nos eucariontes) ou no citosol (em bactérias aeróbias).

Cadeia respiratória

- Elétrons são removidos liberando energia e criando um gradiente de prótons H^+ através da membrana. A energia desse gradiente é então usada para converter ADP em ATP.
- Ocorre apenas em condições aeróbicas, pois o receptor final da cadeia é o gás oxigênio. Ele recebe elétrons e íons H^+, formando água.
- Ocorre na membrana interna da mitocôndria (nos eucariontes) ou na membrana plasmática das bactérias aeróbias.

- Os átomos de oxigênio da molécula de CO_2, formada ao final da respiração, são provenientes da molécula de glicose.

Fermentação

- Processo em que a glicose é quebrada sem consumo de gás oxigênio do ambiente.
- Tem menor rendimento energético; a glicose não é totalmente quebrada e oxidada, e os produtos ainda possuem energia armazenada.
- Ocorre no citosol, tanto nos eucariontes quanto nos procariontes.

- Organismos **anaeróbios estritos** (ou obrigatórios) não possuem enzimas que atuam no ciclo de Krebs e na cadeia respiratória.
- Organismos **anaeróbios facultativos** fazem respiração aeróbia, mas conseguem sobreviver com a fermentação, caso falte oxigênio.

- Nesse processo, a quebra da glicose termina na glicólise. O produto final depende das enzimas presentes na célula.

Fermentação láctica

- O produto é o ácido láctico.
- É realizada pelos lactobacilos utilizados na produção de iogurtes e coalhadas.
- Células musculares realizam fermentação láctica quando não há oxigênio suficiente.

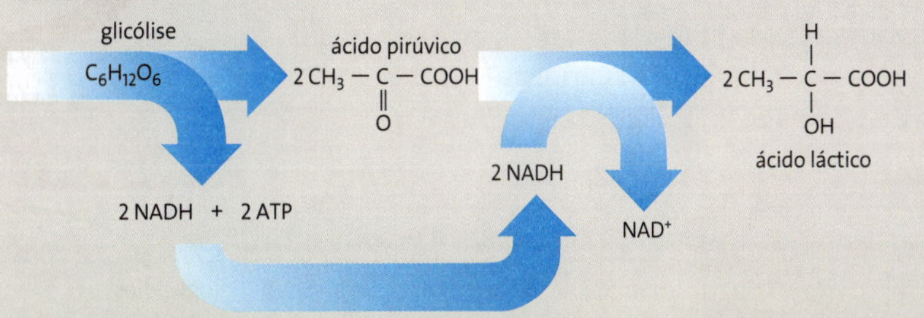

Fermentação alcoólica

- Os produtos são álcool etílico e gás carbônico.
- É realizada pelas leveduras utilizadas como fermento e na produção de álcool (vinho e cerveja).

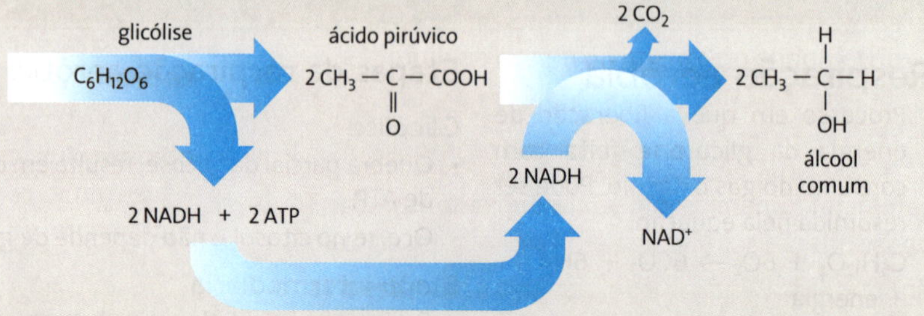

Respiração anaeróbia

- Processo de respiração que não necessita de gás oxigênio.
- Envolve as três etapas características da respiração: glicólise, ciclo de Krebs e cadeia respiratória.
- Em vez de oxigênio como aceptor final dos elétrons, são usados compostos inorgânicos como nitratos, sulfatos e carbonatos.
- Produz quantidade menor de ATP em relação à respiração aeróbia.

Fotossíntese

- Processo em que moléculas de gás carbônico e de água são transformadas em açúcares, com o uso de energia luminosa. Pode ser resumido pela seguinte equação: $6CO_2 + 6H_2O \rightarrow C_6H_{12}O_6 + 6O_2$
- Os átomos do gás oxigênio, formado no final da fotossíntese, são provenientes das moléculas de H_2O, e não das moléculas de CO_2.
- Nos eucariontes, ocorre nos cloroplastos. Nos procariontes, como as cianobactérias, ocorre em um conjunto de membranas e no citosol.

Etapas da fotossíntese

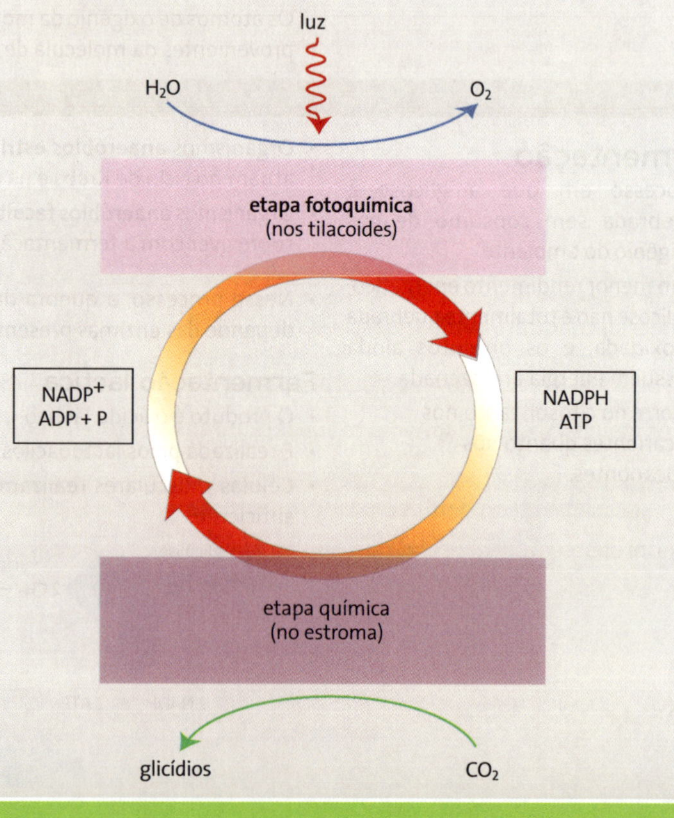

Etapa fotoquímica (fase clara)

- A energia luminosa é absorvida pela clorofila e armazenada em moléculas de ATP.
- A luz também promove a transformação da água em hidrogênio e gás oxigênio. O gás é liberado pela planta.

Etapa química (fase escura)

- O ATP e o hidrogênio produzidos na fase anterior são usados na fixação do carbono (transformação de gás carbônico em glicídios).
- Também é chamada ciclo das pentoses ou ciclo de Calvin (ou de Calvin-Benson).

Velocidade da fotossíntese

- A velocidade da fotossíntese pode ser estimada, por exemplo, medindo a quantidade de gás oxigênio liberado ou de gás carbônico consumido. Quanto maior essa quantidade, maior a taxa de fotossíntese.

Influência da luz

- A taxa de fotossíntese aumenta conforme a intensidade luminosa aumenta.
- No escuro, a planta só está respirando; por isso só consome o oxigênio e produz gás carbônico (ponto 1).
- No ponto de compensação luminosa, a taxa de produção de oxigênio pela fotossíntese se iguala à taxa de consumo pela respiração (ponto 2).
- A taxa de fotossíntese cresce até o ponto de saturação luminosa, a partir do qual não se altera mais (ponto 3).

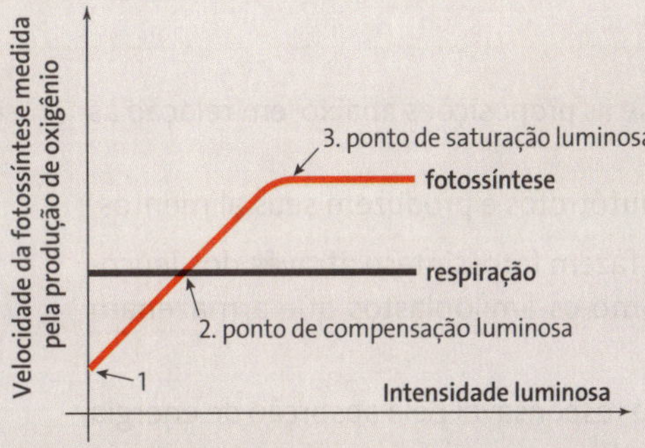

Influência do gás carbônico

- Concentração de gás carbônico na atmosfera é limitante na velocidade da fotossíntese das plantas.
- A taxa de fotossíntese aumenta conforme a concentração de gás carbônico aumenta.
- A taxa aumenta até que a intensidade luminosa ou outros fatores passem a ser limitantes.

Quimiossíntese

- Processo em que moléculas de gás carbônico e de água são transformadas em açúcares, sem o uso de energia luminosa.
- Certas bactérias realizam quimiossíntese: para fixar o carbono, usam a energia liberada na oxidação de substâncias minerais (amônia, enxofre, sais de ferro, etc.).

Ciclo dos compostos nitrogenados

- Algumas bactérias quimiossintetizantes oxidam a amônia, originada da decomposição da matéria orgânica, formando nitrito (um sal mineral).
- Outras bactérias transformam o nitrito em nitrato, que então é absorvido pelas plantas e usado na síntese de proteínas.

Exercícios

1. (UEM-PR) A liberação de energia a partir da quebra de moléculas orgânicas complexas compreende basicamente três fases: glicólise, ciclo de Krebs e cadeia respiratória. Sobre esse assunto, assinale o que for **correto**.

01) Na cadeia respiratória, que ocorre nas cristas mitocondriais, o NADH e o $FADH_2$ funcionam como transportadores de íons H^+.

02) A glicólise é um processo metabólico que só ocorre em condições aeróbicas, enquanto o ciclo de Krebs ocorre também nos processos anaeróbicos.

04) Nas células eucarióticas, a glicólise ocorre no citoplasma, enquanto o ciclo de Krebs e a cadeia respiratória ocorrem no interior das mitocôndrias.

08) No ciclo de Krebs, uma molécula de glicose é quebrada em duas moléculas de ácido pirúvico.

16) A utilização de O_2 se dá no citoplasma, durante a glicólise.

2. (Udesc) Analise as proposições abaixo, em relação às plantas:

I. São seres autótrofos e produzem seus alimentos.

II. As plantas fazem fotossíntese através dos leucoplastos, como os amiloplastos que armazenam amido.

III. A clorofila é responsável pela absorção de energia luminosa indispensável à fotossíntese.

IV. Na fotossíntese ocorre a transformação do gás carbônico e da água em açúcar.

V. A fotossíntese consome oxigênio e produz gás carbônico.

Assinale a alternativa **correta**.

a) Somente as afirmativas I e IV são verdadeiras.
b) Somente as afirmativas II e V são verdadeiras.
c) Somente as afirmativas I, II e III são verdadeiras.
d) Somente as afirmativas I, III e IV são verdadeiras.
e) Somente as afirmativas I, III e V são verdadeiras.

3. (PUC-RJ) A fotossíntese é um processo complexo que ocorre em duas fases: fase luminosa e ciclo de Calvin. Sobre as duas etapas da fotossíntese, foram feitas as seguintes afirmativas:

I. Na fase luminosa, ocorre a conversão da energia solar em energia química.

II. Na fase luminosa, ocorre liberação de oxigênio, produção de NADPH e consumo de ATP.

III. No ciclo de Calvin, o CO_2 atmosférico é incorporado em moléculas orgânicas do cloroplasto.

IV. O ciclo de Calvin necessita indiretamente da luz, pois a produção de açúcar depende do ATP e NADPH produzidos na fase luminosa.

Estão corretas:

a) Somente I, II e III.
b) Somente II, III e IV.
c) Somente I, III e IV.
d) Somente I, II e IV.
e) Todas as afirmativas.

4. (FGV-SP) O cianeto é uma toxina que atua bloqueando a última das três etapas do processo respiratório aeróbico, impedindo, portanto, a produção de ATP, molécula responsável pelo abastecimento energético de nosso organismo.

O bloqueio dessa etapa da respiração aeróbica pelo cianeto impede também a

a) síntese de gás carbônico a partir da quebra da glicose.
b) produção de moléculas transportadoras de elétrons.
c) oxidação da glicose e consequente liberação de energia.
d) formação de água a partir do gás oxigênio.
e) quebra da glicose em moléculas de piruvato.

5. (UFPE)

UFPE/2013

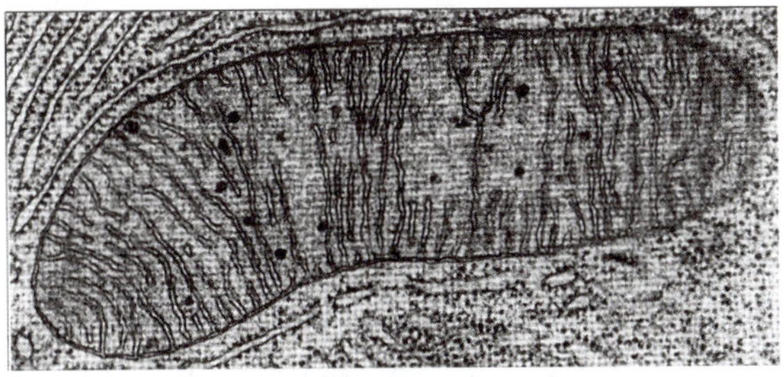

A micrografia acima é de uma organela celular encontrada em grande quantidade em células que possuem alto gasto energético. Acerca dessa organela, analise as afirmações a seguir.

( ) Trata-se de uma organela essencial ao processo de fotossíntese.

( ) É uma organela que está associada ao processo de respiração celular.

( ) É nessa estrutura que ocorre a síntese de ATP.

( ) A função dessa organela é a síntese de glicose, fonte principal de energia.

( ) É nessa organela que ocorre o ciclo de Krebs.

6. (UCS-RS) A glicose é a principal fonte de energia utilizada pelas células.

O caminho realizado pela glicose, desde a sua entrada nas células até a produção de ATP, envolve uma série de reações químicas, que geram diferentes intermediários e diferentes produtos.

Considere a seguinte rota metabólica.

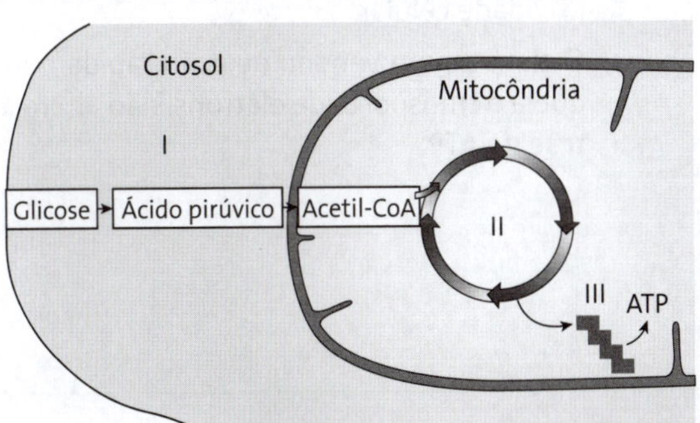

Os números I, II e III podem representar, respectivamente, os processos,

a) glicólise, ciclo de Krebs e fosforilação oxidativa.

b) glicogênese, ciclo de Calvin e fotofosforilação.

c) glicólise, ciclo de Pentoses e ciclo de Krebs.

d) ciclo de Krebs, ciclo de Calvin e fosforilação oxidativa.

e) glicogênese, ciclo de Krebs e fotofosforilação.

7. (Ufal) Vida demanda energia. Sem energia, a organização característica dos seres vivos não consegue se manter. Com relação a esse tema, analise as proposições a seguir.

1) Na quimiossíntese, a energia utilizada na formação de compostos orgânicos provém da oxidação de substâncias inorgânicas.

2) Na fotofosforilação, a energia luminosa do sol, captada pelas moléculas de clorofila, organizadas nas membranas dos tilacoides, é transformada em energia química.

3) Na fermentação, há liberação de energia suficiente para a síntese de duas moléculas de ATP.

4) Ao final do ciclo de Krebs, os elétrons energizados e os íons H^+ produzidos são utilizados para constituir ATP, na cadeia respiratória.

Está(ão) correta(s):

a) 1, 2 e 4 apenas.

b) 2 e 3 apenas.

c) 1, 3 e 4 apenas.

d) 1, 2, 3 e 4.

e) 2 apenas.

8. (PUC-RJ) O esquema a seguir representa uma das etapas de um processo biológico fundamental para a manutenção dos ecossistemas.

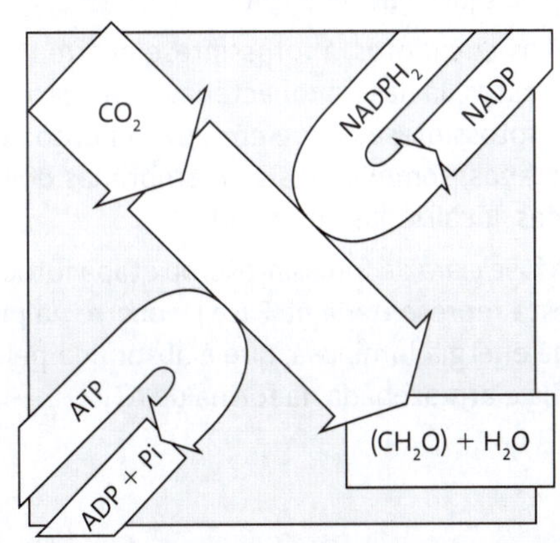

PAULINO, W. R. *Biologia atual*, v. 1, 1992.

O processo em questão é:

a) desnitrificação por bactérias do solo.

b) respiração de células eucarióticas.

c) fase química da fotossíntese.

d) fase intermediária da fermentação.

e) metanogênese de extremófilas.

9. (UEPG-PR) Com relação ao processo de fotossíntese esquematizado abaixo, assinale o que for correto.

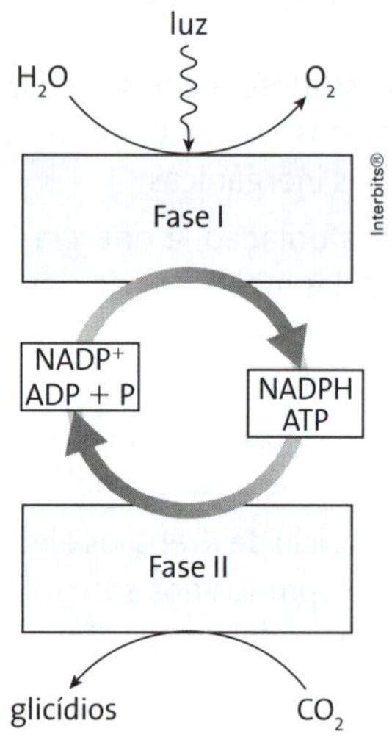

Fonte: Linhares, S; Gewandsznajder, F. Biologia Hoje, os seres vivos. 15ª ed. Volume 1. Editora Ática. São Paulo. 2008.

01) A fase escura da fotossíntese, também denominada de ciclo de Calvin, está representada na Fase II e ocorre nos tilacoides dos cloroplastos.

02) Na Fase I, os átomos de hidrogênio provenientes da água e os carbonos obtidos a partir do gás carbônico ocasionam a produção de glicose.

04) Na Fase I, há a produção de hidrogênio e gás carbônico, os quais são imediatamente liberados pela planta ao ambiente.

08) Nos eucariotos, a fotossíntese ocorre nos cloroplastos. Já nas cianobactérias (seres procariotos), a fotossíntese ocorre em um conjunto de membranas, semelhantes às membranas dos tilacoides, localizadas no citosol.

16) A fase clara da fotossíntese, ou etapa fotoquímica, está representada na Fase I e ocorre na presença de energia luminosa, que é absorvida pela clorofila e armazenada na forma de ATP.

11. (UFPB) O esquema a seguir mostra parte das reações da cadeia respiratória que ocorre nas membranas internas das mitocôndrias, com detalhe para a produção de ATP (adenosina trifosfato), de acordo com a teoria quimiosmótica.

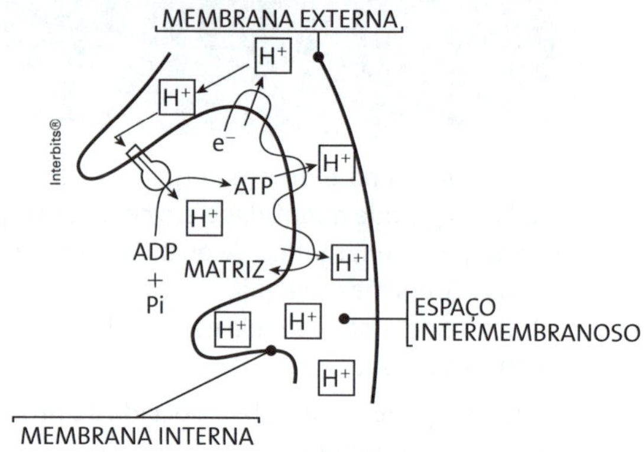

Considerando a estrutura mitocondrial, o processo destacado na figura e a utilização do ATP pelas células, identifique as afirmativas corretas:

( ) O ADP é transformado em ATP, a partir da energia resultante de um gradiente de prótons, liberada durante as reações da cadeia respiratória.

( ) A síntese de ATP é maior em células que realizam intenso trabalho, como as células da musculatura cardíaca.

( ) O ATP é a moeda universal de transferência de energia entre os produtores de bens (respiração celular) e os consumidores de bens (trabalho celular).

( ) A quantidade de invaginações (cristas) da membrana interna é inversamente proporcional à atividade celular.

( ) O cianeto, um veneno de ação rápida que bloqueia o transporte de elétrons, não altera a síntese do ATP.

10. (UFRGS-RS) A fotossíntese e a respiração celular, em termos energéticos e metabólicos, são caracterizadas, respectivamente, como processos

a) endotérmicos e anabólicos.

b) endotérmicos e catabólicos.

c) exotérmicos e anabólicos.

d) exotérmicos e catabólicos.

e) isotérmicos e catabólicos.

12. (UFRGS-RS) Durante as fases da respiração celular aeróbia, a produção de CO_2 e água, ocorre, respectivamente,

a) na glicólise e no ciclo de Krebs.

b) no ciclo de Krebs e na cadeia respiratória.

c) na fosforilação oxidativa e na cadeia respiratória.

d) no ciclo de Krebs e na fermentação.

e) na glicólise e na cadeia respiratória.

13. (UEM-PR) Sobre o processo de respiração celular, assinale o que for correto.

01) Além da respiração celular, existem na natureza outros processos que permitem obter energia a partir de carboidratos. Um deles é a fermentação, processo mais eficiente do que a respiração celular, por produzir maior quantidade de ATP.

02) Uma das fases da respiração celular a partir da glicose é a glicólise, que ocorre no hialoplasma. Nessa fase, uma molécula de glicose transforma-se em duas moléculas de ácido pirúvico com produção de dois ATP.

04) Havendo oxigênio em quantidade suficiente, as células musculares realizam o processo de respiração celular aeróbico; porém, em situações de atividade intensa, na falta de oxigênio, elas podem realizar quimiossíntese.

08) Na cadeia respiratória, ocorre transferência de hidrogênio de um componente para o outro, fazendo com que esses componentes percam energia gradativamente e possam, ao final da cadeia, combinar-se com o oxigênio, formando água e liberando grande quantidade de energia.

16) Existe relação entre respiração pulmonar e respiração celular, no sentido de que o gás carbônico capturado pela respiração pulmonar é levado até as células, as quais irão participar da respiração celular.

14. (UFRGS-RS) A fotossíntese consiste em um processo metabólico pelo qual a energia da luz solar é utilizada na conversão de dióxido de carbono e de água em carboidratos e oxigênio.
Com relação a esse processo, considere as seguintes afirmações.

I. A produção de carboidratos ocorre na etapa fotoquímica.

II. A água é a fonte do oxigênio produzido pela fotossíntese.

III. A etapa química ocorre no estroma dos cloroplastos.

Quais estão corretas?

a) Apenas I.
b) Apenas II.
c) Apenas I e III.
d) Apenas II e III.
e) I, II e III.

15. (IFSP) As duas organelas desenhadas são fundamentais para o trabalho celular que ocorre em um vegetal. Sem elas, provavelmente, não existiriam os seres produtores eucarióticos e talvez não existiriam também os animais, fungos e protozoários.

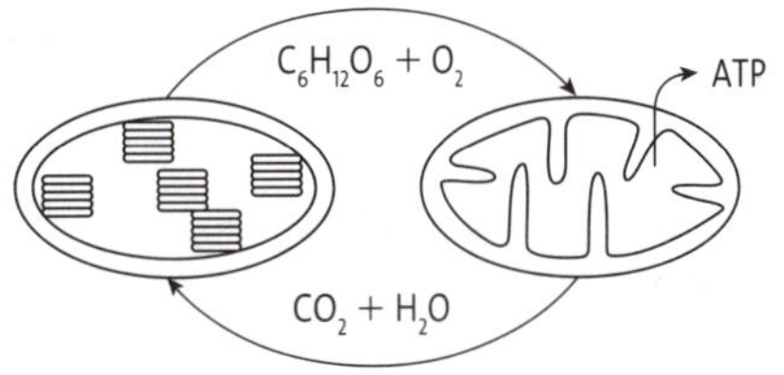

A respeito dessas organelas e das reações químicas que ocorrem no interior delas, pode-se afirmar que

a) a síntese de ATP é exclusiva das mitocôndrias e isso depende dos pigmentos verdes existentes em seu interior.

b) os cloroplastos podem utilizar o gás carbônico proveniente da respiração celular, sendo esta última dependente da luz solar para ocorrer.

c) os cloroplastos sintetizam glicose e liberam o gás oxigênio, e este é proveniente da molécula de gás carbônico fornecido pelas mitocôndrias.

d) as duas organelas apresentam DNA e RNA próprios, que são fundamentais na autoduplicação dessas organelas.

e) as mitocôndrias realizam suas reações durante a noite e os cloroplastos realizam suas atividades somente quando há luz solar.

16. (Unioeste-PR) Relativo à produção e ao consumo de energia pela célula, é correto afirmar que

a) o processo que permite às células utilizarem o CO_2 como oxidante das moléculas orgânicas é a respiração celular.

b) lipídios representam o combustível preferido das células, mas na falta deste composto as células utilizam glicose ou até mesmo proteínas como fonte de energia.

c) elétrons H^+ são capturados durante a glicólise e o ciclo de Krebs para a produção do ácido cítrico, que representa a molécula inicial no processo de respiração.

d) no organismo humano, a fibra muscular estriada pode realizar o processo de fermentação, que é um processo anaeróbio de produção de ATP.

e) a fonte imediata que permite a síntese de ATP na fosforilação oxidativa é a transferência de fosfatos de alta energia provenientes do ciclo de Krebs.

REPRODUÇÃO

Reprodução assexuada

- Reprodução por mitose.
- Origina seres geneticamente idênticos.
- Produz grande quantidade de indivíduos em um curto intervalo de tempo.

- Nos unicelulares, ocorre a **divisão binária**.
- A **fragmentação** é a separação do corpo em diversos pedaços que regeneram (planárias).
- No **brotamento** há um crescimento do novo indivíduo no progenitor, para depois se soltar. Quando os novos indivíduos permanecem unidos forma-se uma colônia.

Partenogênese

- Forma especial de reprodução assexuada.
- Óvulos se desenvolvem sem serem fecundados.
- Exemplo das abelhas, em que os óvulos não fecundados originam zangões, enquanto a fecundação origina abelhas femininas.

Reprodução sexuada

- Meiose forma células haploides e fecundação as une para formar uma nova célula diploide (zigoto).
- Gera uma variedade genética nos descendentes.

- A **gametogênese** forma os gametas e ocorre nas glândulas sexuais, originando espermatozoides ou óvulos. Apresenta três fases: multiplicação, crescimento e maturação.

Espermatogênese

- Ocorre no testículo; meiose ocorre nos espermatócitos, na fase de maturação.
- Há uma fase de especialização, quando as espermátides haploides se diferenciam em espermatozoides flagelados.

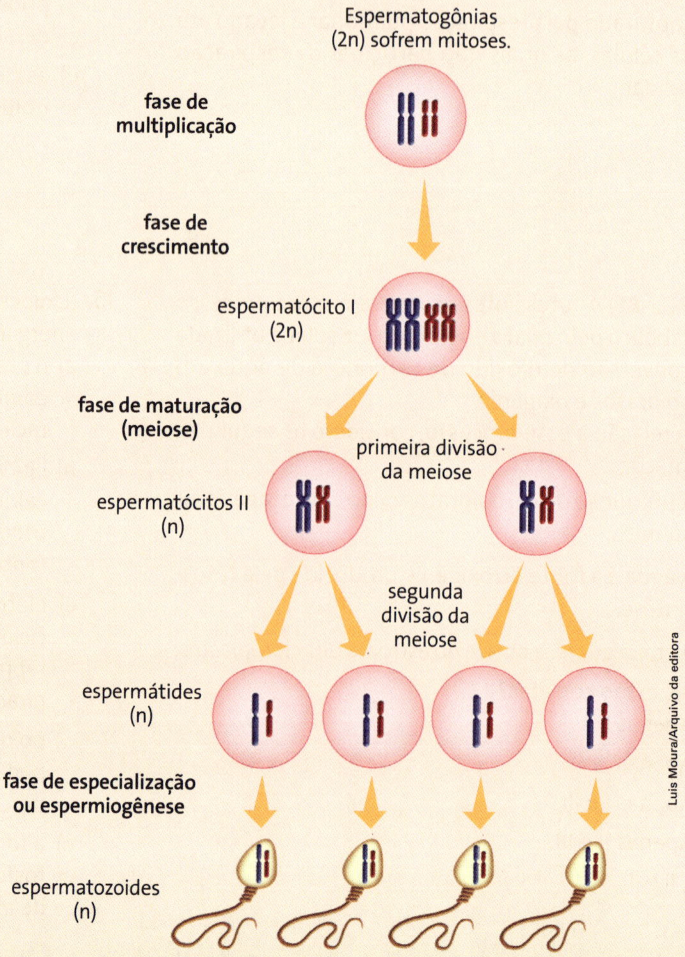

Ovulogênese

- Ocorre nos ovários: os ovócitos primários ficam adormecidos e só completam a primeira divisão da meiose no período reprodutivo.
- Nos mamíferos, a célula lançada pelo ovário é o ovócito II na segunda divisão da meiose, que só se completa após a fecundação.

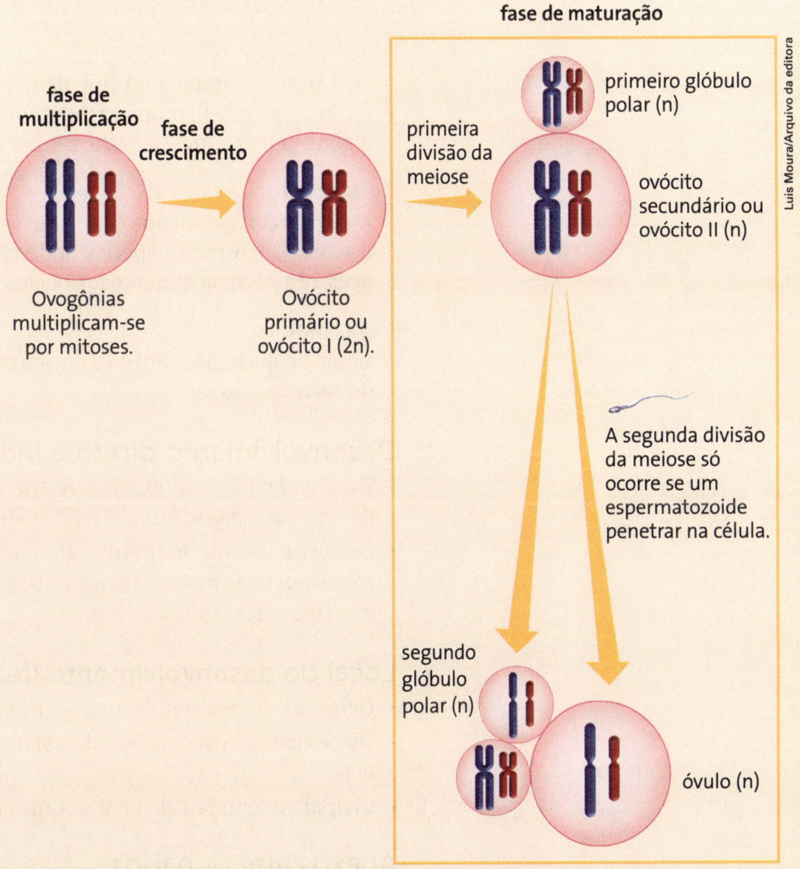

Fecundação

- União dos gametas e formação do zigoto.
- O óvulo contribui com o núcleo e o citoplasma (incluindo suas organelas) no desenvolvimento da célula-ovo, enquanto o espermatozoide contribui com o núcleo e os centríolos.
- **Fecundação externa**: fora do corpo, geralmente em animais aquáticos; grande quantidade de gametas liberados, compensando a perda.
- **Fecundação interna**: espermatozoides lançados diretamente no sistema genital feminino; adaptação à vida terrestre, evita desidratação dos gametas.

Determinação do sexo

- **Cromossomos sexuais** são os responsáveis pelas diferenças entre os sexos.
- No sistema XY, as fêmeas possuem dois cromossomos X, os machos possuem um X e um Y.

Hermafroditismo

- Produz tanto espermatozoides quanto óvulos; em alguns casos pode realizar a autofecundação.

Desenvolvimento embrionário

Tipos de ovos e de segmentação

- **Clivagem**: divisões iniciais do zigoto; depende da quantidade de vitelo acumulada (mais vitelo = segmentação mais lenta).

Oligolécito

Ovo com pouco vitelo distribuído igualmente e segmentação igual e uniforme. Presente nos mamíferos (ovo alécito) e invertebrados marinhos.

Heterolécito

Ovo com quantidade intermediária de vitelo, mais concentrada em um polo (polo vegetativo), o que resulta em divisão desigual. Presente nos anfíbios, alguns peixes e invertebrados.

Telolécito

Muito vitelo (gema) que ocupa quase toda a célula. A segmentação é parcial e discoidal, ocorrendo apenas onde não há vitelo (polo animal). Presente nas aves, répteis e na maioria dos peixes.

Centrolécito

Vitelo ocupa região central e núcleo se divide no seu interior. Ocorre na maioria dos artrópodes.

Desenvolvimento direto e indireto

- Desenvolvimento direto: ocorre em répteis, aves, mamíferos e na maioria dos peixes, não há fase larval e é formado um animal semelhante ao adulto.
- Desenvolvimento indireto: forma uma larva (estrutura simples) que sofrerá metamorfose para transformar-se na forma adulta. Ocorre em muitos invertebrados e nos anfíbios.

Local de desenvolvimento (fecundação interna)

- **Ovíparos**: fêmea elimina o ovo, que se desenvolve no exterior.
- **Ovovivíparos**: ovo é retido no oviduto e animal se desenvolve no interior da mãe.
- **Vivíparos**: embrião absorve os nutrientes e o oxigênio diretamente da mãe.

Anexos embrionários

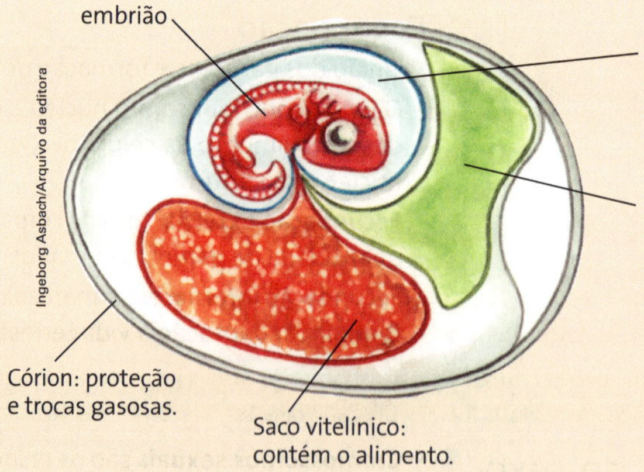

- Os mamíferos também possuem **placenta**, que deixa em contato os vasos sanguíneos da mãe e os do embrião, realizando as trocas e fornecendo o alimento. Mamíferos sem placenta são chamados **prototérios**, e os **metatérios** apresentam placenta rudimentar (filhote migra para o marsúpio para terminar o desenvolvimento).

Exercícios

1. (UFRGS-RS) O espermatócito primário do cavalo doméstico tem 64 cromossomos. Leia as afirmações abaixo sobre a constituição cromossômica desses animais durante a gametogênese.

I. Suas espermatogônias apresentam 128 cromossomos.

II. Seus espermatócitos secundários apresentam 32 cromossomos.

III. Seus espermatozoides apresentam 32 cromossomos.

Quais estão corretas?

a) Apenas I.
b) Apenas II.
c) Apenas III.
d) Apenas I e III.
e) Apenas II e III.

2. (UFC-CE) Em relação à reprodução assexuada, é correto afirmar que:

I. não ocorre em animais.

II. ocorre em eucariontes e procariontes pluricelulares sendo denominada cissiparidade.

III. pode ser desfavorável se ocorrerem mudanças ambientais bruscas.

IV. representa um tipo de cruzamento entre plantas, denominado enxertia.

V. em alguns casos, é de grande utilidade na agricultura.

Assinale a alternativa correta.

a) Somente I é verdadeiro.
b) Somente II e III são verdadeiros.
c) Somente III e V são verdadeiros.
d) Somente II e IV são verdadeiros.
e) Todos os itens são verdadeiros.

3. (Udesc) Assinale a alternativa incorreta quanto aos tecidos e aos órgãos derivados dos folhetos embrionários.

a) A epiderme e seus anexos se originam no ectoderma.
b) Os órgãos dos sistemas genital e urinário se originam do mesoderma.
c) Fígado e pâncreas se originam do endoderma.
d) Todas as estruturas do sistema nervoso se originam do ectoderma.
e) O sistema respiratório (exceto as cavidades nasais) se origina do mesoderma.

4. (PUCC-SP) Os ovos são estruturas responsáveis pelo desenvolvimento da maior parte dos animais.

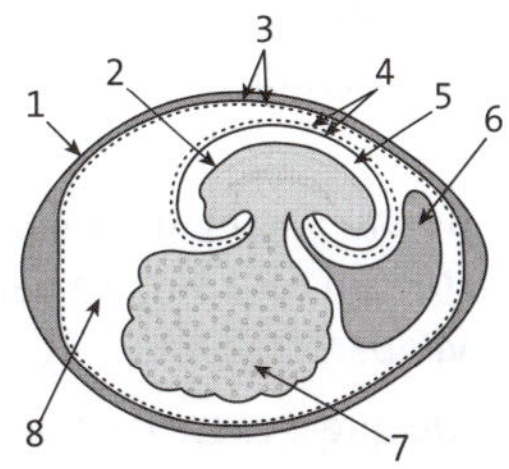

As funções de nutrição e armazenamento de excretas são realizadas, respectivamente, pelas estruturas indicadas por:

a) 7 e 6.
b) 7 e 5.
c) 6 e 8.
d) 6 e 7.
e) 5 e 6.

5. (UEPB) Observe o esquema abaixo que representa um tipo de segmentação de ovos de animais.

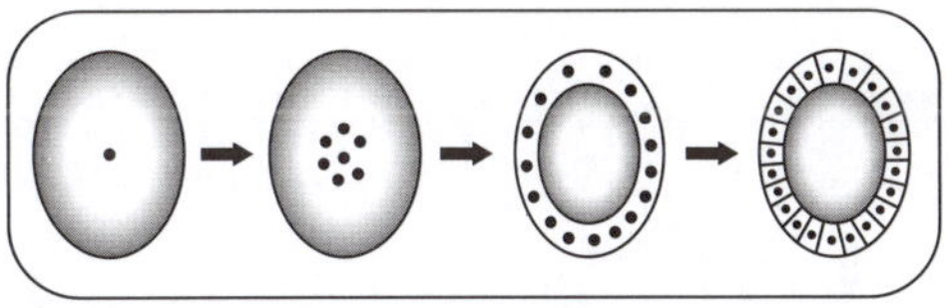

Assinale a alternativa que contém as informações corretas quanto ao tipo de ovo, tipo de segmentação e exemplo de ser vivo onde ocorre.

a) Ovo isolécito, segmentação holoblástica igual, ocorre em mamíferos.
b) Ovo telolécito, segmentação meroblástica discoidal, ocorre em anfíbios.
c) Ovo centrolécito, segmentação meroblástica superficial, ocorre em insetos.
d) Ovo centrolécito, segmentação meroblástica discoidal, ocorre em répteis e aves.
e) Ovo heterolécito, segmentação holoblástica desigual, ocorre em anfíbios.

6. (UCS-RS) O homem, como todos os animais triploblásticos, apresenta estruturas corporais formadas pelos três folhetos germinativos conhecidos como ectoderme, mesoderme e endoderme. Assinale a alternativa que apresenta correta e respectivamente estruturas formadas por esses três folhetos.

a) Cordão nervoso, sangue, fígado.
b) Pulmões, músculos, epitélio de revestimento do trato digestivo.
c) Músculos, derme, pâncreas.
d) Epitélio de revestimento da cavidade nasal, pulmões, ossos.
e) Epiderme, pulmões, neurônios.

7. (UFC-CE) Leia o texto a seguir e assinale a alternativa correta.

Um fóssil extremamente bem conservado, de 380 milhões de anos, achado no noroeste da Austrália, é agora o exemplo mais antigo de uma mãe grávida vivípara.

Ciência Hoje, jul. 2008.

a) O fóssil provavelmente é de um mamífero, uma vez que a viviparidade é característica exclusiva desse grupo.

b) A presença de um saco vitelino no embrião fóssil seria uma característica segura para determinar o fóssil como vivíparo.

c) A conclusão de que o fóssil é de um animal vivíparo veio da observação de que o embrião estava se desenvolvendo dentro do corpo da mãe.

d) Uma das características que levaria à conclusão de que se tratava de um animal vivíparo seria a presença de um resquício de cordão umbilical.

e) O fóssil em questão poderia também ser de um animal ovovivíparo, pois, assim como os vivíparos, os ovovivíparos apresentam nutrição maternal durante o desenvolvimento embrionário.

9. (UEG-GO) A reprodução, processo necessário a todos os seres vivos por levar à preservação da espécie, acontece desde a forma mais simples até a mais complexa.

Quanto a esse processo, marque a alternativa INCORRETA:

a) A reprodução assexuada aumenta a variabilidade genética numa população de determinada espécie, porque os descendentes assim originados diferem geneticamente de seus pais.

b) Nos organismos sexuados ocorrem dois tipos de divisão celular: mitose e meiose.

c) A mitose é o mecanismo mais comum de reprodução dos organismos unicelulares eucariontes.

d) Uma vantagem evolutiva da reprodução sexuada está no fato de ela poder conferir proteção contra parasitas; alguns descendentes, por exemplo, podem apresentar combinações genéticas que os tornam mais adaptados aos parasitas do que seus pais.

e) Durante a meiose e a fecundação podem ocorrer eventos que criam variabilidade genética nos seres que se reproduzem sexuadamente.

8. (UFC-CE) Até meados do século XVIII, discutiam-se os papéis, hoje plenamente esclarecidos, do homem e da mulher na formação de um novo indivíduo. Analise as afirmações a seguir, que apresentam a evolução do conhecimento sobre esse tema.

I. O pré-formismo defendia que, nos gametas, havia miniaturas de seres humanos – os homúnculos.

II. O esclarecimento sobre esse tema deu-se com o estabelecimento da teoria celular.

III. Atualmente, sabe-se que a estrutura celular provém da célula germinativa masculina e a ativação do metabolismo, que inicia o processo de cariogamia e clivagem, é desempenhada pelo gameta feminino.

Assinale a alternativa que apresenta todas as afirmações verdadeiras.

a) Apenas II e III.

b) Apenas III.

c) Apenas II.

d) Apenas I e II.

e) Apenas I e III.

10. (Uepa) Gerar uma nova vida é um processo incrível. São fantásticas as transformações pelas quais passam a mãe e o bebê durante a gestação. É impressionante pensar que todos nós fomos formados a partir da união das células reprodutoras feminina e masculina, provenientes de nossos genitores. Entretanto, é constante na mídia notícias sobre bebês prematuros encontrados no lixo, ainda com **placenta** e **cordão umbilical**.

(Adaptado de *Bio*: Volume único, Sonia Lopes, 2008).

Com base no texto, leia e assinale a alternativa correta.

a) O encontro das células mencionadas é denominado de nidação.

b) A célula resultante da união das células mencionadas denomina-se ovo ou zigoto.

c) As estruturas destacadas no texto são anexos embrionários existentes em todos os mamíferos.

d) As células mencionadas são originadas por meiose ainda no período embrionário.

e) As células mencionadas são originadas por mitose no período da puberdade.

11. (Ufal) Ao longo do desenvolvimento embrionário de organismos multicelulares, ocorrem sucessivas divisões mitóticas, e grupos de células se especializam para o desempenho das diferentes funções que o corpo deverá realizar. Sobre esse assunto, analise as proposições abaixo.

1) As mitoses nos blastômeros se sucedem com rapidez até que o embrião assuma a aparência de uma bola de células, a mórula.
2) Quando o embrião já se constitui de algumas centenas de células, começa a surgir em seu interior uma cavidade cheia de líquido; o embrião é, então, chamado de blástula.
3) No estágio de gástrula o embrião já apresenta um "esboço" de seu futuro tubo digestivo, o arquêntero.
4) No estágio de gástrula, as células embrionárias começam a se diferenciar, formando os primeiros tecidos, conhecidos por folhetos germinativos ou embrionários.

Está(ão) correta(s):

a) 1, 2, 3 e 4.
b) 1 e 4 apenas.
c) 2 e 3 apenas.
d) 1, 2 e 4 apenas.
e) 1 apenas.

12. (Unisa-SP) Observe a tirinha.

(*O Estado de S. Paulo*, 28.03.2008)

O que Frank e Ernest não sabem é que os ovos possuem vários anexos embrionários que permitiram o completo desenvolvimento desses animais e foram importantes na conquista do ambiente terrestre. O anexo presente no interior do ovo é o

a) saco vitelínico, primeiro anexo a ser formado e tem por função realizar trocas gasosas.
b) cório, que armazena excretas nitrogenadas produzidas pelo embrião, como o ácido úrico.
c) alantoide, cuja função é realizar as trocas gasosas juntamente com o cório.
d) saco vitelínico, que armazena a clara, rica em albumina, e atua como reservatório de aminoácidos.
e) cório, armazena um líquido que envolve o embrião, protegendo-o contra desidratações.

13. (UFCG-PB) Os anexos embrionários são derivados dos folhetos germinativos, sofrem atrofia à medida que o embrião se desenvolve e são expelidos ao nascimento. Analise as assertivas e assinale a(s) correta(s).

I. O saco vitelino se forma a partir da junção do endoderma e da esplancnopleura e funciona como reservatório de nutrientes para o embrião. O desenvolvimento em mamíferos é escasso e se trata de um resquício evolutivo.
II. A cavidade amniótica é preenchida pelo líquido amniótico que protege o embrião contra a perda de água e, ainda, evita ação deletéria de traumas mecânicos.
III. O cório é uma membrana que envolve os anexos embrionários e contribui para a fixação do embrião à parede do útero.
IV. O cordão umbilical é uma estrutura laminar que conecta a parede do útero ao embrião permitindo a junção do sangue deste ao sangue materno.
V. A placenta apresenta uma porção fetal e outra materna e tem função de prover comunicação nutricional entre mãe e filho.

O número de assertivas CORRETA(S) é:

a) 1.
b) 2.
c) 3.
d) 4.
e) 5.

14. (UFMA) Indique a alternativa correta, de acordo com as proposições apresentadas:

I. Os ovos do tipo isolécitos ou oligolécitos caracterizam-se por possuírem pouco vitelo distribuído pelo citoplasma e ocorrem nos equinodermos e cefalocordados (anfioxo).
II. Os ovos do tipo alécitos são óvulos grandes, com muito vitelo distribuído de modo desigual na célula, e ocorrem nos répteis, aves e alguns peixes.
III. Os ovos do tipo telolécitos são semelhantes aos oligolécitos, mas praticamente sem vitelo e ocorrem na maioria dos mamíferos.
IV. A segmentação é a série de divisões mitóticas do zigoto, o que leva à formação da mórula (grupo maciço de células), seguida pelas fases de blástula e gástrula.
V. A placenta é uma estrutura achatada, em forma de disco, responsável pelas trocas gasosas (CO_2 e O_2), pela nutrição e pela excreção do embrião e do futuro feto.

a) II, III e IV estão corretas.
b) I, IV e V estão corretas.
c) III, IV e V estão corretas.
d) I, II e III estão corretas.
e) II, IV e V estão corretas.

REPRODUÇÃO HUMANA

Sistema genital masculino	• Espermatozoides são produzidos nos testículos, nos túbulos seminíferos. • As glândulas anexas liberam secreções que formam a maior parte do esperma. • A uretra passa por entre os corpos cavernosos do pênis, que se torna volumoso e enrijecido durante a excitação sexual, que culmina com a ejaculação.

Sistema genital feminino

- Par de ovários produz hormônios e ovócitos.
- Os ovários são conectados ao útero pelas tubas uterinas. Do útero sai a vagina.
- A vagina é protegida por camadas de pele e mucosas, e logo acima dela se encontra o clitóris, órgão que é sensível à excitação sexual.

Fecundação e implantação do zigoto no útero

Sistema genital visto de frente

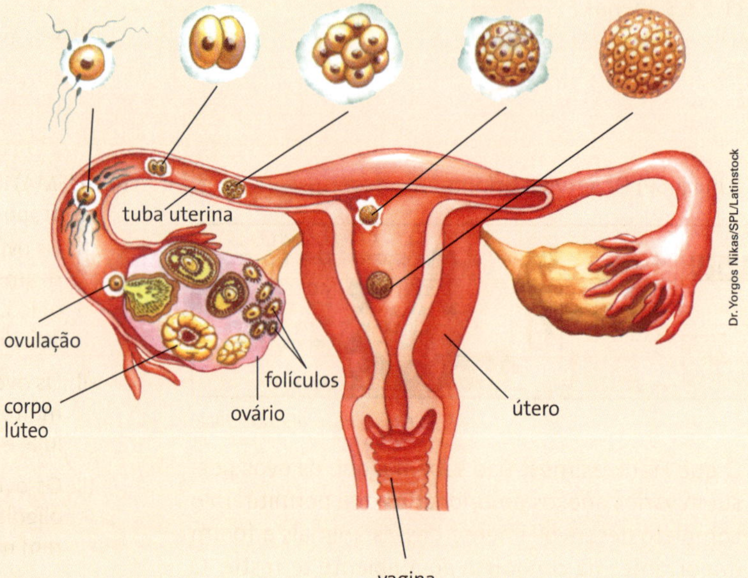

Ciclo menstrual

- Uma vez por mês o ovário lança o ovócito II na tuba uterina (**ovulação**). Caso não haja fecundação, o ovócito degenera e a parte interna do útero é eliminada – a **menstruação**.

Fases do ciclo menstrual

- **Fase folicular**: hormônios (FSH, LH e estrogênios) provocam crescimento do endométrio e o folículo cresce e se rompe para liberar o ovócito na tuba uterina.
- **Fase secretória**: folículo rompido produz hormônios (como a progesterona) que estimulam o espessamento da parede do útero e a vascularização.
- **Fase menstrual**: caso não haja fecundação, 14 dias após a ovulação, há a menstruação.

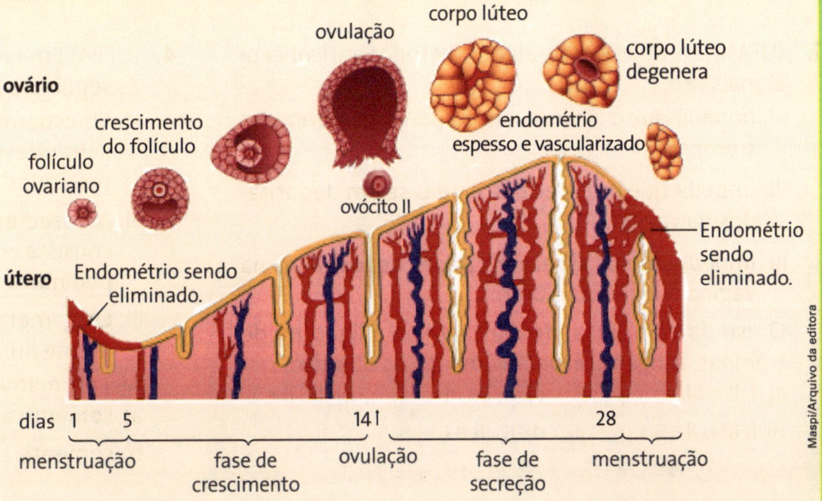

- Se houver gravidez, a placenta produz o hormônio **gonadotrofina coriônica humana** (impede a menstruação e a ovulação), detectável na urina nos testes de gravidez.

Métodos anticoncepcionais

- Camisinha: masculina e feminina, elas retêm o esperma ejaculado e protegem contra muitas doenças sexualmente transmissíveis.
- Abstinência periódica: evitar relações no período fértil. É um método de baixa eficácia.
- Hormonais: pílula anticoncepcional, injeções, implantes e adesivos, todos com o mesmo princípio de inibir a ovulação.
- DIU: impede a fecundação e destrói parte dos espermatozoides.
- Diafragma: capuz de borracha, deve ser colocado antes da relação e retirado após.
- Laqueadura: a tuba uterina é cortada, interrompendo a ligação entre ovário e útero.
- Vasectomia: secção dos ductos deferentes masculinos.

Doenças sexualmente transmissíveis

- Gonorreia: bactéria que causa inflamação nos órgãos genitais. Na mulher pode não haver sintomas.
- Sífilis: bactéria que causa sérias complicações no corpo todo, podendo levar à morte.
- Clamídia: bactéria que causa infecções e pode atacar os linfonodos.
- Herpes genital: vírus que ataca as regiões genitais e continua presente no corpo após infectá-lo, podendo haver recaídas e novas manifestações.
- Codiloma acuminado: causado pelo vírus HPV, forma verrugas nas regiões genitais. Há vacina para a prevenção de alguns tipos. Esses vírus aumentam as chances de câncer de útero.
- Hepatite B: pode ser causada por vários tipos de vírus, gerando inflamações no fígado.
- Tricomoníase: causada por um protozoário, provoca inflamação na vagina ou no pênis.
- Candidíase: provocada por um fungo que causa irritação, tem tratamento com cremes e medicamentos.
- Aids: causada pela infecção pelo HIV, resulta em uma destruição e progressiva diminuição de linfócitos, comprometendo o sistema imunitário e tornando a pessoa vulnerável a infecções. Até o momento não há cura.

Embriologia

Gêmeos

- **Monozigóticos** ou idênticos: são formados a partir de um único óvulo fecundado por um único espermatozoide.
- **Dizigóticos** ou fraternos: nascem de dois ovócitos liberados pela mãe no mesmo ciclo, que são fecundados por dois espermatozoides diferentes.

Exercícios

1. (UFMG) Os objetivos de alguns métodos anticoncepcionais são:
   I. Impedir que o óvulo alcance a porção superior das trompas.
   II. Impedir que os espermatozoides sejam depositados na vagina.
   III. Impedir que os espermatozoides depositados na vagina cheguem ao útero.

   O uso da camisinha, de diafragma e a ligadura de trompas atingem, respectivamente, os objetivos:
   a) I, II e III.
   b) I, III e II
   c) II, I e III
   d) II, III e I.
   e) III, II e I.

2. (Furg-RS) Quanto aos eventos relacionados com reprodução em mamíferos, pode-se afirmar que:
   I. a ocorrência de gêmeos dizigóticos pode ser devida à fertilização de um ovócito por dois espermatozoides que, ao chegar no estágio de mórula, se dividirá em dois.
   II. a ocorrência de gêmeos dizigóticos pode ser devida à fertilização de um ovócito por um espermatozoide, que ao chegar no estágio de mórula, se dividirá em dois.
   III. a ocorrência de gêmeos dizigóticos pode ser devida à fertilização de dois ovócitos por dois espermatozoides, seguida pela nidação dos embriões.

   Assinale a alternativa correta:
   a) II.
   b) III.
   c) II e III.
   d) I.
   e) I e II.

3. (Fuvest-SP) Uma senhora deu à luz dois gêmeos de sexos diferentes. O marido, muito curioso, deseja saber algumas informações sobre o desenvolvimento de seus filhos, a partir da fecundação. O médico respondeu-lhe, corretamente, que:
   a) dois óvulos foram fecundados por um único espermatozoide.
   b) um óvulo, fecundado por um espermatozoide, originou um zigoto, o qual dividiu-se em dois zigotos, formando dois embriões.
   c) um óvulo foi fecundado por dois espermatozoides, constituindo dois embriões.
   d) dois óvulos, isoladamente, foram fecundados, cada um por um espermatozoide, originando dois embriões.
   e) o uso de medicamentos durante a gestação causou alterações no zigoto, dividindo-o em dois.

4. (UFPA) Em relação à reprodução humana, considere as seguintes afirmativas:
   I. Os espermatozoides são produzidos nos túbulos seminíferos que se distribuem no interior dos testículos.
   II. A vasectomia é um método contraceptivo que consiste em seccionar os túbulos seminíferos, impedindo a produção do líquido espermático.
   III. Os gametas femininos são produzidos continuamente durante toda a vida da mulher.

   A(s) afirmativa(s) correta(s) é(são)
   a) somente a I.
   b) somente a III.
   c) I e III.
   d) II e III.
   e) I e II.

5. (Unemat-MT) A reprodução é o mecanismo responsável pela perpetuação da espécie e consiste fundamentalmente no processo em que um ou dois organismos originam um novo indivíduo.
   Sobre a reprodução humana e desenvolvimento embrionário, é correto afirmar.
   a) Os espermatozoides são produzidos no epidídimo.
   b) A fecundação ocorre no útero.
   c) É através da placenta que o organismo materno fornece nutrientes e oxigênio ao embrião, e o embrião elimina excretas na circulação materna.
   d) Após a formação do zigoto, inicia-se o processo de gastrulação, em que a célula-ovo sofre sucessivas divisões mitóticas, proporcionando um aumento significativo do número de células.
   e) A segmentação é o estágio embrionário que se caracteriza pela formação dos folhetos embrionários: ectoderme, mesoderme e endoderme.

6. (Cesesp-PE) Com relação a gêmeos univitelinos é correto afirmar que:
   a) são resultantes da bipartição de óvulos não fecundados e desenvolvidos partenogeneticamente.
   b) são resultantes da fecundação de dois óvulos e dois espermatozoides, podendo resultar indivíduos de ambos os sexos.
   c) são resultantes da bipartição de um só óvulo, fecundado por dois espermatozoides, dando indivíduos masculinos e femininos ao mesmo tempo.
   d) são resultantes da bipartição de um só óvulo, fecundado por um só espermatozoide, dando indivíduos masculinos e femininos ao mesmo tempo.
   e) são resultantes da bipartição de um só óvulo, fecundado por um só espermatozoide, resultando indivíduos do mesmo sexo.

7. (UEPB) Observe o desenho abaixo, que representa um espermatozoide humano. Em seguida, analise as proposições e coloque V para as verdadeiras e F para as falsas.

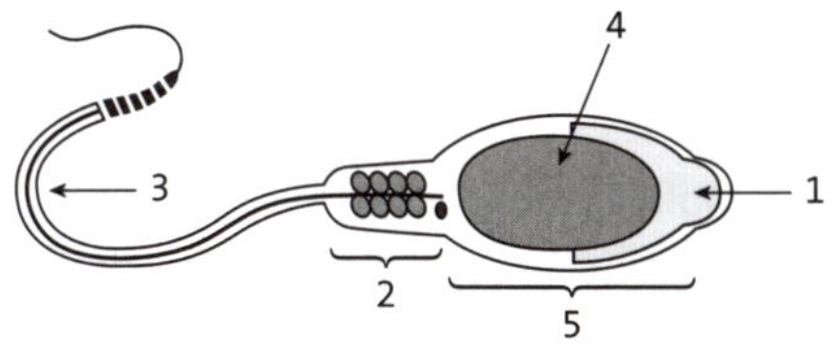

( ) A estrutura **1** é o acrossomo, estrutura formada pela fusão de vesículas do complexo golgiense e que contém enzimas que irão digerir os envoltórios do ovócito na fecundação.

( ) A estrutura **2** é a peça intermediária e apresenta muitas mitocôndrias, responsáveis pela liberação da energia necessária à movimentação do espermatozoide.

( ) A estrutura **3** é a cauda, originada a partir do centríolo.

( ) A estrutura **4** é o núcleo, que traz em seu interior os cromossomos pareados.

( ) **5** representa a cabeça do espermatozoide, onde encontramos o capuz acrossômico e o núcleo.

A alternativa que apresenta a sequência correta é:

a) V – F – F – F – V
b) F – V – V – V – V
c) F – F – V – V – V
d) V – V – V – F – V
e) V – V – V – F – F

8. (UFCG-PB) Nos seres humanos, as vilosidades coriônicas que penetram no endométrio e são envolvidas por ele participam da formação da placenta que, em condições normais, têm como função

I. nutrir o embrião, promover as trocas gasosas, além de produzir progesterona.
II. formar uma cavidade preenchida pelo líquido amniótico e produzir a prolactina.
III. permitir, de forma constante e ininterrupta, a ligação com a mãe, garantindo o fluxo direto de sangue entre ambos.
IV. proteger o feto contra traumatismos mecânicos, promover as trocas respiratórias e realizar a excreção.

Estão CORRETAS:

a) III e IV
b) I, II e III
c) II e IV
d) I e III
e) I e IV

9. (Uepa) O Brasil é uma nação que não enfrenta problemas com superpopulação, por isso neste país não existe um programa oficial de controle da natalidade. Dessa forma, a **reprodução humana** ocorre de forma livre, natural, algumas vezes irresponsável e inconsequente, causando inúmeros problemas, principalmente, para famílias menos privilegiadas financeiramente.

(Texto Modificado: *Bio: Volume único*, Sônia Lopes, 2008).

Quanto às palavras em destaque no texto, analise as afirmativas abaixo e identifique as verdadeiras (V) e as falsas (F).

( ) I. Próstata, vesículas seminais e bexiga são glândulas acessórias do sistema reprodutor masculino.

( ) II. Os testículos produzem os espermatozoides e o hormônio masculino testosterona.

( ) III. Os ovários produzem os ovócitos e os hormônios femininos estrógeno e progesterona.

( ) IV. O útero é o órgão feminino onde ocorre o desenvolvimento embrionário e fetal.

( ) V. A ereção peniana é causada pelo aumento do volume sanguíneo no corpo esponjoso.

A sequência correta é:

a) V, F, V, F, V
b) F, V, V, V, F
c) F, V, V, F, V
d) V, F, F, V, F
e) F, V, F, V, F

10. (Mack-SP)

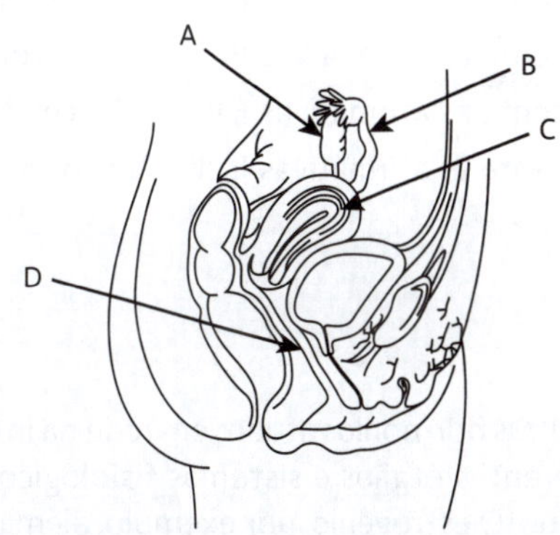

A respeito do esquema acima, assinale a alternativa correta.

a) A parede interna do órgão B é descamada durante o período de ovulação.
b) Estrógeno e progesterona são hormônios produzidos em A e agem em C.
c) Se em uma cirurgia o órgão B for removido, a mulher não menstruará mais.
d) A laqueadura é uma cirurgia em que é feita a remoção do canal indicado em D.
e) A produção de gametas e a fecundação são eventos que ocorrem em A.

11. (UEL-PR) *Adquira o óvulo em um país, faça a fertilização em outro e contrate a mãe de aluguel num terceiro. Está pronto o seu filho com muita economia.*

(COSTA, C. Bebê globalizado. Supernovas. *Super Interessante*. São Paulo: Editora Abril, 296 ed., out. 2011, p. 28.)

As transformações sociais possibilitam novas formas de constituição familiar. O desenvolvimento científico e tecnológico consegue ajudar casais a terem filhos, recorrendo à reprodução assistida.

Nesse contexto e supondo que um casal constituído por duas mulheres deseje ter um bebê, considere as afirmativas a seguir.

I. A célula-ovo será resultante de um óvulo retirado de uma das mães que foi fecundado por um espermatozoide e implantado no útero de uma mulher ou no de uma das mães.

II. A fusão dos núcleos dos óvulos das mães dará origem a um embrião do sexo feminino, o qual apresenta genes de ambas as genitoras, portanto com características haploides de cada uma delas.

III. O embrião formado, gerado *in vitro*, foi implantado no útero de uma "mãe de barriga de aluguel" para que o bebê tivesse características dela.

IV. O bebê será do sexo feminino, porque o núcleo diploide que lhe deu origem é resultante da fertilização do óvulo de uma das mães com o espermatozoide haploide com cromossomo X de um homem.

Assinale a alternativa correta.

a) Somente as afirmativas I e II são corretas.
b) Somente as afirmativas I e IV são corretas.
c) Somente as afirmativas III e IV são corretas.
d) Somente as afirmativas I, II e III são corretas.
e) Somente as afirmativas II, III e IV são corretas.

13. (FGV-SP) A gestação assistida, por meio de procedimentos clínicos, permite que casais impossibilitados de gerarem filhos naturalmente obtenham sucesso em sua constituição familiar.

Alguns desses procedimentos estão listados em sequência.

1. Estímulo à ovulação.
2. Aspiração de óvulos liberados a partir dos folículos ovarianos.
3. Estímulo ao desenvolvimento do endométrio.
4. Fertilização *in vitro*.
5. Implantação do embrião no útero.

Em função da sequência de procedimentos referentes à biologia reprodutiva humana, está correto afirmar que

a) o estímulo à ovulação ocorre através de hormônios hipofisários.
b) a ovulação ocorre no útero, após cerca de 14 dias de estímulo hormonal.
c) o desenvolvimento do endométrio permanece até o final da gestação.
d) a fertilização de um óvulo por dois espermatozoides origina gêmeos fraternos.
e) a implantação do embrião no útero, a nidação, ocorre na fase de nêurula.

12. (UFF-RJ) Os hormônios atuam em rede na integração de diferentes órgãos e sistemas fisiológicos de um indivíduo. O estrogênio, por exemplo, além de determinar as características sexuais, também induz o amadurecimento dos órgãos genitais e promove o ímpeto sexual. Esse hormônio é produzido principalmente pelo (a)

a) hipófise.
b) útero.
c) testículo.
d) próstata.
e) ovário.

14. (UEPG-PR) O DIU (dispositivo intrauterino) é um contraceptivo que tem como ação principal:

a) matar os espermatozoides.
b) impedir que os espermatozoides cheguem ao óvulo.
c) impedir a ovulação.
d) matar o óvulo no momento da ovulação.
e) impedir que o embrião se fixe à parede interna do útero.

Tecido epitelial

- Reveste o corpo humano e as cavidades internas. Também forma as glândulas.
- Não tem vasos sanguíneos e apresenta terminações nervosas sensíveis a estímulos.

Epitélio de revestimento

- Protege contra atritos, invasão de microrganismos e evaporação.
- Lâmina basal é a região que promove a adesão entre o epitélio e o tecido conjuntivo.
- Epiderme: forma com a derme a **pele**, maior órgão do corpo. Em vertebrados terrestres forma a queratina para proteção e impermeabilização.

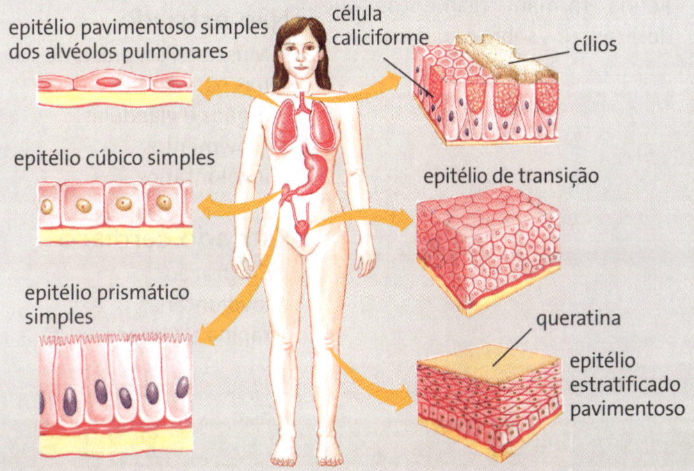

Glândulas

- Epitélio especializado na produção de secreções.
- **Exócrinas**: eliminam substâncias do organismo (glândulas sudoríparas).
- **Endócrinas**: lançam substâncias (hormônios) na corrente sanguínea.
- **Mistas**: pâncreas, que lança tanto secreção no intestino quanto hormônios no sangue.

Tecido conjuntivo

- Tem muita substância intercelular formada por fibras imersas na substância fundamental.
- Células do tecido:

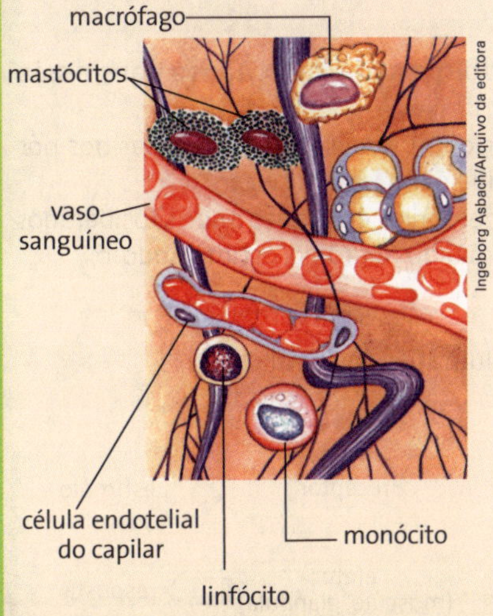

Propriamente dito

- Sustenta e nutre outros tecidos (epitélio).
- **Frouxo**: poucas fibras, delicado e flexível.
- **Denso**: resistente e com maior concentração de fibras (tendões e ligamentos).

Adiposo

- Rico em células adiposas, funciona como reserva e proteção contra o frio.

Cartilaginoso

- Firme e flexível, sustenta e permite movimentos. Encontrado na orelha, no nariz, nas vértebras, etc. Apresenta bastante fibra colágena intercelular.

Ósseo

- Sustentação e apoio.
- No interior dos ossos há a **medula óssea**, que produz células do sangue.
- Substância intercelular possui sais (cálcio) que promovem a rigidez.
- Organização:

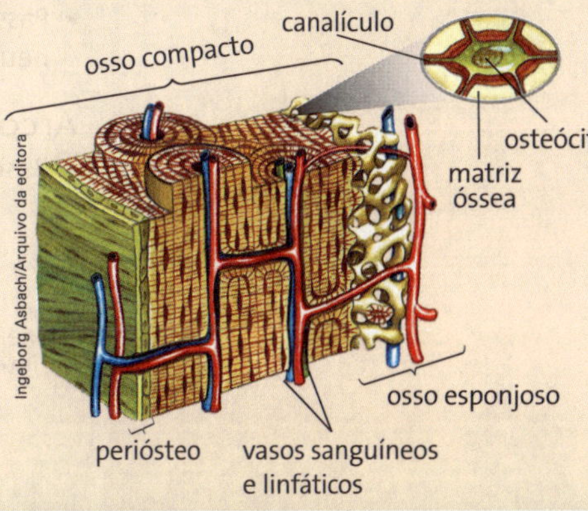

Tecido muscular

- Feixes envolvidos pelo tecido conjuntivo propriamente dito.
- Fibras musculares se contraem provocando movimentos.
- Contração: proteínas miosina e actina formam filamentos que deslizam uns sobre os outros.

Estriado esquelético

- Prende-se aos ossos, tem movimentos voluntários.

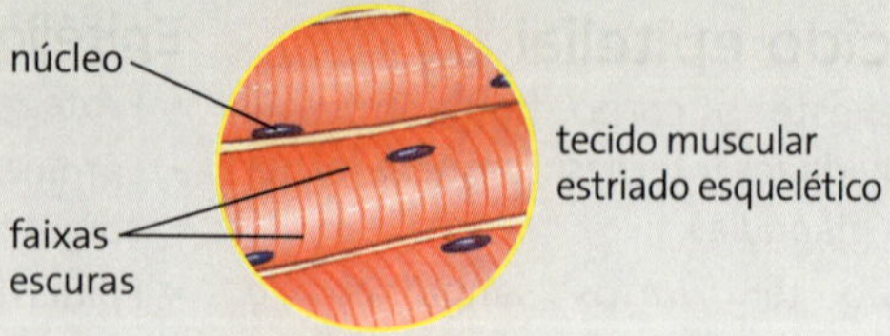

Ilustrações: Ingeborg Asbach/ Arquivo da editora

Não estriado

- Músculo liso, presente nas paredes dos órgãos e glândulas, movimentos involuntários.

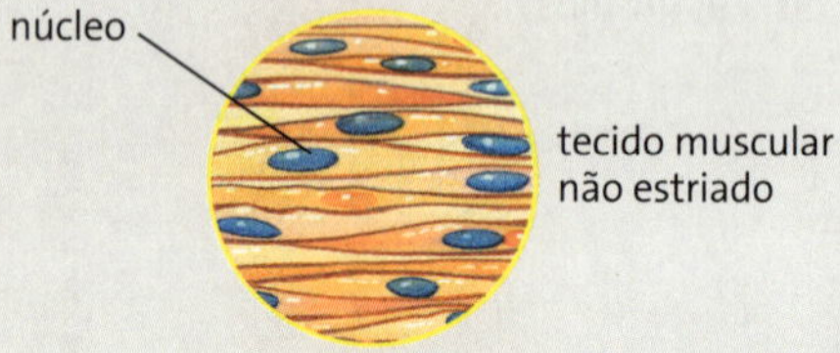

Estriado cardíaco

- Contração involuntária, rápida e ritmada.

Tecido nervoso

Neurônios

- Fazem circular impulsos nervosos em uma rede conectada ao encéfalo ou à medula espinal.
- Feixes de axônios formam os **nervos**.

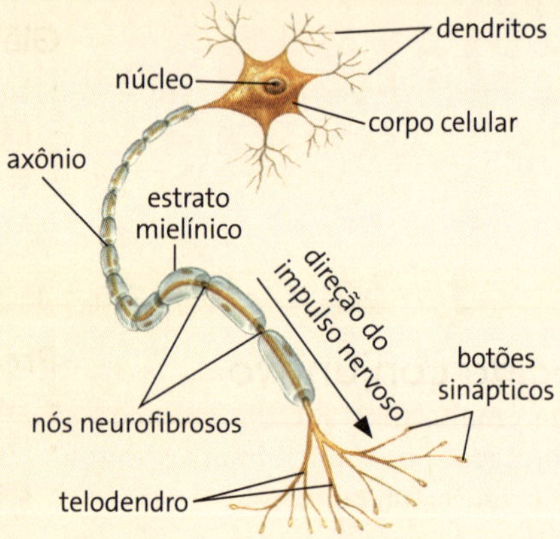

Impulso nervoso

- Estímulo é captado por receptores.
- Alteração da carga elétrica no neurônio dispara o impulso. Após a transmissão o neurônio sofre repolarização.
- Condução saltatória (mais rápida e eficiente): despolarização apenas nos nós neurofibrosos, já que a bainha de mielina é um isolante elétrico.
- Passagem do impulso: a **sinapse** entre neurônios é o espaço onde são liberados **neurotransmissores** que se ligam ao próximo neurônio, estimulando-o.

Arco reflexo

- Base das respostas automáticas e involuntárias a estímulos.

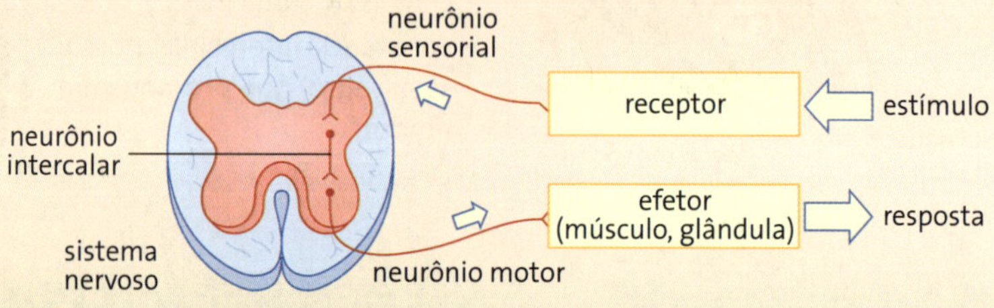

Maspi/Arquivo da editora

Exercícios

1. (UFPR) O esquema abaixo é representativo de um epitélio de revestimento estratificado. Pode-se observar que as camadas superiores, em contato com o meio externo, são compostas de células cada vez mais achatadas. Além disso, essas células achatadas geralmente estão mortas e descamam do tecido. Um exemplo desse tipo de epitélio é encontrado no esôfago de animais carnívoros.

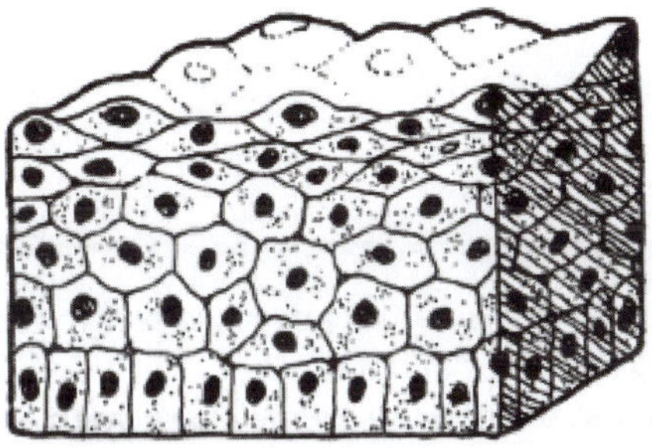

Qual o principal motivo que leva essas células a morrerem e descamarem do epitélio?

a) O atrito causado pelos componentes de meio externo que entram em contato com o epitélio.
b) A justaposição das células, que cria uma falta de espaço para que todas se acomodem na superfície do epitélio.
c) O contato com o meio externo, que leva a uma hiperoxigenação das células.
d) A distância dessas células em relação às fontes de oxigênio e alimento, trazidos pelos tecidos adjacentes ao epitélio.
e) O deslocamento da posição das organelas intracelulares, por conta do achatamento promovido pelo citoesqueleto.

2. (UFCG-PB) Os tecidos epiteliais de revestimento são classificados de acordo com o número de camadas celulares (simples, estratificado, pseudoestratificado e de transição) e quanto à forma das células presentes na camada superficial (pavimentoso, cuboide e prismático). Assinale a alternativa que apresenta um exemplo de tecido epitelial estratificado prismático.

a) pele.
b) uretra.
c) pulmão.
d) bexiga urinária.
e) vasos sanguíneos.

3. (Ufpel-RS)

Terapia do Futuro

Os remédios podem ser administrados por via oral, venosa ou uso tópico (pele). Está sendo desenvolvida uma nova técnica, a iontoforese, que se baseia na aplicação de uma corrente elétrica de baixa intensidade para facilitar que os medicamentos permeiem as membranas biológicas e alcancem a corrente sanguínea.

A iontoforese tem-se mostrado capaz de promover a entrada de moléculas apolares e de grande massa molecular no organismo, evitar a metabolização gástrica do remédio e permitir melhor controle no transporte de fármacos.

Ciência Hoje, vol. 44, n. 259, Maio de 2009 [adaptado].

Com base em seus conhecimentos e nos textos, é correto afirmar que

a) os remédios, administrados por uso tópico, têm que atravessar várias camadas de células da epiderme para alcançar a corrente sanguínea, presente na derme, seguindo daí até o alvo.
b) os remédios, pela ingestão oral, precisam atravessar várias camadas de células epiteliais do intestino para alcançar a corrente sanguínea.
c) os remédios administrados por via venosa são transportados pelas veias que dirigem o sangue ao coração sob uma pressão mais alta que as artérias.
d) o uso da iontoforese aumenta a metabolização gástrica do remédio, dificultando a chegada do medicamento na corrente sanguínea.
e) a iontoforese, assim como a administração de medicamentos por uso tópico e via oral, alcançam apenas os órgãos alvos, evitando danos aos outros órgãos.

4. (UFF-RJ) Quando observamos um tecido epitelial ao microscópio, verificamos que:

a) geralmente, é vascularizado, com exceção dos epitélios encontrados no sistema respiratório.
b) é altamente vascularizado na epiderme e nos intestinos.
c) geralmente é avascularizado, com exceção do epitélio do tubo digestivo.
d) geralmente, é avascular e recebe sua nutrição do conjunto subjacente, por difusão.
e) é altamente vascularizado, com exceção dos epitélios encontrados no tubo digestivo e na epiderme.

5. (PUC-PR) A propósito dos tecidos epiteliais, é correto afirmar:

a) Na pele, nas mucosas e nas membranas que envolvem os órgãos do sistema nervoso, encontramos epitélios de revestimento.

b) O tecido epitelial de revestimento caracteriza-se por apresentar células separadas entre si por grande quantidade de material intercelular.

c) As principais funções dos tecidos epiteliais são: revestimento, absorção e secreção.

d) A camada de revestimento mais interna dos vasos sanguíneos é chamada de mesotélio.

e) Os epitélios são ricamente vascularizados no meio da substância intercelular.

6. (UFJF-MG) Uma das funções mais importantes dos tecidos epiteliais de revestimento é, justamente, a proteção dos tecidos e órgãos internos, como barreira a patógenos. Os epitélios são altamente resistentes à tração, graças à forte adesão entre as suas células.

Em relação aos tecidos epiteliais de revestimento, é **INCORRETO** afirmar que:

a) os alvéolos e o estômago são revestidos por epitélio formado por apenas uma camada de células.

b) a mucosa que reveste a cavidade intestinal e o peritônio que reveste a cavidade abdominal têm origem endodérmica.

c) no epitélio de revestimento do intestino são encontradas células secretoras e células especializadas na função de absorção.

d) o endotélio é um tipo de tecido epitelial pavimentoso simples, de origem mesodérmica, que reveste internamente os vasos sanguíneos.

e) a epiderme é um epitélio pavimentoso estratificado, de origem ectodérmica, que apresenta, entre outros tipos de células, os melanócitos.

7. (Favip-PE) Não constitui uma função desempenhada pelo tecido epitelial:

a) proteção.

b) absorção.

c) secreção.

d) sensibilidade.

e) transporte.

8. (UFMT) A ozonosfera é uma das principais barreiras de proteção contra a excessiva radiação ultravioleta que traz sérios prejuízos aos seres vivos. Em relação à pele humana, é correto afirmar que a incidência excessiva dos raios UV agride as células podendo provocar alterações genéticas com danos profundos na:

a) endoderme, camada mais interna da pele.

b) hipoderme, camada localizada após a epiderme.

c) epiderme, camada superficial da pele.

d) ectoderme, camada mais externa da pele.

e) mesoderme, camada abaixo da endoderme.

9. (Udesc) Assinale a alternativa incorreta a respeito do tecido epitelial glandular.

a) A paratireoide é um exemplo de glândula endócrina. Esse tipo de glândula não possui uma comunicação com o epitélio por meio de um ducto ou canal. A secreção dessa glândula é liberada para os vasos sanguíneos.

b) As glândulas são agrupamentos de células especializadas na produção de secreções.

c) Glândulas sudoríparas são exemplos de glândula exócrina. Esse tipo de glândula mantém uma comunicação com o epitélio por meio de um ducto ou canal, que permite a liberação da secreção.

d) A tireoide é um exemplo de glândula endócrina. Esse tipo de glândula não possui uma comunicação com o epitélio por meio de um ducto ou canal. A secreção dessa glândula é liberada para os vasos sanguíneos.

e) A hipófise é uma glândula mista, ou seja, ela apresenta uma parte endócrina que libera o hormônio antidiurético, e outra exócrina que libera oxitocina (ocitocina).

10. (UFRN) Ao comermos batata-doce, macaxeira ou inhame, ingerimos células ricas em amido. Nos animais, a função biológica equivalente à dessas células vegetais é desempenhada pelas células:

a) epiteliais.

b) endócrinas.

c) adiposas.

d) musculares.

11. (UFF-RJ) Suponha que após se encontrar o corpo de um ser extraterrestre (E.T.), em uma cidade brasileira, seus órgãos tenham sido encaminhados para análise. Realizou-se, então, um estudo histológico que revelou a existência de certo tecido caracterizado por células prismáticas organizadas em pseudoestratificação com cílios na região apical.

Considere a hipótese de terem sido utilizados os conhecimentos sobre a classificação e localização dos tecidos nos seres humanos para se interpretar o resultado do estudo histológico mencionado.

Neste caso, o tecido analisado poderia ser:

a) o tecido epitelial da traqueia.
b) o tecido conjuntivo do oviduto.
c) o tecido epitelial da mucosa intestinal.
d) o tecido conjuntivo da trompa de Falópio.
e) o tecido epitelial dos túbulos renais.

12. (Urca-CE) "Numa entrevista a mulher francesa de 38 anos submetida ao primeiro transplante parcial de rosto ..."

(Fonte – Revista *Galileu* – In: *Medicina e Saúde* 1º/12/2005).

A respeito do tecido epitelial, analise as afirmativas abaixo.

I. O tecido epitelial é constituído de células, fibras e abundante quantidade de matriz extracelular.
II. O tecido epitelial estratificado pavimentoso queratinizado é o tecido de revestimento da pele humana.
III. O tecido epitelial possui células fortemente aderidas umas às outras, com morfologia variada e pouca matriz extracelular.
IV. As glândulas endócrinas apresentam a sua porção secretora associada a ductos que permitem a liberação da secreção para fora do corpo.
V. Anatomicamente a pele é constituída de três camadas, a epiderme, a derme e o hipoderme subcutâneo, sendo praticamente idêntica em todos os grupos étnicos humanos.

Assinale a alternativa correta.

a) Somente as afirmativas II e IV são verdadeiras.
b) Somente as afirmativas II, III e V são verdadeiras.
c) Somente as afirmativas II e III são verdadeiras.
d) Somente as afirmativas I e III são verdadeiras.
e) Somente as afirmativas I e V são verdadeiras.

13. (UFMS) O tecido glandular, cujas células são altamente especializadas na secreção de determinadas substâncias, é uma variedade do tecido epitelial.

Com relação ao tecido glandular e seus produtos de secreção é correto afirmar:

01. Os testículos, produtores de testosterona, e os ovários, que produzem progesterona, são classificados como glândulas endócrinas, pois lançam essas substâncias diretamente na corrente sanguínea.
02. A saliva é um tipo de secreção glandular.
04. As glândulas sudoríparas são classificadas como exócrinas, pois lançam seu produto para o exterior do organismo.
08. As secreções de todas as glândulas são denominadas hormônios.

Dê como resposta a soma dos números associados às proposições corretas.

14. (IFG-GO) Sobre o tecido ósseo, relacione corretamente as afirmações abaixo com o tipo de célula óssea correspondente:

I. Célula óssea adulta. Possui prolongamentos citoplasmáticos que se retraem e passam a ocupar apenas a lacuna central.
II. Célula óssea jovem. Possui intensa atividade metabólica. É responsável pela produção da parte orgânica da matriz óssea e apresenta longas projeções citoplasmáticas.
III. Célula óssea originada pela fusão de células sanguíneas denominadas monócitos. É gigante, multinucleada e se move nas superfícies ósseas, destruindo áreas lesadas ou envelhecidas do osso.

1. Osteoblasto
2. Osteócito
3. Osteoclasto

Assinale a alternativa correta:

a) I-1, II-2, III-3
b) I-2, II-1, III-3
c) I-3, II-2, III-1
d) I-2, II-3, III-1
e) I-3, II-1, III-2

15. (Uespi) Na 1ª coluna estão ilustrados diferentes tipos de tecido epitelial e, na 2ª coluna, estão indicados diferentes órgãos do corpo humano. Correlacione essas colunas.

1 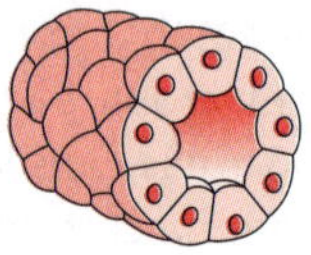 ( ) Simples cuboide observado nos túbulos renais.

2 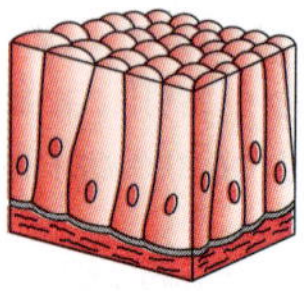 ( ) Simples prismático, observado no estômago.

3 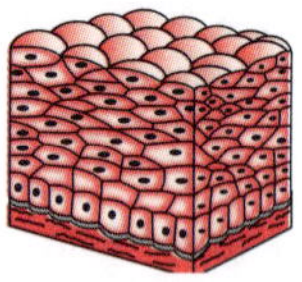 ( ) Estratificado pavimentoso, observado na boca e no esôfago.

4  ( ) Simples pavimentoso, observado nos alvéolos pulmonares.

5 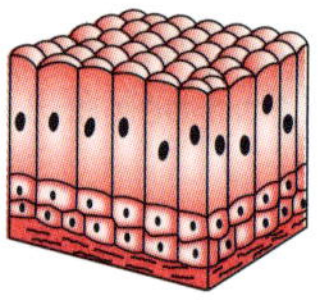 ( ) Estratificado prismático, observado na uretra.

A sequência correta é:

a) 5, 4, 3, 2, 1.

b) 4, 5, 2, 3, 1.

c) 1, 2, 3, 4, 5.

d) 1, 2, 5, 4, 3.

e) 2, 3, 1, 5, 4.

17. (PUC-RJ) Em agosto de 2010, foi publicada a notícia de que o governador do estado do Rio de Janeiro teria sofrido uma ruptura do menisco do joelho direito. A figura a seguir mostra a localização da estrutura do menisco, que é constituída por um tecido elástico e flexível, composto por células, fibras proteicas, substância intercelular e sem vascularização.

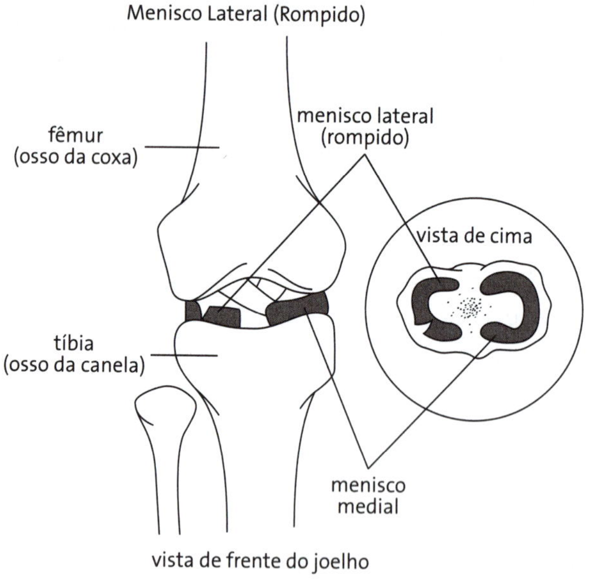

Fonte: http://www.clinicadeckers.com.br/imagens/orientacoes/66_ruptura_menisco.jpg

Considerando as informações acima, indique o tipo de tecido que forma o menisco.

a) Cartilaginoso

b) Sanguíneo

c) Muscular

d) Adiposo

e) Ósseo

16. (UFC-CE) O alimento passa do esôfago para o estômago como resultado de uma onda peristáltica. Assinale a alternativa que mostra o tecido responsável pela peristalse do sistema digestório.

a) Tecido muscular esquelético

b) Tecido muscular liso

c) Tecido conjuntivo

d) Tecido adiposo

e) Tecido epitelial

18. (PUC-RJ) Marque a afirmativa incorreta.

a) O tecido epitelial de revestimento caracteriza-se por apresentar células justapostas com muito pouco material intercelular.

b) As principais funções do tecido epitelial são: revestimento, absorção e secreção.

c) Na pele e nas mucosas, encontramos epitélios de revestimento.

d) A camada de revestimento interno dos vasos sanguíneos é chamada endotélio.

e) Os epitélios são ricamente vascularizados no meio da sustância intercelular.

19. (UFG-GO) Os tecidos epiteliais de revestimento, assim como os tecidos musculares estriados, têm suas células unidas umas às outras. Tal característica lhes confere resistência como um todo, impedindo que forças mecânicas provoquem sua separação. Esses dois tecidos têm em comum a:

a) presença de junções celulares que se associam ao citoesqueleto proteico para uni-las firmemente.

b) ocorrência de especializações que se projetam na superfície livre das células, coordenando os movimentos em uma só direção.

c) organização de vasos linfáticos que se entremeiam nas células, promovendo reconhecimento e adesão.

d) capacidade de eliminarem partículas estranhas para produzirem substâncias intercelulares de integração.

e) formação de uma rede intracelular esponjosa em que elementos sanguíneos liberam fibrinas para conectar suas células.

20. (Unirio-RJ) *A osteoporose é a mais comum de todas as doenças ósseas em adultos, especialmente na velhice. Estima-se que 5,5 milhões de brasileiros sofram dessa doença, responsável por 1 milhão dos casos registrados de fraturas, dos quais 50%, na coluna vertebral.*

Até novembro de 2003, os medicamentos usados no Brasil no combate à osteoporose tinham como objetivo reduzir a atividade das células responsáveis pela destruição da matriz óssea. A partir dessa data, foi colocado à disposição do doente um novo medicamento que age estimulando a reconstituição óssea.

(Adaptado: *Veja*, 2003)

Esse novo medicamento tem como função:

a) aumentar o número de osteoblastos, diminuindo a desproporção metabólica entre osteoblastos e osteoclastos.

b) estimular a produção do paratormônio, diminuindo a ação dos osteoblastos.

c) aumentar o metabolismo dos osteoclastos, diminuindo a desmineralização do osso.

d) inibir a produção de calcitonina, hormônio responsável pela deposição de cálcio na matriz óssea.

e) diminuir o metabolismo dos osteoblastos responsáveis pela destruição da matriz óssea.

21. (UPE) Analise as características de um tecido animal.

I. Justaposição de células, com pouca substância intercelular.

II. Ausência de vasos sanguíneos.

III. Primeira barreira contra a penetração de microrganismos estranhos ao corpo.

IV. Resistência a trações e atrito em decorrência de especializações na região de contato entre suas células.

V. Apresentação de dupla polaridade: um polo relacionado à membrana basal e outro, à superfície livre das células.

Assinale a alternativa que contempla corretamente o tecido descrito.

a) Tecido conjuntivo.

b) Tecido adiposo.

c) Tecido cartilaginoso.

d) Tecido epitelial.

e) Tecido muscular.

22. (UFG-GO) Um jovem apresenta cicatriz na coxa, provocada por mordida de cão feroz. A cicatriz no local da lesão deve-se:

a) ao acúmulo de plaquetas que têm substâncias ativas no processo de conversão de fibrinogênio em fibrina.

b) à substituição do tecido muscular por tecido conjuntivo, por meio de fibroblastos e substâncias intercelulares.

c) à regeneração do tecido epitelial pseudoestratificado por meio de suas células totipotentes indiferenciadas.

d) à organização de fibras reticulares que atuam como uma trama de sustentação das células.

e) à interação entre filamentos de actina e miosina nos sarcômeros.

23. (UFPR) Um estudante recebeu de seu professor quatro fichas com as seguintes informações sobre diferentes tecidos:

Ficha I
Células localizadas em colunas
Matriz percorrida por canalículos
Matriz constituída por substâncias orgânicas e minerais
Canais que contêm vasos sanguíneos

Ficha II
Células grandes e globosas
Constitui reserva de material energético
Encontra-se em permanente renovação
Desempenha função de proteção contra a perda de calor

Ficha III
Apresenta numerosos tipos celulares
Aspecto de massa esbranquiçada, mais ou menos rígida e fibrosa
Muito difundido no organismo

Ficha IV
Células fusiformes com núcleo central
Contração lenta e involuntária

Que alternativa apresenta os nomes dos tecidos correspondentes às informações das respectivas fichas?

a) I – ósseo; II – adiposo; III – conjuntivo propriamente dito; IV – muscular liso
b) I – cartilaginoso; II – adiposo; III – ósseo; IV – muscular esquelético
c) I – ósseo; II – cartilaginoso; III – conjuntivo frouxo; IV – muscular liso
d) I – hemocitopoético; II – cartilaginoso; III – ósseo; IV – muscular cardíaco
e) I – ósseo; II – adiposo; III – cartilaginoso; IV – muscular liso

24. (Unioeste-PR) Em relação aos tecidos animais, identifique e assinale a alternativa **incorreta**.

a) A maior parte do tecido hematopoiético de um organismo adulto está na medula óssea.
b) O tecido adiposo contribui para a manutenção da temperatura corporal.
c) Os tecidos conjuntivos preenchem espaços entre órgãos.
d) O tecido cartilaginoso é menos flexível e mais mineralizado que o tecido ósseo.
e) A rigidez e a resistência do tecido ósseo se devem às fibras proteicas e aos sais de cálcio.

25. (Ufpel-RS) O tecido nervoso é um dos quatro tipos de tecidos presentes no corpo humano, ele é fundamental na coordenação das funções dos diferentes órgãos. As células responsáveis pelas suas funções são os neurônios (figura 1).

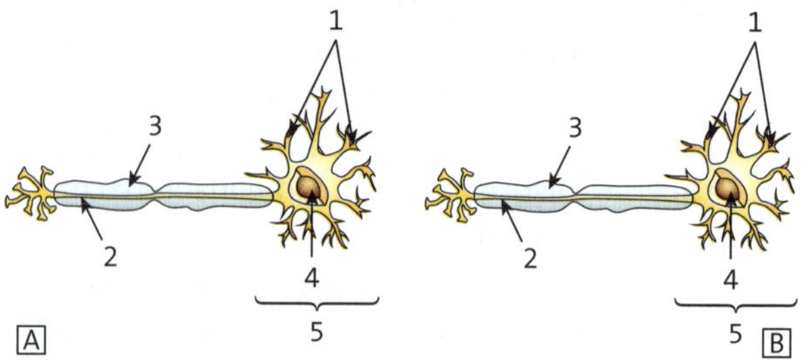

Figura 1 – Esquema dos neurônios.

http://macosa.dima.unige.it/diz/n1/neurone.gif [adaptado].

Com base nos textos e em seus conhecimentos, é **incorreto** afirmar que:

a) geralmente o sentido da propagação do impulso nervoso é A para B, e por isso a estrutura 1 é especializada na transmissão do impulso nervoso para um outro neurônio ou para outros tipos celulares.
b) tanto a estrutura representada pelo número 1 quanto 2 são ramificações do neurônio, sendo que geralmente a 2 é única e mais longa.
c) a estrutura número 3 pode ser formada pela célula de Schwann. Ela desempenha um papel protetor, isolante e facilita a transmissão do impulso nervoso.
d) a estrutura número 4 está no centro metabólico do neurônio, onde também se encontra a maioria das organelas celulares.
e) considerando o sistema nervoso central, a região número 5 está presente na substância cinzenta e ausente na branca.

26. (Cesgranrio-RJ) Dos vários tipos de colágeno presentes no corpo humano, o colágeno do Tipo I é o mais abundante. Uma doença genética caracterizada por problemas na produção de colágeno do Tipo I é a chamada *Osteogenesis Imperfecta*, ou doença dos ossos de cristal. Pessoas acometidas dessa doença apresentam fragilidade óssea, ossos curvados e baixa estatura, entre outros sintomas. Os acometimentos do tecido ósseo na *Osteogenesis Imperfecta* se devem ao fato de que o colágeno:

a) promove a multiplicação dos osteoplastos.
b) permite que os osteoclastos não fagocitem.
c) faz parte da matriz extracelular do osso.
d) forma depósitos cristalinos de fosfato de cálcio.
e) preenche as trabéculas de ossos esponjosos.

27. (Udesc) Relativo aos tecidos animais, é correto afirmar que:
a) a medula óssea vermelha é responsável pelo crescimento em espessura dos músculos.
b) os melanócitos, que são células responsáveis pela degradação da melanina, encontram-se no tecido adiposo.
c) os neutrófilos e basófilos, constituintes do tecido nervoso, são responsáveis pela imunidade humoral.
d) as células de Schwann e os nódulos de Ranvier são responsáveis pela filtração da urina nos rins, fazendo parte do epitélio secretor.
e) células plurinucleadas com miofibrilas estriadas e células uninucleadas sem estrias são características do músculo estriado esquelético e do músculo liso, respectivamente.

28. (PUC-MG) O metabolismo das células cartilaginosas é baixo. Acidentes que afetam esse tecido, como fraturas, são muito preocupantes, pois a regeneração é muito vagarosa. Contribui para esse baixo metabolismo:
a) o alto poder de fagocitose de partículas estranhas na cartilagem.
b) o sistema imunológico eficiente desse tecido.
c) a não vascularização do tecido cartilaginoso.
d) a redução dos mediadores químicos ou neurotransmissores no processo de cicatrização.

29. (Ufam) As responsáveis pelo encurtamento da fibra muscular esquelética e, consequentemente, pela sua contração são as miofibrilas, constituídas pelas proteínas actina e miosina. A unidade estrutural e funcional da miofibrila é o(a):
a) ADP
b) Fosfocreatina
c) ATP
d) Sarcômero
e) Íons cálcio

30. (Unifor-CE) Sobre a morfologia do neurônio, fizeram-se as seguintes afirmações:
I. O corpo celular contém o núcleo com o nucléolo.
II. Os dendritos são prolongamentos citoplasmáticos do corpo celular e podem apresentar grande número de ramificações.
III. O axônio é uma única expansão citoplasmática do corpo celular, ramificada em sua porção final.
IV. A bainha de mielina envolve o axônio e os dendritos.
São corretas as afirmações:
a) I, II e III, somente.
b) I, II e IV, somente.
c) I, III e IV, somente.
d) II, III e IV, somente.
e) I, II, III e IV.

31. (Ufla-MG) Das opções abaixo, a que apresenta características que descrevem o tecido muscular estriado esquelético é:
a) Fibras fusiformes, um núcleo central, contração rápida e voluntária.
b) Fibras cilíndricas, muitos núcleos periféricos, contração rápida e voluntária.
c) Fibras cilíndricas, muitos núcleos periféricos, contração lenta e involuntária.
d) Fibras fusiformes, um ou dois núcleos, contração lenta e involuntária.
e) Fibras cilíndricas, anucleadas, contração rápida e voluntária.

32. (PUC-RS) Algumas lesões na pele deixam cicatrizes bem visíveis, que podem permanecer durante toda a vida do indivíduo. Qual dos tecidos abaixo é o responsável pelo processo de cicatrização?
a) Cartilaginoso.
b) Conjuntivo.
c) Epitelial.
d) Muscular.
e) Nervoso.

Tecido hematopoético

- Responsável pela produção de sangue.
- Medula óssea tem células-tronco em seu interior, por isso tem a capacidade de formar todas as células do sangue.

Sangue

- Transporte de alimento, gases e hormônios; defesa do organismo.
- Constituição: plasma (parte líquida), hemácias, leucócitos e plaquetas.

Hemácias

- Transportam o oxigênio combinado à hemoglobina. Reagem com o gás carbônico formando bicarbonato, que é liberado para o plasma.

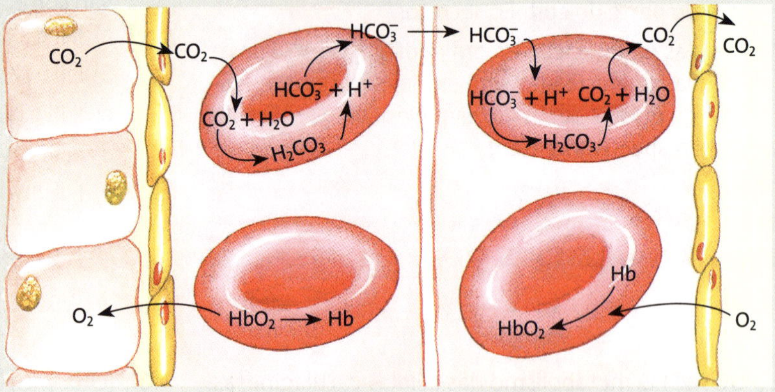

Ilustrações: Ingeborg Asbach/Arquivo da editora

Nos tecidos, a oxiemoglobina libera oxigênio e o gás carbônico combina-se com a água, formando íon bicarbonato.

Nos pulmões, o oxigênio combina-se com a hemoglobina e o íon bicarbonato libera gás carbônico.

Leucócitos

- Atacam microrganismos e resíduos do próprio corpo. Formam o pus.
- Neutrófilos – mais frequentes e ativos;
- Eosinófilos – atacam vermes e reações alérgicas;
- Basófilos – menos frequentes, participam das reações alérgicas;
- Monócitos – os maiores, transformam-se em macrófagos;
- Linfócitos – T e B, produzem anticorpos.

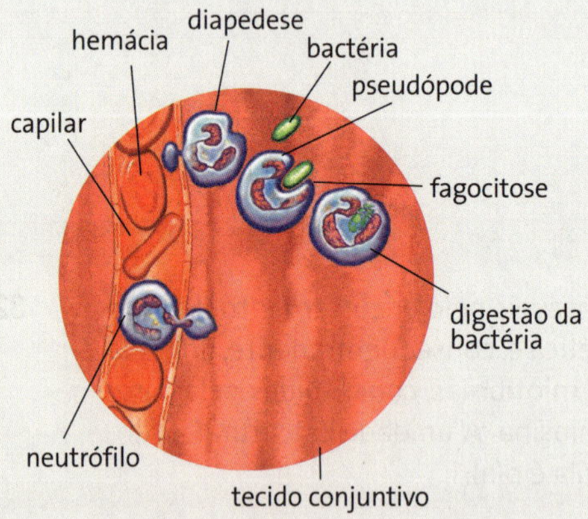

Plaquetas

- Previnem ou interrompem hemorragias, acumulando-se na região lesada e formando um tampão (rede de fibrinas).

Tecido linfático

- Encontrado em órgãos de defesa, formando o **sistema linfático**.
- Vasos linfáticos: recolhem parte do líquido intersticial (linfa) e o filtram, devolvendo-o à corrente sanguínea. Também recebem linfócitos para combater doenças.

Sistema imunitário

- Realiza o combate individualizado contra cada tipo de invasor.

Linfócito B

- Proteínas não reconhecidas estimulam a produção de anticorpos pelos linfócitos B ou imunoglobulinas.
- A união antígeno-anticorpo provoca uma aglutinação que facilita a ação dos macrófagos e glóbulos brancos.
- **Células de memória**: deixam o organismo imune a novos ataques.

Linfócito T

- Tipos: célula CD4, célula CD8, linfócito T matador e T supressor.
- Realiza a chamada imunidade celular: células produzem substâncias que ativam outros linfócitos ou atacam diretamente (combate corpo a corpo).

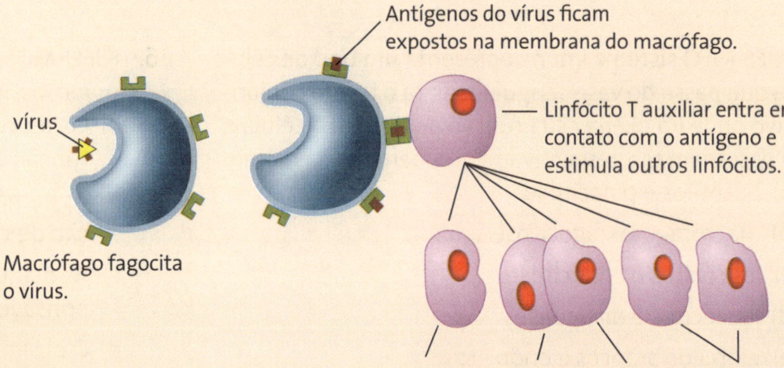

Maspi/Arquivo da editora

Defesas artificiais

Vacinas

- Injeção de bactérias mortas, vírus atenuados (ou parte deles) ou toxinas desativadas.
- Organismo produz anticorpos.
- Imunização ativa.

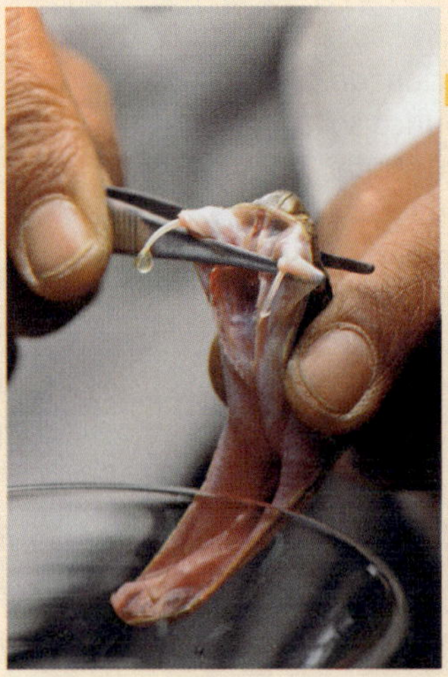
Fabio Colombini/Acervo do fotógrafo

Hiroe Sasaki/Arquivo da editora

Soros

- Defesa rápida, inoculação de soro de algum animal já contendo anticorpos específicos, que neutralizarão os antígenos no organismo.
- Imunização passiva, com efeito curativo (anticorpos já prontos).

Exercícios

1. (Uespi) São funções desempenhadas pelo tecido sanguíneo, **exceto**:
   a) o transporte de gases.
   b) a excreção de metabólitos.
   c) a dissipação do calor.
   d) a coagulação sanguínea.
   e) a nutrição celular.

2. (UFF-RJ) O sistema imune apresenta um tipo de célula que passa do vaso sanguíneo para o tecido conjuntivo onde irá exercer sua função de defesa. A célula e a passagem são, respectivamente, identificadas como:
   a) basófilos e pinocitose.
   b) macrófagos e fagocitose.
   c) leucócitos e endocitose.
   d) leucócitos e diapedese.
   e) glóbulos brancos e endocitose.

3. (Mack-SP) Um grupo de substâncias conhecidas como polissacarídeos sulfatados estão envolvidos em diversos processos como adesão, proliferação e diferenciação celular. Além disso, apresentam propriedades farmacológicas, podendo agir como anticoagulantes, anti-inflamatórios e antitumorais. Essas substâncias vêm sendo pesquisadas em animais, como ouriços-do-mar, pepinos-do-mar e ascídias.
   Um dos mecanismos pesquisados está relacionado com o fato de que um espermatozoide de ouriço só fecunda um óvulo da mesma espécie. Em outro estudo, foi descoberta, em ascídias, uma substância semelhante à heparina, utilizada no tratamento de trombose.
   Agência FAPESP, 10/09/2010

   Assinale a alternativa correta.
   a) Ouriços apresentam fecundação interna, exigindo um mecanismo de identificação dos gametas.
   b) Mecanismos de identificação dos gametas têm como objetivo garantir a variabilidade genética.
   c) A utilização de heparina no tratamento da trombose se deve ao fato de que essa substância impede a formação de fibrina.
   d) Ouriços-do-mar, pepinos-do-mar e ascídias pertencem ao mesmo filo.
   e) Os animais citados no texto são celomados e protostômios, como os demais invertebrados.

4. (Uespi) **Não** constitui(em) células, tecidos ou órgãos hematopoiéticos, em qualquer fase do ciclo da vida humana:
   a) a medula óssea vermelha.
   b) as células-tronco linfoides.
   c) o fígado.
   d) o baço.
   e) o pâncreas.

5. (UFU-MG) A respeito da constituição do sangue humano, assinale a alternativa correta.
   a) Os leucócitos são ricos em hemocianina e têm a função de coagular o sangue.
   b) As hemácias são células multinucleadas, com função de transportar O_2.
   c) As plaquetas são fragmentos de células e são responsáveis pela defesa do organismo.
   d) O plasma é constituído por um líquido amarelado.

6. (Ufla-MG) O gráfico mostra a relação da concentração de células e substâncias ([ ]) em um mamífero com o decorrer do tempo (T). A partir do tempo T_1, é CORRETO afirmar que está ocorrendo um processo de:

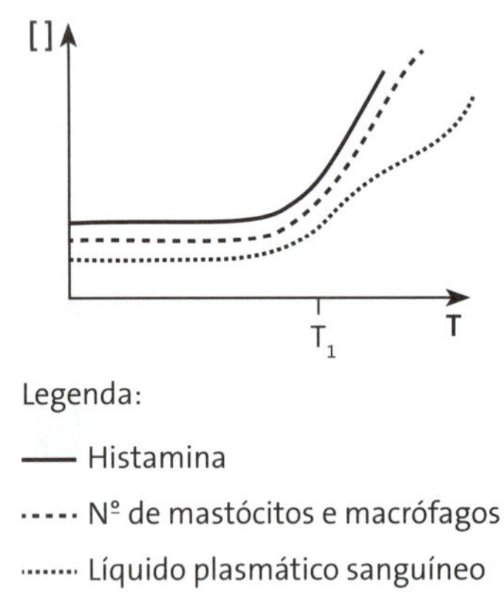

   a) infecção viral no sangue.
   b) fratura óssea.
   c) inflamação cutânea.
   d) estiramento e lesão muscular.

7. (UFG-GO) Analise a tabela a seguir, na qual é apresentado o resultado de parte de um hemograma de um indivíduo adulto do sexo masculino, com peso e altura compatíveis.

Elementos figurados	Valores encontrados	Valores de referência
Hemácias	5,2	4,5 – 6,0 (M/μL)
Hematócritos	50	40 – 52 (%)
Hemoglobinas	16,5	13 – 18 (g/dL)
Neutrófilos totais	59	51 – 65 (%)
Linfócitos	31	20 – 35 (%)
Eosinófilos	2	1 – 4 (%)
Monócitos	7	2 – 14 (%)
Plaquetas	68	150 – 500 (giga/L)

O resultado apresentado indica que esse indivíduo tem uma predisposição à

a) anemia.
b) infecção.
c) hemorragia.
d) siclemia.
e) talassemia.

8. (Uece) O sangue pode ser considerado um tecido conjuntivo, pois

a) apresenta células dispostas em forma de fibra, com vários núcleos por célula, sendo a mioglobina que lhe dá a coloração avermelhada.
b) apresenta células separadas por grande quantidade de matriz extracelular, denominada plasma.
c) é veículo dos hormônios e a sede das glândulas endócrinas.
d) possui plaquetas envolvidas na sua coagulação, plaquetas estas resultantes da fragmentação de astrócitos.

9. (UFC-CE) A doação de sangue é um ato de solidariedade e pode salvar a vida de muitas pessoas. Sobre os componentes desse tecido, assinale a alternativa correta.

a) O O_2 e os nutrientes, como glicose e aminoácidos, são transportados através das hemácias.
b) O plasma sanguíneo é o componente extracelular em abundância, característico do tecido conjuntivo.
c) Os reticulócitos – células de defesa do sangue – produzem anticorpos quando entram em contato com elementos estranhos.
d) A hemoglobina perde sua conformação estrutural e, consequentemente, a função devido a uma falha na síntese proteica, ocasionada por uma doença hereditária, a anemia falciforme.
e) A coagulação sanguínea é desencadeada por uma série de enzimas, culminando na formação de um trombo, cujos principais componentes são hemácias e leucócitos.

10. (Uece) Assinale a opção que apresenta a associação correta de dados — denominação, núcleo, tipo, função e origem, nesta ordem — relacionados aos leucócitos.

a) Neutrófilo; irregular; agranulócito; fagocitar microrganismos; células-tronco mieloides.
b) Eosinófilo; bilobado; granulócito; combater vermes; células-tronco mieloides.
c) Basófilos; trilobado; agranulócito; transformar-se em macrófagos; células-tronco linfoides.
d) Monócitos; ferradura; granulócito; liberar histamina; células-tronco linfoides.

Desafio

Theo Szczepanski/Arquivo da editora

Olimpíada Brasileira de Biologia

1. A mosca da fruta tem quatro cromossomos; células presentes na raiz de uma cebola que estão na anáfase da mitose contêm 16 cromossomos; os grãos de pólen de uma determinada flor possuem três cromossomos e as células do caule de um tipo de margarida possuem 16 cromossomos. Baseado nestes dados, qual das alternativas abaixo representa a ordem correta do número diploide de cromossomos dos organismos descritos acima?
   a) 4, 8, 6, 16
   b) 8, 8, 6, 8
   c) 8, 16, 6, 16
   d) 8, 16, 6, 8
   e) 4, 8, 3, 8

2. Um pesquisador estudando embriologia de invertebrados dividiu a mórula de um animal ao meio e observou que cada metade deu origem a um animal completo. Posteriormente, ao estudar este mesmo animal, ele notou que o cordão nervoso se formava na região dorsal do corpo. O pesquisador concluiu que, provavelmente, o animal em questão era um animal protostomado. Este pesquisador está correto?
   a) Sim, pois o animal apresenta um desenvolvimento indeterminado.
   b) Sim, pois protostomados apresentam um cordão nervoso na posição dorsal na sua embriologia.
   c) Não, pois os protostomados têm cordão nervoso ventral.
   d) Não, pois os protostomados não têm cordão nervoso.
   e) Parcialmente, pois embora os protostomados apresentem cordão nervoso o seu desenvolvimento é geralmente determinado.

3. Com relação à divisão celular por meiose, podemos afirmar que:
   a) ocorre uma duplicação de DNA, seguida por duas divisões celulares.
   b) sem duplicação do DNA, uma célula 2n produz duas células n.
   c) a meiose favorece a evolução da espécie, pois não gera diversidade.
   d) os cromossomos se arranjam de forma aleatória dentro da célula e assim a divisão ocorre gerando a diversidade grande na produção dos gametas.
   e) na gametogênese feminina, os cromossomos paternos são destruídos e assim todos os gametas femininos gerarão crianças do sexo feminino.

4. Observe a figura

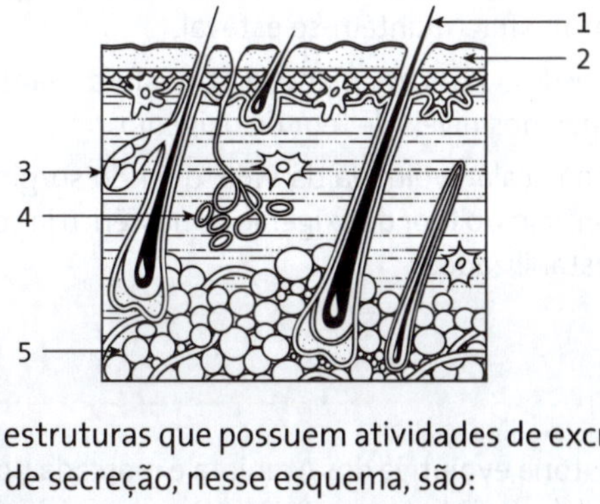

As estruturas que possuem atividades de excreção e ou de secreção, nesse esquema, são:
   a) 1 e 2
   b) 1 e 3
   c) 2 e 4
   d) 3 e 4
   e) 4 e 5

5. O gráfico a seguir representa a evolução da quantidade de oxigênio na atmosfera no curso dos tempos geológicos. O número 100 sugere a quantidade atual de oxigênio na atmosfera, e os demais valores indicam diferentes porcentagens dessa quantidade. De acordo com o gráfico abaixo é correto afirmar que:

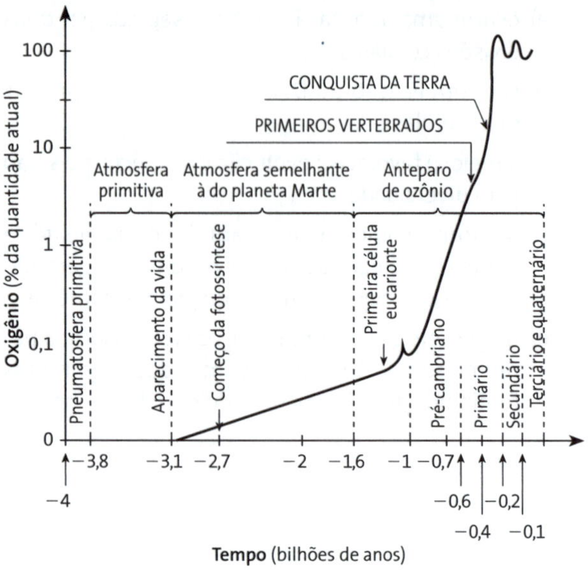

a) as primeiras formas de vida surgiram na ausência de O_2.

b) a atmosfera primitiva apresentava 1% de teor de oxigênio.

c) após o início da fotossíntese, o teor de oxigênio na atmosfera mantém-se estável.

d) desde o Pré-cambriano, a atmosfera mantém os mesmos níveis de teor de oxigênio.

e) na escala evolutiva da vida, quando surgiram os anfíbios, o teor de oxigênio atmosférico já se havia estabilizado.

6. A história evolutiva dos Amniota é marcada por uma série de novidades evolutivas que propiciam uma efetiva independência da água no processo reprodutivo. Assinale o item que melhor representa a estrutura de um ovo amniótico.

a) Saco vitelínico, cavidade amniótica, cavidade corialantoideana, embrião e córion.

b) Vitelo, alantoide, pregas amnióticas, cavidade coriônica e embrião.

c) Cavidade coriônica, cavidade amniótica, saco vitelínico e âmnio.

d) Saco vitelínico, âmnio, alantoide e embrião.

e) Embrião, vitelo, cavidade amniótica e alantoide.

7. Observe o esquema abaixo do sarcômero:

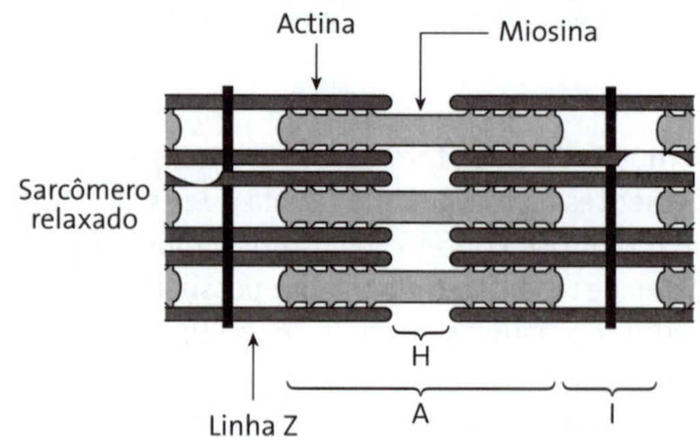

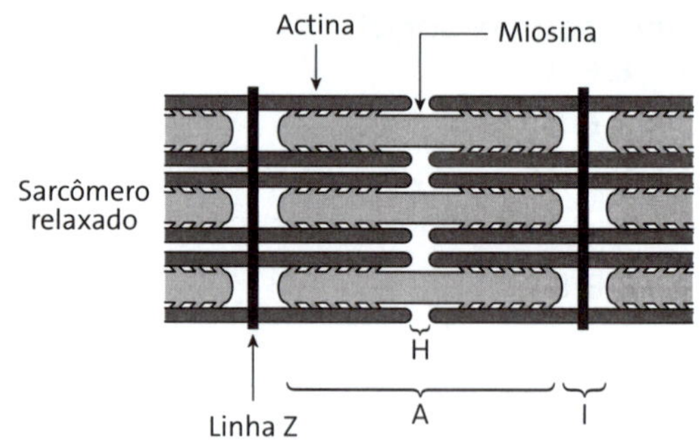

Com base no esquema e em seus conhecimentos prévios NÃO se pode afirmar que:

a) a concentração de cálcio é maior no retículo sarcoplasmático do sarcômero relaxado.

b) a banda H diminuiu devido ao deslocamento da actina sobre a miosina.

c) actina e miosina fazem parte do citoesqueleto muscular.

d) este processo demanda gasto de energia somente na contração.

e) sarcômeros relaxados têm maior comprimento do que os contraídos.

8. As células embrionárias se comunicam intensamente, principalmente, quando o embrião se encontra nos estados de mórula e blástula. Essa comunicação é feita através do citoplasma de uma célula com o citoplasma da outra, havendo uma continuidade de citoplasmas. Para que ocorra essa comunicação é necessário que exista um tipo especial de junção celular, tal junção é denominada de:

a) gap.

b) junção oclusiva.

c) desmossomos.

d) hemidesmossomos.

e) junção adesiva.

9. A pele é um dos maiores órgãos, atingindo 16% do peso corporal e desempenha inúmeras funções. Graças à camada queratinizada da epiderme, a pele protege o organismo contra a desidratação e contra o atrito. (Fonte: Histologia Básica, Junqueira e Carneiro, 2006). A partir dos seus conhecimentos sobre a pele, marque o item INCORRETO.

a) A derme possui projeções, as cristas dérmicas, que se encaixam em reentrâncias da epiderme, as papilas epidérmicas, aumentando a coesão entre essas duas camadas.

b) A cor da pele resulta de vários fatores. Os de maior importância são: seu conteúdo em melanina e caroteno, a quantidade de capilares na derme.

c) O bronzeamento da pele por exposição à luz do Sol ocorre inicialmente devido ao escurecimento da melanina. Numa segunda etapa, a síntese da melanina é aumentada.

d) Nas células epiteliais os grânulos de melanina localizam-se em posição supranuclear. Nessa localização, oferecem proteção máxima ao DNA contra os efeitos prejudiciais da radiação solar.

e) A glândula sudorípara é classificada como exócrina, tubular, enovelada, simples e merócrina.

10. A membrana plasmática é formada por:

a) uma monocamada de lipídeos que por serem hidrofóbicos isolam o conteúdo celular do meio extracelular.

b) duas camadas de lipídeos, separadas uma da outra por uma camada de proteínas.

c) uma bicamada lipídica contendo fosfolipídeos e proteínas.

d) uma bicamada lipídica coberta, revestida totalmente por proteínas anfipáticas que isolam esses lipídeos da água tanto do meio extra quanto do meio intracelular.

e) uma monocamada de lipídeos onde se inserem proteínas do citoesqueleto celular que conferem à forma e tamanho específico de cada célula.

11. "Do ponto de vista bioquímico, as proteínas são as moléculas estruturalmente mais complexas e funcionalmente mais sofisticadas que conhecemos. Isso deve-se, talvez, por as proteínas ter evoluído e ajustadas por bilhões de anos." (Alberts, 2006). Embora a estrutura básica das proteínas seja semelhante, elas possuem uma vasta gama de funções nos sistemas biológicos. Relacione a coluna A com a coluna B. Onde na primeira encontramos as proteínas e na segunda seu papel biológico. Assinale a alternativa que marca a ordem DE CIMA PARA BAIXO da coluna B:

COLUNA A	COLUNA B
(1) Tripsina	( ) Proteína contráctil
(2) Hemoglobina	( ) Proteína hormonal
(3) Actina	( ) Proteína catalisadora
(4) Anticorpo	( ) Proteína protetora
(5) Trombina	( ) Proteína transportadora
(6) Insulina	( ) Proteína da coagulação
(7) Elastina	( ) Proteína estrutural

a) 7-6-3-4-2-5-1

b) 7-6-1-4-5-2-3

c) 5-6-2-4-3-1-7

d) 3-6-1-4-2-5-7

e) 7-6-5-4-3-2-1

12. Em um laboratório de Biologia Molecular, a sequência de aminoácidos de uma proteína intestinal de tatu foi parcialmente determinada. As moléculas de RNAt usadas na síntese têm os seguintes anticódons:
3' UAC 5' 3' CGA 5' 3' GGA 5' 3' GCU 5' 3' UUU 5' 3' GGA 5'
Marque a sequência de nucleotídeos do DNA complementar à cadeia de DNA que codifica a proteína intestinal do tatu:

a) 5'-ATG-GCT-GGT-CGA – AAA-CCT-3'.

b) 5'-ATG-GCT-CCT-CGA – AAA-CCT-3'.

c) 5'-ATG-GCT-GCT-CGA – AAA-GCT-3'.

d) 5'-ATG-GGT-CCT-CGA – AAA-CGT-3'.

e) 5'-AUG-GGU-CCU-CGA – AAA-CGU-3'.

13. A sequência de ilustrações a seguir representa com genialidade uma propriedade de praticamente todas as reações que se processam nos sistemas vivos: a ação enzimática.

Da analogia com a ilustração, pode-se dizer que a enzima:

a) viabiliza uma reação cujo produto sempre dependerá para exercer seu papel biológico.

b) perde definitivamente suas propriedades ao desprender-se do produto final.

c) fica disponível para uma nova reação depois de favorecer a ligação dos reagentes.

d) catalisa a reação exigindo muito mais energia de ativação do que seria necessário.

e) é consumida integralmente pelo produto que ajudou a sintetizar.

14.

Fernando Gonsales/ Acervo do cartunista

Tatuagens como as descritas na charge consistem na inserção de pigmentos exógenos na estrutura de que tecido?

a) epiderme;

b) derme;

c) muscular;

d) nervoso;

e) adiposo.

15. Amplificação *in vivo* de DNA genômico requer:

I. DNA polimerase.
II. endonucleases de restrição.
III. uma sonda.
IV. DNA ligase.
V. um hospedeiro.
VI. DNA doador.
VII. metilases.
VIII. proteases.
IX. um vetor.
X. Taq polimerase.

São corretas:

a) I, III, IV, V e VI.

b) II, IV, V, VI e IX.

c) II, V, VI, VII e IX.

d) IV, V, VI, IX e X.

e) todas as afirmativas.

16. Abaixo estão representadas duas estruturas. A, B, C, D e E representam, respectivamente:

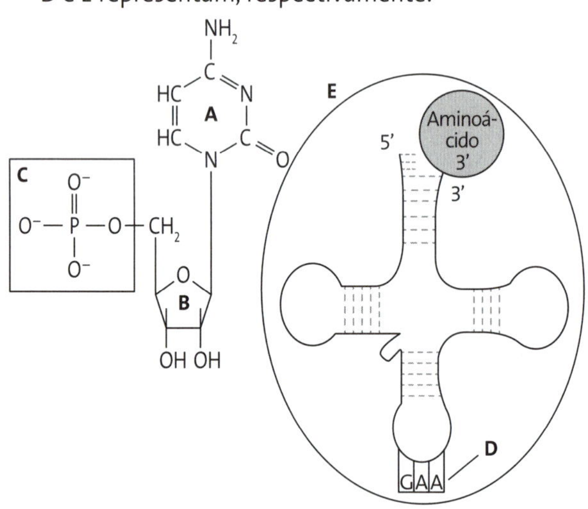

a) A-pirimidina, B-ribose, C-fosfato, D-códon, E-rRNA

b) A-purina, B-ribose, C-fosfato, D-anticódon, E-rRNA

c) A-pirimidina, B-desoxirribose, C-fosfato, D-anticódon, E-mRNA

d) A-pirimidina, B-ribose, C-fosfato, D-anticódon, E-tRNA

e) A-purina, B-desoxirribose, C-fosfato, D-códon, E-tRNA

17. Analise as seguintes estruturas e processos:

I. Envelope nuclear.
II. Ribossomos.
III. Introns.
IV. Síntese de ATP.
V. Membrana Celular.
VI. DNA polimerase.
VII. Elementos de citoesqueleto.
VIII. rRNA 18S.

Dos itens listados acima, podem ser encontrados em células procariontes e células eucariontes:

a) I, II, III e VIII.
b) II, IV, VI e VIII.
c) I, III, V e VII.
d) II, IV, V e VI.
e) II, III, VI e VIII.

18. Na musculatura de um atleta sabe-se que a adenosina tem importante papel vasodilatador. A explicação do acúmulo de adenosina durante atividades esportivas prolongadas é:

a) o aumento do preparo físico ocorre através da grande ingestão deste aminoácido.
b) a grande demanda energética determina acúmulo de adenosina através da degradação do ATP, ADP e AMP.
c) o aumento de bases nitrogenadas é importante para o aumento da síntese proteica.
d) a adenosina é a principal moeda energética utilizada pela célula muscular.
e) a adenosina é produzida no catabolismo da glicose.

19. Uma molécula de DNA possui 160 pares de bases e 20% de nucleotídeos de adenina. O número de citosinas presentes na molécula será de:

a) 96 nucleotídeos de citosina.
b) 60 nucleotídeos de citosina.
c) 160 nucleotídeos de citosina.
d) 40 nucleotídeos de citosina.
e) 48 nucleotídeos de citosina.

20. O futebol é atualmente considerado uma das modalidades desportivas em que o risco de lesão é mais elevado. Para além dessa evidência estatística (vejam-se os dados dos últimos Jogos Olímpicos em que o futebol aparece como a modalidade coletiva com maior incidência de lesões), o futebol é também a modalidade que tem despertado maior interesse científico com especial enfoque no estudo das lesões. Recentemente, o futebol brasileiro tem presenciado uma série de lesões semelhantes, a primeira vítima foi Obina, do Flamengo, que rompeu o ligamento cruzado anterior do joelho esquerdo. Um domingo depois, a "bruxa" atingiu Alemão, do Palmeiras, que teve confirmada a ruptura do ligamento cruzado anterior do joelho direito e será operado. Marque a alternativa que indica o tecido lesionado nas lesões de Obina e Alemão:

a) Tecido conjuntivo propriamente dito.
b) Tecido conjuntivo cartilaginoso.
c) Tecido conjuntivo ósseo.
d) Tecido muscular.
e) Tecido epitelial.

21. Os músculos são órgãos responsáveis pelo movimento dos animais. O músculo funciona aproximando a origem e inserção muscular pela contração. Nem todos os tipos de fibra muscular esquelética são semelhantes, e um único tipo de músculo pode conter os diversos tipos de fibra. Os dois tipos principais de fibras do músculo estriado são denominados fibras de contração lenta e fibras de contração rápida

(Fonte: *Vida – A ciência da Biologia*, Purves *et al.*, 2005)

As principais diferenças existentes entre as fibras de contração rápida e lenta são:

a) extensão do sistema T
b) dependência ou não de cálcio para a contração
c) presença ou ausência de discos intercalares
d) quantidade de mioglobina e mitocôndrias
e) voluntariedade do controle

22. O cianeto em suas diversas formas é uma das substâncias mais letais conhecidas pelo homem. A alternativa que melhor explica a elevada toxicidade do cianeto é a sua ação inibitória no:

a) transporte de oxigênio exercido pela hemoglobina.
b) transporte de oxigênio exercido pela hemoglobina e transporte de elétrons feito pelos citocromos.
c) transporte de elétrons feito pelos citocromos.
d) transporte de oxigênio exercido pela hemoglobina e descarboxilases do ciclo de Krebs.
e) descarboxilases do ciclo de Krebs.

23. Atletas devem apresentar uma grande ingestão de carboidratos e proteínas devido, RESPECTIVAMENTE, a seu papel:

a) estrutural e energético.

b) energético e estrutural.

c) enzimático e estrutural.

d) estrutural e enzimático.

e) estrutural e hormonal.

24. Com relação à respiração aeróbica podemos afirmar que:

a) na membrana interna das mitocôndrias ficam as proteínas que compõem as cadeias de transporte de elétrons.

b) no interior das mitocôndrias ocorre a etapa da respiração denominada glicólise.

c) no ciclo de Krebs, há conversão direta de ADP para ATP.

d) a maior parte da produção de ATP ocorre na glicólise.

e) NAD e FAD funcionam como aceptores finais de oxigênio.

25. Analise as seguintes frases sobre as mitocôndrias.

I. Possuem DNA próprio, que é autorreplicante.

II. Estão presentes em todas as células procariontes e eucariontes.

III. Podem ter surgido por endossimbiose.

IV. Armazenam a clorofila, fundamental na fotossíntese.

É verdadeiro o que se afirma apenas em:

a) I e II

b) I e III

c) II e III

d) II e IV

e) III e IV

26. Um medicamento capaz de inibir a atividade da telomerase seria capaz de reduzir a letalidade de doenças como:

a) Lúpus (autoimune)

b) *Diabetes mellitus*

c) Leptospirose

d) Câncer

e) Infarto

27. Comparando a respiração com a fermentação, preste atenção nas afirmativas abaixo e marque a alternativa correta:

I. As leveduras fermentam açúcares produzindo álcool.

II. A fermentação é mais eficiente do que a respiração em termos de produção energética.

III. A glicólise é o processo inicial da respiração e fermentação.

a) Apenas a frase I está correta.

b) Apenas a frase II está correta.

c) As frases I e II estão corretas.

d) As frases I e III estão corretas.

e) As frases II e III estão corretas.

28. Uma célula que possui uma membrana permeável à água, mas impermeável a um determinado soluto, é colocada em uma solução de 10% do soluto. Se a concentração do soluto dentro da célula é igual a 1%, essa célula irá:

a) murchar.

b) permanecer sem alterações de volume.

c) inchar.

d) romper.

e) bombear o soluto para dentro da célula até que as concentrações dentro e fora dela se igualem.

29. A quitina, principal componente do exoesqueleto dos artrópodos, possui função análoga à queratina dos vertebrados e da cutina das plantas. Esses compostos possuem respectivamente natureza química:

a) glicídica, proteica e lipídica;

b) glicídica, proteica e proteica;

c) proteica, proteica e lipídica;

d) proteica, proteica e lipídica;

e) lipídica, proteica e lipídica.

30. A telomerase, como toda enzima, é produzida a partir da atividade de:

a) cloroplastos

b) mitocôndrias

c) centríolos

d) ribossomos

e) lisossomos

31. Analise as seguintes frases sobre a origem da vida:

I. A abiogênese foi uma teoria transitória que, logo após a proposta, foi desmentida pela comunidade científica da época.

II. Aminoácidos, ácidos graxos e nucleotídeos são formados espontaneamente em experimentos em frascos fechados com água, compostos inorgânicos adicionando calor e eletricidade.

III. Uma das principais teorias descreve moléculas de RNA replicando no oceano primitivo, como um dos primeiros sistemas biológicos no planeta.

Assinale a resposta correta:

a) Apenas a primeira frase está correta.

b) As duas primeiras frases estão erradas.

c) As duas últimas estão corretas.

d) Apenas a terceira frase está errada.

e) Apenas a segunda frase está correta.

32. As células humanas possuem uma organela citoplasmática, muito possivelmente adquirida através de endossimbiose com proteobactérias. Estas organelas são os (as):

a) cloroplastos

b) mitocôndrias

c) centríolos

d) ribossomos

e) lisossomos

33. A regressão da cauda do girino é um importante exemplo de:

a) autólise;

b) autofagia;

c) homeostase;

d) autopoiese;

e) intuscepção.

34. A mitocôndria, organela responsável pela respiração celular em organismos aeróbicos, possui um DNA circular que é capaz de sintetizar parte das proteínas usadas na cadeia respiratória e ciclo de Krebs. Além disso, o código genético mitocondrial é diferente do nuclear. Uma das explicações para a presença de DNA na mitocôndria é:

a) transporte ativo intracelular do DNA nuclear para a mitocôndria

b) mitocôndrias possuem um ancestral diferente da célula eucariótica

c) células eucarióticas primitivas englobaram DNA livre do meio externo

d) mitocôndrias surgiram de um processo de mitose incompleto

e) biossíntese extranuclear de ácidos nucleicos

Respostas

Vestibular em foco

Origem da vida

1. d
2. d
3. a
4. d
5. e
6. e
7. a
8. a
9. c
10. a
11. a
12. b
13. e
14. a
15. c
16. c
17. c
18. a
19. b
20. b

Química da vida

1. c
2. a
3. a
4. c
5. b
6. b
7. e
8. d
9. b
10. a
11. e
12. e
13. a
14. d
15. d
16. c

Célula

1. d
2. d
3. c
4. d
5. a
6. e
7. b
8. b
9. e
10. e
11. d
12. c
13. d
14. d
15. d
16. e
17. d
18. a
19. d
20. a
21. b
22. b
23. d
24. e
25. d
26. d
27. c
28. c

Núcleo e material genético

1. a
2. c
3. a
4. c
5. e
6. a
7. d
8. d
9. c
10. c
11. a
12. e
13. c

Divisão celular

1. a
2. d
3. c
4. b
5. d
6. b
7. d
8. e
9. c
10. II, III, IV e V
11. e
12. b

Metabolismo energético

1. 01 + 04 = 05
2. d
3. c
4. d
5. F, V, V, F, V
6. a
7. d
8. c
9. 08 + 16 = 24
10. b
11. V, V, V, F, F
12. b
13. 02 + 08 = 10
14. d
15. d
16. d

Reprodução

1. e
2. c
3. e
4. a
5. c
6. a
7. d
8. d
9. a
10. b
11. a
12. c
13. d
14. b

Reprodução humana

1. d
2. b
3. d
4. a
5. c
6. e
7. d
8. e
9. b
10. b
11. b
12. e
13. a
14. a

Histologia animal I

1. d
2. b
3. a
4. d
5. c
6. b
7. e
8. c
9. e
10. c
11. a
12. b
13. 01 + 02 + 04 = 07
14. b
15. c
16. b
17. a
18. e
19. a
20. a
21. b
22. b
23. a
24. d
25. a
26. c
27. e
28. c
29. d
30. a
31. b
32. b

Histologia animal II

1. b
2. d
3. c
4. e
5. d
6. c
7. c
8. b
9. b
10. b

Desafio

1. a
2. c
3. a
4. d
5. a
6. a
7. d
8. a
9. a
10. c
11. b
12. b
13. c
14. b
15. b
16. d
17. d
18. b
19. a
20. a
21. d
22. c
23. b
24. a
25. b
26. d
27. d
28. a
29. a
30. d
31. b
32. b
33. a
34. b

Significado das siglas

Acafe-SC Associação Catarinense das Fundações Educacionais (Santa Catarina)

ACE-SC Associação Catarinense de Ensino (Santa Catarina)

AEDB-RJ Associação Educacional Dom Bosco (Rio de Janeiro)

Aeso-PE Associação de Ensino Superior de Olinda (Pernambuco)

Aespi Associação de Ensino Superior do Piauí

AFA-SP Academia da Força Aérea (São Paulo)

Aman-RJ Academia Militar das Agulhas Negras (Rio de Janeiro)

APMBB-SP Academia de Polícia Militar do Barro Branco (São Paulo)

Asser-SP Associação das Escolas Reunidas (São Paulo)

CBM-SP Centro Universitário Barão de Mauá (São Paulo)

Ceap Centro de Ensino Superior do Amapá

Ceeteps-SP Centro Estadual de Educação Tecnológica Paula Souza (São Paulo)

Cefet-CE Centro Federal de Educação Tecnológica do Ceará

Cefet-ES Centro Federal de Educação Tecnológica do Espírito Santo

Cefet-GO Centro Federal de Educação Tecnológica de Goiás

Cefet-MG Centro Federal de Educação Tecnológica de Minas Gerais

Cefet-PE Centro Federal de Educação Tecnológica de Pernambuco

Cefet-PR Centro Federal de Educação Tecnológica do Paraná

Cefet-RS Centro Federal de Educação Tecnológica de Pelotas (Rio Grande do Sul)

Cefet-SC Centro Federal de Educação Tecnológica de Santa Catarina

Cefet-SP Centro Federal de Educação Tecnológica de São Paulo

Cefos-MG Centro Educacional de Formação Odontológica Superior (Minas Gerais)

Centec-BA Centro de Educação Tecnológica da Bahia

CES/JF-MG Centro de Ensino Superior de Juiz de Fora (Minas Gerais)

Cesat-ES Centro de Ensino Superior Anísio Teixeira (Espírito Santo)

Cesesp-PE Centro de Seleção ao Ensino Superior de Pernambuco

Cesgranrio-RJ Centro de Seleção de Candidatos ao Ensino Superior do Grande Rio (Rio de Janeiro)

Cesul-PR Centro Sulamericano de Ensino Superior (Paraná)

CEU-SP Centro de Extensão Universitária (São Paulo)

Ceub-DF Centro de Ensino Unificado de Brasília (Distrito Federal)

Ceulp/Ulbra-TO Centro Universitário Luterano de Palmas (Tocantins)

Ceut-PI Centro de Ensino Unificado de Teresina (Piauí)

Ciesa-AM Centro Integrado de Ensino Superior do Amazonas

Ecmal Escola de Ciências Médicas de Alagoas

EEP-SP Escola de Engenharia de Piracicaba (São Paulo)

EEWB-MG Escola de Enfermagem de Wenceslau Braz (Minas Gerais)

Ence-RJ Escola Nacional de Ciências Estatísticas (Rio de Janeiro)

Enem Exame Nacional do Ensino Médio

Epcar-MG Escola Preparatória de Cadetes do Ar (Minas Gerais)

Esamc-MG Escola Superior de Administração, Marketing e Comunicação de Uberlândia (Minas Gerais)

Esamc-SP Escola Superior de Administração, Marketing e Comunicação (São Paulo)

Esan-SP Escola Superior de Administração de Negócios (São Paulo)

ESPM-RS Escola Superior de Propaganda e Marketing (Rio Grande do Sul)

ESPM-SP Escola Superior de Propaganda e Marketing (São Paulo)

Etec-SP Escola Técnica Estadual (São Paulo)

FAA-RJ Fundação Educacional D. André Arcoverde (Rio de Janeiro)

Faap-SP Fundação Armando Álvares Penteado (São Paulo)

Fabac-BA Faculdade Baiana de Ciências Contábeis (Bahia)

Fabrai-MG Faculdade Brasileira de Informática (Minas Gerais)

FAC-MG Faculdade de Administração Champagnat (Minas Gerais)

Facamp-SP Faculdades de Campinas (São Paulo)

Facape-PE Faculdade de Ciências Aplicadas e Sociais de Petrolina (Pernambuco)

Faccca-RS Faculdade Camaquense de Ciências Contábeis e Administrativas (Rio Grande do Sul)

Facens-SP Faculdade de Engenharia de Sorocaba (São Paulo)

Facos-RS Faculdade Cenecista de Osório (Rio Grande do Sul)

Fadap-SP Faculdade de Direito da Alta Paulista (São Paulo)

FAJ-SP Faculdade de Jaguariúna (São Paulo)

Fama-MA Faculdade Atenas Maranhense (Maranhão)

Fameca-SP Faculdade de Medicina de Catanduva (São Paulo)

Fames-RS Faculdade Metodista de Santa Maria (Rio Grande do Sul)

Fanese Faculdade de Administração e Negócios de Sergipe

Fapa-RS	Faculdade Porto-Alegrense (Rio Grande do Sul)
Fargs-RS	Faculdades Rio-Grandenses (Rio Grande do Sul)
FASM-SP	Faculdade Santa Marcelina (São Paulo)
Fatec-SP	Faculdade de Tecnologia (São Paulo)
Fati-SP	Faculdades Integradas Tibiriçá (São Paulo)
Favip-PE	Faculdade do Vale do Ipojuca (Caruaru, Pernambuco)
Fazu-MG	Faculdade de Agronomia e Zootecnia de Uberaba (Minas Gerais)
FBV-PE	Faculdade Boa Viagem (Pernambuco)
FCC-BA	Fundação Carlos Chagas (Bahia)
FCC-SP	Fundação Carlos Chagas (São Paulo)
FCL-SP	Fundação Cásper Líbero (São Paulo)
FCMMG	Faculdade de Ciências Médicas de Minas Gerais
FCMS-SP	Faculdade de Ciências Médicas de Santos (São Paulo)
FCMSCSP	Faculdade de Ciências Médicas da Santa Casa de São Paulo
FDV-ES	Faculdades Integradas de Vitória (Espírito Santo)
Feaa-SP	Faculdade de Engenharia de Agrimensura de Araraquara (São Paulo)
Fead-MG	Faculdade de Estudos Administrativos (Minas Gerais)
Febe-SC	Fundação Educacional de Brusque (Santa Catarina)
Fecap-SP	Fundação Escola de Comércio Álvares Penteado (São Paulo)
Feevale-RS	Universidade Feevale (Rio Grande do Sul)
Fefasp	Faculdade de Economia, Finanças e Administração de São Paulo
FEI-SP	Centro Universitário da Faculdade de Engenharia Industrial (São Paulo)
Fempar-PR	Fundação Escola do Ministério Público do Estado do Paraná
Fepar-PR	Faculdade Evangélica do Paraná
Fesb-SP	Fundação Municipal de Ensino Superior de Bragança Paulista (São Paulo)
Feuc-SP	Faculdade Euclides da Cunha (São Paulo)
FFCLBH-MG	Faculdade de Filosofia, Ciências e Letras de Belo Horizonte (Minas Gerais)
FFFCMPA-RS	Fundação Faculdade Federal de Ciências Médicas de Porto Alegre (Rio Grande do Sul)
FGV-SP	Fundação Getúlio Vargas (São Paulo)
Fiam Faam-SP	Centro Universitário Fiam Faam (São Paulo)
Fiap-SP	Faculdade de Informática e Administração Paulista (São Paulo)
FIB-BA	Faculdades Integradas da Bahia
FIR-PE	Faculdades Integradas do Recife (Pernambuco)
Fisp	Faculdades Integradas de São Paulo
FMABC-SP	Faculdade de Medicina do ABC (São Paulo)
FMJ-SP	Faculdade de Medicina de Jundiaí (São Paulo)
FMP-RJ	Faculdade de Medicina de Petrópolis (Rio de Janeiro)
FMT-SP	Faculdade de Medicina de Taubaté (São Paulo)
FMU-SP	Faculdades Metropolitanas Unidas (São Paulo)
FOC-SP	Faculdade Oswaldo Cruz (São Paulo)
Focca-PE	Faculdade Olindense de Ciências Contábeis e Administrativas (Pernambuco)
FPTE-SP	Fundação Paulista de Tecnologia e Educação de Lins (São Paulo)
FSA-SP	Centro Universitário Fundação Santo André (São Paulo)
FSG-RS	Faculdade da Serra Gaúcha (Rio Grande do Sul)
FTBB-DF	Faculdade Teológica Batista de Brasília (Distrito Federal)
Furb-SC	Universidade Regional de Blumenau (Santa Catarina)
Furg-RS	Fundação Universidade Federal do Rio Grande (Rio Grande do Sul)
FURRN	Fundação Universidade Regional do Rio Grande do Norte
Fuvest-SP	Fundação Universitária para o Vestibular (São Paulo)
FVC-BA	Fundação Visconde de Cairu (Bahia)
Ifal	Instituto Federal de Alagoas
IFBA	Instituto Federal de Educação, Ciência e Tecnologia da Bahia
IFCE	Instituto Federal de Educação, Ciência e Tecnologia do Ceará
Ifes	Instituto Federal de Educação, Ciência e Tecnologia do Espírito Santo
IFG	Instituto Federal de Educação, Ciência e Tecnologia de Goiás
IFMG	Instituto Federal de Educação, Ciência e Tecnologia de Minas Gerais
IFPE	Instituto Federal de Educação, Ciência e Tecnologia de Pernambuco
IFPR	Instituto Federal do Paraná
IFRS	Instituto Federal de Educação, Ciência e Tecnologia do Rio Grande do Sul
IFSC	Instituto Federal de Educação, Ciência e Tecnologia de Santa Catarina
IFSP	Instituto Federal de Educação, Ciência e Tecnologia de São Paulo
IME-RJ	Instituto Militar de Engenharia (Rio de Janeiro)
Imes-SP	Centro Universitário Municipal de São Caetano do Sul (São Paulo)
IMS-SP	Instituto Metodista de Ensino Superior (São Paulo)
IMT-SP	Instituto Mauá de Tecnologia (São Paulo)
Inatel-MG	Instituto Nacional de Telecomunicações de Santa Rita do Sapucaí (Minas Gerais)
IPA-RS	Centro Universitário Metodista (Rio Grande do Sul)
IRBR-DF	Instituto Rio Branco (Distrito Federal)
ISBL-PR	Faculdade de Teologia (Paraná)
ITA-SP	Instituto Tecnológico de Aeronáutica (São Paulo)
ITE-SP	Instituto Toledo de Ensino Superior de Bauru (São Paulo)

Mack-SP	Universidade Presbiteriana Mackenzie (São Paulo)
Moraes Jr.-RJ	Faculdade Moraes Júnior (Rio de Janeiro)
Omec-SP	Organização Mogiana de Educação e Cultura (São Paulo)
PUC-MG	Pontifícia Universidade Católica de Minas Gerais
PUC-PR	Pontifícia Universidade Católica do Paraná
PUC-RJ	Pontifícia Universidade Católica do Rio de Janeiro
PUC-RS	Pontifícia Universidade Católica do Rio Grande do Sul
PUC-SP	Pontifícia Universidade Católica de São Paulo
PUCC-SP	Pontifícia Universidade Católica de Campinas (São Paulo)
Spet-PR	Sociedade Paranaense de Ensino e Tecnologia (Paraná)
Suesc-RJ	Sociedade Unificada de Ensino Superior e Cultura (Rio de Janeiro)
UAM-SP	Universidade Anhembi Morumbi (São Paulo)
UBC-SP	Universidade Braz Cubas (São Paulo)
UCB-DF	Universidade Católica de Brasília (Distrito Federal)
UCB-RJ	Universidade Castelo Branco (Rio de Janeiro)
UCDB-MS	Universidade Católica Dom Bosco (Mato Grosso do Sul)
UCG-GO	Universidade Católica de Goiás
UCL-RJ	Centro Universitário Celso Lisboa (Rio de Janeiro)
UCMG	Universidade Católica de Minas Gerais
UCP-RJ	Universidade Católica de Petrópolis (Rio de Janeiro)
Ucpel-RS	Universidade Católica de Pelotas (Rio Grande do Sul)
UCS-RS	Universidade de Caxias do Sul (Rio Grande do Sul)
Ucsal-BA	Universidade Católica de Salvador (Bahia)
Udesc	Universidade do Estado de Santa Catarina
UEA-AM	Universidade do Estado do Amazonas
Ueap	Universidade do Estado do Amapá
Ueba	Universidades Estaduais da Bahia (Uesc, Uesb, Uneb e Uefs)
Uece	Universidade Estadual do Ceará
Uefs-BA	Universidade Estadual de Feira de Santana (Bahia)
UEG-GO	Universidade Estadual de Goiás
UEL-PR	Universidade Estadual de Londrina (Paraná)
UEM-PR	Universidade Estadual de Maringá (Paraná)
Uema	Universidade Estadual do Maranhão
UEMG	Universidade Estadual de Minas Gerais
UEMS	Universidade Estadual de Mato Grosso do Sul
UEMT	Universidade do Estado de Mato Grosso
Uenf-RJ	Universidade Estadual do Norte Fluminense (Rio de Janeiro)
UENP-PR	Universidade Estadual do Norte do Paraná
Uepa	Universidade do Estado do Pará
UEPB	Universidade Estadual da Paraíba
UEPG-PR	Universidade Estadual de Ponta Grossa (Paraná)
Uergs-RS	Universidade Estadual do Rio Grande do Sul
Uerj	Universidade do Estado do Rio de Janeiro
Uern	Universidade do Estado do Rio Grande do Norte
Uesb-BA	Universidade Estadual do Sudoeste da Bahia
Uesc-BA	Universidade Estadual de Santa Cruz (Bahia)
Uespi	Universidade Estadual do Piauí
UFABC-SP	Universidade Federal do ABC (São Paulo)
Ufac	Universidade Federal do Acre
Ufal	Universidade Federal de Alagoas
Ufam	Universidade Federal do Amazonas
UFBA	Universidade Federal da Bahia
UFC-CE	Universidade Federal do Ceará
UFCG-PB	Universidade Federal de Campina Grande (Paraíba)
Ufes	Universidade Federal do Espírito Santo
UFF-RJ	Universidade Federal Fluminense (Rio de Janeiro)
UFG-GO	Universidade Federal de Goiás
UFJF-MG	Universidade Federal de Juiz de Fora (Minas Gerais)
Ufla-MG	Universidade Federal de Lavras (Minas Gerais)
UFMA	Universidade Federal do Maranhão
UFMG	Universidade Federal de Minas Gerais
UFMS	Universidade Federal de Mato Grosso do Sul
UFMT	Universidade Federal de Mato Grosso
Ufop-MG	Universidade Federal de Ouro Preto (Minas Gerais)
UFPA	Universidade Federal do Pará
UFPB	Universidade Federal da Paraíba
UFPE	Universidade Federal de Pernambuco
Ufpel-RS	Universidade Federal de Pelotas (Rio Grande do Sul)
UFPI	Universidade Federal do Piauí
UFPR	Universidade Federal do Paraná
Ufra-PA	Universidade Federal Rural da Amazônia (Pará)
UFRGS-RS	Universidade Federal do Rio Grande do Sul
UFRJ	Universidade Federal do Rio de Janeiro
UFRN	Universidade Federal do Rio Grande do Norte
UFRPE	Universidade Federal Rural de Pernambuco
UFRR	Universidade Federal de Roraima
UFRRJ	Universidade Federal Rural do Rio de Janeiro
UFS-SE	Universidade Federal de Sergipe
UFSC	Universidade Federal de Santa Catarina
Ufscar-SP	Universidade Federal de São Carlos (São Paulo)
UFSJ-MG	Universidade Federal de São João del-Rei (Minas Gerais)
UFSM-RS	Universidade Federal de Santa Maria (Rio Grande do Sul)
UFT-TO	Universidade Federal do Tocantins

UFTM-MG	Universidade Federal do Triângulo Mineiro (Minas Gerais)
UFU-MG	Universidade Federal de Uberlândia (Minas Gerais)
UFV-MG	Universidade Federal de Viçosa (Minas Gerais)
UGF-RJ	Universidade Gama Filho (Rio de Janeiro)
Ulbra-RS	Universidade Luterana do Brasil (Rio Grande do Sul)
UMC-SP	Universidade de Mogi das Cruzes (São Paulo)
Umesp	Universidade Metodista de São Paulo
Unaerp-SP	Universidade de Ribeirão Preto (São Paulo)
Unama-PA	Universidade da Amazônia (Pará)
UnB-DF	Universidade de Brasília (Distrito Federal)
Uncisal	Universidade Estadual de Ciências da Saúde de Alagoas
Uneal	Universidade Estadual de Alagoas
Uneb-BA	Universidade do Estado da Bahia
Uneb-DF	União Educacional de Brasília (Distrito Federal)
Unemat-MT	Universidade do Estado de Mato Grosso
Unerj-SC	Centro Universitário de Jaraguá do Sul (Santa Catarina)
Unes	Faculdade do Espírito Santo
Unesa-RJ	Universidade Estácio de Sá (Rio de Janeiro)
Unesc-ES	União de Escolas de Ensino Superior Capixaba (Espírito Santo)
Unesc-RO	União das Escolas Superiores de Cacoal (Rondônia)
Unesp-SP	Universidade Estadual Paulista "Júlio de Mesquita Filho" (São Paulo)
Unespar-PR	Universidade Estadual do Paraná
UNG-SP	Universidade de Guarulhos (São Paulo)
Uniabc-SP	Universidade do Grande ABC (São Paulo)
Uniara-SP	Centro Universitário de Araraquara (São Paulo)
Uniararas-SP	Fundação Hermínio Ometto (São Paulo)
Unib-SP	Universidade Ibirapuera (São Paulo)
Uniban	Universidade Bandeirante de São Paulo
Unic-MT	Universidade de Cuiabá (Mato Grosso)
Unicamp-SP	Universidade Estadual de Campinas (São Paulo)
Unicap-PE	Universidade Católica de Pernambuco
Unicentro-PR	Universidade Estadual do Centro-Oeste (Paraná)
Unicid-SP	Universidade Cidade de São Paulo
Unicruz-RS	Universidade de Cruz Alta (Rio Grande do Sul)
Unicsul-SP	Universidade Cruzeiro do Sul (São Paulo)
Uniderp-MS	Universidade para o Desenvolvimento do Estado e da Região do Pantanal (Mato Grosso do Sul)
Uniesp-SP	União das Instituições Educacionais do Estado de São Paulo
Unieuro-DF	Centro Universitário Euro-Americano (Distrito Federal)
Unifac-SP	Faculdades Integradas de Botucatu (São Paulo)
Unifacs-BA	Universidade Salvador (Bahia)
Unifai-SP	Centro Universitário Assunção (São Paulo)
Unifal-MG	Universidade Federal de Alfenas (Minas Gerais)
Unifap	Universidade Federal do Amapá
Unifei-MG	Universidade Federal de Itajubá (Minas Gerais)
Unifenas-MG	Universidade José do Rosário Vellano (Minas Gerais)
Unifesp	Universidade Federal de São Paulo
Unifoa-RJ	Universidade Fundação Oswaldo Aranha (Rio de Janeiro)
Unifor-CE	Fundação Edson Queiroz Universidade de Fortaleza (Ceará)
Unigranrio-RJ	Universidade do Grande Rio (Rio de Janeiro)
Unijuí-RS	Universidade Regional do Noroeste do Estado do Rio Grande do Sul
Unilasalle-RS	Centro Universitário La Salle (Rio Grande do Sul)
Unilavras-MG	Centro Universitário de Lavras (Minas Gerais)
Unimar-SP	Universidade de Marília (São Paulo)
Unimep-SP	Universidade Metodista de Piracicaba (São Paulo)
Unimontes-SP	Centro Universitário Monte Serrat (Santos, São Paulo)
Unioeste-PR	Universidade Estadual do Oeste do Paraná
Unip-SP	Universidade Paulista (São Paulo)
Unipar-PR	Universidade Paranaense (Paraná)
Unipe-PB	Centro de Ensino Superior do IPE (Paraíba)
Unirio-RJ	Universidade Federal do Rio de Janeiro
Unirondon-MT	Faculdades Integradas Cândido Rondon (Mato Grosso)
Unisa-SP	Universidade de Santo Amaro (São Paulo)
Unisal-SP	Centro Universitário Salesiano de São Paulo
Unisantos-SP	Universidade Católica de Santos (São Paulo)
Unisc-RS	Universidade de Santa Cruz do Sul (Rio Grande do Sul)
Unisul-SC	Universidade do Sul de Santa Catarina
Unit-MG	Centro Universitário do Triângulo (Minas Gerais)
Unit-SE	Universidade Tiradentes (Sergipe)
Unitas-MT	União das Faculdades de Tangará da Serra (Mato Grosso)
Unitau-SP	Universidade de Taubaté (São Paulo)
Univates-RS	Centro Universitário (Rio Grande do Sul)
Unoesc	Universidade do Oeste de Santa Catarina
Unoeste-SP	Universidade do Oeste Paulista-Presidente Prudente (São Paulo)
Unopar-PR	Universidade Norte do Paraná
UPE	Universidade de Pernambuco
UPF-RS	Universidade de Passo Fundo (Rio Grande do Sul)
USF-SP	Universidade São Francisco (São Paulo)
USJT-SP	Universidade São Judas Tadeu (São Paulo)
USM-SP	Universidade São Marcos (São Paulo)
USS-RJ	Universidade Severino Sombra (Rio de Janeiro)
UTFPR	Universidade Tecnológica Federal do Paraná
UTP-PR	Universidade Tuiuti do Paraná
Vunesp-SP	Fundação para o Vestibular da Unesp (São Paulo)